Heiner Monheim
Rita Monheim-Dandorfer

Straßen für alle

Analysen und Konzepte zum Stadtverkehr der Zukunft

Rasch und Röhring Verlag

CIP-Titelaufnahme der Deutschen Bibliothek

Monheim, Heiner:
Straßen für alle: Analysen und Konzepte zum Stadtverkehr der Zukunft / Heiner Monheim; Rita Monheim-Dandorfer. – Hamburg: Rasch und Röhring, 1990
ISBN 3-89136-368-0
NE: Monheim-Dandorfer, Rita

Schutzumschlag: Peter Albers
Schutzumschlagmotiv aus: Piero Ventura's Book of Cities

Abbildungen: Archiv des Autors; wir danken den Urhebern für frdl. Unterstützung
Satzherstellung: alphabeta, Hamburg
Lithographie: alphabeta, Hamburg
Grafische Bearbeitung der Abbildungen:
BSV, Büro für Stadt- und Verkehrsplanung, Aachen
Druck- und Bindearbeiten: Clausen & Bosse, Leck
Printed in Germany

INHALT

TEIL 3

FEET FIRST! WEGE ZUR FUSSGÄNGERSTADT

Vorwort

»Hört auf zu schreiben. Es gibt doch schon Tonnen von Literatur zum Stadtverkehr. Tut lieber etwas. Verändert den Verkehr!« Solche und ähnliche skeptische Bemerkungen aus dem Kreis von Kollegen und Kolleginnen, Freunden und Bekannten haben unsere Arbeit an diesem Buch in den Jahren von 1985 bis 1990 begleitet. Trotzdem: Ein Buch zum Umweltverbund im Stadtverkehr ist bitter nötig. Immer noch werden Fußgängerverkehr, Fahrradverkehr und öffentlicher Verkehr meist nur isoliert für sich betrachtet; ihre wichtige gemeinsame Rolle für einen verträglichen Stadtverkehr kommt nach wie vor zu kurz. Während unserer Berufstätigkeit in Bundes-, Landes- und Kommunalbehörden und unserer Teilnahme an der verkehrspolitischen Diskussion haben wir immer wieder feststellen müssen, daß eine systematische Zusammenschau der vielfältigen Verkehrsaspekte fehlt und die Möglichkeiten für sinnvolle Alternativen im Stadtverkehr verleugnet werden. Politik und Planung versuchen entweder gar nicht oder nur halbherzig die angeblich unaufhaltsame Entwicklung des Autoverkehrs zu stoppen. Mit bescheidenen Maßnahmen und Mitteln kurieren sie an einigen Symptomen. Derweil schickt allein die bundesdeutsche Autoindustrie täglich ca. 12 000 neue Autos auf die Straßen.

Das vorliegende Buch entwickelt mit seinen Analysen, Konzepten, Argumenten, Informationen und Daten eine Alternative zu der aberwitzigen Übermotorisierung und ungebremsten Autoverkehrslawine mit ihren schlimmen Folgen für die anderen Verkehrsarten, die Städte und die Umwelt. Damit sollen die Mitstreiter für eine verkehrspolitische Wende gegen die vordergründige und bequeme »Es geht nicht anders«-Argumentation vieler Verkehrspolitiker und Planer gewappnet werden, durch die innovatives Denken und Handeln in der Verkehrspolitik so gern abgeblockt werden. Die Verkehrspolitik steht am Scheideweg. Die Rollenbestimmung für das Auto muß völlig neu erfolgen. Behält der Autoverkehr weiter die finanzielle, rechtliche, politische und planerische Dominanz im Stadtverkehr, ist ein Fiasko unausweichlich. Die kommunalen Spitzenverbände warnen schon lange vor der Fehlentwicklung der autofixierten Verkehrspolitik und fordern im Einklang mit den großen Umweltorganisationen immer dringlicher eine stadtverträgliche, umweltorientierte, sozial verpflichtete Verkehrspolitik und -planung. Ihre rechtliche, planerische, finanzielle und technische Durchsetzung ist die Aufgabe der 90er Jahre. Nur wenn der Umweltverbund aus öffentlichem Verkehr, Fahrradverkehr und Fußgängerverkehr zum primären Verkehrssystem in den Städten fortentwickelt wird, haben die Städte eine erträgliche Zukunft.

Am Scheideweg sind Verkehrspolitik und -planung aber auch wegen der deutsch-deutschen Entwicklung. Während viele von der Rettung der Städte der ehemaligen DDR vor dem Verfall reden, droht diesen die Zerstörung durch falsche autoorientierte Verkehrsplanung und wachsenden Autoverkehr. Die westdeutschen Sünden der 60er und 70er Jahre dürfen nicht wiederholt werden. Die in Ost-Berlin, in Brandenburg, Mecklenburg-Vorpommern, Sachsen, Sachsen-Anhalt und Thüringen noch vorhandenen Straßenbahnsysteme müssen gepflegt, modernisiert und ausgebaut werden, statt sie abzureißen und einzumotten. Die Bahn braucht einen Investitionsboom, um mit hohem Angebotsstandard im Personen- und Güterverkehr zu vermeiden, daß alles über die Straße rollt. Wenn in den Städten die Systeme des Umweltverbundes nicht auf breiter Basis verbessert und ausgebaut werden, wird sich den dortigen Umweltkrisen der Kraftwerke und der Industrie bald die des überbordenden Autoverkehrs hinzugesellen.

Eine abschließende Bemerkung noch zu den verwendeten Daten und ihrer Darstellung. Bei der Vielzahl der angesprochenen Verkehrsaspekte sind unterschiedliche Zeitpunkte der Datenerhebung unausweichlich, zumal viele Verkehrs- und Umweltdaten nur in sehr unregelmäßigen Zeitintervallen erhoben werden. Ein einheitlicher Zeitpunkt ist also nicht möglich. Aus diesen Gründen wurde auf eine durchgehende Benennung der Jahreszahlen verzichtet. Viele Daten stammen von Anfang und Mitte der 80er Jahre. Sie sind trotzdem nicht veraltet und in den hier angesprochenen Zusammenhängen aussagekräftig, weil es vor allem um die Größenordnungen und Relationen geht. Entscheidende Strukturveränderungen hat es im Stadtverkehr der Bundesrepublik leider seitdem nicht gegeben, da eine entsprechende Umsteuerungspolitik nicht stattfand. So gesehen, macht das Datensammeln und Aktualisieren nur dann Sinn, wenn damit brisante Neuentwicklungen präzisiert und offengelegt werden können. Allzuoft ist der Ruf nach fortwährender Datenaktualisierung nur ein Vorwand, um konsequentes Handeln und Umsteuern zu blockieren.

TEIL 1

STADTVERKEHRSPLANUNG GLEICH AUTOVERKEHRSPLANUNG. BILANZ UND AUSBLICK EINER HUNDERTJÄHRIGEN ENTWICKLUNG

KAPITEL 1

Die Lawine rollt: die Städte im Zeichen der Massenmotorisierung

Eckdaten des Motorisierungsbooms

Kommunale Verkehrspolitik und Verkehrsplanung standen in den letzten dreißig Jahren ganz im Zeichen der zunehmenden Motorisierung. 1946 gab es knapp 200 000 PKW im Gebiet der heutigen Bundesrepublik Deutschland, darunter viele Autos der Alliierten. Zehn Jahre lang, bis 1955, stieg die Zahl der PKW nur relativ langsam, auf 1,75 Millionen, einschließlich vieler Geschäftswagen. In dieser ersten Phase der Nachkriegsmotorisierung konnten sich die meisten Bürger noch kein Auto leisten. Viele stiegen erst einmal mit dem – billigeren – Motorrad oder Motorroller in die Motorisierung ein.

Ab 1956 begann der rasante Autoboom. 1966 gab es schon über 10 Millionen PKW in der Bundesrepublik, 1977 waren es 20 Millionen, 1984 über 25 Millionen. Hinzu kamen noch LKW, Motorräder sowie Spezialfahrzeuge. Die Gesamtzahl der motorisierten Kraftfahrzeuge hat damit 1988 34 Millionen überschritten. Die stürmische Motorisierung machte aus dem Luxusgegenstand einer begüterten Minderheit ein Verkehrsmittel für viele. Die sozialen Schranken der Motorisierung wurden durchlässig. Man profilierte sich nicht mehr durch PKW-Besitz schlechthin, sondern durch Größe, Kraft, Schnelligkeit und Preis eines Wagens.

Diese Motorisierung wurde begleitet durch den Boom der Straßenbauinvestitionen. W. Sachs beschreibt in seiner historischen Rückschau auf die Autogeschichte diese Zeit folgendermaßen: »Es war wie ein Dammbruch: In 13 Jahren zwischen 1960 und 1973 vervierfachte sich die Anzahl der gefahrenen Autokilometer und verdoppelte sich die Streckenlänge der Autobahnen. Schnellstraßen wurden durch Altstädte geschlagen, Autobahnkreuze in Wälder gefräst. Zum Spanienurlaub wie zum Zigarettenholen um die Ecke klemmte man sich hinters Steuer . . . Es begann die geräderte Gesellschaft.«

Die Motorisierung hatte für die Städte weitreichende Konsequenzen, denn sie war zunächst vor allem auf die Städte konzentriert. Als erste konnten sich die besser verdienenden Städter in größerer Zahl ein Auto zulegen. Lange Zeit blieben die Städte die Hochburgen der Motorisierung. Hier lagen die PKW-Dichten mit Abstand am höchsten. Erst Anfang der 70er Jahre hat sich dann das Schwergewicht der Motorisierung in das suburbane Umland der Städte und Ballungsräume verlagert. Heute ist die Motorisierung der Stadtrand- und Umlandgemeinden am höchsten. Hier begann in den 70er Jahren die zweite große Motorisierungswelle mit dem fortschreitenden Zweitwagenbesitz der Pendlerhaushalte.

Die Auswirkungen auf die Städte waren besonders stark, weil das Auto im Alltag vor allem innerorts benutzt wird. 90 Prozent aller Autofahrten finden im Nahbereich statt. Die intensive Autonutzung im

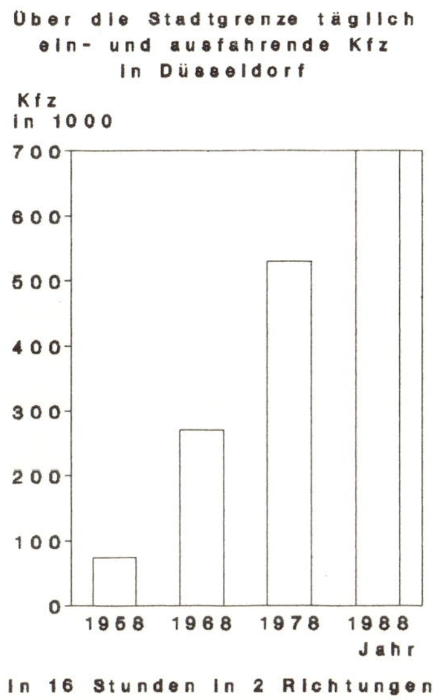

In Düsseldorf hat sich von 1958 bis 1988 die Zahl der ein- und ausfahrenden Autos mehr als verzehnfacht. Eine solche tägliche Autoverkehrsmenge ist kaum noch zu verkraften.

Stadtverkehr bedeutet, daß ein Großteil der Kraftfahrzeuge in den Städten untergebracht werden muß. Dafür sind riesige Parkkapazitäten und enormer Fahrraum auf den Straßen notwendig. Die parkenden Autos breiten sich allerorten aus, »überfluten« Plätze, Vorgärten, Alleen, Innenhöfe, Gehwege und Radwege. 30 Millionen Autos hintereinander abgestellt, ergeben eine Länge von 150 000 Kilometern. Das sind mehr als ein Drittel der Gesamtlänge des Gemeindestraßennetzes. Dieses Rechenspiel macht deutlich: Es wird immer enger in den Städten. 1960 kamen auf einen Kilometer Gemeindestraßen noch 28 Autos, 1984 waren es schon 96, also fast viermal so viele. Autos verstopfen die Straßen immer mehr.

Der vergebliche Wettlauf des Straßenbaus mit der Motorisierung

Mit der rollenden Autolawine waren die Städte an allen Ecken und Enden überfordert. Die Planung reagierte mit einer Welle des Straßenbaus und der Flächenvermehrung für das Auto. Dafür mußten anders genutzte Flächen geopfert werden, denn in den Städten war die Fläche immer schon ein knappes Gut. Das Netz der Stadtstraßen wurde immer länger und dichter. 83 000 Kilometer neue Gemeindestraßen wurden seit 1960 gebaut. Und die Straßen wurden immer breiter. Der Anteil der Gemeindestraßen mit über sechs Metern Fahrbahnbreite wuchs um 60 Prozent, der Anteil der Gemeindestraßen mit sieben bis zwölf Metern Fahrbahnbreite um 41 Prozent. Die Zahl der Parkplätze und Parkhäuser in den Innenstädten nahm ebenfalls schnell zu. In den 60er und 70er Jahren hatte die Erweiterung der Parkmöglichkeiten Hochkonjunktur. Der größte Teil der kommunalen Investitionen wurde jetzt auf den Ausbau von Straßen und Parkflächen konzentriert. Zu Beginn der Massenmotorisierung von 1955 bis 1959 investierten die Gemeinden in der Bundesrepublik 6,47 Milliarden Mark in den Straßenbau. In den hektischen Boomjahren von 1975 bis 1979 waren es mit 38,44 Milliarden Mark genau sechsmal soviel. Hinzu kommt noch der Ausbau der zahlreichen von Bund und Ländern finanzierten Ortsdurchfahrten, für die ebenfalls Milliardensummen ausgegeben wurden. Die Bauinvestitionen für den kommunalen öffentlichen Nahverkehr (ohne Bundesbahn) betrugen dagegen in den Jahren von 1960 bis 1983 mit 20,68 Milliarden Mark nur 9,7 Prozent der kommunalen Straßenbauinvestitionen. Das Mißverhältnis sagt alles über die kommunalen Verkehrsprioritäten jener Jahre.

In ihrer »Straßenbauwut« wurden die Gemeinden ab Mitte der 60er Jahre durch Investitionshilfen des Bundes und der Länder noch angestachelt. Deren Finanzhilfen zur Verbesserung der innerörtlichen Hauptverkehrsstraßen nahmen schnell zu und führten zur Ankurbelung eines neuen Investitionsbooms bei den städtischen Hauptverkehrsstraßen. Trotz aller Anstrengungen wurde aber die Verkehrssituation immer schlechter. Die Motorisierung wuchs zu gewaltig. Autos zu produzieren und zu verkaufen war leichter, als dafür die Städte herzurichten, die man nicht abreißen und autogerecht bauen konnte.

Im Rückblick bleibt unverständlich, wie sich Politiker, Planer, Medien und Bürger so schnell und deutlich von Bussen und Bahnen abwenden konnten, denn die meisten Städte besaßen bis in die 50er Jahre ein ausgebautes, leistungsfähiges Verkehrssystem aus Bussen und Bahnen. Der öffentliche Verkehr war damals der Hauptträger des motorisierten Stadtverkehrs, und seine tägliche Beförderungsleistung war entsprechend hoch. Busse und Bahnen waren ein gutes Geschäft und schrieben schwarze Zahlen. Busse und Bahnen hatten in den ersten Nachkriegsjahren wesentlich dazu beigetragen, die Mobilitätserfordernisse der Bevölkerung und der Wirtschaft zu befriedigen. Viele Menschen und Betriebe verdankten ihr persönliches und wirtschaftliches Überleben der Tatsache, daß Straßenbahn und Eisenbahn schnell wieder funktionierten. Und doch erhielten sie pötzlich einen schlechten Ruf, gerieten ins Abseits des verkehrspolitischen und planerischen Interesses. Sehr wirtschaftlich gedacht war es jedenfalls nicht, Jahr um Jahr Milliardenbeträge in den Aufbau eines neuen Autoverkehrssystems zu investieren, obwohl man schon ein gutes, funktionierendes Stadtverkehrssystem besaß, das man so zu ruinieren begann. Durch die systematische Vernachlässigung des öffentlichen Verkehrs und das Versäumen seines weiteren Ausbaus setzte die Massenbewegung zum Auto erst richtig ein.

KAPITEL 2

Mit Vollgas in die Katastrophe: negative Auswirkungen der Autolawine in den Städten

Die Probleme werden zunehmend bewußt

Lange Zeit war eine Auseinandersetzung mit den negativen Folgen des Autoverkehrs tabu. Sie blieb auf kleine Gruppen der Auto- und Planungskritiker beschränkt, während in der offiziellen Verkehrspolitik und -planung die Probleme heruntergespielt oder ganz verdrängt wurden. Der stereotype Hinweis auf den enormen sozialen und wirtschaftlichen Nutzen des Autoverkehrs blockierte die Problemwahrnehmung. Dies hat sich in den letzten Jahren verändert. Die zunehmend kritische Berichterstattung der Medien über Probleme des Autoverkehrs hat Wirkung gezeigt. Verkehrsbedingte Umweltschäden, Stadtzerstörungen etc. werden verstärkt diskutiert, selbst der Verband der Automobilindustrie und der ADAC müssen sich damit zunehmend auseinandersetzen.

Verkehrsunfälle: die alltägliche Lebensgefahr

Die durch den Autoverkehr Verletzten und Getöteten zeigen täglich, wie unvollkommen das Autoverkehrssystem ist. Seit Beginn der Motorisierung sind bis 1982 weltweit etwa 25 Millionen Menschen Opfer des Autoverkehrs geworden. Keine andere technische Erfindung »zum Segen der Menschheit« hat ähnlich viel Leid angerichtet. In der Bundesrepublik starben in den dreißig Nachkriegsjahren von 1953 bis 1982 442 669 Personen bei 7,85 Millionen Verkehrsunfällen. In den letzten zehn Jahren wurden in der BRD über 1,6 Millionen Personen im Straßenverkehr schwer verletzt und über 15 000 Kinder unter 15 Jahren getötet. Im Durchschnitt wird jeder zweite Bundesbürger im Laufe seines Le-

Jede Stecknadel steht für einen Unfall. Die Karte zeigt: An jeder Ecke lauern Unfallgefahren, nirgends ist man sicher.

bens mindestens einmal in einen Verkehrsunfall verwickelt. Hinter jedem schweren Unfall verbirgt sich bei den betroffenen Personen und ihren Familien ein kaum vorstellbares Leid. Ob nun Eltern ihre Kinder, Kinder ihre Eltern, Ehegatten ihren Partner oder Freunde ihren Freund verlieren, stets steht man hilflos dem in seiner Plötzlichkeit und Unvorhersehbarkeit Unfaßlichen gegenüber.

Die Verdrängung des Verkehrssicherheitsproblems

Trotz der Vielzahl der Unfälle wird die Verkehrsunfallproblematik im politischen Alltag weitgehend verdrängt. Die täglichen Verkehrsunfälle spielen in den Medien kaum eine Rolle. Dort reicht es meist nur unter Vermischtes oder Lokales zu einer kleinen Notiz. Lediglich die relativ seltenen Massenunfälle bei Glatteis oder Nebel führen zu Schlagzeilen und zu Forderungen nach Abhilfe. Doch das ist kurz danach auch wieder vergessen. Die alltägliche, schleichende Unfallkatastrophe wird ohne großes Aufsehen hingenommen, ist Routinesache. Sie bleibt ohne politisches Gewicht, ganz anders als Inflationsraten, Zinssätze, Wachstumsraten oder Arbeitslosenzahlen, die immer wieder publiziert und kommentiert werden und so zum bedeutenden Gegenstand politischer Diskussion werden. In Deutschland gibt es leider keine wirkungsvolle Interessenvertretung von Unfallopfern, die für eine angemessene Publizität des Themas sorgen würde. Anders ist das beispielsweise in Holland. Dort hat unter anderem seit Ende der 60er Jahre die Organisation »Stop dem Kindermord« großen Einfluß auf die Verkehrspolitik nehmen können, ebenso wie die »Bescherming Voetgangers«, der holländische Fußgängerschutzverein. Auch in der Schweiz hat seit 1979 der Verkehrs-Club der Schweiz (VCS) immer wieder engagiert auf die Unfallproblematik hingewiesen und vor allem die hohen Unfallgefahren für Fußgänger und Radfahrer angeprangert.

Die Opfer sind meistens die Schwachen

Hauptunfallopfer im Innerortsbereich sind dem Verkehrsmittel nach Fußgänger und Radfahrer und dem Alter nach Kinder, Jugendliche und Betagte. 75 Prozent aller Unfallopfer im Stadtverkehr sind Fußgänger und Radfahrer. Am besten kommen im Unfallgeschehen stets die Verkehrsteilnehmer mittleren Alters weg. Deshalb verdrängt diese politisch aktivere Gruppe auch oft die Unfallrisiken und Unfallprobleme aus ihrem Bewußtsein. Fußgänger und Radfahrer sind rein physikalisch auch am wenigsten gegen die bei Unfällen freiwerdenden Aufprallenergien geschützt. Bei den Fachleuten gilt der makabre Spruch: »Die Knautschzone des Fußgängers oder Radfahrers ist die Nase.« Schon geringe Aufprallgeschwindigkeiten führen bei ihnen in der Regel zu folgenschweren Gesundheitsschäden. Da auf Fußgänger und Radfahrer im Verkehrsgeschehen und in der Verkehrsplanung am wenigsten geachtet wird, geraten sie am häufigsten in potentielle Unfallsituationen. Bei Kindern und Alten kommt erschwerend hinzu, daß sie

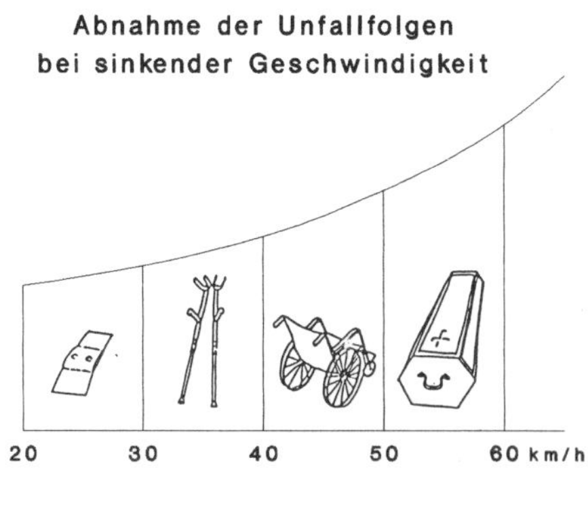

Die Unfallrisiken und Verletzungfolgen wachsen dramatisch mit der Geschwindigkeit des Autoverkehrs. Fußgänger und Radfahrer sind den Aufprallenergien ungeschützt ausgesetzt.

aus Altersgründen nur ein mangelhaftes Wahrnehmungs- und Reaktionsvermögen sowie eine eingeschränkte Körperbeherrschung haben. Von ihnen kann also ein verkehrsgerechtes Verhalten im Sinne der vorrangig als »Autoverkehrsordnung« konzipierten Straßenverkehrsordnung am wenigsten erwartet werden.

Trotz der Verdrängung in Medien und Politik ist für einen Teil der Bürger die Verkehrsgefährdung dauernd präsent. Man kann ihr kaum irgendwo entkommen, die Folge ist alltägliche Angst. Verkehrsangst bedeutet einen gravierenden Eingriff in das alltägliche Lebensgefühl. Eltern (vor allem Mütter) zwingt sie beispielsweise zu mehr oder weniger ständiger Überwachung und Begleitung ihrer Kinder, erfordert dabei ein Höchstmaß an Konzentration und Verantwortung. Sie veranlaßt sie, ihren Kindern oft bis zum Alter von sechs bis sieben Jahren selbständige Wege zu verbieten, ihnen bis zum Alter von zehn bis zwölf Jahren die Benutzung des Fahrrades im Straßenverkehr zu untersagen. Sie macht den Schulanfang für viele Eltern zum Alptraum. Manche alte Menschen veranlaßt die häufige Verkehrsangst dazu, ihre Teilnahme am Verkehr, insbesondere zu Fuß, stark einzuschränken. Unsere Verkehrsverhältnisse führen so zu alltäglicher Freiheitsberaubung. Doch kaum ein Politiker regt sich darüber auf.

Sind Straßen wirklich sicherer geworden?

Auf den ersten Blick scheint es, als habe sich in den letzten Jahrzehnten die Verkehrssicherheit ständig verbessert. Die absoluten Zahlen der Getöteten haben seit 1970 abgenommen. Das ist sicher erfreulich. Es darf aber nicht vorschnell als Beweis dafür gewertet werden, daß unsere Straßen jetzt sicherer sind für Fußgänger und Radfahrer als früher. Um das feststellen zu können, müßte man die Unfallzahlen in Beziehung setzen zur Entwicklung des Fußgänger- und Radverkehrs. Das allerdings wurde in der Unfallstatistik immer versäumt. Man setzte auch die Zahl der Fußgänger- und Radfahrerunfälle regelmäßig nur in Beziehung zur Zahl der Autos und zu ihrer Fahrleistung. Aber für das Unfallrisiko von Fußgängern und Radfahrern ist natürlich nicht nur bedeutsam, wie viele Kraftfahrzeuge in den Städten (als potentieller »Unfallgegner«) unterwegs sind, sondern vor allem, wie viele Fußgänger und Radfahrer es gibt und wie häufig und wie lange sie sich im Straßenraum aufhalten. Auf diese Größen wird jedoch in der Regel die Unfallentwicklung nicht bezogen. Um Zahlen zur Verkehrsbeteiligung von Fußgängern und Radfahrern hat man sich lange Zeit überhaupt nicht gekümmert. Aus dem spärlichen verfügbaren Material läßt sich aber errechnen, daß seit 1955 die Zahl, Häufigkeit, Länge und Dauer der zu Fuß und mit dem Fahrrad zurückgelegten Wege bzw. die Häufigkeit und Dauer der im Straßenbereich zugebrachten Aufenthalts- und Spielzeiten kontinuierlich abgenommen haben. Berücksichtigt man diese Tatsache in der Risikoberechnung, so ergibt sich plötzlich, daß, bezogen auf die verbliebene Verkehrsbeteiligung der Fußgänger, Radfahrer und Kinder, sich das Unfallrisiko über die Jahre deutlich erhöht hat. Sie sind weniger unterwegs, aber auf den verbleibenden Wegen mehr gefährdet. Also: Die Fußgänger- und Radfahrerunfälle nehmen ab, weil man Fußgänger und Radfahrer immer mehr aus dem Straßenraum verdrängte. Für die verbleibenden Fußgänger und Radfahrer wurde der Verkehr nicht sicherer, sondern unsicherer. Eine traurige Bestätigung hierfür ist die jüngste Unfallentwicklung bei Radfahrern. Seit wieder mehr Fahrrad gefahren wird, schnellen auch die Radfahrerunfälle deutlich in die Höhe. Aus solchen Zusammenhängen resultierten verschiedentlich Vorschläge, doch einfach die unfallgefährdeten Gruppen ganz von der Straße zu verban-

Unfallzahlen im Vergleich

Indexzahlen: 1960 = 100

	Unfälle in Relation zur Zahl der Kfz		Unfälle in Relation zur Fahrleistung der Kfz		Kinderverkehrsunfälle in Relation zur Zahl der Kinder		Kinderverkehrsunfälle in Relation zur Verkehrsbeteiligungsdauer der Kinder		Fußgängerverkehrsunfälle in Relation zur Gehleistung der Fußgänger		Radverkehrsunfälle in Relation zur Fahrleistung der Radfahrer	
	getötet	verletzt	getötet	verletzt	getötet oder verletzt 0 - 6 J.	6 - 15 J.	getötet	verletzt	getötet	verletzt	getötet	verletzt
1960	100	100	100	100	100	100	100	100	100	100	100	100
1965	72	63	69	60	106	105	131	113				
1970	61	56	63	55	123	128	200	174				
1975	39	39	41	40	129	110	174	203				
1980	28	33	29	36	144	124	225	344	149	157	320	398

Die Unfallrisiken für Fußgänger, Radfahrer und Kinder sind, bezogen auf die Häufigkeit und Dauer ihrer Verkehrsteilnahme, stark gestiegen. Solche Unfallzeitraten sind realistischer als absolute Unfallzahlen oder Vergleiche mit der Motorisierungsentwicklung.

nen. Vor allem die Kinder, beispielsweise durch längere und attraktivere Fernsehangebote. So einfach ist Verkehrsplanung für manche unserer Zeitgenossen. Nur Autos sollen sich auf unseren Straßen bewegen dürfen. Kinder sollen besser im Sessel vor der »Glotze« ihren Bewegungsdrang abreagieren.

Mehr Sicherheit für Autos, weniger für Fußgänger und Radfahrer

So gesehen, gibt es offenbar im Bereich der Verkehrssicherheit zwei verschiedene Entwicklungen. Für den Autoverkehr selber ist der Stadtverkehr wesentlich sicherer geworden. Bei der sogenannten passiven Sicherheit wurden mit obligatorischen Kopfstützen, Sicherheitsgurten, Sicherheitsbremsen, Sicherheitsscheiben, sicherheitsorientierter Innenraumgestaltung Verbesserungen beim Auto selbst erzielt. Der – verspätete – Gurtanlegezwang hat zum Beispiel einen spürbaren Rückgang von verletzten und getöteten Fahrzeuginsassen mit sich gebracht. Auf die Sicherheit von Fußgängern und Radfahrern wird dagegen bei der Autokonstruktion viel zuwenig geachtet. Obwohl bei Kollisionen von Autos mit Fußgängern und Radfahrern die Verletzungsrisiken ganz entscheidend von Konstruktionsdetails abhängen, wie zum Beispiel von der Höhe der Stoßstangen, der Neigung der Windschutzscheibe, der Härte der Karosserie und der Gestaltung der Kanten. In verschiedenen Studien wurden Autos entwickelt, die die Tötungs- und Verletzungsrisiken für Fußgänger und Radfahrer im Aufprallfall deutlich verminderten. Vor allem durch gepolsterte Kanten an den typischen Aufprallstellen, durch flachere Neigungswinkel von Karosserieteilen und durch elastische Oberflächen. Doch die Hersteller verweigerten die Übernahme entsprechender Innovationen, weil angeblich das Styling der Karosserie und der sogenannte CW-Wert (Luftwiderstand bei hohen Geschwindigkeiten) litten. Solche Autos seien nicht »marktkonform«. Also müssen weiterhin Fußgänger und Radfahrer sterben, weil es die Stylisten und Automanager so wollen.

Und auch im Straßenbau hat bisher die Sicherheit von Fußgängern und Radfahrern einen viel zu kleinen Stellenwert. Das zeigen zum Beispiel sehr deutlich Untersuchungen über den autogerechten Ausbau von Ortsdurchfahrten in den 60er und 70er Jahren. Zwar führte dieser in den untersuchten Fällen tatsächlich zu weniger Unfällen Auto gegen Auto, aber gleichzeitig nahmen Zahl und Schwere der Unfälle von Fußgängern und Radfahrern mit Autos beträchtlich zu. Die typischen Ausbaumerkmale – breite und begradigte Fahrbahnen und große Eckausrundungen an den Kreuzungen – verlängerten ihre Überschreitungswege und begünstigten hohe Fahrgeschwindigkeiten im Autoverkehr. Sie suggerierten den Autofahrern, daß sie auf Fußgänger und Radfahrer nicht mehr besonders zu achten brauchten.

Land	Verunglückte Fußgänger und Radfahrer je 100000 Einwohner
BR. Deutschland	397
Belgien	252
Dänemark	157
Frankreich	145
Großbritanien	331
Italien	82
Niederlande	210
Österreich	234
Schweden	59
Schweiz	203
USA	116

Die besonderen Unfallrisiken für deutsche Fußgänger und Radfahrer belegen Jahr um Jahr internationale Unfallvergleiche.

Der Blick auf die Verkehrsregeln reicht nicht

Gängige Interpretation des Unfallgeschehens ist, daß menschliches Versagen die Hauptursache sei. Meist wird der Fehler sogar bei den Opfern gesucht. Diese hätten nicht genug aufgepaßt, hätten sich in diesem oder jenem Punkt regelwidrig verhalten. Vor allem, wenn Fußgänger, Radfahrer, Kinder und Betagte Unfallopfer sind, äußern Autofahrer derlei Schuldzuweisungen. Dabei steht fest, daß von zehn Innerortsunfällen acht hätten vermieden werden oder doch zumindestens sehr viel harmloser ausgehen können, wenn die Autofahrer langsamer gefahren wären. Denn bei 80 Prozent aller Innerortsunfälle mit Autobeteiligung ist die Geschwindigkeit unfallmaßgeblich. Doch dies findet keinen ausreichenden Eingang in die Unfallursachenstatistik. Denn solange ein Autofahrer nicht deutlich über 50 Stundenkilometer fuhr, kümmerten sich Polizei und Gerichte lange Zeit wenig um seine Geschwindigkeit, wenn sie schon beim Unfallopfer eine Regelüberschreitung als Unfallgrund entdeckt hatten.

Aus der zu starken Betonung der Regeln und der Regelbeachtung für die Verkehrssicherheit entstand eine Art Vertrauensgrundsatz, daß von jedermann auch peinliche Regelbeachtung erwartet werden dürfe. Deshalb sei keine besondere Vorsicht mehr nötig. Man könne bei konsequenter Beachtung der wichtigsten Regeln nichts falsch machen. Außerdem förderte die übermäßige Regelfixierung den Hang zur Rechthaberei und zur beharrlichen Unnachgiebigkeit. Tatsächlich scheint es gerade in Deutschland angesichts des Regeldrills und der Fixierung von Politik, Polizei und Planung auf Regelfragen charakteristisch, daß Autofahrer sich nicht flexibel arrangieren, daß sie sich nicht situationsbezogen anpassen, sondern daß der Ich-habe-recht-Standpunkt dominiert. Ganz anders liegen die Verhältnisse beispielsweise in Italien oder Großbritannien, wo die Bedeutung von Verkehrsregeln viel geringer ist und die Bereitschaft zu sozialem Arrangement im Straßenverkehr eine große Rolle spielt. Entsprechend niedriger liegen dort die typischen relativen Unfallbelastungen, beispielsweise bei Kinderunfällen.

Vielfacher Unfalltod auch für Tiere

Gefährdet ist durch den Autoverkehr auch der Bestand mancher Tierarten. Nicht nur auf den Landstraßen in freier Natur geht es den Tieren ans Leben, der Verkehrstod schlägt vielmehr auch auf den städtischen Straßen zu. Hunde, Katzen, Igel und Vögel werden dort Opfer des Autoverkehrs, ohne daß die sonst als tierliebend gepriesenen Deutschen viel Notiz davon nehmen. Gefährdet sind vor allem Tiere, die sich nur langsam fortbewegen oder die in bezug auf den Autoverkehr ein schlechtes Hör-, Seh- und Reaktionsvermögen haben. Ein schlimmes Beispiel ist der regelmäßige Massentod von Kröten und Lurchen auf ihren jährlichen Laichwanderungen in den stadtnahen Wald- und Feuchtgebieten. Zudem wird der Lebensraum vieler Tiere durch immer mehr Straßen zunehmend zerschnitten, weil auf die Erhaltung großer, zusammenhängender Wald- und Wiesengebiete wenig geachtet wird. Vorrang hat stets die weitere Straßennetzverdichtung, um auch noch die letzten Reisezeitvorteile für den Autoverkehr zu mobilisieren.

Verkehrslärm: eine ärgerliche Geißel der Städte

Vom Autolärm fühlen sich viele Bürger betroffen. Er ist fast überall, tags wie nachts, gegenwärtig. 54 Prozent aller Bundesbürger halten den Autolärm für die schlimmste Umweltplage. In Städten mit über 100 000 Einwohnern fühlen sich sogar 73 Prozent vom Verkehrslärm gestört. Autolärm ist nicht nur lästig, sondern bei Dauerbelastung gesundheitsschädlich. Auch wenn man subjektiv glaubt, sich an Autolärm gewöhnen zu können, objektiv wehrt sich der Körper mit Langfristschäden. Die Folgen sind zum Beispiel Gereiztheit und Nervosität, Hörschäden, Schlafstörungen, Kreislaufstörungen, Bluthochdruck und Infarktrisiken. Lärmopfer haben regelmäßig einen erhöhten Beruhigungs- und Schlafmittelverbrauch. Autolärm verursacht auch erhebliche soziale Negativfolgen. Er erschwert eine ungestörte soziale Kommunikation in der Wohnung, an der Arbeitsstätte oder im Freiraum. Nachbarschaftsbeziehungen und Aufenthalt auf der Straße sind an lärmreichen Straßen deutlich reduziert. Die Bereitschaft von Passanten für Hilfen und Gefälligkeiten oder zum Erteilen von Auskünften sinkt. Die Häufigkeit des Stehenbleibens, Beobachtens und der Unterhaltungen nimmt ab.

Hauptverkehrsstraßen: wo der Lärm kaum mehr auszuhalten ist

Naturgemäß ist der Autolärm in Straßen mit dichtem und schnellem Autoverkehr am höchsten, also auf den Hauptverkehrsstraßen. Viele von ihnen sind zur reinen Lärmhölle geworden. Auch und gerade nachts, wenn bei geringen Verkehrsdichten die Autos – und vor allem die LKW – besonders schnell fahren. An ein vernünftiges Wohnen an Hauptverkehrsstraßen ist kaum mehr zu denken. Die Fenster müssen auch nachts geschlossen bleiben. Wie stark hier der Lärm zugenommen hat, läßt sich am Beispiel einer stark belasteten Großstadtstraße verdeutlichen, deren Dauerschallpegel um die Jahrhundertwende noch bei 50 Dezibel lag. Ende der 30er Jahre stieg er auf 65 Dezibel, heute erreicht er 85 Dezibel. Das kommt einer Verachtfachung der Lautstärke gleich. Lärmwerte wachsen logarithmisch. Stark lärmsteigernd wirkt sich auf Hauptverkehrsstraßen auch der höhere LKW- und Motorradanteil aus. Besonders betroffen sind darüber hinaus Straßenabschnitte, in denen es verstärkt zu Anfahr-, Brems- und Beschleunigungsvorgängen kommt, also vor allem das Umfeld von Ampeln, Kreuzungen, Kurven, Bergstrecken und staugefährdeten Bereichen.

Die heimliche Liebe zum Lärm: absurdes Theater der Hersteller

Vergleicht man die Maßnahmen zum aktiven Lärmschutz an der Quelle bei Autos und bei Baumaschinen, zeigt sich, daß bei

Baumaschinen viel schnellere und bessere Erfolge erzielt werden. Baulärm ist nun wirklich kein Ohrenschmaus. Anwohner von Baustellen beschweren sich schnell, wenn es ihnen zu laut wird. Die Gewerbeaufsicht ist sehr konsequent bei der Überwachung und Ahndung von Verstößen. Wer sich noch an alte Preßluftgeräte erinnert, ist erstaunt, wie leise voll gekapselte Baumaschinen heute laufen. Das gleiche wäre auch bei Autos möglich. Aber laute Motoren werden noch heute von vielen Herstellern als Ausweis von Kraft und Sportlichkeit angepriesen. In der Werbung wird offen für die Krachmacher agitiert: »Unter der Haube röhrt ein 1,6-Tonnen-Motor, der direkt mit dem Triebwerk eines Formel-2-Rennwagens verwandt ist.« Und auch vom »sonoren Porsche« ist gern die Rede. Solche Motoren-, Verkaufs- und Werbekonzepte sagen alles über die Sensibilität der Branche. Sie sind ein umweltpolitischer Skandal. Doch die Politik läßt die Autoindustrie nachsichtig gewähren.

Autoschadstoffe: Es stinkt zum Himmel

Mit der Zunahme des Autoverkehrs haben auch die Schadstoffbelastungen in den Städten beträchtlich zugenommen. Ist das Abgas eines einzelnen Autos schon ein Gesundheitsproblem – jeder kennt die Warnschilder vor der Giftigkeit der Abgase in den Garagen –, so sind es viele Autos erst recht. Schon in den 50er und 60er Jahren durften die Verkehrspolizisten an verkehrsreichen Kreuzungen nur noch kurze Wechselschichten machen. Schließlich mußten sie ihre Plätze aus Gesundheitsgründen ganz räumen. Sage also niemand, dieses Problem sei neu. Ins allgemeine Bewußtsein und in die Schlagzeilen sind die Giftbelastungen und die Autoschadstoffe jedoch erst im Zusammenhang mit dem Waldsterben, dem Ozonloch und dem Treibhauseffekt geraten. Die unmittelbar gesundheitsschädlichen Autoschadstoffe erreichen die höchsten Konzentrationen in den bodennahen Luftschichten der dichtbebauten, verkehrsreichen Straßenschluchten, der Ortsdurchfahrten und in den Staubereichen vor Ampeln und Kreuzungen. Hier werden die zulässigen Grenzwerte der Weltgesundheitsorganisation regelmäßig überschritten. Die Abgase können dort kaum abziehen, da durch die dichte oder hohe Bebauung (zum Beispiel Hochhäuser in Frischluftschneisen) die Luftzirkulation häufig behindert ist.

Die wichtigsten Schadstoffe

Die Zusammensetzung der Abgase ist recht kompliziert. Die wichtigsten von über 160 beim Auto entstehenden Luftschadstoffen sind Kohlenwasserstoffe, Stickoxyde, Schwefeldioxyd, Bleiverbindungen, Kohlenmonoxyd, Kohlendioxyd sowie als Folgeverbindung der Kohlenwasserstoffe und Stickoxyde das Ozon. Hinzu kommen Ruß und Staub sowie Schadstoffe aus Reifen-, Fahrbahn- und Bremsabrieb, aus der Verdunstung von Kraftstoff im Tank und beim Tanken, aus Motor und Schmierstellen auslaufendes Öl oder beim Ölwechsel unsachgemäß beseitigtes Öl. Schließlich muß auch das im Winterdienst eingesetzte Streusalz als Schadstoff bezeichnet werden. Die meisten Autoschadstoffe haben infolge der gewachsenen Autoverkehrsdichte und der Überhandnahme eines ungünstigen Fahrstils mit hohen Geschwindigkeiten und vielen Beschleunigungsvorgängen stark zugenommen. Die Stickoxydemissionen des Kfz-Verkehrs haben sich von 1954 bis 1982 um den Faktor 9 vermehrt, auf 1,7 Millionen Tonnen. Die Kohlenwasserstoffemissionen nahmen um 270 Prozent zu, auf 650 000 Tonnen. Die Kohlenmonoxydemissionen stiegen um das Siebenfache, auf 5,3 Millionen Tonnen. Mit der Zunahme der Abgase wuchsen auch die Schäden durch Abgase dramatisch.

Das Auto ist nach wie vor ein Hauptabgasproduzent

Sicher ist das Auto an der Luftverunreinigung nicht allein beteiligt. Verbrennungsabgase entstehen auch im Hausbrand, bei Kraftwerken und industriellen Verbrennungsprozessen. Auch hier sind dringend Maßnahmen zur Schadstoffbegrenzung geboten. Trotzdem ist der Anteil des Autos am Gesamtaufkommen der jeweiligen Schadstoffe beträchtlich. Beim Kohlenmonoxyd betrug 1984 der Anteil des Autoverkehrs an den Gesamtimmissionen 65 Prozent. In städtischen Hauptverkehrsstraßen lag er sogar bei 94 bis 99 Prozent. Bei Kohlenwasserstoffen betrug der Anteil des Autoverkehrs 40 Prozent, in Stadtstraßen lag der Anteil bei 76 bis 89 Prozent. Bei Schwefeldioxyd war der Autoanteil mit 3,4 Prozent gering. Der Anteil des Autoverkehrs an den Stickoxydbelastungen betrug 55 Prozent, in Stadtstraßen sogar 80 bis 90 Prozent. Bei den Schadstoffen aus organischen Verbindungen lag der Anteil bei etwa 30 Prozent. Bei den Ruß- und Staubimmissionen betrug er knapp 10 Prozent. Was die Bleibelastungen betrifft, lag der Autoanteil bei 71 Prozent.

Stickoxid-Ausstoß des Autoverkehrs
(in 1000 Tonnen pro Jahr)

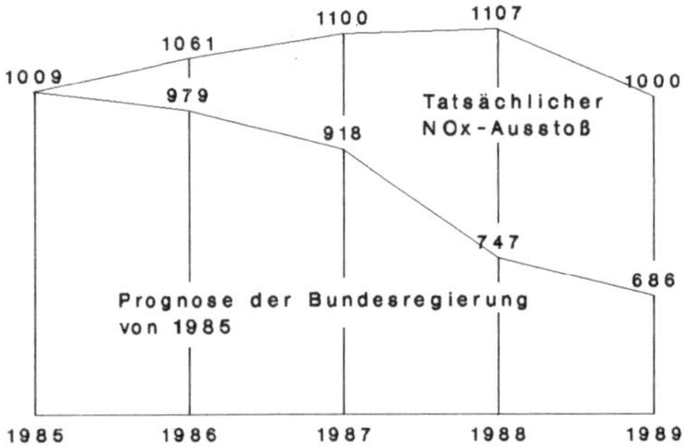

Die erhoffte Absenkung der unerträglichen Luftschadstoffbelastungen durch Katalysatoren ist noch nicht eingetreten.

Zur Verringerung dieser Schadstoffbelastungen wurden inzwischen bundesweit sowie auf der Ebene der Europäischen Gemeinschaft erste Maßnahmen festgelegt. Große Erwartungen setzt man in einen wachsenden Marktanteil schadstoffärmerer Fahrzeuge (vor allem Dreiwegekatalysator) und in die europaweite Festsetzung schärferer Abgasnormen für die Fahrzeughersteller sowie in das Verbot verbleiten Kraftstoffs. Doch ein Rückgang wird nur langsam eintreten, da allein die vollständige Umrüstung des PKW-Bestandes etwa zehn Jahre dauern wird. Außerdem sind bislang LKW von der Schadstoffminderung weitgehend ausgenommen, so daß ihre Rolle als Luftverschmutzer bei steigender LKW-Zahl und Fahrleistung immer bedrohlicher wird. Schließlich reichen die rein fahrzeugtechnischen Maßnahmen allein nicht aus für die Luftreinhaltung, weil sie keinen Einfluß auf die schadstoffrelevante Autoverkehrsmenge und das Fahrverhalten nehmen.

Beträchtliche Gesundheitsschäden

Die Gesundheitsschäden durch Autoschadstoffe werden in der Öffentlichkeit meist unterbewertet, weil anders als beim Autounfall hier der Zusammenhang Ursache –Wirkung nicht unmittelbar erkennbar wird. Doch die Liste der Gesundheitsschäden durch die Autoschadstoffe ist lang. Schon wenige Spurenwerte von Blei im Blut führen zur Beeinträchtigung der Blutbildung und des Nervensystems, bei chronisch erhöhter Bleiaufnahme wie zum Beispiel an Hauptverkehrsstraßen sind die Risiken für Anämie, Appetitlosigkeit, Konzentrationsschwächen und Verdauungsstörungen deutlich erhöht. Stickoxyde können bei Dauerbelastung zu chronischen Schäden der Atmungsorgane führen. Dies ist ein Grund für die starke Zunahme von Bronchial- und Lungenerkrankungen, Asthma und Krampfhusten in den Städten. Besonders betroffen sind Risikogruppen wie Kinder, Alte und Asthmatiker. Kohlenmonoxyd vermindert die Sauerstoffaufnahme im Blut, es führt bei hohen Mengen zu Konzentrationsschwächen, Kopfschmerzen, Schwindel, Übelkeit. Besonders hohe CO-Konzentrationen stellen sich bei Smog-Wetterlagen ein, dann sind vor allem Herz-/Kreislaufkranke stark gefährdet. Kohlendioxyd verursacht mit den sogenannten Treibhauseffekt und verändert die Strahlungs- und Reaktionsprozesse in der Atmosphäre. Es werden dramatische Auswirkungen auf das gesamte Klima erwartet. Kohlenwasserstoffe (die den typischen Auspuffmief hervorrufen) sind wesentlich am Zustandekommen des sogenannten photochemischen Smogs beteiligt. Sie führen zu Schleimhautreizungen, außerdem enthalten sie krebserregende Bestandteile; wie zum Beispiel Benzol. Schwefeldioxyd reizt Haut und Schleimhäute, führt zu Atembeschwerden und Brustschmerzen. Abrieb, Staub und Ruß reizen die oberen Partien der Atmungsorgane. Lungengängiger Feinstaub führt zu Bronchial- und Lungenerkrankungen.

Auch Reifen- und Bremsabrieb gelangen als Staub in die Luft, wobei insbesondere der Asbest aus älteren Bremsbelägen zu erheblichen Gefährdungen für die Atmungsorgane führt. Die aus den Tanks entweichenden Verdunstungsstoffe, die man leicht am typischen Geruch rund um den Tank und an Tankstellen bemerken kann, sind krebserregend.

Durch Einzelfallstudien wurde bei den Bewohnern von Hauptverkehrsstraßen eine auffällige Häufung der genannten Krankheitsbilder festgestellt. Weiterhin ist auch für die besonders luftschadstoffbelasteten Ballungsräume ein deutlich höherer Anteil entsprechender Erkrankungen nachweisbar. Die Folgen zeigen sich in einer scheinbar unaufhaltsamen Explosion der Gesundheitskosten. Wenn von Folgekosten des Autoverkehrs für das Gesundheitswesen die Rede ist, wird ausschließlich an die Unfallfolgekosten gedacht. Diskussion und Ermittlung der gesundheitlichen Folgekosten durch die Luftschadstoffe des Autoverkehrs dagegen fehlen.

Wachsende Schäden an Pflanzen, Böden und Gewässern

Die Schädigungen von Pflanzen verursachen vor allem das Schwefeldioxyd, die Kohlenwasserstoffe, die Stickoxyde und das Ozon. Diese Autoschadstoffe führen zu Störungen im Stoffwechsel und zur Verringerung der Widerstandskraft. Schlagartig bekannt geworden sind die Schadstoffschäden an Pflanzen durch die Anfang der 80er Jahre verstärkt aufgetretenen Baumschäden. Schon seit der Jahrhundertwende waren infolge industrieller Umweltverschmutzung sogenannte Rauchgasschäden an Wäldern und landwirtschaftlichen Pflanzen lokal begrenzt bekannt. Heute treten die Pflanzen- und Waldschäden auch weitab der Schwerpunkte von Industrie und Autoverkehr auf, aufgrund der Überhandnahme der Schadstoffe und des damit verbundenen großräumigen Schadstofftransports mit den Hauptwindrichtungen. Am folgenschwersten sind die Waldschäden in den Gebirgsregionen, wo der Wald eine besondere Schutzfunktion hat. Sie bringen wachsende Bodenerosion, erhöhte Lawinengefahr und beträchtliche Erdrutsch- und Überschwemmungsgefahr mit sich.

Große Pflanzenschäden haben sich auch aus dem jahrzehntelangen Streusalzeinsatz ergeben. In den 70er Jahren wurden je nach Straßentyp pro Winter vier bis sieben Tonnen Salz je Kilometer gestreut. Diese »Straßenpökelei« führte zu einem allmählichen Massensterben bei Straßenbäumen. In den Schadstoffkreislauf sind natürlich auch die Böden mit eingebunden. Sie werden belastet durch die direkt aus der Luft oder durch Regen abgelagerten Luftschadstoffe. Hinzu kommen die aus den Fahrzeugen regelmäßig austretenden kleineren Mengen von Schmier- und Motoröl, die sich auf Straßen und Parkplätzen durch schwarze Flecken im Belag bemerkbar machen. Durch die millionenfache Wiederholung summieren sich auch diese zunächst kleinen Mengen zu einer beträchtlichen Belastung und gelangen direkt oder in Verbindung mit Regenwasser in die Böden. Hinzu kommen noch die Belastungen mit den längs der Straßen verwehten oder mit dem Schmelzwasser verfrachteten Streusalzmengen. Die natürliche Filterwirkung der Böden wird durch die chronischen Schadstoffbelastungen erschöpft. In den letzten Jahren werden aus immer mehr Gebieten dramatische Zunahmen der Bodenbelastungen gemeldet. Insbesondere entlang autoverkehrsreicher Straßen ziehen sich breite Bänder mit starker Schadstoffanreicherung, die die zulässigen Höchstmengen deutlich überschreiten, so daß sie zum Beispiel der landwirtschaftlichen Nutzung schon längst hätten entzogen werden müssen.

Der Schadstoffkreislauf findet seine Fortsetzung in der Schädigung der Gewässer. Diese werden mit den aus der Luft und den Böden ausgewaschenen Luftschadstoffen belastet. Weiterhin gelangen die flüssigen Schadstoffe (Ölrückstände) mit dem Oberflächenwasser in Gewässer und Grundwasser, so wie auch beträchtliche Streusalzmengen in das Oberflächen- und Grundwasser. Seit der Diskussion um den sogenannten sauren Regen werden nun auch die schnell um sich greifende Belastung und Übersäuerung der Böden und Gewässer als Problem erkannt. Aus solchen Belastungen durch den Autoverkehr ergeben sich über die typischen Schadstoffkreisläufe schwere Folgen für die pflanzliche und tierische Gesundheit. Über die allmähliche Schadstoffanreicherung in den Nahrungs- und Stoffwechselkreisläufen ist schließlich auch die menschliche Gesundheit zunehmend gefährdet. Hierbei handelt es sich um schleichende Prozesse, deren fatale Konsequenzen oft erst mit einiger Zeitverzögerung erkennbar werden, dann aber in rascher, progressiver Steigerung ihre Wirkungen entfalten. So war dies auch bei den Streusalzschäden und den Waldschäden.

Wachsende Gebäudeschäden

Neben den gesundheitlichen und ökologischen Schäden verursachen die Autoschadstoffe in zunehmendem Maße Gebäudeschäden. Sie entstehen im wesentlichen durch Schwefeldioxyd, Kohlenwasserstoffe sowie Staub und Ruß. Durch die Schadstoffeinwirkung kommt es zur beschleunigten Korrosion, zur Zerstörung von Farben und Lacken, zur Zerstörung der Oberflächenschichten zahlreicher Baumaterialien (mineralischer Baustoffe, Beton, Kalkstein, Sandstein, Glasmalereien) sowie zur chronischen Schwärzung von Fassaden. Die Schäden sind am schlimmsten an zahlreichen historischen Gebäuden und Denkmälern aus karbonatischen Natursteinen.

Der »Steinfraß« durch Autoabgase zerstört das Kulturerbe von Jahrhunderten.

Sie bedeuten hier den unwiderruflichen Verlust oft einmaliger, wertvoller Zeugnisse der Vergangenheit. Übel betroffen sind auch viele historische Glasmalereien und Plastiken an Kirchen und Schlössern, die Jahrhunderte unbeschadet überstanden haben und nun in wenigen Jahren ruiniert werden. In letzter Zeit wurden auch an Verkehrsbauwerken mit Beton und Stahlkonstruktionen wie Brücken, Parkhäusern etc. zunehmende Schäden festgestellt, die zum Teil auch aus dem massenhaften winterlichen Streusalzeinsatz resultieren. Für die Sanierung solcher Streusalzschäden werden etwa 650 Millionen Mark jährlich benötigt. Die volkswirtschaftlichen Kosten der gesamten Bauschäden durch Autoschadstoffe werden schon heute, wo erst der Anfang dieses Prozesses erkennbar wird, auf mehrere Milliarden Mark jährlich geschätzt.

Energieverbrauch: ein Faß ohne Boden

Spätestens mit den beiden sogenannten Erdölkrisen ist das Problem des stark steigenden Energieverbrauchs durch den Autoverkehr bewußt geworden. Da der Autoverkehr so gut wie ausschließlich Kraftstoffe auf Mineralölbasis verbraucht, ist der Anteil des Autoverkehrs am gesamten Mineralölverbrauch in Deutschland stark gestiegen. 1970 betrug er in der Bundesrepublik 25 Prozent, 1983 schon 43 Prozent. Der weltweite Erdölkonsum nimmt von Jahrfünft zu Jahrfünft dramatisch zu, um jeweils zirka 20 Milliarden Tonnen. Dagegen gelingt es trotz aller weiteren Ölgewinnungsanstrengungen nicht, die gesicherten Ölreserven entsprechend auszuweiten. Der Vorrat ist begrenzt und nimmt somit stetig ab. Die Großverbraucher Europa, Nordamerika und Japan haben selbst nur bescheidene eigene Vorräte. Diese Situation veranlaßte den ADAC zu folgender Prognose: »Im Ernstfall könnte das bedeuten, daß schon in 15 oder 20 Jahren nicht mehr genug Kraftstoff zum Autofahren da ist.«
Mit der Zunahme des Autoverkehrs wird das Verkehrssystem der westlichen Länder immer abhängiger vom Zugriff auf die Erdölproduktion in Nahost. Zweifel an der Zweckmäßigkeit dieser Energieabhängigkeit im Verkehr werden verstärkt durch die Tatsache, daß das Auto ein schlechter Energieverwerter ist. Sein Wirkungsgrad liegt nur bei zirka 25 Prozent, verglichen mit zirka 80 Prozent bei den Elektromotoren von Straßen- und Eisenbahnen. Ein Großteil der im Autoverkehr verbrannten Energie verpufft in der Luft, in Form von Wärme (40 Prozent) und Abgasen (36 Prozent). So gesehen, ist das Auto ein Energieverschwender ersten Ranges, zumal, wenn es häufig nur mit einer Person besetzt ist. Ein so energieaufwendiges Verkehrssystem zur massenhaften Benutzung auszubauen setzt der notwendigen Energieeinsparung enge Grenzen. Weitere Verschwendung ist vorprogrammiert.
Den beiden großen wirtschaftlichen Rezessionskrisen von 1974 bis 1975 und von 1980 bis 1982 gingen jeweils deutliche Verteuerungen des Erdöls voraus. Dies führte hierzulande dazu, daß Energiesparen vorübergehend zur wichtigen gesellschaftlichen Aufgabe erhoben wurde. Während jedoch im Bereich der Heizenergie und des Energieverbrauchs der industriellen Produktion beachtliche Erfolge erzielt wurden, blieb der Erfolg beim Autoverkehr gering. Zwar gelang es der Autoindustrie, die spezifischen Verbrauchswerte ihrer neueren Modelle zu verringern. Auch wurde der sparsame Verbrauch zeitweise sogar zu einem wichtigen Werbeargument. Aber die weitaus niedrigeren Verbrauchswerte der ersten Nachkriegsautos von unter 7 l/100 km in den 50er Jahren und um die 8 l/100 km in den 60er Jahren wurden nicht wieder erreicht. Die Verbrauchswerte pendelten sich um die 10 l/100 km ein. So stieg insgesamt der Kraftstoffverbrauch des Autoverkehrs weiter stetig an. Die Zahl der zugelassenen

Autos nahm weiter zu. Die Zusammensetzung des Fahrzeugbestandes veränderte sich trotz der scheinbaren Bevorzugung sogenannter verbrauchsärmerer Fahrzeugmodelle mehr und mehr in Richtung auf größere, stärker motorisierte Autotypen mit höherem Verbrauch. Und das Fahrverhalten, das im Zeichen der Energiekrise vorübergehend auf Autobahnen und Landstraßen durch etwas verminderte Geschwindigkeiten und bei der Verkehrsmittelwahl durch zeitweisen Verzicht auf überflüssige Autofahrten gekennzeichnet war, orientierte sich wiederum auf hohes Tempo und massenhafte Autonutzung.

Automüll (Wracks, Altreifen, Altöl): Am Ende bleibt nicht nur verlorener Glanz

Umweltbelastungen ergeben sich nicht nur in der »Lebenszeit« eines Autos. Auch wenn Autos ausgedient haben, verursachen sie weitere Umweltprobleme. 1,6 Millionen alte Autos müssen in der Bundesrepublik jährlich beseitigt werden. Es ist das voluminöseste Konsumgut unserer Wohlstandsgesellschaft überhaupt, das regelmäßig auf dem Müll landet. Es bedarf deshalb einer eigenen »Entsorgungsinfrastruktur«. Autofriedhöfe gehören inzwischen überall zum unansehnlichen Bild der Stadtrandlandschaften. Nicht immer geschieht die »Entsorgung« der Autos ordnungsgemäß. Sind der Glanz und Besitzerstolz dahin, landen über 100 000 »ausrangierte« Autos jährlich illegal auf »wilden« Müllkippen in Wald, Flur und selbst in Gewässern. Da rosten sie vor sich hin, bis dann irgendwann Restbenzin und Altöl auslaufen und unkontrolliert in Boden und Gewässer gelangen. Wild abgestellte Autos sind somit nicht nur eine optische Umweltverschmutzung. Doch diese Problematik beschränkt sich nicht allein auf die illegale Beseitigungsmethode einzelner Autohalter, die ihr ausgedientes Auto heimlich loswerden wollen. Auch viele offizielle Schrottplätze und Autofriedhöfe genügen nicht den heutigen Vorschriften des Abfallbeseitigungsgesetzes. Oft fehlen ausreichende Bodenisolierungen, die das Eindringen flüssiger Schadstoffe in Boden und Grundwasser verhindern, doch die Behörden kommen mit der Überwachung und Stillegung nicht nach.

Aber nicht nur Autos, auch Altreifen müssen massenhaft beseitigt werden. Jährlich fallen über 320 000 Tonnen Altreifen an. 25 Prozent davon werden runderneuert und etwa 7 Prozent mechanisch als Rohstoff (Granulat) aufbereitet, 40 Prozent werden zur Energiegewinnung verbrannt, der Rest landet auf Deponien. Bei der Reifenverbrennung können beträchtliche Schadstoffbelastungen mit Ruß und Kohlenwasserstoffen entstehen, die nur durch spezielle Abgasreinigungsanlagen herauszufiltern sind. Nicht immer ist die neueste Reinigungs- und Filtertechnologie schon im Einsatz, und manchmal werden Altreifen auch »wild«, ohne jede geeignete Technik, verbrannt.

Schließlich fallen jährlich etwa 520 000 Tonnen Altöl aus dem Autoverkehr an, von denen etwa die Hälfte aufbereitet und wiederverwendet wird. Etwa 40 Prozent werden geordnet beseitigt, 4 Prozent werden verbrannt. Der Rest verschwindet auf illegale, unbekannte Weise nicht ordnungsgemäß und landet dadurch vermutlich direkt oder indirekt in Böden und Gewässern. Schon geringste Altölmengen können dabei wegen ihrer schnellen Ausbreitung große Mengen Wasser verschmutzen. Ölverseuchte Böden und Gewässer sind für Pflanzen, Tiere und Menschen eine gefährliche Gesundheitsbedrohung.

Flächenverbrauch und Asphaltierung: Land unter durch Straßenbauboom

Durch den neuartigen Straßenbau der Nachkriegszeit hat der Flächenverbrauch für Straßen stark zugenommen. Bundesdeutsche Straßen sollten einen hohen Autofahrkomfort und ein hohes Tempo garantieren. Dafür baute man breite, möglichst gerade Straßen mit großen Kurvenradien, guten Überholmöglichkeiten, durchlaufenden Regelquerschnitten, nur mäßiger Steigung, vielspurigen Kreuzungen und Einmündungen mit großen Sichtfeldern und Sichtdreiecken, weiten Eckausrundungen, großzügigen Stellplatzabmessungen etc. Hierdurch sollte das gesamte Straßennetz mit dem Auto zügig, bequem, ohne unnötiges Abbremsen, ohne Wartezeiten und ohne Rangieren befahrbar werden. Verkehrstempo und -fluß waren Trumpf. Nach solchen Anforderungen wurde der Straßenneubau der letzten dreißig Jahre überwiegend durchgeführt. Daraus folgte ein sehr hoher Anteil von Straßenflächen in den meisten Neubaugebieten. Dort wurden vielfach 30 bis 50 Prozent der Flächen für fahrende und parkende Autos verbraucht. In Altbaugebieten stieg der Anteil der Autoflächen von ursprünglich oft nur 5 bis 10 Prozent auf heute 20 bis 30 Prozent, vor allem aufgrund von Straßendurchbrüchen, Straßenerweiterungen und großen Parkplatzflächen.

In der typischen Autostadt Los Angeles beträgt der Flächenanteil in der Innenstadt für Straßen 35 Prozent und für Parkflächen 24 Prozent, das heißt, 60 Prozent der Innenstadt sind allein dem Auto gewidmet. In deutschen Innenstädten betrug vor dem Autoboom der 60er und 70er Jahre der Anteil etwa 10 Prozent für Straßen und 5 Prozent für Abstellflächen. Das Netz der Innerortsstraßen (ohne klassifizierte Straßen) wurde von 1960 bis 1984 insgesamt um 83 000 Kilometer verlängert. Das Flächenwachstum der Gemeindestraßen betrug von 1966 bis 1981 333 Quadratkilometer. Das bedeutet, daß in diesem Zeitraum pro Tag für Straßen eine Fläche asphaltiert wurde, die etwa 18 Fußballfeldern entspricht.

Zur Verharmlosung des Flächenverbrauchs wird von der Straßenbaulobby oft zitiert, daß Straßenflächen ja nur rund 5 Prozent der Gesamtfläche des Bundesgebietes ausmachten. Das sei doch ein lächerlich kleiner Anteil. Auf den ersten Blick scheint das überzeugend. Auf den zweiten Blick wird jedoch klar, daß die Gesamtsiedlungsfläche nur 11,8 Prozent ausmacht. Davon werden für die gesamte Fläche der Wohnbebauung nur 3,2 Prozent beansprucht. Also: mehr Platz für Straßen als für Wohnbebauung. Plötzlich erkennt man wieder die erschreckenden Relationen. Außerdem sind dabei die Flächen für das Parken außerhalb der öffentlichen Straßen und auch alle anderen Verkehrsnebenflächen wie zum Beispiel Tankstellen, Autoraststätten etc. nicht berücksichtigt. Auch geht der Flächenverbrauch erheblich über die unmittelbar asphaltierten Flächen hinaus, weil durch die Ausbreitung von Lärm, Abgasen und sonstigen Beeinträchtigungen breite Streifen neben den Straßen nur eingeschränkt nutzbar sind. In freier Landschaft wird nach entsprechenden Untersuchungen des Umweltbundesamtes davon ausgegangen, daß zu den Straßenflächen die sechsfache Fläche hinzukommt, die in ihrer Nutzbarkeit stark beeinträchtigt ist. Das gilt in gleicher Weise für innerstädtische Freiflächen.

Das Auto braucht den meisten Platz

Die tatsächliche Beanspruchung dieser Innerortsstraßenflächen durch die Verkehrsarten ist sehr unterschiedlich. Mit Abstand am meisten Fläche wird zur Zeit vom Kfz-Verkehr beansprucht, vor allem vom privaten Autoverkehr. Am sparsamsten bedient werden zur Zeit Fußgänger und Radfahrer. Das ist eine Folge der notwendigen größeren Abstände und der breiteren Manövrier- und Sicherheitsräume. Am flächenaufwendigsten sind daher die ausschließlich auf den Autoverkehr orientierten reinen Kfz-Straßen, vor allem, weil sie kreuzungsfrei geführt werden und überbreite Fahrspuren aufweisen. Auf einem Kilometer Stadtautobahn könnten leicht 1000 Wohnungen

Flächenbedarf der Verkehrsarten im Stadtverkehr (pro beförderte Person ohne Stellplatzbedarf)

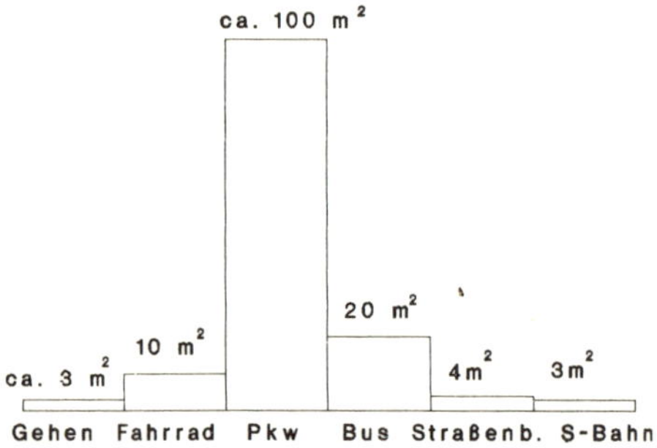

Das Auto beansprucht schon ohne Stellplatzflächen über dreißigmal soviel Fläche wie ein Fußgänger und über zehnmal soviel wie ein Radfahrer.

gebaut werden. Ein einziges Autobahnkreuz entspricht flächenmäßig dem Zentrum einer Kleinstadt.

Der Flächenanspruch des Autoverkehrs ist besonders schädlich, weil er nach den bisher gängigen Planungsstrategien als unverzichtbar und als mit anderen Flächenansprüchen nicht überlagerbar gilt. Er tritt dadurch immer in Konkurrenz zu anderen Flächenansprüchen und verdrängt diese. Das heißt, es werden ihm Vorgärten, Straßenbäume, Wiesen, Gehwege, Radwege, Häuserzeilen, Bäche, Marktplätze etc. geopfert. Das ist ein wesentlicher Unterschied zu vielen früheren Wegeflächen, die gleichzeitig als Verkehrsraum, Aufenthaltsraum, Grünfläche, ökologische Ausgleichsfläche etc. dienten und neben dem Platz für Menschen und Fahrzeuge auch noch für Tiere und Pflanzen genug Spielräume ließen. Heute sind die Verkehrsansprüche so verabsolutiert und perfektioniert, daß auf vielen Straßenflächen für nichts anderes mehr Platz bleibt.

Versiegelung durch Asphaltierung schädigt Stadtökologie

Der Flächenverbrauch für Straßen ist ökologisch so gravierend, weil es sich fast ausschließlich um asphaltierte bzw. betonierte Flächen handelt. Selbst Pflasterflächen werden heute meist auf undurchlässigem Unterbau verlegt. Die Versiegelung hat viele negative Folgen, sie beschleunigt den Abfluß der Niederschläge. In den Städten fließen 80 Prozent aller Niederschläge sofort wieder ab in die Kanalisation, gegenüber 15 Prozent in unbebautem Gebiet. Das vermindert die Grundwasserbildung, Bodendurchfeuchtung und begünstigt Hochwasser in den siedlungsnahen Gewässersystemen. Außerdem erzwingt der schnelle Abfluß überdimensionierte Straßenentwässerungs-, Kanal- und Rückhaltesysteme. Die Versiegelung fördert die Überhitzung der Städte, insbesondere der dichtbebauten Quartiere. Sie verringert die Boden- und Luftfeuchtigkeit und verändert so nachhaltig in negativer Weise das Mikroklima. Jeder Verlust an unversiegeltem Boden bedeutet einen Verlust an natürlicher Regenerationsfähigkeit für die Städte.

Stadtgestalt und Stadtentwicklung: Straßenbau als Stadtzerstörer

Das Auto und die autoorientierte Straßenplanung haben das Gesicht der Städte elementar verändert. Geh- und Radwege wurden für Fahr- und Parkflächen geopfert. Alleen und Straßenbäume wurden abgeholzt, Vorgärten asphaltiert. Plätze wurden mit Autos vollgestellt. Innenblöcke für Autos geöffnet, Grünflächen zu Parkplätzen umgebaut. Straßen wurden verbreitert und wie Schneisen durch die bestehende Bebauung gezogen. Hierfür fielen historische Bürgerhäuser, Stadttore und Stadtmauern. Bäche und Flüsse wurden zuasphaltiert, alte Brücken abgerissen. Riesige Parkplätze und Parkhäuser wurden mitten in historische Altstädte geklotzt. Besonders verheerend waren Straßendurchbrüche und Straßenbegradigungen, die als sogenannte Artillerielösungen ohne Rücksicht auf die bestehende Bebauung durchgezogen wurden

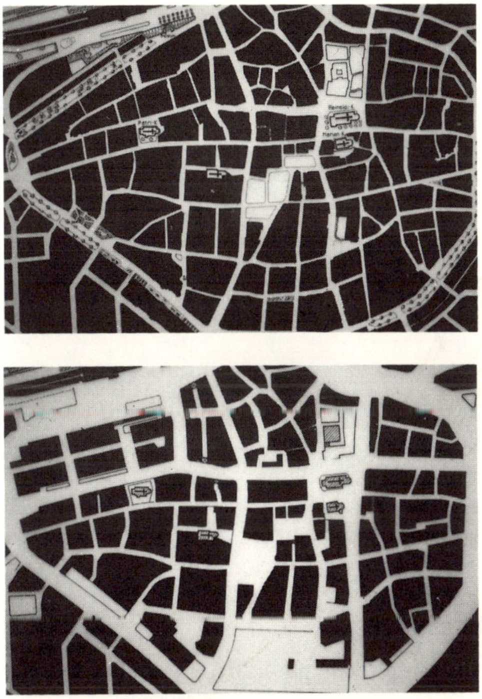

Neue Straßen und Parkplätze wurden oft mitten in die vorhandene Bebauung geschlagen. Wie in der Dortmunder Innenstadt wurde dabei der bisherige Stadtmaßstab völlig gesprengt.

Selbst Bäche und Flüsse verschwanden vielfach unter Autopisten.

und so ganzen Ortskernen und Stadtquartieren den autogerechten Stempel aufdrückten.

Was die Straßenbauer in den Städten anrichteten, war vielfach ein Akt von Vandalismus. Ihnen wie den Stadtvätern als öffentlichen Bauherren war jede Sensibilität für Schützenswertes, für Maßstäblichkeit, für Traditionen sowie für die Straße als Gestaltungs- und Repräsentationsobjekt im Stadtbild abhanden gekommen. Und es gab landauf, landab fast keine Ausnahmen. Die Zeichensprache der Fortschritts- und Wachstumsfetischisten kannte nur breite Pisten und grobe Klötze. Es diktierten das dicke Lineal und der rechte Winkel. Ein ganz besonderes Problem der heutigen Stadtgestalt sind die mit Autos zugestellten Straßen. Kaum noch kann man einen autofreien Ausblick oder Durchblick genießen. Überall verstellen einem dichte Autoreihen das Erlebnis der Proportionen von Straßengestalt und Architektur.

Die Gesetze des Tempostraßenbaus

Nach Ansicht der Straßenplaner sollten Straßen möglichst einheitlich sein, damit die Autofahrer sich fast blindlings orientieren und vor allem schnell bewegen können. Bei hohem Tempo kann man nur wenige, grobe Informationen aufnehmen. Demgemäß regierte die Großmaßstäblichkeit. Der Peitschenmast ersetzte die kleine Laterne oder die Schilderbrücke die kleine Hinweistafel. Hohes Tempo kann man am besten auf ebenen und geraden Pisten fahren, mit einheitlicher Streckencharakteristik, wo Unvorhergesehenes nicht vorkommen darf. Hohes Tempo braucht freie Bahn und weite Sicht. Alles, was den Vorwärtsdrang bremst, mußte deshalb weggeräumt werden. Der Regelquerschnitt ersetzte so die Vielfalt historischer Straßen und Gassen, Alleen, Boulevards, Plätze mit ihren Engstellen, Aufweitungen, Krümmungen und Versätzen. Für kleinteiligen Materialwechsel, für handwerkliche Pflasterungen, für sensible Abstimmung der Straßengestaltung auf die Eigenarten der angrenzenden Bebauung, für die abwechslungsvolle Ausstattung mit Bäumen, für das spannungsvolle Spiel mit Straßenprofilen, Mulden, Rinnen etc. blieb da kein Platz mehr. Auch nicht für Brunnen, Wegkreuze oder Bänke in den Straßen, alles wurde weggeräumt. Die maßlose Besessenheit für den autogerechten Um- und Ausbau der Städte verselbständigte sich in einer aus heutiger Sicht unfaßbaren Weise und überschwemmte das ganze Land.

Zur Tempostraße gehörte der Rasterstädtebau. Auch hier regierte die gleiche Maßstabsvergößerung. Monotone Großformen mit genormten, schematischen Elementen gewannen die Oberhand. Am besten ablesbar wird das an der Architektur der Rathäuser und Banken, die an Klotzigkeit und Ignoranz für maßstäbliche Einpassung dem Straßenbau in nichts nachstanden. Aus dem Gestaltungsrepertoire der gesamten zeitgenössischen Architektur verschwanden Erker, Giebel, Dachgauben, Balkone, Arkaden, Gesimse etc. Es regierten Klötze und Scheiben, ohne stadträumliche und gestalterische Ambitionen willkürlich über die Fläche verteilt.

Die endlose Zersiedlung

Städtebau hing immer schon stark von den jeweils zugrunde gelegten Verkehrsmitteln ab. Vor der Industrialisierung war Distanzüberwindung zeitraubend. Daraus resultierte der gewachsende kompakte Städtebau vieler Jahrhunderte. Typisch waren kleine Grundstücke, schmale Straßen und hohe Nutzungsmischung. In der Zeit der ersten Eisen- und Straßenbahnen wurde Distanzüberwindung leichter. Der Fahrverkehr nahm stark zu, das ermöglichte ein schnelles Städtewachstum im Zuge der Industrialisierung. Das Wachstum folgte den neuen Bahnlinien. Trotzdem blieb das Interesse an hohen Baudichten und einer gemischten Nutzung noch vorherrschend. Erst im Zeitalter des Autos setzten sich ganz neue Siedlungsformen durch. Die neuen Bebauungspläne sind bestimmt von nach dem Automaßstab gerasterten Straßennetzen, in der Regel ohne Anpassung an die vorhandenen Netzstrukturen oder historischen Parzellierungen. Vorreiter hierfür war Amerika, wo angesichts ungeheurer Flächenreserven die aufgelockerte Siedlungsform schon kurz nach der Jahrhundertwende zur beherrschenden Wohnform des aufstrebenden Bürgertums wurde. Das Auto war schnell zum Haupterschließungsträger erkoren und erlaubte weitmaschige Straßennetze und ausgedehnte Siedlungsgebilde geringster Baudichte.

Mit der autogerechten Veränderung ganzer Siedlungsstrukturen spielte Distanz im Standortverhalten keine große Rolle mehr. Die leichtere Distanzüberwindung ließ die Ferne attraktiv werden. Jedoch die Attraktivität der Ferne hatte einen »Pferdefuß«, was in der Ferne gewonnen wurde, ging oft in der Nähe verloren. War zunächst der Einkauf im Verbrauchermarkt am Stadtrand das große neue Konsumerlebnis, ist es heute oft genug das Muß. Die Läden um die Ecke sind längst verschwunden. War zunächst die gelegentliche Fahrt zu fernen Freizeit- und Ausflugszielen eine interessante Abwechslung, so ist sie heute oft ein Zwang, weil die nahen Erholungsflächen längst bebaut und asphaltiert sind und die Naherholungslokale längst geschlossen wurden. Also muß man in die Ferne schweifen. Und auch das Wohnen vor der Stadt ist inzwischen zur Norm geworden, weil der

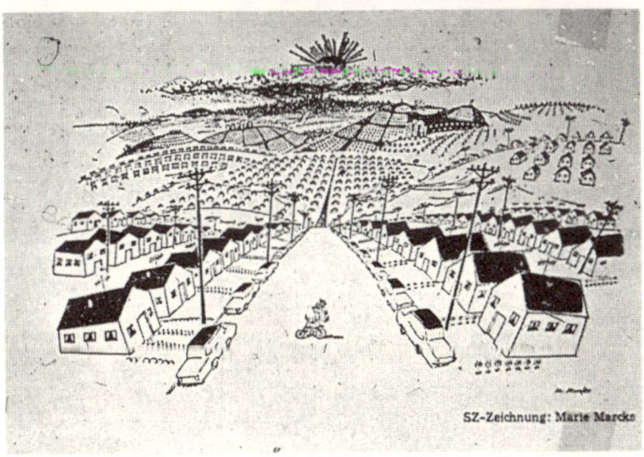

Beim Bau der neuen Trabantenstädte und der riesigen Eigenheimareale von Suburbia war das Auto der »Motor der Zersiedlung«.

zentrale und stadtnahe Wohnungsbau vernachlässigt wurde. Dies alles entstand im Sog des Automobilzeitalters. Erst dadurch konnte der Bauboom des Wirtschaftswunders immer weiter in das Umland schwappen. Erst dadurch konnte das Heer der Pendler so stark anwachsen. Da war es plötzlich auch für die Stadtplanung und Kommunalpolitik akzeptabel, ganze Satellitenstädte und neue Baugebiete immer weiter draußen auszuweisen und nicht mehr wie früher den Anschluß an das Zentrum zu suchen.

Stadtflucht, erzwungene Mobilität und Disurbanisierung

Nicht jeder freilich veränderte sein Distanzempfinden freiwillig. Viele wurden mehr oder weniger massiv aus den Innenstädten vertrieben, durch Häuserabriß im Zuge sogenannter Verkehrssanierungen, durch Zweckentfremdung infolge des wachsenden Nachfragedrucks finanzstarker Cityinvestoren für Büro- und Geschäftsnutzungen sowie durch die hohen Mieten und Grundstückspreise. Wichtigster Vertreiber allerdings war die rapide Verschlechterung des Wohnumfeldes – durch den immer dichteren Autoverkehr. Viele Motivanalysen von Fortgezogenen belegen, daß Autolärm, Verkehrsgefahren und fehlende Freiflächen gewichtige Gründe der Stadtflucht waren und daß die Stadtflüchtlinge am liebsten in der Nähe ihrer alten Wohnungen geblieben wären, wenn sie dort nur eine erschwingliche und weniger umweltbelastete Wohnlage und Wohnung gefunden hätten. Statt dessen landeten sie, mangels stadtnaher Angebote, oft unversehens weitab im Umland. Sie blieben zwar mit dem Herzen Städter, wurden aber faktisch Emigranten, Heimatlose, Nomaden, gezwungen, täglich an der vielhunderttausendfachen Völkerwanderung der Pendler teilzunehmen.

So wuchs die Motorisierung weiter. Da draußen mußte man sich einfach motorisieren. Oft mußte sogar ein Zweitwagen für die Ehefrau wegen der fehlenden öffentlichen Verkehrsverbindungen angeschafft werden, und auch für den Sohn oder die Tocher brauchte man ein Motorrad oder vielleicht sogar einen Drittwagen. Entsprechend nahmen die Verkehrsprobleme zu. Disurbanisierung nennt heute die Wissenschaft diesen ganzen Prozeß der allmählichen Auflösung urbaner, kompakter Siedlungsformen zu wenig verdichteten, flächenfressenden »Zersiedlungsformen«. Kaum jemand leugnet heute, daß die Disurbanisierung eine wesentliche Folge der Verkehrsentwicklung, der autoorientierten Verkehrsplanung, Stadtplanung und Regionalplanung ist.

Zerschnitten, zerhackt, getrennt: die wachsende Trennwirkung von Straßen

Ein besonderer Aspekt der Auswirkungen auf die Siedlungsstruktur ist die zunehmende Trennwirkung der Hauptverkehrs- und Durchgangsstraßen. Aufgrund der steigenden Verkehrsbelastungen und der außerhalb der Stauzeiten immer höheren Geschwindigkeiten entwickelten sie sich zu immer störenderen Barrieren. Fußgänger konnten Hauptverkehrsstraßen nur noch an wenigen Stellen queren und mußten lange Wartezeiten in Kauf nehmen. Auch der querende Fahrverkehr wurde immer mehr abgehängt. Früher trennten Hauptverkehrsstraßen nicht, sondern waren gerade die Naht- und Verbindungsstellen zwischen den angrenzenden Bereichen. Oft lagen sie mitten in geschlossenen Quartieren, waren so etwas wie Quartierszentren mit zahlreichen Geschäften, repräsentativer Architektur und Straßenraumgestaltung. Es gab vielfältige Verflechtungen zwischen der Bebauung rechts und links der Hauptstraßen: auf dem Schulweg, beim Einkauf; Bekannte und Freunde lebten auf beiden Seiten, Kinder spielten mal auf dieser, mal auf jener Seite. All dies ging in dem Maße kaputt, in dem Hauptstraßen zu reinen Rennpisten für den Autoverkehr umfunktioniert wurden. Verbindungen wurden zerschnitten, Orientierungen verändert. Man wandte sich ab von der Hauptverkehrsstraße. Wer konnte, zog weg und suchte sich neue, ruhigere Geschäfte.

Die alten Hauptstraßen verkamen im Laufe der Zeit immer mehr zu Grauzonen. Das Investitions- und Pflegeinteresse der Bewohner und Besitzer schwand, die Bodenpreise sanken, die Bevölkerungsstrukturen veränderten sich. Zurück blieb öde, triste Monotonie. Kleinere Ortschaften an Fernstraßen wurden auf diese Weise oft im wahrsten Sinne des Wortes zerschnitten. Die Ortsmitte oder Quartiersmitte geriet zur reinen Durchgangsstrecke. Auch die

Die Hauptstraße war traditionell die wichtigste und schönste Straße, der bevorzugte Wohnort, Geschäftsplatz, die »soziale und ökonomische« Mitte. Daraus wurden autogerechte, lärm- und abgasumtoste, kaum überwindbare gefährliche Grauzonen.

neu gebauten Hauptverkehrsachsen verbinden nicht die rechts und links anschließenden Stadtteile, sondern trennen sie. Denn sie werden immer häufiger wie Stadtautobahnen mit Leitplanken, mit breiten Fahrbahnen, mit riesigen Abstandflächen, mit Lärmschutzwällen und mit allen Arten von »Kleeblättern« oder »Fly overs« an den Kreuzungen konzipiert.

Fast alle Städte sind inzwischen umgeben von einem solchen Schnellstraßengürtel, in dem sich meist mehrere Bundesstraßen, Autobahnen und Ringstraßen zu einem Geflecht enormen Ausmaßes verknoten. Dazwischen entwickelte sich eine Art modernes Niemandsland, mit dem trotz aller landschaftsgärtnerischen Bemühungen durch sogenanntes Straßenbegleitgrün weder Mensch noch Tier etwas anfangen können. Das weitere Umfeld dieser suburbanen Verkehrsgrauzonen ist so öde, daß es kaum einen geordneten Städtebau zuläßt. Folglich sammeln sich hier mehr und mehr in flächenaufwendigster Flachbauweise hingeklotzte anspruchslose »Restnutzungen« wie Bauhöfe, Müllhalden, Klärwerke, Schrottplätze, Kraftwerke, Raffinerien, Industrielager oder Verbrauchermärke mit rundum asphaltierten Großparkplätzen und Lagerflächen. Mit diesen typischen Folgenutzungen produziert der suburbane Straßen- und Autobahngürtel eine massive Trennwirkung zwischen Kernstadt und dem Umland. Der Großteil der historisch gewachsenen Straßen- und Wegeverbindungen ist gekappt. Abgetrennt und ohne direkte bauliche Verbindungen liegen Kernstadt und periphere Satellitenstädte und Eigenheimgebiete weit auseinander. Der Trenngürtel ist so groß und öde, daß eine Durchquerung zu Fuß oder per Fahrrad eine Zumutung ist. Der Zwang zum motorisierten Pendeln ist die Folge.

Busse, Bahnen, Fahrräder, Fußgänger, Aufenthalt und Kinderspiel: Opfer der Verdrängung

Busse und Bahnen: Talfahrt mit System

Noch in der Nachkriegszeit waren Busse und Bahnen die tragenden Säulen des gesamten städtischen Verkehrssystems. Ihre Flächendeckung war groß, die Haltestellenabstände kurz, die Haltestellen selbst dadurch immer gut zu Fuß erreichbar, die Bedienungshäufigkeit nach heutigen Maßstäben hervorragend. Mit dem wachsenden Autoverkehr wurden Pflege und Weiterentwicklung des öffentlichen Verkehrssystems zunehmend vernachlässigt. Das Interesse von Politikern, Planern, Öffentlichkeit und Wirtschaft wandte sich von Bussen und Bahnen ab. Rein physisch gerieten Busse und Bahnen immer mehr in Bedrängnis, da sich die Straßen immer mehr mit fahrenden und stehenden Autos füllten. Sie blieben immer öfter im Stau stecken, wurden an Kreuzungen von abbiegenden Autos aufgehalten, mußten zusehen, wie ihre Gleise, Fahrtrassen und Haltestellen zugeparkt wurden. Schnell addierten sich solche Behinderungen und Wartezeiten zu gravierenden Verlustzeiten. Die Folge waren eine schnelle Abnahme der Reisegeschwindigkeit und damit ein spürbarer Gesamtverlust an Attraktivität. Busse und Bahnen gerieten in den Verruf, langsam und unpünktlich zu sein. Verlängerte Umlaufzeiten verursachten zusätzliche Kosten, da mehr Wagen und Personal erforderlich wurden. Zunehmend in Bedrängnis gerieten auch die Fahrgäste. Allenthalben wurden Haltestellenflächen und -inseln beseitigt und verkleinert, um Platz für den Autoverkehr zu schaffen. Oftmals behinderten und gefährdeten stehende oder fahrende Autos ein- und aussteigende Fahrgäste.
Statt nun durch entsprechende planerische und verkehrsorganisatorische Maßnahmen Busse und Bahnen vor diesen Behinderungen zu schützen und ihnen auf Straßen, an Kreuzungen und an Haltestellen Vorrang einzuräumen, wurde in den großen Städten der Konflikt auf dem Weg des geringsten Widerstandes gelöst. Man verbannte die Bahnen in den Untergrund. Das tat dem Autoverkehr nicht weh. Im Gegenteil, so

Die Straßenbahnsysteme wurden vielfach stillgelegt oder in den Untergrund verbannt, um mehr Platz und weniger Konkurrenz für den Autoverkehr zu haben, der sich fahrend und parkend auf den geplünderten Flächen breitmachen durfte.

wurde oben noch mehr Platz für die Autos geschaffen, die nun endlich vollends freie Fahrt erhielten. Natürlich sind unterirdische Bahnen viel teurer als oberirdische, und so gerieten trotz staatlicher Förderung immer mehr Verkehrsbetriebe unter der Last der Folgekosten in die roten Zahlen, wurde öffentlicher Verkehr zwangsläufig mit dem Stigma des Defizitbetriebs belegt. Die Devise lautete nun überall: sparen, Personal abbauen, Angebot abbauen. In mehreren Rationalisierungswellen wurden Busse und Bahnen immer fahrgastunfreundlicher, anonymer. Komplizierte Automaten ersetzten das Servicepersonal an Bahnhöfen und Haltestellen sowie die Schaffner. Der Fahrpreis wurde immer wieder erhöht und das Tarifsystem so kompliziert, daß viele Leute nur schwer damit zurechtkamen. Das Angebot wurde schrittweise ausgedünnt, viele Linien stellten ihren Dienst ganz ein oder fahren heute nur noch in großen Zeitabständen.

Die typischen Formen der Bebauung und Verkehrserschließung der 60er und 70er Jahre warfen Busse und Bahnen immer mehr aus der Konkurrenz. Die flächenhafte disperse Siedlungsentwicklung erschwerte eine wohnungsnahe Erschließung der Neubaugebiete mit Bussen und Bahnen von vornherein. Diese wurde auch immer seltener angestrebt. Breite Autoschnellstraßen dagegen wurden schon gebaut, bevor die ersten neuen Häuser standen und bezogen werden konnten. Das Auto galt als der Erschließungsträger und band diese Neubausiedlungen an die Autoabhängigkeit. Die Anbindung an Busse und Bahnen erfolgte dagegen verspätet und lückenhaft. Schienenanschlüsse wurden, wenn überhaupt, vielfach erst mit jahrzehntelanger Verzögerung durchgesetzt. Dann hatten sich die neuen Bewohner mit Zweit- und Drittautos schon längst auf die ausschließliche Autonutzung festgelegt.

Fußgänger: immer an der Wand entlang

Fußgänger mußten in den Städten den höchsten Blutzoll leisten. In den Boomjahren der Motorisierung von 1965 bis 1972 starben jährlich 5000 bis 6000 Fußgänger auf deutschen Straßen und wurden 70 000 bis 75 000 Fußgänger schwer verletzt. In den letzten Jahrzehnten waren durchweg etwa doppelt so viele Fußgänger unter den innerörtlichen Unfallopfern wie Autoinsassen. Dem Alter nach waren von den Fußgängerunfällen Kinder und Betagte am meisten betroffen. Daß ab 1970 die Unfallzahlen bei Fußgängern wieder etwas zurückgingen, war weniger ein Verdienst der Verkehrsplanung, sondern ergab sich durch den immer häufigeren Verzicht auf das Gehen. Dazu hat neben den Verkehrsgefahren vor allem beigetragen, daß viele Straßen immer fußgängerunfreundlicher wurden. Fußgänger verloren immer mehr Flächen und Rechte. An vielen Straßen wurden die Gehwege Schritt um Schritt verschmälert. Oft wurden sie zum Parken zweckentfremdet. Amtlich förderte man dies durch die Einführung des Gehwegparkens in die Straßenverkehrsordnung und das Aufstellen entsprechender Zeichen in immer mehr Straßen. Zug um Zug hat sich inzwischen das Gehwegparken auch dort eingebürgert, wo genug Platz zum Parken am Fahrbahnrand wäre. Illegales Gehwegparken bleibt zumeist amtlich still geduldet. Seit den 70er Jahren hat man viele Gehwege auch noch als Hilfsradwege zweckentfremdet. Den Radfahrern zu Lasten der schwächsten Verkehrsteilnehmer Platz zu schaffen, wo gleichzeitig überdimensionierte Fahrbahnen ausreichend Platz für eigene Radwege oder Fahrradstreifen geboten hätten, war die einfachste Strategie. Das lenkte den Volkszorn der Fußgänger und Politiker auf die »rücksichtslosen Radfahrer«, die natürlich auf den Gehwegen oft genug Fußgänger behinderten und gefährdeten. Die Autofahrer dagegen blieben in

ihren Rechten und ihrem Platzanspruch ungeschoren. Gehwege gelten als Fläche, wo man alles »Störende« abstellen kann. Lichtmasten, Ampeln, Verkehrszeichen, Trafokästen, Werbetafeln, Mülltonen, Sperrmüll, Baustellenmaterial, Unfallscherben: All dies fand und findet noch immer seinen Platz auf dem Gehweg. Eingeengt durch das Gehwegparken, das Gehwegradeln, die geringen Gehwegbreiten und die vielen Hindernisse, ist das Gehen heute ein Hindernislaufen.
Gleichzeitig wurden den Fußgängern immer längere Wartezeiten zugemutet. Ihre angebliche Priorität auf Zebrastreifen verkam zum frommen Wunsch. Bei hoher Verkehrsdichte blieben immer seltener ausreichende Zeitlücken zum Überqueren von Straßen. An Kreuzungen benachteiligten die Ampelschaltungen die Fußgänger mit immer kürzeren Grünzeiten oder gaben überhaupt nur noch nach rechtzeitigem Knopfdruck Grün für Fußgänger frei. Viele Kreuzungen lassen von vier möglichen Querungen heute nur noch drei zu oder teilen den Überweg in zwei oder mehr Teile, unter Umständen sogar mit getrennten Ampelphasen. Mit Barrieren, Absperrketten und Unterführungen wurden Fußgänger zunehmend auf wenige Querungsstellen und damit zu langen Umwegen gezwungen.
All diese Behinderungen summierten sich zu enormen Zeitverlusten. Die durchschnittliche Reisegeschwindigkeit der Fußgänger sank in zwei Jahrzehnten um die Hälfte, das heißt, für denselben Weg braucht man heute doppelt so lange. Besonders betroffen sind die sogenannten schwächeren Fußgänger, also die Kinder und Alten, die nicht wie die Erwachsenen »im besten Alter« mit sportlichem Schwung, Risikobereitschaft, Selbstbewußtsein und lässigen Regelübertretungen Zeitverluste und Unbequemlichkeiten »umgehen« können. Nachteile für die Fußgänger brachten natürlich auch die Umweltauswirkungen des Autoverkehrs und die Veränderung der Straßengestalt. Der Fußgänger ist den Lärm- und Abgasbelastungen in den Straßen besonders lange und intensiv ausgesetzt. Er leidet am meisten darunter, wenn die Gestaltung immer monotoner und gröber wird und den Fußgängermaßstab mißachtet. Auch durch die Siedlungsentwicklung wurde der Fußgängerverkehr benachteiligt. Bei der Zersiedlung mit geringer Baudichte und der autoorientierten Straßennetzgestaltung wurden die Entfernungen immer größer. An Abkürzungswege und Netzschlüsse für Fußgänger wurde in der Bauleitplanung kaum mehr gedacht. Das Angebot an wohnungsnaher, fußgängerfreundlicher Infrastruktur zum Einkaufen, für die Freizeit, für die Bildung etc. wurde immer dünner. Man konnte also zu Fuß immer weniger Ziele erreichen.

Radfahrer: mit System verdrängt

Die Radfahrer waren in den 60er und 70er Jahren in der Verkehrsplanung weitgehend ausgespart. Angeblich gab es so gut wie keine Radfahrer mehr. Merkwürdig ist, daß trotzdem Jahr um Jahr mehr Fahrräder als Autos verkauft wurden. Das Fahrrad galt als kein ernst zu nehmendes Verkehrsmittel mehr, obwohl es, wie man heute weiß, für Schüler, Auszubildende und Studenten sowie für Hausfrauen auch in den 60er und 70er Jahren ein wichtiges Alltagsverkehrsmittel blieb. Fast überall schrumpften in dieser Zeit die Radwegenetze. Eigene Investitionen für Radfahrer waren die Ausnahme und machten mikroskopische Bruchteile der Straßenbauinvestitionen aus. Die noch aus der Vorkriegszeit und den 50er Jahren vorhandenen Radwege wurden legal oder illegal zu Parkstreifen zweckentfremdet. Ehemals vorhandene Radwegenetze wurden zerstückelt. Der verbliebene Rest von Radwegen wurde kaum gepflegt und unterhalten. An vielen

In den ersten Nachkriegsjahren gehörten Radfahrer zum vertrauten Bild in Stadt und Land. Sie hatten auf vielen Straßen und Kreuzungen »die Nase vorn«. Heute werden die Radfahrer vom massenhaften Autoverkehr buchstäblich erdrückt.

verkehrsreichen Straßen wurde der Fahrradverkehr per Verkehrszeichen ganz verboten. Selbst die Abstellmöglichkeiten für Radfahrer wurden beschnitten. Noch in den 50er Jahren gehörten Radständer zur Standardausstattung vieler Geschäfte und Behörden. Sie wurden später demontiert.
Die Kreuzungen wurden für den wachsenden Autoverkehr ständig erweitert und umgebaut, aber für den Fahrradverkehr fielen dabei keine Flächen ab. Gerade hier an den Kreuzungen, wo es mit wachsendem Autoverkehr für den Radfahrer am gefährlichsten wurde, gab man ihm keine Hilfen mit Abbiegespuren und Signalregelungen. Mit dem Rechtsfahrgebot der Straßenverkehrsordnung wurden die Radfahrer an den äußersten Fahrbahnrand gedrängt. Gerade da aber lauern die vielen Gefahren, zum Beispiel unebene, schräge Gossen, in der Fahrrichtung verlegte Gullys mit tückischen Schlitzen, aufspringende Asphaltnähte, unachtsames Öffnen von Türen am Straßenrand parkender Autos, aus Einfahrten oder Parkstreifen ausfahrende Autos etc. Zu diesen Gefahren kamen die steigenden Unfallrisiken durch die immer höheren Fahrgeschwindigkeiten und die damit nachlassende Rücksichtnahme der Autofahrer. Die Unfallzahlen sprechen eine deutliche Sprache. In Relation zur Fahrleistung der Radfahrer stieg das Unfalltötungsrisiko auf das Dreifache, das Verletzungsrisiko auf das Vierfache.
Wenig Liebe fand das Fahrrad auch bei den Betrieben des öffentlichen Verkehrs. Dabei gab es in der Vorkriegszeit und den 50er Jahren in vielen Städten eine gedeihliche Kooperation von Fahrradverkehr und öffentlichem Verkehr. Sie geriet in Vergessenheit. Vielerorts wurde die Fahrradmitnahme in Bussen und Bahnen abgeschafft. Kaum jemand kümmerte sich um Fahrradabstellanlagen an Haltestellen und Bahnhöfen. Niemand sorgte für die Anlage von attraktiven Radwegen zu den wichtigen Haltestellen. Die Verkehrsbetriebe betrachteten die Radfahrer eher als lästige Verkehrsteilnehmer, als sinnvolle Ergänzung wurden sie nicht erkannt.

Aufenthalt und Kinderspiel: von der belebten Stadtstraße zum toten Verkehrsband

Ursprünglich dienten Stadtstraßen vielen Zwecken. Sie waren Verkehrsraum und Aufenthaltsraum. Hier konnte man gehen und fahren, stehen, sitzen und spielen. Handwerker konnten einen Teil ihrer Arbeiten auf die Straße verlagern, die Straße war auch Lagerfläche für Waren, Geräte etc. Die Straße gehörte als wohnungsbezogener Außenraum mit zum täglichen Leben, das sich zu einem guten Teil auf der Straße abspielte. Der Spaziergang, der Straßenbummel und ein Schwatz waren all-

Straßen und Plätze waren vor ihrer Okkupation durch Autos bevorzugte Orte für Aufenthalt und Spiel, für buntes Straßenleben. Je mehr der Autoverkehr dominiert, desto weniger frei können sich die Menschen ohne Auto bewegen und entfalten.

tägliche Aktivitäten. Für Kinder und Jugendliche war die Straße der wichtigste Spielort. Straßen boten eine Art Bühne für das Sehen und Gesehenwerden. Passierende Fußgänger und sich im Straßenraum aufhaltende Menschen erzeugten das dichte Geflecht von Kommunikation und Sozialbeziehungen.

Mit ihrer sich verschlechternden Aufenthaltsqualität verloren die Straßen diese Belebtheit und soziale Öffentlichkeit. Noch so starker Autoverkehr ist dafür kein Ersatz. Viele Straßen wurden öde und monoton. Selbst die Gebäude veränderten ihr einst der Straße zugewandtes Gesicht. Vorgärten, Erker und Balkone zum Sitzen und Beobachten verschwanden. Leicht zu öffnende Fenster wurden durch dichte, verriegelte Lärmschutzfenster ersetzt. Das Leben verlagerte sich mehr und mehr weg von der Straße ins Innere der Häuser. Die Straßen degradierten zum reinen Verkehrsband für Autos. Für die Kinder bedeutet diese einseitige Ausrichtung des Straßenlebens auf den Autoverkehr vielfach eine Art Freiheitsberaubung. Schon ab drei bis vier Jahren sind sie eigentlich physisch und psychisch reif für die selbständige Fortbewegung im Bereich des Wohnumfeldes. Kinder früherer Generationen konnten bereits in diesem Alter frei im Wohnumfeld herumstreifen. Heute wird den Kindern diese für ihre Entwicklung so wichtige Phase der stufenweisen Ausweitung des Aktionsradius, der Aneignung immer weiterer Territorien, der intensiven Auseinandersetzung mit einem außerhäuslichen Erfahrungsfeld erst einmal vorenthalten. Sie wird gegenüber früher um vier bis fünf Jahre hinausgezögert und findet auch dann nur begrenzt statt. So ergibt sich eine Art künstlicher Infantilisierung, die in einem merkwürdigen Kontrast zu der immer früheren Konfrontation mit einer problematischen »Welt aus zweiter Hand« durch Fernsehen und Video steht. Und das in einer Zeit, in der mehr als je zuvor über die körperliche und seelische Entwicklung von Kindern geredet und geschrieben wird. Kinderärzte registrieren schon seit Jahren eine erschreckende Zunahme grobmotorischer Bewegungsstörungen (Zappeligkeit, Nervosität) bei Kindern und Jugendlichen, weil es im Alltag und im Wohnumfeld an ausreichenden Bewegungsmöglichkeiten fehlt.

Güterverteilung und Wirtschaftsverkehr: Vormarsch des Schwerverkehrs in die Städte

Niedergang der Bahn im Güterverkehr

Auch der Wirtschaftsverkehr ist im Laufe der Jahre in eine immer stärkere Abhängigkeit vom Auto geraten. Bis in die 60er Jahre wurden die stark gebündelten regionalen und überregionalen Waren- und Güterströme vorrangig auf der Schiene abgewickelt, vor allem als Güterfernverkehr auf der Eisenbahn. In der Vorkriegszeit hatte es auch im Nah- und Regionalverkehr noch vielfach einen schienengebundenen Güterverkehr gegeben. Viele kommunale oder regionale Verkehrsunternehmen und Privatbahnen besaßen damals noch Güterverkehrssparten. Das Schienennetz und das Netz für Güterumschlagstellen der Bahn waren nahezu flächendeckend. Es gehörte zum Wirtschaftsalltag, daß Gewerbegebiete über einen eigenen Gleisanschluß verfügten und daß dieser auch intensiv genutzt wurde. Nur die Feinverteilung der Warenströme wurde nicht mit der Bahn abgewikkelt. Damit gab es eine sinnvolle Arbeitsteilung zwischen den Verkehrsträgern, die die Städte vor einem überbordenden LKW-Verkehr bewahrte. Für die Feinverteilung reichten kleine, wendige LKW aus, die gut in die Städte integrierbar waren. Seinerzeit war das heute alltägliche Bild der bald Stoßstange an Stoßstange von Flensburg bis Konstanz reichenden Schlangen von LKW, die das Fern- und Hauptstraßennetz immer wieder verstopfen, noch überhaupt nicht vorstellbar. Der Slogan »Güter gehören auf die Bahn« war noch absolute Realität. Das private Kfz-Gewerbe war weit weniger entwickelt. Noch 1960 beförderte der Schienengüterverkehr das mehr als Dreifache des Straßengüterfernverkehrs und hatte einen Vorsprung von 218 Millionen Tonnen. 1984 hatte die Straße die Schiene überholt. Der Straßengüterfernverkehr beförderte nun 23 Millionen Tonnen mehr als die Schiene. Er konnte seine Tonnenkilometer fast vervierfachen, während die Schiene stagnierte. Im Güterverkehr reduzierte sich der Anteil der Bahn von 37 Prozent im Jahr 1960 auf 23 Prozent im Jahr 1983, während der Anteil der Straße von 32 auf 53 Prozent stieg. Diese Zahlen kennzeichnen die Umorientierung des Wirtschaftsverkehrs von den öffentlichen Transportmitteln auf die Straße.

Der LKW-Verkehr wurde seit den 60er Jahren systematisch gefördert. Vor allem der Autobahnbau bot dem LKW-Verkehr neue Chancen. Die Güterbahn dagegen verlor immer mehr an Bedeutung. Ihr Netz wurde schrittweise abgebaut.

Entwicklung der Straße und der Schiene im Güterverkehr

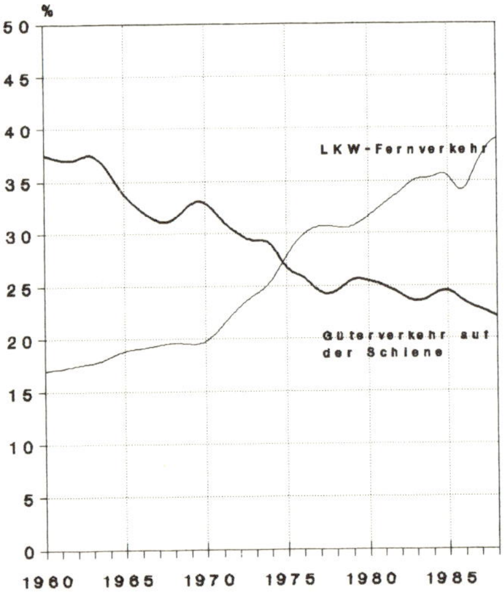

Schritt um Schritt wurde nun das Schienengüterverkehrssystem abgebaut. Das Schienennetz der Bahn in der Fläche schrumpfte stetig. Die Zahl der Umschlagpunkte und der Annahmestellen nahm deutlich ab. Notwendige Investitionen zur Einführung neuer Güterumschlagtechnologien wurden nicht getätigt bzw. beschränkten sich auf wenige zentrale Umschlagpunkte. So geriet die Bahn im Güterverkehr zwangsläufig immer mehr auf die Verliererstrecke, der Prozeß schaukelte sich hoch. Die Bahn konnte von dem schlagartig zunehmenden Warentransport des Wirtschaftswunders kaum profitieren. Sie verlor ihr Gewicht als Verkehrsträger. Ihr blieb eine Restaufgabe im Güterfernverkehr, nämlich der Transport von preislich unattraktiven Massengütern. Die massive Förderung der Straße, vor allem durch den Ausbau der Autobahnen und Bundesstraßen, gab dem Straßenfernverkehr wichtige Impulse. Erst sie machte den Wechsel auf die Straße attraktiv. Anfangs wurde noch ernsthaft diskutiert, Autobahnen für den Güterfernverkehr zu sperren. Doch bald überrollte die Lawine der LKW das Fernstraßennetz und schaffte so massive Fakten, daß niemand mehr an ein Gegensteuern dachte. Der erste Nachkriegsverkehrsminister kam aus dem Straßenfernverkehrsgewerbe. Da ist es nicht verwunderlich, daß er nicht daran dachte, die Position der Schiene im Güterverkehr zu behaupten oder gar zu stärken. Im Güternahverkehr wird schon 1960 überhaupt keine Verkehrsleistung der Schiene mehr ausgewiesen. Die früheren öffentlichen Güternahverkehrsangebote sind verschwunden. Der LKW dominiert hier inzwischen völlig.

Die Jumbotechnologie hält Einzug in die Städte

Die geschilderte Entwicklung hatte natürlich auch ernsthafte Konsequenzen für den Stadtverkehr. Es änderte sich die LKW-Technik. Immer größere Wagenklassen wurden entwickelt und auf den Markt gebracht. Die Zahl der LKW verdoppelte sich fast von 681 000 im Jahr 1960 auf 1 277 000 im Jahr 1983. Die Zahl der Anhänger verdreifachte sich von 322 000 auf 1,078 Millionen. Die Zahl der schweren Anhänger und Sattelanhänger über 12 Tonnen wuchs von 26 700 auf 117 600. Die Zahl der besonders schweren Anhänger und Sattelanhänger über 20 Tonnen verneunfachte sich von 6000 auf 53 900. Die Straßenverkehrszulassungsordnung begünstigte diese Entwicklung durch schrittweises Heraufsetzen der zulässigen Werte für Breite, Länge und Gewicht der LKW. Der Straßenbau in den Städten mußte folgen. Mit immer stärkeren Fahrbahndecken, die natürlich wesentlich teurer waren. Mit immer höheren Unterhaltungskosten für die von schweren LKW angerichteten Straßenschäden. Mit immer breiteren Abmessungen für Fahrbahnen und Straßen. Die ungehinderte Begegnung zweier großer LKW wurde zum Normmaß für fast das gesamte Straßennetz. Damit waren der Abriß von Stadttoren, die Aufweitung alter Stadtstraßen und die Verschmälerung vieler Bürgersteige praktisch vorprogrammiert. Das alles wurde stillschweigend als Service für das LKW-Gewerbe vorausgesetzt und – erstaunlich genug – von den Städten mehr oder weniger klaglos geleistet. Nicht zuletzt wohl deshalb, weil die eigenen Busse, Straßenbahnen, Müllfahrzeuge, Schneepflüge, Kehr-

Die Jumbomanie der LKW-Branche sprengt jeden Maßstab. Seit Jahren wurden die Grenzwerte für Größe und Gewicht der LKW immer weiter heraufgesetzt.

maschinen und Feuerwehren auch immer größer wurden. Man glaubte, sich mit diesen LKW-gerechten Straßen also auch selbst einen Gefallen zu tun.

Massive Verkehrsverstöße

Hatte es aus guten Gründen in der Vorkriegszeit für LKW noch scharfe Geschwindigkeitsbegrenzungen gegeben, weil man damals genau wußte, welche ungeheure Störwirkungen und Gefahren von schnellen LKW ausgingen, so drückte man später die Augen zu. Innerorts dürfen LKW genauso schnell fahren wie PKW. Außerhalb geschlossener Ortschaften gilt zwar theoretisch Tempo 80, doch faktisch donnern die immer PS-stärkeren LKW mit wesentlich höheren Geschwindigkeiten an Klein- und Mittelklassewagen vorbei. Erhebliche LKW-Unfälle mit fatalen Folgen gehören seitdem zum Verkehrsalltag. Besonders im Herbst, Winter und Frühjahr kommt es regelmäßig zu Massenkarambolagen. Obwohl nur 4 Prozent aller Kraftfahrzeuge Lastwagen sind, verursachen diese 20 Prozent aller Verkehrsunfälle. Trotz gelegentlicher Kontrollaktionen steht die Polizei den systematischen Verkehrsübertretungen der LKW-Branche derzeit fast machtlos gegenüber. Jeder dritte LKW überschreitet die zulässigen Höchstgeschwindigkeiten erheblich. Selbst bei Gefahrguttransporten wird nicht wesentlich vorsichtiger gefahren. Auch die Lenkzeitbegrenzungen und vorgeschriebenen Höchstgewichte werden häufig mißachtet. Bei Kontrollen treffen Lenkzeitübertretungen für bis zu 40 Prozent aller LKW zu.

Die massiven Tempoverstöße des LKW-Verkehrs verschlechtern nicht nur die Verkehrssicherheit, sie haben schwere Folgen für die Luft- und Lärmbelastungen. Bei nur 4 Prozent Anteil an Fahrzeugaufkommen stammen 30 Prozent aller Stickoxydemissionen von LKW, 75 Prozent aller Staubemissionen des Verkehrs und 15 Prozent der Kohlenwasserstoffe gehen auf ihr Konto. Lärmerzeuger Nummer eins im Autoverkehr sind sie schon lange, bei hohem Tempo werden völlig unverträgliche Spitzenwerte von über 100 Dezibel erreicht.

Das Diktat der LKW-Branche geht weiter

Alle die aufgeführten Mängel und Nachteile motivieren die Verantwortlichen in Politik und Planung nicht zu einer deutlichen Begrenzung des LKW-Verkehrs. Vielmehr soll er weiterwachsen, immer günstigere Bedingungen erhalten. Die Höchstgewichte wurden heraufgesetzt, inzwischen schon auf 40 Tonnen. Auch die maximal zulässige Breite wird den Wünschen der Fahrzeughersteller angepaßt und wieder um 15 Zentimeter vergrößert. Der Güterverkehrsmarkt soll weiter im Zuge der EG-Harmonisierung liberalisiert werden, wichtige wettbewerbsregelnde Auflagen sollen entfallen. Die Sicherheits- und Sozialvorschriften werden noch »löchriger«, wenn Speditionen aus allen EG-Ländern auf den deutschen Markt drängen. Die Güterbahn wird vollends mit Dumpingpreisen ruiniert. Die Güterabfertigung von Stückgut und Expreßgut soll auf weiteren 1000 der 4000 noch bestehenden Güterbahnhöfe eingestellt werden. Der Deutsche Städtetag erwartet nach der Liberalisierung mindestens 40 Prozent mehr LKW auf deutschen Straßen, die dann nicht nur die Autobahnen, sondern viele Stadtstraßen erheblich belasten werden.

LKW-Branche, Wirtschaft und Autolobby wehren einstweilen alle ernsthaften Versuche ab, die von der LKW-Lawine ausgelösten Probleme durch eine Verminderung des LKW-Verkehrs zu bewältigen. Wirkungsvolle Gegenmaßnahmen, wie sie die Schweiz seit langem ergriffen hat, sind hierzulande tabu. In der Schweiz besteht ein generelles Nachtfahrverbot für LKW. Sie hat das zulässige Gesamtgewicht von LKW auf 28 Tonnen begrenzt und eine besondere

Abgabe vom LKW-Verkehr erhoben. Gleichzeitig bietet die Schweiz attraktive Güterbahnangebote. Das alles führte zu dem Ergebnis, daß der LKW-Verkehr weniger stark gestiegen ist und die Bahn ihre Position besser behaupten konnte. Es ist der erklärte Wille der Schweiz, trotzdem noch mal die Hälfte des jetzigen LKW-Transitverkehrs auf die Bahn zu verlagern. Dem Schweizer Beispiel will jetzt unter der Last des LKW-Durchgangsverkehrs auch Österreich folgen. Es hat, trotz heftiger Proteste, regionale Nachtfahrverbote und Tempolimits eingeführt, außerdem eine regionale Schwerverkehrsabgabe als Anreiz zur Begrenzung der LKW-Aufkommen. Dagegen wird in der Bundesrepublik die gesamte LKW-Problematik im Straßenverkehr mit der Sympathiewerbung für die Kapitäne der Landstraße und mit dem Gerede von der Fernfahrerromantik überdeckt. Welcher bundesdeutsche Politiker wagt diese heute mächtige und in Politik und Verbänden wirkungsvoll vertretene Branche zukünftig in ihre Schranken zu weisen?

Die Hauptschadensstifter: zu viele Autos und zu hohes Tempo

Je schneller, desto schlimmer

Alle Schäden des Autoverkehrs, alle seine Unverträglichkeiten wachsen, aufgrund physikalischer und psychologischer Gesetzmäßigkeiten, schnell mit dem Tempo. Psychologisch ändert sich der Fahrstil. Bei höheren Geschwindigkeiten wird in der Stadt hektischer gefahren, rasanter beschleunigt, stärker abgebremst, mehr überholt. Der Autofahrer wird aggressiver, weniger kompromißbereit und rücksichtsvoll. Er orientiert sich nur noch nach vorwärts und nicht mehr seitwärts. Physikalisch ändern sich durch die höheren Geschwindigkeiten das Emissions-, Verbrauchs- und Verzögerungsverhalten sowie die Aufprallenergien. Schneller Autoverkehr bedeutet also: viel Lärm mit starker Störwirkung durch hochtourigere Beschleunigungsvorgänge, laute Roll- und Bremsgeräusche und extremere Fahrzustände. Schneller Autoverkehr bedeutet auch hohe Abgasemissionen durch unregelmäßigen Fahrverlauf und ungünstige Betriebszustände mit hohen Beschleunigungsanteilen. Schneller Autoverkehr bedeutet deshalb auch hohen Kraftstoffverbrauch. Schneller Autoverkehr zwingt zu hohen Sicherheitsabständen. Es kommt zum sogenannten Ziehharmonikaeffekt: Das einzelne Auto braucht mehr Fläche. Die Kapazität und Leistungsfähigkeit der Straßen sinken. Schneller Autoverkehr kostet knappe Stadtflächen, weil er breite Fahrspuren mit großen Sicherheits- und Manövrierflächen, Radien, Eckausrundungen und Sichtweiten erfordert und zur sturen Separation zwingt. Schneller Autoverkehr führt zu großen Unverträglichkeiten mit den übrigen Straßennutzungen, den Fußgängern, den Radfahrern, dem Aufenthalt und dem Kinderspiel. Er vermindert schließlich die Chancen aller anderen Verkehrsmittel, weil sie unter Reisezeitgesichtspunkten hoffnungslos ins Hintertreffen geraten. Alles in allem wachsen bei schnellem Autoverkehr rasch die Un-

Minderung der Schadenswirkungen des Autos (im Stadverkehr) durch systematische, flächendeckende Absenkung des Geschwindigkeitsniveaus

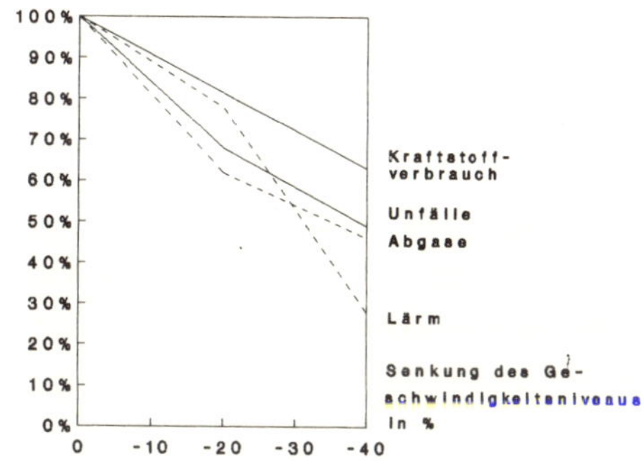

Alle Schadenswirkungen des Autoverkehrs sinken deutlich mit verminderten Geschwindigkeiten.

verträglichkeiten und Störwirkungen. Schneller Autoverkehr hat deshalb in den Städten nichts zu suchen.

Zu viele fahrende Autos: Das Maß ist voll

Alle negativen Folgen des Autoverkehrs vermehren sich mit der Menge der fahrenden Autos. Mehr Autoverkehr bedeutet mehr Lärm, mehr Abgase, mehr Benzinverbrauch, mehr Flächenverbrauch, mehr Unfälle, mehr Stadtzerstörung. Das zeigt sich im Zeitverlauf, wenn sich Lärm und Abgasbelastungen in den Spitzenstunden mit dem höchsten Verkehrsaufkommen konzentrieren. Das zeigt sich im regionalen Vergleich, der klar die Straßen mit den höchsten Autoverkehrsdichten als am meisten von Emissionsproblemen belastete ausweist.

Auch die sozialen Probleme im Bereich Kinderspiel, Nachbarschaft, Wohnzufriedenheit wachsen deutlich mit der Kfz-Verkehrsmenge einer Straße. An den hochbelasteten Straßen sind die Kontakt- und Nachbarschaftsstrukturen stark gestört. Die Alltagswahrnehmung konzentriert sich nur mehr auf die eigene Haustür. Die Straße wird nicht mehr als Heimat angenommen, sie wird als »Feindesland« aus der Wahrnehmung ausgespart. Die Fenster bleiben fest geschlossen. Die Menschen fühlen sich für ihre Straße nicht mehr verantwortlich, die Anzeichen für eine Abschottung gegen die Straße sind besonders groß. Dort sind die Straßen am ungepflegtesten, und dort häufen sich die Anzeichen von Vandalismus. Zudem sind sie hochgradig kinderfeindlich. Diese Kinderfeindlichkeit verursacht deutliche Abhängigkeiten für die Betreuungspersonen, sie zwingt zu Vorbeugungsmaßnahmen. Man läßt seine Kinder nicht allein auf, geschweige denn über die Straße gehen. Spielen vor der Haustür ist verboten. Zur Schule müssen die Kinder begleitet werden. Autoverkehrsreiche Straßen beeinträchtigen das Gehen durch starken Lärm und Abgase. Sie verhindern das beliebige Überqueren. Sie zwingen zu langen Wartezeiten und riesigen Umwegen. Und sie sind für Fußgänger besonders gefährlich. Aus all diesen Gründen finden es immer mehr Bürger schlecht, daß der Autoverkehr weiter zunimmt. Sie wünschen sich statt dessen eine Begrenzung und einen Rückgang des Autoverkehrs in der Stadt.

Das geparkte Blech quillt über

Auch beim Parken – dem sogenannten »ruhenden Verkehr« oder »Stehverkehr« – gibt es große Probleme. Wenn die Straßen von stehenden Autos überquellen, wenn jedes freies Fleckchen Stadtboden zugeparkt wird, dann ist schnell die Grenze der Verträglichkeit überschritten. Die Beeinträchtigungen durch zu viele abgestellte Autos sind vielfältig. Zum einen wird das Bild von Straßen und Plätzen empfindlich gestört, wenn der Blick überall nur auf Autos fällt. Blech, nichts als Blech. Darüber hilft auch all die Buntheit unterschiedlicher Autolacke, die Formenvielfalt verschiedener Karosserien nicht hinweg. Große Ansammlungen von Autos verbreiten Öde, degradieren das Umfeld zur städtebaulichen Grauzone, versperren den freien Blick auf Gehwege und Häuser.

Ein Übermaß an parkenden Autos wird zum anderen aber auch zu einem vielfältigen Hindernis, vor allem für Fußgänger und Radfahrer, für den Aufenthalt. Die Benutzbarkeit von Plätzen sowie von Gehwegen und Radwegen ist beträchtlich eingeengt, und das Queren der Straßen wird empfindlich gestört, wenn auf beiden Seiten die Autos Stoßstange an Stoßstange stehen. Gehwegparken und Radwegparken haben sich wie eine Seuche über alle dichtbebauten Gebiete ausgebreitet. Sie sind inzwischen zu einer eingefleischten Gewohnheit vieler Autofahrer geworden. An bequemes, sicheres Gehen und Radeln

Eine Lawine geparkter Autos ergießt sich über die Städte und Gemeinden. Immer mehr Autos von Anwohnern, Berufspendlern, Einkäufern und Besuchern konkurrieren um jedes freie Fleckchen. Die ganze Stadt wird schonungslos vom Autoblech okkupiert.

oder gar an Aufenthalt und Kinderspiel ist kaum mehr zu denken. Aber nicht nur Fußgänger und Radfahrer, Aufenthalt und Kinderspiel werden von Parkern verdrängt. Vielfach breitet sich das Parken immer mehr in Vorgärten, auf Grünstreifen und in Innenhöfen aus, wird zum unersättlichen Konkurrenten des Stadtgrüns, verdrängt Bäume und Grünflächen. Für Busse und Bahnen wird falsches Parken zum ernsten Hindernis, wenn Autos einfach auf den Schienen der Straßenbahnen abgestellt werden, auf den Busspuren oder in Haltebereichen parken. Es kostet wertvolle Zeit, bis der Abschleppdienst das Hindernis beseitigt hat. Wenn Lade- und Lieferzonen und Grundstückszufahrten zugeparkt werden, leidet die Erreichbarkeit der Betriebe empfindlich, und teure Zeitverluste für Lieferanten entstehen. Eine immer größere Disziplinlosigkeit der Autofahrer beim Parken führt zu immer ernsthafteren Problemen für den Autoverkehr. Durch das Parken in zweiter oder gar dritter Reihe werden ordnungsgemäß abgestellte Autos oft von illegal abgestellten Autos eingekeilt, so daß sie für lange Zeitintervalle ihren Platz nicht mehr verlassen können. Oft ist auf der Fahrbahn kein Durchkommen mehr, zumal für Müllfahrzeuge, Busse und Rettungsfahrzeuge. Wenn diese nicht mehr weiterkommen, gibt es auch für die PKW lange Staus. Lautes Gehupe, Aggressivität und riskante Fahrmanöver über Gehwege sind die Folge. Trotz begrenzter Straßen- und Stellplatzkapazitäten werden immer mehr Autos produziert und verkauft. Jeder Haushalt und jede Firma können sich so viele Autos kaufen, wie sie mögen, egal, ob die Städte den immer weiterwachsenden Autoberg verkraften können oder nicht.

KAPITEL 3

Haben wirklich alle die Autolawine gewollt? Eine Chronologie des Widerstandes

Kritik am Autoverkehr nicht neu

Bei Diskussionen mit Politikern und Planern über die Verkehrsentwicklung der Vergangenheit wird zur Rechtfertigung immer wieder betont, Verkehrspolitik und -planung seien stets auf vollste Zustimmung der zuständigen Parlamente und auf breite Akzeptanz bei den Bürgern gestoßen. Heute täte man sich natürlich leicht, wegen der inzwischen bekannten Folgen frühere Planungen zu kritisieren. Die Folgen hätte man früher ja noch gar nicht voraussehen können. Und schließlich habe es lange Zeit so etwas wie eine Massenbewegung für eine autofreundliche Verkehrsplanung gegeben, als Ergebnis einer allseitigen Autobegeisterung. Das zeige sich ja allein schon an der stürmischen Motorisierung. Massenhafter Autokauf sei eine Art permanenter Volksabstimmung über die Verkehrspolitik gewesen. Doch wer sich die Mühe macht, genauer nachzufassen, wird feststellen, daß der Siegeszug des Automobils von Anfang an nicht nur von Beifall und Zustimmung begleitet worden ist. Es gab in allen Phasen der Autoentwicklung gewichtige Kritik an den vielfältigen Problemen der zunehmenden Motorisierung und an den negativen Folgen einer rein autoorientierten Verkehrsplanung.

Erste Proteste bei den Geburtswehen des Automobilismus um 1900

Schon in der Anfangsphase der Motorisierung rief die Eroberung der Straßen durch die Autos heftige Proteste hervor. So gab es 1908 im Preußischen Landtag eine Automobilinterpellation, in der es unter anderem hieß: »In den letzten 6 Monaten sind 2920 Automobilunfälle bei uns vorgekommen und 33 Menschen getötet worden. Und zwar waren es durchweg Luxusautomobile, die diese Unfälle verursachten, Sport- und Vergnügungswagen. Die Automobilisten legen oft eine beispiellose Rohheit an den Tag, wenn sie so dahinsausen . . . Die Bevölkerung ist über die Autler (so nannte man damals die Autofahrer, d. Verf.) in höchstem Maße verbittert, zumal da diese sich, wenn sie etwas angerichtet haben, durch die Flucht der Verantwortung zu entziehen belieben.«

Und im Jahr 1912 veröffentlichte Michael Freiherr von Pidoll seinen »Protest und Weckruf gegen die Anmaßungen des Autoverkehrs«. Dort heißt es unter anderem: »Woher nimmt der Automobilist das Recht, die Straße, wie er sich rühmt, zu beherrschen, die doch keineswegs ihm, sondern der ganzen Bevölkerung gehört, diese auf Schritt und Tritt zu behindern und ihr ein Verhalten zu diktieren, das er nur auf den eigenen, privaten Wegen fordern dürfte? Die öffentliche Straße ist nun einmal nicht für den Expreßverkehr bestimmt, sie gehört zum Milieu der Stadt … Sollen etwa die öffentlichen Straßen menschenrein gehalten werden? Insbesondere die Straßen und Plätze der Großstädte sind keineswegs bloß Verkehrslinien der Stadt, sie sind die Ansiedlungsstätte ihrer Bevölkerung, sie bilden die Umgebung der Häuser, das Milieu, in welchem sich das persönliche, soziale und wirtschaftliche Leben der Bevölkerung zu nicht geringem Teil abspielt, und dienen überdies dem für die Bewohner der Großstadt unentbehrlichen Bedürfnis, sich frei zu ergehen . . . Der Automobilverkehr . . . involviert eine konstante Gefährdung, Störung und Indienststellung der Passanten . . . Er ist mit dem Rechte des Gemeingebrauchs der Nichtautomobilisten . . . unvereinbar.«

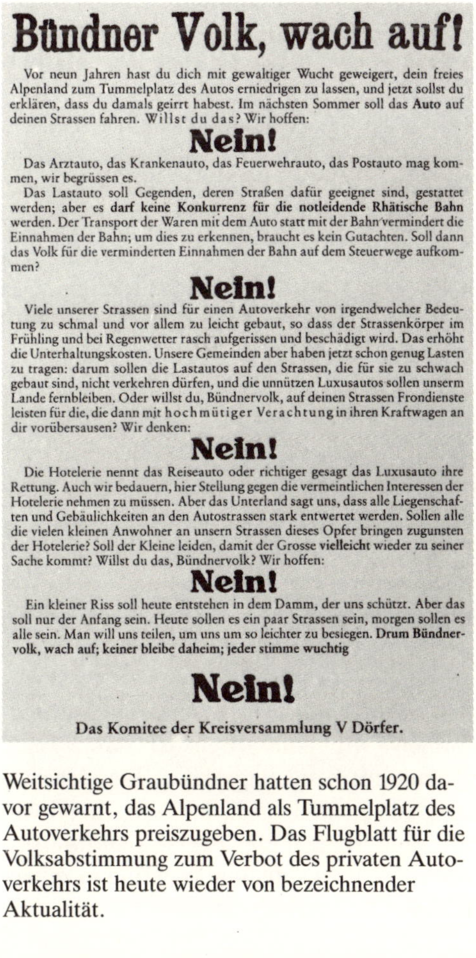

Bündner Volk, wach auf!

Vor neun Jahren hast du dich mit gewaltiger Wucht geweigert, dein freies Alpenland zum Tummelplatz des Autos erniedrigen zu lassen, und jetzt sollst du erklären, dass du damals geirrt habest. Im nächsten Sommer soll das **Auto** auf deinen Strassen fahren. Willst du das? Wir hoffen:

Nein!

Das Arztauto, das Krankenauto, das Feuerwehrauto, das Postauto mag kommen, wir begrüssen es.

Das Lastauto soll Gegenden, deren Straßen dafür geeignet sind, gestattet werden; aber es **darf keine Konkurrenz für die notleidende Rhätische Bahn** werden. Der Transport der Waren mit dem Auto statt mit der Bahn vermindert die Einnahmen der Bahn; um dies zu erkennen, braucht es kein Gutachten. Soll dann das Volk für die verminderten Einnahmen der Bahn auf dem Steuerwege aufkommen?

Nein!

Viele unserer Strassen sind für einen Autoverkehr von irgendwelcher Bedeutung zu schmal und vor allem zu leicht gebaut, so dass der Strassenkörper im Frühling und bei Regenwetter rasch aufgerissen und beschädigt wird. Das erhöht die Unterhaltungskosten. Unsere Gemeinden aber haben jetzt schon genug Lasten zu tragen: darum sollen die Lastautos auf den Strassen, die für sie zu schwach gebaut sind, nicht verkehren dürfen, und die unnützen Luxusautos sollen unserm Lande fernbleiben. Oder willst du, Bündnervolk, auf deinen Strassen Frondienste leisten für die, die dann mit hochmütiger Verachtung in ihren Kraftwagen an dir vorübersausen? Wir denken:

Nein!

Die Hotelerie nennt das Reiseauto oder richtiger gesagt das Luxusauto ihre Rettung. Auch wir bedauern, hier Stellung gegen die vermeintlichen Interessen der Hotelerie nehmen zu müssen. Aber das Unterland sagt uns, dass alle Liegenschaften und Gebäulichkeiten an den Autostrassen stark entwertet werden. Sollen alle die vielen kleinen Anwohner an unsern Strassen dieses Opfer bringen zugunsten der Hotelerie? Soll der Kleine leiden, damit der Grosse **vielleicht** wieder zu seiner Sache kommt? Willst du das, Bündnervolk? Wir hoffen:

Nein!

Ein kleiner Riss soll heute entstehen in dem Damm, der uns schützt. Aber das soll nur der Anfang sein. Heute sollen es ein paar Strassen sein, morgen sollen es alle sein. Man will uns teilen, um uns um so leichter zu besiegen. **Drum Bündnervolk, wach auf; keiner bleibe daheim; jeder stimme wuchtig**

Nein!

Das Komitee der Kreisversammlung V Dörfer.

Weitsichtige Graubündner hatten schon 1920 davor gewarnt, das Alpenland als Tummelplatz des Autoverkehrs preiszugeben. Das Flugblatt für die Volksabstimmung zum Verbot des privaten Autoverkehrs ist heute wieder von bezeichnender Aktualität.

Von 1900 bis 1925 gab es in dem Schweizer Kanton Graubünden ein völliges Autoverbot. Dagegen liefen die auch in der Schweiz aufkommende Autolobby und Tourismusbranche über viele Jahre vergeblich Sturm. Es kam – über zwei Jahrzehnte verteilt – zu zehn Volksabstimmungen. Neun davon bestätigten das Autoverbot, erst die zehnte brachte 1925 eine knappe Mehrheit für die Zulassung des Automobilverkehrs. Das Autoverbot war begründet mit den Gefahren des Autoverkehrs, der unerträglichen Raserei der Autofahrer, der Untauglichkeit des engen, ländlichen Straßennetzes für Autos, der Gefahr, daß sonst jegliche andere Nutzung von der Straße verdrängt werde, aber auch mit dem Lärm und Staub, den die Autos verursachten.

In jener Zeit waren die Zeitungen voll von Klagen über die frechen, viel zu schnell fahrenden Automobilisten, von Berichten über sogenannte Autokatastrophen, wie man damals noch die schweren und tödlichen Autounfälle nannte. Eine Wiener Zeitung faßt 1912 zusammen: »Sind doch in Wien allein im ersten Halbjahr 1912 438 Automobilunfälle vorgekommen, wobei 16 Menschen getötet wurden. Und von Ende Mai bis Ende September 1912, also in 4 Monaten, wurden 7 Kinder auf den Straßen Wiens durch Automobile getötet. Schreit das Blut dieser Opfer nicht zum Himmel?« Und dann folgte eine detaillierte Schilderung einzelner Unfälle, in der stets das viel zu hohe Tempo der Automobilisten mit seinen schlimmen Folgen wie fehlende Fahrzeugbeherrschung, Verängstigung der Passanten, Aufprallwucht und Verletzung herausgestellt wird. Daß die hohen Geschwindigkeiten ein besonderes Problem des Automobilismus wurden, hat selbst Karl Benz, einer der Pioniere der Automobilherstellung, schon erkannt. Er schrieb damals: »Zu den Gefahren für die Entwicklung des Automobilwesens rechne ich die neuerdings hervortretende Sucht, sich bei Wettfahrten in immer größerer Schnellig-

keit zu überbieten, mit Blitzzügen zu wetteifern und dabei leichtfertig das Leben der fahrenden wie der auf den Straßen verkehrenden Personen zu gefährden.«
Auf einen anderen Aspekt des aufkommenden Autozeitalters weist Werner Bergengruen Anfang der 20er Jahre mit einem sehr sensiblen Vergleich von Auto und Fahrrad hin: »Es kränkt mich, daß man mich bemitleidet, weil ich kein Auto habe, sondern nur ein Fahrrad. In der Tat wünsche ich mir kein Auto. Mir liegt ja nichts an der Geschwindigkeit. Alles aber an der Intensität der Reise. Dazu gehört das Erleben der kleinsten Verschiedenheit, der Nuancen. Der Autofahrer erfaßt nur die groben Übergänge oder nur die krassen Unterschiede. Ich erlebe jede Einzelheit des allmählichen Übergangs von einer Landschafts- und Menschenart zur anderen. Außerdem: das Fahrrad kann ich nebenbei haben, gleichsam aus Versehen. Der Besitz eines Autos würde eine Änderung meiner Lebensform bedingen.«

Proteste gegen den frühen Straßenbau und erste Konzepte zur Verkehrsberuhigung

Frühe Bedenken gab es nicht nur gegen die Zunahme des Autoverkehrs und seiner Fahrgeschwindigkeiten, sondern auch gegen die Tendenzen des Straßenbaus und der Verkehrsorganisation. Bekannte zeitgenössische Städtebauer warnten schon kurz nach der Jahrhundertwende vor der Tendenz, immer breitere, perfektere und teurere Straßen zu bauen. Sie taten dies aus gestalterischen und aus finanziellen Gründen. Sie bezogen ihre Kritik vor allem auf den neuen Städtebau am Stadtrand und in den Vororten und orientierten sich dabei stark an den Erfahrungen und Ideen der Gartenstadtbewegung, deren deutsche Vertreter seinerzeit besonders am kosten- und flächensparenden Bauen interessiert waren. So kritisiert zum Beispiel C. Sitte schon 1904: »Die Anlage vieler und breiter Straßen bedeutet eine geradezu finanziell unverantwortliche Vergeudung wertvollen Baulandes.« Auch Muthesius nannte es schon 1918 einen der häufigsten städtebaulichen Fehler seiner Zeit, zu viele breite und kostspielige Straßen anzulegen. Behnisch (1913) und Bernoulli (1911) forderten bei Neuplanungen, den durchfahrenden Verkehr zum Schutze der Wohnbevölkerung völlig aus den Wohnsiedlungen fernzuhalten. Sie schlugen vor, das Straßennetz in ein System von Wohnstraßen, Wohnwegen und Sackgassen zu verzweigen, die für den Durchgangsverkehr undurchlässig waren. Die Wohnstraßen und Wohnwege sollten schmal ausgebildet und sparsam befestigt werden. Die Straßen der Wohngebiete sollten für die Fußgänger und Anwohner gestaltet werden, für die vor allem die Straßen- und Platzräume gedacht seien. Die Wohnstraßen durften für die Fußgänger nicht länger feindlich sein. Ganz in diesem Sinne forderte Muthesius 1912 für Wohnstraßen das sogenannte Mischprinzip. Die Wohnstraßen sollten vorrangig dem Fußgänger und Anlieger gehören, deshalb seien Bürgersteige hier unnötig. Das spare Kosten und vermeide falsche Vorrechte für den Fahrverkehr. Es zwinge diesen, sich mit den Fußgängern zu arrangieren.
Das alles liest sich wie ein frühes Konzept zur Verkehrsberuhigung. Und ist es wohl auch. Es mutet schon erstaunlich an, daß dieses frühe Repertoire des kosten- und flächensparenden Bauens und der Verkehrsberuhigung erst nach siebzig Jahren wieder eine Renaissance erfährt. Die heute wiederentdeckten, als modern empfundenen städtebaulichen Erschließungsgrundformen wie zum Beispiel Wohnwege, Wohnhöfe, Kreuzungsplätze, Platzerweiterungen, Rondelle, Sackgassen, Spielstraßen und reine Fußgängerstraßen wurden damals bereits vorgeschlagen und in zeitgenössischen Neubaugebieten realisiert. Seit

den 30er Jahren gerieten sie aber aus dem Blickfeld des Städtebaus. Vor allem im eher qualitätslosen schematischen Boomstädtebau der 60er und 70er Jahre ist dann gegen die meisten dieser Grundsätze dem Auto zuliebe besonders gründlich verstoßen worden.

Proteste gegen den Beginn autogerechter Planungen in den 30er Jahren

Eine weitere Welle des Protestes beginnt in den 30er Jahren, als die Motorisierung in Deutschland eine Million PKW erreichte. Nach der Machtergreifung der Nationalsozialisten wurde erstmals eine stark auf die Förderung des Automobils abgestellte Verkehrspolitik und -planung eingeleitet, die zu einer Verdreifachung der Zahl der PKW führte. Nunmehr war ein wesentlicher Bestandteil dieser neuen Naziverkehrspolitik und -planung, eine passende Infrastruktur für die Autos zu erstellen. Nicht nur durch Autobahnbau, der vor allem aus propagandistischen und militärstrategischen Gesichtspunkten forciert wurde, sondern auch in den Städten, wo sich die Wünsche nach machtvoller Repräsentation faschistischer Architektur, nach neuen Großformen, nach riesigen Achsen, nach theatralischen Aufmarschschneisen für Massendemonstrationen und nach schnellen Autostraßen auf merkwürdige Weise ergänzten.
In dieser Zeit liegen die Ursprünge des deutschen Stadtschnellstraßenbaus. Inzwischen hatte sich eine eigene Disziplin der ingenieurmäßigen Planung und des ingenieurmäßigen Straßenbaus etabliert. In den großen Städten waren für Verkehrsplanung und Straßenbau eigene Ressorts geschaffen worden. Damit war die sich später noch als verhängnisvoll erweisende Verselbständigung der Verkehrsplanung eingeleitet. Städtebauliche, architektonische und stadtgestalterische Aspekte gerieten dabei ebenso ins Hintertreffen wie die Belange der nichtmotorisierten Verkehrsarten. Es begann die Dominanz der Planung für den Autoverkehr.
Diese neue Denkweise vieler Politiker, Ingenieure und Techniker kommt sehr klar aus der Antrittsrede des neuen Rektors der Universität Karlsruhe zum Ausdruck, der 1928 mit Blick auf das bereits weit höher motorisierte und autogerecht organisierte Amerika auch für Deutschland freie Bahn für den Autoverkehr forderte, wo bisher »von einer befriedigenden Abwicklung des Verkehrs nicht die Rede sein kann und wo nicht nur ein ungünstiger Einfluß auf die Schnelligkeit, sondern auch schon auf die weitere Verbreitung des Kraftwagens bemerkbar wird. Wenn zu einer solchen aber das Bedürfnis vorliegt, so muß im wesentlichen Sinn freie Bahn geschaffen werden . . . Die großen und selbst die mittelgroßen Städte werden über kurz oder lang durchgreifende Straßenumbauten, Durchbrüche, Über- und Unterführungen auszuführen haben.«
Und tatsächlich erfolgte in den 30er Jahren eine Vielzahl von größeren Straßendurchbrüchen und Häuserabrissen für Parkplätze. Die verstärkte Reglementierung des Gesamtverkehrs durch Verkehrszeichen zum Nutzen der Autos begann. Dadurch erhielt der Protest eine neue Komponente. Es begann der erste umfassende Widerstand gegen Häuserabriß und Stadtzerstörung. Der Widerstand kam einmal von den Betroffenen selbst, die bei solchen Projekten Grund und Boden opfern mußten, die umgesiedelt wurden, deren Umfeld zerstört wurde. Widerstand kam aber auch von solchen Bürgern, die sich als nicht unmittelbar Betroffene für die Bewahrung historischer Stadtgestalt und für die Erhaltung von Grünanlagen, Alleen etc. engagierten. An vorderster Front protestierten die eher konservativen Kräfte des Bürgertums, die Heimat- und Geschichtsvereine und die Traditionsvereine. Die Haus- und Grundbesitzervereine kritisierten Eingriffe durch

Enteignungsverfahren und durch eine Verschlechterung des Bodenwertes an Verkehrsstraßen.
Auch bei Verantwortlichen in Politik und Verwaltung gab es deutliche Reserviertheit: Konrad Adenauer, der damalige Kölner Oberbürgermeister und spätere Bundeskanzler, hat 1930 auf einer Tagung seinen Kollegen Kommunalpolitikern folgende Mahnung zur Verkehrsplanung mitgegeben: »Ich bin der Auffassung, daß das Auto ... nicht der Alleinherrscher der ganzen Stadt sein darf. Und es kommt nach meiner Meinung wirklich nicht darauf an, und ich kann mir nicht denken, daß das Heil der Stadt oder des ganzen Volkes, oder sei es, was immer, davon abhängt, ob ich vom Rudolfplatz zum Rhein im Auto 1,5 bis 2 Minuten schneller oder weniger schnell fahre . . . Ich empfehle Ihnen . . . gegenüber den für die Autos geltenden Forderungen eine etwas übertriebene ablehnende Haltung einzunehmen. Denn seien Sie überzeugt: Die Automobilisten bescheiden sich nicht, die kommen doch mit ihren Anforderungen.«
Zur gleichen Zeit hatte der damalige Berliner Stadtbaurat Wagner schon sehr handfeste Befürchtungen zu den zerstörerischen Wirkungen des Autoverkehrs auf die Städte. Er hatte Mitte der 20er Jahre, wie auch manche andere seiner deutschen Kollegen, auf einer Amerikareise die katastrophalen Folgen des massenhaften Autoverkehrs studieren können. Und er zog daraus ganz andere Konsequenzen als der oben zitierte Rektor der Karlsruher Universität, der als Techniker begeistert aus Amerika zurückkam. Statt dessen warnte Wagner 1929 in seinem Beitrag »Städtebauliche Probleme in amerikanischen Städten und ihre Rückwirkungen auf den deutschen Städtebau«: »Der deutsche Städtebau muß aber mit Angst und Sorge erfüllt werden, wenn er diesen Siegeszug des Autos auch durch seine Städte gehen sieht. Auf ein derartiges Aufkommen des Verkehrs sind wir nicht eingerichtet. Das Automobil tötet die Innenstadt.«
Mit der Zeit der Kriegsvorbereitungen und des Krieges wurden dann allerdings erst einmal andere verkehrsplanerische Prioritäten gesetzt. Der Schwerpunkt des Straßenbaus verlagerte sich aus militärisch-strategischen Gründen ganz auf den Fernstraßen- und Autobahnbau, der schon Mitte der 30er Jahre als ein gigantisches, propagandistisch wirkungsvoll inszeniertes Arbeitsbeschaffungsprogramm begonnen worden war, zum Nachweis der enormen Leistungsfähigkeit der neuen staatlichen Ordnung.

Proteste in der Wiederaufbauphase der Nachkriegszeit

Sehr heftig entbrannten die Diskussionen um Verkehrsplanung und Städtebau in der unmittelbaren Nachkriegszeit bei der Ausarbeitung der sogenannten Wiederaufbaupläne. Viele deutsche Städte (und Dörfer) waren im Krieg schwer zerstört worden, lagen ganz oder teilweise in Schutt und Asche. So stellte sich in den ersten Wiederaufbaujahren oft die Frage: Sollte man den historischen Stadtgrundriß wieder zur Grundlage machen, oder sollte man ein völlig neues, viel größer angelegtes Straßennetz anstreben, um den erwarteten Anforderungen eines bald wieder wachsenden Autoverkehrs gerecht zu werden? Schließlich lagen ja vielerorts noch Pläne aus den 30er Jahren in den Schubladen für Straßenerweiterungen und Straßendurchbrüche. Hierüber wurde erbittert diskutiert, zwischen den sogenannten »Traditionalisten« und den »Modernisten«. Die Traditionalisten, die die Kontinuität der Maßstäblichkeit bewahren wollten und die Belange des Denkmalschutzes verfochten, hatten sich auch nach dem Krieg vielfach wieder in Heimat- und Geschichtsvereinen organisiert, als frühe Form von Bürgerinitiativen. Nicht selten waren die Modernisten auf das im Zuge der Besatzungszeit immer dominantere Vorbild Amerika orientiert, das jetzt erst recht als Symbol der Moderne galt und das, was den Verkehr anging, die Forderungen nach Stadtautobahnen, Cityringen, Parkhäusern etc., Beispielcharakter hatte. Dort gehörten sie schließlich schon seit den 30er Jahren zum gängigen Planungsrepertoire. Die Modernisten wollten konsequent die Chancen der Kriegszerstörung zu einem Neuaufbau nach neuen Konzepten und neuen Maßstäben nutzen. Stellvertretend sei hier Professor Tamms, der damalige leitende Planer aus Düsseldorf, zitiert, der in der Auseinandersetzung um seinen Neuordnungsplan folgendermaßen argumentierte: »Eine Stadt, welche die ihr jetzt durch die Zerstörung gebotenen Chancen nicht nutzt und den seit langem unwirtschaftlich gewordenen Organismus im Stadtgrundriß nicht modernisiert, wird in absehbarer Zeit aus der wirtschaftlichen Konkurrenz der Städte ausscheiden. Die jetzige Chance ist nicht nur die letzte und günstigste, sondern auch die billigste. Das Ausmaß der Straßen und Freiflächenplanung Düsseldorfs sollte daher . . . nicht zuletzt auch nach den geradezu gewalttätigen (!) Erfordernissen des künftigen Verkehrs bestimmt werden.«

Vor allem entzündete sich der Streit an den Plänen, die traditionell quer durch die Altstädte verlaufenden, überregionalen Fernstraßen (die späteren Bundes-/Landesstraßen) auszubauen, zu durchbrechen, zu verbreitern und zu begradigen. Damit sollte angeblich ebenso zur Entlastung der Altstadtstraßen beigetragen werden wie mit dem Bau ganz neuer Entlastungsstraßen (Altstadtringe, Tangentenvierecke, Spangen), die das Netz der traditionellen innerörtlichen Hauptverkehrsstraßen ergänzen sollten. Strittig waren solche Projekte aus verschiedenen Gründen, zum Beispiel, weil die betroffenen Grundstückseigentümer gegen die notwendigen Enteignungen opponierten. Oder weil der Stadtgrundriß so stark verändert werden sollte, daß hierfür vielfach die historischen Wallanlagen oder Alleenringe am Rande der Altstädte zerstört werden mußten. Oder weil man die traditionellen Stadtproportionen hinsichtlich der Weite oder Baufluchten und der Aufteilung der verschiedenen Querschnittsbestandteile völlig verändern wollte.

Es waren also überwiegend städtebauliche Argumente des Stadtmaßstabs, der Stadtstruktur und der Stadtgestalt, mit denen gegen solche Projekte opponiert wurde. Die unterschiedliche Auffassung wird deutlich an Aussagen der Nachkriegsstadtbauräte von Ulm (Max Guther) und von Nürnberg (Heinz Schmeissner). Guther beschreibt die Überlegungen zum Wiederaufbau in Ulm folgendermaßen: »Gerade weil Ulm im Gegensatz zu anderen Städten so eng und eingepfercht war, wollten wir Weite haben, nicht nur für Verkehr, wir hatten auch das Bedürfnis, unsere Stadt nicht wieder so eng werden zu lassen, nicht mehr den Druck auf der Brust zu haben . . .« Dagegen Heinz Schmeissner: »In Nürnberg hat man sich sehr bewußt dafür entschieden, auf der alten Struktur ohne weitgehende Eingriffe wiederaufzubauen . . . Schon 1947 war klargestellt . . . worden, daß in den kommenden Jahren und Jahrzehnten diese alte Stadt unter Wahrung ihrer verbliebenen Baudenkmäler innerhalb der wiederherzustellenden Stadtmauer wieder als Begriff Nürnberg heranwachsen sollte.«

Die »Modernisten« hatten also nicht nur verkehrsplanerische Motive, zumal ja in jener Zeit die Motorisierung noch minimal war. Die ersten vierspurigen Durchbrüche für Ringe und Tangenten der Wiederaufbauphase wurden konzipiert, als in den betroffenen Städten meist gerade 1000, 2000 oder, wenn es hoch kam, 6000 Kraftfahrzeuge zugelassen waren, zudem meist überwiegend im Besitz der Besatzungsmächte. Es ging tatsächlich auch um einen anderen städtebaulichen Maßstab. Das

Zeitalter der Hochhäuser, der weiten Abstandsflächen, der aufgelockerten Stadtstrukturen wurde eingeläutet. Großzügigkeit und geometrische Ordnung neu geplanter, aufgelockerter Städte war gefragt. Dieser neue Maßstab wurde trefflich durch die breiten, modernen Straßenräume symbolisiert. Mit diesem Maßstab hoffte man aber auch in Deutschland bald wieder Anschluß an die stürmische Motorisierungsentwicklung in den USA, der Schweiz oder Skandinavien zu finden. An ihnen orientierten sich – vorausschauend, wie man meinte – die Planungen. So ist es erklärlich, daß zu einer Zeit, wo in der Verkehrsmittelwahl das Auto gerade fünf Prozent der Wege ausmachte, wo Fußgänger, Fahrräder und Straßenbahnen den Verkehr ausmachten, die Verkehrsplanung ihre Prioritäten von den Hoffnungen einer hochmotorisierten Zukunft ableitete. Der Nachkriegsstadtbaurat von Hannover, Rudolf Hillebrecht, charakterisierte die damaligen Planungsstrategien 1981 rückblikkend: »Wir haben aus heutiger Sicht vielleicht den (Auto)Verkehr überbewertet. Der Ring wurde mit zwei Spuren in jede Fahrtrichtung geplant . . . Wir sagten uns: Wir wissen nicht, ob wir die Straßenbahnen, die zum Teil im Mittelkörper lagen, beibehalten müssen . . . oder ob der (Auto)Verkehr so zunimmt, daß wir aufständern müssen. Alles dies wollten wir uns offenlassen, weil wir einfach den (Auto-) Verkehr nicht richtig einschätzen konnten.« An anderer Stelle heißt es bei Hillebrecht: »Als erstes haben wir uns nach dem Krieg bemüht, mit der Planung eines Innenrings, der zum Teil alte Wallanlagen benutzt, der Stadt eine neue Struktur zu geben. Dabei sollte es zu echten Durchbrüchen kommen, und zwar über ganz erhebliche Längen.« Heute gibt es in vielen Städten Straßen, deren Baufluchten in Kriegslücken beim Wiederaufbau »vorsorglich« auf das Doppelte verbreitert wurden, so daß sich zwischen altem Bestand und Neubauten ein merkwürdiges Hin und Her der Baulinien ergibt.

Trotz dieser erkennbaren Autoorientierung vieler Wiederaufbaupläne spielte die damit eingeleitete Benachteiligung von Fußgängern, Radfahrern, Bussen und Bahnen beim Protest gegen die Wiederaufbaukonzepte eine sehr untergeordnete Rolle. Das Zusammenwirken einer Bevorzugung der Autoplanung und der daraus resultierenden Benachteiligungen der anderen Verkehrsmittel wurde damals kaum erkannt. Immerhin wurden solche Aspekte gelegentlich vorgebracht, beispielsweise 1950 in einer Stellungnahme des Düsseldorfer Architektenrings zum sogenannten Tamms-Plan: »Wo ist eine Stelle im vorliegenden Stadtplan, aus der zu ersehen ist, daß sich der Fußgänger über den kommenden (Auto)Verkehr freuen kann, statt in Lebensgefahr zu sein? Warum die schönsten Freiflächen für Parkplätze?«

Beginn der Fachkritik bei Wissenschaft und Experten

Erstmals ging die Wissenschaft in den 60er Jahren systematisch daran, die negativen Folgen des Autoverkehrs zu analysieren. Die wachsenden Umweltbelastungen, die hohen Unfallbelastungen, die chronische Platzknappheit und die zunehmenden Staus verursachten neue Nachdenklichkeiten. In Großbritannien sollte Anfang der 60er Jahre eine Regierungskommission eine Bilanz der bisherigen Stadtverkehrsplanung aufstellen und neue Konzepte entwikkeln. Ihr Vorsitzender war C. Buchanan, nach dem später der Bericht »traffic in towns« »Buchanan-Report« benannt wurde. Buchanan hielt in der berühmt gewordenen Untersuchung viele kritische Aspekte des Autoverkehrs in den Städten fest: »Sicher zu sein, sich jederzeit sicher zu fühlen, keine Angst zu haben, daß dem Ehegatten oder den Kindern ein Verkehrsunfall zustößt, sind sicher Grundvoraussetzungen eines zivilisierten Lebens. Gegenüber diesem Maßstab . . . lassen die vom Kraftverkehr geprägten Lebensbedingungen in unseren Städten viel zu wünschen übrig.« Und: ». . . der Verkehrslärm entwickelt sich in zunehmendem Maße zu einem Hauptstörfaktor, der den Lebensgenuß in den Städten erheblich beeinträchtigt, die Vorzüge von Wohngegenden weitgehend zerstört . . .« Und: ». . . was hat es zu bedeuten, daß alte Leute sich nicht getrauen, über die Straße zu gehen, oder daß sie von dem dichten Vorbeidonnern schwerer Lastzuge verwirrt und benommen werden? Wie sind die Ängste der Eltern um ihre auf der Straße spielenden Kinder zu bewerten?« Und: »Die visuellen Beeinträchtigungen (durch das Auto, d. Verf.) führen nach und nach zu einer schlampigen Gleichgültigkeit gegenüber dem Erscheinungsbild der Umwelt . . . Daneben ist eine wachsende Mißachtung für alles architektonische und gestalterische Erbe zu beobachten . . . wenn wir – nach den Erfahrungen in den Vereinigten Staaten – . . . das Erscheinungsbild unserer Städte einfach von dem Kraftfahrzeug verwandeln lassen . . . entsteht ungemilderte Häßlichkeit in großem Umfange.« Und: »Die Zersiedlung kompliziert die Verkehrsprobleme außerordentlich, weil die zu überwindenden Entfernungen sich vergrößern. Wer in diesem Lande (gemeint ist Großbritannien, d. Verf.) noch nicht genügend bittere Erfahrung mit der Zersiedlung gemacht hat, hat in den Vereinigten Staaten ausreichend Gelegenheit dazu. Dort sieht er, wohin es führen kann, wenn wir dem Kraftfahrzeug erlauben, unsere Entwicklung ungehemmt zu bestimmen.« Und: »Die in Aussicht stehenden großstädtischen Verkehrsmengen und die zu ihrer Bewältigung erforderlichen Maßnahmen und Anstrengungen sind so gewaltig, daß die Gesellschaft sich sehr ernsthaft fragen muß, bis zu welchem Punkt sie diese Entwicklung mitmachen will. Darin liegt die Hauptfrage des sogenannten städtischen Verkehrsproblems.«

Buchanan entwickelte als einer der ersten die Unterscheidung von sogenanntem notwendigem Autoverkehr (Wirtschafts- und Geschäftsverkehr) und beliebigem Autoverkehr. Ein Großteil der Verkehrsprobleme resultiert aus der exzessiven Zunahme des nicht notwendigen Autoverkehrs. Dieser müsse konsequent begrenzt werden, vor allem dort, wo er die sonstigen städtischen Funktionen störe. Und er entwickelte das Konzept der umfeldabhängigen Kapazitäts- und Geschwindigkeitsbegrenzung. Für schützenswerte Bereiche (sogenannte Environments), die die Mehrzahl aller bebauten und bewohnten Bereiche ausmachen, schlägt er drastische Restriktionen des Autoverkehrs vor. Hier sollen die Wohnumfeldqualität sowie die Qualität für Fußgänger und Aufenthalt absoluten Vorrang haben. Buchanan kritisiert Ortsdurchfahrten, die Dörfer und Städte mit »entsetzlich breiten Bahnen des Schnellverkehrs entzweireißen«. Er folgert: »Wir beschwören Unheil herauf, wenn wir versuchen, mit dem Durchgangsverkehr durch eine Erweiterung der Ortsdurchfahrten fertig zu werden. Das beschleunigt nur den Durchgangsverkehr und verschlimmert die Situation.«

Es ist eigentlich erstaunlich, daß dieser Report mit seinen sehr kritischen Anmerkungen zum Stadtverkehr in den 60er und 70er Jahren sowenig Änderungen erreicht hat, obwohl er seinerzeit vielfach zitiert wurde. Schon ein Jahr nach seinem Erscheinen wurde er von der Deutschen Straßenliga (!) ins Deutsche übersetzt und in einer sehr anschaulichen Fassung gedruckt. Die Planer haben später sehr selektiv und isoliert einzelne Forderungen Buchanans zum Bau von Entlastungsstraßen herausgepickt und den Rest schnell wieder vergessen.

Eine ähnlich angelegte kritische Bestandsaufnahme zur Stadtverkehrsplanung versuchte in Deutschland fast zur gleichen Zeit eine Sachverständigenkommission, die 1965 dem Bundestag einen Bericht über Maßnahmen zur Verbesserung der Verkehrsverhältnisse in den Gemeinden vorlegte. Auch einige Zitate aus diesem Text sollen verdeutlichen, welche Gefahren, Probleme und Möglichkeiten schon seinerzeit von Fachleuten gesehen und welche Grundsätze und Forderungen aufgestellt wurden. Zu den Grundprinzipien der Verkehrsplanung heißt es beispielsweise: »Der Verkehr kann, wenn er sich ungebunden entfaltet, zu einer ernsten Gefährdung des menschlichen Lebens führen . . . so wird zum Beispiel ein grundsätzlicher Vorrang der persönlichen Sicherheit vor der Schnelligkeit . . . Geltung haben müssen.« Und: »Das Kraftfahrzeug darf nicht mehr gefördert werden als das öffentliche Verkehrsmittel und der Fußgänger und Radfahrer . . . es darf keine Verkehrsplanung geben, die nur auf den Verkehr allein oder gar nur auf eine Verkehrsart abgestellt ist . . . Gesamtverkehrspläne (Generalverkehrspläne) dürfen sich . . . nicht auf eine Verkehrsart beschränken, etwa nur Straßenpläne sein, sondern müssen den Verkehr in allen auftretenden Arten und Formen erfassen, und zwar sowohl den öffentlichen als auch den individuellen Verkehr (einschließlich Fußgänger- und Fahrradverkehr) . . .«

Zum Straßenbau heißt es: »Es muß als aussichtsloser Versuch gesehen werden, allein durch Verkehrsbauten dem steigenden (Auto)Verkehr immer wieder zusätzlichen Raum zu schaffen und fortlaufend die Baustruktur der Gemeinden den veränderten Verkehrsbedürfnissen anzupassen.« Und: »Verkehrsflächen müssen zu den bebauten Flächen in einem gesunden Verhältnis stehen; nur dann kann die Stadt funktionsfähig bleiben und sich wirtschaftlich weiterentwickeln, ohne ihren Charakter einzubüßen. Zusätzliche Verkehrsflächen in einem solchen Maß zu schaffen, daß jeder Zuwachs an Verkehrsaufkommen aufgenommen werden kann, ist nicht möglich. Die verfügbare Verkehrsfläche in den Gemeinden wird daher immer ein knappes Gut bleiben.« Und: ». . . beim Verkehrsausbau in den Städten müssen die der Vermehrung der Verkehrsflächen gesetzten Schranken berücksichtigt werden und (darf) nicht von der verbreiteten Fehlmeinung ausgegangen werden, mit genügend Geld lasse sich ›Verkehrsraum für alle‹ schaffen.« Und: »Die häufig zu beobachtende Tendenz, das Straßennetz im Bereich einer Stadt von außen nach innen zu planen und auszubauen, steht meist nicht in Einklang mit den tatsächlichen Bedürfnissen.«

Zum Berufsverkehr heißt es: »Die im Berufsverkehr eingesetzten Kraftwagen engen die Parkmöglichkeiten für den Wirtschaftsverkehr ein . . . der Berufsverkehr mit dem Kraftwagen verursacht . . . die hohen Morgen- und Abendspitzen des fließenden Verkehrs auf den Zufahrtsstraßen. Er beansprucht außerdem einen sehr hohen Teil der verfügbaren innerstädtischen Parkstände den gesamten Tag über und gibt damit Anlaß zu den meisten Verkehrsschwierigkeiten . . . Die große Zahl von Berufstätigen muß . . . vorwiegend mit Verkehrsmitteln befördert werden, die wenig Raum beanspruchen und keinen Parkbedarf . . . haben. Nur die öffentlichen Verkehrsmittel erfüllen diese Voraussetzungen.« Und: »Alle Maßnahmen der Städte zur Verbesserung des Verkehrs werden auf die Dauer keine Entlastung bringen, wenn der Berufsverkehr mit dem Kraftwagen sich weiter ungehemmt entwikkelt.«

Zum Fußgängerverkehr heißt es: »In eine vielfach schlechthin unzumutbare Situation sind infolge der Entwicklung des Kraftverkehrs die Fußgänger geraten. Der Kraftverkehr schließt die früher durchaus mögliche und übliche Mitbenutzung der Fahrbahn durch die Fußgänger . . . aus. Er engt auch zunehmend die dem Fußgänger zustehenden Verkehrsflächen ein, unmittelbar durch Inanspruchnahme der Gehwege für parkende Fahrzeuge, mittelbar, weil Teile der Gehwege zur Verbreiterung der Fahrbahn herangezogen werden ... es kann nicht geduldet werden, daß in der Innenstadt die ohnehin meist sehr schmalen Gehwege zum Parken benutzt werden.« Und: »Nicht zuletzt werden Bürgersteige vielfach durch Verkehrszeichen, Lichtsignale, Gitter, Ketten, Masten, Parkuhren unter anderem weiter eingeengt. Das Überschreiten der Fahrbahnen außerhalb der markierten Überwege ist vielerorts zu einem Wagnis geworden ... Wo Signalanlagen bestehen, sind für die Fußgänger oft nicht ausreichende Phasen vorgesehen ... Der Fußgänger muß auf seinen Wegen an vielen Kreuzungen auf ›Grün‹ warten, so daß er oft im Ganzen einen viel höheren Zeitverlust hinnehmen muß als der ohnehin schnellere Kraftverkehr ... Für die Fußgängerströme ist es wichtiger als für den Fahrverkehr, daß Umwege und Wartezeiten vermieden werden ... Die Mehrzahl aller Verbesserungsmaßnahmen im Interesse des Kraftverkehrs wirken sich zu Lasten der Fußgänger aus, obwohl diese zahlenmäßig unter den Verkehrsteilnehmern überwiegen ... Ähnliches gilt für die Radfahrer.« Zum öffentlichen Verkehr heißt es: »Eine Verlagerung des Berufsverkehrs auf den öffentlichen Personennahverkehr ist (unvermeidlich); er muß daher entschieden gefördert werden und ist eine der wichtigsten Voraussetzungen für eine nachhaltige Verbesserung der Verkehrsverhältnisse ... Eine zielbewußte Förderung der öffentlichen Personenverkehrsmittel zur Steigerung ihrer Leistungsfähigkeit muß ... Bestandteil jeder Politik zur Behebung der Verkehrsnot in den Gemeinden sein ...« Und: »Auch bei voller Anerkennung der Notwendigkeit des Individualverkehrs (des motorisierten), besonders für bestimmte Aufgaben, sollte deshalb sowohl im Rahmen der allgemeinen Verkehrsregeln als auch bei verkehrsregelnden Maßnahmen ein besonderes Augenmerk auf die Belange des öffentlichen Massenverkehrs gerichtet werden ... Das Nebeneinander von öffentlichen und individuellen Verkehrsmitteln innerhalb desselben Straßenraumes führt zu gegenseitigen Behinderungen. Deshalb ist es notwendig, den öffentlichen Verkehrsmitteln einen eigenen Fahrweg zu reservieren, um ihren Betrieb ungefährdet durchzuführen. Durch besondere Verkehrsregelungen für die öffentlichen Nahverkehrsmittel läßt sich auch an den Kreuzungen ein flüssiger Betrieb erreichen.«

Auch dieser Bericht wurde von der Deutschen Straßenliga kurz nach der Vorlage im Bundestag als reich illustriertes Werk herausgegeben. Seine wichtigste Wirkung war, daß einige Jahre später seine Finanzierungsanregung mit der Verabschiedung des Gemeindeverkehrsfinanzierungsgesetzes vom Gesetzgeber umgesetzt wurde. Man hätte ihm wünschen mögen, daß er in Deutschland auch mit seinen sonstigen Anregungen mehr Erfolg gehabt hätte.

Auch Politiker und Medien schrecken auf

Immerhin erreichte die Kritik allmählich auch Politiker und Medien. Einer der ersten prominenten Kritiker aus den Reihen der Politik war der damalige Münchner Oberbürgermeister und spätere Städtebau- und Justizminister Hans-Jochen Vogel. Von ihm stammen so provokante Sätze wie: »Mit jeder Milliarde, die wir in den Straßenbau hineinstecken, bringen wir die Stadt dem Tod näher ... Offenbar ist die Flut der Motorisierung inzwischen so hochgestiegen, daß sie vor allem in den größeren Städten alle Dämme sprengt, ja die Städte selbst zu paralysieren droht. Mit der fortschreitenden Motorisierung zahlen wir in unseren Städten für ein rasch sinkendes Maß an Annehmlichkeiten einen ebenso rasch steigenden Preis an Leben, Gesundheit und Geld. Ja, ich behaupte, wir sind

Ein prominenter Kritiker autoorientierter Verkehrspolitik war Hans-Jochen Vogel, der erst als Oberbürgermeister von München und Repräsentant des Deutschen Städtetages, später als Bundesbauminister einen radikalen Wandel der Konzepte und Investitionen forderte.

drauf und dran, auf diese Weise unsere Städte und uns selbst zu zerstören . . .« Und: »Wir müssen das Auto in seine Schranken verweisen. Hierfür brauchen wir ein großes Maß an Umdenken bei den Verantwortlichen in Stadt, Land und Bund. Wir müssen den Straßenbau in unseren Städten begrenzen. Wer glaubt, er könne so viele Straßen und Parkflächen bauen, daß es keine Stauungen mehr gibt, jagt einer Utopie nach . . . Die Auflagen für den Sicherheitszustand und die Entgiftung unserer Kraftfahrzeuge müssen verschärft werden.« Und: ». . . Dort, wo Massenverkehrsmittel zur Verfügung stehen, halte ich auch höhere Parkgebühren für vertretbar.« Und: ». . . Die Wachstumsrate der Automobilindustrie ist es nicht wert, ihr die Zukunft unserer Städte zu opfern . . . Eines werden wir mit Sicherheit nicht tun können: nämlich unsere Städte so umzubauen, daß jeder mit dem Auto jederzeit jeden beliebigen Punkt erreichen und dort auch parken kann. Was bei einem solchen Versuch herauskommt, kann man in Los Angeles studieren. Die Stadt ist der Katastrophe näher als alle anderen Städte, die ich gesehen habe.«

Das Vorbild Amerika wurde für viele Kritiker plötzlich ein Schreckbild. Los Angeles mit seinem Chaos von Stadtautobahnen, mit seiner völligen Auflösung der Stadtstrukturen und seinem berüchtigten Smog wurde weltweit zum Negativbeispiel Nummer eins. Viele Kommunalpolitiker kamen entsetzt aus Amerika nach Hause, warnten vor einer Kopie falscher Vorbilder, standen so in der Tradition von Wagner, der ja schon 1929 die fatalen Folgen einer Kopie amerikanischer Planungsleitbilder in Deutschland beschworen hatte. Ähnlich wie Vogel äußerte sich auch der damalige Oberstadtdirektor von Hannover, Martin Neuffer: »Nichts hat den äußeren Ablauf unseres täglichen Lebens in den letzten Jahrzehnten umfassender verändert als das Auto. Nichts hat auch auf die Entwicklung, das Funktionieren, das Leben unserer Städte eine tiefer reichende Wirkung ausgeübt . . . diese Wirkung ist gefährlich. Für die Stadt im überkommenen Sinne kann sie tödlich werden.« Und: »Wir richten uns ein mit dem täglichen Tod auf den Straßen, dem zermürbenden Lärm bei Tag und Nacht, der Zerstörung von Stadt und Landschaft. Wie lange noch?«

Der Planungskritiker Max Bächer beklagt die Monofunktionalität des Straßenbaus: »Die Straße hat ihre räumliche Dimension verloren und ist zu einer Addition eindimensionaler Richtungen geworden. Die Autonomie des Autos hat sich einen Verkehrsraum geschaffen, in dem es nur noch eine einzige sinnvolle Bewegungsrichtung gibt: die nach vorn.« Und: »Wir müssen endlich einsehen, daß in der Stadt das Auto für den Personenverkehr überholt ist, weil man Autos in beliebiger Zahl produzieren kann, innerstädtischen Straßenraum jedoch nicht.« Der Deutsche Städtetag for-

mulierte in seiner unter dem Motto »Rettet unsere Städte jetzt« bekannt gewordenen 16. Hauptversammlung 1971 im Arbeitskreis Verkehr: »Durch den Straßenbau werden unsere Städte unaufhaltsam ausgeweitet und aufgeweicht. Die Priorität sieht so aus: dicke Rampen statt Baumalleen, Schnellstraßen statt Uferpromenaden, Unfreiheit statt Freiheit – und trotzdem immer noch mehr Verkehrschaos . . . Unsere Planer und Politiker sind dem Trend nachgelaufen, nicht der Vernunft.«
Jetzt erreichte die Autokritik auch die renommierten Medien. Die »Frankfurter Allgemeine Zeitung« sprach beispielsweise von ». . . der großen Tragödie von Städten im Zeitalter des Automobilverkehrs«. Sie beklagte den »Verlust der Gestalt, der größer ist, als er unter dem Bombenfeuer war. Es gibt in Deutschland keine Großstadt geschichtlichen Namens, die nicht durch das Heer der Autos, ein wahres Termitenheer, bis zur Unkenntlichkeit entstellt wird.« Und die »Zeit« forderte: ». . . es muß auch die Privilegierung des Autos gegenüber anderen Verkehrsmitteln fallen . . . Das System unseres Verkehrs muß von Grund auf verändert werden.«
Die Planungs- und Autokritik erreichte nun auch höchste Staatsämter. Der damalige Bundespräsident Gustav Heinemann sagte 1970: »Fortschritt im technischen Bereich ist ja nur dann sinnvoll, wenn er mit einem Mehr an Menschlichkeit verbunden ist. An dieser Einsicht und der Bereitschaft, aus ihr Konsequenzen zu ziehen, mangelt es noch weithin. Wir haben das Phänomem Auto noch nicht allgemein verkraftet.« Und von seinem Nachfolger Walter Scheel stammt der Satz: »Man kann sagen, kaum eine Sache habe die Freiheit des Individuums so erweitert wie das Auto. Aber es scheint mir ebenso wichtig zu sagen, kaum ein Gegenstand habe in solchem Maß Probleme für die individuelle Freiheit der Menschen geschaffen wie das Auto.« Der damalige Bundesverkehrsminister Kurt Gscheidle forderte: »Wir haben unsere Städte nicht nur wohnlicher, umweltfreundlicher und sicherer zu machen, sondern auch fußgängerfreundlich. Die Gemeinschaft der Verkehrsteilnehmer beschränkt sich nicht auf Autofahrer, sondern sie umfaßt die große Zahl der Fußgänger, die im Verkehrsgeschehen gleichberechtigt werden müssen.«
Allerdings dürfen diese Zitate nicht darüber hinwegtäuschen, daß just zur gleichen Zeit der Straßenbau in den Städten ein bis dahin unvorstellbares Ausmaß erreichte. Daran änderten zunächst auch die noch so kritischen Zitate vieler wichtiger Politiker nichts.

Eine neue Volksbewegung kontra Straßenbau und autogerechte Stadtplanung

In dem Straßenbauboom der 70er Jahre, als Jahr um Jahr immer größere Investitionssummen für kommunale Straßenbauprojekte bereitgestellt wurden, erreichten die Eingriffe in die Stadtsubstanz ein erschreckendes Ausmaß. Die sprichwörtliche Unersättlichkeit der Straßenplanung manifestierte sich in immer gigantischeren Projekten. Parallel zu dem rasch voranschreitenden Autobahnbau im Außerortsbereich sollte nun ein ganzes Programm für Stadtschnellstraßen und Stadtautobahnen die Städte überziehen. Damit nahmen auch die Proteste zu, denn nun gab es fast in jedem Ort eine wachsende Zahl von Straßenbaubetroffenen, die durch Grundstücksabtretungen, Enteignungen, Entmietungen, Verlust eines attraktiven Wohnumfeldes direkt negativ betroffen waren. Und es gab eine schnell wachsende Zahl von sensiblen, geschichts- und gestaltungsbewußten Bürgern, die nicht länger tatenlos zusehen wollten, wie Marktplätze, Wallanlagen, Grünflächen und Wohnquartiere dem Autoverkehr preisgegeben wurden.
Neben die städtebaulichen Argumente traten nun auch wieder verstärkt Aspekte der

Verkehrssicherheit und der Umweltbelastungen. Fachleute aus Planung, Wissenschaft und Politik erhoben immer häufiger mahnend ihre Stimmen. Die Medien begannen, die Kritik verstärkt aufzugreifen. Es entstand eine schnell wachsende Zahl von Bürgerinitiativen gegen stadtzerstörenden Straßenbau, gegen Unfallgefahren des schnellen Autoverkehrs, gegen die Verödung der Städte, gegen die Herrschaft des Durchgangsverkehrs, gegen den unsinnigen Ausbau kleiner Vorortstraßen, gegen die Stillegung von Straßenbahnen, gegen die Vernachlässigung von Fußgängern und Radfahrern. Auch Mediziner, vor allem Kinderärzte, formulierten ihren Protest gegen verkehrsbedingte Gesundheitsgefahren.

Eine wachsende Zahl kritischer Verkehrsplaner und Verkehrswissenschaftler begann sich zu organisieren. Es entstanden neue Vereinigungen wie die »Gesellschaft für rationale Verkehrspolitik« oder das »Forum Mensch und Verkehr«. Neue Fußgänger- und Radfahrerverbände begannen sich zu formieren. Vor allem die »Grünen Radler«, der ADFC (Allgemeine deutsche Fahrrad-Club) und »Fuß e.V.« wurden zunächst bundesweit bekannt. 1986 entstand in Anlehnung an Schweizer Vorbilder der »Verkehrs-Club Deutschland« (VCD), der Verkehrsclub für Umweltbewußte, der neben einer Interessenvertretung für Fußgänger, Radfahrer und Bus- und Bahnbenutzer auch für umweltengagierte Autofahrer eine Alternative zu den konventionellen Autoclubs bieten will. Die zeitweise bis zu 3000 deutschen Bürgerinitiativen im Verkehrsbereich schlossen sich zu einem bundesweiten »Arbeitskreis Verkehr« zusammen. Sie organisierten Jahr um Jahr bundesweite Verkehrskongresse, zu denen auch mehr und mehr Verkehrswissenschaftler und Verkehrsplaner stießen. Der »Bundesverband Bürgerinitiativen Umweltschutz« und der »Bund Umwelt- und Naturschutz Deutschland« griffen immer wieder Verkehrsthemen auf. Die »Gewerkschaft der Eisenbahner Deutschlands« und die »Gewerkschaft öffentlicher Dienst, Transport und Verkehr« kritisierten häufig die einseitige Verkehrspolitik und forderten eine stärkere Förderung der öffentlichen Verkehrsmittel. Auch die Benutzer öffentlicher Verkehrsmittel schlossen sich zu einem bundesweiten Interessenverband zusammen.

Allmählich wurde auch die Zunft der Verkehrsplaner und Verkehrsforscher von Zweifeln befallen. Die formierte Windschutzscheibenperspektive geriet ins Wanken. So beispielsweise 1976 bei einem verkehrspolitischen Kongreß in Berlin, als nach einigen einseitig autoorientierten und schönfärberischen Vorträgen zur Lage der Verkehrsplanung aus der sachkundigen Zuhörerschaft eine Fülle gezielter Fragen zur vorherrschenden Einseitigkeit von Daten, Erhebungsmethoden, Modellrechnungen und Planungsansätzen gestellt wurde. Da ging ein Ruck durch die Versammlung, da spürte man, wohl das erste Mal in so geballter Form, daß die Fronten aufweichten. Da wuchs offenbar eine neue kritische Generation von Forschern und Planern heran, mit anderen Maßstäben und Zielvorstellungen. Viele von ihnen scheuten dabei nicht den Kontakt mit Bürgerinitiativen.

In mehreren Verwaltungsgerichtsprozessen erzielten Bürgerinitiativen erste Erfolge mit Klagen gegen überzogene Straßenbauprojekte. Besonders bekannt wurde der Erfolg der »Bürgerinitiative Westtangente« in Berlin gegen den Weiterbau der Stadtautobahn vor dem Zweiten Senat des dortigen Oberverwaltungsgerichts. Im Vorfeld dieses Prozesses war von der Bürgerinitiative Westtangente das sogenannte »Schwarzbuch Stadtautobahnen« herausgegeben worden, das in seiner Materialfülle viel Beachtung fand. Der wachsende Widerstand zeigte sich auch an verschiedenen Volksbegehren, die zum Teil erfolgreich

Straßenbauprojekte bekämpften.

Spätestens ab Ende der 70er Jahre gab es kaum noch ein Straßenbauprojekt, gegen das nicht heftiger Bürgerprotest aufkam. Unter den vielen Bürgerinitiativen waren nicht nur sogenannte Verhinderungs- und Neinsagerinitiativen. Viele der Protestler bemühten sich ernsthaft und zunehmend fachkundig um Alternativen, forderten konkrete Planungs- und Baualternativen, arbeiteten sich mühsam in den Planungsablauf, die Berechnungsmethoden und das Entwurfsrepertoire ein. Viele der heute in Planerkreisen fest etablierten Konzepte und Techniken gehen auf Basisideen und Anregungen zurück, die im Kreise der Bürgerinitiativen entstanden sind. So zum Beispiel das Konzept der Geschwindigkeitsdämpfung, die Entwicklung flexibler Straßenbauempfehlungen, die Anlage von Bus- und Bahntrassen, die Einrichtung von Schnellbuslinien, die Schaffung von Verbünden zwischen Taxi und öffentlichem Verkehr, die Anlage von Fahrradstreifen und Fahrradtrassen, die Anlage aufgepflasteter Zebrastreifen, Gehwegüberfahrten, Kreuzungen und Schwellen, der Umbau von Hauptverkehrsstraßen oder der Rückbau und die Renaturierung von Straßen. Auch das Konzept der flächenhaften Verkehrsberuhigung wurde als sogenannte prinzipielle Verkehrsberuhigung bei den Bürgerinitiativen schon in den 70er Jahren diskutiert, ehe es dann Mitte der 80er Jahre Eingang in das Planungsvokabular fand.

Die Bürgerinitiativen waren es auch, die als erste die enorme beschäftigungspolitische Fehlentwicklung im Straßenbau erkannten. Je mehr sich der Straßenbau auf Großprojekte mit durchrationalisierter Massenfertigung orientierte, desto marktbeherrschender wurden wenige überregionale Großfirmen. Für die Klein- und Mittelbetriebe, die früher von den vielen kleinteiligen Tiefbaumaßnahmen lebten, blieb ein immer kleineres Investitionsvolumen. Es mag in diesem Zusammenhang paradox klingen, aber gerade durch die Großinvestitionen im Straßenbau wurden viele Klein- und Mittelbetriebe im scharfen Verdrängungswettbewerb kaputtgemacht. Der so oft als regionalwirtschaftliches Füllhorn gepriesene Autobahnbau erwies sich als Arbeitsplatzvernichter, auch wenn sich manche große Spelzialfirma an ihm gesundgestoßen hat. Beschäftigungspolitisch war dies fatal, weil die Klein- und Mittelbetriebe viel arbeitsintensiver organisiert waren. Sie brauchten keine teuren Großmaschinen auszulasten. Daß für die lokalen Klein- und Mittelbetriebe ein qualitativer, umwelt- und stadtfreundlicher Umbau des Straßensystems eine viel größere Beschäftigungschance bieten würde, rechneten schon 1975 die Bürgerinitiativen vor. Sie hatten ermittelt, daß bei den Investitionen für Verkehrsberuhigung, Radwegebau und Wohnumfeldverbesserung für das gleiche Geld etwa drei- bis viermal soviel Arbeitskräfte beschäftigt wurden als im modernen, großmaschinenorientierten Massenstraßenbau. Acht Jahre später bestätigte dann die Deutsche Straßenliga in einem eigenen Gutachten diese Befunde noch deutlicher und kam zum siebenfachen Arbeitsmarkteffekt bei kleinteiligen Tiefbaumaßnahmen. Sie verband damit wenigstens vorübergehend die Forderung nach einer höheren Priorität für Verkehrsberuhigung, Wohnumfeldverbesserung und Radwegebau.

KAPITEL 4

Warum ist dann doch alles so gekommen? Eine Analyse autoorientierter Fixierungen und Weichenstellungen

Eckpfeiler der Autoförderung

Angesichts der zahlreichen negativen Auswirkungen des Autoverkehrs in den Städten und der vielfachen, die gesamte Autogeschichte begleitenden Widerstände gegen eine zu starke Ausrichtung der Städte auf den Autoverkehr mag man sich ernsthaft fragen, warum es denn trotzdem zu diesem kontinuierlichen Marsch in die Autogesellschaft und die Autostadt gekommen ist. Offenbar gab es trotz aller Kritik grundlegende »Strömungen« in Politik, Planung, Medien, Wissenschaft und Wirtschaft, die sich dauerhaft mit dem Automobilismus verbanden und die durch vielfältige Weichenstellungen dem Autoverkehr auf Jahrzehnte eine hervorgehobene Sonderstellung garantierten. Heute sind aus diesen Weichenstellungen die angeblichen Sachzwänge geworden, die bisher immer noch ein konsequentes Umdenken in der Verkehrspolitik und -planung verhindern.

Die neue Moderne im Städtebau der 30er und 50er Jahre: Entdichtung, Ordnung, Auflockerung als Motor der Zersiedlung

Wesentliche konzeptionelle Weichenstellungen für den autogerechten Ausbau der Städte datieren aus den 30er Jahren und haben vor allem Städtebauer und Architekten als geistige Väter. Damals führte die massive Kritik an den wohnungspolitischen Mißständen der europäischen Großstädte zu einer deutlichen Umorientierung des Planens und Bauens. Die vorausgegangene Gründerzeit hatte den Großstädten einen einzigartigen, oft spekulativen Bau- und Industrialisierungsboom gebracht, der vielerorts zu bis dahin unvorstellbaren Baudichten und Umweltproblemen führte. In England, Frankreich und Deutschland empörte man sich über das traurige Los der ohne Licht, Sonne, Grün und Hygiene in den Mietshausquartieren zusammengepferchten Arbeiter. Vor diesem Hintergrund entstand das »Konzept einer aufgelockerten, wohlgeordneten, durchlüfteten, besonnten und begrünten Stadt«. Dabei setzte sich allerdings nicht die im europäischen Städtebau entwickelte Gartenstadtidee mit ihren eher flächensparenden, noch relativ urbanen Bauformen durch. Größeren Einfluß hatten vielmehr die damals neuen Bau- und Siedlungsformen des nordamerikanischen Städtebaus. Vor allem die lockere Einfamilienhausbebauung mit ihrer großzügigen Autoverkehrserschließung wurde zum Vorbild für viele europäische Stadterweiterungen. Seinerzeit waren in den USA die ersten Stadtautobahnen und Schnellstraßen gebaut worden, mit kreuzungsfreien Verknüpfungen und vielfach mehr als vier Fahrspuren. Sie entstanden auch am Rand der Zentren, wo riesige Stadtbereiche zu dem Zweck »plattgemacht« wurden. Auch das faszinierte europäische Architekten und natürlich erst recht Verkehrsplaner. Was die Zentren be-

Stadt- und Verkehrsvisionen von Le Corbusier aus den 30er Jahren.

traf, animierte die amerikanische Hochhaus- und Wolkenkratzerarchitektur zu vergleichbaren Bauformen in Europa. Am deutlichsten hat seinerzeit wohl Le Corbusier solche Ideen in seinen Skizzen konkretisiert und weiterentwickelt, sie zeigen in drastischer Weise den neuen Stadt- und Straßenmaßstab auf.

Gleichzeitig kultivierten Le Corbusier und seine Zeitgenossen ihre wachsende Begeisterung für die Technik und eine eng mit der Technik verknüpfte ingenieurmäßige, funktionalistische Ordnung aller Lebensbereiche. Diesem Zeitgeist waren Enge und Vielfalt historischer Altstädte verhaßt. Sie sollten einer neuen, großartigen, geometrischen Ordnung weichen mit der »Ruhe« der großen, klaren Formen, der geometrischen Reihung, der großen Abstände. Und die untechnische Langsamkeit des stark gemischten, immer noch weitgehend von Fußgängern, Radfahrern und Straßenbahnen geprägten »archaischen« Verkehrs sollte endlich dem neuen Tempo, den Möglichkeiten des schnellen Autoverkehrs, weichen. Was zunächst in den Köpfen weniger zeitgenössischer Architekten und Städtebauer begann, sollte bald bestimmend für das ganze Bauen und Planen einer langen Epoche werden, die sich – beflügelt vom wirtschaftlichen Wachstum – diese neuen Formen geben wollte.

Das Auto als Träger des Stadtverkehrs in den neuen Städtebau- und Verkehrskonzepten

Die säuberliche Entmischung der Funktionen und die raumgreifende Anordnung »entdichteter« Baugebiete führten dazu, daß immer größere Distanzen überwunden werden mußten. Dafür schien das Auto geradezu ideal. So tauchen seit den 30er Jahren in immer mehr städtebaulichen Plänen und Skizzen reine Autostraßen und große Parkplätze auf. Bis dahin hatte das Auto in seiner hauptsächlichen Nutzung als Überlandfahrzeug, für Ausflüge, für Privat- und Geschäftsreisen wenig Einfluß auf den Städtebau nehmen können. Nun aber vollzog sich, begünstigt durch die wachsende Motorisierung, ein deutlicher Rollenwechsel des Autos als von den Planern bevorzugtes Stadtverkehrsmittel. Es verdrängte damit Fußgänger, Radfahrer, Busse und Bahnen aus den Siedlungs- und Baukonzepten. Plötzlich galten Schienennahverkehrsmittel als unzeitgemäß und unwirtschaftlich. Schon Ende der 20er Jahre entstanden in zahlreichen Städten Pläne, die »den Autoverkehr störenden Straßenbahnen« durch flexiblere Busse zu ersetzen. Nicht zuletzt wurde deshalb 1929 in Wiesbaden die erste große Umstellungsaktion von der Straßenbahn auf Busse von den Automobilverbänden als sogenannte Pioniertat gefeiert. In den ersten Nachkriegsjahren forderte der neuerstarkte ADAC immer wieder ein Ersetzen der »veralteten« Straßenbahn durch Busse oder U-Bahnen, natürlich mit dem Hintergedanken, so mehr Platz für Autos zu schaffen. Auch Städtebauer konnten mit der Straßenbahn nichts mehr anfangen. In Düsseldorf forderte 1950 die Architektenschaft, »die unmögliche, jeden fließenden (Auto)Verkehr behindernde Straßenbahn« zu ersetzen. Und solange es noch Straßenbahnen gebe, müsse sichergestellt sein, »daß der Autoverkehr nirgends durch die Straßenbahn aufgehalten werde«.

Daß bei dieser Grundeinstellung Zug um Zug das Auto zum konkurrenzlosen Maßstab der Bau- und Siedlungsplanung wurde, ist kaum verwunderlich. So verfielen Politiker, Planer, Wissenschaft, Medien und Bürger in die sprichwörtliche Autobegeisterung der Epoche. Es begann die Boomzeit des Ausbaus einer autoorientierten Infrastruktur in den Städten und damit der Wettlauf des Stadtstraßenbaus mit der Motorisierung. Die Innenstädte sollten dem anschwellenden Strom von Auto fahrenden Käufern und Beschäftigten entsprechend umgebaut werden. Zwischen Zentren und Peripherie sollte für das schnell wachsende Heer von Autopendlern ein neues hochleistungsfähiges Straßennetz angelegt werden. Und immer mehr Parkpätze und Parkhäuser sollten die immer größere Zahl der abzustellenden Autos aufnehmen.

Die wachsende Geschwindigkeitsbegeisterung

Die hohe Bewertung des Autos als Verkehrsmittel hatte einen wesentlichen Ursprung in der allgemeinen Geschwindigkeitsbegeisterung jener Zeit. Diese fand ihren unmittelbarsten Ausdruck im Rennsport, der in den 20er und 30er Jahren und dann wieder in den 50er und 60er Jahren seine Blütezeit hatte. Ohne Autorennen ist der Siegeszug des Autos überhaupt nur schwer vorstellbar. Der Rennsport sorgte frühzeitig für die Publizität des Autos, provozierte die Massenbegeisterung für hohe Geschwindigkeiten und Sportlichkeit. Rennwagen und Rennbahnen galten als die Krönung der Ingenieurkunst. Der sportliche, triumphierende Rennfahrer wurde zum Idol. Die Tempobegeisterung übertrug sich bald auf den Alltag. Viele Autofahrer suchten auf der Straße den Wettbewerb mit den anderen um den Triumph der Schnelligkeit.

Mit dieser Begeisterung schlug die Geburtsstunde des geschwindigkeitsorientierten Straßenbaus. Geschwindigkeit wurde zum Symbol von Fortschritt, Befreiung und technischer Vollkommenheit. Die Sucht nach den Rekorden markierte die Meilensteine des technischen Fortschritts. Die technische Entwicklung des Autos und die inhaltliche Ausrichtung der Autowerbung geben ein beredtes Zeugnis. Immer schneller und immer stärker wurden die Autos. Aus dem erst noch gemächlich dahinzokkelnden Benz wurde allmählich das Tempomobil der Neuzeit. »Kraft, Power, Sprint, Tempo, Dynamik, Sportlichkeit, das Röhren des Motors, Beschleunigung, Abhängen der Konkurrenz, Vornsein . . .« wurden zu Schlüsselbegriffen in der Profilierung der Automarken.

Dies alles geschah im Interesse einer Illusion. Denn im alltäglichen Verkehrsgeschehen, das sich überwiegend im Stadtverkehr abspielte, waren Spitzengeschwindigkeiten

Das Leitbild des sportlichen schnellen Autos kam in den 20er Jahren auf und ist bis heute beherrschend für die Marken- und Verkaufsstrategie der Konzerne.

gar nicht einsetzbar. Ja selbst im Regional- und Fernverkehr sind nur in drei Prozent aller Betriebssituationen Spitzengeschwindigkeiten ausfahrbar. Und trotzdem, der irrationale Tanz um die Geschwindigkeit belebte das Geschäft. Kein Wunder, daß in der Bundesrepublik jede Diskussion um ihre Begrenzung wie ein Angriff auf das Auto schlechthin wirken mußte, daß die »freie Fahrt für freie Bürger« zum unumstößlichen Bekenntnis der gesamten Nachkriegsverkehrspolitik wurde.

Angesichts der Fixierung auf hohe Geschwindigkeiten mußten die anderen Nahverkehrsarten völlig unzureichend und untauglich erscheinen. Zufußgehen und Radfahren erhielten das Stigma der unzeitgemäßen, langsamen, untechnischen Verkehrsarten. Sie galten als unsportlich, als allenfalls tauglich für immobile Kinder, Alte und Arme. Von ihnen konnte nach gängigem Zeitgeist keine verkehrspolitische oder verkehrsplanerische Faszination oder Herausforderung ausgehen. Ähnlich erging es den Bussen und Bahnen. Herkömmliche Straßenbahnen galten als lahm und veraltet, ohne technologische Zukunft. Allenfalls neuartige Verkehrssysteme wie U-Bahn, S-Bahn und H-Bahn konnten noch etwas neu- und hochtechnologische Faszination ausstrahlen, schienen auch Geschwindigkeitserfordernissen gerecht zu werden.

Mobil sein ist alles

Neben Tempo war auch Mobilität zu einem magischen Schlüsselwort von Verkehrspolitik und -planung geworden. Mit Mobilität verbanden sie schillernde Assoziationen von Fortschritt, Freiheit, Wachstum, Emanzipation und Gerechtigkeit. Galt früher freie Beweglichkeit als Privileg der Reichen und Adeligen, so sollte nun jedermann in den Genuß der automobilen Verfügbarkeit über Raum und Zeit kommen. In den Dienst dieser faszinierenden Verheißung wurden die Verkehrspolitik und -planung genommen. Wachsende Motorisierung und expandierender Straßenbau schienen jedermann den Zugang zu mehr Mobilität zu eröffnen. Dabei wurde verdrängt, daß auch die Bahn und die lokalen und regionalen öffentlichen Verkehrsmittel mobil gemacht hatten. Die Straßenbahnen hatten erstaunlich weite Einzugsbereiche über die Stadtgrenzen hinaus. Der Regionalverkehr mit Bahn, Bahnbus, Postbus und Privatbahnen deckte weite Räume ab und besaß einen hohen organisatorischen Standard. Weite Teile Deutschlands waren auch im ländlichen Raum durch dichte Netze des öffentlichen Verkehrs erschlossen. Es war also keineswegs so, daß erst durch das Auto Mobilität möglich geworden wäre. Auch vorher waren viele Leute aus vielen Gründen unterwegs: Beruf, Einkauf, Wochenendausflüge, Wanderungen, Besuche bei Verwandten und Bekannten etc. Darum lohnte es sich ja, ein so dichtes Netz von öffentlichen Verkehrsmitteln zu betreiben. Der Unterschied lag allenfalls in der Entfernung, die nicht immer so ausufernd war. Auf die Idee, für einen Schuheinkauf von Nürnberg nach München zu fahren, kam damals kaum einer.

Doch das war schnell vergessen. Die Bahn galt nichts mehr. Nur das Auto konnte den Glanz von Mobilität verleihen. Deshalb war mehr Mobilität mit dem Auto ein kategorischer Imperativ für Politiker und Planer. Das Auto sollte eine Vervielfachung der Möglichkeiten bringen, ein Ausbrechen aus den festgelegten Rhythmen und Strömen des Massenverkehrs erlauben. Hierfür zu arbeiten und zu planen schien eine großartige Sache. Dies glaubten vor allem die Planer der Kriegs- und ersten Nachkriegsgeneration. Vielen war der Wunsch nach einem Auto zunächst durch die Wirren des Krieges zerstört worden. Sie hatten dann lange und mühsam auf ihr erstes Auto gespart. Die Generation der Erstmotorisierten bestand somit überwiegend aus zukunftsbegeisterten und hoffnungsfrohen Autofahrern, die Ingenieure, Politiker und Verkehrsplaner dieser Generation mit inbegriffen. Sie waren überzeugt davon, daß sich ihnen als glückliche Besitzer eines neuen Autos ganz neue Dimensionen erschließen würden. So wurde die Erstmotorisierung ein strahlendes Symbol für Neubeginn, neue Ziele und Fortschritt.
Der Kult um die Mobilität nahm immer groteskere Züge an. Mobilität entwickelte sich zu einer Art Selbstzweck. Da sein ist nichts, unterwegs sein ist alles. Ein ganzes Volk wurde zu modernen Nomaden hochstilisiert, deren größtes Glück es ist, möglichst viele Kilometer im Jahr unter die Räder gebracht zu haben. Doch die Hoffnungen blieben Illusionen. Die naive Interpretation von Mobilität, die Kilometerfresserei im Sinne von mehr Erlebnisqualität interpretierte, war viel zu niedrig gegriffen. Die spätere Mobilitätsforschung hat gezeigt, daß es weder zu einer nennenswerten Zunahme der Zahl der Wege und Aktivitäten durch mehr Kilometer noch zu einer nennenswerten Zeitersparnis durch höhere Geschwindigkeit gekommen ist. Ereignet hatte sich vielmehr vor allem eine Substitution von früher zu Fuß, per Rad oder mit Bussen und Bahnen zurückgelegten kürzeren Wegen durch immer mehr längere Autofahrten.
Der scheinbare Zeitvorteil durch schnellere Autos und Straßen wurde durch die längeren Entfernungen wieder aufgezehrt, die eine für Entfernungen immer unsensiblere Stadtplanung mit sich brachte. Es entstand so die »erzwungene Mobilität«, die immer mehr Menschen zwang, alltägliche Aktivitäten mit dem Auto in der Ferne zu erledigen, die vorher ohne Auto in der Nähe erledigt werden konnten. Manche zunächst scheinbar gegebenen Zeitvorteile waren im Stau schnell ruiniert durch den steigenden Masseneinsatz des Autos. Bei alledem galt die Mobilität der Nichtautofahrer ohnehin nichts. Das Gehen, Radfahren und die Benutzung öffentlicher Verkehrsmittel wurden immer zeitraubender und schwieriger, weil ihre Erfordernisse immer mehr mißachtet wurden. Doch diese Mobilitätserschwernisse wurden im »Mobilitätsrausch« völlig übersehen.

Der geheiligte Trend

Prognosen spielten in der Verkehrsplanung eine große Rolle. Und zwar vor allem Trendprognosen der Motorisierung. Immer wieder lieferten Shell und ADAC die stets gleichlaufenden Prognosen. Wo es letztlich langgehen sollte, wies das in Sachen Autoverkehr leuchtende Beispiel Amerika, das mit gut zwanzig Jahren Vorsprung der europäischen Motorisierung vorauseilte. Amerika bewies, daß der Trend richtig lief. Und es lieferte auch gleich die richtigen Rezepte, wie man ein Verkehrssystem auf die Massenmotorisierung einstellen konnte. Durch überdimensionierte, vorausschauende Straßenbauprogramme, die auch den weiteren Zuwachsraten des Autoverkehrs Rechnung trugen. So wurden die Trendprognosen zum »Schmieröl« im immer hektischeren Getriebe von Motorisierungszuwächsen und Straßenbauexpansion. Nicht schnell genug konnte es gehen, daß jeder sein Auto haben sollte. Und seinen Hauptverkehrsstraßen- oder gar Autobahnanschluß »um die Ecke«. Das waren die »glänzenden Verheißungen« der Verkehrspolitik von Bund, Ländern und Gemeinden. Der schnelle Abbau sozialer Motorisierungsdefizite galt als soziale Großtat. Bald wurde auch schon der Einstieg in die Zweit- und Drittmotorisierung euphorisch hochgerechnet.

Nicht gefragt waren dagegen Wirkungsprognosen, um die voraussichtliche Entwicklung der Unfall- und Umweltbelastungen, die absehbare Benachteiligung der anderen Verkehrsarten oder die vorgezeichneten Veränderungen der Stadtentwicklung hochrechnen zu können. Von der Entwicklung der schnell wachsenden negativen Folgen des Autoverkehrs wollte niemand etwas wissen. Die gängige Lesart der Prognosen war stets der kategorische Imperativ für noch mehr Anstrengungen zugunsten einer autogerechteren Infrastruktur in Stadt und Land. Selten zeigten die Prognostiker oder die von ihnen beratenen Politiker Betroffenheit. Selten wurde gefragt, was man tun konnte, um solche Trends zu verhindern. Der Trend an sich war geheiligt, war Ansporn und Auftrag. Er versprach mehr Wachstum, mehr Beschäftigung, mehr Umsatz und Gewinn. Die Verlustseite dieser Rechnung blieb ausgeblendet.

Das Schreckgespenst vom Stau

In einer Gesellschaft, in der Mobilität und Geschwindigkeit, Fließen und Leichtigkeit des Autoverkehrs zu den höchsten verkehrspolitischen Zielen gehörten, mußte der Stau ein Schrecken sein, eine »Lähmung der Mobilität«, wenn nicht gar eine »Lähmung der Gesellschaft«. Andererseits wurde der Stau in dem Maße immer wahrscheinlicher, in dem immer größere Massen mit ihren Autos die Straßen gleichzeitig benutzen wollten. So konnte es gar nicht ausbleiben, daß zu den Spitzenzeiten der Verkehrsbelastung, in der sogenannten Rush-hour des Stadtverkehrs und in der Haupturlaubsreisezeit des Fernverkehrs, mit der Hochmotorisierung auch immer häufiger Staus auftraten. Damit war der Kampf eingeläutet, den Stau zu beseitigen, der immer hektischere Wettlauf von steigender Motorisierung und wachsendem Straßenbau. Die Angst vor dem Stau mobilisierte immer neue Legionen von Politikern und Planern zu gewaltigen Anstrengungen des Straßenbaus. Und da der Stau für die, die in ihm steckten, in der Tat ein großes Ärgernis bedeutete, da er alle Vorteile und Verheißungen der Automobilität zunichte machte, da er das »Opfer« zum Ausgelieferten und Immobilen degradierte, konnte der Kampf gegen den Stau von Anfang an auch auf Unterstützung der Autofahrer rechnen.

Doch es war einfacher, Autos zu produzieren und zu verkaufen, als Straßen und Parkhäuser zu bauen. Das eine ging schnell und massenhaft. Massenproduktion von Straßen und Parkhäusern war dagegen schwer, erforderte beträchtliche Zeit, fand in Stadt und Land seine vielfachen Grenzen und Hindernisse. So gesehen, war dieser Wettlauf von Motorisierung, Straßenbau und Parkplatzbau in den Städten von Anfang an zur Vergeblichkeit verurteilt. Für einen beseitigten Stau tauchten drei neue auf. Und wo gestern mit der Einweihung einer neuen Stadtautobahn eine bessere Zukunft für die Autofahrer verheißen wurde, stellte sich bald schon wieder Zähflüssigkeit ein. So drehte sich das Karussell von Motorisierung, Staubildung, neuen Straßenbauprogrammen . . . immer weiter und immer schneller . . .

Die »Windschutzscheibenperspektive« der »Verkehrsmacher«

Ein wichtiger Grund für die andauernde Autofixiertheit von Politik und Planung lag in der selektiven Zusammensetzung und Wahrnehmung der Entscheidungsträger und der Meinungsmacher. In den verantwortlichen Positionen von Verkehrspolitik, Verkehrsplanung und Medienlandschaft befanden sich überwiegend gutverdienende berufstätige Männer im mittleren Alter. Alle Studien zum Verkehrsverhalten zeigen, daß gerade diese Gruppe in ihrem beruflichen und privaten Verkehrsverhalten und in ihren Verkehrspräferenzen besonders autoorientiert war. Die Vertreter dieser Gruppe waren zuerst motorisiert. Sie bevorzugten große, schnelle Wagen. Sie benutzten kaum den öffentlichen Nahverkehr, fuhren selten Fahrrad und gingen kaum zu Fuß. Sie führten keine kleinen Kinder spazieren und keine alten Menschen. Sie gingen nicht für die Familie einkaufen. Sie erlebten die tägliche Verkehrswelt hauptsächlich aus der Autofahrerperspektive. Da lag im wahrsten Sinne des Wortes die subjektive »Windschutzscheibenperspektive« nahe, die auch das professionelle Handeln mit bestimmte. Kinder, Frauen und Alte, die viel weniger autofixiert waren und sein konnten, die die Probleme des Verkehrs nicht vorwiegend aus dem Auto heraus, sondern vor allem auch in Konfrontation mit dem Auto erlebten, hatten in der Verkehrspolitik und -planung nichts zu sagen. Sie waren dort nicht entsprechend repräsentiert, hatten für ihre Verkehrsbelange keine mächtigen Organisationen als Fürsprecher und gingen trotz ihrer großen Zahl leicht unter.

Es gibt zahlreiche empirische Belege für diese einseitige, verzerrte Wahrnehmung der Probleme des Verkehrsgeschehens durch Politiker und Planer. Beispielsweise aus einer Expertenbefragung, in der die »Macher« den Anteil der Autobenutzer im Stadtverkehr um das Doppelte überschätzten, während sie die Bedeutung von Fußgängern und Radfahrern halb so hoch ansahen, wie sie wirklich war. Auch die Mitgliederstruktur der in Autoclubs organisierten und aktiven Autofahrer repräsentierte kaum die Gesamtbevölkerung, nicht einmal die Gesamtheit der Autofahrer. In der für die Verkehrspolitik entscheidenden Phase Ende der 60er Jahr besaßen zum Beispiel die in ADAC- Organisationen verantwortlich aktiven Mitglieder dreimal mehr große, schnelle Autos als der Durchschnitt der Autofahrer. Sie hatten eine um 9000 Kilometer höhere Jahresfahrleistung als der Durchschnittsautofahrer. Sie fuhren im Schnitt innerorts 15 Stundenkilometer und außerorts 30 Stundenkilometer schneller als der Durchschnittsautofahrer. Sie benutzten ihr Auto fast doppelt so oft wie der Durchschnittsautofahrer. Solche spezifischen Verhaltensweisen prägen das alltägliche politische Agieren und Votieren entscheidend. Da ist es kein Wunder, daß die ADAC-Oberen beharrlich gegen Tempolimits und reduzierten Straßenbau sind.

EINSCHÄTZUNG DER VERKEHRSMITTELANTEILE DURCH POLITIKER UND PLANER

	Zu Fuß/ Rad %	Busse Bahnen %	Auto %
zu niedrig	60	45	10
richtig	30	35	10
zu hoch	10	20	80
	100	100	100

Politiker und Planer überschätzen chronisch die Bedeutung des Autos als Verkehrsmittel.

Der Einfluß der Lobby

Natürlich trug die Autolobby ihren Teil dazu bei, daß der Marsch in das Autozeitalter nicht ins Stocken geriet. Das begann schon 1909 mit Prinz Heinrich von Preußen, einem Bruder Kaiser Wilhelms II., und seiner Initiative für den Bau exklusiver Autostraßen und reicht bis heute mit dem Einsatz eines ganzen Wirtschaftszweiges und der von ihm dominierten Spitzenorganisationen einer autoorientierten Verkehrspolitik. Mit einer von Jahr zu Jahr umfangreicheren und psychologisch raffinierteren Werbung sorgte die Autolobby dafür, daß die Wünsche und Hoffnungen der Bundesbürger, vor allem der Männer, auf das Auto fixiert blieben. Sie sorgte dafür, daß das Auto mit der nötigen Aura positiv besetzter Werte wie Freiheit, Sportlichkeit, Jugendlichkeit, Kraft und Macht umgeben blieb. Sie aktivierte geschickt wichtige tiefenpsychologische Instinkte, damit die Lust am Autofahren nicht verlorenging.

Unterstützt von den Auto-Motor-Sportclubs und -Vereinen, den Organisationen des Straßenbaus und der Verkehrsingenieure, den Industrie- und Handelskammern und den verkehrswissenschaftlichen Hochschulinstituten, stellte die Autolobby immer wieder selbstbewußt und machtvoll ihre Forderungen an die Verkehrspolitik von Bund, Ländern und Gemeinden. Sie formulierte ihre »Manifeste der Kraftfahrt«, ihre griffigen Slogans (»Was fehlt, sind Straßen«, »Freie Fahrt für freie Bürger«), sie mobilisierte die Autofahrer als wichtige Wählergruppe, vor der jede Verkehrspolitik »in die Knie« zu gehen hatte. Die Autolobby tabuisierte autokritische Themen wie Tempobegrenzung, Erhöhung der Parkgebühren und Bußgelder, Verbesserung der Finanzierung des öffentlichen Verkehrs, Einschränkung des Straßenbaus etc. wirkungsvoll über zwei Jahrzehnte. Vorschläge solcher Art belegte sie schnell mit dem Etikett der »Verteufelung des Autos und der Autofahrer«, stempelte ihre Vertreter zu Träumern, Spinnern und Utopisten ab. Das mußten bisher alle Politiker, gleich, welcher Partei, lernen, die in Bund, Ländern und Gemeinden erste schüchterne Ansätze einer verkehrspolitischen Kurskorrektur versuchten und dafür ganz massiv angegriffen wurden.

Die Autolobby baute beständig an einem vielfältig wirksamen Geflecht von Einflußmöglichkeiten. Zahlreiche Institutionen, Stiftungen, Verbände, Vereine etc. wurden mehr oder weniger direkt von der Auto- und Straßenbaulobby beeinflußt oder gesteuert. Mit geschickter Arbeitsteilung und Regie, oft unter Vorspiegelung sogenannter wissenschaftlicher Objektivität und parteipolitischer Neutralität. Da gab es vielfältige Verflechtungen mit Entscheidungsträgern in Straßenbauverwaltungen, Behörden, Ministerien und Parteien. Da gab es manchen Einfluß auf die Interessenschwerpunkte und konzeptionelle Orientierung verkehrswissenschaftlicher Hochschulinstitute, die man sich stets durch entsprechende Aufträge gewogen halten konnte. Da gab es gutdotierte Beraterverträge mit Journalisten. Der Fall des von Daimler-Benz »gesponserten« Regierungssprechers der Bundesregierung Anfang der 80er Jahre ließ da nur die »Spitze des Eisbergs« erkennen. An den Hochschulen gab es unter den verkehrswissenschaftlichen und -planerischen Lehrstühlen subtile Berufungs- und Zitierkartelle, die mit geschicktem fach- und hochschulpolitischem Taktieren argwöhnisch darüber wachten, daß in den Verkehrswissenschaften keine »Andersdenkenden« Einfluß fanden.

Die Rolle der Medien

Auch die Medien standen in der verkehrspolitischen und verkehrsplanerischen Bewußtseinsbildung nicht zurück. Schon sehr früh etablierte sich rund um das Auto eine eigene auflagenstarke Medienlandschaft mit Autozeitschriften, Motorzeitschriften und Sportzeitschriften sowie mit Mitgliederorganen der Autoclubs. Sie entwickelten sich zum wirkungsvollen Sprachrohr

„Ein autounfreundliches Umfeld"

Kritik am Auto kostet Züricher Tages-Anzeiger Inseraten-Großaufträge

Bei autokritischen Berichten und Kommentaren geraten Zeitungen und Zeitschriften unter den Druck der Autowirtschaft.

der Autointeressen und prägten durch ihre jeweiligen Akzentsetzungen maßgeblich die Meinungsbildung bei Politikern, Planern und Bürgern.
Darüber hinaus nahm die Autolobby aufgrund der Jahr um Jahr mehrere 100 Millionen Mark »schweren« Werbeausgaben der Auto- und Mineralölkonzerne für ihre Annoncen manch subtilen Einfluß auf die großen Tageszeitungen und Zeitschriften, die sich durch ihre regelmäßigen, äußerst autofreundlichen Auto- und Motorbeilagen die überregionale und regionale Autobranche gewogen hielten. Der Entzug von Werbeaufträgen war lange Zeit eine Möglichkeit, eher autokritische Tendenzen zu »bestrafen«. Hieraus ergab sich über mehr als zwanzig Jahre in den Massenmedien ein durchweg autofreundliches Meinungsklima. Dazu trugen sicher auch die bewährten Mittel der »sanften Steuerung« der Informationspolitik durch aktive Sympathiewerbung und perfekten Medienrummel im Zusammenhang mit Messen, Ausstellungen, Autorennen, Präsentation neuer Modelle, Abfassung von Manifesten, Programmen etc. bei.
Erst Mitte der 70er und Anfang der 80er Jahre ging der Einfluß der Autolobby auf die Medien etwas zurück, als die Themen Stadt- und Umweltzerstörung eine wachsende Publizität erhielten und immer mehr Medien sich den kritischen Themen rund ums Auto stellen mußten. Doch die materiellen Abhängigkeiten blieben erhalten, und die Schar der autokritischen Journalisten blieb begrenzt.

Das Auto als Arbeitsmarktfaktor

Seine gewichtigste Legitimation erhielt das Auto in der Nachkriegszeit durch das Arbeitsplatz- und Wirtschaftswachstumsargument, das sich bald als ein entscheidender Erfolgsgarant und als ein politischer Druckfaktor erster Güte erweisen sollte. Schon Mitte der 50er Jahre hieß es, jeder zehnte Arbeitsplatz in Deutschland sei direkt oder indirekt von der Autoproduktion bzw. Autoversorgung abhängig. In den 70er Jahren sprach man von jedem siebten Arbeitsplatz. Einer ernsthaften Prüfung hielten solche Zahlen allerdings nicht stand. Nach Untersuchungen des Deutschen Instituts für Wirtschaftsforschung waren 1981 nur 5,6 Prozent der Arbeitsplätze, das heißt jeder 18., von der Autobranche abhängig. Doch solche Zahlen wurden nicht zur Kenntnis genommen. Man sprach weiterhin anhand der alten Zahlen von der überragenden Arbeitsmarktbedeutung der Autoindustrie.
Aus diesem Grunde gab es seit den 50er Jahren kaum eine verkehrspolitische Diskussion oder Debatte, in der nicht von der Autolobby mit dem Arbeitsmarktargument jeder Zweifel am Autosystem im Keim erstickt werden konnte. Diese Arbeitsplatzargumentation wurde massiv wieder eingebracht in die Tempolimitdebatte Mitte der 80er Jahre. Da hieß es, Tempolimits auf deutschen Straßen würden den Ruin der deutschen Autowirtschaft heraufbeschwören. Auch vor Ort, in den Gemeinden, führte die lokale Autolobby von Autohändlern, Kfz-Werkstätten, ADAC-Ver-

tretern und Straßenbaufirmen dieses Arbeitsplatzargument ständig im Munde, um die Fortsetzung einer autoorientierten Verkehrspolitik und Planung von den Gemeinden zu fordern.

Es ist sicherlich bezeichnend für die Schieflage des Arbeitsplatzarguments, daß die Beschäftigungseffekte des öffentlichen Nahverkehrs und der Bahn auf der anderen Seite nie besonders herausgestellt wurden. Auch hier waren ja schließlich stets mehr als eine halbe Million Personen beschäftigt. Im Bereich des öffentlichen Nahverkehrs zum Beispiel 1983 178 000, im Bereich der Bahn 333 000. Doch anders als im Kfz-Gewerbe galt hier die Beschäftigung eher als Last, wurde jeder entlassene Bahner oder Schaffner als Erfolg gefeiert, lautet die Devise seit Jahrzehnten Personalabbau. Schließlich wurden seit 1960 ca. 155 000 Bahnbedienstete und Beschäftigte der Nahverkehrsbetriebe »abgebaut«, und es sollen weitere folgen. In welcher Weise also bei der gesamten Arbeitsmarktfrage lediglich ein Austausch von Arbeitsplätzen im Bereich von Herstellung und Betrieb öffentlicher Verkehrsmittel durch Arbeitsplätze im Bereich der Autowirtschaft initiiert wurde und erfolgte, ist bisher nie thematisiert worden.

In der lokalen verkehrspolitischen und planerischen Diskussion wurde dem Auto auch in einer anderen Hinsicht eine enorme Rolle als Wirtschaftsfaktor zugesprochen. Handel und Gewerbe behaupteten mit steter Regelmäßigkeit, daß sie in ihrer Existenz von einer autogerechten Verkehrserschließung abhingen, und forderten bei jeder passenden Gelegenheit mehr Parkplätze und neue Straßen. Empirische Untersuchungen, die auswiesen, daß im Hinblick auf die Verkehrsmittelnutzung der Kunden auch die übrigen Verkehrsarten für Handel und Gewerbe von erheblicher Bedeutung sind und daß der reine Wirtschaftsverkehr mit nur vier Prozent Anteil am Autoverkehr keinesfalls einer überragenden Autoverkehrsplanung bedarf, wurden von den Vertretern des Handels und Gewerbes ignoriert. Sie blieben in all ihrer Interessenpolitik voll auf das Autoverkehrssystem fixiert.

Autofreundliche Gesetze, Normen und Verwaltungsstrukturen

Dieser Vorrang des Autoverkehrs und des autoorientierten Straßenbaus wurde zunehmend »handfest« und dauerhaft in den Gesetzen, Finanzierungsregelungen und Verwaltungsgrundlagen von Straßenbau- und Verkehrsplanung in Bund, Ländern und Gemeinden festgeschrieben.

Das begann im »Straßenverkehrsrecht« mit der Straßenverkehrsordnung. Sie wurde immer stärker darauf ausgerichtet, die nichtmotorisierten Verkehrsteilnehmer so zu reglementieren, daß sie den freien Autoverkehrsfluß nicht mehr behindern konnten. Damit wurde aus der Straßenverkehrsordnung eigentlich eine Autoverkehrsordnung. Alle wesentlichen Regelungen gingen davon aus, daß überall auf den Straßen ein bevorrechtigter und schneller Autoverkehr möglich sein mußte. Deshalb wurde generell die Benutzung der Fahrbahnen für Kinderspiel, Aufenthalt, Fußgängerverkehr etc. verboten. Bis dahin war die Nutzung der Fahrbahnen zum Gehen und Stehen gestattet. Fußgänger durften jetzt Fahrbahnen nur noch zum Überqueren betreten, und zwar auf kürzestem und schnellstem Wege. Und dies auch nur, wenn die Fahrbahn frei war. Zunehmend wurden sie auf wenige Überquerstellen mit Ampeln oder Zebrastreifen verwiesen. Selbst in harmlosen Wohnstraßen, wo der Autoverkehr von der Menge her eigentlich gar keine Rolle spielt, wurden per Rechtsverordnung die Fußgänger an den Rand gedrückt, wurde die historisch überkommene multifunktionale Nutzung des Straßenraums in eine rein verkehrsfunktionale Nutzung durch das Auto umgewandelt.

Auch die Straßengesetze (Fernstraßengesetz des Bundes, Landesstraßengesetze der Länder) schrieben zunehmend den Vorrang des Autoverkehrs fest. Sie wurden bestimmt vom Erfordernis einer autogerechten Verkehrserschließung und den Grundsätzen eines flüssigen, leichten und schnellen Autoverkehrs.

Im »Baurecht« regelten das Bundesbaugesetz und die Landesbauordnungen bis ins letzte Detail die Notwendigkeiten einer autogerechten Erschließung von Baugebieten durch Straßen und Stellplätze. Sie garantierten die Rechtsgrundlage für die finanzielle Beteiligung der Bürger an dieser autogerechten Erschließung durch Erschließungsbeiträge. Nichts wurde dagegen im Bundesbaugesetz und in den Landesbauordnungen zur Erschließung durch Radwege und durch den öffentlichen Verkehr geregelt. Eine Finanzierung des öffentlichen Verkehrs durch Erschließungsbeiträge wurde nicht vorgesehen. In Fortsetzung der sogenannten Reichsgaragenordnung aus den 30er Jahren übernahmen das Bundesbaugesetz und die Landesbauordnungen auch die Bestimmungen über die Notwendigkeit ausreichender Stellplätze beim Bau von Wohnungen, Arbeitsstätten, öffentlichen Einrichtungen und sonstigen »Verkehrserzeugern«. Das vom Gesetz vorgesehene Anbieten von Stellplätzen am Arbeitsplatz wurde ein Hauptgrund für die übermäßige Autonutzung im Berufsverkehr. Eine vergleichbare Verpflichtung für eine angemessene Erschließung von Arbeitsplatzschwerpunkten durch öffentlichen Verkehr ist bis heute in keinem Gesetz vorhanden. Eine Verpflichtung für Fahrradabstellplätze auch nicht.

Ein wesentliches Mittel zur autogerechten Ausrichtung der Verkehrsinfrastruktur bildeten die »Straßenbaurichtlinien«. Seit den 30er Jahren hatten Verkehrsingenieure und Straßenverwaltungen damit begonnen, zunächst im Fern- und Landstraßenbau detaillierte Regelwerke für ein neues Repertoire von Belägen und von Konstruktions- und Entwurfsprinzipien zur perfekten ingenieurmäßigen Vorsorge für die fahrdynamischen Ansprüche des schnellen Autoverkehrs zu entwickeln. Dieses Planungs-, Entwurfs- und Gestaltungsrepertoire wurde in der Nachkriegszit immer mehr auch auf die Innerortsstraßen übertragen. Das zeigte sich am deutlichsten an den Ortsdurchfahrten und den Hauptverkehrsstraßen, die mit einheitlichen Regelquerschnitten aus der freien Landschaft quer durch die Orte gezogen wurden. Doch auch für die übrigen Innerortsstraßen blieben das Planen und Entwerfen nach Grundsätzen der Fahrdynamik beherrschend, vor allem im nun anlaufenden Boom des Straßenneubaus in den vielen peripheren Neubaugebieten.

Die neuen Verkehrsingenieure waren vorrangig an rechenbaren bzw. aus Richtwerttabellen ablesbaren Vorgaben zu Linienführung, Querschnitt, Oberflächengestaltung und Unterbau einer Straße interessiert. Der komfortable und schnelle Autoverkehrsfluß wurde daher zum hauptsächlichen Ziel ihrer Arbeit. Die physikalischen Zusammenhänge von Autogeschwindigkeit und Straßenbeschaffenheit sollten in exakten Regelwerten erfaßt und konsequent angewandt werden. Die Straßen sollten nicht mehr individuell und phantasievoll oder traditionsgebunden entworfen werden, sondern regelrecht genormt. Von Kassel bis Kiel und von Aachen bis Augsburg sollte dem Autofahrer ein durchgängig schematischer und damit »idiotensicherer« Verkehrsablauf garantiert werden, auf den er sich in vertrauter Weise überall verlassen kann. Für die Beachtung historischer Differenzierungen der Straßen und für die lokale und regionale Vielfalt unterschiedlicher Straßensituationen blieb daher kein Spielraum mehr, sie sollte mit den Straßenbaurichtlinien »ausgemerzt« werden. Aus dieser Interessenlage erklärte sich die schnell wachsende Bedeutung der

Richtlinien im Straßenbau und in der Verkehrsplanung. Der ganze Verkehrsbereich wurde Zug um Zug durch ein immer dichteres Geflecht von technischen Reglementierungen gekennzeichnet. Hierdurch wurde jede örtliche Verkehrsplanung immer stärker vorprogrammiert. Der Entscheidungsspielraum des örtlichen Planers und Kommunalpolitikers reduzierte sich auf die richtige (= konforme) Anwendung der Normen. Dies um so mehr, als die Genehmigungs- und Bewilligungsbehörden in der Alltagspraxis peinlich genau auf die Einhaltung der Normen achteten. Damit ging die für eine örtlich angepaßte Verkehrspolitik und -planung eigentlich notwendige Flexibilität völlig verloren. Hauptzweck des Straßenbaus wurde die Bereitstellung möglichst großzügig dimensionierter Fahrbahnen und Parkstreifen. Eine Verstümmelung der sonstigen Flächen für Fußgänger wie Radfahrer, für Kinderspiel und Aufenthalt zu reinen Restflächen war die Folge.

Auch mit seinem »Finanzierungssystem« begab sich der Staat in eine fatale Abhängigkeit vom Autoverkehr. Kraftfahrzeugsteuer und Mineralölsteuer wurden zu wichtigen Einnahmequellen. Je mehr Autos zugelassen wurden und je mehr Mineralöl verbraucht wurde, desto deutlicher klingelte es in den Steuerkassen. Sieben Milliarden Mark jährlich bringt inzwischen die Kraftfahrzeugsteuer und 22 Milliarden Mark jährlich die Mineralölsteuer. Bei schlechter Haushaltslage wurde der Mineralölsteuersatz je Liter Kraftstoff gern angehoben, um Haushaltslöcher zu stopfen. 1960 betrug er 0,23 Mark je Liter Vergaserkraftstoff und 0,18 Mark je Liter Diesel. 1983 0,51 Mark bei Vergaserkraftstoff und 0,40 Mark bei Diesel. Doch damit nicht genug, der Staat verdiente auch über die Mehrwertsteuer kräftig an jedem verkauften Auto. Insgesamt waren das in den letzten Jahren etwa sieben Milliarden Mark jährlich. Auch beim Mineralölabsatz erhielt er jährlich nochmals zirka vier Milliarden Mark Mehrwertsteuer. Vor diesem Hintergrund war das Interesse des Staates stets sehr gering, den Autoverkehr einzudämmen, brauchte er ihn doch als wichtige Einnahmequelle. Die Autolobby sprach sogar oft vom Auto als der wichtigsten »Melkkuh« des Staates, die man entsprechend »hätscheln« müsse. Selbstbewußt stellte die Straßenbauwirtschaft fest: »Eine zunehmende Verknüpfung der öffentlichen Hände und ihrer Finanz-, Ordnungs- und Investitionspolitik mit dem motorisierten Verkehr ist entstanden. Eine Unabhängigkeit der öffentlichen Hände vom Automobil und dessen Nutzung ist nicht mehr gegeben. Eine Politik gegen das Auto verbietet sich von selbst.«

Eben dadurch ergab sich ein fataler Regelkreis zwischen den Einnahmen aus dem Autoverkehr und den Verkehrsinvestitionen für eine weitere Förderung des Autoverkehrs. Denn der größte Teil des Aufkommens aus der Mineralöl- und der Kraftfahrzeugsteuer wurde zweckgebunden wieder zur Finanzierung des Straßenbaus von Bund, Ländern und Gemeinden verwendet. Von den 34 Milliarden Mark, die 1986 aus Mineralöl- und Kraftfahrzeugsteuer zusammenkamen, wurden 21 Milliarden Mark wieder in den Straßenbau gesteckt. Somit verstärkten sich Ausgaben und Einnahmen gegenseitig. Mehr Straßenbauausgaben förderten den Autoverkehr, und mehr Autoverkehr förderten die Einnahmen aus dem Autoverkehr. Dieser Regelkreis blockierte bislang jeden ernsthaften staatlichen Versuch, die Probleme des Autoverkehrs durch »Maßhalten«, durch »Beschränkung«, durch Verminderung der Zahl und Nutzungsintensität der Autos zu lösen.

Bei solchen Abhängigkeiten war es kaum verwunderlich, daß die anderen Verkehrsarten weit weniger ernst genommen werden. Am Fußgänger und Fahrradverkehr konnte der Staat wenig verdienen, die Mehrwertsteuer auf verkaufte Schuhe und

Fahrräder reichte kaum zum Stopfen von Haushaltslöchern, andere Abgaben konnte er von Fußgängern und Radfahrern nicht einnehmen. Deshalb »lohnte« es sich aus fiskalisch vordergründiger Sicht auch nicht, große Investitionsanstrengungen für Fußgänger und Radfahrer zu entfalten. Auch bei Bussen und Bahnen gab es keine direkten haushaltspolitischen Anreize für eine verstärkte Förderung. Im Gegenteil, im engen fiskalischen Verständnis wurden sie inzwischen als Zuschußbetriebe mit Kostenunterdeckung bezeichnet, weil ihre Einnahmen den Aufwand der Verkehrsbetriebe nicht ausglichen und daher die sogenannten »Defizite« durch andere Mittel abgedeckt werden mußten. Das reizte die Politik nicht gerade zu einer Investitionsoffensive zugunsten von Bussen und Bahnen, die sich inzwischen mit knapp einem Zehntel der Investitionen für den Autoverkehr begnügen müssen. Da wurde viel eher eine sogenannte »Gesundschrumpfungspolitik« propagiert, mit immer stärkerem Angebotsabbau. Auf diese Weise konnte man ein ehemals leistungsfähiges System trefflich ruinieren und seinen verkehrspolitischen Wert »krankschrumpfen«.

Natürlich war diese enge haushaltspolitische Rechnung in vielerlei Hinsicht »schief«, weil sie die Folgekosten des Autoverkehrs im Bereich der Schäden an Umwelt, Gesundheit, Gebäuden etc. unberücksichtigt ließ. Immer stärker belasteten diese das Budget von Bund, Ländern und Gemeinden und rissen Löcher in die jeweiligen Gesundheits-, Kultur-, Bau- und Umweltetats. Diese Ausgaben wuchsen angesichts der zunehmenden Problemschwere in diesen Bereichen weiter schnell an. Allein die Unfallfolgekosten wurden Mitte der 80er Jahre mit 21 Milliarden Mark veranschlagt. Aber so integriert-ganzheitlich wurde bei der herkömmlichen »Töpfchenwirtschaft« staatlicher Haushalte nie gerechnet, und so erhielt sich das schiefe Bild vom kostengünstigen Autoverkehr bis heute.

Prämien für Autokauf und Autogebrauch

Damit die Deutschen auch die nötige Lust am Autokauf und Autofahren zeigten, entwickelten Staat und Wirtschaft ein Prämiensystem. Das begann mit der steuerlichen »Absetzbarkeit des Kaufpreises« und der Betriebskosten eines auch beruflich genutzten Autos. Für Millionen Deutsche war dies ein besonderer Anreiz, sich ein Auto zu kaufen und dabei nicht unbedingt das kleinste und sparsamste Modell, sondern ein großes, schnelles, auch geschäftlich »respektables« Auto zu erstehen. Das ging weiter mit der Erfindung der »Kilometerpauschale« für die Nutzung eines Autos im Berufsverkehr. Diese spezielle »Belohnung« verführte viele Bürger, von Bussen und Bahnen auf das Auto umzusteigen. Zwar gab es auch für Busse und Bahnen eine Absetzungsmöglichkeit, aber nur nach Kostennachweis. Da stand man sich mit dem pauschalen Entgelt für die Autonutzung ohne konkreten Nachweis oft besser, zumal die Kilometerpauschalsätze immer wieder autofahrerfreundlich angehoben wurden. Für Radfahrer dagegen gab es keine vergleichbar guten Ansätze, sie werden bis heute mit dem Minimalsatz abgespeist, der zudem den meisten Erwerbstätigen gänzlich unbekannt ist. Fußgänger bekamen noch nie etwas. Erfunden wurde die Kilometerpauschale eigentlich, um Fernpendlern aus strukturschwachen, ländlichen Regionen zu helfen, durch mehr Mobilität bessere Arbeitsmarktchancen zu erhalten und um den Nachteil ihrer langen Wege auszugleichen. Empirisch ließ sich immer schon nachweisen, daß gar nicht die Berufspendler im ländlichen Raum die längsten Wege haben, sondern die Pendler im suburbanen Umland der Ballungsräume. Insofern entbehrte die Kilometerpauschale von Anfang an einer wirklich schlüssigen Logik. Und grotesk war es, daß gleichzeitig gerade im ländlichen Raum das Angebot der Bundesbahn und des öffentlichen Verkehrs abgebaut wurde. Damit wurden die Mobilitätschancen dort erheblich verschlechtert. Völlig inkonsequent war dann aber, daß in den Genuß dieser autofreundlichen Subvention pauschal alle erwerbstätigen Autofahrer kamen, auch wenn sie gute öffentliche Verkehrsverbindungen an ihrem Wohn- und Arbeitsstandort hatten.

Die Arbeitgeber beteiligten sich ebenso an der Prämiierung von Autofahrern, indem sie ihren Beschäftigten unentgeltlich Parkraum zur Verfügung stellten, obwohl dessen Herstellung mit Grunderwerb, Unterhalt etc. erhebliche Aufwendungen erforderte. Im Schnitt ergab das eine monatliche Subvention der Autofahrer von 30 bis 70 Mark, bei teuren Tiefgaragen oder Parkhäusern sogar von 150 bis 200 Mark. Dies ist eine sehr ungewöhnliche Art von freiwilliger »Sozialleistung«. Vergleichbare Wohltaten für die Benutzer von Bussen und Bahnen gab es nicht. Doch Betriebsräte und Gewerkschaften störte solche Ungerechtigkeit kaum, im Gegenteil, sie verteidigten das Parkprivileg der Belegschaften mit aller Macht. Und schließlich gingen immer mehr Kaufhäuser und Einzelhändler dazu über, ihren Auto fahrenden Kunden einen Zuschuß zu den Kosten für das gebührenpflichtige Abstellen ihrer Autos zu zahlen, indem sie den Parkschein vergüteten. Auch hier gab es jahrzehntelang keine vergleichbaren Wohltaten für die Benutzer anderer Verkehrsmittel, auch nicht für die Fahrscheine von Bussen und Bahnen.

Einen weiteren finanziellen Anreiz zum Autokauf erfand der Staat im Zuge der Umweltkrise durch die Autoabgase. Mitte der 80er Jahre garantierte er den schadstoffarmen Autos einen Steuernachlaß und ermunterte so zum vermehrten Neuautokauf. Das umweltpolitisch sinnvollere Umsteigen vom Auto auf Busse und Bahnen belohnte der Staat nicht. Auf den Kauf von Jahresabonnements bei der Bundesbahn oder den öffentlichen Verkehrsmitteln gibt es nach wie vor keine steuerliche Prämien.

Der wirksamste »Katalysator« ist und bleibt noch immer eine Fahrkarte der Bundesbahn.

Mit dem Steuervorteil für Kat-Autos setzt der Staat seine Autovorrangpolitik fort, anstatt endlich das Umsteigen auf den umweltfreundlichen öffentlichen Verkehr zu fördern.

Durchsetzungsstrategien des Straßenbaus

Ein weiterer Erfolgsgarant für eine autofreundliche Verkehrspolitik und Planung war die »schlagkräftige« Organisation des Straßenbaus. In Bund, Ländern und Gemeinden wurden hierfür bestens ausgestattete Verwaltungen aufgebaut: in den Planungs- und Tiefbauämtern der Städte und Gemeinden und der Kreise, in den Planungs- und Aufsichtsbehörden der Landschaftsverbände und Regierungspräsidien, in den Landesstraßenbauämtern und Autobahnämtern der Länder (die auch als Auftragsverwaltung des Bundes tätig waren). Der Personalbestand dieser Behörden wuchs schnell. Zusätzlich konnten sie sich noch durch Tausende von Straßen- und Verkehrsplanungsbüros unterstützen lassen, für die sie Jahr für Jahr ein wachsendes Auftragspaket zu vergeben hatten. Schlagkräftig war der Straßenbau deshalb allein schon durch sein quantitatives Gewicht. Keine andere Fachverwaltung war mit ähnlichem Personal- und Finanzvolumen ausgestattet.

Die Durchsetzungskraft des Straßenbaus wurde weiter gestärkt durch eine Reihe ausgetüftelter Durchsetzungsstrategien, die dem Straßenbau eine doppelt starke Stellung gaben. Da arbeitete man zum Beispiel mit der »Salamitaktik«. Mit dieser

Taktik wurde eine an sich schon in ihrer Gesamtheit konzipierte Planung in kleinen Schritten realisiert. Die einzelnen Schritte erschienen dann nicht so dramatisch, noch vertretbar und »verdaubar«. Erst die nach längeren Zeiträumen am Ende sich ergebende Gesamtwirkung führte dann plötzlich die volle Tragweite vor Augen, dann aber war es für Proteste und Widerstände zu spät. Ebenso erfolgreich operierte man mit der »Sachzwangtaktik«. Oft wurden durch Vorgabe eines ersten Straßenstücks mit dem angestrebten maximalen Ausbaustandard »Fakten« geschaffen. Diese Fakten gaben dann rechts und links den Maßstab für die anschließenden Stücke vor. War ein Straßenstück erst einmal vierspurig, dann war es leichter begründbar, daß die ganze Straße vierspurig sein mußte. War eine Schnellstraße einmal auf einer Seite angefangen worden, mußte sie auch auf der anderen Seite fortgeführt werden. Sonst würden ja die ersten Investitionen wertlos. Mit dieser Systemlogik konnte man schließlich jeden Straßenbau begründen, weil es irgendwo immer begonnene Stücke fortzusetzen oder aufzuweiten galt. Hilfreich war stets auch die »Hilfstruppentaktik«. Die verwaltungsinternen Planungsverfahren von der Generalverkehrsplanung bis zu der Objektplanung wurden oft so angelegt, daß all diejenigen Institutionen und Gruppen besondere Mitsprache erhielten, die von ihrem Grundverständnis oder ihrer Interessenlage her autoorientiert sind. Dies waren verwaltungsintern zum Beispiel die Müllabfuhr, Feuerwehr, Polizei oder auch die Verkehrsbetriebe, wenn es um Fahrspurbreiten ging. Extern waren es vor allem der ADAC, die Industrie- und Handelskammern, die Wirtschaftsvereinigungen und die traditionell straßenbaufreundlichen Ressorts in Regionalplanung, Landesplanung und Raumordnung. Sie halfen gerne mit als »Hilfstruppen« des Straßenbaus und unterstützten nachhaltig die autoorientierten Trends, Regeln und Normen. Die eher autokritischen Ämter und Organisationen versuchte man dagegen deutlich auf Distanz zu halten. Wenn überhaupt, sollten sie allenfalls im Rahmen des formal unabdingbaren Minimums mitwirken. Auf diese Weise wurden Denkmalpflege, Umweltschutz, Gartenamt, Schulamt, Jugendamt ebenso wie Elternpflegschaften, Kinderschutzorganisationen, Heimat- und Geschichtsvereine, Fußgänger- und Radfahrerverbände (zum Beispiel „Fuß e.V." und ADFC), Bürgerinitiativen etc. sowenig wie möglich in die Planungsverfahren eingebunden. Ihre Meinung wurde allenfalls geschäftsmäßig registriert, aber inhaltlich kaum ernst genommen. Und schließlich gibt es noch die »Immunisierungstaktik«. Die Planungs- und Investitionsprozesse zogen sich bei größeren Maßnahmen im Verkehrswegebau stets langwierig und unflexibel dahin. Oft vergingen zwischen der eigentlichen Planung, ihrer politischen Absegnung und der tatsächlichen Investition viele Jahre. Bei dieser Langwierigkeit hatte kaum jemand in den Ämtern oder Parteien Lust zu prüfen, ob denn alle die ursprünglichen Voraussetzungen noch stimmten und ob es nicht neue Erkenntnisse gab, die Änderungen im Planungskonzept nahelegten. Dies hätte das Verfahren noch weiter verzögert und am Ende vielleicht ganz gefährdet. Großspurige Konzepte mit hohem Planungsaufwand erhielten durch diese Immunisierungstaktik die nötige Eigendynamik, sie konnten bis zum bitteren Ende durchgezogen werden, auch wenn die Bedarfsberechnungen oder Planungsziele längst ihre Gültigkeit verloren hatten. Diese vier Taktiken verhalfen bisher autoorientierten Straßenplanungen im Zusammenhang mit dem autoorientierten Gerüst von Richtlinien, Normen und Gesetzen zu enormem Erfolg. Egal, wie die Sachlage war, eine dieser Taktiken sicherte am Ende immer die Fortsetzung autobezogener Verkehrspolitik und Verkehrsplanung über Jahrzehnte.

KAPITEL 5

Das Repertoire der Killerphrasen: Abwiegelung und Verdrängung der Probleme zur Verteidigung der Autogesellschaft

Rituale der Abwiegelung

In Kenntnis der immer klarer erkennbaren Probleme und fatalen Folgen, die die jahrzehntelange Bevorzugung des Autoverkehrssystems Städten, Gemeinden und der Umwelt gebracht haben, sollte man meinen, Politik und Planung würden voller Betroffenheit und Engagement wenigstens jetzt alles daransetzen, um weiteren Schaden zu verhindern, und die Verkehrsverhältnisse gründlich ändern. Doch gegen solche Einsichten stehen die lang eingeübten Rituale der Verdrängung und Abwiegelung, mit denen man die Probleme auch weiterhin kleiner machen oder ganz wegdiskutieren kann und sich aus der Notwendigkeit, jetzt energisch zu handeln, herausmogelt. Politik und Planung verfügen über eine Vielfalt solcher »Killerphrasen«, die uns glauben machen sollen, alles sei halb so schlimm und bedürfe allenfalls kleiner Korrekturen wie zum Beispiel die Einführung des Katalysators. Aber ansonsten könne und müsse die Priorität des Autoverkehrs mit voller Berechtigung so weiterbestehen wie bisher.

Alles halb so schlimm: Das war früher auch nicht besser, und andere Probleme sind viel schlimmer

Ein beliebtes Argument gegen das Ernstnehmen der Autoverkehrsprobleme ist, den Leuten vorzuhalten, es handele sich um uralte Probleme. Was solle denn da plötzlich die ganze Aufregung. Zur Zeit der Pferdekutschen seien die Städte viel umweltbelasteter gewesen, voller Lärm, Gestank, Mist und Dreck in engen Gassen. Und durch Unfälle mit Pferden seien früher viel mehr Menschen zu Tode gekommen. Verkehrsstockungen seien schon im alten Rom sehr ernst gewesen. Die Absicht ist eindeutig: Fast wird das Auto als Beitrag zum Umweltschutz, zur Stadthygiene und zur Verkehrssicherheit gefeiert. Die heutigen Umwelt- und Sicherheitsprobleme werden verharmlost und in der historischen Kontinuität relativiert. So absurd diese Vergleiche sind, sosehr dürfen sie doch mit Verständnis rechnen, weil sie schön oberflächlich sind.
Neben der Verharmlosung durch unpassende historische Vergleiche werden ebensogern unpassende aktuelle Vergleiche gezogen, um Kritikern den Wind aus den Segeln zu nehmen und Probleme »wegzurelativieren«. Da heißt es dann zum Beispiel: »Bei Unfällen in Privathaushalten oder bei Unfällen am Arbeitsplatz verunglücken auch viele Menschen; so gefährlich ist der Autoverkehr also gar nicht.« Als ob das irgend etwas miteinander zu tun hätte. Als ob man mit dem Arbeits- oder Haushaltsunfall den Verkehrsunfall entschuldigen könnte. Als ob man mit der Unfallbekämpfung im Verkehr so lange warten könnte, bis die Wirtschaft und die Privathaushalte ihre Unfallprobleme gelöst hätten. Die Abgasschleu-

der Auto wird gern verteidigt mit dem Hinweis: »Die Industrie verpestet unsere Umwelt viel schlimmer. Soll man doch da erst mal anfangen.« Jeder schiebt die Schuld auf den anderen. Der Erfolg dieses »Schwarzer-Peter-Spiels« ist allenfalls, daß in keinem Bereich etwas passiert.
Geradezu infam ist die häufige Bezugnahme auf andere schädliche Verhaltensweisen der Menschen. Etwa so: »Die Leute rennen doch auch in Diskotheken. Und fahren Ski und spielen Fußball. Und rauchen. Was soll denn da das Gezeter über den Verkehrslärm, die Abgase und die Verkehrsgefahren.« Oder: »Verkehrslärm ist gar nicht so schlimm, weil andere Lärmarten wie das eigene Radio, der eigene Fernseher oder die eigenen Kinder noch lautere Schallfrequenzen in der Wohnung erzeugen.« Da kommt der moralische Zeigefinger. Hat man doch den Bundesbürger bei verschiedenen anderen Sünden gegen seine Gesundheit erwischt. So wichtig ist ihm die Gesundheit also gar nicht. Wenn das so ist, sind doch auch die Lärm-, Abgas- und Unfallschäden nicht so tragisch. Als könnte man das auch nur annähernd miteinander vergleichen. Dem einen Risiko unterziehen sich die Betroffenen freiwillig, punktuell, selektiv und aktiv durch eigenes Verhalten. Dem anderen Risiko aber ist eine ganze Gesellschaft unfreiwillig, dauerhaft und überall ausgesetzt. Verharmlost wird auch gern mit folgendem Hinweis: »Die heutige Lebenserwartung liegt höher als zu allen früheren Zeiten. Was soll also noch das Lamentieren über die Gefahren für Leib und Leben?« Auch hier wieder ein ziemlich unpassender Vergleich. Die Lebenserwartung der Überlebenden hat mit dem Verkehrsgeschehen verdammt wenig zu tun. Sie ist Erfolg und Resultat ganz anderer Weichenstellungen von Medizin, Hygiene und Gesundheitspolitik. Dadurch, daß die Überlebenden älter werden, kann das Schicksal der Verkehrstoten und Verkehrsverletzten nicht relativiert werden.

Der Schaden ist viel kleiner, als man denkt

Viele Politiker und Planer helfen sich auch durch das Herunterrechnen der Probleme mit Hilfe beeindruckend großer und zudem auch noch unbrauchbarer Vergleichszahlen, beispielsweise mit der gesamten Zahl motorisierter Fahrzeuge oder der Gesamtfahrleistung eines Jahres. In Relation zu den riesigen Bezugszahlen erscheinen dann die Problemwerte »homöopathisch« verdünnt. So heißt es in einer Broschüre zur Verkehrssicherheit: »Auf eine Million Fahrzeugkilometer entfallen lediglich 15 Schulwegunfälle.« Daraus wird dann gefolgert, unsere Straßen seien doch ziemlich sicher für unsere Schulkinder. Da wird selten gefragt, ob die Bezugszahlen eigentlich sachlich sinnvoll sind. Was hat denn beispielsweise der Schulweg mit den gesamten gefahrenen Autokilometern zu tun? Nichts, denn der Schulweg ist nur eine zeitlich und räumlich begrenzte Situation. Abends oder auf Autobahnen sind überhaupt keine Schulkinder unterwegs und können so auch gar nicht angefahren werden. Engt man dagegen die Schulwegunfälle auf die dafür relevanten Tageszeiten und Straßennetze ein, dann sehen die Aussagen schon wesentlich ungünstiger aus. Solche unsachgemäßen Vergleiche, mit dem Zweck, die relevanten Zahlen möglichst niedrig erscheinen zu lassen, sind an der Tagesordnung.

Nur nicht dramatisieren, objektiv und nüchtern bleiben

Ein weiterer Abwiegelungsversuch ist die Beschwörungsformel von der »Nüchternheit«. Man dürfe nicht dramatisieren, dürfe die Dinge nicht emotional sehen. Objektivität oder Rationalität sei geboten. Mit solchen Appellen versucht man, den Kritikern den Wind aus den Segeln zu nehmen. Und verhindert eigene Betroffenheit. Die Probleme verlieren ihre Brisanz, wenn man

Die Pressestelle der Firma Opel liefert ein typisches Beispiel für Abwiegelung:

»Über den Nutzen des Automobils (PKW und LKW) dürfte kein Zweifel bestehen. Sein Beitrag zur Umweltverschmutzung wird überbewertet und dramatisiert . . .«

erst die »nötige Distanz« dazu einnimmt. Der Ruf nach Nüchternheit soll die unmittelbar Betroffenen »mundtot« machen und die Verantwortlichen gegen Mitgefühl, Mitverantwortung und Engagement immunisieren. Weil Emotionen leicht ein »explosives« Gemisch ergeben, das die Planung erschwert, wird die Devise der Rationalität und Objektivität ausgegeben. Die Tabuisierung des Emotionalen in der verkehrsplanerischen Diskussion rührt auch daher, daß die Macher in kommunaler Politik und Planung sehr genau wissen, daß ihre liebsten Produkte (schnelle, hochleistungsfähige, gebündelte Autostraßen und große Parkplätze) von niemandem so »hautnah« geliebt werden, daß er laut »hier« schreit, um sie auch ja vor seiner eigenen Haustür zu haben. Bei der rituellen Einweihung neuer, leistungsfähiger Straßen durch Minister, Staatssekretäre und Bürgermeister klatschen ja nicht die verdrängten oder mit mehr Autoverkehr beglückten Anwohner Beifall, sondern die aus der Region herbeigeeilten Lobbyisten der Verbände, Ämter, Baufirmen, des Fuhrgewerbes und die, die an anderer Stelle entlastet werden, also alles in allem die Nutznießer, die selber ganz woanders wohnen. Kaum jemand von ihnen hat je vorgeschlagen, an seiner eigenen Haustür Schnellstraßen etc. vorbeizuführen. Letztlich huldigen sie alle der Sankt-Florians-Mentalität und haben gut Straßenplanen vor den Türen der anderen. Um dies offenzulegen, pflegte ein in Verkehrsfragen engagierter Landschaftsplaner bei Diskussionen mit Politikern und Planern stets zu fragen: »Und wo wohnen Sie?« – und sich dann öffentlich zu wundern, daß Politiker und Planer stets in ruhigen und verkehrsarmen Wohnlagen residieren und nicht an den angeblich so vorteilhaften, autoverkehrsreichen Hauptverkehrsstraßen.

Mit der vielbeschworenen Objektivität hapert es sowieso bei vielen Entscheidungsträgern in Politik und Planung. Viele stellen im Entscheidungsprozeß ihr sehr subjektives, interessengeleitetes, verzerrtes »Verkehrsweltbild« obenan, anstatt sachgerecht, seriös und systematisch erarbeiteten Daten und Fakten den Vorrang zu geben. Sie fahren, wie gesagt, gern und viel Auto, also ist Autoverkehr wichtig. Sie haben es gerne eilig, also sind Tempolimits unzumutbar. Sie benutzen, wenn überhaupt, ein Fahrrad nur bei sonnigem Wetter für einen Wochenendausflug ins Grüne. Also schließen sie daraus, das Fahrrad sei generell nur als Schönwetter- und Freizeitgerät zu werten. Jeder Blick in die seriöse Statistik belegt das Gegenteil, daß das Fahrrad weit häufiger für Beruf, Einkauf und Ausbildung benutzt wird als für Freizeit am Wochenende. Aber das erlebt man ja als Politiker und Manager selber nicht und glaubt es deshalb auch nicht. Das viele Gerede von der Objektivität ist vor diesem Hintergrund oft nur ein Trick, um die eigene ideologische Brille kunstvoll zu verbrämen. Dem anderen wirft man gerne vor, er sei ein Ideologe, aber man selber? Solide, objektiv und ausgewogen, behauptet man. Der ADAC ist Meister aller Klassen in diesem Spielchen. In seinen Manifesten zur Kraftfahrt und seinen Stellungnahmen zu Verkehrsproblemen ist stets von der nötigen Nüchternheit und Objektivität die Rede. Werden die Politiker vor falschen Emotionen und Ideologien gewarnt. Dann noch ein paar klangvolle Namen von Professoren als Berater, und schon hat man den »Heiligenschein« des über allen Dingen Stehenden. Und ist doch nur Lobby, weit entfernt von der vielstrapazierten Ausgewogenheit und als »Tendenzbetrieb« gut geübt im verzerrten, interessengeleiteten Umgang mit Daten, Fakten und Zusammenhängen. Man denke nur an die Zahlen des ADAC zu Tempo 30 und Tempo 100 Ende der 70er Jahre, die in klarem Gegensatz zur gesamten seriösen Fachwelt und den Behörden standen, eindeutig als falsch erkannt wurden, gleichwohl im politischen Raum und bei den Medien Wirkung hinterließen. Emotionen, Dramatisierung und Hysterie werden politisch und planerisch sofort salonfähig, wenn sie von der »richtigen Seite« kommen, also von den großen, etablierten, politisch einflußreichen Interessenverbänden. Handel und Gewerbe dürfen gerne ihre Horrorgemälde über den Ruin der Wirtschaft malen, der angeblich droht, wenn der Autoverkehr nicht üppig und vorrangig bedient werde. Die Autolobby darf ungerügt den Niedergang der Autobranche androhen, wenn Geschwindigkeitsbegrenzungen diskutiert werden. Da fragen Politik und Planung nicht nach harten Fakten und Nüchternheit. Das Gewicht der Institutionen ersetzt das Gewicht der Argumente, und so werden diese Emotionen, Hysterie und Vorurteile zur Grundlage der Politik.

Da kann man nichts ändern, der Trend ist nun mal so

Fast schon klassisch als Abwehrargument gegen Kritiker der Autoverkehrspolitik und -planung ist die Bezugnahme auf das heutige zivilisatorische Niveau mit seiner hohen Motorisierung und Mobilität, die ja wohl niemand abschaffen wolle. Das heißt, vor diesem Hintergrund erscheinen die Probleme letztlich bei allen Mängeln doch tolerierbar und unveränderbar. Sie sind eben der akzeptierte Preis für unser aller verkehrsmäßigen Fortschritt. Diese Position wird dann noch gern mit der provokativen, rein rhetorischen Frage verknüft: »Wollen Sie denn wieder zurück in die Steinzeit?« Oder: »Der Weg zurück ins Postkutschenzeitalter scheidet doch wohl aus!« Als ob man durch weniger Autofahren oder langsameres Tempo gleich 200 oder 2000 Jahre im zivilisatorischen Niveau zurückfiele. Und als bräche unsere Gesellschaft dann gleich zusammen, wenn ein Teil des Autoverkehrs mit eigenen Füßen, Fahrrädern, Bussen und Bahnen bewältigt würde. Wer Umweltschutz und Verkehrssicherheit will, will ja deshalb in der Regel nicht die Zustände aus grauer Vorzeit, sondern fordert Innovationen. Trotzdem kann man mit diesen Phrasen Kritikern effektvoll den Verdacht der illusionären Technikfeindlichkeit, der naiven »Maschinenstürmerei« anhängen.

Dieses Ritual dient außerdem dem demonstrativen Beweis, daß man als Verkehrspolitiker und -planer den Sachzwängen unseres hochtechnisierten Zeitalters nicht entkommen kann. In vielen Generalverkehrsplänen der 60er und 70er Jahre, zum Beispiel von dem bekannten Professor Mäcke, steht die Formel, daß an den beobachteten Trends der Motorisierung und Verkehrsmittelwahl nichts zu ändern sei. Manchmal wird sie noch ergänzt durch die fast makabre Einschränkung, es sei denn, es träten kriegerische Ereignisse oder Wirtschaftskatastrophen ein. Spätestens da soll jeder Kommunalpolitiker und Planer demutsvoll und bescheiden einsehen, daß es keinerlei Handlungsspielraum zur Änderung des Verkehrsgeschehens und zur Vermeidung der Probleme gibt. Denn er will doch wohl keinen Krieg anzetteln. Und auch keine Wirtschaftskatastrophen herbeiführen. In diesem Sinne heißt es dann: »Das Verhalten des Großstädters dem Verkehr gegenüber ändert sich kaum . . . Die Hoffnung vieler Städteplaner, daß durch Ermahnungen und Wohlverhaltensappelle eine Sinnesänderung eintreten könnte, müssen wir fahren lassen. Der Städter wird nicht einigen idealistischen Stadtplanern zuliebe Unbequemlichkeiten in Kauf nehmen . . .«

Was für ein Menschenbild steckt hinter

einer solchen Aussage? Der Mensch ohne jede Freiheit, sich zu ändern, sich neu zu orientieren. Der Mensch als Gefangener eines Trends. Und welches Politikverständnis? Politik als Zuschauer von Selbstautomatismen. Ohne Gestaltungskraft, ohne Steuerungsmöglichkeiten. Reiner Fatalismus. Die letzten dreißig Jahre haben ja nun wirklich gezeigt, wieviel man ändern kann. Wieviel man zerstören kann. Und jetzt plötzlich wird das Diktat des Trends ausgerufen, sollen wir angeblich nur noch willig dem durch dreißig Jahre Verkehrsplanung vorgezeichneten Weg folgen können? Welch ein Verlust von Freiheit wäre das! Welch düstere Zukunft für die Politik als reine Verwaltung von Trends!

Die Leute wollen es doch so

Zu der geschilderten Argumentation gehört auch der häufige Hinweis, die Leute wollten es ja gar nicht anders. Schließlich kauften sie ja die Autos und benutzten die Straßen. Das sei ein Massenplebiszit für autogerechte Politik und Planung. Als ob der Autokauf und die Autonutzung bereits ein stilles Einverständnis mit Umweltzerstörung, Stadtzerstörung, Verkehrsunfällen, Waldsterben etc. wären, eine Art automatische und quasi amtliche Verzichterklärung auf eine intakte Umwelt, auf heile Städte und auf Sicherheit auf unseren Straßen. Das ist weit überzogen. Nicht umsonst sind unter den vielen Bürgern, die gegen Stadt- und Umweltzerstörung durch Verkehrsplanung und Straßenbau protestieren, auch viele Autobesitzer. Die sich offenbar vorzustellen vermögen, daß man trotz hoher Motorisierung den Verkehr auch ganz anders planen und Straßen auch ganz anders bauen könnte. Und die deshalb in allen einschlägigen Untersuchungen ein großes Interesse für Themen wie Verkehrsberuhigung und Umweltschutz zeigen. Es ist, so gesehen, schon eine gedankenlose Verkürzung der Zusammenhänge, aus der fortschreitenden Motorisierung eine stetige Legitimation für die Fortsetzung planerischer Einseitigkeiten abzuleiten.

> Der Autokauf gilt der Autolobby als eine Art Plebiszit für autogerechte Städte.
>
> Dr. J. H. von Brunn, der ehemalige Präsident des Verbandes der Automobilindustrie:
>
> »Ich bin keineswegs der Überzeugung, daß wir eine autogerechte Stadt nicht haben wollen. Die Mehrzahl unserer Mitbürger in dem Alter, in dem man für das Autofahren in Betracht kommt, ist längst Kraftfahrer. Ich vermute, daß sie den Wunsch haben, die Städte so autogerecht wie möglich zu gestalten . . .«

Es ist doch anderswo nicht anders

Gern benutzt wird von Politikern und Planern auch der Hinweis auf die bundesweit, landesweit oder weltweit gleiche Situation des Verkehrs in den Städten. Vergleichszahlen aus anderen Städten und Ländern sollen deutlich machen, daß die Probleme überall bestehen. Je nach politischem Standort des Kritikers hat man dann auch noch ein passendes »linkes« oder »rechtes« Land, eine passende »CDU«- oder »SPD-Stadt« parat. Auch dies soll suggerieren, daß die Probleme unvermeidlich sind. Wenn die anderen auch nicht damit fertig werden, wie sollten wir es dann schaffen. Man gehört schließlich zur nationalen Städtefamilie oder gar zur internationalen Völkerfamilie, da kann man nicht durch Extratouren aus der Reihe tanzen. Auch damit wird demonstriert, daß es keinen wirklichen Handlungsspielraum gebe, daß alle Probleme Resultat eines übermächtigen Sachzwangs seien. Bei genauem Hinsehen würde man allerdings merken, daß es so einheitlich gar nicht zugeht. Daß es vielmehr erstaunliche Differenzierungen gibt, daß schon im Inland und erst recht im Ausland viele Städte eigene politische und planerische Wege gehen. Eine etwas andere Variante der Phrase wählt die Sachzwänge der europaweiten Harmonisierung als Ausrede für eigenes Nicht-Handeln. Nationale Alleingänge im Bereich technischer Auflagen und gesetzlicher Regelungen seien nicht möglich. Dabei beweisen andere europäische Länder wie Holland, Dänemark oder Italien immer wieder, daß es auch in der Europäischen Gemeinschaft viel Spielraum für innovative nationale Lösungen gibt, sei es im Verkehrsrecht, im Steuerrecht oder bei technischen Auflagen. Und wo man in der Bundesrepublik besondere Regelungen politisch wirklich will, werden sie auch durchgesetzt.

Wir tun, was wir können

Diese Beschwichtigungsfloskel leugnet zwar nicht die Probleme, suggeriert aber, daß man bereits alle Möglichkeiten zur Bekämpfung des Problems ausgeschöpft habe und kein Spielraum für zusätzliche Aktivitäten mehr bestehe. So wird ein Eindruck der Unvermeidlichkeit erweckt. Klassisches Beispiel hierfür ist die Verkehrssicherheitsdiskussion, in der stets der stereotype Hinweis auf die unermeßlichen Anstrengungen für Verkehrserziehung, Verkehrsaufklärung und Verkehrsüberwachung gebracht wird. Mehr könne man nun wirklich nicht mehr verlangen. Beliebt ist dieses Argumentationsmuster auch in den Gemeinden. Irgend ein passendes Beispiel für »lokale Anstrengungen« läßt sich da immer finden. Hier eine neue verkehrsberuhigte Straße, dort eine umgebaute Kreuzung, hier ein frisch gepflanzter Baum, dort ein neues Stück Radweg. Doch sowenig »eine Schwalbe schon einen Sommer macht«, sowenig reicht eine kleine symbolische Handlung aus, Verkehrsverhalten und Verkehrsstrukturen zu verändern. Politik und Planung beherrschen es meisterhaft, mit symbolischen Einzelaktionen zu suggerieren: Wir tun, was wir können.

Es ist doch schon viel besser geworden

Am schönsten ist es natürlich für die Verantwortlichen, auf Erfolge verweisen zu können. Wer nur geschickt und lange genug nach geeigneten Vergleichsmaßstäben sucht, schafft es meist, eine günstige Entwicklung nachzuweisen. So wird von der Autoindustrie gern auf die sinkenden Verbrauchszahlen der neuen Automodelle hingewiesen. Noch nie habe es so sparsame Autos gegeben. Als Bezugsbasis wird dabei gern 1970 genommen. Und gemessen wird der rein theoretische Verbrauch im Normzyklus. Im realen Verbrauch waren die Autos vor 1970 viel sparsamer, durchschnittlich verbrauchten sie zwei bis drei Liter weniger, weil sie wesentlich schwächer motorisiert waren. 80 PS sind eben durstiger als 30. Sparsamer waren sie auch, weil durchweg langsamer gefahren wurde. Heute wird durch die viel größere Zahl der Autos und ihre viel höheren Geschwindigkeiten tatsächlich viel mehr verbraucht. Das überdeckt man gern durch die rein theoretischen Zahlen. Und macht daraus die Legende von den neuen sparsamen Autos.

Ähnliche Tricks gibt es beim Lärmproblem. Auch hier wird die Senkung der spezifischen Zulassungslärmwerte als großer Erfolg für den Lärmschutz gepriesen. Damit entsteht der Eindruck, es sei auf den Straßen leiser geworden. Doch der Zulassungslärmwert ist ein rein theoretischer Laborwert, der überhaupt nichts darüber sagt, wie laut die Autos tatsächlich sind. Meist werden die angeblich leiseren Autos lauter als früher gefahren, weil die Motoren viel höhere Drehzahlen und stärkere Beschleunigung zulassen und weil viel schneller gefahren wird. Darüber sagt der verringerte theoretische Lärmwert aber nichts. Außerdem sind heute viel mehr Autos und vor allem auch mehr LKW unterwegs als früher. Es ist auch dadurch heute viel lauter auf den Straßen. Die Anwohner an den

Straßen interessieren keine theoretischen Lärmwerte, sie wollen, daß es tatsächlich leiser wird. Der Zahlenakrobatik von berufsmäßigen Schönfärbern sollte man gründlich mißtrauen.

Das ist zwar schlimm, aber man muß den Nutzen sehen

Als besonderer Trumpf gegen alle Auto- und Verkehrsplanungskritik dient der stereotype Hinweis auf den großen wirtschaftlichen Nutzen des Autos. In einem bewährten Ritual wurden die enormen positiven wirtschaftlichen Auswirkungen der Autogesellschaft herausgestellt. Die Negativseiten des Autoverkehrs und ihre möglichen wirtschaftlichen Folgen und gesellschaftlichen Kosten dagegen aufzurechnen galt als Sakrileg, wurde von Politik, Planung und Wissenschaft jahrzehntelang verweigert, war Antiautoideologie. Pauschal wurde dem Auto attestiert, alle eventuellen Probleme, Schäden und Kosten seien durch den unbestreitbar großen Nutzen gerechtfertigt und müßten deshalb in Kauf genommen werden. Die Bundesregierung sah sich zum Beispiel 1985 außerstande, auf eine große Anfrage nach den Schäden und Kosten des Autoverkehrs auch nur eine halbwegs detaillierte Antwort zu geben: Über viele Schadensprobleme lägen ihr leider keine brauchbaren Informationen vor. Sagt das nicht alles? Der Schaden interessiert offenbar niemanden. Er wird psychologisch verdrängt, statt ihn so gut wie möglich zu ermitteln und angemessen ins verkehrspolitische Kalkül einzubringen!

Abwehrrhetorik und Leugnen jeglicher Alternative verhindern Innovation

All die Killerphrasen verfolgen dieselbe Taktik: Sie sollen abwiegeln, ablenken, beruhigen und verkleinern. Je harmloser die Probleme des Autoverkehrs gemacht werden, desto geringer wird die Notwendigkeit für eine Kurskorrektur in Verkehrspolitik und -planung. Sie sollen die rechtlichen, technischen, politischen und gesellschaftlichen Sachzwänge für die Beibehaltung der bisherigen Autoverkehrsstrukturen so gewichtig machen, um jeglichen Handlungsspielraum für eine wesentliche Änderung oder gar eine Wende der Verkehrspolitik zu leugnen. Sie sollen die Zwangsläufigkeit und weitere Trendbedingtheit des Weges in die Autogesellschaft deutlich manifestieren und alle auch nur irgendwie denkbaren Alternativen als untauglich, gefährlich, systemverändernd und gesellschaftlich nicht konsensfähig diskreditieren. Diese Killerphrasen zeigen ein hochgradig konservatives Denken. Sie erklären das vorhandene Autoverkehrssystem für den Umständen entsprechend optimal. Diese Haltung widerspricht völlig der sonstigen Fortschrittsbesessenheit unserer Zeit, die mit glänzenden Augen Innovationswillen und Innovationsbereitschaft zum A und O einer erfolgreichen Wirtschafts- und Gesellschaftsentwicklung erklärt. Allenthalben wird verkündet: Seid erfinderisch, verlaßt euch nicht auf alte Rezepte! Nur in der Verkehrspolitik und -planung sind grundlegende Änderungen von der einschlägigen Lobby zum Tabu erklärt worden. Tabus aber sind der Feind jeder Innovation. Innovation benötigt die kreative Suche nach Alternativen, den Mut zu neuen Wegen. Der aber ist in Deutschland durch Ausreden verstellt. Zur Alternative öffentlicher Verkehr hört man zum Beispiel regelmäßig, man habe ja wirklich alles Erdenkliche getan, um Busse und Bahnen zu fördern, nur wollten die Leute sie einfach nicht benutzen. Da der öffentliche Verkehr nur ein Zehntel der Investitionssummen für den Straßenbau erhielt, ist es schon Zynismus, wenn heute Politiker und Planer folgern, der öffentliche Verkehr komme als Alternative zum Auto nicht in Frage, weil sein Verkehrsanteil zu klein, sein Defizit zu groß, sein Netz zu kurz und seine Attrakti-

Die Autolobby leugnet jede Alternative zum zunehmenden Autoverkehr.

»Bisher zeichnet sich nirgends eine Möglichkeit ab, daß ein Massenverkehrsmittel geeignet wäre, die vorhandenen Verkehrsbedürfnisse zu befriedigen und die Arbeitsplätze zu schaffen, die in der Automobilindustrie bei nennenswerten Einschränkungen verlorengehen würden . . .«

Verband der Automobilindustrie

»Als Individualverkehrsmittel gibt das Automobil seinem Benutzer Unabhängigkeit vom Fahrplan, die Freiheit zu fahren, wohin man will, wann man will, zu halten, wo und wann man will. Das Automobil wird in absehbarer Zeit nicht abgelöst werden. Kein Verkehrsmittel kann das besser . . .«

Pressestelle Opel

»Über die Bedeutung und zukünftige Entwicklung des Individualverkehrs sollte es nach Auffassung des ADAC keine Illusionen geben: Die Bevölkerung hat ihre Entscheidung für das Auto als Verkehrsmittel Nr. 1 längst gefällt . . .«

ADAC – Allgemeiner Deutscher Automobil-Club

vität zu gering seien. Erfolgsberichte ausländischer Städte, die mit konsequentem Ausbau, mutiger Tarifpolitik, gekonnter Werbung und konsequenter Bevorrechtigung Busse und Bahnen auf Erfolgskurs bringen, werden ignoriert. Andere Alternativen zum Auto sieht man erst recht nicht. Vom Fußgänger- und Radverkehr wird behauptet, sie seien hinsichtlich Geschwindigkeit, Transportfähigkeit, Distanzüberwindung und Komfort aussichtslos im Hintertreffen, um im Stadtverkehr eine ernste Rolle zu übernehmen oder gar Autoverkehr zu ersetzen. Das Fahrrad verglich Professor Fiala, langjähriger Forschungschef bei VW, allen Ernstes mit Skiern. Es sei ein reines Sportgerät. Mit Skiern wolle ja wohl auch niemand zur Arbeit fahren. Als Verkehrsmittel scheide das Fahrrad aus. Ähnlich sieht es natürlich auch der ADAC. Er brachte es in seinem verkehrspolitischen Manifest für die 80er Jahre auf eine ganz einfache Formel: »Vertretbare Alternativen zum Auto gibt es nicht! Werden Massen von Autofahrern aufs Fahrrad steigen? Oder auf die Bahn? Können neue Technologien das Auto ersetzen? Die Euphorie ist verflogen! Die Realität zeigt, in welch bescheidenem Umfang die ›alternativen Verkehrsmittel‹ eine Chance gegen das Auto haben, das auch in Zukunft das Verkehrsmittel Nr. 1 sein wird!« Mit dieser selbstgewählten Alternativlosigkeit kann man sich getrost weiter dem Alltagsgeschäft zuwenden, der Fortsetzung des Straßenbaus, der weiteren Herrichtung der Städte für den unaufhaltsam wachsenden Autoverkehr.

KAPITEL 6

Mit System einseitig! Folgenschwere Tricks und Fehler bei Mobilitätsanalysen als Ursache falscher Prioritäten

Mobilitätsanalysen: verzerrte Optik

In der Verkehrspolitik und -planung der letzten Jahrzehnte diente der datenmäßig belegte, angeblich konkurrenzlos hohe Anteil des Autoverkehrs am Gesamtverkehr stets als Legitimation für seine ungeschmälerte Priorität bei der Zuwendung von Interesse, Geld, Planungskapazität, Fläche, Privilegien. Geradezu rituell wurde die entsprechende Zahlenakrobatik zelebriert, mit der so eindrucksvoll bewiesen werden konnte, daß nur der Autoverkehr eine wichtige Rolle im Verkehrsgeschehen spielte, daß alle anderen Verkehrsarten zur Bedeutungslosigkeit verkommen waren. Doch die Sache hat einen entscheidenden Haken. Alle entsprechenden Erhebungen und Statistiken mit solchen hohen Anteilswerten für den Autoverkehr stimmen »hinten und vorne« nicht, egal, ob sie von Kommunen, Ministerien, Interessenverbänden, Hochschulinstituten oder von privaten Gutachterfirmen erstellt wurden. Sie alle haben die gleichen Fehler: Sie sind einseitig auf das Auto zugeschnitten und geben kein wirkliches Abbild des Verkehrsgeschehens. Diese Einseitigkeit ist keine Lappalie oder methodische Spitzfindigkeit für akademische Seminare, sondern eine bewußte, handfeste, interessenpolitisch begründete, systematische Verzerrung der Verkehrsrealität. Der Zweck maximaler Prioritätenbindung »heiligt« die Mittel permanenten Etikettenschwindels.

Fußgänger und Radfahrer zählen nicht, nur der Automaßstab gilt

Zunächst einmal wurden Fußgänger und Radfahrer bei den meisten Mobilitätsuntersuchungen und Verkehrsstatistiken ganz ausgeblendet. Im Politik- und Planungsverständnis dieser Untersuchungen galten Füße und Fahrräder nicht als ernst zu nehmendes Verkehrsmittel. Der klassische »Modal Split« (Aufteilung des Verkehrs auf die Verkehrsmittel) beschränkte sich ausschließlich auf den motorisierten Verkehr und kam dann regelmäßig zu der Feststellung, daß Fußgänger und Radfahrer in unseren Breiten und Zeiten keine Rolle mehr spielen. Der Autoanteil war in solchen Erhebungen und Statistiken stets weit überhöht, ebenso der Anteil von lang dauernden und weiten Fahrten. Als Resultat solcher Verzerrungen erhielten die weiträumigen Verkehrsströme der Pendler ein starkes Übergewicht. Der vorrangige Ausbau eines leistungsfähigen, regional ausgreifenden Hauptverkehrsnetzes und eine Reisezeitoptimierung durch hohe Geschwindigkeiten wurden so legitimiert. Die kleinräumigen Verkehrsbeziehungen im Nahbereich und ihr Schutz vor übermäßigem und schnellem Durchfahrverkehr wurden übersehen. Die Autoindustrie berief und beruft sich mit Vorliebe auf Mobilitätsanalysen dieser Machart.

Oft wurde Verkehr überhaupt nur noch durch die Autobrille von Personenwageneinheiten gesehen. Der übrige Verkehr wurde kurzerhand in Personenwageneinheiten umgerechnet, nach dem grotesken Umrechnungsschlüssel:

- Fußgänger = 0,1 PWE
- Fahrrad = 0,25 PWE
- Motorrad = 0,5 PWE
- Lastzug = 3,5 PWE
- Straßenbahn = 2 – 3,5 PWE

Bei dieser Umrechnerei war das Auto Maßstab aller Dinge. Aus hundert Fußgängern wurden zehn PWE und aus einer vollbesetzten Straßenbahn drei PWE. Ganz so, als ob Verkehrsbedürfnisse von Fußgängern, Fahrradfahrern, Bussen und Bahnen über die Abmessungen von Personenwagen definiert und abgehandelt werden könnten. Solche perversen Mobilitätsanalysen und ihre Ergebnisse wurden in der Vergangenheit ernst genommen und führten natürlich zur sprichwörtlichen Windschutzscheibenperspektive in Politik und Planung. Hier wurde jeglicher Verkehr von Beginn der Untersuchung an schon mit Autoverkehr gleichgesetzt und Straße mit Autostraße.

Nur Fahrten oder Hauptwege zählen, kurze Wege nicht

Nicht viel besser war die vielfache Beschränkung der Mobilitätsanalysen auf sogenannte »Fahrten« oder »Reisen«. Fußgänger fahren bekanntlich nicht, also blieben sie auch hierbei ausgespart. Der einzige Unterschied zu den zuvor genannten Tricks ist, daß bei Fahrten oder Reisen immerhin manchmal Radfahrer mit erfaßt wurden. Allein durch ihren Anteil sank der Autoanteil bereits spürbar. Und der Anteil kurzer Strecken und der Fahrten zum Einkaufen und zur Freizeit stieg gegenüber den Berufspendlerfahrten.
Wenn ausnahmsweise Mobilitätsanalysen auch einmal Fußgänger als Verkehrsteilnehmer berücksichtigten, zählte man nicht alle ihre Wege, sondern nur die »Hauptwege«. Nicht berücksichtigt wurden dadurch alle Wege von und zu Haltestellen oder zu Parkmöglichkeiten. Es wurde also so getan, als fiele jeder von der Haustür sofort in sein Auto, in den nächsten Bus oder in die nächste Bahn. Zu den ausgelassenen Wegen gehörten auch alle Zwischenwege. Das sind die während der Unterbrechung eines Hauptweges anfallenden Wege. Beispielsweise kann der Weg zum Arzt oder zum Kindergarten ein Zwischenweg auf dem Hauptweg zur Arbeit sein. Oder ein Einkaufsweg wird mit einem kurzen Besuch gekoppelt. Diese Einseitigkeit tat man nur dem Fußgängerverkehr an, beim Autoverkehr wurden alle Zwischen- und Nebenwege mit erfaßt. Die Zahl solcher Fußgängerneben- und -zwischenwege im Alltag ist sehr groß. Sie gehören untrennbar zum Verkehrsgeschehen und haben einen erheblichen Stellenwert im alltäglichen Zeitbudget und Verkehrsverhalten der Bundesbürger. Für die Verkehrs- und Stadtplanung bedeutet es einen beträchtlichen Unterschied, ob in den Stadtquartieren in erheblichem Umfang Neben- und Zwischenwege von Fußgängern gemacht werden oder nicht. Die Attraktivität von Stadtvierteln lebt von solchen Möglichkeiten zu Wegeketten. Im Ergebnis führten solche Auslassungen zu einem überhöhten Autoanteil und zu einem viel zu kleinen Fußweganteil. Die weiteren Entfernungen wurden überrepräsentiert, und das Planerinteresse wurde einseitig auf den quartiersübergreifenden Verkehr gelenkt.
Eine weitere schlimme Verzerrung zum Vorteil des Autos ergab sich aus der pauschalen Nichterfassung kurzer Wege. Vielfach wurden zum Beispiel Wege unter fünf bis zehn Minuten Dauer oder unter 300 bis 500 Meter Länge nicht berücksichtigt. Vollends verfälschend wurde dieses Spiel, weil diese Auslassung für Autos nicht galt, sondern nur für Fußgänger. Die Auswirkungen solcher Einseitigkeiten zeigt eine Studie

über Arbeitswege. Als alle Weglängen erfaßt wurden, ergaben sich Fußweganteile von 35 Prozent. Dann wurden alle Arbeitswege unter 1,3 Kilometer ausgeschieden. Schon fiel der Fußweganteil von 35 auf 12 Prozent und stieg der Autoanteil von 40 auf 60 Prozent. Mit dem Weglaß-Trick ließen sich also trefflich autofreundliche Ergebnisse erzielen.

Verkehrsmittelwahl von Kindern und Erwachsenen (in %)

Verkehrsmittel	Kinder (3-17 Jahre)	Erwachsene
zu Fuß	55	30
Fahrrad	20	10
Öffentl. Verkehr	9	11
Auto (einschl. Mitfahrer)	16	49
	100	100

Kinder sind viel häufiger zu Fuß und mit dem Rad unterwegs als Erwachsene, aber das wird bei den Verkehrsuntersuchungen nicht berücksichtigt.

Kinder und Ausländer zählen nicht

Um das Maß der Auslassungen vollends voll zu machen, wurden schließlich Kinder und Ausländer bei fast allen Mobilitätsanalysen nicht erfaßt. Sie waren aus der Sicht der Verkehrspolitik und -planung keine ernst zu nehmenden Verkehrsteilnehmer. Sie hatten anscheinend zu Hause zu bleiben. Als Alibi dienten oft erhebungstechnische Gründe. Es sei aus Reife- oder Sprachgründen nicht möglich, Kinder und Ausländer in solche Analysen mit einzubeziehen. Vereinzelte Studien des Verkehrsverhaltens von Kindern und Ausländern beweisen, daß man auch ihr Verkehrsverhalten angemessen erfassen kann. Auch der Bundesverkehrsminister hatte Mitte der 70er Jahre im Zusammenhang mit seinen kontinuierlichen Verkehrserhebungen spezielle Untersuchungen über das Mobilitätsverhalten von Kindern und Ausländern machen lassen. Doch diese durften dann teilweise nicht ausgewertet werden und blieben bei den entsprechenden Veröffentlichungen zum Verkehrsverhalten in der Bundesrepublik Deutschland unberücksichtigt. Die wenigen Einzelstudien zum Verkehrsverhalten von Kindern und Ausländern zeigen klar: Kinder sind in besonders hohem Maße zu Fuß oder mit dem Fahrrad unterwegs, Ausländer ebenso, außerdem benutzen sie besonders häufig Busse und Bahnen. Kinder machen vor allem kurze Wege, sind aber besonders viel unterwegs, was die Zahl der Wege pro Tag angeht. Wenn man sie ausläßt, erhöht man also künstlich den Autoanteil und mindert den Anteil der Fußgänger, Radfahrer und Benutzer von Bussen und Bahnen. Und man erhöht weit überproportional den Anteil der weiten Wege und erfaßt die kurzen Wege zuwenig.

Hinter dem Ignorieren von Kindern und Ausländern verbarg sich eine sehr fragwürdige Vorstellung von Wichtigkeiten. Wichtig waren die Erwachsenen und die Deutschen. Die Mobilitätsanalysen unterschlugen ganz locker die Mobilität von immerhin fast 30 Prozent der Menschen in unserem Lande. Ohne eine angemessene Erfassung und Berücksichtigung ihrer Verkehrsteilnahme fielen sie zwangsläufig durch das Raster politischer und planerischer Relevanz.

Nur Kilometerfresser zählen

Die meisten Mobilitätsanalysen und -statistiken konzentrierten sich in ihrer einseitigen Autofixierung auf den Nachweis der sogenannten »Verkehrsarbeit« oder »Verkehrsleistung«. Dabei wurde nicht die Zahl der Fahrten und Wege, sondern nur deren Länge in Kilometern erfaßt. Es ist absurd, die Verkehrsleistung von Fußgängern und Autos auf derselben Skala zu messen. Denn natürlich kommen durch Autofahrten mehr gefahrene Kilometer zusammen, als Fußgänger zu Fuß bewältigen. So zählte der nicht viel, der seine Brötchen zu Fuß um die Ecke besorgte, denn seine Kilometerleistung war gering. Erst wer 15 Kilometer für den Einkauf seiner Brötchen in den näch-

sten Supermarkt fuhr, hatte den Segen von Politik und Planung, denn seine Kilometerleistung war hoch, auch wenn sie eine Unsinnsleistung war. Mobilitätsanalysen dieser Machart sahen in der Kilometerfresserei den Sinn von Verkehr. Natürlich mußte es zu sinnentleerter Verkehrsplanung führen, wenn die Länge eines Weges zum Maß für die Qualität einer Verkehrsteilnahme wurde. Genau das Gegenteil muß das Ziel einer vernünftigen Verkehrsplanung sein: möglichst viele Aktivitäten und Besorgungen mit möglichst wenig Aufwand an Energie, Kilometern, Kosten, Zeit etc. erledigen zu können.
Das Ergebnis solcher Mobilitätsanalysen war das Spiel mit der großen Zahl. Fußgänger oder Radfahrer brachten bei dieser Meßmethode ganz von selbst nur kleine Zahlen, Autofahrten dagegen immer große Zahlen. Und aus den großen Zahlen wurde sogleich gefordert, daß dem Auto alle Priorität in der Verkehrsplanung gebühre. Und natürlich dominierte bei dieser Betrachtungsweise der weiträumige Verkehr, der Pendler über große Distanzen wurde zum zentralen Objekt der Verkehrsplanung, der Nahbereich und der Kurzstreckenverkehr gerieten aus dem Blickfeld.

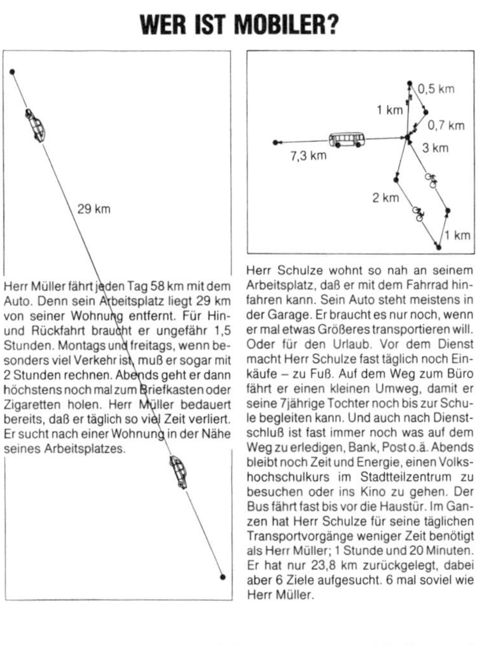

Der Vergleich der Mobilität von Herrn Müller und Herrn Schulze zeigt die Fragwürdigkeit der Kilometerleistung als Maßstab.

Befragungstechnische Verzerrungen

Typisch sind auch die häufigen Verzerrungen durch bewußte Verwendung ungeeigneter Befragungstechniken, die von vornherein die Antworten und den Erfassungsgrad einseitig manipulieren. In vielen Mobilitätsanalysen wurden die Menschen nur im nachhinein gefragt, einige summarische Angaben zu ihrem Mobilitätsverhalten zu machen, zum Beispiel mit Fragen wie: »Welches Verkehrsmittel benutzen Sie in der Regel?« Oder: »Welches Verkehrsmittel benutzen Sie überwiegend?« Oder: »Welche Verkehrswege haben Sie gestern zurückgelegt?« Alle seriösen Vergleichsuntersuchungen zeigen, daß bei solcher Fragestellung regelmäßig Fußgängerverkehr, Fahrradverkehr sowie kurze Wege, Nebenwege und Zwischenwege zuwenig erfaßt oder ganz vergessen werden. Solche Fragestellungen sind also untauglich, um ein exaktes Abbild der tatsächlichen Aktivitäten zu erfassen. Ziel solcher Manipulationen ist wiederum, die »Kleinigkeiten« und »Nebensächlichkeiten« im Verkehr zu ignorieren und sich auf die sogenannten »wichtigen« Mobilitätsereignisse, eben auf die Autofahrten, zu konzentrieren. Noch schlimmer ist, wenn der Haushaltsvorstand für die ganze Familie antworten und über deren Aktivitäten und Verkehrsmittelnutzung Auskunft geben soll. Auch hier überlagern dann automatisch die Autofahrten und der Berufsverkehr alle anderen Verkehrsmittel und Verkehrszwecke. Unzulässige Vergröberungen und Verzerrungen sind die Folge.

Beispiele belegen den Umfang und das Groteske der Mogelei

Welche enormen Auswirkungen die unterschiedlichen Auslassungen und Abschneidungen auf die Analyseergebnisse haben, zeigt sich deutlich an drei Studien über den holländischen Stadtverkehr. Je nach Mogelabsicht erzielt man hohe oder kleine Verkehrsanteile. So überwiegen in der ersten Studie, die sich um ein einigermaßen realistisches Abbild des Verkehrsgeschehens bemüht, der Fußgänger- und der Fahrradverkehr mit 66 Prozent aller Hauptwege bei weitem. Demgegenüber wird das Auto mit 28,5 Prozent nicht einmal halb so häufig benutzt, und Busse und Bahnen kommen nur auf einen Verkehrsanteil von 5,5 Prozent. Erfaßt sind hierbei auch kurze Wege und die Wege von Kindern über sechs Jahre. Bei dieser Studie fehlen also nur die Nebenwege, die die Relationen noch stärker zugunsten der Fußweganteile verschieben würden. In der zweiten Studie sind nur Wege von über zehn Minuten und von Personen über 16 Jahre erfaßt. Das verschiebt die Anteile erheblich. Der Autoanteil steigt auf 43 Prozent, der Fußgängeranteil sinkt auf 15 Prozent, der Fahrradanteil bleibt in etwa stabil, und der Anteil von Bussen und Bahnen steigt auf 9 Prozent. In der dritten Studie ist nur die Fahrleistung erfaßt. Der Autoanteil steigt nun auf 66 Prozent, der Anteil von Bussen und Bahnen steigt auf 15 Prozent, der Fahrradanteil sinkt auf 15 Prozent und der Fußgängeranteil auf ganze 4 Prozent.

Wie merkwürdig all diese Auslassungen und Abschneidungen sind, wird spätestens dann erkennbar, wenn man sich die gleichen Methoden auf den Autoverkehr angewandt vorstellt. Jeder würde den Kopf schütteln, wenn Verkehrsanalysen und Verkehrsplanungen ausschließlich auf einer Erfassung des Fußgänger- und Fahrradverkehrs aufbauten und den Autoverkehr außer acht ließen. Oder wenn sie ausschließlich die kurzen Wege erfaßten und die langen Wege einfach abschnitten. Auf diese Weise wäre statistisch ein hoher Prozentsatz an Autoverkehr verschwunden, und die Autoverkehrsanteile wären entsprechend geringer geworden. Als unbrauchbar würden sicher auch Mobilitätsanalysen gelten, die ausschließlich auf einer Erfassung der Nebenwege oder der Mobilität der Nichterwerbstätigen aufbauten. Wiederum wäre statistisch ein Großteil des Autoverkehrs verschwunden, und es ließe sich mit den so »konstruierten« Zahlen trefflich eine ausschließlich auf Fußgänger- und Fahrradverkehr abgestellte Verkehrsplanung und -politik fordern.

Die einzige umfängliche bundesweite Mobilitätsanalyse, die für Deutschland halbwegs zutreffende Angaben über das alltägliche Verkehrsverhalten gebracht hat, war die sogenannte KONTIV, die kontinuierliche Verkehrsverhaltensstudie, die erstmals 1975 durchgeführt wurde und später durch Vertiefungsstudien und Wiederholungszählungen in einzelnen Bundesländern und Städten ergänzt wurde. Ihr »Schicksal« ist bezeichnend. Die ersten Auswertungen offenbarten viele für die offizielle Politik und Planung unangenehme Wahrheiten über die hohe Bedeutung des Fußgänger- und Fahrradverkehrs und die Tatsache des überwiegenden Kurzstreckenverkehrs in den Städten. Natürlich führte das zu berechtigten Forderungen nach einer Kurs-

Verkehrsmittelwahl nach Kontiv			
Verkehrsmittel	Gesamt	Geschlecht Männlich	Weiblich
	%	%	%
Zu Fuß	33	24	42
Fahrrad und Mofa	11	12	10
Auto als Fahrer	33	47	17
Auto als Mitfahrer	11	6	17
öff. Verkehr	12	11	14
Gesamt	100	100	100

Die KONTIV-Ergebnisse haben alle überrascht: Es gibt viel mehr Fußgänger- und Fahrradverkehr als erwartet.

korrektur von Verkehrspolitik und -planung. Die Fußgänger- und Fahrradverbände, die vielen Verkehrsbürgerinitiativen und kritische Verkehrsplaner forderten, gestützt auf diese Daten, eine Abkehr von der vorrangigen Förderung des Autoverkehrs und von der Konzentration auf den weiträumigen Verkehr. Die jahrzehntelange Überschätzung der Bedeutung des Autoverkehrs wurde schonungslos offengelegt. Das ganze Verkehrsweltbild der letzten dreißig Jahre war damit in Frage gestellt. Deshalb folgten bald massive Versuche, den »Schaden« für die Autopriorität zu begrenzen. Vom Bundesverkehrsminister wurden die Gelder für weitergehende Analysen des Ausgangsmaterials gestrichen. Viele der interessantesten Ergebnisse wurden nicht zur Veröffentlichung freigegeben. In die regelmäßigen amtlichen Daten zum Verkehrsgeschehen wurden nur wenige Zahlen aufgenommen. Für die neuen Verkehrserhebungen wurden schleunigst wieder die alten Methoden eingeführt.

TEIL 2

ORIENTIERUNGSHILFEN FÜR EINE ANDERE VERKEHRSPLANUNG

KAPITEL 1

Das Vorurteil von der Vollmotorisierung. Grunddaten zur Verfügbarkeit von Verkehrsmitteln

Sind wir heute »vollmotorisiert«?

In den letzten Jahren wurde von den Politikern und Planern immer wieder von der Vollmotorisierung gesprochen. Statistisch begründet wird die Aussage meist mit der Motorisierungsquote der Haushalte. Doch interpretiert wird sie so, als ob jeder Bürger erstens einen Führerschein hätte, zweitens ein Auto besäße, das er mit niemand anders (zum Beispiel Haushaltsmitglied) teilen muß, und drittens jederzeit fahrtauglich wäre. Zunächst einmal gibt es noch nicht einmal annähernd eine Vollmotorisierung der Haushalte. Denn Mitte der 80er Jahre hatten nur 68 Prozent aller Haushalte der Bundesrepublik ein Auto. 11,2 Prozent aller Haushalte besaßen zwei oder mehr PKW. Darüber hinaus könnte selbst bei hundertprozentiger Motorisierungsquote der Haushalte nicht die Rede sein von einer Vollmotorisierung der Bevölkerung. Denn im Alltag sind die Haushaltsmitglieder meist einzeln unterwegs und nur selten gemeinsam der gesamte Haushalt. Oft sind die Wege der Haushaltsmitglieder nach Ziel und Tageszeit völlig verschieden. Auch die Kinder und Jugendlichen sind eigenständig unterwegs. Wenn also ein Vierpersonenhaushalt ein Auto besitzt, können nicht alle vier Haushaltsmitglieder automatisch als vollmotorisiert gewertet werden, sondern eben nur einer. Kinder und Jugendliche können sich grundsätzlich nicht motorisieren. Aus diesen Gründen ist ausschließlich die Motorisierungsquote der Bevölkerung das realitätsnahe Maß. Auf 100 Bundesbürger kamen jedoch Mitte der 80er Jahre nur 29 PKW (ohne Firmenautos). Von einer Vollmotorisierung der Bundesbürger kann also keinesfalls die Rede sein.

Eingeschränkter Führerscheinbesitz

Zu dieser Aussage kommt man ebenso, wenn man die Führerscheinquoten betrachtet: 1982 besaßen 53 Prozent der Erwachsenen einen Führerschein. Bei den Männern waren es 66 Prozent, bei den Frauen 42 Prozent. Der Führerscheinbesitz steigt nur noch langsam an. In den Jahren von 1976 bis 1982 hat er nur noch um 8 Prozent zugenommen. Ein sehr hoher Führerscheinbesitz war nur bei den mittleren Altersgruppen von 24 bis 41 Jahren zu verzeichnen. Bei den Betagten war der Führerscheinbesitz recht gering. Er wächst allmählich, da nun immer mehr Führerscheinbesitzer ins höhere Alter hineinwachsen. Doch auch in Zukunft wird es beträchtliche Anteile von Betagten ohne Führerschein (oder ohne jeden Gebrauch ihres Führerscheins) geben, da sie aus gesundheitlichen Gründen (Seh-, Hör- oder Reaktionsvermögen), wirtschaftlichen Gründen (vermindertes Einkommen als Rentner) oder aus Prinzip (veränderte Tagesläufe etc.) sich kein Auto mehr halten. Dies wird in den Wohnquartieren eher vorkommen, in denen öffentliche Verkehrsmittel eine einigermaßen akzeptable Alternative zum Auto bieten oder sogar extra Angebotsanreize (zum Beispiel verbilligte Tarife). Wer dagegen in rein autoorientierten Quartieren ohne nennenswerten Anschluß mit Bussen und Bahnen wohnt, wird sich stärker an seinen Führerschein und sein Auto klammern.

Ganz ohne Führerschein werden immer Kinder und Jugendliche bis zu 18 Jahren bleiben. Wenn sie an der Automobilität teilnehmen, sind sie immer auf die Begleitdienste anderer Führerscheinbesitzer mit gerade verfügbarem Auto angewiesen. Also auch hier zeigt sich alles andere als eine »Vollversorgung«. Im Gegenteil, es wird überdeutlich, wie gedankenlos mit dem Gerede von der Vollmotorisierung nur die Mobilitätsinteressen bestimmter Bevölkerungsgruppen erfaßt werden.

Autoverfügbarkeit nach Geschlecht und Alter

(Kontiv 82)

	Persönlich
Gesamt	38 %
Männlich	59 %
Weiblich	20 %
Altersklassen	
18 - 23	38 %
24 - 29	59 %
30 - 35	61 %
36 - 41	60 %
42 - 47	57 %
48 - 53	51 %
54 - 59	44 %
60 - 65	36 %
66 - 71	26 %
72 +	14 %

Die persönliche Verfügbarkeit über ein Auto ist besonders hoch bei Männern im mittleren Alter. Bei Frauen und Alten ist sie gering.

Autoverfügbarkeit selbst für Erwachsene einseitig und begrenzt

Der tatsächliche Dauerzugang der Erwachsenen zur Motorisierung wird in der Statistik in der Regel ausgedrückt durch die sogenannte persönliche Autoverfügung. Die persönliche Verfügbarkeit über ein Auto ist für viele Frauen dadurch eingeschränkt, daß der Ehemann das Haushaltsauto für seine Verkehrszwecke »monopolisiert«, für den Weg zur Arbeit, für die abendliche Freizeit etc. Hierdurch haben nur 20 Prozent der Frauen jederzeit persönlichen Zugang zum Auto, zum Beispiel, weil sie einen Zweitwagen besitzen oder allein leben oder umgekehrt *sie* das Auto monopolisieren. Weniger als die Hälfte der Frauen mit Führerschein kann damit ständig über ein Auto verfügen. Dagegen haben 59 Prozent der Männer jederzeit persönlichen Zugang zum Auto, was ihrem Führerscheinbesitz von 66 Prozent ziemlich nahekommt. Nach dem Alter ist der persönliche Zugang zum Auto nur bei den 24- bis 53jährigen höher als 50 Prozent, danach fällt er wieder deutlich, bei der Altersgruppe zwischen 66 und 71 Jahren auf 25 Prozent, bei den über 72jährigen auf 14 Prozent. Insgesamt haben nur 38 Prozent der erwachsenen Bevölkerung einen jederzeitigen Zugang zum Auto. Das zeigt, daß selbst die erwachsene Bevölkerung, alleine für sich betrachtet, noch lange nicht als vollmotorisiert gelten kann. Die Mehrheit der Erwachsenen ist damit wie Kinder und Jugendliche auf Bring- und Holdienste anderer Motorisierter oder auf die Benutzung anderer Verkehrsmittel angewiesen.

Soziale und regionale Unterschiede in der Motorisierung

Die Betrachtung der Motorisierung nach Haushalten ist nicht grundsätzlich untauglich, doch muß genau bedacht werden, für welche Rückschlüsse sie herhalten kann. Beispielsweise ist damit zu erkennen, in welchen Haushaltstypen und Siedlungsstrukturen sich die Erwachsenen am ehesten an die Motorisierung binden. Von den Haushalten mit vier und mehr Personen besaßen Mitte der 80er Jahre 93 Prozent ein Auto und 30 Prozent ein zweites. Der Autobesitz bei den kleinen Haushalten dagegen war mit 32 Prozent deutlich geringer. Weit überdurchschnittlich war der Autobesitz bei den sozial besser gestellten und einkommensstarken Haushalten. Von diesen besaßen 97 Prozent einen PKW. Dagegen fand sich bei den einkommensschwächeren und sozial schlechter gestellten Haushalten eine wesentlich geringere Motorisierung, sie besaßen nur zu 25 Prozent einen PKW. Am höchsten ist die Motorisierung der Haushalte in den dünnbesiedelten, suburbanen Randzonen und in den wenig verdichteten ländlichen Regionen. Den engen Zusammenhang von Motorisierung und Siedlungsdichte belegt eine englische Studie. In den dichtbebauten Gebieten waren über 60 Prozent der Haushalte ohne Auto, in den dünnbebauten nur 20 Prozent. In den dichtbebauten Gebieten war der Besitz von Zweitwagen mit nur 2 Prozent minimal. In den dünnbesiedelten Gebieten dagegen betrug der Anteil von Zweitwagen 30 Prozent. Bei diesen Unterschieden spielen mehrere Faktoren eine Rolle, die auch hierzulande bedeutsam sind. In dichtbebauten Gebieten besteht durchweg noch eine einigermaßen funktionierende Infrastruktur des öffentlichen Verkehrs. Diese macht den Verzicht auf eine Motorisierung leichter. In den dünnbesiedelten Gebieten ist der öffentliche Nahverkehr dagegen in aller Regel nur mangelhaft, hat sich vielfach über die Jahre noch verschlechtert oder wurde in den neuen Einfamilienhausgebieten erst gar nicht angeboten.

Je besser die verschiedenen Versorgungseinrichtungen wie Lebensmittelläden, Post, Apotheken etc. auch zu Fuß zu erreichen sind, desto weniger ist eine Abhängigkeit vom Auto vorprogrammiert. Mit der Siedlungsdichte steigt regelmäßig die Zugänglichkeit und damit die Erreichbarkeit solcher Einrichtungen im Nahbereich stark an. In den dünner besiedelten Gebieten können die wenigsten Haushalte wichtige Einrichtungen schnell zu Fuß erreichen. Diese Unterschiede sind jedoch nicht zwangsläufig. Sie sind vor allem dadurch entstanden, daß die dünner besiedelten Gebiete Zug um Zug, im Laufe einer stetigen Zentralisierung, ihrer Versorgungsstrukturen und öffentlichen Verkehrsanbindung »beraubt« wurden. Die Platzknappheit in Gebieten mit hoher Bebauungsdichte dagegen erschwert die Autohaltung. Es gibt dort hohen Parkplatzdruck, und man kommt mit dem Auto weniger gut vorwärts. Vergleichbare Probleme gibt es in den dünner bebauten Gebieten weit weniger, und somit sind die Widerstände gegen eine Autohaltung geringer, da man ohne Auto in diesen Gebieten ohnehin versorgungsmäßig abgehängt ist.

Die hohe Abhängigkeit der dünner besiedelten Gebiete vom Auto wirft eine Menge Probleme auf, denn selbst hier kann von einer Vollmotorisierung nicht ausgegangen werden. Trotz aller Sprüche von Politikern und Planern muß gerade auch hier ein Teil der Bevölkerung ohne ständige Autoverfügbarkeit auskommen. Wer aber schon Brötchen oder Glühbirnen nicht mehr am Wohnort selbst, sondern nur im entfernten Supermarkt einkaufen kann, lebt ohne jederzeit verfügbares Auto wahrlich beschwerlich. So ist die hohe Autoabhängigkeit der dünner besiedelten Gebiete ein ernstes Problem für die dortige Wohnbevölkerung.

Fazit: Vorsicht vor der Rhetorik von der »Vollmotorisierung«

Das Gerede von der »Vollmotorisierung« kennzeichnet den fahrlässigen, unüberlegten Umgang mit Daten und Fakten. Eine

Vollmotorisierung der Bevölkerung wird aus vielen Gründen nie erreichbar sein. Doch Planer, Politiker und Publizisten schließen offenbar gerne von sich auf andere und halten das Gerücht von der »Vollmotorisierung« im Umlauf, das sie an sich selbst beweisen. Dietrich Garbrecht beschreibt dieses Phänomen in seinem Buch »Gehen«. Er berichtet dort von einem Planerkongreß, auf dem ein Diskussionsredner die aufgekommene Kritik am Autoverkehr mit der Floskel »Wir sind doch alle Autofahrer« kontert. Hierzu schreibt Garbrecht: »Für die Leute im Saal wird das weitgehend gestimmt haben. An der Konferenz nahmen keine Kleinkinder teil, keine Schulkinder, keine Jugendlichen. Alte Menschen fehlten ebenso wie Behinderte. Die Teilnehmer waren ganz überwiegend Männer. Die Mütter, die sich tagsüber um die Kinder kümmern, waren nicht anwesend, auch die Hausfrauen nicht ...«
Außerdem sollte man meinen, daß selbst die 38 Prozent der Erwachsenen, die heute als vollmotorisiert gelten können, nicht automatisch jeden ihrer Wege auch mit dem Auto zurücklegen. Geschweige denn, daß sie das Auto immer benutzen dürften, wenn Medikamentengebrauch, Alkoholgenuß, beruflicher Streß, Müdigkeit, nervliche Angespanntheit und konstitutionelle Schwächen die Fahrtauglichkeit behindern. Oder wenn im Herbst und Winter widrige Witterungsverhältnisse es besonders nahelegen, auf das Auto zu verzichten. Oder wenn am Ziel chronische Parkplatzknappheit besteht und es meist sehr viel sinnvoller wäre, auf eine der anderen Verkehrsarten umzusteigen. Eine einseitig autoorientierte Verkehrspolitik und -planung schränkt hierfür die Alternativen ein. Die Rhetorik von der angeblichen »Vollmotorisierung« verzerrt deshalb nicht nur die Verkehrswirklichkeit, sondern trübt darüber hinaus entscheidend den Blick für die Anfälligkeiten des Autofahrerdaseins.

Der öffentliche Nahverkehr: nur noch tauglich als Restgröße?

Mit Hilfe dieser unsinnigen Rhetorik von der »Vollmotorisierung« geriet der öffentliche Nahverkehr immer mehr aus dem Blickfeld. Was interessierten denn noch Busse und Bahnen, wenn der angeblich vollmotorisierte Bürger auch ohne sie auskommt? Die Notwenigkeit eines gutfunktionierenden öffentlichen Nahverkehrs wurde allenthalben bezweifelt. In vielen Gebieten wurde er als entbehrlich oder als nicht mehr wirtschaftlich vertretbar erachtet. Von der Notwendigkeit eines Rückzugs von Bussen und Bahnen aus der Fläche war häufig genug die Rede, und es folgten entsprechende Taten, weil dünnbesiedelte Gebiete angeblich nicht mehr sinnvoll zu versorgen seien. Schlimmer noch, es nistete sich mehr und mehr das Vorurteil ein, Busse und Bahnen seien so schlecht, so lückenhaft, daß sie für die Mehrheit der Bürger untauglich geworden seien. Der öffentliche Verkehr wird gern mitleidig als »Restverkehr« apostrophiert. Damit soll zweierlei gesagt werden. Einmal, daß es nur noch kümmerliche Reste eines Angebotes gebe, die kaum noch attraktiv seien. Und zum anderen, daß Busse und Bahnen nur noch für arme, autolose Restgruppen, wenn nicht gar Randgruppen der Gesellschaft interessant und relevant seien. Von den sogenannten »A-Gruppen« ist da gern die Rede: Arme, Alte, Ausländer, Auszubildende, Arbeitslose. So, als ob nur ihretwegen noch öffentlicher Verkehr betrieben werden müsse.
Es verwundert also kaum, daß dementsprechend die Datengrundlagen über den öffentlichen Nahverkehr recht dünn sind. Denn während Statistiker und Planer immer wieder die private Motorisierung mit aller Akribie in ihren sozialen, demographischen und regionalen Aspekten untersuchten, findet man zu den öffentlichen Verkehrsmitteln nicht annähernd ver-

gleichbare Statistiken. Man ist hier auf grobe Eckwerte angewiesen, und wenn man weiter differenzieren will, stößt man auf viele Lücken.

Verfügbarkeit des öffentlichen Nahverkehrs: immer noch beachtlich, aber regional unterschiedlich gut

Die Verfügbarkeit des öffentlichen Nahverkehrs ist besser, als immer wieder behauptet wird. Immerhin 43 Prozent aller Bürger können innerhalb von 300 Metern die nächste Haltestelle erreichen, 21 Prozent innerhalb von 300 bis 500 Metern. 14 Prozent sind weiter als 1000 Meter von einer Haltestelle entfernt. Trotz aller Streckenstillegungen und Haltestellenausdünnungen besteht also für viele noch eine passable Erschließung durch öffentliche Verkehrsmittel. Der nächst wichtige Punkt für die Verfügbarkeit des öffentlichen Nahverkehrs ist die Bedienungshäufigkeit der Haltestellen. Danach werden 33 Prozent der Haushalte innerhalb von zehn Minuten und kürzer ein Anschluß geboten, 15 Prozent zumindest innerhalb von zehn bis zwanzig Minuten. Das sind zusammen 48 Prozent der bundesdeutschen Haushalte mit einer einigermaßen passablen Bedienung, die deutlich mehr darstellt als ein kümmerliches Restangebot.
Durch die eingeschränkte Autoverfügbarkeit sind viele Menschen auf Busse und Bahnen angewiesen. Wenn beispielsweise das Haushaltsauto bereits unterwegs ist oder wenn Haushaltsmitglieder mit Führerschein für Begleitwege keine Zeit haben, ist oft genug der öffentliche Nahverkehr die einzige Alternative, die jeder ohne Einschränkung durch Alter, Gesundheitszustand, Fahr- und Reaktionsvermögen etc. benutzen kann. Diese Alternative ist einseitig eingeengt und erheblich beschnitten, wenn in bestimmten Gebieten und auf bestimmten Strecken der öffentliche Nahverkehr zu schlecht geworden ist. Haushalte, die nur im stündlichen Rhythmus (14 Prozent) oder gar nur einige Male am Tag einen öffentlichen Anschluß haben (24 Prozent), sind praktisch von einem akzeptablen öffentlichen Mobilitätsangebot abgeschnitten.
Die Netzdichte und Häufigkeit der Bedienung sind in den großen Städten und Ballungsräumen am besten. Daß der öffentliche Nahverkehr dort auch heute eine relevante Alternative ist, wissen auch die Autofahrer. Dies hat eine Schweizer Untersuchung beispielhaft belegt. Dort glauben landesweit 40 Prozent der befragten Autofahrer, sie könnten genausogut ihren Weg mit Bussen und Bahnen zurücklegen. In den Städten ab 50 000 Einwohner meinten dies sogar 53 Prozent der befragten Autofahrer. Schlechter und vor allem meist nur auf das Ballungszentrum selbst ausgerichtet ist das öffentliche Verkehrsangebot im suburbanen Umland. Am schlechtesten kommen die gesamten ländlichen Gebiete weg. Gerade hier hat sich in den letzten Jahren die Situation durch die Rationalisierungs- und Einsparungsmaßnahmen drastisch verschlechtert. Geringere Siedlungsdichte muß aber nicht automatisch zu einem schlechten Angebot von Bussen und Bahnen führen. In den 50er Jahren bestand auch im ländlichen Raum ein durchaus engmaschiges und dichtes Angebot an öffentlichen Verkehrsmitteln kommunaler Verkehrsbetriebe, der Post und der Bahn und häufig auch noch spezieller, zum Teil privater Lokal- und Regionalbahnen.

Fazit: Vorsicht vor der Rhetorik vom öffentlichen Verkehr als »Restverkehr«

Die Zahlen zur Verfügbarkeit des öffentlichen Verkehrs lassen keinen Zweifel, daß das Gerede vom Restverkehr eine Art Zweckpessimismus der Autoliebhaber ist, um die Konkurrenz im Allgemeinbewußtsein weiter madig zu machen. Tatsächlich aber ist es unverändert die Aufgabe von

Bussen und Bahnen, für alle Bürger die Mobilität zu sichern. Es sind viel mehr als nur kleine Rest- und Randgruppen, für die Busse und Bahnen Verbindungen herstellen. Wie wichtig Busse und Bahnen sind, zeigt sich, wenn sie – zum Glück nur selten – durch bestimmte Umstände (Streiks etc.) lahmgelegt werden, wenn sie plötzlich nicht mehr verfügbar sind. Dann bricht das Chaos aus, dann erreichen viele nicht mehr ihren Arbeitsplatz oder ihre Ausbildungsstätte, dann kommen Handel und Güterverteilung erheblich in Bedrängnis. Dann geht auf den Straßen überhaupt nichts mehr, dann erstickt alles im Dauerstau, zeigt sich die geringe Flexibilität des Autoverkehrssystems in aller Deutlichkeit. Es wäre also wirklich schlimm, wenn wegen anhaltender Amputationen durch Verkehrsplanung und -politik der öffentliche Verkehr eines Tages tatsächlich nur noch ein Restangebot bereitstellen würde.

Das Fahrrad: hohe Verfügbarkeit, auch regional

Das Gerede von der »Vollmotorisierung« hat nicht nur den Blick auf Busse und Bahnen getrübt. Weit mehr noch geriet das Fahrrad ins Abseits. Das beweisen allein schon die Datengrundlagen. Wer Zahlen und Daten zum Fahrradbesitz, zum Fahrradgebrauch etc. wissen wollte, suchte bis vor kurzem in der amtlichen Verkehrsstatistik vergeblich. Unmengen von Zahlenangaben zum Autoverkehr stand ein komplettes Nichts hinsichtlich des Fahrrads gegenüber. Das Fahrrad als Verkehrsmittel war im verkehrspolitischen »Bermudadreieck der Automanie« verschwunden. Deshalb ist es heute schwer, wenigstens einige grobe Eckwerte zu belegen.

Zunächst einmal ist wichtig festzuhalten, daß das Fahrrad hinsichtlich Bestand, Produktion, Verkauf und Verteilungsdichte mit Abstand vor dem Auto rangiert. Und das, seit es Fahrräder und Autos gibt. Selbst in den Jahren von 1955 bis 1970, als kaum jemand vom Fahrrad sprach, besaßen die Bundesbürger immer mehr Fahrräder als Autos. Auch heute gibt es doppelt so viele Fahrräder wie Privatautos. Und auch die Verkaufsziffern lagen stets höher als beim PKW. Ende der 70er Jahre wurden jährlich über vier Millionen Fahrrräder in der Bundesrepublik verkauft. Es verwundert kaum, daß die Ausstattung der Haushalte mit Fahrrädern weit besser ist als mit Autos. Rein rechnerisch kommen 1,8 Fahrräder auf jeden Haushalt. Bei den Haushalten mit höherem und mittlerem Einkommem gibt es praktisch eine Vollversorgung. Hier hat fast jedes Haushaltsmitglied sein eigenes Fahrrad und kann damit – anders als beim Auto – unabhängig von den anderen Familienmitgliedern über dieses Verkehrsmittel verfügen. Nur in der Gruppe der einkommensschwächeren Haushalte, zu der vor allem auch die von Rentnern gehören, liegt die Fahrradbesitzquote mit 25 Prozent weit unter dem Durchschnitt, aber noch deutlich höher als die Motorisierungsquote dieser Haushalte.

Durch diese hohe Ausstattung der Haushalte vermittelt das Fahrrad bei den Aktivitäten im Nahbereich viel mehr Freiheiten als das Auto. Die Mutter kann mit dem Fahrrad zum Einkaufen, die Tochter gleichzeitig mit dem Fahrrad zur Freundin oder zum Spielplatz fahren, der Vater kann gleichzeitig mit dem Fahrrad zur Arbeit pendeln und der noch rüstige Opa gleichzeitig mit dem Fahrrad eine Spazierfahrt machen. Diesen gleichen »Strauß« von Aktivitäten mit einem Auto abzuwickeln erfordert ein hohes Maß an zeitlicher Abstimmung und zwingt dazu, ganze Wegeketten miteinander zu kombinieren. Die Mutter bringt mit dem Auto erst den Vater zur Arbeit oder zur Haltestelle, fährt anschließend die Tochter zur Freundin, erledigt auf dem Weg den Einkauf und lädt zum Schluß den Opa am Waldrand ab. Und zum Wiedereinsammeln, vielleicht gar noch zu verschiedenen Tageszeiten, darf die Mutter dann wieder »Taxi spielen«. So oder ähnlich sind die Fälle, wenn ganze Haushalte verlernt haben, mit Fahrrädern umzugehen. Gerade die Mütter und Hausfrauen werden zu hauptberuflichen Chauffeuren ihrer Familie, wenn diese sich in ihren Aktivitäten ganz auf die Automobilität verläßt.

Interessant sind auch die regionalen Unterschiede, was den Fahrradbesitz betrifft. Besonders häufig ist das Fahrrad in den kleineren Gemeinden verfügbar. Hier hat es als Verkehrsmittel auch besonders viele Vorteile. Die Wege sind meist kurz. Der Radverkehr ist dort nicht so vielen Restriktionen durch Verkehrsregelungen unterworfen. Auch sind in den kleineren Gemeinden die Autoverkehrsdichten nicht so hoch, und es besteht somit auf den Straßen eher eine Koexistenz zwischen Fahrrädern und Autos. Außerdem ist in den kleineren Gemeinden das Angebot des öffentlichen Verkehrs sehr dünn. Das Fahrrad muß quasi den öffentlichen Verkehr für die immer oder zeitweise autolosen Personen ersetzen. Abstellprobleme wie in städtischen Mietshäusern und engbebauten Quartieren gibt es nicht. Damit erhält das Fahrrad hier einen höheren Stellenwert. In den Großstädten dagegen ist auch heute ein Teil der Erwachsenen ohne Fahrrad. Aufgrund der hohen Autoverkehrsdichten und der wenig fahrradfreundlichen Straßennetze in den Großstädten sind die Bedingungen für das Radfahren besonders schlecht. Größer sind meist auch die Abstellprobleme. Wer sein Fahrrad jedesmal vor Fahrtantritt erst aus dem Keller holen soll, dem ist das alltägliche Fahrradfahren schnell verleidet. Da in den großen Städten das Angebot des öffentlichen Verkehrs wesentlich dichter ist, bietet er hier zudem schon eher eine Alternative zum Fahrrad als in den ländlichen Räumen. Trotzdem ist insgesamt in den Städten das Fahrrad neben den Füßen das am meisten verbreitete Fortbewegungsmittel.

Fahrradbesitz der Haushalte nach Ortsgröße

	unter 20.000	20.000 - 100.000	100.000 - 500.000	über 500.000
Fahrrad vorhanden in %	68	64	48	44

Je kleiner der Ort, desto besser ist die Ausstattung der Haushalte mit Fahrrädern.

Fazit: Das Fahrrad ist nicht zu unterschätzen

Angesichts dieser großen Verbreitung des Fahrrads in Stadt und Land ist es schon merkwürdig, daß für Politik, Planung und Medien das Fahrrad für mehr als zwanzig Jahre in der Versenkung verschwunden ist. Beim Auto erweckten große Bestands-, Verkaufs- und Zulassungszahlen hohe Bewunderung. Der chronische Fahrradboom und die zahlenmäßige Übermacht des Fahrradbestandes dagegen wurden zwei Jahrzehnte ignoriert und aus dem Bewußtsein von Politik, Planung und Medien verdrängt. Dabei hatte gerade das Fahrrad seine Tauglichkeit für den Stadtverkehr längst bewiesen. In der ersten Nachkriegszeit war es neben Bussen und Bahnen die Hauptstütze im Berufs- und Einkaufsverkehr, dazu in seiner Anspruchslosigkeit, Wendigkeit und Zugänglichkeit für viele in den Trümmerstädten konkurrenzlos. Doch in den dann beginnenden Wirtschaftswunderzeiten glaubte man immer mehr, das altbewährte Stück vergessen zu können. Als dann das Fahrrad Ende der 70er Jahre doch endlich wieder in die Schlagzeilen fand, wurde es einfach vom lebenswichtigen, alltagstauglichen Verkehrsmittel zum Freizeit- und Spielgerät herunterstilisiert, das im alltäglichen Verkehrsgeschehen keine Rolle mehr zu spielen hatte. Heute kann eigentlich kein Zweifel mehr bestehen: Bei seiner enormen Verbreitung und hohen Verfügbarkeit in den meisten Alters- und

Haushaltsgruppen repräsentiert das Fahrrad ein lange Zeit verdrängtes Potential. Eine deutliche Verbesserung der Verkehrsbedingungen für das Fahrrad erhöht wirkungsvoll die Chancen, daß dieses Potential als alltägliches Verkehrsmittel genutzt werden kann.

Die Füße: das natürlichste und alltäglichste Verkehrsmittel

Zur Verfügbarkeit der Füße als Fortbewegungsmittel ist eigentlich nicht viel zu sagen. Sie sind von der Schöpfung als natürliches Verkehrsmittel des Menschen vorgesehen. Jedermann ist mit Füßen ausgestattet. Und nur Invaliden mit totaler Gehbehinderung und Kleinstkinder unter einem Jahr sind vom selbständigen Fußgängerverkehr ausgeschlossen. Deshalb erübrigen sich auch weitere statistische Betrachtungen über die Ausstattung mit Füßen. Nach Alter, Geschlecht, sozialem Status oder Regionen gibt es keine Unterschiede.
Doch vielleicht gerade, weil es so selbstverständlich und natürlich ist, wurde das Gehen als Fortbewegungsart in einer Zeit, in der man neue und schnelle Verkehrsmittel erfand, immer mehr ignoriert. Es gab massive Vorurteile gegen die Leistungsfähigkeit der Füße als Verkehrsart. Zu langsam, zu simpel, beim Lastentransport nicht geeignet, in unserer mobilen Zeit einfach unbrauchbar. Jedenfalls Grund genug, regelmäßig in den Verkehrserhebungen und Statistiken den Fußgängerverkehr ganz zu vergessen. Wer wollte bei Verkehrspolitik und -planung schon ernsthaft an Fußgänger denken, an etwas so Banales und Untechnisches. Moderne Menschen gingen eben nicht mehr zu Fuß, waren nur mehr als »chronisch Gehbehinderte« planungsrelevant, denen es nicht zuzumuten war, zum Zigarettenautomaten ein paar Straßenecken weiter zu Fuß zu gehen.

Fazit: Der Fußgängerverkehr ist nicht zu unterschätzen

Es läßt sich wohl kaum leugnen, daß eben wegen der natürlichen Ausstattung der Menschheit mit Füßen in der Verkehrsart des Gehens zunächst das größte Mobilitätspotential überhaupt liegt. Immer, überall und jederzeit verfügbar. Ohne Gehprüfung und Gehberechtigungsschein. In hohem Maße flexibel und unabhängig von schwierigen technischen oder betrieblichen Voraussetzungen, kostenlos und ohne eine ärgerliche Spur von Emissionen und Schäden hinter sich zu lassen. Es zeugt schon von einer ungeheuren Ignoranz, dieses enorme

Gehen wird von den meisten Politikern, Planern und Journalisten als Verkehrsart nicht ernst genommen.

Mobilitätspotential des Fußgängerverkehrs für den Nahbereich und Kurzstreckenverkehr jahrzehntelang in Politik und Planung übersehen zu haben und statt dessen alle Wohnbereiche mit dem technisch aufwendigen, teuren, umweltbelastenden Autoverkehr vollzustopfen. 1981 mußte Dietrich Garbrecht mit seinem Buch »Gehen« diese Verkehrsart überhaupt erst wieder ins Gedächtnis der Planer zurückrufen. Der Preis, den er von den kommunalen Spitzenverbänden für dieses Buch als herausragende kommunalwissenschaftliche Arbeit erhielt, ist sicher auch Ausdruck des Erschreckens über die professionelle Vergeßlichkeit der Verkehrsplaner.

KAPITEL 2

Die Verkehrsmittelwahl: das Produkt stadt- und verkehrsplanerischer Weichenstellungen

Extreme Unterschiede in der Verkehrsmittelwahl

Wie extrem die Unterschiede in der Verkehrsmittelwahl sein können, wird am besten im internationalen Städtevergleich deutlich. Es gibt Siedlungsstrukturen, die geradezu zur Autonutzung provozieren oder, besser gesagt, zwingen. Die Auswirkungen stark autoorientierter Verkehrsstrukturen werden fast apokalyptisch am Beispiel von Los Angeles ablesbar, dem Prototyp der Autostadt. Los Angeles ist durchzogen von Stadtautobahnen und autogerechten Fahrtrassen. Rund um die Innenstadt gibt es riesige Autoabstellflächen. Die Bebauung zerfließt in aufgelockerten Siedlungsbereichen. Es besteht ein minimales Angebot an Bussen und Bahnen. So werden dort 91 Prozent der Wege mit dem Auto zurückgelegt. Und nur ganze 9 Prozent der Wege werden zu Fuß, mit dem Fahrrad oder mit den öffentlichen Verkehrsmitteln gemacht. Umgekehrt gibt es Siedlungsstrukturen, die die Autonutzung weit entbehrlicher machen. In Tokio beispielsweise ist die Bedeutung des Autos als alltägliches Verkehrsmittel mit 21 Prozent der Wege vergleichsweise gering. Es dominieren die anderen Verkehrsarten, der nichtmotorisierte Verkehr mit 49 Prozent und der öffentliche Verkehr mit 30 Prozent. Tokio als kompakt besiedelte Stadt besitzt ein gut ausgebautes und dichtes öffentliches Verkehrsnetz. Dem Autoverkehr sind zum Schutz der anderen Verkehrsarten und der Umwelt wichtige Restriktionen auferlegt. Im Bereich der Zentren und der verdichteten Siedlungsgebiete gibt es großflächige Parkverbotszonen. Auf allen Straßentypen gelten auf niedriges Tempo angelegte Geschwindigkeitsbeschränkungen. Aber man muß gar nicht so weit in die Ferne schweifen, um Städte mit großen Unterschieden in der Verkehrsmittelwahl zu finden. Unter den westeuropäischen Großstädten, die alle ein ähnliches Motorisierungsniveau aufweisen, unterscheiden sich beispielsweise die Regionen und Städte London, Paris, Amsterdam, Zürich, Berlin, Bremen, Nürnberg oder Hannover ganz beträchtlich in der Verkehrsmittelwahl. Auch innerhalb der Bundesrepublik lassen sich zwischen den Städten beträchtliche Unterschiede in der Verkehrsmittelwahl feststellen.

Daneben gibt es charakteristische Unterschiede je nach Stadtgröße. So gilt beispielsweise: Je größer die Städte, desto kleiner ist der Anteil des Autoverkehrs und desto größer sind die Anteile des nichtmotorisierten und des öffentlichen Verkehrs. Also gerade die Großstädte sind nicht das Eldorado für Autofahrer, wie so mancher nach dem ersten Augenschein vermutet.

Diese Bandbreiten machen deutlich, daß die Verkehrsmittelwahl in den Städten und Gemeinden jeweils sehr verschieden ausfällt. Sie ergeben sich jedoch nicht von selbst. Und sie entstehen auch nicht, weil die jeweiligen Bürger ganz andere Vorlieben für die verschiedenen Verkehrsmittel haben. Sie sind vor allem das Ergebnis sehr unterschiedlicher stadt- und verkehrsplanerischer Weichenstellungen.

Regionale Unterschiede der Verkehrsmittelwahl (Beispiel Hannover)

	zu Fuß + Fahrrad (mit Mofa)	öffentl. Verkehr	Auto
Kernraum (Innenstadt und angrenzende Quartiere)	51	21	29
Kernrandzone (anschließender Gürtel dichtbewohnter Quartiere mit Schienenanschluß)	44	22	36
Äußere Stadtgebiete ohne Zentren	32	19	49
Äußere Stadtgebiete mit Zentren	48	14	37
Umlandgemeinden mit Zentren	55	12	34
Umlandgemeinden ohne Zentren	36	18	47

Städtevergleich des Autoanteils an der Verkehrsmittelwahl (70er Jahre)

	Auto %
Region Los Angeles	91
Region Tokyo	18
Region Paris	28
Region London	24
Region Amsterdam	23
Stadt Berlin	40
Stadt Nürnberg	46
Region Hannover	38
Region Hamburg	36
Region Zürich	47
Stadt Zürich	30

Es gibt auch in industrialisierten Ländern große Unterschiede in der Autonutzung: Das Spektrum reicht von der totalen Autostadt bis zu Städten, die mit sehr wenig Autoverkehr auskommen. Generell sinkt der Autoanteil mit der Stadtgröße; besonders autofixiert sind die kleinen Gemeinden.

Viele Fußgänger: ein Signal für städtebauliche Qualität

Bei der Verkehrsmittelwahl zeigt sich die Abhängigkeit von den stadt- und verkehrsplanerischen Qualitäten noch deutlicher bei einem Vergleich zwischen verschiedenen Stadtquartieren. Eine Untersuchung in Hannover hat 1980 diese quartiersbezogenen Abhängigkeiten genauer festgestellt. Vergleichbare Untersuchungen gibt es auch aus anderen deutschen Städten. Sie kommen in der Tendenz zu sehr ähnlichen Ergebnissen. Deshalb sind die Befunde aus Hannover in ihren Grundzügen zu verallgemeinern: Die Wohnbevölkerung in der dichtbebauten Innenstadt erledigt die meisten Wege zu Fuß. Alle wichtigen Ziele sind durch die hohe Nutzungsmischung der Innenstadt in unmittelbarer Nähe vorhanden und erreichbar. Der Verkehrs- und Parkraum sind hier besonders knapp. Deshalb gibt es kaum Anreize für die Autonutzung. Auch das Fahrrad sowie Busse und Bahnen spielen für die im Stadtzentrum Wohnenden im Alltag nur eine untergeordnete Rolle. Für die Wohnbevölkerung der Innenstadtrandgebiete dominieren noch immer das Zufußgehen und das Radfahren. Die Entfernungen zu Arbeits-, Versorgungs- und Einkaufseinrichtungen sind nach wie vor relativ kurz und so die meisten Ziele auf diese Weise erreichbar.

In den äußeren Stadtgebieten ist die Bebauung nicht einheitlich und ohne klare städtebauliche Ordnung. Die Bau- und Nutzungsdichte ist geringer als in der Innenstadt und den Innenstadtrandgebieten. Auch das Angebot an Arbeitsplätzen, Geschäften, Service- oder Freizeitmöglichkeiten ist schlechter und verstreuter, wenngleich immerhin noch städtebaulich integrierte Nebenzentren bestehen. Was jedoch in der Nähe nicht mehr erledigt werden kann, muß in der schon entfernter liegenden Innenstadt oder an anderen Standorten erledigt werden. Deshalb nimmt in diesen

Verkehrsmittelwahl nach Stadtgröße

	Auto	öffentl. Verkehr	Fahrrad	zu Fuß
über 1 Mio.	28	25	3	44
300.000 - 1 Mio.	38	17	5	41
100.000 - 300.000	41	14	8	38
20.000 - 100.000	47	9	13	31
5.000 - 20.000	50	8	13	29
bis 2.000	53	12	11	24
BRD insgesamt	49	11	10	30

Die Bewohner innenstadtnaher Viertel und der Nebenzentren verzichten oft auf das Auto und bevorzugen den Umweltverbund.

Quartieren der Fußgängeranteil ab, und es vergrößert sich der Anteil der Autofahrer. Am Ende der »Siedlungskette« liegen die Umlandgemeinden. Zwei Verkehrsbeziehungen sind hier stark ausgeprägt: der weiträumige Berufsverkehr und der kleinräumige Versorgungsverkehr. Im weiträumigen Berufsverkehr dominieren die langstreckentauglichen Verkehrsmittel, vor allem das mit Fahrtrassen hier draußen üppig versorgte Auto. Leistungsfähige Verbindungen des öffentlichen Nahverkehrs bestehen – wenn überhaupt – meist nur mit der Innenstadt. Aufgrund dieser einseitigen und ansonsten geringen Flächenerschließung nach Netzdichte und Takt bleibt der Verkehrsanteil des öffentlichen Verkehrs um einiges hinter dem Auto zurück. Im kleinräumigen Versorgungsverkehr dagegen dominieren die nichtmotoriserten Verkehrsmittel. Also auch hier werden die Brötchen bevorzugt zu Fuß oder mit dem Fahrrad eingekauft, wenn sie in entsprechender Nähe zu haben sind. Daraus erklären sich die insgesamt für diese peripheren Lagen erstaunlich hohen Fußgängeranteile.

Es gibt aber auch Stadtrand- oder Umlandgemeinden, bei denen mangels eigener Versorgungsfunktionen ein zentrenorientierter Binnenverkehr fast völlig fehlt. Sie sind mehr oder weniger reine »Schlafstädte«. Hier ziehen auch fast alle alltäglichen Versorgungsbeziehungen weiträumigen Verkehr nach sich. Aufgrund des mehr oder weniger schlechten öffentlichen Verkehrs geht hier nicht mehr viel ohne Auto, und entsprechend hoch schnellt der Anteil am Autoverkehr.

Erzwungene Fahrten: ein alltägliches Problem autoabhängiger Siedlungsstrukturen

In den meisten Generalverkehrsplänen wird nun behauptet, die Stadtrand- und Umlandbewohner seien die Spitzenreiter der aktiven, dynamischen und mobilen Gesellschaft. Die Erklärung ist einfach, die Generalverkehrsplaner betrachten mit Vorliebe nur die Zahl der Fahrten. Aus den genannten Gründen müssen die Stadtrand- und Umlandbewohner zwangsläufig mehr Fahrten machen als die Bewohner der zentraleren Wohnquartiere von Hannover, um einzukaufen, zur Arbeitsstätte zu kommen etc. Die Bewohner in den Stadtrand- und Umlandgemeinden kommen deshalb auf 1,4 bis 1,5 werktägliche Fahrten, die Innenstadtrandbewohner auf 1,0 und die Innenstadtbewohner sogar nur noch auf 0,7 werktägliche Fahrten pro Einwohner. Doch ein Innenstadtbewohner, der das nahe Theater zu Fuß besucht, ist nicht weniger aktiv, dynamisch und mobil als der Umlandbewohner, der mit dem Auto angefahren kommt. Ganz im Gegenteil! Nach der Zahl der Wege pro Person sind am aktivsten die Innenstadtbewohner Hannovers mit 3,9 Wegen pro Tag. Und diese Zahl sinkt kontinuierlich, je weiter entfernt die Stadtquartiere von der Innenstadt liegen. Draußen in den monofunktionalen Umlandgemeinden wohnt die Bevölkerung mit den geringsten Aktivitäten. Denn trotz mehr Fahrten erledigen oder unternehmen die Bewohner am Stadtrand oder im Umland täglich weniger als ihre Mitbürger in den städtebaulich integrierten Quartieren. Der am Stadtrand oder im Umland betriebene höhere Verkehrsaufwand hat einen geringeren Mobilitätserfolg.

»In die Ferne zu schweifen« mag interessant und verlockend sein. Doch die fernen Ziele verlieren ihren Reiz, wenn sie zum alltäglichen Zwang geworden sind. Der tägliche Entfernungsaufwand vieler Menschen für die einfachsten Dinge läßt viel von solchen Zwangssituationen erkennen. Wieder ergeben sich klare Unterschiede nach Quartierstypen am Beispiel Hannover: Die Bewohner der Innenstadt und der innenstadtnahen Quartiere haben mit Abstand die kürzesten durchschnittlichen Weglängen. Wer viele kurze Wege hat, geht viel zu Fuß. Dies ist ganz logisch. Die zuvor gezeigten hohen Fußgängeranteile in der Innenstadt und den innenstadtnahen Quartieren bestätigen dies. Bei den Bewohnern der äußeren Stadtquartiere steigen die durchschnittlichen Weglängen bereits deutlich an. Und die Bewohner der Stadtrand- und Umlandgemeinden müssen pro Weg noch längere Entfernungen zurücklegen. Wer viele weite Wege hat, muß viel fahren. Entsprechend hoch sind die Verkehrsanteile von Auto, Bus und Bahnen am Stadtrand und im Umland. Hier zeigt sich die häßliche Kehrseite des vielgerühmten Wohnens »im Grünen«. Man wird dort, ob man will oder nicht, zum modernen Nomaden. Man muß dort für den gleichen Zweck viel größere Entfernungen zurücklegen als die Bewohner integrierter Wohnlagen. Das kostet Zeit, Geld und Nerven. Der grüne Wohnort wird nicht zum vielfältigen Mittelpunkt des Lebens, um den sich die täglichen Aktivitäten gruppieren, sondern mehr und mehr zur reinen Schlafstadt.

Fazit: Der autogerechte Ausbau von Siedlungsstrukturen hat keinen Mobilitätserfolg gebracht

Die genannten Maßzahlen von Hannover belegen anschaulich, daß autogerechte Siedlungsstrukturen keinen Mobilitätserfolg für die Bewohner bringen. Sie zwingen sie zu mehr und längeren Fahrten, anstatt insgesamt einen Gewinn an Zeit für mehr alltägliche Aktivitäten zu ermöglichen. Den gleichen Sachverhalt belegt auf viel breiterer Datenbasis die Schweizer Volkszählung von 1980. Hier wurde der Zusammenhang von Aktivitätenhäufigkeit und Weglänge klar belegt. Je länger der Weg, desto weniger wird erledigt. Das heißt, die »Kurzstreckenmenschen« sind mit über 3,6 Aktivitäten am Tag sehr aktiv. Die »Kilometerfresser« sind dagegen mit 2,4 Aktivitäten am Tag weit weniger aktiv. Sie verschwenden ihre Zeit auf der »Achse«. Durch die ständige Zunahme der Autofahrten in den letzten Jahrzehnten wurde weder mehr »Freiheit« noch mehr Freizeit gewonnen. In diesem Sinn messen sich eine gute Verkehrsplanung und -politik ganz und gar nicht an der bloßen Zunahme der Fahrten oder der gefahrenen Kilometer, wie viele Verkehrspolitiker und Generalverkehrsplaner uns immer wieder glauben machen wollen.

Mobilität und Distanz

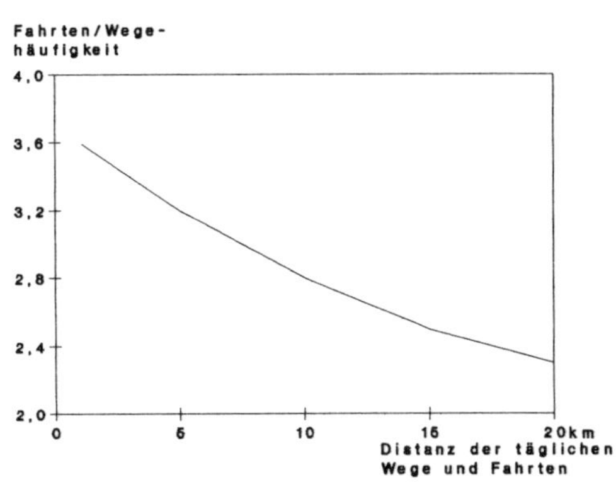

Die Zahl der täglichen Aktivitäten nimmt mit der Menge der zurückgelegten Kilometer ab. »Langstrecken-Menschen« sind am wenigsten aktiv.

KAPITEL 3

Die Verkehrsmittelwahl: das Produkt starker Rollenfixierung. Unterschiede nach Geschlecht und Alter

Die übermäßige Autonutzung durch Männer

Bei der Verkehrsmittelwahl gibt es große geschlechtsspezifische Unterschiede. Die Männer sind dabei sehr stark auf das Auto fixiert. 53 Prozent ihrer täglichen Wege sitzen sie hinter dem Steuer. Frauen dagegen legen nur 25 Prozent ihrer Wege hinterm Steuer zurück. Hinzu kommen bei den Männern noch sechs Prozent der Wege, auf denen sie von jemand anderem mitgenommen werden. Frauen dagegen sind mit 15 Prozent viel häufiger auf die Mitnahme in einem anderen Auto angewiesen. Eine deutlich größere Rolle spielen bei Frauen die Fußwege mit 34 Prozent.

Auch die Zahl der täglichen Autofahrten ist bei Männern sehr viel höher als bei Frauen. Im Schnitt machen Auto fahrende Männer dreimal soviel Autofahrten pro Tag wie Auto fahrende Frauen. Deshalb ist die tägliche Zeit, die Männer im Auto verbringen, mehr als doppelt solang wie bei den Frauen. Dabei ist natürlich nur die Fahrzeit gerechnet und nicht die »Pflegezeit«, die Männer in, um und unter dem Auto verbringen, um es auf Hochglanz zu bringen und auf den neuesten Stand von Styling und Technik zu »frisieren«. Solcherlei Wochenend- und Feierabendkult um das Auto ist ohnehin fast ausschließlich männliche Domäne. Auch das »Studieren« der Auto- und Motorzeitschriften oder der neuesten Automodelle in Autohandlungen ist fast ausschließlich eine männliche Beschäftigung. Es ist ein bezeichnendes Bild, wenn zum Beispiel auf Autoausstellungen die sportlichen Neuheiten von Trauben faszinierter Männer umlagert sind. Die einzigen Frauen weit und breit sind die leichtbekleideten Mannequins, die den nötigen Sex-Appeal der neuen Modelle suggerieren sollen. Schließlich ist das Thema Auto bei Männern eines der wichtigsten, über Autos kann jeder Mann mit jedem Mann jederzeit reden, da geht der Gesprächsstoff nie aus.

Symptome einer Autosucht bei Männern im mittleren Alter

Ganz besonders autofixiert sind die Männer im Alter von 25 bis 35 Jahren. Sie legen 77 Prozent aller täglichen Wege mit dem Auto zurück. Von Männern dieses Alters werden die Füße und das Fahrrad als Alltagsverkehrsmittel fast ganz gemieden, sie kommen auf weit unterdurchschnittliche Anteile. Auch Busse und Bahnen schneiden bei ihnen extrem schlecht ab. Aber auch bei den 35- bis 65jährigen Männern ist der Autoanteil an den täglichen Wegen mit 68 Prozent noch sehr hoch. Bei den Männern der mittleren Jahrgänge ist die Zahl der täglichen Autofahrten weit überdurchschnittlich, verglichen mit den Männern der übrigen Altersgruppen, aber erst recht verglichen mit den Frauen derselben Altersgruppe. Dies gilt auch für die Gesamtdauer der täglichen Autofahrten mit jeweils weit

Anteil des Autos an allen Wegen nach Alter und Geschlecht

	Autoanteil an allen Wegen		Dauer aller Autofahrten am Tag (in Minuten)	
Alter	männl.	weibl.	männl.	weibl.
18 - 21	43	41	52	49
21 - 25	74	54	76	48
25 - 35	77	54	83	58
35 - 45	74	45	75	46
45 - 55	68	37	66	43
55 - 65	56	27	65	37
65 u. mehr	31	17	39	24

Männer im mittleren Alter sind am meisten auf das Auto fixiert. Sie benutzen es oft und lange. Die übrige Verkehrswelt wird von ihnen ignoriert. Viele Politiker, Planer und Journalisten gehören zu diesem Personenkreis.

über einer Stunde bei den Männern im mittleren Alter.

Doch nicht nur die Häufigkeit und Dauer der Autonutzung sind bei den Männern im jungen bis mittleren Alter weit überproportional. Auch ihr Fahrstil unterscheidet sich deutlich von dem der Frauen und älteren Männer: Sie fahren schneller, risikobereiter, undisziplinierter und aggressiver. Und zwar sowohl innerhalb wie auch außerhalb der Orte. Der Anteil der Geschwindigkeitsübertreter liegt bei den Männern in diesem Alter durchweg dreimal so hoch wie bei den Frauen. Unter den Rasern auf Landstraßen und Autobahnen trifft man fast nur Männer dieser Altersklasse. Riskante Überholmanöver, gefährliches Kurvenschneiden, aggressive »Kavaliersstarts«, all das sind typische Fahrattribute dieser Männergruppe, die sich aus der fatalen Orientierung am sogenannten sportlichen Autofahren ergeben. Verhaltene, rücksichtsvolle, gefahrenbewußte Fahrweise ist eine Domäne der Frauen. Auch Rücksichtslosigkeit und Gedankenlosigkeit beim Parken sind bei Männern viel häufiger. Ihr Anteil unter den Falschparkern, vor allem auf Geh- und Radwegen sowie an Überwegen und Haltestellen, ist besonders hoch.

Wie läßt sich diese autoorientierte Verkehrsmittelwahl der Männer begründen? Hier spielt die im Vergleich zu den Frauen höhere Erwerbstätigkeit mit den damit verbundenen Arbeitswegen eine gewisse Rolle. Aber neben solch »äußerem« Grund bleibt gerade da, wo Männer auch andere Verkehrsmittel nutzen könnten, eine dominante subjektive Autofixierung der Männer im sogenannten besten Alter: bei den kurzen Wegen, bei gut von Bussen und Bahnen bedienten Strecken, bei den Freizeit- und Einkaufswegen. Spätestens hier kann man von Symptomen einer Autosucht sprechen, einer Art Autoleidenschaft, die ihre volle Bestätigung durch den in dieser männlichen Altersgruppe besonders ausgeprägten emotionalen Kult rund um das Auto findet. Der Grundstock wird bei den Männern bereits in jungen Jahren gelegt. Schon die männlichen Jugendlichen drängen zum frühestmöglichen Zeitpunkt mit Mofa, Moped und Motorrad in die Motorisierung. Der Erwerb des ersten Führerscheins ist für sie ein rollenfixiertes »Muß«. Bei den männlichen Jugendlichen ist folglich der Anteil derjenigen, die mit Moped oder Motorrad unterwegs sind, um ein Vielfaches höher als bei den weiblichen Jugendlichen. Bei den 15- bis 18jährigen fast um das Vierfache, bei den 18- bis 21jährigen sogar um das 22fache. Da hier jedoch nur geringe geschlechtsspezifische Unterschiede in der sonstigen Lebenssituation, zum Beispiel hinsichtlich Erwerbstätigkeit, bestehen, gibt es kaum äußere Zwänge für das Verkehrsverhalten der männlichen Jugendlichen. Es ist vorrangig psychologisch durch Rollenverhalten zu erklären. Die Marketingleute bei den Autofirmen sprechen vom Auto als wichtigstem Hilfsmittel für männliches »Balzverhalten« und nutzen diese Erkenntnis intensiv für ihre Werbestrategien.

Die Windschutzscheibenperspektive der männlichen Macher

Wegen dieser geschlechtsspezifischen Unterschiede ist den Männern aufgrund alltäglicher Erfahrung und intensiver Beschäftigung die Motorwelt besonders allgegenwärtig. Die Motorwelt ist ihre Welt, für sie engagieren sie sich, sind sie sensibilisiert, auf sie sind sie fixiert. Da wird nicht mehr fallweise überlegt, wann die Benutzung des Autos sinnvoll ist und wann andere Verkehrsmittel Vorteile bieten. Autosucht macht blind für eine angemessen differenzierte Wahrnehmung der Verkehrswelt. Autosucht macht unsensibel für die Probleme der Fußgänger, Radfahrer, Bus- und Bahnbenutzer und führt zur Windschutzscheibenperspektive. Diese Perspektive wird im politischen und planerischen Alltag auch noch auf vielfältige Weise multipliziert. In den verkehrspolitischen und -planerischen Ausschüssen der Parlamente in Bund, Ländern und Gemeinden haben Männer mittleren Alters ein klares Übergewicht. Unter den Verkehrsingenieuren sind Frauen eine Rarität. An den Hochschulen werden Verkehrsplanung und -forschung fast ausschließlich von Männern gelehrt. Klar, daß sie sich mit ihrer persönlichen und gruppenspezifischen Autofixierung wenig für Fußgänger und Radfahrer begeistern, daß ihnen die Verkehrsprobleme von Kindern und Betagten kaum geläufig sind.

Auf Bürgerversammlungen zu Verkehrsfragen sind es vorzugsweise die Männer, die ihre autoorientierten Probleme: fehlende Parkplätze, dringend abzubauende Behinderungen des Autoverkehrs, zu lange Stauzeiten, fehlende grüne Wellen etc. in den Vordergrund stellen. Wenn sich bei solchen Versammlungen Frauen äußern, sprechen sie dagegen sehr viel häufiger die Probleme der fehlenden Kinderspielmöglichkeiten, der unsicheren Schulwege, die Behinderungen und Gefährdungen von Fußgängern und Radfahrern, das fehlende Straßengrün und die mangelhafte Qualität von Bussen und Bahnen an. Leider bleiben sie damit meist in der Minderheit, weil abendliche Bürgerversammlungen vorzugsweise von Männern besucht werden, die sich dort in der Regel auch wirkungsvoll und lautstark zu artikulieren wissen. Und so schließt sich auf fatale Weise der Kreis: Die von Männern forcierte, durch Männer geplante, für Männer gedachte autoorientierte Verkehrsplanung und -politik gehen immer weiter und dienen vor allem den Männern.

Mobilität alter Menschen: Abkehr vom Auto zu den Alternativen

Erst im Alter verliert das Auto auch für Männer seine dominante Rolle, dann gewinnen Fußgängerverkehr und Busse und Bahnen wieder eine entscheidende Bedeutung. Und dann werden die Mängel in diesen Bereichen plötzlich auch von Männern hart empfunden. Durch eigene Betroffenheit. Doch für eine Umsetzung solcher Betroffenheit in Politik und Planung ist es dann meist zu spät. Betagte haben in Verkehrspolitik und -planung nicht das Sagen. Sie passen wie Frauen und Kinder viel schlechter in die autobestimmte, pendlerfixierte, »kilometerleistungsorientierte« Verkehrswelt.

Wie sehr sich mit dem Älterwerden das Verkehrsverhalten ändert, zeigt ein Zeitvergleich der Leute, die 1976 60 bis 65 Jahre alt waren und 1982 zur nächstälteren Gruppe der 65- bis 70jährigen gehörten. Bei dieser Gruppe sind eine deutliche Abkehr vom Auto und eine verstärkte Hinwendung

Änderung der Verkehrsmittelwahl im Alter

1976 = 60 - 65 Jahre, 1982 = 65 - 70 Jahre

	BRD	darunter Großzentren
zu Fuß	- 4	- 9
Fahrrad	+ 24	+ 14
Auto - Fahrer	- 24	- 43
- Mitfahrer	- 8	- 36
öffentl. Verkehr	+ 47	+ 63

Im Alter orientieren sich viele Menschen wieder auf den Umweltverbund, vor allem in den Großstädten.

zu Bussen und Bahnen sowie zum Fahrrad feststellbar. Besonders stark ausgeprägt sind die Hinwendung zu Bussen und Bahnen und die Abwendung vom Auto in den großstädtischen Ballungsräumen, der Anteil der PKW-Selbstfahrten sinkt hier um 43 Prozent, der der PKW-Mitfahrten um 36 Prozent. Dafür steigt der Anteil der Fahrten mit Bussen und Bahnen um 63 Prozent. Außerhalb der Ballungsräume geschieht die Abkehr vom Auto nicht ganz so stark und nicht so überwiegend zugunsten des öffentlichen Verkehrs, sondern auch stärker zugunsten des Fahrrads.

Viele meinen, im Alter würde das Zufußgehen beschwerlicher und der alte Mensch »gehfauler«. Doch das Gegenteil ist der Fall. Für die Betagten hat der Fußgängerverkehr eine so hohe Bedeutung wie für keine andere Altersgruppe der Erwachsenen. Die über 65jährigen legen 54 Prozent ihrer täglichen Wege zu Fuß zurück, gegenüber 30 Prozent im Schnitt der Gesamtbevölkerung. Das gilt auch für die Männer. Männer über 65 Jahre machen mehr als doppelt so viele Wege zu Fuß als der Durchschnitt der männlichen Gesamtbevölkerung. Trotzdem bleibt allerdings ihr Fußweganteil mit 49 Prozent noch unter dem der betagten Frauen mit 60 Prozent. Nicht nur die Häufigkeit des Zufußgehens ist bei den Betagten überdurchschnittlich. Sie sind auch täglich sehr viel länger unterwegs als die Gesamtbevölkerung: über eine Stunde bei den Männern und 49 Minuten bei den Frauen. Am deutlichsten wird die »Gehleidenschaft« der Betagten an der durchschnittlichen Entfernung. Die Betagten sind die eindeutigen Spitzenreiter im Weitgehen. Ihre durchschnittliche Fußweglänge liegt deutlich über der der Gesamtbevölkerung. Die Fußwege der alten Männer sind sogar über doppelt solang wie die der übrigen Männer. Am gehfaulsten sind die 18- bis 25jährigen.

Autoorientierte Verkehrsplanung ignoriert den Alltag der Betagten

Die verstärkte Abkehr der Betagten vom Auto und die verstärkte Hinwendung zu den anderen Verkehrsarten bedeuten nun keineswegs eine Einbuße an Mobilität. Obwohl bei den Betagten die täglichen Arbeitswege in der Regel wegfallen, liegt bei denjenigen, die noch mobil sind und das Haus verlassen können, die Zahl der täglichen Wege mit 3,08 nur wenig unter dem Durchschnitt von 3,51 und praktisch genauso hoch wie bei den 55- bis 60jährigen. Die von Erwerbspflichten freie Zeit – nur vier Prozent aller über 65jährigen sind noch regelmäßig erwerbstätig – wird für viele Aktivitäten genutzt. Erst bei den über 70jährigen fällt die Zahl der Wege deutlich ab. Das bedeutet, daß die Betagten noch beträchtliche Ansprüche an die Verkehrsinfrastruktur stellen. Die Betagten sind jedoch verstärkt im eigenen Wohnquartier unterwegs. So verlassen 30 Prozent der 60- bis 70jährigen und 40 Prozent der 70- bis 80jährigen ihr Wohnquartier nicht mehr täglich. Vernünftige Gehwege, sichere Überquerungsmöglichkeiten, wohnungsnahe Einkaufsmöglichkeiten und nahe Haltestellen zu Bussen und Bahnen werden lebenswichtig. Das häufig von Planern und Einzelhandelslobbyisten geäußerte Argument, gerade wegen der Betagten müsse man jeden Standort gut mit dem Auto erreichen können und brauche überall Parkplätze direkt vor der Tür, ist eine völlige Verdrehung der Tatsachen. Für die Älteren ist eine übermäßig am Auto orientierte Verkehrsplanung nur von Nachteil.

Die mobilen Kinder: Spitzenreiter im Gehen und Radfahren

Kinder als Verkehrsteilnehmer sind für Politiker und Planer weitgehend unbekannte Wesen. In den üblichen lokalen und überregionalen Verkehrsbefragungen, Zählungen und Erhebungen werden sie ignoriert, ja sogar ganz bewußt ausgeblendet. Die Erfassung kindlichen Verkehrsverhaltens ist der alltäglichen Verkehrsplanung zu lästig, weil sie besondere methodische Überlegungen erfordert.

55 Prozent aller Wege machen Kinder zu Fuß. Ihr Fußweganteil ist doppelt so hoch wie der von Erwachsenen. Und auch das Fahrrad (inklusive Kinderfahrräder, Dreiräder, Roller etc.) hat für Kinder eine besondere Bedeutung, sein Anteil ist ebenfalls doppelt so hoch wie der von Erwachsenen. Zusammen kommen die nichtmotorisierten Verkehrsmittel bei Kindern auf 75 Prozent. Dagegen haben Busse und Bahnen sowie selbst die Mitnahme im Auto für die alltäglichen Wege der Kinder eine geringe Bedeutung. Damit ist klar, daß eine kinderfreundliche Verkehrsplanung vor allem die Verkehrsbedingungen für Fußgänger- und Fahrradverkehr in den Wohngebieten und auf den diese umgebenden Hauptverkehrsstraßen verbessern muß. Verkehrsplanung für Kinder darf sich auch nicht nur auf ein paar Problempunkte, etwa im Rahmen von Schulwegsicherungsprogrammen, beschränken. Denn die Verkehrsbeteiligung der Kinder umfaßt sehr viel mehr als nur die Schulwege.

Kinder sind mobil, trotz alltäglicher Freiheitsberaubung durch die feindliche Verkehrsumwelt

Oft wird vermutet, Kinder seien noch stark an den häuslichen Bereich und die enge Nachbarschaft gebunden. Dadurch seien sie relativ immobil und nähmen nur unterdurchschnittlich am Verkehr teil. Das Gegenteil ist richtig. Kinder haben bereits ein sehr vielfältiges Aktivitätenprogramm mit täglichen Pflichtwegen (Kindergarten, Schule) sowie anderen regelmäßigen Freizeitprogrammen (Sportverein, Jugendgruppe, Musikschule etc.). All das läßt den Kindern noch viel Zeit für sonstige Aktivitäten. Sie haben einen erheblichen Bewegungsdrang und eine große Neugierde. Das führt dazu, daß Kinder besonders viel außer Haus unterwegs sind. Sie machen täglich 20 Prozent mehr Wege als Erwachsene. Die überdurchschnittliche Verkehrsbeteiligung der Kinder zeigt sich auch am geringen Anteil derjenigen Kinder, die den ganzen Tag das Haus nicht verlassen. Bei den unter 10jährigen sind das nur fünf Prozent, bei den 40- bis 50jährigen schon dreimal soviel und bei den 60- bis 70jährigen sechsmal soviel. Selbst die 3- bis 5jährigen sind schon erstaunlich mobil und kommen im Sommer mit 2,4 Wegen pro Tag auf fast genauso viele Wege wie die Erwachsenen. Kinder sind nicht nur öfter im Verkehr unterwegs als Erwachsene, sondern auch länger. Das gilt vor allem für ihre Wege im Sommer. Dann dauern die Wege der 3- bis 5jährigen im Schnitt 15 Minuten mehr und die der 6- bis 9jährigen 13 Minuten mehr als die der Erwachsenen. Besonders viel Zeit lassen sich Kinder bei ihren »Nicht-Pflichtwegen«, also beim Spielen und vor allem in den Ferien. Daraus läßt sich die in der Alltagserfahrung vielfach bestätigbare Folgerung ableiten: Wege von Kindern sind weniger zielstrebig und eilig. Kinder bummeln gern, genießen auf spielerische Weise das Straßenleben. Die alltägliche Mobilität vieler Erwachsener ist dagegen ganz von der üblichen Verkehrshektik bestimmt.

Die Mobilitätswerte der Kinder lägen noch viel höher, würden nicht viele Eltern den besonderen Mobilitätsdrang ihrer Kinder aus Angst vor den alltäglichen Verkehrsgefahren durch Verbote einschränken. Der erzwungene Mobilitätsverzicht ergibt sich aus der Zahl der Wege, die den Kindern verboten werden. Für Berlin wurde zum Beispiel ermittelt, daß 52 Prozent der Eltern den Vorschulkindern eine selbständige Verkehrsteilnahme nicht erlauben. Das selbständige Radfahren im öffentlichen Verkehrsraum wird in Berlin 93 Prozent der Vorschulkinder von ihren Eltern verboten. Dabei sind Vorschulkinder physisch und psychisch durchaus in der Lage, ihre Wege im näheren Wohnumfeld zu Fuß oder mit dem Fahrrad selbständig zurückzulegen. So vernünftig aus der Sicht besorgter Eltern eine solche Gefahrenabwehr durch Verbote auch sein mag, so beklemmend zeigt sie doch die Perversität unserer heutigen Verkehrswelt und unsere Ohnmacht ihr gegenüber, zumal Mobilität und Freizügigkeit an sich in unserer Gesellschaft hochgeschätzte Werte sind. Aber offenbar nur, solange es um die Automobilität der Erwachsenen geht.

KAPITEL 4

Verkehrsmittel und Zweck: die Macht der Gewohnheiten und Vorurteile bei der Verkehrsmittelwahl

Berufsverkehr: unsinnig auf das Auto orientiert

Der Berufsverkehr umfaßt die Wege zur Arbeitsstelle und zurück. (Dienstliche Wege während der Arbeit werden empirisch beim Wirtschaftsverkehr einschließlich Geschäfts- und Dienstreiseverkehr erfaßt.) Mit 28,7 Prozent aller täglichen Wege ist der Berufsverkehr in etwa gleich stark wie der Einkaufs- und der Freizeitverkehr. 41 Prozent aller werktäglichen Autofahrten erfolgen heute im Berufsverkehr. Die anderen Verkehrszwecke erreichen nicht annähernd ähnliche Größenordnungen im Autoverkehr. Der nächsthäufige Einsatzbereich des Autos, der Freizeitverkehr, kommt nur auf 25 Prozent. Somit ist das heutige Autoverkehrssystem vor allem ein Berufsverkehrssystem. 58 Prozent des Berufsverkehrs werden inzwischen mit dem Auto abgewickelt. Ablesbar wird die übergewichtige Autonutzung im Berufsverkehr auch an der täglichen Rush-hour mit ihren ausgeprägten Verkehrsspitzen. Ein Großteil der kommunalen Verkehrsprobleme resultiert aus der übermäßigen Autonutzung im Berufsverkehr.

Demgegenüber ist der Anteil von Bussen und Bahnen am Berufsverkehr mit 15 Prozent sehr gering. Nur jeder siebte Erwerbstätige erreicht heute seinen Arbeitsplatz mit Bussen und Bahnen. Damit ist der Anteil von Bussen und Bahnen in etwa gleich stark wie der Fußgängeranteil mit 17 Prozent und weit geringer als der der Fußgänger und Radfahrer zusammen. Doch bei den verkehrspolitischen Diskussionen zum Berufsverkehr fallen die Verkehrsanteile von Fußgängern und Radfahrern meist völlig unter den Tisch. Immer wieder wird behauptet, der Hauptgrund für die häufige Nutzung des Autos im Berufsverkehr seien die großen Weglängen aufgrund der fortgeschrittenen Entmischung von Wohnen und Arbeiten und der immer weiter ausgreifenden regionalen Arbeitsmärkte, die eine hohe Mobilitätsbereitschaft erforderten. Die Fakten hingegen beweisen, daß lange Arbeitswege auch heute noch eher die Ausnahme sind. 17 Prozent aller Erwerbstätigen, die das Auto benutzen, brauchen weniger als sechs Minuten zwischen Wohnung und Arbeitsplatz, 23 Prozent brauchen zwischen sechs und zehn Minuten. Nur 25 Prozent der Autonutzer haben einen Arbeitsweg von über zwanzig Minuten. Die Autovorliebe der Erwerbstätigen hat deshalb wenig mit der Distanz zu tun, sondern sehr viel mehr mit der einseitig das Auto bevorzugenden Verkehrspoltik und -planung. Der Ausbau der kommunalen Straßennetze und Stellplatzangebote diente vor allem dazu, immer mehr Berufsverkehr mit dem Auto möglich zu machen. Dies beweisen deutlich die regionalen Unterschiede bei der beruflichen Verkehrsmittelwahl.

Verkehrsinfrastruktur bestimmt entscheidend die regionale Verkehrsmittelwahl im Berufsverkehr

Reaktion der Beschäftigten auf Parkraumverknappung (Beispiel München)

Umsteigen auf öff. Verkehr	54 %
Umsteigen auf Fahrrad	12 %
Umsteigen auf zu Fuß	17 %
Neuen Parkplatz besorgen	10 %
Sonstige	7 %

Eine Einschränkung des Parkraums bringt viele Berufspendler zum Umsteigen auf öffentlichen Verkehr.

Am höchsten ist der Autoanteil im Berufsverkehr in den suburbanen Umlandgemeinden der Großstädte mit 64 Prozent sowie in den ländlichen Gemeinden mit 63 Prozent. Hieran zeigt sich die klare Abhängigkeit des Autoanteils von der Qualität der öffentlichen Verkehrsverbindungen. Bestehen dagegen im suburbanen Umland und in den ländlichen Gemeinden gute Verkehrsanbindungen mit Bussen und Bahnen, fällt der Autoanteil im Berufsverkehr auf etwa die Hälfte. In der Region Hannover benutzen beispielsweise die Berufspendler aus den Umlandgemeinden mit gutbedientem Eilzug- oder S-Bahn-Anschluß an die Kernstadt zu 70 bis 80 Prozent Busse und Bahnen, während in den Umlandgemeinden ohne Bahnanschluß oder mit schlechtbedienten öffentlichen Verbindungen der Anteil des öffentlichen Verkehrs auf Werte unter 30 Prozent fällt und der Autoanteil entsprechend auf extrem hohe Werte um die 70 Prozent ansteigt.

Auch wer in günstiger Lage zu den zentralen Arbeitsschwerpunkten wohnt, nutzt das Auto wenig im Berufsverkehr. In den Citygebieten großer Städte und in den Mischgebieten mit enger Nachbarschaft von Wohnen und Arbeiten beträgt der Autoanteil im Berufsverkehr oft sogar weniger als 20 Prozent. Je näher Wohnungen und Arbeitsstätten in Stadtvierteln mit guter Nutzungsmischung beieinanderliegen, desto höher ist der Anteil der Arbeitswege, die zu Fuß oder mit dem Fahrrad gemacht werden. Die Erwerbstätigen, die Wohnung und Arbeitsplatz im selben Stadtviertel haben, legen meist 40 bis 50 Prozent der Arbeitswege zu Fuß oder mit dem Fahrrad zurück. Gelegentlich erreichen hier die Anteile des Fußgänger- und Fahrradverkehrs sogar 70 Prozent. Bei Stadtvierteln mit geringer Nutzungsmischung und entsprechend langen Arbeitswegen sinkt dagegen das Zufußgehen oder Radfahren auf 15 bzw. 20 Prozent. Allerdings ist die Nähe zum Arbeitsplatz nicht automatisch ein Garant für hohe Fußgänger- und Fahrradanteile. Vielmehr kann sich auch bei relativ kurzen Arbeitswegen ein hoher Autoanteil einstellen, wenn ein üppiges Stellplatzangebot und überdimensionierte Straßenverbindungen hierzu verführen und wenn die Bedingungen für Fußgänger und Radfahrer wenig

Großparkplätze – wie hier im Regierungsviertel von Düsseldorf – sind die Ursache für alltäglichen Stau auf allen Zufahrten.

attraktiv sind. In mehreren Fallstudien wurde eine Reihe von Betrieben analysiert, in denen aufgrund solcher Bedingungen schon mehr als 30 Prozent der Beschäftigten aus unter zwei Kilometer Entfernung mit dem Auto zur Arbeit fahren.
Ein hohes Stellplatzangebot ist das typische Merkmal vieler am Stadtrand und im Umland gelegenen Gewerbegebiete, zu deren autoorientierter Erschließung häufig auch noch der direkte Anschluß an das Autobahnnetz oder sonstige, gut ausgebaute Schnellstraßen gehören. Einen attraktiven Anschluß an den öffentlichen Nahverkehr sucht man dort dagegen meist vergeblich. Ganz anders sieht die Wahl des Verkehrsmittels im Berufsverkehr an Standorten mit knappem Stellplatzangebot aus. Wer jeden Morgen kostbare Zeit mit mühsamer Parkplatzsuche vertut und dafür teuer bezahlen muß, besinnt sich und kommt auch anders zurecht. Hier sinkt der Autoanteil meist auf Werte unter 20 Prozent. Wo zum Schutz der Anwohner oder des Handels Maßnahmen der Parkraumbewirtschaftung ergriffen wurden, um die Zweckentfremdung knappen öffentlichen Parkraums durch Berufspendler zu verhindern, ging der Autoanteil am Berufsverkehr deutlich zurück, wurden Busse und Bahnen, das Fahrrad oder auch die Füße benutzt.

Veränderung der Verkehrsmittelwahl der in Dortmund Beschäftigten für den Weg zur Arbeit

(in 10 Jahren)

	"Gewinner" in %	"Verlierer" in %
Eisenbahn / S-Bahn	+ 33	
Straßenbahn		- 35
Bus	+ 35	
öffentlicher Verkehr insgesamt		- 13
Auto	+ 285	
Fahrrad		- 64
zu Fuß		- 49

Die Explosion des Autoeinsatzes im Berufsverkehr hatte fatale Folgen für den Umweltverbund.

Autoorientierter Berufsverkehr bedeutet Chaos und Platzverschwendung

Im Berufsverkehr überwiegen regelmäßige Verkehrsbeziehungen mit immer gleichen Ausgangs- und Zielstandorten, immer gleichem Zeitrhythmus und starker Bündelung zwischen den Wohn-und Arbeitsplatzschwerpunkten. Berufsverkehr ist fast ausschließlich »Stoßverkehr« mit ausgeprägten Spitzen frühmorgens und abends. Bei solchen Spitzenbelastungen und vorrangiger Autonutzung ist das alltägliche Verkehrschaos auf den Straßen vorprogrammiert. Denn das Auto verbraucht unter allen Verkehrsmitteln mit Abstand den meisten Platz, zum Fahren und zum Stehen. Es ist untauglich, bei knappem Verkehrsraum möglichst viele Menschen zu befördern. Eine Dimensionierung der Straßennetze und Stellplatzangebote auf die Spitzen des Berufsverkehrs ist nicht möglich und nach den Straßengesetzen auch nicht erlaubt. Sie verlangen aus Gründen der Wirtschaftlichkeit eine Bemessung nach dem regelmäßigen, durchschnittlichen Verkehrsaufkommen. Massenhafter Berufsverkehr mit dem Auto führt dazu, daß alle anderen Verkehrsbeziehungen nur unter erschwerten Bedingungen stattfinden können. Die Leistungsfähigkeit und Pünktlichkeit von Bussen und Bahnen werden durch Staus des Berufsverkehrs massiv beeinträchtigt, gehende und radelnde Berufspendler erleiden eine Vielzahl von Behinderungen und Gefährdungen.
Berufsverkehr mit dem Auto ist darüber hinaus der größte Parkplatzkiller. Er belegt an den Arbeitsplatzschwerpunkten jeweils für viele Stunden wertvolle und knappe Flächen. Wenn für den Stellplatzbedarf der Berufspendler auf den Firmengeländen selbst kein ausreichender Platz vorhanden oder beschaffbar ist, werden von Pendlern

Parkdauer tags beim Straßenrandparken in der Innenstadt

(Beispiel München)

bis 2 Stunden	22%
2 - 4 Stunden	11%
über 4 Stunden	67%

Die Dauerparker im Berufsverkehr blockieren massenhaft den Parkraum der Innenstädte.

rücksichtslos Gehwege, Radwege, Grünanlagen, Freiflächen, Anwohnerparkplätze, Lade- und Lieferzonen, Einfahrten sowie Kundenparkplätze zweckentfremdet und zugeparkt. Alle anderen Verkehrsarten sowie Handel und Gewerbe sind oft schwer betroffen. Berufsverkehr mit dem Auto ist schließlich äußerst unökonomisch, da in den meisten Berufspendlerautos jeweils nur eine Person befördert wird. Der durchschnittliche Besetzungsgrad der Autos im Berufsverkehr beträgt nur 1,1.

Im Grundsatz sind sich alle einig: Einschränkung der massenhaften Autonutzung im Berufsverkehr

Wäre in der deutschen Verkehrspolitik und -planung mehr auf die verkehrspolitischen Grundsätze geachtet worden, sähe auch bei uns die Verkehrsmittelwahl im Berufsverkehr heute ganz anders aus. Denn für den Berufsverkehr wird von allen Parteien, Fachgremien und Spitzenverbänden gefordert, daß er überwiegend nicht mit dem Auto stattfinden solle, sondern – sofern er nicht zu Fuß oder mit dem Fahrrad abgewickelt werden kann – vor allem mit dem öffentlichen Verkehr. Im kommunalpolitischen Programm der F.D.P. heißt es beispielsweise: »Der Vorrang des öffentlichen Nahverkehrs in den verdichteten Zonen muß durch gezielte Tarifpolitik, durch organisatorische und bauliche Maßnahmen sowie durch die Eingrenzung der Parkmöglichkeiten für den Berufsverkehr in den Innenstädten gesichert werden.« Und weiter: »Die Straßenplanung ist in den Zentren bewußt unter Beschränkung des privaten Verkehrs auf den reinen Wirtschafts- und Anlieferungsverkehr anzulegen.« Im kommunalpolitischen Grundsatzprogramm der SPD heißt es: »Die Maßnahmen zur Gestaltung des Personennnahverkehrs müssen darauf ausgerichtet sein, den Anteil des öffentlichen Personennahverkehrs am Berufsverkehr in den Verdichtungsräumen wesentlich zu erhöhen.« Im verkehrspolitischen Programm des Deutschen Städtetages heißt es: »Um den Berufsverkehr vom Auto zum öffentlichen Verkehrsmittel hinzuleiten, ist es notwendig, einerseits Anreize für die Benutzung der öffentlichen Verkehrsmittel zu schaffen und andererseits durch flankierende Maßnahmen die Benutzung von Autos zu erschweren.« Selbst der ADAC gesteht ein, daß die öffentlichen Verkehrsmittel im Berufsverkehr besonders wichtig sind: »Das Auto verursacht auch Verkehrsprobleme, die sich in den Ballungszentren, insbesondere im täglichen Berufsverkehr, konzentrieren. Diese Probleme können nicht ausschließlich durch öffentliche Massenverkehrsmittel und auch nicht allein mit dem Automobil

Autofahrer auch im Berufsverkehr zum Umsteigen zu bringen gilt als anerkanntes Ziel der Verkehrspolitik.

gelöst werden. Der ADAC tritt deshalb für ein sinnvolles Zusammenwirken aller Verkehrsmittel ein. Für den Berufsverkehr der Großstädte und Ballungsgebiete sind vor allem öffentliche Verkehrsmittel notwendig.« Doch im kommunalen Planungsalltag und in der Verkehrspolitik wurde bislang kaum etwas von diesen einsichtigen Grundsätzen umgesetzt.

Vom Grundsatz zum Programm: Reduzierung der Autonutzung im Berufsverkehr

Daß ein hoher Autoanteil im Berufsverkehr nicht unbedingt ein Zeichen für eine hochentwickelte, moderne, technologisch fortgeschrittene Wirtschaft und Gesellschaft ist, sondern eher ein hausgemachtes Produkt falscher Verkehrspolitik und -planung, zeigt ein internationaler Vergleich. In Japan beispielsweise spielt trotz hoher privater Motorisierung das Auto im Berufsverkehr eine verschwindend kleine Rolle. Hier dominieren klar Busse und Bahnen mit knapp 70 Prozent, den Rest teilen sich Auto und nichtmotorisierter Verkehr. Die Wirtschaft unterstützt diese vernünftige Verkehrsmittelwahl. Sie beteiligt sich an der Finanzierung der Berufspendlerabonnements für Busse und Bahnen. Sie fordert wirkungsvoll eine gute Anbindung aller Betriebsstandorte an einen attraktiven öffentlichen Verkehr. Sie erschwert – auch aus Gründen der Platz- und Kostenersparnis – ihren Beschäftigten die Autonutzung und stellt keine Stellplätze zur Verfügung, jedenfalls nicht unentgeltlich. Und auch in vielen großen Städten der Schweiz, der Niederlande und Skandinaviens haben eine ausgewogenere Verkehrspolitik und -planung stets verhindert, daß sich der autoorientierte Berufsverkehr so breitmachen konnte wie in der Bundesrepublik. Als Alibi diente den Planern bei uns gern die Bauordnung, nach der sie sich verpflichtet glaubten, an allen Arbeitsstätten auch ausreichende Stellplatzangebote schaffen zu müssen. Doch eigentlich gab es in den Landesbauordnungen schon immer die Möglichkeit, je nach Erschließungsqualität mit öffentlichen Verkehrsmitteln die Zahl der erforderlichen Stellplätze zu reduzieren bzw. unter Umständen sogar ganz auf die Forderung nach Stellplätzen zu verzichten oder sie sogar zu untersagen. Nur wurde von dieser Möglichkeit bisher kaum Gebrauch gemacht, weil die Planer auf das Gegenteil fixiert waren: möglichst üppige Erschließung des Berufsverkehrs mit dem Auto.

Künftig aber ist eine Abkehr von der massenhaften Autonutzung im Berufsverkehr zentraler Dreh- und Angelpunkt zur Lösung der kommunalen Verkehrsprobleme. Gefragt ist eine konsequente Gegensteuerung in allen relevanten Bereichen. Dazu gehört in erster Linie der flächenhafte »Wiederaufbau« attraktiver und preisgünstiger Bus- und Bahnnetze mit dem Ziel, alle Arbeitsplatzschwerpunkte schnell und ungestört durch den Autoverkehr mit den öffentlichen Verkehrsmitteln erreichen zu können. Gleichzeitig muß im Straßen- und Stellplatzbau endlich Schluß gemacht werden, dem autoorientierten Nachfragedruck durch immer neue Kapazitätserweiterungen und Neubaumaßnahmen nachzugeben. So vergrößert man nur noch die Autoanteile im Berufsverkehr und schadet dem umweltverträglichen öffentlichen Verkehrssystem. Auch müssen wieder mehr Verkehrsflächen für Radfahrer und Fußgänger zurückgewonnen werden. Gleichzeitig sind eine sensiblere Stadtplanung und Standortpolitik gefragt, die auf eine bessere Zuordnung von Arbeitsstätten und Wohngebieten achten, vorhandene Gemengelagen erhalten und Nutzungsmischung fördern. Auch muß eine veränderte Besteuerung des Autoverkehrs erfolgen, die ihm seine Folgekosten voll anlastet und ungerechte Steuervorteile wie bei der Kilometerpauschale oder beim Autokauf abbaut. Umweltfreundliches Verkehrsverhalten der Berufspendler muß in Zukunft belohnt anstatt bestraft werden. Und die Betriebs- und Personalräte müssen endlich aufhören, sich nur als Lobbyisten der Autopendler zu verstehen.

Der Wirtschaftsverkehr: in seiner Größenordnung völlig überschätzt

Der Wirtschaftsverkehr umfaßt den Liefer- und Güternahverkehr sowie den Geschäfts- und Dienstreiseverkehr, also den Verkehr, der mit der Herstellung und Verteilung von Gütern, Waren, Leistungen und Informationen verbunden ist. Nicht einbezogen ist der Einkaufsverkehr. Der Wirtschaftsverkehr spielt in allen Diskussionen um kommunale Verkehrsprobleme eine große Rolle. Er gilt als das Rückgrat der Wirtschaft und muß also gut funktionieren. Häufig werden neue Straßen oder Parkplätze mit den Erfordernissen des Wirtschaftsverkehrs begründet. Allerdings wird dabei in der Regel übersehen, daß er quantitativ dem Volumen nach mit nur 4,1 Prozent der alltäglichen Wege eine bescheidene Größe darstellt. Bei diesen Größenordnungen wird der Bedarf des Wirtschaftsverkehrs für innerörtliche Straßen und Stellplätze auch dadurch nicht wesentlich größer, daß er weit überwiegend mit dem Auto erfolgt, das trifft auf 90 Prozent aller Fahrten und Wege zu. Dagegen spielen der öffentliche Verkehr mit drei Prozent und der Fußgänger- und Fahrradverkehr mit zusammen sieben Prozent nur eine geringe Rolle. Trotz dieser hohen Autofixierung sind insgesamt nur 9,3 Prozent des gesamten Autoverkehrs Wirtschaftsverkehr. Auch das ist keine Größenordnung, die die Dominanz oder sogar noch eine weitere Expansion der Autoverkehrssysteme in den Gemeinden rechtfertigen könnte. Diese hohe Dominanz des Autos im Wirtschaftsverkehr besteht durchgängig, ohne nennenswerte regionale Unterschiede. Weder die unterschiedlichen Enfernungsstrukturen zwischen Großstädten, Stadtrand- und Umlandgemeinden, Klein- und Mittelstädten und ländlichen Gemeinden noch die unterschiedliche Qualität im Angebot von Bussen und Bahnen hat hierzulande nennenswerten Einfluß auf diese einseitige Verkehrsmittelwahl im Wirtschaftsverkehr.

Die Alibifunktion des Wirtschaftsverkehrs als Motor für Straßenbau

Daß der Wirtschaftsverkehr trotzdem stets als Alibi für Straßen- und Parkplatzbau herhalten muß, hängt zunächst einmal damit zusammen, daß seine einschlägigen Spitzenorganisationen wie Kammern, Wirtschaftsverbände, Arbeitgeberverbände in ihrem Meinungsbild, ohne Auto sei jeglicher Verkehr nichts, überaus einig sind. Sie sind bestens organisiert und tragen ihre Interessen sehr sicher und wirkungsvoll vor. Sie verfügen über einflußreiche Verbindungen zu den entscheidenden Gremien und Personen in Politik und Planung. Das hat dazu geführt, daß von Politikern und Planern kritiklos das Vorurteil übernommen wurde, der Wirtschaftsverkehr sei in heutigen Zeiten ohne Auto undenkbar. Diese Autoabhängigkeit sei zweckmäßig und unabänderlich. Für den Transport von bestimmten Gütern oder Massengütern und für Fahrten, bei denen nacheinander viele verschiedene Ziele mit unterschiedlichen Entfernungen angefahren werden müssen, mag das auch zutreffend sein. Aber der Wirtschaftsverkehr umfaßt nicht nur schwere Lastentransporte, sondern auch eine Vielzahl von Verkehrsvorgängen, bei denen wenige oder gar keine Güter transportiert werden und bei denen nur ein Ziel angesteuert wird. Es ist deshalb nicht einsichtig, daß Politik und Planung beim Wirtschaftsverkehr bisher gänzlich auf eine Zielorientierung zugunsten einer stärkeren Nutzung von Bussen und Bahnen sowie des Zufußgehens und Radfahrens verzichten.

Wirtschaftsverkehr auch mit wesentlich geringerem Autoanteil effektiv

Spätestens der Blick über die Grenzen macht klar, daß auch viel niedrigere Autoanteile im Wirtschaftsverkehr möglich sind. In Japan wird der Wirtschaftsverkehr nur zu 38 Prozent mit dem Auto abgewickelt, 39 Prozent erfolgen zu Fuß oder mit dem Fahrrad. Der Verkehrsanteil des Autos am Wirtschaftsverkehr ist also in japanischen Städten nur halb so hoch wie in deutschen. Auch in der Schweiz gehört es zur inzwischen erklärten Politik, einen Teil des Wirtschaftsverkehrs vom Auto auf Busse und Bahnen zu verlagern. Hierfür haben mehrere Verkehrsbetriebe spezielle, übertragbare Netzkartenabonnements für Betriebe aufgelegt, mit dem Slogan »Machen Sie ihre Mitarbeiter mobil«. Diese Karten sind ein Renner, und es gehört inzwischen schon zum »guten Ton« bei den Geschäftsleuten, dieses Ticket im Scheckkartenformat zu besitzen und bei speziellen Firmenanlässen zu verschenken. Dabei sind weder die Schweiz noch Japan Länder, die als wirtschaftsfeindlich gelten könnten. Auch in Deutschland hatten Busse und Bahnen einmal eine sehr viel größere Bedeutung im Wirtschaftsverkehr. Viele Verkehrsbetriebe unterhielten sogar eine eigene Gütertransportsparte und bedienten damit flächendeckend die Betriebe. Erst in den 50er Jahren wurden diese Dienste meist abgebaut, weil auf neuzeitliche Investitionen verzichtet wurde und nur noch der LKW als güterverkehrstauglich galt. Nur wenige Nahverkehrsunternehmen haben ihre Güterverkehrssparten erhalten, wie zum Beispiel in Karlsruhe. Dort wird heute wieder in diesen Bereich investiert.

In der Schweiz und in Japan nutzt der Wirtschaftsverkehr den öffentlichen Verkehr viel stärker als in der Bundesrepublik, dort wird er auch aktiv umworben.

Welche beträchtlichen Möglichkeiten selbst das Fahrrad für den Wirtschaftsverkehr bietet, kann man wiederum gut am Beispiel Japan sehen. Dort verfügen fast alle Firmen, große wie kleine, über eine hochmoderne »Flotte« von speziellen Liefer- und Lastenfahrrädern, die bevorzugt für eilige kleinere Warentransporte und Botendienste eingesetzt werden. Für diese Fahrräder wurde ein spezielles, genormtes Containersystem entwickelt, das es erlaubt, sehr viele Waren witterungsgeschützt und gegen Beschädigungen gesichert auf den Ladeflächen der Räder zu verstauen. Früher gab es auch in den meisten deutschen Städten Fahrradtransport- und Botendienste. In München zum Beispiel die berühmten Roten Radler. Die Fahrradindustrie hielt damals ein differenziertes Angebot unterschiedlichster Nutz- und Lastenfahrräder bereit. Inzwischen haben sich, auch nach entsprechenden Erfolgen in den USA und Skandinavien, auch in einigen deutschen Großstädten wieder die ersten neuen Fahrradexpreßdienste entwickelt, die vor allem als »Kuriere« für eilige Transporte im

Velofix-Fahrradkurierdienst sucht ortskundige sportliche Radfahrer für Botendienste. Tel. 63 11 30.

Spezialfahrräder bieten immer mehr Betrieben und Fahrradexpreßdiensten eine Chance für flexiblen schnellen Warentransport, als wichtiger Service für die Wirtschaft.

dichten Stadtverkehr an Schnelligkeit und Flexibilität unschlagbar sind. Daß hierfür ein beträchtliches Potential vorhanden ist, ergibt sich allein aus den Entfernungsstrukturen im Wirtschaftsverkehr. Denn immerhin 25 Prozent aller Wege und Fahrten im Wirtschaftsverkehr sind kürzer als drei Kilometer, in großen und mittleren Städten sind es sogar jeweils über 30 Prozent.

Weniger Autoverkehr – besserer Wirtschaftsverkehr

Ob sich die deutsche Wirtschaft mit der ständigen Forderung nach vermehrtem, autoorientiertem Straßenbau in den letzten Jahrzehnten selbst einen Gefallen tat, darf bezweifelt werden. Dem Wirtschaftsverkehr ist ein starker, dichter Autoverkehr wenig dienlich. Er führt allenfalls dazu, daß der Wirtschaftsverkehr auch im Stau steckenbleibt und die Liefer- und Ladezonen sowie die Einfahrten der Betriebe von Falschparkern zugestellt werden. Viele Betriebe mußten deshalb schon dazu übergehen, ihren eiligen Lieferverkehr auf die verkehrsärmeren Tageszeiten zu verlagern, um ihn überhaupt noch ohne unzumutbare Zeitverluste durchführen zu können. Daran hat auch immer mehr Straßenbau nichts geändert.

Genauere Analysen des herkömmlichen Lieferverkehrs zeigen zudem, wie unrationell teilweise aufgrund der Jumbotechnologie im Wirtschaftsverkehr gearbeitet wird, zum Beispiel, wenn Produkte von minimalem Gewicht und Volumen mühsam mit Großlastern hin und her kutschiert werden, weil es dem Wirtschaftsverkehr an der nötigen Flexibilität und Differenzierung mangelt. Oder wenn an einem Tag mehrere Lastwagen verschiedener Firmen fast die gleichen Programme abfahren, weil es an firmenübergreifender Transportkoordina-

Auslastung von LKW im Wirtschaftsverkehr

(Nahverkehr)

Lastfahrten	62 %
Leerfahrten	38 %
Mittlere Beladung der Lastfahrten	53 %
Gesamtauslastung der LKW-Nahverkehrsflotte	33 %

Im Güternahverkehr mit LKW gibt es viele Leerfahrten und Fahrten mit geringer Auslastung. Effizientere Organisation durch einen öffentlichen Güterverkehr spart unnötige LKW- Fahrten. Und kleine Transporter passen besser in engmaschige Straßennetze.

tion mangelt. Wesentliche Erleichterungen bringen in diesem Zusammenhang sogenannte »Umschlagzentren« am Stadtrand und die firmenübergreifend koordinierte Transportlogistik. So werden die Warenströme vor der Feinverteilung zwischengelagert und gebündelt und Leerfahrten vermieden. Die Umschlagzentren brauchen Anschluß an die Güterbahn und lokale oder regionale Kleinbahnsysteme. Die Feinverteilung in den Städten und Gemeinden muß mit kleineren, beweglicheren Fahrzeugen erfolgen. Immer mehr Nutzfahrzeughersteller bieten bereits eine Vielfalt kleinerer Fahrzeuge an, die sich für den Waren- und Lieferverkehr bei beengten Verhältnissen und kleineren Transportmengen eignen und für den jeweiligen Bedarf »maßgeschneidert« sind. Die Nutzfahrzeugflotte in Italien, Japan, der Schweiz und Frankreich ist viel stärker von kleinen und mittleren Fahrzeuggrößen geprägt. Und ihre Warenverteilersysteme sind so dezentralisiert, daß die Liefervorgänge in den Städten nicht auf überdimensionierte Straßensysteme angewiesen sind. Intelligent organisierter Waren- und Lieferverkehr stellt keine Maximalforderungen an Fahrzeuggrößen und Straßenbreiten, dafür aber um so mehr Anforderungen an die Logistik. Immer mehr Straßen bringen keineswegs einen immer besseren Wirtschaftsverkehr, sie treiben lediglich die Autofixierung von Wirtschaft, Planung und Politik zu noch höheren Exzessen. Die Wirtschaft muß ihre starre Fixierung auf den alleinigen Autoeinsatz und die Bevorzugung der Jumbotechnologie im Wirtschaftsverkehr überdenken. Erst recht müssen Verkehrspolitik und -planung lernen, beim Wirtschaftsverkehr zu differenzieren, naheliegende Alternativen zu erwägen und sich über die tatsächlichen Größenordnungen klarzuwerden.

Einkaufsverkehr: der »starre« Blick auf die Autokunden

Der Einkaufs- oder Versorgungsverkehr umfaßt alle Wege und Fahrten, durch die sich die Endverbraucher mit Waren, Dienst- und Serviceleistungen etc. versorgen. Dieser Einkaufsverkehr ist mit 29 Prozent der zweithäufigste Mobilitätszweck. Eine gute Erreichbarkeit der Geschäfte, Läden oder Dienstleistungseinrichtungen ist für den Handel wie für die Bevölkerung von großer Wichtigkeit. Dies sehen auch die Vertreter des Einzelhandels so. Aber bei ihnen ist Kunde nicht gleich Kunde. Ihre Vorliebe gilt vor allen den Autokunden. Auf örtlicher und überörtlicher Ebene wird von ihnen stets gefordert, in Verkehrspolitik und -planung den Autokunden erste Priorität zu geben und alles Erdenkliche für ihre Anreise samt Parkmöglichkeiten zu tun. Im Vordergrund ihrer politischen Forderungen stehen deshalb stets Straßen und Parkplätze, auch wenn dadurch die Geschäftslagen an den stark belasteten Straßen zur Grauzone degradiert werden.
Nur selten kommt es dagegen vor, daß der Einzelhandel für bessere Gehwege, Radwege, attraktivere Busse und Bahnen oder für einen sichereren, umweltverträglicheren Stadtverkehr eintritt. Verkehrspolitik und -planung haben sich bisher nur allzugern dem Diktat dieser Sichtweise gebeugt.

Mehr Parkplätze: stereotype Forderung des Handels.

Die meisten Einkäufe ohne Auto

Trotz aller Fürsprache und Aufmerksamkeit spielt der Autokunde im Einkaufsalltag jedoch nicht die überragende Rolle. Die große Mehrheit der Einkäufe wird nach wie vor im nichtmotorisierten Verkehr zurückgelegt, und zwar 41 Prozent zu Fuß und 9 Prozent mit dem Fahrrad. Weitere 11 Prozent der Einkäufe werden mit Bussen und Bahnen erledigt. Der Anteil des Autoverkehrs beträgt 39 Prozent. Die hohe Bedeutung der Fußgänger und Radfahrer im Einkaufsverkehr ergibt sich auch daraus, daß fast jeder zweite Fußgänger und fast jeder dritte Radfahrer, die unterwegs sind, einen Laden als Ziel haben. Dagegen ist unter den Autofahrern nur jeder vierte ein Einkäufer.
Mit 59 Prozent wird am meisten in den Klein- und Mittelstädten zu Fuß oder mit dem Fahrrad eingekauft. Aber selbst in den Stadtrand- und Umlandgemeinden mit ihren autoorientierten Versorgungsstrukturen fällt ihr Anteil nur auf knapp unter 50 Prozent. Hier liegen allerdings die Autoanteile um jeweils etwa 10 Prozentpunkte höher als sonst. Den höchsten Anteil der Ohne-Auto-Einkäufer gibt es in den Großstädten, da hier neben einem hohen Anteil am Fußgängerverkehr Busse und Bahnen häufiger als sonst zum Einkauf genutzt werden. Selbst die Kunden von Kaufhäusern fahren nicht mehr mit dem Auto als generell die anderen Einkaufskunden. Und das, obwohl die meisten Kaufhäuser über eigene Tiefgaragen, Parkhäuser oder Parkplätze verfügen, einen größeren Einzugsbereich haben als kleine Einzelhandelsläden und daneben noch meist die Parkgebühren vergüten. Vielmehr ist bei den Kaufhäusern der Anteil der mit Bussen und Bahnen anreisenden Kunden sogar wesentlich größer als im sonstigen Einkaufsverkehr, mit 37 Prozent gegenüber sonst nur 11 Prozent. Das erklärt sich aus den typischen Standorten der Kaufhäuser, die in den Zentren meist an den Stellen liegen, die mit öffentlichen Verkehrsmitteln am besten zu erreichen sind. Dagegen sind die Anteile der Kaufhauskunden am Fußgänger- und Fahrradverkehr unterdurchschnittlich, was einmal mehr auf die schlechte Erreichbarkeit vieler Innenstädte für Fußgänger und Radfahrer hinweist, denen die Fortbewegung durch mit Autoverkehr überfüllte Straßen, zu schmale und zugeparkte Geh- und Radwege sowie schlechte Überquerungsmöglichkeiten erschwert wird. Eine Fußgängerzone, direkt vor der Kaufhaustür, reicht alleine für eine gute Erreichbarkeit zu Fuß nicht aus.
Diese Tatsachen werden vom Einzelhandel stets verdrängt. Die autoorientierten Vorurteile behalten die Oberhand, weil nicht sein kann, was nicht sein darf. Eine entsprechende Befragung bei Vertretern des Einzelhandels zeigte, daß mit konstanter Regelmäßigkeit der Autoanteil bei den Kunden weit überschätzt und der Fußgänger- und Fahrradanteil weit unterschätzt werden. Am zutreffendsten werden noch die Anteile für Busse und Bahnen geschätzt. Dieses starre Festhalten an der falschen Meinung, die Mehrheit der Einkäufer seien Autokunden, kann – auch hier – wieder begründet werden mit der eigenen Vorliebe für das Auto. Wer als Einzelhändler gern und viel mit dem Auto unterwegs ist, dem

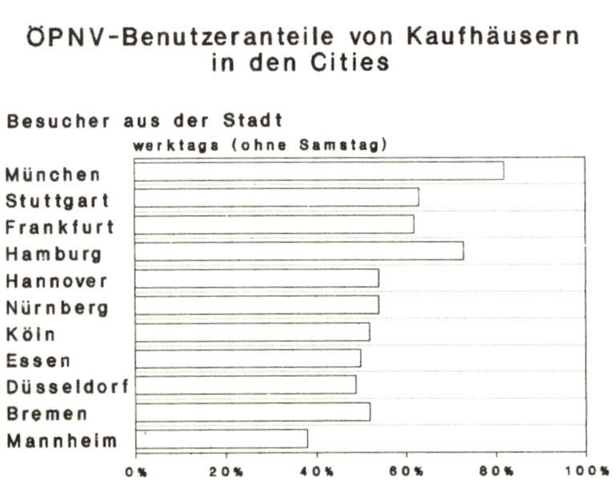

Der öffentliche Verkehr ist der wichtigste Kundenmagnet für die Innenstädte.

sind die Planungserfordernisse für die anderen Verkehrsmittel wenig vertraut. Also fällt ihm auch zur Verbesserung der Einkaufswege mit den anderen Verkehrsmitteln wenig ein.

Wer sind die besten Kunden?

Die Häufigkeit des Einkaufs ist ein wichtiges Kriterium, das bei den Erhebungen über das Einkaufsverhalten meist vergessen wird. Kunden, die regelmäßig kommen, beleben den Laden und seine Umgebung weit mehr als seltene Kunden. Am besten für den Handel wie für die Städte sind daher belebte Geschäfte und Einkaufsstandorte, wo man gern und häufig einkauft. Die Einkaufshäufigkeit unterscheidet sich beträchtlich je nach benutztem Verkehrsmittel. Die Zusammenhänge der zum Einkauf benutzten Verkehrsmittel, Einkaufshäufigkeit und dem Einkaufswert hat eine Studie aus Delft detailliert ermittelt. Besonders frequentiert werden die Geschäfte der Delfter Innenstadt von den Bewohnern der Innenstadt und angrenzender Randgebiete. Von ihnen besuchen 50 Prozent täglich oder mehrmals täglich ein Geschäft in der Innenstadt. 28 Prozent mehrmals wöchentlich. Nur 6 Prozent besuchen seltener als einmal die Woche ein Geschäft in der Innenstadt. Das zeigt, wie wichtig für die Existenz und Belebung der Delfter Innenstadt die nahen Wohnquartiere sind. Die Bewohner der umliegenden Stadtquartiere kommen häufig und regelmäßig, und ihr Besuch verursacht so gut wie keine Verkehrsprobleme. Denn sie kommen zu über 80 Prozent zu Fuß oder mit dem Fahrrad. Dagegen betreten die Umlandbewohner weitaus seltener die Innenstadtgeschäfte. Bei ihnen verkehren sich die Besuchswerte genau ins Gegenteil. Nur 26 Prozent zieht es täglich in die Innenstadt, 32 Prozent aber seltener als einmal im Monat. Die Umlandbewohner sind aber die typischen Autokunden, denn von ihnen benutzen 40 bis 50 Prozent das Auto und verursachen damit das Verkehrschaos in der Innenstadt und auf den Zufahrtsstraßen.

Verkehrsmittel und Kaufwert
(Beispiel Delft)

	Fahrrad (+ Mofa)	zu Fuß	öffentl. Verkehr	Auto	zusammen
kein Einkauf	29	35	7	29	100
- 10 hfl	41	39	3	17	100
10 - 20 hfl	35	36	16	13	100
50 - 100 hfl	50	21	17	12	100
100 - 200 hfl	25	27	21	27	100

Autoerreichbarkeit ist keinesfalls der überwiegende Umsatzgarant, wie der Handel immer behauptet. Auch die anderen Verkehrsmittel bringen viele Kunden mit beachtlichen Einkaufswerten.

Die Autokunden sind in Delft auch nicht die umsatzstärksten. 29 Prozent von ihnen kauften gar nichts. Bei den kleinen und mittleren Einkäufen bis zu 100 Gulden sind die Autokunden deutlich in der Minderzahl. Bei den Einkäufen über 100 Gulden gibt es eine ausgewogene Verteilung zwischen den Verkehrsarten. Es kann also keine Rede davon sein, daß kostenträchtige Einkäufe bevorzugt von Autofahrern gemacht werden bzw., daß Autokunden automatisch lohnende oder treue Kunden sind. Umgekehrt zeigt sich, daß gerade Fußgänger und Radfahrer die treuen, regelmäßigen Kunden sind und daß sie bei ihrem häufigen Kommen nicht nur kleine Gelegenheitseinkäufe machen, sondern auch bei den hohen Einkaufswerten stark vertreten sind. Ähnliche Befunde gibt es für München. Auch dort sind die Fußgänger die häufigsten und die Autofahrer die seltensten Kunden. Und in allen Kaufwertklassen erreicht der öffentliche Verkehr über 70 Prozent, auch bei den teuersten Einkäufen bleibt das Auto mit 23 Prozent deutlich zurück.

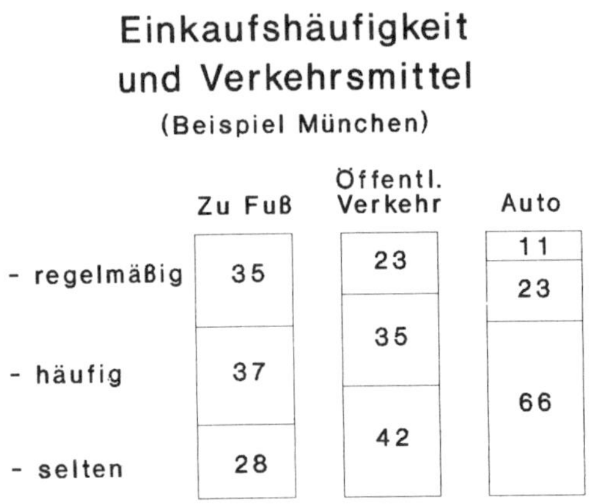

Die regelmäßigen Kunden kommen vor allem zu Fuß oder mit öffentlichem Verkehr. Autokunden sind am wenigsten »treu«.

Der Samstag gilt beim Handel als der große Einkaufstag und damit auch als der große Autotag. Die am Samstag üblichen endlosen Autoschlangen vor den innerstädtischen Tief- und Parkgaragen werden als ein untrügliches Zeichen dafür gewertet, daß zum Familieneinkauf nur das Auto relevant ist. Aber auch hinsichtlich des samstäglichen Einkaufens zeigt die Delfter Studie, wie anders die Tatsachen sind. Denn bei den Innenstadtrandbewohnern nimmt am Samstag die Autonutzung für den Einkauf sogar noch weiter ab. Der Fußweganteil verdoppelt sich, er steigt von werktags 32 Prozent auf samstags 60 Prozent an. Wenn samstags mit der ganzen Familie eingekauft wird, kommen Innenstadtrandbewohner erst recht zu Fuß. Genau umgekehrt ist wiederum das Verkehrsverhalten bei den Stadtrand- und Umlandbewohnern. Sie fahren am Samstag noch vermehrt mit dem Auto in die Innenstadt und steigern ihren Autoanteil in den Stadtrandgebieten von 40 auf 50 Prozent und in den Umlandgemeinden von 50 auf 65 Prozent. Nur ihre Autofixierung ist Schuld daran, daß der Einkaufsbummel in der Altstadt dann für alle unter die Räder zu geraten droht.

Die Erfolgsgarantie des Handels liegt nicht im »Drive-in«

Mögen die genauen Zahlen von Einkaufswert, Einkaufshäufigkeit und benutztem Verkehrsmittel in anderen Städten im Detail etwas anders aussehen als in Delft, die Grundtendenz kann verallgemeinert werden: Es ist eine gefährliche Fehlmeinung, nur die Autokunden seien für den Handel wichtig. Die Mehrheit der städtischen Wohnbevölkerung und damit das größte Kundenpotential wohnt noch immer in der unmittelbaren Nachbarschaft der Zentren und Nebenzentren. Wie wichtig diese Nähe zu den Geschäften heute noch ist, ergibt sich aus den zurückgelegten Entfernungen im Einkaufsverkehr. 60 Prozent aller Einkaufswege sind kürzer als zwei Kilometer und nur 22 Prozent länger als fünf Kilometer. Es könnte also dem Handel nur nützen, vor allem die jeweils nahen Kundenpotentiale zu umwerben. Innenstädte mit starken Bevölkerungsverlusten im engeren Einzugsbereich verzeichnen dagegen deutliche Kunden- und Umsatzverluste.

Eine Schweizer Studie stellt auch einen engen Zusammenhang der Handelsentwicklung von der Qualität der Anbindung an Busse und Bahnen fest. Je größer der Abstand der Handelsstandorte von Haltestellen öffentlicher Verkehrsmittel ist, desto schlechter ist die Umsatzentwicklung. Die meisten Geschäftsaufgaben sind dort zu verzeichnen, wo keine Haltestellen in der Nähe sind, obwohl dort mehr Parkplätze und bessere Straßenverbindungen vorhanden sind. Dagegen werden die höchsten Umsätze dort angetroffen, wo die beste Erreichbarkeit mit Bussen und Bahnen besteht und wo die meisten Kunden mit diesen Verkehrsmitteln kommen. Ein klassisches Beispiel hierfür ist die Züricher Innenstadt. Dort haben sich die organisierten Händler längst abgewöhnt, weiter Parkplätze zu fordern. Sie engagieren sich für die Züri-Linie, für die Pflege kleiner Plätze

Entwicklung des Lebensmitteleinzelhandels

(Beispiel Zürich - Seefeld)

	Geschäfte 1946 %	Geschäfte 1981 %	Geschäftsaufgaben 46-81 in %
in Haltestellen-nähe	62	86	- 49
ohne Haltestelle im Umfeld	38	14	- 86

Am besten floriert der Handel im Umfeld gutbedienter Haltestellen.

und Parks, für die Gestaltungsqualität der Straßen und werben mit ihrer guten Erreichbarkeit mit der Tram und den nahen Haltestellen. Angesichts solcher Zusammenhänge ist es erstaunlich, daß in Deutschland die Belange des öffentlichen Verkehrs sowenig Unterstützung durch die Einzelhandelslobby erhalten. Hier liegt offenbar ein Versäumnis in Selbstdarstellung und Management der Verkehrsbetriebe. Zu dieser Einsicht kam jetzt auch ein Bonner Geschäftsmann, der die städtischen Verkehrsbetriebe auf Einrichten einer öffentlichen Haltestelle in der Nähe seines Geschäfts im Altstadtzentrum von Bad Godesberg verklagen will.

Eingekauft wird jedoch nicht nur in der Innenstadt, dem Einkaufsstandort höchster Zentralität. Die häufigsten Einkäufe werden in der näheren Wohnumgebung und im nächstgelegenen Nebenzentrum erledigt, und zwar in der Regel täglich bis mehrmals wöchentlich. Dabei werden weit überwiegend die Füße benutzt. Zusammen erreichen Fußgänger- und Fahrradverkehr hier meist Anteile von 70 bis 80 Prozent. Die Anteile für Auto, Busse und Bahnen dagegen sind in der Regel gering. Nur in den am Stadtrand und im Umland gelegenen Nebenzentren mit lockerer, weitläufiger Bebauung spielt das Auto beim Einkauf eine stärkere Rolle. Gut erkennbar wird dies am Beispiel einer Studie zur Verkehrsmittelwahl beim Einkauf in Bonner Nebenzentren. Vergleichbare Befunde hat die Stadt Köln für ihre großen Nebenzentren ermittelt. Auch hier überwiegt mit 75 Prozent die Bedeutung des Fußgänger- und Fahrradverkehrs, während das Auto als Einkaufsverkehrsmittel nur auf 19 Prozent kommt und Busse und Bahnen auf 9 Prozent.

Eine wirklich dominante Rolle beim Einkauf erhält das Auto eigentlich nur bei den sogenannten Drive-in-Angeboten, den total autoorientiert geplanten Verbrauchermärkten auf der »grünen Wiese«. Und dies ist kein Wunder, hier gelten ganz andere »Gesetze«. Inmitten von riesigen Parkplätzen und umgeben von überdimensionierten Schnellstraßen, kann das Einkaufen ohne Auto nicht einladend sein und nicht mit einem Stadtbummel und anderen Aktivitäten verknüpft werden. Der Autoanteil der Verbrauchermärkte steigt auf Werte von 60 bis 80 Prozent. Das ist der Grund, warum große Verbrauchermärkte auf dem sie umgebenden Straßennetz regelmäßig beträchtliche Verkehrsprobleme verursachen, die dann meist Forderungen nach weiterem Straßenausbau begründen. Vor der Ansiedlung von Verbrauchermärkten und Fachmärkten werden solche Verkehrsprobleme gern verschwiegen oder heruntergespielt. Erst recht gilt das natürlich für die strukturellen Folgeprobleme. Denn meist lösen Verbrauchermärkte, Shopping-

Gefährdet wird der Handel durch autogerechte Einkaufswüsten in Suburbia. Selbst kitschige Pappfassaden können nicht mal einen Hauch vom Einkaufserlebnis der Innenstädte vermitteln.

Geschäfte des Lebensmittelhandels

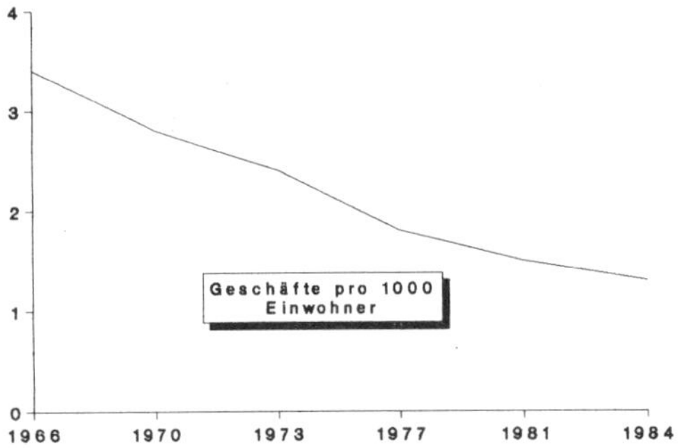

Der Vormarsch der Verbrauchermärkte zerstört die wohnungsnahe Versorgung und erzeugt immer mehr Autoverkehr.

Center und Fachmärkte einen verheerenden Verdrängungswettbewerb in den kleinteiligen Handelsstrukturen der nächstgelegenen Nebenzentren und der wohnungsnahen Lagen aus und zwingen dort viele Händler zur Betriebsaufgabe. Verkehrspolitisch und -planerisch ist das deshalb so negativ, weil die Handelsstrukturen gerade da ausgehöhlt werden, wo der Fußgängerverkehr im Einkauf seine besondere Stärke hat und wo die Wohnbevölkerung die Versorgungsnähe so dringend braucht. Die Konzentration im Handel auf diese ausschließlich autoorientierten, antiurbanen Sonderformen geht an den Bedürfnissen einer bürgernahen Versorgung völlig vorbei. Aus diesem Grunde nimmt in den von Läden verwaisten Ortslagen die Zahl der »fliegenden« Händler wieder zu, die mit mobilen Verkaufswagen ein Mindestangebot sichern. 1981 gab es im Bundesgebiet immerhin schon 16250 solcher Verkaufswagen. Mit Verbrauchermärkten auf der grünen Wiese macht man also Wohnbevölkerung wie Händler zum »fahrenden Volk«.

Vorbilder für den urbanen Handel

Die Verkehrserschließung der Einkaufsstandorte in den Innenstädten und Nebenzentren an der weit überbetonten Erreichbarkeit der peripheren Verbrauchermärkte mit dem Auto zu orientieren bedeutet, der Stadtzerstörung Tür und Tor zu öffnen. Das kann man in abschreckender Weise an der autoorientierten Zentrenentwicklung der 70er Jahre in den USA ablesen. Ein Überangebot an Parkplatzwüsten und Schnellstraßennetzen hat dort viele Zentren veröden lassen. Inzwischen bemüht man sich verstärkt wieder um eine Revitalisierung der Innenstädte als Einkaufsstandorte. Plötzlich rufen amerikanische Citys mit immer großartigeren Galerien, Passagen- und Arkadensystemen, fußgängerfreundlichen Boulevards und Plätzen, einer neuen urbanen Architektur und selbst mit neuen Verbindungen für öffentliche Verkehrsmittel eine landesweite Konkurrenz der Investoren hervor. Aber nicht alles läßt sich wieder »heilen«.

Diese Warnung gilt besonders für die deutschen Innenstädte, deren Stadtbild über Jahrhunderte gewachsen ist. Ihre Eigentümlichkeit wurde schon genug entstellt durch die überall gleichgestalteten, breitspurigen Straßendurchbrüche, die vielen aufgeweiteten Kreuzungen, die öde gerasterten Hochgaragen oder großflächig asphaltierten Parkierungsanlagen mit ihren Rampen. Ihre Verkehrserschließung immer noch mehr am Verbrauchermarkt auf der grünen Wiese zu orientieren hieße, nur immer weiter ihr architektonisches Kapital, Voraussetzung für den ökonomischen Erfolg, zu schmälern und zu ruinieren. Nur die Rückbesinnung auf urbane Standortqualitäten mit Passagen, Arkaden, Galerien, mit gestalteten Höfen und Plätzen, mit einer Erschließung durch Fußgängerzonen, verkehrsberuhigten Bereichen, Promenaden und Boulevards und einer guten Erreichbarkeit mit öffentlichen Verkehrsmitteln kann zu der allseits gewünschten Stabilisierung eines vielfältigen und bürgernahen Einzelhandelsangebotes beitragen. Dies gilt nicht nur für die Innenstädte der Großstädte, sondern auch für die Klein- und Mittelstädte.

Ausbildungsverkehr: Domäne für Fußgänger, Radfahrer, Bus- und Bahnbenutzer

Der Ausbildungsverkehr umfaßt die Wege zum Kindergarten, zur Grundschule, zu den Realschulen, Gymnasien und Gesamtschulen, zu den beruflichen Schulen, zu den Hochschulen und zu den Einrichtungen der Weiterbildung. Angesichts des großen Anteils von Kindern und Jugendlichen ist systembedingt, daß einschließlich der Mitnahme im Auto der Autoanteil am Ausbildungsverkehr nur 15 Prozent beträgt. Selbst bei den über 18jährigen, die noch in einer Ausbildung stehen, sind meist die finanziellen Möglichkeiten für Anschaffung und Unterhalt eines eigenen Autos nicht gegeben. Daher dominiert im Ausbildungsverkehr ganz klar der Anteil der Fußgänger, der Radfahrer und der Bus- und Bahnbenutzer. Ob zur Schule gegangen oder mit Fahrrad, Bus oder Bahn gefahren wird, hängt vom Alter, aber auch von den Entfernungen zu den jeweiligen Schulen ab.

69 Prozent der Kinder erreichen ihren Kindergarten zu Fuß. In die Grundschule kommen 84 Prozent der Schulkinder zu Fuß. Wird die Mehrheit der Kindergartenkinder dabei noch von Erwachsenen begleitet, gehen die Grundschüler alleine oder in der Gruppe. Dadurch schnellen mit dem Eintritt in das Schulalter auch ihre Unfallrisiken in die Höhe. Zu Fuß gehende Kinder verunglücken am meisten im Alter von fünf bis acht Jahren. Trotz dieser bekannten Tatsache leisten Staat, Städte und Gemeinden viel zuwenig auf dem Gebiet der Schulwegsicherung und beschränken sich meist auf hilflose Appelle während der ersten Schultage eines neuen Schuljahres. Selbst im direkten Umfeld von Grundschulen, wo die Kinder bei Schulbeginn oder -ende in großen Trauben zusammentreffen, finden

Verkehrsunfälle von Kindern im Kindergarten- und Schulalter

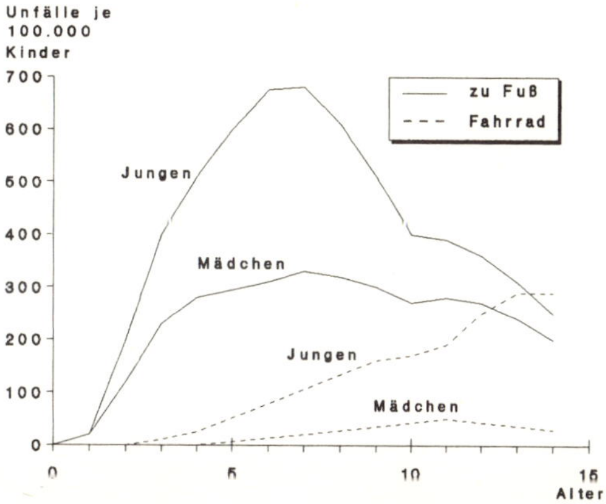

Schulwegunfälle treiben das Unfallrisiko der Kinder in tragische Rekordhöhen. Schulwege brauchen Tempo 30 und breite Gehwege. Dafür demonstrieren Schüler, Lehrer und Eltern immer öfter.

sich Bürgersteige im Schmalspurformat von 90 Zentimetern und darunter, sind in der großen Mehrheit keine verkehrsberuhigenden Maßnahmen durchgeführt, keine Niedriggeschwindigkeiten angeordnet und keine Parkverbote eingeführt, sondern wird autogerecht geplant und gestaltet.

Bei den Schülern der Sekundarstufen sind die Schulwege meist weiter, da das Standortnetz nicht so dicht ist. Daher werden hier neben den Füßen auch mehr das Fahrrad und der öffentliche Nahverkehr benutzt. So steigt die Fahrradnutzung bei den Realschülern und Gymnasiasten auf 22 bis 26 Prozent an, und auch der öffentliche Verkehr erreicht hier mit 32 bis 34 Prozent beachtliche Verkehrsanteile. Die Kehrseite der erhöhten Fahrradnutzung zeigt sich jedoch wiederum in den Unfallzahlen. Die Spitzenwerte bei den Fahrradunfällen haben die 9- bis 15jährigen Kinder. Aus diesem Grunde gibt es Schulen, die den Eltern per Rundbrief nahelegen, ihre Kinder nicht mit dem Fahrrad zur Schule kommen zu lassen. Viele Schulen verzichten zur »Entmutigung« überhaupt auf jegliche Fahrradabstellmöglichkeiten oder bemessen sie extra knapp. Das Fahrrad ist jedoch bei Kindern und Jugendlichen ein beliebtes Verkehrsmittel. Es erzielt im Ausbildungsverkehr mit 21 Prozent überhaupt seinen höchsten Anteil unter allen Verkehrszwecken. Und dieser Anteil wäre noch wesentlich höher, wenn die Gefährdung der radfahrenden Kinder und Jugendlichen durch den schnellen Autoverkehr nicht so hoch wäre. So sind vor allem die Kinder die Verlierer einer fahrradunfreundlichen Verkehrsplanung. Der Verzicht auf die Fahrradnutzung für den Schulweg hat für sie einschneidende Konsequenzen in ihrer alltäglichen Zeit- und Aktivitätenplanung und beraubt sie guter Bewegungsmöglichkeiten. Statt der für Umwelt und Körper nützlichen Radfahrt wird ihnen dann mühsam ein künstliches Bewegungs- und Erlebnisprogramm in Vereinen angeboten, zu dem sie womöglich auch noch mit dem Auto chauffiert werden. Je wohnungsferner das Schulangebot ist, desto mehr gewinnen Busse und Bahnen an Bedeutung. Dies zeigt die mit 35 Prozent beträchtliche Bedeutung des öffentlichen Verkehrs beim Ausbildungsverkehr. Besonders hoch ist der Anteil von Bussen und Bahnen im Ausbildungsverkehr in ländlichen, dünner besiedelten Regionen, in denen durch die Ausdünnung der Schulstandorte sehr weite Schulwege entstanden sind. Hier mußte angesichts des langjährigen Abbaus der Netze von Bussen und Bahnen spezieller Schülerbusverkehr eingerichtet werden, der jährlich rund 2,5 Milliarden Mark kostet. Für die Kinder bedeutet die Schulbusnutzung täglichen Disziplinierungsstreß, da sie ihre Zeitplanung streng auf die jeweilige Abfahrzeit ausrichten müssen und ihr natürlicher Bewegungsdrang vor und nach dem Stillsitzen in der Schule stark beschnitten wird. Deshalb kommt es in den Schulbussen häufig zu Remmidemmi.

Abkehr vom Auto bei Studenten

Das Auto hat im Ausbildungsverkehr eigentlich nur bei den Studenten eine gewisse Bedeutung. Oft genug pflegten früher Politiker und Planer auf diese Tatsache mit dem Tenor hinzuweisen, wenn schon Studenten sich in ihrer Verkehrsmittelwahl auf das Auto fixierten, wie sollte da sonst eine Reduzierung des Autoverkehrs möglich sein. Doch das ist Schnee von gestern, denn heute sind die Studenten nur noch halb sooft mit dem Auto unterwegs wie in den 70er Jahren. Der heutige Autoanteil von 21 Prozent ist wesentlich kleiner als der Fahrrad- und Fußgängeranteil und auch kleiner als der von Bussen und Bahnen. Besonders gering sind die Autoanteile von den Universitäten in Innenstadtlage, die kurze Wege garantieren und von der Verkehrsinfrastruktur wenig Anreiz für die Autonutzung bieten. Freiburg, Bonn, Göttingen und

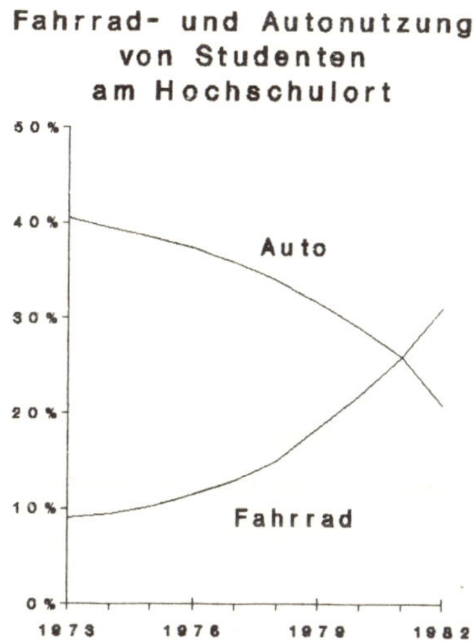

Studenten sind massenhaft vom Auto auf das Fahrrad umgestiegen.

Münster unter den alten und Bamberg unter den neuen Hochschulen sind typische Beispiele. Dagegen werden die sogenannten Campusuniversitäten, die rein äußerlich den Eindruck von Verbrauchermärkten für höhere Bildung machen, immer noch weit überdurchschnittlich mit dem Auto angesteuert. Sie wurden in den 70er Jahren autogerecht konzipiert, mit riesigen Parkplätzen und Parkhäusern, mit großen Schnellstraßen als Verkehrsanbindung und mit weit überdimensionierten internen Erschließungsstraßen. Wegen der Stadtrandlage sind die Campusuniversitäten zu Fuß ungünstig zu erreichen, und ein leistungsfähiger Anschluß an den öffentlichen Verkehr ist meist nicht geschaffen. Die neuen Universitäten Bochum, Bielefeld, Saarbrücken und Siegen sind hierfür typische Beispiele.

Ausbildungsverkehr erfordert fußgänger- und fahrradfreundliche Prioritäten

Angesichts der überwiegend nichtmotorisierten Verkehrsmittelnutzung im Ausbildungsverkehr und der besonderen Schutzbedürftigkeit der Kinder und Jugendlichen hätten Verkehrspolitik und -planung der Schulwegsicherung und fußgänger- und fahrradfreundlichen Umgestaltung der Straßennetze sowie der guten Anbindung der Schulen an den öffentlichen Verkehr schon immer größte Aufmerksamkeit schenken müssen. Mit ihrer mangelnden Wahrnehmung verkehrspolitischer Notwendigkeiten im Ausbildungs- und Schülerverkehr haben sie fahrlässig genau das Gegenteil erreicht. Sie schaffen immer mehr erzwungenen Autoverkehr, weil immer mehr Eltern ihre Kinder aus Angst vor Schulweggefahren selbst chauffieren. Oft genug wird dieser Autoverkehr dann zur zusätzlichen Gefahr für die anderen Kinder, die zu Fuß oder mit dem Rad unterwegs sind. Auto fahrende Eltern argumentieren außerdem gerne aus der Windschutzscheibenperspektive. Bei Diskussionen über Verkehrsfragen im Schulumfeld vertreten sie häufig vehement den Aspekt der guten Erreichbarkeit mit dem Auto einschließlich des Freigebens von Schulhöfen für das Parken.

Die Gefahr des Verkehrsunfalls lauert heute für Kinder überall. Bei dem gegenwärtigen schnellen Autoverkehr gibt es davor keinen effizienten Schutz. Kinder auf ihren täglichen Ausbildungswegen ständig in die Obhut von elterlichen Lotsen- und Begleitdiensten zu geben, damit ihr Unfallrisiko gemildert wird, ist nicht durchführbar. Auch die Verkehrserziehung der Kinder hat ihre Grenzen im Kindsein. Der Normalfall auf den Straßen muß dagegen sein, daß Kindern und Jugendlichen eine eigenständige, sichere Verkehrsteilnahme möglich ist. Was entschiedener Wille zur Schulwegsicherung vermag, hat Japan mit seinem landesweiten Schulwegsicherungsprogramm bewiesen. Im großen Umkreis um alle Schulen und Kindergärten gelten Parkverbote und Geschwindigkeitsbeschränkungen auf 20 oder 30 Stundenkilometer. Während der Schulwegzeiten gelten in die-

Trendwende bei schweren und tödlichen Schulwegunfällen durch Schulschutzzonen (Beispiel Japan)

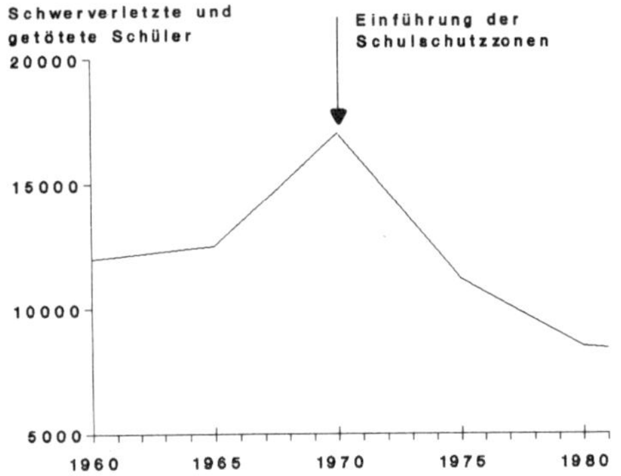

Japan hat mit der rasanten Einführung von Schulschutzzonen seine Schulwegunfälle drastisch gesenkt.

sen sogenannten Schulwegsicherungszonen allgemeine Fahrverbote für den Kraftfahrzeugverkehr. Ein schlagartiger Rückgang der Schulwegunfälle war das erfolgreiche Resultat.

Freizeitverkehr: Ist Unterwegssein alles?

Oft wird unsere Gesellschaft als Freizeitgesellschaft tituliert. Nach dem Mobilitätsvolumen in der Freizeit ist da einiges dran. Denn mit 30 Prozent ist der Freizeitverkehr der häufigste überhaupt, sein Mobilitätsvolumen übersteigt auch den Berufs- und den Einkaufsverkehr. Der Freizeitverkehr umfaßt Wege, die der Muße, Erholung, dem Sport und Spiel, dem Kunst- und Kulturgenuß oder dem Landschafts- und Naturerlebnis dienen. Er enthält Wege der Tagesfreizeit, der Wochenendfreizeit und des Urlaubs (nachfolgende Zahlen berücksichtigen Urlaubsfahrten nur bis zu 150 km). Bei mobiler Freizeitgesellschaft denkt so mancher automatisch an lange Autoschlangen auf den Autobahnen und anderen Zufahrtsstraßen in die wichtigen Erholungs- und Freizeitgebiete. Damit verbindet sich die Vorstellung einer weit überragenden Rolle des Autos im Freizeitverkehr, so, als verwüchsen die Menschen hier vollends mit dem Auto. Doch tatsächlich spielen der Fußgänger- und Fahrradverkehr in der Freizeit mindestens eine ebenso gewichtige Rolle wie der Autoverkehr, mit eingeschlossen der Anteil von 19 Prozent freizeitlichen Automitfahrern, der höchste Mitfahreranteil unter allen Verkehrszwekken überhaupt. Während der Freizeit ist man öfter als sonst in Gruppen unterwegs, sei es mit der Familie oder mit Freunden. Der hohe Mitfahreranteil in der Freizeit belegt, daß eigentlich nur im Freizeitverkehr die Platzkapazität der »Familienautos« besser ausgenutzt wird. Der Anteil von Bussen und Bahnen im Freizeitverkehr ist heute mit sieben Prozent sehr gering. Früher dagegen hatten Busse und Bahnen eine große Bedeutung, sicherten sie doch in hohem Maße die Erreichbarkeit der Ausflugs- und Erholungsgebiete sowie der Ferienorte.

Nähe – Ferne: Freizeitverkehr im Spannungsfeld zweier Aktivitätsmuster

Die Polarisierung des Freizeitverkehrs zwischen Autoverkehr und nichtmotorisiertem Verkehr wird durch die Entfernungsstrukturen erklärlich. Es zeigt sich, daß etwa 30 Prozent aller Freizeitwege länger als fünf Kilometer sind. Dagegen sind 44 Prozent der Freizeitwege kürzer als zwei Kilometer. Dieser hohe Anteil kurzer Freizeitwege verdeutlicht die Bedeutung der Naherholung. Darin spielen auch heute noch Fußgänger- und Fahrradverkehr die dominante Rolle, beim werktäglichen Spaziergang, beim Stadtbummel, beim Gaststättenbesuch oder alltäglichem Sportvergnügen. Gleichzeitig zeigt sich in der Freizeit bei Fußgängern und Radfahrern noch ein anderes Phänomen. Die Länge der Fußwege und Fahrradfahrten ist in der Freizeit weit überdurchschnittlich, verglichen mit den anderen Verkehrszwecken. Die Zahl der

Fußwege von zwei bis drei Kilometern ist im Freizeitverkehr um 30 Prozent größer als im Durchschnitt aller Wege, die Zahl der Fußwege von drei bis fünf Kilometern um 75 Prozent und die Zahl der Fußwege von fünf bis zehn Kilometern sogar um das Dreifache. Beim Freizeitradverkehr ist die Zahl der Wege von fünf bis zehn Kilometern um 14 Prozent, die von 10 bis 15 Kilometern um das Doppelte höher als im Durchschnitt. Bei Spaziergängen oder Spazierfahrten mit dem Fahrrad gelten offenbar nicht die Gesetze alltäglicher Eile und Hektik, da läßt man sich Zeit und genießt die Fortbewegung. Nur bei den großen Distanzen, also den Ausflugsfahrten, dominiert heute das Auto. Busse und Bahnen erreichen wegen ihres minimalen Angebots an Wochenenden und abends nur einen sehr geringen Verkehrsanteil am Freizeitverkehr. Sie haben diesen Verkehrsmarkt fast konkurrenzlos dem Autoverkehr preisgegeben. Dagegen sind die privaten Reisebusunternehmen, das Fehlen öffentlicher Angebote nutzend, immer mehr in diesen Freizeitmarkt eingestiegen.

Die »Freizeitgesellschaft« braucht Alternativen der Nah- und Fernerholung

Die siedlungsstrukturellen Voraussetzungen für die Freizeitmobiliät unterscheiden sich heute erheblich zwischen den Klein- und Mittelstädten und den Großstädten. Bei den Klein- und Mittelstädten ist oft schon nach einer kurzen Strecke das grüne Umland mit Wald, Feld, Fluß und See erreicht, das zum Spaziergang oder Ausflug einlädt. Daraus ergibt sich ein besonders hoher Anteil der kurzen Freizeitwege unter zwei Kilometer, und zwar 49 Prozent in den Klein- und Mittelstädten und sogar 52 Prozent in den ländlichen Gemeinden. Auch in den Umlandgemeinden der Ballungsräume besteht der Vorteil der Nähe zur »grünen« Landschaft und bedingt einen Anteil von 46 Prozent kurzen Freizeitwegen. In den Großstädten dagegen beträgt der Anteil der kurzen Freizeitwege nur 38 Prozent. Die großen Städte haben den höchsten Anteil mittlerer und langer Freizeitwege. Viele ihrer stadt- und wohnviertelnahen Freizeitmöglichkeiten sind der heftigen Bau- und Asphaltierungswut der letzten Jahrzehnte zum Opfer gefallen. Bei den langen Ausflugsfahrten gleichen sich die Entfernungsstrukturen zwischen den verschiedenen Siedlungsräumen wieder an, hier spielt die Qualität des näheren Umfeldes keine große Rolle mehr.

Ob in Zukunft wieder mehr Naherholung als Fernerholung und wieder mehr Zufußgehen, Radfahren, Bahn- und Busfahren als Autofahren für die Freizeitmobiliät aktiviert werden, hängt entscheidend von den weiteren Weichenstellungen in Planung und Politik ab. Bis in die 50er Jahre war die stadtnahe Erholung auch in den Großstädten zu Fuß und per Rad bei jung und alt beliebt. Viele Ausflugslokale hatten selbst einen eigenen Straßenbahn- oder Busanschluß. Diese stadtnahen Freizeitangebote verloren an Bedeutung, als der Familienausflug mit dem neuen, eigenen Auto die große Attraktion wurde. Neue, entferntere Freizeitziele wurden gesucht und dafür bedenkenlos immer weitere Fahrten in Kauf genommen. Erst in den Zeiten hoher Benzinpreise von 1978 bis 1982 sanken Häufigkeit und Länge der Autofahrten in der Freizeit wieder beträchtlich. Man kam zurück zu den verbliebenen wohnungsnäheren Freizeitzielen. Dies gab Anlaß zum Nachdenken und zu verstärkten Bemühungen, auch in den großen Städten wieder mehr Freizeitflächen und -attraktionen, Rad- und Wanderwege auszuweisen. Es werden durch Wohnumfeldverbesserung, Quartiersparks, neue Sportanlagen, Straßenfeste, Open-air-Kultur etc. heute neue Anreize zum Verbleib in der Stadt gegeben.

Auch bei attraktiven stadtnahen Freizeitmöglichkeiten bleibt die gelegentliche Erholung fernab der alltäglichen Umgebung für viele Menschen ein Bedürfnis. Dies ist kein neues Phänomen. Bis in die 50er Jahre gab es auch im öffentlichen Überlandverkehr ein dichtes Liniennnetz, und zum Wochenende wurden zusätzliche Ausflugsfahrten angeboten, die entsprechend frequentiert waren. Erst die massenhafte Autonutzung hat den Freizeitverkehr zum Problem für Landschaft, Umwelt und Verkehrssicherheit werden lassen. Jetzt gehören die extremen Stauerscheinungen, die an den Zielstandorten geballten Blechlawinen, die Emissionsspitzen an den wichtigen Straßen des Ausflugsverkehrs und die schlimmen Unfallhäufungen an Wochenenden mit starkem Ausflugsverkehr zum regelmäßigen Problemkreis des Autoverkehrs. Das muß Grund genug sein, über verbesserte Bus- und Bahnangebote im Freizeitverkehr nachzudenken. Es ergibt keinen Sinn, Städte und Landschaften immer weiter mit neuen Autoverkehrsanlagen zuzubetonieren und so ihren Erholungswert immer weiter zu vernichten.

Freizeitverkehr mit vorrangiger Autonutzung zerstört das, was er sucht: unzerstörte Natur und Landschaft, unbelastete Umwelt.

KAPITEL 5

Verkehrsmittelwahl und Entfernung: Zusammenhänge voller Überraschungen

Viele Vorurteile in der Frage der Entfernungen

Allgemein wird von Fachleuten und Laien vermutet, zwischen der Entfernung eines Weges und der Wahl des Verkehrsmittels bestünde ein eindeutiger und enger Zusammenhang. Kurze Wege würden natürlich zu Fuß gemacht. Längere Wege dagegen kämen für Fußgänger nicht in Frage, aus Gründen der Bequemlichkeit und der geringen Geschwindigkeit. Auch das Fahrrad komme aus ähnlichen Gründen nur für kurze bis allenfalls mittlere Wege in Betracht, bei längeren Wegen scheide es aus. Für längere Wege seien nur noch das Auto und öffentliche Verkehrsmittel tauglich. Weiter wird meist unterstellt, die Entfernungen im Stadtverkehr seien heute ganz beträchtlich, aufgrund der zunehmenden Zersiedlung und wegen der wachsenden Inanspruchnahme immer weiter entfernter Angebote.

Zu diesen Auffassungen tragen zuerst einmal die eigenen Alltagserfahrungen maßgeblich bei. Wer inzwischen am Stadtrand oder im Umland wohnt, aber im Zentrum arbeitet, hat täglich lange Wege. Und da sieht man dann auf den Einfallstraßen im täglichen Stau des Spitzenverkehrs die Vielzahl der anderen Autofahrer und erhält das Gefühl, alle Welt sei – auf ähnlich langen Wegen – unterwegs. Und sonntags trifft man auf den Schnellstraßen zu beliebten Ausflugszielen eine Vielzahl anderer Autofahrer auf scheinbar ähnlich weiten Wegen. Auf diese Weise setzt sich eine bestimmte Wahrnehmung fest. Bei Politikern und Planern wird diese dann noch »untermauert« durch das schnelle, oberflächliche Hantieren mit statistischen Durchschnittszahlen. Denn die scheinen zu bestätigen: Fußwege sind sehr kurz, Wege mit dem Fahrrad sind auch nicht sehr lang, Autofahrten dagegen sind deutlich länger, Fahrten mit Bussen und Bahnen auch. Doch wie so oft verstellen die Verallgemeinerung und Durchschnittswerte den klaren Blick auf die Differenziertheit von Verkehrsstrukturen.

Kurze Wege überwiegen

Über die Hälfte aller Wege im Bundesgebiet sind kürzer als drei Kilometer. Dabei sind die Zwischen- und Nebenwege noch nicht einmal erfaßt, die meist besonders kurze Wege sind. Also ist die wirkliche Zahl der kurzen Wege noch höher anzusetzen. Dieser Befund löst in der Regel erst einmal großes Erstaunen aus. Offenbar haben wir aber in Deutschland – zum Glück – in Sachen Zersiedlung noch keine amerikanischen Verhältnisse erreicht. Noch leben in den Städten und Gemeinden viele Menschen in den dichtbebauten zentralen und zentrennahen Gebieten und finden dort Versorgungsstrukturen, die es ermöglichen, viele Dinge in der Nähe zu erledigen. Am deutlichsten gilt dies für die vielen

Klein- und Mittelstädte. Hier sind sogar 64 Prozent aller Wege unter drei Kilometer. Der Anteil der langen Wege (über zehn Kilometer) beträgt dagegen in den Klein- und Mittelstädten nur 14 Prozent. Das ergibt sich aus der dort meist noch nicht so weitläufigen Besiedlung und der dadurch relativ kurzen Entfernung zwischen Stadtrand und Zentrum. Am geringsten ist der Anteil der kurzen Wege dagegen in den Umlandgemeinden der großen Städte. Das sind die Bereiche, wo sehr häufig gegen die Regeln einer guten Zuordnung von Wohngebieten, Versorgungszentren und Arbeitsplatzschwerpunkten gesündigt wurde. Das zeigt sich dort auch an dem mit 30 Prozent weit überdurchschnittlichen Anteil der Wege über zehn Kilometer. Selbst in den ländlichen Gemeinden liegt der Vergleichswert mit 23 Prozent deutlich unter dem Niveau der Umlandgemeinden im suburbanen Raum.

Vom Fluch der falschen Wahl: der bevorzugte Autoeinsatz im Kurzstreckenverkehr

Trotz der vielen kurzen Wege wird das Auto viel zu stark für kurze Wege benutzt. Zum Beispiel für den sprichwörtlichen Weg zum Zigarettenautomaten oder zum Briefkasten. 32 Prozent aller Autofahrten erfolgen in Entfernungsbereichen unter drei Kilometer, wo man normalerweise eher ans Zufußgehen oder Radfahren denken würde. 48 Prozent aller Autofahrten sind kürzer als fünf Kilometer und nur 32 Prozent länger als zehn Kilometer. Noch deutlicher wird die absurde Nutzung des Autos für kurze und kürzeste Wege im Vergleich mit anderen Verkehrsmitteln. Das Auto erreicht schon bei Wegen zwischen 500 Meter und einem Kilometer einen Anteil von 24 Prozent, bei Wegen zwischen einem und zwei Kilometer werden schon 40 Prozent mit dem Auto zurückgelegt. Besonders hohe Anteile kurzer Autofahrten finden sich in den Klein- und Mittelstädten mit 41 Prozent unter drei Kilometer. Demgegenüber haben die höchsten Anteile langer Autofahrten die Umlandgemeinden der Großstädte und Ballungsräume mit 44 Prozent Fahrten über zehn Kilometer. In den Großstädten und den Klein- und Mittelstädten liegt der Anteil langer Autofahrten mit 26 Prozent deutlich niedriger. Und selbst ländliche Gemeinden kommen nur auf 37 Prozent Autofahrten über zehn Kilometer. Dieser letzte Befund weicht deutlich ab von der häufigen Auffassung von Politikern, in den ländlichen Gemeinden bestehe eine besonders hohe Notwendigkeit für lange Autofahrten. Mit dieser Behauptung wurden immer wieder Bemühungen zu einer Reform der Kraftfahrzeug- und Mineralölsteuer abgeblockt, die darauf abzielten, die Grundkosten des Autobesitzes zu vermindern und dafür die fahrleistungsbezogenen Kosten zu erhöhen. Es wurde stets behauptet, damit werde der ländliche Raum übermäßig benachteiligt.

Erfunden wurde das Auto vor allem, um auf langen Wegen gegenüber den nichtmotorisierten Verkehrsmitteln Zeitvorteile zu ermöglichen. Seine Technik ist in vielen Details für den Betrieb über lange Strecken optimiert und für Kurzstreckenfahrten eher untauglich. Der Kraftstoffverbrauch beispielsweise ist bei Kurzstreckenfahrten wegen der geringen Betriebstemperaturen weit überproportional. Man spricht dann vom Kaltstart. Kurzstreckenfahrten erzeugen aus demselben Grund weit überproportionale Abgasemissionen. Daran ändern auch die Katalysatoren nichts, weil auch sie erst nach zwei bis drei Kilometer Fahrt die notwendige Betriebstemperatur erreichen. Eine Verringerung der hohen Autonutzung für kurze Strecken ist daher eine wichtige verkehrs- und umweltpolitische Aufgabe. Sie setzt voraus, daß das Zufußgehen und Radfahren, aber auch die Busse und Bahnen als Alternativen für Kurzstreckenfahrten wieder deutlich attraktiver und sicherer gemacht werden. Sie setzt weiter voraus, daß die übermäßige Autonutzung für kurze Wege durch Maßnahmen der Kapazitätsbegrenzung von Fahrbahnen und Parkplätzen erschwert wird.

Fußwege oft länger als vermutet

70 Prozent aller Fußwege sind heute kürzer als einen Kilometer. Doch das heißt nicht, daß längere Strecken generell von Fußgängern gemieden würden und deshalb der Fußgängerverkehr jenseits von 500 Metern oder einem Kilometer eine Art »natürliche« Grenze finde. So, als ob danach Fußgänger erschöpft zusammenbrächen. Denn immerhin sind bundesweit 18 Prozent aller Fußwege zwischen einem und zwei Kilometer lang und 12 Prozent sogar länger als zwei Kilometer, darunter 5 Prozent länger als drei Kilometer. In den großen Städten, Klein- und Mittelstädten und Stadtrandgemeinden sind die Anteile längerer Fußwege größer als in den Umlandgemeinden und ländlichen Gemeinden.

Daß es einen durchaus beachtlichen Kreis passionierter Weitgeher gibt, zeigen die Sondererhebungen zum Einkaufsverkehr in Innenstädten. Danach gibt es in vielen Städten beträchtliche Anteile von Innenstadtbesuchern, die ihren Stadtbummel auf Wege zwischen einem und zwei Kilometer ausdehnen, zum Beispiel in Esslingen, Karlsruhe, Mannheim, Stuttgart, Frankfurt, Bonn oder München. Wie stark die Gehleidenschaft dabei durch das allgemeine, individuelle Verkehrsverhalten beeinflußt wird, verdeutlicht ein Vergleich der Gehweglängen in der Innenstadt mit dem für den Weg in die Innenstadt benutzten Verkehrsmittel. In Essen und Düsseldorf sind die mit dem Auto in die Innenstadt angereisten Besucher auch dort am gehfaulsten, sie kommen im Schnitt nur auf 725 Meter in Essen und 1050 Meter in Düsseldorf. Die mit Bussen und Bahnen angereisten Besucher gehen in der Innenstadt schon um einiges weiter, nämlich 1400 Meter bzw. 1725 Meter. Die längsten Wege in der Innenstadt aber legen mit über 2000 Meter diejenigen Besucher zurück, die schon zu Fuß in die Innenstadt gekommen sind. Wie wertvoll gerade sie für eine Stadt sind, merkt man an ihrem Aktivitätenspektrum. Sie tätigen doppelt und dreimal soviel Erledigungen wie die Kurzstreckengeher, für die sich der Innenstadtbesuch oft genug auf einen Einkauf im größten Kaufhaus reduziert.

Man braucht wenig Phantasie, um sich vorzustellen, daß die Bereitschaft zum Zufußgehen und zum Zurücklegen längerer Fußwegentfernungen in dem Maße wächst, wie Fußgänger von der Planung wieder ernst genommen werden und attraktive Fußwegnetze mit Alleen, Promenaden, Arkaden, Passagen, Fußgängerzonen und flächenhaft verkehrsberuhigten Straßennetzen vorfinden. Das hat sehr deutlich eine österreichische Studie gezeigt, die bei vergleichbaren Wegzwecken, Personengruppen und Stadtstrukturen bei einem attraktiven Umfeld einen im Schnitt um 30 Prozent höheren Fußgängeranteil und eine im Schnitt um ca. 200 Meter längere Gehweite feststellte. Daß die Gehweiten entscheidend von den Umfeldqualitäten abhängen, zeigen schließlich auch deutlich die Fußwegentfernungen im Freizeitbereich, also beim Spa-

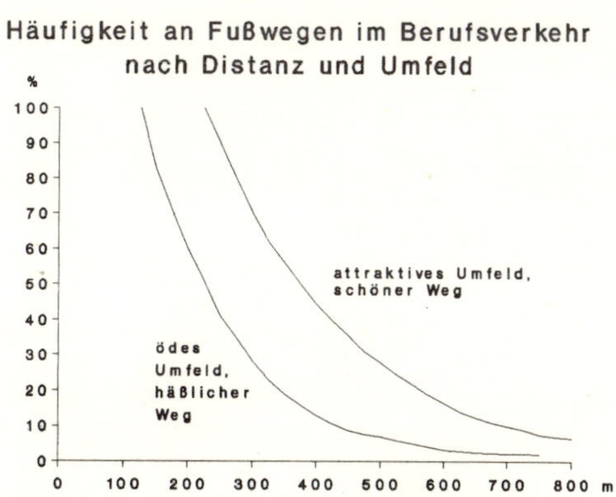

Fußgänger gehen viel weiter, als im allgemeinen vermutet wird, vor allem in schöner Umgebung.

zierengehen und Wandern. Da werden im Schnitt um ein Drittel längere Fußwege zurückgelegt. Wer also schon bei 500 Meter oder einem Kilometer von einer Art natürlicher Leistungsgrenze beim Fußgänger spricht, unterschätzt dessen Potentiale.

Das Fahrrad taugt auch für längere Wege

Das Fahrrad wird heute am häufigsten im Entfernungsbereich von bis zu zwei Kilometern eingesetzt. Trotzdem sind 36 Prozent aller Radfahrten länger als zwei Kilometer, darunter 20 Prozent länger als drei Kilometer und 8 Prozent länger als fünf Kilometer. In den ländlichen Gemeinden sind 72 Prozent und in den Umlandgemeinden 69 Prozent aller Radfahrten kürzer als zwei Kilometer, in den großen Städten dagegen nur 57 Prozent. Der Anteil langer Radfahrten von über drei Kilometern ist mit 25 Prozent in den großen Städten am höchsten. Sage also niemand, nach drei oder vier Kilometern falle ein Radfahrer erschöpft vom Sattel. Trotzdem wird in Hochrechnungen zum Potential des Fahrradverkehrs meist von solchen Grenzwerten als Einsatzbereich ausgegangen. Entsprechend gering wird das Potential dann veranschlagt. Solche Grenzsetzungen sagen viel über die Phantasielosigkeit der Planer, aber wenig über die tatsächliche Leistungsfähigkeit des Fahrrades. Sie beweisen vor allem eine große Vergeßlichkeit, denn noch für die 60er Jahre wurden in Studien zu den Entfernungen des Fahrradverkehrs für Großstädte wie Hannover 25 Prozent aller Radfahrten mit über sechs Kilometer und 10 Prozent mit über zehn Kilometer ausgewiesen.

Politiker und Planer neigen auch beim Fahrradverkehr dazu, seine Leistungsfähigkeit und damit sein Potential erheblich zu unterschätzen. Dabei lassen sich mit einer fahrradfreundlichen Infrastruktur die Einsatzweiten des Fahrrades noch weit

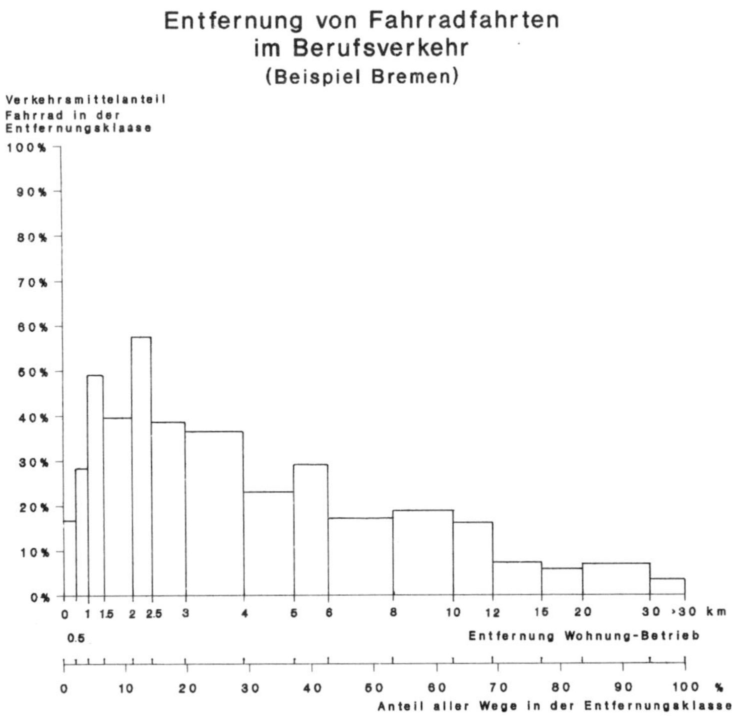

Bei guter Fahrradinfrastruktur werden mit dem Rad auch sehr weite Entfernungen zurückgelegt.

stärker dehnen als beim Fußgängerverkehr. Im fahrradfreundlichen Bremen zeigte eine Untersuchung zum Einkaufsverkehr, daß der Fahrradanteil bei Entfernungen über sechs Kilometer noch 17 Prozent beträgt. Bestätigt wurden diese Befunde durch eine Vergleichsuntersuchung zum Arbeits- und Ausbildungsverkehr in Bremen und Erlangen. Danach wachsen die mit dem Fahrrad zurückgelegten Enfernungen regelmäßig mit der Qualität der Radverkehrsinfrastruktur. Selbst in Entfernungsklassen über sechs, acht, zehn Kilometer, teilweise sogar noch 15 und 20 Kilometer, werden im Berufs- und Ausbildungsverkehr in Bremen und Erlangen noch erstaunliche Fahrradanteile erreicht.

Busse und Bahnen: lange Wege überwiegen

Busse und Bahnen werden heute vor allem für mittlere und lange Wege benutzt, ihren Schwerpunkt haben sie mit 20 Prozent bei Wegen von drei und fünf Kilometern, mit 31 Prozent bei Wegen von fünf bis zehn Kilometern und mit 30 Prozent bei Wegen über zehn Kilometer. Dagegen erreichen Busse und Bahnen zur Zeit im Bereich der kurzen Wege unter zwei Kilometer nur 8 Prozent. Das liegt deutlich unter dem Vergleichsanteil für das Auto von 21 Prozent. Die geringe Nutzung von Bussen und Bahnen für kurze Strecken erklärt sich aus dem heute oft weitmaschigen Linien- und Haltestellennetz und den häufig nur mäßigen Taktzeiten. Daraus ergeben sich weite Anmarschwege und lange Wartezeiten. Das läßt es nicht lohnend erscheinen, für einen kurzen Weg Busse und Bahnen zu benutzen. Auch die im Vergleich zu den Langstreckenfahrten teureren Kurzstreckentarife schrecken viele potentielle Benutzer von kurzen Fahrten mit Bussen und Bahnen ab. Der öffentliche Verkehr ist für eine intensive Kurzstreckennutzung bisher zu pendlerorientiert. Das war früher anders, als ein dichtes Linien- und Haltestellennetz und ein niedriger Basispreis Busse und Bahnen gerade auch für kurze Strecken attraktiv machten.

Mit 11 Prozent werden Busse und Bahnen heute noch am meisten in den Großstädten für kurze Wege benutzt, da dort am ehesten noch ein dichtes Linien- und Haltestellennetz besteht. Sehr gering sind dagegen die Kurzstreckenanteile in den Stadtrand- und Umlandgemeinden sowie in den ländlichen Gemeinden. Hier hat der öffentliche Verkehr weit überproportionale Anteile an langen Wegen, weil er sich praktisch auf die Sicherung wichtiger Überlandverbindungen beschränkt und demgegenüber seine Feinverteilungsaufgabe kaum mehr wahrnimmt. Wenn heute also außerhalb der Großstädte viele kleinräumige Verkehrsbeziehungen gar nicht mehr mit Bussen und Bahnen abgewickelt werden können, so ist die Freiheit der Verkehrsmittelwahl empfindlich eingeschränkt. Neuerdings bemühen sich wieder manche Verkehrsbetriebe um Angebotsverbesserungen im Kurzstreckenbereich durch ein flexibleres Angebot mit kleineren Fahrzeugen, durch Integration von Anrufsammeltaxen in den öffentlichen Verkehr, durch Einführung von Bürgerbussen und Rufbussystemen, durch spezielle, attraktive Kurzstreckentarife, durch ein verdichtetes Linien- und Haltestellennetz. Somit können auch die Anteile des öffentlichen Verkehrs im Kurzstreckenbereich wieder steigen.

KAPITEL 6

Vieles ist im Fluß: neue Trends und Perspektiven der Verkehrsmittelwahl

Trendverlängerung ist Denk- und Politikverzicht

Viele Planer und Politiker gehen nach wie vor beharrlich von einer Unbeeinflußbarkeit der (Über)Motorisierung und zunehmenden Autoorientierung in der Verkehrsmittelwahl aus. Verhaltensänderungen einer einmal aufs Auto programmierten Gesellschaft sind für sie weder wünschenswert noch denkbar. Der kontinuierliche Rückgang von Fußgänger-, Fahrrad- und öffentlichem Verkehr ist ihnen gewiß, der kontinuierliche Anstieg des Autoverkehrs unausweichlich. Dieses starre Festhalten an der Trendentwicklung der letzten Jahrzehnte veranlaßt sie, die Denkmuster autoorientierter Verkehrsplanung und -politik weiter festzuschreiben und auf jede Art von Gegensteuerung zu verzichten. Dabei sind die Chancen der Gegensteuerung groß. Wie die Trendumbrüche der letzten Jahrzehnte, damals zu Lasten des öffentlichen Verkehrs und des Fußgänger- und Fahrradverkehrs, drastisch gezeigt haben, ist Verkehrsverhalten nicht konstant, sondern reagiert sehr deutlich auf veränderte Rahmenbedingungen. Die wachsenden Probleme eines zunehmenden Autoverkehrs für die Städte und die Umwelt sind eine Rahmenbedingung, die bereits heute Verhaltensänderungen zugunsten der anderen Verkehrsarten auslöst. Solche generellen und lokalen Verhaltensänderungen wurden noch vor wenigen Jahren als unmöglich apostrophiert. Bei politischer und planerischer Unterstützung sind noch weit größere Verhaltensänderungen erfolgt. Szenarien zeigen, daß bei konsequenter Umsteuerung noch viel weitgehendere Abnahmen des Autoverkehrs und Zunahmen der anderen Verkehrsarten möglich sind.

Trendumbruch zu mehr Fahrradverkehr

Die überraschendste Veränderung in den Stadtverkehrsstrukturen hat sich in den letzten Jahren durch die neuerliche Zunahme des Fahrradverkehrs ergeben. Der Fahrradverkehr hat von 1976 bis 1982 bundesweit um 30 Prozent zugenommen, obwohl es vorher über gut zwanzig Jahre eine stetige Abnahme der Radverkehrsbeteiligung gab. Diese Zunahme läßt sich zunächst nicht mit einem verstärkten Engagement von Politik und Planung für den Fahrradverkehr erklären. Erst wurde das Fahrrad als Verkehrsmittel bei breiten Gruppen der Bevölkerung wiederentdeckt, bevor sich Planung und Politik an dieses Verkehrsmittel wieder erinnerten. Selbst in Städten mit miserabler Radverkehrsinfrastruktur und absolut fahrradignoranter Planung nahm der Fahrradverkehr wieder zu. Die Konsumgüterindustrie setzte zunehmend auf das Fahrrad als Werbeträger und Symbol für Jugendlichkeit und Sportlichkeit. Die Medien popularisierten das Radfahren durch Berichte und einen schnell wachsenden Bücher- und Zeitschriftenmarkt rund um das Fahrrad. Verschiedene Faktoren haben also bei der Renaissance des Fahrrades im Nahverkehr mitgewirkt.

Mit der Zunahme des Fahrradverkehrs hat sich auch eine Verschiebung bei den Verkehrszwecken ergeben. Das Fahrrad wird jetzt noch stärker als früher als Einkaufsverkehrsmittel genutzt, 1976 dienten 26 Prozent aller Fahrradfahrten dem Einkauf, 1982 dann 31 Prozent. Auch im Ausbildungsverkehr gab es ein massenhaftes Umsteigen der Studenten vom Auto auf das Fahrrad. Der Anteil der Autobenutzer unter den Studenten hat sich inzwischen gegenüber ihren autofixierten Spitzenjahren halbiert. Der Anteil der Fahrradbenutzer hat sich fast verdreifacht. Das Fahrrad ist heute das wichtigste Verkehrsmittel der Studenten. An Universitäten und Studentenwohnheimen und in den Studentenvierteln der Hochschulstädte gehört inzwischen die Vielzahl der abgestellten Fahrräder zum vertrauten Bild. Manche ehemalige Autoparkplätze wurden dort in Fahrradparkplätze umgewandelt, um den Andrang zu bewältigen. Auf einen Autostellplatz passen sieben bis neun Fahrräder. Diese Größenordnung zeigt, wieviel das vermehrte studentische Radfahren zur Verkehrsberuhigung beiträgt. Längst bleibt der Fahrradtrend in den Hochschulstädten nicht mehr nur auf die Studenten selbst beschränkt. Ein radfahrender Professor gilt nicht mehr als Exot. Mit dem verstärkten Radfahren geht auch eine Verstärkung des studentischen Fußgängerverkehrs einher, da Radfahren und Zufußgehen in der Wegekette sich gut ergänzen. Besonders hohe Anteile des nichtmotorisierten Verkehrs haben inzwischen die Universitäten, deren Institute in zentrale Lage integriert sind, zum Beispiel Freiburg mit 74 Prozent, Göttingen mit 65 Prozent, Münster mit 59 und Bamberg mit 54 Prozent.

In den Modellstädten des vom Umweltbundesamt betriebenen Vorhabens fahrradfreundliche Stadt, die eine konzentrierte Radverkehrsförderung versucht haben und in denen Fahrradplanung über mehrere Jahre zum kommunalpolitischen Dauerbrenner wurde, wuchs der Radverkehr noch stärker als im Bundesschnitt. In Detmold zum Beispiel stieg er von 6 auf 14 Prozent, in Rosenheim von 12 auf 26 Prozent. Selbst in den Städten, die traditionell schon einen überdurchschnittlichen Radverkehrsanteil hatten, wie zum Beispiel Erlangen, Münster, Bremen oder Bocholt, legte der Fahrradverkehr noch einmal beträchtlich zu. Das zeigt, welche Potentiale im Fahrradverkehr liegen, wenn man sich mit Verkehrsmaßnahmen um dieses Verkehrsmittel verstärkt bemüht. Diese Erfahrungen machten im europäischen Ausland Städte wie zum Beispiel Amsterdam, Tilburg, Groningen, Den Haag, Delft in den Niederlanden, Kopenhagen und Odense in Dänemark oder Västeras und Uppsala in Schweden schon seit Anfang der 70er Jahre. Sie erreichten durch eine konzentrierte Radverkehrsförderung erhebliche Zuwächse der Radverkehrsanteile. In Japan haben fast alle Großstädte erhebliche Anstrengungen zur Förderung des Fahrradverkehrs unternommen und dabei vor al-

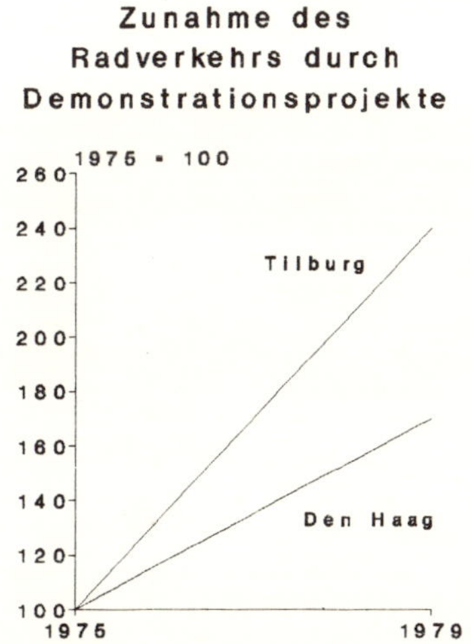

Durch engagierte Förderung konnte in Tilburg und in Den Haag der Radverkehr auf den Hauptachsen erheblich gesteigert werden.

lem die Kombination von Fahrrad, Bussen und Bahnen forciert. Das Ergebnis waren beachtliche Steigerungsraten. Im Umfeld vieler Bahnhöfe und Schnellbahnhaltestellen tritt das Fahrrad dort inzwischen in solchen Massen auf, daß eigene, technologisch ausgeklügelte Parkhäuser für Fahrräder nötig wurden. Radverkehr und öffentlicher Verkehr ergänzen sich dort auf ideale Weise und machen gleichzeitige Zuwächse von Bussen, Bahnen und Fahrradverkehr möglich.

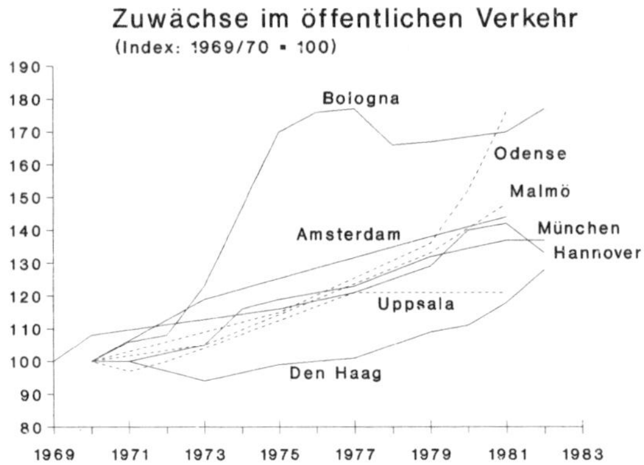

Änderung der Verkehrsstrukturen in Beispielstädten

	betrachteter Zeitraum	Entwicklung der Personenfahrten mit PKW	ÖV	Fahrrad	Anmerkung
Niederlande					
Amsterdam	1977 - 81	- 15%	+ 15%	+ 10%	am Innenstadtrand
	1978 - 81	- 3%		+ 9%	am Stadtrand
Den Haag	1975 - 80	- 5-10%	+ 18%	+ 10-15%	Fahrten der Stadtbewohner
Tilburg	1979 - 81	- 5-10%	+ ca. 10%		Gesamter Binnen-, Quell-
	1977 - 81			+ ca. 20%	und Zielverkehr
Dänemark					
Kopenhagen	1976 - 81	- 12%		+ 30%	am Innenstadtrand
		- 12%		+ 57%	an der kommunalen Grenze
Odense	1977 - 81	- 5-10%	+ 45%	+ 10-15%	Gesamter Binnen-, Quell- und Zielverkehr
Schweden					
Göteborg	1975 - 81	- 5-10%	+ ca. 10%	+ 100%	Fahrten der Stadtbewohner
Malmö	1976 - 81	- ca. 20%	+ 26%	+ 16%	Gesamter Binnen-, Quell- und Zielverkehr
Uppsala	1972 - 81	- ca. 20%	+ ca. 20%	+ ca. 40%	"
Västeras	1979 - 81	- 5%			"
	1975 - 81		+ 10%		"
	1973 - 81			+ 37%	"
Deutschland					
Hannover	1975 - 80	- ca. 25%	- ca. 28%	+ ca. 47%	Fahrten der Stadtbewohner
	1975 - 80	- ca. 5%	+ ca. 17%	+ ca. 24%	Umlandbewohner

Einige europäische Städte konnten im Umweltverbund beachtlichen Zuwachs erzielen durch konsequente Vorrangpolitik. Der Autoverkehr nahm dagegen wieder ab.

Trendumbruch bei Bussen und Bahnen

Auch Busse und Bahnen haben entgegen allen »Unkenrufen« bundesweit von 1976 bis 1982 ihren Verkehrsanteil um acht Prozent steigern können. Örtlich sind die Steigerungsraten noch höher ausgefallen, wenn eine konsequente Angebotsverbesserung betrieben wurde. Allerdings blieb in vielen deutschen Städten der Angebotsausbau bescheiden, weil sie sich zu sehr auf die teuren U-Bahn-Systeme beschränkten, dadurch blieb die Breitenwirkung gering. Die getätigten Investitionen konnten sich nur punktuell in höheren Verkehrsanteilen auswirken, ein breiter und drastischer Umsteigeeffekt wurde auf diese Weise nicht erreicht. Den effektiveren Weg des Trendumbruches gingen die Städte des europäischen Auslandes, die seit den 70er Jahren aus Umweltgründen, städtebaulichen Gründen, Verkehrssicherheitsgründen und Gründen der Wirtschaftsförderung für die Zentren und Nebenzentren eine breitenwirksame Attraktivitätssteigerung von Bussen und Bahnen angestrebt haben und dabei vor allem die konsequente Bevorrechtigung der herkömmlichen Busse und Straßenbahnen durchgesetzt haben, mit auf weiten Strecken störungsfreien Netzen und bedarfsabhängiger Signalsteuerung. Sie haben außerdem das Streckennetz stark ausgebaut und eine offensive Tarif- und Marketingpolitik betrieben. Hierdurch konnten sie beträchtliche Zunahmen in der Nachfrage erzielen. Solche Beispiele sind Amsterdam und Den Haag in den Niederlanden, Bologna in Italien, Odense und Kopenhagen in Dänemark, Göteborg, Malmö und Uppsala in Schweden. Die Schweizer Städte Basel, Bern und Zürich schlossen sich Anfang der 80er Jahre diesem Weg an. Ein dichtes Linien- und Haltestellennetz, Pünktlichkeit, kurze Taktfolgen und attraktive Umweltabonnements sind seitdem die Qualitätszeichen dieser Schweizer Systeme. Das Ergebnis waren konstante, beträchtliche Fahrgastzuwächse bei Bussen und Bahnen in einem bis dahin nicht für möglich gehaltenen Maß von jeweils 25 bis 35 Prozent pro Jahr. In Deutschland werden diese ausländischen Erfolge, vor allem der Schweizer, bisher immer noch argwöhnisch beäugt. Forderungen nach ähnlichen Maßnahmen werden hierzulande mit dem Argument der Nichtvergleichbarkeit von schweizerischen und bundesdeutschen Verhältnissen abgetan. Doch die deutschen Städte wie zum Beispiel Freiburg und Karlsruhe, die die entsprechenden Strategien übernommen haben, erzielen vergleichbare Erfolge mit jährlichen Zuwachsraten von 20 bis 25 Prozent Fahrgästen.

Gebremstes Wachstum beim Autoverkehr

Beim Autoverkehr werden zunächst mit Blick auf die Motorisierung in der Bundesrepublik wieder Zulassungsrekorde registriert, nachdem zunächst Anfang der 80er Jahre das aufkommende Umweltbewußtsein zu mehr Zurückhaltung beim Autokauf geführt hatte. Anstatt diesen Trend zu verstärken, haben die Bundesverkehrspolitik und die Autoindustrie alles versucht, die Hemmungen gegen den Autokauf mit der Propagierung des Kat-Autos als umweltfreundlich und mit seiner steuerlichen Förderung auszuräumen. Aber trotz des weiter zunehmenden Autobesitzes ändern sich die Verhaltensweisen der tatsächlichen Autonutzung beträchtlich. Der Autoverkehr nimmt bei weitem nicht so zu, wie man es nach der Motorisierungsentwicklung und den Autonutzungszahlen der letzten Jahrzehnte erwarten könnte. Es wird seltener und kürzer Auto gefahren. Ein Grund ist der wachsende Anteil von Zweit- und Drittwagen, die ganz anders und selektiver eingesetzt werden. Ein weiterer Grund liegt in der Zunahme der Rad-, Bus- und Bahnfahrten. Außerdem wird die fahrfähige Bevölkerung immer älter, und mit dem Alter

nehmen Häufigkeit und Länge der Autofahrten deutlich ab. Aus diesen Faktoren ergibt sich, daß trotz noch deutlich steigender Motorisierung der Autoverkehr bundesweit nur noch leicht wächst.
Wichtiger als diese Bundestrends sind allerdings die regionalen Trends. Denn in denjenigen Städten, die sich verstärkt um die anderen Verkehrsarten bemühen, nimmt der Autoverkehr nicht zu, sondern ab. In Hannover beispielsweise ist der Anteil des Autoverkehrs um 16 Prozent auf nunmehr 32 Prozent gesunken. Die Stadt Hannover hat ein integriertes Maßnahmenprogramm zum Ausbau des öffentlichen Verkehrs und zur Förderung des Fußgänger- und Fahrradverkehrs gestartet und dabei gleichzeitig auf zahlreiche früher geplante Vorhaben zum Ausbau des Straßensystems und der Parkplatzkapazität verzichtet. Statt eines weiteren Wachstums des Autoverkehrs stieg der Fahrradverkehr in Hannover um 56 Prozent, und der öffentliche Verkehr nahm um 24 Prozent zu. Das sind beachtliche Trendumbrüche, die von den Verantwortlichen mit folgendem Kommentar registriert wurden: ». . . Hannover fühlt sich durch die Ergebnisse der Verkehrsuntersuchung in seinem Siedlungs- und Verkehrskonzept der kurzen Wege und der Orientierung auf den ÖPNV (öffentlichen Personennahverkehr, d. Verf.) bestätigt . . . Ziel ist die zweckmäßige Zuordnung der Lebensbereiche . . . so, daß kurze Wege entstehen, die möglichst zu Fuß oder mit dem Fahrrad zurückgelegt werden können. Wo längere Wegstrecken überbrückt werden müssen, soll der ÖPNV mit einem möglichst attraktiven Angebot zur Verfügung stehen . . . Eine Verminderung des Autoverkehrs zugunsten des nichtmotorisierten Verkehrs sowie des ÖPNV . . . sollte auch in Zukunft gezielt unterstützt werden, durch den weiteren Ausbau der Fuß- und Radwegenetze und des ÖPNV, die Beschleunigung des ÖPNV durch verkehrslenkende Maßnahmen, die Umgestaltung von Straßen in Wohngebieten . . . die städtebauliche ›Reparatur‹ von Verkehrsstraßen.«
Eine solche programmatische Zielsetzung der Verminderung des Autoverkehrs und damit einer Trendwende in der Verkehrsmittelwahl haben auch einige ausländische Städte verfolgt, teilweise mit beachtlichem Erfolg. Eine besondere Situation ergab sich dabei für die dänischen Städte. Sie profitierten davon, daß Dänemark seit den beiden europäischen Energiekrisen in den 70er Jahren eine umweltorientierte Besteuerung des Autoverkehrs vorgenommen hatte. Das hohe Preisniveau der Autonutzung hat seitdem als wirksame Bremse gegen eine intensive Autonutzung gewirkt. In vielen dänischen Städten ist die Motorisierung insgesamt rückläufig, allen voran in Kopenhagen, weil sie neben der motorisierungshemmenden nationalen Steuerpolitik eine den Autoverkehr bewußt begrenzende Verkehrsplanung betreiben. Deutlich ist zum Beispiel die Nutzung des Autos in Kopenhagen und Odense zurückgegangen, jeweils um ca. 25 Prozent. Auch die schon im Zusammenhang mit wachsenden Anteilen an Fahrrädern, Bussen und Bahnen genannten skandinavischen Städte Malmö, Göteborg und Uppsala haben erste ermutigende Rückgänge des Autoverkehrsanteils erreichen können. Die absolute Menge des Kfz-Verkehrs, die an allen wichtigen Einfahrkordons gemessen wird, geht ebenfalls deutlich zurück.
Es steht mit diesen Beispielen außer Zweifel, daß Verkehrspolitik und -planung es durch ihre Investitionsprioritäten und sonstigen Rahmensetzungen weitgehend in der Hand haben, eine Entwicklung des Stadtverkehrs weg vom Auto einzuleiten, um ihre Stadt- und Umweltqualität zu bewahren. Man muß es nur wirklich wollen und zur Grundlage der verkehrspolitischen und -planerischen Beschlüsse machen, wie dies zum Beispiel der Stadtrat von Zürich 1987, bestärkt durch die bereits erzielten Erfolge

in der Aktivierung des öffentlichen Nahverkehrssystems, getan hat: ». . . der Straßenverkehr (Autoverkehr) belastet die Stadt Zürich . . . zu sehr und konsumiert zuviel unvermehrbare und lebensnotwendige Umwelt. Die einzig erfolgversprechende Lösung besteht in einer Reduktion des Motorfahrzeugverkehrs in der Stadt, unter gleichzeitiger Umlagerung auf die öffentlichen Verkehrsmittel und auf die umweltschonenden Transportarten Velofahren und Zu-Fuß-Gehen . . .« Inzwischen vermerken Verkehrspolitik und -planung in Zürich befriedigt, daß in der Stadt auch die Motorisierungsquote seit 1985 stetig sinkt. Die verstärkte politische Weichenstellung zur globalen Verringerung des Autoverkehrs ist schon lange eine zentrale Forderung der internationalen Spitzenorganisation OECD (Organisation für wirtschaftliche Zusammenarbeit und Entwicklung), die zu diesem Thema schon 1975 in Paris eine Konferenz mit dem bezeichnenden Titel »Better towns with less traffic« (bessere Städte durch weniger Autoverkehr) organisiert hatte. Doch trotz mehrerer aus dieser Konferenz hervorgegangener Veröffentlichungen wurde die Zielsetzung, für eine Verringerung des städtischen Autoverkehrs auf breiter Basis zu arbeiten, von vielen nationalen Verkehrspolitikern und -planern bisher nicht übernommen. Noch fehlt weithin die Einsicht für die Notwendigkeit und Machbarkeit einer solchen Strategie. Dabei waren bei der Konferenz selbst die guten Erfahrungen von Städten mit einer restriktiven Parkraumpolitik, einer Begrenzung der innerstädtischen Geschwindigkeiten, einer konsequenten Bevorrechtigung von Bussen und Bahnen und einer flächenhaften Verkehrsberuhigung dargestellt worden, die damit ihren Autoverkehr deutlich verringern konnten. Selbst der damalige Bundesbauminister war von den Ergebnissen dieser Konferenz so beeindruckt, daß er für den deutschen Markt die Berichte übersetzen und auswerten ließ und in einer Veröffentlichung den Gemeinden zur Verfügung stellte. Das Bundespresseamt ließ später dann den vielbeachteten Film »Der Umsteiger« herstellen, der am Beispiel der Stadt Erlangen für eine andere, weniger autoorientierte Verkehrsmittelwahl und Verkehrsplanung warb.

Szenarien zeigen Veränderungspotentiale und Handlungsbedarf

Welche enormen Spielräume für Veränderungen und eine Abnahme des Autoverkehrs es tatsächlich gibt, kann man mit Hilfe von Szenarien ermitteln. Szenarien sind eine Art Prognose, bei denen der Trend nicht wie üblich unter Konstanthalten der gegebenen politischen und planerischen Rahmenbedingungen fortgeführt wird. Statt dessen werden bewußt die politisch und planerisch beeinflußbaren Rahmenbedingungen des Verkehrsgeschehens verändert, um mögliche Auswirkungen einer solchen Änderung abzuschätzen. Szenarien dienen dazu, die möglichen Spielräume weiterer Verkehrsentwicklung auszuloten und die Potentiale der einzelnen Verkehrsarten unter jeweils günstigsten Bedingungen zu ermitteln.

Eines der ersten Szenarien dieser Art wurde für die Stadt Hannover erstellt. Dabei wurde schon 1977 ermittelt, daß bei der gegebenen Siedlungsstruktur und Verkehrsinfrastruktur knapp 40 Prozent des Autoverkehrs ersetzbar sind, bei einem weitergehenden Ausbau von Bussen und Bahnen und der Fahrradverkehrsinfrastruktur sogar mehr als die Hälfte aller Autofahrten. Das würde – umgerechnet auf die Fahrzeugkilometer – eine Verringerung des gesamten gefahrenen Autoverkehrs um mindestens 30 Prozent bedeuten. Bestärkt durch solche Erkenntnisse, hat dann 1983 der Großraum Hannover die Perspektiven seiner künftigen Verkehrsentwicklung in einem weiteren regionalen Szenario genau-

Szenario der Verkehrsentwicklung (Zahl der Wege/Fahrten)

(Beispiel Hannover)

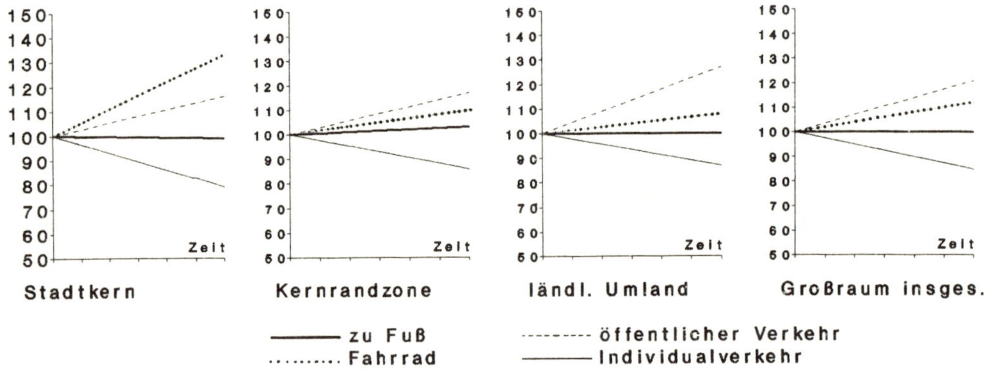

Szenario der Verkehrsentwicklung bis 2000 in Nordrhein - Westfalen

(Änderung gegenüber 1985 in %)

	große Ballungs-zentren	sonstige Groß-städte	Mittel-städte	ländlicher Raum
Nichtmoto-risierter Verkehr	+ 17	+ 13	+ 5	+ 4
öffentl. Verkehr	+ 67	+100	+ 89	+ 50
Auto-verkehr	- 32	- 33	- 21	- 13

Die Szenarien für Hannover und Nordrhein-Westfalen belegen große Wachstumschancen für den Umweltverbund. Ob in der Großstadt oder Kleinstadt, ob in der Innenstadt oder am Stadtrand, überall kann der Autoverkehr abnehmen, wenn politisch und planerisch eine Wende erfolgt.

er untersuchen lassen. Dabei zeigte sich, daß bei kontinuierlicher Weiterverfolgung der im Raum Hannover eingeleiteten Verkehrspolitik langfristig noch weitergehende Verringerungen des Autoverkehrs und noch stärkere Zunahmen des Fahrrad- und öffentlichen Verkehrs zu erwarten sind. Diese Veränderungen können besonders stark im Bereich der Stadt Hannover eintreten, sind aber darüber hinaus auch für das Umland relevant und lassen insgesamt für den Großraum eine gegenüber früheren Prognosen deutlich vorteilhaftere, stadtverträglichere Verkehrsentwicklung erwarten.

Ein solches Szenario wurde 1985 auch für die österreichische Stadt Graz erarbeitet. Ausgangspunkt war eine dramatische Veränderung der Verkehrsstrukturen in den vorausgegangenen Jahren. Der Autoverkehr war seit 1960 um 270 Prozent angestiegen, dagegen hatten der Fahrradverkehr um 52 Prozent, der Fußgängerverkehr um 38 Prozent und der öffentliche Verkehr um 17 Prozent abgenommen. Dieser Trend sollte durch eine Reihe von Korrekturen in den Verkehrsbedingungen gestoppt und positiv verändert werden. Das Szenario zeigte, daß in ca. zehn Jahren der Autoverkehr von 43 auf 34 Prozent reduziert werden kann, während der Fahrradverkehr von 8 auf 15 Prozent und der Anteil von Bussen und Bahnen von 18 auf 21 Prozent gesteigert werden können.

Auch für die Stadt Köln wurde ein vergleichbares Szenario bis zum Jahre 2000 erarbeitet. Dabei wurden mehrere Varianten skizziert, eine unverändert autofreundliche, eine verstärkt fahrrad- und fußgängerfreundliche und eine vor allem Busse und Bahnen forcierende Planung. Zunächst wurde erkennbar, daß bei unveränderter Fortsetzung der bisherigen Kölner Verkehrsplanung der Autoverkehr ab 1986 bis 2000 nochmals um 20 Prozent zunehmen würde, während Busse und Bahnen um weitere 12 Prozent und Fußgänger- und Fahrradverkehr um weitere 15 Prozent abnehmen würden. Für das schon heute mit Autoverkehr total überlastete Straßennetz Kölns und die von extrem hohen Lärm- und Schadstoffemissionen betroffenen Kölner ist dies zunächst eine bedrohliche Perspektive. Noch bedrohlicher wird die Entwicklung, wenn einige ernsthaft diskutierte Straßenbau- und Parkhausprojekte den Autoverkehr noch weiter ermutigen. Dann verlieren Fußgänger- und Fahrradverkehr weitere 14 Prozent, Busse und Bahnen verlieren nochmals 21 Prozent, und der Autoverkehr wächst um weitere 16 Prozent. Bei politischer und planerischer Umsteuerung dagegen ist es möglich, den Anteil des Fußgänger- und Fahrradverkehrs zu stabilisieren und zu steigern, auf 42 anstelle der mageren 30 Prozent bei der autofreundlichen Variante. Busse und Bahnen können durch Politik und Planung, die den öffentlichen Verkehr angemessen berücksichtigen, auf 21 Prozent kommen, statt auf bescheidene 11 Prozent bei der autofreundlichen Variante abzufallen. Auch Berlin kennt seine Entwicklungschancen durch ein ähnliches Szenario. Dort wurde 1983 für den Fall einer konsequenten Förderung von Bussen und Bahnen ein Zuwachs des öffentlichen Verkehrs bis 2000 um 21 Prozent für möglich gehalten. Für den Fall einer weiterhin autofreundlichen Verkehrspolitik und -planung wurde dagegen ein Rückgang um 26 Prozent vorhergesagt.

Für Nordrhein-Westfalen wurde 1989 ein Verkehrsszenario erstellt, bei dem sich gegenüber dem bisherigen Trend durch eine stärker ökologische Ausrichtung der Verkehrspolitik und -planung eine Abnahme des gesamten Autoverkehrs um 21 Prozent, des Personenverkehrs sogar um 24 Prozent erreichen läßt, während der Fußgängerverkehr um 17 Prozent, der Fahrradverkehr um 21 Prozent, der öffentliche Verkehr um 42 Prozent bzw. der Bundesbahnverkehr um 57 Prozent wachsen können. Damit würde pro Jahr eine Verhinderung von knapp 20 000 Unfällen erreicht, die Belastung mit Stickoxyden könnte halbiert werden, die mit Kohlenmonoxyd fiele auf ein Drittel, und die mit Kohlenwasserstoffen nähme um 60 Prozent ab. Die Länge des mit starkem Lärm über 62 Dezibel belasteten Straßennetzes nähme um 60 Prozent ab, der Energieverbrauch um 25 Prozent. Die Abnahme des Autoverkehrs wäre in Großstädten mit über 500 000 Einwohnern mit 32 Prozent am größten, würde aber auch in den Kleinstädten noch 13 Prozent betragen. Die mögliche Zunahme des öffentlichen Verkehrs wird in dem Szenario für die Städte von 300 000 bis 500 000 Einwohnern auf 100 Prozent und für die Städte mit über 500 000 Einwohnern auf 67 Prozent vorausgeschätzt.

Schließlich weist ein bundesweites Szenario ebenfalls die Abhängigkeit der Anteile des öffentlichen Nah- und des Autoverkehrs von politischen Rahmenbedingungen aus. Darin sagt der über jeden Verdacht der autofeindlichen Schönfärberei erhabene Forschungsverein Automobiltechnik dem öffentlichen Nahverkehr von 1985 bis 2000 bundesweit ein Wachstumspotential von 20 Prozent voraus, wenn die umweltpolitisch erforderlichen Eingriffe in den städtischen Autoverkehr erfolgen. Falls solche Maßnahmen jedoch unterbleiben, wird dem öffentlichen Nahverkehr ein Rückgang um 15 Prozent vorausgesagt. Für die Schweiz ergab ein Szenario aus dem Jahre 1986, daß in relativ kurzer Zeit (1988–1994) eine beträchtliche Umlagerung des Verkehrsvolumens zugunsten des öffentlichen Verkehrs zu erreichen ist und der Gesamtschweizer Autoverkehr einschließlich Transitverkehr in wenigen Jahren mehr als halbiert werden kann, wenn eine noch deutlichere Kurskorrektur bei den Investitionsprioritäten und der finanziellen Belastung der Verkehrsarten erfolgt als bisher.

KAPITEL 7

Der induzierte Neuverkehr: Wo man Tauben füttert, kommen immer mehr

Die Spirale vom vermehrten Autoverkehr. Straßen- und Parkplatzbau als Motor der Überlastung

»(Auto)Straßen erzeugen Autoverkehr«, so lautet eine gängige »Formel«, mit der erstmals in den 70er Jahren ein Phänomen beschrieben wurde, das seitdem in der Verkehrspolitik und -planung immer wieder für kontroverse Diskussionen gesorgt hat. Man spricht in diesem Zusammenhang auch vom »Gesetz von der Erhaltung des Staus«. Seit den 50er Jahren führten Staus immer wieder zu der Forderung, die betroffenen Straßen und Kreuzungen auszubauen. Dem Ausbau folgte meist nur eine kurzfristige Entlastung, bald kam es an gleicher oder, verschoben, an anderen Stellen zu neuen Stauerscheinungen. Die neue Überlastung stellte sich in der Regel auf höherem Niveau ein. Und damit wurde eine neue Runde der gleichen Diskussionen eingeleitet. Wieder wurde für die betreffenden Straßen und Kreuzungen ein weiterer Ausbau oder eine weitere Entlastungsstraße gefordert. Auf diese Weise kam es in vielen Städten zu mehreren Straßenbauwellen mit einer ersten autofreundlichen Ausbauphase in den 50er Jahren, einer zweiten in den 60er Jahren. Anschließend folgten meist Neutrassierungen für Entlastungsstraßen, oft auf neuen Hochbrücken oder später auch im Tunnel. Bei jeder dieser Etappen wurde verkündet, nach diesem Ausbau oder Neubau seien die Autoverkehrsprobleme dann aber endgültig gelöst. Und jedesmal stellt sich die Überlastung über kurz oder lang wieder ein, erwies sich der Kampf gegen den Stau als Illusion, nahmen die Staus über die Zeit nicht ab, sondern stetig zu. Heute gibt der Verkehrsfunk nach 30jährigem Kampf gegen den Stau stündlich seine Litanei aktueller regionaler Staumeldungen an die Autofahrer durch. Der Stau ist dem Autoverkehrssystem treu geblieben.

Nicht viel anders stellt sich die Entwicklung im Bereich der städtischen Parkplätze und Parkhäuser dar. Auch hier begann in den 50er Jahren ein vergleichbares Ritual mit

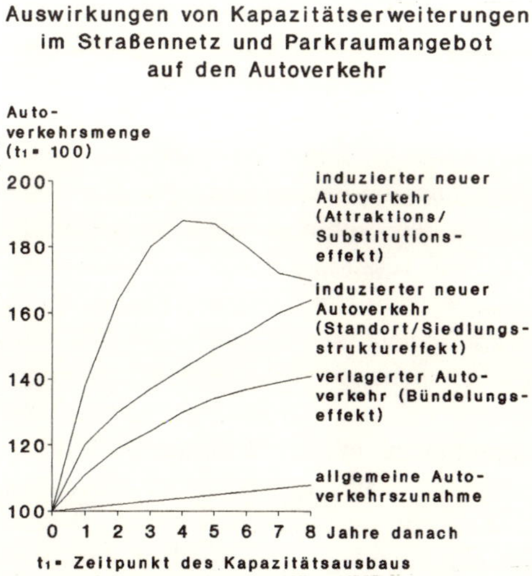

Neue Straßen und Parkplätze führen automatisch auch zu immer neuem Autoverkehr; eine Spirale ohne Ende.

dem allgemeinen Ruf »Was fehlt, sind Parkplätze!«. Der Feststellung einer wachsenden Parkraumnot folgte regelmäßig die Forderung nach dem Bau neuer Parkplätze, Parkhäuser und Tiefgaragen, nach Freigabe der Geh- und Radwege zum Parken und nach Beseitigung aller Park- und Halteverbote. Überall begann man die Parkkapazitäten forciert zu erweitern, jedes freie Fleckchen Stadtboden wurde zum Parken genutzt. Man versprach, so die Parkprobleme zu lösen. Doch auch hier schaukelte sich die Entwicklung nur auf. Trotz neuer Parkplätze, Parkhäuser, Tiefgaragen, einer immer liberaleren Parküberwachung, eines fast völligen Tolerierens des Gehweg- und Radwegparkens nahm der Parkdruck nicht ab, sondern zu. Die Parksuchzeiten wurden immer länger. Das Parkchaos wurde in vielen Innenstädten, Innenstadtrandgebieten und Nebenzentren zum Dauerzustand. Die neuen Autoverkehrskapazitäten auf den Straßen und beim Parken hielten den Drang zu Autobesitz und Autonutzung in Gang und konnten sich damit auf das Verkehrsverhalten von immer mehr Menschen auswirken. Sie beeinflußten nicht nur das Verkehrsverhalten der zunächst mit der neuen Straßen- und Stellplatzkapazität anvisierten Verkehrsteilnehmer, sondern wirkten sich auf das Verkehrsverhalten eines immer größeren Potentials von Menschen aus und hatten somit gewaltige Folgen für die Siedlungs- und Stadtentwicklung. Es veränderten sich sukzessive die Standort- und Erreichbarkeitsbedingungen vieler Gebiete und Einrichtungen. Sie wurden von mehr und mehr Autoverkehr angesteuert. Diese Wirkungsmechanismen kann man gut mit der Reaktion von Tauben vergleichen. Wer zum Beispiel mit einem Sack Körnerfutter zu einer Stelle geht, an der üblicherweise einige Tauben sind, und anfängt, die Tauben zu füttern, erlebt folgendes: Zunächst sind nur ein paar Tauben da. Dann lockt das reichliche Futter immer mehr Tauben an. Jetzt gerät der Fütterer in

Mit dem Autoverkehr ist es wie mit den Tauben. Wenn man ihn »füttert«, kommen immer mehr Autos.

den Zwang, wegen der vielen Tauben immer mehr Futter zu streuen. Und schon kommen noch mehr Tauben nach, bis sich alle weit und breit erreichbaren Tauben in drangvoller Enge um das ausgestreute Futter streiten. Die anderen Futterplätze verlieren an Interesse.

Der Konzentrationseffekt: vom Straßenbau bewußt gefördert

Mit dem »Futter« der Ausbaumaßnahmen oder der neuen Entlastungsstraßen sollten zunächst »nur« die Stauerscheinungen behoben und der aufgrund der Stauerscheinungen in die umliegenden Gebiete verteilte Schleichverkehr wieder »zurückgeholt« werden. Der Autoverkehr sollte nach dem sogenannten »Staubsaugerprinzip« auf ausreichend ausgebauten Hauptverkehrsachsen gebündelt werden. Dabei wurde erwartet, daß Autofahrer solche Straßen gerne annehmen, wenn sie darauf schnell und bevorrechtigt vorwärtskommen. Aus beiden Gründen, Kapazität und Komfort, stattete man sie bewußt mit besonders üppiger, autogerechter Verkehrsqualität aus, machte sie attraktiver und schneller als die anderen Stadtstraßen, mit breiterem Querschnitt, höherer Entwurfsgeschwindigkeit, höherer ausgeschilderter Geschwindigkeit, durchgängiger Vorfahrt, besonders autogerechten Ampelschaltungen etc. Auf diese

Weise erhielten sie am Ende »verführerische« Qualitäten. Kein Wunder also, daß es so gelang, viele Autofahrer zur Benutzung der neuen Straßen anzuregen und in ihrer Routenwahl auf die neuen Straßen umzupolen. 30 bis 40 Prozent beträgt in der Regel allein die jeweilige Verkehrszunahme aufgrund dieses Animier- und Bündelungseffektes.

Der Substitutionseffekt: eine schlimme Nebenwirkung

Durch autofreundliche Straßenverbindungen war das Konkurrenzverhältnis zwischen den Verkehrsarten verschoben. Mehr Flächen und Vorrechte für das Auto brachten öffentlichen Verkehr, Fußgänger- und Radverkehr auf die Verliererseite. Das Auto als Verkehrsmittel sollte konkurrenzlos attraktiv werden durch verkürzte Reisezeiten, bevorrechtigte Ampelschaltungen und hohen Fahrkomfort. Die großen Vorteile der Straßenum- und -neubauten für den Autoverkehr wurden bei der Eröffnung der neuen Straßen überall in den Zeitungen gepriesen und setzten sich dementsprechend in den Köpfen fest. Der publikumswirksame Ausbau der Infrastruktur für das Auto hatte eine hohe psychologische Symbolwirkung und demonstrierte allenthalben, wieviel man für die Autofahrer tat und wie man sie hofierte. Das alles verstärkte die Motivation zu mehr Autobesitz und häufigerer Autonutzung, es lockte immer mehr Leute weg von Bussen und Bahnen, vom Fahrrad- und Fußgängerverkehr.

Auf diese Weise sind den Wellen des Straßenausbaus sukzessive viele Radwege und breite Gehwege zum Opfer gefallen. Der Schnellstraßenbau hat viele Fuß- und Radwegverbindungen zerhackt, zerschnitten, in den Untergrund verlegt oder ganz abgehängt. Im Regelkreis verbesserter Reisezeiteffekte für den Autoverkehr und grober Vernachlässigung der Schnelligkeit und Pünktlichkeit von Bussen und Bahnen, die immer mehr vom anschwellenden Autoverkehr behindert wurden, konnte der öffentliche Verkehr nur ins Hintertreffen geraten. Sein Ruf war schnell ruiniert. Deshalb wurden regelmäßig nach dem Ausbau und Neubau komfortabler Straßen auf den konkurrierenden Linien des öffentlichen Verkehrs beträchtliche Einbrüche in der Frequentierung festgestellt. Auch die umfängliche Vermehrung der Parkkapazitäten in Innenstädten, Nebenzentren und an Arbeitsplatzschwerpunkten führte regelmäßig zu schweren Einbußen beim öffentlichen Verkehr.

Die autoorientierte Änderung in der Verkehrsmittelwahl führte zu einem beträchtlichen Mehrverkehr, der über kurz oder lang die anfänglichen Entlastungseffekte wieder wettmachen und neuerlichen Stau bringen mußte. Aber da war das Verkehrsverhalten schon so autogeprägt, daß eine Rückwanderung auf die anderen Verkehrsarten nicht mehr stattfand. Solche Substitutionseffekte wurden bei den allfälligen Forderungen nach mehr autogerechter Verkehrsinfrastruktur und mehr Stellplätzen bewußt oder unbewußt übersehen. Die mit diesem Regelkreis zwangsläufig ausgelösten Fahrgasteinbußen und Wirtschaftlichkeitsverluste beim öffentlichen Verkehr und die Attraktivitätseinbußen beim Fußgänger- und Fahrradverkehr wollte man nicht erkennen bzw. nahm sie billigend in Kauf.

Der Standort- oder Siedlungsstruktureffekt: das Drama einer Fehlentwicklung

Durch die immer autogerechtere Straßenqualität beeinflußten neue oder ausgebaute Straßen, die die Innenstädte mit dem Stadtrand und dem Umland im immer dichteren Netz verbanden, auf vielfältigste Weise das Standortverhalten. Ganz neue Ziele für das Verhalten in der Freizeit, beim Einkauf, bei der Wohnungs- und bei der Arbeitsplatzwahl taten sich auf und gerieten in den alltäglichen Aktionsradius. Zum Beispiel wurde es plötzlich möglich, ehemals weit entfernte Grundstücke und Häuser mit ihren zunächst billigeren Preisen in das Standortverhalten einzubeziehen, die vorher mit einem vertretbaren Zeitaufwand nicht erreichbar waren. Stadtrand und Umland wurden von einer forcierten Dynamik der Siedlungsentwicklung ergriffen, die sogenannte Suburbanisierung oder Zersiedlung erhielt einen neuen Schub.

Beim Einkaufs- und Freizeitverhalten ergab sich für die traditionellen Standorte in den Innenstädten und Nebenzentren eine immer schärfere Konkurrenz durch die neuen, autoorientierten Verbrauchermärkte, Shopping- und Freizeitzentren am Stadtrand und im Umland, die ihre Standorte bevorzugt längs der neuen, schnellen, autogerecht ausgebauten Radial- und Ringstraßen wählten. Auch immer mehr Unternehmer bezogen die preisgünstigen, mit dem Auto schnell und günstig erreichbaren peripheren Standorte in ihr Standortwahlverhalten ein und siedelten ihre Betriebe weit weg von den Zentren an, was ohne die autogerechten Straßenverbindungen nie möglich geworden wäre. Andererseits zogen die größeren Zentren ihrerseits über das ausgebaute Regionalstraßennetz auch aus immer entfernteren Gebieten des Umlandes Kunden für Einkauf und Freizeit an, die ihre näher gelegenen Zentren »übersprangen«.

In der Summe führten alle diese Reaktionen der Personen, Haushalte und Betriebe zu einer beachtlichen Zunahme des Autoverkehrsvolumens mit den neuerschlossenen Gebieten und Standorten. Auch das führte auf den ausgebauten oder neugebauten Straßen bald zu stetig wachsenden Verkehrsbelastungen, die weit über das ursprünglich in der Planungsphase angepeilte Autofahrerpotential hinausgingen und die Kapazitätsgrenzen der Straßen aufs neue sprengten. Diese Siedlungsstruktureffekte wurden im Vorfeld von Straßenbauentscheidungen beständig verleugnet. Naiv behauptete man, nur den bestehenden Verkehr verbessern und keinen Neuverkehr initiieren zu wollen. Nachher gab es nur Achselzucken, wenn die Zersiedlung durch autogerechten Straßenausbau angeheizt wurde und für die Kernstädte empfindliche Verluste an Wohnbevölkerung, Arbeitsplätzen, Kaufkraft, Kundenzahlen etc. gebracht hatte. Um nun aber mit dem autogerecht zersiedelten Umland mithalten zu können, forcierte man erneut den innerstädtischen Straßen- und Parkplatzausbau, um möglichst viel von dem verlagerten Kaufkraftpotential durch größere Autofreundlichkeit der Zentren zurückzuholen. Damit war die nächste Welle großzügiger Kapazitätserweiterungen des Parkplatzangebotes und des Straßennetzes durch neue Innenstadtringe, -tangenten und -zufahrtsstraßen eingeläutet. So litten die Städte dann erst recht unter den Überlastungserscheinungen.

Fazit: Herkömmliches Straßenbaukonzept forciert Wachstum des Autoverkehrs und Zersiedlung

Autogerechte, schnelle Straßenverbindungen und Stellplatzangebote »füttern« den Autoverkehr, sichern ihm reale oder vermeintliche Attraktivitäts- und Reisezeitvorteile und schüren die Erwartungshaltung, daß Verkehrspolitik und -planung dem Autoverkehr überall maximale Fahrbahn- und Stellplatzkapazitäten und hohe Schnelligkeit zu garantieren hätten. Vor diesem Hintergrund sind Wartezeiten, Staus, Zähflüssigkeiten und Umwege im Autoverkehr ein stetiger Ansporn für die Mehrheit der Planer, Politiker und Medien, auf Abhilfe zu pochen und immer neue Autoverkehrsinvestitionen zu legitimieren. Damit sind die fatalen Zunahmen der Autoverkehrsbelastung und Zersiedlungserscheinungen vorprogrammiert. Man organisiert sich auf diese Weise selbst den immer weiterwachsenden Bedarf für immer neue Straßenbau- und Stellplatzinvestitionen in einem sich selbst verstärkenden Regelkreis. Gleichzeitig sind damit auch die immerwährenden Enttäuschungen vorgezeichnet, daß man trotzdem nicht die Autoverkehrsprobleme löst. Die Staus werden länger statt kürzer, und die Parkplatznot wird größer statt kleiner.

Gesetzmäßigkeiten lassen sich umdrehen: Man kann auch Fußgängerverkehr, Fahrradverkehr, Busse und Bahnen »füttern«

Der Zusammenhang von hoher Attraktivität, Schnelligkeit, Komfort, sonstigen Nutzervorteilen und entsprechender Verkehrsmittelwahl gilt natürlich nicht nur für den Autoverkehr. Statt der Autofahrer kann man auch Fußgänger, Radfahrer und Benutzer von Bussen und Bahnen füttern: indem man ihnen Vorteile einräumt, ihre Art der Verkehrsteilnahme »verführerisch« macht und ihre Behinderungen abbaut, während man die Autonutzung stärkeren Restriktionen unterwirft. Durch energische Kurskorrekturen zugunsten von öffentlichem Verkehr, Fußgänger- und Fahrradverkehr lassen sich gegenläufige, für die Stadt- und Verkehrsentwicklung vorteilhafte Konzentrations-, Standort- und Substitionseffekte erzielen.

Attraktive Achsen und Netze für Fußgänger steigern Fußgängerverkehr und Standortqualität

Mit zum Gehen attraktiv gestalteten Straßennetzen vergrößert sich die Verkehrskapazität für Fußgänger, denen heute oft nur schmale und behinderungsreiche Gehwege zur Verfügung stehen, die ständig durch große Kreuzungen, Einmündungen und unüberquerbare Autoverkehrsstraßen unterbrochen sind. Die typischen Reisezeitverluste, Behinderungen und Unbequemlichkeiten für Fußgänger verschwinden. Eine Verbreiterung und gute Gestaltung der Gehflächen symbolisieren nachdrücklich: Hier gilt der Fußgänger wieder etwas. In allen Fällen, in denen Städte und Gemeinden große Fußgängerzonen und Hauptfußwegachsen als Verbindung zu den Innenstädten angelegt haben, ist die Zunahme des Fußgängerverkehrs beachtlich. Beispiele hierfür sind Hannover, Göttingen, Osnabrück, Freiburg, Nürnberg und Erlangen. Meist haben sich die Fußgängermengen in den jeweiligen Straßenräumen mehr

Steigerung der Fußgängerzahlen durch eine große Fußgängerzone

(Beispiel Nürnberg)

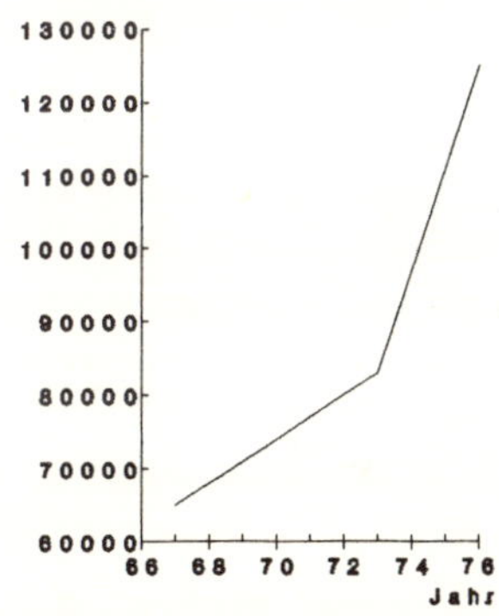

Änderung der Verkehrsmittelwahl der Besucher durch eine große Fußgängerzone

(Beispiel Göttingen)

	zu Fuß	Fahrrad	Bus	Auto
vor Ausbau der Fußgängerzone	34	7	18	41
nach Ausbau der Fußgängerzone	51	12	20	17

In großen Fußgängerzonen steigt der Fußgängerverkehr stark an, und der Anteil der Besucher, die zu Fuß in die Innenstadt kommen, wächst beträchtlich.

als verdoppelt, häufig sind die Aufenthaltszeiten und Weglängen der Fußgänger beträchtlich gestiegen. Ein Konzentrationseffekt ergibt sich insofern, als viele Fußgänger von den parallelen, weniger fußgängerfreundlichen Straßen auf die attraktiven Fußgängerzonen, Fußgängerstraßen und Hauptfußwegachsen abwanderten. Ein Effekt im Standortverhalten ergibt sich dadurch, daß sich die Bindungen an die durch die attraktiven Fußgängerbereiche und Hauptfußwegachsen erschlossenen Gebiete verstärkten. Die Gebiete werden häufiger als früher für die verschiedensten Aktivitäten, vor allem auch im Bereich Freizeit, Kultur und Gastronomie, aufgesucht. Das wird ablesbar an den deutlich gestiegenen Passantenzahlen und an den Besucherzahlen in den im Ausstrahlungsbereich gelegenen Geschäften, Lokalen etc. Ein Substitutionseffekt ergibt sich dadurch, daß kurze Fahrten weniger als vorher mit dem Auto, sondern wieder mehr zu Fuß zurückgelegt werden. Im Umfeld großer Fußgängerzonen und Hauptfußwegachsen ist für gleiche Zwecke und Enfernungen der Fußweganteil viel höher als in Vergleichsgebieten ohne attraktive Fußwegbedingungen.

Attraktive Radwegenetze und Hauptradwegachsen steigern Fahrradverkehr

Auch Städte, die einen konsequenten Ausbau attraktiver Fahrradverkehrsanlagen und insbesondere von Hauptradwegachsen forciert haben, konnten damit beträchtliche Zunahmen im Fahrradverkehr erreichen und typische Konzentrationseffekte, Standorteffekte und Substitutionseffekte anstoßen. In mehreren Studien ist ein deutlicher Zusammenhang zwischen der Qualität der Fahrradverkehrsinfrastruktur und der Intensität des Fahrradverkehrs sowie der Häufigkeit der Fahrradnutzung ermittelt worden. Besonders genau untersucht sind solche Effekte für einige Hauptradwegachsen in den holländischen Städten Tilburg und Den Haag. Hier wurden jeweils quer durch die Städte attraktiv ausgebaute, radfahrerfreundlich gestaltete, gegenüber dem Autoverkehr weitgehend bevorrechtigte und störungsfreie Hauptradwegachsen angelegt, die auch das Fahren in Gruppen nebeneinander zulassen. Hinzu kommen umfangreiche Fahrradabstellmöglichkeiten an allen wichtigen Zielpunkten.

Nach der Eröffnung der Achsen gab es sprunghafte Zunahmen des Fahrradverkehrs, in Den Haag um 70 Prozent, in Tilburg um 140 Prozent. Teilweise resultieren die Zunahmen aus einem Konzentrationseffekt, der Radverkehr wird bis zu einer bestimmten Entfernung aus den Seitenstraßen angezogen. Ein Teil der Zunahmen ist Neuverkehr, weil durch die verbesserten Radverkehrsverbindungen das Fahrrad öfter für die betreffenden Wege eingesetzt wird als vorher. Hier liegen die besonders erwünschten Umsteigeeffekte, weil viele Verkehrsteilnehmer für kurze und mittlere Wege nun vom Auto aufs Fahrrad umgestiegen sind. Ein Teil der Zunahmen ergibt sich aus Standorteffekten, weil innerstädtische Ziele und Ziele längs der Trasse häufiger als vorher aufgesucht werden.

Attraktive Verbindungen für Busse und Bahnen steigern Verkehrsteilnahme

Für Busse und Bahnen sind die Effekte eines konsequenten, attraktiven Ausbaus und einer durchgreifenden Beschleunigung mehrfach nachgewiesen worden. Wo Busse und Bahnen eigene, vom Autoverkehr unabhängige, störungsfreie Trassen erhielten, mit Vorfahrt an Kreuzungen und Einmündungen und Vorrangschaltungen an Ampeln, wo das Taktangebot verbessert und der Haltestellenzu- und -abgang für die Kunden attraktiv gestaltet wurden, nahmen im öffentlichen Nahverkehr regelmäßig die Fahrgastzahlen deutlich zu, teilweise um mehr als das Doppelte.

In München stiegen die täglichen Fahrgastzahlen auf den regionalen Verbindungen nach dem Ausbau der S-Bahn von 160000 Ende der 60er Jahre auf 625000 1985. Im Bereich der städtischen Schnellbahnen stieg in derselben Zeit das Beförderungsvolumen von 125000 auf 670000 Fahrgäste täglich. Gleichzeitig sank der Anteil des Autoverkehrs am innerstädtischen Verkehr um 27 Prozent. In Hannover stiegen nach Ausbau und Beschleunigung einer Stadtbahnlinie die Beförderungszahlen auf dieser Verbindung um 64 Prozent. In dem Korridor längs dieser attraktiven Strecke werden inzwischen 78 Prozent aller motorisierten Fahrten mit der Bahn gemacht. In Köln wuchsen nach Ausbau und Beschleunigung einer Straßenbahnstrecke die Fahrgastzahlen um 42 Prozent. Ähnliche Beispiele gibt es aus vielen anderen Städten. Besonders wichtig sind dabei die Fälle, wo nicht nur der Ausbau einzelner Strecken erfolgte, sondern der gesamte öffentliche Nahverkehr flächendeckend ausgebaut und verbessert wurde, so daß sich die gesamte Verkehrsentwicklung änderte. Vorbildliche Beispiele hierfür gibt es in Holland, Skandinavien und der Schweiz. In Den Haag führte der Ausbau des Straßenbahnnetzes von 1978 bis 1982 zu einem Zuwachs um 37 Prozent. In Odense wuchsen die Fahrgastzahlen von 1978 bis 1981 um 50 Prozent, in Kopenhagen von 1979 bis 1982 um 20 Prozent. In Malmö wuchsen sie von 1976 bis 1981 um 25 Prozent, in Uppsala von 1972 bis 1978 um 21 Prozent. In der Schweiz nahmen sie in Bern von 1984 bis 1987 um 22 Prozent zu, die Zahl der regelmäßigen Dauerkunden bei Bussen und Bahnen mit Monats- oder Jahresabos wuchs sogar um 59 Prozent. In Zürich nahm, ohnehin auf hohem Niveau, die Zahl der Fahrgäste von 1985 bis 1988 um 25 Prozent zu. Aber auch einige deutsche Städte haben durch eine offensive Nahverkehrsförderung wieder starken Zuwachs bei Bussen und Bahnen erreicht. In Freiburg wuchs die Zahl der Fahrgäste von 1981 bis 1987 um 21 Prozent, die Zahl der regelmäßigen Dauerkunden mit Monats- und Jahreskarten konnte sogar um 148 Prozent gesteigert werden. In Karlsruhe führten der stetige Schienennetzausbau und die offensive Tarifpolitik zu einer Steigerung der Fahrgastzahlen von 1980 bis 1987 um 41 Prozent.

Hier wirken mehrere typische Faktoren zusammen. Zunächst ergibt sich eine häufigere Benutzung von Bussen und Bahnen durch die bisherigen Kunden, weil sie ihr Mobilitätsverhalten dem attraktiveren Angebot angepaßt haben. Hinzu kommen Umsteigeeffekte durch bisherige Autofahrer, die jetzt regelmäßiger Busse und Bahnen benutzen. Hinzu kommen Konzentrationseffekte innerhalb des Liniennetzes, weil die neuen, attraktiven und schnellen Linien gegenüber den anderen Linien bevorzugt werden. Und schließlich ergeben sich typische Standorteffekte, weil die jetzt mit öffentlichem Nahverkehr besser erschlossenen Standorte stärker als vorher aufgesucht werden.

Fazit: Regelkreise richtig planen

Diese Beispiele aus dem Fußgänger-, Fahrrad- und öffentlichen Verkehr machen klar: Der Teufelskreis des Stadtverkehrs muß sich nicht zwangsläufig weiterdrehen, mit noch mehr Autoverkehr, noch mehr Zersiedlung, noch mehr Stadt- und Landschaftszerstörung durch autogerechte Straßenbau- und Parkplatzprojekte, mit allmählicher Zerstörung der Stadtgestalt und wirtschaftlicher Anziehungskraft der Innenstädte. Städte, die energisch gegen den autoorientierten Teufelskreis ansteuern und ihr »Futter« nicht weiter einseitig und unsensibel dem schadenbringenden Autoverkehr zuteilen, können diesen wieder verringern und die umweltverträglicheren, leistungsfähigeren Verkehrsarten steigern. In Göteborg, Malmö, Kopenhagen, Amsterdam, Bern oder Hannover konnten mit dieser Strategie die Zahl der vom Stadtrand in die Kernstadt einfahrenden Autos deutlich verringert und der Autoanteil am Stadtverkehr gesenkt werden. Bern beispielsweise hat anstelle des üblichen Ausbaus des Straßennetzes und Stellplatzangebotes in der Innenstadt systematische Parkrestriktionen eingeführt, bis 1987 900 öffentliche Parkplätze und 30 000 Quadratmeter Autofahrfläche dem Autoverkehr entzogen und wird weitere 10 000 öffentliche Stellplätze abbauen. Gleichzeitig erfolgte ein beträchtlicher Ausbau des Liniennetzes der Trambahn und (Trolley-) Busse in Verbindung mit einer Tarifoffensive. So sehen geeignete Maßnahmen aus, falsch laufende verkehrliche Regelkreise umzusteuern und eine bewußte Wende herbeizuführen.

KAPITEL 8

Leistungsfähigkeit der Verkehrsarten: vom leichtfertigen und einseitigen Umgang mit einem zentralen Kriterium

Leistungsfähigkeit: der »magische Nabel« der Autoverkehrsplanung

Die Leistungsfähigkeit ist das zentrale Kriterium der Autoverkehrsplaner und Verkehrspolitiker. Mehr Leistungsfähigkeit begründet neue Straßen. Der Erhalt der Leistungsfähigkeit begründet den Widerstand gegen den Um- und Rückbau von Straßen. Wann immer eine Straße verschmälert, ein Parkplatz verkleinert, eine Busspur oder ein Fahrradweg von der Fahrbahn abgetrennt oder eine Ampel fußgängerfreundlicher oder passender für Busse und Bahnen geschaltet werden sollen, kommt unweigerlich der beschwörende Einwand: »Aber die Leistungsfähigkeit!« Wie ein »Menetekel« werden Leistungsverluste prophezeit. Der Autoverkehr breche zusammen, mit unerträglichen Folgen für das Leben in der Stadt, für die Wirtschaft, für die Umwelt usw. Die Leistungsfähigkeit des Autoverkehrs wird mit einer magischen Aura umgeben. Die kreuzungsfreie Autobahn mit vier oder gar sechs Spuren und einer Durchfahrkapazität von beispielsweise 40 000 oder 60 000 Kraftfahrzeugen am Tag wird so zum Inbegriff der leistungsfähigen Straße. Die wichtigen Kriterien wie Nutzungsverträglichkeit mit den anderen Verkehrsarten, Umweltverträglichkeit, Verkehrssicherheit, Gestaltungs- und Stadtqualität einer Straße fallen bei dieser Sichtweise unter den Tisch oder werden gegenüber der Autoverkehrsleistungsfähigkeit nur beiläufig erwähnt. Genausowenig wird nach der Leistungsfähigkeit der anderen Verkehrsarten gefragt. Denn wie leistungsfähig eine Straße ist, bestimmt nicht allein die Zahl der dort fahrenden Autos. Entscheidend ist die Zahl der Personen oder im Güterverkehr die Menge der Güter, die über den betreffenden Straßenabschnitt insgesamt transportiert werden, also Fußgänger, Radfahrer und Bus- und Bahnbenutzer mit eingeschlossen. So gesehen, hat eine Straße, über die hundert schlechtbesetzte Autos fahren, eine kleinere Leistungsfähigkeit als eine Straße mit dreißig vollbesetzten Autos. Wenn über diese Straße 200 Fußgänger gehen oder Radfahrer oder vier vollbesetzte Busse oder Straßenbahnen fahren, ist sie auch leistungsfähiger. Die kleine Gasse mit ihrer geringen Autoverkehrsleistungsfähigkeit kann als Fußgängerzone oder Fahrradtras-

Leistungsfähigkeit der Verkehrsarten auf 3 - 4 Meter Straßenbreite

Verkehrsmittel	Größte Leistung (Personen/h)
Fußgänger	20000
Radfahrer	13300
Auto	900-2300
Bus	7000-10000
Straßenbahn	18000-25000
Stadtschnellbahn	40000
S-Bahn	50000

Der öffentliche Verkehr hat die höchste Leistungsfähigkeit für den schnellen Transport vieler Menschen. Auch zu Fuß oder mit dem Fahrrad können sehr viel mehr Menschen eine Straße passieren.

se eine sehr hohe Leistungsfähigkeit erreichen. Eine S-Bahn-Strecke kann gut und gerne 200 000 Menschen am Tag über einen Streckenabschnitt transportieren, ohne daß ein einziges Auto beteiligt ist. Also hat nicht nur der Autoverkehr eine bestimmte Leistungsfähigkeit, sondern jede Verkehrsart bzw. Verkehrsanlage für eine Verkehrsart.

Hohe Leistungsfähigkeit des Fußgängerverkehrs

Der von Politikern und Planern stets als zu vernachlässigen belächelte Fußgängerverkehr hat eine sehr hohe Leistungsfähigkeit, unter den individuellen Verkehrsarten sogar mit Abstand die höchste. Auf einem ca. 3,5 Meter breiten Verkehrsband können im Fußgängerverkehr ca. 20 000 Personen je Stunde transportiert werden. Dieser Wert übersteigt den maximalen Personendurchfluß im Autoverkehr um das 22fache. Wer in kurzer Zeit möglichst viele Menschen durch einen bestimmten Straßenabschnitt durchschleusen will, läßt sie am besten laufen. Die Belastungen deutscher Großstadtfußgängerzonen übertreffen bei weitem die Belastungen starkfrequentierter Autobahnen. In der Kaufinger Straße in München wurden schon 1967 auf den Gehwegen Tagesbelastungen von 72 000 Fußgängern gezählt. Nach der leistungssteigernden Umwandlung zur Fußgängerzone stiegen die Spitzenbelastungen 1972 auf 120 000 Fußgänger, 1978 wurden 175 000 erreicht. Die physikalische Grenze wäre erst bei etwa 250 000 Fußgängern erreicht. Dabei handelt es sich um flanierende Fußgänger, die mit unterschiedlichen Geschwindigkeiten und Bewegungsrichtungen kreuz und quer durcheinandergehen. Solche Verkehrsbelastungen sind auf Autostraßen undenkbar. Man müßte zur Bewältigung einer entsprechenden »Spurwechselzahl« und diffusen Richtungsvielfalt eine solche Vielzahl von Fahrspuren mit »Fly-over-Verflechtung« untereinander anlegen, die unvorstellbar ist. Los Angeles' schlimmste Highways nähmen sich dagegen harmlos aus.

Die Gründe für die hohe Leistungsfähigkeit des Fußgängerverkehrs sind klar: Er hat einen sehr geringen Flächenbedarf, kann also besonders eng »gepackt« werden. Er ist sehr flexibel, so daß sich selbst größte Mengen von Fußgängern ohne technische Vorkehrungen und komplizierte Verkehrsregelungen begegnen oder kreuzen können. Am deutlichsten beweist sich die Leistungsfähigkeit des Fußgängerverkehrs, wenn nach Massenveranstaltungen Tausende nahezu gleichzeitig einen Saal oder ein Stadion verlassen. Die »Entleerung« geht nur so schnell, weil die Menschen zu Fuß sind. Wenn die Fußgängerströme dann aber die Großparkplätze erreicht haben, gerät der »Abfluß« schnell ins Stocken, und es kann Stunden dauern, bis das unweigerliche Verkehrschaos entwirrt ist. Es sei denn, dort warten leistungsfähige Massenverkehrsmittel auf den weiteren Abtransport.

Angesichts solcher Fakten ist es erstaunlich, daß deutsche Städte seit Jahrzehnten gerade den Fußgängerverkehr vernachlässigen und es versäumen, attraktive Hauptfußwegachsen zwischen den Zentren und den sie umgebenden Wohngebieten zu schaffen, um so möglichst platzsparend möglichst viele Verkehrsbeziehungen ab-

Fußgänger können sich ohne riesige Verkehrsbauwerke platzsparend, ohne Richtungstrennung, Ampeln und Verkehrszeichen etc. in kürzester Zeit in jede Richtung bewegen.

zuwickeln. Dort, wo solche Fußgängerachsen noch historisch überkommen sind, erweisen sie sich stets als Nabelschnüre für das Leben der Zentren. Nur in den Innenstädten konnte man sich dazu durchringen, wirklich leistungsfähige Fußgängerverkehrsanlagen zu schaffen: die Fußgängerzonen, die sich überall erfolgreich durchgesetzt haben. Sie sind oft so voller Menschen, daß Spötter sie gern als »Konsumentenrennbahn« bezeichnen. Doch meist sind sie kleine Inseln, ohne die notwendige Fortsetzung in die anschließenden Quartiere. Erst jetzt fangen einige fortschrittliche Städte an, ein übergeordnetes System von Hauptfußwegachsen zu planen und zu bauen und sich auf die enorme Leistungsfähigkeit des Fußgängerverkehrs zu besinnen.

Hohe Leistungsfähigkeit des Fahrradverkehrs

Daß auch der Fahrradverkehr sehr leistungsfähig sein kann, zeigt sich besonders in den Städten mit starkem Fahrradverkehr. Zum Beispiel in Münster, Bocholt, Erlangen, Bremen oder Cloppenburg, wenn dort morgens Schüler und Erwerbstätige mit dem Fahrrad ihren Zielen zustreben. Dann sind dort Tausende, in Münster auch Zehntausende von Radfahrern unterwegs, die auch enge Straßen passieren. Dort gibt es besondere Hauptachsen für den Fahrradverkehr wie zum Beispiel den alten Wall in Münster, der als autofreie Allee am Innenstadtrand entlangführt oder die »Direttissima« in Erlangen, die auf kurzem Wege autofrei die Innenstadt mit wichtigen Wohngebieten verbindet. Auf solchen Hauptachsen des Radverkehrs kann man große Radverkehrsmengen relativ problemlos bewältigen. Radfahrer können im Pulk nebeneinander und hintereinander fahren, können sich dabei flexibel ausweichen und begegnen. Dadurch ist auch für große Radverkehrsmengen nur ein geringer verkehrstechnischer Regelungsaufwand erforderlich. Über einen ca. 3,5 Meter breiten Streifen können ca. 13 000 Radfahrer je Stunde fahren, das sind 14mal soviel, wie im Autoverkehr möglich wäre. Historische Fotos der 30er und 50er Jahre zeigen, daß in fast allen deutschen Städten große Radfahrermengen auf den Straßen zwischen Fabriken, Behördern, Schulen, Einkaufszentren und Freizeitzielen unterwegs waren. Kreuzungen voller Radfahrer gehörten zum alltäglichen Bild. Damalige Zählungen an wichtigen Straßen belegen tägliche Radverkehrsmengen von 20 000 Radfahrern und mehr in größeren Städten wie Bremen, Köln, Berlin, München oder Hamburg. Höhere Belastungen werden heute noch auf wichtigen Radverkehrsverbindungen chinesischer Städte erreicht, wo der Radverkehr oft in Pulks von zwanzig und mehr nebeneinander fahrenden Radlern abläuft. Auch in holländischen oder

Auch große Radfahrerströme sind leicht von Stadtstraßen zu bewältigen, das zeigt jede Fahrraddemonstration. Und beim Abstellen brauchen Fahrräder weit weniger Platz als Autos.

japanischen Städten gibt es auf wichtigen Strecken unglaubliche Konzentrationen des Radverkehrs mit Spitzenstundenwerten von 5000 bis 8000 Radfahrern je Richtung. Das zeigt, was der Radverkehr leisten kann, wenn man ihn entsprechend fördert.

Busse und Bahnen: leistungsfähiger Massenverkehr

Busse und Bahnen werden oft als »Massenverkehr« bezeichnet. Der Begriff sagt eigentlich schon alles über ihre Leistungsfähigkeit: Sie können große »Massen« transportieren, eignen sich als idealer »Leistungsträger« im Verkehr. Schon ein System von relativ kleinen, wendigen Citybussen schafft über einen Straßenabschnitt von 3,5 Metern fast das Zehnfache des Autoverkehrs, eine Standardbuslinie schafft das Zwanzigfache, eine Straßenbahn das 27fache und eine U- oder S-Bahn das 24fache. Nur mit Bussen, Straßenbahnen und Schnellbahnen können große Menschenmengen im wahrsten Sinne des Wortes »zügig« bewegt werden, nur so kann gute und schnelle Erreichbarkeit für viele gesichert werden. Um 40 000 Menschen dagegen mit Autos zu befördern, braucht man Stadtautobahnen, muß ganze Stadtviertel abreißen und sämtliche verfügbaren Freiflächen, Parks etc. zu Parkplätzen umfunktionieren. Je mehr Menschen mit Autos statt mit Bussen und Bahnen in die Städte wollen, um so schwieriger wird es, das Ziel direkt zu erreichen, weil das ganze Umfeld von verstopften Straßen und besetzten Parkplätzen blockiert wird.

Die richtige Erkenntnis von der großen Leistungsfähigkeit der Bahnen motivierte um die Jahrhundertwende viele Städte, neue Schienenverkehrsmittel auszubauen. Sie ermöglichten das Wachstum der Metropolen, wurden zum Motor der Stadtentwicklung. Auch viele kleinere Städte legten sich weitverzweigte Lokalbahn- und Regionalbahnnetze zu, um eine hohe Erreichbarkeit gegenüber dem Umland zu sichern. Daß später dann trotzdem der öffentliche Verkehr überall vernachlässigt wurde, zeigt, daß die konkurrenzlose Leistungsfähigkeit dieses Verkehrssystems im »Rausch« der Autobegeisterung vorübergehend völlig aus dem Bewußtsein verdrängt wurde. Erst jetzt besinnen sich viele Städte wieder darauf, daß leistungsfähige Massenverkehrsmittel die Nabelschnüre der Städte sind und die insgesamt hohe Leistungsfähigkeit eines Verkehrssystems sichern. Gerade in den USA, wo der Versuch, die Leistungsfähigkeit des Autoverkehrssystems auch um den Preis der Stadtzerstörung immer weiter zu steigern, jahrzehntelang betrieben wurde, wächst jetzt die Einsicht in den Leistungsvorsprung der Schienenverkehrsmittel, werden allenthalben neue Straßenbahn-, Stadtbahn- und Regionalbahnprojekte gestartet, mit dem deutlichen Motto »Let's Rail Save the City« (laßt die Bahnen die Zentren retten).

Autoverkehr erstaunlich wenig leistungsfähig

Die von Politikern und Planern so lange überschätzte und zum obersten Planungsziel erhobene Leistungsfähigkeit des Autoverkehrs ist im Vergleich zu den anderen Verkehrsarten gering. Sie erlaubt es, auf einer normalen Stadtstraßenfahrspur von ca. 3,5 Metern Breite etwa 900 Personen pro Stunde zu befördern. Auf einer kreuzungsfreien Schnellstraßenfahrbahn kann die Zahl auf 2300 Personen ansteigen. Im Vergleich zum Fußgänger-, Fahrradverkehr und zu Bussen und Bahnen sind das sehr kleine Werte. Dies hat mehrere Gründe. Zunächst bedingt der ungewöhnlich hohe Flächenbedarf des Autos beim Fahren und Parken, daß auf einer begrenzten Fläche nur wenig Autos gleichzeitig untergebracht werden können. Autos lassen sich nicht so eng »packen« wie Fußgänger, Radfahrer oder Benutzer von Bussen und Bahnen. Das Sitzplatz-Fahrzeug-Verhältnis ist beim Auto sehr ungünstig, es wird viel unnötiger Flächenbedarf erzeugt. Das gilt natürlich erst recht bei dem meist minimalen Besetzungsgrad der Autos von 1,3 Personen pro Fahrzeug. Erschwerend hinzu kommen die notwendigen großen Abstands- und Rangierflächen, die das Auto beim Fahren und Stehen nach allen Seiten benötigt. Das Auto hat eine geringe Bewegungsflexibilität im Vergleich mit den nichtmotorisierten Verkehrsarten, zumal beim schnellen Fahren. Deshalb werden Fahrspuren und aufwendige technische Vorkehrungen beim Kreuzen (Abbiegespuren, Aufstellzonen, Vorfahrt- und Ampelregelungen) benötigt. Die geringe Bewegungsflexibilität ist auch der Grund, warum sich im Autoverkehr sehr schnell Staus bilden, wenn sich dem Autostrom Störungen in den Weg stellen, wenn durch Überholmanöver und Spurenwechsel Unregelmäßigkeiten auftreten bzw. mehr Autos auf die Straße wollen, als Platz frei ist. Fußgänger oder Radfahrer können in solchen Fällen einfach enger zusammenrükken oder ausweichen. Eine Autostraße dagegen ist schnell »zu«, wenn es nur an einer Stelle »kneift«.

Schließlich ist ein besonderes Manko, daß das Auto nach Gebrauch abgestellt werden muß und enorme Flächen beansprucht. Im Schnitt wird ein Auto nur 4 Prozent eines Tages gefahren, die restlichen 96 Prozent steht es irgendwo herum. Eigentlich also ist es ein Stehzeug, das Platz zum Parken nicht nur an einem Standort, sondern an den verschiedensten Zielen braucht. Je mehr Autos dabei auf der Straße abgestellt werden, desto weniger Verkehrskapazität bleibt für fahrende Autos, für Busse und Bahnen, für Fußgänger und Radfahrer. Daher droht früher oder später das Gesamtverkehrssystem am Flächenbedarf massenhaft abgestellter Autos zu verstopfen. Ablesbar wird das in Straßen, in denen in zweiter oder gar dritter Reihe geparkt wird und dadurch die Bewegungsflächen für alle Verkehrsarten immer kleiner werden.

Geschwindigkeit und Leistungsfähigkeit: ein oft mißachteter Zusammenhang

Die Leistungsfähigkeit der individuellen Verkehrsarten Fußgänger-, Fahrrad- und Autoverkehr hängt auch maßgeblich von der richtigen Geschwindigkeit ab. Schon bei den Fußgängern und Radfahrern lehrt die Alltagserfahrung: Wenn zum Beispiel am Ausgang eines Fußballstadions oder eines Versammlungsraums große Menschenmassen plötzlich ihr Tempo beschleunigen und zu rennen anfangen, sinkt schlagartig die Leistungsfähigkeit. Rennende Menschen brauchen nach allen Seiten mehr Abstand als ruhig gehende. Sie können nicht mehr flexibel und schnell genug aufeinander reagieren. Chaos ist die Folge. Deshalb die stete Mahnung von Polizei und Ordnungskräften bei Massenveranstaltungen, die Ruhe zu bewahren, nicht zu drängeln und zu rennen. Auch bei Fahrraddemonstrationen oder Volksradwandertagen, wenn eine Vielzahl von Radfahrern unterwegs ist, kann man die gleiche Erfahrung machen. Schnelles Radfahren ist im dichten Pulk nicht möglich, bei wachsender Geschwindigkeit ziehen sich die Pulks auseinander, aus einem dichtgedrängten Haufen wird eine lange Kette, damit aber ist die Leistungsfähigkeit viel geringer.

Für Autobahnen gilt der gleiche Zusammenhang. Sie erreichen ihre höchste Leistungsfähigkeit nicht bei Spitzengeschwindigkeiten, sondern bei 60 bis 80 Stundenkilometer, je nach Abstandsverhalten der Autofahrer. Bei wachsender Geschwindigkeit braucht man weit größere Sicherheitsabstände. Dadurch werden die scheinbaren Vorteile des Tempos, in gleicher Zeit mehr Autos durch einen Straßenabschnitt zu schleusen, in ihr Gegenteil verkehrt. Wenn die Autos zu schnell fahren, passen um so

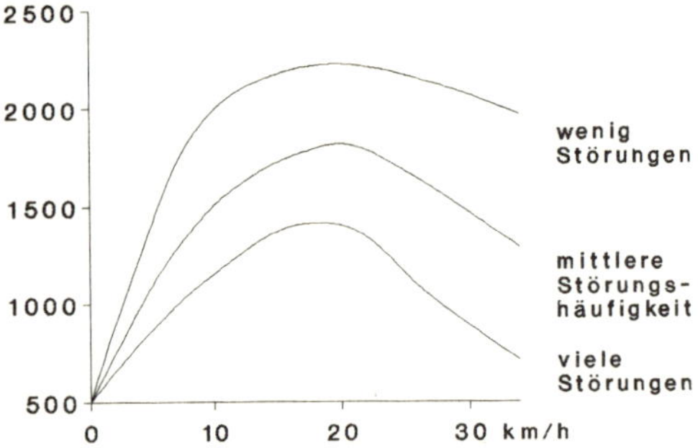

Mit wachsender Geschwindigkeit sinkt die Leistungsfähigkeit einer Autofahrspur. Zu schneller Autoverkehr produziert verstopfte Straßen.

weniger durch. Aus diesem Grund versuchen intelligente Verkehrsbeeinflussungssysteme in Japan, den USA und neuerdings auch in Deutschland, die Fahrgeschwindigkeiten bei wachsender Dichte des Autoverkehrs deutlich zu vermindern, um auf diese Weise Staus zu vermeiden. Bei sehr hoher Verkehrsdichte stellt sich auf Autobahnen in Ballungsgebieten meist von ganz allein eine mittlere Fließgeschwindigkeit von rund 60 Stundenkilometern ein. Damit dieser für die Autoverkehrsleistungsfähigkeit günstige Verkehrsfluß nicht durch zu schnell fahrende Autofahrer gestört wird, die durch ihre Hektik sofort zur Staubildung führen, werden immer häufiger verkehrsabhängige, elektronische Steuerungsanlagen vorgeschlagen, anstatt an immer weiteren Autobahnausbau zu denken. Die erste Großanlage dieser Art soll ab 1990 im Ruhrgebiet auf der A 430/B 1 installiert werden.

Auf Stadtstraßen verkehren die Autos nicht wie auf der Autobahn in einer Art »geschlossenem« System, sondern auf einem engvermaschten Straßennetz mit vielen Einmündungen und Kreuzungen, kurzer Folge von Grundstückszufahrten, Parkstreifen am Straßenrand, beidseitigen Gehwegen und häufigen Fußgängerquerungen. Auf der Fahrbahn fahren schnellere und langsamere Fahrzeuge, und es wird in kurzer Folge je nach Fahrabsicht beschleunigt, gebremst, überholt, abgebogen und eingebogen. Aufgrund dieser vielfältigen Überlagerungen und Störungen setzt sich in Stadtstraßen der Fahrzeugstrom aus sehr heterogenen Einzelabläufen zusammen und ist entsprechend unregelmäßig. Jedes Brems- und Beschleunigungsmanöver führt zu vielfachen Kettenreaktionen der nachfolgenden Fahrzeuge, die je nach Situation mit entsprechender Verzögerung durch die Wahrnehmungs- und Reaktionszeit abbremsen oder beschleunigen. Physikalisch wird dieses Phänomen als Ziehharmonikaeffekt beschrieben. Für einen dermaßen unregelmäßigen Autoverkehrsfluß ist eine niedrige Geschwindigkeit am leistungsfähigsten. Überschreitet die Geschwindigkeit einen kritischen Wert, so kommt es zu starken Dichteschwankungen. Es bilden sich »Schockwellen«, die sich innerhalb des Fahrzeugstromes schnell fortpflanzen, es kommt zu den für Staubildung typischen Stop-and-go-Wellen. Nur durch Beschränkung der Geschwindigkeiten ist eine Homogenisierung der Verkehrsströme möglich, kann das Entstehen von Stop-and-go-Wellen vermindert, der Ausschlag und die Ausbreitung der Wellen gedämpft werden. Dadurch steigt die Kapazität. Die angelsächsischen Verkehrswissenschaftler haben das Phänomen genauer untersucht und für verschiedene Straßentypen die leistungsoptimalen Geschwindigkeiten bestimmt. Dabei erweisen sich für den gemischten Stadtverkehr Geschwindigkeiten zwischen 20 und 40 Stundenkilometer als leistungsoptimal.

Eine Verringerung der Geschwindigkeiten ist also nicht, wie so oft behauptet, leistungsmindernd. Das gilt auch und gerade für die stark belasteten innerörtlichen Hauptverkehrsstraßen. Heute sind dort oft Zielgeschwindigkeiten – das sind die Geschwindigkeiten, auf die Autofahrer bei jeder sich bietenden Gelegenheit zu beschleunigen versuchen – von 70 Stundenkilometern und mehr üblich. Durch eine Verminderung auf 40 Stundenkilometer würde auch die Zahl der dort besonders häufigen Auffahrunfälle verringert, die wegen zu hoher Geschwindigkeit und nicht eingehaltener Sicherheitsabstände im inhomogenen Fahrzeugstrom an der Tagesordnung sind. Andere Länder wie Großbritannien, die USA und Japan haben deswegen schon früh begonnen, auf dem innerörtlichen Hauptverkehrsstraßennetz niedrige Geschwindigkeitsbegrenzungen festzusetzen, um einen hohen homogenen Autoverkehrsfluß zu sichern, Auffahrunfälle zu vermeiden, die erheblichen Unfalldichten auf diesen Straßen zu vermindern und die unerträglichen Lärm- und Abgasbelastungen zu senken.

Leistungsfähigkeit als Alibi für übertriebenen Komfort beim Autoverkehr

Die Argumente zur Autoleistungsfähigkeit der Straßen sind vielfach nur vorgeschoben, um überzogene Komfortansprüche des Autoverkehrs durchzusetzen. Vielen Klein- und Mittelstädten sind beispielsweise in den 70er Jahren mit solchen aus Komfortgründen »hochgejubelten« Argumenten vierspurige Ringstraßen, Tangenten und Radialstraßen »verordnet« worden, die nicht annähernd für die Autoverkehrsmengen nötig waren und in Einzelfällen auch schon wieder auf zwei Spuren reduziert wurden, weil die Geschwindigkeitsprobleme übermächtig wurden und die anderen Verkehrsarten im Übermaß vernachlässigt waren. Auch an vielen Kreuzungen sind oft spezielle Rechts- und Linksabbiegespuren für den Autoverkehr eingerichtet und damit die anderen Verkehrsarten um ihre Verkehrsflächen beraubt worden. Diese Erkenntnisse lassen sich trefflich bestätigen, wenn man im Zusammenhang mit innerstädtischen Baustellen den Verkehr beobachtet. Obwohl dann vorübergehend Teile der Fahrbahnen oder Kreuzungen unbenutzbar werden, erweist sich oft, daß der gleiche Autoverkehr auch mit der verminderten Autoverkehrsfläche gut zurechtkommt, daß es allenfalls in der Spitzenstunde die üblichen Stauprobleme gibt. Ähnlich aufschlußreich sind die alljährlich im Winter bei Schnee zu machenden Erfahrungen, daß nur ein Teil der Autoverkehrsflächen von Autospuren zerfurcht ist, während große Fahrbahnflächen offenbar gar nicht vom Autoverkehr benötigt werden.

Das System Nadelöhr: Diskrepanzen in der räumlichen Verteilung von Leistungsfähigkeit

»Eine Kette ist immer so stark wie ihr schwächstes Glied«, sagt ein Sprichwort. Das Straßennetz der Städte und Gemeinden hat aufgrund der historischen Entwicklung und der unterschiedlichen Möglichkeiten für den Straßen- und Parkplatzausbau eine sehr asymmetrische Verteilung der Leistungsfähigkeit. Am Stadtrand und im Umland wurde ein hochleistungsfähiges Autostraßennetz geschaffen, weil es hier viel Platz für Straßenneubau gab und sich hier die Bautätigkeit in der Boomzeit der Siedlungsentwicklung nach autogerechten Maßstäben konzentrierte. Die tatsächlichen Autoverkehrsmengen dagegen waren in der Randlage wegen der geringen Nutzungsdichte eher gering. Somit ergibt sich draußen ein beträchtliches Überangebot von Verkehrsflächen zum Autofahren und Parken. Je mehr sich die Straßen aber den Zentren nähern, desto stärker begrenzen verkehrliche und städtebauliche Restriktionen die Kapazität. Das Straßennetz wird engmaschiger, die Abstände zwischen den Kreuzungen, Einmündungen und Grundstückszufahrten werden kürzer. Die Bebauung und städtebauliche Nutzung werden immer dichter. Daraus resultiert eine Massierung von Querverkehr, von Er-

Verteilung der Straßenkapazität und der Autoverkehrsbelastung

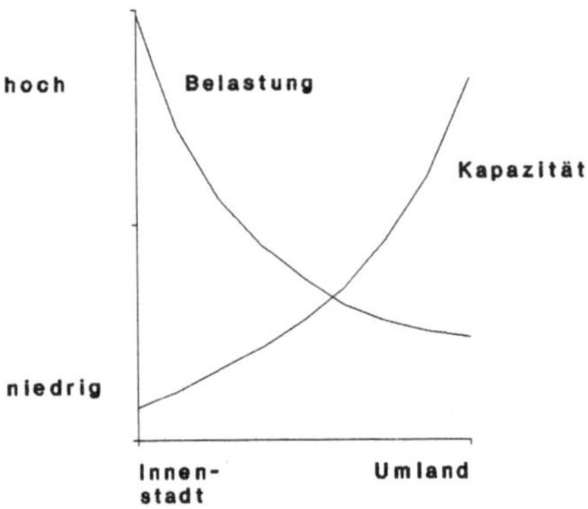

Die meisten Straßennetze sind asymmetrisch. Viel Autoverkehrskapazität am Stadtrand, wo wenig Autoverkehr ist; knappe Kapazität in der Innenstadt, wo sich der Autoverkehr drängt.

schließungsverkehr zum Laden und Liefern, von Parkvorgängen, eine Massierung von Fußgängerverkehr und -querungen, von Fahrradverkehr und Haltestellen für Busse und Bahnen. Der Straßenraum wird aufgrund des ganz anderen, historisch gewachsenen Maßstabs immer enger, und in ihm überlagern sich nun die vielfältigen Verkehrsvorgänge aller Verkehrsarten in hoher Zahl.

All dies verringert zwangsläufig die Durchfahrkapazität der Straßen, bedingt vielfältige Unregelmäßigkeiten im Autoverkehrsfluß, zwingt zum häufigen Abbremsen und Anhalten. Bedingt durch die städtebauliche Struktur und Bebauung, kann die Durchfahrkapazität nur um den Preis weitgehender Stadtzerstörung erweitert werden. Weder können die Straßenräume und Parkkapazitäten beliebig ausgeweitet, noch können die Nutzungsvielfalt und -überlagerung »stillgelegt« werden. Eine der Leistungsfähigkeit am Stadtrand und im Umland entsprechende Autoverkehrskapazität ist in den dichtbebauten Stadtgebieten nicht herstellbar. Das Problem ist, daß der Ausbau der Autoverkehrskapazität am Stadtrand und im Umland nicht mit der des innerstädtischen Straßennetzes abgestimmt wurde, sondern isoliert erfolgte, obwohl zwischen beiden Bereichen ein wichtiger Systemzusammenhang besteht. Da täglich viele Menschen vom Stadtrand und Umland in die Städte wollen und ihnen beim Fahrtanfang die Verkehrsanlagen in ihrer Überdimensionierung eine hohe Autoleistungsfähigkeit des Straßensystems und ein schnelles Fortkommen suggerieren, fahren viel mehr Leute mit dem Auto, als die Straßen- und Parkkapazität an den Zielen in den Städten selbst verkraften. Dadurch kommt es automatisch an den Bruchstellen zwischen überdimensioniertem peripherem Straßensystem und gewachsenem innerstädtischem Straßennetz zu chronischen Überlastungen. Staus und das totale Zuparken aller verfügbaren Flächen einschließlich Gehwegen, Radwegen etc. sind vorprogrammiert. Deshalb sind ausgewogene Netze nötig, die nicht an den peripheren Standorten mehr Leistungsfähigkeit anbieten, als in den zentralen Bereichen des Systems zu verkraften ist.

Zu solchen Leistungsbrüchen kommt es auch, wenn in einem Straßenzug ein Zwischenabschnitt stark aufgeweitet wurde, weil hier zufällig Platz verfügbar oder ein Straßenprojekt durchsetzbar war, dessen Fortsetzung anderswo scheiterte. Solche mehrspurigen Zwischenstücke zweispuriger Straßen gibt es öfter. Und regelmäßig erzeugt die Aufweitung an ihrem Ende Staus, weil die Durchfahrgeschwindigkeiten sich mit der Aufweitung ändern und das Wiedereinfädeln auf weniger Spuren enorm leistungsmindernd ist.

Leistungsbrüche mit umgekehrten Vorzeichen gibt es dagegen beim öffentlichen Verkehr. Er bietet draußen am Stadtrand und im Umland, in der »Fläche«, eine vergleichsweise geringe Leistungsfähigkeit. Hier ist das Liniennetz dünn und die Bedienungshäufigkeit gering. Von daher wird im Vergleich zur hohen Straßen- und Stellplatzkapazität dieser Gebiete der öffentliche Verkehr von vielen als nicht attraktiv oder leistungsfähig wahrgenommen. Je weiter man jedoch in die Städte hineinkommt, desto größer wird die Leistungsfähigkeit des öffentlichen Verkehrs, weil sich das Liniennetz verdichtet. Auf vielen innerstädtischen Strecken überlagern sich verschiedene Linien. Die Taktfolge ist dadurch kurz. Häufig gibt es in diesen Bereichen gute Möglichkeiten, die Leistungsfähigkeit des öffentlichen Verkehrs noch weiter zu steigern, ohne daß dafür Eingriffe in die gewachsenen Stadtstrukturen nötig wären. Der öffentliche Verkehr ist deshalb weitaus besser als das Auto in der Lage, die politisch geforderte Verbesserung der Leistungsfähigkeit des innerstädtischen Verkehrssystems zu erreichen und eine hohe Erreichbarkeit der Innenstädte sicherzustellen. Um den öffentlichen Verkehr jedoch optimal leistungsfähig zu machen, bedarf es auch am Stadtrand und im Umland entsprechender Verbesserungen und Leistungssteigerungen, die dort sehr viel leichter realisierbar sind als der Versuch, die Leistungsfähigkeit innerstädtischer Straßennetze für den Autoverkehr zu erhöhen. A und O eines auch an der Peripherie attraktiven Angebotes im öffentlichen Verkehr ist eine gute Ergänzung durch ungebundene, flexible Angebotsformen wie Anrufsammeltaxi, Anschlußtaxi, Ruf- und Bürgerbus, die in das Tarifsystem integriert sind.

Optimierung der Leistungsfähigkeit im System

Angesichts der Unterschiede in der spezifischen Leistungsfähigkeit der Verkehrsarten ist es verkehrspolitisch unvertretbar, Straßen nur unter den Gesichtspunkten von Komfort und Leistungsfähigkeit des Autoverkehrs zu betrachten und dabei völlig zu ignorieren, wie dies der Leistungsfähigkeit der anderen Verkehrsarten schadet. Wenn zum Beispiel eine autofreundlich optimierte grüne Welle dazu führt, daß Busse und Bahnen behindert werden und der Fußgängerverkehr unter den ungünstigen Ampelumläufen leidet, sinkt die Gesamtleistungsfähigkeit der betreffenden Straße erheblich. Die bisherige komfortbesessene, rituelle und automatische Bevorzugung des Autoverkehrs bei den Verkehrsflächen und Verkehrsregelungen schadet deshalb regelmäßig der Gesamtleistungsfähigkeit der städtischen Straßennetze und damit der Stadt- und Verkehrsentwicklung in hohem Maße.

Darüber hinaus kann die Leistungsfähigkeit nicht nur isoliert für einzelne Straßenzüge unter die Lupe genommen werden, als wären Straßen Röhren, die zwei Punkte miteinander verbinden. In der Stadt gibt es solche Röhren nicht, sondern nur eng vermaschte Straßennetze, in denen sich Verkehre aus allen Richtungen und in alle Richtungen überlagern. Wer zum Beispiel mit einer Vorfahrtsregelung oder einer grünen Welle oder dem Abhängen von Seitenstraßen einen bestimmten Hauptverkehrsstraßenzug bevorzugen will, setzt damit die Leistungsfähigkeit aller Querverbindungen herunter. Der Leistungsvorteil des einen Hauptstroms wird zum Leistungsnachteil der anderen Ströme. Aus diesem Grunde kann die Frage der Leistungsfähigkeit nur sinnvoll für ganze Netzteile und Netze unter Berücksichtigung aller Verkehrsarten und Richtungen beurteilt werden.

Als entscheidendes Kriterium in Fragen der Leistungsfähigkeit erweist sich außerdem auch der betrachtete Zeitraum. Wird als Bezugsgröße lediglich die Spitzenstunde gewählt oder die sogenannte Spitzenstundengruppe von zumeist drei Stunden oder der gesamte Tag? Bei der reinen Bezugnahme auf die Spitzenstunde wird der höchste Autoverkehranspruch nach Aufkommen und Komfort berücksichtigt. Dann wird oft behauptet, Straßen seien zu 120 oder 140 Prozent ausgelastet bzw. zu 20 bis 40 Prozent »überlastet«, und daher seien autoorientierte Ausbaumahmen dringend nötig. Nimmt man dagegen den Dreistundenwert oder gar den Tageswert, dann sinkt die Auslastung stets unter 100 Prozent, beim Tageswert sogar meist unter 50 Prozent. Wie sooft wird auch hier mit zweierlei Maß gemessen: Beim Fußgänger-, Fahrrad- und öffentlichen Verkehr benutzt man den Tageswert im Planungsalltag und zur Begründung des Verkehrsanspruchs dieser Verkehrsarten, beim Autoverkehr dagegen lieber den Spitzenwert. Nach dem Straßenrecht darf als Bezugsgröße nur der Tageswert ins Kalkül eingehen, der in den Landesstraßengesetzen als sogenanntes regelmäßiges Verkehrsbedürfnis bezeichnet wird. Der kurze Spitzenbedarf der Rushhour dagegen ist nicht maßgeblich für die Bemessung. Auch die kommunalen Spitzenverbände haben schon lange ihre Mitgliedsstädte aufgefordert, aus Wirtschaftlichkeitsgründen eine Dimensionierung von Straßen nach der Spitzenbelastung zu unterlassen. Denn wer die Spitzenstunde zur Bemessungsgrundlage macht, leistet erst recht der Überdimensionierung der Autoverkehrsflächen Vorschub, schafft Überkapazitäten, die den ganzen Rest des Tages untergenutzt und nicht mit anderen Nutzungsfunktionen überlagerbar »herumliegen«. Spitzenstundenbemessung für den Autoverkehr schafft dauerhafte Kapazitätsengpässe für die anderen Verkehrsarten.

Die spezifischen Leistungsfähigkeiten des Autoverkehrs, öffentlichen Verkehrs, Fahrrad- und Fußgängerverkehrs stehen oftmals untereinander in deutlicher Konkurrenz. Autos in einer Fußgängerzone, auf einem Radweg oder einer Busspur oder Gleistrasse legen deren Leistungsfähigkeit lahm. Eine Straße für Autos zu sperren oder wenigstens zu verschmälern kann ihre Leistungsfähigkeit im Fußgänger-, Fahrrad- und öffentlichen Verkehr schlagartig vervielfachen und ihre Gesamtleistungsfähigkeit erheblich erhöhen. Doch eine solche sachgerechte und integrierte Bestimmung der (Gesamt-)Leistungsfähigkeit von Straßen ist im politisch-planerischen Alltag bisher unüblich: Denn wo werden autoorientierte Ampelschaltungen von Kommunalpolitikern in Frage gestellt, weil sie die Leistungsfähigkeit des Fußgängerverkehrs mindern? Und wo werden großzügige Gehwegbreiten verteidigt, weil sie die Leistungsfähigkeit des Fußgängerverkehrs fördern? Und wo wird die Sperrung einer Straße für den Autoverkehr im Interesse der Leistungsfähigkeit von Bussen und Bahnen durchgesetzt? All das zeigt, daß größte Skepsis geboten ist, wenn Verkehrsberuhigungs- und Förderungsmaßnahmen der anderen Verkehrsarten mit den üblichen Leistungsfähigkeitsargumenten für den Autoverkehr abgeblockt werden. Auch gibt es Straßennetze, für die sich die Leistungsfrage gar nicht stellt, weil sie nicht dem massenhaften Transport, sondern vorrangig dem Anliegerverkehr, Aufenthalt, Kinderspiel, Flanieren oder Bummeln dienen sollen.

KAPITEL 9

Das Maß ist voll: Grenzen für den Autoverkehr

Schmerzgrenzen der Autoverkehrsmenge

Verkehrsingenieure halten bisher wenig von einer Begrenzung des Autoverkehrs. Ihr ganzer Ehrgeiz bestand und besteht darin, durch autoorientierten Neubau und Ausbau von Straßen, Fahrspuren, Abbiegespuren, Einmündungen und Kreuzungen, von Parkhäusern und Parkplätzen und durch autoorientierte Verkehrsregelungen, Grünphasen und Verkehrssteuerung die Autoverkehrskapazität des Straßennetzes für Fahren und Parken zu steigern. Wann in dieser sich aufschaukelnden Spirale von ständig verbesserter Autoverkehrsinfrastruktur und mehr Autoverkehr Grenzen der Verträglichkeit erreicht sind, wurde und wird nicht gefragt. Die Schmerzgrenzen der Anlieger für die Belastungen durch den Autoverkehr, die Grenzen des Zumutbaren für Fußgänger und Radfahrer und der Belastbarkeit empfindlicher Ökosysteme interessierten wenig. Die Notwendigkeit solcher Grenzen festzustellen und ihre Einhaltung durchzusetzen widerspricht den beiden Grundmaximen autoorientierter Verkehrspolitik »Freie Fahrt für freie Bürger« und »Mehr Autos sind Garant wirtschaftlichen und gesellschaftlichen Fortschritts«. Bei vielen anderen umweltbelastenden Produkten gehören Strategien der Produktions- und Verbrauchsdrosselung und des »Umsteigens« auf besser verträgliche Ersatzstoffe zum politisch anerkannten Repertoire. Zum Beispiel bei den Fluorchlorkohlenwasserstoffen (FCKW), den sogenannten Treibgasen, die als Hauptverursacher des Ozonlochs eine zunehmende weltweite »Ächtung« erfahren.

Der Autoverkehr genießt dagegen noch ein unvertretbares Sonderrecht und wird, trotz unumstrittener ökologischer Schädlichkeit, nicht eingeschränkt. Die schüchternen Versuche der Umweltgesetzgebung und des Städtebaurechts, über einige wenige Grenzwerte eine Eingrenzung des Schadens zu erzielen, bleiben weithin erfolglos. Die Lärmgrenzwerte dienen zum Beispiel lediglich als Beurteilungsgrundlage bei der Frage, ob ein Anspruch auf Lärmschutzfenster besteht oder ob der Baulastträger beim Neubau einer Straße Lärmschutzwände oder -wälle bauen muß. Den Störenfried Autoverkehr im Falle von Überschreitungen auf das akustisch zulässige Maß zurückzufahren ist keine anerkannte Lärmschutzpraxis. Beim Gewerbelärm wird dagegen sehr viel härter durchgegriffen und notfalls die Stillegung der Verursacher erzwungen. Lediglich die Smogverordnungen der Länder bestimmen für Sonderfälle von dauerhaftem und großflächigem Überschreiten kritischer Luftschadstoffgrenzwerte etwas einschneidendere Konsequenzen. Dann kann es sogar zu zeitweisen Fahrverboten im Autoverkehr kommen. Dafür reicht jedoch nicht das Überschreiten der Grenzwerte auf einigen Straßen aus, sondern es muß flächenhaft und dauerhaft der gemittelte Meßwert der Meßpunkte zu mehreren

Meßzeiten überschritten werden. Erst wenn eine ganze Stadt oder Region verpestet ist, wird Alarm ausgelöst. Smogalarm mit Fahrverboten bleibt unter diesen Bedingungen ein extrem seltenes Ereignis, obwohl praktisch täglich auf den stark mit Autoverkehr belasteten Hauptverkehrsstraßen, an Kreuzungen und in Gebieten die Alarmwerte überschritten werden. Doch solche lokalen Grenzwertüberschreitungen bei Lärm und Abgasen führen zu keinerlei Konsequenzen, weil Politik und Planung nicht willens und fähig sind, die vom Straßenverkehrsrecht aus Gründen des Umwelt- und Anwohnerschutzes vorgesehenen Beschränkungen und Verbote des Autoverkehrs anzuordnen und durchzusetzen. Vielfach vermeidet man die ernsthafte Auseinandersetzung mit dem Problem einfach dadurch, daß man kein dichtes Netz von Dauermeßstellen installiert. Je weniger Meßstellen es gibt, desto weniger fallen Grenzwertüberschreitungen auf. Systematische Lärm- und Abgasmessungen sind eine Seltenheit. Dabei verlangt eine Richtlinie der Europäischen Gemeinschaft von allen Mitgliedsländern, Luftreinhalte- und Lärmminderungspläne aufzustellen und Meßnetze einzurichten. Nur wenige Städte wie Zürich oder Stuttgart haben mit systematischen flächenhaften Serienmessungen die »Flucht nach vorn« angetreten. Dabei kamen alarmierende Ergebnisse heraus. Fast auf allen Hauptverkehrsstraßen und stark mit Autoverkehr belasteten Kreuzungen sowie im Umfeld vieler Parkhäuser und Parkplätze werden regelmäßig mehrmals täglich die Grenzwerte erheblich überschritten. Diese Befunde verschwanden dort nicht in verschwiegenen Amtsschubladen. Politik und breite Öffentlichkeit wurden intensiv mit den Ergebnissen konfrontiert.

Folgerichtig wurde eine Diskussionslawine darüber losgetreten, wieviel Autoverkehr maximal in den Städten vertretbar ist und wieviel Autoverkehr allein aus Gründen der Luftqualität und des Lärmschutzes eingespart werden muß.

Der ernsthafte Versuch, zur Beurteilung dieser Fragen straßenbezogen Verträglichkeitsgrenzen festzulegen, führt zu deutlichen Maßstäben. Wenn man dabei die mit der Automenge verbundenen Lärmbelastungen, Abgasbelastungen, Trennwirkungen, Behinderungen für den nichtmotorisierten Verkehr und die Beeinträchtigungen der Verkehrssicherheit berücksichtigt, ergeben sich klare Abstufungen. Noch gut verträglich sind nur Belastungen bis zu ca. 100 Kfz pro Spitzenstunde. Das entspricht etwa 1000 Autos am Tag. Am ehesten werden diese Belastungsgrenzen in Anlieger- und Wohnstraßen eingehalten. Wer dort wohnt, kann sich glücklich preisen. Schon bei Belastungen bis zu 250 Kfz pro Spitzenstunde, also bei einer Tagesbelastung von ca. 2000 bis 2500 Kfz, steigen die Unverträglichkeiten. Soviel Autoverkehr ist nur noch halbwegs verträglich, wenn er angemessen langsam abgewickelt wird. In

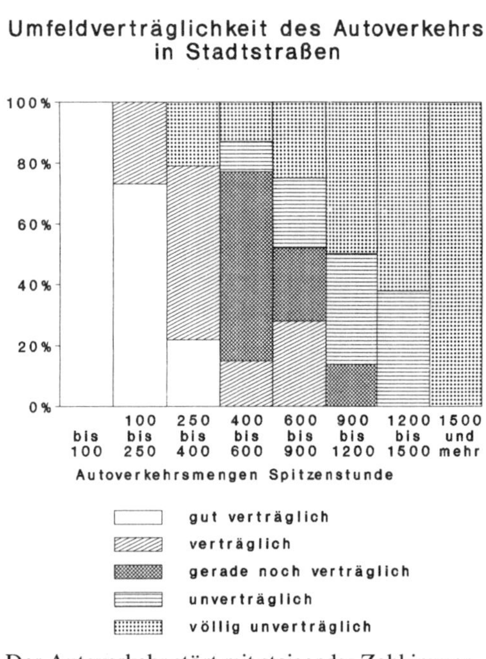

Der Autoverkehr stört mit steigender Zahl immer massiver das Leben und die Umwelt in der Stadt.

der nächsten Belastungsstufe bis zu ca. 400 Kfz je Spitzenstunde, das entspricht etwa 4000 Kfz am Tag, nimmt die Unverträglichkeit bereits deutlich zu. Solche Belastungen sind insbesondere bei engen Straßenräumen und bei Straßen mit dichter Wohnnutzung, starkem Fußgängerverkehr und geschlossener Bebauung kaum mehr vertretbar. Belastungen um ca. 600 Kfz je Spitzenstunde, das entspricht etwa 6000 Kfz am Tag, sind nicht mehr verträglich und für Straßen mit ausgeprägter Wohn- und Geschäftsfunktion und mit hohem Fußgängeraufkommen unzumutbar.

Aus einem Vergleich der Verträglichkeitsgrenzen und der tatsächlichen Kfz-Belastungen ergibt sich: Die Mehrzahl der Stadtstraßen muß heute unverträgliche Belastungen verkraften. Darunter sind fast alle Hauptverkehrsstraßen, aber auch viele Sammelstraßen und teilweise auch durchaus Anliegerstraßen in dichtbebauten Quartieren. Auf den Hauptverkehrsstraßen werden in kleinen Gemeinden etwa bei 75 Prozent aller Straßen die verträglichen Belastungsgrenzen überschritten, in den Großstädten dagegen bei 90 Prozent. In den Sammelstraßen werden in den Kleinstädten bei 45 Prozent der Fälle die Belastungsgrenzen überschritten, in den Großstädten bei 60 Prozent. Nur auf Anliegerstraßen sieht das Bild etwas besser aus, hier werden in den Kleinstädten bei 5 Prozent aller Fälle die Belastungsgrenzen überschritten, in den Großstädten bei 20 Prozent. Wie stark die Bevölkerung die Überlastungsprobleme empfindet, zeigt eine Befragung aus Nordrhein-Westfalen von 1986. 75 Prozent aller Bürger klagen über zuviel Autoverkehr in ihrer Straße mit zuviel Autolärm und Autoabgasen, an Hauptverkehrsstraßen sind es 98 Prozent, an Sammelstraßen 87 Prozent und an Anliegerstraßen 59 Prozent der Bürger. In den Verwaltungen, bei Politikern und in den Ministerien stapeln sich inzwischen in allen Regionen Beschwerden über unerträgliche

Wie beurteilen Bürger die Verkehrsentwicklung?

Der Autoverkehr		
	nimmt weiter zu	86 %
	bleibt gleich	13 %
	nimmt ab	1 %
Diese Entwicklung ist		
	positiv	14 %
	negativ	86 %

Der zunehmende Autoverkehr stößt bei immer mehr Bürgern auf Ablehnung. Die Bürger wünschen eine deutliche Korrektur der Verkehrspolitik.

chen und überbordenden Autoverkehr. In den Hauptverkehrsstraßen der Großstädte werden die kritischen Belastungsgrenzen oft schon seit Jahrzehnten überschritten.

Unverträgliche Autoverkehrsbelastungen führen zu gehäuftem Mieterwechsel, zu Geschäftsaufgaben und Unvermietbarkeiten, sie reduzieren den Wohn- und Geschäftswert. Die besonders betroffenen Straßen verkommen zunehmend zur »Grauzone«. Nicht nur, weil die permanenten Abgasschwaden Fenster und Fassaden grau machen, sondern weil Frustration und Hoffnungslosigkeit bei den Anliegern zum Verzicht auf Pflege und Investition führen. Das ist eine resignierte Reaktion auf den Vandalismus der Verkehrsplaner, die solche Straßen rücksichtslos dem Autoverkehr preisgegeben haben. Daß es so weit kommen konnte, liegt an der ungleichen sozialen Verteilung der Belastungen. Mit Autoverkehr überlastet sind vornehmlich Straßen, an denen Haushalte mit geringem Einkommen, schlechter Ausbildung und mangelhafter Wohnflächenversorgung wohnen. In den sogenannten besseren Wohngegenden dagegen werden die Grenzen der Belastbarkeit meist eingehalten. Hier haben es die Anwohner stets durch wirksame Einflußnahme auf Politik und Planung verstanden, übermäßig belastende Autoverkehrsplanungen zu verhindern. Notfalls erlaubte es ihre Einkommenslage, sich durch Wohnungswechsel belastenden Situationen zu entziehen. Doch der Leidensdruck der sozial schwächeren Anwohner starkbelasteter Hauptverkehrsstraßen und die zunehmende Gewißheit chronischer Gesundheitsschäden müssen Politik und Planung auch hier zu Begrenzungsstrategien veranlassen, statt wie bisher die Verkehrsberuhigung nur auf weniger belasteten Straßen anzuwenden.

Schmerzgrenzen für verträgliche Geschwindigkeiten

Raserei gehört zu den alltäglichen Situationen auf deutschen Stadtstraßen. »Ein Volk fährt Amok«, betitelte der »Spiegel« einen Leitartikel über den fast neurotischen Hang der Deutschen zur Mißachtung jedweder Geschwindigkeitsbegrenzung. Im Innerortsbereich beachten nach eigenen Angaben nur 12 Prozent der Autofahrer regelmäßig die Geschwindigkeitsbeschränkungen, 43 Prozent übertreten sie häufig, 32 Prozent manchmal und 13 Prozent gelegentlich. Dabei ist seit Jahren die Tendenz steigend, es wird innerorts immer schneller gefahren. Der Anteil der Autofahrer, die die Geschwindigkeitsbegrenzungen um mehr als 20 Stundenkilometer überschreiten, hat sich fast verdreifacht. Angeheizt wird diese Entwicklung von der Autoindustrie: Immer schnellere Wagen laufen vom Band. 170 Stundenkilometer fahren heute locker die meisten Klein- und Mittelklassewagen, die imageprägenden »Flaggschiffe« der Autofirmen bringen es teilweise auch auf 220 und mehr, Daimler und BMW protzen mit Plänen für über 300 Stundenkilometer schnelle Renommierautos. Die Autowerbung setzt auf Sprint, Power, Wettbewerb, Durchsetzungskraft, Beschleunigungsvermögen, Sportlichkeit. Das prägt den Fahrstil, vor allem der jungen Männer. Das »Tempopotential in Kopf und Motor« wollen sie im Alltag auch nutzen. Auch im Innerortsverkehr haben sie wenig Hemmungen, schnell zu fahren.

Mit wachsender Geschwindigkeit nehmen zwangsläufig alle Unverträglichkeiten des Autoverkehrs exponentiell zu. Schneller bedeutet lauter, giftiger, wenig sparsam, gefährlicher. Schneller ist aggressiver, läßt weniger Reaktions- und Verständigungsmöglichkeiten zu, wirkt bedrohlicher, verdrängt andere Nutzungen stärker. Schon lange gibt es deshalb Forderungen zur systematischen Geschwindigkeitsdämpfung, die in ihrer dringenden Notwendigkeit durch zahlreiche Forschungsergebnisse unterstützt werden. In mehreren Studien wurde für den Innerortsverkehr die Verträglichkeit verschiedener Geschwindigkeitsniveaus ermittelt, unter Berücksichtigung der Lärmbelastung, Abgasbelastung, Störung des Fußgängerverkehrs, der Überquerbarkeit der Straßen und Verkehrssicherheit. Für enge Wohnstraßen und solche mit schutzbedürftigen Einrichtungen wie Schulen, Kindergärten, Spielplätzen, Krankenhäusern, Kureinrichtungen, Altenheimen, für Straßen mit intensivem Fußgänger- oder Fahrradverkehr (Hauptfußwegachse oder Hauptradwegtrasse) und mit häufigen Querungen, für Straßen mit hervorgehobener Aufenthaltsfunktion, zum Beispiel als Markt, Promenade, Platz, Spielbereich, denkmalgeschützer Bereich mit intensivem Tourismus o.ä., sind nur Fahrgeschwindigkeiten bis zu 20 Stundenkilometer verträglich. Darunter liegt die sogenannte »Schrittgeschwindigkeit«, die in Fußgängerzonen oder verkehrsberuhigten Bereichen nicht überschritten werden soll. Auch in besonders engen Straßenräumen, zum Beispiel historischen Alstadtgassen oder dörflichen Gassen, und dort, wo Bürgersteige fehlen, sind 20 Stundenkilometer die

Verträglichkeit der Geschwindigkeit des Autoverkehrs

Geschwindigkeit	Verträglichkeit
<30	gut verträglich
30 - <35	verträglich
35 - <40	gerade noch verträglich
40 - <50	unverträglich
>50	völlig unverträglich

Die heute üblichen Geschwindigkeiten des Autoverkehrs sind durchweg unverträglich.

höchste noch verträgliche Geschwindigkeit, weil sich hier zwangsläufig ein enges Nebeneinander von Fahren und Gehen ergibt. Für alle anderen Straßen mit Wohn- oder Geschäftsnutzung liegt wegen der Anforderungen des Aufenthalts, Fußgänger- und Fahrradverkehrs die Grenze der Verträglichkeit bei 30 Stundenkilometer. Auch diese Geschwindigkeit bietet noch gute Möglichkeiten einer Verständigung mit Gesten und Mimik zwischen Fahrzeugführern und anderen Verkehrsteilnehmern. Sie erlaubt noch jederzeitig ein plötzliches Anhalten mit geringen Anhaltewegen. Sie bietet gute Möglichkeiten für kooperatives Verkehrsverhalten und Rücksichtnahme der Autofahrer, weil die Bewegungsabläufe anderer Verkehrsteilnehmer intensiv und rechtzeitig wahrnehmbar sind. Bei dieser Geschwindigkeit wird überwiegend beschleunigungsarm, niedertourig und stetig gefahren. Daraus ergeben sich verminderte Lärm- und Abgasemissionen. Diese Geschwindigkeit wirkt auf Fußgänger und Radfahrer wenig bedrohlich, sie läßt ihnen mehr Spielraum für die eigene Bewegungsfreiheit, insbesondere beim Überqueren der Fahrbahn. Bei eventuellen Kollisionen ist die Aufprallenergie und damit das Schädigungspotential noch relativ gering, schwere Personenschäden können dadurch weitgehend ausgeschlossen werden.

Dagegen verursacht die noch in der Straßenverkehrsordnung verankerte Innerortshöchstgeschwindigkeit von 50 Stundenkilometern, die von vielen Städten und Gemeinden und manchen Verkehrsministerien immer noch als verträglich hingestellt wird, bereits hohe Verkehrssicherheitsrisiken, Emissionsbelastungen und Störwirkungen. 50 Stundenkilometer sind für angebaute Straßen mit Wohn- und Geschäftsnutzung und Fußgänger- und Fahrradverkehr deutlich zu schnell, auch wenn dies Sammelstraßen oder Hauptverkehrsstraßen sind. Für solche Straßen sind je nach Umfeld 30 oder 40 Stundenkilometer die verträgliche Geschwindigkeit. Aus diesem Grunde werden inzwischen auch für immer mehr Hauptverkehrsstraßen und Ortsdurchfahrten Maßnahmen zur Geschwindigkeitsdämpfung ergriffen. Mehr als 40 Stundenkilometer sind allenfalls als Ausnahme vertretbar für Hauptverkehrsstraßen in Industrie- und Gewerbegebieten oder in Stadtrandlagen, wenn die Bebauung locker und weit abgerückt ist und dem Fußgänger- und Fahrradverkehr eigene, unabhängige Wege zur Verfügung stehen. Vorbild hierfür ist wieder einmal Japan, wo auf fast allen Sammel- und Hauptverkehrsstraßen mit angrenzender Wohn- oder Geschäftsnutzung Tempo 30 oder Tempo 40 als Höchstgeschwindigkeit angeordnet ist. Selbst auf großen vier- oder sechsspurigen innerstädtischen Hauptverkehrsstraßen bleibt die Höchstgeschwindigkeit oft auf 40 Stundenkilometer begrenzt.

Die Grenzen der umfeldverträglichen Geschwindigkeiten werden bisher etwa bei 75 Prozent des deutschen Innerortsstraßennetzes überschritten, mit deutlichen Unterschieden nach Straßentyp: 95 Prozent der Hauptverkehrsstraßen haben unverträgliche Geschwindigkeiten, 75 Prozent der Sammelstraßen und 60 Prozent der Anliegerstraßen. Mit der Beibehaltung zu hoch festgesetzter Geschwindigkeiten und der üblichen Tolerierung beträchtlicher Überschreitungen der Höchstgeschwindigkeiten um 20 oder gar 30 Stundenkilometer verweigert man den bundesweit ca. 18 Millionen Bewohnern von Hauptverkehrsstraßen jegliche Schutzansprüche und überläßt sie gesetzwidrigen Konzentrationen von Lärm und Abgasen sowie unerträglicher städtebaulicher Öde. Der zusätzliche Preis hierfür ist die fatale Unfallhäufung auf den Hauptverkehrsstraßen. Jede polizeiliche Unfallkarte weist dort deutliche Konzentrationen schwerer und tödlicher Unfälle aus, vor allem mit Fußgänger- und Radfahrerbeteiligung. Insgesamt ereignen sich jeweils 70 bis 80 Prozent aller schweren und tödlichen Innerortsunfälle an Hauptverkehrsstraßen, wobei überhöhte Geschwindigkeiten hier 80 Prozent aller Unfallursachen ausmachen. So wird die Verkehrssicherheit der Tempomanie der Politiker und Planer und der von ihnen geschürten Raserei der Autofahrer geopfert.

Schmerzgrenzen auch beim Parken

Der Wahlspruch von Politikern und Planern ist unverändert: Was fehlt, ist Parkraum. Damit motivieren sie sich für den unentwegten Versuch, mit allen Mitteln die Parkraumkapazität zu vergrößern, durch neue Parkplätze, Parkhäuser und Tiefgaragen, durch Freigabe von Geh- und Radwegen für das Parken und durch lasche Bußgelder und halbherzige Überwachungspraxis beim Falschparken. Negativ betroffen sind dadurch vor allem die anderen Verkehrsarten, das Wohnumfeld, die Umwelt. Auch für die Zahl der in einer Straße abgestellten Autos gibt es Grenzen der Erträglichkeit. Zuviel abgestelltes Blech nimmt Fußgängern und Radfahrern ihren Bewegungsraum, blockiert Kinderspiel und Aufenthalt. Es nimmt Platz für Straßengrün, forciert die Versiegelung, provoziert den berüchtigten Backofeneffekt. Es verhindert den Blickkontakt zwischen Fußgängern und Autofahrern, blockiert die Sicherheitsräume vor Überwegen, an Kreuzungen und Einmündungen und wird so zum Verkehrssicherheitsrisiko. Parken

Auch beim Parken sind längst die Grenzen des Erträglichen überschritten. Immer mehr Autoblech droht Städte und Verkehr zu ersticken.

in zweiter oder dritter Reihe oder in den Manövrierflächen von Kreuzungen und Einmündungen versperrt die Durchfahrt für Rettungs- und Lieferfahrzeuge sowie für den öffentlichen Verkehr. Parken in Lade- und Lieferzonen oder Grundstückszufahrten kann wichtige betriebliche Abläufe und Verkehrsvorgänge blockieren. Zu viele abgestellte Autos ruinieren das Erscheinungsbild der Straßen, verstellen den Stadtboden und den Blick auf die Sockel der sie umgebenden Häuser. Es gibt also viele Gründe, warum ein erträgliches Maß beim Parken in Zukunft erreicht werden muß.

Die Unverträglichkeit des Parkens ergibt sich vor allem aus dem hohen Flächenbedarf des massenhaften Autoabstellens und der chronischen Bequemlichkeit sowie Disziplinlosigkeit vieler Parker. Beides führt regelmäßig im Umfeld von sogenannten »Verkehrserzeugern« oder »Publikumsmagneten« wie Arbeitsplatzkonzentrationen, Kultureinrichtungen, Sportstätten, großen Einkaufstätten dazu, daß sich übermäßige Mengen geparkter Autos in den sie umgebenden Straßen und Plätzen ausbreiten und ohne Rücksicht auf Verkehrsregeln und Flächenansprüche von übrigen Nutzern jede verfügbare Fläche okkupieren. Trotzdem haben Verkehrspolitik und -planung diese Praxis jahrzehntelang tatkräftig gefördert, obwohl das Verkehrsrecht ursprünglich die Unterbringung abgestellter Autos ausschließlich außerhalb des Straßenraumes vorsah. Dann wurde als Zugeständnis an die fortschreitende Motorisierung Parken fast überall geduldet, und es wurde so zur vorrangigen Straßenraumnutzung überhaupt.

Angesichts der immer weiterwachsenden Blechflut auf den Stadtstraßen werden die deutschen Städte nicht darum herumkommen, Grenzen der Belastbarkeit durch Parken zu bestimmen und effektiv durchzusetzen. Nur so lassen sich eine ausreichende Attraktivität und Sicherheit des Fußgängerverkehrs mit bedarfsgerechtem Flächenangebot und ausreichenden Überquerungsstellen und Sichtfeldern (für rechtzeitigen Sichtkontakt zwischen querenden Fußgängern und Fahrverkehr) gewährleisten. Kreuzungen, Einmündungen, Lieferzonen, Grundstückszufahrten und sonstige Querungsstellen müssen völlig vom Parken freigehalten werden. Parkstreifen oder die Reihen der am Fahrbahnrand abgestellten Autos müssen in regelmäßigen kurzen Abständen unterbrochen werden, um Sichtkontakt zwischen Fußgängern und Fahrzeugverkehr zu garantieren und Überquerungsstellen anzubieten. Diese Lücken sind auch nötig, um Platz für die Straßenbegrünung mit Bäumen zu gewinnen. Ferner erfordern auch der Fahrradverkehr sowie der öffentliche Verkehr mit seinen Fahrwegen und Haltestellen ausreichend Platz, der für Parker tabu zu sein hat. Systematische Untersuchungen zu diesem Thema sucht man vergeblich. Bei exemplarischer Auswahl verschiedener Straßen hat sich gezeigt, daß allenfalls rund ein Drittel der Straßenseitenlänge durch Parken belegt werden darf. Diese Grenze ist besonders relevant für Straßen mit dichter Bebauung, hohem Frei- und Grünflächendefizit, intensivem Fußgängerverkehr, hoher Querungshäufigkeit und hohen Anforderungen an Aufenthalt, wie zum Beispiel Straßen in Innenstädten, Innenstadtrandgebieten, Gründerzeitvierteln und Nebenzentren. Hier werden alltäglich viel mehr Autos abgestellt, als für das Umfeld, die Verkehrssicherheit und die anderen Verkehrsarten verträglich ist.

Bei vielen Stadtplätzen stellt sich ebenfalls das Problem einer unverträglichen Überlastung durch das Parken. Sie können durch übermäßige Belegung mit Autos ihre wichtige städtebauliche und verkehrliche Funktion als Aufenthalts-, Ruhe- und Repräsentationsfläche bzw. Marktfläche nicht wahrnehmen. Freie Plätze werden dringend gebraucht, um alt und jung für Aufenthalt bzw. Kinderspiel in den dichtbebauten Stadtquartieren die notwendige Freizügigkeit zu geben. Nur durch eine Freistellung der Plätze vom Parken kommt ihre meist historisch definierte Gesamtgestalt sinnvoll zum Ausdruck. Nur freie Plätze haben den notwendigen Raum für eine großzügige, dauerhafte, repräsentative Begrünung. All das nimmt Schaden, wenn Plätze zu Parkplätzen degradiert werden, wie dies mit den meisten in den letzten dreißig Jahren geschah. Auch für Plätze gibt es bislang weder von der Verkehrsplanung noch vom Städtebau systematische Analysen über die Störungen ihrer Funktionsfähigkeit durch Parken. Dabei sind sicher Differenzierungen nach ihrer Art und Lage, ihrer Nutzung, Größe, Gestalt etc. angebracht. Aus der exemplarischen Betrachtung einiger ausgewählter Stadtplätze ergibt sich jedoch, daß oberhalb einer von parkenden Autos belegten Fläche von 20 Prozent die Gestalt und Nutzung bereits stark beeinträchtigt werden. Nur mit besonderen gestalterischen Anstrengungen, zum Beispiel durch Baumgruppen, können solche Störeffekte notdürftig kaschiert werden. Bei Belastungen von über 50 Prozent der Platzfläche »kippen Plätze vollends um«, das heißt, sie sind nicht mehr für andere Zwecke nutzbar, als Stadtplätze sind sie »tot«.

Sankt Florian oder das Übel bei der Wurzel packen?

Der klassische »Königsweg« von Verkehrspolitik und -planung zur Lösung von Überlastungsproblemen ist die räumliche Problemverlagerung. Störende Autoverkehrsmengen sollen durch Entlastungsstraßen und Ortsumgehungen verschoben werden. Störendes Blech beim Parken soll in den Untergrund (oben Marktplatz, unten Parkplatz) oder ein paar Straßen weiter verlagert werden. Störende Geschwindigkeitsüberschreitungen sollen durch inselhafte Verkehrsberuhigungsmaßnahmen und gleichzeitiges Anbieten schneller Umfahrungsmöglichkeiten auf den Hauptverkehrsstraßen bekämpft werden. Die Stadt wird so zum »Verschiebebahnhof« vagabundierender Problemberge, die die Politik und Planer so lange hin und her schieben, bis sie eine Straße, einen Platz oder ein Gebiet gefunden haben, wo sie den »Mist« abladen können. Bei all diesen Strategien läßt Sankt Florian grüßen. In der Industrie nennt man so was »Hochschornsteinpolitik«. Statt die Abgase einer Fabrik durch ein umweltfreundlicheres Produktionsverfahren erst gar nicht entstehen zu lassen oder durch einen Filter gleich an der Quelle unschädlich zu machen, bläst man den Dreck dank eines hohen Schornsteins möglichst weit weg in die Umgebung. So, als ob er da keinen Schaden anrichten würde. Im Straßenbau spielen die sogenannten Entlastungsstraßen und Ortsumgehungen die Rolle hoher Schornsteine. Sie sind seit Jahren der »Renner« im Straßenbausystem von Bund und Ländern. Doch mit Ortsumgehungen und Entlastungsstraßen sind keine generellen Mengenbegrenzungen des Autoverkehrs erzielbar. Abgesehen vom Export der Autoverkehrsbelastungen vom alten an den neuen Standort, bringen Ortsumgehungen und Entlastungsstraßen auch für den alten Standort nur sehr bescheidene, vorübergehende Entlastungen von oft nicht mehr als 40 Prozent. Nicht selten wird schon nach wenigen Jahren die Entlastungswirkung wieder aufgeholt, wegen der generellen Zunahme des Autoverkehrs infolge des systematischen Ausbaus des regionalen und überregionalen Straßennetzes, der meist den Bau der Entlastungsstraßen und Ortsumgehungen begleitet. Am Ende stehen gravierende Attraktivitätssteigerungen und Reisezeitverkürzungen für den Autoverkehr, der damit erst recht Bussen und Bahnen »davonfährt«. Vielfach werden auf den »entlasteten« Straßen noch nicht einmal echte Verkehrsberuhigungsmaßnahmen durchgeführt. Sie bleiben so wie vorher und werden um so mehr als Rennstrecke und Parkreserve genutzt. Außerdem können viele Ortsumgehungen und Entlastungsstraßen gar nicht halten, was man sich von ihnen verspricht, weil ein Großteil des problemverursachenden Autoverkehrs Ziel-, Quell- und Binnenverkehr ist, der schon allein die Grenzen der Belastbarkeit übersteigt. Dieser »hausgemachte« Autoverkehr aber läßt sich wegen seiner kleinräumigen Verflechtungen kaum an die Peripherie verlagern, es sei denn, man schafft autofreie Kernstädte. Eine wirksame Entlastung des gesamten innerörtlichen Straßennetzes kann mit Ortsumgehungen und Entlastungsstraßen nicht erreicht werden. Mit dieser Art von Hochschornsteinpolitik ist für die Verträglichkeit der Straßennetze, für die Umweltqualität sowie für Fußgänger, Radfahrer, Busse und Bahnen wenig gewonnen. Der Ärger über diese landläufige Praxis hat den nordrhein-westfälischen Verkehrsminister dazu bewogen, Planfeststellungen für Entlastungsstraßen und Ortsumgehungen nur noch zuzulassen, wenn gleichzeitig ein schlüssiges Verkehrsberuhigungskonzept vorgelegt wird.

Auch bei der Geschwindigkeitsfrage ist mit dem Sankt-Florians-Prinzip keine entscheidende Änderung der Autoverkehrsprobleme zu erreichen, auch wenn der ADAC, die Automobilindustrie und die Wirtschaftsverbände im Zusammenhang mit der Tempo-30-Diskussion gern so tun. Sie fordern, auf Hauptverkehrsstraßen müsse die Höchstgeschwindigkeit auf Tempo 60 oder 70 gesteigert werden. Was man dem Autoverkehr in den Wohngebieten an Geschwindigkeitsdämpfung »zumute«, müsse auf den Hauptverkehrsstraßen »wiedergutgemacht« werden. Damit soll die unselige, unfallträchtige, umweltbelastende Praxis vieler Städte und Gemeinden, für einzelne innerörtliche Hauptverkehrsstraßen 60 oder gar 70 Stundenkilometer zuzulassen, bestärkt und zum System erhoben werden. Nötig ist statt dessen eine systematische flächendeckende Geschwindigkeitsdämpfung unter Einbeziehung der Hauptverkehrsstraßen. Der Verkehrsminister von Nordrhein-Westfalen hat seit 1980 zwei Milliarden Mark für über 10 000 Maßnahmen zur Geschwindigkeitsdämpfung und Verkehrsberuhigung ausgegeben. Trotz des beharrlichen Widerstandes vieler Politiker, Planer und Vertreter der Auto- und Wirtschaftslobby wurden dabei auch zwei Modellprogramme zur Verkehrsberuhigung und Geschwindigkeitsdämpfung von Hauptverkehrsstraßen und Ortsdurchfahrten durchgeführt. Bis Ende 1988 gab es in Nordrhein-Westfalen auf Hauptverkehrsstraßen und Ortsdurchfahrten 361 Maßnahmen zur Geschwindigkeitsdämpfung und waren weitere 511 Maßnahmen geplant.

Auch bei der Parkpolitik führt die jahrelange Sankt-Florians-Strategie nur zu einer stetigen Verstärkung der Probleme. Der bei der Anlage von Fußgängerzonen wegfallende Parkraum wird ein paar Straßen weiter mit der mehrfachen Kapazität ersetzt. In dem Parkhaus unter dem oben vom Parken befreiten Marktplatz werden unterirdisch zwei oder drei Parkdecks mit der drei- bis vierfachen Parkkapazität neu geschaffen. Die an einer Stelle weggenommenen Langzeitparkplätze werden an einer anderen Stelle durch Kurzzeitplätze ersetzt, die allein schon durch die häufigere Belegung oft die sechsfache Kapazität bieten. Ein durch solche Verlagerungs- und Umwandlungsstrategien erweiterter Parkraum wirkt auf den Autoverkehr wie ein Magnet, erzeugt mehr Parkhoffnung und mehr Autoverkehr, vergrößert die Parkprobleme, statt sie zu lösen. Nur in den seltensten Fällen hat der Bau von Entlastungsparkplätzen, Parkhäusern und Tiefgaragen wirklich dazu geführt, daß sich die Parkprobleme generell vermindert haben.

»Maßhalten beim Autoverkehr« als zentrale Planungsaufgabe

Eine durchgreifende Begrenzung der Mengen- und Unverträglichkeitsprobleme mit fahrenden, parkenden und mit zu schnellen Autos ist nur durch eine echte Kapazitätsdrosselung im gesamten Straßennetz zu erreichen. Eine solche Mengenbegrenzung wurde bereits in den 60er Jahren als wichtigstes Mittel zur Lösung der Verkehrs- und Umweltprobleme vorgeschlagen. Der auch in Deutschland vielzitierte Vorsitzende der englischen Kommission zur Lösung städtischer Verkehrsprobleme, Sir Colin Buchanan, errechnete in verschiedenen Fallstudien die Autoverkehrsmenge, die im

Spitzenverkehrsaufkommen nach notwendigem und substituierbarem Autoverkehr

(Beispiel Buchanan)

			%
Notwendiger Autoverkehr (gewerblicher Wirtschaftsverkehr)			18
subsituierbarer Autoverkehr			82
darunter:	Berufsverkehr	71	
	Einkaufsverkehr/ Serviceverkehr, Privatverkehr	11	
Zusammen			100

Notwendiger und substituierbarer Autoverkehr

(Beispiel München)

	notwendiger Autoverkehr (Wirtschafts- und Güterverkehr, Einkaufsverkehr mit schweren Lasten)	substituierbarer Autoverkehr (Berufsverkehr, Kurzstrecken verkehr, Einkaufsverkehr ohne Lasten)
1920	89	11
1938	57	43
1958	41	59
1980	20	80

Den Autoverkehr auf seinen unverzichtbaren Umfang zu vermindern wurde schon in den 60er Jahren von bekannten Verkehrsplanern gefordert. Berechnungen zeigten die geringe Menge des unverzichtbaren notwendigen Autoverkehrs. Sinnloses Autofahren ist das größte Verkehrsproblem unserer Städte.

Interesse der Lebens- und Umweltqualität eingespart werden muß. Hierfür prägte er den Begriff »Environmental Capacity« (umfeldabhängige Belastbarkeit). Buchanan unterteilte den Autoverkehr in seinen Fallstudien in sogenannten »notwendigen«, durch Sachzwänge an die Autonutzung gebundenen und »verlagerbaren«, das heißt viel besser mit anderen Verkehrsmitteln abwickelbaren Verkehr. Im Ergebnis stellte er fest, daß der notwendige Autoverkehr meist weniger als die Hälfte des gesamten Autoverkehrs ausmacht und noch nicht die Verträglichkeitsgrenzen übersteigt. Erst die unsinnig intensive Nutzung des Autos im Berufs-, Einkaufsverkehr und für kurze innerörtliche Fahrten führt zu den Unverträglichkeiten. Doch Buchanans Einsicht wurde zunächst vom englischen »Motorway Age« überrollt. Statt Mengenbegrenzung gab es auch in England einen fieberhaften autoorientierten Straßenausbau der Städte, der die Verträglichkeitsgrenzen sträflich ignorierte.

Erst jetzt, 25 Jahre später, fangen erste westliche Städte an, die Begrenzung und Verringerung des gesamten Autoverkehrs zur offiziellen Politik und Planungsphilosophie zu machen. Die Schweiz hat ihre Städte und Gemeinden durch die neue Luftreinhalteverordnung von 1986 und die Lärmschutzverordnung von 1987 in Zugzwang gesetzt, kurz- und mittelfristige Maßnahmenprogramme zur drastischen Belastungsminderung zu entwickeln. Da der Autoverkehr den Hauptanteil an Luftverunreinigung und Lärm stellt und da trotz der scharfen Schweizer Bestimmungen für die Autozulassung mit der Folge weitgehender Katalysatorausstattung die geforderten Absenkungen unter die Grenzwerte bei weitem nicht zu erreichen sind, streben jetzt immer mehr Städte und Kantone eine deutliche Verminderung des Autoverkehrs an. Den Anfang machte Zürich. Dort war man hochgradig alarmiert über die Tatsache, daß in weiten Teilen des Stadtgebietes die Lärm- und Abgasgrenzwerte überschritten werden, auf den Hauptverkehrsstraßen teilweise um mehr als das Dreifache. Daraus wird jetzt konsequent gefolgert, daß in den betroffenen Hauptverkehrsstraßen die Autoverkehrsbelastungen systematisch zu vermindern seien und deshalb durch geeignete Maßnahmen deren Kapazität und Geschwindigkeitsniveau allenfalls auf das verträgliche Maß verringert werden müsse. Ergänzend dazu müsse die Parkkapazität der Innenstadt und der Nebenzentren deutlich reduziert werden. Möglichst viel Autoverkehr sei durch besser verträgliche Verkehrsarten zu ersetzen.

1988 hat Stuttgart vergleichbare Überlegungen angestellt. Auch hier ist Ausgangspunkt die regelmäßig schockierende Überschreitung der Lärm- und Schadstoffgrenzwerte auf fast allen Hauptverkehrsstraßen und in vielen dichtbebauten Gebieten. Die Prognosen zur weiteren Entwicklung der vom Auto verursachten Umweltprobleme zeigen, daß auch eine verbreitete Katalysatoreinführung keine Entwarnung zuläßt. Zwangsläufige Konsequenz hieraus ist das Planungsziel, den Autoverkehr in Stuttgart deutlich zu vermindern und den verbleibenden Autoverkehr zudem durch ein flächenhaftes Geschwindigkeitsdämpfungskonzept verträglicher zu machen. Eine der wesentlichen Ursachen für übermäßigen Autoverkehr in Stuttgart sehen die Verantwortlichen in einem viel zu groß bemessenen Angebot an Parkplätzen, die sich zum fatalen Autoverkehrserzeuger entwickelt haben. Daher schlägt man die flächenhafte Einführung des Anwohnerparkens für alle starkbelasteten Gebiete und eine deutliche Verringerung der Zahl von Kurzparkplätzen vor sowie eine schärfere Überwachung des Parkraums. Außerdem werden ein flächendeckendes Tempo-30-Konzept sowie deutliche Geschwindigkeitsbegrenzungen für die Hauptverkehrsstraßen und Stadtautobahnen angeregt. Auf der südlichen Stadtautobahn wurde eine Höchstgeschwindigkeit von 60 Stundenkilometern eingeführt, mit großem Erfolg für die Umwelt, Verkehrssicherheit und den Verkehrsfluß. Ähnliche Überlegungen stellen die Planer seit 1989 in München an. Dort haben fast alle Hauptverkehrsstraßen inzwischen Autoverkehrsmengen zu verkraften, die zu Immissionswerten weit über den Grenzwerten führen. Die Stadt befürchtet aufgrund epidemiologischer Befunde massive, chronische Gesundheitsschäden bei den Anwohnern von Hauptverkehrsstraßen und sonstigen autobelasteten Standorten. Die Stadt leitet daraus die Notwendigkeit einer mindestens 50prozentigen Verringerung der in München gefahrenen Autokilometer ab.

Der Verkehrsminister von Nordrhein-Westfalen hat in seinen Grundsätzen zur kommunalen Verkehrsentwicklungsplanung als zentrale Aufgabe beim Abbau vorhandener Unverträglichkeiten des Autoverkehrs gefordert, zukünftig einen möglichst großen Teil des Autoverkehrs einzusparen. Als Maßstab für die erforderlichen Einsparungen und Verlagerungen auf besser verträgliche Verkehrsmittel müsse die Summierung aller die Grenzen des Verträglichen übersteigenden Autoverkehrsbelastungen dienen. Die konsequente Förderung des Fußgänger- und Fahrradverkehrs, des öffentlichen Verkehrs und die notwendige Beschränkung des Autoverkehrs könne nur durch eine entschiedene Wende in der Verkehrsentwicklung eingeleitet werden. Insbesondere das Stellplatzangebot müsse deutlich begrenzt werden. Nachfragedämpfend wirke beim Parken bereits, wenn der bislang fast selbstverständliche »Tür-zu-Tür-Komfort« als Planungsziel aufgegeben würde und sich für parkende Autofahrer vergleichbare An- und Abmarschwege, wie zu den Haltestellen des öffentlichen Verkehrs, ergäben. Daß eine Verknappung und Verteuerung des Stellplatzangebotes die Parknachfrage sinnvoll dämpfen kann, zeigen die Erfahrungen von

Städten bzw. Ländern mit entsprechend restriktiver Parkraumpolitik. In Japan ist die Autozulassung an den Nachweis einer geordneten »heimischen« Unterbringung gebunden. In weiten Teilen des Straßennetzes besteht Parkverbot. In Skandinavien gibt es in dichtbebauten Gebieten große Parkverbotszonen und Zonen, in denen auch die Bewohner teure Gebühren für das Parken im Straßenraum zahlen müssen. In Marseille besteht ein nahezu totales Parkverbot in der gesamten Innenstadt. In Göttingen wurde das Stellplatzangebot der Innenstadt um 1000 Autostellplätze vermindert, in Bern um 900, dort sollen weitere 10000 Stellplätze in der Stadt verschwinden. Ähnliche Regelungen gelten auch in einigen italienischen und amerikanischen Städten. In all diesen Fällen wirken die Parkrestriktionen dämpfend auf die Zahl der fahrenden und parkenden Autos.

In Zukunft sind Verkehrspolitik und -planung in allen Städten und Gemeinden gefordert, die dringliche Frage der Umfeldverträglichkeit und Mengenbegrenzung des Autoverkehrs systematisch anzugehen. Das geeignete Planungsinstrument hierfür ist der Verkehrsentwicklungsplan, zu dessen Pflichtaufgaben eine Analyse städtebaulicher, verkehrlicher und umweltmäßiger Unverträglichkeiten gehört. Die Analysen verdeutlichen Politikern und Planern, Interessengruppen, Medien und Bürgern den gesamtstädtischen Handlungsbedarf und unterstützen das heilsame Erwachen aus einer jahrzehntelangen autoorientierten Verkehrspolitik und -planung, die ohne Beachtung der Belastungs- und Schmerzgrenzen einen Berg von Problemen für die Städte und Gemeinden gebracht haben. Mit den herkömmlichen Entlastungsstrategien à la Sankt Florian sind die Belastungsprobleme des Autoverkehrs nicht mehr zu lösen. Das konzeptionslose Herumkurieren an Symptomen hat ausgedient. Notwendig ist entschiedenes, systematisches Gegensteuern gegen die bisherige Verkehrsentwicklung. Hierbei brauchen die Städte und Gemeinden auch die Unterstützung von Bund und Ländern, die mit ihren rahmensetzenden Aktivitäten in den Bereichen Verkehrsinvestitionen, Verkehrsordnung, Verkehrsrecht, Verkehrsfinanzierung und Verkehrsbesteuerung alle Anstrengungen für eine bessere Verträglichkeit des Stadtverkehrs leisten müssen.

TEIL 3

FEET FIRST!
WEGE ZUR FUSSGÄNGERSTADT

KAPITEL 1

Abgespeist mit Resten: die traurige Wirklichkeit der Fußgänger im heutigen Stadtverkehr

Fußgänger im Getto

Wer heute gegenüber Politikern und Planern über die traurige Wirklichkeit der Fußgänger klagt, wird fast immer belehrt, so schlimm sei das doch gar nicht. Schließlich gebe es inzwischen eine Menge Fußgängerzonen, und da sei der Fußgänger König. Fußgängerzonen seien ein Fußgängerparadies. Das beweise in aller Deutlichkeit, wieviel jetzt für Fußgänger getan werde. Im ersten Moment wird man sich dieser Meinung anschließen können. Beim zweiten Hinsehen sollten einem allerdings Zweifel kommen. Fußgängerzonen sind in der Regel sehr klein. Sie umfassen meist nur 0,3 Prozent des innerörtlichen Straßennetzes.

Als kleine Inselchen bilden Fußgängerzonen heute eine Art Reservat oder Getto mit engen Grenzen. Am Ende der Fußgängerzonen ist es dann auch meist vorbei mit der Herrlichkeit. Da beginnt der graue Fußgängeralltag, mit den knappen Gehwegflächen, den unzähligen Gefahren und Behinderungen. Überall sonst in den Stadtvierteln sind die Problem- und Mängellisten lang beim Fußgängerverkehr, ist vom Paradies wenig zu spüren. Die Gesamtqualität der Fußwege in fast allen bundesdeutschen Städten und Gemeinden ist schlecht. Die Möglichkeiten für Aufenthalt und Kinderspiel im Straßenraum sind überall beschnitten.

Der Gehweg: kaum Platz für Fußgänger

Die heutigen Gehwege in den Städten und Gemeinden sind viel zu schmal. Sie reichen meist gerade für einen Fußgänger, und bei Gegenverkehr muß man sich schon aneinander vorbeidrücken. Wer gar noch Taschen trägt, ist dann regelrecht ein Hindernis. Zwei Leute oder gar eine Familie können kaum mehr nebeneinandergehen oder -stehen. Gehwege, die das möglich machen, sind heute, im sogenannten Zeitalter der Kommunikation, eine Rarität. Planerisch verordneter Gänsemarsch ist die Regel. Aber auch breitere Gehwege sind noch lange keine Garantie auf Platz für Fußgänger. Autofahrer betrachten es inzwischen als ihr »gutes Recht«, Gehwege zuzuparken. Sie scheinen immer weniger bereit, ihr Auto entsprechend der Straßenverkehrsordnung am Fahrbahnrand abzustellen. Der Gehweg erscheint ihnen in jedem Falle der bessere Platz. Dies natürlich erst recht, wenn die Parkplätze am Straßenrand bereits vergeben sind. Da wird dann jedes freie Fleckchen auf dem Bürgersteig rücksichtslos in Anspruch genommen. Und sei es bis knapp an die Hauswand. Für Fußgänger gibt es kein Durchkommen mehr. Weichen Fußgänger an solchen Stellen auf die Fahrbahn aus, werden sie im Zweifel vom nächsten Autofahrer erbost angehupt oder bedrängt. Denn auf der Fahrbahn hat der Fußgänger für ihn nichts zu suchen. Seine schnelle Durchfahrt ist gestört. Daß der

Fußgänger werden vielfach durch zugeparkte oder fehlende Gehwege um alle Rechte betrogen.

Fußgänger in einer Notsituation ist und gar nicht anders kann, wird ignoriert.
Dieses den Fußgängerverkehr behindernde und gefährdende Gehwegparken ist inzwischen überall üblich in den dichtbebauten Stadtquartieren. Aber auch am Stadtrand oder im Dorf greift der Terror der Falschparker immer mehr um sich. Und dies selbst dann, wenn keinerlei Parkdruck besteht. Das Auto wird meist so abgestellt, daß es nur ja den Fahrverkehr nicht behindert. Das heißt dann, möglichst weit hinauf auf den Bürgersteig.
Nicht immer geschieht das Gehwegparken illegal. Oft genug haben gedankenlose Planer die Gehwege amtlich zum Parken freigegeben. Der ADAC hatte in den 50er und 60er Jahren mehrfach Kampagnen durchgeführt, endlich das Gehwegparken zu legalisieren. Breite Gehwege erschienen ihm unnötig. Der Gesetzgeber reagierte entsprechend und führte neue Schilder zur Legalisierung des Gehwegparkens ein. Gedacht waren diese als Ausnahmeregelung. Doch das war in den Kommunen bald eine alltägliche und allgegenwärtige Standardlösung zur billigen Erhöhung der Parkplatzkapazitäten.
In fast allen Straßen behindert das Parken auch massiv die Aufenthaltsfunktion. Wo kaum Platz zum Gehen ist, ist erst recht kein Platz zum Beisammenstehen, Plaudern oder Spielen. Wer auf den schmalen Minipfaden stehenbleibt, wird so schnell zum Hindernis für die eiligeren Fußgänger. Besonders Erwachsene sind in ihrer Bereitschaft zum Spazierengehen, zum Bummeln oder Flanieren abhängig von den Gehwegqualitäten. Die unendlichen Blechwüsten in den Stadtstraßen bieten dazu weder Platz noch Anreiz. Aber auch für die Kinder ist auf den Bürgersteigen kein Fleckchen zum Spielen mehr frei. Das Spielen vor den Haustüren ist abgeschafft.
Wenn der Straßenraum knapp ist, hören Gehwege auch einfach ganz auf. Während die Fahrbahn mit unverminderter Breite weitergeht, ist der seitliche Gehweg ganz kassiert. Das sind keine kuriosen Einzelfälle. In alten, engen Baugebieten wie ehemaligen Dorfkernen etc. ist so etwas an der Tagesordnung. Auch an Baustellen hören Gehwege meist mit dem Hinweis auf: »Bitte andere Straßenseite benutzen«. Egal, ob Fußgänger, vor allem Kinder, an dieser Stelle überhaupt gefahrlos queren können. Eine überlegte Übergangslösung für Fußgänger wird in der Regel nicht angeboten.
Regelmäßig knapp wird es mit dem Platz für Fußgänger an den Ecken von Kreuzungen oder Plätzen, wo eigentlich besonders viel Platz gebraucht wird. Hier treffen aus mehreren Richtungen Fußgänger zusammen. So waren Kreuzungen und Plätze von jeher wichtige Standorte für publikumsintensive Einrichtungen und Nutzungen. Das bot Anlaß für besonders breite Bürgersteige. Sie waren gleichzeitig ideale wohnungsnahe Treffpunkte für alt und jung.

Heute regiert dort der Autoverkehr. Für großzügige Eckabrundungen und zusätzliche Abbiegespuren wurden die Gehweg- und Aufenthaltsflächen gerade hier besonders verschmälert. Der Wunsch, den Autoverkehr möglichst flüssig und schnell in alle Richtungen weiterzubringen, führte zu dieser Art der Kreuzungs- und Platzgestaltung, die kaum mehr Raum für die Fußgänger läßt. Zusätzlich werden durch die Eckabrundungen für den Autoverkehr die Fahrbahnstrecken, die der Fußgänger beim Queren überwinden muß, erheblich verlängert. Dies ist eine große Gefahrenquelle für den Fußgängerverkehr.

Auch an Bushaltestellen, wo Fußgänger eigentlich Platz zum Ankommen, Warten und Vorbeigehen haben sollten, sind die Bürgersteige aufgrund zusätzlicher Einbiegebuchten für den Bus oft genug auf Ministeige verschmälert. Der Aufenthalt ist hier meist eine Tortur. Es gibt keinen Platz für Sitzgelegenheiten, Regenschutz oder »Rückendeckung« beim Warten (und das muß man meist recht lange). Ständig steht man anderen Fußgängern im Wege. Und das alles nur, weil die Planer die zügige Vorbeifahrt der Autos am haltenden Bus für wichtiger halten als die Belange von Fahrgästen und Fußgängern.

Doch trotz der schon vorhandenen Platzknappheit für Fußgänger ist der Appetit der Planer auf das »Anknabbern« von Gehwegen unersättlich. Seit die Radverkehrsförderung in den Kommunen wieder als notwendig entdeckt wurde, haben die Gehwege auch noch als Reserveflächen für den Radverkehr herzuhalten. Auf diese Weise können die Fahrbahnen für den Autoverkehr unangetastet bleiben. Daß damit die Gehwege an vielen Stellen noch schmaler werden, bewerten viele Planer als das kleinste Übel. Dem Radverkehr ist mit solchen Maßnahmen wenig geholfen. Die räumliche Enge bringt meist nur Konflikte zwischen Fußgängern und Radfahrern. Darüber hinaus ist das Radfahren auf den ehemaligen Gehwegen umständlich und voller Tücken. Solche Gehwegradwege verbessern also meist nur die Radwegestatistik der Kommunen, ein Gewinn für den Radverkehr sind sie selten. Für den Fußgänger bedeuten sie nur einen weiteren Verlust wertvoller Gehwegflächen und zusätzliche Behinderungen.

Zu allem Überdruß sind Gehwege anscheinend so etwas wie eine allgemeine »Rumpelkammer«. Alles, was im Straßenraum irgendwie Platz braucht, wird hier abgestellt: Baucontainer, Lichtmasten, Verkehrsschilder, Ampelanlagen, Briefkästen, Telefonzellen, Mülltonnen etc. Das wäre vertretbar, wenn dafür die Gehwege mit entsprechenden Zusatzflächen ausgestattet wären. Aber sie sind es nicht, ganz im Gegenteil.

Ärgernisse beim Queren

Bei dem dichten und schnellen Autoverkehr bleiben für die Fußgänger nur noch selten Lücken zum Kreuzen der Straßen, außer, der Autostrom wird durch Ampeln angehalten. Da besondere Fußgängerampeln zwischen den Kreuzungen den Autoverkehrsfluß jedoch verlangsamen, werden sie auf den Hauptverkehrs- oder Sammelstraßen entsprechend selten angeboten. Die Folge sind lange Umwege für Fußgänger. An den Ampeln gibt es dann neue Ärgernisse. Nicht selten muß der Fußgänger seinen Wunsch, die Straße zu kreuzen, per Druckknopfampel erst extra anmelden. Andernfalls wird für Fußgänger überhaupt keine Grünphase geschaltet. Darüber hinaus muß der Knopf rechtzeitig gedrückt sein, sonst kommt die Meldung zu spät, und der Fußgänger muß einen gesamten Ampelumlauf warten, bis er Grün zum Queren hat. Er behält dann Rot, obwohl der querende Fahrverkehr unterbrochen ist. Für viele Fußgänger ist dies immer wieder ein verwirrendes Ampelspiel. Wer gar zu drükken vergißt (zum Beispiel Kind, Ortsun-

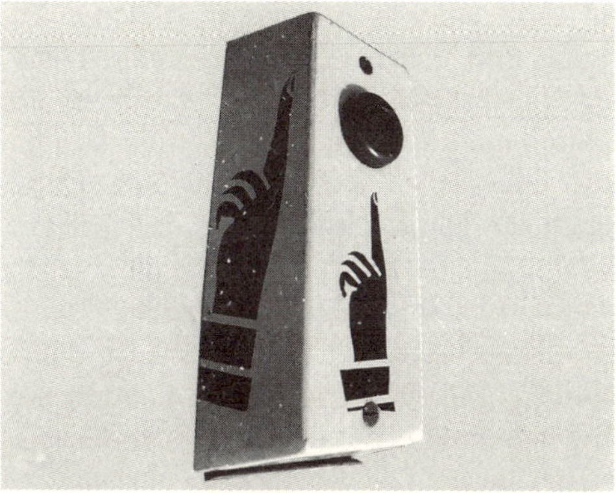

Knopfdruckampeln bieten statt wirksamer Sofortbedienung lange Wartezeiten und minimiertes Gehgrün.

kundiger etc.), muß noch weitere Ampelphasen warten. Beispielsweise hat die Stadt Bonn überall im Stadtgebiet ihre Ampelanlagen Zug um Zug mit diesen für die Fußgänger so lästigen Bedarfsknöpfen ausgestattet. Für die Bonner Fußgänger bedeutet das, daß sie an jeder Ampel die bereits wartenden Fußgänger abfragen müssen, ob schon gedrückt ist. Sie müssen sich zusätzlich wegen des Drückzwangs jeweils direkt am Ampelmast aufstellen und können so nicht die ganze Wartefläche nutzen. Noch hinderlicher für den Fußgänger ist, wenn er an der Ampel in seiner Richtung überhaupt nicht queren darf, da kein Überweg besteht. Um auf die andere Straßenseite zu kommen, muß der Fußgänger erst in drei Ampelphasen um drei Ecken laufen. Dies ist eine sichere Methode, um die Geduld der Fußgänger vollends zu strapazieren und wildes Queren mit den entsprechenden Unfallgefahren zu provozieren.

Neben den langen Wartezeiten sind die viel zu kurzen Grünzeiten der Ampeln ein weiteres Problem. In meist nur fünf bis acht Sekunden Freigabezeit soll die Überquerung abgeschlossen werden, damit dann wieder für vierzig oder gar sechzig Sekunden die Autos rollen können. Wird dem Autofahrer für seine Phase zusätzlich eine Reaktionszeit zugestanden, geschieht dies beim Fußgänger nicht. Für Kinder und

" Die haben schon wieder die Grün-Zeiten ausgedünnt.
Das nächste GRÜN kommt erst in 17 Minuten !

Unzumutbare Überquerungsbedingungen für Fußgänger, aufgespießt in Karikaturen.

ältere Menschen reichen diese Gehzeiten so gut wie nie aus. Sie kommen fast immer in die psychologisch besonders schwierige Situation, gegen Rot gehen zu müssen. Da es kein Fußgängergelb (mehr) gibt, sind die bei Grün gestarteten Fußgänger noch ganz legitim bei Rot unterwegs. Doch Autofahrern gelten Fußgänger, die sie bei Rot noch am Überweg antreffen, automatisch als Verkehrssünder und damit als Freiwild. Das Umspringen der Fußgängerampel auf Rot werten die wartenden, abbiegenden Autofahrer als Startsignal, ihren Abbiegevorgang nun zügig fortzusetzen, egal, ob noch Fußgänger auf der Fahrbahn unterwegs sind oder nicht. Erbarmungslos scheuchen sie die Fußgänger zur Seite und preschen hautnah an ihnen vorbei. Erst recht ärgerlich sind die kurzen Grünzeiten für Fußgänger, die sich der Ampel erst nähern. Sie mögen sich noch so beeilen, schon nach wenigen Augenblicken ist die Ampel wieder auf Rot umgesprungen.

An vielen Ampeln kann der gleichgerichtete Fahrverkehr bei Gehgrün abbiegen. An verkehrsreichen Kreuzungen stehen deshalb die Abbieger oft mitten im Fußgängerstrom und behindern das Überqueren. So mancher Autofahrer versucht aber, auch mit einem Blitzstart noch vor den Fußgängern abzubiegen. Oder es versuchen Autofahrer noch mit erhöhtem Tempo bei »Spätgelb« über die Kreuzung zu preschen und treffen dann in voller Fahrt auf bereits querende Fußgänger. Besonders für Kinder sind solche Situationen unkalkulierbar und oft genug lebensgefährlich.

An den größeren Verkehrsknotenpunkten ist der Fußgängerübergang häufig in mehrere Ampelphasen zerstückelt, mit den entsprechenden Warteinseln dazwischen. Dadurch können die Fußgänger nur etappenweise queren, mit mehrmaligen Wartezeiten. An Kreuzungen und Ampeln beweist sich besonders deutlich die Benachteiligung der Fußgänger im Planungsalltag. Planer und Signaltechniker tüfteln aller Orten daran, den Autofahrern möglichst wenig Anhalte- und Wartezeiten zuzumuten. Höchste Leistungsfähigkeit der Kreuzungsgestaltungen und Ampelschaltungen für den Autoverkehr ist ihr ein und alles. Dabei spielt es kaum eine Rolle, mit welchen Nachteilen für die Fußgänger die für die Autofahrer »herausgeschundenen« Sekunden erkauft sind. Die grüne Welle für Autofahrer ist allen Politikern und Planern lieb und teuer. Die daraus resultierenden Behinderungen für Fußgänger bekümmern keinen. Fußgänger kommen deshalb so gut wie nirgends in den Genuß koordinierter Schaltungen.

Da Fußgänger als lästig und störend für den Autofluß gelten, werden sie von Planern und Politikern an großen Straßen, Kreuzungen und Plätzen am liebsten ganz von der »Bildfläche« verbannt. Sie müssen hinunter unter die Erde. Das bedeutet in der Regel Treppensteigen und lange Umwege. Die Unterführungen sind meist verdreckt, schummrig beleuchtet und die öden Wandflächen mit Sprüchen beschmiert. Für alte Menschen, Behinderte, Frauen mit Kinderwagen und Kleinkindern oder auch für Normalbürger mit schweren Taschen sind sie mühsame Hindernisse. Nachts trauen sich nur die Mutigen in die Unterwelt. Die Polizei rät bespielsweise Frauen, abends und nachts Unterführungen ganz zu meiden, verrät aber nicht, wo, bitte, die Frauen dann die Straßen queren sollen. Abgesehen von diesen Problemen, sind Unterführun-

Planer ignorieren oft die Grundregeln des Fußgängerverhaltens, zum Beispiel mit ihren Unterführungen.

gen an jenen Standorten besonders trostlos, wo man eigentlich so etwas wie »Städtebau«, »Architektur« oder »Stadtgestalt« erleben und am »Straßenleben« teilnehmen möchte. Wer beispielsweise auf bundesdeutschen Großstadtbahnhöfen ankommt, wird in der Regel zuerst in die gekachelte Unterwelt geführt, da oben der Autoverkehr die oberste Priorität genießt.

Die gefährliche Folge der vielen Behinderungen ist das wilde Queren und Rotgehen. Wer beispielsweise zu einer Haltestelle oder sogar zu einem Busbahnhof erst lange Umwege durch Unterführungen oder entfernte Ampeln laufen soll, der wird geradezu verführt, durch wildes Queren den umständlichen Zuweg zur Haltestelle abzukürzen. Besonders natürlich dann, wenn Zeit knapp ist und der Bus oder die Bahn abzufahren droht. Die immer wieder überstiegenen Sperrketten, die auch an solchen für den Fußgängerverkehr so wichtigen Standorten mit aller Macht den zügigen Autofluß sichern sollen, sprechen eine deutliche Sprache von der Erfolglosigkeit solcher Maßnahmen. Das gehäufte wilde Queren und Rotgehen ist deshalb meist das Ergebnis einer völlig einseitig an den Bedürfnissen des Autoverkehrs ausgerichteten Signalschaltung und »Kanalisierung« der Fußgängerströme. Selbst bei den neuralgischen Punkten des Fußgängerverkehrs sind Planer und Politiker selten bereit, die Querungsmöglichkeiten direkt und großzügig anzubieten.

Im Regen: wie ein begossener Pudel

Bei Regen bieten heutige Bürgersteige keinen Schutz mehr für den Fußgänger. Arkaden, Passagen und Laubengänge des früheren Städtebaus sind eine Rarität geworden und allenfalls noch (oder wieder vereinzelt) in den Innenstädten vorzufinden. Durchgehende Vordächer als Regenschutz vor Geschäften sind längst verschwunden. Auf den überall schmal und eng gewordenen Bürgersteigen stellen sich die Platzprobleme des Fußgängerverkehrs im Regen extrem dar. Mit Regenschirm braucht man mehr Platz und kommt so auf den engen Gehwegen noch schlechter vorwärts. Immer wieder bleibt man mit dem Schirm an Hauskanten, Autodächern, Autoantennen etc. hängen. Sich begegnende Fußgänger müssen die Schirme gekonnt »übereinanderschichten«, um aneinander vorbeizukommen. Durch das ständige Bürgersteigparken haben sich die Gehwegplatten teilweise abgesenkt, und in diesen Mulden steht nun das nicht mehr richtig abfließende Regenwasser. Ganze Bürgersteige werden so bei Regen zu einer »Seenplatte«. Nasse Füße sind vorprogrammiert.

Besonders schlimm aber ist die Sache mit dem übermäßig aufspritzenden Regenwasser durch die hohen Geschwindigkeiten der Autos und Lastwagen. Bereits kleine Pfützen auf den Fahrbahnen werden je nach Geschwindigkeit der vorbeifahrenden Fahrzeuge zu beachtlichen Fontänen. Wie ein begossener Pudel steht man da, wenn man einen solchen Schmutzwasserguß abbekommen hat. Und wer sich nicht schnell genug an eine Hauswand preßt, bekommt erbarmungslos die nächste Dusche ab. Weiter ziehen die vorbeifahrenden Fahrzeuge lange Wasserdunstfahnen hinter sich her, die den Fußgänger auf dem schmalen Bürgersteig mit einem feinen Schmutzspray überziehen. Wenn der Fahrtwind dann auch noch jedesmal so richtig in den Schirm hineinfährt, liegen die Probleme der Fußgänger im heutigen Stadtverkehr endgültig offen.

Der Gehweg: öde, ungestaltet und nachts im dunklen Abseits

Es gibt prachtvolle Gehwege, mit kunstvollen Belägen und ausgesuchten Laternen, begleitet von gepflegten Blumenbeeten oder Baumreihen. Meist sind solche Gehwege heute seltene Relikte früherer Bauepochen und auch in den alten traditionellen Wohnlagen kaum mehr vorzufinden. Die Gehweggestaltung ist inzwischen überall »heruntergekommen«, unabhängig vom sozialen Prestige oder Baustil der Wohnlagen. Für die meisten Städte- und Verkehrsplaner ist der Bürgersteig kein interessantes Objekt mehr für gestalterische Ideen. Ohne Rücksicht auf die angrenzende Bebauung ist der Gehweg inzwischen das Produkt lästiger und liebloser Restflächengestaltung. Das Material besteht – von Hamburg bis München – aus Einheitsplatten und Einheitsverbundsteinen. Durch das überall geduldete Parken auf Gehweg- und Platzflächen ruiniert man oft auch die wenigen noch vorhandenen traditionellen Beläge und flickt sie lieblos mit Asphalt.

Auch gibt es kaum noch unversiegelte Gehwege, nicht mal in den lockerbebauten Einfamilienhausgebieten. Zwar ist für den vom Autogestank und Autolärm gestreßten Städter das naturnahe Wohnen fast eine Verheißung. Trotzdem stehen viele Bürger und Verwaltungen mit den natürlichen Belägen auf Kriegsfuß. Versiegelte, pflegeleichte Beläge werden allerorten angestrebt. Auf diese Weise macht man das Gehen und den Aufenthalt im Straßenraum reizlos und langweilig. Dies gilt vor allem für Kinder, denen eine rundum asphaltierte und »platte« Umwelt kaum Anregung für ihre Phantasie und Kreativität bietet.

Und, wie könnte es anders sein, auch bei der neuzeitlichen Straßenbeleuchtung fehlt die »Liebe zum Detail«. Sie dient vor allem dem Autofahrer, um ihm möglichst weite

Gehwege in Neubaugebieten sind oft lieblos, ohne jeden Sinn für gestalterische Qualität hergestellt.

Sicht bei Dunkelheit zu verschaffen. Das Licht stammt meist von hohen genormten Peitschenmasten, deren Leuchtpunkte in fünf bis sieben Metern Höhe liegen und deren Lichtkegel sich auf die Fahrbahnen konzentrieren. Die Ausleuchtung der Gehwege ist dabei nur ein Nebenprodukt und entsprechend schlecht. So sind abends und nachts vor allem die Fahrbahnen hell erleuchtet, je breiter, desto greller. Dabei wären gute Straßenlampen wichtig, die sich am Lichtbedarf der Fußgänger orientieren und deren Höhe dem Fußgängermaßstab entspricht. Man geht viel sicherer, gerät nicht in Gefahr zu stolpern, wenn man im Dunkeln den Gehweg und die Bordsteinkante gut erkennt. Auch fühlen sich Frauen auf gutbeleuchteten Gehwegen sehr viel wohler. Fußgänger haben keine Scheinwerfer wie Autos, sie können sich ihre Wege nicht selber ausleuchten. So sollten vor allem Fußgänger sehen können, »wo es langgeht« und ob ihr »Auftreten« sicher ist.

KAPITEL 2

Bedürfnisse und Eigenschaften von Fußgängern: ignoriert und verdrängt

Die Füße: ein Geschenk des Himmels

Die Füße sind ein Geschenk des Himmels, vorgesehen als das natürliche Fortbewegungsmittel aller Menschen. Fußgängerverkehr ist die einzige Verkehrsart überhaupt, an der regelmäßig alle Menschen – unabhängig von Alter, Geschlecht, Einkommen, Gesundheitszustand etc. – teilnehmen, also auch Kleinkinder, Kinder, Jugendliche, behinderte, alte und auch kranke Menschen. Das unterscheidet diese Gruppe wesentlich von den Autofahrern, die sich hauptsächlich aus den mittleren Altersgruppen rekrutieren und außerdem beim Autofahren immer körperlich und seelisch in fahrtauglicher Verfassung sein sollten. Zu Fuß gehen kann man auch, wenn man nicht fit ist. Selbst die Autofahrer gehen ihre Wege zwischen Haustür und Parkplatz sowie Parkplatz und Ziel (oder rund ums Ziel) zu Fuß. Ebenso legen die Fahrgäste des öffentlichen Verkehrs die An- und Abmarschwege in der Mehrheit zu Fuß zurück. Und auch Radfahrer nutzen ihre Füße zur Kombination ihrer Wege, wenn sie mehrere benachbarte Ziele aufsuchen wollen. Doch obwohl der Fußgängerverkehr eine alle Menschen betreffende und eine einfach und im Nahbereich immer zu nutzende Verkehrsart ist, werden die Bedürfnisse des Zufußgehens heute weit weniger artikuliert und ernst genommen als die des Autofahrens.

Gehen: nicht bloß Fortbewegung von A nach B

Viele Verkehrsplaner sehen den Sinn der Verkehrsteilnahme allein im möglichst schnellen Vorwärtskommen. Dies mag für Wege und Fahrten unter Zeit- und Termindruck auch zutreffen, für die übrigen Wege und Fahrten aber nicht. Spazierengehen, spielen, bummeln, flanieren, seine Umgebung und andere Menschen beobachten und sich selbst präsentieren sind beliebte Anlässe für eine Verkehrsteilnahme mit Muße. Für Fußgänger ist das Gehen meist mehr als nur bloß Fortbewegung von A nach B. Fußgänger beziehen ihre Umgebung direkt mit ein. Ein Autofahrer durchfährt eine 100 Meter lange Strecke in etwa sechs Sekunden, steckt dabei in seinem Gehäuse und sieht vor allem auf die Fahr-

Bei ausreichendem Platz und interessanter Umgebung werden die Gewehwege auch für Aufenthalt und Kinderspiel genutzt.

bahn. Ein Fußgänger braucht für dieselbe Strecke etwa die zehnfache Zeit, und wenn er gar hier und da in ein Schaufenster sieht, die zwanzig- oder dreißigfache Zeit. Beim Fußgänger sind Aufenthalt und Fortbewegung fließend. Er kann jederzeit anhalten, um sich mit der Umgebung oder anderen Menschen zu beschäftigen. Der Fußgänger riecht, hört, sieht und spürt intensiv die verschiedensten Umwelteindrücke um ihn herum. Er achtet hier und dort auf bauliche Details wie Blumenkästen, Firmenschilder, Vorgärten, Baustile etc. Er sieht sich nach jemandem um oder grüßt Bekannte. Er geht mal eiliger, mal langsamer, bleibt mal stehen, um etwas zu beobachten. Das alles sind alltägliche Abläufe des Fußgängerverkehrs.

Gehen und Stehen bleiben attraktiver, wenn die Details der Umgebung interessant und ansprechend sind. Aus diesem Grunde ist eine am Fußgängermaßstab orientierte Bau- und Nutzungsstruktur der Stadtviertel mit einem durch Bäume, Bänke, Beete, Brunnen und andere bauliche Details bereicherten Straßenbild wichtig für den Fußgängerverkehr. Kein Fußgänger liebt die öden Bürgersteige entlang der modernen Büro- oder Wohnhauskomplexe, die dazu noch wegen der favorisierten üppigen Fahrstraßenerschließung ringsum oft menschenleer sind. So gehört auch ein bestimmtes Maß an Belebtheit der Bürgersteige mit dazu, daß sich Fußgänger behaglich und sicher vor Bedrohungen und Belästigungen fühlen. Entfernungen schrumpfen psychologisch zusammen, wenn das Gehen auf einer bestimmten Strecke als attraktiv empfunden wird. Umgekehrt werden Entfernungen pychologisch als wesentlich länger empfunden in häßlicher, monotoner und unbelebter Umgebung.

Besonderen Reiz hat der Aufenthalt im Straßenraum für Kinder. Auf der Straße können sie jederzeit am öffentlichen Leben teilnehmen, finden vielfältige ungeplante und altersgemischte Kontakte. Sie können spontan zwischen Wohnung oder privatem Grundstück und öffentlichem Straßenraum hin und her wechseln. Sonstige öffentliche Frei- und Spielflächen sind dagegen oft erst in erheblichen Entfernungen zu erreichen. Der Weg dorthin erfordert häusliche Planung und Absprache. Mit dem Verzicht auf breite und aufenthaltsfreundlich gestaltete Bürgersteige gehen deshalb auch wichtige Bewegungs- und Entfaltungsmöglichkeiten verloren.

Fußgängerverkehr umfaßt also sehr viel mehr als das eilige, zielstrebige Gehen von A nach B. Wird der Fußgängermaßstab ignoriert und entwertet, weil allein das Auto als das zeitgemäße und zu fördernde Verkehrsmittel gilt, werden das Gehen und der Aufenthalt im Straßenraum unattraktiv, unbehaglich und erheblich beschnitten. Der Fußgängerverkehr »leidet« am stärksten von allen Verkehrsarten, wenn die Straßen keine Umwelt- und Aufenthaltsqualitäten mehr zu bieten haben.

Gehen: eine spontane Verkehrsart

Fußgänger halten kaum »Spur«, sie gehen nicht stur geradeaus. Schon durch das Hin- und Herpendeln des Körpers bei jedem Schritt ergeben sich geschwungene Ganglinien. Fußgänger wechseln oft spontan die Richtung, je nachdem, was sie gerade reizt. Mal streben sie mehr an den Rand des Bürgersteigs, um ein Schaufenster zu betrachten, mal an den Fahrbahnrand, um einen Bekannten auf der gegenüberliegenden Straßenseite zu grüßen. Aus diesen Gründen lassen sich Fußgänger nicht in »Gehspuren« kanalisieren, wie man das mit dem Autoverkehr in Fahrbahnen tun kann. Fußgänger lassen sich auch nicht in ein »Rechts gehen, links überholen«-Schema einordnen. Der Blick auf die Ganglinien von Fußgängern zeigt noch mehr. Fußgänger lassen sich auch beim Queren schlecht kanalisieren. Sie queren oft so, wie es sich gerade aus dem jeweiligen Wegziel ergibt.

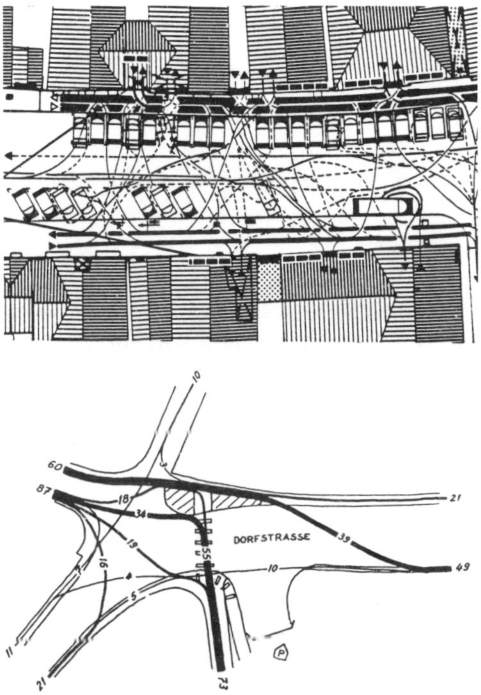

Fußgänger gehen oft andere Wege, als die Planer glauben und die Juristen vorschreiben wollen. Ihre Spontaneität und Flexibilität lassen sich schwer begrenzen und kanalisieren.

Nur selten erfolgt das Überqueren von Straßen exakt nach der Straßenverkehrsordnung (rechtwinklig und auf dem kürzesten Weg) oder exakt in den von den Planern vorgesehenen Flächen. Eiligere Fußgänger versuchen fast immer jede Abkürzungsmöglichkeit zu nutzen.
Fußgänger bewegen sich mit unterschiedlichem Tempo vorwärts. Dafür sorgen allein schon Alters- und Konstitutionsunterschiede. Außerdem richtet sich das Gehtempo stark nach dem Wegzweck. Wer spazierengeht oder bummelt, läßt sich Zeit. Wer auf dem Weg zur Arbeit oder zum Bahnhof ist, hat es meist eilig. Fußgänger gehen untereinander auf Abstand, enge Tuchfühlung wird unter fremden Menschen bewußt vermieden. So wird das Kolonnengehen oder der Gänsemarsch auf schmalen Gehwegen als unbehaglich empfunden.
Für das Spielen vor der Haustür oder sonstigen Aufenthalt im Straßenraum lassen sich erst recht keine schematischen Bewegungsabläufe vorschreiben. Das Verweilen zum Gespräch mit einem Bekannten oder zum Blick ins Schaufenster unterliegt immer der spontanen Bewegungsvielfalt des Fußgängers. Wer den Fußgänger trotzdem auf engste Bürgersteige und knapp bemessene Querungsfurten beschränken und über die Paragraphen der Straßenverkehrsordnung auf Schritt und Tritt in autogerechte Bewegungsabläufe pressen will, nimmt dieser Verkehrsart jegliche Akzeptanz.

Der Fußgänger: ein unterschätzter Verkehrsteilnehmer

Häufig unterschätzt wird die Tauglichkeit des Fußgängerverkehrs. Beispielsweise sprechen beim Berufsverkehr alle vom Auto und immerhin noch einige von Bussen und Bahnen, aber den Fußgängerverkehr erwähnt in diesem Zusammenhang kaum jemand. Und doch ist der Verkehrsanteil der Fußgänger im Berufsverkehr gleich hoch wie der Anteil der Bus- und Bahnbenutzer. Auch nach den Weglängen ist der Fußgängerverkehr für viele alltägliche Wege eine taugliche Verkehrsart geblieben. Nach wie vor überwiegen im Verkehr die Kurzstrecken, mehr als die Hälfte aller Wege im Bundesgebiet sind unter fünf Kilometer. 30 Prozent der Fußwege sind länger als einen Kilometer. Wer bestimmte Wege zu Fuß macht, fördert außerdem billig und einfach seine Gesundheit. Das gilt für Erwachsene ebenso wie für Kinder. Dies ist ein wichtiger Aspekt, da viele Bundesbürger an Bewegungsmangel leiden und sich über Wandern, Joggen, Kurse oder Vereine Ersatzbewegung zu verschaffen hoffen. Verkehrplaner und- politiker sollten schon aus diesem Grund dem Fußgängerverkehr sehr viel mehr Interesse schenken, als sie dies heute tun.
Unterschätzt wird auch die Fähigkeit des Fußgängers, etwas zu tragen. Angeblich

Viele Fußgänger, vor allem Frauen und Betagte, tragen auf ihren Wegen Taschen.

geht man heute als freier, moderner Mensch nicht mehr im Joch, schleppt sich nicht mehr ab. Tatsächlich aber tragen viele Fußgänger etwas mit sich herum und nicht nur Leichtes. Paradox genug, daß vor allem die älteren Fußgänger und am ehesten noch die Frauen häufig mit schweren Taschen und Tüten beladen sind. Das starke Geschlecht in den besten Jahren bedarf dagegen meist der motorisierten »Prothese«, wenn dergleichen transportiert werden muß.

Ein weiterer Irrtum ist, wenn Politiker und Planer das Zufußgehen als Schönwettervergnügen ansehen, was sie so gerne tun. Bei Regen und Schnee macht doch kein Mensch seine Wege zu Fuß, meinen sie und liegen genau daneben. Die höchsten prozentualen Fußweganteile werden nicht im Sommer, sondern im Winter erreicht. Natürlich nicht, weil man im Winter besonders »gut« geht, sondern weil man wegen der speziellen Wetterbedingungen und der damit verbundenen Erschwernisse oder Gefahren mehr auf das Fahrrad und Auto verzichtet.

Der Fußgänger: für die Fachwelt ein Wesen ohne nennenswerten Platzbedarf

Die heutige Fachwelt tut sich schwer, Fußgänger und ihre Verkehrsbedürfnisse ernst zu nehmen und planerisch umzusetzen. Fundierte Forschungsarbeiten über das Bewegungsverhalten von Fußgängern, die Ganglinien, die Häufigkeit des Stehenbleibens, das Abstandsverhalten bei Begegnung und beim Vorbeigehen, das Verhalten beim Gehen in Gruppen, die Häufigkeit des Gehens in Gruppen, die Häufigkeit des Mitführens von Taschen, Kinder- oder Gepäckwagen etc. sind Mangelware. Die Planer haben kein großes Interesse an solchen Fragen. Fußgängerplanung ist für sie Restflächenplanung, Gehwege sind ein »Abfallprodukt«. Beim Autoverkehr dagegen ist das ganz anders. Dafür gibt es eine umfangreiche und fleißig gelesene Literatur über die erforderlichen Bewegungsräume, Radien, Sicherheitsabstände, Manövrierräume etc. beim Fahren, Abbiegen und Parken. Sie hat schon sehr früh Eingang in die einschlägigen Normen und Richtlinien für den Straßenbau gefunden. Dort sind stets die jeweils längsten und breitesten zugelassenen Fahrzeugtypen Grundlage der Bemessung. Dementsprechend werden die Fahrbahnen so abgemessen, daß sich normalerweise auf der ganzen Strecke mindestens ein PKW und ein LKW, meist sogar zwei LKW ohne Einschränkung der Fahrgeschwindigkeiten begegnen können. Fahrbahnverengungen, die Wartezeiten oder Ausweichmanöver zur Folge haben, gelten als unzumutbar und als dringend zu beseitigende Schwachstellen im Straßennetz. Und wenn es den Autoherstellern beliebt, noch größere PKW oder LKW auf den Markt zu werfen, dann wird kaum Protest laut. Straßenplaner und -bauer sind nur allzu geneigt, dem aktuellen Styling (zum Beispiel Familienkombi) oder der Scheinrationalität der Jumbotechnologie (40-Tonnen-Laster) zuliebe ganze Straßennetze noch breiter zu trassieren.

Für den Fußgänger gibt es dagegen keine vergleichsweise großzügig akzeptierte Norm. Er kann von solch einer komfortablen Berücksichtigung nur träumen. Dimensioniert wird meist nur auf den »magersüchtigen« Einzelfußgänger. Die Familie samt Gepäck ist hier nicht wie beim Auto der kleinste Bemessungsfall. Beim Fußgänger überschreitet bereits eine mitgeführte Tragetasche oder eine Mutter mit Kind die heutige Planungsnorm. Das Pech des Fußgängers ist, daß er als »flexibel« gilt, weil er sich leicht drehen und wenden und »dünnmachen« kann. Man meint deshalb, ihm jedes kleinste Maß zuordnen zu können. Doch trotz aller Flexibilität können sich Fußgänger bei Bedarf nicht in Luft auflösen. Auch der Fußgängerverkehr hat Maße, und sein Platzanspruch ist ableitbar. Würden sich die Fußgänger beim Gehen einen Pappkarton überstülpen, wie die Autofahrer beim Fahren ihre Blechkiste, würden Planer und Politiker diesen Platzanspruch sicher klarer erkennen und akzeptieren.

Die nachfolgenden Werte zum Platzbedarf der Fußgänger sind aus einer der wenigen zu diesem Thema vorhandenen, differenzierten Untersuchungen entnommen: Danach haben 74 Prozent der Fußgänger beim Gehen etwas in der Hand, eine Tasche, zwei Taschen, ein Einkaufswägelchen, einen Kinderwagen, einen Stock oder einen Hund an der Leine. Der einzelne Fußgänger mißt deshalb schon im Stand mehr als seine Körperbreite. Beim Gehen braucht er aber nicht nur eine »Gehspur« von seiner Körperbreite samt Tasche(n), sondern er pendelt, wie bereits gesagt, bei jedem Schritt mit dem Oberkörper hin und her und läßt dabei seine Arme in Gehrichtung schwingen. Gleichzeitig schreitet er nicht wie ein Paradesoldat auf einer geraden Linie, sondern wendet sich mit dem gesamten Körper mal mehr nach rechts, mal mehr nach links. Die Fußgänger brauchen dafür einen Bewegungsraum von bis zu 100 Zentimetern. Zu seitlichen Hindernissen wie Hauswänden, Zäunen etc. halten sie mindestens einen konstanten Abstand von 30 Zentimetern ein. Wenn der Platz ausreicht, wächst der Abstand auf 43 Zentimeter. Zum Fahrbahnrand halten sie nach Möglichkeit einen noch größeren Sicherheitsabstand. Dies um so mehr, je schneller die Fahrbahnen befahren werden. Rechnet man diese verschiedenen Maße zusammen, ist bereits ein einzelner Fußgänger mit einem Standardmaß von nur 1,50 Metern Breite ziemlich knapp bedient. Aber Gehwege sind keine Einbahnstraßen. Fußgänger benutzen Gehwege regelmäßig in beide Richtungen, begegnen sich also immer wieder. Bei der Begegnung halten sie zwischen sich einen Mindestabstand von 28 Zentimetern. Alles, was darunterliegt, wird als zu enge Tuchfühlung empfunden. Rechnet man also den normalen Begegnungsfall zweier Fußgänger mit, dürfte kein Bürgersteig unter 2,50 Meter dimensioniert sein. Doch auch das reicht nicht. 40 Prozent der Fußwege werden in Begleitung von anderen Personen gemacht, von einem Kind, von Verwandten oder Bekannten. Es ist wahrlich keine Besonderheit, daß sich auf einem Gehweg eine Person und eine Mutter mit Kind an der Hand begegnen. Oder daß ein Fußgänger ein vor ihm gehendes Paar überholen will. Oder daß ein Elternpaar mit seinen beiden kleinen Kindern an der Hand einen Spaziergang macht. Für diese unzähligen alltäglichen Situationen ist erst recht kein Platz auf den Bürgersteigen. Bedenkt man weiterhin, daß Bürgersteige nicht wie die Fahrbahn nur der Funktion Fortbewegung dienen, sondern daß sie daneben noch für das Aufstellen sämtlicher Verkehrsschilder, Straßenlampen und Ampelanlagen, für das Öffnen und Schließen von Autotüren (dies bedeutet allein 60 Zentimeter Platzbedarf ab Bordstein), für das Aufstellen von Pollern (dies sind bei herkömmlicher Praxis 30 bis 50 Zentimeter Platzverlust ab Bordstein), für das Schieben oder Abstellen von Fahrrädern, für radfahrende Kinder unter neun Jahren, für Geschäftsauslagen und vor allem für Kinderspiel und Aufenthalt dienen müssen, dann fängt überhaupt erst bei vier Metern ein diskutables Maß für Bürgersteige an. Heute gilt die Forderung nach einem vier Meter breiten Bürgersteig meist als utopisch und überzogen. Im gründerzeitlichen Städtebau waren vier Meter Breite für einen großstädtischen Gehweg eher ein bescheidenes Maß. Für Hauptverkehrsachsen oder Boulevards verwendeten die Städtebauer seinerzeitig Bürgersteigbreiten von 11, 12 oder sogar 18 Metern. An diesen Maßen erkennt man, was Fußgängerverkehr und Aufenthalt Planern einmal wert waren.

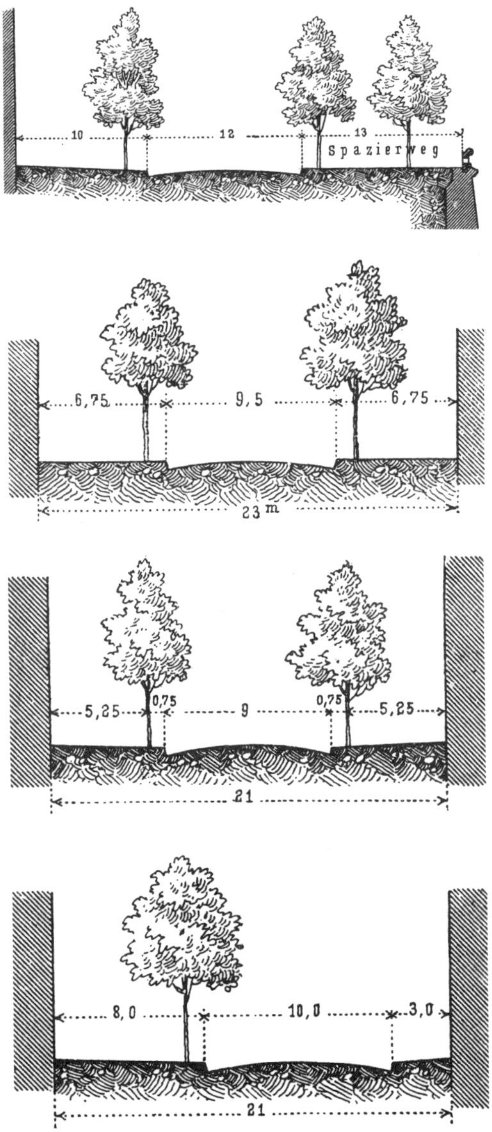

Breite Gehwege bieten Platz für das Gehen in Gruppen, für Kinderspiel und Aufenthalt. Die Planer früherer Zeiten gaben den Fußgängern oft vier- bis sechsmal soviel Platz wie heute.

So gesehen, war es schon ein beachtlicher Fortschritt, als 1985 erstmals in einer Straßenbaurichtlinie einige Anhaltswerte für den Flächenbedarf verschiedener Aufenthaltsformen und Kinderspielarten angegeben wurden. Nur hat man dann versäumt, in den Richtwerttabellen auch entsprechende Maße aufzunehmen. Davor scheute man zurück. Deshalb sind auch die neuen Empfehlungen für die Anlage von Erschließungsstraßen wenig zukunftweisend, weil sie trotz ihrer schönen Beispielbilder am Ende die Regelgehwegbreiten wieder nur mit einem Mindestwert von 1,5 bzw. 1,75 Meter angeben, ein Maß, das nicht einmal für einen Fußgänger allein taugt.

Der Fußgänger: für die Fachwelt ein Wesen ohne Zeitbedarf

Der Mangel an wissenschaftlichem und planerischem Interesse am Fußgängerverkehr führt neben der Gehwegmisere weiter zu der völligen Vernachlässigung der Zeitdimension bei dieser Verkehrsart. Reise-, Warte- und Gehzeiten des Fußgängers werden anscheinend als Größen angesehen, die ohne Rücksicht auf die physischen und psychischen Eigenschaften des gehenden Menschen zugunsten von Zeitvorteilen für den Autoverkehr nahezu beliebig verschlechtert werden können. So muß man auch bei der Frage der Gehgeschwindigkeiten, der Reisezeiten, der Zumutbarkeitsgrenzen von Wartezeiten an Ampeln oder der Reaktionszeiten der Fußgänger lange suchen, bis man entsprechende Untersuchungen findet.

Für den Fußgängerverkehr bringen die heutigen Schaltungen der Lichtsignalanlagen große Zeitverluste, die die zumutbaren Wartezeiten weit überschreiten. Eine

Münchner Studie kam 1980 zu dem Ergebnis, daß sich so auf eine Weglänge von einem Kilometer mehr als 30 Prozent Zeitverluste allein durch die Überwindung von Ampeln ergeben. Man nimmt an, daß sich von Beginn der Verampelung der Städte in den 60er Jahren an bis heute die Reisezeiten der Fußgänger für dieselben Wege inzwischen verdoppelt haben. Noch in den 60er Jahren wurde die maximal zumutbare Wartezeit pro Ampelumlauf für den Fußgänger mit ca. 30 Sekunden angesetzt. Heute kennen die Verkehrsplaner keine Zumutbarkeitsgrenzen mehr. Sie sprechen jetzt von einer mittleren Wartezeit von 60 bis 80 Sekunden und sehen hierin nur einen Anhaltswert, der in der Praxis beliebig nach oben verschoben werden kann. Die immer höheren Rotgeherraten sind ein untrügliches Anzeichen für unzumutbare Wartezeiten. Bei Wartezeiten zwischen 40 und 60 Sekunden ist der Anteil der Rotgeher mit 38 Prozent doppelt so hoch wie bei Wartezeiten unter 40 Sekunden, bei über 60 Sekunden werden sogar Rotgeheranteile bis zu 43 Prozent erreicht.

Genausowenig verhaltensgerecht wird bei der Festsetzung der Gehzeiten verfahren. Hier wird der Fußgänger von den Planern plötzlich zum reaktionsschnellen Sprinter umdefiniert. Alle Grundregeln des natürlichen Reaktions- und Bewegungsablaufs werden ignoriert. So soll der Fußgänger in den durchschittlichen Freigabezeiten von fünf bis acht Sekunden erstens auf das Umspringen der Ampel reagieren, zweitens vom Stand auf Tempo anlaufen und drittens mit Eile über die Fahrbahn rennen. Tatsächlich braucht er etwa eine Sekunde Reaktionszeit, macht dann die ersten Anlaufschritte und erreicht erst dann seine übliche, vom Alter und der Konstitution abhängige Gehgeschwindigkeit. In den 60er Jahren ging man bei der Festsetzung der Freigabezeiten noch von einer Gehgeschwindigkeit von höchstens 1,2 Metern pro Sekunde aus, heute dagegen von 1,8 Meter pro Sekunde. Kein normal gehender Erwachsener, geschweige denn Kinder, ältere Erwachsene etc. gehen in diesem Tempo. Die tatsächlichen Gehgeschwindigkeiten der verschiedenen Fußgängertypen schwanken zwischen 0,5 und 1,2 Metern pro Sekunde. Darüber hinaus verzögern die im Pulk mitgehenden und im Pulk entgegenkommenden Fußgänger das Gehtempo, da einander ausgewichen werden muß. Dies alles sind physiologisch vorgegebene Größen, die auch durch den fußgängerfeindlichen Zeitgeiz der Planer nicht veränderbar sind.

Der fromme Wunsch vom autogerechten Fußgänger

Mit dem heutigen dichten und schnellen Autoverkehr ist ein Großteil der Fußgänger schlichtweg überfordert. Die Fußgänger sind im Straßenverkehr grundsätzlich »unterlegen« durch ihre physische Situation. Sie können keine vergleichbare Schnelligkeit, Durchsetzung und Kraft wie Autofahrer entwickeln. Sie sind klein, leicht und ohne schützendes Gehäuse. Viele Fußgänger haben deshalb das Gefühl der Ausgeliefertheit gegenüber dem Autoverkehr. Man erlebt das zum Beispiel beim Queren, wenn Fußgänger unvermittelt auf der Fahrbahnmitte hilflos stehenbleiben und sie ihr Mut zum Weitergehen verlassen zu haben scheint.

Die Autofahrer müssen eine Prüfung absolvieren, um die Regelkenntnisse zum Straßenverkehr zu verinnerlichen und eine Fahrerlaubnis zu bekommen. Die Autofahrer sind also alle die »Verkehrsklugen«. Doch trotz aller Verkehrsausbildung begehen sie genügend Regelübertretungen, gefährden und behindern dabei Fußgänger aus Rücksichtslosigkeit, Nachlässigkeit oder der Position des Stärkeren heraus. Wer auf einen querenden Fußgänger mit unverminderter Geschwindigkeit zufährt, rechnet damit, daß der Fußgänger in seiner schwächeren

Position entweder zurückweicht oder sich beeilt, um noch rechtzeitig von der Fahrbahn zu kommen. Kinder, Jugendliche und auch viele Erwachsene ohne Führerschein dagegen kennen nur begrenzt die Verkehrsregeln. Sie sind zum Teil auch in ihren Wahrnehmungs- und Reaktionsmöglichkeiten oder in ihren physischen Bewegungsmöglichkeiten eingeschränkt. Das bedeutet, daß man von einem Teil der Fußgänger kaum erwarten kann, daß sie sich stets kontrolliert und dazu noch konsequent nach den komplizierten Regeln der Straßenverkehrsordnung bewegen. Beide Aspekte werden immer wieder vergessen und verdrängt.

Die Überforderung der Fußgänger gilt besonders, wenn man an das spezielle Verhalten von Kindern denkt. Die Welt des Kindes funktioniert im Verkehr ganz anders als die der Erwachsenen. Kinder widmen ihre Aufmerksamkeit auf der Straße nicht vorrangig dem Verkehrsgeschehen. Sie sind vertieft in ein Spiel, eine Beobachtung oder einen Gedanken. Sie lassen sich leicht vom Fahrgeschehen ablenken, wenn ein Freund auf der Straße auftaucht etc. Daraus folgt dann schnell ein plötzliches, vom Autofahrer »unerwartetes« Verhalten. Kinder nehmen schon aufgrund ihrer geringeren Körpergröße vieles ganz anders wahr als Erwachsene. Allein durch die niedrigere Augenhöhe ist ihr Überblick viel geringer, als Erwachsene oft glauben. Auch ihr Blickwinkel ist noch kleiner. Oft können sie Gefahrensituationen als solche gar nicht erkennen oder erst langsamer als Erwachsene. Wegen ihrer kleineren Körpergröße sind sie durch parkende Autos stärker verdeckt und müssen sich viel mehr exponieren, um überhaupt die Fahrbahn einsehen zu können. Genauso schwierig ist es für Kinder, Entfernungen richtig zu schätzen oder die Geräusche und Richtungen, aus der sie kommen, richtig zu identifizieren. Auch rechts und links werden bis in das Grundschulalter hinein noch häufig verwechselt. Kinder können Geschwindigkeiten kaum annähernd richtig einschätzen, vor allem Geschwindigkeiten von über 30 Stundenkilometern. Sich zwischen all den abgestellten und fahrenden Autos auf diejenigen Autos zu konzentrieren, die für den nächsten Schritt besonders bedeutsam sind, ist für Kinder nicht möglich. Der Verkehrserziehung der Kinder zu »autoverkehrstauglichen« Fußgängern ist deshalb von Anfang an nur bescheidener Erfolg gegönnt. Kindern durch Erziehungsdrill perfekte Gefahrenvermeidung antrainieren zu wollen, anstatt auf eine kinderfreundliche Gestaltung der Verkehrswelt zu achten, bedeutet, ihre Bedürfnisse und Fähigkeiten zu ignorieren. Es gehört zu Kindern, daß ihre Risikobereitschaft auch beim Gehen und Spielen im Straßenraum hoch ist, weil sie die Folgen ihres Verhaltens noch nicht abschätzen können und ihre Umwelt durch Selbsterfahrung kennenlernen wollen.

Die hohe Verletzbarkeit des Fußgängers: eine unveränderbare Tatsache

Ein PKW hat das 15- bis 25fache Gewicht eines Fußgängers. Mit wachsender Geschwindigkeit wächst die dabei freigesetzte Energie exponentiell. Im Konfliktfall zwischen Autofahrer und Fußgänger ist immer der Fußgänger der »Dumme«. Der Fußgänger ist jedem Konflikt schutzlos ausgeliefert, ohne Karosserie und ohne Knautschzone. Beim Aufprall wird der Fußgänger meist hochgeschleudert, prallt auf die Frontpartie des mit ihm kollidierten Autos und fliegt von da wieder zurück auf den harten Asphalt. Schon bei einer Aufprallgeschwindigkeit von 40 Stundenkilometern kommt es beim Fußgänger zu schweren oder sogar tödlichen Verletzungen. Der Autofahrer dagegen ist unverletzt, und sein Wagen hat allenfalls einen Blechschaden.

Hinter vielen Zusammenstößen von Autos mit Fußgängern steckt System. Sie haben ihre festen Namen, weil sie immer wieder

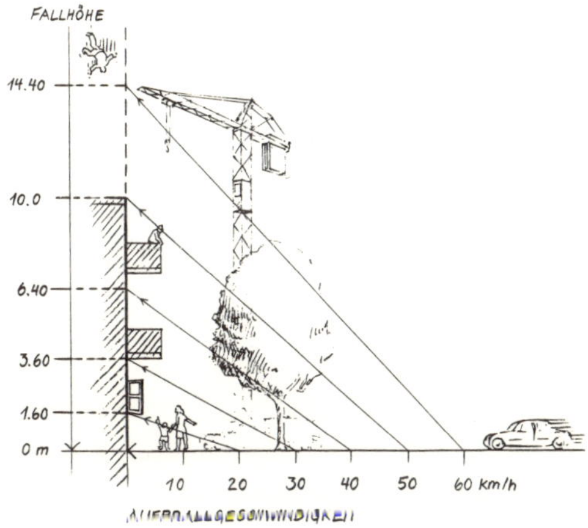

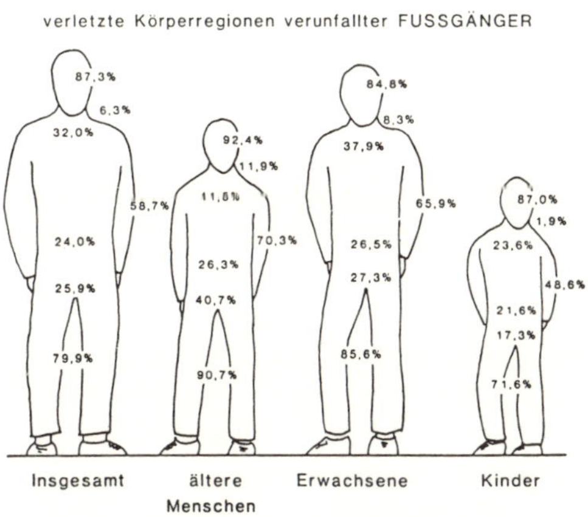

Das ungeheure Risikopotential schneller Autos zeigt die Umrechnung der Aufprallenergien in den freien Fall. Kein Wunder, daß Fußgänger bei Unfällen vor allem an Kopf und Beinen schwer verletzt werden.

Selbst eine am Straßenrand geparkte kleine Isetta verdeckt schon völlig ein 12jähriges Kind und versperrt ihm die Sicht auf den Verkehr.

vorkommen. So gibt es den »Überschreitungsunfall« zwischen zwei fahrbahnparallel geparkten Autoreihen. Besonders Kinder werden beim Beginn des Überquerungsweges wegen ihrer geringen Körpergröße leicht von parkenden Autos verdeckt. Bei den heute gefahrenen Geschwindigkeiten ist der Blick der Fahrzeuglenker weit voraus auf die Fahrbahn gerichtet, der Fahrbahnrand liegt außerhalb des Blickfeldes. Der Sichtkontakt zwischen querendem Fußgänger und Autofahrer kommt deshalb meist zu spät zustande, und für den Autofahrer ist dann die Reaktions- und Anhaltezeit viel zu lang. Beim »Abbiegeunfall« versuchen Autofahrer entsprechend den Eckabrundungen möglichst ungebremst abzubiegen und stoßen mit viel zu hoher Geschwindigkeit auf den erst jetzt für sie sichtbaren Fußgänger, der queren will. Solche Unfälle ereignen sich auch oft an Ampeln. Die Abbieger konzentrieren sich auf das Fahrgeschehen, wollen den Autoverkehr nicht aufhalten, biegen deshalb fast ungebremst ab und kollidieren am Überweg mit dem Fußgänger. Besonders schlimm sind hier die Unfälle mit den bei Spätgelb abbiegenden Autofahrern, die vor der Ampel stark beschleunigt haben, um noch vor Rot durchzukommen. Auch die Zebrastreifen sind unfallträchtig, da Autofahrer hier den Vortritt der Fußgänger häufig nicht anerkennen oder zu hautnah an den Fußgänger heranfahren. Bei Schreckreaktionen der verängstigten Fußgänger kann dann keiner mehr ausweichen. Probleme bringen auch Garageneinfahrten und Grundstückszufahrten. Auf dem Gehweg rechnen die wenigsten Fußgänger mit fahrenden Autos. Und die Autofahrer konzentrieren sich ganz auf ihr Fahrmanöver und beachten zuwenig die hier bevorrechtigten Fußgänger. Diese werden deshalb oft genug durch zügig ein- oder ausfahrende Autos regelrecht überrumpelt.

Bei den meisten Unfällen mit Fußgängern ist das zu hohe Tempo des Autoverkehrs die entscheidende Ursache für den oft schweren Unfall. Bei einem geringeren Tempo hätte es oft nicht dazu kommen müssen, oder dieser wäre in jedem Fall glimpflicher abgegangen. Die Straßenverkehrsordnung fordert vom Autofahrer jederzeitige Anhaltebereitschaft, sobald Fußgänger und vor allem Kinder in Sicht sind. So weit die Theorie. In der Praxis muß man schon froh sein, wenn in Anlieger- und Wohnstraßen einigermaßen angepaßte Geschwindigkeiten gefahren werden. Oft genug wird aber auch hier viel zu schnell gefahren. Am schlimmsten jedoch sind die Geschwindigkeitsprobleme an den Hauptverkehrs- und Sammelstraßen. Wer hier situationsbedingt überlegt und kontrolliert nicht schneller als die vorgeschriebenen 50 Stundenkilometer fährt oder angesichts spielender Kinder bremst, gilt als öffentliches Ärgernis. Ohne Rücksicht wird hier an Fußgängern und Kindern vorbeigerast. Durch das hohe Tempo des Autoverkehrs werden Fußgänger immer wieder mit dem Gefühl der Angst konfrontiert. Viele Situationen sehen für sie bedrohlich aus und sind es im Ernstfall auch. Die Fahrzeuglenker dagegen schätzen die möglichen Folgen, die ihr bedrohlich schneller Fahrstil für die Fußgänger haben kann, selten richtig ein. Zu naiv sind hier die Vorstellungen von den physikalischen Abläufen, von der eigenen Reaktionsfähigkeit und dem eigenen Fahr- und Bremsvermögen.

Täglich verunglücken in der Bundesrepublik ca. 130 Fußgänger. Im Jahresüberblick 1986 waren das 46 400 Fußgänger. Das ist jährlich die Einwohnerzahl einer Mittelstadt wie zum Beispiel Erftstadt, Schwerte, Brühl oder Soest. Kinder sterben heute in der Regel nicht mehr an Kinderkrankheiten, sondern an Verkehrsunfällen und hier im besonderen an Fußgängerunfällen. Die hohe Verletzbarkeit des Fußgängers im gegenwärtigen Verkehrsgeschehen ist und bleibt eine unveränderbare Tatsache. Hieraus resultiert ein besonderes Schutzbedürfnis des Fußgängers, dem eine vernünftige Verkehrspolitik und -planung gerecht werden müssen. Verkehrssicherheit für die Fußgänger kann sich nicht mit Appellen an die Autofahrer begnügen, sondern muß in der Straßenraumgestaltung und im Verkehrsrecht Ausdruck finden.

KAPITEL 3

Die Fußgängerstadt: Strategien und Maßnahmen zur Fußgängerförderung

Fußgängerförderung nützt allen und braucht deshalb höchste Priorität

Systematische Fußgängerförderung mit ihren den Verkehr durchgreifend verändernden Einzelstrategien rechtfertigt sich aus der großen verkehrspolitischen und städtebaulichen Bedeutung des Fußgängerverkehrs. Er findet überall in der Stadt statt. Und als Fußgänger brauchen wir alle angemessene Sicherheit, Bewegungsfreiheit und Aufenthaltsqualität. Auch der »wohnende Mensch« braucht die Fußgängerqualität. Nur diese vermittelt ihm ein angenehmes, integriertes und ruhiges Wohnen. Fußgänger beleben Straßen und Plätze, sorgen für ihre Öffentlichkeit und Integration, sind sozusagen ihr Sinn. Fußgänger prägen mit ihrem vielfältigen Verhaltensrepertoire von Gehen, Bummeln, Stehen, Plaudern, Beobachten, Sitzen, Spielen etc. entscheidend das Bild vom bunten, intensiven Leben in der Stadt. Fußgängerförderung verdient deshalb eine offensive Fürsprache. Diese Erkenntnis ist lange Zeit aus dem Blickfeld von Politik und Planung geraten. Inzwischen aber wird in den verkehrs- und kommunalpolitischen Grundsatzprogrammen der Parteien und der Regierungen von Bund, Ländern und vielen Gemeinden wenigstens verbal die große Bedeutung des Fußgängerverkehrs für das Überleben der Städte anerkannt. Die Warnungen, daß die funktionale und wirtschaftliche Struktur der Städte ins Wanken gerate, wenn Straßen nicht mehr sicher begehbar und Zentren nicht mehr gut zu Fuß erreichbar seien, werden nicht mehr belächelt. Zu eindringlich sind die amerikanischen Negativbeispiele von der Verödung vieler Innenstädte und ihres öffentlichen Lebens aufgrund einer fußgängerfeindlichen Stadt- und Verkehrsplanung. Auch die deutschen Erfahrungen haben inzwischen gelehrt, daß dort, wo der Fußgängerverkehr durch Planungsfehler und das Überhandnehmen des fahrenden und parkenden Autoverkehrs an die Wand gedrängt wird, stufenweise die Vitalität und Attraktivität der Standorte verlorengehen. Das hat namentlich der geschäftliche Niedergang vieler autoverkehrsreicher Ortsdurchfahrten und Hauptverkehrsstraßen bewiesen.

Aus entsprechender Erkenntnis formulierte bereits 1972 der Bonner Stadtrat: »Bei der Verkehrsplanung hat der Fußgänger Vorrang.« – »Möglichst viele Wege sollen zu Fuß zurückgelegt werden.« – »Der Autoverkehr ist so zu planen, daß die Fußgänger sowenig wie möglich beeinträchtigt werden.« – »In den Stadtteil- und Ortsteilzentren ist der Fußgängerverkehr zu bevorzugen und der Autoverkehr schrittweise herauszunehmen.« Heute ist es üblich, daß in Verkehrsentwicklungs- und Generalverkehrsplänen der Fußgängerverkehr immer an erster Stelle genannt wird. Welch hohe Ehre! Das allein löst jedoch den Vorrang des Fußgängerverkehrs nicht ein. Beweisen muß sich der Vorrang in einer politischen und planerischen Umsetzung im Verkehrsalltag. Dazu sind zukünftig Eingriffe in die verkehrlichen Besitzstände und Rechte des Autoverkehrs unausweichlich. Der Platz in den Städten und Gemeinden ist nicht beliebig vermehrbar. Und weder Fahrrad- noch der öffentliche Verkehr sind so mit Flächen ausgestattet, daß sie dem Fußgängerverkehr Platz abgeben könnten. Sie gehören ebenso wie der Fußgängerverkehr zu den verkehrlichen Habenichtsen. Bei den Autoverkehrsflächen dagegen ist man in den vergangenen Jahrzehnten über das Ziel hinausgeschossen. Der Fußgängerverkehr wurde dadurch mit immer mehr Defiziten und Gefahren konfrontiert. Seine rechtliche Position wurde dabei zugunsten des Autoverkehrs ebenso minimiert wie sein Platz im Straßenraum. Bei dieser Sachlage muß engagiert auf allen Entscheidungsebenen und flächenwirksam dafür gekämpft werden, daß das Gehen in den Städten wieder attraktiv und sicher wird. Dafür reicht es nicht aus, ein paar marginale Änderungen am Straßennetz durchzuführen, als kleine Trostpflaster für Fußgänger. Die verstärkte Anwendung durchgreifender Strategien ist nötig, um alle Chancen und Mittel der Fußgängerförderung zu nutzen.

Ausgangspunkt aller Überlegungen muß sein, wie die massiven Konflikte zwischen Autos und Fußgängern vermieden werden können. Nicht umsonst wird das Geschehen im Innerortsbereich oft als »Schlachtfeld Straße« beschrieben, im Holländischen heißen Verkehrstote sogar offiziell »Slachtoffers«. Zur Lösung oder Vermeidung dieser Konflikte haben sich bereits zwei Strategien bewährt. Erstens: Mit autofreien Straßen und Wegenetzen nach dem Modell Fußgängerzone wird der Störenfried Autoverkehr ganz ausgesperrt. Zweitens: Mit Verkehrsberuhigungsmaßnahmen wird der innerörtliche Autoverkehr auf den Straßen, wo er zugelassen bleibt, zu einer langsamen, konfliktfreien Fahrweise und damit zur Koexistenz verpflichtet. Beide Strategien wurden bisher nur zögerlich und punktuell verwendet, ohne die Verkehrsbedingungen für Fußgänger systematisch und flächendeckend zu verändern.

Verkehrsplanung und -politik hängen einerseits noch immer an dem Erschließungsprinzip, daß man mit dem Auto in jede Straße fahren können müsse. Dabei gibt es in Deutschland schon sehr viel mehr autofreie Orte und Ortsteile, als oft vermutet wird. Über 1000 Stadtbereiche in Zentren und Nebenzentren sind zur Zeit in der Bundesrepublik autofrei gestaltet. Hinzu kommen zahlreiche autofreie Neubaugebiete und immerhin schon eine ganze Reihe praktisch ganz autoloser Fremdenverkehrs- und Kurorte.

Andererseits hängen Verkehrspolitik und -planung auch immer noch an dem Separationsprinzip, bei dem der Bordstein als ein ausreichend wirksames Schutz- und Trennelement zwischen Auto- und Fußgängerverkehr angesehen wird. Aber für den Fußgängerverkehr kann, wie die Unfälle beweisen, der Bordstein keine wirklich effektive Schutzlinie sein. Fußgänger müssen an jeder Kreuzung und bei jedem Seitenwechsel zum Queren den Bordstein verlassen und das »Feindesland« Fahrbahn betreten. Auch wenn die Gehwege zugeparkt, zu schmal oder verstellt sind, müssen sie auf die Fahrbahn ausweichen. Jeder Schritt neben den Bordstein bedeutet bei dem heutigen aggressiven und schnellen Autoverkehr höchste Gefahr. Außerdem überfahren Autos häufig die Bordsteine. Sie tun dies an allen Grundstückszufahrten, beim Gehwegparken, beim Liefern oder Halten und beim Ausweichen vor Hindernissen auf der Fahrbahn. So gilt es endlich Abschied zu nehmen von dem Glauben, das sogenannte Separationsprinzip mit schnellem Autoverkehr in der Straßenmitte und mit Fußgängerverkehr an den Rändern sichere ausreichend die Fußgänger. Es gilt statt dessen mit der Durchsetzung der beiden alternativen Strategien offensiv voranzukommen.

Änderungsbedarf für ein fußgängerfreundliches Verkehrsrecht

Die generelle Domestizierung des Autoverkehrs in allen Straßen, die für den Autoverkehr zugänglich bleiben sollen, ist eine längst fällige politische und planerische Aufgabe. Hierfür wurde bereits ein Bündel unterschiedlichster sogenannter Verkehrsberuhigungsmaßnahmen entwickelt. Sie streben eine langsame, verhaltene, rücksichtsvolle Fahrweise des Autoverkehrs an und bemühen sich, im Straßenraum wieder mehr Platz für Fußgänger zu gewinnen. Sie versuchen auch beim Parken eine Lösung zu finden, die die Rechte und Flächen der Fußgänger mehr respektiert. Die bisherigen Erfahrungen mit der Verkehrsberuhigung sind durchweg gut. Wo immer eine konsequente Verkehrsberuhigung vorgenommen wurde, verbesserten sich die Sicherheit und Aufenthaltsqualität der Fußgänger entscheidend. Doch der Verkehrsberuhigungsansatz greift bisher insgesamt zu kurz. Es fehlt die rechtliche Grundlage für einen offensiven Einsatz und eine flächenhafte Wirkung. Die Verkehrsberuhigung ist bisher nur ein selektiv eingesetztes Kürprogramm kommunaler Einzelaktionen, mit dem nur ausgewählte Straßen oder Gebiete in den Genuß eines verbesserten Fußgängerschutzes kommen und nicht, wie dringend geboten, ein Pflichtprogramm der Verkehrspolitik und -planung, das alle autobefahrenen Stadtstraßen erfaßt.

Eine entscheidende Rolle für die Verkehrspolitik und -planung spielt die Straßenverkehrsordnung. Die ganze Fußgängerfeindlichkeit des heutigen Verkehrssystems nahm ihren Anfang, als ab den 20er Jahren die Straßenverkehrsordnung als eine Art Autoverkehrsordnung entwickelt wurde, deren oberstes Ziel ein flüssiger, bevorrechtigter Autoverkehr war. Ursprünglich waren Fußgänger auf der Straße in ihren Bewegungen völlig frei, konnten gehen und stehen, wo und wie sie wollten, durften auch die Straßenmitte (die spätere Fahrbahn) an jeder beliebigen Stelle betreten und überqueren und auf ihr in Längsrichtung gehen. Der Fahrverkehr hatte auf Fußgänger besonders zu achten. Eine geringe Höchstgeschwindigkeit war festgesetzt, die auch für den Autoverkehr 15 Stundenkilometer nicht überschreiten durfte. Dann folgte die völlige Ausrichtung der Straßenverkehrsordnung und der Straßen auf den schnellen, bevorrechtigten Autoverkehr. Die Innerortsstraßen wurden 1925 für 30 Stundenkilometer freigegeben, 1935 fiel jegliche Begrenzung, 1939 folgte ein Limit von 60 Stundenkilometern, 1957 dann die Begrenzung auf das viel zu hohe Limit 50 Stundenkilometer. Von den Fußgängern wurde ein autogerechtes Verhalten verlangt. Sie wurden auf die Seitenräume verbannt, die Fahrbahn durfte nur noch ausnahmsweise zum schnellen, direkten Queren betreten werden. Dies ist bis heute gültiges Recht.

Verkehrsberuhigter Bereich (§ 42 StVO): ein erster Schritt zur Wiedereinsetzung des Fußgängerverkehrs in seine alten Rechte

Unter dem Druck des hohen Blutzolls von Fußgängern wurde 1980 in der Straßenverkehrsordnung der sogenannte verkehrsberuhigte Bereich eingeführt, der nach § 42 Abs. 4 durch das Verkehrszeichen 325 gekennzeichnet wird und in dem der Fahrzeugverkehr eine sogenannte Schrittgeschwindigkeit einhalten muß. Die Rechtsprechung definierte Schrittgeschwindigkeit zunächst als maximal sieben Stundenkilometer. Da dieser Wert jedoch aufgrund der geschwindigkeitsorientierten Autotechnik vom Tacho bislang nicht angezeigt werden kann, haben die einschlägigen Empfehlungen der Planer und Behörden als angemessene Höchstgeschwindigkeit 20

Stundenkilometer festgelegt. Fußgänger dürfen im verkehrsberuhigten Bereich die Straßen in ihrer ganzen Breite benutzen, erhalten also hier ihre früher auf allen Straßen ungeschmälert geltende Souveränität und Freizügigkeit zurück. Die Fahrbahn bzw. Fahrgasse ist nicht länger tabu für Fußgänger. Man darf auch in Längsrichtung auf der Fahrbahn gehen und sie diagonal queren. (Kinder-)Spiele auf der Fahrbahn sind erlaubt. Es gilt der Grundsatz der gegenseitigen Verständigung, das heißt, niemand hat ein Vorrecht oder Vorfahrt. Damit ist jeweils nur eine »tastende« Orientierung im Autoverkehr gestattet, »blindes« Drauflosfahren ist verboten. »Fahrzeugführer dürfen die Fußgänger weder gefährden noch behindern; wenn nötig, müssen sie warten.« Diese Wartepflicht für Autos ermöglicht Fußgängern ein jederzeitiges Queren der Straße. Andererseits sollen auch Fußgänger den Autoverkehr »nicht unnötig behindern«. Das heißt aber, sie müssen nicht wie bisher beim Auftauchen eines Autos zur Seite hechten oder sprinten, sondern können in Ruhe Platz machen. Auch hier gilt der Grundsatz der gegenseitigen Verständigung. »Parken ist nur auf den extra hierfür gekennzeichneten Flächen erlaubt.« Ansonsten ist es generell verboten. Damit kann den Fußgängern nicht beliebig der Weg durch parkende Autos verstellt werden.

Verkehrsberuhigte Bereiche werden wegen dieser Regelungen auch »Koexistenzstraßen« genannt, weil sie nach dem Prinzip der gegenseitigen Verständigung funktionieren und das sonst gültige Ellenbogenrecht der hohen Geschwindigkeit und des absoluten Kraftfahrzeugvorrangs beenden. Damit ist die Fahrbahn nicht länger Feindesland, sondern wird zur »befriedeten« Zone. Kein Wunder, daß in verkehrsberuhigten Bereichen die schweren und tödlichen Fußgängerunfälle stets um 40 bis 60 Prozent zurückgingen. Mit dieser Einführung des verkehrsberuhigten Bereiches wurde zum ersten mal Planern und Politikern außerhalb von Fußgängerzonen die Möglichkeit an die Hand gegeben, das sonst geltende Vorrecht des motorisierten Verkehrs zurückzunehmen. Die bisherige Rechtslage hat jedoch das große Manko, daß durch die einschränkenden Auflagen der Verwaltungsverordnung zu § 42 Abs. 4 und die dort festgesetzten baulichen und verkehrlichen Voraussetzungen die Einrichtung von verkehrsberuhigten Bereichen selektiv, teuer und umständlich ist. Von den Straßenverkehrsbehörden wird die Einrichtung verkehrsberuhigter Bereiche nur für ausgewählte Straßen mit geringer Netzbedeutung für den Autoverkehr gestattet und an die Voraussetzung eines weitgehenden Straßenumbaus gebunden. Bei solchen Anforderungen kostet die Umgestaltung der Straßenflächen ca. 100 bis 150 Mark pro Quadratmeter. Obwohl die Regelung nun schon seit 1980 besteht, beträgt der Anteil der verkehrsberuhigten Straßen am gesamten Innerortsstraßennetz bislang nur ca. 1,5 Prozent. Bundesweit hochgerechnet würde es bei diesen Anforderungen ca. 41 Milliarden Mark kosten und bei dem bisherigen Ausweisungstempo noch Generationen dauern, um nur ein Viertel der Innerortsstraßen zu verkehrsberuhigten Bereichen umzugestalten. In Nordrhein-Westfalen sind von 1980 bis 1987 allein 1,2 Milliarden

Verkehrsberuhigung muß von der Ausnahme zur Regel werden, um das gefährliche Ellenbogenrecht des Schnelleren und Stärkeren zu beseitigen.

Mark an Landesmitteln ausgegeben worden, um die Städte und Gemeinden bei der Einrichtung der bisher ca. 2600 verkehrsberuhigten Bereiche zu unterstützen. Die Zahlen zeigen, daß bei der bisherigen Praxis und Rechtslage die generelle Befindlichkeit und Verkehrssicherheit der Fußgänger nicht durchgreifend verbessert werden können.

Tempo-30-Zonen: besser als nichts!

Wegen der bisherigen Schwierigkeiten, nach der gültigen Rechtslage flächenhaft verkehrsberuhigte Bereiche auszuweisen, haben die Städte und Gemeinden inzwischen sehr viel häufiger Tempo-30-Zonen ausgewiesen, seit 1985 diese Möglichkeit in die Straßenverkehrsordnung aufgenommen und 1989 endgültig gesichert wurde. Vorreiter war Hamburg, wo allein über 600 Tempo-30-Zonen eingerichtet wurden. Bundesweit gab es 1989 etwa 10 000 Tempo-30-Zonen. Damit sind etwa sieben Prozent des Innerortsstraßennetzes mit einer Tempo-30-Regelung belegt. Die Einrichtung von Tempo-30-Zonen fällt den Städten leichter, weil dafür keine hohen baulichen Mindestanforderungen festgesetzt wurden und damit weniger gravierende Auflagen und Einschränkungen für den Autoverkehr verbunden sind. Die bisherigen Vorrechte des Autoverkehrs bleiben in Tempo-30-Zonen unangetastet. Fußgänger dürfen die Fahrbahn nur zum Queren und nur auf kürzestem Wege betreten, Aufenthalt und Kinderspiel sind auf der Fahrfläche verboten, Fußgänger dürfen außerhalb von Zebrastreifen die Fahrbahn nur überqueren, wenn kein Auto kommt. Dadurch werden in Tempo-30-Zonen die Fußgängerpriorität und weitgehende Koexistenz des verkehrsberuhigten Bereichs nicht erreicht. Dennoch bringen auch sie gegenüber dem sonst geltendem Tempo 50 dem Fußgänger eine verbesserte Verkehrssicherheit. Die verminderte Geschwindigkeit senkt die Unfallrisiken und -folgen, sie erhöht die Reaktions-und Verständigungsmöglichkeiten für Autofahrer und Fußgänger und verbessert die Querungschancen. Außerdem werden deutlich die Lärm- und Abgasemissionen vermindert und damit Fußgänger wie Anwohner weniger Belastungen ausgesetzt als vorher.

Wo die Städte mit verkehrsberuhigten Bereichen nicht vorankommen, ist eine flächenhafte Ausweisung von Tempo-30-Zonen nötig.

Verkehrsberuhigung ist Pflicht: von der Ausnahme zur Regel in einer neuen Straßenverkehrsordnung

So erfolgreich verkehrsberuhigte Bereiche und Tempo-30-Zonen für die Verkehrssicherheit sind, sooft sie daher von besorgten Bürgern gefordert werden, sowenig ist ein Teil der Planer und Politiker bereit, diesen Ansätzen zur allgemeinen Norm zu verhelfen. Sie wollen mit aller Macht am Nischencharakter aller Verkehrsberuhigungsmaßnahmen festhalten und diese allenfalls auf verkehrlich unbedeutende Wohnstraßen angewendet wissen. In den wirklichen verkehrlichen Konfliktzonen sind sie strikt gegen jede Maßnahme dieser Art, damit der tempoorientierten Autoverkehrswelt kein nennenswerter Abbruch beschieden wird. Sie wollen deshalb die Ausweisungspraxis für verkehrsberuhigte Bereiche und Tempo-30-Zonen eher noch komplizieren als vereinfachen. Und dort, wo die Autofahrer mit dem Diktat des Gaspedals für eine sogenannte unzureichende Akzeptanz der Tempo-20- oder Tempo-30-Anordnungen gesorgt haben, fordern sie triumphierend, die alten tempoorientierten Zustände wiederherzustellen. Die Täter werden gleichzeitig zum Richter bestellt. Wortführer dieser Politik sind seit 1980 der ADAC, der Verband der Automobilhersteller, die autofixierten Wirtschaftsverbände und in ihrem Schlepptau der Bundesverkehrsminister.

Trotz dieses massiven und einflußreichen Widerstandes gegen eine flächenhafte Verkehrsberuhigung gehen inzwischen immer mehr Städte und Gemeinden mit dem bisherigen Rechtsinstrumentarium in die Offensive. Sie weisen verstärkt zusammenhängende Gebiete als verkehrsberuhigte Bereiche aus. Und sie entwickeln gesamtstädtische Tempo-30-Konzepte, die 70 bis 80 Prozent aller Innerortsstraßen erfassen. Diese Städte und Gemeinden haben erkannt, daß dem überall vorherrschenden schnellen und aggressiven Autofahren nicht punktuell beizukommen ist und daß Geschwindigkeitsdämpfung ein elementares Anliegen der Verkehrspolitik und -planung geworden ist. Diese Erkenntnis hat 1987 den Deutschen Städtetag veranlaßt, die generelle Herabsetzung der in der Straßenverkehrsordnung festgesetzten Innerortshöchstgeschwindigkeit von derzeit 50 Stundenkilometern auf 30 Stundenkilometer zu fordern. Diese Forderung fand weitere wichtige Fürsprecher. So folgen zum Beispiel die Verkehrsminister bzw. Senatoren von Nordrhein-Westfalen, Bremen, Berlin, Schleswig-Holstein und dem Saarland inzwischen derselben Überlegung und fordern, daß die Straßenverkehrsordnung diesem Wunsch nach grundsätzlicher Geschwindigskeitsdämpfung Rechnung trägt.

Die Absenkung der Innerortsgeschwindigkeit auf 30 Stundenkilometer in der Straßenverkehrsordnung ist damit endlich zu einem politisch relevanten Konzept geworden und muß als nächste Hürde die gesetzliche Verankerung dringend schaffen. Mit dieser Temporeduzierung müssen sich außerdem die weiteren Elemente der Verkehrsberuhigung und des Fußgängerschutzes in einer Korrektur der Straßenverkehrsordnung niederschlagen. Daß sich mit den Bedingungen verminderter Geschwindigkeiten auch die Querungsbedingungen für Fußgänger rechtlich deutlich ändern müssen, wurde erstmals 1980 bei den Regeln für den verkehrsberuhigten Bereich zu § 42 Abs. 4 berücksichtigt. Dort entfällt der Autovorrang und wird den Fußgängern ein freizügiges Betreten der Fahrbahn gestattet. Diese Qualität gilt es dann im Rahmen der Tempo-30-Festsetzung generell rechtlich zu fixieren. Autofahrern muß auf Innerortsstraßen grundsätzlich aufgegeben werden, Fußgängern das Queren, auch diagonal oder schräg, zu erleichtern. Um darüber hinaus auf möglichst vielen Straßen eine noch stärkere Koexistenz von Fußgänger- und Autoverkehr zu sichern, muß die bisherige Sonderregelung des § 42 zum verkehrsberuhigten Bereich mit ihren prohibitiven Einsatzbedingungen zu einer vereinfacht und vermehrt anwendbaren Regelung werden.

Innerörtliches Überholverbot zum Schutz des Fußgängerverkehrs

Ergänzt werden muß die Neufestsetzung der Straßenverkehrsordnung durch eine klare, restriktive Regelung zum Überholen, die alle vorgenannten Gesichtspunkte unterstützt. Überholen, Beschleunigen und zu schnelles Fahren sind eng miteinander verbundene Kriterien eines fußgängerfeindlichen Fahrstils. Überholmanöver erhöhen die Unfallrisiken querender Fußgänger um ein Vielfaches. Überholen reduziert stark die Anhaltebereitschaft, der Fahrer muß sich ganz auf sein Fahrmanöver konzentrieren, die Wahrnehmung der übrigen Verkehrsabläufe am Rande der Fahrbahn ist stark reduziert. Überholende Autos können von querenden Fußgängern häufig schlecht erkannt werden, weil sie von den vorausfahrenden Fahrzeugen verdeckt sind. Aus all diesen Gründen ist schon heute an Zebrastreifen das Überholen verboten. Doch diese Regelung reicht nicht aus, weil die Mehrheit der Fußgänger die Straßen nicht an Zebrastreifen überquert. Die bisherige Rechtslage, daß Überholen überall erlaubt ist, wo es nicht ausdrücklich verboten ist, muß umgekehrt werden. Überholen darf nur noch auf Straßen ohne Fußgängerverkehr erlaubt sein, durch eine besondere Beschilderung. Eine solche Regelung bringt nicht nur große Sicherheitsgewinne im gesamten Fußgängerverkehr. Sie reduziert gleichzeitig die Forderungen des Autoverkehrs an Fahrbahnflächen, weil das Einkalkulieren der Überholmöglichkeit stets zu den breitesten Fahrspurmaßen geführt hat. Straßen ohne Überholmöglichkeit können ohne weiteres mit Schmalfahrbahnen ausgestattet werden, so daß sehr viel mehr Platz für breitere Gehwege bleibt. Ein generelles Überholverbot unterstützt nachhaltig das innerorts ohnehin aus Umwelt- und Sicherheitsgründen anzustrebende gleichmäßige und niedrige Geschwindigkeitsniveau. Erlaubt werden kann im Innerortsbereich nur ein unbeschleunigtes »Vorbeifahren« an langsam rollenden oder anhaltenden Fahrzeugen. Selbst der ADAC hat seine Mitglieder mehrfach vor innerörtlichem Überholen gewarnt und ihnen vorgerechnet, daß es kaum Zeitvorteile bringt, wohl aber zu hektischem, beschleunigungsintensivem Fahrstil führt. Doch Mahnung und Appelle allein genügen nicht. Das generelle Überholverbot muß im Zusammenhang mit der verringerten Innerortsgeschwindigkeit Rechtscharakter erhalten.

Verbot des Gehwegparkens und Einengung der Parkerlaubnis im Straßenraum

Auch die Regelungen zum Parken in der Straßenverkehrsordnung müssen im Interesse des Fußgängerverkehrs und Aufenthalts geändert werden. Die bisherige Rechtspraxis, die das Parken überall erlaubt, wo es nicht ausdrücklich verboten ist, hat zu massenhaftem verkehrsgefährdendem und verkehrsbehinderndem Parken geführt. Ohne diesen Freibrief für die Inbeschlagnahme der öffentlichen Straßenräume mit Autoblech wären die heutigen Zulassungszahlen und damit der Parkdruck nicht herangezüchtet worden, unter dem heute Autofahrer willkürlich jede Straßenecke zustellen, ohne sich um die Folgen zu kümmern. Das Autoparken im öffentlichen Verkehrsraum muß deutlich unter den Vorbehalt der Verträglichkeit mit den anderen Verkehrsarten und deren Verkehrssicherheit gestellt werden. Deshalb muß die bisherige Rechtslage genau umgekehrt werden. Parken muß generell zunächst überall verboten und darf nur noch speziell dort erlaubt werden, wo es ohne Verkehrsgefahren und Behinderungen für Fußgänger möglich ist. Ursprünglich war das Verkehrsrecht auch so angelegt. Parken im öffentlichen Straßenraum war nur ausnahmsweise gestattet. Autos waren normalerweise außerhalb des Straßenraums unterzubringen. Das war auch die Stoßrichtung der sogenannten Reichsgaragenordnung. Doch angesichts der immer lascheren Interpretation dieses Grundsatzes und der massenhaften Autozulassung ohne geordnete Unterbringung außerhalb des Straßenraumes stellte sich schließlich das Gegenteil ein: Parken im Straßenraum und auf dem Gehweg wurde zur Regel. Angesichts der weitverbreiteten Disziplinlosigkeit ist es kaum mehr angemessen, den Autofahrern weiterhin einen solchen Freibrief für ihr Verhalten zu gewähren. Mit der Umkehrung der bisherigen Rechtspraxis wird auch der kommunalen Verkehrsplanung der bequeme Weg genommen, auf dem sie bislang vor der Macht des Blechs kapituliert hat. In Japan wird in den Ballungsräumen die Autozulassung an den Nachweis einer geordneten Unterbringungsmöglichkeit außerhalb des öffentlichen Straßenraums gebunden. Darüber hinaus haben fast alle japanischen Städte großflächige Parkverbotsareale festgelegt, um den Fußgängerverkehr besser zu schützen und den knappen Verkehrsraum nicht durch Parken blockieren zu lassen. Schließlich erschwert das japanische Bau- und Steuerrecht in Verbindung mit den hohen Bodenpreisen die Anlage von Parkplätzen an Arbeitsstätten und sonstigen verkehrlichen Zielpunkten wie Kaufhäusern etc.

Gleichzeitig müssen die Hoheitsrechte der Fußgänger auf den Bürgersteigen wieder vollständige Geltung erhalten. Wenn überhaupt, darf Parken nur am Fahrbahnrand erlaubt werden. Die Zeichen 315 ff der Straßenverkehrsordnung, die den Städten und Gemeinden bisher die Freigabe bestimmter Gehwege für das Parken ermöglichten, müssen abgeschafft werden. Diese legale Freigabe hat dazu geführt, daß das Gehwegparken zum allgegenwärtigen Mißstand geworden ist. Damit das generelle Verbot des Gehwegparkens sich in der Praxis durchsetzen kann, muß der Bußgeldkatalog für Falschparken deutlich angehoben werden. Die englische Praxis ist hier vorbildlich. Dort werden – notfalls sogar mit der Parkkralle – Falschparker, zumal Gehwegparker, energisch verfolgt. Dort sind auch private Firmen an der Parküberwachung beteiligt. Übeltäter müssen neben all dem Ärger und Zeitverlust bis zu 280 Mark für ihr Parkdelikt zahlen. Die Parkdisziplin ist danach sprunghaft gestiegen. Die englische Justiz läßt sich auch nicht lange auf die bei uns üblichen Ausreden und Spielchen der Autofahrer bei Strafmandaten ein.

Gehwegparken muß generell verboten sowie scharf kontrolliert und bestraft werden.

Mit einer entschiedenen Rechts- und Verfolgungspraxis im Kampf gegen das Gehweg- und Falschparken kann man sich die systematische bauliche Verbarrikadierung der Städte und Gemeinden mit Pollern weitgehend – im wahrsten Sinn des Wortes – ersparen. 150 bis 250 Mark müssen die Kommunen für jeden Poller zahlen, bei besonders gestalteten Steinpollern auch bis zu 500 Mark. Auf 100 Metern Straßenlänge kostet das mit Einbau ca. 10 000 bis 20 000 Mark. Hochgerechnet auf die vom Gehwegparken am meisten betroffenen Straßen, ergibt sich damit allein für eine Kleinstadt schnell ein Kostenvolumen von zehn Millionen Mark.

Mehr Platz für Fußgänger schaffen

Auf das Recht allein können sich die Fußgänger nicht verlassen. Zu groß ist der akute Handlungsbedarf, zu groß das tägliche Gefährdungspotential und die täglichen Behinderungen durch den Autoverkehr. Deshalb müssen auch die baulichen Bedingungen der Straßen wesentlich fußgängerfreundlicher werden, die die notwendige Verkehrsberuhigung des Autoverkehrs unterstützen und mehr Platz für Fußgänger schaffen.

Rücknahme und Verhinderung des Gehwegparkens

Bis in der Straßenverkehrsordnung die Zeichen für sogenanntes legales Gehwegparken (Zeichen 315 ff) generell abgeschafft sind, müssen die Kommunen selber mit lokalen Initiativen überall die entsprechenden Zeichen beseitigen. Erst recht muß jedes illegale Gehwegparken mit System durch geeignete bauliche Maßnahmen unterbunden werden. Zunächst helfen dabei wirksam Orientierungs- und Markierungshinweise. Die in den Fahrbahnen angeordneten Parkstreifen werden durch eine weiße Linie, einen eigenen Belag, eine Pflasterreihe oder durch entsprechend vorgezogene »Gehwegnasen« oder Pflanzbeete mit Baum, die in der Breite des Parkstreifens in die Fahrbahn ragen, gekennzeichnet. Die zum Gehwegparken verführenden alten Beschilderungen und Markierungen werden entfernt. Eine intensive Öffentlichkeitsarbeit unterstützt die Verhaltensänderung und macht den Sinn der Neuregelung plausibel. So hat beispielsweise der Verkehrsminister von Nordrhein-Westfalen mit sechs Städten eine Kampagne »Parke nicht auf unseren Wegen« durchgeführt. Hinzukommen muß eine konsequente polizeiliche Überwachung, die nicht allein auf die kommunalen Politessen »abgeschoben« werden darf. Die Polizei hat sicherzustellen, daß der sogenannte »fließende Verkehr« ungestört stattfinden kann. Fußgängerverkehr ist ebenso fließender Verkehr wie Autoverkehr.

Als weitere Möglichkeit für kritische Stellen bleibt den Städten und Gemeinden die bauliche Abriegelung der Gehwege gegen das Parken. Poller, Prellsteine, Geländer, Ketten und Mauern sind ein von alters her gebräuchliches Mittel zur Abgrenzung von verschiedenen Flächen des öffentlichen Raumes. Erst der massenhafte Einsatz und das oft häßliche Repertoire unförmiger Betonklötze sowie simpler, womöglich noch mit rot-weißer Warnmarkierung versehener Stahlrohre haben die Poller in Verruf gebracht. Die Industrie bietet inzwischen viele gutgestaltete Poller, Ketten, Geländer mit ortstypischen Details, eigenem Stadtwappen und Abstimmung auf Bebau-

Poller haben eine lange Tradition. Solange das Recht und die Polizei versagen, müssen geeignete bauliche Mittel den Autoverkehr von den Gehflächen fernhalten.

ung und Beleuchtung an. Poller müssen an der Nahtstelle zwischen Fahrbahn und Gehwegflächen aufgestellt werden, um diese nicht unnötig zu verengen. Eine Alternative zum Poller ist der doppelstufige Bordstein oder der Bordstein mit integrierten niedrigen Autoabweisern.
Oft kann der Abbau des Gehwegparkens mit anderen Maßnahmen zur Neuordnung des Parkens kombiniert werden, zum Beispiel mit der Festsetzung angemessen hoher Parkgebühren und Zeitbeschränkungen, mit einer Parkbevorrechtigung für Anwohner und mit einem Parkleitsystem zu geeigneten Parkmöglichkeiten. Es ist paradox, wenn an vielen Standorten die geordneten Parkkapazitäten (Garagen, Parkhäuser) untergenutzt bleiben, während nebenan das Gehwegparken grassiert. Viele Städte nutzen inzwischen auch die vermehrte Einrichtung von Tempo-30-Zonen, um, als ergänzende und unterstützende Maßnahme zur Geschwindigkeitsdämpfung, das Gehwegparken zu beseitigen.
Der Abbau des Gehwegparkens setzt enorme Flächenpotentiale für Fußgänger frei. Bundesweit dürfte sich die Gehwegfläche damit schlagartig um ein Drittel vergrößern, in den besonders betroffenen Gebieten kann so die nutzbare Gehwegfläche verdoppelt, manchmal sogar verdreifacht werden. Das Freiräumen der zweckentfremdeten Gehwege ist die kostengünstigste Maßnahme, ohne großen Umbauaufwand bringt es bereits erheblichen Nutzen. Der Spielraum für die Rücknahme des Gehwegparkens ergibt sich, weil nach heutigen Erkenntnissen viel geringere Fahrspurmaße nötig sind, als früher meist angenommen wurde. Für die meisten Anliegerstraßen reicht eine Fahrbahnbreite von 3,5 Metern aus (Begegnung Radfahrer/PKW gewährleistet, Durchfahrt Feuerwehr, Müllfahrzeuge etc. möglich, PKW/PKW-Begegnungen im Bereich von Grundstücksfahrten, Parklücken oder speziellen Ausweichstellen). Bei Anliegerstraßen mit hohem Autoverkehrsaufkommen und regelmäßigem LKW-Verkehr ist eine Breite von vier Metern ausreichend (durchgängige PKW/PKW-Begegnung, PKW/LKW-Begegnung in Parklücken, Ausweichstellen, Grundstückszufahrten). Nur bei Sammelstraßen mit starkem Kfz-Verkehr und hohem LKW-Anteil in beiden Richtungen sind Fahrbahnbreiten von fünf oder 5,5 Metern erforderlich. Dann besteht aber bereits die Gefahr überhöhter Geschwindigkeiten. Noch schmaler können Fahrbahnen werden, wenn der LKW-Verkehr oder generell der Autoverkehr nur auf eine Fahrtrichtung beschränkt wird, weil dann keine Mindestmaße für Kfz-Begegnungen erforderlich sind. Dem Schwerlastverkehr sollte ohnehin nicht das gesamte städtische Straßennetz zur Verfügung stehen, er hat in Anliegerstraßen nichts verloren. Nur in wenigen Fällen wird der Platz in der Fahrbahn nicht ausreichen, um beidseits die Gehwege von geparkten Wagen freizuräumen. Dann muß das Parken zum Schutz der Fußgänger ganz oder wenigstens auf einer Seite unterbunden werden. Entsprechende Regelungen bedürfen dann der Einbettung in eine gebietsweise Parkraumkonzeption.

Schluß mit dem Abstellchaos auf dem Gehweg: mehr Platz für Fußgänger durch Entrümpelung

Auf älteren Fotos findet man Pumpen, Kandelaber, Denkmäler, Kreuzwegstationen, Trafokästen oder Haltestellenhäuschen mitten auf der Fahrbahn. Erst die Autoorientierung veranlaßte die Verkehrsplaner dazu, alles aus der Fahrbahn auf die Gehwege zu räumen und dort eine Unmenge neuer Einbauten wie Verkehrsschilder, Ampeln etc. zu postieren. Wie autobezogen das Denken dabei ist, zeigen die Details. Alle Ampeln, Verkehrsschilder, Parkuhren, Poller, Leuchten etc. werden bisher mit mindestens 50 Zentimetern, oft sogar einem Meter Abstand zur Fahrbahn-

Viele Gehwege sind vollgepackt mit Gerümpel aus Schildern, Pfosten, Masten, Kästen und Blech.

kante aufgestellt. Damit wird oft ein Drittel bis die Hälfte des Gehwegs blockiert, Fußgänger müssen sich einzeln im Gänsemarsch und im Slalom an den vielen Einbauten vorbeiwinden. Obwohl fast alle diese verkehrstechnischen Einbauten sich eindeutig an den Autoverkehr richten, stehen sie trotzdem mitten im Gehweg, als gelte es, mit dem Temposchild den Geschwindigkeitsdrang der Fußgänger zu zügeln und mit dem Parkschild ihr Parkbedürfnis zu regeln. Die Verkehrsschilder erfüllen bei dieser Aufstellpraxis ihren eigentlichen Zweck schlecht, weil sie außerhalb des Blickfeldes der Autofahrer bleiben. Kein Wunder, daß die Zeichen dann oft übersehen und ignoriert werden.

All diese Einbauten direkt auf die Bordsteinkante oder an den Fahrbahnrand zu setzen, dazu verwehrten die Verkehrsplaner hierzulande bisher ihren Segen. Unachtsam rangierende Autos und geöffnete Autotüren könnten einen kleinen Blechschaden bekommen. Die sogenannten Lichtraumprofile etc. könnten enger werden und den Geschwindigkeitsdrang der Autofahrer zügeln. Daß Laternen und Verkehrszeichen auch im Autozeitalter auf der Fahrbahn postiert werden können, haben als erstes die Holländer vorgemacht, die insbesondere bei den überdimensionierten Straßennetzen der Neubaugebiete der 60er und 70er Jahre in den meist überbreiten Sammelstraßen in kurzen Abständen kleine Inseln auf die Fahrbahn gesetzt haben, in denen Laternen oder Verkehrszeichen stehen, durch Poller gesichert. Der Effekt ist ein doppelter. Die Fahrbahn wird enger, ohne daß man sie völlig umbauen muß. Und der Gehweg wird breiter, weil hier die üblichen Hindernisse weggeräumt sind.

Aber nicht nur die autobezogenen Einbauten werden in den deutschen Städten zu Lasten der Fußgänger auf den Gehwegen postiert. Neben Telefonhäuschen und Trafokästen landen auch Altglascontainer etc. regelmäßig auf dem Gehweg und nicht etwa im Parkstreifen, obwohl dieser der eigentliche »Abstellstreifen« auch für Mülltonnen, Sperrmüll, Container etc. sein sollte. Falls trotzdem etwas auf dem Gehweg untergebracht werden soll, dann sind hierfür ausreichende Breitenzuschläge bei der Bemessung der Gehwege notwendig. Die neuen Straßenbaurichtlinien haben hierfür Mindestmaße festgelegt. Künftig muß der Grundsatz gelten: Auf den Gehweg gehört nur, was dem Fußgänger dient, ihm hilft, ihn erfreut. Fußgängerbezogene Laternen sowie Bäume und Bänke haben deshalb ihre Berechtigung auf Gehwegen. Wenn der Platz reicht, sind auch Geschäftsauslagen oder Litfaßsäulen zweckmäßig, weil sie sich direkt an den Fußgänger richten. Die erforderlichen Breitenzuschläge sorgen dafür, daß solche Einrichtungen den Gehweg »bereichern« und nicht behindern.

Mehr Platz für Fußgänger durch Verbreiterung der Gehwege

Viele Fahrbahnen sind selbst dann, wenn am Fahrbahnrand geparkt wird, sehr viel breiter als nötig. Diese unnötige Mehrbreite fehlt um so mehr bei den Gehwegen. Wie stark Fahrbahnen verschmälert werden können, ist schon im Zusammenhang mit der Rücknahme des Parkens vom Gehweg

Der Schnee zeigt die Überdimensionierung von Fahrbahnen und Kreuzungen zu Lasten der Fußgänger.

Schmalfahrbahnen bieten Platz für vier Autoreihen auf nur acht bis zehn Metern Breite und lassen viel mehr Raum für Fußgänger und Bäume.

in die Fahrbahn gezeigt worden. Besonders in Sammel- und Hauptverkehrsstraßen sind die Fahrbahnen und Parkstreifen überdimensioniert, zumal, wenn sie in den 60er und 70er Jahren gebaut wurden. Oft haben sie vier Fahrspuren, wo auch zwei gut ausreichen würden. Oft haben sie lange Abbiege- und Aufstellspuren vor Kreuzungen, wo sie gar nicht nötig sind. Oft sind ihre Fahrspuren 3,5 Meter und mehr breit, wo meist 2,25 Meter schon ausreichen würden. Auch die Parkstreifen sind oft 0,5 bis einen Meter breiter bzw. länger als nötig. In dieser unsinnigen Überdimensionierung steckt ein beträchtliches Flächenpotential für breitere Gehwege und mehr Grün- und Aufenthaltsflächen. Fast immer können die Gehwege um zwei bis drei Meter verbreitert werden, an vierspurigen Hauptverkehrsstraßen sind nicht selten auch vier bis sechs Meter zusätzliche Gehwegbreite zu gewinnen. Wie sparsam Fahrbahnen dimensioniert werden können, zeigen Hauptverkehrsstraßen, die mit acht bis neun Metern Fahrbahnbreite für zwei mal zwei Autoreihen auskommen, dafür aber beiderseits Gehwege von vier und mehr Metern Breite haben. Schmale Fahrspuren gibt es oft unter Brücken, an Baustellen oder an Straßen, wo wegen eng angrenzender Bebauung oder zum Erhalt von Alleen auf die übliche Überdimensionierung verzichtet wurde. Selbst auf Autobahnbaustellen haben Fahrspuren oft nur zwei Meter Breite. Neuerdings orientieren sich wieder mehr Planer an solchen Vorbildern. Durch Verschmälerung von Fahrbahnen und Parkstreifen wird also Platz für breite Gehwege, daneben vielleicht auch noch Platz für zwei oder vier Baumreihen, eine Mittelinsel, einen Mittelstreifen etc. geschaffen. Seit 1986 schlägt auch der Bundesbauminister die vermehrte Anwendung von Schmalfahrbahnen vor, um endlich wieder Platz für Fußgänger zu gewinnen, auch und gerade auf Hauptverkehrsstraßen.

Zu einer Neudimensionierung der Fahrbahnen gehört gleichzeitig die Konzeption einer durchdachten Verkehrsführung. Der Schwerlastverkehr muß auf wenige, ausge-

Nachträgliche Gehwegverbreiterungen und Baumanpflanzungen sind gerade an Hauptverkehrsstraßen fast immer möglich.

wiesene Routen beschränkt werden. Damit scheidet der Lastzug als Standardbemessungsfahrzeug aus. Für das Nebenstraßennetz sind eine auf kleinere Fahrzeuge limitierte Dimensionierung und Verkehrsregelung nötig, zumal, wenn an der Straße selber keine schwerverkehrsrelevanten Betriebe liegen. Viel Flächengewinn kann auch über Netzänderungen mobilisiert werden, durch Herausnehmen von jeweils einer Autofahrtrichtung. Statt bisher zwei brauchen dann viele Straßen nur noch eine Fahrspur. Es ergibt sich ein System gegenläufiger Einbahnstraßen, in dem die freiwerdenden Flächen für breitere Bürgersteige (und Fahrradstreifen gegen die Einbahnrichtung) genutzt werden können. Dieser Lösungsweg ist vor allem in dichtbebauten Innenstadtrandgebieten vorteilhaft, die sonst am massenhaften Autoverkehr zu ersticken drohen. Die durch Einbahnstraßensysteme erzeugten Umwege für den Kfz-Verkehr führen nicht zu Mehrverkehr, wenn insgesamt der Widerstand im Straßennetz wächst, unerwünschter Durchgangsverkehr durch das Viertel entfällt und die Zahl unbesonnener Kurzstreckenautofahrten deutlich zurückgeht, weil bei direkten, attraktiven Verbindungen im durchlässigen Geh- und Radverkehrsnetz vermehrt zu Fuß gegangen oder mit dem Fahrrad gefahren wird.

Mehr Platz für Fußgänger durch Mitbenutzung bisheriger Fahrbahnen

Viel Platz kann auch für Fußgänger gewonnen werden, wenn ihnen neben ihren exklusiven Gehflächen am Rand der Straße außerdem noch die Mitbenutzung der Fahrbahn ermöglicht wird, weil dort eine sogenannte »Mischfläche« als verkehrsberuhigter Bereich ausgewiesen wird. Dadurch verdoppeln sich in der Regel mindestens die für Fußgänger und Aufenthalt nutzbaren Flächen, das Manko schmaler Gehwege kann ausgeglichen werden. Die formal-

Die Mischnutzung der Fahrbahn vergrößert den Bewegungsraum der Fußgänger um den Platz in der Mitte.

rechtlichen Aspekte des verkehrsberuhigten Bereichs sind bereits ausführlich behandelt worden, deshalb genügen Stichworte: Der Autoverkehr hat hier keinerlei Vorrang, er muß Schrittgeschwindigkeit einhalten, Fußgänger dürfen in der Fahrbahn gehen, spielen und stehen, geparkt werden darf nur an extra gekennzeichneten Stellen. Besonders relevant für die Verbesserung des Platzangebots für Fußgänger ist der verkehrsberuhigte Bereich in engen Straßen und in Gassen, wo sonst nur Platz für winzige Gehwege oder gar keine Gehwege bleibt und die Fußgänger sich nach dem Rechtsgehgebot »immer an der Wand entlangdrücken« müssen. Außerdem ist er eine gute Lösung für Straßen mit dichtem Fußgängerverkehr, bei denen der Platz für besonders breite Gehwege fehlt. Die Mischnutzung bietet den Fußgängern eine viel größere Flexibilität der Wegwahl und des Gehens in Gruppen. Generell bietet sich der verkehrsberuhigte Bereich für alle Straßen mit überwiegender Erschließungs- und Aufenthaltsfunktion an, zumal, wenn dort trotz geringer Autoverkehrsbedeutung die Fahrbahnen überdimensioniert und die Flächen für die Fußgänger zu schmal geraten sind. Dann öffnet die Mischnutzung den Fußgängern ein zusätzliches »Terrain« von 3,5 bis 5,5 Metern Breite, das sie zwar nicht exklusiv, aber doch zu annehmbaren Bedingungen benutzen können. Es kommen für solche Lösungen Straßen in Frage, deren regelmäßiger Autoverkehr aus weniger als 2000 bis 2500 Kraftfahrzeugen pro Tag besteht und sich hauptsächlich auf Anliegerverkehr beschränkt. Die Mischnutzung muß den Verkehrsteilnehmern neben der Ausschilderung auch durch gestalterische Details verdeutlicht werden, zum Beispiel durch Teilaufpflasterungen, Engstellen, Bäume, Versätze in der Fahrbahn etc. Diese sorgen gleichzeitig dafür, daß nicht schneller als 20 Stundenkilometer gefahren wird. In der Regel ist hierfür kein Totalumbau der Fahrbahn erforderlich. Wenig ist im verkehrsberuhigten Bereich für die Fußgänger gewonnen, wenn danach die bisherigen Gehwege ebenfalls zur Mischfläche werden. Denn dann macht sich im gesamten Straßenraum parkender und rangierender Autoverkehr breit, und am Ende haben die Fußgänger weniger Platz als vorher. Auch haben ängstliche Fußgänger wie Kinder und Betagte dann keine ausschließlich für den Fußgängerverkehr reservierten Gehflächen mehr und sind dadurch benachteiligt. Der Zweck der Mischfläche muß sein, den Fußgängern mehr Platz durch Zugang zur bisherigen Fahrbahn zu sichern und nicht umgekehrt dem Autoverkehr Zugang zu den bisherigen Gehwegen zu geben.

Systematische Flächenakquisition für Fußgänger

Angesichts der vielen unterschiedlichen Möglichkeiten muß endlich durchgreifend, flächendeckend und systematisch mehr Platz für Fußgänger im Straßenraum zur Verfügung gestellt werden. All dies geht ohne großen Stadtumbau, ohne Häuserabriß und ohne Grunderwerb. Es bringt schon viel, die jahrzehntelange unangemessene Überdimensionierung der Autoverkehrsflächen sowie die unangebrachte Inbesitznahme der Gehwege als Parkflächen systematisch zurückzunehmen und die bessere Mitbenutzung der Fahrbahn durch Fußgänger zu gewährleisten. Die bauliche Verbreiterung von Gehwegen sollte nach Möglichkeit im Interesse einer flächenhaften Anwendung ohne Totalumbau und ohne eine grundsätzliche Änderung der Entwässerung erfolgen. Die Straßenentwässerung ist meist auf die Bordsteinkanten orientiert, an ihnen verlaufen die Rinnen und Einläufe. Das durchgängige Verschieben der Entwässerung auf die neue Fahrbahnbegrenzungslinie verursacht beträchtliche Kosten. Besser ist es, vor die vorhandenen Gehwege neue Streifen »anzustückeln« und durch kurze Stichkanäle das Straßenwasser weiter dem alten System zuzuführen. Auch die Herstellung von Mischflächen erfordert keinen totalen Umbau, sondern ist durch eine kurze Folge punktueller Maßnahmen möglich. Damit können die Kosten von sonst oft 200 Mark pro Quadratmeter auf rund 50 Mark pro Quadratmeter gesenkt werden. Insbesondere bei den vielen verkehrsberuhigten Bereichen in Ruhrgebietsstädten und im Rahmen des Modellvorhabens »Flächenhafte Verkehrsberuhigung« wurde dieser Weg gewählt, um möglichst große Gebiete einzubeziehen. Dabei wurden im Hinblick auf die Verkehrssicherheit und Geschwindigkeitsdämpfung trotz der geringen Standards überzeugende Ergebnisse erreicht. Inzwischen sind bei der Verkehrsberuhigung viele kluge, kostengünstige Lösungen entwickelt worden. Der Bundesbauminister hat hierfür in einer sogenannten »Kostenfibel Verkehrsberuhigung« und in einer »Planungsfibel Verkehrsberuhigung« zahlreiche praktische Arbeitshilfen gegeben.

Vortritt und Überquerbarkeit für Fußgänger baulich und technisch sichern

Lange Überquerungswege und fehlende Überquerungshilfen schwächen die Position der Fußgänger. Besonders ungünstig ist das derzeitige bauliche Prinzip der Kreuzungsgestaltung. An Einmündungen und Kreuzungen werden die Gehwege regelmäßig von den querenden Fahrbahnen unterbrochen. Auf diese Weise sind die Gehwege in unendlich viele Teile zerstückelt. Die Gehwege enden, während die Fahrbahnen durchlaufen. Dies wirkt psychologisch sehr deutlich als Vorrang für Autos. Der Fußgänger verläßt an solchen Stellen sein angestammtes »Revier«, muß nach allen Seiten »sichern«, ehe er weitergehen kann. Voraussetzung zum Weitergehen ist eine ausreichend große Lücke im Fahrzeugstrom. Immer wieder muß er auf solche Lücken lange warten. Systematische Fußgängerförderung muß deshalb neben mehr Gehflächen auch sinnvolle Überquerungshilfen schaffen, die die Situation der Fußgänger beim Queren von Straßen und Kreuzungen deutlich verbessern und ihm den Vortritt sichern.

Vortritt durch wirksame Zebrastreifen sichern

Das einzige Angebot für einen solchen Vortritt war in den letzten Jahrzehnten der Zebrastreifen. Allerdings mehr in der Theorie als in der Alltagspraxis. Denn der Fußgängervorrang an Zebrastreifen verkam zum frommen Wunsch. Er wird heute faktisch von den meisten Autofahrern nicht mehr respektiert, nur die wenigsten Autofahrer halten wirklich an, wenn Fußgänger einen Zebrastreifen betreten wollen. Auch hier beugen sich die deutschen Planer bisher dem Diktat der Rücksichtslosigkeit der Autofahrer und bauen die Zahl der Zebrastreifen ab. Sie räumen damit – alles für die Autofahrer – die letzten Fußgängervortritte aus der Fahrbahn. Angestiftet hierzu wurden die Gemeinden von den Richtliniengebern, die immer restriktivere Einsatzgrenzen für Zebrastreifen festgelegt haben. Sie wollen Zebrastreifen und damit den Fußgängervortritt auf die wenigen Fäl-

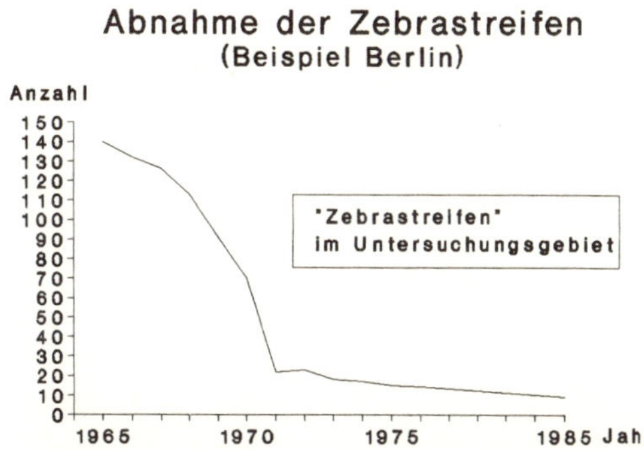

Zebrastreifen wurden jahrelang abgebaut, um den Autoverkehr zu beschleunigen – eine Katastrophe für die Fußgänger.

le beschränken, wo ein ausgeprägter, ganztägiger Fußgängerstrom und gleichzeitig ein hohes Fahrzeugaufkommen bestehen. Hundertfach werden deshalb jedes Jahr Forderungen von Kindergärten, Schulen, Elterninitiativen, Altenheimen, Fußgängervereinen etc. auf Einrichtung von Zebrastreifen abgelehnt. Die lokalen Verwaltungen oder die Verkehrsbehörden der Regierungspräsidenten argumentieren dabei stets gleich. Entweder heißt es, die Zahl der dann meist in einer kurzen Stichprobe gezählten Fußgänger reiche nicht aus, oder die Zahl der Autos sei zu klein. Oder aber es seien keine besonderen Gefahren oder Unfallhäufungen festgestellt worden. Spätestens dann greifen sich viele Bürger an den Kopf, fragen wütend und verzweifelt, ob denn immer erst etwas passieren müsse, bevor die Behörden den Fußgängern Schutz und Recht gewährten.

In vielen skandinavischen, holländischen, englischen, französischen und österreichischen Orten gehört eine komplette Ausstattung mit Zebrastreifen zum Standardrepertoire von Einmündungen und Kreuzungen. Diese Länder verringern nicht die Zahl der Zebrastreifen, sie vermehren sie, um die Position der Fußgänger demonstrativ zu stärken und ihren Vortritt an möglichst vielen Stellen deutlich zu signalisieren. Daß sie damit Erfolg haben, beweist

In Skandinavien, Frankreich, Österreich, der Schweiz und in Holland gibt es auf vielen Straßen eine dichte Folge von Zebrastreifen. Das sichert kurze Wege und signalisiert dem Autoverkehr den Querungsbedarf.

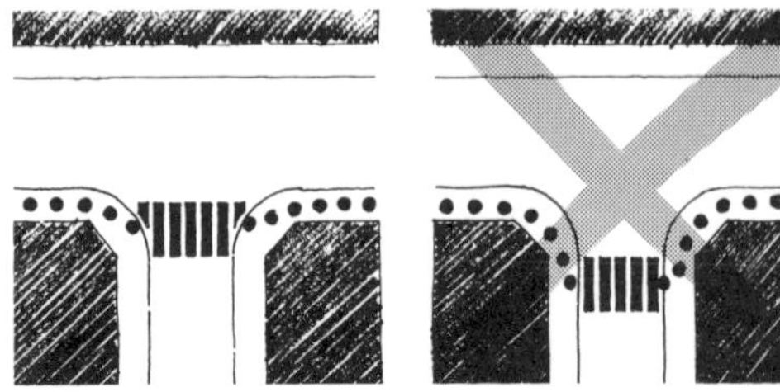

Wenn Überwege der Ideallinie der Fußgänger folgen, werden sie richtig angenommen.

ein Verkehrssicherheitsvergleich zwischen verschiedenen in- und ausländischen Städten. Danach nimmt mit der Zahl der Zebrastreifen je Kilometer Straßennetz die Verkehrssicherheit der Fußgänger deutlich zu. Anders als in Deutschland befürchtet, führt diese Regelung nicht zu einer Entwertung oder Inflation des Zebrastreifens, sondern unterstreicht seinen Systemcharakter und vervielfältigt dadurch seinen Nutzen für die Fußgänger.

In der Detailgestaltung müssen Zebrastreifen so plaziert werden, daß sie der jeweiligen Ideallinie der Fußgänger entsprechen. Die langjährige Praxis, Zebrastreifen von der direkten Verbindung der Gehwege weit zurückzusetzen, um damit zusätzliche Aufstellflächen für abbiegende Autofahrer zu

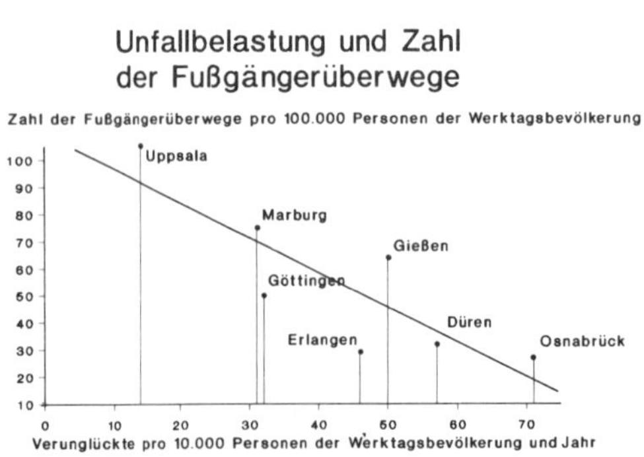

Ein Städtevergleich zeigt deutlich: Mit der Zahl der Zebrastreifen wächst die Sicherheit für Fußgänger.

gewinnen, muß beendet werden. Es ist schlimm, daß solche Regellösungen der Straßenbaurichtlinien landauf, landab ohne langes Nachdenken in Serie gingen. Denn diese Lösungen erzeugen unnötige Umwege und verhindern den notwendigen Sichtkontakt zwischen Fußgängern und Autoverkehr. Sie verführen die Autofahrer außerdem, beim Abbiegen zu schnell zu fahren, weil sie ja an der unmittelbaren Abbiegelinie nicht mit Fußgängern rechnen müssen. So angebrachte Zebrastreifen sind gefährlich und fußgängerfeindlich. Vortritte für Fußgänger müssen auch im Detail fußgängergerecht sein.

Die bisherige fußgängerfeindliche Richtlinienpraxis bei Zebrastreifen geht noch weiter. Die Richtlinien haben die Abmessungen des Zebrastreifens einheitlich genormt und bürokratisch fixiert. Mit diesem Normmaß passen die Zebrastreifen oft jedoch nicht zu den Dimensionen der entsprechenden Fußwegverbindungen. Zum Beispiel gibt es in Innenstädten, an Bahnhöfen und Kaufhäusern, vor großen Behörden, an Kirchen, Museen, Theatern oder Sportstätten oft so massive und breit aufgefächerte Fußgängerströme, daß der Einheitszebrastreifen sie gar nicht fassen kann. Oder breite Treppen und Portale münden in das Nadelöhr eines viel zu kleinen Zebrastreifens. Statt nun einfach einen breiteren Zebrastreifen anzulegen, versuchen die Planer, mit Ketten, Gittern oder Mauern die breiten Fußgängerströme auf das Normmaß des Zebrastreifens zu zwingen. In an-

Zebrastreifen sollen sich in ihren Maßen den jeweils anschließenden Verkehrswegen und dem Fußgängerverkehrsaufkommen flexibel anpassen.

deren Ländern können dagegen die Zebrastreifen flexibel der Breite des jeweiligen Fußgängerstroms bzw. der zuführenden Gehwege angepaßt werden. Dort gibt es Zebrastreifen, die 10 oder 20 Meter breit sind. In der japanischen Stadt Osaka und im holländischen Groningen gibt es fast 100 Meter breite Zebrastreifen, die großzügig die Querbarkeit zwischen zwei Bürozentren über eine verkehrsreiche Straße sichern.

Bürgernahe und fußgängerfreundliche Verkehrspolitik und -planung müssen auch bei uns künftig in Sachen Zebrastreifen einen Kurswechsel einleiten. Bund und Länder als Normensetzer müssen in der Straßenverkehrsordnung sowie der Verwaltungsvorschrift hierzu eine sehr viel offensivere Definition und Praxis begründen und den Gemeinden ausreichend Spielraum zur vermehrten und flexiblen Anwendung von Zebrastreifen geben. Eine ausreichende Beachtung ist durch Hinweis auf unterstützende bauliche Maßnahmen und durch deutlich schärfere Kontrollen und Bußgelder durchzusetzen.

Aufpflasterungen schaffen durchgängige Gehwegnetze und sichern Vortritt

Stärker als durch Zebrastreifen kann der Vortritt für Fußgänger an Kreuzungen und Einmündungen durch Aufpflasterungen der Fahrbahn gesichert werden. Dabei wird die Fahrbahn auf das Gehwegniveau angehoben. Die Autofahrer müssen über eine aufsteigende und abfallende Rampe den über die Fahrbahn fortgesetzten Gehweg überqueren. Solche Gehwegüberfahrten, Teil- oder Kreuzungsaufpflasterungen verbessern die Bedingungen für Fußgänger nachhaltig. Die ersten historischen Vorbilder hierfür gab es schon im alten Römischen Reich, wo starkbefahrene Straßen häufig durch besondere »Trittsteine« mit schmalem Durchlaß für die Räder der Fuhrwerke gesichert waren. Noch heute kann man zum Beispiel in Pompeji ausgegrabene Beispiele besichtigen.

Aufpflasterungen schließen die systembedingten Lücken im Gehwegnetz, stärken die psychologische Position des Fußgängers beim Queren und bieten einen guten Schutz. Die Überfahrt über die Rampen ist – bei einer Rampenneigung von über 10 Prozent – nur mit gebremster Fahrt möglich. Das damit ohnehin nötige langsame Tempo motiviert Autofahrer sehr viel eher dazu, den Fußgängern den Vortritt zu lassen. Es ermöglicht eine gute Verständigung mit Blicken und Gesten. Kreuzungsaufpflasterungen und Gehwegüberfahrten sind als Element der Verkehrsberuhigung inzwischen vielfach mit Erfolg angewendet worden. Eine große Zahl unterschiedlicher Gestaltungsvarianten wurde dabei entwickelt. Variiert werden können die Breite der Aufpflasterung, die Neigung der Rampen sowie der Standort der Aufpflasterung. Die optische Auffälligkeit wird besonders durch Baumtore gesteigert. Im Bereich der Aufpflasterungen darf nicht geparkt werden, um den Sichtkontakt zwischen Fußgängern und Fahrverkehr nicht zu behindern und den freien Durchgang der Fußgänger nicht zu erschweren. Der Vortritt

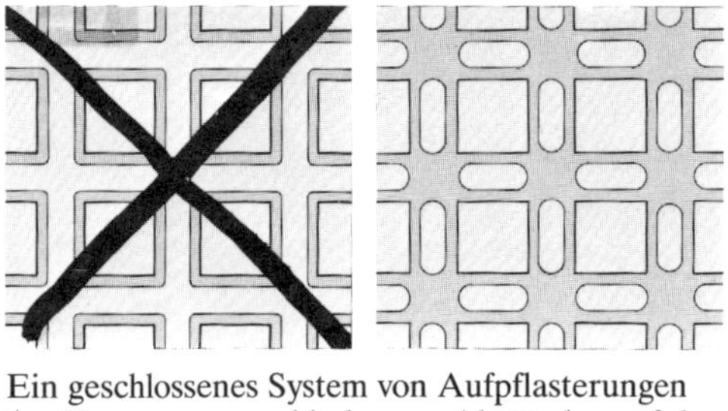

Ein geschlossenes System von Aufpflasterungen (an Kreuzungen und in kurzen Abständen auf der Fahrbahn) sorgt für lückenlose Gehwegnetze.

der Fußgänger an Aufpflasterungen wird noch verstärkt, wenn solche Aufpflasterungen mit Zebrastreifen kombiniert werden.

Aufpflasterungen wirken am besten, wenn sie mit System in regelmäßigen Abständen verwendet werden, die nicht mehr als 40 bis 50 Meter betragen. Dann kann eine generelle Absenkung der Fahrgeschwindigkeiten auf unter 30 Stundenkilometer erreicht und verhindert werden, daß zwischen den Aufpflasterungen immer wieder hochtourig beschleunigt wird und die Autofahrer vor jeder Aufpflasterung wieder scharf abbremsen. Eine solche unstetige Fahrweise ist aus Lärm-, Abgas-, Verbrauchs- und Sicherheitsgründen unerwünscht. Deshalb sollen Aufpflasterungen nicht nur auf Kreuzungen und Einmündungen beschränkt bleiben, sondern auch auf den dazwischenliegenden Straßenstücken eingebaut werden. Mit System verwendete Aufpflasterungen ersparen den Fußgängern den größten Teil ihrer bisherigen Wartezeiten beim Queren, sie beschleunigen also den Fußgängerverkehr beträchtlich. Deshalb ist es auch zweckmäßig, Hauptfußwegeverbindungen durchgängig mit Aufpflasterungen zu sichern, um ihnen so den Vorrang vor dem Fahrverkehr aus querenden Seitenstraßen zu geben.

Aufpflasterungen sollen dem Bedarf der Fußgängerquerung folgen und die kürzeste Überquerungsstrecke sichern. Daraus folgt, daß sie einen unmittelbaren Anschluß an alle einmündenden Gehwege brauchen. Sie sollen möglichst den Gesamtbereich der Kreuzung umfassen, um damit auch diagonale Querungen zu ermöglichen. Aufpflasterungen müssen ausreichend breit sein, um auch mehreren querenden Fußgängern bzw. Gruppen von Fußgängern bequemes Aneinandervorbeilaufen zu ermöglichen. Fünf Meter sollten nicht unterschritten werden. Das bietet auch Platz für Bäume und garantiert gute Sichtbarkeit. Es verhindert zudem, daß Autos und insbesondere Lastwagen beim Überfahren

mit Teilen des Fahrzeugbodens aufsetzen und bei LKW laute Fahrzeugschwingungen entstehen, die die Anlieger verärgern.
Von hinsichtlich Verkehrsberuhigung unerfahrenen Planern, Politikern und erst recht von Laien werden Aufpflasterungen gelegentlich mit sogenannten »Schwellen« verwechselt. Doch Fahrbahnschwellen, die zunächst vor allem in den USA, in Spanien und Holland mit System eingesetzt wurden, unterscheiden sich wesentlich. Sie dienen in der Regel nur als »fahrdynamische Bremse« und nicht als Querungshilfe. Sie sind deshalb meist schmal mit gekrümmter Oberfläche. Sie können allerdings in Kombination mit anderen Elementen wie zum Beispiel einem nachfolgenden Zebrastreifen als Querungshilfe ausgebaut werden. (Damit sichern sie, daß das vom Gesetz geforderte Abbremsen vor Zebrastreifen auch wirklich erfolgt und der Fußgängervortritt dort auch eingeräumt wird.) Schwellen können allerdings wegen ihrer geringen Breite nicht so gut mit anderen Elementen wie Baumtoren, Pollern, Leuchten etc. kombiniert werden. Sie bereichern damit das Straßenbild kaum und wirken aus Autofahrersicht mehr wie eine Schikane. Das ist auch der Grund, warum sich in Deutschland an Schwellen stets die Emotionen der Autofahrer, Politiker, Verkehrsjuristen und Automobilverbände entzünden, trotz der zum Teil beachtlichen positiven Effekte auf die Verkehrssicherheit im In- und Ausland.
Von Bordstein zu Bordstein durchgezogene Schwellen oder Teilaufpflasterungen erzeugen unter Umständen einige Probleme für Radfahrer und Busse. Viele Verkehrsbetriebe laufen Sturm, wenn im Fahrweg ihrer Busse Aufpflasterungen oder gar Schwellen vorgesehen sind. Lösbar ist das Problem auf zweierlei Weise. Entweder die Rampen werden abgeflacht, dann wirkt die Aufpflasterung nur noch optisch. Allerdings schwindet dann auch der fahrdynamische Bremseffekt, der Vortritt gerät wieder in Gefahr. Oder die Aufpflasterung wird so konstruiert, daß Radfahrer und Busse sie ohne Niveauwechsel passieren können, während PKW über die Rampen fahren müssen. In der Aufpflasterung werden dann entsprechend passende Lücken gelassen, zu denen die Rampen abgeflacht sind. Solche Elemente wurden das erste Mal mit System und großem Erfolg in einem gründerzeitlichen Mischgebiet im Modellvorhaben »Flächenhafte Verkehrsberuhigung Berlin-Moabit« angewendet und heißen seitdem im Planerjargon »Berliner Kissen« oder »Berliner Pyramidenstumpf«. Zwischenzeitlich haben verschiedene Verkehrsbetriebe ihre eigenen Varianten für busverträgliche Aufpflasterungen entwikkelt. Bei frei bleibenden Lücken entfällt allerdings der Effekt eines voll durchgehenden Gehwegs. Dieser Nachteil kann ausgeglichen werden, wenn die Elemente jeweils paarweise verlegt werden, dann bleibt dazwischen eine Überquerungsstelle mit gesichertem Vortritt. Bei systematischer Anwendung erlaubt sie eine besonders wirkungsvolle Verlangsamung und Verstetigung des Autoverkehrs. Die Lösung paßt bei Verwendung von Pflaster oder Platten sehr gut zum gründerzeitlichen Straßenumfeld. Sie verursacht vergleichsweise geringe Umbaukosten. Spezielle Durchlässe für Radfahrer an Aufpflasterungen wurden zu-

Die »Berliner Aufpflasterung« bremst Autos, ohne dabei Radfahrer und Busse zu behindern.

nächst vielfach in Holland angewendet. In Deutschland wurden sie bekannt durch das Modellvorhaben »Flächenhafte Verkehrsberuhigung in Buxtehude«. Seither werden sie in verschiedensten Variationen angewendet, um mit der Verkehrsberuhigung auch den Radverkehr attraktiver zu machen.

Vortritt und Querungsstellen durch Vorpflasterungen sichern

Wo es aus gestalterischen oder verkehrlichen Gründen nicht möglich ist, Aufpflasterungen zu verwenden, bleiben dem Planer immer noch andere Möglichkeiten, die Überquerbarkeit zu erleichtern. Durch Anlage von Engstellen in der Fahrbahn und Verbreiterung der Gehwege im Überquerungsbereich entstehen sogenannte »Vorpflasterungen«: »Kanzeln«, »Gehwegnasen« oder »Auftritte«. Sie ermöglichen einen guten Sichtkontakt zwischen Fahrverkehr und Fußgängern, machen die Querungsstellen für den Fahrverkehr und die Fußgänger gut erkennbar und verkürzen die Querungsstrecke. Fußgänger können dort auch kürzere Lücken im Fahrzeugstrom zum Überqueren nutzen. Der Autoverkehr wird durch die Engstellen in der Regel verlangsamt. Das psychologische und physikalische Bedrohungspotential des Autoverkehrs sinkt. Solche Vorsprünge können durch Baumgruppen, Poller oder Laternen besonders betont und gleichzeitig gegen Zuparken gesichert werden.

Auch Engstellen in der Fahrbahn und Gehwegnasen sichern das Überqueren.

Vorpflasterungen sind auch für Kreuzungen und Einmündungen vorteilhaft. Denn gerade hier werden häufig die Querungswege von rücksichtslosen Autofahrern zugeparkt. Zudem läßt der bisherige Straßenbau hier die Gehwege besonders schmal werden wegen der bislang für nötig erachteten Eckausrundungen und Fahrbahnaufweitungen für den abbiegenden Autoverkehr. Dabei sind Kreuzungen und Einmündungen bevorzugte Querungsstellen. 60 Prozent aller Straßenquerungen erfolgen an diesen Stellen. Da sich hier stets Fußgängerströme aus mehreren Richtungen kreuzen bzw. vereinigen, weisen sie besonders hohe Fußgängermengen auf. Manchmal müssen die in die bisherige Fahrbahn hineinragenden Vorpflasterungen überfahrbar gehalten werden, damit breite Fahrzeuge noch durchpassen bzw. abbiegen können. Dann empfielt sich eine materialmäßige Untergliederung zwischen überfahrbarem und nicht überfahrbarem Teil, zum Beispiel durch einen Materialwechsel, eine kleine Kante oder Poller. Jedenfalls soll auch dann nicht auf Vorpflasterungen verzichtet werden, wenn diese überfahrbar bleiben müssen. Denn der Verzicht führt regelmäßig zu höheren Fahrgeschwindigkeiten und zu weniger Rücksicht auf querende Fußgänger. Vorpflasterungen zügeln vor allem Lastwagenfahrer so , daß sie beim Abbiegen keine Fußgänger gefährden.

Mittelinseln und Mittelstreifen sichern Querbarkeit an breiteren Straßen

Eine andere Möglichkeit, auf breiten und stark belasteten Straßen gefährliche Überquerungsstrecken für Fußgänger zu verkürzen und ihnen schneller wieder sicheren Boden unter den Füßen zu geben, sind Mittelinseln und Mittelstreifen. Der Baustoffhandel hat bereits Fertigteilbausätze und sogar aufklebbare Mittelinseln entwikkelt. Lange Tradition hat die Mittelinsel in Frankreich und Skandinavien, wo sie auf großen Straßen vielfach, oft auch in Kombination mit Zebrastreifen, angelegt wurde. Die Mittelinsel bietet dem Fußgänger den Vorteil, daß der in einem Zug zu bewältigende, konfliktreiche Querungsweg halbiert wird. Damit braucht man nicht zu warten, bis aus beiden Fahrtrichtungen kein Auto kommt, sondern kann schon queren, wenn in der Richtung der ersten Querungshälfte eine ausreichende Lücke im Fahrzeugstrom entsteht. In der Mitte kann man dann ungefährdet wieder warten, wo man sonst, eingezwängt zwischen zwei Fahrzeugströme, besonders gefährdet ist. Die Mittelinsel liegt voll im Blickfeld des Fahrverkehrs und markiert weithin sichtbar die Querungsstelle. Sie kann bei entsprechender baulicher Ausbildung auch verhindern, daß in diesem Bereich überholt wird. Und sie kann, wenn sie mit einer Verengung der Fahrbahn kombiniert wird, eine Verminderung der Geschwindigkeit begünstigen. All dies erfolgt am wirkungsvollsten, wenn die Mittelinsel mit einem Baum oder Baumpaar bepflanzt wird und den Fahrraum optisch deutlich einengt.

Inseln in der Fahrbahn verdoppeln die Querungschancen für Fußgänger.

Ein besonderer Fall ist die Insel in der Mitte einer Kreuzung. Sie markiert deutlich diesen Querungs- und Kreuzungspunkt. Solche Kreuzungsinseln waren früher ein beliebtes Element der Stadt- und Straßengestaltung, viele Denkmäler oder Dorfbäume fanden so ihren hervorgehobenen Standort und halfen damit, dem Quartier, Dorf oder Stadtteil »eine Mitte« zu geben. Auch in der Gründerzeit wurden auf diese Weise häufig kleine Kreuzungsplätze gestaltet, zum Beispiel in den Entwürfen von Stübben oder Sitte. Der spätere Straßenbau hat dann diese Elemente vielfach ausgeräumt, weil sie den schnellen Autoverkehr erschwerten. Kein Wunder, daß sie nun als Element der Verkehrsberuhigung wiederentdeckt werden. Mittelinseln in Kreuzungen animieren besonders zur Verlangsamung, weil niemand mit Verstand schnell auf einen massiven Baum oder ein Denkmal in seiner geraden Fahrlinie zufährt. Je nach ihrer Größe kann eine solche Insel auch als Wartebereich für diagonal querende Fußgänger dienen.

Große Mittelinseln in Kreuzungen führen zu einer Art Kreisverkehr, einem Kreuzungstyp, der in den angelsächsischen Ländern eine lange Tradition hat. In Deutschland geriet er wegen mehrfach wechselnder Vorfahrtsregelungen in den 60er und 70er Jahren in Verruf, zumal damals die Verkehrsplanung immer mehr der ampelgeregelten Kreuzung den Vorzug gab. Jetzt erlebt der Kreisverkehr auch in Deutschland ein bemerkenswertes Comeback und wird gern zur Markierung sogenannter Übergangsbereiche, also am Ortseingang oder am Innenstadtrand, benutzt. Kreisverkehre können dort gut als Bremse wirken, wenn sie enge Radien haben und nicht

Historische Vorbilder und neue Planungen zeigen, wie man Kreuzungen durch Mittelinseln sicherer und schöner macht.

im Autobahnmaßstab gebaut werden. Sie brauchen mehr Platz als eine normale Kreuzung und sind daher nicht überall geeignet. Aber eine kleine Mittelinsel mit einem einzelnen Baum, einer Säule o.ä. paßt auch in die Kreuzung schmaler Straßen.

In breiten und vom Autoverkehr stark frequentierten Straßen mit beidseitig dichter Wohn- und Geschäftsnutzung besteht meist ein hoher und linienhaft über die ganze Straßenlänge verteilter Querungsbedarf. Dieser Querungsbedarf kann durch die üblichen Überwege an Kreuzungen oder mit Zebrastreifen allein nicht befriedigt werden. Bei nur wenigen punktuellen Querungsmöglichkeiten entstehen für die Fußgänger große Umwege. Das Hin- und Herpendeln zwischen beiden gleichermaßen interessanten Straßenseiten ist damit stark eingeschränkt. Oft gibt es eine Häufung von Fußgängerunfällen längs solcher Straßen, was einen deutlichen Bedarf für mehr und sichere Überschreitungshilfen erkennen läßt. Am besten wirkt in diesen Fällen eine durchgängige Mittelinsel, also ein Mittelstreifen. Mit den herkömmlichen Mittelstreifen von Schnellstraßen hat dieser nichts zu tun. Der herkömmliche Mittelstreifen dient der strikten Richtungstrennung des Autoverkehrs und soll gleichzeitig jedes Überqueren durch Fußgänger unterbinden. Daher wird er in der Regel mit künstlichen Barrieren wie Leitplanken, Zäunen oder Hecken bewußt unpassierbar gemacht. Solche Mittelstreifen sollen den Autoverkehr optimal bevorzugen und schnell machen. Daß sie außerdem mit Gras, Büschen und Bäumen begrünt werden, ist reine Kosmetik und kann die generelle städtebauliche Unverträglichkeit solcher richtungsgetrennter Schnellstraßen nicht mindern. Der Mittelstreifen als Überquerungshilfe soll genau das Gegenteil ermöglichen. Er soll das leichte Überqueren über eine lange Strecke sichern. Er soll nicht trennen, sondern verbinden. Er soll den Autostrom nicht beschleunigen, sondern bremsen. Er soll die beiden durch Fahrbahnen und den Autostrom getrennten Straßenseiten optisch und funktional wieder zusammenführen. Wenn möglich, sollten Mittelstreifen dieser Art alleeartig bepflanzt sein, bei ausreichender Straßenbreite sollten die mittleren Baumreihen durch weitere Baumreihen am Fahrbahnrand ergänzt werden. Die Befestigung des

Mittelstreifen garantieren linienhafte Überquerbarkeit.

Mittelstreifens darf nicht zu hoch aus dem Straßenniveau herausragen, sonst behindert sie querende Fußgänger. Aus dem gleichen Grund sind Büsche und Hecken für solche Mittelstreifen ungeeignet. Bei Bedarf können sie an Einmündungen für den Autoverkehr durchlässig gemacht werden. Dann werden entsprechende Lücken frei gelassen und gepflastert.

Falls eine kurze Folge von Einmündungen und (wichtigen) Grundstückszufahrten die Anlage eines durchgängig begrünten Mittelstreifens verhindern, hat sich auch die Anlage eines überall überfahrbaren Mittelstreifens mit Pflasterbelag und Bäumen in gepflasterten Baumscheiben gut bewährt. Die häufigen Fußgängerquerungen führen an stark belebten Straßen ohnehin zu einer so großen Beanspruchung des Mittelstreifens, daß gegebenenfalls nur besonders belastbare Tritt-, Schotter- oder Pflasterrasen zweckmäßig sind. Damit der Mittelstreifen nicht beschleunigend wirkt, hat es sich bewährt, die Fahrbahnmitte und eventuell auch den Fahrbahnrand mit einem sogenannten »rauhen Rand« auszustatten, zum Beispiel einer breiten Pflasterrinne oder einem Pflastervorgelege von vier bis sechs Steinen Breite. Dieser Sicherheitsstreifen zählt als Bestandteil der Fahrbahn und ist von LKW notfalls überfahrbar. Aber er wirkt auf PKW wie eine optische Einengung und begünstigt eine verhaltene Fahrweise. Bei hohem LKW-Anteil sollte zur Vermeidung übermäßiger Lärmbelastungen anstelle von Pflaster ein belastbarer Plattenbelag gewählt werden. Solche Streifen haben eine lange Tradition im Straßenbau. So wurden zum Beispiel in Norddeutschland, in Holland und im dörflichen Straßenbau oft am Fahrbahnrand extra breite Entwässerungsrinnen angelegt, die von Fuhrwerken überfahrbar waren.

Sicherheitsstreifen entschärfen Konfliktlinien beim Queren

Grundsätzlich ist es sinnvoll, den Fahrverlauf der Autos so zu lenken, daß vom Gehwegrand bzw. von den am Gehwegrand geparkten Autos ein möglichst großer Abstand gehalten wird. Der Autoverkehr soll sich also möglichst weit zur Fahrbahnmitte hin orientieren. Dann wird nicht jeder unbedachte Schritt eines Fußgängers auf die Fahrbahn zur tödlichen Gefahr. Beim Queren können Fußgänger so ungefährdet eine etwas vorgeschobene Position einnehmen, um die Fahrbahn besser zu übersehen. Von allein orientieren Autofahrer sich nicht zur Mitte, sondern eher zum Fahrbahnrand, um einen möglichst großen Abstand zum Gegenverkehr zu wahren. Mittelmarkierungen verleiten Autofahrer ebenfalls, einen möglichst großen Sicherheitsabstand zur Mitte einzuhalten. Psychologisch ist dieses Verhalten verständlich. Doch objektiv lauern die meisten Risiken am Rand: durch plötzlich querende

Sicherheitsstreifen verengen optisch die Fahrbahn und geben den Fußgängern am Rand zusätzlichen Schutz. Sie sind besonders wichtig neben Parkstreifen.

oder die Fahrbahn in Längsrichtung betretende Fußgänger, durch unvorhergesehene Bewegungen im Zusammenhang mit Ein- und Ausparkmanövern, durch Querverkehr aus Einmündungen und Grundstückszufahrten. Das Fahren möglichst weit rechts suggeriert den Autofahrern falsche Sicherheit. Es läßt die Fahrbahn breiter erscheinen und verführt zu schnellerem Fahren. Es verleitet nachfolgende Autos zum Überholen. Das wirkungsvollste Mittel, die Autofahrer zur Mitte zu lenken und den Fußgängern mehr Schutz zu geben, ist der Sicherheitsstreifen am Fahrbahnrand. Solche Streifen geben dem Gehweg oder Parkstreifen ein »Vorfeld«, wo Fußgänger im Regelfall noch nicht direkt im Fahrstrom stehen.

Fußgängerfreundliche Ampeln

Ampeln werden von Politikern und Planern gern als besonders fußgängerfreundliche und sichere Querungshilfen eingestuft. Auch von Fußgängerinitiativen, Schulpflegschaften, Kindergärten oder Altenheimen wird häufig gefordert, ihren Querungsbedarf durch Ampeln zu sichern. Doch so fußgängerfreundlich, wie es zunächst scheint, sind Ampeln nicht. Zunächst einmal sind sie sehr teuer und werden daher nur in großen Abständen installiert. Ampeln als alleinige Querungshilfe bedingen dadurch häufig große Umwege für Fußgänger. Sodann sind Ampeln immer mit beträchtlichen Wartezeiten für Fußgänger verbunden, weil das Gehgrün in einem festen Phasenumlauf nur in bestimmten Zeitabständen vorkommt. Schließlich zwingt dieser Phasenumlauf mit fest vorgesehenen Geh- und Räumzeiten, die Querungsstrecke in einer bestimmten Zeit zurückzulegen. Eine Ampel kann nicht flexibel auf langsamere Fußgänger reagieren. Dadurch geraten langsame oder spät gestartete Fußgänger meist in die angsttreibende Situation, plötzlich gegen Rot laufen zu müssen. Herkömmliche Ampeln können außerdem nicht unterscheiden, ob Autoverkehr kommt oder nicht kommt, sie halten also auch dann Fußgänger mit Rot auf, wenn keinerlei Autoverkehr Grün beansprucht. Schließlich sind viele Ampeln so geschaltet, daß gleichzeitig zum Gehgrün im Autoverkehr der Abbiegeverkehr erfolgt. Also bedeutet das Gehgrün keinesfalls absolute Sicherheit vor Autos. Diese besonderen Merkmale verhindern, daß Ampeln immer das halten können, was man sich von ihnen verspricht. An vielen Ampeln kommt es zu gravierenden Unfallhäufungen mit Fußgängerbeteiligung. Hohe Rotgeheranteile sind ein untrügliches Zeichen dafür, daß die Ampeln nicht sehr fußgängergerecht konzipiert sind. Daher besteht für die meisten Ampeln ein be-

trächtlicher Bedarf an Verbesserungen. Nur fußgängerfreundliche Ampeln haben eine Chance auf eine hohe Akzeptanz und damit eine sichere Benutzung.
Die vernünftigste Lösung ergibt sich durch eine Rückbesinnung auf den eigentlichen Zweck von Ampeln. Sie wurden ursprünglich eingeführt, um die immer mehr anschwellenden Fahrzeugströme an verkehrsreichen Knoten hinreichend zu entwirren und im gegenseitigen Interesse alle Richtungen optimal zu organisieren. Sonst liefen die Kreuzungen »voll«, und jeglicher Autoverkehr kam zum Erliegen. Mit Fußgängern hatte das alles zunächst wenig zu tun. Der Fußgängerverkehr braucht für sich selber keine ordnenden Verkehrsregelungen. Selbst eine Fußgängerzone mit jeweils großen Fußgängerströmen aus verschiedenen Richtungen kommt immer noch ohne Ampel, Rechtsgeh- und Vortrittsregelung etc. aus. Die frühen Signalanlagen richteten sich auch nur an die Autos, so zum Beispiel die bis in die 50er Jahre in der Kreuzungsmitte aufgehängten Zeigerampeln. Fußgänger konnten weiterhin ungeregelt gehen, Autofahrer hatten bei Grün trotzdem auf querende Fußgänger zu achten. Angesichts der zunächst noch relativ niedrigen Geschwindigkeiten funktionierte das auch ohne Blutbad. In Deutschland allerdings führte der autoorientierte Verkehrsperfektionismus bald dazu, daß auch die Fußgänger ganz dem Rhythmus der Ampeln unterworfen wurden. Autofahrer lernten, sich blindlings auf Grün zu verlassen.
Viel zuwenig Politiker und Planer wissen, daß noch heute in Frankreich und England die Ampelpraxis den Anfangsjahren ähnelt. Dort gibt es zwar inzwischen überwiegend auch Ampeln mit Fußgängerlichtzeichen, aber deren Bedeutung entspricht mehr einem Hinweis und einer Empfehlung als einem »Befehl«. Wer bei Rot geht, macht sich nicht strafbar, hat aber eine erhöhte Sorgfaltspflicht. Die Autofahrer wissen, daß ihr Grün keinesfalls bedeutet, daß sie freie Bahn haben: Sie müssen auch bei Grün mit querenden Fußgängern rechnen. Dementsprechend defensiver und verhaltener wird im Bereich der Ampeln gefahren und gegangen. Die Rechtsprechung respektiert dort immer noch das fundamentale Grundrecht der Fußgänger auf freie Fortbewegung. Dagegen hat der inzwischen 40jährige deutsche Ampeldrill für die Verkehrssicherheit der Fußgänger wenig gebracht. Er hat eine falsche Scheinsicherheit produziert. Sie suggeriert Fußgängern, bei Grün könnten sie sorglos gehen. Sie suggeriert den Autofahrern, bei Grün könnten sie sorglos und zügig die Kreuzung überqueren, was diese dann auch mit viel zu hohem Tempo tun.
Der Wunsch zu mehr Fußgängerschutz an Signalanlagen lohnt deshalb ernsthaftes Nachdenken. Unter der Bedingung eines generell stark verlangsamten Autoverkehrs im Innerortsbereich können die »Rollen« an Ampeln völlig neu verteilt werden. Das Rot an Fußgängerampeln kann dann zum Beispiel durch Gelbblinken ersetzt und das Gehen auch erlaubt werden, wenn die querende Fahrtrichtung freigegeben ist. Diese Regelung überläßt dem Fußgänger mehr Selbstverantwortung, mehr Gespür für Situation und führt so zu mehr Sicherheit und weniger Wartezeit. Dies gilt auch und gerade für Kinder, die beim deutschen System besonders oft zum Opfer sturen Ampeldrills werden. Zu diesem Modell würde auch passen, daß das Grün als bisheriger Freibrief für ungebremste, sorglos freie Fahrt der Autofahrer über ampelgeregelte Kreuzungen durch Gelbblinken ersetzt wird, verbunden mit der deutlichen Mahnung, sich beim Passieren der Ampel sorgfältig zu orientieren. Solche Regelungen würden Autofahrer viel stärker zur Vorsicht und Rücksichtnahme verpflichten und die fatalen Folgen unvermeidlicher Fehler, zumal von Kindern, deutlich mindern. Solange eine solche weitgehende Lösung nicht

in Sicht ist, sind die Städte und Gemeinden aufgefordert, systematisch die vielen fußgängerfeindlichen Details an ihren Ampeln auszumerzen, um wenigstens auf diese Weise mehr Fairneß und Sicherheit zu verwirklichen.

Ampelprogramme nach dem herkömmlichen Rot-Grün-Prinzip sind so zu organisieren, daß es in möglichst kurzen Abständen immer wieder Fußgängergrün gibt. Die ursprünglich einmal zu Recht maßgebliche maximale Wartezeit von 30 Sekunden für Fußgänger ist auch an autoverkehrsreichen Kreuzungen einzuhalten. Sicherheit der Fußgänger muß vor Leistungsfähigkeit im Autoverkehr gehen. Daraus folgt, daß Ampeln auf mehr kurze Umläufe umgestellt werden müssen und die Grünzeit des Autoverkehrs durch mehr Fußgängerintervalle unterbrochen werden muß. Nur so kann die Barrierenwirkung stark belasteter Hauptverkehrsstraßen auf den Fußgängerverkehr abgeschwächt werden. Die Grünphasen für Fußgänger müssen so bemessen sein, daß auch langsamere Fußgänger die Überquerungsstrecke unter Berücksichtigung einer angemessenen Reaktions- und Beschleunigungszeit gut schaffen können. Die Mindestgrünphase einer zweispurigen Straße muß 12 bis 15 Sekunden betragen, bei längeren Strecken sind pro Meter zwei Sekunden hinzuzuzählen.

Ampeln sind so zu schalten, daß die Straße in einem Zug und in alle Richtungen überquert werden kann. Geteilte Phasen, bei denen Fußgänger in der Fahrbahnmitte oder vor Abbiegespuren nochmals mit Rot aufgehalten werden, sind hochgradig fußgängerfeindlich und gefährlich. Das gleiche gilt für Ampeln, die an Kreuzungen statt vier nur drei Querungsstrecken anbieten. Mit solchen Tricks versuchen die Planer, den Autoabbiegeverkehr um die letzten Sekundenbruchteile zu optimieren, wobei – ein sträflicher Abwägungsfehler – eine auf die Spitze getriebene Leistungsfähigkeit des Autoverkehrs über die Sicherheit und Freizügigkeit des Fußgängerverkehrs gestellt wird. Das direkte und sichere Überqueren von Kreuzungen durch Fußgänger muß immer gewährleistet sein.

Schaltungsprinzip vieler Ampeln ist, dem Fußgänger ohne Anforderung überhaupt kein Grün zu geben. Mit diesem Prinzip will man vor allen Dingen den Autoverkehr und nur ausnahmsweise – die Planer sagen vornehm »bedarfsweise« – auch den Fußgänger bedienen. Diese sogenannten Bedarfsampeln geben den Fußgängern nur nach Knopfdruck ihr Grün. Erfolgt dieser Knopfdruck nicht frühzeitig genug, werden die Fußgänger in der Phasenfolge einfach übersprungen. Die Ampel bleibt auf Dauerrot, wenn die Passanten vergessen, den Knopf zu drücken. Auch mit dieser Ampelpraxis auf Kosten des Fußgängers muß Schluß gemacht werden. Parallel zum fließenden Autostrom muß automatisch auch Fußgängergrün freigegeben werden. Die Nichtfreigabe ist unplausibel und provoziert riskante Gehmanöver.

Wenn Knopfdruckampeln verwendet werden, müssen diese mit »Sofortgrün« ausgestattet werden. Fußgänger können hier mit einem Kopfdruck oder dem Betreten der Kontaktfläche die Möglichkeit erhalten, sich automatisch in den normalen Ampelablauf einzuschalten, um sofort mit Grün bedient zu werden. Diese Sofortampeln sind vor allem in den Niederlanden mit Erfolg eingerichtet worden, um Fußgängern oder auch Radfahrern auf wichtigen Verbindungsstrecken den nötigen Vorrang einzuräumen. Sofortampeln sind auch eine wichtige Lösung für Haltestellen des öffentlichen Verkehrs. Sie sorgen dafür, daß unmittelbar vor und nach dem Halt die Fußgänger frei queren können, weil der Fahrverkehr sofort auf beiden Straßenseiten angehalten wird. Dieses Sofortgrün verhindert, daß Fahrgäste wegen roter Ampeln Busse und Bahnen nicht mehr erreichen bzw. zu waghalsigem Gehen bei Rot verführt werden. Es verhindert gleichzeitig unnötige Wartezeiten für Fahrgäste, die die Möglichkeit haben müssen, so schnell und sicher wie möglich ihre Wege zurückzulegen. Sofortampeln entsprechen in ihrer verkehrstechnischen Wirkungsweise dem Zebrastreifen, an dem auch jeder Fußgänger ohne Wartezeiten die Straße überqueren können soll.

Um Fußgängern an wichtigen Standorten wie Haltestellen, Schulen etc. Schutz und Vorrang zu geben, sind »Alles-Rot-Ampeln« eine gute Möglichkeit. Solche Ampeln sind zunächst als Element der Verkehrsberuhigung erfunden worden. Denn auf eine rote Ampel fährt man nur verhalten zu. Eine grüne Ampel dagegen animiert viele Autofahrer zu starker Beschleunigung, um schnell und ohne Halt über die Kreuzung zu kommen. Alles-Rot-Ampeln schalten dagegen nur nach induktiver Anforderung auf Fahrgrün und springen wieder auf Rot, wenn das Fahrzeug, das Grün angefordert hat, vorbei ist. Damit hat der querende Fußgängerverkehr ein dauerhaftes Gehgrün, solange kein Fahrverkehr kommt. Intelligente Alles-Rot-Schaltungen werden mit einer automatischen Geschwindigkeitsmessung verknüpft und geben nur bei Einhalten der niedrigen Geschwindigkeit »wartefreies« Grün. Solche Ampelschaltungen tragen wesentlich zur Sicherheit und zum Vorrang an wichtigen Netzstücken des Fußgängerverkehrs bei.

Oft liegen zwischen zwei ampelgeregelten Kreuzungen so große Abstände, daß die Fußgänger dazwischen ungesicherte Querungen versuchen. An viel und (zu) schnell befahrenen großen Straßen ist dies oft mit beträchtlichen Gefahren verbunden, zumal Fußgänger dann oft in der Mitte warten müssen, weil gleichzeitige Lücken in beiden Fahrzeugströmen äußerst rar sind. Meist müssen nach den Pulks der Geradeausfahrer noch die Pulks der Ein- und Abbieger, in der Richtung phasenversetzt, abgewartet werden, bis man endlich auf die andere Straßenseite gelangt. Eine Querungshilfe ist hier möglich, wenn zwischen zwei ampelgeregelten Kreuzungen eine Zwischenampel geschaltet wird, die jeweils den Pulk der Ab- und Einbiegenden aufhält. Dies bleibt ohne Konsequenzen für den Autoverkehr, weil die Ab- und Einbieger ohnehin an der nächsten Kreuzung auf Rot treffen.

Konventionelle Ampelanlagen verhindern, daß Fußgänger diagonal queren können. Sie zwingen demjenigen, der das vorhat, den umständlichen Lauf über mehrere Ekken auf und bedingen dadurch doppelte Wartezeiten, weil jeweils mindestens zwei Grünphasen abgewartet werden müssen. In England und Frankreich wird die diagonale Querung geduldet. Viel weiter gehen Ampelanlagen in Japan. Dort wurden seit den 60er Jahren zunehmend sogenannte Scramble-Ampeln eingeführt. »Scramble« heißt »durcheinander« oder »kreuz und quer«. Die Scramble-Ampel stoppt in jedem Umlauf einmal den Autoverkehr aller Richtungen völlig und erlaubt dann den Fußgängern freizügiges Überqueren in jede beliebige Richtung und auf kürzestem Wege. Zudem zeigen die Scramble-Ampeln während eines Umlaufs noch die anderen Fußgängerphasen an, bei denen wechselweise eine Fußgängerrichtung Grün erhält. Scramble-Ampeln sind meist durch diagonale Zebrastreifenmarkierungen besonders

Spezielle Ampeln und Zebrastreifen können Fußgängern auch diagonales Queren von Kreuzungen erlauben. Das vermindert die Querungsstrecken und Wartezeiten.

gekennzeichnet. Inzwischen gibt es auch in Deutschland einige Beispiele. Zwei wurden zum Beispiel in Köln installiert. Mit der Scramble-Ampel vergrößern sich die Querungschancen beträchtlich, Umwege und Wartezeiten werden abgebaut. Die Forderung nach möglichst kurzen Umläufen kann durch eine regelmäßig im Ampelprogramm zwischengeschaltete Scramble-Phase gut erfüllt werden. Herkömmlichen deutschen Ampelplanern ist dieses Ampelsystem zunächst fremd. Das Bild durcheinanderlaufender Fußgänger entzieht sich ihrem Denkschema. Den Autoverkehr aus allen Richtungen anzuhalten erscheint ihnen wie ein Frevel. Doch das kann kein Hinderungsgrund sein, im Interesse der Fußgängerförderung Scramble-Ampeln auch in Deutschland an vielbegangenen Kreuzungen zur Regel zu machen.

Die Fußgängerstadt: Maßnahmen zur Entflechtung von Auto- und Fußgängerverkehr

Der ganze Aufwand um die Koexistenz zwischen Fußgängerverkehr und beruhigtem Autoverkehr erübrigt sich schlagartig überall dort, wo man den Verursacher aller Probleme, den Autoverkehr, ausschließt. Das Ausmaß solcher autofreier Gebiete kann sehr unterschiedlich sein. Einzelne autofreie Straßen oder Zonen bilden kleine »Inselchen« und sind nur eine bescheidene Maßnahme. Autofreie Innenstädte mit flächenhaft einbezogenen Straßennetzen sind schon eine deutliche Steigerung. Wenn sie zusätzlich durch autofreie Wegenetze in den Wohngebieten und weitere autofreie Straßennetze in den Nebenzentren ergänzt werden, sind bereits Umrisse einer systematischen Entflechtung erkennbar. Ganz autofreie Gemeinden oder Städte haben die besten Voraussetzungen für Fußgänger, weil dann alle Konflikte mit dem Autoverkehr entfallen. Das berühmteste Beispiel hierfür ist Venedig, wo es nur Fußgängerverkehr und zur schnelleren Distanzüberwindung Boote gibt.

Autofreie Straßen: die klarste Konzeption für Fußgänger

»Venedig ohne Wasser« lautet der Titel einer Ausstellung des Schweizerischen Werkbundes. Darin wird in Anlehnung an das berühmte Vorbild vorgeschlagen, den Verkehr der Städte ähnlich wie in Venedig zu organisieren. Die wichtigste Rolle wird dabei den Fußgängern zugewiesen, sie sollen überall konfliktfrei und ungefährdet laufen können. Die Rolle der Gondeln und Motorboote in Venedig übernehmen in den anderen Städten die Fahrräder, der öffentliche Verkehr und (in begrenzter Zahl) die Taxis. Die (privaten) Autos sollen draußen, am Rande der Städte und Gemeinden, bleiben und nur für »Überlandfahrten« genutzt werden. Dieses Konzept der autofreien Erschließung ganzer Gemeinden und Städte hat inzwischen häufiger Nachahmung in der westlichen hochmotorisierten Welt gefunden, als viele glauben. Aus ganzen Gemeinden und Ortsteilen wurde der Autoverkehr herausgenommen, obwohl er für Jahrzehnte dort üblich war. Vorreiter sind in dieser Hinsicht die Kurorte und Fremdenverkehrsgemeinden. Allein 16 autofreie Gemeinden gibt es inzwischen in der Schweiz. Zermatt ist eines der bekanntesten Beispiele. In den italienischen und griechischen Bergregionen gibt es zahlreiche praktisch autofreie Städte, deren überwiegend aus Treppen, Steigen und engen Gassen bestehendes Straßennetz nie Autoverkehr erlaubte. Dabei handelt es sich nicht nur um kleine »Bergnester«, sondern um stattliche Orte. Diese Städte kamen nicht auf die Idee, ihre Existenz für gescheitert zu erklären, weil sie auf innerörtlichen Automobilismus verzichten mußten. In diesen Städten gibt es zwar einen beträchtlichen privaten Autobesitz, doch die Autos müssen am Rand bleiben, werden dort auf

Herzlich willkommen auf Langeoog

Vergessen Sie den Alltag und den Lärm der Großstadt, Industrieabgase und Autoverkehr. Freuen Sie sich auf erholsame Tage oder Wochen auf einer der schönsten Inseln der Nordsee.

Herzlich willkommen auf der ostfriesischen Insel Langeoog! Mit nur 19 Quadratkilometern und eben 3000 Einwohnern ist Langeoog sicherlich kein touristischer Rummelplatz, und die Insulaner tun alles, um den natürlichen Charme dieses Idylls zu erhalten. Hochhäuser sind tabu, hier gibt es keine rauchenden Schlote, und Autos sind auf der Insel generell nicht zugelassen.

Viel Aufwand betreiben die Langeooger, wenn es um die Erhaltung der hier noch ursprünglichen Natur geht. Hier finden Sie Pflanzen, die anderswo ausgestorben sind. In den Dünen, im Wäldchen und in den Salzwiesen nisten seltene Seevögel. „Naturschutz" praktizierten die Insulaner bereits, als es diesen Begriff noch gar nicht gab.

Genießen Sie diese Natur. Sie ist das ganze Jahr über schön und erlebenswert. Im Sommer weht eine erfrischende Brise, und zu anderen Jahreszeiten sorgt der nahe Golfstrom dafür, daß es nie zu kalt wird. Das Klima ist ideal. Ganzjährig schnuppern Sie reine Seeluft, angereichert mit wertvollen Aerosolen aus dem Meer.

Sie wollen weit wandern? – Bitte, hier gibt es 14 Kilometer feinsandigen Strand, und nichts ist gesünder als eine Wanderung durch die Brandungszone. Sie lieben Geselligkeit? – Die finden Sie jederzeit an den Badestränden, im kleinen Ort, auf Veranstaltungen, in gepflegten Restaurants und urigen Kneipen.

Gastlichkeit hat Tradition auf Langeoog.

Die Großstadt Venedig kommt gut ohne Autoverkehr aus. Autofreie Straßennetze werden auch für immer mehr Kur- und Fremdenverkehrsorte und Innenstädte zum Ausgangspunkt neuer Besucherattraktivität, Familienfreundlichkeit und Umweltqualität.

Parkplätzen und in Parkhäusern untergebracht und können im innerörtlichen Verkehr keinen Schaden anrichten. Was dort aus äußerem Anlaß so gut funktioniert, was anderswo im Interesse von Kurgästen und Fremdenverkehr politisch durchsetzbar ist, was allenthalben in den Fußgängerzonen der Innenstädte und Nebenzentren und einigen autofreien Neubaugebieten des Stadtrandes und Umlandes erfolgreich praktiziert wird, warum soll das nicht im größeren Rahmen und mit System dort anwendbar sein, wo bisher das Auto regiert?

Das Argument von Politikern und Planern gegen autofreie Orte oder Ortsteile ist immer wieder, sie machten Mobilität unmöglich. Denn Fußgänger gingen ja nur kurze Strecken, deshalb ließen sich die erforderlichen Wege nicht zu Fuß abwickeln. Richtig an dem Einwand ist lediglich, daß ein autofreies Verkehrssystem für ganze Orte oder zumindest ganze Ortsteile einer Ergänzung durch Verkehrsmittel bedarf, die zur Überwindung größerer Entfernungen geeignet sind. Öffentlicher Verkehr und Radverkehr müssen über ein ausreichend attraktives und leistungsfähiges Verkehrssystem verfügen, um auf diese Weise Ersatz für die sonst übliche Autonutzung zu bieten. Dann sind die Bewohner autofreier Orte oder Ortsteile keineswegs zur »hilflosen Immobilität« verurteilt. Sie nehmen nicht weniger intensiv am Leben teil als andere, sie werden genausogut mit den nötigen Gütern versorgt. Aber sie leben unvergleichlich sicherer, ruhiger, mit besserer Luft und schöneren Straßen, sie sind befreit von all den Ängsten und Belästigungen des alltäglichen massenhaften Autoverkehrs. Und auch die Wirtschaft ist deswegen nicht von den Märkten und Güterströmen abgehängt. Ganz im Gegenteil. Die Feinverteilung von den an die Bahn und Straße angeschlossenen Güterverkehrszentren kann mit technisch flexibleren, umweltverträglicheren und kleineren Fahrzeugen (Kleinlastwagen, Elektroautos, Lastfahrrädern etc.) erfolgen. Die sonst üblichen autoverkehrsbedingten Behinderungen beim Liefern entfallen.

Mit dem Konzept einer nicht vom Autoverkehr dominierten Fußgängerstadt kann dem Auto seine groteske innerörtliche Rolle als hauptsächliches Kurzstreckenverkehrsmittel und unsinniger Konkurrent zum Gehen und Radfahren genommen werden. Wenn Fußgängerzonen und sonstige autofreie Wegenetze sich zu einem umfassenden Fußgängerverkehrssystem ergänzen, dann ist eine völlig andere Qualität des Stadtlebens und -verkehrs möglich. Natürlich wird dann der Fußgängerverkehr wieder enorme Anteile am Stadtverkehr verzeichnen können. Aus diesem Grunde ist es so falsch, daß in vielen Szenarien künftiger Verkehrsentwicklung der Fußgängerverkehr als weiter abnehmend oder allenfalls stagnierend bezeichnet wird, selbst von sonst eher autokritischen, umweltsensiblen Autoren. Auch sie trauen dem Fußgängerverkehr viel zuwenig zu und unterschätzen sein Potential gewaltig. In diesen Szenarien wird noch immer dem Autoverkehr viel zuviel Spielraum eingeräumt, während der Fußgängerverkehr sich im Prinzip weiter mit seinen bescheidenen Flächen und Rechten begnügen soll. Sie vergessen dabei auch, daß ein starker Fußgängerverkehr gleichzeitig die beste Voraussetzung für den öffentlichen Verkehr ist.

Dieses Konzept ist keine Utopie. Schließlich waren alle Städte und Gemeinden bis vor sechzig Jahren noch mehr oder minder Fußgängerstädte, in vielen Städten und Gemeinden der Dritten Welt spielt der Autoverkehr bis heute eine marginale Rolle. Warum soll also die autodominierte Erschließung der heutigen westlichen Städte und Gemeinden weltweites Modell sein und unkorrigierbaren Bestand haben? Wo es heute viel bessere Möglichkeiten einer ergänzenden Erschließung mit attraktivem öffentlichem Verkehr gibt als vor sechzig Jahren. Eine Utopie ist die Fußgängerstadt nur »dank« der Phantasielosigkeit autogewohnter Bürger, Politiker und Planer. Selbst die vermehrte Einrichtung von Fußgängerzonen in den 60er Jahren empfanden viele von ihnen schon als Traumtänzerei und Rückfall ins Postkutschenzeitalter. In den 70er Jahren kam es mit den berühmten autolosen Sonntagen vor dem Hintergrund der sogenannten Energiekrise viermal zu einer ganztägigen Stillegung des normalen Autoverkehrs im gesamten Bundesgebiet. Die Stille der Stadtstraßen und die Vielzahl der spazierengehenden Menschen blieben seitdem unübertroffen. Ein Hauch von Venedig, von Fußgängerstadt, überall, wenigstens für ein paar Stunden. Die autolosen Sonntage führten dabei keinesfalls zum Volksaufstand, wie viele befürchtet hatten. Politisches Handeln umfaßt ein großes Repertoire, wenn es nicht blockiert, sondern gefordert wird.

Zunächst erfordert die Fußgängerstadt die Abkehr vom zur Zeit gültigen Erschließungsprinzip, daß jedes Grundstück für den allgemeinen Autoverkehr direkt erreichbar sein müsse. Bislang mußte deshalb bei Ausschluß des Autoverkehrs zur Einrichtung einer Fußgängerstraße eine Teileinziehung oder Entwidmung der betreffenden Straßenflächen vorgenommen, das heißt eine spezielle juristische Ausnahme von der Regel gemacht werden. Diese Regel einer jederzeitigen Autozugänglichkeit auf allen Straßen stammt jedoch aus einer Zeit, als dies von Politik und Planung noch als segensreich für die Städte und ihre Bewohner angesehen wurde. Heute dagegen gibt es immer mehr Stadtstraßen, in denen man den überquellenden Autoverkehr gerne wieder los wäre. Unter dieser Prämisse muß eine autofreie Erschließung ebenso die Regel sein können wie eine autoorientierte. Erstere muß planungsrechtlich erleichtert werden.

Der Ausschluß des Autoverkehrs ist in vielen Stufen möglich. Die Sperrung von einzelnen Straßen und Gebieten wird bereits in den verschiedensten Varianten praktiziert. In den vielen Fußgängerzonen ist der allgemeine Autoverkehr ausgesperrt, und nur Lieferverkehr ist zeitweise zugelassen. Ähnliche Regelungen gibt es für eine Vielzahl von durch Wohnwege erschlossenen Wohnquartieren, die nur für

Beschränkungen des Autoverkehrs zum Schutze der Fußgänger (Beispiel Japan)

Maßnahme	Zahl
Parkverbotszonen	189.264
temporäre Fußgängerstraßen	60.112
temporäre Wohnschutzzonen	6.110
temporäre Einkaufsschutzzonen	2.240
temporäre Schulschutzzonen	27.753
sonstige temporäre Schutzzonen (z.B. Ruhezonen)	909

Zeitweiliger Ausschluß von Autos ist in Japan ein gebräuchliches Mittel, um Fußgängern zur richtigen Zeit Sicherheit und Priorität zu geben.

Möbelwagen, Tankwagen, Rettungsfahrzeuge erlaubt sind und aus denen ansonsten der Autoverkehr verbannt ist. Auch ein zeitlich befristeter Ausschluß des Autoverkehrs wird schon vielfach praktiziert. In vielen Kur- und Fremdenverkehrsorten sind für die Mittagsruhe- und die Nachtzeit Fahrverbote zum Schutz der Gäste angeordnet. In der Schweiz besteht bereits ein landesweites Nachtfahrverbot für schwere LKW, zum Schutz der Nachtruhe. In Japan wird das Prinzip des befristeten Ausschlusses mit den sogenannten Schutzzonen besonders differenziert und systematisch umgesetzt. Wie viele autofreie Straßen und Gebiete Zug um Zug geschaffen werden, hängt demnach von der verkehrspolitischen und planerischen Reife eines Gemeinwesens ab. Eine große Reife beweist sich dadurch, daß autofreie Straßennetze und Gebiete mit System und flächenhaft zur Entlastung der Städte geschaffen werden.

Große Fußgängerzonen für Zentren und Nebenzentren

Die in Deutschland bisher häufigste Form eines autofreien Gebietes ist die Fußgängerzone. Seit den 70er Jahren sind über tausend Fußgängerzonen geschaffen worden. Der Boom verlief in mehreren Wellen und erfaßte zunächst die Zentren der Großstädte, später auch die Mittel- und Kleinstädte. Inzwischen besitzen selbst kleine Landgemeinden eine Fußgängerzone. Viele Städte haben ihre zunächst kleinen Fußgängerzonen schrittweise vergrößert und durch weitere in Nebenzentren und Wohngebieten ergänzt. Städte mit mehr als fünf, teilweise auch mehr als zehn Fußgängerzonen sind keine Seltenheit mehr. Trotzdem stoßen bei manchen Geschäftsleuten Vorschläge, verstärkt Straßen vom Autoverkehr auszuschließen, noch immer auf große Skepsis. Zu lange wurde ihnen »vorgesagt«, daß sie nur von Autokunden leben könnten. Dabei lehren gerade die tausend Fußgängerzonen, daß dort die Kassen besonders gut klingeln. Fußgängerzonen haben sich in den meisten Fällen als sehr erfolgreich für die Geschäftsentwicklung erwiesen. Beträchtliche Kunden- und Umsatzgewinne waren die regelmäßige Folge. Die Modernisierungs- und Investitionstätigkeit in diesen Bereichen wurden stark belebt. Sie erwiesen sich als attraktive Passantenmagneten, das Aktivitätenpro-

Typ — Grundriß

Kleine Fußgängerinsel aus einzelnem Platz oder kurzem Straßenabschnitt oder mehreren isolierten Straßenstücken oder isoliertem Straßenband.

Kleine zusammenhängende Straßennetze, aber immer noch Inseln.

Große Fußgängerzonen mit flächendeckendem Straßennetz.

Flächendeckendes Netz von Fußgängerstraßen, durch Fußgängerachsen mit den angrenzenden Gebieten verbunden.

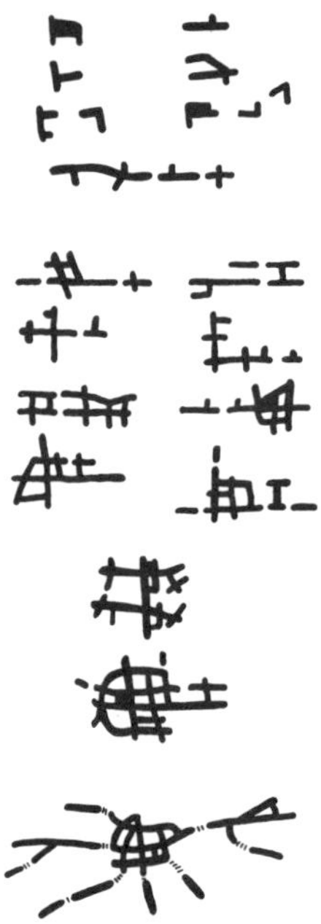

Je größer und netzförmiger Fußgängerzonen sind, desto fußgängerfreundlicher und attraktiver werden sie. Sie bieten dann mehr als ein Reservat von Kaufhausrennbahnen.

gramm der Besucher änderte sich deutlich: Die Dauer und Häufigkeit der Besuche nahmen zu, das heißt, die Länge der beim Besuch zurückgelegten Strecken, die Zahl der aufgesuchten Geschäfte und die Vielfalt der sonstigen Aktivitäten wuchsen. Mit der Zahl der Fußgängerzonen hat bundesweit auch die Zahl der regelmäßig beschickten Wochenmärkte wieder sprunghaft zugenommen. Teilweise entwickelte sich wieder eine historisch überlieferte Differenzierung von Blumenmarkt, Gemüsemarkt, Fleischmarkt, Fischmarkt, Handwerks- und Kunsthandwerksmarkt und Flohmarkt, die wesentlich zur Belebung und Anziehungskraft der Innenstädte beigetragen hat. Auch die Straßengastronomie mit Straßenlokalen und Cafés hat eine bemerkenswerte Renaissance erfahren.

Aus der Sicht des Fußgängerverkehrs sind die Fußgängerzonen jedoch nur dann ein gelungener Beitrag zur Fußgängerförderung, wenn sie nicht nur ein paar Straßen umfassen und »Inselchen« bilden, sondern wenn ein größeres autofreies Straßennetz ausgewiesen ist. Nicht nur die Haupteinkaufsstandorte sind es wert, Fußgängerzone zu sein, sondern ebenso die kulturellen Bereiche, Freizeitbereiche, innerstädtischen Dienstleistungsschwerpunkte und Behördenstandorte, die Altstadtstraßen mit Denkmalcharakter und die innerstädtischen Wohnstraßen. Auch alle Plätze sollten in die Fußgängerzonen integriert sein und als zentrale Aufenthaltsbereiche und Standorte für Konzerte, Straßentheater etc. genutzt werden.

Probleme mit der Verkehrssicherheit gibt es in Fußgängerzonen nicht. Verkehrsunfälle sind praktisch ausgeschlossen. Fußgängerzonen sind der mit weitem Abstand sicherste Straßentyp überhaupt, und nicht etwa Autobahnen, wie Straßenbauwirtschaft und Automobilverbände uns immer weismachen wollen. Der Unterschied in der Verkehrssicherheit ergibt sich daraus, daß Fußgänger sich weder zu Tode rasen noch in Massenkarambolagen verwickeln. Für besonders mit Fußgänger-/Auto-Unfällen belastete Ortskerne und Nebenzentren sind deshalb Fußgängerzonen »die beste Medizin«. Damit autofreie Zonen allerdings ihren Namen zu Recht tragen, müssen der Liefer- und Anliegerverkehr mit Autos deutlich beschränkt werden. Fußgängerzonen voller Autos sind Etikettenschwindel. Lieferzeiten über zehn Uhr hinaus kollidieren unverträglich mit dem dann stark anschwellenden Fußgängerverkehr. Die Erfahrungen vieler Städte zeigen, daß sich Handel und Anlieger sehr wohl auf kurze und frühe Lieferzeiten umstellen können. Geradezu grotesk ist die Angewohnheit mancher Städte, ihre Fußgängerzonen als »Autosalons« oder als Start und Ziel für Autorallyes zu benutzen. Genauso unsinnig könnten Wandervereine Start und Ziel ihrer Wanderrouten auf die Autobahn verlegen.

Für die Qualität der Fußgängerzonen ist nicht nur entscheidend, wie groß und attraktiv das autofreie Straßennetz innerhalb der Fußgängerzonen ist. Ebenso wichtig ist, wie sicher und bequem man als Fußgänger bis in die Fußgängerzonen geführt wird. Bei vielen Fußgängerzonen der ersten und zweiten Generation wurde trotz des wohltönenden Namens sträflich gegen die Prinzipien einer fußgängerfreundlichen Verkehrserschließung verstoßen. Am Rand der Fußgängerzonen wurden mit System Hindernisse und Gefahren für Fußgänger angehäuft durch ein enges Netz überdimensionierter Autostraßen, Parkplätze und Parkhäuser. Auf diese Weise sollte soviel Autoverkehr wie möglich in die Innenstadt gezogen werden. Vorbild solcher Erschließungskonzepte war der suburbane Verbrauchermarkt, der inmitten einer autogerechten Verkehrslandschaft die zum Kaufbummel einladende Fußgängerinsel für angereiste Autokunden sein will. Der in die Fußgängerzonen zu Fuß »anreisende« Mensch wurde bei dieser Planung dagegen völlig ignoriert. Er kann deshalb oft nur mit größten Schwierigkeiten, unter Überwindung vieler Hindernisse und öde gestalteter Grauzonen, die Fußgängerzonen erreichen, denn an ihren Rändern schlägt der Automaßstab um so brutaler zu. Die häufig direkt oder in kurzem Abstand an die Fußgängerzonen angrenzenden Innenstadtringe, Tangenten, Ortsdurchfahrten oder sonstigen Hauptverkehrsstraßen sind meist in den 60er oder 70er Jahren zunächst für den Autoverkehr übererschlossen worden, mehrspurig, mit breitesten Fahrspurmaßen und riesigen Kreuzungsbauwerken. Sie bilden breite, störende, maßstabsprengende Barrieren. Das gleiche gilt für die vielen Parkhäuser und Parkplätze im Umfeld der Fußgängerzonen.

Solche Brüche in der Straßenraum- und Netzgestaltung verhindern flächig ausstrahlenden Fußgängerverkehr. Sie führen dazu, daß der bis an die zentralen Fußgängerzonen massenhaft herangeführte Autoverkehr die Umgebung okkupiert und mit Autoblech überschwemmt. Oft handelt es sich dabei um Wohn- und Geschäftsstraßen, denen solche Belastungen nicht zumutbar sind, in denen häufig ebenso schützenswerte Bausubstanz vorhanden ist wie in den Fußgängerzonen und die vom Fußgängerverkehr als wichtige Verbindungen in die angrenzenden Viertel benötigt werden. Auch überdimensionierte Andienungsstraßen für den Lade- und Lieferverkehr führen immer wieder zu einer schmerzlichen Zweiteilung von »guter Stube« und »häßlicher Grauzone«. Lange Zeit hat die Verkehrsplanung es abgelehnt, das Straßennetz um die Fußgängerzonen in seiner Ausdehnung den Altstadtstrukturen anzupassen und verkehrsberuhigt zu gestalten. Deshalb bedürfen die autoorientierte Umklammerung und Durchschneidung der Fußgängerzonen in vielen Städten und Gemeinden dringend einer Korrektur.

Manche fortschrittliche Städte gehen schon Wege in diese Richtung. Sie schließen zu dicht an der Fußgängerzone gelegene Parkhäuser und Parkplätze oder gestalten zumindest ihre Zufahrten verkehrsberuhigend um. Auch werden umliegende Straßennetze und Andienungsstraßen verstärkt verkehrsberuhigt. Doch solche Maßnahmen für eine verbesserte städtebauliche und fußgängerfreundliche Integration der Fußgängerzonen in ihr Umfeld werden insgesamt noch zu schüchtern angewendet und bleiben zu gering. Generell muß im Umfeld von Fußgängerzonen mit konsequenten Maßnahmen zur Parkraumbewirtschaftung verhindert werden, daß dort der knappe Parkraum durch Fremdparker, namentlich des Berufsverkehrs, blockiert wird und die Gehflächen von Autoblech überquellen. In den Fußgängerzonen selbst muß, sofern der Lieferverkehr zeitweise zugelassen wird, einem vorübergehenden Parkchaos vorgebeugt werden. Die ausschließlich für Fußgänger und Aufenthalt vorgesehenen Straßen- und Platzflächen müssen wirksam gegen das Autoparken geschützt werden, zum Beispiel durch geschickte Anordnung von Bäumen, Leuchten, Pollern etc. und durch eine konsequente Überwachung des Parkraums und der Lieferzeiten. Die Fahrflächen der Innenstadtringe, Tangenten, Ortsdurchfahrten etc. müssen dringend auf ein vernünftigeres Maß reduziert werden. An den Kreuzungen muß auf die kreuzungsaufweitenden und flächenfressenden Abbiegespuren verzichtet werden. Für die vielfältigen Fußwege in die Fußgängerzonen müssen in kurzer Folge wirksame Überquerungshilfen angeboten werden. Die in den 70er Jahren häufig geschaffenen Unterführungen können diese Aufgabe kaum erfüllen. Hohe Fahrgeschwindigkeiten müssen wirkungsvoll an diesen entscheidenden Nahtstellen von Ortskern und angrenzenden Stadtquartieren unterbunden werden.

Die Fußgängerzonen und angrenzenden Stadtquartiere müssen möglichst sternförmig durch fußgängerfreundliche Straßen mit allen sie umgebenden Vierteln verbunden werden. Dies können zum Beispiel Hauptfußwegachsen sein. Eines der ersten Konzepte hierfür wurde in den 70er Jahre, leider nur auf dem Papier, für Frankfurt entwickelt. Fünf verschiedene radiale Fußwegachsen sollten auf die Innenstadt zuführen und dort durch eine große Fußgängerzone untereinander verbunden werden. In Hannover dagegen wurde durch die Verbindung Passarelle–Lister Meile eine mehrere Kilometer lange fußgängerfreundliche Verbindung zwischen den dichtbebauten Wohn- und Mischgebieten und der Fußgängerzone der Innenstadt in die Tat umgesetzt. Später folgte eine weitere Ost-West-Verbindung über Georgstraße, Königsworther Platz, Lange Laube und Steintor. Weitere fünf Hauptfußwegachsen zwischen Innenstadt und den benachbarten Neben-

Fußgängerfreundliche Boulevards, Promenaden, Alleen oder verkehrsberuhigte Straßen sollen Fußgängerzonen mit den sie umgebenden Quartieren verbinden.

zentren sind im Entstehen. Solche fußgängerfreundlichen Verbindungen mit der Innenstadt machen das Gehen in die Fußgängerzone attraktiv. Ein netzförmiges Konzept von Fußgängerzone, verkehrsberuhigten Randzonen und in die angrenzenden Wohnviertel hineinführenden Fußwegachsen animiert zu erhöhter Gehbereitschaft, steigert die Häufigkeit des Besuchs der Ortskerne und senkt die unsinnige Autonutzung für kurze Entfernungen.

Je großflächiger und baulich kompakter die Fußgängerzonen sind, desto wichtiger wird es, sie für den öffentlichen Verkehr gut zugänglich und durchquerbar zu machen. Denn für die Fußgängerzonen ist es existenznotwendig, daß die Standorte der höchsten Attraktivität und des größten Passantenaufkommens direkt angefahren werden können. Eine zentrale Erschließung der Fußgängerzonen durch Busse und Bahnen sichert ihre gute, umfeldverträgliche Erreichbarkeit. Allerdings müssen sich auch Busse und Straßenbahnen in ihrer Fahrweise Fußgängerzonen anpassen und können nicht im hektischen Fahrstil durch die Straßen flitzen. Meist wird hier eine Höchstgeschwindigkeit von 20 Stundenkilometern festgesetzt, teilweise auch von 25 oder 30 Stundenkilometern. Diese langsame Fahrt findet die Zustimmung der Fahrgäste, weil die direkte Linienführung kurze An- und Abmarschwege garantiert. Außerdem kommen solche Linien trotz langsamer Fahrt meist schneller vorwärts als die außerhalb der Fußgängerzonen fahrenden Parallellinien. Denn diese erleiden durch Ampeln und Autoverkehr besondere Zeitverluste. Deshalb sind die zentralen Linien mit Anfahrt oder Durchfahrt der Fußgängerzonen attraktiv und stark frequentiert. Nicht zu unterschätzen ist auch das Fahrerlebnis in diesem urbanen Umfeld.

In mehreren bundesweiten Untersuchungen wurde festgestellt, daß das Befahren der Fußgängerzonen mit Bussen und Bahnen keine Sicherheitsprobleme verursacht.

Busse und Bahnen fahren in die Fußgängerzonen und sichern dem öffentlichen Verkehr optimale Kundennähe und Publizität. Bei angepaßter Geschwindigkeit kommen sie zügig voran, weil die Fußgänger flexibel ausweichen können.

Die Fahrer können gut geschult und auf eine rücksichtsvolle Fahrweise verpflichtet werden. Außerdem ist die Zahl der täglich passierenden Busse und Bahnen steuerbar und damit die Zahl der möglichen Konflikte begrenzt. Die Fußgänger können nach der Durchfahrt eines Busses oder einer Bahn wieder die ganze Fläche nutzen. Bekannte Beispiele sind die Straßenbahnachsen in Karlsruhe, Kassel und Zürich, hier durchfahren zahlreiche innerstädtische Straßenbahnlinien die Hauptfußgängerachse, oder der Busring in der Fußgängerzone von Göttingen. In Karlsruhe durchfährt die Straßenbahn außerdem auch mehrere Vororts-Fußgängerzonen (zum Beispiel Durlach). Die Kombination von

Tramachse und Fußgängerzone ergibt eine hohe Attraktivität. Für eine gute Erschließung eignen sich je nach Größe der Fußgängerzone Achsen oder Achsenkreuze, Schleifen oder ein Ring. Die Streckenführung sollte die breiteren Straßen bevorzugen. Bei der Gestaltung der Oberfläche kann der Fahrweg im Belag durch Materialwechsel, Muldenrinnen, Bäume, Poller, Laternen etc. dezent angedeutet werden und dient so zur Orientierung. Vor diesem Hintergrund ist es unverständlich, warum manche Städte ihren ganzen Ehrgeiz dareinsetzen, Busse und Bahnen aus den Ortskernen und Fußgängerzonen zu verbannen. In Frankfurt beispielsweise wurde trotz großen Widerstandes der Bürgerschaft jahrelang das Ziel einer sogenannten »schienenfreien« Innenstadt verfolgt. Autos dagegen durchfahren dort noch auf vielen Verbindungen das Zentrum, obwohl sie unvergleichlich störender sind.

Bei großen Fußgängerzonen bedarf auch die Erschließung für den Radverkehr besonderer Anstrengungen. Es gibt im In- und Ausland zahlreiche Beispiele für eine gelungene Integration des Fahrradverkehrs in Fußgängerzonen. In verschiedenen Untersuchungen wurde festgestellt, daß sich bei vernünftiger Netzausweisung und Verkehrsregelung keine auffälligen Behinderungen und Gefährdungen zwischen Fußgänger- und Radverkehr ergeben. In den meisten Städten und Gemeinden gibt es gute Möglichkeiten, den Radverkehr auf besonderen Verbindungen in die Fußgängerzone oder durch sie zu führen. Dabei ist es nicht nötig, alle Straßen der Fußgängerzone dem Radverkehr zu öffnen. Es reicht, wenn ihm einige geeignete Trassen zugewiesen werden. Hierfür kommen bevorzugt solche Straßen in Betracht, die ausreichend breit sind und in denen nur geringe bis mittlere Fußgängerdichten erreicht werden. Es ist vorteilhaft, innerhalb dieser Straßen die Fahrwege für Radfahrer durch anderen Belag, entsprechende Bepflanzung etc. zu kennzeichnen. Nur in engen Straßen oder in Straßen mit hohen Fußgängerdichten behindern sich Fahrrad- und Fußgängerverkehr zu stark, hier sollte das Radfahren ausgeschlossen werden.

Fahrradverkehr soll große Fußgängerzonen durchfahren können. Meist lassen sich geeignete Routen und Standorte für Abstellanlagen finden und durch entsprechende Gestaltung Unverträglichkeiten mit den Fußgängern vermeiden.

Trotz dieser Planungsalternative führt das Thema immer wieder zu heftigen und oft emotionalen Diskussionen. Ein Teil der Fußgänger, namentlich der älteren, fühlt sich anfangs durch Fahrräder gefährdet und provoziert, zumal, wenn kreuz und quer fahrende Radfahrer es an Verkehrsdisziplin fehlen lassen. Viele Politiker schließen sich deshalb gerne der vehementen Ablehnung jeglichen Radverkehrs in Fußgängerzonen an, während sie gleichzeitig wenig gegen den Autolieferverkehr einzuwenden haben und auch nicht viel gegen dessen illegale Auswüchse unternehmen. Sie sehen dabei meist nicht, daß Radverkehr viel weniger störend ist als Autoverkehr und daß er deshalb nicht wie dieser auf konkrete

Während die Öffnung von Fußgängerzonen für Radfahrer stets zu heftigem politischem Streit führt, wird massenhafter Autoverkehr in den Lieferzeiten oft klaglos akzeptiert.

Lade- und Lieferzeiten beschränkt bleiben muß. Viele Wege in die und in der Innenstadt lassen sich rund um die Uhr gut und umweltverträglich mit dem Fahrrad kombinieren. Die Sperrung der Fußgängerzonen für den Radverkehr bringt dagegen erhebliche und für die Nutzung mit dem Rad ungeeignete Umwege mit sich und drängt die Radfahrer auf die autoverkehrsreichen Straßen (zum Beispiel die Cityringe) ab, auf denen das Radfahren (heute noch) lebensgefährlich und wenig attraktiv ist.

Autofreie Straßennetze für Fußgänger auch außerhalb der Fußgängerzonen

Fußgängerzonen beschränken sich bisher vielfach auf Zentren und Nebenzentren. Lärmfreie, abgasfreie und sichere Straßen mit der Möglichkeit zum ungestörten Gehen, unbehinderten Aufenthalt und ruhigen Wohnen in der Stadt werden jedoch verstärkt auch in allen übrigen Vierteln gebraucht. Autofreie Wegenetze verbessern das Leben in den Städten entscheidend. Hierfür gibt es bereits verschiedene Ansatzpunkte und Vorbilder.

Autofreie Wegenetze sind traditionell in den städtischen Grünanlagen, Parks, Friedhöfen etc. zu finden. Diese Standorte blieben bislang vom allgemeinen Autoverkehr verschont. Doch sie wurden im Laufe der Zeit durch Straßenprojekte zerstückelt und an ihren Rändern »angeknabbert«. Dadurch wurden die Grünanlagen und Parks immer kleiner und isolierter. Heute existieren meist nur noch an den Stadt- und Ortsrändern größere Areale zusammmenhängender autofreier Wege und Straßen (Wald- und Feldwege). Diese eignen sich gut für Spaziergänge und Erholung an den Wochenenden. Anzustreben ist jedoch auch ein flächenhaftes, geschlossenes Grünsystem, in dem die Grünzüge, grünen Achsen, Alleen etc. für die netzartige Verknüpfung der städtischen Wohnquartiere sorgen und damit dem alltäglichen Fußgängerverkehr dienen. Diese Vernetzung kann durch die Schaffung neuer Grünverbindungen mit Hilfe von Sperrung, Auflassung und Entsiegelung bisheriger Autostraßen erreicht werden. Je flächiger ein solches grünes Wegenetz wird, desto relevanter wird es auch für den alltäglichen Fußgängerverkehr. Denn dann lassen sich große Teile der Schulwege, Einkaufswege, Arbeitswege etc. autofrei, sicher und attraktiv zurücklegen.

Einige Städte des In- und Auslandes haben bereits große Anstrengungen für die Schaffung neuer grüner Achsen unternommen. In Deutschland allen voran die Stadt Erlangen, die über Jahre mit System neue Grünverbindungen anlegte und bestehende Verbindungen erweiterte. Erlangen hat auch den überkommenen Bestand seiner Grünverbindungen energisch und hartnäckig vor dem weiteren Zugriff des Autoverkehrs und Straßenbaus geschützt. Zum Beispiel wurde die planerisch schon festgelegte und durch ein großes Brückenbauwerk bereits präjudizierte sogenannte Querspange in einer für den Fußgänger- und Radverkehr wichtigen Talaue abgewehrt. Die Brücke steht heute als symbolträchtiges »Denkmal« verkehrsplanerischer Trendumkehr. Im Ruhrgebiet hat vor allem die Stadt Essen mit ihrer »grünen 13« gleiche Ziele verfolgt. Im Essener Norden wurden mit finanzieller Hilfe des Landes 13 neue große Grünbereiche geschaffen und teilweise durch Grünzüge miteinander verbunden. Auf diese Weise konnten die Anfänge eines großflächigen, attraktiven und sicheren Fuß- und Radwegenetzes realisiert werden. Weitere Anstrengungen zu seiner Ergänzung werden zur Zeit unternommen. Auch andere Ruhrgebietsstädte haben inzwischen mit der Anlage neuer Grünzüge begonnen und nutzen hierfür vielfach aufgelassene Industriegleise und Industriestraßen, Gewerbebrachen, Kanalufer sowie zurückgebaute Straßentrassen. In Japan schufen die Städte Osaka und Sendai im Rahmen von großflächigen Neuplanungen gesamtstädtische Grünzugsysteme, die sich sowohl an ökologischen Überlegungen orientieren als auch besonders den Erfordernissen des Fußgängerverkehrs folgen. Schulen, Kindergärten und Grünzüge sind so plaziert, daß die täglichen Schulwege der Kinder weitgehend autofrei bleiben. Auch die Einkaufszentren sind mit den Wohngebieten durch solche Grünzüge verbunden. In Osaka wurde ein am Stadtrand gelegenes Neubaugebiet mit dem nächsten Zentrum durch einen breiten Grünzug verbunden, in dem teilweise auch eine neue Stadtbahn verläuft. In der Innenstadt gestaltete man zahlreiche Hauptverkehrsstraßen zu grünen Boulevards um. Autofreie Fußwegachsen werden von mehreren privaten Investoren als maßgebliches Werbeargument für den Verkauf ihrer Häuser und Wohnungen genutzt und führen zu einem Nachfrageboom in entsprechenden Gebieten.

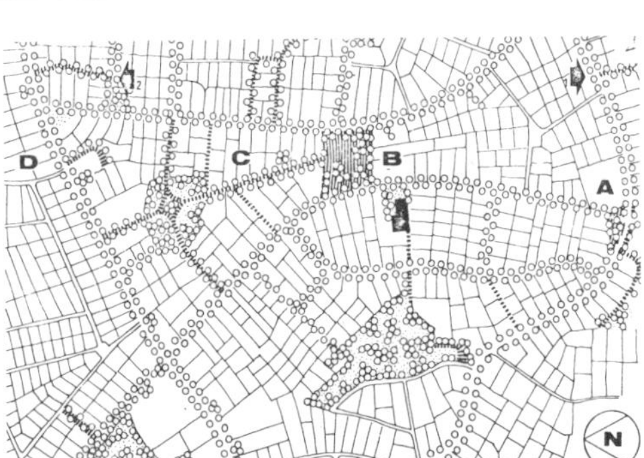

Autofreie Grünachsen, Alleen, Promenaden und Parkwege schaffen ein attraktives Fußwegenetz.

Für die Stadtökologie und den Fußgängerverkehr ist wesentlich, daß die noch vorhandenen Unterbrechungen solcher Grünzüge durch Autoverkehrsstraßen beseitigt werden. Oft kann die Herausnahme einer Straße dem Grünzug und dem dortigen Fußgängerverkehr eine größere Kontinuität sichern. Bei Aufrechterhaltung von Autoverkehrsverbindungen durch innerstädtische Grünzüge sollte jedoch wenigstens der Störeffekt durch begrünte, begehbare Mittelinseln, Fahrbahnengstellen und Temporeduzierung verkleinert werden. So kann der Vorrang der im Grünzug verlaufenden Hauptfuß- und -radwegverbindungen deutlich hervorgehoben werden. In Berlin-Moabit wurde beispielsweise eine viel zu breit geratene Straße nachträglich im Bereich des querenden Grünzugs verengt und mit Überquerungshilfen ausgestattet. Auch in Bremen wurden mehrere Straßen in den

Ortsteilen Linden und Gröpelingen zum Bestandteil zweier Grünzüge umgestaltet, verengt und mit Überquerungshilfen versehen. In Bonn dagegen wird die traditionelle Grünachse Hofgarten–Poppelsdorfer Allee (Länge 1,3 Kilometer) noch immer von sieben querenden Straßen zerteilt. Immerhin gibt es jetzt Pläne, einen Teil dieser Straßen aufzulassen oder deutlich zu verengen, damit die Bedeutung dieses Grünzugs als städtebauliches »Kleinod« und als Hauptfuß- und -radwegverbindung besser zum Tragen kommt.

Von »Natur aus« autofrei waren immer schon enge Gassen, Pfade oder Durchgänge im Bereich alter Dorfkerne und historisch geprägter, engbebauter Stadtkerne. Schon der Städtebau der Jahrhundertwende hat in seinen sogenannten Gartenstädten vielfach versucht, solche historischen Vorbilder aus Stadt- und Dorfkernen nachzumachen und fahrzeugfreie, nur den Fußgängern vorbehaltene Wegenetze zu schaffen. Dabei ergänzten sich verschiedene Motive. Zunächst sollten im Interesse erschwinglicher Bau- und Wohnkosten die Erschließungskosten möglichst niedrig bleiben. Breite und für jede Art Fahrzeug zugängliche Fahrstraßen sind teuer. Deshalb vermieden sozial engagierte Städtebauer diesen Straßentyp, der den heutigen autogerechten Anlieger- und Sammelstraßen entspricht. Aber auch um die Gefahren für die Fußgänger und zumal die Kinder klein zu halten, um Lärm und sonstige Belästigungen durch Fahrverkehr besser kontrollieren und die Leute dagegen abschirmen zu können, wurde der Ausschluß des Fahrverkehrs zum Erschließungsprinzip. In vielen europäischen Ländern wurden bis in die 20er und 30er Jahre nach solchen Überlegungen neue Siedlungen angelegt.

Mit der fortschreitenden Motorisierung geriet dieses Prinzip zunächst ins Hintertreffen. Die meisten Städtebauer und Verkehrsplaner handelten jetzt nach der fatalen Grundmaxime autofreundlicher Planung: Jeder sollte mit dem Auto bis vor die Haustür fahren und dort parken können. Und die nächste leistungsfähige Sammel- oder Hauptverkehrsstraße sollte »gleich um die Ecke« liegen. Damit wurden alle mit dem Autoverkehr verbundenen Gefahren und Belästigungen mitten in die Siedlungen hineingetragen. Die Fußgänger gerieten überall in Bedrängnis. Die Erschließungskosten wurden immer höher. Als erste haben die USA die negativen Folgen dieser Erschließung erkannt. Mit einer Rückbesinnung auf das Vorbild der Gartenstadt wurde deshalb versucht, den Autoverkehr wieder aus den Wohnvierteln zu verbannen und die Fußgänger, zumal Kinder, vor den wachsenden Konflikten auf ihren Wegen zu schützen. Berühmte Beispiele hierfür waren die amerikanischen Neubaugebiete Sunnyside, Radburn, Forest Hills, New Earswick, Wythenshawe, Catham Village, Valley Stream sowie eine Reihe sogenannter »Greenbelt-Towns«. Sie erhielten ein separates Fußwegenetz, der Autoverkehr wurde zum Teil durch Sackgassensysteme beschnitten. Damit konnten die Fußgängerunfälle deutlich verringert werden. Nachgemacht wurde diese Entflechtungsart seit den 50er Jahren in den »New Towns« in England.

In Deutschland griff man diese Erschließungskonzepte erst wieder in den 60er und 70er Jahren auf, als die sogenannten Radburn-Systeme für einige Neubaugebiete »Pate« standen. Bekannte Beispiele sind die »neuen Städte« Wulfen und Meckenheim-Merl. In dieser Zeit wurde auch der sogenannte Wohnweg der Gartenstädte wieder häufiger gebaut, eine schmale Sackgasse oder Stichstraße, um die die Häuser gruppiert sind und die allenfalls für reinen Anliegerfahrverkehr geöffnet ist. Viele Wohnwege wurden für den Autoverkehr ganz gesperrt und meist mit Steckpollern gesichert, so daß nur Ölwagen, Möbelwagen oder Rettungsdienste bis an die Häuser gelangen können. Durch diese sparsame Erschließungsform ließen sich im Nebenstraßennetz erhebliche Verkehrsflächen einsparen und Kosten deutlich senken. Doch blieben bisher solche Wohnwegkonzeptionen meist auf locker bebaute Einzelwohngebiete und kurze Stichstraßen (100 Meter galten lange Zeit als die maximale Länge für Wohnwege) beschränkt, ohne daß sich daraus ein weiträumiger vernetztes Wegesystem ergeben konnte.

Systematische Anwendung fanden große autofreie Erschließungskonzepte bisher vor allem in skandinavischen Neubaugebieten. Schmale Wege bieten ein geschlossenes Straßenbild, in dem das Auto als beherrschendes Element entfällt. Kinder können problemlos vor der Haustür und im sie umgebenden Revier spielen, können unbegleitet und sicher ihre Wege zu Fuß oder mit dem Fahrrad zu Kindergarten, Schule, Einkauf und Freizeit machen. Eltern brauchen damit ihre Freizeit nicht den üblichen Bring- und Holdiensten ihrer Kinder zu opfern. Die Autos sind weitab in peripheren Sammelgaragen oder Parkplätzen untergebracht, mit guter Abschirmung zur Bebauung. Lärm, Abgase und Gefahren durch Autoverkehr im Wohngebiet gibt es nicht. Besucher erreichen vom übergeordneten Straßennetz zunächst die Sammelparkplätze, von wo sie mit Übersichtsplan und Wegweisungssystem zu Fuß zu ihrem eigentlichen Ziel geführt werden. Busse oder Straßenbahnen werden dagegen möglichst auf einer oder mehreren Linien zentral in solche autofreie Gebiete geführt und erhalten so Vorteile gegenüber dem Auto. Die Grundstücks-, Bau- und Wohnkosten sind niedrig, weil der unnötige Verkehrserschließungsaufwand für ein weitverzweigtes Autostraßennetz entfällt und es nicht nötig ist, sich durch große Grundstücke gegen Straße und Autoverkehr abzuschirmen. Vielmehr kann sich die Bebauung wieder der Straße zuwenden und erhält damit eine ganz andere straßenräumliche Qualität.

Manche skandinavische Neubaugebiete haben zur internen Erschließung nur autofreie Wege und Plätze; das sichert eine hohe Wohn- und Umweltqualität. Der Binnenverkehr wird zu Fuß und mit dem Fahrrad bewältigt.

Gerade für die alten Wohnquartiere bringen autofreie Straßen viel Lebens- und Umweltqualität zurück in die Kernstädte. Die italienische Stadt Bologna hat aus einigen an die Innenstadt angrenzenden Quartieren den privaten Autoverkehr ganz ausgeschlossen und läßt nur noch Busse sowie Fahrrad- und Fußgängerverkehr in diese Bereiche. Vorher hatten die Busse in den durchweg verstopften Straßen große Probleme und kamen kaum mehr vorwärts. Die dichtbebauten Straßen erstickten im Lärm und Gestank. Nachher erwiesen sich die Busse, unterstützt durch einen äußerst attraktiven Tarif, als neuer Publikumsmagnet und garantieren jetzt die gute Erreichbarkeit der nahen Innenstadt. Der Fußgängerverkehr findet wieder seine angestammte Freizügigkeit und ist vom langjährigen Hindernislauf autoverstopfter Zeiten entbunden. Das innenstadtnahe Wohnen ist nicht nur erträglich, sondern wieder attraktiv geworden.

Ein Kompromiß: Zeitweiser Ausschluß des Autoverkehrs schützt Fußgänger in Konfliktzeiten

Wo der Mut zu einer dauerhaften Autoverbannung fehlt, gibt es immer noch die Lö-

sung des zeitlich befristeten Ausschlusses. Das gilt für all jene Straßen, in denen sich zu bestimmten Tageszeiten starke Fußgängerströme, namentlich von besonders gefährdeten Personengruppen wie Kindern, mit starken Autoströmen überlagern oder besondere Ruhebedürfnisse gelten. Ein typisches Beispiel hierfür sind die Straßen im Umfeld von Schulen, auf denen morgens zu gleicher Zeit der Fußgängerverkehr der Schüler und der Autoverkehr der Berufspendler aufeinandertreffen. Beide Gruppen haben es eilig, folgenschwere Konflikte für die Fußgänger sind vorprogrammiert.
Die japanische Verkehrspolitik hat Mitte der 70er Jahre den beispielhaften und sehr erfolgreichen Versuch gemacht, dieses Problem durch eine zeitliche Entzerrung zu lösen: Rund um Schulen und Kindergärten wurden mit System Schulschutzzonen eingerichtet. In diesen Zonen ist morgens und teilweise auch mittags jeweils für eine bis zwei Stunden der Autoverkehr ausgeschlossen, sie werden so zu einer Art Teilzeitfußgängerzone. Sie haben einen Durchmesser von einigen hundert Metern bis zu einem Kilometer und schützen auf diese Weise vor allem den Teil des Schulwegs, auf dem die Kinder in größeren Gruppen unterwegs sind. (In diesen Schulschutzzonen gelten auch außerhalb der Sperrzeiten strengere Verkehrsregeln für den Autoverkehr, z. B. Temporeduzierung auf 20 bis 30 Stundenkilometer und Parkverbot.)
Doch die Japaner richten solche Teilzeitfußgängerzonen nicht nur für Schulkinder ein. Auch Käufer schützen sie auf ähnliche Weise zu den Haupteinkaufszeiten. So wird in Einkaufsgebieten oft am späten Vormittag und frühen Nachmittag der Autoverkehr ausgeschlossen. In Gebieten mit starker Konzentration von Verwaltungen, Dienstleistungs- und Bürobetrieben werden auch Straßen für die Zeit der Mittagspause für den Autoverkehr gesperrt. Sie verwandeln sich dann in Lunch-time-Promenaden. Die Restaurants stellen bei schö-

In Japan gibt es viele Zonen, die zum Schutz der Fußgänger zeitweise für Autos gesperrt oder stark eingeschränkt sind.

nem Wetter vorübergehend sogar Tische und Stühle auf die Fahrbahnen. Solche Lösungen bleiben nicht auf kleine Seitensträßchen beschränkt. Selbst große Hauptverkehrsstraßen werden so für zwei Stunden gesperrt. Ebenso sind in den japanischen Vergnügungs- und Kneipenvierteln vom frühen Abend an die Straßen für den Autoverkehr gesperrt, zum Schutz der dort in großen Gruppen flanierenden Fußgänger. In vielen Wohngebieten sind Wohnschutzzonen eingerichtet, in denen zumeist nachts jeglicher Autoverkehr ausgesperrt ist.
Für all diese Schutzzonen erfolgt der vorübergehende Ausschluß des Autoverkehrs entweder durch eine einfache Beschilderung oder durch Gitter, die zur jeweiligen »Sperrstunde« von autorisierten Personen an den betreffenden Gebietseingängen auf die Fahrbahn gerückt werden. Die japanischen Autofahrer respektieren diese Rege-

lungen und stellen sich aufgrund der kalkulierbaren Regelmäßigkeit in ihrer Zeit- und Routenplanung darauf ein. In speziellen, bei der Polizei und im Handel erhältlichen Stadtplänen sind diese Zonen eingetragen. Neuerdings wird auch der Einsatz technisch ausgeklügelter Schrankensysteme erwogen, die zentral gesteuert werden können. Regelmäßige temporäre Straßensperrungen haben bisher in der Bundesrepublik Ausnahmecharakter. Auf die Nachtfahrverbote in Kurvierteln wurde schon hingewiesen. Die Sonntagsfahrverbote für LKW sind ein weiteres Beispiel. Gelegentliche Straßensperrungen werden zur Durchführung von Straßenfesten, Jahrmärkten etc. und auch zum Schutz von saisonalen Tierwanderungen, speziell von Amphibien, vorgenommen. Doch die intelligente Praxis der Japaner, die im täglichen Rhythmus die stark anwachsenden Fußgängerströme auf diese Weise schützen, ist hierzulande fremd. Dabei bietet dieses Vorgehen die Möglichkeit, schnell, einfach und (fast) ohne Kosten effektive Fußgängerförderung zu erzielen. Vor allem der besonders gefährdete Schülerverkehr hat diesen Schutz dringend nötig. Die derzeitige Straßenverkehrsordnung wäre hierfür kein Hinderungsgrund, weil sie aus Gründen der Verkehrssicherheit, der Umwelt und des Städtebaus die verschiedensten Formen von Beschränkungen des Autoverkehrs erlaubt.

Fußgängerfreundlichkeit kennt keine Grenzen: mit System Barrieren abbauen und neue Wegemöglichkeiten schaffen

Für alle autofreien Straßen, Wegenetze und Fußgängerzonen, aber auch für alle verkehrsberuhigten Straßen und Stadtquartiere entscheidet sich der Grad der Fußgängerfreundlichkeit an den jeweiligen Grenzen dieser Bereiche. In der Vergangenheit hörte gerade hier jeder Fußgängermaßstab auf. Im Umfeld verkehrsberuhigter oder autofreier Erschließungssysteme wurde um so autogerechter geplant. Was man im Gebiet selber den Autofahrern an Zeitvorteilen oder Erreichbarkeit vorenthielt, wollte man am Rand durch hohe Entwurfsgeschwindigkeiten der Sammel- und Hauptverkehrsstraßen wieder ausgleichen. Das gilt für die Innenstadtringe genauso wie für die Sammel- und Hauptverkehrsstraßen in den Neubaugebieten. In diesen wurden nicht selten für relativ kleine Kfz-Mengen schon vierspurige Ringe gebaut.

Auf diesen überdimensionierten und zum schnellen Autofahren ausgebauten Straßen kommt es immer wieder zu einer fatalen Konzentration schwerer Unfälle mit Fußgängern. Die Fußgänger geraten hier in die Fallen der schlechten Überquer- und Begehbarkeit. Der Denkfehler in solchen Planungskonzepten ist, daß der Fußgängerverkehr sich nicht nur auf verkehrsberuhigte oder autofreie Stadt- und Wohnbereiche beschränkt. Er dreht sich nicht im Kreis, er ist kein Gettoverkehr. Die Fußgänger müssen selbstverständlich auch das Sammel- und Hauptverkehrsstraßennetz ungefährdet kreuzen können. Sie müssen auch auf den Gehwegen dieser Straßen genügend Platz finden und sie ungefährdet benutzen können.

Diese Erkenntnis hat zuerst in vielen holländischen Neubaugebieten und Trabantenstädten zu wichtigen Korrekturen geführt. Die Haupt- und Sammelstraßen wurden in die Verkehrsberuhigungskonzepte mit einbezogen. Mit systematischen Umbaumaßnahmen versuchte man, die autoorientierte Überdimensionierung auch dieser Straßen zurückzunehmen. Die Fahrbahnen wurden in regelmäßigen Abständen oder durchgehend verengt. Wo immer wild entstandene Trampelpfade und geplante Fuß- und Radwege in der Nähe der Trassen verliefen, wurden zusätzliche Überquerungshilfen angeordnet. Die Geschwindigkeiten auf den Autostraßen wurden von zunächst 70 Stundenkilometern auf

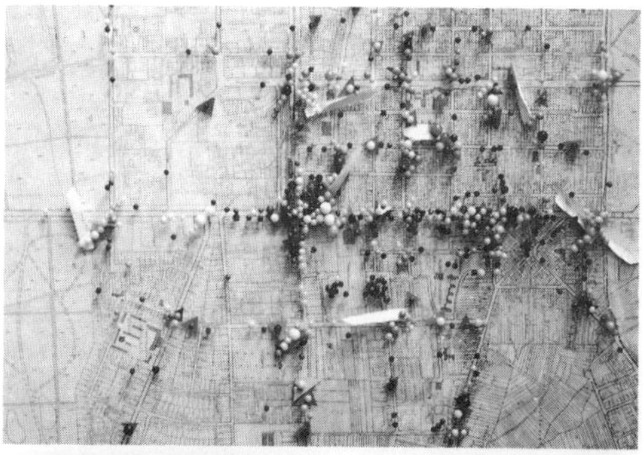

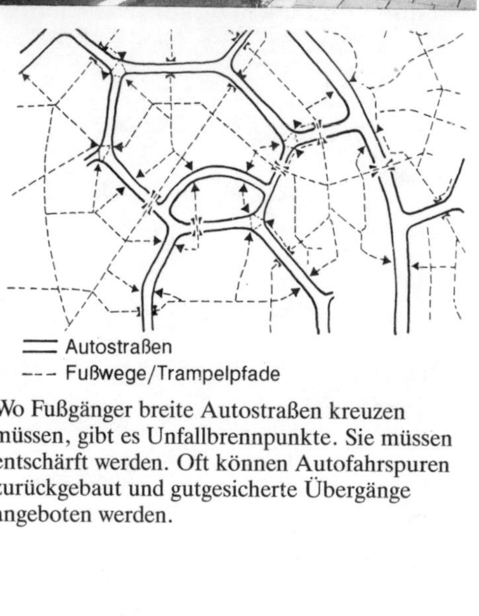

Wo Fußgänger breite Autostraßen kreuzen müssen, gibt es Unfallbrennpunkte. Sie müssen entschärft werden. Oft können Autofahrspuren zurückgebaut und gutgesicherte Übergänge angeboten werden.

40 oder 30 Stundenkilometer verringert. Inzwischen sind auch in deutschen Neubaugebieten Umbauten überdimensionierter Sammel- und Hauptverkehrsstraßen vorgenommen und mit System zusätzliche Überquerungshilfen angeboten worden. In Köln-Chorweiler wurde zum Beispiel die vierspurige Stadtautobahn »Elbeallee« zurückgebaut und in einen Park verwandelt. In Meckenheim-Merl ist ein systematischer Umbau des gesamten Netzes der Sammel- und Hauptverkehrsstraßen geplant. Ähnliche Ansätze gibt es auch in anderen sogenannten Großwohnanlagen, deren offenkundige Autotristesse und Verkehrsunsicherheit durch Straßenum- und -rückbau sowie Verkehrsberuhigung gemildert werden sollen.

Die Verkehrsberuhigung und fußgängerfreundliche Integration von Sammel- und Hauptverkehrsstraßen ist nicht nur wichtig aus Gründen der Verkehrssicherheit, sondern hat auch großen Einfluß auf die Stadtgestalt und die Verkehrsnutzung. Die breiten Schneisen dieser autogerechten Straßen sind Bereiche höchster Lärm- und Abgasemissionen sowie Flächenverschwendung. Sie sprengen jeglichen überkommenen Stadtmaßstab im inneren wie im äußeren Bereich der Städte und erhöhen den Grad der Zersiedlung. Diese Probleme vergrößern sich noch durch den zunehmenden Bau von Lärmschutzwällen und -wänden. Damit wird die Barrierenwirkung weiter potenziert. Das ganze ehemals feinmaschige Netz von Straßen und Wegen zwischen den Stadtteilen wird vernichtet. Die Stadtquartiere werden gettoisiert. Künftig dürfen die für den Autoverkehr zugelassenen Straßen nicht die Geschlossenheit und Sicherheit der Fußwegenetze stören. Eine dichte, kontinuierliche und sichere Vernetzung des Fußgängerverkehrs in der gesamten Stadt muß ein unabdingbares Ziel der Verkehrsplanung und -politik sein.

Brücken und Unterführungen nur zur Erhöhung der Wahlfreiheit und Durchlässigkeit tauglich

Wenn die Konflikte zwischen dichtem Auto- und starkem Fußgängerverkehr sich massieren, wird häufig die sogenannte »vertikale« Trennung der Verkehrsebenen angestrebt. Dann wird dem Autoverkehr oberirdisch freie Fahrt eingerichtet und der Fußgängerverkehr unter die Erde verbannt. Solche Fußgängerunterführungen gibt es an vielen Hauptverkehrsstraßen, selbst in kleineren Städten. In aller Regel wird versucht, die Fußgänger mit Gittern, Zäunen und Absperrketten zur Annahme der Unterführungen zu zwingen. Die deutschen Planer greifen immer wieder zu dieser Maßnahme, weil sie es an vielen Brennpunkten nicht für nötig erachten, ebenerdig dem Autoverkehr ein vernünftiges Arrangieren mit dem Fußgängerverkehr aufzuerlegen. Deshalb werden mit den Unterführungen die ebenerdigen Kreuzungsmöglichkeiten ausgedünnt. Viele Hauptverkehrsstraßen haben inzwischen eine Trennwirkung wie ein Bahndamm oder Fluß.

Für Fußgänger sind diese meist unwirtlichen, nachts schlecht beleuchteten und angsteinflößenden Zwangsunterführungen eine Strafe. Ihre Wege werden künstlich verlängert und erschwert. Dagegen ist für Autofahrer der Weg durch den Untergrund leichter erträglich. Doch diese Alternative wird aus Kostengründen selten gewählt und ist auch wegen der dafür notwendigen Ab- und Auffahrrampen nicht ohne Probleme für die Stadtgestalt. Ausnahmen gibt es nur in einigen spektakulären Fällen, wie etwa am Kölner Dom und Museumsufer oder im Herzen von Paris, rund um den Bereich der früheren Hallen. In Paris wurde ein Areal von ca. 1,5 x 1,5 Kilometern mit mehreren unterirdischen Straßen erschlossen, damit oben die Fußgänger Freiraum haben. Neuerdings werden solche unterirdischen Straßennetze von der Autolobby als der doch noch (wenigstens so) mögliche Versuch einer autogerechten Stadt angepriesen. Eine Maulwurfsstadt mit kreuzungsfreien Geschwindigkeitsröhren analog zum Abwassersystem wird da als der zukunftweisende Weg vorgestellt. Doch dieser Vergleich hinkt gewaltig. Denn Menschen sind kein Abwasser. Die Automobilität in Tunnelröhren und Tiefgaragen als Dauerzustand dürfte für viele Menschen kaum akzeptabel sein. Die erforderlichen Baumaßnahmen und Zeiträume der Umsetzung wären immens und die Kosten astronomisch hoch. Ein so abenteuerliches Verkehrssystem ist deshalb auch, abgesehen von den isolierten kleinen Ansätzen wie in Paris, nie über die Reißbrettphase hinausgekommen. Solche weiterhin autoorientierten Denkmuster lenken nur von der Notwendigkeit ab, zu

Unterführungen sind meist eine Strafe für Fußgänger: unbequem, ungepflegt, umwegig. Wer es kann, meidet solche Orte.

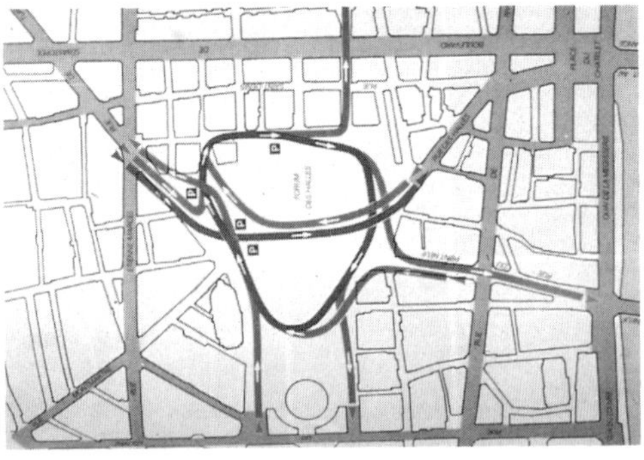

Mit riesigem Tunnelaufwand wird in der größten Fußgängerzone von Paris den Autos leichte Zufahrt gesichert.

ebener Erde tragfähige Verkehrskonzepte zu realisieren.

Kreuzungsfreier oberirdischer Autoverkehr mit einer Fülle von Fußgängerzwangsunterführungen ist erst recht keine tragfähige Verkehrsplanung. Die vertikale Separation von Verkehrsebenen ist nur akzeptabel, wenn sie dem Fußgängerverkehr Abkürzungseffekte und Zeitvorteile sichert und die Wahlfreiheit und Durchlässigkeit seiner Netze verbessert. Diesem Ansatz verpflichtet sich nachdrücklich die japanische Praxis, bei der Brücken oder Unterführungen nicht zum Unterbrechen der ebenerdigen Fußgängerverbindung benutzt werden, sondern zur Verbesserung des Fußwegenetzes. In großem Umfang haben seit den 70er Jahren japanische Städte versucht, die Querungsmöglichkeiten für Fußgänger, insbesondere für Kinder und alte Menschen, an den autobefahrenen Hauptachsen durch zahlreiche Fußgängerbrücken zu verbessern. Diese Brücken ersetzen nicht die ebenerdigen Querungsmöglichkeiten, sondern ergänzen sie. Die dichte Folge ebenerdiger Überwege auf der Straße bleibt erhalten. Absperrmaßnahmen, um die Fußgänger am ebenerdigen Queren zu hindern, gibt es nicht. In wenigen Jahren wurden so 10 100 neue Brücken errichtet.

Unverzichtbar sind Fußgängerunterführungen oder -brücken, um angesichts der bisher meist großen Abstände zwischen der

In Japan wurden zur Ergänzung der ebenerdigen Überwege in wenigen Jahren 10 100 Fußgängerbrücken errichtet.

Netzstruktur des Autoverkehrs orientierten Straßenbrücken- und unterführungen an Bahndämmen, Flüssen, Geländeeinschnitten etc. Abkürzungen für Fußgänger zu schaffen. Das gilt auch für große Gewerbe- und Industrieanlagen, die für den Fußgängerverkehr Sperriegel bilden. In einer bundesweiten Bedarfsanalyse wurde ermittelt, daß mindestens 5000 zusätzliche Unterführungen und Brücken (Kosten ca. drei Milliarden Mark) nötig sind, um das Fußwegenetz an solchen Barrieren zu verbessern. Ihre Aufgabe können solche Anlagen gut erfüllen, wenn sie, mit Liebe zum Detail, offen, hell, von allen Seiten gut einsehbar gestaltet und die Zuwege fußgängerfreundlich eingebunden sind.

Subways oder Skyways? Für europäische Städte nur im Sonderfall geeignet

Die aufwendigsten Formen eigener Verkehrsebenen für Fußgänger sind die Subways oder Skyways. In einigen japanischen Städten baute man unter den ebenerdigen Boulevards weitverzweigte Fußwegenetze, in der Regel in Verbindung mit zentralen Haltepunkten unterirdischer Nahverkehrsmittel. Hauptmotiv der zumeist privaten Initiatoren und Investoren solcher unterirdischen Fußgängerzonen ist die angesichts knapper Flächen und extrem hoher Grundstückspreise auf diese Weise erreichbare Erweiterung der Geschäfts- und Schaufensterflächen. Mehrere solcher flächenhaften »Unterwelten« gibt es zum Beispiel in Osaka und Tokio, die sich gegenseitig mit speziellen Attraktionen und Angebotsmagneten überbieten, wie etwa mit unterirdischen Seen und Schlittschuhbahnen, Restaurants und teuren Läden. Mögen diese »Doppelstockboulevards« in mancher Hinsicht Faszination ausstrahlen und wegen der gleichzeitigen ebenerdigen Aufenthaltsmöglichkeit auch allen Fußgängern die nötige Wahlfreiheit gewähren, aus der Sicht eines überlegten Städtebaus wird man diese künstlichen und vollklimatisierten Labyrinthe eher skeptisch beurteilen müssen. Ihnen fehlt der stadt- und straßenräumliche Bezugsrahmen, die Offenheit, die Natürlichkeit und allseitige Zugänglichkeit. Sie bieten statt dessen ein glitzerndes Surrogat aus Chrom, Stahl, Marmor, Spiegeln und massivem Kommerz mit teurer hochtechnologischer Abhängigkeit von Belüftung, Beleuchtung, Beheizung und Überwachung. Sie lenken wie alle Tunnelbauten allzu leicht ab von der Hauptaufgabe des Städtebaus, auf dem Stadtboden für eine hohe allgegenwärtige Fußgänger- und Aufenthaltsqualität zu sorgen. Zudem geraten sie bei leichtfertiger Nachahmung schnell zur »Fehlkopie« wie beim traditionsreichen Münchner Stachus. Dort hat man nur die Unterwelt für den Fußgängerverkehr gestaltet und die wichtige ebenerdige Fußgängerverbindung dem Autoverkehr zuliebe gekappt. Die Münchner samt Touristen müssen deshalb heute diesen städtebaulich wichtigen Altstadteingang am Stachus durch die 08/15-Kelleretage einer anspruchslosen Laden- und Schaufensterausstattung betreten, anstatt wie früher die Architektur des ganzen Platzes genießen zu können.

Das Gegenteil von Subways sind die Skyways. Vorbilder sind die Galerien und Laubengänge einiger englischer, italienischer und österreichischer Altstädte. Mit System und Aufwand entwickelt wurden neuerdings solche Skyways in einigen amerikanischen Großstädten. Die Initiative zu diesen amerikanischen Skyways ging wiederum bezeichnenderweise von Geschäftsleuten aus, die die besondere Bedeutung des Fußgängerverkehrs für die Zentren erkannt hatten. Sie konnten sich aber bei den Planern und Stadtvätern mit ihrem Wunsch nach einer großen ebenerdigen Fußgängerzone zunächst nicht durchsetzen und suchten deshalb nach einer mit privater Initiative und Investition erreichbaren Alternative. Die war mit den Skyways gefunden. Sie

Die Skyways von Minneapolis bieten ein Netz von Fußgängerzonen im ersten Stock.

ermöglichten gleichzeitig eine Vermehrung der Schaufensterfronten. Durch ihre Überdachung bieten sie dem Fußgängerverkehr auch im Winter und bei Regen ein wetterunabhängiges Flanieren. In Minneapolis gibt es inzwischen eine beachtliche Anzahl von Skyways neben einem weitverzweigten Netz innerstädtischer Fußgängerzonen und Boulevards zu ebener Erde. Da Skyways mehr in der Tradition der Galerien, Passagen und Arkaden stehen, sind sie städtebaulich deutlich positiver zu bewerten als die Subways, wenn durch sie das Erdgeschoß nicht entwertet wird.

Eine doppelstöckige Sonderform bildet die Passarelle in Hannover, die sowohl ebenerdig als auch halboffen im Untergrund eine Fußwegverbindung zwischen Oststadt und Innenstadt quer durch den bzw. unter dem Hauptbahnhof herstellt und an ihren Enden jeweils von weiteren ebenerdigen Fußgängerachsen fortgesetzt wird. Diese Fußwegverbindung ist exklusiv gestaltet und wird von den Fußgängern gut angenommen. Sie ist ein Paradebeispiel für eine akzentuierte und geglückte Einzelfallösung in einer besonders geeigneten Lage. Zur generellen Verbesserung von Fußwegnetzen kann diese aufwendige und teure Fußwegverbindung jedoch nicht empfohlen werden. Planungsvorrang verdient in jedem Fall die flächenhafte Ausbreitung oberirdischer autofreier Fußwegachsen und -netze vor der punktuellen Konzentration auf spektakuläre Einzelbauwerke.

Altbewährt: Durchgänge und Passagen erhöhen die Wegevielfalt

Die attraktivsten Durchgänge in zentralen Lagen stellen die Passagen dar, die, quer durch die Bebauung, Fußgängern ein exklusives Wegenetz anbieten und viele interessante Abkürzungsmöglichkeiten eröffnen. Passagen haben eine lange Tradition im Städtebau. Schon die Antike kannte überdachte Gebäudedurchgänge, insbesondere im Umfeld von Märkten und Basaren. Im gründerzeitlichen Städtebau wurden viele prominente Geschäftsstraßen von Anfang an mit einem Netz von Passagen

Passagen und Galerien bieten attraktive kurze, wettergeschützte Fußwege. In alten Ortskernen und manchen Neubaugebieten ergänzen auch kleine Durchgänge das Fußwegenetz.

und Durchgängen ausgestattet. Aus dieser Zeit stammen die berühmten Beispiele aus Rom, Mailand, Brüssel, Paris, London, Berlin oder Hamburg, die auch heute noch durch eine besonders aufwendige Gestaltung und eine Konzentration exklusiver Geschäfte und Restaurants auffallen. Im Städtebau der 50er und 60er Jahre gab es dagegen wenige Städte, die die Tradition der Passagen bewußt fortsetzten. Eine davon war München. 1967 gab es in der Münchner Innenstadt schon 64 Passagen. Allgemein erfuhren die Passagen in Deutschland erst Ende der 70er Jahre wieder eine beachtliche Renaissance. Manche Städte planten ganze Systeme von Passagen, so Hamburg mit sieben inzwischen fertiggestellten eng benachbarten, großen Passagen in der Innenstadt.

Passagen ermöglichen in der Regel eine erhebliche Belebung der jeweiligen Standorte. Sie sind ein Magnet für anspruchsvolles Flanierpublikum und wettergeschützten Aufenthalt. Der besondere Reiz liegt in ihrer individuellen Gestaltung mit kunstvoller Glasüberdachung, Innenhöfen oder kleinen Plätzen. Die früher eher häßlichen und chaotischen Rückseiten der Geschäftsstraßen werden so merklich aufgewertet, erhalten durch die neuen architektonischen Konstruktionen und Akzente ein verbessertes »Äußeres«. Die Passagen bieten dem Fußgänger außerdem gute Abkürzungsmöglichkeiten, zumal, wenn sie sich mehrfach verzweigen und über mehrere Blocks fortgesetzt werden. Passagen werden daher auch in erheblichem Maße zum zügigen Durchgehen benutzt. 40 Prozent der Fußgänger in den Hamburger Passagen benutzen diese zum Abkürzen.

Passagen oder Gebäudedurchgänge müssen sich nicht nur auf Geschäftsstraßen und Innenstädte beschränken. Sie können in Wohn- oder Gewerbegebieten ebenso Gebäudefluchten und Grundstücksgrenzen durchbrechen, um Abkürzungsmöglichkeiten und Wegealternativen für die Fußgänger zu bieten. Im neueren holländischen Städtebau machte man mit System Tordurchbrüche in Wohngebäude, um neue Wegeverbindungen zu schaffen. Auch hierzulande ist mehr planerische Initiative für Passagen und Gebäudedurchbrüche nötig.

Eine andere Form des Durchgangs sind nach dem Vorbild vieler Dorf- und Stadtkerne kleine Gassen und Pfade, die dem Fußgänger überall Durchlässigkeit und kurze Wege sichern. Im Städtebau der letzten Jahrzehnte wurde häufig versäumt, bei der Bodenordnung an solche zusätzlichen Fußwegverbindungen zu denken. So bilden heute in vielen Neubaugebieten langgezogene Areale mit Privatgärten und Bebauung undurchlässige Sperriegel. Die Maschenweite des Fußwegenetzes in vielen Wohnquartieren ist unnötig groß; lange, umständliche Wege sind die Folge. Auch solche Mängel lassen sich nachträglich beseitigen. Über Wegerechte oder streifenweise Grundstücksabtretungen lassen sich neue Durchgänge realisieren. Angemessene Ausgleichsmaßnahmen für die unter Umständen erforderlichen Eingriffe in den privaten Bestand von Zäunen, Hecken, Mauern, Bewuchs etc. sind dabei selbstverständlich. Entscheidend für die Zustimmung der betroffenen Anlieger wird auch sein, daß diese dafür nicht mit Anliegerbeiträgen belastet werden. Die Ersterschließung wurde ja meist schon längst abgerechnet. Das Interesse an gesteigerter Verkehrssicherheit und konsequenter Fußgängerförderung sollte Anlaß für eine öffentliche Finanzierung der Durchgänge sein. Einfacher, da ohne Eingriffe in Privatbesitz, können solche nachträglichen Wegeverbindungen auf öffentlichem Grund geschaffen werden. Oft muß nur ein Tor eingesetzt, ein Zaun oder eine Mauer durchbrochen oder ein Trampelpfad zugelassen werden. Die Gemeinden sollten in diesen Fällen die entsprechenden Verpflichtungen im Hinblick auf Haftung, Unterhalt und Reinigung übernehmen.

Andere Durchgänge entstehen auch durch rückwärtige Wegeerschließung. Sie wurde häufig im Kleinsiedlungsbau, in Gartenstädten und bei Arbeitersiedlungen geschaffen. Im Volksmund werden diese Fußwege auch gern »Mistweg« genannt, weil sie auf der Rückseite der beiderseits anschließenden Gärten verlaufen und über sie Gartenmaterialien ohne umständliches Durchqueren der Häuser transportiert werden können. Besondere Bedeutung haben sie als Alltagswege von Kindergarten- und Schulkindern und als Spazierwege alter Menschen. Auch eine solche Wegerschließung ist häufig noch nachträglich realisierbar und fördert den Fußgängerverkehr, insbesondere dann, wenn sie mit den bereits vorhandenen Fußgängerverbindungen verknüpft wird.

Die Anlage von Durchgängen und Passagen darf allerdings nicht dazu mißbraucht werden, die Gehflächen entlang der Straßen einzukassieren. Durchgänge und Passagen können immer nur ein zusätzliches Angebot an Fußwegverbindungen sein. Gehwege ohne direkten Bezug zu den straßenseitigen Häuserfronten und Nutzungen besitzen nur eine begrenzte Öffentlichkeit und Einsehbarkeit. Daher werden sie von einem Teil der Fußgänger, insbesondere abends oder nachts, nicht akzeptiert.

Differenzierte Netzgliederung und -gestaltung für Fußgänger: ein wichtiges Anliegen

Der historische Städtebau hat ganz selbstverständlich dem Fußgängerverkehr ein differenziertes Netz an Gehflächen angeboten. Alleen, Promenaden, Boulevards mit großen Plätzen in ihren Schnitt- und Sammelpunkten (Theaterplatz, Bahnhofsplatz, Marktplatz) dienten als Hauptachsen für das Gehen und den Aufenthalt. Ganze Netzsysteme solcher Wege wurden angelegt. Erst in den letzten Jahrzehnten haben Planer und Politiker verlernt, in solchen Strukturen für den Fußgänger zu denken, und reagieren immer wieder mit Verständnislosigkeit auf die Forderung nach hierarchischer Gliederung des Fußwegenetzes. Der Grund für diese Ablehnung resultiert aus einem typischen Denkfehler. Da wird argumentiert, Fußgänger gingen nicht quer durch die ganze Stadt, also bräuchten sie auch kein durchgehendes und hierarchisches Netz. Dieser Einwand verkennt völlig die Arbeitsweise von Verkehrsnetzen schlechthin. Verkehrsnetze jeglicher Art dienen nicht überwiegend dem Verkehr zwischen ihren zwei entferntesten Punkten, sondern werden hauptsächlich vom Verkehr der dazwischenliegenden Orte und Gebiete genutzt. Auch im Autoverkehr dominieren eindeutig die Kurzstreckenfahrten. Selbst auf vielen Autobahnen sind 60 bis 80 Prozent des Verkehrs Lokal- und Regionalverkehr, nur der Rest ist Fernverkehr. Die wenigsten Autofahrer sind von Flensburg nach Konstanz oder von Aachen nach Kassel unterwegs.

Trotzdem hat man ein flächendeckendes Fernstraßennetz geschaffen. Das Fernstraßennetz erhält seine Autoverkehrsströme durch die dichte Abfolge von sich überlagernden und wie eine Kette hintereinander aufreihenden Fahrten. An jeder Einfahrt kommen neue Autos hinzu, und an jeder Abfahrt verlassen andere die Strecke, daraus ergibt sich insgesamt das breite Band des Fahrzeugstroms. Das gleiche gilt für den Fußgängerverkehr. Der Strom der Fußgänger wird auf den Hauptachsen immer wieder durch neue Teilströme aus den einmündenden Wegen gespeist und gibt gleichzeitig Teilströme in die quartiersbezogenen Wegenetze ab. Wie alle Verkehrsnetze braucht also auch der Fußgängerverkehr eine qualifizierte Netzplanung. Planer und Politiker können nicht weiter so tun, als reichten dem Fußgängerverkehr die überall auf das gleiche (Mini-)Maß gestutzten Gehwege. Beispielsweise müssen die Gehflächen vor Bahnhöfen erheblich breiter ausgebaut sein als in kleinen Anliegerstraßen. Die Städte und Gemeinden brauchen dringend wieder vernünftige Sammel- und Hauptfußwegachsen. Diese müssen sich in ihrem Verlauf auf die Quell- und Zielpunkte massierten Fußgängerverkehrs orientieren und den stark frequentierten Fußwegverbindungen bzw. Wunschlinien des Fußgängerverkehrs folgen. Straßen mit Publikumsmagneten wie Kaufhäusern, Theatern, Museen, Schulen und Freizeiteinrichtungen sowie Wohn- und Arbeitsplatzschwerpunkte sind solche wichtigen Netzpunkte, die mit breiten Gehflächen, deutlichem Vortritt, wirksamen Überquerungshilfen, aufwendiger Detailgestaltung und direkter Wegeführung ihrer hohen Bedeutung entsprechen müssen.

Vielfalt statt Einfalt: Schluß mit dem Schema-F-Denken

Systematische Wegenetzplanung für Fußgänger erfordert nicht zwangsläufig eine einheitliche Streckencharakteristik der Gehwege gleicher Bedeutung. Dies ist beim Fußgängerverkehr ebenso verkehrt wie beim Autoverkehr. Beim Autoverkehr behindert dieses Denken in Regelquerschnitten, die für jede Hierarchiestufe standardisiert sind, die angemessene, ortstypische Differenzierung der Straßenräume. Der Charakter einer Hauptfußwegachse kann sich in ihrem Verlauf quer durch eine Stadt je nach Umfeld mehrfach ändern, zum Beispiel auf einem Abschnitt Teil eines Boulevards sein, auf einem anderen Abschnitt Fußgängerzone, auf einem weiteren verkehrsberuhigter Bereich oder autofreie Promenade. Nur die Einengung auf die Minimaße schmalster Gehflächen darf sie nicht haben, sonst kann sie ihre Aufgabe nicht erfüllen und ist in ihrer Netzbedeutung falsch geplant. Bei aller Hierarchie gilt es die je nach Standort, Bebauung und Nutzung typischen Unterschiede zu pflegen und zu bewahren. Gerade die Kontraste machen das Gehen und den Aufenthalt in der Stadt interessant und abwechslungsreich: zwischen kleiner, enger Gasse und breitem Boulevard, verwinkelter Wegeführung und gradliniger Achse, kleinem Pfad und üppiger Allee, stiller Seitenstraße und von Menschen wimmelnder Fußgängerzone, kleinem Hausvorplatz und breitem Marktplatz. Passagen, Galerien, Arkaden, Treppen, Steige und Durchgänge bereichern die Fußwegnetze ebenso wie Pfade entlang von Fluß- oder Bachläufen oder Spazierwege in Grünzügen.

Zur Netzdifferenzierung trägt auch ein planvoller und intelligenter Umgang mit gestalterischen Details bei. Früher gehörte es zur Selbstverständlichkeit, wichtige Chausseen mit einer besonderen Bepflanzung zu kennzeichnen. Wege, die zum Marktplatz führten, waren beispielsweise in der gleichen Art gepflastert und beleuchtet wie der Markt selber. Eine solche »Ordnung« der Ausstattungsdetails spricht für sich und gibt Orientierung. Auch deshalb muß der heute häufig chaotische Umgang mit Belägen, Beleuchtung, Bepflanzung und »Möblierung« der Gehwege ein Ende haben. Er bewirkt genau das Gegenteil und vereitelt jegliche Orientierung. Eine dem Bürger vermittelbare Wegennetzstruktur mit ortstypischen Bautraditionen muß wieder in die Straßenraumgestaltung einkehren.

Orientierungshilfen für Fußgänger schaffen

Aber nicht nur an der baulichen und optischen Wegenetzdifferenzierung für den Fußgängerverkehr mangelt es. Auch mit der Wegweisung und -information der Fußgänger liegt in vielen Städten und Gemeinden alles im argen. Für Autofahrer dagegen werden seit Jahrzehnten immer ausgefeiltere Orientierungssysteme entwickelt. Allenthalben stehen Wegweiser an den Straßen mit Orts-, Ortsteil-, Standort-, Richtungs- und Entfernungsangaben. Die Stadtpläne informieren detailliert über die Autohierarchie des Straßennetzes, über alle wichtigen Verkehrsregelungen, über Einbahnstraßen, über Parkmöglichkeiten, oft auch über Tankstellen, Lotsendienste etc. Auf Parkplätze wird man mit ausgeklügelten Anzeigesystemen geführt. Nichts annähernd Vergleichbares gibt es für Fußgänger.

Die Fußgängerwegweisung ist deshalb ein wichtiges Arbeitsfeld der Fußgängerförderung, das bisher sträflich vernachlässigt wurde. Die innerörtliche Wegweisung für Fußgänger muß auf alle wichtigen öffentlichen Einrichtungen und sonstigen relevanten Quellen und Ziele des Fußgängerverkehrs hinweisen und an diesen Standorten Umgebungspläne anbieten. Hauptfußwegachsen müssen durchgängig gekennzeichnet sein. Auch die Stadtpläne brauchen mehr fußgängerrelevante Informationen, zum Beispiel über Fußgängerzonen, Passagen und Durchgänge, über für Fußgänger durchlässige Sackgassen und Stichstraßen, verkehrsberuhigte Bereiche sowie Tempo-30-Zonen, wichtige Standorte und Einrichtungen, über Linien und Haltestellen des öffentlichen Verkehrs, Überquerungshilfen und andere wichtige Verkehrsregelungen. Die Radfahrverbände haben in den letzten Jahren vorgemacht, wie hilfreich spezielle Stadtpläne für Radfahrer sind.

Orientierungshilfen für Fußgänger bieten Wegweiser auf wichtige Ziele und Leitsysteme, zum Beispiel für Schulwege.

Für Fußgänger muß das gleiche erreicht werden. Wiederum ist Japan hier ein gutes Beispiel. Dort stehen in regelmäßigen Abständen Tafeln mit Quartiersplänen auf den Gehwegen, an den meisten Haltestellen ebenfalls. Bei der Polizei und im Buchhandel kann man Stadtpläne mit allen verkehrssicherheitsrelevanten Informationen und Verkehrsregelungen für Fußgänger erhalten, die zum Beispiel die Auswahl eines sicheren Schulweges erleichtern.

Hier wird nicht der weiteren »Verschilderung« der Städte das Wort geredet. Die vielen monströsen Schilderbrücken des Autoverkehrs sind wahrlich eine fragliche Einrichtung und häßlich genug. Der Fußgängermaßstab animiert nicht zu solchen Monstren. Es reichen kleine Schilder und Tafeln für die direkte Betrachtung aus der Nähe. Sie können in vielfältiger Weise angebracht werden, an Fassaden, eingerahmt zwischen Bäumen, vor Geschäften etc. Häufig kann der Handel zur Mitwirkung an der Gestaltung und Finanzierung solcher Informationstafeln und Pläne gewonnen werden, wenn das mit einem Werbeeffekt zu verbinden ist.

Qualität für Fußgänger im Detail: die Renaissance der Straßenraumgestaltung

Für Fußgänger ist die Gestaltung des Straßenraums von großer Bedeutung. Straßen in Altbaugebieten zeigen oft noch Reste eines guten Erscheinungsbildes. Dieses ist damals mehr nebenbei entstanden, ohne viel Theorie, als Ergebnis handwerklicher Tradition und Intuition. Heute dagegen behindern das genormte Material der Bauhöfe, der Verlust regionaler Bau- und Materialtraditionen, die stereotypen Einheitsquerschnitte und die »Verschilderung« der Bürgersteige eine gelungene, fußgängerfreundliche Straßenraumgestaltung. Auch daran muß sich vieles ändern!

Gliederung der Gehflächen: eine Notwendigkeit

Die kleinteilige Gliederung der Gehflächen entspricht dem Fußgängermaßstab am besten. Der Städtebau hat traditionsgemäß immer kleinteilige, differenzierte Beläge für Gehflächen verwendet, zum Beispiel verschiedene Arten von großem und kleinerem Pflaster, Flußkiesel, Plattenbeläge, Klinker, Schotter und Kies. Je nach regionalem Vorkommen wurden diese Materialien in unterschiedlicher Zusammensetzung und Größe kombiniert, in repräsentativen Straßen mit kunstvollen Mustern und in Nebenstraßen in schlichterer Ausführung. Neben ästhetisch-gestalterischen Überlegungen und den technischen Notwendigkeiten des Materials bestimmten auch funktionale Überlegungen die Gliederung der Gehflächen. Diese sind heute genauso gültig wie früher.
Gehwege erfüllen gleichzeitig mehrere Zwecke. Sie dienen den eiligen Durchgängern ebenso wie den langsamen Fußgängern zum Bummeln und Verweilen, die dadurch nicht nur »vorwärts« orientiert sind. Und schließlich dienen Gehwege dem Aufenthalt und Kinderspiel, wobei sie in vielfältiger und intensiver Weise in ihrer ganzen Breite einbezogen werden, zum Stehen, Sitzen, Spielen, Rennen, Rollerfahren etc. Die Umsetzung dieser unterschiedlichen Funktionen hat vor allem im gründerzeitlichen Städtebau zu einer differenzierten Gliederung von Gehwegen geführt. Meist wurde zunächst zur Hauswand oder Grundstücksgrenze ein Streifen mit Kleinpflaster belegt. Er diente vorrangig dem gebäudebezogenen Aufenthalt. Hier konnte man in Ruhe stehenbleiben, Schaufenster ansehen, ein Schwätzchen mit jemand auf dem Grundstück oder im Fenster halten. Die Pflasterung mit Kleinpflaster erfolgte auch, um Unregelmäßigkeiten zu den angrenzenden Zäunen, Mauern oder Hauswänden einfach ausgleichen zu können. Dann folgte meist ein Streifen aus mehreren Reihen großer Granitplatten oder kleinerer Kalk- oder Kunststeinplatten. Dieser Streifen diente vor allem dem zügigen Durchgehen. Außerdem war er bei Regen der sauberste Teil des Gehwegs bzw. bei Schnee am leichtesten zu räumen. Leute mit empfindlichen Schuhen konnten hier am »glattesten« gehen. Den Abschluß zum Fahrdamm bildete ein Pflanz- und Verfügungsstreifen für die in der Gründerzeit üblichen Straßenbäume, Pumpen, Laternen oder andere technische Straßeneinrichtungen. Dieser Streifen blieb oft unbefestigt oder wurde locker gepflastert (ohne festen Unterbau). Er wurde bevorzugt für Spiele und vor allem für den fahrbahnbezogenen Aufenthalt genutzt, zum Beispiel zum Beobachten des Verkehrs, zum Warten vor dem Überqueren oder zum Be- und Entladen von Fahrzeugen. In Berlin beispielsweise ist diese Gliederung auf breiten

Gegliederte Gehwege werden am besten den verschiedenen Anforderungen des Gehens, Aufenthalts und Kinderspiels gerecht.

Gehwegen weitgehend erhalten geblieben. Eine aktuelle Analyse der Nutzungsmuster auf solchen Gehwegen hat gezeigt, daß auch heute noch die Streifen in der beschriebenen Art genutzt werden, mit einer typischen »Zonierung« von schnellem Gehen, langsamem Gehen und Stehen, hausseitigem und straßenseitigem Aufenthalt und Kinderspiel.

Auf Minigehflächen gibt es nichts zum Gliedern. Darum kehrten Pflaster, Klinker, Natursteinplatten und optische Untergliederungen der Gehwegflächen auch erst wieder mit den Fußgängerzonen und verkehrsberuhigten Bereichen als Elemente des Straßenbaus zurück. Doch dabei wurde zunächst ohne straßenräumlichen Bezug mit dem Material »gespielt«, es entstand chaotische Pflasterlyrik, mit grellen Farben und aufdringlichen Mustern. Gleichzeitig brach in vielen Altstadtbereichen der Streit um das »Pflastertreten« aus, der bis heute mit viel Emotion und Schärfe geführt wird. Die Sachwalter der modischen Damenschuhwelt, Kaufleute zumeist, attackieren Pflaster und Klinker als »Absatzkiller«. Sie wollen altes buckliges Pflaster im Interesse des Gehkomforts überasphaltieren lassen und lehnen neues Pflaster als fußgängerfeindlich ab. Auch die Sachwalter des angeblich »modernen Zeitgeistes« lehnen Pflaster als antiquiert ab. Die Orthopäden dagegen erklären das Gehen auf unebenen Belägen für gesünder als das Gehen auf harten, glatten Asphalt- oder Betonflächen. Die Stöckelschuhe sind ihnen aus gesundheitlicher Sicht ohnehin ein Dorn im Auge. Die Ästheten, Denkmalschützer, Städtebauer halten Pflaster und zumal Natursteinmaterialien in Altstädten für unabdingbar; Stadttore, historische Plätze, Fachwerkhäuser, Stadtmauern und enge Gassen in Asphalt sind für sie »ein Graus«. Dafür werden sie von den Damenschuh- und Zeitgeistfanatikern gern als Nostalgiker, Romantiker etc. beschimpft. Je nach lokaler Mentalität schlagen sich die Medien

Pflaster kann durch eingelegte Plattenstreifen oder gesägte Oberflächen auch für modische Damenschuhe gehfreundlich gestaltet werden.

dann mal auf die eine, mal auf die andere Seite, jedenfalls aber verleihen sie dem Streit ums Pflaster stets eine unglaubliche Publizität und Emotionalität. Der Kompromiß dagegen gerät bei so viel Getöse leicht aus dem Blickfeld, obwohl das Berliner Gründerzeittrottoir ihn bereits vorgemacht hat: die gekonnte Mischung aus Pflaster und Platten. Wenn Pflasterflächen systematisch durch in Farbe und Struktur passende Plattenstreifen ergänzt werden, gibt es wenig Anlaß für Streit. Auch die Auswahl eines weniger rauhen oder sogenannten »gesägten« Pflasters bei gleichzeitiger Verlegung mit enger Fuge hilft, den üblichen Streit zu vermeiden.

Grundsätzlich jedoch beinhaltet die Gehweg- und Straßenraumgestaltung mehr als nur die vordergründige Orientierung an der Schuhmode oder dem »Zeitgeist«. Die schnelle Serienproduktion von Straßen durch Großmaschinenfertigung oder umgekehrt das krampfhafte Pflasterwirrwarr erbringt nicht die nötige gestalterische Qualität für Fußgänger. Diese erfordert Liebe und Gespür für das Detail und ein überlegtes, der Örtlichkeit angepaßtes Gestaltungskonzept der Gehwege. Hier sind die Städte und Gemeinden mit qualifizierten Gestaltungssatzungen gefordert. Die Gehwegflächen können in dezenter Abstimmung mit den entsprechenden Materialien

Historisches Pflaster muß bewahrt und gepflegt werden.

(Groß- und Kleinpflaster, Klinker, Platten, Grünstreifen, Rotasche, Kies) eindrucksvoll differenziert werden. Auch bei späteren Pflege- und Unterhaltungsmaßnahmen gilt es dabei eine Materialtreue zu wahren, damit die Grundmuster nicht unbedenklich zerstört werden. Ebenso müssen die Reste der von früher überkommenen, kunstvoll verlegten Pflastermuster (zum Beispiel mit eingelegten Kalkriemchenstreifen) erhalten bleiben, angepaßt repariert und gepflegt werden. Nötig sind Bestandsaufnahmen der wertvollen Beläge sowie Pflegeanweisungen für die Bauverwaltungen und Baufirmen. Besonders schöne Gehwege sollten unter Denkmalschutz gestellt werden, damit die Behörden sorgfältiger mit dem historischen Erbe umgehen. In diesem Sinne gibt es bereits einige Beispiele gutgelungener Neupflasterungen. Die Straßenbauer schämen sich heute nicht mehr, auch alte Pflastermuster wieder neu erstehen zu lassen.

Emotional und kontrovers wird auch um die weichen Beläge gestritten. Das sind Gehwege oder Plätze mit einer sogenannten wassergebundenen Decke, einem Sand- oder Kiesbelag, einem Schotterrasen o.ä. Früher war ein Großteil der Straßen und Plätze, zumal in Dörfern und Kleinstädten, mit solchen weichen Belägen ausgestattet. Befestigte Straßendecken waren teuer. Der finanzielle Überfluß im Straßenbau und der davon verursachte Bauperfektionismus brachten weiche Beläge in Verruf. Sie galten als Zeichen für Ärmlichkeit und Rückschritt. Feste Beläge machten Straßen autogerechter, staubfreier, pflegeleichter und frostfester. Unebenheiten, Pfützen, Schlaglöcher etc. galten so endgültig als ausgemerzt. Aller Ehrgeiz der Politiker und Planer richtete sich seitdem auf glatte und ebene Oberflächen. Dem wurden die Einheitsplatten für die Gehwege und der Asphalt für die Fahrbahnen am besten gerecht. Serienweise asphaltierte man noch unversiegelte Gehwegstreifen. Bäume und Hecken wurden abgehackt, weil ihre Wurzeln den Gehweg- und Straßenbelag aufzuwölben drohten. Diese Bewertung von Unebenheiten hat auch die Rechtsprechung fleißig unterstützt, die einen wakkelnden Pflasterstein oder eine kleine Unebenheit zum unvertretbaren Verkehrssicherheitsrisiko erklärte und so die gestolperten Bürger animierte, mit diesem vergleichsweise kleinen Verkehrsproblem vor den Kadi zu ziehen und die Gemeinden zu verklagen.

Doch damit wurde der Stadtboden immer mehr versiegelt und immer härter. Das natürliche federnde Gehen wurde aus den Städten verdrängt. Heute müssen die Städter oft lange Wege fahren, ehe sie in Park, Wald oder Feld unversiegelte Wege finden. Regenwasser fließt auf versiegelten Flä-

Weiche Beläge sind eine Wohltat für Fußgänger. Für schlechtes Wetter gibt es einen zusätzlichen Pflasterstreifen.

chen sofort ab, nichts versickert, das Grundwasser sinkt, die Böden trocknen aus, die Hochwassergefahr steigt. Teure Kanal- und Regenwasserrückhaltesysteme werden erforderlich. Deshalb ist bei der Befestigung der Straßen, zumal der Gehwege, ein erneuter Bewußtseinswandel nötig. Verschiedene Städte führen bereits Entsiegelungsprogramme durch, reißen unnötig asphaltierte Straßen und Wege wieder auf, befreien die Straßenbäume vom erstickenden Griff des gedankenlos dicht an die Stämme gekippten Asphalts. Stolz werden die ersten Plätze und Gehwege mit neuen wassergebundenen Decken präsentiert. Immer mehr Behörden unterlassen jetzt das lange Zeit übliche Asphaltieren von Wegen in Grünanlagen sowie in Wald und Flur.

Bei fachmännischer Anlage und Pflege müssen unbefestigte Wege und Plätze sich auch bei Regen, Frost und Schnee nicht in Schlammwüsten und seenartige Pfützen verwandeln. Die Tiefbauämter, Gartenämter und Baufirmen müssen nur wieder lernen, solche Beläge in ihr Repertoire aufzunehmen, sie durch gelegentliches Aufrauhen, Abstreuen und Walzen fachkundig und regelmäßig zu pflegen. Weiche Beläge, die bei schlechtem Wetter schwieriger zu passieren sind, können durch ergänzende Pflaster- oder Plattenstreifen gut begehbar bleiben. Dieses Nebeneinander von Sommer- und Winterweg hat eine lange Tradition. Die Übergänge zwischen beiden Teilen können mit Pflasterstreifen gefaßt werden. So kommen Naturwegfans und Sauberkeitsapostel auf ihre Kosten.

Schluß mit den aus Liebe zum Auto geplanten und tolerierten Gehweg-unebenheiten

Das kraftvolle »Eintreten« für den Gehkomfort zeigt sich bei allen Beteiligten meist nur beim Streit um Pflaster oder weiche Beläge, während man sonstige Unebenheiten, Niveausprünge und Stolpergründe für die Fußgänger nicht so ernst nimmt. Dem Autoverkehr zuliebe wird geduldet, daß das weitverbreitete Gehwegparken die Ebenheit völlig ruiniert. Gehwege sind konstruktiv nicht für das Befahren und Beparken mit Autos konzipiert. Das Gehwegparken führt deshalb zu erheblichen Senkungen, Mulden und Rissen. Borde, Pflastersteine oder Platten lösen sich. Dadurch gibt es für die Fußgänger viele Stolperkanten und bei Regen große Pfützen. Die Sanierung der so zerstörten Gehwege kostet ca. 15 000 bis 20 000 Mark je 100 Meter. Aber auch die sanierten Gehwege halten nicht lange, wenn am Tag nach dem Ende der Baumaßnahmen schon wieder die Autos dort geparkt werden. Hier also gilt der Komfortanspruch der Fußgänger nichts, und die Verkehrssicherungspflicht wird ignoriert. Gleichzeitig wird mit der Gehwegparkerei jede ästhetisch ambitionierte Gehweggestaltung unterlaufen. Es werden »Perlen vor die Säue« geworfen, wenn ansprechend verlegte Pflasterornamente täglich unter Autoblech verschwinden, mit Öl- und Benzinflecken verdreckt werden und die Autofahrer gedankenlos auf ihnen herumrangieren. Die Liebe zum Detail ist nur möglich, wenn ringsum nicht Vandalismus herrscht. Auch deshalb muß das Autoparken in seine Schranken gewiesen werden, damit qualitätsvolle Gehweg-

Das Parken ruiniert die Gehwegplatten. In den Absenkungen bilden sich große Pfützen.

gestaltung wieder ihren Platz findet.
Der vor allem autoorientierte, auf glatte Fahrbahnen und niveaugleiches Manövrieren perfektionierte Straßenbau produziert aber auch gewollt und mit System Stolperkanten und -stufen für die Fußgänger. An jeder Straßenecke entstehen sie durch das routinemäßige Unterbrechen der Gehwege zugunsten der durchgehenden Fahrbahnen. Viele Planer und Politiker wie Bürger haben dieses Gestaltungsprinzip wie ein apodiktisches Muß verinnerlicht. Doch für das Gehen, besonders für kleine Kinder, Betagte, Behinderte, für Rollstuhlfahrer, Passanten mit Einkaufswagen, Fußgänger mit Kinderwagen, für schiebende Radfahrer etc., sind die Bordsteinkanten ständige Hindernisse. Teilaufpflasterungen und Kreuzungsaufpflasterungen machen deshalb das Gehen komfortabler und sicherer und schließen die Lücken im Fußwegenetz. Die Kreuzungsaufpflasterungen müssen dabei die volle Gehwegbreite einbeziehen.
Wo die Fußgänger sie brauchen, fehlen bisher meist Gehwegabsenkungen. Und wo Gehwegabsenkungen den Fußgängern schaden, gibt es sie massenhaft, nämlich an den Grundstückszufahrten. Dort dienen sie dem verbesserten Fahrkomfort der Autofahrer, um ihnen ein zügiges Ein- und Ausfahren zu ermöglichen. Viele Gehwege gleichen deshalb einem »Waschbrett«. Das ständige, vom Fußgänger wegen der flachen Neigungswechsel unkalkulierbare Auf und Ab erschwert erheblich das Gehen. Beim Autoverkehr dagegen unterbleiben durch diese Absenkungen das erforderliche Abbremsen und die gebotene Rücksichtnahme beim Überfahren der Gehwege zum Ein- und Ausfahren. Der Fußgängervorrang wird meist mißachtet, dadurch kommt es zu Fußgänger-/Auto-Unfällen selbst auf Gehwegen. Darüber hinaus verteuert diese einseitig autobezogene Baupraxis wegen der diffizilen Neigungswechsel beträchtlich die Baukosten für Gehwege. Bei einer angepaßten Fahrweise reicht eine kleine Abschrägung der Bordsteinkante als Grundstückszufahrt völlig aus, denn Autos haben dicke Reifen und eine gute Federung. Beim Gehwegparken überfahren sie sogar massenhaft Gehwegkanten ohne jede Abschrägung. In vielen anderen Ländern bleiben Gehwege an Grundstückszufahrten ohne Absenkung, auch einige deutsche Gegenden haben die Unsitte abgeflachter Grundstückszufahrten nie mitgemacht und lassen neben einer angeschrägten Bordkante den eigentlichen Gehweg auf seinem Niveau. Gehwegabsenkungen sind deshalb nur dann gerechtfertigt, wenn sie dem Fußgängerverkehr dienen.

Eine kleine Abschrägung der Bordsteinkante ersetzt das ständige Auf und Ab der Grundstückszufahrten.

Begrünte Gehwege müssen mehr Natur in die Städte bringen

Wenn es von den Platzverhältnissen und dem städtebaulichen Umfeld her möglich ist, sollten Gehwege mit Bäumen bepflanzt werden. Baumreihen gliedern Straßen und Gehwege in Längs- und Querrichtung. Sie verkürzen optisch die Perspektive aus Fußgängersicht und vermindern die Eintönigkeit langer, ungegliederter Straßen. Es gibt eine große Vielfalt von Baumarten: großkronige oder kleinkronige, breit ausladende, kugelförmige oder säulenartige, hochwachsende oder niedrigstämmige. Ahorn, Akazie, Maulbeere, Rubine, Esche, Linde,

Kastanie, Platane, Pappel, Weißdorn, Rotdorn und Birke sind traditionelle Baumsorten in Stadtstraßen; Apfel, Nuß, Birne, Kirsche und Pflaume seit jeher Chausseebäume. Auch bei einheitlicher Bepflanzung bieten Straßenbäume stets eine große Vielfalt, jeder Baum wächst anders. So erhält jeder Straßenabschnitt seine eigene Note, auch durch das Wechselspiel von Licht und Schatten. Der Wandel der Jahreszeiten bietet besondere Reize: mit jungen Trieben und Blütenpracht im Frühjahr, mit dichtem Blätterdach im Sommer, mit Früchten im Spätsommer, mit prächtiger Laubfärbung im Herbst, mit Rauhreif, Schneehauben und eindrucksvoll strukturiertem Geäst im Winter. Jede Landschaft und Stadt hat ihre eigene, von Boden, Klima und Tradition bestimmte Kultur der Straßenbäume, die es wiederaufzugreifen gilt.

Die vielen Variationen der Baumstellung, in einer oder mehreren Reihen, eng oder weit, in der Mitte oder am Rand, einseitig oder zweiseitig, in Gruppen oder als Einzelbäume, definieren das unverwechselbare, eigenständige Gesicht von Straßen und Plätzen. Sie unterstützen die Orientierung. Sie erlauben es, besondere Bereiche hervorzuheben. Baumreihen und Alleen betonen die Verbindungen zwischen den Quartieren und führen zu wichtigen Zielpunkten wie Marktplatz, Innenstadt, Schloß etc. Sie markieren und definieren Ortseingänge, Kreuzungen, Kurven, Querungsstellen und Engpässe besser als jedes Verkehrszeichen. Sie engen Straßen optisch ein und wirken damit dämpfend auf die Geschwindigkeiten im Autoverkehr. Straßenbäume sind deshalb auch ein unverzichtbares Element der Ordnung und Leitung des Verkehrs.

Bäume auf dem Gehweg verdecken häßliche Fassaden, unterbrechen und gliedern die monotone Abfolge langweiliger Bebauung und die trostlose Öde großer Asphaltflächen. Gehwegbäume betonen die Aufenthaltsfunktion. Sie regen an zum Betrachten, zum Sammeln (von Blüten, Blättern, Früchten), zum Anlehnen, zum Verweilen unter dem Blätterdach. Sie schützen Fußgänger vor Regen, Wind und Sonne, spenden an heißen Tagen wohltuenden Schatten. Sie binden Staub, filtern, befeuchten und kühlen die Luft und verbessern so das Mikroklima jeder Straße. Sie bieten vielen Lebewesen Lebensraum und sind ein wichtiger Bestandteil des städtischen Ökosystems. Mehr Bäume in den Straßen werden jedoch nur möglich, wenn Verkehrspolitik und -planung mit ihrer kleinlichen Flächenzuweisung für Fußgänger wie auch mit der totalen Versiegelung der Straßenflächen endgültig Schluß machen.

Begrünte Gehwege entstehen auch durch Anordnung eines Rasenstreifens zwischen Fahrbahn und Gehweg. Beispiele hierfür gibt es aus den Vorstädten der Gründerzeit, den Gartenstädten und manchen gestaltungsbewußt entworfenen Neubaugebieten der letzten Jahrzehnte. In den angelsächsischen Ländern wurden solche Grünstreifen zum Standardelement des suburbanen Straßenbaus. Hierzulande nutzten Autofahrer solche Grünstreifen immer mehr zum Parken, zerstörten sie dadurch und veranlaßten den Straßenbau schließlich dazu, die ehemaligen Grünstreifen einfach zu asphaltieren. Inzwischen legt man im Rahmen von Verkehrsberuhigungsmaßnahmen in Dörfern und Vorstädten häufig wieder

Grünstreifen sind ein wichtiges Mittel zur Begrenzung und Gliederung von Gehwegen.

neue Grünstreifen an. Aus überdimensionierten Fahrbahnen wurden Randstreifen herausgenommen, mit Erde verfüllt und eingesät. Dabei kann sogar oft die alte Entwässerung beibehalten werden, mit kurzen Querverbindungen zur alten Rinne. Stark von Fußgängern beanspruchte Grünstreifen erhalten einen Schotterrasen, einen sehr widerstandsfähigen, belastbaren Trockenrasen mit hoher »Lebensdauer«. Hiermit hat man zum Beispiel in Berlin-Moabit beste Erfahrungen gemacht, wo in verschiedenen Straßen eines flächenhaft verkehrsberuhigten Gebietes gut ein Drittel der bisherigen Straßenfläche entsiegelt und in Grünstreifen verwandelt wurde. An Hauptverkehrsstraßen können Grünstreifen auch mit einer Hecke, zum Beispiel Hainbuchenhecke, bepflanzt werden, um die Geh- und Aufenthaltsflächen wirkungsvoll vom Fahrverkehr abzuschirmen. Eine solche Lösung ist weitaus freundlicher als die Absperrung mit Leitplanken oder Zäunen. Bei hohem Querungsbedarf von Fußgängern sollte eine solche Hecke genügend durchlässig und nur kleinwüchsig sein, um die Sicht beim Queren nicht zu behindern. Vor der Hecke kann fahrbahnseitig auch ein Grünstreifen liegen, damit querungswillige Fußgänger gut sehen und gesehen werden. Vor Kreuzungen und Einmündungen müssen die Hecken rechtzeitig unterbrochen werden, um ausreichenden Sichtkontakt zu gewährleisten.

Mittelallee: ein historisches Vorbild für fußgängerfreundliches Planen

Die grüne Mittelallee war im europäischen Städtebau ein häufiges Element breiter Straßen, die auf diese Weise mit zwei oder vier Baumreihen besonders hervorgehoben wurden. Die Städtebauer markierten so ihre Hauptachsen. Dieser Straßentyp ist nach der Gründerzeit nur noch selten neu geschaffen worden. Statt dessen benutzte man grüne Mittelstreifen zur Richtungstrennung an Hauptverkehrsstraßen und stattete sie statt mit Bäumen mit Leitplanken, Zäunen oder Gittern aus. Die »Autobrille« verfremdete damit eine städtebauliche Tradition. Mit den von früher überkommenen Mittelalleen ging die Autogesellschaft nicht gut um. Ehemals attraktive Promenaden dieser Art wurden gnadenlos dem wachsenden Autoverkehr und Parkdruck geopfert. Massives und dauerhaftes Parken ruinierten selbst die vitalsten Stadtbäume durch Bodenverfestigung, Stammverletzungen, einsickerndes Öl, Schmutz- und Salzwasser. Regelmäßig kam irgendwann der Zeitpunkt, wo die kränkelnden Bäume im Sturm ihre ersten morschen Äste verloren. Spätestens dann sahen sich die Verkehrsplaner berechtigt, aus der alten, absterbenden Mittelallee entweder eine neue Autoverkehrsstraße mit allen Ent-

Mittelalleen waren früher im Städte- und Straßenbau selbstverständlich. Dann wurden sie vom Blech okkupiert und ruiniert. Jetzt rettet man die letzten Beispiele und schafft auch wieder neue Alleen dieser Art.

wurfsqualitäten einer innerstädtischen Rennbahn oder einen ordinären Parkplatz zu machen. Viele ehemals prachtvolle Alleen ereilte dieses Schicksal. Auch für die Anlage von Links- und Rechtsabbiegespuren wurde brutal in den Bestand alter Alleen eingegriffen.

Erst jetzt macht sich Betroffenheit über diese Praxis breit und wird auch Gegenteiliges veranlaßt. In Düsseldorf, Köln, Aachen und Bonn beispielsweise wurden erstmals von noch nicht gänzlich zerstörten Mittelalleen die Autos zurückgedrängt, um ihre Bäume zu retten und sie wieder als Promenaden herzurichten. Gleichzeitig baute man die seitlichen Fahrbahnen verkehrsberuhigend zurück und sicherte damit den Fußgängern den ungefährdeten Zugang zu den attraktiven Fußwegen auf der Mittelallee. Solche Beispiele müssen Schule machen. Noch vorhandene Mittelalleen müssen wieder revitalisiert werden, neue müssen entstehen. Dies lohnt sich nicht nur für Wohngebiete, sondern auch für Gewerbegebiete. Jede Maßnahme in dieser Richtung ist zu begrüßen. Ausreichende Straßenbreiten dafür gibt es genug, der Städte- und Straßenbau der letzten Jahrzehnte legte stets Wert auf breite Fahrbahnquerschnitte, schuf Hauptverkehrsachsen wie nie zuvor. Mit Phantasie und ökologischem Engagement wird daraus bald ein neues Netz von Alleen.

Arkaden, Vordächer und Markisen: zum Schutz der Fußgänger und zur Zierde der Straßen

Arkaden, Vordächer und Markisen waren lange ein beliebtes Mittel, reiche, belebte und vornehme Straßen, Plätze und Gebäude zu markieren. Sie dienten zur Zierde von Prachtbauten, Rathäusern oder Kaufhäusern. Sie boten Schutz vor Regen, Wind und Sonne, Arkaden auch vor dem Fahrverkehr, da sie mit ihren Säulen oder Pfeilern den Gehweg gegen den Fahrdamm abschirmen. Trotzdem verschwanden diese Elemente der Gehwegausstattung in den 50er bis 70er Jahren fast völlig. Der Autostraßenbau hatte keinen Gefallen an solchen Details der Straßenräume. Arkaden und Vordächer behinderten für sie nur das Lichtraumprofil und störten den Durchzugscharakter schneller Straßen. Stoffmarkisen kamen beim Fahrtwind vorbeirasender Laster heftig ins Flattern, zerschlissen und verdreckten schnell durch die Autoabgase. So verschwanden nach und nach diese schönen Farbtupfer aus dem Straßenbild.

Durch die heutige Öde der Hauptverkehrsstraßen ernüchtert, erinnerte man sich in den letzten Jahren wieder des Reizes von Arkaden, Vordächern und Markisen für die Straßenraum- und Gehweggestaltung. Sie helfen mit, die horizontale Achse der Straßenräume zu differenzieren und dadurch die störende Monotonie breiter Straßenquerschnitte abzumildern. Für den

Markisen und Arkaden sind ein wichtiges Element für Einkaufsstraßen.

Fußgänger werden breite und lange Straßen auf diese Weise behaglicher und vereinfachen die Orientierung. Speziell ihre abschirmende Funktion macht Arkaden heute wieder aktuell als gutes Mittel zum Schutz wichtiger Gehwege vor Gefahren und Gehwegparken. So wurden in Geschäftsstraßen neue Arkaden mit Stahl- und Glaskonstruktionen vor alte Häuserfronten gestellt, um Aussehen, Image und Fußgängerkomfort zu verbessern. Die Königstraße in Duisburg ist ein bekanntes Beispiel. In Rotterdam gibt es mehrere Geschäftsstraßen mit nachträglich vorgebauten Arkaden. Auch viele japanische Geschäftsstraßen haben so ihr Gesicht verbessert. Seit einigen Jahren werden Arkaden auch wieder im Neubau angelegt, als Teil der Fassade, um mehr Platz für Fußgänger zu schaffen und gleichzeitig neue Akzente im Straßenbild zu setzen. Die »sparsame Variante« der Arkade ist die geschlossene Reihe von Vordächern oder Markisen. In den Geschäftsstraßen der Gründerzeit wählte man oft ein einheitliches System solcher Markisen, mit gegenseitiger Abstimmung in Form und Farbe. Dies gab Gebäudekomplexen ein großzügiges Aussehen. Heute existieren in Geschäftsstraßen nur noch lückenhafte Vordächer mit einer völlig unabgestimmten Gestaltung der Konstruktionen, Materialien und Farben. Wie bei der Werbung scheint auch hier Auffallen um jeden Preis die Devise zu sein, je greller, desto besser. Straßenräume sind aber keine Plakatwände und Showbühnen. Die Stadt- und Verkehrsplanung muß sich deshalb auch wieder um gestalterische Detailkonzepte für Markisen, Vordächer und Außenwerbung kümmern und diese in Rahmenplänen fixieren. Zur Beteiligung an der Finanzierung einheitlicher Konzepte hierfür können die Geschäftsleute inzwischen wieder mehr gewonnen werden, zumal die Einzelhandelsverbände seit geraumer Zeit solche Mittel ausdrücklich zur Standortaufwertung empfehlen.

Manchmal können auch gewagte Eingriffe in gegebene Straßenstrukturen gelingen. So ist zum Beispiel eine Sonderform der Arkade die völlig überdachte Straße, die auch als Galerie bezeichnet wird. Ihr historisches Vorbild sind die überdachten Gassen orientalischer bzw. südländischer Basare und historischer Markthallen. In jüngerer Zeit wurden einzelne größere Straßen – zumeist Fußgängerstraßen – mit zum Teil spektakulären Glaskonstruktionen überdacht.

Die Beleuchtung der Gehwege: statt Peitschenmasten städtebauliche Integration

Straßenleuchten galten einmal als besondere Zierde des Straßenraums. Sie wurden handwerklich hergestellt, jede Stadt oder Gemeinde entwickelte ihre eigenen Formen. Die Gründerzeit steigerte ihren Stolz auf neue, hellere gasbetriebene und später auch elektrische Leuchten so sehr, daß sie für wichtige Straßen und Plätze immer aufwendigere, oft mehrarmige Kandelaber entwarf. Doch auch große Teile des restlichen Straßennetzes erhielten die typischen verzierten gußeisernen Leuchten jener Zeit. Trotz industrieller Produktion wurde die gestalterische Qualität der Leuchten sehr ernst genommen. Die große Wende in der Straßenbeleuchtung kam mit den 50er Jahren. Jetzt dominierte industrielle Dutzendware mit offenkundiger Anspruchslosigkeit im Design. Viele alte Leuchten wurden durch moderne, autoorientierte Peitschenmasten ersetzt, mit extra hohen Masten, weit vom Gehweg in die Straße vorragendem Leuchtkörper und großen Abständen zwischen den einzelnen Leuchten. Eigentlich waren die Peitschenleuchten zunächst nur für Schnellstraßen entwickelt worden. Doch bald tauchten sie als Standardleuchte auf allen Bauhöfen in Stadt und Land auf, hielten selbst in historischen Altstädten, in Dörfern und in harmlosen, verkehrsarmen Wohnstraßen Einzug. Die Peitschenmasten überragen dort oft sogar die angrenzenden Häuser und Straßenbäume. Das weit reichende Flutlicht ermöglicht dem Autoverkehr auch nachts hohe Geschwindigkeiten. Schlechte Sicht mutet man lieber dem Fußgänger zu. Die Gehwege und Seitenräume bleiben bei den Peitschenmasten eher im Dunkel. Das grelle Bogenlicht verdrängt jede Gemütlichkeit aus den Straßen und beseitigt das vertraute nächtliche Bild von in kurzen Abständen aufgestellten, niedrigen traditionellen Leuchten mit ihrem typischen warmen, kleinkegeligen Licht.

Inzwischen bewiesen einige Städte Mut zur Umkehr. Sie haben beispielsweise das oberste Drittel der Peitschenmasten abgeschnitten und neue Leuchtkörper aufgesetzt. Oder sie haben überhaupt die Peitschenmasten zugunsten kleinerer, enger gestellter Leuchten ausgewechselt. Bei Neuplanungen werden neuerdings wieder öfter kleine, in kurzen Abständen gestellte Gehwegleuchten verwendet. Peitschenmasten sollten für Innerortsbereiche völlig aus dem Leuchtenangebot genommen werden. Stadtleuchten brauchen nicht höher als vier Meter zu sein, dafür dürfen, zur guten Ausleuchtung der Gehwege, die Abstände höchstens 25 bis 30 Meter betragen. In kleineren Straßen können Leuchten wieder öfter an Hauswänden befestigt werden. Anstelle industrieller Dutzendware sollten die Städte eigene, signifikante Leuchten entwickeln, um so das übliche Chaos der zufällig nach den jährlichen Preislisten ausgesuchten billigsten Leuchten zu vermeiden. Systematische Beleuchtungspläne unter Berücksichtigung der jeweiligen stadträumlichen Wirkung am Tag und in der Nacht sollten zum Grundrepertoire der Straßenplanung gehören.

Kleine Laternen sind fußgängergerecht.

Damit nicht am falschen Ende gespart wird: ein sachgemäßes Finanzierungssystem für Fußgängerverkehrsanlagen

Ein besonderes Hemmnis für die Gehwegverbreiterung, -gestaltung und Verkehrsberuhigung ist das bisherige Finanzierungssystem des Straßenbaus mit seiner typischen Autoorientierung. An innerörtlichen Bundes-, Landes- und Kreisstraßen sowie den mit Mitteln des Gemeindeverkehrsfinanzierungsgesetzes gebauten sonstigen kommunalen Hauptverkehrs- und Sammelstraßen werden Fahrbahnen vom Straßenbaulastträger finanziert. Für Gehwege dagegen werden die Anlieger zur Kasse gebeten. Breite Fahrbahnen bekommt man also vom Staat geschenkt, breite Gehwege müssen die Bürger als Anlieger selber bezahlen. Dabei wird unterstellt, die Gehwege dienten ausschließlich den Anliegern. Dies ist falsch. Viele Gehwege haben eine ausgesprochene Verbindungsfunktion, zumal in den zentrennahen Gebieten und auf Sammel- und Hauptverkehrsstraßen. Ein erheblicher Teil der dort vorbeikommenden Fußgänger hat in dem Straßenstück weder Start noch Ziel. Die Finanzierungspraxis entbehrt also jeder sachgerechten Grundlage. Die Gleichsetzung des Fußgängerverkehrs mit Erschließung bzw. Aufenthalt zeigt einmal mehr die völlige Unterschätzung seiner Bedeutung. In ihrer Einseitigkeit verführt diese Finanzierungsregelung die Planer dazu, nur schmale Gehwege anzulegen, die Fahrbahnen aber um so breiter auszuweisen. Anlieger stehen bei dieser unsinnigen Finanzierungsregelung aus Angst vor einer zu hohen Kostenbelastung Gehwegverbreiterungen skeptisch gegenüber, obwohl sie sonst gern mehr Platz und Sicherheit für das Gehen hätten. Das Finanzierungssystem des Straßenbaus muß so geändert werden, daß die notwendigen Maßnahmen für den Fußgängerverkehr und die Verkehrsberuhigung nicht dem Rotstift falscher Zuschuß- und Abrechnungsmodalitäten zum Opfer fallen. Der Straßenbau braucht eine einheitliche, ungeteilte finanzielle Verantwortung für die gesamte Straße einschließlich Gehwegen, Parkstreifen, Begrünung, Beleuchtung, Lärmschutz, Radwegen sowie Kosten für die städtebauliche Anpassung und Geschwindigkeitsdämpfung. Dementsprechend sind die Landesstraßengesetze, das Erschließungsbeitragsrecht und das Gemeindeverkehrsfinanzierungsgesetz zu ändern. Nicht viel besser steht es bei der Finanzierung der Verkehrsberuhigung und autofreien Straßennetze. Auch hier werden bislang die Anlieger nach den Kommunalabgabengesetzen der Länder zur Kasse gebeten. An der Angst vor den finanziellen Folgen scheitern daher viele Verkehrsberuhigungsmaßnahmen und Fußgängerzonen bei der Bürgerbeteiligung. Dabei wird so getan, als sei Verkehrsberuhigung eine Art Luxus, den man sich leisten kann, aber nicht muß. Es geht dabei aber nicht um Luxus, sondern um Verkehrssicherheit und Umweltschutz, beides unverzichtbare, gesetzliche Pflichten der Gemeinden bzw. Straßenbaulastträger. Sowenig wie Müllabfuhr, Abwasserbeseitigung und Stromversorgung in das Belieben von Augenblicksstimmungen und finanztaktischen Erwägungen von Anliegerversammlungen gestellt werden können, sowenig kann dies für die Verkehrsberuhigung gelten. Straßen verkehrssicher zu gestalten und Fußgängern ausreichend Platz zu geben muß eine kommunale Pflicht sein, mit einer sachgerechten, ausreichenden Regelfinanzierung. Für die flächenhafte Verkehrsberuhigung und eine systematische Fußgängerförderung sind in den nächsten 15 Jahren nach einer Bedarfsermittlung von 1986 bundesweit rund 219 Milliarden Mark erforderlich. Dieser Betrag kann von den Städten und Gemeinden allein nicht aufgebracht werden. Bund und Länder müssen im Rahmen ihrer Einnahmen die Kommunen deshalb nachhaltig finanziell unterstützen. Ansätze in dieser Richtung praktizieren Nordrhein-Westfalen und Baden-Württemberg, die bereits seit Jahren mit Städtebauförderungsmitteln die Verkehrsberuhigung unterstützen. In Nordrhein-Westfalen wurden seit 1980 fast zwei Milliarden Mark hierfür aufgewendet. Künftig muß in allen Ländern und im Bund ein Großteil der bisher im konventionellen Straßenbau verwendeten Mittel auf diese für das Überleben der Städte wichtige Aufgabe umgelenkt werden. Das gilt für die Kommunen in gleicher Weise.

Schluß mit der fußgängerfeindlichen Zersiedlung: Rückbesinnung auf europäische Baukultur

Fußgänger schätzen die Nähe. Die Stadt der kurzen Wege ist fußgängerfreundlich. Zersiedlung bringt lange Wege und ist der Feind jeden intensiven Fußgängerverkehrs. Die klassische europäische Stadt war kompakt und damit fußgängerfreundlich. Die moderne Autostadt dagegen ist fußgängerfeindlich, zersiedelt, nach dem Automaßstab ohne Sensibilität für Distanzen konzipiert. Zwischen diesen beiden Leitbildern Fußgängerstadt oder Autostadt müssen sich die Stadt- und Verkehrsplanung entscheiden. Die Fußgängerstadt ist dabei die bessere Wahl.

Die Stadt der kurzen Wege braucht maßvolle Verdichtung

Fußgängerfreundliche Planung braucht Mut zur Dichte. Allerdings nicht die krank machende Dichte des spekulativen, großstädtischen Wohnungsbaus um die Jahrhundertwende. Und auch nicht die monumentale Scheindichte der großen Geste, der Hochhauscity oder der Wohnturmsilos in den Trabantenstädten der letzten Jahrzehnte. Vor solchen Ungetümen kommen sich Fußgänger eher wie Ameisen vor, fühlen sich fast erdrückt und unbehaglich. Die Kehrseite dieser Scheindichte ist stets die monströse Öde überdimensionierter Schnellstraßen und Parkplätze, die die Flut des künstlich erzeugten Autoverkehrs bewältigen sollen. Die neuen Wohnhochhäuser am Rande der Städte verlieren sich außerdem in der Leere der vom Baurecht geforderten Abstandsflächen, die mit unbrauchbarem »Verlegenheitsgrün« angefüllt sind. Beides sprengt den Fußgängermaßstab, führt zur Distanz anstatt zur Nähe. Das Unbehagen über diese mißlungenen Exzesse baulicher Verdichtung hat auf der anderen Seite Architekten, Planer und Bürger dazu verführt, zersiedelte, riesige Eigenheim- und Reihenhausareale zum weithin bestimmenden Leitbild des privaten Wohnungbaus zu machen. Diese dispersen Siedlungen haben eine geringe Dichte. Dadurch ergeben sich weite Wege, zur Schule, zum Einkauf, zur Arbeit, zur Haltestelle etc. Der Fußgänger geht in der endlosen Weitläufigkeit von Suburbia unter, in der »Nähe« so rar ist und der »Treff« auf der Straße nicht stattfindet. Autoorientierung und Fußgängerfeindlichkeit sind hier ebenso vorprogrammiert wie in den Wohnturmlandschaften.

Dem Fußgängermaßstab dagegen entspricht die maßvolle Verdichtung, die weniger durch aufgetürmte Baumassen als durch kleine Grundstücke, enge Straßenräume, geschlossene Bebauung entsteht. Diesem Maßstab entsprechen viele historische Altstadtgebiete und Gründerzeitviertel mittlerer Baudichte mit ihrer meist in Blocks geschlossenen Bauweise, ihrem engmaschigen, knapp bemessenen Straßennetz, ihren oft grünen Innenhöfen, ihrer gemischten Nutzung und Versorgungsdichte, ihrer in die Stadt integrierten Lage (Zentrennähe). Sie verkörpern die fußgängerfreundliche, urbane Tradition des europäischen Städtebaus. Der heutige Städtebau muß wieder Anschluß an diese Traditionen suchen, an die in den Ortskernen überkommene Stadtstruktur und -gestalt. Dieser Maßstab darf in den Ortskernen nicht nachträglich gesprengt werden, durch Großprojekte und Autoschneisen. Aber auch am Stadtrand und im Umland ist eine mehr urbane, kleinparzellierte, flächensparende, mehrgeschossige Bebauung nötig,

In Salzburgs Altstadt gibt es 920 Häuser, 4000 Wohnungen, 430 Geschäfte und Gewerbebetriebe, 10 Kirchen, 13 Schulen und eine Universität. Ein engmaschiges Netz schmaler Straßen und vieler Plätze bietet Raum zum Flanieren, für Kommunikation und Aufenthalt. Das ist die europäische Tradition urbaner Kultur. Darüber zum Vergleich ein Autobahnkreuz als Symbol des neuen Automaßstabs, der alles auseinanderreißt, statt es zusammenzufügen. Die Zukunft fußgängerfreundlicher Städte liegt im richtigen Maßstab.

mit einer engeren Gruppierung der Häuser, mit begrenzten Straßenräumen, engmaschigen Straßennetzen, mit Häusern, die sich der Straße zuwenden und sich nicht hinter großen Gärten, Mauern und Hecken verstecken.

Nutzungsmischung und Dezentralisierung fördern Fußgängerverkehr

Zum Fußgängermaßstab gehören die stärkere Nutzungsmischung und eine gute dezentrale, wohnungsnahe Versorgung. Die moderne reine Schlafstadt macht die Menschen künstlich zu Nomaden, erzeugt viel unnötigen Verkehr. Dort ist kaum etwas zu Fuß erreichbar, schon gar nicht der Arbeitsplatz. Ein enges Nebeneinander von Wohnungen, Arbeitsstätten und Läden, ein dezentrales, wohnungsnahes Angebot von Schulen, Verwaltungen etc., ergänzt durch ein dichtes Netz von Zentren und Nebenzentren mit Versorgungs-, Freizeit- und Kulturangeboten, kennzeichen eine fußgängerfreundliche Stadtplanung. Die in den 50er und 60er Jahren aus angeblichen Umweltschutzgründen forcierte Entmischung von Wohnen und Arbeiten hat heute keine ernsthaften Grundlagen mehr. Neue Umweltschutztechnologien und -auflagen machen es möglich, viele Gewerbebetriebe so zu organisieren, daß sie sich mit benachbarter oder überlagerter Wohnnutzung vertragen. Gewerbe- und Dienstleistungsfirmen, Handel und Wohnnutzung müssen integriert und fußgängerfreundlich erschlossen werden. Zur Herstellung einer solchen Nutzungsintegration gehört auch, daß die Verkehrsplanung maßlosen Forderungen der Betriebe nach breiten Fahrbahnen, üppiger Parkraumausstattung und ungebremsten Geschwindigkeiten argumentativ wie planerisch überzeugendere Erschließungskonzepte entgegensetzt. Die Unternehmen müssen für die individuellen wie gesellschaftlichen Vorteile eines attraktiv gestalteten, fußgängerfreundlichen Umfeldes und einer möglichst geringen Abhängigkeit vom Autoverkehr sensibilisiert werden.

Nutzungsmischung und wohnungsnahe Versorgung können auch nachträglich wiederhergestellt werden: durch passende Standortentscheidungen, durch planvolle Ansiedlung von Betrieben in reinen Schlafstädten bzw. durch Wohnungsbau im Umfeld bislang vorwiegend gewerblich genutzter Gebiete. Solche nachträglichen Nutzungsergänzungen sind bereits erfolgreich realisiert worden. In Hannover und Stuttgart beispielsweise wurde die Ansiedlung großer Betriebe in bisherigen Schlafstädten zum Anlaß, diese Gebiete an das Schienennetz des Nahverkehrs anzuschließen. Auch die Bewertung alter Mischgebiete hat sich deutlich verändert, nachdem Anfang der 80er Jahre insbesondere in Nordrhein-Westfalen, später auch in Berlin und Baden-Württemberg unsinnige Betriebsverlagerungen aus den traditionellen Mischgebieten gestoppt wurden. Statt dessen führte man sogenannte Standortsicherungsmaßnahmen durch, um durch Umweltschutzinvestitionen sowie bauliche Verbesserungen die Nutzungsmischung zu erhalten. Brachliegende Gewerbeflächen und Industriehallen in Mischgebieten wurden zu kleinteilig nutzbaren Gewerbehöfen für Klein- und Mittelbetriebe und Gründerfirmen umgestaltet. Begrünungs- und Umfeldmaßnahmen sorgten für eine Standortaufwertung, ein positives Image und eine gute Integration.

Die Auswirkungen solcher fußgängerfreundlichen Standort-, Nutzungs- und Baustrukturen auf das Verkehrsverhalten sind beträchtlich. Für Bonn beispielsweise wurde ermittelt, daß allein durch eine verstärkt fußgängerfreundliche Baupolitik in den 60er und 70er Jahren mit besserer Zuordnung der Baugebiete, höherer Dichte, stärkerer Nutzungsmischung und koordinierter Ausrichtung auf das Schienennetz des öffentlichen Verkehrs die Hälfte des heutigen Autoverkehrs nicht entstanden wäre. Viele kostspielige Straßenbauinvestitionen für den Autoverkehr hätten also gespart und die Gelder für andere Aufgaben verwendet werden können. Dies heißt, daß im Zusammenhang mit der Aufstellung von Flächennutzungs- und Bebauungsplänen sowie konkreten Standort- und Bauentscheidungen gezielt darüber nachgedacht werden muß, wie falsche Bau- und Nutzungskonzepte korrigiert werden können. Auch gilt es zu verhindern, daß in Handel, Schulwesen, Verwaltung, Kultur und Freizeit Konzentration und Gigantomanie weiterregieren und den Fußgängermaßstab sprengen.

TEIL 4

»GLÜCKLICH DIE STADT, DIE RADLER HAT«: WEGE ZUR FAHRRADFREUNDLICHEN STADT

KAPITEL 1

Der Alltag für Radfahrer: voller Hindernisse, Ärgernisse und Gefahren

Nur die Welt der Sonntagsradler ist heil

Wer als »Sonntagsradler« nur für einen Ausflug ins Grüne sein Fahrrad benutzt oder sich als Politiker nur für einen werbewirksamen Auftritt aufs Fahrrad schwingt, lernt wenig von den Alltagsproblemen des Radfahrens kennen. Der Alltagsradler jedoch sieht sich ständig mit einer Verkehrswelt voller Hindernisse, Ärgernisse und Gefahren konfrontiert. Dies ist das Ergebnis jahrzehntelanger Verdrängung und Nichtbeachtung in Verkehrspolitik und -planung. Die Radverkehrsplanung und der Radwegebau lagen lange still. Fahrradförderung war kein Planungsthema, weder bei den Kommunen noch bei den Ländern und dem Bund. Nur in wenigen Gemeinden und Regionen mit einer besonderen Fahrradtradition wie zum Beispiel in Münster, Bremen oder Bocholt wurde der Radverkehr nie ganz vergessen.

Erst Anfang der 70er Jahre fingen Universitätsstädte wie Erlangen oder Freiburg an, das Fahrrad als Verkehrsmittel wiederzuentdecken, und legten dafür eigene Investitionsprogramme auf. Auch in vielen anderen bundesdeutschen Städten erlebte das Fahrradfahren seit diesem Zeitpunkt eine Renaissance. Doch eine konsequente Radförderung fand trotzdem kaum statt. Selbst die wenigen begonnenen Fahrradprogramme blieben Stückwerk und das häufig auch noch auf Kosten der ohnehin knappen Gehwegflächen. Bis heute herrscht die Meinung vor, daß Radwegeplanung nur dann möglich ist, wenn außerhalb der Fahrbahnen Platz dafür gefunden wird. Für eine sinnvolle Koexistenz zwischen Fahrrad- und Autoverkehr auf den Fahrbahnen wurde wenig getan. Entsprechend kuriose und in vielen Fällen fragwürdige neue Radwege sind das Ergebnis. Sie verbessern in der Mehrheit nur die statistischen Vorzeigedaten der Gemeinden und Städte. Der »Radleralltag« ist nach wie vor leidvoll.

Ein Netz voller Lücken

Das Leid der Radfahrer begann mit dem systematischen Radwegeklau der 50er bis 70er Jahre. Da wurden allenthalben Radwege für den Autoverkehr zweckentfremdet, für breitere Autofahrspuren, neue Parkstreifen und den autogerechten Ausbau der Kreuzungen. Auf diese Weise wurde das Radwegenetz empfindlich ausgedünnt. Vielfach blieben nur Reststücke willkürlich zerstreut im Stadtgebiet zurück. Diese Entwicklung war für den Radverkehr um so schlimmer, als gleichzeitig mit dem Verlust von Radwegen der Autoverkehr auf den Straßen immer dichter und schneller wurde. Nur zehn Prozent des Innerortsstraßennetzes sind heute mit Radwegen oder markierten Radfahrstreifen ausgestattet. Vor dem Hintergrund dieser Entwicklung gehört es zum Erlebnisschatz jedes Radfahrers, daß Radwege plötzlich enden. Sobald es im Straßenraum mit den Flächen

Die 50er und 60er Jahre waren die hohe Zeit des Radwegeklaus.

etwas knapper wird, hören die Radwege meist unvermittelt auf. Anscheinend brauchen Radfahrer keinen durchgehenden Platz und Schutz im Straßenraum. Ein bißchen Radweg hier und dort genügt vielen Planern und Politikern. Am häufigsten fehlen Radwege oder Radfahrstreifen in den Innenstädten und Innenstadtrandgebieten, wo sie eigentlich wegen der Dichte des Autoverkehrs, der Bebauung und Einrichtungen (Läden, Schulen, Büros etc.) am meisten gebraucht würden. An den Kreuzungen und Einmündungen sind die Radwege oder -fahrstreifen fast immer unterbrochen, obwohl es gerade hier für jeden Radfahrer besonders schwierig und gefährlich wird. Auch fehlen an den Kreuzungen Aufstellflächen und Abbiegehilfen für Radfahrer. Das Nachbarland Holland dagegen zeigt, wie es anders geht. Erst in den letzten Jahren haben vereinzelt deutsche Planer von den Holländern gelernt und führen Radwege schon einmal mit einer Markierung (Furt) oder Aufpflasterung über die Kreuzungen weiter. Doch noch haben solche Planungsmaßnahmen Seltenheitswert. Noch ist das bundesdeutsche Radverkehrsnetz das lückenhafteste Verkehrssystem in den Städten und Gemeinden.

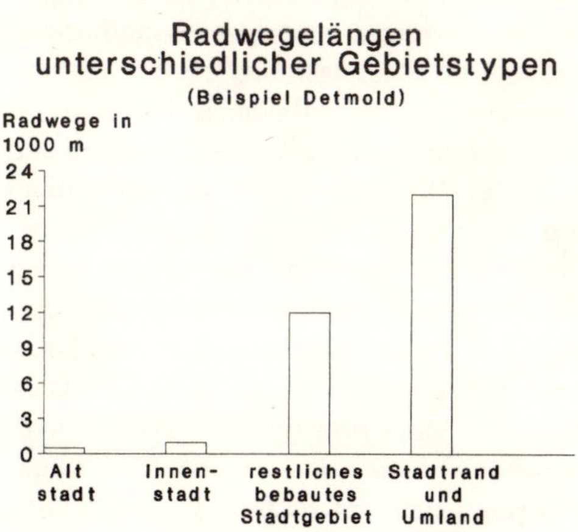

Radwegenetze sind voller Lücken. Nur am Stadtrand und im Umland sind sie einigermaßen dicht.

Der entwertete Radweg: ein Dauerproblem

Wenn es Radwege gibt, heißt das noch lange nicht, daß sie für Radfahrer auch nutzbar sind. Für Autofahrer sind Radverkehrsanlagen beliebte Parkreserveflächen. Die Polizei schreitet in solchen Fällen selten energisch ein, obwohl hierdurch Verkehrsfluß und -sicherheit der Radfahrer erheblich beeinträchtigt sind. Für Radfahrer heißt es dann, entweder auf den Gehweg oder die Fahrbahn auszuweichen. Sind Radverkehrsanlagen abschnittsweise beparkt, wird der ganze Radweg wertlos und unbenutzbar. Entsprechend verzichten viele Radfahrer dann ganz auf die Benutzung, um nicht ständig ausweichen zu müssen.
Aber auch sonst verdient längst nicht alles, was Radweg heißt, diesen Namen wirklich. Der Katalog der typischen Mängel ist lang. So sind oft mitten im Radweg Verkehrszeichen, Absperrpoller, Ampel- und Laternenpfosten postiert, die die Fahrspur erheblich verkleinern. Man muß im Slalom und genau abgezirkelt vorbeifahren, um

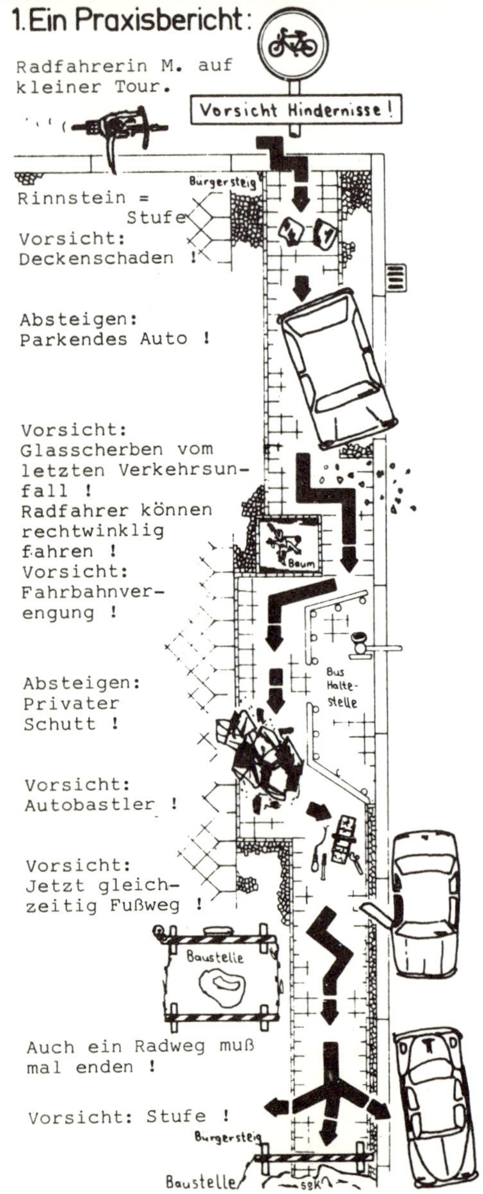

Viele Radwege sind unbrauchbar, zugeparkt, schlecht geplant, schlecht gebaut, schlecht gepflegt, ohne Winterdienst.

nicht gegen diese Hindernisse zu prallen. Auch läßt häufig die Linienführung der Radwege mit viel zu engen Kurven und Ecken erheblich zu wünschen übrig. Die Radwege werden meist auf Bordsteinniveau angelegt, aber an Kreuzungen, Einmündungen und Grundstückseinfahrten müssen die Radfahrer wieder herunter auf die Fahrbahn. Dadurch ergibt sich für sie eine ständige »Berg-und-Tal-Fahrt«. Wer bei seiner Radfahrt häufig Taschen oder Kinder im Kindersitz transportiert, der weiß, wie unangenehm diese andauernden Niveauwechsel sind. Dies um so mehr, wenn Bordsteinabsenkungen völlig fehlen oder die Übergänge zwischen den Niveaus nicht »nahtrein« gestaltet sind.

Wie bei den Gehwegen versuchen die Planer auch bei den Radverkehrsanlagen mit den Zentimetern zu geizen. Mitunter sind sie so schmal, daß sie kaum gefahrlos befahren werden können. Wird ein Meter Breite unterschritten, muß man schon ein Meister im Spurhalten sein, um mit den seitlichen Einbauten und Begrenzungen (Poller, Bäume, Spiegel der geparkten Autos) nicht in Konflikt zu kommen und um langsamere Radler ohne Kollision zu überholen. Für Kinder sind solche schmalen Radwege völlig untauglich. Ihr Radfahren ist weitaus unkontrollierter und »ausschweifender« als das von Erwachsenen. Sie pendeln stärker hin und her und benötigen deshalb einen breiteren Bewegungsraum.

Während die Fahrbahnen der Straßen mit Eifer gereinigt und unterhalten werden und auch der Winterdienst mit Schneeräumung etc. hier eine Selbstverständlichkeit ist, kommen die Radwege nur selten in den Genuß solcher Fürsorge. Nur wenige Orte besitzen geeignete kleine Kehrmaschinen oder Schneepflüge. Dabei hätten die Radwege eine Reinigung oft bitter nötig. Unbesorgt werden sie immer wieder als Mülladeplatz für Unfallscherben, Bauschutt, Kehricht, Schneehaufen etc. zweckentfremdet. Häufig haben die Beläge der Radwege Risse, Schlaglöcher oder schlampig geflickte Stellen. Viele Radwege sind mit schlechten, fugenreichen Verbundsteinen verlegt. »Erschütternd« nennt der Allgemeine Deutsche Fahrrad-Club solche Radwege. Von schlechten Radwegbelägen gehen (weil am Fahrrad eine Federung fehlt) auf Arme, Brust und Rücken Dauervibrationen aus, die beachtliche Werte erreichen. Auch ergeben sich durch solche Mängel akute Sturzgefahren, weil man an den längs laufenden Rissen oder Kanten leicht mit dem Vorderrad hängenbleibt und dann entsprechend Mühe hat, das Gleichgewicht zu halten. Die quer laufenden Unebenheiten verursachen regelmäßig Stöße auf die Felgen oder Reifen, und so holt man sich leicht einen »Platten«.

Der organisierte Gehwegklau: der Gehweg als Radweg

In den letzten Jahren haben viele Gemeinden versucht, die Radfahrer zu Lasten der Fußgänger zu bedienen. Zu diesem Zweck wurden ehemalige Bürgersteige mit einer weißen Markierung einfach halbiert oder im Zuge von Umbaumaßnahmen verschmälert. Doch solche Bordsteinradwege sind für Fußgänger wie Radfahrer eine lästige Sache. Es kommt auf solchen Radwegen häufig zu Behinderungen und Gefährdungen. Wegen ihrer Bewegungsgeschwindigkeiten passen Fußgänger- und Fahrradverkehr nicht auf engem Raum zusammen: Die Radfahrer sind im Durchschnitt etwa vier- bis fünfmal so schnell. Für die Fußgänger heißt das, sie müssen nicht nur auf den Fahrbahnen, sondern auch auf den Bürgersteigen jeden ihrer Schritte kontrollieren. Für Kinder ist dies erst recht eine Zumutung, sie bewegen sich nicht schnurgerade und ständig konzentriert. Sie sind deshalb immer in Gefahr, den Radfahrern vor die Lenker zu laufen. Von Möglichkeiten zu Kinderspiel oder Aufenthalt kann auf solchen Gehweg-Radwegen ohnehin nicht

Gehwege für den Radverkehr zu halbieren ist meist ein untaugliches und gefährliches Mittel. Platz für Radverkehrsanlagen ist eher auf der Fahrbahn.

mehr die Rede sein.

Für den Radfahrer andererseits bedeutet das Fahren in der direkten Nachbarschaft mit Fußgängern, daß er nur sehr langsam vorwärtskommt und immer auf Ausweichmanöver gefaßt sein muß. Problematisch wird es vor allem mit den querenden Fußgängern. An Kreuzungen, Ampeln und bei dichtem Autoverkehr müssen die Fußgänger notgedrungen auf dem Radweg stehenbleiben, um die Fahrbahnen einsehen zu können, oder Gehgrün abwarten. Auch bei Haltestellen von Bussen und Bahnen bleibt Fußgängern wegen Platzmangels oft gar keine andere Wahl, als auf dem Radweg zu warten und diesen damit zu blockieren. Diese Konflikte mit querenden und wartenden Fußgängern treten bei allen Varianten von Bordsteinradwegen auf.

Ein Teil der Radfahrer meidet aus diesen Gründen Bordsteinradwege und benutzt lieber die Fahrbahnen. Dies führt mitunter zu heftigen Gegenreaktionen bei den Autofahrern, die mit ärgerlichen Gesten und aggressiven Fahrmanövern die Radler auf ihren Seitenweg verweisen wollen. Auch die Polizei ermahnt Radfahrer an die (noch geltende) Radwegbenutzungspflicht und zeigt wenig Verständnis für die Begründung, die Radwege seien wegen mangelnder Qualität und Sicherheit unzumutbar.

Beim Kreuzen: allein gelassen

Am deutlichsten zeigen sich die Mängel des heutigen Radverkehrssystems an den Kreuzungen. Die große Mehrheit (ca. zwei Drittel) aller innerörtlichen Radfahrunfälle in der Bundesrepublik ereignet sich dort. An den Kreuzungen und Einmündungen denken Verkehrsplaner nur an Autofahrer. Sie erhalten Haltelinien, eigene Abbiegespuren und -markierungen, auf ihre Bedürfnisse geschaltete Ampelphasen mit passenden Räumzeiten, eigenen Richtungsphasen und grüner Welle. Dem Radfahrer dagegen verweigert man eine vergleichbare Fürsorge und Kreuzungshilfe. Radwege oder Radfahrstreifen brechen an Kreuzungen einfach ab. Bei Rot stehen die wartenden Autos regelmäßig in den Fahrlinien der Radfahrer und blockieren deren Aufstellmöglichkeiten.

Radwege hören oft vor Kreuzungen auf, obwohl dort Schutz für Radfahrer besonders wichtig ist, damit sie das Kreuzen oder Abbiegen im schnellen Autoverkehr sicher bewältigen.

Bei Grün stehen die Radfahrer ungeschützt mitten in den Autoverkehrsströmen, um den Gegenverkehr abzuwarten.

Dabei sind Abbremsen und Antreten für die Radfahrer sehr labile Fahrzustände, bei denen gutes Spurhalten schwer ist. Zusätzlich sollen sie in dieser labilen Fahrsituation auch noch mit einer Hand die beabsichtigte Fahrtrichtung anzeigen. Nicht nur Kinder, sondern auch viele Erwachsene scheuen sich deshalb vor dem Linksabbiegen. Sie schieben lieber ihr Fahrrad über die Kreuzungen und mogeln sich danach wieder irgendwie in den Fahrverkehr.

Von einem Bordsteinradweg aus ist das Linksabbiegen ohnehin nicht vernünftig zu bewerkstelligen. Allein um auf das Fahrbahnniveau zu kommen, müssen sie entweder mit einem Ruck vom Bordstein herunterspringen oder bis ganz an die Kreuzung vorfahren. Entschließen sie sich für den »Sprung« auf die Fahrbahn, dürfen sie bei diesem Manöver nicht zu Fall kommen und müssen hoffen, daß die nachkommenden Autofahrer ihr plötzliches Erscheinen auf der Fahrbahn rechtzeitig wahrnehmen. Fahren sie dagegen an der Seite bis zur Kreuzung vor, müssen sie zunächst die Querstraße bei Grün überqueren und sich dann am Fahrbahnrand – um 90 Grad gedreht – vor dem dort wartenden Fahrverkehr aufstellen. Dabei stehen die Radfahrer dann oft dem querenden Fußgängerverkehr im Weg. Außerdem mißverstehen die Autofahrer diese sogenannte indirekte Abbiegemethode oft als Vordrängeln der Radfahrer und reagieren entsprechend aggressiv, wenn sich diese direkt vor ihnen postieren.

Aber nicht nur das Linksabbiegen, auch das einfache Geradeausfahren hat an Kreuzungen seine Tücken. Oft genug vergessen und ignorieren Autofahrer beim Rechtsabbiegen den Vorrang des geradeaus fahrenden Radverkehrs, vor allem an Straßen mit Bordsteinradwegen. Autofahrer registrieren den Radverkehr im Seitenraum oft viel zu spät, zumal, wenn die Sicht durch parkende Autos behindert ist. Ihre »natürliche« Reaktions- und Haltelinie ist der Fahrbahnrand. Am gefahrvollsten aber ist das Geradeausfahren an den großen Kreuzungen mit großzügigen Eckabrundungen und eigenen Rechtsabbiegespuren für den Autoverkehr. Die Rad- und Gehwege schwenken hier häufig zunächst nach rechts und werden, abgesetzt von der eigentlichen Einmündung, über die Querstraße geführt. So entsteht für die abbiegenden Autofahrer der Eindruck, daß die Radfahrer auch rechts abbiegen wollen. Sie rechnen deshalb nicht mit dem plötzlich nach links schwenkenden, kreuzenden Radverkehr, der von den Planern zu solchen mißverständlichen Schleifen gezwungen wird.

Der Alptraum auf den Fahrbahnen: überholt und bedrängt werden mit hohem Tempo

Die meisten Straßen in den Städten und Gemeinden haben keine eigenen Radwege oder Radfahrstreifen. Die Radfahrer müssen trotz des hohen Tempos des Autoverkehrs auf Hauptverkehrsstraßen die Fahrbahnen mitbenutzen. Dominanz und Tempo des Autoverkehrs bringen es mit sich, daß dort Radfahrer ständig überholt werden. Um aus der Fahrspur nicht ausscheren zu müssen, versuchen Autofahrer und LKW-Fahrer den Überholvorgang möglichst schnell und ohne großen Sicherheitsabstand hinter sich zu bringen. Der gesetzlich vorgeschriebene Mindestabstand von einem Meter wird dabei selten eingehalten. Der Fahrtwind der überholenden Fahrzeuge erzeugt Turbulenzen, die das Spurhalten auf dem Fahrrad erheblich erschweren. In der engen Tuchfühlung mit dem schnellen und dichten Autoverkehr spielt auch die Psyche eine große Rolle. So sitzt man gerade dann verkrampft, ängstlich und unsicher auf dem Rad, wenn es auf gutes Spurhalten besonders ankommt. Vor allem verleitet die Angst vor hautnahen Überholmanövern viele Radfahrer dazu, sich an den äußersten rechten Fahrbahnrand zu drükken. Dies ist subjektiv verständlich, aber objektiv doppelt gefährlich. Zum einen lädt es den schnellen Autoverkehr geradezu ein, mit unverminderter Geschwindigkeit an Radfahrern vorbeizurasen. Zum anderen bringt es die Radfahrer dazu, in einer Art Schlangenlinie zu fahren, da sie versucht sind, jede Lücke zum Ausweichen nach rechts zu »nutzen«. Am Ende einer jeden Lücke müssen sie aber wieder im Fahrstrom »auftauchen« und kommen so erst recht in Kollisionsgefahr, da viele Autofahrer sie dann noch schnell überholen, statt sie sich rücksichtsvoll einfädeln zu lassen.

Den schnellen Autoverkehr im Nacken: Die Angst fährt mit, wenn einen ständig Autos überholen.

Aber auch auf Nebenstraßen radelt man heute nicht mehr sicher. Sind beide Seiten dicht beparkt, ist oftmals nur eine Fahrspur in der Mitte frei. Dann fahren die Autofahrer dicht von hinten an die Radfahrer heran, treten unruhig auf das Gaspedal und drängen sie so an den äußersten Rand, um überholen zu können. Kaum ein Autofahrer kann es ertragen, 100 Meter hinter einem Radfahrer zu bleiben. Bei der Begegnung gibt es ebenfalls Probleme. Während Autofahrer sich dabei meist freundlich arrangieren, wird bei der Begegnung mit Radfahrern wenig Rücksicht genommen.

Die Autofahrer fahren ungebremst auf sie zu, in der festen Annahme, daß sie schon irgendwie zur Seite ausweichen. Insgesamt verführt die Windschutzscheibenperspektive die Autofahrer zu einer generellen Unsensibilität gegenüber dem Radverkehr. Der Radfahrer, der das hohe Autotempo nicht mithalten kann, der nicht mit einer Karosserie Unfallrisiken verkleinern und auf respektablen Platzanspruch im Straßenraum pochen kann, der klein, schmal und langsam ist, wird als lästiger Verkehrsteilnehmer bewertet und von Autofahrern geschnitten, bedrängt oder »weggehupt«. PS-starkes Rowdytum gegenüber Radfahrern ist an der Tagesordnung auf bundesdeutschen Straßen.

Radfahrer im Labyrinth: der Ärger mit Einbahnstraßen und Netzdurchtrennungen

Um den Autoverkehr zu regeln und vor allem auch den Durchgangsautoverkehr zu kanalisieren, werden Straßenverbindungen »unterbrochen«, das heißt Einbahnstraßensysteme, Sackgassen, Abbiegeverbote und -gebote angeordnet. Diese gelten dann für den gesamten Fahrverkehr, also auch für den Radverkehr. Dem Radverkehr nehmen diese Einschränkungen viel von seiner Bewegungsfreiheit, obwohl er an den Problemen, die dadurch gelöst werden sollen, gar nicht beteiligt ist. Der Radfahrer wird so völlig unschuldig und unnötig Gefangener im Labyrinth des Autoverkehrssystems. Es ist der Normalfall, daß Straßenverkehrsämter bei ihren Maßnahmen und Beschilderungen nur den Autoverkehr im Sinn haben, ohne die negativen Folgen für den Radverkehr zu bedenken. Zum Beispiel gibt es viele Sackgassen, bei denen nur die Durchfahrt für den Autoverkehr unterbrochen worden ist. Am Sackgassenzeichen alleine kann man dies aber nicht erkennen. Dabei ist es einfach, durch ein Zusatzzeichen zweifelsfrei zu verdeutlichen, daß für Fußgänger und Radfahrer die Verbindung nach wie vor offen ist. Wo solche fahrradfreundlichen Hinweise bei Sackgassen fehlen, werden ortsunkundigen Radfahrern völlig unnötige Umwege abverlangt.

Einbahnregelungen bestehen in der Regel aus folgenden Gründen: Entweder ist die Fahrbahn so schmal, daß eine durchgängige Begegnung von zwei Autos nicht möglich ist. Oder die Straße ist stark mit Autodurchgangsverkehr belastet, der durch eine gegenläufige Einbahnregelung herausgenommen werden soll. Oder die Leistungsfähigkeit parallellaufender Straßen und Kreuzungen soll durch das Sperren jeweils einer Fahrtrichtung für den Autoverkehr gesteigert werden. In all diesen Fallen wird von den Radfahrern erwartet, daß sie entweder absteigen und ihr Fahrrad durch die Einbahnstraßen in Gegenrichtung schieben oder daß sie die Einbahnstraßen im gleichen Bogen umfahren wie der Autoverkehr. Wer jedoch immer wieder ein Straßenstück schieben soll, verliert das Interesse an der Radnutzung. Fahrradschieben kostet eine Menge Zeit, man kann dann gleich zu Fuß gehen oder das Auto benutzen. Oft ist das Fahrradschieben auf den engen Gehwegen aber auch kaum möglich, denn zum Schieben braucht man den doppelten Platz.

Die Einbahnrichtung zu umfahren zwingt zu großen Umwegen und ebenfalls zu Zeitverlusten. Radfahrer legen ihre Wege mit Muskelkraft zurück und sind dabei Wind und Wetter ausgesetzt. Ein Umweg, vielleicht noch bei strömendem Regen, ist für Radfahrer sehr viel unangenehmer als für Autofahrer. Weiter führt der Wegfall bestimmter Straßenverbindungen durch Einbahnregelungen oft dazu, daß Radfahrer auf Hauptverkehrsstraßen abgedrängt werden, wo sie extrem gefährdet sind. Auch bei Abbiegeverboten und -geboten ist in der Regel nur der Autoverkehr gemeint. Und trotzdem gelten diese Regelungen auch verbindlich für Radfahrer.

Radverkehr in Einbahnstraßen

(Beispiel Köln-Eigelstein)

Radfahrer insgesamt	100
richtige Richtung	55
davon auf Fahrbahn	48
davon auf Gehweg	7
falsche Richtung	45
davon auf Fahrbahn	28
davon auf Gehweg	17

Viele Einbahnstraßen werden ohne Rücksicht auf Radfahrer eingerichtet. Entsprechend hoch ist die Mißachtung dieser Verkehrsregelung.

Kein Wunder, daß viele Radfahrer solche rein autoorientierten Regelungen nicht einhalten, die ihre Belange ganz offensichtlich mißachten. Verbotenes Radeln auf dem Bürgersteig oder gegen die Einbahnstraße provoziert jedoch regelmäßig Fußgänger wie Autofahrer zu Oberlehrerverhalten. Nicht selten kommt es zu erregten Wortgefechten mit den Fußgängern. Die Autofahrer versuchen mit Handzeichen, Hupen oder abdrängendem Fahrverhalten die Radfahrer zu belehren und einzuschüchtern. (An der nächsten Ecke parken die gleichen regelerpichten Autofahrer dann ohne Hemmungen auf dem Rad- oder Gehweg und werden für ihr regelwidriges Verhalten von niemandem gerügt.) An den Übertretungen der Einbahnregelungen sind alle Alters- und Sozialgruppen von Radfahrern beteiligt.
Zu den vielen durch Verkehrszeichen verordneten Umwegen kommen dann noch die großen Umwege, die Radfahrern an Schnellstraßen, Stadtautobahnen, Bahndämmen, Flüssen, großen Industriegeländen zugemutet werden. Diese bilden oft unüberwindbare Barrieren zwischen Stadtteilen. Hier werden den Radfahrern (ebenso wie den Fußgängern) meist nur die in großen Abständen verfügbaren Durchlässe für den Autoverkehr angeboten. Eigene Unter- oder Überführungen für Radfahrer in kürzeren Abständen gibt es selten. In solchen Situationen bleibt mangels vernünftiger Netzplanung der Radverkehr um ca. 30 bis 50 Prozent unter dem Durchschnitt. Wie wichtig solche Durchlässe sein können, zeigt ein Bonner Beispiel. Dort besteht praktisch in der Ideallinie zwischen Innenstadt und angrenzenden dichtbebauten Wohnvierteln eine Bahnunterführung mit anschließender Hauptfuß- und Hauptradwegeachse. Rund 20 000 Fußgänger und 10 000 Radfahrer passieren täglich diese Stelle. So weit, so gut, doch kein Radweg ohne Haken. Wegen der geringen Breite ist diese Unterführung ein Nadelöhr, immer wieder gibt es dort Behinderungen zwischen Fußgängern und Radfahrern. Statt nun diese Unterführung zu verbreitern, wurden die Radfahrer zunächst per Verkehrzeichen zum Absteigen verpflichtet und schließlich mit Barrieren dazu gezwungen. Es ist typisch für die Bonner Verkehrsplanung, daß sie einerseits an sechs verschiedenen Stellen im Stadtgebiet für insgesamt eine Milliarde Mark Straßentunnel plant, um Autofahrern direkte, komfortable und schnelle Straßenverbindungen zu sichern, daß sie aber andererseits bei dieser wichtigen Hauptfuß- und Radwegachse seit zwanzig Jahren keine Verbreiterung zustande bringt und statt dessen Hindernisse für Radfahrer errichtet.

Kein Platz zum Abstellen

»Fahrräder anlehnen verboten«, so oder ähnlich steht es an vielen Hauswänden oder Zäunen. Es ist längst aus der Mode gekommen, vor Geschäften, Hauseingängen, Bürogebäuden, Haltestellen etc. auch für geeignete Fahrradabstellmöglichkeiten zu sorgen, wie das noch in den 50er Jahren üblich war. Zwar haben heute die meisten

An vielen Stellen fehlen sichere Fahrradabstellanlagen: Abstellchaos ist die Folge.

Fahrräder eigene Radständer, aber ohne ordnende Abstellhilfen tauchen schnell Probleme auf. Fast immer werden die Fahrräder auf Gehwegen abgestellt. Wenn nun auf diesen ohnehin knappen Gehwegflächen auch noch die Fahrräder kreuz und quer stehen, werden die Fußgänger in hohem Maße behindert. Nicht selten stürzen durch versehentliches Anstoßen beim Vorbeigehen Fahrräder um, und es gibt den bekannten »Dominoeffekt«, das heißt, andere Fahrräder werden mitgerissen. Dabei werden häufig die Beleuchtungsanlagen defekt.

Am schlimmsten sind die Abstellprobleme von Fahrrädern an den Standorten mit starkem Zielverkehr, wie beispielsweise an Schulen, Hochschulen, Sport- und Freizeiteinrichtungen, Bahnhöfen und in Zentren. Hier kann sich das ungeordnete Fahrradparken von mehreren hundert Rädern schnell zu einem Chaos auswachsen, und man sieht dann verzweifelte Fahrradbesitzer, die in einem Wirrwarr aus Rädern nach ihrem suchen. In dem ungeordneten Durcheinander sind Einzelteile wie Sättel, Pumpen, Kindersitze etc. und auch ganze Fahrräder schnell gestohlen oder demoliert. Doch Planer und Politiker kümmern sich wenig um die Abstellprobleme der Radler im Straßenraum. In den Rathäusern und Amtsstuben hört man nur von den Parkproblemen der Autofahrer. Allenfalls an speziellen Standorten wie Bahnhöfe, Schulen, Freizeiteinrichtungen oder Einkaufszentren existieren gelegentlich Fahrradständer, die jedoch häufig völlig unterdimensioniert und technisch unbrauchbar sind. Meist ist der Ständerabstand so knapp, daß beim Einstellen oder Herausnehmen eines Fahrrades ein Verhaken mit den benachbarten Rädern unvermeidbar ist. Auch Vorrichtungen zur Sicherung der Fahrräder fehlen oft.

Probleme mit dem Fahrradabstellen gibt es vor allem in den vielen dichtbebauten Wohngebieten der Gründerzeit und in den Trabantenstädten der 60er und 70er Jahre, weil dort vielfach spezielle Abstellmöglichkeiten im Gebäude und auf dem Grundstück fehlen. Trotz dieses Mangels wird in der Regel durch Hausordnung das Abstellen im Hausflur und an der Hauswand verboten. Dann müssen die Radfahrer ihre Fahrräder mühsam in Keller oder auf Speicher tragen, manchmal sogar in die Wohnung mitnehmen. Das ist eine groteske Zumutung und Unbequemlichkeit, die vor und nach jedem Fahrradgebrauch eine schwierige, zeitraubende, vor allem für Kinder und ältere Menschen kaum zu bewältigende Abstellprozedur verlangt. Während das Baurecht die Pflichten der Bauherren zur Bereitstellung von Autoabstellplätzen oder Garagen im Detail regelt, bleibt es in der Frage des Abstellens von Fahrrädern unverbindlich. Wohnungsnahe Abstellmöglichkeiten für Fahrräder sind deshalb im Mehrfamilienhausbau ein Dauerproblem.

Der Mangel an Serviceleistungen

Viele der heutigen Leichtfahrräder sind reparaturanfällig. Die Beleuchtungsanlagen haben dünne Klingeldrähtchen, die bei geringster Beanspruchung reißen. Die Kontakte rosten schnell. Das Rücklicht ist oft ohne Schutzbügel und im alltäglichen Gebrauch rasch zerbrochen. Die Bremsen, zumal Felgenbremsen, bedürfen regelmäßiger Wartung und greifen bei Nässe schlecht. Mantel und Schläuche werden leicht durch Glasscherben, Splitt, scharfe Bordsteinkanten etc. durchlöchert. Doch trotz aller Anfälligkeit der Fahrräder sind Fahrradläden und -werkstätten im Stadtgebiet nur vereinzelt vorzufinden. Wer plötzlich mit einem platten Reifen dasteht oder wessen Rücklicht unterwegs seinen Geist aufgegeben hat, der kann auf sachverständige Hilfe kaum hoffen. Die Mehrzahl der Fahrradläden repariert nicht mehr selbst bzw. nimmt nur bei ihnen gekaufte Räder in Reparatur. Richtige Werkstätten, zu denen man mit jedem Rad kommen kann, sind rar. Und selbst dort bekommt man selten prompte Hilfe, sondern muß ein paar Tage und im Sommer auch schon mal Wochen auf eine Reparatur warten. Tankstellen und Autowerkstätten, die in den 50er und 60er Jahren noch bereitwillig Standardreparaturen am Fahrrad mit erledigten, sind für diesen Service schon längst nicht mehr zu haben. So steht man, verglichen mit dem engmaschigen Servicenetz für das Auto, bei jeder Art von Fahrradpanne dumm da. Sicher ist der eine oder andere Schaden mit ein paar Handgriffen in Ordnung zu bringen, aber schon beim Reifenwechsel sind spezielle Kenntnisse, Werkzeuge und Ersatzteile nötig. Nicht jeder, der das Fahrrad als Verkehrsmittel schätzt, liebt auch die auferzwungenen Do-it-yourself-Reparaturen. Viele Radfahrer wären sehr dankbar für eine bessere Qualität der Fahrräder und einen breiteren, örtlich schnell verfügbaren Servicedienst. Bei den schlechten Voraussetzungen ist es kaum verwunderlich, daß Radfahrer mit defekten Rädern unterwegs sind oder schadhafte »Drahtesel« im Keller stehen, anstatt genutzt zu werden.

Verpaßte Chancen: Hemmnisse für »Kombinierer«

Viel Ärger erlebt, wer als »Kombinierer« sein Fahrrad in Verbindung mit Bussen und Bahnen benutzen will, um so »im Umweltverbund« die Vorteile der Schnelligkeit und Flexibilität im Kurz- und Mittelstreckenbereich mit den Vorteilen der umweltfreundlichen Schnelligkeit öffentlicher Verkehrsmittel im Langstreckenbereich zu kombinieren. Viele Haltestellen und Bahnhöfe besitzen überhaupt keine Fahrradabstellmöglichkeiten. Wenn es doch welche gibt, reichen sie vielfach für den Andrang nicht aus, sind oft an entlegenen Stellen in besonders diebstahlgefährdeten abseitigen Ekken plaziert und mit wenig brauchbaren Ständern ausgestattet. Oft fehlen eigene Radverkehrsanlagen, um Bahnhöfe und Haltestellen sicher, direkt und attraktiv erreichen zu können. Es fehlt an Wegweisern und Informationshilfen.

Erst recht problematisch wird es, wenn man sein Fahrrad in Bussen und Bahnen mitnehmen will. Sie sind technisch und organisatorisch auf diesen Bedarf nur sehr schlecht eingestellt. Der »Weg zum Zug« ist auf den Bahnhöfen und Haltestellen mit vielen Hindernissen »gepflastert«. Zunächst muß man dem Zeichen- und Zahlenchinesisch der Fahrpläne mühsam entnehmen, in welchen Zügen und zu welchen Tageszeiten überhaupt nur Gepäckwagen mit Fahrrad-

Lange Zeit ignorierten die Bahn und der öffentliche Nahverkehr das Fahrrad im Umweltverbund.

transport mitgeführt werden. Was früher einmal die Regel auf allen Zügen war, ist heute immer mehr zur Ausnahme geworden. Dann muß man sich eine spezielle Fahrradkarte lösen. Die Preise von vier Mark für Fahrten unter 100 Kilometer und 7,40 Mark für Fahrten über 100 Kilometer (Selbstverlader) sowie 9,50 Mark für Fahrradaufgabe laden nicht gerade zur alltäglichen Fahrradmitnahme (zum Beispiel als Pendler) ein. Noch hinderlicher ist die Mühsal, das Fahrrad zum Bahnsteig zu tragen (denn Schiebehilfen über die vielen Treppen fehlen), in den Gepäckwagen zu hieven (bei dem Höhenunterschied kein Kinderspiel) und im Gepäckwagen mit dem Vorderrad auf die von der Decke hängenden Haken zu stemmen, damit sie während der Fahrt gegen Umfallen gesichert sind. Am Zielbahnhof folgt dann die mühsame Prozedur in umgekehrter Reihenfolge. In Ferienzeiten sieht man trotz dieser Schwierigkeiten viele Radler, die sich geduldig all diesen Mühen unterziehen und dabei vom Bahnpersonal kaum unterstützt werden. Auch sonstige Alternativen zu »Rail & Bike« fördert die Bahn nicht. Der Fahrradverleih der Bundesbahn beschränkt sich bislang ausschließlich auf Ausflugs- und Ferienorte. An eine Ausweitung des Fahrradverleihs für den Alltagsverkehr, wie in Holland üblich, denkt die Bundesbahn nicht. Sie legt sich viel lieber ins Zeug, wenn es um Autofahrer geht. Mit riesigem Werbeaufwand (Motto: »Sie sind automobil am Ziel«) wirbt sie für ihren »Rail & Road«-Service mit Parkhäusern, Autoreisezügen und Autoverleihschaltern auf den Bahnhöfen. Doch trotz des hohen Werbeaufwandes nutzen 35mal mehr Radfahrer als Autofahrer die Kombination mit Bussen und Bahnen.

Nicht viel besser steht es um die Fahrradmitnahme im öffentlichen Nahverkehr. Nur in einigen Städten und Gemeinden konnten die Fahrradverbände nach jahrelangen Bemühungen wenigstens die Duldung der Fahrradmitnahme in U-, S- und Stadtbahnen in den verkehrsarmen Schwachlastzeiten durchsetzen. Die technischen und organisatorischen Voraussetzungen für eine problemlose Fahrradmitnahme werden dabei nicht geboten. Außerdem kostet sie den vollen Fahrpreis zusätzlich.

KAPITEL 2

Bedürfnisse und Eigenschaften von Radfahrern: von Politik und Planung mißachtet

Das Fahrrad im Stadtverkehr: nutzbar für viele, umweltsensibel, wendig und schnell genug

Am Radverkehr können bis auf Kleinkinder alle Altersgruppen teilnehmen. Zum Radfahren braucht man keinen Führerschein. Ein Fahrrad ist für jedermann erschwinglich. Das Fahren damit ist bereits ab vier Jahren erlernbar. Schon 80 Prozent der Sechsjährigen besitzen ein Fahrrad. Auch viele ältere Menschen fahren noch Rad, für sie ist Radfahren eine gute Möglichkeit, Gesundheit und körperliche Beweglichkeit zu erhalten. Von daher umfaßt der Radverkehr ein fast so breites Spektrum von Altersgruppen wie der Fußgängerverkehr. Aber obwohl das Fahrrad einfach und ohne große Umstände Mobilität ermöglicht, nehmen Politiker und Planer die Verkehrsbedürfnisse von Radfahrern nicht entsprechend ernst, verniedlichen es gern als Spielgerät und reines Freizeit- und Schönwetterverkehrsmittel. Sie unterschätzen in vieler Hinsicht seine Bedeutung für den Alltagsverkehr.

Mit dem Fahrrad ist man deutlich schneller als zu Fuß. Als Folge der höheren Geschwindigkeit vergrößert das Fahrrad beträchtlich den Aktionsradius, ohne spezifische Wegekosten zu verursachen, wie sie bei der Benutzung von Bahn, Bus oder Auto anfallen. Mit dem Fahrrad kann man mehr erledigen und entferntere Ziele erreichen als zu Fuß zur selben Zeit. Aber auch gegenüber dem Auto und dem öffentlichen Verkehr bietet das Fahrrad den Vorteil, daß die Zeitverluste für den »Vor- und Nachtransport« (An- und Abmarschwege zur Haltestelle bzw. zum Parkplatz, Parkplatzsuchzeiten etc.) wegfallen. Mit dem Fahrrad kann man praktisch vor jede Haustür fahren. Man kann ohne Probleme an jeder beliebigen Stelle anhalten. Vergleicht man die Tür-zu-Tür-Reisezeiten aller Verkehrsmittel (Füße, Fahrrad, öffentlicher Verkehr, Auto), so ist das Fahrrad im dichten Stadtverkehr für Wege unter sechs Kilometer das absolut schnellste Verkehrsmittel. Das Fahrrad eignet sich deshalb besonders gut für innerörtliche Wegeketten. Wer zeitsparend zum Beispiel ein paar Lebensmittel einkaufen, Sohn oder Tochter vom Kindergarten abholen, die schmutzige Jacke in die Reinigung bringen will, tut dies vorteilhaft mit dem Fahrrad.

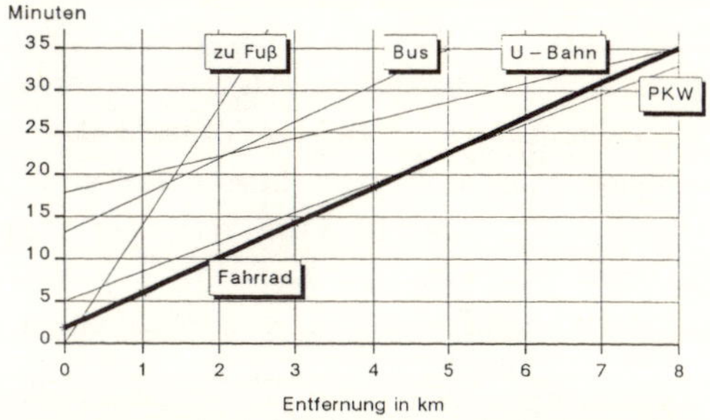

Die Tür-zu-Tür-Reisezeiten sind im Stadtverkehr mit dem Fahrrad besonders günstig, weil man sich die Parkplatzsuche erspart und im dichten Verkehr schnell vorankommt.

Der Vorteil des Fahrrades im kleinräumigen Stadtverkehr liegt vor allem in seiner Wendigkeit und Flexibilität sowie in seiner idealen, nicht zu langsamen und nicht zu schnellen, Geschwindigkeit. Die Höchstgeschwindigkeit der Alltagsradler übersteigt selten 30 Stundenkilometer. Diese Geschwindigkeit ist noch ausreichend verkehrssicher und gut verträglich. Ein Radfahrer hat nicht die Möglichkeit, wie Autofahrer völlig unangepaßte Geschwindigkeiten zu fahren. Kein Gaspedal verführt ihn zur Raserei, keine Karosserie und kein Gurt täuschen ihm falsche Sicherheit vor. Bei jedem unangepaßten Fahrverhalten riskiert er den eigenen Sturz vom Sattel auf den harten Boden. Durch die verträgliche Geschwindigkeit werden im Fall einer Kollision nur begrenzte Aufprallenergien frei, die in der Regel keine schweren Verletzungen zur Folge haben. Neben der verträglichen Geschwindigkeit ist der Radverkehr auch sonst umweltfreundlich: Er stinkt nicht, er lärmt nicht, er ist platzsparend. Darüber hinaus haben Radfahrer direkten Kontakt mit der Umgebung. Keine Blechhülle schirmt sie ab. Das Radfahren ist deshalb erlebnisreich und attraktiv, wenn die Umgebungsdetails ansprechend sind. Radfahren bietet auf belebten Stadtstraßen, auf stillen Wohnstraßen und auf naturnahen Wegen viele unterschiedliche Reize. Je attraktiver die Umgebung ist, desto häufiger wird zum Vergnügen geradelt, als eine Art Spazierengehen oder Stadtbummel per Fahrrad, entsprechend stören negative Umwelteinflüsse. Dichter Autoverkehr, Abgaswolken und Autolärm belasten intensiv. Städtebauliche Öde verlängert die Fahrzeit psychologisch, der Fahrtweg wird als weiter empfunden, als er tatsächlich ist.

Das Fahrrad: ein kommunikatives Verkehrsmittel

Vom Fahrrad aus kann man leicht zu Fußgängern oder Mitradlern Kontakt aufnehmen. Das Anhalten, Richtungwechseln, Umkehren, Stehenbleiben und Abstellen »funktioniert« mit dem Fahrrad problemlos. Trifft man Bekannte und will ein paar Worte wechseln, kann man die Fahrt spontan unterbrechen. Hält man an und ist anderen Verkehrsteilnehmern im Wege, kann man sein Gefährt einfach wegschieben. Das Fahrrad bietet deshalb viel Bewegungsfreiheit, erfordert nicht die starke Reglementierung und strenge Einordnung wie der Autoverkehr. Es eignet sich als kommunikatives Verkehrsmittel auch zum Reisen in Gruppen. 30 Prozent aller Radfahrer sind nicht allein, sondern zu mehreren unterwegs. Damit entsteht das Bedürfnis, sich mit seinen Mitradlern zu unterhalten und zu zweit oder dritt nebeneinander zu fahren. Im Auto ist die Möglichkeit zur Unterhaltung zwischen den Mitreisenden ein selbstverständlicher Anspruch, deshalb die Dimensionierung der Autos auf vier bis sechs Plätze, zwei bis drei davon nebeneinander. In Ländern und Städten mit langer Fahrradtradition wird das Nebeneinanderradeln mit großer Selbstverständlichkeit praktiziert, wie zum Beispiel in Holland

Radeln macht Spaß und ist kommunikativ. Man sieht viel, kann den Weg genießen, in Gruppen fahren, spontan stehenbleiben und sich bei alledem unterhalten.

oder im westfälischen Münster. Die deutsche Straßenverkehrsordnung erlaubt Nebeneinanderradeln, wenn dadurch der Verkehr nicht behindert wird. Eine Behinderung liegt erst dann vor, wenn die Autos über eine längere Strecke nicht überholen können. Größere Pulks von Radfahrern (ab 12 Personen) müssen sogar nach der Straßenverkehrsordnung in »Kolonne nebeneinander« fahren. Den meisten Autofahrern sind diese Regeln nicht bekannt. Sie fühlen sich grundsätzlich von nebeneinander oder in Gruppen fahrenden Radlern provoziert.

Das Fahrrad ist ein gutes Transportmittel. Gepäckträger, Einkaufskörbe und Satteltaschen bieten einigen Stauraum.

Der Radverkehr: unterbewertet in seiner Transportbedeutung

Die Transportbedeutung des Fahrrades ist beachtlich. Sie wird besonders klar im Straßenbild solcher Gemeinden oder Regionen, in denen die Alternative Auto nur eingeschränkt oder gar nicht zur Verfügung steht. Ein solches bundesdeutsches Beispiel sind die Ostfriesischen Inseln, auf denen jeglicher Autoverkehr untersagt ist. Hier wird ein erheblicher Teil des Liefer-, Geschäfts- und Einkaufsverkehrs mit dem Fahrrad abgewickelt. Fahrräder, beladen mit Taschen, Kartons, Getränkekästen, Koffern, Kleinkindern etc., gehören dort zum alltäglichen Straßenbild. Noch deutlicher wird die Transportbedeutung des Fahrrades in der Dritten Welt, wo es, als entsprechendes Lastfahrrad, noch oft im Wirtschaftsverkehr zum Transport großer und schwerer Güter eingesetzt wird. Für den alltäglichen Transportbedarf in unseren Breiten reicht ein Gepäckträger hinten (eventuell ein zusätzlicher vorne) normalerweise aus. Mit Satteltaschen oder Fahrradkörben kann man die Mitnahmemöglichkeiten außerdem erhöhen. Ansonsten gibt es im Handel geeignete Anhänger und Spezialräder für größere Transporte zu kaufen.

Mit dem Fahrrad können sehr viel größere und schwerere Lasten mit weniger körperlicher Anstrengung und damit über weitere Wege transportiert werden als zu Fuß. Trotzdem ist das Fahrrad nicht überdimensioniert wie ein Auto. Es ist klein, wendig und flexibel benutzbar. Wer mit dem Fahrrad zum Großeinkauf fährt, braucht für den Transport der verschiedenen Lebensmittel nur Einkaufskorb und Satteltaschen. Wer nur um die Ecke ein Eis essen fährt, kann beides zu Hause lassen. Der Autofahrer hingegen fährt mit seinem großen Kofferraum umher, der, wie der Name schon sagt, für die Mitnahme des gesamten Urlaubsgepäcks von normalerweise vier bis fünf Personen dimensioniert ist. Mit diesen alltäglich herumkutschierten leeren Gepäck- und Sitzkapazitäten beansprucht der Autoverkehr nutzlos Platz, verschwendet er eine Menge Energie. Viele Verkehrspolitiker, -planer und Bürger haben mit dem Vormarsch des Autos die gute Transportfähigkeit des Fahrrades ganz vergessen. Mitgeholfen haben dabei fatalerweise auch die Fahrradhersteller mit einer stark auf Rennsport, Freizeit und Schnickschnack orientierten Produktion und Werbung. Viele Räder werden heute zum Beispiel ohne Gepäckträger oder nur mit Leichtgepäckträgern angeboten.

Der Radverkehr: kein Schmalspurverkehr

Ähnlich wie beim Fußgängerverkehr ist auch beim Radverkehr das wissenschaftliche Interesse an Grundlagenforschung gering. Es gibt nur wenige Untersuchungen über den tatsächlichen Flächenbedarf und die Fahrabläufe. Die üblichen Maße werden statt dessen einfach aus Richtwerttabellen übernommen, die mit all ihren Fehlern von Planergeneration zu Planergeneration weitergereicht werden. Auch die neuen Empfehlungen für die Anlage von Erschließungsstraßen (EAE 85) haben noch immer viel zu geringe Grundmaße in ihrem Repertoire. Breiten von 80 bis 100 Zentimetern beim Einrichtungsradweg und 160 Zentimetern beim Zweirichtungsradweg werden den Bedürfnissen des Fahrradverkehrs nicht gerecht. Auf solchen Radwegen ist der Bewegungsraum schon für einen Radfahrer stark eingeengt, Sicherheitsabstände nach links und rechts sind nicht vorhanden. Das Überholen von anderen Radfahrern bzw. Nebeneinanderfahren zwingt zur Inanspruchnahme von benachbarten Fahrbahnen oder Gehflächen. Eltern können auf solchen Radwegen oder Radfahrstreifen ihren Kindern keinen »Flankenschutz« geben. Sie müssen vor oder hinter ihnen bleiben. Daß in der Praxis Radfahrer nicht in solchen zu schmal bemessenen Querschnitten hängenbleiben, ergibt sich nur aufgrund ihrer Flexibilität für Ausweichbewegungen.

Das übliche Bemessungsgrundmaß von 60 Zentimetern Breite im Stand kann nur ein Radartist im enganliegenden Show-Dress einhalten. Jeder normale Erwachsene braucht mit seiner Alltagskleidung in der Regel mehr Breite, sei es mit einem weiter geschnittenen Rock, einem Mantel oder einem Regencape, mit einer Umhängetasche etc. Selbst dem Fußgänger werden deshalb 78 Zentimeter Breite im Stand zugestanden. Radfahrer brauchen zusätzliche Breite um so mehr, als Fahrbewegung

Breite Radwege sind attraktiv und sicher. Sie zeigen: Hier wird das Fahrrad ernst genommen. Schmale Radwege sind zur Fahrradförderung untauglich, große Radverkehrsströme können sie nicht aufnehmen.

und Fahrtwind Kleidungsteile aufblähen und schwingen lassen. Mit einer etwas größeren Sport-, Schul- oder Reisetasche auf dem Gepäckträger oder einer Einkaufstüte am Lenker werden die 60 Zentimeter Breite ebenfalls schnell überschritten. Außerdem vergrößert sich die »Radfahrerbreite« in Schräglage bei Kurvenfahrten. Bei der dabei häufig vorkommenden Neigung von 68 Grad erreichen 85 Prozent der Radfahrer Breiten von bis zu 92 Zentimetern, der Rest braucht sogar noch mehr.

Beim Radfahren ist das exakte Spurhalten schwierig. Schon auf ebener und gerader Strecke schwanken sie beidseitig bis zu 25 Zentimeter über eine Idealfahrlinie und nehmen dafür einen Bewegungsraum bis zu 124 Zentimetern Breite in Anspruch. Beim Anfahren nach einem Halt werden die Bewegungsschwankungen noch größer. Durch die geringe Geschwindigkeit beim Anfahren pendeln die Radfahrer beidseitig sogar bis zu 40 Zentimeter über der Idealfahrlinie und nehmen dafür einen Bewegungsraum bis zu 158 Zentimetern Breite in Anspruch. Auch auf Steigungsstrecken werden ähnlich große Bewegungsschwankungen erreicht. Ohne behindernde Ausgleichsbewegungen können sich Radfahrer nur begegnen oder überholen, wenn eine Abstandsbreite von 120 Zentimetern (Abstand zwischen den äußersten Punkten zweier Fahrräder) zur Verfügung steht. Bei nur 100 Zentimeter Abstandsbreite bremsen schon 50 Prozent der Radfahrer ihre Geschwindigkeit ab und führen Ausgleichsbewegungen durch. Dieser Meßwert verdeutlicht, wie spartanisch knapp die Durchschnittsradwege bemessen sind. Er verdeutlicht auch, wie autofreundlich der in der Straßenverkehrsordnung vorgeschriebene Mindestabstand von 100 Zentimetern beim Überholen von Radfahrern durch Autofahrer angesetzt ist, ein typisches Maß, das gravierend Schutz und Sicherheit der Radfahrer verletzt, um dem Autoverkehr möglichst gute Überholchancen zu sichern. Auf den schmalen Standardradwegen ist auch Nebeneinanderradeln unmöglich. Damit wird ein wichtiges Grundbedürfnis der Radfahrer verletzt, denn, wie gesagt, 30 Prozent der Radfahrer fahren in zusammengehörenden Gruppen. Außerdem bilden sich vor Ampeln und anderen Wartestellen oder an wichtigen Verkehrszielpunkten (Schulen, Freizeiteinrichtungen, Arbeits- oder Einkaufsschwerpunkten) häufig »lose, temporäre« Gruppen. Doch der chronische Platzmangel auf Radverkehrsanlagen verhindert dabei eine vernünftige Pulkbildung und zwingt zu mühsamem, unbequemem »Gänsemarsch«.

Neben all diesen Aspekten müßte auch das Abstandsverhalten der Radfahrer zu festen Hindernissen wie Bäumen, geparkten Autos, Mauern, Pollern etc. bei der Bemessung der Radwege eine wichtige Rolle spielen. Doch Untersuchungsergebnisse hierzu sucht man vergeblich. Der üblicherweise angenommene Wert von 25 Zentimetern ist viel zu knapp. Schon der Fußgänger versucht bei Schrittgeschwindigkeit einen Mindestabstand von 30 Zentimetern zu festen Hindernissen zu halten. Deshalb ist bei der schnelleren Radfahrbewegung nur ein höherer Wert realistisch. Betrachtet man alle Werte im Zusammenhang, ist es kaum verwunderlich, daß auf einen Meter breiten Radwegen nur ca. sieben Prozent der Radfahrer gut zurechtkommen. Müssen dabei auch noch Kurven gefahren werden, sind es sogar nur noch fünf Prozent. Fahrradgerechte Mindestbreiten für Einrichtungsradwege mit Überholmöglichkeit und für einfache Zweirichtungsradwege beginnen bei 2,5 bis 3 Meter. Für Gruppen befahrbare Radwege brauchen Mindestbreiten ab vier (Einrichtungsradweg) und fünf Meter (Zweirichtungsradweg). Die EAE 85 (Empfehlungen für die Anlage von Erschließungsstraßen) gehen wenigstens für Hauptradwege von solchen Radwegbreiten (vier Meter und mehr) aus. In Städten mit langer Fahrradtradtition sind solche Maße durchaus üblich. Dagegen findet man in den Städten und Gemeinden mit einer halbherzigen Fahrradplanung auch meist nur »halbe« Radwege.

Radfahrer sind oft in Gruppen unterwegs. Auch deshalb nützen Miniradwege wenig.

Der Radverkehr: von Politik und Planung »zur Schnecke« gemacht

Planer und Politiker wissen wenig über die unterschiedlichen Geschwindigkeiten im Radverkehr. Sie gehen davon aus, daß alle Radfahrer in etwa gleich schnell fahren. Tatsächlich aber gibt es innerhalb des Radverkehrs beträchtliche Geschwindigkeitsunterschiede. Dies liegt zunächst einmal an den persönlichen Merkmalen wie Alter,

Konstitution und Geübtheit der Radfahrer. Am langsamsten radeln kleine Kinder und Betagte mit 10 bzw. 12 Stundenkilometer. Kinder von acht bis zwölf Jahren sind mit 19 Stundenkilometer schon deutlich schneller. Jugendliche von 13 bis 18 Jahren sind mit 21 Stundenkilometer die schnellste Radfahrergruppe. Die erwachsenen Radfahrer zwischen 19 und 45 Jahren radeln im Durchschnitt mit 17 Stundenkilometer. Geübte Radfahrer sind meist um ca. fünf Stundenkilometer schneller als ungeübte. Großen Einfluß hat weiter der Fahrtzweck. Im Einkaufs- und Freizeitverkehr wird meist langsamer geradelt als im Berufs- und Ausbildungsverkehr. Wer sein Ziel zügig erreichen muß, versucht kräftiger in die Pedale zu treten als jemand, dem es nicht auf die genaue Ankunftszeit ankommt. Natürlich werden auch hochbeladene Fahrräder, Fahrräder mit Anhänger, Fahrräder mit Kind im Kindersitz langsamer gefahren als unbeladene. Mit Leichtmetallrädern oder Rädern mit Gangschaltung fährt man zügiger als mit schweren Rädern, kleinen Klapprädern oder Rädern ohne Gangschaltung. Diese inhomogenen Geschwindigkeiten führen dazu, daß schnellere Radfahrer immer wieder auf langsamere treffen. Auf den schmalen Radverkehrsanlagen kann dann kaum überholt werden. Die schnelleren Radfahrer müssen sich den langsamen zwangsläufig anpassen oder den Radweg verlassen. Platzmangel auf den Radwegen verlängert deshalb die Reisezeiten im Fahrradverkehr erheblich.

Zu diesen Verzögerungen addieren sich die Zeitverluste an Ampeln. An den Ampeln mit sogenannter verkehrsabhängiger Steuerung sind Radfahrer praktisch nicht eingeplant, denn die Induktionsanlagen registrieren in der Regel nur Autofahrer. Das bedeutet, Radfahrer können nur im Schlepptau von Autofahrern Grün erhalten. Kommen sie allein an, wird kein Querungsbedarf registriert. Die Ampel bleibt auf Dauerrot. Die Radfahrer können dann nur Einfluß auf den Signalablauf nehmen, wenn sie absteigen, ihr Fahrrad auf die Seite schieben und über die Knopfdruckanlage der Fußgänger ihren Querungsbedarf anmelden. Oft merken die Radfahrer zuerst gar nicht, daß die Ampelanlage sie ignoriert. Man stelle sich umgekehrt vor, Autos würden nur Grün erhalten, wenn sie zuvor einen Radfahrer oder Fußgänger »mitbringen«! Zeitverluste an Ampeln bringt auch die Zuordnung vieler Radverkehrsanlagen zum Fußgängerverkehr. Wegen der langsameren Fortbewegung erhalten Fußgänger am Ende der Ampelphase schon Rot, während der gleichgerichtete Autoverkehr noch Grün hat. So gerät auch der Radfahrer in den Nachteil der kürzeren Grünphase, obwohl er Fahrverkehr ist und die dem Autoverkehr noch verbleibende Grünzeit ebenso wie dieser nutzen könnte. Viel Zeit vergeudet man zusätzlich beim indirekten Linksabbiegen. Dazu muß man absteigen, schieben und in jedem Fall eine zusätzliche Ampelphase abwarten, bis man die Kreuzung hinter sich hat.

Die größten Zeitverluste bringen die vielen unnötigen Umwege aufgrund der autoorientierten Einbahnstraßenlabyrinthe, Abbiegeverbote, Sackgassenregelungen und Schnellstraßenplanung. Gerade für den Radverkehr werden auf diese Weise wichtige und zügige Verbindungen gekappt.

Für Verkehrsplaner und -politiker ist die »Zügig- und Flüssigkeit« des Fahrradverkehrs, anders als beim Autoverkehr, kein relevantes Thema. Durch das Planungsstreben nach beschleunigtem Autoverkehr wurde der Fahrradverkehr erheblich verlangsamt. In den letzten zwanzig Jahren ist seine durchschnittliche Reisegeschwindigkeit einschließlich aller Warte- und Umwegzeiten in den Städten von 14 auf 8 Stundenkilometer fast halbiert worden.

Der fromme Wunsch vom autogerechten Radfahrer

Kinder und Jugendliche sind gerne und häufig mit dem Fahrrad unterwegs. Es sichert ihnen eine hohe Flexibilität und vergrößert ihren Aktionsradius gegenüber dem Fußgängerverkehr um ein Vielfaches. Es macht ihnen mehr Spaß und ist weniger anstrengend als das Zufußgehen. Aus diesen Gründen ist der Anteil von Kindern und Jugendlichen unter den Radfahrern groß. Viele Autofahrer sind sich dessen nicht bewußt und stellen ihr eigenes Fahrverhalten nicht darauf ein, daß ein beträchtlicher Teil der Radfahrer noch nicht über »ausgeklügelte« Verkehrskenntnisse und -fähigkeiten verfügt. Auch Politik und Planung übersehen häufig diesen Tatbestand bei ihren Forderungen an »autogerechtes Radfahrerverhalten«.

Zwar entwickeln Kinder sehr früh eine erstaunliche Körperbeherrschung und Geschicklichkeit beim Radfahren. Doch ihre Bewegungsabläufe bleiben geprägt von Spontaneität und Spieltrieb. Da Spiel und Verkehrsteilnahme bei ihnen immer wieder ineinander übergehen, wird schon einmal in Schlangenlinien gefahren oder freihändig oder plötzlich gestoppt, gewendet oder abgebogen. Kinder sind keine »kleinen Erwachsenen«. Sie behalten auch im Verkehr ihre eigenen kindlichen Verhaltensweisen. Es fehlt ihnen noch die jahrelange Einübung in die vielfältigen komplizierten Verkehrssituationen. Die Verkehrsregeln und -risiken werden ihnen erst im »Laufe der Zeit« geläufig. Sie sind Lernende, auch in Sachen Verkehr. An dieser Tatsache läßt sich durch frühkindlichen Verkehrsdrill und polizeiliche Verkehrserziehung in Grundschulen wenig ändern. Also haben sich Verkehrsplanung und Autoverkehr darauf einzustellen.

Auch viele ältere Menschen besitzen und benutzen häufig ein Fahrrad. Das Radfahren ermöglicht ihnen, »jung« und beweglich zu bleiben, einen weiteren Aktionsradius als auf »alten Füßen« zu haben und die Abhängigkeit von Bring- und Holdiensten oder den öffentlichen Verkehrsverbindungen zu verringern. Betagte sind allerdings auch oft keine »perfekten« Radfahrer mehr. Bei ihren Bewegungsabläufen muß immer mit altersbedingten Unsicherheiten in der technischen Beherrschung des Fahrrades, zum Beispiel beim Starten, Bremsen

Schon kleine Kinder und auch noch viele Alte sind mit dem Fahrrad unterwegs. Darauf muß das Verkehrssystem Rücksicht nehmen.

und Abbiegen, gerechnet werden. Mit dem regelgerechten Verhalten in schwierigen Verkehrssituationen, etwa an großen Kreuzungen, sind ältere Menschen leicht überfordert. Die Reaktionsfähigkeit läßt nach, und die Kenntnis der Regeln ist häufig nicht mehr gut. Wenn sie überhaupt je einen systematischen Fahr- und Verkehrsunterricht genossen haben, liegt dieser meist schon Jahrzehnte zurück. Die Inhalte sind also zum Teil vergessen oder nicht mehr auf dem aktuellen Stand. Trotzdem kann man sie nicht zu »Verkehrsidioten« stempeln und ihnen das Radfahren austreiben wollen. Das Verkehrssystem muß sich auf alle Menschen, auch auf Betagte, angemessen einstellen.

Aber auch viele Erwachsene in den besten Jahren verhalten sich auf dem Fahrrad nicht immer im Sinne der Straßenverkehrsordnung regelgerecht und berechenbar. Denn die Straßenverkehrsordnung, die »Meßlatte« für richtiges und falsches Verhalten im Straßenverkehr, ignoriert und vernachlässigt in vielfältiger Weise die Belange des Radverkehrs. Deshalb begehen viele Radfahrer Regelverstöße. Die Planer und Straßenverkehrsbehörden haben lediglich vergessen, für sie die notwendigen Sonder- und Ausnahmeregelungen anzuordnen. Darüber hinaus gibt es Regeln, die prinzipiell für Radfahrer nur schwer einzuhalten sind. Ein häufiger Verstoß ist zum Beispiel das nicht gegebene Handzeichen beim Abbiegen. Vorschriftsmäßig muß ein Radfahrer bei jedem Abbiegevorgang eine Hand vom Lenker nehmen, um sein Handzeichen machen zu können. Einhändiges Fahren ist aber gefährlich bei Rädern ohne Rücktritt, beim Radfahren zwischen Straßenbahnschienen, an komplizierten Kreuzungen, auf holprigem Belag, mit schwerem Gepäck am Lenker etc. Viele Radfahrer machen deshalb nur ein kurzes Handzeichen oder verzichten ganz darauf, um schwierige Fahrmanöver besser mit beiden Händen am Lenker zu meistern. Beim Geradeausfahren, bei Steigungen und in Kurven, beim Anhalten und Anfahren sind Radfahrer immer Schwankungen und damit Unsicherheiten im Fahrverlauf unterworfen. Aufgrund all dieser Voraussetzungen kann es den autogerechten Radfahrer nicht geben.

Die hohe Verletzbarkeit des Radfahrers: Die Knautschzone fehlt

Ein vernünftiges Miteinander von Autofahrern und Radfahrern stellt sich am ehesten dort ein, wo Radfahrer zum vertrauten alltäglichen Straßenleben gehören, wo ihre Belange auf offensichtliches Interesse in Stadtverwaltung und Stadtparlament stoßen, wo auch Autofahrer häufig das Fahrrad benutzen und damit die Alltagsprobleme der Radler selber kennen. Geschimpfe, Unverständnis und rüdes Fahrverhalten gegenüber Radfahrern dagegen kommen überall dort auf, wo der Radverkehr von Politikern, Planern und Medien geringgeschätzt wird und wo er zur Randgröße im Verkehrsgeschehen verkommen ist. In ei-

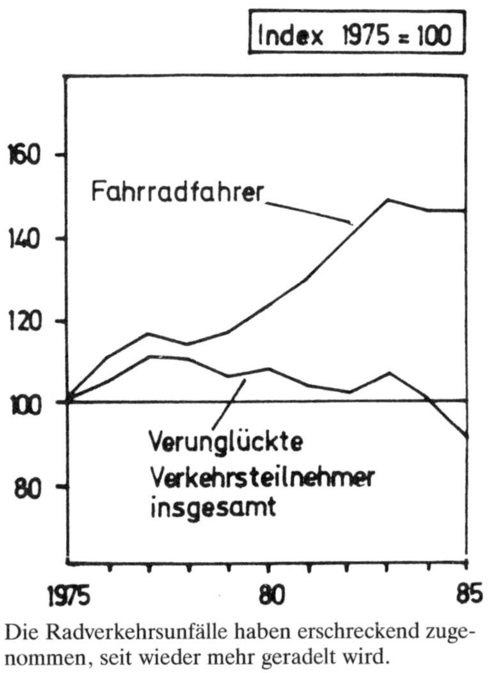

Die Radverkehrsunfälle haben erschreckend zugenommen, seit wieder mehr geradelt wird.

nem fahrradunfreundlichen Verkehrsklima entwickelt sich bei vielen Autofahrern eine Art »Feindhaltung« gegenüber Radfahrern. Häufig werden diese dann von Autofahrern bedrängt, angehupt, in Kurven oder beim Überholen geschnitten. Dieser aggressive Fahrstil potenziert die Unfallgefahren, allein schon wegen der dadurch verstärkten Unsicherheit und der ängstlichen Schreckreaktionen der Radfahrer.

Das rauhe Klima einer weithin fahrraduntauglichen und -unfreundlichen Verkehrswelt verführt manche, vornehmlich männliche Radfahrer in jungem bis mittlerem Alter, zur Gegenwehr durch risikoreiches Fahrverhalten. In einer Art »Selbstverteidigung« wird versucht, durch Ausspielen der eigenen Wendigkeit die Benachteiligungen auszugleichen, dabei hinderliche Verkehrsregeln zu ignorieren und nach eigener Vorteilsauslegung zurechtzukommen. Schmal und wendig schlängeln sie sich an Kreuzungen an wartenden Autos vorbei, beim Rechtsabbiegen umfahren sie auf dem Gehweg rote Ampeln, beim Linksabbiegen mogeln sie sich schnell vor der anfahrenden Gegenrichtung hinüber. Autofahrer und ihre Interessenvertretungen prangern gerne diese undisziplinierten Verhaltensweisen der Radfahrer an. Dabei steht ihnen das rechthaberische Getue nicht zu. Ihre eigenen Regelübertretungen sind viel zahlreicher und folgenschwerer. Geschwindigkeitsübertretungen sowie Geh- und Radwegparken sind selbstverständlich geworden und werden trotz ihres gewaltigen Gefährdungspotentials gern als Kavaliersdelikte bagatellisiert. Ähnlich ist es mit Verstößen, bei denen Alkohol im Spiel ist. Auch Vorfahrtsmißachtungen und Fahrten bei Rot nehmen im Autoverkehr beträchtlich zu.

Anstatt ein vernünftiges Miteinander von Auto- und Radfahrern auf den Fahrbahnen anzustreben, haben Politik und Planung von einem verstärkten Radwegebau eine deutliche Konfliktvermeidung und rückläufige Fahrradunfälle erwartet. Doch oft ist das Gegenteil eingetreten. Viele der neuen Radwege sind mit hohen Unfallzahlen belastet, vor allem an Kreuzungen, Einmündungen und Grundstückszufahrten. Oft wurden aus Platz- und Kostengründen nur einseitige Zweirichtungsradwege gebaut. Das führt dazu, daß querende oder ein- und abbiegende Autofahrer mit dieser Art Gegenverkehr nicht rechnen. Generell bedrohlich sind abbiegende LKW, weil die Fahrer die Radfahrer im sogenannten »toten Winkel« der Fahrzeugrückspiegel leicht übersehen und wegen der Länge ihrer Fahrzeuge den äußersten Fahrbahnrand oder benachbarte Geh- und Radwege überrollen. Bisher schaffte es der Gesetzgeber zur Verhinderung solcher Unfälle nicht einmal, für PKW den rechten Außenspiegel und für LKW Doppelspiegel mit Speziallinsen für die totale »Rücksicht« vorzuschreiben.

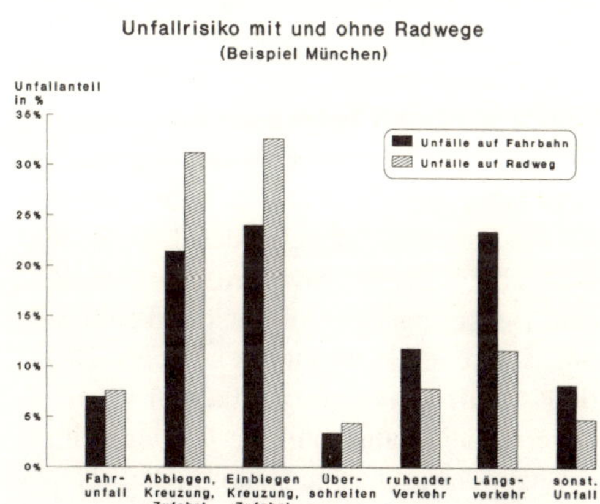

Mit Radwegen konzentriert sich das Unfallrisiko mehr auf Kreuzungen und Zufahrten, ohne Radwege mehr auf die dazwischenliegenden Strecken.

Auch das Linksabbiegen an Kreuzungen ist für die Radfahrer eine Unfallfalle geblieben. Der erste Gefahrenpunkt sind das Verlassen der Radwege bzw. des Fahrbahnrandes und das Einfädeln in den rechten Autostrom, der zweite ist das Überwechseln in die Fahrbahnmitte, der dritte die Wartestelle in der Kreuzungsmitte und der vierte das Kreuzen über die Gegenfahrbahn. Diese Gefahrenpunkte werden noch verschärft an mehrspurigen Kreuzungen, da hier der Autoverkehr besonders dominierend und schnell ist.

Selbst das Parken von Autos ist eine häufige Unfallquelle für den Radverkehr. Beim Ein- und Ausparken in Parklücken achten Autofahrer oft nicht auf die von hinten herankommenden oder neben ihnen fahrenden Radfahrer. Zum Einparken bremsen die Autos unvermutet ab und scheren seitlich ein. Beim Ausparken schwenken sie unvermittelt von der Seite in die Fahrbahn. Beim Ein- und Aussteigen werden unbedacht die Autotüren geöffnet und versperren Radfahrern plötzlich den Weg. Die Radfahrer können oft nicht mehr ausweichen und werden vom Fahrrad katapultiert. Bei einem plötzlichen Ausweichmanöver geraten sie in Gefahr, vom nachfolgenden Autoverkehr erfaßt und überrollt zu werden.

Grundsätzlich sind die hohen Geschwindigkeiten des Autoverkehrs das größte Sicherheitsproblem des Fahrradverkehrs. Bei der Mehrheit der Unfälle mit Beteiligung von Kraftfahrzeugen sind die zu hohen Fahrgeschwindigkeiten Ursache des Unfalls und maßgeblich für die Schwere der Unfallfolgen. Bei geringeren Geschwindigkeiten wären viele Unfälle durch die besseren Reaktions- und Anhaltemöglichkeiten vermeidbar und bei Kollisionen die Folgen weitaus geringer gewesen. Die schlimmsten Gefahren bringen zu hohe Geschwindigkeiten im LKW-Verkehr. Hier treffen »David und Goliath« aufeinander. Die LKW stellen mit ihrer erheblichen Länge, ihrem großen Schwenkbereich, dem fehlenden Unterfahrschutz und ihrem enormen Fahrzeuggewicht ein extremes Gefährdungspotential dar. Beim Überholen mit höheren Geschwindigkeiten reicht allein der Fahrtwind der Lastwagen aus, um Radfahrer ins Schwanken zu bringen. Erhebliche Gefahren bestehen auch, wenn Lastwagenfahrer in engen Stadtstraßen die Radfahrer vor sich her»scheuchen«. Kommt ein Radfahrer vor oder neben einem solchen »Jumbo« zu Fall, sind immer schwerste Verletzungen oder sogar der Tod die Folge.

Täglich werden in der Bundesrepublik ca. 180 Radfahrer verletzt und drei getötet. Dies entspricht im Jahr der Einwohnerzahl einer größeren Mittelstadt um die 60 000 Einwohner. Seit 1984 steigt die Zahl der Radverkehrsunfälle wieder an. Unfallgegner ist mit 83 Prozent fast immer das Auto, ohne Autoverkehr wäre das Radfahren eine sichere Sache. Egal, ob sich Radfahrer in einer bestimmten Situation verkehrsgerecht oder verkehrswidrig verhalten, sie sind bei einem Konflikt mit Autos stets die Schwächeren. Ohne schützende Karosserie und mit relativ geringem Gewicht sind sie der Aufprallenergie vollständig ausgesetzt, die bei einer Kollision mit den schnellen und schweren Autos frei wird. Aufgrund des labilen Gleichgewichts des Zweirades kommen Radfahrer schon bei einem relativ leichten Stoß zu Fall, werden dabei meist hochgeschleudert und prallen mit einiger Wucht auf Karosserie oder Straße. Das besondere Risiko zeigt sich an der Verletzungshäufigkeit. Bei 90 Prozent aller Unfälle werden die Radfahrer verletzt. Am häufigsten und schlimmsten sind die Verletzungen im Bereich von Kopf und Brust, die oft zu bleibenden schweren oder tödlichen Unfallfolgen führen. Besonders häufig in Unfälle verwickelt werden junge Radfahrer. 33 Prozent aller im Straßenverkehr verunglückten Kinder sind Opfer eines Fahrradunfalls. Die Unfallverwicklung der jungen Radfahrer beginnt schon bei den 5jährigen, erreicht bei den 7- bis 9jährigen einen starken Anstieg auf jährlich ca. 200 Unfälle pro 10 000 Kinder dieses Alters und hat bei den 15jährigen ihre Spitzenwerte. Auch bei den älteren Menschen steigen die Unfallzahlen beim Radfahren durch die stärkere Beteiligung am Radverkehr wieder an. Betagte Radfahrer genießen ebenfalls kaum Schutz und Rücksicht auf unseren Straßen.

Fahrverbot für Radfahrer: Autoverblendung im Übermaß

So mancher Verkehrsplaner und -politiker bewertet die steigenden Radverkehrsunfälle mit Autobeteiligung auf eigenwillige Weise. Da gibt es tatsächlich Forderungen, den Radverkehr auf bundesdeutschen Stadtstraßen doch ganz zu verbieten. Ein Verkehrsrichter aus Frankfurt kam zu dem makabren Schluß, daß ein LKW-Fahrer, der 1987 schuldhaft ein radfahrendes Kind beim Abbiegen überfahren und tödlich verletzt hatte, freizusprechen sei, weil im heutigen Straßenverkehr nicht zugemutet werden könne, daß LKW-Fahrer sorgfältig auf Radfahrer achteten. Über die Mobilität der Radfahrer kann nach diesem Denkmuster frei disponiert werden. Wenn es Sicherheitsprobleme zwischen Autofahrern und Radfahrern gibt, dann »haben eben die Radfahrer die Straße ganz zu räumen«. Zum Glück erklären sich nicht alle Verkehrsplaner und -politiker in dieser Weise bankrott, sondern versuchen eine konsequente Fahrradförderung anzustreben, daß sicherer geradelt werden kann. Bisher unterbleiben viele Radfahrten aus Angst vor dem Unfall. Unter den Gründen, warum zum Beispiel Frauen auf eine alltägliche Nutzung des Fahrrades verzichten, rangiert die Unfallangst mit über 50 Prozent ganz vorne. 48 Prozent spezifizieren ihre Angst noch stärker und nennen vor allen Dingen die Hauptverkehrsstraßen als viel zu gefährlich für Radfahrer. Aus denselben Gründen verbieten viele Eltern ihren Kindern das Radfahren im Stadtverkehr ganz oder leiden unter großen Ängsten, wenn sie es doch tun. So führt diese Unfallangst dazu, daß die im Haushalt weit mehr als Autos vorhandenen Fahrräder statt im alltäglichen Stadtverkehr nur zu Spazierfahrten in Wald und Flur benutzt werden. Dies muß alarmieren. Angst als alltägliche Verkehrsbefindlichkeit darf kein Dauerzustand für den Radverkehr bleiben. Für die Verkehrsplanung und -politik bedeutet dies, daß Stadtstraßen so gestaltet sein müssen, daß sie ein angepaßtes Fahrverhalten der Autofahrer unterstützen und nicht wie bisher zum Gegenteil animieren.

Frankfurter Rundschau — Donnerstag, 22. November 1984, Nr. 273

Staatsanwalt: Radler werden wieder verschwinden müssen

Radfahrer mußte sterben / Keine Strafe für Lkw-Fahrer

Von unserem Redaktionsmitglied Norbert Leppert

Nur geringe Schuld konnte das Frankfurter Amtsgericht im Fall eines 41jährigen Lkw-Fahrers erkennen, der im vergangenen Jahr mit seinem Lastzug einen Radfahrer getötet hatte. Mit Zustimmung der Staatsanwaltschaft, die vor allem um Verständnis für die Probleme der Lkw-Fahrer warb, stellte Richter Detlev Mieth am Montag den Prozeß ein, ohne daß der Angeklagte eine Geldbuße oder auch nur die Verfahrenskosten zahlen mußte.

Die Forderung mancher Politiker, Juristen und Lobbyisten, das Radfahren in den Städten einfach zu verbieten, um Platz für ungehemmten Autoverkehr zu schaffen, ist absurd.

KAPITEL 3

Die Fahrradstadt: Strategien und Maßnahmen zur Fahrradförderung

Fahrradförderung nützt allen: Das Fahrrad ist überall »zu Hause«

Politiker und Planer, denen die verstärkte Diskussion um die Fahrradförderung ein Dorn im Auge ist, erklären gerne, bei ihnen vor Ort sei kein Radfahrerpotential vorhanden. Bevorzugt hört man solche Sprüche in bergigen Gegenden, in Großstädten mit geringer Fahrradtradition und in ländlichen Regionen mit starker Autoorientierung. Ein Blick in die Statistik lehrt dagegen, daß es in der Bundesrepublik nirgendwo Regionen und Gemeinden gibt, in denen nicht zumindest ein Teil der Bevölkerung regelmäßig Fahrrad fährt. Die geringsten Radverkehrsanteile liegen immer noch über fünf Prozent aller Wege. Absolut widrige natürliche Umstände, die Radfahren schlechthin unmöglich machen, gibt es in Deutschland nirgends. Auch die Daten zum Fahrradbesitz verdeutlichen, daß selbst in den besonders fahrradfeindlichen Regionen und Gemeinden der Fahrradbesitz der Haushalte nicht unter 44 Prozent fällt und deutlich über der Autobesitzquote bleibt. Der Fahrradverkehr ist also überall vorhanden, und auch ein Potential für mehr Fahrradverkehr kann nirgends bestritten werden. Das beweisen auf tragische Weise auch die beträchtlichen jährlichen Unfallzahlen mit schwer und tödlich verletzten Radfahrern in solchen Gebieten, wo angeblich niemand radfährt. Gerade in diesen Regionen sind die Radfahrer weit überproportional gefährdet, weil die Verkehrsinfrastruktur einen eklatanten Mangel an Fahrradfreundlichkeit aufweist und die Radfahrer nicht nur von den Politikern und Planern, sondern auch von den Autofahrern mißachtet werden. Ob viel oder wenig geradelt wird, ob sicher oder nur mit hohen Sicherheitsrisiken geradelt werden kann, bestimmt die Qualität der Verkehrspolitik und -planung vor Ort. Eine nichtvorhandene Radverkehrsplanung bringt den Fahrradverkehr weit mehr in Bedrängnis als ein paar Berge oder Regentage. Aus diesem Grund gilt seit Anfang der 80er Jahre unter seriösen Planern und Politikern der Grundsatz, daß Fahrradplanung eine qualifizierte Angebotsplanung sein muß. Verschiedene Bundesländer haben diesen Grundsatz inzwischen auch in ihren Landesstraßengesetzen verankert. Fahrradplanung ist eine sich überall stellende Daueraufgabe.

Mit seiner allseitigen Verfügbarkeit (kleiner Preis, kein Führerschein, einfache Bedienung) ist das Fahrrad ein soziales Verkehrsmittel, das weit größeren Bevölkerungskreisen zugänglich ist als das Auto. Fast jeder Erwachsene hat Radfahren in seiner Kindheit erlernt. Die Mehrzahl der Haushalte verfügt über mindestens zwei, viele sogar über vier und mehr Räder. Es ist deshalb falsch, die kommunale Fahrradförderung nur auf die »klassischen Radfahrergruppen« Kinder und Jugendliche, Schüler und Studenten sowie sogenannte »Umweltfreaks« auszurichten. Mit einem solchen

Etikett gerät der Radverkehr leicht ins Abseits, da die kommunalen Prioritäten von Wirtschafts-, Einkaufs- und Berufsverkehr bestimmt werden. Diese jedoch oft übliche Einengung des Radverkehrs im kommunalen Alltag wird dann zum Anlaß, dem Fahrradverkehr ein geringes politisches Gewicht, eine marginale ökonomische Relevanz und einen nachrangigen Stellenwert zuzuweisen.

Mehr Fahrradverkehr ist ein wichtiges Ziel für das Überleben der Städte, für ihre Wirtschaftsentwicklung, Standort- und Wohnqualität. Die Umweltqualitäten des Fahrradverkehrs sind unbestreitbar günstig. Für einen Bruchteil der (Un)Summen, die in die kommunalen autofreundlichen Verkehrssysteme investiert wurden und bei Fortdauer autofreundlicher Verkehrspolitik und -planung weiterhin zu investieren sind, können fahrradfreundliche Verkehrssysteme erstellt und unterhalten werden. Egal, wie die technische Entwicklung des Autos weiterverlaufen wird (mit Dreiwegekatalysator, Lärmkapselung etc.), es wird aufgrund seines hohen Energieeinsatzes, Flächenbedarfs, Stör- und Gefährdungspotentials immer ein schwer integrierbares, stark umweltbelastendes Verkehrsmittel bleiben, erst recht in seiner Konzeption als Hochgeschwindigkeitsauto. In dem Maße, in dem eine konzentrierte Fahrradförderung zum Ersatz bisheriger Autofahrten führt, gibt es in den Städten und Gemeinden weniger Lärm, Hektik, bessere Luft, weniger Unfälle, mehr Platz, besser gestaltete Straßen, weniger Fassadenverschmutzung, angenehmeres Wohnen, weniger Verkehrskosten. Aus Städten mit dichtem Fahrradverkehr wie Münster, Delft, Tilburg und Groningen ist bekannt, wie sehr Fahrradverkehr die Innenstädte belebt, ihnen eine Stimmung von vitaler Urbanität, Freizügigkeit und Schwung gibt und sie vom blechernen Stumpfsinn der täglich immer gleichen Autostaus mit ihren Abgasschwaden und Lärmgetöse entlastet. Fahrradförderung läßt sich gut mit Fußgängerförderung kombinieren, sie unterstützt deshalb entscheidend das Konzept der fußgängerfreundlichen Stadt.

Der separate Radwegebau allein genügt nicht

Radverkehrsplanung in deutschen Städten und Gemeinden war bis auf Ausnahmen in den letzten Jahren fast immer reiner Radwegebau. Fahrradförderung sollte bewiesen werden durch möglichst große Kilometerleistung im Radwegebau. Bei diesem Versuch, die Radwegestatistik durch beeindruckende Kilometerzahlen »aufzupolieren«, sind viele »Pseudoradwege« entstanden, die nicht den Mindestanforderungen an Sicherheit und Platz entsprechen. Hauptmotiv dieser Art der Radverkehrsförderung ist nicht die Fürsorge für die Radfahrer, sondern das Ziel, den langsameren Fahrradverkehr von der Fahrbahn zu entfernen, damit der Autoverkehr um so schneller und ungehinderter fahren kann. Dementsprechend kommt es immer wieder vor, daß nach dem Radwegebau die zulässigen Höchstgeschwindigkeiten im Autoverkehr um 10 oder 20 Stundenkilometer heraufgesetzt werden. Aber auch ohne amtlichen Segen wird auf Straßen nach dem Radwegebau oft viel schneller gefahren, weil die Notwendigkeit zum Arrangement der Autofahrer mit den Radfahrern auf den Fahrbahnen fehlt. Kein Wunder also, daß diese Art von Radverkehrsplanung das

Lösung von Konflikten Auto - Fahrrad

	tatsächliche Bürgermeinung	von Politikern u. Planern erwartete Meinung
Fahrrad bevorzugen Auto muß zurückstehen	60	39
Auto bevorzugen Fahrrad muß zurückstehen	40	61

Immer mehr Bürger wünschen im Konfliktfall eine Bevorzugung des Fahrrads vor dem Auto. Viele Politiker sind sich dessen noch nicht bewußt.

Radfahren nicht sicherer macht. Im Gegenteil: Von den Fahrradverbänden und -initiativen, aber auch von der Polizei und den Unfallforschern werden alarmierende Unfallkonzentrationen auf diesen neuen Pseudoradwegen beklagt. Je schneller der Autoverkehr auf den vom Fahrradverkehr freigeräumten Fahrbahnen sein kann, desto heftiger prallen Auto- und Fahrradverkehr an den Einmündungen und Kreuzungen wieder aufeinander, weil dort die sogenannte Separation unterbrochen wird und die Radwege aufhören. Auf diese Weise massieren sich hier die Konflikte und Unfallrisiken.

Eine solche Radverkehrsplanung mit einfach halbierten Gehwegen, zu geringen Radwegbreiten, unzulänglicher Absicherung der Radwege an Grundstückszufahrten, Einmündungen und Kreuzungen, Mängeln in Linienführung und Oberflächenbeschaffenheit (Niveausprünge an

Die politische Forderung nach Radwegebau hat oft nur zu Pseudoradwegen geführt, ohne daß sich Politik und Planung wirklich geändert hätten.

Übergängen zur Fahrbahn, Masten im Fahrweg, fahrraduntauglicher Signalisierung) hat mit engagierter Fahrradförderung nichts zu tun. Vehement wird deshalb von den Fahrradverbänden dagegen argumentiert und protestiert, zumal die Radwegbenutzungspflicht die Radfahrer auch noch zur Annahme des »Radwegeschrotts« zwingt. Die Verbände fühlen sich darüber hinaus solidarisch mit den schon genug »geschröpften« Fußgängern und wollen nicht auch noch auf deren Kosten bedient werden.

Aber auch sonst ist die Separation von Fahrrad- und Autoverkehr durch Radwege nicht verkehrssicher. Die Radwege werden häufig von Autos überfahren, zum Ein- und Ausfahren an den Grundstückszufahrten, beim Parken oder beim Ausweichen vor einem Hindernis auf der Fahrbahn. Umgekehrt bedingen Radwege keinesfalls, daß Radfahrer immer nur dort auftauchen. Oft müssen sie auf die Autofahrbahn ausweichen, weil der Radweg durch parkende Autos, Baucontainer etc. blockiert oder durch Unterhaltungsmängel etc. unbenützbar ist. Radwege suggerieren Rad- wie Autofahrern eine trügerische Sicherheit. Radfahrer achten auf Radwegen nicht auf den Autoverkehr. Und Autofahrer achten auf Fahrbahnen nicht mehr auf den Fahrradverkehr. Beides wird schnell zum tödlichen Fehler.

So ist an die Stelle der anfänglichen Euphorie über das in den letzten Jahren verstärkte kommunale Engagement beim Radwegebau bei den Radfahrverbänden und Radfahrern Ernüchterung getreten. Die Hoffnungen auf einen großen Sicherheits- und Komfortgewinn für Radfahrer durch neue Radwege wurden häufig enttäuscht. Bestärkt in ihrer Ernüchterung sehen sich die Skeptiker auch wegen straßenraumgestalterischer Bedenken. Mit dem generellen Spurendenken der bisherigen Verkehrsplanung verstärken auch Radwege die Aufteilung der Straßenräume in Streifen. Mit

Die fortschreitende Aufteilung von Straßen und Plätzen in Verkehrsstreifen ruiniert das Straßenbild. Mehr städtebauliche Integration und weniger verkehrstechnischer Perfektionismus sind gefragt.

ihrer oft farbigen Markierung und ihren weißen Begrenzungsstreifen vermehren sie die Häßlichkeit der ohnehin schon von der Markierungswut der Verkehrsplaner verunstalteten Straßen und Plätze. Oft verleitet die Anlage von Radwegen zum weiteren Abholzen von Straßenbäumen bzw. nimmt den Platz zum Anpflanzen von Bäumen, weil bei unverändert breiten Fahrbahnen der Platz für Gehweg, Radweg und Bäume nicht ausreicht. In engeren Stadtstraßen ist die Aufteilung der Straßenfläche in separate Geh-, Radverkehrs- und Autoverkehrsflächen ohnehin nicht machbar. Die vordergründige Fixierung von Politik und Planung beim Thema Fahrradverkehr auf Radwegebau hat dazu geführt, daß die Suche nach generell notwendigen Änderungen der Verkehrsrealität zur Sicherung eines friedlichen Nebeneinanders von Auto- und Fahrradverkehr anhand umfassender Konzepte zu kurz gekommen ist. Denn trotz aller Radwegprogrammatik ist die gemischte Nutzung der Fahrbahnen von Auto- und Fahrradverkehr die Regel geblieben. Auf etwa 90 Prozent aller Innerortsstraßen gibt es bisher keine Radwege. Und wird es sie auch auf absehbare Zeit nicht geben, weil es selbst bei größten Finanz- und Bauanstrengungen kaum möglich sein wird, Hunderttausende Kilometer von Radwegen zu bauen.

Eine engagierte Fahrradförderung muß Radwegebau, Verkehrsberuhigung und autofreie Straßennetze sinnvoll kombinieren

In den 30er und 50er Jahren bestimmten die Radfahrer weithin das Straßenbild und das Tempo auf den Fahrbahnen. Sie waren gegenüber dem Auto in der Überzahl, verhielten sich selbstbwußt, radelten nebeneinander, standen in großen Pulks an den Kreuzungen. Ähnliche Situationen kann man aktuell beobachten in Städten mit starkem Fahrradverkehr. Solche Mengen sind auf den heute üblichen Radwegen gar nicht unterzubringen. Die Schmalspurradwege sind deshalb »kontraproduktiv«, sie begrenzen den Radverkehr mehr, als daß sie ihn fördern. Deshalb ist das zunehmende Engagement der Fahrradverbände für die Verkehrsberuhigung und Tempo-30-Zonen im Interesse des Radverkehrs, der Straßenraumgestaltung, der Fußgänger und der Platzersparnis nur konsequent. Bei den auf 30 Stundenkilometer und mehr verringerten Geschwindigkeiten können Auto- und Fahrradverkehr auf einer Fahrfläche einigermaßen sicher und verträglich abgewikkelt werden, die Separationsnotwendigkeit nimmt ab. Entscheidend dabei ist, daß durch gezielte Maßnahmen der Autoverkehr so kultiviert wird, daß er aus diesem Konzept der friedlichen Koexistenz nicht ständig ausbrechen kann. Dazu gehört auch, daß die Straßenverkehrsordnung wieder zugunsten des Radverkehrs »umgeschrieben« werden muß, denn in seinen Rechten ist der Fahrradverkehr in den letzten Jahrzehnten immer mehr zugunsten des Autoverkehrs beschnitten worden. Die strikte Trennung von Fahrrad- und Autoverkehr durch ausreichend breite und sichere Radwege ist unter diesen Voraussetzungen nur in gesonderten Fällen erforderlich und wünschenswert: auf innerörtlichen, stark mit Autoverkehr belasteten Hauptverkehrsstraßen und auf Stadtstraßen, in denen ausnahmsweise Geschwindigkeiten über 30 Stundenkilometer zugelassen sind, sowie auf vom Autoverkehr schneller befahrenen oder stark belasteten Außerortsstraßen, zumal Bundes- und Landesstraßen.

Die beste Förderung finden Radfahrer in autofreien Straßennetzen, Quartieren oder Orten, die nicht nur für Fußgänger, sondern genauso für Radfahrer eine »unschlagbare« Qualität sichern. Auch gegenüber verkehrsberuhigten Straßen bieten sie noch mehr Sicherheit, Bewegungsfreiheit und Attraktivität. Sie sind jedem Netz an Radwegen weit überlegen. In autofreien Straßen finden Fußgänger und Radfahrer genügend Platz, um gemeinsam ohne gegenseitige Störungen und Gefährdungen die Straßen zu benutzen. Wie gut das funktioniert und wie attraktiv das ist, zeigen die autofreien Quartiere und Orte, die es heute schon in Städten und Gemeinden gibt. Autofreie Wegenetze in freier Landschaft sind vielfach die für privaten Autoverkehr gesperrten Wirtschaftswege. Im Münsterland wird dieses Netz mit großem Erfolg von der Fremdenverkehrswirtschaft für das Freizeitradeln und Radwandern vermarktet. Aus der ganzen Bundesrepublik reisen Besucherscharen an, um dieses autofreie Eldorado für ungefährdetes Radfahren zu genießen. Die systematische Durchforstung der innerörtlichen Straßennetze auf solche Chancen der Fahrradförderung dient dem Ziel der Radfahrer- und Fußgängerstadt in gleichem Maße.

Ein dichtes, flächendeckendes System von Fußgängerzonen, die für Fahrräder geöffnet sind, und von angrenzenden verkehrsberuhigten Bereichen und Tempo-30-Zonen bietet dem Fahrradverkehr auch ohne Radwege ein sicheres Wegenetz.

Änderungsbedarf für ein fahrradfreundliches Verkehrsrecht

Die generelle Domestizierung des Autoverkehrs ist wie zur Sicherung des Fußgängerverkehrs so auch für sicheren und attraktiven Fahrradverkehr eine dringend notwendige und längst fällige politische Aufgabe. Sie befreit diese beiden für das Stadtleben so wichtigen Verkehrsarten wieder aus der Zwangsjacke einseitig autoorientierter Verkehrsregelungen und Straßenraumgestaltung. Überall dort, wo der Autoverkehr weiter in den Stadtstraßen zugelassen bleibt, müssen sein Verhalten und insbesondere seine Geschwindigkeit verträglicher gemacht werden. Diesem Ziel dienen die sogenannten Verkehrsberuhigungsmaßnahmen, die in Art und Wirkung für den Fußgängerverkehr bereits angesprochen wurden. Auch für den Fahrradverkehr hat man mit der Einrichtung von verkehrberuhigten Bereichen, Tempo-30-Zonen und anderen Verkehrsberuhigungsmaßnahmen bisher gute Erfahrungen gemacht. Sie verbessern die Radfahrbedingungen entscheidend. Doch wie beim Fußgängerverkehr hilft dieser Ansatz nur, wenn er flächenhaft und nicht, wie bisher, oft nur inselhaft angewendet wird. Schutz und Sicherheit für die Radfahrer dürfen nicht länger selektiv und exklusiv angebotene Privilegien bleiben, die auf ausgewählte Straßen und Gebiete beschränkt sind. Deshalb ist auch aus der Sicht des Fahrradverkehrs zu fordern, daß der Verkehrsberuhigungsansatz systematisch in der Verkehrspolitik und -planung Berücksichtigung findet und durch eine generelle Änderung der Straßenverkehrsordnung Grundsatzcharakter erhält.

Bisher ist die Straßenverkehrsordnung nicht nur fußgängerfeindlich, sondern auch radfahrerfeindlich, und zwar sowohl mit Regelungen, die direkt die Radfahrer betreffen, als auch mit Regelungen zum Autoverkehr. Viele Regelungen bereiten den Radfahrern Kopfschmerzen: Die generelle Freigabe der Innerortsstraßen für Tempo 50 sowie das generelle Zulassen des Überholens auf Innerortsstraßen machen den Autoverkehr für sie unvertretbar schnell und gefährlich. Das strikte Rechtsfahrgebot drängt sie an den rechten äußersten Fahrbahnrand und erlaubt ihnen nicht, den eigentlich benötigten Fahrraum einzunehmen. Das teilweise Verbot, nebeneinander zu fahren, und das Verbot, andere Erwachsene (auf dem Gepäckträger) zu transportieren, verweigern ihnen die soziale Nutzung. Die Radwegebenutzungspflicht zwingt sie, die häufig unbrauchbaren Pseudoradwege zu benutzen. Die autoorientierte Netzgestaltung (Einbahnregelungen etc.) nötigt ihnen viele Beschränkungen auf. Die fahrradtechnischen Vorschriften verhindern, daß unzureichend konstruierte Fahrräder vom Markt verschwinden. Sie verhindern nötige Innovationen. Das Verkehrsrecht muß also gründlich durchforstet werden. Viele den Radverkehr in seiner Bewegungsfreiheit einschränkende Regelungen müssen entfallen, andere Regelungen müssen im Sinne der Durchsetzung einer friedlichen Koexistenz von Auto- und Radverkehr neu formuliert werden.

Verkehrsberuhigte Bereiche und Tempo-30-Zonen sichern Koexistenz

Viele schwere Auto-/Fahrrad-Unfälle können vermieden oder doch wenigstens in ihren Folgen deutlich gemildert werden, wenn innerorts langsamer gefahren wird. Psychologisch und physikalisch bildet schneller Autoverkehr die schlimmste Bedrohung für Radfahrer. Fahrradfreundlicher Stadtverkehr muß deshalb vor allen Dingen ein fahrradverträgliches Geschwindigkeitsniveau zum Ziel haben. Zur Absicherung niedriger Fahrgeschwindigkeiten auf Innerortsstraßen wurde 1980 der verkehrsberuhigte Bereich in die Straßenverkehrsordnung aufgenommen. In § 42 Abs. 4 sind dafür die Regeln einer friedlichen Koexistenz bei niedriger Geschwindigkeit festgelegt. Der verkehrsberuhigte Bereich bietet dem Fahrradverkehr viele Vorteile: Er darf die dortigen Fahrflächen in voller Breite benutzen, ist also vom Rechtsfahrgebot befreit. Es darf nebeneinander geradelt werden. Radfahren und Queren von Einmündungen und Kreuzungen sind besonders sicher, weil der Autoverkehr keinen Vorrang mehr hat und zur besonderen Rücksichtnahme verpflichtet ist. Mehr als 20 Stundenkilometer werden für den Autoverkehr unter der angeordneten Schrittgeschwindigkeit nicht toleriert. Das Parken von Autos ist auf gesonderte Bereiche beschränkt. Untersuchungen über das Radfahrerverhalten in vernetzten und flächenhaften, verkehrsberuhigten Bereichen haben gezeigt, daß der Fahrradverkehr hier deutlich sicherer ist und auch so empfunden wird. Daher wird hier häufiger als auf normalen Straßen geradelt. Insbesondere Kinder und ältere Menschen beteiligen sich dann noch stärker als sonst am Radverkehr. Bisher gibt es nur wenige Städte und Gemeinden, die diese Chance der Fahrradförderung gezielt wahrnehmen und flächenhafte, netzförmig verkehrsberuhigte Bereiche geschaffen haben. Meist ist es bei wenigen ausgewählten und kleinen Inseln geblieben, so daß der Gesamtanteil der Stadtstraßen mit verkehrsberuhigten Bereichen nur rund 1,5 Prozent beträgt.

Seit 1985 die Zonengeschwindigkeitsverordnung eingeführt wurde, bietet die Ausweisung von Tempo-30-Zonen die nächstbessere Alternative zur Sicherung einer fahrradfreundlichen Straßenbenutzung. Inzwischen wird von den Städten und Gemeinden von dieser Regelung zunehmend Gebrauch gemacht. Bisher sind etwa sieben Prozent des Innerortsstraßennetzes mit der Tempo-30-Regelung belegt, bei steigender Tendenz. Tempo-30-Zonen bieten aus Radfahrersicht erhebliche Vorteile gegenüber den anderen »normalen« Stadtstraßen, wenngleich sie nicht die weitreichenden Regelungen der Koexistenz wie in verkehrsberuhigten Bereichen beinhalten. Der durch bauliche Maßnahmen und rechtliche Anordnung gebremste Autoverkehr verursacht deutlich weniger schwere und tödliche Unfälle und wirkt auch psychologisch weniger bedrohlich. Bei der geringeren Geschwindigkeit ändert sich der Fahrstil der Autofahrer, sie sind verständigungsbereiter, verzichten schon mal auf rasante Überholmanöver, drängen Radfahrer weniger ab, respektieren sie eher als Partner auf den Fahrbahnen. Dementsprechend sind auch in vielen Tempo-30-Zonen die schweren und tödlichen Unfälle mit Radfahrerbeteiligung deutlich zurückgegangen. Teilweise hat der Fahrradverkehr dort zugenommen.

Statt kleiner Enklaven überall Sicherheit für Fahrradverkehr durch generelle Verlangsamung des Innerortsverkehrs

Der punktuelle Einsatz von verkehrsberuhigten Bereichen und Tempo-30-Zonen kann an der generellen Befindlichkeit des Fahrradverkehrs wenig ändern. Dazu sind generelle Regelungen nötig. Eine Neufestsetzung der Höchstgeschwindigkeit gemäß den Forderungen des Deutschen Städtetages auf 30 Stundenkilometer ist dringend geboten. Außerdem sind die Voraussetzungen für den verkehrsberuhigten Bereich zu vereinfachen, um flächenhaft und systematisch den Teil des Straßennetzes zu sichern und zu schützen, der von besonderer Bedeutung für den Fahrrad- und Fußgängerverkehr ist. Darüber hinaus ermöglicht die generelle Geschwindigkeitsreduzierung schlagartig und ohne Kosten dem innerörtlichen Fahrradverkehr eine verträgliche Mitbenutzung der Fahrbahnen und erspart einen erheblichen Teil der sonst erforderlichen Investitionen für den Bau neuer Radwege. Der Fußgängerverkehr wird vor weiteren Zugriffen der Radwegeplaner auf seine Flächen geschützt und hat selber beträchtliche Sicherheitsvorteile. Fußgänger- und Fahrradverkehr werden wieder attraktiver. Der Anteil des nichtmotorisierten Verkehrs kann im Stadtverkehr dadurch beträchtlich gesteigert werden.

Noch scheuen viele Politiker und Planer diesen Weg und bevorzugen weiterhin die Insel- und Nischenstrategie des restriktiven Einsatzes von verkehrsberuhigten Bereichen und Tempo-30-Zonen, damit sich am Prinzip der autoorientierten Straßenverkehrsordnung nicht viel ändert. Verkehrsberuhigung und Tempo 30 werden erst mal so weit wie möglich eingegrenzt. Wie schon beim Fußgängerverkehr erwähnt, versieht man sie mit möglichst restriktiven Eingrenzungen und fordert so teure bauliche Standards, daß sich daraus von allein eine prohibitive Praxis ergibt. Damit wird eine effektive Fahrradförderung verhindert und die Radwegeplanung weiterhin auf den schwierigen, mit vielen Mängeln behafteten innerörtlichen Radwegebau festgenagelt. Fachlich fundieren läßt sich dieses Abwiegelungsverhalten kaum, weil die Innerortsstraßennetze mehrheitlich aus Straßen bestehen, die einerseits ohne weiteres für eine Verkehrsberuhigung in Frage kommen, andererseits allein schon wegen der dort bislang meist viel zu hohen Fahrgeschwindigkeiten im Autoverkehr dringend der Verkehrsberuhigung bedürfen. Damit dieses Abwiegelungsverhalten nicht weiter rechtlichen Bestand hat, muß die Straßenverkehrsordnung generell geändert werden: Die Reduzierung der Innerortshöchstgeschwindigkeit sowie eine vereinfachte und verstärkte Anwendung des verkehrsberuhigten Bereichs sind dort als Rechtsnorm zu verankern.

Innerörtliches Überholverbot zum Schutz der Radfahrer

In einer neuen Straßenverkehrsordnung muß auch ein generelles Überholverbot für den Autoverkehr auf allen angebauten Innerortsstraßen als Rechtsnorm begründet werden. Radfahrer werden besonders oft gefährdet und bedroht, wenn sich Autos innerhalb von Orten gegenseitig überholen. Beim Überholen wird stark beschleunigt und damit für den Fußgänger- und Radverkehr viel zu schnell gefahren. Der zum Überholen ansetzende Autofahrer konzentriert sich ganz auf den Autoverkehr und die Fahrbahnmitte. Für die daneben fahrenden oder entgegenkommenden Radfahrer werden dabei häufig Sicherheit und Schutz gravierend verletzt. Wie unangemessen und unnötig diese innerörtlichen Überholmanöver der Autofahrer sind, wurde bereits beim Fußgängerverkehr erläutert. Ausnahmen von einem Überholverbot für den Autoverkehr kann es lediglich auf von Fußgängern und Radfahrern nicht genutzten reinen Autostraßen geben. In ein solches generelles Überholverbot ist auch das Überholen von Radfahrern einzubeziehen. Das häufige Überholen von Radfahrern entspringt meist nur der Ungeduld und Unbeherrschtheit der Autofahrer, einen wirklichen Zeitgewinn erbringt es in der Regel nicht. An der nächsten Ampel warten wieder beide nebeneinander. Bei der ohnehin generell festzusetzenden Höchstgeschwindigkeit auf maximal 30 Stundenkilometer verliert das Überholen von zügig fahrenden Radfahrern noch mehr jeden Sinn und muß deshalb als regelwidrig ausgeschlossen werden. Lediglich ein langsames und rücksichtsvolles Vorbeifahren an »trödelnden« Radfahrern kann als zulässig betrachtet werden. Auch hierbei sind aber die Mindestabstände einzuhalten. Als Autofahrer hinter einem Radfahrer herzufahren ergibt sich bei insgesamt verminderten Geschwindigkeiten als normaler Zustand und kann nicht als Zumutung bewertet werden. Der Unterschied zwischen langsamem Vorbeifahren und schnellem Überholen (mit starker Beschleunigung) muß in der Straßenverkehrsordnung deutlich definiert und bürgernah vermittelt werden.

Aufhebung des strikten Rechtsfahrgebots für Radfahrer

Das sogenannte Rechtsfahrgebot gilt zunächst ganz allgemein für jeden Fahrzeugverkehr. Es besagt, daß jeweils auf der rechten Fahrbahnseite gefahren werden muß und von zwei parallelen Fahrbahnen immer die rechte zu benutzen ist, außer beim Vorbeifahren oder Überholen. Für den Fahrradverkehr geht das Rechtsfahrgebot noch sehr viel weiter. Die bisherige Rechtsprechung verlangt vom Radfahrer, so weit rechts wie nur möglich zu fahren, damit nachfolgende Autos leicht überholen können. Es zwingt die Radfahrer, sich stets an den äußersten rechten Fahrbahnrand zu

»quetschen«, und versagt ihnen, wie Motorräder und Autos eine ganze Fahrspur zu beanspruchen. So fördert das Recht geradezu das ständige Überholen von Radfahrern und die damit für sie verbundenen Gefahren. Gute Fahrbedingungen bietet gerade der Fahrbahnrand am wenigsten. Er ist meist besonders uneben, da hier der

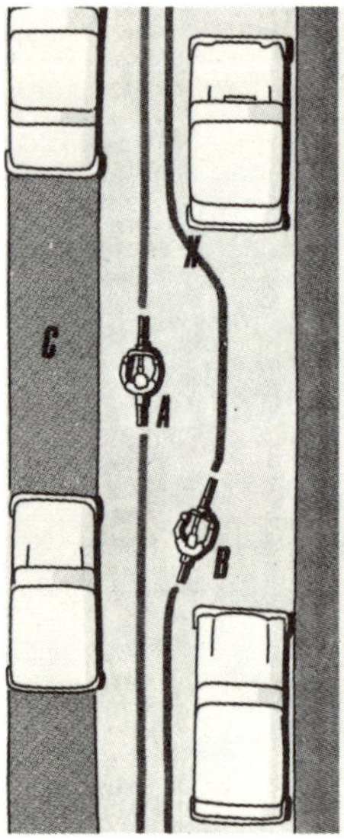

Der Radfahrer A hält ausreichend Abstand zum Straßenrand und zu geparkten Fahrzeugen. Er orientiert sich an der Fahrlinie C des überholenden Autoverkehrs, anstatt zwischen geparkten Fahrzeugen nach rechts auszuweichen. So ist er ständig im Blickfeld der anderen Verkehrsteilnehmer, behält den Verkehr im Auge und vermeidet den Konfliktpunkt X, an welchem Radfahrer B sich wieder in den Verkehrsstrom hineinfügen muß.

Am rechten Fahrbahnrand lauert die Gefahr. Darum führt das Rechtsfahrgebot für Radfahrer häufig zu Unfällen.

Asphalt regelmäßig Verwindungen und Risse hat und der Bereich des Neigungswechsels von gewölbter Fahrbahn zur Entwässerungsrinne liegt. Am Fahrbahnrand befinden sich die Gullydeckel mit ihren tückischen Schlitzen, und dort werden die Autos zum Parken abgestellt. Hier lauern die Gefahren der vorragenden Rückspiegel, eines unregelmäßigen Randverlaufs durch nicht exakt in Reih und Glied aufgestellte Fahrzeuge und der sich plötzlich öffnenden Autotüren. Am Fahrbahnrand warten aber auch die querungswilligen Fußgänger, die meist nicht abgezirkelt hinter der Fahrbahnkante stehen, sondern bereits mit Teilen ihres Körpers, mit Kleidungsstücken oder Gepäckteilen in die Fahrbahn ragen. All das zwingt äußerst rechts fahrende Radfahrer zu Schlangenlinien.

Aus den genannten Gründen ist das strikte Rechtsfahrgebot für Radfahrer völlig praxisfremd. Für diese Regel können nur Richter oder Verkehrsplaner eintreten, die vom Radfahren im Straßenverkehr keine Ahnung haben. Deswegen lautet der lebenswichtige Rat: Beim Radfahren ausreichend Abstand zum Fahrbahnrand halten, nicht die Vor- und Rücksprünge des Fahrbahnrandes in Schlangenlinien nachfahren! Sichtbar radeln, das heißt sich voll im Blickfeld des nachfolgenden Autoverkehrs halten! Doch bei diesem Ratschlag gegen geltendes Recht kann es nicht bleiben. Das Rechtsfahrgebot für Radfahrer muß dringend aufgehoben werden. Aus Sicherheitsgründen muß dem Radfahrer aufgegeben werden, einen ausreichenden Abstand (von mindestens 60 Zentimetern und mehr) zum Fahrbahnrand zu halten und die Fahrbahnen so zu benutzen, daß sich eine direkte, konstante Fahrlinie ergibt. Das bedeutet, daß Radfahrer sich eher zur Mitte der Fahrspur orientieren sollen und Autofahrern verboten werden muß, Radfahrer an den Rand abzudrängen, um sich eine Überholmöglichkeit zu verschaffen. Dies stützt die Argumentation, ein generelles Innerorts-

überholverbot durchzusetzen und nur noch langsames Vorbeifahren zu erlauben.
Das Rechtsfahrgebot begründet auch den Zwang zum rechtsseitigen Aufstellen an Kreuzungen und Ampeln, also zum Rechtsstehgebot. Radfahrer, die nicht links abbiegen wollen, müssen sich am rechten Fahrbahnrand aufstellen. Warten mehrere Radfahrer vor einer Ampel oder an einer Kreuzung, so haben sie regelgerecht hintereinander zu warten. Daraus ergibt sich, daß sie nur in Durchmischung mit den ebenfalls wartenden Autos (in deren Abgasschwaden) stehen und die Kreuzung überfahren können. Diese Randposition ist höchst gefährlich, weil sie die Radfahrer dem Blickfeld der Autofahrer entzieht. Sicherer ist, wenn Radfahrer bis zur Haltelinie vorfahren und sich dort vor den Autos aufstellen können. Dies war früher üblich und wird in Holland durch entsprechende Markierungen besonders gefördert. Ein erster Schritt in die richtige Richtung war kürzlich die Änderung der Straßenverkehrsordnung, mit der das rechtsseitige Vorfahren an vor Kreuzungen und Ampeln wartenden Autoschlangen für Fahrräder überhaupt erst erlaubt wurde. Markierte Aufstellflächen für die Radfahrer und eine zurückgesetzte Haltelinie für den Autoverkehr unterstützen diese Regelung. Das bedeutet auch, daß Autofahrer dazu verpflichtet werden müssen, das Vorfahren der Radfahrer nicht durch Unterschreiten des erforderlichen seitlichen Abstandes zu verhindern. In diesem Zusammenhang ist noch einmal darauf hinzuweisen, daß für alle Kraftfahrzeuge endlich der rechte Außenrückspiegel (mit geteilter Fläche zur Überbrückung des »toten Winkels«) vorgeschrieben werden muß, damit Kraftfahrer eine ausreichende Rundumsicht haben.

Radfahrer müssen die Möglichkeit haben, sich an Kreuzungen vor den wartenden Autos aufzustellen. Früher war das ohnehin üblich.

Schluß mit dem verordneten »Gänsemarsch«

Das in § 2 Abs. 4 StVO festgelegte Gebot für Radfahrer, in dichtem Autoverkehr hintereinander zu fahren, führt in der täglichen Praxis zum verordneten Gänsemarsch. Bisher ist das Nebeneinanderradeln hierzulande nur ausnahmsweise erlaubt, wenn dadurch der Autoverkehr nicht behindert wird und wenn mehr als zwölf Radfahrer in Kolonne fahren. Daß ein Nebeneinanderradeln einen wichtigen Stellenwert für den Fahrradverkehr hat, belegen die holländischen Verhältnisse, wo es grundsätzlich erlaubt ist und massenhaft praktiziert wird.
Es ist nicht schwer, den Grund für die deutsche fahrradfeindliche Regelung auszumachen. Der bisherige § 2 Abs. 4 der Straßenverkehrsordnung soll einen ungehinderten, schnellen Autoverkehrsfluß und eine jederzeitige Überholmöglichkeit für Autofahrer sicherstellen. Das wird auch in vielen einschlägigen Kommentaren von Verkehrsjuristen unumwunden zugegeben. Da wird klar gesagt, daß die Fahrbahn in erster Linie für den tempobezogenen Autoverkehr da ist. Radfahrer werden in dieser Sichtweise klar zu Randfiguren des Verkehrsgeschehens degradiert und zur Sicherung der Vorrangstellung des Autoverkehrs benachteiligt. Durch die verbreitete Einführung von Tempo-30-Zonen und verkehrsberuhigten Bereichen, durch die generelle Notwendigkeit der Geschwindig-

keitsdämpfung und eines Überholverbots im innerörtlichen Autoverkehr ist die Wiederzulassung von legalem Nebeneinanderradeln auf der Mehrheit der Innerortsstraßen ohne Sicherheitsgefährdung möglich und wünschenswert. Eine solche Regelung sorgt bei den Autofahrern für Klarheit und entzieht der bisherigen Praxis den Boden, nebeneinander fahrende Radfahrer in einer Art brachialer Selbstjustiz durch dichtes Auffahren und lautes, wildes Gehupe »auseinanderzutreiben«.

Durchlässige Straßennetze für Radfahrer: Einbahnstraßenpraxis differenzieren

Einbahnstraßen werden ausschließlich zur Regelung des Autoverkehrs eingeführt. Entweder sollen sie unerwünschten Durchgangsverkehr verhindern, oder sie sollen Platz für beidseitiges Parken schaffen. Oder sie sollen die Leistungsfähigkeit erhöhen, durch Halbierung der Fahrtbeziehungen an Einmündungen und Knotenpunkten. Oder sie werden angeordnet, weil die Fahrbahnbreite nicht für die (durchgängige, zügige) Begegnung zweier bemessungsrelevanter Kraftfahrzeuge (LKW/LKW oder LKW/PKW oder PKW/PKW) reicht. Damit haben Einbahnstraßen nach dem Zweck ihrer Einrichtung nichts mit dem Fahrradverkehr zu tun. Trotzdem gilt die Einbahnregelung bislang regelmäßig auch für die Radfahrer, zumal, wenn mit richtigen Einbahnsystemen gearbeitet wird. Der unvermeidliche Ärger mit dieser Situation hat seit Jahren die Fahrradverbände und -initiativen dazu motiviert, für die Beendigung der fahrradfeindlichen Praxis bei der Ausweisung von Einbahnstraßen und der straßenverkehrsrechtlichen Interpretation von Einbahnregelungen zu sorgen. Die Forderungen reichen von einer konsequenten und systematischen Überprüfung aller Einbahnstraßen auf ihr eigentliches Erfordernis über die Anlage von Sonderfahrstreifen für Radfahrer gegen die Einbahnrichtung bis zur generellen Freigabe von Einbahnstraßen für Radfahrer.

Anfänglich zeigten die Straßenverkehrsbehörden wenig Verständnis für das Thema. Inzwischen wird vielerorts versucht, wenigstens in Einzelfällen eine fahrradgerechtere Kompromißlösung zu finden, zum Beispiel durch besondere Ausschilderung der Durchfahrerlaubnis von Radfahrern. Die generelle Freigabe von Einbahnstraßen für den Fahrradverkehr ist bislang jedoch stets abgelehnt worden. Sie sei viel zu gefährlich, weil der Autoverkehr aus der einen Richtung nicht mit Radfahrern aus der Gegenrichtung rechne. Radfahrer würden dann von den Autos »auf die Kühler genommen«. Dabei wird auf typisch deutsche Weise grundsätzlich und nicht pragmatisch und empirisch argumentiert. Denn tatsächlich ist das Radfahren gegen die Einbahnrichtung weitaus weniger gefährlich, als es scheint. In Holland, wo Einbahnstraßen häufig durch Zusatzbeschilderung auch ohne eigene baulich abgetrennte Radverkehrsanlagen für Radfahrer freigegeben werden, haben Unfallanalysen gezeigt, daß die Radfahrer gegen die Autofahrtrichtung weniger häufig verunglücken als die in der Fahrtrichtung. Ähnliche Ergebnisse brachten in Deutschland Beobachtungen über das Verhalten der illegal gegen die Einbahnrichtung fahrenden Radfahrer. Mit Sichtkontakt auf schmalen Verkehrsräumen aufeinander zufahrende Verkehrsteilnehmer reagieren sehr viel besser als hintereinander fahrende ohne Sichtkontakt. Gefährlich wird das Radfahren gegen die Einbahnrichtung nur dann, wenn Autofahrer an Kreuzungen, Einmündungen und Grundstückszufahrten die aus der anderen Richtung kommenden Radfahrer tatsächlich nicht erwarten und übersehen. Diese Probleme lassen sich jedoch lösen, wenn der Sinngehalt der Einbahnstraßen entsprechend geändert wird und Autofahrer in ihrem Fahrverhalten darauf verpflichtet werden, daß sich die Einbahnregelung

Die straßenverkehrsrechtlichen und -planerischen Möglichkeiten, Radfahrer vor Einbahnstraßen zu schützen, müssen konsequent und systematisch genutzt werden.

grundsätzlich nur auf den Kfz-Verkehr bezieht. Hierfür spricht die holländische Praxis, in der die Autofahrer sich längst mit dem regelmäßig in Gegenrichtung freigegebenen Fahrradverkehr arrangiert haben.
So ist die Haltung der deutschen Verkehrsjuristen in dieser Frage um so mehr stur und veraltet, als mit zunehmenden verkehrsberuhigten Bereichen und Tempo-30-Zonen sowie der Aussicht auf eine generelle Tempo-30-Innerortshöchstgeschwindigkeit schneller Autoverkehr in den Städten und Gemeinden nicht mehr Vorrang haben kann. In verkehrsberuhigten Bereichen, Fußgängerzonen mit Anliegerverkehr und Tempo-30-Zonen ist das Gefahrenpotential für gegen die Einbahnrichtung fahrende Radfahrer gering. Als Mindestforderung ist daher gerechtfertigt, in allen Einbahnstraßen, in Fußgängerzonen, Anliegerstraßen, verkehrsberuhigten Bereichen und Tempo-30-Zonen die Gegenrichtung für Fahrradverkehr zuzulassen. Dem ist am besten Rechnung zu tragen durch ein neues Verkehrszeichen einer nur für den Kfz-Verkehr gültigen Einbahnregelung, sonst muß an allen entsprechenden Verkehrszeichen das Zusatzzeichen »Radfahrer frei« bzw. »Ausgenommen Radfahrer« oder »Nur Kfz-Verkehr« angebracht werden. Solange eine solche generelle Regelung nicht besteht, müssen die Kommunen ihrerseits durch entsprechende Modifikationen ihrer Einbahnregelungen für ausreichende Durchlässigkeit im Fahrradverkehr sorgen und unechte Einbahnstraßen (Einfahrt für Kfz-Verkehr verboten) einrichten oder baulich bzw. durch Markierung abgetrennte Sonderfahrstreifen für Radfahrer gegen die Einbahnrichtung anlegen.

Möglichkeiten des Vorrangs für Radfahrer rechtlich verankern

Das bisherige Verkehrsrecht enthält keine Möglichkeit, eine dem Zebrastreifen vergleichbare Querungshilfe mit Vorrang für Radfahrer einzurichten. Der Zebrastreifen

Vorrang für Radfahrer beim Queren in Verbindung mit Zebrastreifen gibt besonderen Schutz.

gibt querenden Fußgängern gegenüber dem Autoverkehr rechtlich eindeutig Vortritt. Will ein Fußgänger queren, müssen die Autos anhalten. Das schützt sie rechtlich und mit Hilfe unterstützender baulicher Maßnahmen auch faktisch vor Wartezeiten und Gefahren, zumal bei systematischer Anwendung. In Skandinavien, Großbritannien und Japan werden solche Zebrastreifen nicht allein für Fußgänger, sondern auch kombiniert für Fußgänger und Radfahrer oder auch eigenständig nur für Radfahrer angeboten. Wo dort solche Radfahrerüberwege mit System eingeführt wurden, verbesserten sich Sicherheit und Reisezeit der Radfahrer entscheidend. Was woanders gute Erfolge hinsichtlich Sicherheit und Attraktivität der Radverkehrsverbindungen bringt, sollte hierzulande auch möglich sein.

Natürlich erlaubt die Straßenverkehrsordnung schon jahrzehntelang die Ausweisung reiner Autostraßen, von denen jeglicher Fußgänger- und Fahrradverkehr verbannt sind. Solche »großartigen« Schnellstraßen gehören schon seit fünfzig Jahren zum gängigen Repertoire großstädtischer Verkehrsplanung. Exklusive Straßen für andere Verkehrsarten wurden dagegen lange nicht für nötig erachtet. Erst die Fußgängerstraßen und -zonen haben gezeigt, daß man Prioritäten auch anders und nicht nur für Autos setzen und hierfür einen eigenen Straßentyp mit eigenem Verkehrszeichen schaffen kann. Beim Stichwort Fahrradstraße oder Fahrradzone dagegen kommt immer noch ungläubiges Staunen auf. Es gibt hierfür bis heute keine einheitliche, eingängige Beschilderung. Aber immerhin fangen fahrradfreundliche Kommunen an, entsprechende Experimente anzustellen. Sie behelfen sich dabei auf verschiedene Weise. Eine Möglichkeit ist die Reservierung der gesamten Fahrbahn für den Radverkehr, Autoverkehr wird nur unter bestimmten Bedingungen, zum Beispiel mit langsamer Geschwindigkeit und der Be-

Fahrradstraßen oder -zonen geben dem Fahrradverkehr Priorität. Autos sind ganz ausgeschlossen oder werden auf reinen Anliegerverkehr beschränkt und müssen sich dann dem Fahrradverkehr durch Verzicht auf Überholen und durch langsames Tempo anpassen.

schränkung auf Anlieger, zugelassen. Eine weitere Möglichkeit besteht darin, die Straße mit den Zeichen 250 oder 252 StVO für den allgemeinen (Kfz-)Verkehr zu sperren und durch Zusatzzeichen für Anlieger bei der Geschwindigkeitsbeschränkung auf 30 oder 20 Stundenkilometer freizugeben.

Die Einrichtung solcher Fahrradstraßen muß zukünftig vereinfacht werden. Deshalb braucht die Straßenverkehrsordnung hierfür eine eingängige, deutliche Beschilderung, die die verschiedenen, individuell entwickelten Beschilderungskombinationen der Kommunen ablöst. In der dazugehörigen Verwaltungsverordnung muß deutlich werden, daß Fahrradstraßen überall dort zweckmäßig sind, wo der Fahrradverkehr besonders unterstützt und demonstrativ bevorzugt werden soll, zum Beispiel, weil er in großen Mengen auftritt oder weil die betreffende Verbindung eine besonders hervorgehobene Netzbedeutung hat.

Falsches, verkehrsbehinderndes und -gefährdendes Parken auf Radwegen und Fahrradfurten muß strikt verboten und unterbunden werden.

Rechtliche Festlegungen gegen das Parkchaos dienen auch dem Radverkehr

Parkende Autos sind für die Radfahrer ein häufiger Konflikt- und Gefahrenpunkt. Völlig unmöglich sind die illegal auf Radwegen und Radfahrstreifen abgestellten Autos. Sie bedeuten eine massive Verkehrsbehinderung, da sie den Verkehrsfluß des Fahrradverkehrs unterbinden und zu zahlreichen Ausweichmanövern auf die (bisher zu schnell vom Autoverkehr befahrenen) Fahrbahnen oder benachbarten Gehflächen zwingen. Zwar bezeichnet die Rechtslage eindeutig das Parken auf Radwegen und Radfahrstreifen als Verkehrsverstoß, doch reichen die bisherige Bußgeldbewehrung und Überwachungspraxis nicht aus, das Problem einzudämmen. Die Polizei überläßt die Überwachung der Radverkehrsanlagen den Politessen und ordnet damit diese Regelwidrigkeiten in die Überwachung des ruhenden Verkehrs ein. Dies ist falsch, denn hier geht es nicht um Fragen der Parkordnung und Parkraumbewirtschaftung, sondern um Störungen und Gefährdungen des fließenden Verkehrs durch Falschparken. Parkverstöße, die den fließenden Verkehr (egal, ob Fahrrad-, Fußgänger- oder Autoverkehr) behindern oder gar gefährden, müssen von der Polizei abgestellt werden. Bisher schreitet die Polizei nur selektiv bei Parkverstößen ein, die den Auto- oder öffentlichen Verkehr behindern oder gefährden. Beim Fahrrad- und Fußgängerverkehr ist sie dagegen stets geneigt, das Versperren der Verkehrswege nicht so »tragisch« zu nehmen.

Besonders gefährlich für den Fahrradverkehr ist das Falschparken vor Einmündungen, Kreuzungen, Überwegen und Radwegenden, da hierdurch die notwendigen Sichtkontakte blockiert werden. Nach der Straßenverkehrsordnung müssen an diesen Stellen fünf Meter Abstand in jede Richtung von geparkten Autos frei bleiben. Dieser Abstand ist zu klein, aus Sicherheitsgründen muß mindestens das Doppelte gefordert werden, von Verkehrssicherheitsfachleuten werden sogar 20 Meter für erforderlich gehalten, um einen ausreichenden Sichtkontakt sicherzustellen. Wer innerhalb solcher Schutzzonen parkt, vervielfacht die Unfallrisiken für Radfahrer beträchtlich und muß konsequent dafür bestraft werden. Strafmaß und Überwa-

chungspraxis reichen bisher nicht aus, diesen überall verbreiteten Mißstand abzustellen.
Parkprobleme für Radfahrer entstehen aber nicht nur durch abgestellte Autos. Auch das Abstellen der Fahrräder kann Probleme bringen. An sich erlaubt die bisherige Rechtslage das Fahrradparken auf (Auto-)Parkplätzen und -streifen. Fahrräder dürfen auch im Bereich von Parkuhren abgestellt werden, wenn die Gebühren dafür bezahlt werden. Das wissen nur wenige Bürger. Doch das Wissen um dieses Recht nutzt allein nicht viel. Radfahrer, die aus Rücksicht auf die Fußgänger ihre Räder am Fahrbahnrand oder im Parkstreifen abstellen, werden von Autofahrern und sogar von Polizisten gerügt. Autofahrer stellen die Fahrräder dann einfach selbst auf den Gehweg und parken ganz selbstverständlich und ohne jedes Schuldgefühl ihr Auto an dieser Stelle. Parken umfaßt jedoch begrifflich das Abstellen von Autos *und* Fahrrädern.
Fahrräder dürfen zur Zeit genausowenig wie Autos im Bereich von Park- und Halteverboten auf der Fahrbahn abgestellt werden. Dabei zeigt sich wieder das ganze Dilemma einer einseitig am Autoverkehr orientierten Straßenverkehrsordnung. Der Grund für ein Halte- oder Parkverbot ist in der Regel die sonst zu starke Einengung der Fahrbahn oder die Behinderung der Sicht. Beides wird aber durch ein in Längsrichtung abgestelltes Fahrrad nicht bewirkt, daher könnte ein Fahrrad ohne Schaden in Halte- oder Parkverbotzonen für Autos stehen, wenn die Straßenverkehrsordnung mehr nach der Art des Fahrzeugs differenziere.
Bisher wird das Abstellen von Fahrrädern auf Gehwegen nach herrschender Rechtsmeinung als dort üblich und sinnvoll abgedeckt. Angesichts der bislang aber meist schmalen Gehwege wird dadurch der Platz für Fußgänger unvertretbar beeinträchtigt. Um den Fußgängern ausreichend Platz zu sichern, haben in Holland und Japan viele Gemeinden im Umfeld von Haltestellen, Kaufhäusern und Einkaufsstraßen sowie in dichtbebauten Wohn- und Mischgebieten inzwischen an den betreffenden Stellen das Parken von Fahrrädern auf Gehwegen ausdrücklich verboten, bieten dafür aber im nahen Umfeld ausgewiesene Fahrradabstellflächen an. Diese Praxis sollte auch hierzulande Schule machen. Generell sollten Fahrräder nur außerhalb der Gehwege auf den allgemeinen Parkflächen abgestellt werden. Entsprechende Vorsorge für das Abstellen von Fahrrädern muß zu den Pflichtaufgaben kommunaler Verkehrsplanung werden.

Koexistenz im Fahrverkehr baulich und technisch sichern

Die durch entsprechende Änderungen der Straßenverkehrsordnung im Recht zu verankernde friedliche Koexistenz von Auto- und Fahrradverkehr muß durch geeignete bauliche Maßnahmen wesentlich unterstützt werden. Bei der Mehrzahl der Stadtstraßen werden die Fahrbahnen gemeinsam von Auto- und Fahrradverkehr genutzt. Bei vielen dieser Straßen ist es weder sinnvoll noch möglich, zur besseren Sicherung des Fahrradverkehrs eigene separate Radwege anzubieten. Deshalb müssen dort die Rahmenbedingungen für eine ungefährdete gemeinsame Nutzung der Fahrbahn durch Fahrrad- und Autoverkehr grundlegend verbessert werden. Autogerechte Stadtstraßen suggerieren dem Autoverkehr regelmäßig schnelles Fahren, Rennfahrermentalität und Herrschaftsallüren. Die Rechte und Sicherheitsbedürfnisse der Fußgänger und Radfahrer kommen dabei »unter die Räder«. Stadtstraßen müssen so gestaltet werden, daß Autofahrern deutlich wird, daß sie regelmäßig mit Radfahrern und Fußgängern auf der Fahrbahn rechnen müssen und verpflichtet sind, sich mit diesen beiden Verkehrsarten zu arrangieren.

Entwurfsbestimmend kann nicht weiter die Fahrdynamik von Autos sein. Planungsziel muß der für alle verträgliche langsame Verkehr sein. Die Stadtstraßen und ihre Kreuzungen müssen überschaubar und für das intensive Stadtleben nutzbar bleiben, Fahrradverkehr muß in sie integriert werden.

Auf schmalen Straßen klappt die Koexistenz von Fahrrad- und Autoverkehr ganz von selbst.

Das friedliche Miteinander auf den Fahrbahnen – vor allem im Nebenstraßennetz – sichern: durch schmale Fahrbahnen, kleine Kreuzungen und geschwindigkeitsdämpfende Maßnahmen

Für ein friedliches Miteinander dürfen die Fahrbahnen der Wohn- und Sammelstraßen nicht breiter sein als unbedingt nötig. Schon im Zusammenhang mit dem Abbau des Gehwegparkens und der Verbreiterung der Gehwege sind die Orientierungswerte für die notwendigen Schmalfahrspuren ausführlich diskutiert worden. Für Wohnstraßen reicht vielfach im Zweirichtungsverkehr eine Gesamtfahrbahnbreite von 3,5 Metern aus, damit sich ein PKW und ein Fahrrad an jeder Stelle begegnen können. Überholmanöver im Autoverkehr sind dann ausgeschlossen, auch Fahrräder, die einen vernünftigen Mindestabstand zum Fahrbahnrand halten, werden dann nicht mehr überholt. Die Begegnung von Kfz erfolgt an Grundstückszufahrten, in Parklücken und an Ausweichstellen. Für stark belastete Anliegerstraßen kann die Breite auf vier Meter vergrößert werden, dann ist eine durchgängige PKW-Begegnung bei geringer Geschwindigkeit möglich. Größere Fahrbahnbreiten von 5 bis 5,5 Metern wirken weniger geschwindigkeitsmindernd und forcieren das unerwünschte Überholen der Radfahrer durch Autos. Sie erfordern daher zusätzliche geschwindigkeitsdämpfende Maßnahmen. Bei Kfz-Verkehr in einer Richtung sind Fahrbahnen von 2,5 bis 3,5 Meter Breite ausreichend. Bei 2,5 Metern wird das gewünschte Überholverbot straßenräumlich wirksam unterstützt, bei 3,5 Metern sollte in der Regel der Fahrradverkehr in der Gegenrichtung zugelassen bleiben, gegebenenfalls mit eigenem Markierungsstreifen. Die Rücknahme der Fahrbahnbreiten auf sinnvolle Koexistenzmaße ist meist ohne großen Umbauaufwand möglich. Allein die konsequente Herunternahme des Parkens von den Gehwegen auf die Fahrbahn macht diese in der Regel schon um zwei bis vier Meter schmaler. Auch Gehwegverbreiterungen und zusätzliche Grünstreifen oder Baumreihen können die Fahrbahn mit einfachen Mitteln verschmälern. Die Anpassung der Fahrbahnen auf Koexistenzmaße schützt den Fahrradverkehr, gibt ihm mehr Spielraum für selbstbewußtes Radeln und verbessert das Betragen des Autoverkehrs gegenüber dem Fahrradverkehr.

Wo wegen besonderer Anforderungen des Kfz-Verkehrs (hohe Begegnungshäufigkeiten von LKW und Bussen) breitere Fahrbahnen unvermeidbar sind, müssen geschwindigkeitsdämpfende Maßnahmen und verkehrsrechtliche Anordnungen die anzustrebende Koexistenz fördern und dem Fahrradverkehr die nötige Sicherheit und Freizügigkeit garantieren. In regelmäßigen Abständen sind dann Engstellen, Vorpflasterungen, Aufpflasterungen, Versätze, Mittelinseln, besonders gestaltete Eingangsbereiche, optische und akustische Bremsen durch Materialwechsel, Pflaster-

Geschwindigkeitsdämpfende Maßnahmen helfen die nötige Koexistenz von Auto- und Fahrradverkehr zu sichern.

bänder, optische Gliederung der Fahrbahn etc. nötig. Bei diesen Elementen kommt es auf die genaue Detailgestaltung an: Sie sollen den Autoverkehr domestizieren, ohne den Fahrradverkehr zu behindern oder zu gefährden. Daher sollte bei Schwellen oder Aufpflasterungen nach Möglichkeit für Radfahrer im Randbereich ein Durchlaß frei bleiben, der ohne Anrampung befahren werden kann oder in dem die Anrampung abgeflacht wird. Eine fahrradfreundliche Alternative zu durchgehenden Schwellen und Aufpflasterungen bietet der sogenannte »Berliner Pyramidenstumpf«, eine auf die Radstandbreite von PKW dimensionierte Fahrbahnaufhöhung, die von Radfahrern in der Mitte und am Rand umfahren werden kann. Auch bei in die Fahrbahn ragenden Engstellen sollte für den Fahrradverkehr möglichst ein Durchlaß in der geraden Fahrlinie des Fahrradverkehrs frei bleiben. Materialwechsel und Pflasterbänder sollten im Seitenbereich fahrradfreundlich engfugig, mit glatter Oberfläche verlegt werden.

Großzügig ausgebaute Kreuzungen mit Abbiegespuren und Fahrspuraufweitungen, großen Radien und Eckausrundungen begünstigen auch im Nebenstraßennetz hohe Autofahrgeschwindigkeiten und verlängern die gefährlichen Überquerungs- und Konfliktstrecken für Radfahrer oft auf mehr als das Doppelte. Daher muß ein konsequenter Umbau der Kreuzungen und Einmündungen die angestrebte Koexistenz von Auto- und Fahrradverkehr besonders unterstützen.

In Frankreich wird vielfach im Kreuzungsbereich eine kleine Mittelinsel mit Baum geschaffen. Ähnlich wurden in der Gründerzeit auch in deutschen Wohngebieten viele Kreuzungen gestaltet. Seit den 80er Jahren ist in einigen Neubaugebieten diese Tradition wiederaufgegriffen worden, finden Rondelle, Bäume, Denkmäler, Brunnen etc. wieder dort Platz. Sehr wirksam sind auch Kreuzungsaufpflasterungen oder enge Kurvenradien. Mit solchen Maßnahmen soll der Autoverkehr zum rechtzeitigen Verlangsamen, Anhalten, Sich-Orientieren und -Arrangieren veranlaßt werden. Alle diese »Bremsen« sind straßenverkehrsrechtlich keine Hindernisse, sondern legitime verkehrslenkende und geschwindigkeitsdämpfende Elemente.

Nötig ist zudem die konsequente Einführung der Rechts-vor-Links-Regelung. Sie verlangsamt den Autoverkehr im Kreuzungsbereich und entspricht einer generellen Forderung des Deutschen Städtetages für das gesamte Nebenstraßennetz. In den USA erhalten in diesem Netz häufig alle einmündenden Straßen einer Kreuzung ein Stop-Zeichen, um »blindes« Überfahren von Kreuzungen zu verhindern und die Geschwindigkeiten zu senken.

Das friedliche Nebeneinander durch Radverkehrsanlagen – vor allem auf den Hauptverkehrsstraßen – sichern

Die Grenzen einer gemeinsamen Nutzung von Fahrbahnen durch Fahrrad- und Autoverkehr werden auf Hauptverkehrsstraßen erreicht, auf denen die subjektiven und objektiven Gefährdungen und Störungen des Fahrradverkehrs durch Dichte, Dominanz und Tempo des Autoverkehrs unvertretbar sind. Ein wesentlicher Grund für die starke Gefährdung des Fahrradverkehrs auf Hauptverkehrsstraßen sind deren bautechnische Merkmale, die hohe, illegale Geschwindigkeiten im Autoverkehr zur Folge haben. Hier sind zum Schutz der Radfahrer meist separate Radverkehrsanlagen nötig, die jedoch nicht von der Notwendigkeit entbinden, zum Schutz der querenden Fußgänger und Radfahrer zusätzliche geschwindigkeitsdämpfende Maßnahmen vorzunehmen. Eigene Radverkehrsanlagen an Hauptverkehrsstraßen dürfen nicht dazu führen, dort den Autoverkehr weiterhin schnell oder sogar noch schneller als bisher fahren zu lassen.
Radwege oder Radfahrstreifen müssen an Hauptverkehrsstraßen wegen des besonderen Schutzbedürfnisses der Radfahrer vernünftig konzipiert, ausreichend breit und an allen Kreuzungen und Einmündungen besonders gesichert sein. Der Autoverkehr muß durch begleitende Maßnahmen wie Fahrspurverengungen etc. dazu veranlaßt werden, mit verträglichen Geschwindigkeiten zu fahren und vor allem vor Kreuzungen und Einmündungen ausreichend abzubremsen. Wird dies nicht gewährleistet, bringen Radverkehrsanlagen an Hauptverkehrsstraßen nicht die notwendige Verkehrssicherheit. Die Konfliktpunkte werden dann von der Strecke an die ungesicherten Kreuzungen verlagert.
Entlang der Hauptverkehrsstraßen hat der Radverkehr im »Schlepptau« des bevorrechtigten Autoverkehrs Vorfahrt gegenüber dem einmündenden und querenden Verkehr. Bislang wird dieser Vorrang häufig von Autofahrern mißachtet, vor allem, wenn die Radwege nicht direkt neben der Fahrbahn geführt werden. Deshalb sind unterstützende bauliche Maßnahmen und deutliche Markierungen zweckmäßig, um die Autofahrer zu besonderer Vorsicht und Verlangsamung beim Ein- und Abbiegen zu veranlassen. Enge Radien und der Verzicht auf große Fahrbahnaufweitungen im Kreuzungsbereich unterstützen das notwendige Abbremsen des Autoverkehrs vor dem Überqueren vorfahrtberechtigter Radverkehrsanlagen.
Noch sind Radverkehrsanlagen an Hauptverkehrsstraßen nicht die Regel. Selbst auf den am stärksten vom Auto- wie vom Fahrradverkehr frequentierten Ortsdurchfahrten der klassifizierten Bundes- und Landesstraßen haben 89 Prozent der Strecken kei-

Hauptverkehrsstraßen brauchen breite Radwege, möglichst in Verbindung mit einer Alleepflanzung und mit deutlichem Vorrang des Fahrradverkehrs gegenüber ein- und abbiegenden Autos.

ne speziellen Radverkehrsanlagen. Das zeigt, daß die Lösung der Konflikte von Fahrrad- und Autoverkehr mit einer Gesamtkonzeption in Angriff genommen werden muß, die berücksichtigt, daß gerade Hauptverkehrsstraßen auch wichtige innerörtliche Fahrradverbindungen sind.

Wenn der Platz für eigene breite Radwege an Hauptverkehrs- und Sammelstraßen nicht ausreicht, sind Radfahr-, Mehrzweck- oder Fahrbahnseitenstreifen ein taugliches Mittel zum besseren Schutz für Radfahrer. Damit wird dem Fahrradverkehr in der Fahrbahn ein Fahrstreifen zugeordnet, der für eine gewisse Entflechtung von Auto- und Fahrradverkehr sorgt, ohne sie strikt zu trennen. Diese Lösung ist besonders geeignet bei dichter beidseitiger Bebauung und Geschäftsnutzung, starkem Fußgängerverkehr und hohem Überquerungsbedarf für Fußgänger und Radfahrer. Der hohe Querungsbedarf verbietet ohnehin schnelle, breite Autofahrbahnen und überdimensionierte Kreuzungen. Radfahrstreifen sind deshalb auch die geeignete Lösung, wenn die Anlage separater Radwege zu unvertretbaren Störungen des Fußgängerverkehrs und Aufenthalts führen würde.

Bei Anlage von Radfahrstreifen entsteht dann eine »Kernfahrbahn« von 3,5 bis 4 Metern Breite bei Zweirichtungsverkehr und 1,5 bis 2 Meter Breite bei Kfz-Verkehr in einer Richtung, die eng wirkt, ohne eng zu sein. Damit wird erreicht, daß den Autofahrern kein Schnellfahrkomfort mehr geboten wird. Je nach der Ausgangsbreite der Fahrbahnen kann der Radfahrstreifen auf jeder Seite ein bis zwei Meter breit sein. Diese Fahrflächengliederung kennzeichnet damit den Raum, den Radfahrer ohnehin beanspruchen, und erinnert die Autofahrer deutlich an die nötige Rücksichtnahme gegenüber Radfahrern. Dieser Streifen kann notfalls auch von Autos abschnittsweise überfahren werden, zum Beispiel für ein Ausweichmanöver oder bei einer Begegnung von zwei LKW. Besonders beachtet werden muß bei der Anlage von Radfahrstreifen, wo und wie geparkt werden kann und soll. Es muß auf jeden Fall verhindert werden, daß die Radfahrstreifen zum Parken zweckentfremdet werden. Wenn Radfahrstreifen und Kernfahrbahn zusammen nicht breiter als ca. 3,5 Meter im Einrichtungsverkehr bzw. 5,5 bis 6,5 Meter im Zweirichtungsverkehr sind, dann ist das

Fahrrad- oder Mehrzweckstreifen haben sich in vielen Ländern als günstige, sichere, systematisch einsetzbare Radverkehrsanlage erwiesen. Sie sorgen für gute Sichtbarkeit, zeigen dem Autoverkehr, daß er überall mit Radfahrern zu rechnen hat, und tragen zur Verkehrsberuhigung bei.

Zuparken der Radfahrstreifen unwahrscheinlich, weil damit automatisch auch der Autoverkehr blockiert wird. Radfahr- oder Mehrzweckstreifen werden gekennzeichnet durch einen Trennstrich oder Pflasterstreifen, eine eigene Farbe oder einen eigenen Belag, unter Umständen auch durch einen Neigungswechsel. Eine zusätzliche Markierung durch ein immer wiederkehrendes Fahrradpiktogramm unterstützt die Erkennbarkeit. Weil der Streifen bei so bemessenen »Kernfahrbahnen« vom Kfz-Verkehr in Ausweich- und Begegnungsfällen überfahrbar bleibt, kann er nicht wie ein Sonderweg für Radfahrer durch Zeichen 237 StVO (Radweg) gekennzeichnet und nicht durch einen durchgehenden Markierungsstrich abgegrenzt werden.

Die durch Anlage von Radfahr- oder Mehrzweckstreifen erzielte optische Gliederung und Verengung der Fahrbahn ist selbst dann noch sinnvoll, wenn eine hohe Kfz-Verkehrsbelastung und ein hoher LKW-Anteil bestehen und die Radfahrstreifen dann öfter überfahren werden. Radfahren ist so immer noch sicherer als auf einer breiten Fahrbahn ohne Radfahrstreifen. Solche Radfahrstreifen sind sehr schnell durch Markierungsarbeiten oder Teilumbauten der Fahrbahn umsetzbar. Sie erlauben den Radfahrern ein zügiges Vorwärtskommen, da ihre Linienführung stets der Fahrbahn angepaßt bleibt und sie unbehelligt von den häufigen Niveauwechseln der Seitenräume bleiben. Werden diese Radfahrstreifen über die Einmündungen und Kreuzungen geführt, bieten sie hier mehr Schutz als das ungesicherte Mitradeln, aber auch mehr Schutz als viele separate Radwege, weil im Blickfeld des Autoverkehrs und exakt an den normalen Haltelinien des Querverkehrs geradelt wird. Sie sind gut in die Straßenunterhaltung zu integrieren, da sie Bestandteil der Fahrbahn bleiben und automatisch von Straßenreinigung und Winderdienst erfaßt werden.

In den letzten Jahren sind mit Radfahr- oder Mehrzweckstreifen gute Sicherheitserfolge erzielt worden. Die Holländer haben als erste Radfahrstreifen mit System angewendet. Auf diese Weise haben sie eine sehr weitgehende und vernünftige Ergänzung ihrer Radwegenetze erreicht. Fast alle holländischen Städte verfügen über zahlreiche Radfahrstreifen, von der einfachen markierten Form bis zu sehr anspruchsvoll gestalteten Varianten in den Innenstadtbereichen. Später haben auch zahlreiche Städte in Skandinavien, England, der Schweiz und Italien ähnliche Beispiele realisiert. Inzwischen findet man auch in deutschen Städten erste Beispiele.

Nicht verwechselt werden dürfen Radfahrstreifen mit den in den 60er und 70er Jahren vielfach im Außerortsbereich angeordneten sogenannten »außerörtlichen Mehrzweckstreifen« für langsame landwirtschaftliche Fahrzeuge und LKW, für liegengebliebene und abgestellte Fahrzeuge sowie für fahrbahnbegleitenden Fußgänger- und Fahrradverkehr. Sie haben sich vielfach als wenig sicher für den Fahrradverkehr und damit als untauglicher Ersatz für Radwege erwiesen, weil im Außerortsbereich die Fahrbahnen sehr schnell befahren werden. Die Bedingungen außerörtlicher Mehrzweckstreifen sind also nicht mit denen »innerörtlicher Radfahr- oder Mehrzweckstreifen« vergleichbar, die bei stadtverträglicher Geschwindigkeit und engen Fahrbahnen im bebauten Innerortsbereich eingesetzt werden. Dies wird in der Öffentlichkeit wegen der begrifflichen Überschneidung oft übersehen.

Die Alternative zu Radfahrstreifen sind eigene, separate Radwege. Sie können sicheren, freizügigen, attraktiven Fahrradverkehr nur ermöglichen, wenn sie ausreichend Platz bieten. Ihr Platzbedarf geht deutlich über die gängigen Bemessungsannahmen deutscher Verkehrsplaner hinaus, die den Radverkehr gerne mit Miniradwegen um ca. einen Meter Breite abspeisen. Ein Vergleich der Breiten für Radwege in

Deutschland, Dänemark und Holland zeigt extreme Unterschiede. In Holland und Dänemark haben viele Radwege eine Breite von 2,5 Metern und mehr bei Einrichtungsradwegen und 3,5 Meter und mehr bei Zweirichtungsradwegen. Radwege auf wichtigen Velorouten werden oft mit vier Metern und mehr ausgestattet. Besonders ärgerlich ist der bisherige deutsche Bemessungsminimalismus bei Radwegen an überbreiten, mehrspurigen Straßen, wo in der Fahrbahn ausreichend Platz für deutlich breitere Radwege besteht, aber Wille und Konzeption fehlen, diesen Platz für Radwege zu nutzen.

Der nötige Platz für breitere Radwege kann in vielen mehrspurigen Hauptverkehrsstraßen dadurch gewonnen werden, daß die Maximalbreiten für Autofahrspuren von üblicherweise 3,5 Metern und mehr sowie für Autoparkstreifen von üblicherweise 2,2 Metern und mehr deutlich vermindert werden, zum Beispiel auf 2,25 bis 2,75 Meter Fahrspurbreite und 1,8 bis 2 Meter Parkstreifenbreite. Hierdurch läßt sich in der Regel eine zusätzlich verteilbare Breite von 1,5 bis 2,5 Metern bei zweispurigen und von 4 bis 6 Metern bei vierspurigen Straßen gewinnen, was deutlich breitere Radwege möglich macht und oft auch noch Platz für einen Grünstreifen, eine Baumreihe oder breitere Gehwege bietet. Daß die meisten Fahrbahnen der Hauptverkehrsstraßen überdimensioniert sind, wird heute von vielen Politikern und Planern nicht mehr bestritten. Solche Verhältnisse zu korrigieren ist eine wichtige Aufgabe der heutigen Radverkehrsplanung. Je höher die bisherigen Geschwindigkeiten in Hauptverkehrsstraßen infolge bisher überzogener Ausbaustandards sind, um so wichtiger wird eine ausreichende Breite der Radwege. In Dänemark wird bei Straßen mit 40 Stundenkilometern (zugelassenem Tempo) ein *Breitenzuschlag* für Radwege von 0,5 bis 1 Meter empfohlen, bei 50 Stundenkilometern ein Zuschlag von 1 bis 1,5 Metern.

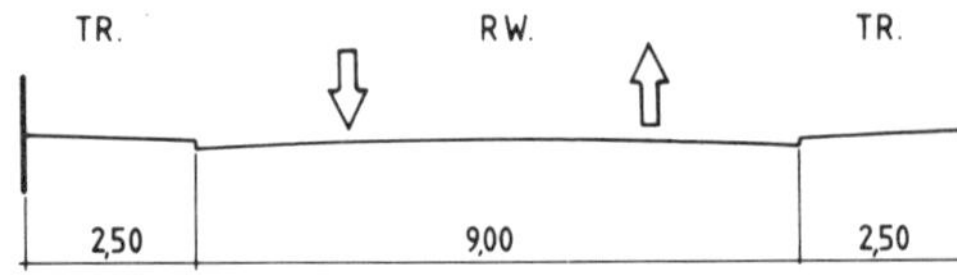

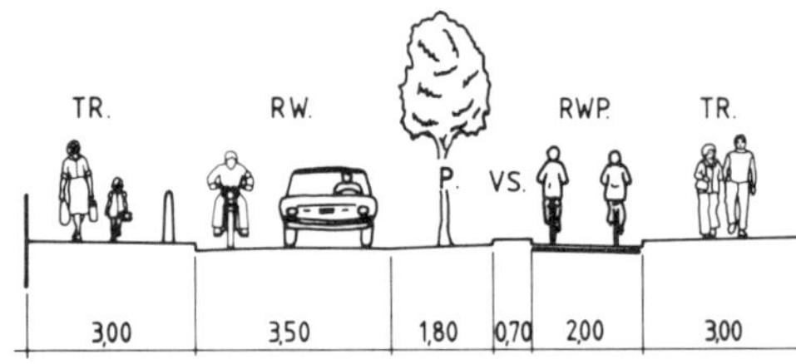

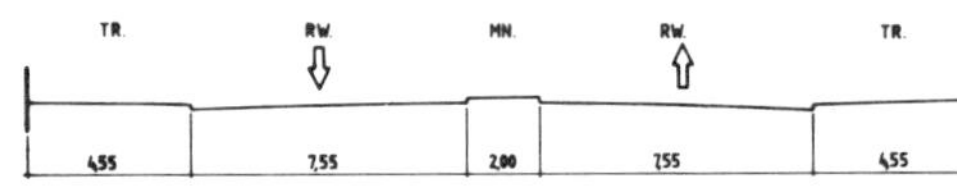

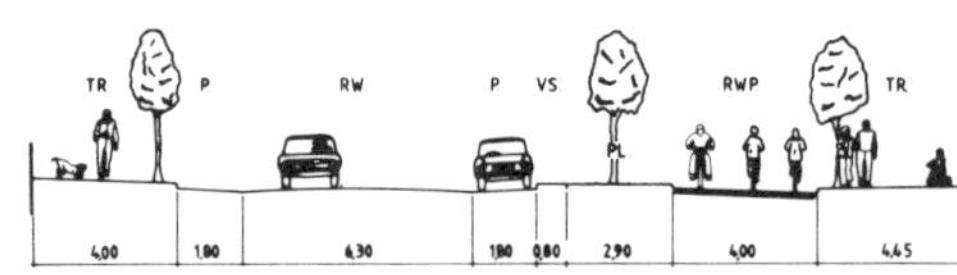

Der Platz für breite Radwege kann meist durch Neuaufteilung der Fahrbahn gewonnen werden. Schmalere Fahrbahnen oder eine Fahrbahn weniger je Richtung reichen für den Autoverkehr meist auch aus. Oft bleibt sogar noch Platz für einen Trennstreifen oder eine Baumreihe.

Der Umbau überdimensionierter Hauptverkehrsstraßen zugunsten bedarfsgerechter Radverkehrsanlagen ist häufig kostengünstig möglich durch Anlage eines neuen Grünstreifens mit Baumpflanzungen, durch Markierungen oder durch Einbau sonstiger Trennelemente in die vorhandenen überbreiten Fahrbahnen, um die überflüssigen Streifen als Flächen für die Radfahrer abzutrennen. Besonders viel Platz kann gewonnen werden, wenn bisher vierspurige Straßen auf zwei Spuren verschmälert werden. Es gibt inzwischen zahlreiche ausländische wie deutsche Beispiele, wo ursprünglich vierspurige Straßen zweispurig umgebaut wurden, um dadurch Platz für Radwege und breitere Gehwege zu gewinnen. In Nordrhein-Westfalen hat der Verkehrsminister zum Beispiel solche Umbauten in Bielefeld, Hamm und Herford angeregt und finanziell gefördert. Ist durch Fahrspurverschmälerungen oder Einsparung von Fahrspuren noch kein ausreichender Platz für breite Radwege zu gewinnen, kann auch die Herausnahme einer Fahrtrichtung für den Autoverkehr den nötigen Spielraum schaffen. Aus zwei parallelen Zweirichtungsstraßen werden dann zwei parallele Einbahnstraßen, wodurch jeweils der Platz einer Fahrbahn für den Fahrradverkehr frei wird. Auf einer herkömmlichen Fahrbahn kann dann gut ein Zweirichtungsradweg von 3,5 Metern Breite geschaffen werden, der (bei Gewährleistung von angemessenen Stadtgeschwindigkeiten und sichernden Maßnahmen an Einmündungen und Kreuzungen) auch gegen die Kfz-Einbahnrichtung angemessen sicher befahrbar ist. Bei breiten Hauptverkehrsachsen ist eine Gestaltung der Radwege als Allee ideal. Die Baumreihe zwischen Radweg und Fahrbahn bietet dem Radverkehr hohe Attraktivität, gliedert breite Straßen in bewährter Weise und mildert die Beeinträchtigungen der Radfahrer durch den benachbarten Autoverkehr beträchtlich. Bei der Bepflanzung muß allerdings an Einmündungen und Kreuzungen auf ausreichenden Sichtkontakt zwischen Fahrrad- und Autoverkehr geachtet werden. Hecken und Hochbeete sind deshalb dort zu unterbrechen.

Radwege und Radfahrstreifen müssen an Kreuzungen, Einmündungen und Grundstückszufahrten stets im Blickfeld des Autoverkehrs entlang der Fahr- und Haltelinien des Autoverkehrs geführt werden. Zwei Jahrzehnte lang wurde gegen diese Grundregel mit System verstoßen. Radwege und Radfahrstreifen wurden im Kreuzungsbereich verschwenkt und zurückgesetzt. Mit diesem Verschwenken der Radwege wollte man mehr Platz für abbiegende Autos schaffen und dem Autoverkehr ein besonders zügiges Abbiegen ermöglichen. Diese mißverständliche, lebensgefährliche Führung der Radwege oder Radfahrstrei-

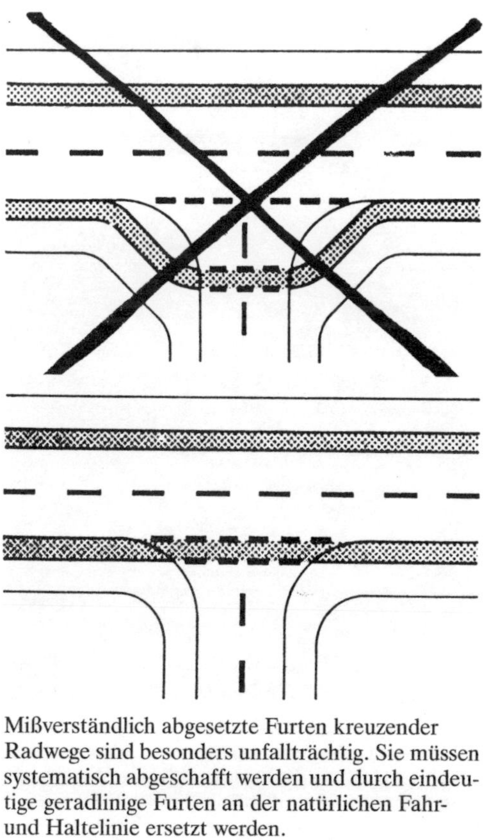

Mißverständlich abgesetzte Furten kreuzender Radwege sind besonders unfallträchtig. Sie müssen systematisch abgeschafft werden und durch eindeutige geradlinige Furten an der natürlichen Fahr- und Haltelinie ersetzt werden.

fen muß systematisch beseitigt werden. Radwege und Radfahrstreifen dürfen vor Kreuzungen und Einmündungen nicht einfach enden, sondern müssen gesichert sein. Für die Geradeausrichtung sind direkte, geradlinige Fahrradfurten anzulegen, bei denen der Autoverkehr nachhaltig auf die Konfliktbereiche aufmerksam gemacht wird. Solche Furten leiten den Radweg bzw. Radfahrstreifen über die gesamte Kreuzung. Sie werden durch eigene Markierungen oder einen eigenen Belag in der Farbe der Radwege oder Radfahrstreifen gekennzeichnet. Unterstützt werden kann die Wirkung der Furt durch Aufpflasterungen oder parallel zur Furt verlaufende Bodenwellen, die dem Autofahrer deutlich die Gefahrenzone anzeigen. Insbesondere in Holland wird viel mit solchen zusätzlichen baulichen Mitteln gearbeitet.

Fahrradwege oder -streifen sollen an Kreuzungen durch eigene Spurmarkierungen und Aufstellzonen gesichert werden. Das erleichtert die Orientierung und verdeutlicht die Konfliktlinien und Gefahrenpunkte.

Auch für das Linksabbiegen kann die Sicherheit der Radfahrer wesentlich verbessert werden durch eigene markierte Aufstellflächen und Furten. Die beste Lösung ist, wenn die Aufstellflächen vor der Haltelinie des Autoverkehrs markiert sind und dadurch die Radfahrer (gegebenenfalls durch ein Vorsignal gesichert) vor den losfahrenden Autos die Kreuzung überqueren können. In diesen Aufstellbereichen können sich mehrere Radfahrer nebeneinander aufstellen. Die Haltelinie des Kfz-Verkehrs wird um die betreffende Strecke nach hinten verlegt. Der Platz für eigene Radfahrstreifen und Furten im Kreuzungsbereich kann aus den bisherigen Aufstell- und Abbiegespuren des Autoverkehrs abgetrennt werden, wenn diese auf Schmalspurmaße reduziert werden. Der Autoverkehr wird bei deutlicher Sichtbarkeit von Radfahrstreifen und Furten nachdrücklich auf die Beachtung querender sowie ein- und abbiegender Radfahrer hingewiesen. Die Schmalspuren des Kfz-Verkehrs animieren zu langsamerem und vorsichtigerem Befahren der Kreuzungen. Radfahrer finden sicherer als sonst die für sie günstigen Fahrlinien und Wartebereiche.

Städtebauliche Integration macht Kreuzungen ohne umfangreiche Markierungen fahrradfreundlich und sicher

Gestalterisch haben die vielfältigen Markierungen für den Auto- und Fahrradverkehr (Fahrspuren, Haltelinien, Richtungspfeile, Piktogramme, Aufstellbereiche, Orientierungslinien in der Kreuzung und Fahrbahn, Furten etc.) den Nachteil, daß sie die Hauptverkehrsstraßen, Kreuzungen und Plätze zur verkehrstechnischen »Verschnittfläche« machen. Für die Sortierung und Ordnung werden die Straßen- und Kreuzungsflächen zu »Verkehrsmaschinen« zerhackt, zergliedert und zerspurt. Diese Spuren- und Streifeneinteilung produziert außerdem zwangsläufig eine beträchtliche Überdimensionierung der Kreuzungen. Eine flexible, platzsparende Nutzung der Straßenflächen ist so ausgeschlossen. Dadurch werden die Seitenräume mit den Flächen für Fußgänger und Aufenthalt entsprechend knapp. Erhöhte Vorsicht, sorgsame Orientierung und Voraussicht unvorhergesehener Ereignisse (zum Beispiel plötzliches Spurwechseln, Falschfahrer, Rotgeher etc.) kommen dagegen zu kurz. Eine angemessene städtebauliche Integration ist bei einer solchen rein verkehrstechnisch geprägten Kreuzungsgestaltung kaum möglich. Deshalb wirken derartige Kreuzungen heute so oft wie Fremdkörper in der Stadt. Die städtebauliche Aufgabe, durch die Kreuzungsgestaltung das architektonische »Gesicht« der nachfolgenden Straßenabschnitte zu definieren und dadurch eine jeweils neue Orientierung durch Signifikanz und neue Blickbeziehungen zu erreichen, ist hier nicht mehr erfüllt.

Um solche Probleme zu vermeiden, haben manche historische Städte, vor allem in Frankreich, Italien und Holland, auf eine verkehrstechnisch perfekte Kreuzungsausbildung voll markierter Autospuren, Abbiegespuren, Radfahrstreifen, Furtmarkierungen etc. verzichtet und gestalten ihre in den 60er und 70er Jahren durch zuviel verkehrstechnischen Perfektionismus entstellten Kreuzungen und Plätze wieder um. Seit den 80er Jahren machen auch mehr und mehr deutsche Städte den Versuch einer verbesserten städtebaulichen Integration von Kreuzungen, zunächst besonders im Bereich von Altstädten und schützenswertem Straßenumfeld. Sie wählen bewußt eine offene Gestaltung mit möglichst viel flächensparender Überlagerung von Verkehrsabläufen. Wenig ist dort eindeutig festgelegt, weder für den Auto- noch für den Fahrradverkehr.

Mit diesen Überlegungen »beißt« sich die Forderung nach zusätzlichen Markierungen von neuen Radfahrstreifen und Fahr-

Statt vieler häßlicher Markierungen empfiehlt sich eine städtebauliche Integration. Ohne die Zerteilung durch Streifen und Striche werden aus Kreuzungen wieder Plätze.

radfurten. Solange jedoch der Autoverkehr an Hauptverkehrsstraßen und Kreuzungen mit einem Übermaß an Autoverkehrsmarkierungen bedient wird und dementsprechend dort Vorrang und Beschleunigung genießt, ist der Fahrradverkehr auf diesen Achsen und Knotenpunkten ohne eigene Markierungen enorm gefährdet. Deshalb muß der Fahrradverkehr auf allen Hauptverkehrsstraßen und den entsprechenden Kreuzungen so lange durch umfassende Anlagen von Radfahrstreifen, Furten, Aufstellflächen etc. besser geschützt werden, bis durch eine generelle Umgestaltung und Geschwindigkeitsdämpfung eine städtebaulich und gesamtverkehrlich befriedigende Lösung erreicht ist, bei der auch im Autoverkehr auf die Streifen- und Markierungsorgien verzichtet wird.

Fahrradfreundliche Ampelschaltungen

Bei Ampelschaltungen wird bislang selten gefragt, wie sie auf den Radverkehr wirken. Es gibt zum Beispiel Induktionsampeln, die auf Radfahrer gar nicht ansprechen und damit in der Phasenfolge den Fahrradverkehr ganz ignorieren. An vielen Ampeln herrscht rote Welle für Radfahrer, weil für sie die auf Tempo 50 programmierte grüne Welle des Autoverkehrs nicht paßt. Wie stark die Signaltechniker an ampelgeregelten Kreuzungen nur die Vorteile des Autoverkehrs im Auge haben, wurde beim Fußgängerverkehr schon umfassend angesprochen, für den dadurch erhebliche Nachteile entstehen. Nicht viel besser ergeht es den Radfahrern. Zur Fahrradförderung gehört, daß auch in diesem Bereich die Mißstände abgeschafft werden. An allen bedarfsgesteuerten Ampeln muß dafür gesorgt werden, daß herannahende Radfahrer durch Sensoren genauso wie der Autoverkehr erfaßt werden und auf den Programmablauf der Ampel einwirken können. Herkömmliche Knopfdruckampeln, die Radfahrer zum Absteigen und Drücken eines Knopfes

Fahrradfreundliche Ampeln vermeiden unnötig lange Wartezeiten und sichern dem Fahrradverkehr prompte Bedienung und flexibles Abbiegen.

auf dem Gehweg zwingen, sind unvertretbar. Auch müssen Radfahrer in der Phasenfolge als Fahrverkehr berücksichtigt werden, mit gleicher Grünzeit wie der Autoverkehr, da sie kürzere Räumzeiten haben als Fußgänger. Radwege oder Radfahrstreifen brauchen also entweder eigene Signalgeber an Ampeln oder sind durch die Fahrverkehrssignalgeber zu regeln.
Die Holländer geben viele gute Beispiele für fahrradfreundliche Schaltungen mit entsprechenden Fahrradampeln. In Deutschland haben Erlangen und Münster als erste solche Schaltungen eingesetzt. Nicht immer muß der Fahrradverkehr an Ampeln überhaupt angehalten werden. An sogenannten T-Einmündungen kann der geradeaus fahrende bzw. rechts abbiegende Fahrradverkehr zum Beispiel auf separaten Radwegen oder Radfahrstreifen problemlos weiterradeln. Fußgänger läßt man ja auch an Kreuzungen ohne Ampelhalt um die Ecke gehen. Häufig ergibt sich auch an Fußgängerbedarfsampeln die Möglichkeit, den Fahrradverkehr neben dem Überweg weiterradeln zu lassen. In Holland findet man auch häufig an vierarmigen Kreuzungen spezielle Zusatzampeln oder Schilder für rechts abbiegende Radfahrer, die das freie Rechtsabbiegen erlauben. Auf diese Weise kann unnötige Wartezeit für die Radfahrer vermieden und damit ihr Systemvorteil ge-

steigert werden. Für die fahrradfreundlichen Städte ist ein weiteres Motiv für solche Sonderlösungen, daß sich damit zu große Pulks wartender Radfahrer vor Ampeln vermeiden lassen. Voraussetzung für derartige Lösungen ist, daß die jeweiligen Radwege oder Radfahrstreifen neben der Kernfahrbahn liegen und dadurch keine Konflikte mit querenden oder abbiegenden Autos entstehen. Besonders beachtet werden muß auch, daß die Fußgänger nicht unvertretbar behindert und gefährdet werden. Nur bei kooperativem, verhaltenem Fahrstil der Radfahrer gegenüber den Fußgängern sind diese Lösungen sinnvoll. Die Installation sogenannter Gelbblinksignale kann helfen, die Radfahrer zur Vorsicht gegenüber Fußgängern anzuhalten.

An großen, vom Auto- wie Fahrradverkehr befahrenen Kreuzungen sind Ampeln mit einer eigenen separaten Phasenfolge für den Fahrradverkehr sinnvoll. Sie erlauben den Radfahrern das sichere Einordnen in die Fahrbahnmitte und vermeiden Konflikte der links abbiegenden Radfahrer mit den Autoverkehrsströmen (vgl. Hinweis zu Vorsignal bei Furten und Aufstellflächen).

Sonderfälle der Signalisierung sind die bereits beim Fußgängerverkehr erwähnten Alles-Rot-Ampeln, an denen die Fußwege und Fahrradfurten im Regelfall Grün haben und die nur auf Anforderung durch ein herannahendes Auto kurz auf Rot umspringen. Da der Autoverkehr hier normalerweise immer auf Rot zufährt und erst im letzten Moment, gesteuert durch Induktionsschleifen, für kurze Zeit Grün erhält, sind die gefahrenen Geschwindigkeiten an den Überwegen und Furten gering. Solche Ampelanlagen sind von besonderem Interesse für Hauptradwegverbindungen, denen so ein deutlicher Vorrang und Schutz gegenüber querenden Autostraßen gewährleistet werden kann.

Der autofreie Weg: Maßnahmen zur Entflechtung von Fahrrad- und Autoverkehr

Man kann sich überall dort die Bemühungen um Verkehrsberuhigung, Radwegebau, Geschwindigkeitsdämpfung etc. sparen, wo es gelingt, Straßen und Gebiete autofrei zu machen. Was als »Fußgängerstadt« zunächst vorrangig zum Schutz und zur Förderung des Fußgängerverkehrs vorgestellt wurde, bietet ebenso große Chancen für den Fahrradverkehr. In autofreien Straßen gibt es keine gefährlichen Konflikte mehr an Einmündungen und Kreuzungen, kein Radfahrer wird mehr an den Rand gedrängt und muß Todesängste ausstehen beim schnellen Überholtwerden. Radfahrer brauchen dann nicht mehr auf Streifen und Radwege »verbannt« zu werden oder Umwege wegen autoorientierter Verkehrsregelungen zu fahren. Autofreie Straßen benötigen keine Einbahnregelungen, Sackgassenregelungen, Abbiegeverbote oder -gebote, Parkregelungen, keine Signalanlagen und keine Verkehrsschilder. Kein Straßennetz ist billiger in der Unterhaltung und dennoch so exklusiv in seinen Umweltqualitäten. Die Wegewahl bereitet keine Kopfschmerzen mehr, denn autofreie Straßen sind alle sicher und durchlässig, bilden keine trennenden Barrieren. In autofreien Straßen ist also die Freude am Radfahren ungetrübt.

Autofreie Straßen bieten damit eine klare Entflechtung von Auto- und Fahrradver-

Autofreie Orte sind ein Eldorado für Radfahrer.

kehr und sind der bislang üblichen Spurenseparation fahrbahnbegleitender Radfahrstreifen oder Radwege um ein Vielfaches an Sicherheit und Attraktivität überlegen. Bei der Spurenseparation bleiben alle Konfliktstellen zwischen Auto- und Fahrradverkehr an Einmündungen und Kreuzungen, an Grundstückszufahrten, beim Überqueren der Straßen, beim Vorbeifahren an Parkstreifen bestehen und müssen mit Hilfe von zusätzlichen Verkehrsberuhigungsmaßnahmen »entschärft« werden. Die autofreie Entflechtung schließt diese Konflikte völlig aus und gewährt statt dessen volle Bewegungsfreiheit für den Fahrradverkehr. Je mehr autofreie Straßen es gibt, desto besser kann sich der Fahrradverkehr in Kombination mit dem öffentlichen Verkehr entfalten und große Verkehrsanteile binden. Dies setzt voraus, daß autofreie Straßen keine kleinen Inseln im autodominierten Straßennetz bleiben, sondern zusammenhängende Netze bilden, zum Beispiel aus autofreien Innenstädten und Nebenzentren, aus autofreien Wohngebieten und aus autofreien Verbindungsachsen zwischen diesen. Ein Höchstmaß an Fahrradfreundlichkeit bieten völlig autofreie Orte. Schon im Zusammenhang mit der Fußgängerstadt ist klargeworden, daß solche Konzepte autofreier Straßennetze nicht utopisch sind, sondern daß es hierfür bereits zahlreiche Beispiele gibt. Zur verheerenden Überflutung der Städte mit immer mehr Autoverkehr sind autofreie Netze eine klare, überzeugende Alternative, die wirksamste und intelligenteste Strategie für stadt- und umweltverträglichen Verkehr.

Autofreie Innenstädte, Achsen und Netze: das Stützgerüst einer fahrradfreundlichen Stadt

Die gute Stadt- und Umweltverträglichkeit des Fahrradverkehrs ist bereits beim Thema Fußgängerzonen angeschnitten worden. Die inzwischen über tausend Fußgängerzonen wurden zunächst vor allem zum Schutz der Fußgänger vor dem Autoverkehr geschaffen. Es war jedoch typisch, daß man anfangs mit dem Autoverkehr automatisch auch den Fahrradverkehr aus diesen Straßennetzen ausschloß, als wäre er mit Mitverursacher der extremen Konflikte auf den Innenstadtstraßen. Inzwischen hat man in vielen Fußgängerzonen zumindest auf ausgewiesenen Routen den Fahrradverkehr wieder zugelassen. In genauen Untersuchungen hat sich dabei gezeigt, daß, abgesehen von den sogenannten »Kundenrennbahnen« mit extrem dichtem Fußgängerverkehr im übrigen autofreien Straßennetz, eine Integration von Fußgänger- und Fahrradverkehr gut möglich ist und der Zugänglichkeit der autofreien Zonen dient. Der Radverkehr ermöglicht eine schnelle und sichere Durchquerung der Innenstädte und eröffnet gegenüber dem Autoverkehr den Vorteil einer direkten, zielscharfen Anfahrt der Ziele in der Innenstadt.

Systematisch angewendet wurde dieses Prinzip der fußgänger- und fahrraderschlossenen Innenstadt in der holländischen Stadt Groningen. Dort wurde praktisch die gesamte Innenstadt weitgehend autofrei gemacht, lediglich einige Zufahrten für den Lieferverkehr blieben offen. Von Anfang an wurde jedoch keine reine Fußgängerzone geschaffen, sondern das autofreie Straßennetz für Fußgänger, Radfahrer und teilweise auch den öffentlichen Verkehr reserviert. In Groningen lag diese Entscheidung auf der Hand, denn das Fahrrad spielte dort schon immer eine sehr wichtige Rolle (auch im Bewußtsein der Planer und Politiker). Beim Weg zur Arbeit betrug schon 1979 der Fahrradanteil beachtliche 50,3 Prozent. Die Maßnahmen in Groningen wurden schrittweise eingeführt, zunächst mit einem sogenannten Sektorenkonzept ähnlich wie in Bremen und Göteborg, bei dem die Durchfahrbarkeit der Innenstadt mit dem Auto unterbrochen wurde. Es folgten drastische Parkrestriktionen und eine Verminderung des Stellplatzangebotes. Die Busse und Radfahrer erhielten darüber hinaus eigene exklusive Straßen. Später wurden dann immer mehr Straßen autofrei, ohne daß hierfür noch »hart gekämpft« werden mußte. Der Autoverkehr wurde Straße für Straße aus der Innenstadt ausgeschlossen und beschränkt sich heute auf den unvermeidlichen Andienungsverkehr. Dies alles vollzog sich zunächst weitgehend ohne aufwendige Umgestaltungsmaßnahmen. Erst in den letzten Jahren werden schrittweise die innerstädtischen Straßen auch umgebaut.

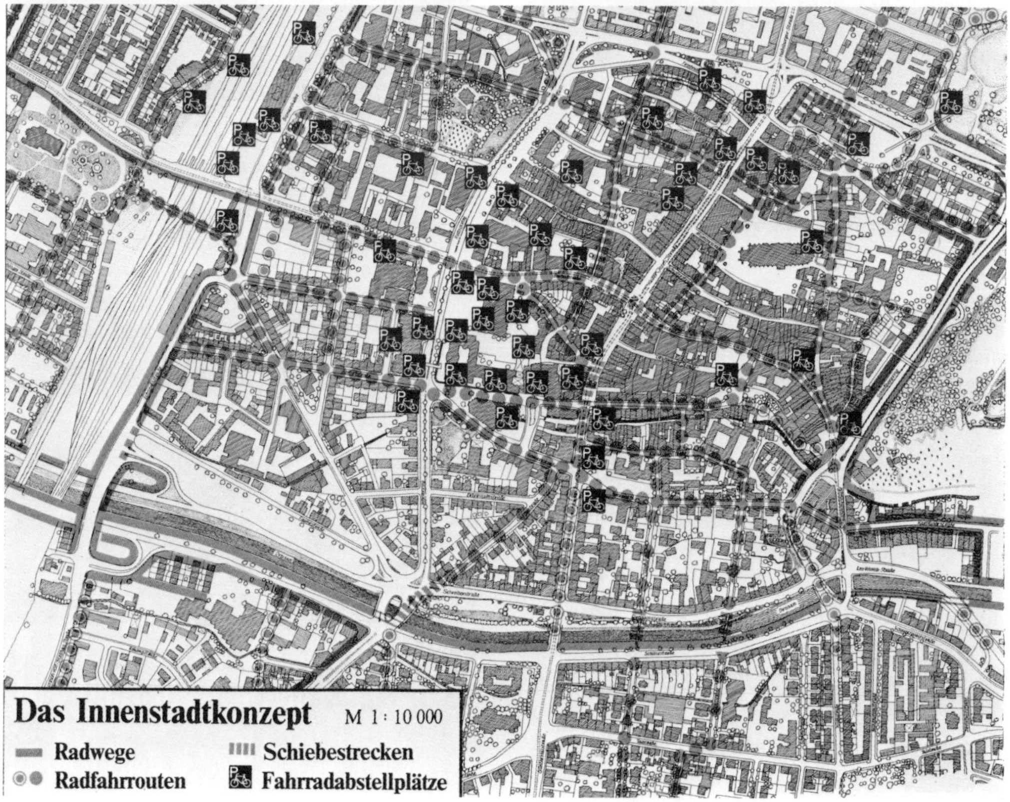

Fahrradverkehr in die und durch die weitgehend autofreien Innenstädte ist attraktiv und sicher. Große Fußgängerzonen ziehen besonders viel Fahrradverkehr an. Den über tausend deutschen Fußgängerzonen bringt eine fahrradfreundliche Erschließung mehr Entlastung vom Autoverkehr.

In Deutschland sind als erste Beispiele in diese Richtung die Innenstadtkonzepte von Göttingen und Freiburg entwickelt worden. Dort wurden bereits viele Schritte zur weitgehend autofreien Innenstadt bei gleichzeitig guter Erreichbarkeit für den Fahrrad- und den öffentlichen Verkehr umgesetzt. In der Göttinger Innenstadt schuf man ein weitverzweigtes Netz von überwiegend autofreien Straßen, von denen ein Teil reine Fußgängerzone, ein Teil aber auch für den Fahrradverkehr offen ist. Der öffentliche Verkehr durchfährt mit verschiedenen Linien das autofreie Straßennetz. Nur wenige Andienungsschleifen sind für den langsamen Autoverkehr offengehalten. Das Ausmaß des Rückgangs im Autoverkehr zeigt ein Vergleich von 1965 und 1986. Damals wurden im innerstädtischen Straßennetz 275 800 Autofahrten gezählt, 1986 waren es nur noch 19 800, der Autoverkehr ging also um 93 Prozent zurück. Auch in Freiburg führt ein (weitgehend) autofreies Innenstadtkonzept zu beachtlichen Ergebnissen. Von den Freiburgern kamen (1984) zum Einkauf in die Innenstadt 29 Prozent zu Fuß und weitere 32 Prozent mit dem Fahrrad, das sind zusammen 61 Prozent nichtmotorisierte Besucher. Der öffentliche Verkehr, der attraktiv durch die Innenstadt geführt wird, kommt auf 26 Prozent, das Auto spielt mit nur 14 Prozent keine gewichtige Rolle mehr. Bei den Besuchern aus dem Umland dagegen liegt der Autoanteil mit 62 Prozent immer noch sehr hoch, 24 Prozent kommen mit dem öffentlichen Verkehr. Diese Freiburger Zahlen zeigen, daß eine fahrradfreundliche, weitgehend autofreie Innenstadt allein noch nicht ausreicht, um den Autoverkehr insgesamt entscheidend zu verringern. Vielmehr bedarf es – neben einem attraktiven öffentlichen Verkehr und einer Zuflußdosierung des Autoverkehrs von außen nach innen – möglichst durchgehend autofreier Verbindungen in die angrenzenden Wohngebiete, bis zum Stadtrand und ins Umland, um auch die weiträumigeren Mobilitätsbedürfnisse fahrradfreundlich abzudecken.

Autofreie Innenstädte und Nebenzentren müssen deshalb durch autofreie Wegeachsen miteinander verbunden werden, um ebenso für die Wege in die Innenstädte und Nebenzentren ein Höchstmaß an Fahrradfreundlichkeit zu erreichen. Im Fußgängerteil wurde bereits angesprochen, in welchem Maße sich Beispielstädte aus dem Aus- und Inland inzwischen um einen Ausbau solcher autofreien Wegeachsen bemüht haben und welche großen Vorteile sie für die nichtmotorisierten Verkehrsarten bringen. Hier extra noch zu erwähnen ist der Wall in Münster. Er ist eine Art autofreier Cityring, der im Verlauf einer historischen Wallanlage die Innenstadt von Mün-

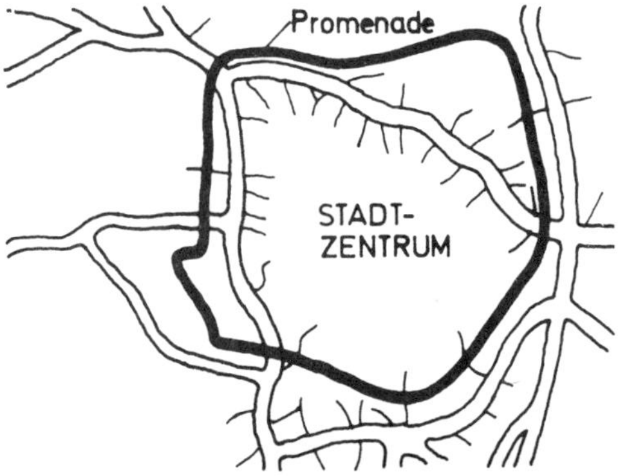

Der Wallring in Münster ist ein typisches Beispiel für eine attraktive autofreie Ringstraße rund um die Innenstadt mit hervorgehobener Verteilerfunktion. Von hier aus erreicht man auf überwiegend verkehrsberuhigten Straßen die in großen Teilen autofreie Innenstadt.

ster als Allee umschließt und auf dem ein Großteil des tangentialen Fahrradverkehrs verläuft. Stündlich befahren bis zu 1400 Radfahrer diesen Wall, der auch als Promenade von Fußgängern genutzt wird. Ähnliche wichtige »Promenadenmischungen« gibt es in Erlangen, Bremen, Detmold, Bonn und Oldenburg (Old.). Sie erfreuen sich überall großer Beliebtheit und binden je nach Lage im Stadtgebiet beträchtliche Hauptströme des alltäglichen Fahrradverkehrs. Doch bisher fehlen eine ausreichende Zahl und Vernetzung solcher autofreien Radverkehrsverbindungen in den genannten Städten, um eine wirkliche Breitenwirkung entfalten zu können. Das unter Planern besonders oft zitierte Beispiel für eine solche systematische, gesamtstädtische Hauptachsenplanung mit überwiegend autofreien Straßen ist Tilburg. Dort wurden im Rahmen eines Modellvorhabens eine lange, quer durch die Stadt verlaufende Ost-West-Achse und eine weitere Nord-Süd-Achse geschaffen. Im Innenstadtbereich gehören auf dieser Trasse die Seitenräume dem Fußgänger, die frühere Fahrbahn ist jetzt exklusiv den Radfahrern vorbehalten, lediglich Autoandienungsverkehr ist wie in den Fußgängerzonen zugelassen. Fahrradstraßen dieser Art sind durch Umwandlung ursprünglicher Autostraßen in Holland auch in Den Haag, Delft und Groningen geschaffen worden, außerdem in Großbritannien, Schweden, Dänemark. In japanischen Städten gibt es über 200 Kilometer exklusive »Fahrradachsen« mit besonderem Belag und besonderer Breite für hohes Radverkehrsaufkommen. Zum Teil sind sie, wie in Osaka und Sendai, in neugeschaffene Grünzüge integriert. Außerdem gibt es in Japan 108 000 für den Autoverkehr gesperrte Innerortsstraßen mit einer Gesamtlänge von 39 600 Kilometern. Dieses Netz autofreier Straßen bietet Fußgängern und Radfahrern auf Quartiersebene eine große Sicherheit und Freizügigkeit. Über dieses Netz erreichen die Rad-

Die Hauptfahrradachsen holländischer Städte wie Tilburg und Den Haag bieten dem Fahrradverkehr eine demonstrativ hohe Qualität und auf weite Strecken Vorrang vor dem Autoverkehr.

fahrer schnell und sicher die wichtigen Einrichtungen im Quartier oder die auf den nächsten Hauptstraßen gelegenen Haltestellen der Buslinien, Stadtbahnen, S- oder U-Bahnen.
Vielfach werden im Ausland die Fahrradstraßen wegen ihrer besonderen Netzbedeutung auch mit Vorfahrt gegenüber querenden (autobefahrenen) Nebenstraßen ausgestattet. Für viele deutsche Planer und Politiker ist dies ein unglaublicher Gedanke. Vorfahrt für Autofahrer ist ihnen allenthalben vertraut, aber Vorfahrt für Radfahrer? Doch so, wie man beim Autoverkehr Hauptwege betonen kann, kann man umgekehrt auch Hauptradwegachsen im Straßennetz Priorität einräumen.

Autofreie Wohnquartiere und Orte: das Paradies des Radverkehrs

Die konsequente Weiterentwicklung der partiell autofreien Straßennetze in Zentren und Nebenzentren und autofreier Achsen für Radfahrer sind autofreie Wohnquartiere oder insgesamt autofreie Städte. Hier bleibt es nicht bei kleinen, privilegierten Schutzzonen für Radfahrer, sondern große bzw. alle Bereiche des innerörtlichen Straßennetzes werden autofrei (Lieferverkehr von Gütern und Waren ausgenommen). Im Zusammenhang mit der Fußgängerstadt ist schon auf solche Erschließungskonzepte des nordamerikanischen, holländischen, englischen, schwedischen und japanischen Städtebaus hingewiesen worden (vgl. die entsprechenden Kapitel). Sie ermöglichen innerhalb des Gebietes oder Ortes sichere, attraktive und unbehinderte Radverkehrsverbindungen zu den verschiedensten, in das Netz integrierten Einrichtungen wie Einkaufszentren, Schulen, Kinderstätten, Arbeitsstätten, Freizeit- und Sporteinrichtungen. Je zahlreicher und größer solche autofreien Wohn- und Stadtquartiere sind, desto eindrucksvoller kann sich der Fahrradverkehr entfalten. Der Autoverkehr wird in diesen Quartieren konsequent ausgesperrt, auf periphere Parkplätze, während die öffentlichen Verkehrsmittel mit zahlreichen Haltepunkten die Quartiere direkt bedienen.

Direkt, frei und schnell: Barrieren abbauen und neue Verbindungen für Radfahrer schaffen

Bisher finden verkehrsberuhigte oder autofreie Straßennetze und Achsen ihre deutlichen Grenzen dort, wo sie auf querende Hauptverkehrsstraßen und Kreuzungen stoßen. Die Trassen mehrspuriger Hauptverkehrsstraßen bilden oft nahezu unüberwindliche künstliche Barrieren für den Radverkehr. Durch Auf- und Abfahrten sowie Abbiegeverbote und -gebote wurde das direkte Wegenetz zwischen den benachbarten Stadtbereichen unterbrochen. Der Fahrradverkehr ist jedoch wie der Fußgängerverkehr kein Gettoverkehr. Er muß gerade auch die Hauptverkehrsstraßen freizügig und direkt queren können. Aus diesem Grunde sind über diese immer ebenerdige, gutvernetzte und sichere Radwegeverbindungen offenzuhalten. Der Bau einzelner Fußgängerbrücken oder -unterführungen kann dabei zusätzliche Abkürzungsmöglichkeiten bieten. Wo sie bereits bestehen, sollten sie mit geeigneten Schiebeschienen auch für Radfahrer nutzbar gemacht werden. Besonders bewährt hat sich dabei eine Doppelschiene mit einer Führungsrille und einer breiteren Gitterschiene, um die unterschiedlichen Radstände von Kinderwagen, Rollstühlen, Einkaufswagen etc. ausgleichen zu können.
Einen Sonderfall der Vernetzung von Radverkehrsverbindungen durch Brücken und Unterführungen ist die englische »New Town« Stevenage. Dort wurde die Überwindbarkeit aller größeren Straßen und Kreuzungen auf diese Weise gesichert. Dies war jedoch nur möglich, weil die ganze Stadt in einem Zug am Reißbrett geplant

Ein weitgehend vom Autoverkehr separiertes Fuß- und Radwegenetz, das die Hauptverkehrsstraßen an kritischen Stellen niveaufrei mit lichten Fahrradunterführungen kreuzt, ist besonders sicher.

wurde. In Kombination mit dem dichten, separaten Radwegenetz führte diese Art der Erschließung zu einem ungewöhnlich hohen Radverkehrsanteil mit geringer Unfallbelastung. Dagegen kann in gewachsenen Städten bei den dichten Baustrukturen und der Vielzahl der Kreuzungen und Einmündungen eine lückenlose und freizügige Sicherung des Radverkehrs über Brücken und Unterführungen nicht gelingen. Dort sind Radverkehrsüber- oder -unterführungen vor allem ein geeignetes Mittel, um echte Barrieren wie trennende Flüsse, Bahntrassen etc. durchlässig zu machen. Solche für Radfahrer (und Fußgänger) exklusiven Verbindungen können ohne den für Autostraßen, -brücken und -unterführungen üblichen großen Bau- und Zeitaufwand in kostengünstiger Leichtbauweise mit bescheidenen Abmessungen errichtet werden. Große Industrie- und Gewerbeflächen können mit kleinen Durchlaßwegen passierbar gemacht werden. Hierfür gibt es nachahmenswerte Beispiele, unter anderem im Ruhrgebiet.

Neue, kurze und direkte Verbindungen für den Radverkehr können geschaffen werden, wenn Wege in Grünanlagen und Parks sowie land- und forstwirtschaftliche Wege für Radfahrer geöffnet und gegebenenfalls durch Zwischenstücke ergänzt werden. Die Freigabe solcher Wege setzt sich erfreulicherweise immer mehr durch, nachdem jahrelang die zuständigen Behörden formaljuristische und haftungsrechtliche Bedenken vorbrachten. Wird für das eine oder andere Ergänzungsstück privater Grund benötigt, müssen in entsprechenden Verhandlungen mit den Grundeigentümern die nötigen Wegerechte oder Grundstücksabtretungen erreicht werden. Die entsprechenden Verpflichtungen im Hinblick auf

Für Fahrradverkehr geöffnete Parks und Promenaden ergänzen die autofreien Verbindungen und bieten sichere Abkürzungen gegenüber dem Straßennetz.

Haftung, Unterhaltung, Beleuchtung, Reinigung etc. sollten von der Gemeinde übernommen werden. Verbesserte Verbindungen für Radfahrer müssen die Planer auch da schaffen, wo bisher nur ein sehr weitmaschiges Straßen- und Wegenetz besteht, weil bei der Anlage der Erschließung vorrangig nur an den Autoverkehr als Fahrverkehr gedacht wurde. Dort müssen in das Gerüst eines weitmaschigen Straßennetzes engmaschigere, interne Wegenetze für Radfahrer »eingehängt« werden.

Auch für diese Thematik der kurzen und direkten Radverkehrsverbindungen ist Holland ein vorbildliches Land. Die Stadt Delft hat mit System Abkürzungswege für den Fahrradverkehr geschaffen, zum Teil verbunden mit dem Bau neuer Brücken und Durchgänge sowie mit der Sperrung bisheriger kurzer Autoverkehrsverbindungen. Beträchtliche Verlagerungen innerhalb der Verkehrsmittel und Verkehrsströme waren die Folge. Die Effekte solcher Abkürzungsstrategien können gut vorausgeschätzt werden. In Heidelberg zum Beispiel werden die Umsteigeeffekte eines neuen Fußgänger- und Radfahrerstegs über den Neckar am Neuenheimer Feld mit einer Einsparung von knapp 20 Prozent aller bisherigen Kfz-Fahrten und einem Anstieg der Fahrradfahrten um ein Viertel prognostiziert. Schon nach kurzer Zeit würden die Umwelt- und Verkehrsentlastung die Kosten des Stegs um das Vierfache wieder »einspielen«. Solche Rückkoppelungseffekte durch Verbesserung der Fahrradverbindungen können nur durch eine entsprechend sensible Verkehrsplanung erzielt werden. Die überzogene Betonung der Attraktivität der Autonutzung wird durch mehr Umwege abgebaut, die Attraktivität der umweltverträglichen Verkehrsarten wird durch mehr Abkürzungen und Zeitvorteile gestärkt. Dies setzt voraus, daß man aufhört, Netzergänzungen und Abkürzungen immer nur dann für sinnvoll zu halten, wenn es um Zeitvorteile des Autoverkehrs geht. Für die selbständige Netzplanung des Fahrradverkehrs gilt es, zukünftig mehr Personal und kommunale Haushaltsmittel bereitzustellen. Auch die Finanzierungssysteme von Bund und Ländern müssen hierfür geöffnet werden, die bislang Fuß- und Radwege, Brücken und Unterführungen fast immer nur im Zusammenhang mit Straßenplanungen für den Autoverkehr gefördert haben.

Planung mit System: Netzdifferenzierung und Orientierungshilfen für Radfahrer gehören zur Radverkehrsförderung

Hierarchische Netzdifferenzierungen, Wegweisungssysteme und Orientierungshilfen für den Fahrradverkehr kommen bisher bei der Radverkehrsplanung viel zu kurz. Beim Autoverkehr dagegen wird die Netzhierarchie bis zum Exzeß verfeinert und in »gebaute Realität« umgesetzt. Gleiches gilt für die Weg- und Routenweisung. Je höher die Netzbedeutung einer Straße für den Autoverkehr eingestuft wird, desto autogerechter und komfortabler wird sie in ihren Ausbaustandards entworfen, damit sie für die möglichst hohe Aufnahme von überörtlichem Autoverkehr geeignet ist. Man spricht dann von einer Straße mit hoher Verbindungsfunktion. Doch diese Logik spielt nicht nur für den Autoverkehr eine Rolle. Auch beim Radverkehr macht es einen Unterschied, ob ein Radfahrer nur mal eben um die Ecke radelt oder ob er eine wesentlich längere Strecke zu seinem Ziel zurücklegen muß. Für eine kurze Strecke kann man manchen Mangel in Kauf nehmen, auf der langen Strecke will man ungestörter, komfortabler vorankommen. Deshalb brauchen auch Radfahrer ein differenziertes Netzsystem und Informationen dazu.

Pionierarbeit haben auch bei diesem Thema wieder einmal die holländischen Verkehrsplaner geleistet, allen voran die der Stadt Delft, in der das Fahrrad 44 Prozent

Anteil am Gesamtverkehr erreicht. Um dort den Fahrradverkehr sachgerecht zu fördern, wurde ein differenziertes Netzsystem entwickelt. Das Netz der sogenannten Hauptrouten und Hauptverbindungen wird dort als Stadt- und Regionalnetz bezeichnet. Dank dieses Systems kann man auf komfortablen, direkt und zügig geführten Radwegen, Radfahrstreifen und autofreien

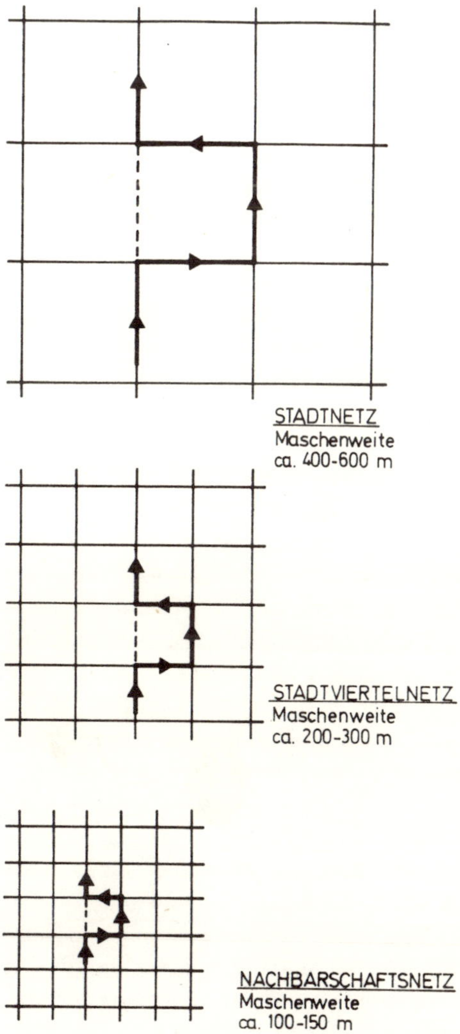

Radverkehrsnetze müssen je nach der Bedeutung der Verkehrsströme und -verflechtungen hierarchisch gegliedert werden. Es fehlen vor allem attraktive Hauptverbindungen.

Straßen die Stadt in mehreren »Korridoren« in allen Richtungen durchqueren. Die Hauptrouten werden überwiegend gegenüber querenden Nebenstraßen bevorrechtigt. Auf ihnen werden alle Chancen für Abkürzungen und Zeitersparnisse genutzt, zum Beispiel durch neue Brücken über Grachten, Bahngeleise, große Kreuzungen etc., durch Führung gegen Einbahnstraßen und durch fahrradfreundliche Signalsteuerung. Die Hauptrouten haben eine einprägsame Netzlogik und deutliche Wegweisung. Die Maschenweite des Hauptnetzes beträgt ca. 600 Meter bis maximal einen Kilometer und ist bewußt engmaschiger als die Maschenweite des für den Autoverkehr relevanten Hauptstraßennetzes. Darunter gibt es ein sogenanntes Stadtteilnetz mit feineren Verästelungen, für dessen Komfort und Standard weniger Aufwand getrieben wird. Hier werden Radverkehrsanlagen und Straßennetze sehr unterschiedlicher Qualität und Breite einbezogen. Die Maschenweite dieses Netzes beträgt ca. 200 bis 400 Meter. Das sogenannte Nachbarschaftsnetz schließlich dient der Feinverteilung innerhalb der Quartiere, das praktisch das gesamte quartiersbezogene Erschließungsstraßennetz umfaßt und sich meist aus verkehrsberuhigten oder Tempo-30-Straßen zusammensetzt. In Holland werden inzwischen praktisch von allen Kommunen große Anstrengungen unternommen, um zu einer guten Netzdifferenzierung für den Radverkehr zu kommen. Die Politiker setzen überall großen Ehrgeiz daran, ihren jeweiligen Stadtbezirk oder Ortsteil gut an das Hauptnetz anzuschließen. In den Medien wird regelmäßig über den Ausbau und die Qualität der Radverkehrsverbindungen berichtet. Dies macht die neuen Routen bekannt, bringt sie ins Gespräch. Ohne solche Informationen folgt die alltägliche Routenwahl der Radfahrer meist der Macht der Gewohnheit, und relevante Veränderungen im Radwege- bzw. Straßennetz werden außerhalb der eigenen Alltagswege gar nicht registriert oder lange nicht bekannt, obwohl sie unter Umständen wesentliche Verbesserungen in der Routenwahl ermöglichen.

Auch beim Aufbau von umfassenden Wegweisungssystemen und Orientierungshilfen für Radfahrer können die deutschen Planer viel von den Holländern übernehmen. Dort gibt es eine landesweite Beschilderung des nationalen Hauptradwegenetzes, darunter eine jeweils regionale Beschilderung der Provinznetze und darunter wieder eine lokale Beschilderung. Die Wegweiser enthalten Richtungs-, Ziel- und Entfernungsangaben, die überörtlichen außerdem zum Teil eine eingängige Numerierung. Die Wegweisungsdichte ist gut. Bahnhöfe, wichtige Haltestellen, Fahrradabstellplätze und andere lokale Ziele sind einbezogen. Ergänzend gibt es inzwischen ein (fast) flächendeckendes Angebot fahrradfreundlicher Stadtpläne bzw. spezieller Radfahrerstadtpläne. Wegweisungssysteme vor Ort und Orientierungshilfen in Form von Radfahrerstadtplänen helfen den Radfahrern, Netzzusammenhänge zu erkennen,

Ein Wegweisungs- und Informationssystem für den Fahrradverkehr ist unverzichtbar. In Holland und Skandinavien gehört es längst zum Standard. In Deutschland beginnen erst jetzt systematische Aktivitäten.

sichere und kurze Routen zu planen, die Durchlässigkeit des Straßennetzes wie zum Beispiel von Einbahnstraßen und Sackgassen zu identifizieren, die günstigen Durchlässe – Überwindbarkeit von Barrieren wie Bahntrassen etc. – zu nutzen, Bike & Ride-Angebote wahrzunehmen, Fahrradstellplätze und -serviceeinrichtungen zu finden etc. Außerdem werben solche Wegweisungs- und Orientierungshilfen für das Radfahren.

Um in Deutschland vergleichbare Netzplanung und -qualitäten zu erreichen, bedarf es dagegen noch großer Anstrengungen. Am weitesten entwickelt ist noch der Ausbau sogenannter überregionaler Radwanderwegenetze, die in Niedersachsen, Nordrhein-Westfalen und Rheinland-Pfalz mit besonderem Engagement vorangetrieben werden und in Kooperation mit dem ADFC und den Fremdenverkehrsverbänden auch touristisch vermarktet werden. Besonders bekannt wurde zum Beispiel der R 1 zwischen dem westlichen Niederrhein und dem östlichen Westfalen, ein durchgehender landesweiter Radwanderweg, der von den anliegenden Regionen und Fremdenverkehrsvereinen offensiv vermarktet wird. Er ist Teil eines inzwischen weitverzweigten landesweiten Radwegenetzes. Auch das »grüne Band im Münsterland« ist ein erfolgreich vermarktetes integriertes Radrouten- und Tourismusangebot. Zahlreiche Städte und Landkreise in Nordrhein-Westfalen bearbeiten jetzt vergleichbare Projekte zur lokalen und regionalen Wegweisung, wie zum Beispiel der Kreis Neuss und die Stadt Bochum. In den meisten deutschen Städten und Gemeinden dagegen wird weder an einer kommunalen Netzplanung noch an einer Wegweisung für den Radverkehr gearbeitet. Die wenigsten vorhandenen Radverkehrsverbindungen erfüllen bislang die Qualitätsanforderungen für Hauptradwege. Vor allem gibt es überall noch viele empfindliche Lücken, die den Wert des vorhandenen Netzes deutlich re-

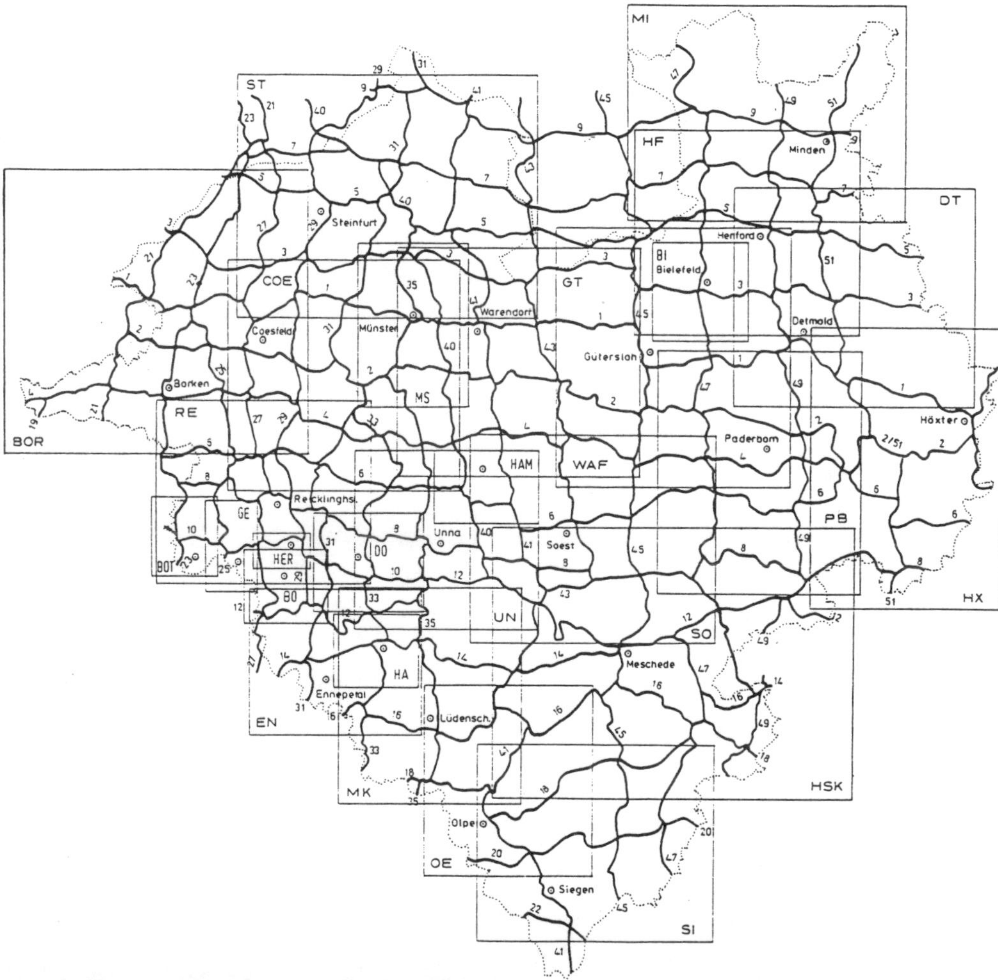

Das überregionale Netz von Radwanderwegen (Beispiel Westfalen-Lippe) muß durch eine kleinteilige lokale Wegweisung ergänzt werden.

duzieren. Die Fahrradverbände beklagen diesen »Notstand« in der Netzhierarchie und Wegweisung schon lange. Sie haben deshalb auf eigene Faust mehr und mehr Fahrradkarten herausgegeben und touristisch interessante Fahrradrouten selbst ausgeschildert. Doch sie können die kommunale und regionale Planungsarbeit auf diesem Gebiet nicht ersetzen. Für die Erstellung von Wegweisungssystemen und Orientierungshilfen für Radfahrer stehen in Nordrhein-Westfalen den Kommunen wie Landkreisen Fördermittel zur Verfügung.

Qualität für Radfahrer im Detail: Die Renaissance der Straßenraumgestaltung nützt auch den Radfahrern

Solange der Autoverkehr das Maß aller Dinge in der Straßengestaltung ist, wirkt er maßstabsetzend. Demzufolge fordern die Fahrradinitiativen und -verbände noch immer bevorzugt glatte, feste Beläge, klare, auffällige Markierungen und den systematischen Einsatz aller erforderlichen Verkehrszeichen etc., um den Radfahrern im Straßenraum Geltung und Schutz neben dem dominanten Autoverkehr zu verschaffen. Daß Radwege jedoch auch eine straßenräumliche Qualität haben müssen, damit das Radfahren mehr ist als eine Fortbewegung von A nach B, wird selten hervorgehoben. Dabei werden »schöne« Radwege und Straßen für Radfahrer mit Begeisterung angenommen, wie man am Beispiel des Fahrradtourismus im Münsterland feststellen kann. Voraussetzung für eine fahrradfreundliche Detailgestaltung der Straßenräume ist deshalb, daß die gestalterische Dominanz des Autoverkehrs und seiner Anlagen, der Fahr- und Parkstreifen, die Standardisierung des verkehrstechnischen Inventars zurückgenommen werden und daß die sogenannten »Nebenanlagen«, wie in der Fachsprache oft Geh- und Radwege genannt werden, als eigenständiger, ansprechend zu gestaltender Straßenbestandteil gesehen werden, der in Verbindung mit Bäumen, Grünstreifen, Vorgärten etc. wesentlich den Gesamteindruck einer Straße prägt. Damit gewinnen wieder traditionell bewährte Qualitäten an Gewicht. Platz für eine Baumreihe oder einen Grünstreifen entlang eines Radweges findet sich immer, wenn man bereit ist, ihn von den überdimensionierten Fahrbahnen und Parkstreifen abzutrennen. Vor allem im Netz verkehrsberuhigter und autofreier Straßen gibt es viel Spielraum für städtebaulich ansprechende Varianten einer gelungenen Integration des Radverkehrs. Auch kleine, enge Gassen haben für Radfahrer ihre Reize, wenn nicht alles mit Autoblech zugestellt ist und eine altstadt- oder dorfgerechte Gestaltung wieder zum Zuge kommen kann.

Will man also dem Ziel einer besseren städtebaulichen Integration und einer ortsgerechteren Straßenraumgestaltung wieder näher kommen, müssen auch die Fahrradverbände umdenken. Noch lehnen sie Pflaster und Plattenbeläge, Klinker oder wassergebundene Decken gerne als unbrauchbar ab. Manchmal wird dabei genauso engstirnig argumentiert wie bei der Autolobby. Zum Maß aller Dinge wird das schnelle Rennrad mit seinen empfindlichen schmalspurigen Reifen. Der eilige Radfahrer gibt

Radverkehrsanlagen dürfen sich nicht vorrangig an den Komfortinteressen der Hochgeschwindigkeitsradler orientieren. Wo es geht, sollen sie naturnah, altstadtgerecht und schön, das heißt dezent, gestaltet werden.

den Ton an. Ohne Beton und Asphalt soll dann plötzlich Fahrradförderung nicht mehr möglich sein: Das altstadtgerechte Pflaster wird attackiert und die durchgängige Asphaltierung von Feld- und Waldwegen zum Programm erhoben. Offenbar macht der deutsche Perfektionismus auch vor Radfahrerkreisen nicht halt. Im weit fahrradfreundlicheren Nachbarland Holland dagegen gehören geklinkerte Radwege zum normalen Straßenbild, werden weiche Beläge nicht als Mangel empfunden. Man fährt entsprechend robuste Fahrräder. Damit soll nicht das Hohelied der schlampigen Bautechnik und des Katzenbuckel-Kopfsteinpflasters als ideales Baumaterial für Radwege gesungen werden. Aber Natursteinplatten oder gesägtes Pflaster und Klinker können durchaus bei entsprechend feinfugiger Verlegung und angepaßter Materialwahl (ebene und griffige Oberflächen, geringe Fugenbreite) ein geeignetes Material für Radverkehrsflächen sein. Auch naturnahe unbefestigte Wege und Pfade mit wassergebundenen Decken reichen vielfach für Radfahrer aus und bieten den Vorteil, daß sie für den Autoverkehr keine so große Anziehungskraft haben. Das erfreut die Spaziergänger und verbessert die Existenzchancen vieler Kleintiere und einer typischen Wegeflora. Solche naturnahen Wege lassen sich, wenn sie ganzjährig gut befahrbar bleiben sollen, auch durch einen gepflasterten Streifen ergänzen, dann ergibt sich die altbewährte Teilung in Sommerweg und Winterweg.

Zu einer städtebaulichen Integration des Fahrradverkehrs gehört auch, daß sich die Städte und Gemeinden im Gesamtkonzept von Gehwegen, Radverkehrsanlagen und Fahrbahnen wieder ihrer örtlichen und regionalen Bautraditionen erinnern oder eine solche Baukultur wieder bewußt initiieren. Nicht jedes Element, Material oder Detail hat überall seinen Platz. Für die verschiedenen Straßentypen müssen städtebaulich begründete Gestaltungsgrundsätze und Materialvorschläge entwickelt werden, die dann auch ortsbildprägend wirken können. Das gilt für alle Radverkehrsanlagen von den Belägen, der Radwegbeleuchtung bis zu den Abstellanlagen etc.

Die Unebenheiten von Radwegen: einerseits und andererseits

Bei allem Bemühen um ordentliche Radverkehrsanlagen ist es kein Skandal, wenn zum Beispiel Baumwurzeln einmal einen Radwegbelag anheben oder auf dem Radweg eine Pfütze steht. Zum Skandal wird erst, wenn völlig überzogene und ungeeignete Maßnahmen zur Behebung dieser Mängel ergriffen werden oder Ausbesserungsarbeiten und Pflege bei den Radverkehrsanlagen nicht wichtig genommen werden. Wenn also die Bäume einfach abgehackt werden, statt den Radweg mit Kleinpflaster zu belegen, das solche Bodenbewegungen ausgleichen kann, oder wenn jeder unebene Naturweg asphaltiert wird, statt ihn im richtigen Turnus abzustreuen und zu walzen. Buckliges Pflaster kann mit Hilfe einer eingelegten Plattenspur (wie die früheren Karrenspuren) für Radfahrer gut befahrbar gemacht werden, ohne das Straßenbild zu zerstören. Dagegen sollten wie bei den Gehwegen künstliche Unebenheiten beseitigt bzw. von Anfang an vermieden werden. Hierzu gehört die sinnlose Berg-und-Tal-Fahrt vieler herkömmlicher Bordsteinradwege an den Gehwegabsenkungen im Bereich der Grundstückszufahrten. Schon im Zusammenhang mit dem Fußgängerverkehr ist deutlich geworden, daß dies eine teure und unnötige Baumarotte ist, die ausschließlich den Autofahrern dienen soll. Fußgänger und Radfahrer haben dabei den schlechteren »Komfort« und werden auch noch gefährdet, weil die Autofahrer durch die Absenkungen verführt werden, den Vorrang der Fußgänger und Radfahrer im Seitenraum zu mißachten.

Zu dem Thema unebene Radwege gehört

auch die fast »endlose Geschichte« von den unzureichend ausgebildeten Übergängen am Anfang und Ende von Bordsteinradwegen an allen Einmündungen und Kreuzungen. Oft verbleiben hier unnötige Niveausprünge, die beim Auf- und Abfahren jedesmal Stöße auf den Körper sowie auf Reifen und Felgen verursachen und Anlaß für Platten und Beschädigungen der Räder sind. Auch Stürze können diese Niveausprünge provozieren, wenn Radfahrer etwas schräg auf- und abfahren und dann aus dem Gleichgewicht kommen. Dabei ist das übliche Begründungsritual der Tiefbauverwaltungen für diese Niveausprünge längst widerlegt. Weder für die Wasserführung noch für die maschinelle oder manuelle Straßenreinigung oder den Winterdienst sind solche Kanten im Bereich der Übergangsbögen an Einmündungen und Kreuzungen notwendig. Auch für Blinde reichen die typischen Strukturunterschiede und Neigungswechsel niveaufreier Übergänge als ertastbare Orientierungshilfe aus. Solche Kanten sind mit niveauverbindendem Material oder auszuwechselnden Formsteinen einfach zu überbrücken. Bei großen Niveausprüngen kann auch eine Art Rampe mit entsprechenden Formsteinen vorgebaut werden.

Unnötige Kanten und Unebenheiten können leicht vermieden oder beseitigt werden: Eckabsenkungen, Keilprofile und Durchlässe an Teilaufpflasterungen schützen vor Reifenpanne und Felgenbruch.

Radfahren im Dunkeln:
Mit Peitschenmasten allein ist es nicht getan

Radverkehrsanlagen brauchen eine angemessene Beleuchtung. Die üblichen Peitschenmasten mit ihren extrem hohen Leuchtpunkten und großen Mastenabständen konzentrieren das Licht vor allem auf die Fahrbahnmitte. Dagegen sind fußgängerfreundliche niedrige Leuchten mit einem angenehm warmen Licht auch die freundlichste Art der Beleuchtung für Radfahrer. Wenn Gehweg und Radverkehrsanlagen nebeneinander liegen, dann können die Leuchten gut in einen »grünen« Trennstreifen dazwischen aufgestellt werden. In autofreien Straßen dient ohnehin die Beleuchtung Fußgängern und Radfahrern gleichermaßen und kann voll auf deren gleichartige Maßstäblichkeit abgestellt werden. Auch in dieser Sache ist also wieder viel mehr Rücksicht auf andere, nicht autobezogene Bedürfnisse erforderlich.

Von besonderer Bedeutung ist die Beleuchtung auf landschaftsnahen, nichtangebauten Straßen, auf separat geführten Radwegen, Fahrradstraßen und Durchgängen,

Promenaden und Alleen etc., die zum Beispiel die Ortsteile miteinander verbinden oder durch Parks und freie Landschaft verlaufen. Damit solche Wege von Fußgängern und Radfahrern auch im Dunkeln angenommen werden, brauchen sie eine eigene Beleuchtung. Zwar verfügen Fahrräder auch über ihre dynamogetriebene Lichtanlage, doch reicht diese mit ihrer begrenzten Helligkeit nicht aus, um einen unbeleuchteten Weg und seinen Verlauf so auszuleuchten, daß man sich sicher und frei von Angst fühlen kann. Daher sind zumindest solche Wege, die für den Alltagsradverkehr eine hohe Bedeutung haben, angemessen zu beleuchten.

Ohne besondere Anlagen führt die Massierung abgestellter Fahrräder zu Problemen.

Abstellanlagen für Fahrräder: oft vergessenes Erfordernis

Daß das Abstellen von Fahrrädern generell planerischer Vorkehrungen bedarf, wird in den Amtsstuben oft vergessen. Für Planer und Politiker scheint das Problem mit der Erfindung des am Fahrrad montierten Radständers hinreichend gelöst. Doch fehlende oder technisch unzureichende Fahrradabstellmöglichkeiten sind für viele Fahrradbesitzer, zumal teurer Räder, ein großes Problem und ein Grund für den Verzicht auf die Benutzung des Fahrrads im Alltag. Mangelhafte Abstellmöglichkeiten und ungeordnetes Fahrradparken auf den Gehwegen bringen außerdem unzumutbare Behinderungen und Ärgernisse für den Fußgängerverkehr. Die Radverkehrsplanung muß sich deshalb auch um ein zahlenmäßig ausreichendes, bedarfsgerecht plaziertes und benutzerfreundlich gestaltetes Angebot an Abstellanlagen bemühen.

Sinnvolle Abstellanlagen müssen technisch eine Reihe von Anforderungen erfüllen. Sie müssen für unterschiedlich große Räder mit unterschiedlich dicken Reifen gleichermaßen passen. Auch schwerere Räder müssen vollen Halt finden. Das Rein- und Rausschieben muß leicht möglich sein, ohne daß man dabei mit den Lenkern, Kabeln und Pedalen der benachbarten Räder in Konflikt gerät. Zwischen den Rädern muß genügend Platz zum Be- und Entladen und zum Anschließen des Schlosses sein. Die Abstellanlage sollte nicht nur zum Anschließen des Vorderrads, sondern auch weiterer Teile des Rahmens oder des Hinterrads fest verankerte Möglichkeiten bieten. Schließlich muß die Abstellanlage ausreichend stabil sein, um der alltäglichen Nutzung gewachsen zu sein. Reinigung und Pflege müssen auf einfache Weise möglich sein, damit die Anlage nicht zum Dreckfang wird.

Ein Großteil des marktüblichen Angebots wird diesen Anforderungen nicht gerecht. Die oft verwendeten einfachen Fahrradclips oder Betonrillen bieten wenig Halt für kleine Räder, Räder mit dünnen Reifen und beladene Räder. Die Räder kippen leicht um und erleiden an Felgen, Speichen und Reifen Schäden. Meist ist bei den Fahrradclips auch der Abstand von Rad zu Rad viel zu klein, so daß es häufige Beschädigungen beim Rein- und Rausschieben gibt und Platz zum Hantieren fehlt. Schließlich sind bei diesen Anlagen keine Anschließmöglichkeiten für Rahmen oder

Hinterrad gegeben. »Felgenkiller«, »Reifenkiller«, »Leitungskapper« und »Hosenschlitzer« heißt in Radlerkreisen all dieser Murks. Nicht viel besser sind die Fahrradständer mit den steil hochgestellten Schieberillen, die früher auf allen Schulhöfen üblich waren und heute noch an vielen Bahnhöfen herumstehen. Hier braucht man viel Kraft, um sein Fahrrad abzustellen. Außerdem sehen die oft rostigen Schienen mit dem »obligatorischen« Wellblechdach scheußlich aus.

Neben diesen Anforderungen an eine einwandfreie Befestigungstechnik und Stabilität sind die gestalterischen und standörtlichen Anforderungen des jeweiligen Umfeldes zu beachten. Material, Form und Farbe müssen in den jeweiligen Straßenraum passen. Fahrradabstellanlagen dürfen nicht zum Hindernis oder zur Stolperschwelle für Fußgänger werden. Sie müssen also gut sichtbar sein (nicht zu niedrig). Bevorzugt sollten sie nicht auf Gehwegen, sondern auf den Abstellflächen für den Fahrverkehr (also Parkstreifen, Parkbuchten und Autoparkflächen) angelegt werden. Die Abstellanlagen müssen für die Radfahrer gut sichtbar und direkt ansteuerbar sein. Oft sind sie in einer Ecke versteckt. Darüber freuen sich nur die Diebe! Abstellanlagen brauchen Öffentlichkeit, müssen im Blickfeld liegen, dann wird auch nicht geklaut. Nicht selten stellen in Fahrradfragen unerfahrene Verwaltungen und Baufirmen Fahrradständer sogar so untauglich auf, daß sie unbenutzbar sind, zum Beispiel, weil der Abstand zum nächsten festen Hindernis zu klein ist. Stichproben des ADFC haben gezeigt, daß von hundert Fahrradständern etwa fünfzig praktisch unbenutzbar sind.

Als gut fahrradtauglich haben sich alle Varianten von Fahrradbügeln oder Fahrradspiralen erwiesen, die dem Fahrrad im Bereich der Rahmenmitte und am Vorder- oder Hinterrad Halt und Anschließmöglichkeit bieten. Sie sind inzwischen in unterschiedlichen Rahmenstärken und Farben lieferbar. Neben Serienherstellungen mit einfachen Rohrkonstruktionen werden in Anlehnung an differenzierte Vorbilder bei Zäunen, Geländern und Masten auch schmucke Sonderanfertigungen geliefert, die sich der Gestaltung des übrigen Stadtmobiliars anpassen. Verschiedene Städte und Nahverkehrsbetriebe haben inzwischen recht ansprechende Modelle entwikkelt. Besonderes Augenmerk verdient auch die stadtbildprägende Überdachung, die vor allem für besondere Standorte wie Bahnhöfe, Haltestellen, Plätze oder Arbeitsstätten und Schulen angezeigt ist. Sie sollte möglichst transparent, leicht und zurückhaltend sein. Je nach Umfeld kommen Tonnengewölbe, Zelt-, Pult- oder Flachdach in Frage.

Gute stabile Fahrradabstellanlagen bieten dem Fahrrad festen Halt, ausreichend Platz und gute Anschließmöglichkeiten.

Von manchen Fahrradinitiativen und -verbänden wird zur Lösung der Diebstahl- und Wetterschutzprobleme gefordert, statt herkömmlicher Fahrradständer sogenannte »Fahrradboxen«, eine Art Schließfächer für Fahrräder, aufzustellen. In diese rundum geschlossenen und abschließbaren Behälter wird das Fahrrad hineingeschoben und ist damit sicher vor dem Zugriff der Vandalen und Langfinger. In einigen Städten sind solche Fahrradboxen schon aufgestellt worden, zum Beispiel auf Bike & Ride-Anlagen des Verkehrsverbundes Rhein-Ruhr. Dabei zeigte sich, daß seitens

Fahrradboxen sind nur für besondere Standorte geeignet, in Stadtstraßen stören sie das Straßenbild.

der Radfahrer durchaus eine rege Nachfrage nach solchen Boxen besteht, auch wenn diese gebührenpflichtig vermietet werden. Vor allem Besitzer sehr teurer Fahrräder zeigen großes Interesse an dieser diebstahlsicheren Abstelltechnik. Allerdings sind solche Boxen sicher kein Patentrezept. Denn sie sind kostenintensiv und brauchen mehr als den doppelten Platz einer einfachen Abstellanlage. Vor allem aber sind sie mit ihrer voluminösen äußeren Form fast zwangsläufig ein eher häßlicher Behälter, so wie die Autogaragenboxen, die allenthalben das Stadtbild der Neubaugebiete verschandeln. Ohnehin wird seit ein paar Jahren der Straßenraum immer mehr angefüllt mit unschönen Behältern aller Art. Kritiker sprechen von einer regelrechten »Vermüllung« der Straßen. Trafokästen, Altglas- und Baucontainer, Streugutbehälter, Papierkörbe, Waschbetonblumenkübel, Schaltgehäuse, Briefkastenboxen, Telefonboxen, Werbetafeln etc. werden als standardisierte Dutzendware ohne Rücksicht auf das jeweilige Straßenumfeld über die Straßen verstreut. Und nun auch noch Fahrradboxen? Städtebaulich gesehen, eignen sich Fahrradboxen nur für wenige Standorte, deren Umfeld auch grobe Kuben und relativ rohe Materialien verträgt. Schon eine Zahl von fünfzig oder hundert Boxen führt zu beträchtlichen optischen Problemen. Um so wichtiger ist es, daß für Boxenanlagen spezielle Architektenentwürfe gemacht werden und daß sie möglichst in die entsprechenden Bahnhofs- oder Haltestellengebäude integriert werden, zum Beispiel im Zusammenhang mit sonstigen Serviceangeboten. Im Regelfall sind innerstädtische Abstellanlagen ohne Boxen zu konzipieren.

Nötig sind Fahrradabstellanlagen an allen Standorten, wo dauernd oder zeitweise eine größere Zahl von Fahrrädern »anfällt« und wo das ungeregelte Abstellen wegen der Behinderungen für Fußgänger und der gestalterischen Probleme nicht vertretbar ist. Bedarf besteht nicht nur an den klassischen Standorten Schule, Innenstadt, Bahnhof und Schwimmbad, sondern vor allem auch in dichtbebauten Wohngebieten. Dort fehlen meist Abstellmöglichkeiten auf dem Grundstück und im Haus. Die Hauseigentümer machen es sich oft einfach und verbieten schlicht das Abstellen von

In dichtbebauten Stadtteilen sind viele kleine Fahrradabstellanlagen unerläßlich.

Fahrrädern auf dem Grundstück, an der Hauswand oder im Hausflur durch Hausordnung. Wer sein Fahrrad jedoch nachts draußen herumstehen läßt, ist bei einem Diebstahl ab 22 Uhr ohne Versicherungsschutz. Bei der Diebstahlversicherung der Autos ist natürlich kein Jurist auf die Idee gekommen, diese nur tageszeitlich beschränkt zu gewährleisten.

Es besteht also viel Handlungsbedarf. In das Baugesetzbuch und die Landesbauordnungen muß eine dezidierte Verpflichtung zur privaten Errichtung ausreichender Fahrradabstellanlagen aufgenommen werden, so, wie sie für Autostellplätze besteht. Wenn dies nachträglich wegen fehlender Flächen auf dem Grundstück und am Gebäude nicht möglich ist, muß im Straßenraum Ersatz geschaffen werden. Hierfür muß ein Teil der Autostellplätze in Fahrradstellplätze umgewandelt werden. So wird schon seit Jahrzehnten in vielen holländischen Altbaugebieten verfahren, um dort die vielen Fahrräder von den Gehwegen herunterzubekommen. In kurzen Abständen werden die Parkstreifen um einen bis zwei Stellplätze unterbrochen, um in diesen Lücken Fahrradstellplätze für ca. 7 bis 18 Fahrräder zu schaffen. Solche »Parkstreifen oder Parkbuchten« für Fahrräder sind in vielen dichtbebauten Vierteln nötig. Aber auch in den meisten Einkaufsstraßen ist dies der einzige Weg, die Behinderungen der Fußgänger durch auf dem Gehweg abgestellte Fahrräder und Fahrradständer zu beenden und die Stellplatzkapazität zu erhöhen. Lange Zeit war in Deutschland die Umwandlung von Autostellplätzen zu Fahrradstellplätzen undenkbar. Erst Ende der 70er Jahre entschlossen sich einige Hochschulstädte unter dem Druck massenhafter Fahrradnutzung, einen Teil ihrer Autostellplätze in Fahrradstellplätze umzuwandeln. Auch an immer mehr Bahnhöfen massierte sich das Abstellproblem für Fahrräder, so daß die Bundesbahn einen Teil ihrer bisherigen Autostellplätze zum Fahrradparken reservierte. Mit System hat die Stadt Göttingen in der Innenstadt die Umwandlung von Autostell- zu Fahrradabstellplätzen betrieben. In der Göttinger Innenstadt wurden so im Zuge der Verkehrsberuhigung und Ausweitung der Fußgängerzone die Autoparkplätze von 2710 auf 1750 reduziert, und dafür wurde unter anderem das Angebot der Fahrradstellplätze von

Die Zentren brauchen dezentral verteilte Fahrradabstellanlagen. Freiburgs Innenstadt ist hierfür ein gutes Beispiel.

zunächst unter 100 auf über 1000 erweitert. Welche überzeugenden Abstellösungen möglich sind, wenn man den Fahrradverkehr ernst nimmt, kann man erneut in Holland oder Japan studieren. In beiden Ländern gibt es eine große Zahl von Fahrradparkhäusern und -stationen mit bewachten Abstellanlagen und fahrradfreundlichem Service. In Japan wurde in den 70er Jahren ein landesweites Investitionsprogramm zur Schaffung von Fahrradabstellanlagen durchgeführt, durch das bis 1982 etwa 15 000 neue Anlagen mit 2,45 Millionen Stellplätzen geschaffen wurden. 1980/81 wurde ein eigenes Gesetz über die Errichtung von Fahrradabstellanlagen erlassen. Besonders engagiert haben sich dort vor allem die japanischen Bahnen und Nahverkehrsunternehmen. Sie verfügten 1985 auf 7115 Bike & Ride-Anlagen über 1,65 Millionen Stellplätze, mit denen sie auch Kunden für Busse und Bahnen aus solchen Gebieten gewinnen, die etwas weiter von den Bahnhöfen und Haltestellen entfernt wohnen. Aber auch die japanischen Kommunen haben mit 3143 Abstellanlagen und 1,1 Millionen Plätzen ein beachtliches Kontingent, ebenso private Firmen mit 3420 Anlagen und 420 000 Plätzen. Kaufhäuser, Banken und Supermärkte haben 843 eigene Anlagen mit 200 000 Plätzen erstellt. Aufgrund der massenhaften Frequentierung mußten in den größeren japanischen Städten vielfach technisch aufwendigere Abstellanlagen geschaffen werden, insbesondere mehrgeschossige Parkhäuser, die zum Teil vollautomatisch betrieben werden. Die Zahl der Großanlagen mit jeweils mehr als 500 Plätzen beträgt inzwischen ca. 250. Für die üblichen überdachten Abstellanlagen werden etwa 400 Mark pro Platz investiert, bei den größeren Parkhäusern liegen die Kosten um 600 Mark für selbstbediente und zwischen 1500 bis 2500 Mark für die verschiedenen automatisch betriebenen Parkhaussysteme. Verglichen mit den Kosten eines Autostellplatzes in Parkhäusern, sind das selbst bei den vollautomatischen Systemen meist weniger als ein Zwanzigstel. Die teuren Systeme verlangen teilweise Gebühren, die ca. 15 bis 20 Mark pro Monat betragen. In der Regel gibt es aber immer alternativ in weniger begehrter Lage auch gebührenfreie Abstellmöglichkeiten. In den Niederlanden hat die Vorsorge für geordnetes Fahrradabstellen eine lange Tradition. Die niederländischen Eisenbahnen bieten ihren Kunden an allen 340 Bahnhöfen geordnete, vielfach wettergeschützte und bewachte Abstellmöglichkeiten. Die bahneigene Firma Servex betreut an 80 Bahnhöfen inzwischen ca. 95 000 Abstellplätze und bietet einen differenzierten Service für Fahrradkunden der Bahn mit Fahrradverleih für Geschäftsreisende und Touristen. Daneben gibt es an den Bahnhöfen noch unbewachte Abstellplätze in Höhe von ca. 63 000. Ähnlich engagiert zeigen sich viele holländische Gemeinden mit ihren innerstädtischen Abstellanlagen. Auch

Bewachte Abstellanlagen sind in Holland und Japan an vielen Bahnhöfen und Haltestellen üblich.

sie haben eine Vielzahl teilweise bewachter Anlagen. Viele Firmen bemühen sich um eigene, direkt am Eingang gelegene, sorgfältig gestaltete und gewartete Fahrradabstellplätze.
In der Bundesrepublik dagegen wächst erst langsam die Einsicht für mehr Anstrengungen in der Frage der Fahrradabstellanlagen. Zunächst einmal gibt es wenig brauchbares Zahlenmaterial, was schon den geringen Stellenwert belegt. Unter Verkehrsplanern und Spitzenmanagern der Verkehrsbetriebe wird weiterhin lieber über noch mehr Autoparkhäuser nachgedacht. Planungen für Fahrradparkhäuser der Bundesbahn wie in Münster oder Bonn sind die Ausnahmen. Städte wie Freiburg, Göttingen, Erlangen, Münster oder Bocholt sind unter den bundesdeutschen Kommunen noch immer »Sonderlinge« mit ihrem Versuch, möglichst vielen radfahrenden Innenstadtbesuchern ein qualifiziertes Abstellangebot zu sichern. Vor allem die Firmen, Kaufhäuser, Supermärkte etc. stehen dem Fahrradparken – bis auf Ausnahmen – noch immer verständnislos und eher reserviert gegenüber. In Düsseldorf hat eine große Versicherung für ihre Beschäftigten und Besucher eine ansehnliche Anlage entwerfen lassen. In Erlangen hat die Firma Siemens im Bereich ihres Hauptportals ebenfalls gut gestaltete Fahrradständer installiert. Diese Beispiele sollten zum Nachmachen anregen.

Konkurrenz oder Kooperation: Fahrrad und öffentlicher Verkehr im Umweltverbund

Der Zweck der Fahrradförderung ist nicht, um jeden Preis so viele Menschen wie möglich aufs Fahrrad zu bringen. Das Fahrrad muß vielmehr im Kanon der umweltfreundlichen Verkehrsmittel durch geeignete Verkehrsplanung seinen »richtigen« Platz im Stadtverkehr finden. Alle drei stadt- und umweltverträglichen Verkehrsarten, Fußgänger-, Fahrrad- und öffentlicher Verkehr, haben jeweils ihre spezifischen Einsatzbereiche im Stadtverkehr, die möglichst gut und umfangreich genutzt werden müssen. Fahrradförderung soll also vor allem die bisherigen Autofahrer und -mitfahrer zur Fahrradnutzung anregen. Über die marginalen »Abwanderungsverluste« dagegen, wenn bei verbesserten Radverkehrsbedingungen manche Schüler und Jugendliche von Bussen und Bahnen auf das Fahrrad umsteigen, braucht sich kein Verkehrsbetrieb zu grämen. Steigende Radverkehrsanteile werden die Busse und Bahnen nicht »leer fegen«. Sie können vielmehr für einen attraktiven »Umweltverbund« von Fahrrad- und öffentlichem Verkehr genutzt werden, um gemeinsam einen hohen Anteil am Verkehrsmarkt zu erzielen.

Der öffentliche Verkehr muß das Fahrrad als Partner wiederentdecken

Diese Wertschätzung des Fahrrades in Kombination mit dem öffentlichem Verkehr im Umweltverbund ist vielen Managern öffentlicher Verkehrsbetriebe noch fremd. Sie verfolgen jedes politische und planerische Engagement für den Fahrradverkehr eher mißtrauisch. Dabei müßten die Nahverkehrsbetriebe und Bahnmanager bei näherem Kontakt zu den Fahrradverbänden und -initiativen schnell bemerkt haben, daß sie am selben Strang ziehen und daß das große Engagement der Fahrradlobby für eine Begrenzung des Autoverkehrs im Nah- und Fernverkehr und für einen Abbau der vielen ungerechtfertigten Planungsvorteile, Rechts- und Steuerprivilegien sowie Finanzierungs- bzw. Subventionsvorteile des Autoverkehrs ihre Position im Kanon der Verkehrsarten unterstützt. Doch bislang ziehen es die Chefs der Nahverkehrsbetriebe und der Bahn vor, in Mißachtung ihrer eigentlichen Marktaufgabe die angebliche »Partnerschaft« mit dem Autoverkehr zu beschwören und sich mit dem schärfsten Konkurrenten zu verbünden, der ihnen dreißig Jahre lang das Geschäft und den Verkehrsalltag verdorben hat. Bei der deutschen Bundesbahn bekommt man immer noch mit großem Eifer den Mietwagenservice der Bahn in den Bahnhöfen angepriesen, für den bei minimaler tatsächlicher Nachfrage ein maximaler Aufwand betrieben wird, nur weil man glaubt, sich so bei autofixierten Geschäftsreisenden anbiedern zu müssen. Dabei kombinieren auch heute nur 0,3 Prozent der Bahnreisenden ihre Fahrt mit einer Leihwagennutzung, 5 Prozent nutzen ein Taxi, werden mit einem Auto abgeholt/gebracht oder kommen mit dem eigenen Auto, 10 Prozent nutzen ihr Fahrrad, 39 Prozent den öffentlichen Nahverkehr, und die Mehrheit von über 45 Prozent geht zu Fuß weiter. Ebenso fragwürdig ist das »Schielen« von Politik, Planung und öffentlichen Verkehrsbetrieben auf Park & Ride, ohne daß sie dabei die deutliche Nutzungsminorität und die klaren Mengengrenzen dieser Kombinationsform erkennen. Für Haltestellen und Bahnhöfe ist Park & Ride das schlechteste Konzept. Statt aus Bahnhöfen und Haltestellen »Umschlagorte« für pulsierendes Leben zu machen, werden sie auf diese Weise für Fußgänger und Radfahrer zu schwer zugänglichen, öden Großparkplätzen und Asphaltwüsten. Jegliche attraktive Bebauung und Nutzung fliehen vor diesem Ambiente. Für das Haltestellen- und Bahnhofsumfeld ist der Umweltverbund von Füßen, Fahrrad und öffentlichem Verkehr die wesentlich bessere Alternative. Doch für den sogenannten Vor- und Nachtransport zu Fuß, per Fahrrad oder mit Bussen und Bahnen gibt es wenig Konzepte, wird nicht geworben, gibt es keine Informationen.

Für die Verkehrsbetriebe gilt es zu erkennen, daß eine verkehrlich gesicherte Verknüpfung von Fahrrad und öffentlichem Verkehr gute Chancen für eine bessere Marktausschöpfung und Erweiterung des Einzugsbereichs bietet. Ein Grund hierfür liegt darin, daß regelmäßige Fahrradbenutzer wegen der spezifischen Reichweite des Fahrrades für viele Zwecke mit dem Fahrrad allein nicht auskommen und ihre Wege weit eher mit Busse und Bahnen kombinieren als regelmäßige Autofahrer. Hinzu kommt, daß mit einem attraktiven Fahradverkehr der Einzugsbereich der Haltestellen beträchtlich erweitert wird. Normalerweise sinkt mit wachsender Entfernung rasch der Anteil der Bus- und Bahnbenutzer, die Nähe zur Haltestelle ist im Nahverkehr ein wesentliches Attraktivitätskriterium. Aus Fußgängersicht endet die »Nähe« meist schon nach 150 bis 200 Metern, aus Radfahrersicht erst bei 500 bis 1000 Meter. Durch eine fahrradfreundliche Anbindung der Haltestellen kann also auch in größerem Abstand von der Haltestelle noch ein größeres Nachfragepotential gebunden werden. Das Fahrrad bietet dabei auch gute Vorteile im Vergleich zur Auto-

Fahrrad und öffentlicher Verkehr ergänzen sich ideal im Umweltverbund.

nutzung. Gegenüber dem Taxi ist es billig und sofort verfügbar, ohne Vorbestellung und Wartezeiten. Gegenüber Park & Ride hat es den Vorteil, daß die Unterbringung am Bahnhof bzw. an der Haltestelle weit einfacher städtebaulich integrierbar und flächensparender möglich ist. Gegenüber Kiss & Ride (Verkehrsteilnehmer läßt sich von Familienmitglied mit dem Familienauto zur Haltestelle bringen und von dort auch wieder abholen) hat es den Vorteil, daß kein Familienmitglied Privatchauffeur spielen muß und die familiären Zeit- und Aktivitätenbudgets mit Bring- und Abholwegen nicht belastet werden. Zusätzlich verursachen auch Chauffeurautos immer Zu- und Abfahrtprobleme zu den Haltestellen und im Haltestellenbereich. Grundsätzlich sind Chauffeurfahrten immer doppelte Autofahrten und deshalb besonders umweltbelastend. Der Einsatz des Fahrrades in Kombination mit dem öffentlichen Verkehr ist dagegen auf verschiedene Weise möglich. Man fährt mit dem Fahrrad zur Haltestelle oder zum Bahnhof und stellt dort sein Fahrrad ab (Bike & Ride). Will man auch am Ziel ein Fahrrad einsetzen, kann man dort ein zweites eigenes Fahrrad (Bike & Ride & Bike) oder auch ein Leihfahrrad nutzen. Voraussetzung für diese Möglichkeiten ist, daß die Haltestellen gut und sicher mit dem Fahrrad erreichbar sind und daß an den Haltestellen selbst ausreichende Abstellmöglichkeiten für Fahrräder bestehen. Die Vorteile der Kombination Fahrrad und öffentlicher Verkehr greifen also nur, wenn Politik und Planung die Voraussetzungen hierfür schaffen.

Erfolgreiche Beispiele für Bike & Ride zur Nachahmung und Weiterentwicklung empfohlen

Wie eine gutgemanagte und -geplante Symbiose von Fahrradverkehr und Bussen und Bahnen funktioniert und welche Vorteile sie für den öffentlichen Verkehr bringt, demonstrieren die Städte, die eine offensive Fahrradförderung mit einer offensiven Förderung des öffentlichen Verkehrs verbinden. Das starke Engagement der holländischen und japanischen Städte in Zusammenarbeit mit den Verkehrsbetrieben wurde bereits bei dem Thema Abstellanlagen erwähnt. Aufgrund dieses Engagements erreichen mehr als 50 Prozent aller Bahnkunden in den Niederlanden den Bahnhof mit dem Fahrrad. In den meisten deutschen Städten lag dagegen der Anteil der mit dem Fahrrad anreisenden Bahnkunden lange Zeit nur zwischen 1 und maximal 5 Prozent. Erst ab den 80er Jahren kam es dann, nicht zuletzt durch intensive Aufklärungsarbeit des ADFC, in verschiedenen Regionen Deutschlands zu einem ersten Boom von Bike & Ride. Im S-Bahn-Bereich des Münchner Umlandes kletterte der Zubringeranteil des Fahrrads an vielen Bahnhöfen auf 20 bis 30 Prozent der Fahrgäste, auf einigen Bahnhöfen im Umland von Hannover, Bremen und Hamburg wurden sogar Fahrradanteile zwischen 40 und 50 Prozent erreicht. Während bei diesen Beispielen Bike & Ride überwiegend am Stadtrand und im Umland genutzt wird, ist das bundesweit bekannteste und eindrucksvollste innerstädtische Beispiel für Bike & Ride sicher Münster. In Münster werden am Hauptbahnhof täglich über 2000 Fahrräder von Bahnkunden abgestellt, im weiteren Umfeld kommen noch mal ca. 1500 dazu. Dieser massenhafte Fahrradandrang ist der Grund, warum dort jetzt mit Landesunterstützung ein eigenes großes Fahrradparkhaus gebaut wird. Kämen diese Radfahrer statt dessen alle mit dem Auto zum Hauptbahnhof, wären täglich alle Zufahrten und Straßenflächen ringsum heillos verstopft. Auch am Bonner Hauptbahnhof werden inzwischen immerhin etwa 700 Fahrräder täglich abgestellt. Bis Mitte der 70er Jahre gab es dort lediglich einen kleinen schummrigen Fahrradkeller mit ca. 20 Plätzen. Dann wurde beim Bau eines Autoparkhau-

Rund um den Hauptbahnhof von Münster dominieren abgestellte Fahrräder das Straßenbild. Hier bilden Fahrrad und Bahn eine enge Symbiose. Anderswo bieten Bahnhöfe oft noch nichts für Radfahrer.

ses der Bahn auch ein Parkdeck für Fahrräder geschaffen. Es erwies sich schon kurz nach Eröffnung als viel zu knapp bemessen und war täglich überbelegt. 1989 wurde endlich eine weitere Abstellanlage an der Vorderseite des Bahnhofs errichtet.

Welche weitergehenden Impulse von einer engagierten Bike & Ride-Planung ausgehen, verdeutlicht ebenfalls Japan. 1970 gab es dort nur 29 Millionen Fahrräder, 1985 dann 55 Millionen, inzwischen läuft der weitverbreitete Einstieg in die Versorgung mit Zweit- und Drittfahrrädern, um bei den vielfältigen Pendlerbeziehungen problemlos an verschiedenen Standorten (Wohnung, Arbeitsort, Ausbildungsort) über ein Fahrrad verfügen zu können. Durch diese Entwicklung begünstigt, kam dann in den 80er Jahren auch die Fahrradvermietung in Schwung. Es entstanden eigene Vermietungsgesellschaften, an denen sich teilweise die privaten Eisenbahngesellschaften und Nahverkehrsbetriebe sowie die Fahrradindustrie beteiligten. Denn auch Geschäftsreisende und Touristen nutzen in steigendem Maße die Möglichkeit, am Ziel durch ein Leihfahrrad mobiler zu sein. Aber nicht nur das kurzfristige Ausleihen von Fahrrädern floriert, sondern daneben ist das dauerhafte Fahrradleasing ein wachsendes Geschäft. Damit ersparen sich die Fahrgäste den Aufwand, am Zielbahnhof für ein eigenes Fahrrad sorgen zu müssen, dessen Pflege und Wartung am Arbeitsplatz (wo man meist kein passendes Werkzeug etc. zur Hand hat) schwieriger sind. Statt dessen mieten sie im Monats- oder Jahresabonnement ein Fahrrad, dessen Wartung und Pflege sowie ordnungsgemäßes Abstellen über Nacht oder am Wochenende von der Verleihfirma übernommen werden.

Die Fahrradmitnahme: eine Tradition wiederaufgreifen

Auch die Mitnahme des Fahrrads in Bussen und Bahnen ist eine gute Kombinationsmöglichkeit. Sie ermöglicht am Start, am Ziel oder bei Zwischenaufenthalten die Verfügbarkeit über das Rad. Sie garantiert also hohe Flexibilität und Unabhängigkeit. Bis in die 50er Jahre war sie in den europäischen Ländern üblich im Überlandverkehr der Post- und Bahnbusse, der kommunalen

Die Fahrradmitnahme im öffentlichen Verkehr ist ein wichtiges Angebot, um Autofahrer als neue Kunden im Alltags- und Freizeitverkehr zu gewinnen.

Verkehrsbetriebe und der Bahn. Die Fahrräder wurden auf Dach- oder Heckgepäckträgern bzw. in eigens mitgeführten Gepäckabteilen oder -anhängern transportiert. Allein die Bahn beförderte jährlich etwa vier Millionen Fahrräder. Später haben sich die öffentlichen Verkehrsbetriebe dann immer mehr aus diesem Geschäft zurückgezogen. Viele Nahverkehrsbetriebe stellten die Fahrradmitnahme ganz ein. Die Bahn zum Beispiel transportiert heute nur noch 700 000 Räder jährlich und verzichtet bei immer mehr Zügen auf Gepäckwagen. Auch die meisten Bahnbusse verfügen heute nicht mehr über Gepäckträger und -anhänger. Die Bahn signalisiert allenthalben Desinteresse an der Fahrradmitnahme.

Das Geschäft mit der Fahrradmitnahme macht jetzt dagegen die Konkurrenz. Der Absatz von Fahrraddachgepäckträgern für Autos floriert. Immer bessere und leichter zu handhabende Modelle kommen auf den Markt. Aber nicht nur die Autofahrer entdecken mehr und mehr die Vorteile des Kombinierens. Auch zahlreiche Touristikunternehmen spezialisieren sich auf Kombinierer, entwickeln differenzierte Reiseangebote für Fahrradkunden und legen sich eigene Fahrradanhänger zu. Ebenso die Fahrradindustrie hat auf ihre Weise inzwischen auf die Marktbedürfnisse der Kombinierer und die geringe Bereitschaft der Verkehrsbetriebe, Fahrräder zu befördern, reagiert. Sie bietet in verschiedenen Varianten sogenannte »Falträder« an, die sich teleskopartig zusammenschieben lassen und in eine relativ kleine Reisetasche passen. Im Sinne der Beförderungsbestimmungen des Nahverkehrs und der Bundesbahnen gelten Falträder wegen ihrer geringen Abmessungen als Handgepäck, sind damit gebührenfrei und können wie Koffer im Abteil mitgenommen werden.

Erst jetzt deutet sich bei deutschen Nahverkehrsunternehmen ein zaghafter Sinneswandel an. Die jahrelange Ablehnung der von Fahrradverbänden und -initiativen immer wieder geforderten Fahrradmitnahme im Nahverkehr wurde Anfang der 80er Jahre aufgelockert, nachdem vereinzelte Betriebe testweise Pionierarbeit geleistet hatten. Auch bei Bussen haben einige Städte erste Experimente mit der Fahrradmitnahme durchgeführt, wobei alternativ Fahrradanhänger und eine Fahrradplattform im Businnern erprobt wurden. Diese Versuche blieben bisher auf Linien mit extremen Steigungsverhältnissen beschränkt. Vorbild sind die Stuttgarter Bergbahnen, die über stark frequentierte Fahrradanhänger verfügen. Immer mehr Betriebe lassen jetzt wenigstens die Fahrradmitnahme in Bussen und Bahnen, vor allem auch in den S-Bahnen zu. Allerdings ist dies mehr eine Duldung als eine wirkliche aktive Förderung. Für die alltägliche Fahrradmitnahme sind die Voraussetzungen von den fehlenden Gepäckabteilen bis zu den Preisen noch immer denkbar schlecht.

Aktive Förderung der Kooperation: Bringschuld der Verkehrsbetriebe

Wer also mehr Fahrgäste haben will, muß sich in kundenfreundlicher Aktivität und nicht in kundenabschreckender Passivität üben. Das verstärkte Aktivieren des Radfahrerpotentials zum beiderseitigen Nutzen von öffentlichem Verkehr und Fahrradverkehr im Umweltverbund bedarf erheblich verstärkter Anstrengungen im Bereich von Planung und Marketing. Der Handlungsbedarf in der Bundesrepublik dafür ist groß. Haltestellen und Bahnhöfe müssen fahrradfreundlich erschlossen werden. Ihre äußere Erschließung durch verkehrsberuhigte Fahrbahnen, Tempo-30-Zonen, Radwege und -fahrstreifen muß eine gute Erreichbarkeit im Fahrradverkehr sichern. Ausreichende Abstellanlagen mit Wetterschutz, guter Diebstahlsicherung, zweckmäßiger Plazierung an den Zugängen und einladender Gestaltung müssen selbstverständlich werden. Für die Fahrradmitnahme ist auch die innere Erschließung über Wege und Treppen fahrradfreundlich zu machen, durch Schieberillen an Treppen, Aufzüge etc. Die Fahrzeuge des öffentlichen Verkehrs brauchen benutzerfreundliche Niederflurgepäckabteile, in die die Fahrräder ohne Kraftakt geschoben werden können. Die Bahn muß Gepäckwagen wieder zur Standardausstattung ihrer Züge machen. Die Hindernisse im Tarifbereich müssen abgebaut werden, das Fahrrad muß tariflich wie sonstiges Gepäck behandelt werden. Nur für den unbegleiteten Fahrradversand sind entsprechende Gebühren zu erheben. Ein offensives Marketing ist nötig, das die Vorteile der kombinierten Nutzung von Fahrrad und Bussen und Bahnen herausstellt, die neuen tariflichen Möglichkeiten aufgreift und nicht nur die traditionellen Fahrradbenutzer anspricht, sondern potentielle Umsteiger vom Auto. Der Handlungsbedarf darf nicht länger dadurch blockiert werden, daß sich die Gemeinden, die Bahn und die Nahverkehrsbetriebe nicht über ihre Zuständigkeiten und Verantwortlichkeiten einigen können und das Thema in den Amtsstuben versickert. Die bestehenden Finanzierungsmöglichkeiten im Rahmen des Gemeindeverkehrsfinanzierungsgesetzes zum Bau von Fahrradabstellanlagen und zum fahrradfreundlichen Umbau von Bahnhöfen und Haltestellen sowie der Radweg-, Straßenbau- und Städtebauförderungsprogramme des Bundes und der Länder zur fahrradfeundlichen Erschließung und Verkehrsberuhigung des Umfeldes von Haltestellen und Bahnhöfen müssen endlich engagiert genutzt werden.

Solide Fahrradtechnik für den Alltag: Schluß mit gefährlichem Rennfahrerflair und vorsintflutlichem Standard

Ob Radfahren Spaß macht und sicher ist, hängt neben den verkehrlichen Voraussetzungen auch entscheidend von der technischen und organisatorischen Qualität des Fahrradmarktes ab. Heute ein alltagstaugliches Fahrrad zu kaufen, das bequem, sicher, einfach beherrschbar, wartungsfreundlich, geeignet für ausreichende Gepäckbeförderung, robust, unanfällig gegen Beschädigungen und Pannen ist, fällt schwer. Das Angebot an Fahrrädern verschiedenster Ausstattung und Typen ist zwar groß, aber eine Unzahl dieser Typen ist nicht für den Alltagsgebrauch im Straßenverkehr tauglich und sicher. Die Fahrradindustrie produziert viel Schnickschnack. Billigfahrräder, fast könnte man sagen »Wegwerffahrräder«, überschwemmten lange Zeit den Markt. In Kaufhäusern, Kaffeeläden etc. wurden Markenimitate mit Preisen unter 250 Mark angeboten, die in der Regel schon bald nach Gebrauch reparaturanfällig waren und nach einem bis zwei Jahren intensiver Nutzung ihren Geist aufgaben. Aber auch beim neuerlichen Trend zu teuren Fahrrädern entspricht vieles nicht dem Alltagsbedarf und den Sicherheitsstandards. Bei den sogenannten Leichtfahrrädern scheint die »Meisterschaft« ausschließlich darin zu bestehen, möglichst viele Gramm bzw. Kilogramm einzusparen. Bei den modischen Mountain-Bikes ist die Höchstzahl von Gängen an der Schaltung der Gag, selbst bei Rädern für Kinder.

Die auf Sport und Rennfahrerflair gestylten Sporträder, Rennräder, BMX-Räder etc. werden oft überhaupt ohne Schutzblech, Beleuchtung und Gepäckträger angeboten und sind damit eigentlich nur als Freizeit- und Spielgerät zu benutzen. Trotzdem werden sie natürlich häufig auch im Alltag eingesetzt. Viele dieser Räder besitzen keinen Rücktritt, was im Verkehrsalltag, zumal bei Regen, bei Gefälle oder beim Abbiegen mit nur einer Hand am Lenker, zu erheblichen Schwierigkeiten bei der Beherrschbarkeit des Fahrrades führt. Bei Nässe wirken die Felgenbremsen schlecht. Für Kinder sind die Handbremsen mit den kleinen Händen ohnehin nur schwer zu bedienen. Der Rücktritt als zweite, sichere Bremse ist deshalb aus der Sicht der Verkehrssicherheit unverzichtbar. Natürlich provozieren solche Sporträder, auf die heute die männliche Jugend von den Herstellern so gerne konditioniert wird, den entsprechend selbstmörderischen Fahrstil. Gekrümmter Rücken, Nase auf dem Lenker, und dann drauflos. Aus diesem Grunde liegt das Unfallrisiko der Jungen soviel höher als das der genausoviel, aber mit vernünftigeren Fahrrädern und vorsichtiger radelnden Mädchen. Doch die Branche forciert diesen Markt unbesorgt weiter, solange die Nachfrage mit entsprechender Werbung die Kassen klingeln läßt und der Gesetzgeber keine schärferen Vorschriften für Produktion und Zulassung von Fahrrädern für den Straßenverkehr erläßt. Diese starke Entwicklung zum sportlichen Fahrrad ist typisch deutsch. In keinem der traditionellen Fahrradländer ist der Fahrradbestand so stark von sportlichen alltagsuntauglichen Rädern bestimmt. In Holland und Dänemark, den europäischen Ländern mit der höchsten Fahrradnutzung, dominieren die robusten Alltagsfahrräder. Und auch in Japan, dem Land mit dem größten Fahrradboom der letzten Jahrzehnte überhaupt, ist das solide Alltagsfahrrad marktbestimmend.

Die Fahrradindustrie hat bis heute einige Grundprobleme der Fahrradtechnik nicht gelöst. Stabile, rostfreie, beschädigungsresistente, wetterfeste Kontaktstellen und Kabelverbindungen der Beleuchtungsanlagen haben immer noch Seltenheitswert. Dicke, reißfeste und an den wichtigen Stellen elastisch dehnbare Kabelummantelungen fehlen meist. Die Befestigung der Kabel an Lampen, Rahmen und Dynamo ist sehr labil, ohne feste Klemm- oder Klettverschlüsse, und bietet leicht Ansatzpunkte zum Verhaken und Abreißen. Allenthalben ein schnell defektes Drähtegewirr statt lebenswichtiger Stabilität bei der Beleuchtung! Ein Großteil der Lampen erreicht vorne wie hinten keine ausreichende Helligkeit, nicht zuletzt, weil der Gesetzgeber die Fahrradleuchtenhelligkeit lange begrenzt hat. Die Lampen sind nicht durch Schutzbügel gegen Schlag- und Stoßschäden gesichert. Auch Standlicht mit dynamogespeistem Akku ist immer noch nicht Vorschrift. Die Dynamos haben weiterhin so geringen Anpreßdruck, daß sie bei nassen Fahrbahnen durch Regen (oder Schnee) den Dienst mehr oder weniger versagen. Die Alternative Speichen- oder Nabendynamo ist nicht vorgeschrieben und damit nicht marktfähig.

Bei schlechtem Wetter gibt es nicht nur Probleme mit der Beleuchtung des Fahrrades, auch sonst fehlt bisher jede professionelle Technik zum Wetterschutz. Gute, stabile und vorn wie hinten ausreichend weit heruntergezogene, unten ausreichend verbreiterte Schutzbleche gibt es kaum, so daß bei Nässe Schuhe, Strümpfe, Hosenbeine und sogar der Rücken vom aufspritzendem Schmutzwasser naß und verdreckt werden. Die gängigen Fahrradmodelle sind in dieser Hinsicht völlig unzureichend, vor allem am Vorderrad. Auch ein Regendeckel für den Sattel ist notwendig, damit dieser trocken bleibt und ein im Regen abgestelltes Rad (ohne nassen Hosenboden) weiterbenutzt werden kann. Bisher behelfen sich die Radfahrer mehr schlecht als recht mit einer über den Sattel gestülpten Plastiktüte. Zur Fahrradausstattung sollte serienmäßig auch ein vernünftiger verkehrssicherer Regenumhang (mit Kapuze mit Sichtstreifen zur Seite) gehören, der in einem fest am Rahmen verankerten, verschließbaren Behälter untergebracht wird. Solche im Grunde seit Generationen vorhandenen, aber nie zum Standard entwickelten Regenschutztechniken sind letztlich zweckmäßiger als die Versuche, durch eine komplette Karosserieumhüllung aus dem Fahrrad ein völlig anderes, voll verkleidetes Fahrzeug machen zu wollen. Solche »Muscars« (muskelgetriebene Kompaktfahrzeuge) werden seit einigen Jahren immer wieder auf Fahrradausstellungen vorgeführt, ziehen wegen ihrer oft windschnittigen Karosserien auch regelmäßig großes Publikum an, sind aber letztlich doch mehr eine Art Autoersatz als ein Fahrrad. Das zeigt sich auch an dem Geschwindigkeitsfetischismus, der bei diesen Fahrzeugen blüht. Ein von Colani entworfenes Fahrrad beispielsweise fährt muskelgetrieben (von Spitzensportlern) Spitzengeschwindigkeiten von bis zu 90 Stundenkilometern. Das wendige, flexible, platzsparende, stadtverträgliche Fahrrad mit seiner für viele Alltagswege völlig ausreichenden Reichweite und Geschwindigkeit können sie kaum ersetzen.

Sehr viel mehr als bisher müssen die Hersteller auch für besseren, sicheren und bequemen Gepäck- und Personentransport tun. Die gute transportfähige Befestigung von Einkaufstasche, -korb oder Sprudelkasten sollte kein Problem sein, Befestigungshilfen müssen Standard werden. Eltern wollen oft ihre kleinen Kinder auf dem Rad mitnehmen, gegebenenfalls auch ein Kind vorn und eins hinten. Dafür braucht man stabile Gepäckträger, um Kindersitze leicht auf- und abmontieren zu können. Der hintere Gepäckträger sollte außerdem auch die gelegentliche Mitnahme Erwachsener aushalten. (Im Nachbarland Holland ist der Transport Erwachsener auf dem Fahrrad erlaubt, wird vielfach praktiziert und trägt wesentlich zur Beliebtheit des Fahrrades und seiner vielseitigen Verwendbarkeit bei.)

Schließlich sollte die Industrie endlich zur Standardausstattung mit ausreichend dikken und festen, gutprofilierten Reifen angehalten werden, die den alltäglichen Belastungen durch zügiges Fahren, auch mit Gepäck, selbst auf rauhen, unebenen Belägen oder über Kanten, Glasscherben, Rollsplitt etc. gewachsen sind. Die statt dessen vielverwendeten Hochdruck-Schmalspurreifen sollten als typisches Produkt der Rennfahrermanie schnell vom Alltagsmarkt verschwinden, denn leider haben nur Rennfahrer immer einen Troß von im Pannenfall dienstbereiten Technikern hinter sich.

Bei dieser wenig an Sicherheit und Tauglichkeit im Straßenverkehr orientierten Qualität der Fahrräder kann sich der verständliche Zorn von Politikern und Polizei über nichtfunktionierende Fahrradbeleuchtungen, -bremsen und unzureichende Ausstattungen nicht primär gegen die Radfahrer richten, obwohl dies in der Regel so geschieht. Die Radfahrer sind bei diesen Problemen erst die dritten Adressaten. Vor den Radfahrern sind Gesetzgeber und Hersteller gefordert, einer verbesserten Fahrradtechnik zur Alltagsnorm zu verhelfen. Der Handel sollte seine Kunden viel mehr auf Fragen der Tauglichkeit der Ausstattung lenken. Auch auf diese Weise kann man Verkehrspolitik und -planung betreiben und einem umweltfreundlichen Verkehrsmittel verstärkte Markt- und Nutzungschancen eröffnen.

Vor allem aber muß die Politik dafür sorgen, daß Fahrradhersteller und -handel den Aufbau eines dichten, qualifizierten Servicenetzes für den Fahrradverkehr sicherstellen. An die Zulassung zum Verkauf von Fahrrädern müssen Mindestvoraussetzungen an technischer Qualifikation im Bereich des Service geknüpft werden. Bei dieser für die Verkehrssicherheit und Kundenbetreuung zentralen Aufgabe darf nicht weiter geschludert werden. Tankstellen und Kfz-Werkstätten sollten zur Übernahme von Fahrradserviceleistungen motiviert werden. Hierfür muß die Ausbildungsverordnung für Kfz-Mechaniker so ergänzt werden, daß auch die Kompetenz für Fahrradreparaturen erworben wird.

Geplanter Rückenwind: offensives Marketing für ein fahrradfreundliches Klima

Marketing wird in der Wirtschaft vorwiegend für Produkte betrieben, an denen man gut verdienen kann und die zu heißumkämpften Märkten gehören. Marketing soll neue Produkte bekannt machen und alte Produkte am Markt halten, die Marktchancen in einem »produktfreundlichen Klima« erweitern. Und das alles für das Fahrrad? Bisher ist das Fahrrad kein Objekt für eine offensive Werbeschlacht. Es gilt anscheinend in der Branche selbst als sogenanntes Low-Interest-Produkt. Das merkt man allein schon an den minimalen Werbeanstrengungen der Fahrradwirtschaft. Deren Annoncen beschränken sich hauptsächlich auf Insidermedien wie Fahrrad- und Umweltzeitschriften. Auch im Verständnis von Politikern, Planern, Firmenchefs oder Medienvertretern wird das Fahrrad von vielen nicht als wichtiges Verkehrsmittel anerkannt. Immer noch legen viele Firmen und Behörden leitenden Mitarbeitern nahe, nicht mit dem Fahrrad zur Arbeit zu kommen, das wirke unseriös und schicke sich nicht für gutsituierte Kreise. Wie soll bei diesen Ausgangsbedingungen ein fahrradfreundliches Klima erzeugt werden?
Aber so unmöglich ist das nicht. Das Fahrrad spielt seit den 70er Jahren ohne großes Zutun der Fahrradbranche eine bedeutende Rolle in der allgemeinen Konsumgüterwebung als symbolträchtiger Multiplikator

Das Fahrrad ist in der Konsumwerbung Symbolträger für Freude, Sportlichkeit, Genuß und Umweltorientierung. Trotzdem wirbt die Fahrradbranche nur wenig.

für Freiheit, Sportlichkeit, Jugendlichkeit, Dynamik, Umweltbewußtsein etc. Es wirbt indirekt für andere Produkte. Das zeigt immerhin soviel Wirkung, daß sich wenigstens in der Freizeit Manager, Politiker, Verbandsbosse etc. schon mal auf ihre neuen teuren Räder schwingen. Und hin und wieder werden auch bereits im Alltag radelnde Oberbürgermeister, Dezernenten, Klinikchefs, Firmenbosse, Polizeipräsidenten gesichtet. Damit sammeln einflußreiche Personen eigene Erfahrungen als Radfahrer. Dies ist eine entscheidende Voraussetzung für den Bedeutungsgewinn des Fahrradverkehrs in einer Stadt. Fahrradfreundlich wird eine Stadt nur, wenn der Fahrradverkehr dort zu einem öffentlichem Thema wird, mit publizistischer Begleitung in den Medien und engagierter Behandlung in den kommunalen Gremien.

Marketing für Radfahren hilft, diesen Prozeß zu verstärken. Noch ist allgemeine Bewußtseinsänderung vonnöten. Es gilt, die vielen hartnäckigen Vorurteile von Nichtradlern sowie maßgeblichen Multiplikatoren in Politik, Verwaltung und Medien abzubauen, die einer verbreiteten Alltagsnutzung des Fahrrads immer noch entgegenstehen. Seine Bedeutung im Einkaufs- und Berufsverkehr wird chronisch unterschätzt. Aus diesem Grunde ist es wichtig, die realen Zahlen und Fakten publikumswirksam in Seminaren, Kongressen, Ausstellungen, Broschüren, Bürgerversammlungen und in den Medien aufzubereiten. Wichtig ist auch, dabei den radelnden Bürger zu Wort kommen zu lassen, mit Strecken- und Fahrtenreportagen, Reisezeitvergleichen, mit Darstellungen alltäglicher Erlebnisse und Empfindungen. Das Ergebnis ist meist verblüffend: Das Fahrrad ist viel besser als sein Ruf. Test- und Proberadler bzw. Radfahrneulinge stellen meist überrascht fest, wie vorteilhaft die Fahrradnutzung ist. Aber auch die Mängel des heutigen Straßensystems für Radfahrer stellen sie eindringlich fest. Plötzlich sehen viele das Verkehrsgeschehen aus einer völlig anderen Warte.

Eine gute, engagierte kommunale Öffentlichkeitsarbeit gehört also zur Pflicht kommunaler Fahrradförderung. Die Medien müssen das Radfahren als gute alltagsrelevante Alternative bewußtmachen und die Bürger mit Berichten über die örtliche und regionale fahrradrelevante Verkehrsinfrastruktur und den Zahlen, Strukturen und

Professionelles Marketing für das Fahrrad ist gefragt. Handgemalte Plakate alleine reichen nicht. Die Kommunen müssen sich mehr engagieren für die Unterstützung des Fahrrades im Umweltverbund.

Entwicklungen des Fahrradverkehrs versorgen. Die Chancen des Fahrradverkehrs müssen erörtert werden. Die Informationsdefizite in dieser Hinsicht sind groß, ganz im Gegensatz zum Autoverkehr, der sich in vielen Wochendausgaben auf ganzen Zeitungsseiten seit Jahrzehnten präsentieren kann. Berichte aus fahrradfreundlichen Städten des In- und Auslandes müssen Bürgern und Politikern zeigen, was Fahrradförderung ist und vermag. Das bekannteste deutsche Beispiel für eine durch kontinuierliche Anstrengungen seit den 70er Jahren wiedererstandene Fahrradkultur ist Erlangen, das bekannteste Beispiel für eine nie unterbrochene Fahrradkultur ist Münster. Beide Städte haben dadurch wesentlich dazu beigetragen, für die Bundesrepublik ungewöhnlich hohe Fahrradanteile zu erreichen und zu stabilisieren.

Viele Kommunen versäumen nicht nur, Medien und Bürger über die Fahrradförderung zu informieren, sie leisten auch keine Überzeugungsarbeit bei wichtigen »Leitfiguren« in Politik, Verwaltung und Interessenverbänden. Es gibt dort keine professionell gemachten Druckmaterialien und Veranstaltungen zum Fahrradverkehr. Man beläßt es bei seltenen Gesprächen mit den Insidern der Fahrradszene, den Fahrradverbänden und -initiativen. So nützlich diese Gespräche sind, sie reichen alleine nicht aus. Gerade die Gruppen mit einer zunächst großen emotionalen Distanz zum Fahrradverkehr müssen intensiv am Mitdenken und schließlich Mitmachen beteiligt werden. Nur so werden auch tragfähige Vorbilder initiiert. Jedes Produkt, das geschätzt werden soll, muß wichtige Werbeträger haben. Hierfür ist noch beträchtliche Überzeugungsarbeit zu leisten, zum Beispiel, daß die Polizei Fahrradstreife fährt, daß Firmen und Behörden nahe am Eingang gutgestaltete und gepflegte Fahrradabstellmöglichkeiten anbieten und Dienstfahrräder bereitstellen, daß Busse und Bahnen sich fahrradfreundlich mit Fahrradverleih und -service, Abstell- und Mitnahmemöglichkeiten präsentieren.

An besonderen äußeren Anlässen für öffentlichkeitswirksamen »Rummel« rund um den Fahrradverkehr sind viele denkbar, zum Beispiel spezielle »Ratstouren« zur Verdeutlichung der vorhandenen Probleme, Exkursionen in besonders fahrradfreundliche Städte, Kongresse, Fahrradaktionstage, Fahrradmessen, Volksradwandertage, Beleuchtungs- oder Bremsprüfwochen, Radkorsos, Geschicklichkeitsparcours, Radfahrerziehung für alle Altersgruppen. Solche Veranstaltungen bieten bei entsprechender Organsisation gute Anlässe zur ernsthaften öffentlichen Auseinandersetzung mit Fahrradverkehr und -planung, die bisher kaum genutzt werden. Rummel dieser Art gibt es meist nur für das Auto. Da verbünden sich schon lange die Kommunen mit dem ADAC und mit sonstigen Autowerbeträgern, damit genügend Werbung für Spaß am Auto und Tempo »überkommt«. Wesentlich mehr Aktivitäten in Sachen Fahrradverkehr und Abbau von Berührungsängsten mit dem ADFC und sonstigen Fahrradinitiativen im kommunalen Alltag sind dringend notwendig, um das allgemeine Interesse am Fahrradverkehr zu erhöhen und die Bereitschaft zum eigenen Radfahren zu stärken.

Finanzierung der Fahrradförderung: Zum Nulltarif ist ein fahrradfreundliches Verkehrssystem nicht zu haben

Die Finanzierung eines attraktiven innerörtlichen Radverkehrssystems wurde bislang von Bund, Ländern und Gemeinden kaum hinreichend vorbereitet. Viele Städte und Gemeinden lassen es noch immer am nötigen finanziellen Engagement fehlen. Häufig besitzen sie im eigenen lokalen Verkehrsetat gar keinen Posten für Fahrradförderung. Oder die dort bereitgestellten Beträge erreichen kaum mehr als fünf Prozent des Gesamtvolumens für Straßenbau. In

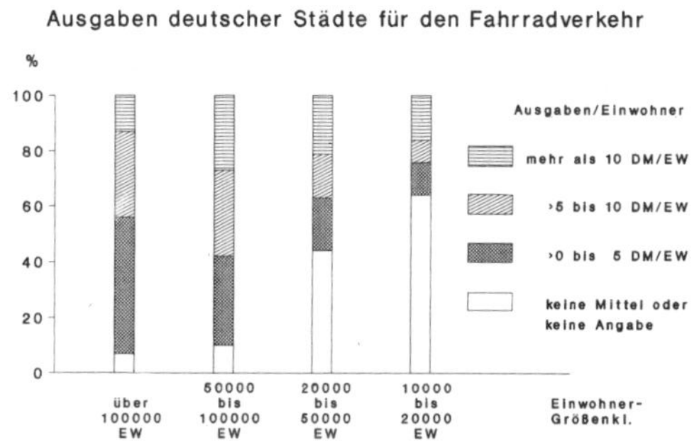

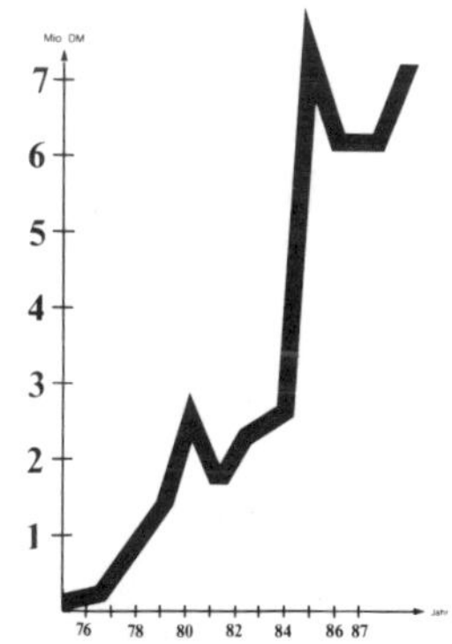

27 Mio DM für 94 km neue Radwege

Nicht einmal zehn Mark pro Einwohner geben die meisten deutschen Städte im Jahr für Fahrradförderung aus. Freiburg dagegen zeigt mit sieben Millionen Mark pro Jahr, was für eine kleine Großstadt möglich ist.

einem ersten Schritt zur kommunalen Fahrradförderung müssen deshalb Politik und Verwaltungen in den Städten und Gemeinden eine angemessene Finanzausstattung für diese Aufgabe sicherstellen. Lange Zeit bedurfte es fast immer erst finanzieller Anreize durch eigene Sonderprogramme der Länder, um die Kommunen wenigstens zu einem Mindestmaß entsprechender kommunaler Radverkehrsinvestitionen zu motivieren.

Neben solchen speziellen Förderprogrammen bestand für die Städte und Gemeinden immer schon die Möglichkeit, an Ortsdurchfahrten von Bundes-, Landes- und Kreisstraßen sowie sonstigen innerörtlichen Hauptverkehrsstraßen mit Mitteln des Bundes, der Länder, der Kreise und des Gemeindeverkehrsfinanzierungsgesetzes Radverkehrsanlagen zu schaffen. Doch trotz der Fördermöglichkeit haben viele Kommunen beim Neubau, Ausbau oder Umbau ihrer innerörtlichen Hauptverkehrsstraßen auf Radverkehrsanlagen verzichtet, weil sie ausschließlich auf Verbesserungen für den Autoverkehr fixiert waren. Diese skandalöse Praxis haben Bund, Länder und Kreise über viele Jahre toleriert. Sie haben es versäumt, von Anfang an bei allen mit ihren Mitteln geförderten Straßenbauprojekten regelmäßig ausreichende Radverkehrsanlagen zu fordern. Nordrhein-Westfalen ist das erste Land, in dem praktisch keine Neubau- oder Ausbaumaßnahme an einer Bundes- oder Landesstraße oder sonstigen innerörtlichen Hauptverkehrsstraße mehr akzeptiert wird, die nicht Vorsorge für den Radverkehr trifft. Diese Praxis muß auch vom Bund und von den anderen Ländern übernommen werden.

Außerdem müssen von den für klassifizierte Straßen sowie sonstige innerörtliche Hauptverkehrsstraßen zur Verfügung stehenden Mitteln wesentlich größere Anteile für Radverkehrsanlagen reserviert werden. Obwohl der derzeit größte Qualitätsmangel im Netz der innerörtlichen klassifizierten Straßen und sonstigen Hauptverkehrsstraßen eindeutig das Fehlen von Radverkehrsanlagen ist, dienen weniger als 10 Prozent aller Straßenbauinvestitionen für Hauptverkehrsstraßen dem Radverkehr. Es ist nicht weiter akzeptabel, daß viele Bauanträge für Radverkehrsanlagen an Ortsdurchfahrten und sonstigen innerörtlichen Hauptverkehrsstraßen aus finanziellen Gründen zurückgestellt werden müssen, weil 90 Prozent der Mittel weiter in den konventionellen autoorientierten Neubau und Ausbau des Hauptverkehrsstraßennetzes gesteckt werden.

Gleichzeitig muß der vielfache Etikettenschwindel im Zusammenhang mit der Erstellung von Radwegen an innerörtlichen Hauptverkehrsstraßen abgestellt werden.

Viele Städte und Gemeinden begründen ihre Förderanträge wohltönend mit fahrradfreundlichem Umbau oder Ausbau, obwohl bei näherem Hinsehen nur ein Bruchteil der Maßnahme dem Radverkehr dient, während mit dem Rest Fahrbahnen verbreitert und begradigt und Kreuzungen autogerecht ausgebaut werden. Es muß die Regel werden, daß der nachträgliche Bau von Radverkehrsanlagen an Bundes- und Landesstraßen sowie sonstigen innerörtlichen Hauptverkehrsstraßen als eigenständiges Projekt finanziert wird und der nötige Platz hierfür aus bisher überdimensionierten Fahrbahnen genommen wird.

Angemessene Radverkehrsanlagen müssen zu einem selbstverständlichen Pflichtbestandteil aller innerörtlicher Hauptverkehrsstraßen werden. In diesem Sinne müssen das Fernstraßengesetz, die Landesstraßenausbaugesetze, der Förderkatalog des Gemeindeverkehrsfinanzierungsgesetzes sowie die Förderkriterien und Zuschußrichtlinien konkretisiert werden. Dabei gibt es in vielen Details Änderungsbedarf zugunsten einer effektiven Fahrradförderung. Radverkehrsanlagen dürfen nicht als reines »Anhängsel« der Straßen gesehen werden. Sie müssen primär entsprechend der eigenen Netzlogik des Fahrradverkehrs konzipiert und gegebenenfalls auch unabhängig von der betreffenden Bundes-, Landes- oder sonstigen Hauptverkehrsstraße geführt werden. Auch selbständige Hauptradverkehrsachsen müssen als besonderer Typ einer Hauptverbindung förderfähig werden. In Nordrhein-Westfalen gibt es hierfür bislang ein eigenes Förderprogramm, mit dem Radverkehrsanlagen auch unabhängig von Hauptverkehrsstraßen finanziert werden können. Außerdem wird in Nordrhein-Westfalen bereits in begründeten Fällen an Bundes- und Landesstraßen und anderen Hauptverkehrsstraßen eine straßenferne Führung der Radverkehrsanlagen akzeptiert, wenn insgesamt der Netzzusammenhang gewahrt bleibt. Ebenso muß die Bagatellgrenze (sie fordert eine Mindesthöhe der Investitionen als Fördervoraussetzung) bei Radverkehrsmaßnahmen aufgehoben werden. Sie verhindert sinnvolle kleinere Projekte, obwohl dem Fahrradverkehr oft auch mit kleineren Maßnahmen geholfen werden kann. Nordrhein-Westfalen hat hier einen Ausweg gewiesen, indem es den Kommunen sogenannte »Paketlösungen« oder Sachprogramme anbietet, mit denen viele kleine Projekte oder Bauabschnitte gebündelt werden können.

Auch die bisherige Praxis des Kommunalabgabengesetzes muß geändert werden. Sie veranlaßt die Städte und Gemeinden, die Kosten für die Radwege in kommunaler Baulast teilweise auf die Anlieger umzulegen. Dadurch werden die Planer häufig veranlaßt, lieber gleich auf sinnvolle Radverkehrsanlagen zu verzichten, weil sie den Protest der Bürger gegen die finanziellen Belastungen fürchten. Hierdurch wirkt sich das Kommunalabgabengesetz genau gegenteilig zum ursprünglichen Willen des Gesetzgebers aus. Eigentlich sollte damit der finanzielle Spielraum der Städte- und Gemeinden für sinnvolle Verbesserungen der Verkehrsinfrastruktur vergrößert werden, um dringliche Verbesserungen zu befördern. Statt dessen trägt es meistens zur Verhinderung verkehrlicher Verbesserungen (wie zum Beispiel Verkehrsberuhigungsmaßnahmen und Radverkehrsanlagen) bei und führt dazu, daß Verkehrssicherheit und gute Bedingungen für Fußgänger und Radfahrer oft zum Privileg zahlungskräftiger Bürger in gehobenen Wohngebieten werden. Angemessene Radverkehrsanlagen können jedoch nicht ins Ermessen vordergründiger Diskussionen auf Bürgerversammlungen über das Verhindern von Anliegerbeiträgen gestellt werden. Sie sind kein disponierbarer Luxus, sondern eine regelmäßige, allgemeine Pflichtaufgabe kommunaler Verkehrsplanung. Durch solche Weichenstellungen

muß erreicht werden, daß die Fahrradförderung entscheidend vorwärtskommt.
Für den fahrradfreundlichen Umbau und Ausbau der innerörtlichen Straßennetze wurde 1986 in einer bundesweiten Bedarfsanalyse ein Gesamtbedarf von 33,1 Milliarden Mark errechnet. Allein der Ausbau innerörtlicher Hauptradverkehrsachsen erfordert 21,1 Milliarden Mark. Der restliche Investitionsbedarf verteilt sich auf konventionelle Radwege, Radfahrstreifen, fahrradfreundlich umzugestaltende Kreuzungen, Fahrradabstellanlagen sowie den Bau von Brücken und Unterführungen für Radfahrer. Bei dieser Bedarfsermittlung wurde unterstellt, daß gleichzeitig die flächenhafte Verkehrsberuhigung durch systematischen Ausbau von verkehrsberuhigten Bereichen und Tempo 30 umgesetzt wird und dadurch außerhalb der Hauptverkehrsstraßen vielfach eigene Radverkehrsanlagen überflüssig werden, sonst wäre der Finanzbedarf noch wesentlich höher. Um diesen Investitionsbedarf von 33,1 Milliarden Mark für den innerörtlichen Radverkehr möglichst rasch umzusetzen, müssen die Politiker in Bund, Ländern und Gemeinden für eine durchgreifende Aufstockung und Umschichtung der entsprechenden Haushaltsansätze sorgen, damit pro Jahr mindestens vier Milliarden Mark für die kommunale Fahrradförderung bereitgestellt werden können.

Eine Zukunft ohne Zersiedlung und Stadtzerstörung: im Fahrradmaßstab planen

»Der Maßstab der künftigen Raumordnung ist das Fahrrad«, lautet kurz und bündig der Einführungssatz der niederländischen Regierung zum Raumordnungsbericht 1978 mit dem Leitbild zur Siedlungsstruktur. Wegen seiner im Vergleich zum Fußgänger zwar deutlich höheren, im Vergleich zum Auto aber weit verträglicheren Geschwindigkeit ist das Fahrrad das ideale Verkehrsmittel zur Erhaltung und Förderung kompakter Siedlungsstrukturen. Anders als das Auto sprengt es nicht den nachbarschaftsbezogenen Aktionsradius und das kleinteilige Siedlungsgefüge. Es verleitet nicht zu einem unsinnigen, distanzunempfindlichen Standortverhalten und forciert deshalb nicht die Zersiedlung. Es schützt trotz hoher Mobilitätsleistung die Umfeldqualität und vermindert den Verkehrsflächenverbrauch. Es paßt ideal zu dichten und gemischten Baustrukturen und garantiert die Stadt der kurzen Wege. Die Innenstädte klassischer Fahrradstädte wie Amsterdam, Groningen, Delft und Tilburg konnten nur aufgrund ihres intensiven Fahrradverkehrs so gut erhalten bleiben. Das Fahrrad hat ihnen schmerzhafte Totaloperationen für Straßen- und Parkplatzbau erspart, die all die autobesessenen Städte und Dörfer so sehr entstellt haben.
Auch in den dispersen Siedlungsstrukturen ländlicher und suburbaner Räume, am Stadtrand, im Umland und im Dorf, kann das Fahrrad viele Mobilitätsbedürfnisse abdecken und die alten Dorf- und Stadtkerne bewahren helfen. Gerade hier ist das Fahrrad eine gute Ergänzung zum Fußgängerverkehr. Viele Wege, für die Zufußgehen zu weit, aber eine Autofahrt unnötig ist, lassen sich per Fahrrad schnell, zeitsparend und flexibel erledigen.
Das Fahrrad macht selbst da mobil, wo es normalerweise an seine Entfernungsgrenzen stößt und bislang der motorisierte Verkehr dominiert, im Verkehr über lange Distanzen. Dazu braucht man es nur mit leistungsfähigen öffentlichen Verkehrsmitteln zu kombinieren. Es erleichtert die sogenannten An- und Abmarschwege, vergrößert die Einzugsbereiche der Haltestellen und erschließt die Fläche entlang der Achsen des öffentlichen Verkehrs. Sandwich-Verkehr nennt man das: vorn ein Fahrrad, in der Mitte ein Zug oder Bus und hinten wieder ein Fahrrad.
Das Fahrrad hilft, Verkehr und Verkehrs-

wege stadtverträglich zu integrieren, Mobilität ohne Schaden zu garantieren.

Es gibt Beispiele für eine intensive Umsetzung des Fahrradmaßstabs, wo man sie nicht vermutet. So nutzt die deutsche Industrie die Flexibilitäts- und Erschließungsvorteile des Fahrradverkehrs. Mit Werksfahrrädern sichert sie für Mitarbeiter auf weitläufigem Gelände eine schnelle, gutverträgliche, individuell nutzbare Erreichbarkeit. Die Notwendigkeit von aufwendigen werksinternen Verkehrswegen und -systemen entfällt dadurch. Im Umfeld zentraler Gebäude wie Verwaltungen, Kantinen etc. verhindert sie auf diese Weise, daß der durch die Arbeitsrhythmen bedingte Stoßverkehr zu übermäßigem Verkehrschaos im Werksgelände führt. Diese fahrradbezogenen Betriebserschließungen sparen Zeit, schonen die Fläche, minimieren die internen Erschließungskosten und erlauben eine bessere räumliche Verteilung der Verkehrsströme. In manchen Werken pendeln täglich Tausende auf Werksfahrrädern zwischen Kantinen, Verwaltungen, Werksanlagen etc. hin und her. Doch was intern so gut funktioniert, wird außerhalb der Betriebsmauern torpediert. Da regieren dann die Parkplatzwüsten und die Forderungen nach noch mehr autogerechter Verkehrsanbindung. Da bewertet man den Fahrradverkehr plötzlich als unzeitgemäß und die Radfahrt zur nächsten öffentlichen Haltestelle als unzumutbar. Dabei sind die Stadt- und Ortsteile in ihren Verkehrsbeziehungen gut mit solchen großen Betriebskomplexen vergleichbar. Der Standort der Kantine, der Zentralverwaltung etc. ist das Ortsteilzentrum mit seinen Geschäften, Läden, Dienstleistungen u.a. Die sonstigen Betriebsgebäude sind die Wohnhäuser und dezentralen Einrichtungen um das Ortsteilzentrum herum. Und den Betriebsmauern entsprechen die Grenzen der Ortsbereiche oder die Einzugsbereiche der Haltestellen der öffentlichen Verkehrsmittel. Die Städte können sich also durchaus an der Industrie ein Beispiel nehmen und die Vorteile einer fahrradfreundlichen Erschließung auch außerhalb von Werks- und Betriebsmauern nutzen.

Selbst im Land der Highways und unbegrenzten Automöglichkeiten findet sich manche Stadt, die wieder auf den Fahrradmaßstab setzt. Ein solches Beispiel ist Davis (Kalifornien), das wie viele Städte der USA bis Ende der 60er Jahre keinen einzigen Radweg besaß. Inzwischen bietet Davis seinen 50 000 Einwohnern ein weitverzweigtes flächenhaftes Netz von fahrradfreundlichen Straßen und Abstellanlagen sowie eigene Fahrradpolizisten. Die meisten »Bike lanes« sind dort keine Schmalspurstreifen wie in der Bundesrepublik, sondern haben eine beachtliche Breite, meist wurde eine ganze Autofahrspur umgewidmet. Fast ein Drittel aller Transportwege wird in Davis inzwischen mit dem Fahrrad zurückgelegt. Und nur jeder fünfte Einwohner besitzt noch ein Auto, was für amerikanische Verhältnisse bereits ein enormer »Entzugserfolg« von der »Droge Auto« ist. In Davis wird die Erschließung der Neubaugebiete mit internen Fuß- und Radwegenetzen gesichert, in möglichst vielen Gebieten soll der Autoverkehr draußen bleiben, die Häuser können wieder enger zusammenrücken, Suburbias autogerechter Siedlungsbrei ist nicht mehr Planungsmaßstab.

Doch Enklaven alleine genügen nicht. Der Fußgänger- und der Fahrradmaßstab müssen wieder überall mehr Gewicht erhalten. Es lassen sich auf die Dauer nicht regional

Fahrradverleih

Im Blickpunkt

Aus der 83jährigen Geschichte des Bayer-Werksfahrrades

Die roten Drahtesel gehören zum Stadtbild

Das Fahrrad ist das ideale Werksverkehrsmittel für weitläufige Fabrikgelände.

Davis gilt als Fahrrad-Hauptstadt Amerikas. Im Land der zehnspurigen Freeways beweisen die Bewohner der kleinen Universitätsgemeinde, daß es auch anders geht. Nur noch jeder fünfte besitzt ein Auto, aber viele haben zwei oder drei Räder. Ob am Arbeitsplatz in der tiermedizinischen Fakultät oder im Fensterrahmen eines Hauses – die Phantasie beim diebstahlsicheren Parken kennt keine Grenzen.

Für eine Umkehr zum traditionellen urbanen fahrradfreundlichen Siedlungsmaßstab ist es nicht zu spät. Das beweisen selbst amerikanische Städte wie Davis oder Boulder mit ihrer Wende zu ökologischer Verkehrs- und Stadtpolitik.

benachbart hier Ökomaßstäbe und dort Automaßstäbe einrichten. Auch Davis liegt nur 30 Kilometer entfernt von der Großstadt Sacramento, die die angehende Öko- und Fahrradstadt Davis mit ihrem überschwappenden Siedlungsbrei und Autoverkehr bedroht. Auch die Luftverschmutzung hat keine Mauern, bedroht Städte und Landschaften unabhängig davon, wie fahrradfreundlich einzelne Gemeinden planen.

TEIL 5

FREIE FAHRT FÜR BUSSE UND BAHNEN: WEGE ZU EINEM ATTRAKTIVEN ÖFFENTLICHEN VERKEHR

KAPITEL 1

Unterwegs mit Bussen und Bahnen: an Alltagsproblemen kein Mangel

Engagierte Mängelanalyse statt Miesmacherei und Gesundbeterei

Über Busse und Bahnen wird oft und viel geschimpft. Es gibt eine Menge negative Vorurteile gegen den öffentlichen Verkehr, zumal bei Leuten, die ihn so gut wie nie benutzen. Auch Kunden, die Busse und Bahnen nur hin und wieder benutzen, zum Beispiel, wenn das eigene Auto in der Werkstatt ist oder die Ehefrau das Auto haben will, nörgeln gerne und suchen mit Bedacht nach Negativattributen. Je weniger wirklich regelmäßige und umfassende Erfahrungen mit dem System gemacht werden, desto eher setzen sich negative Einzelerfahrungen dauerhaft fest und werden zu Vorurteilen, die es leichtmachen, die eigene Nutzungsabstinenz zu rechtfertigen. Eine einigermaßen objektive Wahrnehmung und umfassende Information über die tatsächliche Qualität des öffentlichen Verkehrs finden deshalb bei vielen Bürgern nicht statt. Viele haben nicht einmal eine Ahnung über die gegebenen Bus- oder Bahnverbindungen vor ihrer eigenen Haustür.

Doch ebensowenig wie stereotype »Miesmacherei« hilft umgekehrt die häufig versuchte »Gesundbeterei« seitens der für den öffentlichen Verkehr zuständigen Politiker, Planer und Manager weiter. Eine engagierte Mängelanalyse ist deshalb gefragt. Sie soll deutlich machen, wo die gegenwärtigen »wunden« Stellen beim öffentlichen Verkehr liegen und wo Handlungsbedarf zur Verbesserung besteht.

Die unzureichende Problemwahrnehmung der Entscheidungsträger

Nicht nur vielen Bürgern, selbst der Mehrheit der Politiker und Planer fehlt für ihre Urteilsbildung und Problemanalyse zum öffentlichen Nahverkehr die Alltagserfahrung, da sie selber bevorzugt Benutzer von Dienstwagen und eigenem Auto sind. Der tägliche praxisnahe Umgang mit Bussen und Bahnen findet bei ihnen nicht statt. Kein Wunder also, daß es ihnen schwerfällt, sich an einer zutreffenden Problemanalyse zu beteiligen und sich innovativ für die Belange eines leistungsfähigen öffentlichen Verkehrssystems einzusetzen. Noch bedenklicher ist, daß selbst in den Führungsetagen der Verkehrsbetriebe und ihrer Spitzenorganisationen die alltägliche Problemeinsicht meist spärlich vorhanden ist, denn auch die Entscheidungsträger machen ihre alltäglichen Verkehrserfahrungen im eigenen Auto oder Dienstwagen. Wer die Jahrestagungen des Verbandes öffentlicher Verkehrsbetriebe besucht, muß schockiert sein, wenn er das Heer chromblitzender, blankgewienerter Dienstwagen sieht, mit dem die hohen Herren angereist sind. Dienstwagen gelten auch in Verkehrsbetrieben als Statussymbol der Topmanager, Aufsichtsratsmitglieder, Arbeitsdirektoren oder Betriebsratsvorsitzenden. Man

profiliert sich nicht mit dem Erfolg des eigenen Produkts, mit den höchsten Wachstumsraten der Beförderungs- oder Verkaufszahlen von Umwelttickets, sondern mit dem neuesten, PS-stärksten, bestausgestatteten Modell der einschlägigen Nobelmarken. Dafür reicht der Etat der Verkehrsbetriebe allemal. Das heißt aber nichts anderes, als daß diese Verantwortungsträger bei der Konkurrenz fremdgehen und damit auch deutlich demonstrieren, wie wenig sie selbst an ihrem Produkt interessiert sind. In jedem anderen Wirtschaftsbereich ist solches Verhalten undenkbar, ist man um hohe Eigenwerbung bemüht und nutzt alle Chancen dafür, anstatt in aller Öffentlichkeit demonstrativ Nichtidentifikation zur Schau zu stellen.
Um eine neue, zwangsläufig gebotene Renaissance von Bussen und Bahnen und damit die Trendwende kommunaler Verkehrsplanung zum öffentlichen Verkehr als Hauptstütze des Nahverkehrs zu forcieren, müssen Politiker, Planer und Manager der Verkehrsbetriebe zuerst einmal privat wie dienstlich ihre Windschutzscheibenperspektive vergessen und ihren eigenen Verkehrshorizont durch vermehrte Benutzung von Bussen und Bahnen erweitern, um sich praxisgewohnter, erfahrener und tatkräftiger für einen kundenfreundlichen öffentlichen Verkehr einsetzen zu können. Es ist sicher kein Zufall, daß gerade in den beispielgebenden erfolgreichen Verkehrsbetrieben mit starkem Zuwachs und wirksamer Förderung des öffentlichen Verkehrs engagierte Topmanager sitzen, die auch privat auf Busse und Bahnen schwören und sich im eigenen Verkehrsverhalten mit ihrem Produkt identifizieren. Dagegen stehen die nutzungsabstinenten Politiker, Planer sowie Manager und Mitarbeiter der Verkehrsbetriebe immer in der großen Gefahr, ihre allein vom Schreibtisch und aus dem Innenleben des Verkehrsbetriebs stammenden Prioritäten und Erfahrungen zu verabsolutieren. Bei dieser Ausgangslage ist es um so wichtiger, zunächst aus Kundensicht alle typischen Alltagsprobleme der heutigen Nutzung von Bussen und Bahnen darzustellen.

Lücken im Netz: der Rückzug aus der Fläche

Aus der Sicht des Benutzers ist als erster Punkt die räumliche Dichte des Angebots entscheidend. Bevor man prüft, wann und wie man von A nach B fahren kann, muß zunächst einmal überhaupt eine Linie existieren, die die gewünschte Verbindung einigermaßen akzeptabel abdeckt. Je standortschärfer die Verbindung dabei ist, desto besser. Je weniger sich dagegen die Einzugsbereiche der Linien überlappen und die Linien verknüpfen, desto weniger Wahlmöglichkeiten und damit Mobilitätschancen hat man mit Bussen und Bahnen. Ein weitmaschiges Liniennetz, das nur die wichtigsten Standorte verbindet, ist deshalb für viele Mobilitätswünsche unbefriedigend, weil es nur einen Teil der möglichen Wegebeziehungen abdeckt. Es kann nur wenig Nachfrage binden. Die flächenhaft dichte Präsenz von Bus und Bahn durch ein enggeknüpftes Strecken- und Liniennetz war deshalb in der Blütezeit des öffentlichen Verkehrs der Ehrgeiz aller Politiker und Planer sowie der Verkehrsbetriebe und der Wirtschaft. Die immer weitere Erschließung des Raumes durch öffentlichen Verkehr war Auftrag und Grundlage für Geschäftserfolg und Marktexpansion. Eine offensive Angebotspolitik sicherte eine hohe Nachfrage, brachte das Angebot zum Kunden. Netzinvestitionen waren der Schlüssel zum Erfolg.
Die letzten Jahrzehnte sind dagegen vom Netzabbau gekennzeichnet. Der Rollentausch von Bus und Bahn zum Auto war angesagt. Ein historisches Erbe wurde dafür leichten Herzens verspielt. Die Axt autobesessener Verkehrspolitik wurde an vitale öffentliche Verkehrssysteme gelegt.

Ast um Ast und Wurzel um Wurzel wurden im Zuge vieler Stillegungswellen abgehackt. Die Netzzerstörung beim öffentlichen Verkehr stand in umgekehrt proportionalem Verhältnis zur sprichwörtlichen Straßenbauwut, deren erklärtes Ziel eine maximale Netzverdichtung war. In der gesamten Republik vollzog man den schrittweisen Rückzug des öffentlichen Nah- und Fernverkehrs aus der Fläche. Das im Personenverkehr bediente Schienennetz der Bundesbahn nahm von 1960 bis 1987 um 8000 Kilometer (= 30 Prozent) ab, das Netz der Nebenstrecken schrumpfte sogar um 63 Prozent. Die Zahl der Bahnhöfe schrumpfte von 1964 bis 1987 um 1947 (= 43 Prozent). Gleichzeitig vollzog sich das große Sterben der städtischen Straßenbahnen und regionalen Kleinbahnen. Es begann in den 50er Jahren, erst an den Rändern, dann auch immer mehr im Kern der Systeme. Wo früher beispielsweise zwanzig Linien verkehrten, gibt es heute noch fünf. Wo früher in den Innenstädten die Maschenweite zwischen zwei Strecken selten mehr als 200 Meter betrug, beträgt sie heute oft 1000 Meter und mehr. Wo sich früher in der Stadt an vielen Stellen wichtige Umsteigepunkte durch Überkreuzungen von Linien ergaben, gibt es heute oft nur noch wenige Verknüpfungspunkte. 2500 Kilometer ursprünglich attraktive kommunale Schienenstrecken und 1900 Kilometer regionale Privateisenbahnstrecken fielen der Stillegung zum Opfer. Damit schrumpfte das Straßenbahnnetz um 62 Prozent und das regionale Kleinbahnnetz um 40 Prozent. Allein siebzig kommunale Straßenbahnsysteme wurden seit den 50er Jahren völlig »ausgerottet«. Selbst viele Großstädte und Ballungsräume blieben nicht vom Angebotsabbau verschont. Übrig geblieben sind noch ganze 27 bundesdeutsche Straßenbahnbetriebe mit einem auch dort um knapp 600 Kilometer reduzierten Streckennetz von nur noch 1738 Kilometern.

Die frühere Netzdichte ist heute fast unvorstellbar. Deshalb muß man historische Straßenbahnatlanten oder Postkartensammlungen bemühen, um festzustellen, wie dicht das Netz der Straßenbahnen und Kleinbahnen einmal war und wie weit es

Aachener Kleinbahn.

Linie 1: Von **Haaren** über Hansemannplatz — **Markt / Rathaus / Münster**—Karlsgraben—nach **Emmichstraße.**

Linie 2: Von **Forst** (Krankenhaus) über Adalbertsteinweg—Kaiserplatz—Elisenbrunnen—Theaterplatz—Karlsgraben—Westpark nach **Hahnbruch.**

Linie 3: Rundlinie **Burtscheid**—Hauptbahnhof—Theater—Konzerthaus—Technische Hochschule—Ponttor—Ehrenmal—Kurhaus—Quellenhof—Hansemannplatz — Kaiserplatz — Normaluhr nach **Burtscheid.**

Linie 4: Rundlinie (Eupen) — **Köpfchen** — Linzenshäuschen — Diepenbenden — Normaluhr — Theater — Kaiserplatz — Normaluhr — **Diepenbenden.**

Linie 5: Von **Ronheide** über Goethestraße — Boxgraben — Polizeipräsidium — Theater — Konzerthaus — Technische Hochschule — Ponttor — nach **Westbahnhof.**

Linie 6: Von **Elsaßstraße** über Neumarkt — Theater — Karlsgraben nach **Westpark.**

Linie 7: Von **Hauptbahnhof** über Kaiserplatz — Hansemannplatz — Markt/Rathaus/Münster — Karlsgraben — Emmichstraße — Preußweg — Grundhaus — Osterweg (Pelzerturm) — Erholungsheim Stadtwald — Zollamt Bildchen — Tülje nach **Altenberg.**

Linie 8: Von **Stolberg** Hbf. — über Atsch — Markt — Binsfeldhammer — Vicht nach **Zweifall.**

Linie 9: Von **Eschweiler** Hbf. über Eschweiler Rathaus — Hehlrath — Mariadorf nach **Alsdorf.**

Linie 10: Von **Vicht** über Gressenich — Hamich/Schevenhütte — Hastenrath — Nothberg Bf. — Eschweiler Rathaus nach **Dürwiß.**

Linie 11: Von Aachen **Markt** über Hansemannplatz — Haaren — Kaninsberg — Weiden — Mariadorf nach **Alsdorf.**

Linie 12: Von **Eilendorf** über Rothe-Erde — Elsaßstraße — Adalbertsteinweg — Kaiserplatz — Theater — Karlsgraben — Hahnbruch — Vaalser Friedhof — nach **Vaals** Grenze und Blumenthal.

Linie 13: Rundlinie. **Waldfriedhof/Bismarckturm** — Siegel — Burtscheid — Kaiserplatz — Kurhaus/Quellenhof — Ehrenmal — Ponttor — Technische Hochschule — Theater — Hauptbahnhof — Burtscheid — Siegel nach **Bismarckturm**/Waldfriedhof.

Linie 14: **Diepenbenden** — Normaluhr — Theater — Kaiserplatz — Normaluhr Diepenbenden — Linzenshäuschen — **Köpfchen** — (Eupen).

Linie 15: Von **Goethestraße** über Boxgraben — Polizeipräsidium — Theater — Kaiserplatz — Forst — Brand — Kornelimünster — Walheim nach **Stef.**

Linie 16: Von **Aachen Hauptbahnhof** über Theater — Technische Hochschule — Ponttor — Laurensberg — Richterich — Kohlscheid — Kirchrath — (Heerlen) — Herzogenrath nach **Merkstein.**

Linie 21: Von Aachen **Markt** über Hansemannplatz — Haaren — Kaninsberg — Würselen nach **Bardenberg.**

Linie 22: Von Aachen **Hahnbruch** über Theater — Kaiserplatz — Eilendorf — Stolberg Atsch — Eschweiler Rathaus nach **Weisweiler.**

Linie 25: Von Goethestraße über Boxgraben — Polizeipräsidium — Theater — Kaiserplatz Forst — Brand — Büsbach nach **Stolberg** Markt.

Linie 26: Von Aachen **Theater** über Ponttor — Laurensberg — Richterich — Horbach nach **Locht** — (Heerlen).

Linie 31: Von **Mariadorf** nach **Höngen** (Anschluß von und nach Aachen und Eschweiler;.

Linie 35: Von **Kornelimünster** nach **Breinig** (Anschluß von und nach Aachen).

Historisches regionales Schienennetz im Raum Aachen

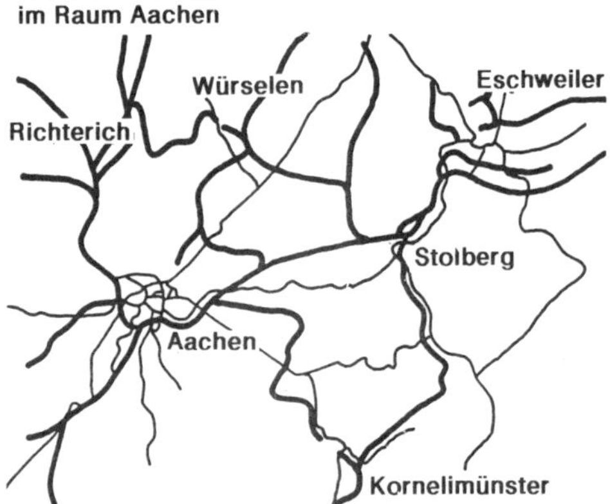

So wie die Region Aachen verfügten früher viele Gebiete über ein dichtes Netz von Straßenbahnen, Kleinbahnen und Eisenbahnen, das vielfältige Verbindungen sicherte.

selbst auch bei kleineren Städten in das jeweils benachbarte Umland ausstrahlte. Fast alle wichtigen Straßen der Städte besaßen seit der Jahrhundertwende bis in die 50er Jahre ihre »Elektrische«, Schienen gehörten zum vertrauten Straßenbild. Mit dem zusätzlich weitverzweigten Netz der lokalen und regionalen Buslinien der Post und Bahn konnte man praktisch mit dem öffentlichen Verkehr von überall überallhin kommen. Die Systeme waren untereinander vielfältig verknüpft und im wahrsten Sinne des Wortes »in der Fläche verwurzelt«.

Aber nicht nur der historische Vergleich belegt die heute mangelhafte Netzdichte. Auch im internationalen Vergleich wird erkennbar, wie weit die Netzausdünnung in der Bundesrepublik fortgeschritten ist und damit den Erfolg des öffentlichen Verkehrs behindert. Die ebenfalls hochmotorisierte Schweiz hat sich – trotz topographisch schwierigerer Verhältnisse und einer insgesamt disperseren Siedlungsstruktur – nicht nur in den großen Städten, sondern auch in Klein- und Mittelstädten und im ländlichen Raum ein dichtes Angebot von Bussen und Bahnen erhalten. Die Netzdichte des öffentlichen Verkehrs in der Schweiz übersteigt die vergleichbarer deutscher Regionen beträchtlich. In Großstädten kommen dort im Schnitt auf einen Quadratkilometer besiedelte Fläche 3,5 Bus- oder Bahnstrekken mit 5,5 Kilometern Liniennetz. In vergleichbaren deutschen Großstädten sind es weniger als 2 Strecken mit weniger als 3 Kilometern Liniennetz. Noch schlechter fällt der Angebotsvergleich für Klein- und Mittelstädte und dünnbesiedelte Bereiche des ländlichen Raumes aus. Hier liegt die Netzdichte in der Schweiz im Schnitt dreimal so hoch wie in Deutschland. Mittelstädte mit über 10 verschiedenen Linien und vollem Anschluß an das Bahnnetz sind dort keine Seltenheit, während in Deutschland inzwischen viele ländlichen Gemeinden nicht mehr oder nur mit minimalem Angebot an das öffentliche Verkehrsnetz angeschlossen sind. Dieser Vergleich zeigt deutlich, daß der Rückzug des öffentlichen Verkehrs aus der Fläche kein zwangsläufiger Begleitprozeß der fortschreitenden Motorisierung ist, sondern vor allem das Ergebnis einseitig autoorientierter politischer und planerischer Weichenstellungen.

Ausgedünnte Netze mit wenigen Strecken, Linien und Verknüpfungspunkten sind nicht attraktiv. In den Lücken zu weiter Maschen versackt die Nachfrage. Es fehlt an Wahlmöglichkeiten. Die Erschließungswirkung und Flächendeckung sind gering. Dadurch werden immer mehr Umwege und immer längere An- und Abmarschwege notwendig. Das Netz konzentriert sich auf wenige Korridore und Hauptstrecken, es fehlen Linien zur Feinverteilung sowie Ringlinien und Kreuz- und Querverbindungen zwischen den Orten und Vierteln. Selbst in Großstädten wird der Weg von einem Vorort zum benachbarten mit dem öffentlichen Verkehr oft zur beschwerlichen Reise. Man muß erst ins Zentrum hinein-, dort umsteigen und dann auf der nächsten Radiallinie wieder herausfahren. Im Straßennetz dagegen sind Ring- und Tangentialverbindungen selbstverständlich. Um mit einem Mininetz auszukommen, wird häufig auch versucht, mit einer einzigen Linie einen möglichst großen Korridor abzudecken. Dazu wird die Linie in einem merkwürdigen Zickzackkurs ohne klares Linienbild geführt. Eine solche »Umweglinie« führt zu beträchtlichen Reisezeitverlängerungen im Vergleich zur direkten Linienfestlegung. Sie ist auch psychologisch wenig sinnvoll, weil sie allen natürlichen Ordnungsprinzipien und Orientierungsmustern widerspricht und von daher kein attraktives einprägsames Angebot sein kann.

Je weniger Ziele man auf kurzem Wege erreichen kann, desto weniger verlockend erscheint der öffentliche Verkehr. Wer die Reisestrecken und -zeiten unnötig verlängert und verteuert, katapultiert sich selbst aus dem Markt. Mit Mininetzen kann auch nur ein minimaler Verkehrsbeitrag geleistet werden. Der Anteil der mit dem öffentlichen Verkehr bewältigten Wege sinkt so leicht auf unter fünf Prozent. Von der Erfüllung des gesetzlichen Auftrags zur Mobilitätssicherung und Garantie einer freien Verkehrsmittelwahl kann nicht annähernd mehr die Rede sein. Durch den Angebotsabbau der Nebennetze bei den städtischen Systemen wie bei der Bundesbahn schrumpft auch das Potential im Fernverkehr. Nur noch die Nachfrage in den besser vernetzten Korridoren und in den durch hochwertige Haltepunkte angebundenen Einzugsbereichen wird für den Fernverkehr der Bahn gebunden. Der Rest bleibt doppelt abgehängt: vom Nah- und vom Fernverkehr. Dabei kann nur ein attraktiver Nahverkehr die nötige Nachfrage aus der Fläche auf die Fernverkehrsstrecken »schaufeln«. Regional-, Eil- und Nahverkehrszüge sowie die kommunalen Busse und Bahnen sichern erst die Erschließungswirkung der Hauptstrecken. Was nützen alle Reisezeitverkürzungen auf dem IC-Netz, wenn sie durch »abgemagerte« Netzstrukturen vor Ort wieder »aufgefressen« werden. Ein IC-System ohne gute Feinverteilung ist wie eine Autobahn ohne Anschlüsse und ohne ergänzendes Straßennetz. Viele Bahnfahrten unterbleiben deshalb wegen mühsamer, zeitraubender oder gar nicht möglicher Vor- und Nachtransporte im öffentlichen Verkehr.

Bitte warten: öffentlicher Verkehr aus dem Takt

»Time is money« – diese drei Worte gelten nur für den Autoverkehr. Verkehrsökonomen stellen seit Jahrzehnten komplizierte Berechnungen auf, um den angeblichen wirtschaftlichen Schaden jeglicher Stau-, Warte- und Verlustzeiten im Autoverkehr zu ermitteln. Zeitfragen interessieren sie dagegen beim öffentlichen Verkehr nicht, obwohl dort der Zeitfaktor eine viel entscheidendere Größe ist. Denn der öffentliche Verkehr macht abhängig vom Fahrplan und vom Zeittakt. Ein gut abgestimmter, dichter Takt garantiert eine hohe zeitliche Verfügbarkeit des öffentlichen Verkehrs. Das beste Liniennetz nützt dagegen wenig bei schlechten Takten. Dann wird man »schwarz vom Warten«. Wer Bus oder Bahn versäumt, muß ein langes Intervall abstehen oder hat, wenn es schlimm kommt, überhaupt keine Verbindung mehr. Ein schlechter Takt zwingt jeden, seine Aktivitäten exakt zu planen. Ob man abends noch ins Kino oder Theater kann, ob man vormittags noch Zeit für einen Einkauf im nächsten Zentrum hat oder ob man zu den Sprechzeiten noch rechtzeitig zum Arzt oder zur Behörde kommt, hängt dann vom Diktat der wenigen Fahrmöglichkeiten ab. Ein schlechter Takt gibt dem Auto alle Chancen, unabhängiger und flexibler am selben Ziel zu sein. Lange Warte- und Umsteigezeiten ruinieren so jede Attraktivität des öffentlichen Verkehrs.

Der Angebotsabbau seit den 50er Jahren hat sich nicht nur auf die räumliche Angebotsdichte beschränkt, sondern gleichzeitig die zeitliche Angebotsdichte verschlechtert. Ein Vergleich der Fahrpläne aus den 50er Jahren mit denen von heute ist erschreckend. Damals verkehrten auf den meisten Linien der größeren Städte Busse und Bahnen tagsüber in kurzen Abständen von oft weniger als zehn Minuten. Auf den mit mehreren Linien befahrenen Strecken kamen Busse und Bahnen alle paar Minuten. Zeitgenössische Fotos zeigen Straßen und Plätze voller Straßenbahnen, eine hinter der anderen. Keiner brauchte vor einer innerstädtischen Fahrt erst lange die Fahrpläne zu studieren, man wußte, Busse und Bahnen fahren immer. Fast überall im Stadtverkehr fand man tagsüber ohne langes Warten Anschluß. Auch in den Nebenverkehrs- und Schwachverkehrszeiten war

Alltägliche Fahrplanwirklichkeit ausgedünnter Systeme: traurige Karikatur eines Mobilitätsangebots.

man nicht abgehängt, Busse und Bahnen waren regelmäßig bis in die späten Abendstunden unterwegs. Ein guter Takt war durchaus nicht das Privileg weniger Großstädte und Ballungsräume. Auch Mittel- und Kleinstädte und der ländliche Raum verfügten über gutvertaktete Angebote. Weniger als zehn Verbindungspaare galten schon als dürftig. Auch die Bahn fuhr auf den meisten Strecken mit gutem Takt, bediente auch entlegene Gegenden mehrfach morgens, mittags und abends.

Und heute? Selbst in vielen Großstädten ist wenig von dem alten Taktangebot übriggeblieben, klaffen große Löcher im Fahrplan. Warten ist die erste Kundenpflicht. Daß solche Angebotsmisere nicht zwangsläufige Folge »moderner Zeiten« und hoher Motorisierung sein muß, zeigt wiederum ein Vergleich zwischen deutschen und schweizerischen Regionen. In der Schweiz beträgt in den Großstädten der werktägliche Takt in der Hauptverkehrszeit auf vielen Linien 6 Minuten, in der Normalverkehrszeit 7,5 Minuten und in der Spätverkehrszeit 12

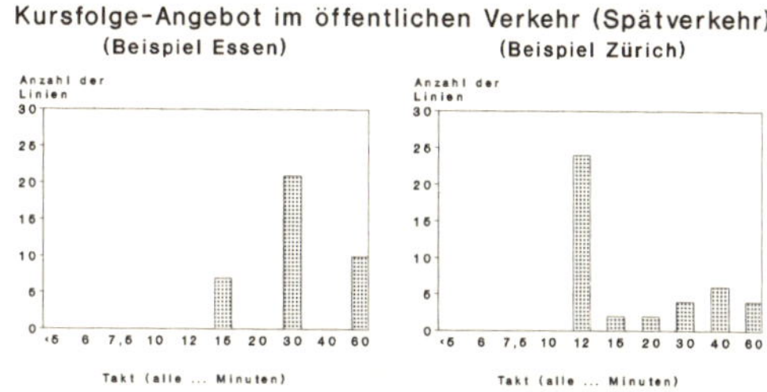

In Schweizer Städten sind die Takte ungleich dichter als in deutschen. Auch in der Spätverkehrszeit bietet Zürich auf den meisten Linien mehr als doppelt so viele Kurse wie die deutsche Vergleichsstadt Essen.

Minuten. Im Schnitt kommen dort etwa 2500 Haltestellenabfahrten auf einen Quadratkilometer besiedelte Großstadtfläche. Auch samstags und sonntags wird Mobilität ernst genommen und ein beachtliches Taktangebot bereitgestellt. Demgegenüber ist das Angebot deutscher Großstädte meist deprimierend. Nur auf wenigen ausgewählten Strecken gibt es in der werktäglichen Hauptverkehrszeit einen 10-Minuten-Takt, meist beträgt der Takt 20 Minuten, in Normalverkehrszeiten ist er oft nur halbstündlich oder gar stündlich. In Spätverkehrszeiten fährt oft überhaupt nichts mehr. Die durchschnittliche Zahl der Haltestellenabfahrten pro Tag und Quadratkilometer besiedelte Großstadtfläche erreicht mit 600 weniger als 25 Prozent der Schweizer Werte. Im Ortsverkehr der Klein- und Mittelstädte sind die Unterschiede noch krasser. Der Takt in der Schweiz ist hier bis zu sechsmal so dicht wie in vergleichbaren deutschen Gebieten. Im Regionalverkehr des ländlichen Raums bietet die Schweiz im Schnitt dreimal so viele Verbindungen; dabei spielt die Bahn eine wesentlich aktivere Rolle. Hierzulande werden viele Gemeinden nur bis zu dreimal am Tag bedient, ein Takt mit über sieben Anschlüssen gilt bereits als gut. Bedienungslöcher von einer bis zwei Stunden sind keine Seltenheit. Das Angebot konzentriert sich auf die Zeiten des Berufs- und Schülerverkehrs, sonst wird die Erreichbarkeit im ländlichen

Raum mit dem öffentlichen Verkehr nicht mehr garantiert.
Bei schlechten Takten wird es um so wichtiger, daß an den jeweiligen Verknüpfungspunkten verschiedener Linien und Systeme wenigstens eine einigermaßen ineinandergreifende Fahrplanabstimmung besteht, so daß gesicherte Übergänge möglich sind. Nichts ist ärgerlicher, als beim Umsteigen lange Wartezeiten zu erleiden und festzustellen, daß ein Anschluß um ein paar Minuten nicht »paßt«. Gesicherte Übergänge zwischen den verschiedenen Netzen und Systemen sind ein Gebot der Kundenfreundlichkeit und Wirtschaftlichkeit, da sie nur so eine akzeptable Systemergänzung garantieren. Fahrplan- und Anschlußbrüche dagegen bedeuten eine unnötige Verschwendung des Angebots, denn keiner benutzt schlechtvertaktete und unverknüpfte Angebote gerne. Doch solche Systembrüche sind allenthalben an der Tagesordnung. Schon innerhalb eines Systems gibt es oft Brüche. So passen oft genug überregionale Intercity- und D-Züge nur schlecht mit den regionalen Eil- und Nahverkehrszügen zusammen. Man kommt mit dem Regionalzug an, und dann ist der Fernzug gerade abgefahren oder umgekehrt. Bei der Nutzung verschiedener Systeme wird es noch schlimmer. Mit dem Bus kommt man an der Umsteigehaltestelle an, da ist die weiterführende Straßenbahn oder S-Bahn schon weg, weil sich die verschiedenen Verkehrsbetriebe und -systeme nicht um gegenseitige Fahrplanabstimmung und -information bemühen. Die Bahnschaffner haben keine Ahnung über die lokalen Netzsysteme, Takt- und Anschlußzeiten. Umgekehrt bekommt man bei den Nahverkehrsbetrieben nur selten Auskünfte über die Bahnangebote. Auch in den seit Ende der 70er Jahre geschaffenen Nah- und Regionalverbundsystemen bleiben Koordination und Auskunftfreude oft unzureichend, zumal die Bundesbahn dabei oft eine »Extrawurst brät«. Erst recht chaotisch wird es in Klein- und Mittelstädten und im ländlichen Raum, wo oft die verschiedenen Busunternehmen eher gegeneinander als miteinander arbeiten. Die Systeme ignorieren sich gegenseitig, statt ihre wichtige gemeinsame Ergänzungsfunktion zu kultivieren. Dieser Verzicht auf eine generell zuverlässige Anschlußsicherung im öffentlichen Verkehr ist ein grober, kundenfeindlicher Mangel, der in vollem Widerspruch zu dem Anspruch ausgereifter Informations- und Beförderungstechnologie und schneller Systeme steht. Mit der Computertechnik gibt es seit längerem beste Möglichkeiten, solche Anschlußbrüche aufzuspüren und konzeptionell auszugleichen. Der öffentliche Verkehr ist für eine computergesteuerte Fahrplanplanung prädestiniert. Viele Fahrgäste ohne akzeptablen Anschluß mit langen Wartezeiten »hängenzulassen« zeugt deshalb schlichtweg von miserablem und engstirnigem Management.
Viele Mobilitätsvorgänge sind an feste Zyklen und Rhythmen gebunden: Arbeitsanfang und Arbeitsende (zumal in Industriebetrieben mit Schichtwechsel), Schulanfang und Schulende, Ladenöffnungszeiten, Mittagspausen, Anfangszeiten und Endzeiten von Kinos, Theatern etc. Solche Zyklen und Rhythmen bestimmen, wann jeweils die Nachfragespitzen im Verkehrsgeschehen anfallen. Auf solche Rhythmen nehmen die Fahrpläne zuwenig Rücksicht. Meist wird bei den Takten nur nach allgemein üblichen Hauptverkehrs- und Schwachlastzeiten differenziert, allenfalls der spezielle Rhythmus des Schülerverkehrs findet noch Beachtung. Dagegen schaffen es viele Verkehrsbetriebe schon nicht mehr, flexibel auf Ladenschluß- und Veranstaltungszeiten zu reagieren. Oft genug wird zeitlich am Kunden vorbeigefahren. So kommt es vor, daß Busse und Bahnen gerade kurz vor dem jeweiligen Schichtwechsel abfahren. Oder daß bereits zu den Ladenschlußzeiten ein ausgedünnter Takt besteht. Wenn Theater und Kinos

schließen, wenn die Kneipen ihre bier- und weinseligen Gäste nach Hause entlassen, haben sich Busse und Bahnen vielerorts längst in die Depots zurückgezogen. Kein Wunder, daß dann die Alkoholunfälle regelmäßig erschreckend ansteigen, wenn die Kombination Alkohol und Auto mangels öffentlicher Verkehrsverbindungen praktisch erzwungen wird. Anstatt also bei der Angebotsplanung alltägliche Aktivitätennähe des öffentlichen Verkehrs zu praktizieren, werden vom grünen Tisch Fahrpläne nach abstrakten betriebsinternen Überlegungen vertaktet und damit weder Nachfrage bedient noch erweckt. Man nimmt in Kauf, daß die »inneren« Rhythmen des öffentlichen Verkehrs und die »äußeren« Rhythmen des Berufs- und Ausbildungslebens, der Aktivitäten Einkauf, Freizeit und Kultur immer weniger miteinander verzahnt sind. Es gehört bislang nicht zum Alltag der Planung und des Marketings im öffentlichen Verkehr, mit den potentiellen großen Verkehrserzeugern bzw. -kunden in Gespräche über ihre relevanten Zeitrhythmen einzutreten und ihnen ein »maßgeschneidertes« Angebot zu offerieren. Umgekehrt sind Wirtschaft und Handel etc. oft auch nicht für eine Abstimmung ihrer Zeitabläufe mit den Belangen des öffentlichen Verkehrs motiviert. Ihr Interesse gilt nach wie vor den Großparkplätzen und autofreundlichen Straßenverbindungen. Die Ansprüche der Entscheidungsträger in Wirtschaft, Politik, Planung und Verkehrsbetrieben an das Angebot des öffentlichen Verkehrs sind immer bescheidener geworden. In ihren Augen ist es angeblich wirtschaftlich, wenn immer mehr Kurse eingespart und Linien stillgelegt werden. Bedienungslücken von mehreren Stunden und Fahrplanbrüche mit langen Umsteigeintervallen stören sie nicht. »Gesundschrumpfen« nennen sie das. »Kaputtschrumpfen« wäre der richtigere Begriff.

Der versperrte Weg: Behinderungen beim Fahren

Busse und Bahnen haben nicht nur einen schlechten Zeittakt. Sie werden außerdem auch immer häufiger durch viele Behinderungen verzögert und aus dem Fahrplan gebracht, wenn sie nicht über einen eigenen, separaten Fahrweg verfügen. Der Autoverkehr und die autoorientierten Verkehrsregelungen stören Busse und Bahnen in ihrem Fortkommen und behindern sie

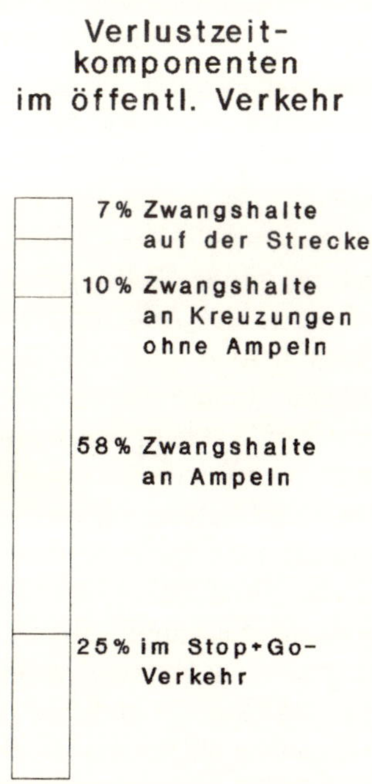

Der Autoverkehr blockiert vielfach die freie Fahrt für Busse und Bahnen. Und an Ampeln gibt es allenthalben ärgerliche Wartezeiten.

erheblich. Wenn auf Straßen mit dichtem Autoverkehr Staus entstehen, hängen Busse und Bahnen oft mittendrin, eingekeilt in langen Autoschlangen. Nur noch stotternd kommen sie vorwärts. An verkehrsreichen Kreuzungen mit komplizierten Ampelanlagen verknoten sich in den Spitzenstunden die Verkehrsströme mehrerer Fahrtrichtungen oft so unentwirrbar, daß alles nur Zentimeter für Zentimeter weitergeht. Auch hier hängen dann die Busse und Bahnen fest. Die durch Staus auf der Strekke und an Kreuzungen verursachten Verlustzeiten können so in den Spitzenstunden schnell das Drei- bis Vierfache der normalen Fahrzeit betragen. Busse und Bahnen können diesen Behinderungen nicht ausweichen, denn sie haben ihre festen Linienwege. Das alles erzeugt bei den Fahrgästen unangenehme Gefühle der Hilflosigkeit, des passiven Ausgeliefertseins, potenziert den Vorwurf der »Bummelei« von Bussen und Bahnen.

Aber auch außerhalb dieser chronischen Stauzeiten gibt es immer wieder vor Kreuzungen längere Wartezeiten, weil die herkömmliche Signaltechnik Busse und Bahnen nicht bevorrechtigt und diese deshalb nur Stück für Stück mit Abstehen mehrerer Ampelumläufe bis in die erste Reihe vorrücken können, um die Kreuzung zu passieren. Auch die grüne Welle berücksichtigt nur die Belange des Autoverkehrs. Busse und Bahnen werden durch ihre Haltestellenaufenthalte immer wieder aus diesen autoorientierten Zyklen geworfen und fahren deshalb meist auf Rot. Ampeln, an denen Busse und Bahnen selber zum richtigen Zeitpunkt freie Fahrt anfordern können (»Sesam, öffne dich«), sind bis heute hierzulande die Ausnahme. Bis zu 20 Prozent der gesamten Fahrzeit verplempern Busse und Bahnen dadurch an Ampeln. Häufig versperren auch noch ab- oder einbiegende Autos an Kreuzungen und Einmündungen den Weg. Mitunter schaffen es die Busse, durch Manövrieren oder Fahrbahnwechsel solche Abbieger zu umfahren. Die Straßenbahn dagegen hat keinerlei Chancen zum Ausweichen, wenn auf ihren Gleisen Autos stehen. Weitere Wartezeiten entstehen, wenn Busse und Bahnen von einer Nebenstraße in eine Hauptstraße einbiegen wollen und ihnen der Autostrom freiwillig keine Lücke läßt. Ähnliche Behinderungen ergeben sich an Haltebuchten, wenn der vorbeifahrende Autostrom entgegen den Verkehrsregeln den Bus nicht wieder einscheren läßt. Der Bus muß dann so lange warten, bis eine ausreichend große Lücke bleibt. Die Masse der Autofahrer hat in solchen Situationen längst verlernt, diszipliniert und vorausschauend den Weg für den öffentlichen Verkehr frei zu machen. Am deutlichsten demonstriert sich die Gedankenlosigkeit der Autofahrer gegenüber den Belangen des öffentlichen Verkehrs, wenn Schienen, Busspuren und Haltestellenbereiche zugeparkt werden. Straßenbahnen sind dann völlig im Weiterkommen blockiert. Eine Vielzahl von Fahrgästen muß warten, weil ein Autofahrer keinen ordentlichen Parkplatz suchen wollte. Die Verlustzeiten durch disziplinloses Parken nehmen beängstigend zu. Oft dauert es ca. 15 bis 30 Minuten, bis eine Funkstreife und ein Abschleppwagen alarmiert sind und die Blockade behoben ist.

Alle diese Verlustzeiten und Verkehrsbehinderungen addieren sich über die gesamte Strecke zu einem beträchtlichen Gesamtzeitverlust auf, der Busse und Bahnen künstlich lahm macht. Über den reinen Zeitverlust hinaus ergibt sich als negativer Gesamteffekt, daß die betroffenen Busse und Bahnen aus dem Fahrplan geraten und mit wachsender Störungszahl immer unpünktlicher werden. Die Unpünktlichkeit wiederum führt dazu, daß für die Fahrgäste die Berechenbarkeit und Zuverlässigkeit des Systems leiden. Dadurch stimmen dann die Anschlüsse nicht mehr, breiten sich die negativen Folgen in Kettenreaktion über das Gesamtsystem aus. Aber nicht nur für die Fahrgäste, sondern auch innerbetrieblich hat das fatale Folgen. Je mehr Zeit Busse und Bahnen für ihre Strecke brauchen, um so weniger Kurse kann das einzelne Fahrzeug fahren. Damit steigen die Umlaufzeiten und die Betriebskosten pro Fahrzeug, die Wirtschaftlichkeit sinkt. Vielfach sind die Verlustzeiten so groß, daß zusätzliche Fahrzeuge eingesetzt werden müssen. So addiert sich eins zum anderen: Nachlassende Attraktivität infolge unnötiger Langsamkeit und häufiger Unpünktlichkeit bedingen Fahrgastverluste und sinkende Einnahmen. Andererseits wachsen die Betriebsausgaben, und die Kostendeckung sinkt. Busse und Bahnen werden als Opfer der chronischen Behinderungen durch den Autoverkehr immer mehr zum Zuschußbetrieb. Doch niemand macht sich hierzulande die Mühe, den volkswirtschaftlichen Schaden für die Fahrgäste und Verkehrsbetriebe durch die Unzahl der autoverursachten Störungen auszurechnen. Dagegen wird kaum versäumt, immer wieder mit spitzem Finger und moralischer Entrüstung über das viel zu hohe Defizit und die Zuschüsse an Busse und Bahnen zu lamentieren, ohne dabei die Zusammenhänge klarzustellen. Verkehrspolitik und -planung haben diese Behinderungen und Verlustzeiten im öffentlichen Verkehr jahrzehntelang tatenlos anwachsen lassen. Und noch immer fehlt es entscheidend an den notwendigen Gegenmaßnahmen. Bis heute gibt es keine routinemäßigen Verlustzeitanalysen und hieraus abgeleitete Bevorrechtigungs- und Beschleunigungsprogramme. Dabei fahren Busse und Bahnen im öffentlichen Auftrag und mit öffentlich bezahlten Chauffeuren. So müßte es selbstverständlich sein, daß sie absoluten Vorrang vor dem privaten Autoverkehr genießen. Wie grotesk der derzeitige Zustand ist, zeigt ein Vergleich zum Luftverkehr. Wenn da auch alle kleinen Privatflieger die Start- und Landebahnen des Linienflugverkehrs gleichberechtigt benutzen dürften, dann wären die Linienfluggesellschaften und ihre Fluggäste längst auf den Barrikaden. Undenkbar, daß der Linienflugverkehr vor dem Privatflugverkehr keinen absoluten Vorrang hätte.

Jumbotechnologie, Tunnelitis und Geschwindigkeitsmanie: das Diktat der Technokraten

Die Beschäftigung mit der »Hardware« steht in Deutschland bei den Verkehrsbetrieben stets obenan in der Prioritätenliste. Die Ingenieure haben in den Betrieben eine starke Stellung, sie bestimmen vor allem das Infrastruktur- und Fahrzeugkonzept. Dadurch verselbständigten sich Technikbegeisterung, Geschwindigkeitseuphorie und technische Rationalisierungswut. Busse und Bahnen mußten immer voluminöser und PS-stärker werden. Die Fachzeitschriften sind voll von Berichten nach dem Motto »Größer, schneller, rationeller«. Alte Trambahnen, Busse und Triebwagen der Bahn werden von den Technikern milde belächelt und konsequent ausrangiert. Zukunft gibt man nur noch der modernen Stadtbahn, der U-Bahn und dem Großraumbus. Spitzengeschwindigkeit wird gefordert und naiv mit Reisegeschwindigkeit gleichgesetzt. Doch die durchschnittliche Reisegeschwindigkeit von Bussen und Bahnen hat trotz immer PS-stärkerer Fahrzeugtypen seit Jahrzehnten stetig abgenommen. Omas Busse und Bahnen brachten vielfach die Fahrgäste schneller ans Ziel als die modernen Aggregate. Im Schnitt schafft der moderne öffentliche Nahverkehr heute trotz doppelter Höchstgeschwindigkeit und dreifacher Beschleunigung ganze 20 Stundenkilometer Reisegeschwindigkeit, in Innenstädten oft nur 13 Stundenkilometer, in den Spitzenstunden sogar weniger als 10 Stundenkilometer. Schuld sind die langen Verlustzeiten auf der Strecke, an Ampeln, in Staus, aber auch die langen Umsteige- und Wartezeiten auf den nächsten An-

Durchschnittliche Reisegeschwindigkeit des öffentlichen Nahverkehrs an Werktagen (einschl. Wartezeiten + An- und Abmarschwege) für Fahrten vom Stadtrand in die Stadt

	km/h Tür zu Tür
Hamburg	18.0
Berlin	15.7
Heidelberg	13.9
München	12.6
Hannover	12.4
Karlsruhe	11.9
Düsseldorf	11.6
Stuttgart	11.5
Dortmund	11.4
Bremen	11.0
Köln	10.7
Essen	10.2
Nürnberg	10.1
Frankfurt	9.7
Mannheim	9.4
Braunschweig	8.4
Wuppertal	8.3
Freiburg	8.3
Kassel	8.2
Bonn	7.7

Trotz schneller Fahrzeuge: Die Tür-zu-Tür-Reisegeschwindigkeit von Bussen und Bahnen im dichten Stadtverkehr ist durch die vielen Behinderungen und das weitmaschige Netz oft sehr gering.

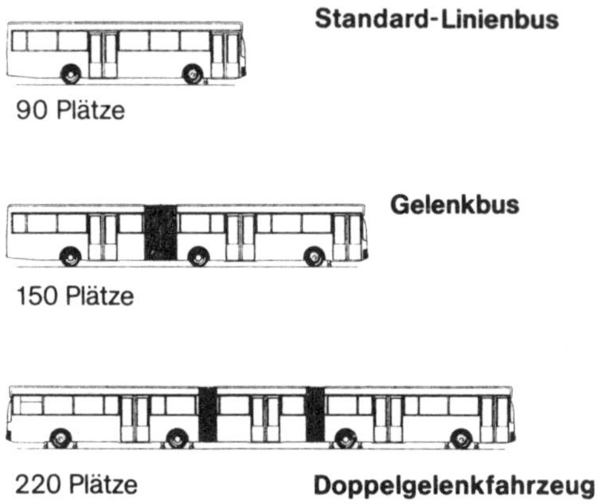

Vom Standardbus zum Großraumgelenkbus: Immer gewaltiger werden die Produkte der Rationalisierungsmanie.

schluß sowie die langen Zu- und Abgangswege wegen geringer Liniennetz- und Haltenstellendichte. Den Ausgleich für all diese Verzögerungen in immer stärkeren Motoren und in einer streckenweise rasanten Fahrweise zu suchen ist betriebsblind.
Auch die falsch verstandene Rationalisierungswut schadet dem öffentlichen Verkehr. Viele Jahre galt dort als Leistungsmaßstab nicht die Zahl der beförderten Personen, sondern die Zahl der beförderten Plätze (sogenannte Platzkilometer). Je mehr Plätze durch die Gegend chauffiert wurden, egal, ob besetzt oder nicht, desto vorteilhafter war das angeblich für den öffentlichen Verkehr. Durch diesen absurden Bewertungsmaßstab entstand die Jumbomanie. Drei kleine Busse wurden durch einen Großraumbus ersetzt, zwei alte Straßenbahnen machten einem Großraumgelenkwagen Platz. Die alten Trambahnwagen mit neun bis zwölf Metern Länge pro Wagen verschwanden im Museum oder auf dem Schrottplatz, Sechs- bis Achtachser mit über 50 Metern Länge in Doppeltraktion beherrschten den Markt. Dieser Trend blieb nicht auf die sogenannten »Hauptabfuhrstrecken« mit besonders starken Pendlerströmen begrenzt, sondern erfaßte praktisch alle Verkehrsbetriebe und alle Strekken. Heute kurven selbst durch Kleinstädte und Dörfer die unförmigen Großraumgelenkbusse.
Diese Begeisterung für moderne, PS-starke Großfahrzeuge verband sich schließlich auch noch mit den Wehklagen der Autoverkehrsplaner und der Autolobby über die angeblich unzumutbaren Behinderungen des Autoverkehrs durch Straßenbahnen. Das führte in vielen Städten zum endgültigen Aus für die Tramsysteme, die durch unterirdische Schnellbahnsysteme ersetzt werden sollten. Die Tunnelitis grassiert bis heute. Unter der Erde glaubt man die schnellen Großfahrzeuge ungestört und voll zur Wirkung bringen zu können. Sol-

In vielen Städten hat der Autoverkehr die Bahnen von der Straße ins Aus oder unter die Erde verdrängt.

che Planungsvorstellungen gefallen nach wie vor auch der Autolobby, machte doch bisher jede unter der Erde verschwundene Bahn oben Platz für neue Fahrspuren und Parkplätze. Und das aus Autolobbysicht leidige Thema einer möglichen Bevorzugung oberirdischer Bahnen hat man auf diese Weise gleich mit vergraben. So waren es zunächst auch die Automobilverbände, die schon in den 30er Jahren die Abschaffung der Straßenbahnen forderten. Eindeutige Priorität auf den Straßen sollte der Autoverkehr erhalten. Die Straßenbahn oberirdisch zu beschleunigen und gegen die Behinderungen durch den Autoverkehr zu verteidigen wurde als nicht akzeptabel abgetan. Der Tunnelbau bot den großen Tiefbaukonzernen Aussicht auf ein neues, profitables Betätigungsfeld neben ihrem Engagement im Straßenbau und zumal im Autobahnbau. Sie betätigten sich in den zuständigen Ministerien von Bund und Ländern sowie in den Stadtverwaltungen und Verkehrsbetrieben als engagierte Lobbyisten für die Tunnelbahn. Dementsprechend starteten fast alle Großstädte in den 60er Jahren ihre Tunnelplanungen. Zunächst waren es 14 Städte, die zusammen 140 Kilometer Tunnelstrecke planten. Überall forcierten die eilends eingerichteten U- und Stadtbahnbauämter und -gesellschaften das Tunnelthema, mit dem sie auf Jahrzehnte ein milliardenschweres Betätigungsfeld für sich gesichert hatten. Wo immer dann die ersten Tunnelstrecken gebaut wurden, war der Autoverkehr der Gewinner. Gab es vorher auf vielen Hauptstraßen nur zwei Fahrspuren für den Autoverkehr, wurde nun der von der Straßenbahn geräumte Platz für zwei weitere Autofahrspuren genutzt. Oder auf den alten Bahngleisen entstanden neue Parkstreifen.

Mit dem Einstieg in die Tunnelphase wurden die finanziellen Dimensionen bisheriger Investitionen im öffentlichen Verkehr völlig gesprengt. Ein Kilometer Tunnelstrecke kostet etwa das 16- bis 18fache eines Kilometers Straßenbahn. Eine einfache Tunnelhaltestelle kostet das 200fache einer Straßenbahnhaltestelle. Aus eigenen Mitteln hätten sich die Kommunen und ihre Verkehrsbetriebe solche Investitionen nicht leisten können. Doch Bund und Länder kamen »generös« zu Hilfe und setzten beim Tunnelbau einen Schwerpunkt zur Förderung des öffentlichen Verkehrs. Sie verführten mit ihren hochprozentigen Zuschüssen immer mehr Städte, Tunnelprojekte anzugehen, statt die Priorität für Busse und Bahnen an der Oberfläche durchzusetzen. Auf diese Weise wird seit zwei Jahrzehnten beharrlich von den oberirdischen Belangen und Problemen des Stadtverkehrs und des öffentlichen Verkehrs abgelenkt. Statt den erforderlichen schnellen und effektiven Netzausbau in der Fläche voranzubringen, beißt man sich auf Jahre mit milliardenschweren Projekten an wenigen Stellen im Stadtgebiet fest.

Mittlerweile haben Jumbomanie und Tunnelitis eine fast zwangsläufige Eigendynamik zu immer mehr Konzentration in Gang gesetzt und den beschriebenen Rückzug von Bussen und Bahnen aus der Fläche forciert. Bei oberirdischen Linien zwangen die physikalischen Gründe der veränderten

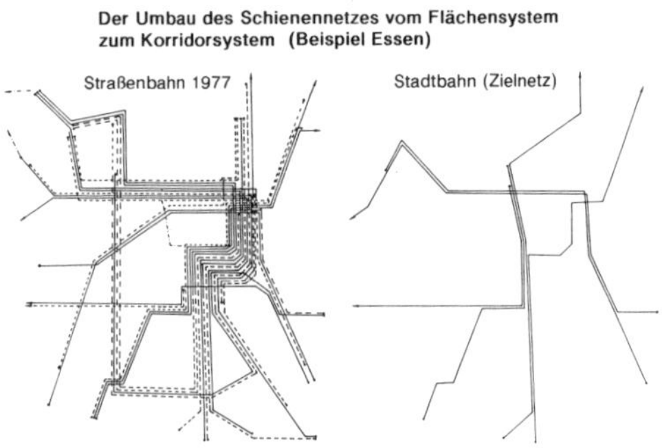

Dichte Straßenbahnnetze schrumpften durch Stadtbahn- und Tunnelbau zu reinen Korridorsystemen.

Fahrgeometrie von Großfahrzeugen zum Rückzug aus vielen engen, verwinkelten Straßennetzen. Allein die Unterbringung der oft 60 bis 90 Meter langen Stadtbahnhaltesteige war in vielen Straßenräumen unmöglich. Auf diese Weise wurde das öffentliche Angebot auf immer weniger Linien »gebündelt«. Bei den Tunnelsystemen sind diese Konzentrationszwänge noch viel größer. Alle vorhandenen Straßenbahnen samt ihren Haltestellen gleichzeitig in den Untergrund zu verlegen schied von vornherein wegen des astronomischen Bau- und Kostenaufwands aus. Also blieb von ehemals drei oder vier innerstädtischen Straßenbahnlinien im Abstand von 200 bis 300 Metern schließlich nur noch eine Tunnelstrecke übrig, die nun den ganzen Bedienungsbereich abdecken soll. Von den vorher 15 bis 20 Haltestellen, die für ein dichtes Angebot sorgten, blieben nur noch drei bis vier erhalten. Statt der früher zahlreichen Verknüpfungs- und Umsteigepunkte zwingt jetzt der sogenannte »kreuzungsfreie Betrieb« zur Konzentration auf wenige Netzknoten. Diese selbstinszenierten Konzentrationszwänge haben vor allem in den städtischen Verdichtungsbereichen, wo das höchste Verkehrspotential zu binden ist, die traditionell hohe räumliche Verfügbarkeit von Bussen und Bahnen stark beschädigt. Es ergaben sich immer längere An- und Abmarschwege, die psychologisch wichtige Präsenz bzw. Kundennähe der öffentlichen Verkehrsmittel ging verloren. Neben der räumlichen litt auch die zeitliche Verfügbarkeit, der räumlichen entsprach die zeitliche Bündelung. Die Taktfolge wurde immer schlechter, statt fünfmal ein kleineres Fahrzeug fahren zu lassen, schien es rationeller, einmal ein großes Fahrzeug einzusetzen. Bei großen Fahrzeugen wird insbesondere die Bedienung in Schwachlastgebieten und Schwachlastzeiten uninteressant. Zu groß ist dann die Diskrepanz zwischen üppigem Platzangebot und dürftiger Nachfrage. Da liegt schnell der Schritt nahe, ganz auf das Angebot zu verzichten und nur noch zu den stark frequentierten Hauptverkehrszeiten und auf den Hauptverkehrsstrecken zu fahren.

Eine weitere negative Konsequenz schneller und wuchtiger Bus- und Bahnsysteme ist ihre wachsende städtebauliche Unverträglichkeit. Sie müssen sich aus »Sicherheitsgründen« verbarrikadieren. Absperrgitter, Leitplanken oder Betonwände werden nötig, die Querungsstellen für Fußgänger müssen streng gesichert werden, was deshalb ihre Zahl drastisch beschränkt. Damit ergibt sich eine starke Trennwirkung. Der Fahrweg muß nach den Gesetzen der Fahrdynamik trassiert werden, braucht große Radien, breite Sicherheitsabstände, einen hochstabilen Unterbau aus Betonschwellen

Eisenbahnähnliche Schnellbahngleise sind für Stadtstraßen unverträglich.

oder Schotterbett. Aus den Haltestellen werden lange Hochbahnsteige mit umständlichen Zu- und Abgängen. Oft genug mußten beim Ausbau bisheriger Straßenbahnen zu Stadtbahnsystemen und der Umstellung auf Großraumbusse dem gestiegenen Platzbedarf Häuser und Alleen weichen, Kreuzungen aufgeweitet und unterfahren, Fußgängerüberwege aufgelöst werden. Schnellbahntrassen sind städtebaulich genausowenig integrierbar wie Schnellstraßen. Entsprechend unwirtlich sehen sie aus.

Zunehmend kritisiert wird diese Art von Verkehrsplanung öffentlicher Verkehrsbetriebe mit ihrer betriebsblinden Trassen- und Haltestellengestaltung von Städtebauern. Nicht nur der Straßenbau, sondern auch der öffentliche Verkehr wird so zum Stadtzerstörer. Welch ein Unterschied zu den Boomjahren stadt- und fahrgastbezogener Nahverkehrskultur, als es noch galt, die Gleise von Bahnen durch Alleen zu führen, die Haltestellen mit Rondellen, Beeten, Baumgruppen und eigenen Wartehallen individuell zu gestalten und zu verzieren. Stadtverträgliche Geschwindigkeiten, Fahrzeuggrößen und Trassierungsmerkmale machten es möglich, auf fast allen Straßen Straßenbahnen und Buslinien zu integrieren. Stadttore wurden noch behutsam durchfahren, statt sie einfach aus dem Weg zu räumen. Heute gilt dies in den Chefetagen der Verkehrsbetriebe als sogenannter romantischer Humbug. Der Widerstand gegen Verkehrsberuhigung, gegen schmale Straßenquerschnitte, gegen Geschwindigkeitsdämpfung im Straßenverkehr kommt daher nicht nur von den Autoverkehrsplanern, sondern auch ganz vehement von den Verkehrsbetrieben. Diese sind schnell mit der Drohung bei der Hand, verkehrsberuhigte Gebiete könnten nicht mehr vom öffentlichen Verkehr angefahren werden.

Der Fahrgast und seine Belange spielen bei dieser ganzen Politik kaum eine Rolle. Wie zu schnelle Beschleunigung und hektischer Fahrstil auf die Fahrgäste wirken, kann man täglich in Bussen und Bahnen beobachten. Fahrgäste müssen mit allerlei Verrenkungen, Festhaltemanövern und Balanceakten verzweifelt versuchen, die heute üblichen unsteten Fahr- und Bremsbewegungen auszugleichen. Vor und nach jeder Haltestelle, Ampel, Kurve etc. werden sie durcheinandergeschüttelt, Taschen rutschen hin und her und fallen zu Boden, wenn man nicht gegen die Fliehkräfte ankommt. Was hilft da der naive Hinweis, das Fahrzeug habe schnell wirksame Bremsen und starke Beschleunigung, man solle festen Halt suchen. Ältere Leute oder Mütter mit kleineren Kindern sind dabei fast immer heillos überfordert. Noch deutlicher zeigt sich die Mißachtung der Fahrgastinteressen bei den Tunnelstrecken. Hier reist man auch noch in sinnentleerter Maulwurfsperspektive durch dunkle tote Röhren und vollgekachelte Tiefbahnhöfe. Kein Blick aus dem Fenster bietet Stadterlebnis. Gerade die städtebaulich wichtigsten Strekken des öffentlichen Verkehrs verlaufen in den Großstädten oft im Tunnel, ohne oberirdische Alternative. Das ganze Potential von Geschäften, Kinos, Restaurants, Grünanlagen etc., die man erreichen könnte, bleibt einem im Tunnel verborgen, begrenzt sich auf den kleinen Ausschnitt, den man beim Auftauchen an die Oberfläche sieht. Sightseeing und Bummeln mit der Straßenbahn waren einmal ein wichtiger Antrieb für die Benutzung. Auch heute wollen viele Fahrgäste nicht einfach nur von A nach B transportiert werden. Zu einer Zeit, in der der ADAC die größten Wachstumsraten für den Autoverkehr in Erlebnisfahrten sieht, in der Mobilität immer mehr Genuß vermitteln soll, bieten die Verkehrsbetriebe der Großstädte ihren Kunden als den großen Fortschritt schwarze Wände und dunkle Nacht. Einschlägige Befragungen zeigen immer wieder, daß ein Großteil der Menschen eine Abneigung

Traurige Tunnelunterwelt: Alptraum vieler Fahrgäste.

gegen diese Tunnelfahrten hat, den Aufenthalt auf den unterirdischen Bahnhöfen nur mit Unbehagen absolviert und mit Erleichterung wieder an der Oberfläche auftaucht. Das Unbehagen, das zur Ablehnung finsterer Unterführungen und düsterer Parkhäuser und Tiefgaragen führt, beschleicht viele Benutzer unterirdischer Bahnen.

Von Flexibilität keine Spur: Platzangst in der Rush-hour und allein auf weiter Flur in den Schwachlastzeiten

Das Verkehrsgeschehen ist im Tagesverlauf von Zyklen stärkerer und weniger starker Nachfrage geprägt. Den Nachfragespitzen der Rush-hour stehen häufig Nachfragetäler der sogenannten Schwachlastzeiten gegenüber. Auch räumlich gibt es deutliche Unterschiede zwischen stark belasteten Hauptstrecken und schwach belasteten Nebenstrecken. Eine flexible Reaktion auf diesen Tatbestand haben sich die deutschen Verkehrsbetriebe in den letzten Jahrzehnten immer mehr verbaut. Die alte Straßenbahn erlaubte durch ihre angepaßte Größe und die Möglichkeit zur Zugbildung mit mehreren Wagen eine gute Anpassung an unterschiedlichen Andrang. Der Kurzzug mit nur einem Wagen fuhr bei Schwachlastbetrieb, der Langzug bei Spitzenlast. Doch mit dem Ersatz vieler lokaler und regionaler Schienensysteme durch Busse mit immer größerer Platzkapazität ging diese Flexibilität verloren. Früher wurden Nachfragespitzen vor allem durch Taktverdichtung abgedeckt. Die Schweizer Verkehrsbetriebe verfahren heute noch nach dieser Devise und sorgen mit einem ohnehin dichten Grundtakt und einer hohen Netzdichte sowie eingeschobenen Entlastungskursen dafür, daß trotz großer Nachfrage keine totale Überfüllung entsteht. In Deutschland dagegen führen die Automatismen der räumlichen und zeitlichen Angebotskonzentration zwangsläufig zu zeitweiser Überfüllung in den Nachfragespitzen. Statt die Nachfrage auf möglichst viele Linien und viele Fahrzeuge zu verteilen, konzentriert man sie auf wenige Fahrzeuge, Linien und Kurse, die dann in den Spitzenstunden natürlich überfüllt sind. Beängstigend ist das Gedränge, je mehr sich Busse und Bahnen den Zentren nähern. An jedem Halt wollen Mengen von Aussteigern hinaus, wobei ihnen im Fahrzeug die Einsteiger von der letzten Haltestelle und an den Fahrzeugtüren bereits die neuen Trauben von Einsteigern »im Wege« sind. Ganz zwangsläufig kommt es dann in diesem Gewühle zum Schieben und Drücken. Dabei haben es kleine Menschen, Ängstliche, Bepackte, ältere Menschen und Kinder besonders schwer. Platz zum entspannten Stehen oder Sitzen und für das Gepäck ist rar, Zeitunglesen oder ein vernünftiges Gespräch ist in dem Geschiebe kaum möglich. Nur wenige können diese Ölsardinenbeförderung in vollbesetzten Bussen und Bahnen als festen Bestandteil großstädtischen Lebensgefühls werten. Oft führt die Überfüllung auch zu Verspätungen, weil das Aus- und Einsteigen durch die Drängelei und die große Zahl der Fahrgäste mehr Zeit braucht als die vom Fahrplan kalkulierte Fahrgastwechsel- und Haltezeit. »Taktlosigkeit« der öffentlichen Verkehrsmittel, Zeitverluste und verpaßte Anschlüsse sind die Folgen für die Fahrgäste. Am ärgerlichsten ist es, wenn überfüllte Busse und Bahnen einfach ohne

Halt weiterfahren, da sie keine neuen Fahrgäste mehr aufnehmen können und Entlastungsfahrzeuge nicht zum Einsatz geschickt werden. All dies zeigt, wie wenig intelligent Fahrzeuggröße, Liniennetzdichte und Zeittakt heute aufeinander abgestimmt werden.

Umgekehrt ist die konzentrierte Jumbotechnologie erst recht nicht in der Lage, ein maßgeschneidertes Angebot für kleine Nachfrage zu machen. Die Absurdität mangelnder Flexibilität zeigt sich, wenn Busse und Bahnen in den Schwachlastzeiten und -gebieten »Geisterbahn« spielen und fast leer durch die Gegend fahren. Dann fühlen sich viele Fahrgäste auch nicht sehr wohl. Ihnen fehlt der Schutz durch Öffentlichkeit und Belebtheit. Niemand kann im Falle einer Notlage helfen oder Auskünfte und Orientierungshinweise geben. Je größer Busse und Bahnen sind, desto verlorener fühlen sich vereinzelte Fahrgäste. In Bahnen kommt hinzu, daß man sich – wenn man nicht im ersten Wagen beim Fahrer sitzt – besonders abgeschieden und ausgeliefert fühlt. Zum Streß werden solche Gefühle in den unterirdischen Systemen und an deren Haltestellen, bei denen auch noch die Öffentlichkeit des Straßenraums fehlt. Bei Verkehrsbetrieben mit stark ausgedünntem Angebot sind die leeren Busse und Bahnen nicht nur nachts ein Problem. Auch samstags und sonntags fahren die wenigen noch verkehrenden Linien dann häufig leer durch die Gegend, weil bei schlechtem Angebot fast keine Nachfrage mehr besteht.

Bahnhöfe und Haltestellen: die Stiefkinder des öffentlichen Verkehrs

Bahnhöfe und Haltestellen sind die Pforten des öffentlichen Verkehrs. Jede Fahrt beginnt und endet hier. Überall gegenwärtige und attraktive Haltestellen führen Bussen und Bahnen Kunden zu, zu wenige und dann auch noch vergammelte, miserabel plazierte schrecken Kunden ab. Haltestellen sind mit ihrer Gestaltung und Ausstattung auch eine Art Visitenkarte des öffentlichen Verkehrs, an ihnen läßt sich der Zustand eines Verkehrsbetriebs symbolisch ablesen: gepflegt, selbstbewußt und präsentabel ins »rechte Licht gerückt« oder verlottert und abseits im Schatten des autodominierten Verkehrsgeschehens.

Je näher Haltestellen am Quell- und Zielort liegen, desto eher liegt die Benutzung buchstäblich »nahe«. Je weiter die Haltestelle von der Wohnung, dem Arbeitsplatz, der Einkaufstätte oder der Behörde entfernt ist, desto mühsamer werden der An- und Abmarschweg. Die Gesamtreisezeit, die Zeit für den Weg von Haustür zu Haustür, wächst dann beträchtlich. Eine abseitige Lage zur Haltestelle ist ein erheblicher physischer und psychologischer Nachteil. Die entfernte Haltestelle gerät außerhalb des alltäglichen Mobilitätskalküls, sie blockiert den Zugang zum gesamten Verkehrssystem. Welche Ziele von dort mit welcher Fahrzeit und welchem Takt erreichbar sind, welcher Fahrplan gilt, das bleibt dann für viele unbekannt. Trotzdem messen viele Politiker und Planer der Haltestellennähe keine große Bedeutung bei und dünnen das Haltestellenangebot immer mehr aus. Selbst für Innenstädte werden heute 300 Meter Haltestellenentfernung für ein zumutbares Maß erklärt, manchmal auch 500 Meter und mehr. Der als vorbildlich geltende Nahverkehrsbetrieb München hat sein Haltestellennetz in der Innenstadt schrittweise um 30 bis 40 Prozent abgebaut. Mit der Umstellung von einem engmaschigen Straßenbahnnetz auf ein weit grobmaschigeres Schnellbahnnetz sank auch dort die Zahl der Haltestellen systembedingt. Eine Schnellbahnhaltestelle ersetzte regelmäßig mehrere Straßenbahnhaltestellen. Damit ging vielen innerstädtischen Straßen der Vorteil verloren, über eine dichte Folge von Haltestellen zu verfügen, die schnellen Anschluß boten. Beim Autoverkehr und

Parken dagegen gilt es als planerische Norm, dem Autofahrer höchstens 50 bis 100 Meter Fußweg zum nächsten Parkplatz zuzumuten. Deshalb werden die Zentren und Nebenzentren stets mit einem dichten Netz von Parkhäusern, Parkplätzen und Parkstreifen vollgestopft. Den Fahrgästen von Bussen und Bahnen jedoch enthält man solchen Zugangskomfort vor, obwohl bestmögliche Nähe zu Bussen und Bahnen weit mehr im öffentlichen Interesse stehen müßte.

Die Verminderung der Haltestellendichte grassierte erst recht in weniger dichtbebauten Gebieten, im Umland und ländlichen Raum. Dort werden inzwischen sogar Entfernungen von 700 Metern und mehr als zumutbar angesehen. Bei der Bundesbahn nahm in den letzten 23 Jahren die Zahl der Bahnhöfe um 1947 (= 43 Prozent) und die Zahl der Haltepunkte der Bahn um 797 (= 73 Prozent) ab. Durch den Verlust von 2744 Anschlußpunkten sind immer mehr Gebiete ins Abseits geraten und vom Angebot der Bahn abgehängt worden. Weitere Orte und Gebiete stehen kurz vor dem Verlust ihrer Bahnanschlüsse. Immer häufiger trifft man auf »aus Rationalisierungsgründen« vergammelnde, halbamputierte Bahnhöfe. Auskünfte gibt es dort keine mehr, Gepäck wird nicht mehr angenommen oder ausgegeben, und Fahrkarten gibt es höchstens am Automaten. Toiletten und Warteraum sind zugesperrt. Kein Wunder, daß an solchen Bahnhöfen »nichts mehr läuft«. Ein solcher Bahnhof, der weder eine attraktive Verkaufs- und Werbestelle noch ein präsenter Multiplikator für das eigene Angebot ist, kann seine Akquisitionsaufgabe nicht erfüllen. Das Desinteresse an der Kundschaft ist augenfälliger kaum zu demonstrieren. Wenn aber schon bisherige Bahnhöfe und Haltestellen kassiert werden, bleibt erst recht kein Interesse für neue Anschlüsse. Landauf, landab sind am Stadtrand und im Umland neue Gewerbe- und Wohngebiete sowie Einkaufszentren entstanden, die ohne Haltestellen sind. Sie wurden rein autoorientiert ohne Netzanschluß an den öffentlichen Verkehr erschlossen. Oder Bundesbahn und Nahverkehrsbetriebe fahren an den neuen Standorten ohne Halt vorbei, weil ein neuer Bahnhof zu teuer oder zeitraubend für den Umlauf schien oder weil schlicht die Siedlungsentwicklung ignoriert wurde.

Mit ihrer immer geringeren Haltestellendichte sägen die deutschen Verkehrsbetriebe fleißig am eigenen Ast. Wer Zugangspforten schließt, riegelt sich selbst gegen Kunden ab. Wo in Deutschland der Ortsverkehr oft »nebenbei« von einem Regionalnetz abgedeckt wird, sind in der Schweiz vielfach dichte Ortsbusnetze vorhanden. Dort kommen in den großen Städten durchschnittlich sieben bis acht Haltestellen auf einen Quadratkilometer, in vergleichbaren

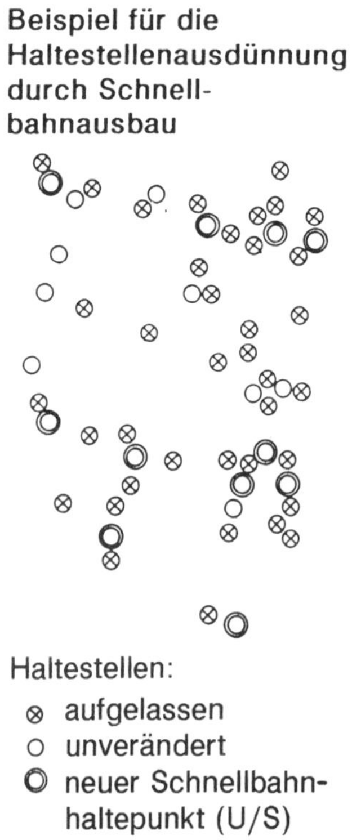

Das Haltestellen- und Bahnhofssterben blieb nicht auf das flache Land beschränkt. Auch in Großstädten wurden viele Haltestellen Opfer der Linienkonzentration.

deutschen Städten knapp die Hälfte. Klein- und Mittelstädte besitzen in der Schweiz bis zu dreimal mehr Haltestellen auf einen Quadratkilometer.

Die Haltestellen als Pforten zum öffentlichen Verkehr müßten überall gut sichtbar markiert und plaziert sein. Statt dessen gehört heute die Haltestellensuche zum Fahrgastalltag, wenn man Busse und Bahnen außerhalb der vertrauten Alltagswege nutzen will. Die überkommene räumliche Orientierung, nach der man an jeder größeren Straße regelmäßig in kurzen Abständen mit einer Haltestelle rechnen konnte, ist durch die verminderte Netz- und Haltestellendichte und die autoorientierte Ausrichtung der Straßengestaltung längst ungültig geworden. Aus zahlreichen Sammel- und Hauptverkehrsstraßen wurde der Linienverkehr im Zuge der Netzausdünnung abgezogen. Oft haben die Busse eine diffuse Linienführung mit Zickzackkurs. Schwer zu ahnen, wo sich dann die nächste Linie und Haltestelle befinden. In vielen Quartieren muß man lange Strecken durch ein weitverzweigtes Straßennetz laufen, ehe man am Quartiersrand eine Linie und Haltestelle findet, weil die zentrale Erschließung zugunsten einer tangentialen aufgegeben wurde.

An den Kreuzungspunkten verschiedener Linien liegen die Haltestellen häufig weit auseinander, ohne daß geeignete Hinweise die Orientierung beim Umsteigen erleichtern. Sogar an besonderen Verknüpfungspunkten wie Hauptbahnhöfen, zentralen Omnibushaltepunkten und wichtigen Netzknoten fehlen immer wieder die nötigen Hinweise und Orientierungshilfen, wo man welche Haltestellen für welche Richtungen und Linien findet. Auch gehören heute Haltestellenplazierung und Städtebau nicht mehr zusammen. Die Haltestellen von Bussen und Bahnen sind nur noch selten vor den Portalen von großen Verwaltungsgebäuden, Einkaufszentren, Freizeiteinrichtungen, Industriebetrieben etc. plaziert. Da sind statt dessen die Autozufahrten. Die Haltestellen dagegen liegen oft unauffällig und schlecht auffindbar irgendwo um die Ecke. Zu dieser räumlichen Orientierungslosigkeit bei der Plazierung der Haltestellen kommt schließlich erschwerend die optisch bescheidene Markierung der einzelnen Haltestellen hinzu. Das kleine H-Schild an einem Mast fällt unter all den sonstigen Verkehrszeichen nicht ins Auge und ist leicht zu übersehen. Meist fehlt jegliches Namensschild oder wird buchstäblich »kleingeschrieben«.

Besonders orientierungsfeindlich sind die unterirdischen Haltestellen, weil sich für den Verlauf der Tunnel, für die Lage der Ausgänge und ihre Zuordnung zu bestimmten Gebäuden und Straßen keine räumlichen Orientierungsmerkmale ausmachen lassen. Oft wird aus Kostengründen mit der Zahl der Eingänge gespart. Es ergeben sich dann für viele Fahrgäste große Umwege und Wartezeiten beim Queren der dazwischenliegenden Straßen. Wenn sich mehrere Linien in der Unterwelt kreuzen oder parallel verlaufen, hat die Suche nach dem richtigen Bahnsteig weitere Tücken. Denn in der Tunnelwelt gibt es keine Sichtbeziehungen. Hier kann man sich nur mit Hilfe eines guten Leitsystems orientieren. Je vernetzter diese Unterwelt ist, desto komplizierter sind auch die Zugänge und Übergänge. Die Wege durch das Röhren- und Treppensystem dauern lange. In diesen Labyrinthen auf Anhieb den Bahnsteig der richtigen Linie in der richtigen Richtung oder den Ausgang zur richtigen Straßenseite zu finden ist nicht leicht. Herumirrende Fahrgäste sind deshalb ein vertrauter Anblick an jedem unterirdischen Knotenpunkt.

Die Orientierungsprobleme an Haltestellen bestehen ebenso in umgekehrter Richtung. Man erhält an Haltestellen selten Hilfestellung, wie man die wichtigen Ziele der Umgebung erreicht und sich im angrenzenden Straßen- und Wegenetz zurechtfindet. Meist fehlt ein Umgebungsplan. Nur an besonders frequentierten Knotenpunkten großer Zentren gibt es ausreichend detaillierte Umgebungs- und Stadtpläne. Nur dort hängen auch komplette Liniennetzpläne. Erst recht sind durch den schaffnerlosen Betrieb die früher überall erhältlichen persönlichen Hilfestellungen und Auskünfte zu Tarifen, Liniennetz, Fahrplänen oder dem umgebenden Straßennetz rares Privileg weniger zentraler Haltestellen in den Großstädten geworden.

Die Mehrheit der Haltestellen ist in einem miserablen Zustand, vergammelt, verdreckt, farblos, ungepflegt, spartanisch. Solche Haltestellen können kaum positive Werbeträger für Busse und Bahnen sein. Sie zeigen, wie kundenfern in vielen Verkehrsbetrieben gedacht wird, deren Horizont nicht über ihre Fahrzeuge hinausreicht. An Haltestellen muß man meist warten, vor der Abfahrt, beim Umsteigen, beim Abholen von Familienmitgliedern oder Bekannten. Diese Wartezeiten sind Verlustzeiten und werden um so ärgerlicher verbucht, je weniger Angenehmes sich mit den Umgebungsdetails verbinden läßt. Warten wird zur Qual in öder und langweiliger Umgebung, bei mangelhaftem Komfort, bei trister Gestaltung, wenn es zieht, jeder Wetterschutz fehlt, keine Sitzgelegenheiten da sind, auch kein Baum und Strauch, wenn Zeitungsstand, Kiosk und Telefonzelle fehlen, die einem die Wartezeit überbrücken helfen könnten. Völlig unzumutbar wird das Warten bei Nacht, wenn oft weder die Haltestellenanlage noch die Fahrplantafeln beleuchtet sind. So hat man Schwierigkeiten, überhaupt Haltestellennamen, Liniennummern, Abfahrtszeiten zu erkennen. Da in den Abendstunden der Zeittakt dünn ist, muß man zumindest beim Umsteigen meist lange im Dunkeln warten. Wenn dann die Haltestelle auch noch in einer schummrigen Ecke liegt oder in der »Unterwelt«, vermischt sich Warten mit Angst. So wird Wartezeit noch mehr zur unangenehmen, anstrengenden Zeit und die Haltestelle zum negativen Ort. Trotzdem rangiert bei vielen Verkehrsbetrieben und Stadtplanern das Thema Haltestellengestaltung unter »ferner liefen«. Dafür gibt es kaum Geld, kaum Ideen. Vergessen sind die Zeiten, als Haltestellen- und Bahnhofsarchitektur eine seriöse Aufgabe des Städtebaus waren. Als der Bahnhof zum Stolz jeder Gemeinde, gerade auch der kleinen, gehörte. Als der Bahnhof Treffpunkt, gleichzeitig oft Telegrafenstation, damit Kommunikationszentrum und Aushängeschild war. Auch die Straßenbahnbetriebe pflegten ihre eigene Haltestellenarchitektur, kombinierten Haltestellen mit Zeitungskiosk, Telefonhäuschen, Nachrichtenaushang etc. Die Haltestellen wurden mit Plätzen umgeben, mit Beeten und Baumgruppen geschmückt, alles sollte einladend und gepflegt sein. Alte Postkarten und Fotos zeigen eindringlich, wie wichtig

Aus früherer selbstbewußter Repräsentation mit schönen Haltestellen wurde heute oft öde Lieblosigkeit.

die Präsentation von Eisenbahn und Straßenbahn damals genommen wurde.
Große Schwierigkeiten bereitet regelmäßig der Zugang zu Haltestellen, die in der Straßenmitte liegen. Die Haltestelleninseln sind zwischen benachbarte Fahrspuren und Abbiegespuren eingezwängt und teilweise mit Absperrgittern und Leitplanken verbarrikadiert, damit der Autoverkehr Platz hat und ungebremst an den Haltebereichen vorbeirauschen kann. Der Zugang für die Fahrgäste wird meist auf ein Nadelöhr beschränkt, zumal bei den Stadtbahnhaltestellen mit ihren Hochbahnsteigen. Zwischen den Gleisen werden ebenfalls Absperrgitter montiert, die ein freies Wechseln von Bahnsteig zu Bahnsteig verhindern. Alle diese Maßnahmen erzwingen umständliche Umwege für die Fahrgäste. Am schlimmsten sind die Zugangswege, wenn man für eine Luftlinienentfernung von wenigen Metern über Unterführungen ein Vielfaches an Strecke zurücklegen muß. Regelmäßig sind auch die Aufstellflächen viel zu winzig, weil die Warteinseln zugunsten des Autoverkehrs immer mehr verschmälert wurden. Die Planer hielten es bisher nicht für nötig, hier zur Sicherheit der Fahrgäste die Fahrbahnflächen einzuengen und den Autoverkehr zu bremsen. Wartende Fahrgäste müssen deshalb Angst haben, daß ihnen regelrecht die Hacken abgefahren werden und bei Regen die seitlichen Spritzwasserfontänen um die Ohren wehen. Mit Gepäck oder Kinderwagen paßt man schon gar nicht recht auf solche Inseln, eine unachtsame Bewegung kann lebensgefährlich werden. Auch bei den Buslinien fehlen durch die landauf, landab auf Kosten der Gehwege angelegten Bushaltebuchten ausreichende Aufstell- und Warteflächen für die Fahrgäste. Auf all diesen minimierten Warteinseln und Wartebereichen fehlt erst recht jeder Platz für Wetterschutz, Sitzgelegenheiten und andere Ausstattungselemente, die das Warten verbessern könnten.
Vielfach fehlen Mittelinseln überhaupt. Man muß also zum Ein- und Aussteigen quer über die Fahrbahnen. Naturgemäß sind die Fahrgäste auf das Ein- und Aussteigen konzentriert und achten nur nebenbei auf den sonstigen Verkehr. Die Annahme, die Autos würden straßenverkehrsordnungsgemäß hinter den Bahnen halten, wird heute leicht zum gefährlichen Irrtum. Unangenehm ist es in jedem Fall, sich zwischen wartenden Autos zur Bahn oder von der Bahn zum Gehweg durchzuschlängeln. Vor allem für Kinder, Betagte und Behinderte wird das Ein- und Aussteigen so zum Problem. Dem Straßenbahnfahrer wird der Überblick über das Geschehen an den Türen durch Autos verstellt, er läuft Gefahr, ein- oder aussteigende Fahrgäste zu übersehen und zu früh die Türen zu schließen.
An den meisten Haltestellen fehlt jede verkehrliche Vorsorge für einen sicheren und ungehinderten Zu- und Abgang. Weder Zebrastreifen noch Sofortampeln und abmarkierte Wartezonen sichern das Ein- und Aussteigen. Es gehört zu den ärgerlichen Alltagserfahrungen, daß einem Busse und Bahnen vor der Nase wegfahren, weil man wegen roter Ampel oder dem endlos dahinströmenden Autoverkehr keine Chance zum Queren der Fahrbahnen hatte. Bei schlechtem Takt stürzt man sich in solchen Situationen risikoreich ins Getümmel, um, begleitet von Reifengequietsche und Gehupe, doch noch die Bahn oder den Bus zu erreichen. Kein Wunder, daß es durch diese mangelnde Zugangsqualität an den Haltestellen zu schweren Fußgängerunfällen kommt.
Solange viele Verkehrsbetriebe ihr Engagement ausschließlich auf die Fahrzeuge und den Fahrweg beschränken und kaum danach fragen, was vorher und nachher mit den Fahrgästen passiert, wie sie zur Haltestelle hin- und von der Haltestelle wegkommen, sind Verbesserungen kaum zu erwarten. Im Gegenteil, teilweise verschlechtern die Verkehrsbetriebe sogar systematisch

Ein typischer Omnibusbahnhof: Negativort mit autogerechter Asphaltwüste.

den Zugang für Fußgänger und Radfahrer, indem sie ihre Haltestellen mit großen, möglichst autogerechten Park & Ride-Anlagen umgeben und ihre zentralen Omnibusbahnhöfe mit einem Übermaß an Zufahrtsstraßen, Abbiege- und Aufstellspuren ausstatten. Fußgängern und Radfahrern werden dadurch gefährliche Hindernisläufe mit großen Umwegen zugemutet, es mangelt an Aufenthaltsqualität, Überschreitbarkeit, Übersichtlichkeit. Die Geh- und Radwege geraten – wenn es überhaupt welche gibt – an solchen autogerechten Haltestellen als reiner Restflächenverschnitt viel zu schmal. Dabei überwiegt selbst bei ausgesprochenen Park & Ride-Haltestellen stets der Anteil der zu Fuß und mit dem Fahrrad kommenden Kunden bei weitem. So können Bahnhöfe, Haltestellen und zentrale Omnibusbahnhöfe kaum ihre städtebaulich und verkehrlich wichtige Marktfunktion als Treffpunkt, Ort hoher Erreichbarkeit und Ort einladender Repräsentation des Verkehrsbetriebs wahrnehmen. Die Verkehrsbetriebe schaden sich sehr, wenn sie die Gestaltung der Umgebung ihrer Haltestellen und Bahnhöfe unbekümmert den Autoverkehrsplanern überlassen und auf die notwendige städtebauliche Integration verzichten.

Von Kundenwerbung, Kundeninformation und Kundenbetreuung keine Spur

Um sich für Busse und Bahnen als Verkehrsmittel zu entscheiden, muß man über die nötigen Informationen verfügen. Die Wirtschaft setzt Werbung und Information als wichtiges Mittel ein, sich möglichst große Marktanteile zu sichern und ihre Produkte regelmäßig am Markt in Erinnerung zu bringen. Dagegen engagiert sich der öffentliche Verkehr kaum in vergleichbarem Maße für kundenorientierte Werbe- und Informationsaufgaben. Passiv wird hingenommen, daß viele Menschen keine, nur bruchstückhafte, falsche oder nicht mehr aktuelle Informationen über den öffentlichen Verkehr haben. Aus Intensiverhebungen ist ermittelt worden, daß durch eine bessere Information Busse und Bahnen ihre Nachfrage um etwa 25 Prozent steigern könnten. So groß ist das Potential der Leute, die nur deshalb Busse und Bahnen nicht benutzen, weil sie Informationslücken haben. Es zeugt von einer merkwürdigen Hoheitsauffassung, wenn man von den Verkehrsbetrieben auf entsprechende Vorhaltungen hört, »die Leute könnten sich ja informieren, wenn sie wollten«. Was ist das für ein blasiertes Management in einer Marktwirtschaft, in der ohne Produktwerbung und Angebotsinformation keine Zielgruppen und Multiplikatoren erreicht und keine Märkte erobert und behauptet werden können.

Die wichtigsten Informationen über das Angebot von Bussen und Bahnen sind die Fahr- und Netzpläne. Sie beschreiben die Verbindungen, wie und wann man von wo nach wo kommt. Die Fahr- und Netzpläne sind das Informationsmedium, über das Kunden normalerweise ihre Mobilitätswünsche mit dem Angebot der Verkehrsbetriebe vergleichen, um danach zu disponieren. Trotz dieser enormen Bedeutung hat das Thema Netz- und Fahrplaninformationen in den Verkehrsbetrieben nur einen vernachlässigten Stellenwert. Ein Beispiel: Fahrplanwechsel im Mai 1987 bei der Bundesbahn. Massenansturm an den Bahnschaltern. Jeder will die neuen Städteverbindungen. Fast drei Wochen lang immer die gleiche verlegene Auskunft: »Tut uns leid, die neuen Städteverbindungen liegen noch nicht gedruckt vor, wir hoffen sie bald zu bekommen.« Unglaublich: Bei einer milliardenschweren Großfirma wie der Bundesbahn liegt zur Einführung eines veränderten Angebots die Angebotsliste nicht vor. Das ist kein Einzelfall. Immer wieder sind die Städteverbindungen nach kurzer Zeit vergriffen. Statt breiter Informationsoffensive in Form von Verteilungsaktionen der neuen Fahr- und Netzpläne an Fahrgäste, Passanten, Haushalte, Betriebe, Hotels etc. gibt es nur auflagenbeschränktes Material, Geheimniskrämerei und ansonsten leere Hände. Aus einer Bringschuld des Verkehrsbetriebes wird eine Holschuld für den Bürger. Erst wenn der Kunde kommt, bekommt er, wenn er Glück hat, geeignete Informationen.

Bei der Information der privaten Haushalte beiben fast alle Verkehrsbetriebe passiv. Massenhaft flattert den Haushalten Werbung ins Haus, nur Fahrpläne sind nie dabei. Fahrpläne muß man sich extra an den wenigen Verkaufsstellen abholen, meist muß man dafür sogar noch bezahlen. Familien mit den jeweils aktuellen Fahrplänen des Nahverkehrs und der Bundesbahn an der Pinnwand, am Schlüsselbrett, neben dem Telefon oder an sonst einem zentralen Informationsplatz im Haushalt und mit dem persönlichen Fahrplan im Geldbeutel jedes Familienmitglieds haben deshalb Seltenheitswert. Auch in Hotels, Gaststätten, Theatern, Kinos, Kongreßhallen, Sport- und Freizeiteinrichtungen hängen meist keine Fahr- und Netzpläne aus. Das Personal dieser Einrichtungen weiß oft nicht einmal, wo die nächsten Haltestellen sind und welche Linien dort wohin abfahren. Nicht viel besser ist es bei vielen Behörden, Rathäusern, Betrieben, Krankenhäusern bestellt. Weder am Schwarzen Brett noch an der Pforte gibt es Hilfestellungen für Kunden des öffentlichen Verkehrs. Auf den Prospekten, Briefköpfen oder sonstigem Werbematerial sucht man vergeblich einen Hinweis auf die nächsten Anschlüsse für Busse und Bahnen. Für die autoreisenden Kunden und Besucher dagegen wird mit viel Engagement gesorgt. Ihnen hilft man mit einem eigenen Stellplatzangebot und guten Ratschlägen. Hausprospekt und Briefkopf vermerken genau, über welche Straßen man mit dem Auto zu erreichen ist und wo die nächsten Parkgelegenheiten sind. Die Betreiber der jeweiligen Einrichtungen werden ein Interesse an Bussen und Bahnen so lange nicht zeigen, wie die Verkehrsbetriebe es versäumen, alle diese Einrichtungen regelmäßig über ihr Angebot zu informieren und zur kundengerechten Weitergabe dieser Informationen zu animieren. Selbst an den Haltestellen und in den eigenen Fahrzeugen steht es mit der Netz- und Fahrplaninformation nicht viel besser. Die spartanische Ausstattung und unzureichende Pflege der Haltestellen beeinträchtigen erheblich die Information. Bei der Mehrheit der Haltestellen hängen allenfalls Fahrpläne der unmittelbar bedienten Strecke. Deren Präsentation erfolgt in der Regel in simpelster, kleingedruckter Tabellenform, häufig unleserlich auf vergilbtem Papier, auf verschmutzten Tafeln hinter blinden Scheiben. Über die sonstigen Linien und Fahrtakte gibt es keine Auskunft. Auch damit wird der Öffentlichkeit die relevante Information über das insgesamt verfügbare Angebot von Bussen und Bahnen vorenthalten. Keiner kann so entscheiden, ob Busse und Bahnen für ein über die einzelne Linie hinausgehendes Fahrziel zur gewünschten Fahrzeit eine gute Verbindung bieten. Auch in den Fahrzeugen wird keiner mit Informationen verwöhnt. Meist sucht man vergeblich nach einem Streckenplan mit den Haltestellennamen und den

Erbärmlicher »Informationkomfort«: rostige Tafel mit vergilbtem Papier, demonstratives Desinteresse am Kunden.

markierten Umsteigehaltestellen an den Fahrzeugwänden. Netzpläne mit Angaben über Taktintervalle sind eine Rarität. Statt dessen bekommt man Werbeanzeigen über Zahnpasta, Bier, Versicherungen etc. geboten. Am besten wird man noch in den neuen Stadt-, U- und S-Bahn-Zügen informiert. Hier hängen wenigstens über oder neben den Türen die systemnahen Netzpläne. Die nächste Haltestelle wird über Lautsprecher oder Leuchtschrift angekündigt, auf Umsteigemöglichkeiten wird hingewiesen. Doch solcher Informationskomfort ist die Ausnahme.

Je schlechter und unregelmäßiger die Takte von Bussen und Bahnen sind, desto verwirrender werden in der Regel die Fahrzeiten. Das Studieren von Fahr- und Netzplänen vor jeder Fahrt ist deshalb so gut wie unabdingbar geworden. Dabei lehren einen viele geheimnisvolle Ziffern und Zeichen das Fürchten und vermitteln die Erkenntnis, daß an fast allen Tagen etwas Besonderes zu beachten ist. Nur ein Teil der Linien verkehrt regelmäßig, ohne Sonderzeichen. Viele Linien fahren nur in der Schulzeit, andere nur werktags, wieder andere nur feiertags, samstags oder sonntags, manche nur im Sommer, andere nur im Winter. Besonders vertrackt sind die feinen Unterschiede hinsichtlich der Halte bei der Bahn und bei sogenannten Expreßlinien im Nahverkehr. Viele Linien halten nicht überall. Mit kleinen, leicht zu übersehenden Fußnoten wird darauf hingewiesen. Bei Expreßzügen ist klar, daß sie nicht überall halten. Aber bei den Nahverkehrszügen erwartet der Kunde eigentlich, daß kein Halt ausgelassen wird. Trotzdem gibt es viele Ausnahmen ohne durchschaubares System. Dann wiederum sind die Zeittakte völlig verschieden. Gerade und ungerade Zahlen, lange und kurze Intervalle wechseln ohne ersichtliches System ab. Bedienungszeiten, die morgens um X Uhr 12, mittags um X Uhr 27 und abends um X Uhr 34 festgelegt sind, oder Bedienungsfolgen, die zum Beispiel 6 Uhr 14, 29, 47 etc. lauten, kann sich keiner einprägen. Um den Takt einer von mehreren Linien bedienten Strecke zu ermitteln, muß man erst verschiedene Fahrpläne miteinander vergleichen. Bei diesem Fahrplanstudium darf man es nicht eilig haben, schon gar nicht, wenn man eine Fahrt mit mehrfachem Umsteigen vorhat. Bei jeder Linie muß man sich erst durch alle Zeichen und Erklärungen arbeiten. Und kann am Ende froh sein, wenn die Verbindung tatsächlich am gewünschten Tag und zur gewünschten Zeit klappt.

Das Fahrplanlesen wird bei Kursbüchern und Verbundplänen vielen Kunden dadurch erschwert, daß in der Regel die übersichtliche Zusammenschau der Daten aus der Sicht des Fahrgastes fehlt. Wenn man bei den Verbindungen nur nach Abfahrtspunkt und Ziel zu suchen braucht und dann automatisch die Umsteigemöglichkeiten genannt bekommt, dann ist die Fahrplanlektüre leichter, als wenn man sich die Linien und Umsteigepunkte samt Fahrzeiten selbst zusammenstückeln muß. Nicht umsonst erfreuen sich deshalb die Städteverbindungen der Bahn besonderer Beliebtheit, weil sie in Matrixform und alphabetischer Reihenfolge die wichtigsten Ab-

»Erst will ich mein Geld zurück«

»Ich hab's mir überlegt, ich laufe lieber«

Automaten sind das Ergebnis einseitiger Rationalisierungswut und permanenter Anlaß für viele Negativerlebnisse.

fahrts-/Ziel-Verbindungen aufzeigen. Sie haben dem Kursbuch längst den Rang abgelaufen. Aber leider ist solche »Fahrplankost« bisher im Nahverkehr weitgehend unbekannt und wird auch bei der Bahn nur auf ausgewählte Bahnhöfe mit ihren Hauptverbindungen beschränkt.

Fatale Konsequenzen hat das Fehlen von Informationen und Orientierungshilfen in allen Tariffragen. Sorglos in Busse und Bahnen einsteigen und bei einem Schaffner einfach, schnell mit ein paar Worten sein richtiges Billett lösen, das kann heute keiner mehr. Das Personal ist durch den »Kollegen Automat« ersetzt. Heute träumen Technokraten schon vom vollautomatischen Fahrbetrieb, bei dem auch Fahrer nicht mehr vorkommen. Bei dieser anonymen Konfrontation mit einem durchrationalisierten Verkehrsbetrieb sind viele Fahrgäste überfordert. Der automatentüchtige Kunde ohne Fragen und Probleme, allwissend, routiniert, verhaltenssicher ist selten. Statt dessen gibt es immer mehr abgeschreckte Kunden mit immer höheren Benutzungsbarrieren und immer mehr Ängsten. Überall an den Automaten sieht man kopfschüttelnde Leute, sich hilfesuchend umschauend und verzweifelt in das Studium verwirrender Anweisungen, Fußnoten, Tarifstufen, Tarifzonen und Zeittafeln vertieft. Das Tarifgebiet ist in Waben oder Ringe eingeteilt, irgendwo verlaufen merkwürdige Grenzen, man hat Mühe, sein Ziel zu finden und sich dann seinen Tarif aus dem Angebot von Ziffern, Zeichen und Abkürzungen auszusuchen. Und das alles unter Zeitdruck, da man hofft, die nächste Bahn oder den nächsten Bus noch erwischen zu können. Dann hat man kein passendes Kleingeld, oder der Automat spuckt das Geld immer wieder aus, oder er ist defekt. Viele Automaten geben noch heute kein Wechselgeld zurück. Überzahlen nennen die Verkehrsbetriebe diesen kundenfeindlichen Betrug. Nur ein Teil der Automaten nimmt Geldscheine (meist 10 Mark, seltener 20 Mark, andere gar nicht) an, wenn sie denn »gut glattgebügelt« sind und »linksbündig« eingelegt werden. Alternativen zu diesem Automatenunwesen gibt es nur für die Fahrkarten, die man auch im Vorverkauf in den zentralen Verkaufsstellen oder ausgewählten Schreibwarengeschäften bekommt. Bei der Bundesbahn dagegen müssen Nahverkehrskarten immer am Automaten gelöst werden. Wer es trotzdem am Schalter versucht, wird abgewiesen. Nahverkehrskarten gelten nur am Lösungstag, man kann sie nicht im voraus kaufen oder an späteren Tagen verwenden. Wer eine falsche Karte zieht oder seine Reisepläne kurzfristig ändert, muß eine neue Karte lösen und sich die falsche Karte in einer mühseligen bürokratischen Prozedur ersetzen lassen. Wer Bus oder Bahn während des umständlichen Automatenstudiums schon ankommen sieht, drückt meist in letzter Verzweiflung irgendeine Taste, um wenigstens einen Fahrschein für den Notfall der Kontrolle zu besitzen. Wer weniger mutig ist, muß die nächste Verbindung abwarten, in der Hoffnung, bis dahin das komplizierte Tarif- und Automatensystem durchschaut zu haben. Der richtige Fahrscheinkauf ist Zufall allenthalben, denn dem Tarif- und Automatenchaos sind keine Grenzen gesetzt. Jeder Verkehrsbetrieb hat sein eigenes System. Vor jeder nichtalltäglichen und routinemäßigen Bahn- oder Busfahrt steht erneut die Auseinandersetzung mit dem Automaten. Bus- und Bahnbetrieb ohne Personal sind deshalb Streß. Was tun, wenn der Automat versagt, man nicht mit dem Tarifplan klarkommt, kein passendes Kleingeld hat, nicht weiß, welche Linie man nehmen soll, wo man aussteigen muß, oder wenn man am Ende der Fahrkartenerwerbsschlacht das Selbstentwerten der Fahrscheine vergessen hat? Das einzige Personal, mit dem man es unterwegs zu tun bekommt, sind die Kontrolleure auf der Jagd nach Schwarzfahrern. Sie lösen bei ihrem Erscheinen grundsätzlich Unbehagen aus. Muß man doch dann die Feuerprobe bestehen, daß man den vielen Schwierigkeiten zum Trotz berechtigt im richtigen Verkehrsmittel mit der richtigen Fahrkarte sitzt. Ansonsten hat man sich mühsam vor aller Augen zu rechtfertigen, warum man einen »unverzeihlichen« Fehler gemacht hat. So führt ein nach dem Geldwert marginales Delikt zu einem Kreuzverhör mit teuren Folgen (40 bis 60 Mark Strafgebühr). Irren ist verboten. Menschlichkeit und Service sind nicht mehr Qualitäten des Systems. Natürlich wachsen durch das Automatenunwesen und Wegrationalisieren von Service und Personal das gewohnheitsmäßige, das irrtümliche und das Schwarzfahren aus Unkenntnis. Doch der Fehler liegt beim System, wenn man die Benutzer nicht mehr kunden- und sachgerecht zur Kasse bittet. Einen Schaffner dagegen kann man nicht so leicht betrügen. Er garantiert für jeden Fahrgast Informations- und Benutzersicherheit.

Zur Automatenproblematik heutiger Busse und Bahnen gehört auch, daß andere für den Fahrgast wichtige Abläufe, die früher der Schaffner wahrgenommen hat, genormt und automatisiert sind. Die Türen der meisten Busse und Bahnen werden zum Beispiel automatisch verriegelt. Das führt zu häufigen Negativerlebnissen. Mancher Fahrgast kommt mit den verschiedensten merkwürdigen Bedienungsknöpfen nicht klar, die zur Betätigung der Aus- und Einstiegstüren zum richtigen Zeitpunkt gedrückt werden müssen. Für Kinder sind die Knöpfe oft unerreichbar hoch. Die Türen schließen automatisch, wenn die entsprechende Lichtschranke länger als ein paar Sekundenbruchteile nicht unterbrochen wird. Dadurch kommen immer wieder Fahrgäste nicht rechtzeitig aus den Fahrzeugen und geraten beim Aus- oder Einsteigen zwischen die sich schließenden Türen. Der Schließvorgang kann auf entsprechenden Gegendruck zwar leicht gestoppt werden, aber trotzdem bleibt dieses plötzliche Einklemmen unangenehm. Der eine oder andere Fahrgast vergißt dann in der Schrecksekunde den Türknopf erneut zu drücken, kommt nicht mehr zum Aussteigen und muß eine Haltestelle weiter fahren als gewünscht (für die Rückfahrt dann bitte einen neuen Fahrschein lösen, denn Pech muß gebührend bestraft werden!). Oft werden deshalb auch herbeihastende Fahrgäste nicht mehr mitgenommen, weil die automatisch eingeleitete Verriegelung die Türen zuhält und nicht mehr entsperrt werden kann. Bei vollbesetzten Bussen und Bahnen versagt häufig der Schließmechanismus, weil Fahrgäste auf den kontaktführenden Trittflächen stehen. Busse bzw. Bahnen können dann nicht abfahren, bevor die Ursache beseitigt ist. Die Automatisierung ohne regelnden und helfenden Schaffner hat also auch hier ihre großen Haken.

Sichtbarkeit und Präsenz sind zwei wichtige Grundsätze in der Werbung. Wer etwas verkaufen will, muß sein Angebot möglichst oft, attraktiv und gefällig vorzeigen. In den Städten sind die Zeiten längst vorbei, als mit einer signifikanten, in Farbe und Form ortstypischen Fahrzeugflotte gefahren wurde. In München gab es einmal nur die weiß-blauen Busse und Bahnen, die jedermann in den Stadtstraßen die dichte Präsenz des öffentlichen Verkehrs verdeutlichten. Viele Münchner kennen noch das Lied: »... ein Wagen von der Linie 8, weißblau, fährt ratternd durch die Stadt...« Die Verkehrsbetriebe setzen heute eine solche Vielfalt unterschiedlich aufgemachter Fahrzeuge und Fahrzeugtypen ein, daß eine stadtbildprägende Nahverkehrsidentität nicht mehr aufkommen kann. Die auf Bussen und Bahnen außen angebrachte Werbung im Großformat tut ein übriges, um das Erscheinungsbild zu stören. Busse und Bahnen werben als fahrende Litfaßsäule für alles mögliche (selbst für Autos), nur für sich selbst werben sie nicht. Wo bleiben also Stil, Selbstbewußtsein und ein eigenes Image? Um ein paar Mark Werbeeinahme wird hier leichtfertig die Einprägsamkeit des eigenen Produktes aufs Spiel gesetzt. Im ländlichen Raum und in den Kleinstädten ist die Aufmachung der eingesetzten Fahrzeuge noch chaotischer. Dort werden regelmäßig private Busunternehmer mit der Übernahme vieler Fahrten beauftragt. 1988 waren 21 Prozent aller Busse des öffentlichen Verkehrs angemietet. Da kommt dann der öffentliche Verkehr mit kunterbunten Reisebussen daher. Allenfalls das kleine Hinweisschild »Fährt im Auftrag der Bundesbahn« o.ä. weist auf die Zugehörigkeit zum Nahverkehr hin. Auf diese Weise hat der Bürger erhebliche Mühe, die jeweiligen Busse überhaupt als öffentliche Transportmittel zu erkennen. Welcher Unterschied zu den Zeiten, als auch der ländliche Raum mit den »Gelben« von der Post und den »Roten« von der Bahn für alle einprägsame Verkehrsmittel hatte!

Busse und Bahnen als fahrende Plakatwände zerstören jeden Anreiz zur Identifikation und für Lokalstolz.

Heute tragen auch Städtebau und Verkehrsplanung dazu bei, daß Sichtbarkeit und Präsenz von Bussen und Bahnen im Straßenraum zu kurz kommen. Vielen Planern gilt der öffentliche Verkehr als Störenfried im Straßenraum. Es gibt kaum noch Ehrgeiz, Bussen und Bahnen in signifikanter und bevorrechtigter Weise die besten Plätze und Straßen zu reservieren, sie in den Mittelpunkt zu stellen. Straßennetz- und Liniennetzhierarchie stimmen nur noch selten überein. Der Städtebau verzichtet auf jede unterstützende Orientierung und Repräsentation für Busse und Bahnen. Die Planer versäumen es, durch attraktiv gestaltete Fahrräume wie Haltestellen Publikum anzuziehen. Was nicht im Blickfeld ist, kann nicht für sich werben. Bus- und Bahnlinien in Seitenstraßen, Haltestellen in abseitiger Lage und Stadtbahnstrecken unter der Erde laden nicht zur Benutzung ein. Besonders bei den unterirdischen Systemen sind Stadterlebnis und räumliche Orientierung unmöglich. Auch die Busnetze bieten ohne städtebauliche Leitlinien, ohne eigenen einprägsamen

Fahrweg, zum Beispiel auf einer Allee, durch Geschäftsstraßen etc., wenig Sehenswertes. An den besonderen Bauten und Plätzen, den Geschäften, Restaurants etc. fährt man abseitig oder unterirdisch vorbei. Einschlägige Befragungen belegen diesen Blickfeld- und damit Orientierungsverlust eindrucksvoll. Selbst regelmäßige Fahrgäste von städtebaulich unsensibel geführten Bussen und unterirdischen Bahnen sind nicht mehr in der Lage, den Fahrweg und die Lage der Haltestellen in einen Blindplan einzutragen. Das sonstige, von ihnen weniger frequentierte Liniennetz können sie erst recht nicht darstellen. Dagegen sind selbst die Selten- und Nichtbenutzer von städtebaulich signifikant geführten Straßenbahn- und Buslinien noch relativ gut in der Lage, das Netz und seine Haltestellen zu beschreiben. Die subtile Orientierungswirkung gutgeführter Buslinien und Straßenbahnen ist eine wichtige Voraussetzung für das Kennenlernen und Vertrautsein mit einer Stadt.

Aus den Augen, aus dem Sinn, das gilt auch für die Selbstdarstellung der Städte. Auf den Postkarten, Stadtansichten und Stadtprospekten heutiger deutscher Städte taucht der öffentliche Verkehr kaum noch auf. Schweizer Städte dagegen präsentieren ihren öffentlichen Verkehr stolz und systematisch. Auf bis zu 50 Prozent aller Stadtpostkarten von Zürich, Bern und Basel ist die Tram oder der Bus abgebildet. In Deutschland sind es meist weniger als 10 Prozent, ja, häufig ist überhaupt kein Anzeichen von Bus oder Bahn auf den Postkarten zu finden. In Karlsruhe und Freiburg wiederum, zwei erfolgreichen deutschen Straßenbahnstädten, die ihr innerstädtisches Schienennetz nicht im Untergrund verbuddelt haben, ist die Straßenbahn dreimal häufiger abgebildet als in den übrigen deutschen Städten. Die Postkarten, Stadtansichten und Prospekte stehen stellvertretend für die alltägliche Wahrnehmung der Bürger.

Die Züri-Linie präsentiert selbstbewußt traditionsreiche Nahverkehrskultur.

Preise und Tarife: in ihrer Bedeutung verkannt und schlecht vermarktet

Bürger, die öffentliche Verkehrsmittel nicht benutzen, haben meist abenteuerliche Vorstellungen über die Preise. Sie unterstellen im Schnitt doppelt so hohe Preise, wie sie tatsächlich sind. Im Durchschnitt aller Bürger werden Busse und Bahnen immer noch um ein Drittel teurer eingeschätzt, als sie sind. Nur regelmäßige Benutzer von Bussen und Bahnen haben aufgrund ihrer Alltagserfahrung halbwegs zutreffende Vorstellungen von den Preisen. Aber auch sie empfinden die richtig eingeschätzten Preise überwiegend als zu teuer und wünschen sich billigere Tarife. Noch gravierender wird das Mißverhältnis von subjektiver Einschätzung und objektiven Preisen durch die chronische Unterschätzung der Kosten des Konkurrenzsystems Auto. Das Autofahren wird trotz enormer Einstandspreise beim Führerscheinerwerb und Neuwagenkauf, beachtlicher Fixkosten für Steuer und Versicherung sowie erheblicher Betriebskosten für Benzin, Reparaturen, Parkgebühren, Strafmandate und hoher Risiken für Unfallkosten als insgesamt billiges Verkehrsmittel mißverstanden. 64 Prozent aller Autofahrer unterschätzen ihre tatsächlichen Kosten, machen sich Illusionen über den privaten Spareffekt des Autofahrens. Darum kommt gerade von den chronisch Autosüchtigen regelmäßig der Einwand, Busse und Bahnen könne sich heute keiner mehr leisten, schon gar nicht für eine Fahrt mit der ganzen Familie. Da werden einem dann Geldbeträge vorgerechnet, die in Unkenntnis der Tarifstruktur über Gruppen- und Familienrabatte, Zeitkarten etc. keinerlei Bestand vor der Wirklichkeit haben. Dieselben Zeitgenossen, denen Busse und Bahnen angeblich viel zu teuer sind, sind aber sofort dabei, wenn es gilt, sich das neueste quadrophone Autoradio oder die als chic erklärten Bug- oder Heckspoiler anzuschaffen, und blättern jährlich locker einige Hundertmarkscheine hin, um ihrem Auto den letzten Schliff zu geben. Das Vorurteil von teuren Bussen und Bahnen kollidiert auf merkwürdige Weise mit der Tatsache, daß gleichzeitig immer wieder behauptet wird, gerade die einkommensschwächeren Gruppen wie Rentner, Arbeitslose, Schüler und Studenten gehörten zu den klassischen Kunden von Bussen und Bahnen. Insgesamt geht das schlecht zusammen: einerseits zu teuer, andererseits bevorzugt genutzt von den weniger gut Verdienenden.

An diesem Vorurteil sind jedoch die Verkehrsbetriebe selbst nicht schuldlos. Preisgestaltung und -erhöhungen sind immer eine sensible Sache und müssen besonders gut überlegt sein, wenn ein Anbietermonopol besteht und ein Grundbedürfnis abgedeckt wird. Am öffentlichen Verkehrsmarkt herrschen solche Sonderbedingungen. Qualität und Preis, mit denen der öffentliche Verkehr am Verkehrsmarkt antritt, sind nicht durch den Wettbewerb verschiedener Anbieter bestimmt, sondern durch das Monopol der Verkehrsbetriebe und den Willen der politischen Mehrheiten in den entscheidenden Gremien. Das ist ein wichtiger Unterschied zum sonstigen Waren- und Dienstleistungsmarkt, auf dem verschiedene Anbieter mit billigen und teuren Angeboten untereinander konkurrieren und damit für eine gewisse Preisdisziplin sorgen. Billigpreisangebote und gelegentliche spektakuläre Preissenkungen gehören zum Repertoire, mit dem Anbieter Bewegung in die Nachfrage zu bringen versuchen. Am öffentlichen Verkehrsmarkt gibt es solche Korrektive nur, wenn die Spielräume für aktives, offensives Marketing genutzt werden. Doch Ideen in diese Richtung waren lange nicht gefragt. Statt dessen schien es viel einfacher, dem verbleibenden Kundenstamm jeweils das maximal Mögliche abzuverlangen und soziale Härten durch Sonderregelungen abzufangen. Tarifpolitik als Anreiz und Mittel der Marktexpansion wird von den Verkehrsbetrieben beharrlich für untauglich gehalten, vernünftige Öffentlichkeitsarbeit und kundenfreundliches Marketing werden nicht geleistet. Auf diese Weise wird der stereotypen und unkundigen Wehklage über den zu teuren öffentlichen Verkehr nichts entgegengesetzt. Beispiele für ungeschickte Preisgestaltung und -erhöhungen gibt es genug. Seit 1980 sind etwa im Bereich des Verkehrsverbundes Rhein-Ruhr die Preise im öffentlichen Verkehr um 46 Prozent gestiegen. Die allgemeinen Lebenshaltungskosten nahmen in dieser Zeit nur um 21 Prozent zu. In Nordrhein-Westfalen insgesamt betrug in diesem Zeitraum der Anstieg der Autokosten 29 Prozent gegenüber einem Anstieg der Fahrkosten bei Bussen und Bahnen von 39 Prozent. Besonders ärgerlich werden solche Preissteigerungen bewertet, wenn sie für die Kunden ohne erkennbare Qualitätsverbesserung erfolgen oder wenn sich trotz Preissteigerungen Netzdichte und Zeittakte sogar noch ständig verschlechtern. Bei solcher Preispolitik sind Proteste, negative Kommentare in den Medien und Abwanderungsreaktionen bzw. Abschreckungseffekte vorprogrammiert. Das kollektive Gefühl wird übermächtig, hier werde Preistreiberei ohne Sinn und Verstand betrieben und die Monopolstellung von Bussen und Bahnen ausgenutzt. Zeitweise haben schlechtbegründete Preiserhöhungen bei Bussen und Bahnen sogar eine Art »Volksbewegung« gegen die Politik der Verkehrsbetriebe mobilisiert, so etwa bei den seinerzeit bundesweit beachteten Kundenstreiks und »Rote-Punkt-Aktionen« Ende der 60er Jahre, die in Hannover immerhin in einer Kehrtwendung der Startpunkt einer neuen Nahverkehrspolitik wurden.

Von vielen Politikern, Planern und Managern der Verkehrsbetriebe wird nach wie vor nicht begriffen, daß die Preisfrage und ihre Transparenz eine beachtliche Rolle für die Akzeptanz des Systems und die Motivation zur Nutzung von Bussen und Bahnen spielen. Noch immer stehen isoliert gewonnene und falsch interpretierte Erfahrungen einer solchen Einsicht im Weg. Zu »Kronzeugen«, daß ein niedriger Preis nichts für eine stärkere Attraktivität von Bussen und Bahnen bringt, werden beispielsweise immer wieder die eigenen Mitarbeiter der Nahverkehrsbetriebe erkoren. Trotz Freifahrkarte kommen viele von ihnen mit dem Auto zur Arbeit, weil ihnen die Verkehrsbetriebe gleichzeitig zum Nulltarif auf dem Betriebsgelände Parkplätze anbieten. Bestätigt sah man sich auch durch verschiedene kleine Tarifexperimente einzelner Verkehrsbetriebe, mit denen man in den 60er und 70er Jahren für ausgewählte Linien, meist nur wenige Wochen und ohne viel Werbeaufwand, mehr Fahrgäste in die Busse und Bahnen zu bringen versuchte. Meist wurde dann triumphierend festgestellt, daß trotz solcher Bemühungen keine erdrutschartigen Verhaltensänderungen erzielbar seien. So blieb man getrost beim alten Trott einer behäbigen, ideen- und risikoscheuen, allein auf betriebsinterne Kostenminimierung abgestellten Preis- und Marketingpolitik. Die seit Jahren anderswo erzielten Erfolge einer offensiven Preispolitik mit stark rabattierten Sonderangeboten und Umweltabonnements wurden ignoriert oder mit möglichst vielen Vorbehalten madig gemacht. Viele Jahre brauchte es, ehe dann in den Spitzenverbänden des öffentlichen Verkehrs eine ernsthafte Auseinandersetzung über eine attraktivere Preispolitik begann.

Die bisher übliche Preispraxis im öffentlichen Verkehr basiert auf einem hohen Anteil von Einzelfahrscheinen und Streifenkarten. Die damit verbundene Barbezahlung jeder oder fast jeder Fahrt ist psychologisch äußerst nachteilig. Die häufige Geldausgabe erzeugt den »Out of pocket«-Schmerz, das ungute Gefühl, man müsse andauernd zuviel bezahlen. Daraus folgt die sparsame Nutzung oder der generelle Nutzungsverzicht. Beim Auto dagegen geht das anders, da hat man nach der finanziellen Hürde der Anschaffung nur in größeren Abständen für die fixen Betriebskosten zu zahlen, macht dabei »Ausgaben auf Vorrat«, die einem kein Gefühl für die wirklichen Kosten jeder einzelnen Fahrt vermitteln. Beim Sonntagsausflug mit Familie ist das dicke Minus vom letzten Tanken, von der letzten Steuer- oder Versicherungsrate oder der letzten Autoreparatur längst vergessen.

Beim öffentlichen Verkehr sind nur die Inhaber von Zeitkarten vom permanenten Zahlungszwang befreit, sie kaufen Mobilität ebenfalls auf Vorrat und sogar, noch besser, innerhalb der Gültigkeitszeit auf unbegrenzten Gebrauch. Während der fahrleistungsproportionale Benzinverbrauch dem unbegrenzten Mobilitätsdrang der Autofahrer eine Grenze setzt, kann man mit seiner Zeitkarte ohne Mehrpreis beliebig oft und im abgedeckten Tarifraum auch beliebig weit herumfahren. Die Verkehrsbetriebe, die ihren Zeitkartenmarkt ausbauten, haben deshalb auch ihre Erfolge. In der Schweiz werden weit mehr Zeitkarten im öffentlichen Verkehr verkauft als hierzulande, und dementsprechend sitzen die Schweizer auch häufiger in Bussen und Bahnen. Sie kommen im Schnitt pro Jahr und Kopf in den Großstädten auf bis zu viermal mehr solcher Fahrten als vergleichbare deutsche Großstädte. In Deutschland dagegen hat man sich um einen möglichst hohen Anteil von Zeitkarten bisher nicht bemüht. Die Wochen-, Monats- und Jahresnetzkarten werden preislich wenig rabattiert und werbemäßig kaum vermarktet, so daß ihr Anteil stets gering ist. Lediglich die Streckenzeitkarten werden stärker propagiert. Dies wiederum verdeutlicht das merkwürig enge Selbstverständnis der Verkehrsbetriebe. Denn die Streckenzeitkarte definiert nur eine Wegbeziehung, taugt damit nur für einen regelmäßigen Arbeits- oder Ausbildungsweg und bietet darüber hinaus keine Flexibilität.

Diese Zurückhaltung der Verkehrsbetriebe ist kleinkariert und entspringt der Angst, die Leute würden Busse und Bahnen andernfalls zu oft benutzen, als Dauergäste würden sie zuviel Arbeit machen und im Verhältnis dazu zuwenig Geld bringen. Dabei wird völlig übersehen, daß Dauerkunden die Betriebskosten für Fahrkartenverkauf und -kontrolle minimieren und die Nachfrage maximieren. Nichts sorgt wirkungsvoller für eine intensive Werbung als Busse und Bahnen mit vielen Fahrgästen zu allen Tageszeiten.

Noch ist der Barzahler im deutschen öffentlichen Nahverkehr die Norm. Je nach Reiselänge sind verschiedene Preisstufen festgesetzt. Tarifsysteme mit Einheitspreisen sind mehr und mehr abgeschafft worden. Durch die vielen Preisstufen und tariflichen Besonderheiten, zum Beispiel je nach Tageszeit und Personengruppe, wird das Tarifsystem sehr kompliziert. Kaum ein Fahrgast blickt mehr durch, und oft verheddert sich auch das Personal im Dickicht der Tarifbestimmungen. Viel Ratlosigkeit herrscht deshalb heute beim Fahrscheinerwerb und der Entwertung der Streifenkarten unter den Fahrgästen, bei Kindern, alten Menschen, Ausländern und Ortsfremden erst recht. Zu diesem für den Fahrgast umständlichen Zahlvorgang pro Fahrt kommen weitere Beförderungsrestriktionen dazu. Fahrten mit Einzelfahrschein oder Streifenkarte müssen innerhalb einer gesetzten Frist beendet sein. Nur ein Teil der Fahrscheine berechtigt zum Umsteigen. Teilweise verbieten die Beförderungsbestimmungen für Einzelfahrscheine und Streifenkarten, daß man seine Fahrt unterbricht. Wer zu früh aussteigt, muß für das letzte Stück einen neuen Fahrschein lösen. Auch darf man mit demselben Fahrschein nicht zurück- oder im Kreis fahren, sondern muß in dem Fall neu bezahlen. Diese komplizierten Tarifsysteme bilden einen extremen Kontrast zu dem früher üblichen Einheitspreis. Noch heute arbeiten vor allem in den Ostblockländern, aber auch in der Schweiz viele Nahverkehrsbetriebe mit einem Einheitspreis. Der scheint zwar zunächst ungerechter, weil er kurze und lange Strecken in einen Topf wirft, doch gleicht sich das bei regelmäßiger Benutzung von Bussen und Bahnen für fast jeden Bürger aus. Je größer im übrigen der regelmäßige Anteil der Zeitkarteninhaber ist, desto bedeutungsloser wird die Frage der Gerechtigkeit bei Einzelfahrten. Außerdem kommt es kaum darauf an, ob ein Fahrgast ein paar Haltestellen länger oder kürzer in Bus oder Bahn mitgenommen wird, sondern ob er überhaupt damit fährt. Einen exakten Taxametertarif, der den Fahrpreis genau nach gefahrener Strecke berechnet, gibt es bei Bussen und Bahnen ohnehin nicht.

In der ganzen sonstigen Wirtschaft gibt es kein Produkt, das ähnlich kompliziert für den Kunden angeboten wird. In Analogie zum Einkauf im Supermarkt würde die heutige Tarifpraxis der Verkehrsbetriebe bedeuten, daß die Waren nicht mit Preisen ausgezeichnet sind, sondern daß man seinen Preis jeweils aus einer Liste oder einem Systemplan der Regale heraussuchen muß, dann an der Kasse selbst die Rechnung durch den richtigen Tastendruck ausstellen und hierfür weiter das möglichst abgezählte Geld in einen Automaten werfen muß. Kein Mensch würde in einem solchen Supermarkt gerne einkaufen: Rationalisierung und Selbstbedienung haben ihre Grenzen. Eine mit komplizierten und zeitaufwendigen Anforderungen überfrachtete Selbstbedienung schreckt ab, hemmt die Nutzung. So muß das bisherige Tarifsystem gründlich vereinfacht und kundenfreundlich umgestaltet werden. Dazu gehört auch, daß im Tarifsystem eine Antwort auf zwei wichtige Autoeigenschaften gefunden wird. Das Auto ist übertragbar, das heißt, mehrere Mitglieder eines Haushalts oder einer Gruppe können sich ein Auto teilen. Und das Auto bietet Mitnahmemöglichkeiten, das heißt, man kann ohne Mehrkosten andere Personen in einem Auto mitnehmen. Innovative Verkehrsbetriebe anderer Länder haben deshalb als weitere »Trümpfe« einer kundenfreundlichen Tarifgestaltung die Übertragbarkeit von Zeitkarten und die Möglichkeit, jemand auf Zeitkarte zusätzlich mitzunehmen, entwickelt und damit neue Nutzergruppen gebunden. Auch solche Tarifinnovationen wurden von deutschen Verkehrsbetrieben bislang ignoriert. Statt dessen perfektionierte man mit hohem Verwaltungsaufwand für die Verkehrsbetriebe und mit hohem Umstand für die Kunden die Nichtübertragbarkeit durch die Absicherung einer zweifelsfreien Identifizierung mit Ausweis, Unterschrift, Lichtbild etc. Auch gewährte man bislang Gruppen, Begleitpersonen oder Familienmitgliedern keine Vergünstigungen im deutschen Nahverkehr. Die Bundesbahn hat nur im Fernverkehr entsprechende Tarifelemente mit spürbaren Familienrabatten bei Mitnahme von Kindern, gemeinsamer Fahrt von Eheleuten oder bei der Gruppenreise eingeführt. Für den Nahverkehr hat auch sie solche Tarifelemente bislang ausgeschlossen.

Das ungerechte Gerede vom Defizit und die verschwiegenen Subventionen des Autoverkehrs: Unvernunft im finanziellen Umgang mit dem öffentlichen Verkehr

Jedes Jahr aufs neue findet in den Aufsichtsgremien der Verkehrsbetriebe und in den zuständigen Parlamentsgremien von Bund, Ländern und Gemeinden unter lautstarker Begleitung durch die Medien das gleiche Ritual um das Defizit statt. Aus der betrieblichen Kostenrechnung werden die Einnahmen und Ausgaben bilanziert und daraus der Kosten(unter)deckungsgrad bestimmt. Dieses sogenannte Defizit wird dann vorwurfsvoll und hämisch kommentiert: Der öffentliche Verkehr sei »ein Faß ohne Boden«. 1984 mußten die kommunalen Gebietskörperschaften zum Beispiel 1,64 Milliarden Mark aufbringen, um die Fehlbeträge der Verkehrsbetriebe auszugleichen, hinzu kamen noch 1,05 Milliarden Mark der Länder sowie 3,69 Milliarden Mark des Bundes für sogenannte gemeinwirtschaftliche Leistungen von Bussen und Bahnen. Die Kostendeckungsgrade sind von Verkehrsbetrieb zu Verkehrsbetrieb sehr verschieden, erreichen aber auch bei den erfolgreicheren großen Verbundunternehmen selten mehr als 60 Prozent. Für das Image von Bussen und Bahnen hat dieses regelmäßige Anprangern als ungeliebter Zuschußbetrieb fatale Folgen. Die Kämmerer bzw. Finanzminister lamentieren immer lauter über die Kostenlast des Defizitausgleichs. »Der öffentliche Verkehr ist nicht mehr finanzierbar«, heißt es dann. Und schnell sind die Forderungen zur Hand, durch Angebotsabbau Kosteneinsparungen zu erzielen. Das Gerede vom Gesundschrumpfen macht dann konstant die Runde. Sogenannte unwirtschaftliche Angebotsteile sollen stillgelegt werden, um mit den restlichen attraktiveren Filetstükken einen konzentrierten Rumpfbetrieb zu fahren. Vor allem die Bundesbahn führt seit Jahrzehnten diese Tragödie vom Schrumpfen vor und wird damit ihrer eigentlichen Transportaufgabe, im Personen- wie im Güterverkehr ein flächendeckend attraktives Mobilitäts- und Transportangebot bereitzustellen, immer weniger gerecht. Doch auch die kommunalen Verkehrsbetriebe vollziehen stufenweise den Angebotsabbau. Durch dieses Defizitritual wachsen bei Politikern und Medien stetig die Aversionen gegen den öffentlichen Verkehr. Wer engagiert sich schon gern für einen stigmatisierten Zuschuß- und Schrumpfbetrieb?

Dabei wird ohne Sinn und Verstand, ohne Fairneß und ohne volkswirtschaftliche Vernunft mit dem Thema hantiert. Ein sachgerechter Vergleichsmaßstab zur Bestimmung der Wirtschaftlichkeit der verschiedenen Verkehrssysteme wird nicht angelegt. Die gesellschaftlichen Aufgaben und vielfältigen Nutzen des öffentlichen Verkehrs für die Städte, die Umwelt und die Wirtschaft bleiben außer Betracht. Zwischen den laufenden Betriebskosten und den generellen Infrastrukturkosten wird nicht ausreichend getrennt, obwohl dies sonst in der Haushaltssystematik üblich ist. In vielen anderen Bereichen ist die Bereitstellung der Infrastruktur klar als staatliche Aufgabe definiert. Dort werden die Infrastrukturkosten aus der Betriebskostenberechnung herausgehalten. Der Begriff Defizit ist für eine gesellschaftliche Pflicht ohnehin ziemlich unpassend. Das Bildungswesen, der Verteidigungsbereich und die Polizei hätten nach diesem Maßstab des simplen Bilanzierens von Einnahmen und Kosten hohe Defizite. Trotzdem finanziert der Staat diese aufwendigen Aufgaben, weil sie als unverzichtbar gelten. Solche anerkannten Aufgabenfelder der Daseinsvorsorge brauchen ihren Nutzen nicht vorrangig durch das Erzielen von direkten Einnahmen nachzuweisen. Bildung wird nicht durch Eintrittsgeld für Schüler, Verteidigung und innere Sicherheit werden nicht durch »Wehr- oder Polizeigeld« derjenigen, die Sicherheit für wichtig halten, finanziert. Daß auch Busse und Bahnen zur Daseinsvorsorge gehören, daß ohne sie Wirtschaft, Handel und Gesellschaft nicht funktionieren könnten, daß Städte und Umwelt vollends ruiniert würden, wird von Politik, Planung und Medien nicht entsprechend honoriert. Man betrachtet öffentlichen Verkehr fälschlicherweise als eine disponible Aufgabe, die man beliebig einschränken kann, eine Art Luxus, auf den man auch verzichten kann, wenn er sich nicht durch die Einnahmen selber trägt. Die Mehrheit der Bürger ist dagegen von der Unverzichtbarkeit des öffentlichen Verkehrs überzeugt. Das belegen immer wieder die Ergebnisse von Befragungen über dringliche gesellschaftliche Aufgaben. Die Bürger halten weitere Einsparungen beim öffentlichen Verkehr durchweg für unvertretbar, nur 11 Prozent sprechen sich hierfür aus, 57 Prozent sind eindeutig dagegen. Die Politiker erwarten ein ganz anderes Votum der Bürger: Sie unterstellen, daß dreimal mehr Bürger für Einsparungen beim öffentlichen Verkehr wären. Vor eine Entweder-oder-Entscheidung gestellt, sind 70 Prozent aller Bürger für eine Förderung von Bussen und Bahnen, nur 30 Prozent wünschen eine Priorität für den Autoverkehr. Auch dieses reife Urteil trauen die Politiker den Bürgern nicht zu: Sie vermuten, daß doppelt so viele Bürger eine Priorität für den Autoverkehr fordern würden.

Bislang hat die Politik nicht den öffentlichen Verkehr, sondern den Straßenbau zur bevorzugten, unverzichtbaren verkehrspolitischen Aufgabe erklärt und dazu in verschiedenen Gesetzen zur Planung und Finanzierung Automatismen festgelegt, die für eine stets expandierende Autoverkehrsinfrastruktur sorgen. Die Erstellung, Pflege und Unterhaltung der Straßeninfrastruktur in Bund, Ländern und Gemeinden wird mit staatlichen Mittel finanziert, ohne daß nach einer Kostendeckung gefragt wird. Regeln zur Bestimmung der Wirtschaftlichkeit des Straßenverkehrs sind bis heute nicht definiert. Sein Defizit gilt als gesellschaftliches Tabuthema, das allenfalls von den Umweltverbänden aufgeworfen wird. Die Bundesregierung dagegen hat auf wiederholte Anfragen stets erklärt, sie sehe sich nicht in der Lage, die effektiven gesamtgesellschaftlichen Wegekosten des Autoverkehrs und seinen Kostendeckungsgrad zu errechnen. Es gilt als selbstverständlich, daß Bund, Länder und Gemeinden jährlich Milliardenbeträge für Investitionen im Straßen- und Parkplatzbau, für Unterhaltung der Straßen und die Aufrechterhaltung des Autoverkehrs bereitstellen. Das Ergebnis einer Kosten- und Gewinnrechnung wäre für die bisherige Politik entlarvend. Der Autoverkehr ist für die öffentlichen Haushalte ein beträchtlicher Zuschußbetrieb. Die über Kraftfahrzeug- und Mineralölsteuer von 1965 bis 1984 erzielten Einnahmen (abzüglich der Steuerausfälle durch die Kilometerpauschale) von 360 Milliarden Mark decken noch nicht einmal den direkten Kostenaufwand des Straßenverkehrs (Kosten für Straßenwesen und Verkehrspolizei) von 388 Milliarden Mark ab. 28,2 Milliarden Mark beträgt das Defizit für diesen Zeitraum. Unter Berücksichtigung der beim öffentlichen Verkehr in die Defizitberechnung mit einbezogenen kalkulatorischen Schuldzinssätze ergibt sich daraus ein direktes Defizit von 41,9 Milliarden Mark. Erst recht nicht in das politische Defizitkalkül umgesetzt werden die gesellschaftlichen Folgekosten und insbesondere die Umweltfolgekosten des Autoverkehrs, unter denen unsere Gesellschaft zunehmend zu leiden hat. Aus den bislang hierzu von der Wissenschaft ermittelten Werten ergeben sich zusätzlich jährliche Belastungen von ca. 50 Milliarden Mark bei enger Beschränkung auf die Hauptschadensfolgen und ca. 90 Milliarden Mark bei Einbeziehung aller autobedingten Umweltschäden. Daraus resultiert, daß für jede Mark, die die öffentliche Hand zur Förderung und Aufrechterhaltung des Autoverkehrs ausgibt, etwa 4 Mark an gesellschaftlichen und umweltbezogenen Schadenskosten im Bereich des Gesundheitswesens, Umweltschutzes, Städtebaus etc. anfallen. Der Fiskus in Bund, Ländern und Gemeinden versteckt diesen Fehlbetrag schön aufgesplittet in anderen Etats, ohne einen umfassenden Überblick zu geben. Weil nicht genau gerechnet und klargestellt wird, ist es auch nicht schwer, die Tatsachen zu verdrehen. Da gelingt es dann dem ADAC beharrlich, die Autofahrer als Melkkuh der Nation hinzustellen. Mit solchen publikumswirksamen Verdrehungen hofft man einerseits eine höhere finanzielle Belastung des Autoverkehrs, die nach dem Verursacherprinzip längst angezeigt ist, abzuwehren und andererseits den Staat zu noch mehr Investitionen in den Autoverkehr anzuspornen.

Bei soviel blindem Wohlwollen für den Autoverkehr sind Politik und Planung nicht bemüht, den Nutzen von Bussen und Bahnen in Mark und Pfennig zu ermitteln und auf der Habenseite zu verbuchen. Es gibt kaum Studien und Berechnungen hierzu. Nur für Berlin hat das deutsche Institut für Urbanistik aktuell und detailliert eine solche Ermittlung vorgenommen. Danach verursacht jeder Personenkilometer Autofahrt in Berlin gegenwärtig 0,71 Mark an gesellschaftlichen Kosten. Im Vergleich dazu sind die Kosten mit 0,39 Mark pro Personenkilometer Bus- und Bahnfahrt nur in etwa halb so hoch. Im Klartext heißt das, daß vor allem der Autoverkehr die öffentlichen Haushalte belastet und daß diese Belastung nur mit einer effektiven Förderung von Bussen und Bahnen abgebaut werden kann. Es ist grotesk, daß sich die Verkehrsbetriebe selber um eine solche Klarstellung nicht bemüht haben und sich sogar im Gegenteil immer wieder die völlig verdrehte Defizitdiskussion aufdrängen lassen. Die Düsseldorfer Rheinbahn und die Mannheimer Verkehrs AG sind die ersten deutschen Verkehrsbetriebe, die endlich »den Spieß umgedreht haben«. Die Rheinbahn verweist in einem in hoher Auflage verteilten Faltblatt auf das jährliche Defizit des Autoverkehrs. Um dieses Defizit abzudecken, müsse der Liter Treibstoff eigentlich fünf Mark kosten. So wird aus der angeblichen »Melkkuh« Auto plötzlich ein »Parasit«, der den Fiskus auf Umwegen gewaltig aussaugt. Und in einer Broschüre der Mannheimer Verkehrs AG wird Bürgern und Politikern vorgerechnet, daß in Mannheim jede Mark, die für Busse und Bahnen investiert wird, eine Mark an gesellschaftlichem und umweltpolitischem Gewinn abwirft. Der jährliche Gewinn für Mannheim durch die Arbeit der Verkehrsbetriebe sei also doppelt so hoch wie der sogenannte »betriebliche Verlust«. Solche Klarstellungen möchte man auch der Bundesbahn und den übrigen Verkehrsbetrieben empfehlen, um das naive Gerede vom Defizit bei Bussen und Bahnen zu beenden.

Die Rheinbahn verweist selbstbewußt auf ihren Nutzen für die Stadt Düsseldorf und daß sie hilft, viele Folgekosten des kaum noch bezahlbaren Autoverkehrs zu sparen.

Über die bisherige Argumentation hinaus gibt es weiter eine Reihe offener und versteckter Subventionen, mit denen der Autoverkehr systematisch bevorteilt und der öffentliche Verkehr benachteiligt wird. Das geht los mit der steuerlichen Absetzbarkeit der Autokosten. Die sogenannte »Kilometerpauschale« ist seit Einführung ein äußerst ungerechtes System, das dem Autofahrer besondere finanzielle Vorteile bietet. Verglichen mit den Erstattungsbeträgen für Fahrradnutzung und Nutzung von Bussen und Bahnen, ist es immer vorteilhafter, beim Finanzamt die Autonutzung (und sei es auch nur die angebliche) geltend zu machen. Das ist der Grund, warum bei amtlichen Verkehrsbefragungen im Rahmen der Volkszählung auch immer ein viel höherer Autoanteil herauskommt als bei nichtamtlichen. Natürlich verführt der Steuervorteil viele Bürger, ihr Auto für den Weg zur Arbeit auch tatsächlich vorzuziehen. Immer wieder ist wegen solcher Ungerechtigkeiten die verkehrsmittelneutrale Entfernungspauschale gefordert worden, die alle Verkehrsmittel gleich behandelt. Doch weil die politische Einsicht fehlt und der Druck der Autolobby übermächtig ist,

ist hier bisher nichts geändert worden.

Ein klassisches Beispiel für die stille Subvention des Autoverkehrs ist die Behandlung der Parkierungskosten durch Handel und Arbeitgeber. Seit den 60er Jahren haben viele Kaufhäuser und sogenannte Werbegemeinschaften des Handels sich Belohnungen für Autokunden ausgedacht. Zunächst werden den Autofahrern die Parkgebühren bei einem Einkauf ab einem bestimmten Warenwert ersetzt. Natürlich werden die hierfür entstehenden Ausgaben zu den Betriebskosten gerechnet und damit auf die Preise aufgeschlagen. Alle anderen Kunden, die zu Fuß, mit dem Fahrrad und mit Bussen und Bahnen kommen, subventionieren also die Parkkosten der Autokunden. Jahrzehntelang hat diese Regelung kein Verkehrspolitiker oder Handelsfunktionär als ungerecht empfunden. Es galt als zweckmäßiges Geschäftsziel, möglichst viel Autoverkehr in die Innenstädte und vor die Ladentür zu locken. Kein Vertreter von Bussen und Bahnen hat dagegen protestiert oder vergleichbare Regelungen für seine Kunden anzuregen versucht. Es hat am Ende 25 Jahre gebraucht, bis einige umweltorientierte Kaufleute nun auch Bus- und Bahnbenutzer honorieren. Dieses Recht mußten sie sich sogar erst noch juristisch erkämpfen, weil autoverblendete »Wettbewerbshüter« anders als bei der Parkgebührenerstattung hier einen unlauteren Vorteil sehen wollten. Inzwischen haben allein in Köln 36 Händler statt der Parkkostenerstattung die Fahrscheinerstattung für mit Bussen und Bahnen angereiste Kunden eingeführt. Die Verkehrsbetriebe sahen dieser Entwicklung zunächst eher ungläubig zu, ehe sie sich dann zu einer generellen Zustimmung zu solchen Initiativen verständigten, freilich ohne mit eigenen aktiven Bemühungen nachzusetzen.

Auch grundsätzlich wird das Parken von Staat und Wirtschaft massiv subventioniert. Jeder Parkplatz kostet Grunderwerbs-, Anlage- und Unterhaltskosten, Finanzierungs- und Abschreibungskosten, erst recht, wenn hierfür aufwendige Tiefgaragen, Parkhäuser etc. notwendig sind. Je nach Bauform kommen dabei monatlich schon bei ebenerdigen Plätzen leicht 30 Mark, bei aufwendigen Garagenbauten auch 100 bis 150 Mark zusammen. Doch die Wirtschaft verlangt dafür keine Kostenerstattung. Diese Kosten werden ganz selbstverständlich bei den Betriebskosten versteckt und am Ende auf alle Beschäftigten und Kunden über die Preise bzw. die Löhne weitergegeben. Über die damit verbundene Ungerechtigkeit spricht man nicht. Vergleichbare Vergünstigung für die Benutzer öffentlicher Verkehrsmittel gibt es nicht. So werden auch hier die Autofahrer einseitig von allen subventioniert. Dagegen werden die Verkehrsansprüche der übrigen Verkehrsarten von den Betrieben meist ignoriert, die Erreichbarkeit der Arbeitsplatz- und Geschäftsstandorte mit Bussen und Bahnen, zu Fuß und mit Fahrrädern wird für nachrangig bewertet. Wegen solcher Ungleichbehandlungen gehen die Betriebsräte, die Gewerkschaften und die Verkehrsbetriebe nicht auf die Barrikaden. Niemand fordert statt der einseitigen Subventionierung der Auto fahrenden Beschäftigten eine gleichwertige Prämiierung von Monats- oder Jahreskarten. In anderen Ländern, zum Beispiel Japan oder Frankreich, ist diese Praxis längst eingeführt.

Das aktuellste Beispiel einer isolierten autofreundlichen Subvention ist der steuerliche Vorteil bei der Anschaffung abgasarmer Neuwagen. Hier wird der Auto*kauf* direkt subventioniert, obwohl für die Umwelt wesentlich entscheidender wäre, wenn der Auto*verzicht* steuerlich begünstigt würde, zum Beispiel durch eine Steuerprämie beim Kauf von Jahresnetzkarten der Bundesbahn und der Nahverkehrsbetriebe. Doch nichts dergleichen ist in der Verkehrs- und Umweltpolitik entwickelt worden, nichts auch von den Verkehrsbetrieben gefordert worden, kein Protest gegen diese massiven Wettbewerbsverzerrungen zugunsten des Autos regt sich. Statt dessen wird die steuerliche Förderung des Autoverkehrs unter dem Mäntelchen der Katalysatortechnik zur umweltpolitischen Großtat hochstilisiert, trotz des Fortbestands aller übrigen Umweltschäden auch bei Kat-Autos. Das einzig Sinnvolle, den umweltbelastenden Autoverkehr so weit wie möglich durch eine massive Fördung von Bussen und Bahnen abzubauen, wird steuerlich nicht begünstigt.

Aller Anfang dieser beständigen finanziellen Bevorzugung des Autoverkehrs liegt bereits in den Verkehrsinvestitionen. 80 Prozent aller Verkehrsausgaben von Bund, Ländern und Gemeinden gehen in den Autoverkehr, nur 20 Prozent erhält der öffentliche Verkehr. Autobahnen, Bundes- und Landesstraßen werden den Regionen vom Baulastträger geschenkt, obwohl sie tatsächlich in hohem Maße dem Lokal- und Regionalverkehr dienen. Eine gutgeölte Finanzierungsmaschinerie sorgt mit ihren jährlich hochdotierten Ausbauprogrammen für immer weiteren Netzausbau. Bei den Investitionen in den Schienenverkehr dagegen fehlt ein vergleichbar attraktives Füllhorn, werden die Regionen, Städte und Gemeinden mit beträchtlichen eigenen Anteilen zur Kasse gebeten. Verglichen mit dem Netzausbau von Autobahnen, Bundes- und Landesstraßen, hat die Bundesbahn kaum investive Spielräume für systematischen Netzausbau und -verdichtung und muß einen Großteil ihrer Investitionen über den Kapitalmarkt finanzieren. Dadurch wird sie von einer Zinslast von über 40 Milliarden Mark in ihrem Investitionsspielraum eng begrenzt. Straßenbau und -unterhaltung sind gesetzliche Pflichtaufgaben aller Gebietskörperschaften, öffentlicher Verkehr ist eine freiwillige Küraufgabe. Kein Wunder, daß auch in den Köpfen vieler lokaler und regionaler Politiker und Planer daher die Straßen eindeutige Priorität haben und wenig Ehrgeiz für den Ausbau des öffentlichen Verkehrs entwickelt wird.

Im Bau- und Erschließungsbeitragsrecht gehen die Ungerechtigkeiten weiter. Jeder Bauherr hat Erschließungsbeiträge zu entrichten. Doch diese dienen vornehmlich der autogerechten Verkehrsanbindung des Grundstücks. Auf seinem Grundstück hat der Bauherr für ausreichende Autostellplätze zu sorgen oder, wenn dies nicht möglich ist, dafür die sogenannten Ablösebeiträge zu bezahlen. Der öffentliche Verkehr kommt dagegen im Erschließungsrecht nicht vor. Die Verkehrsbetriebe erhalten nichts von den Erschließungsbeiträgen. Der Bauherr braucht für die Verkehrsanbindung an Busse und Bahnen nichts zu leisten. Ohne Straßenanbindung und Parkplätze kann ein Bebauungsplan nicht genehmigt werden, wohl aber ohne Anschluß an Busse und Bahnen. Die Zahl der erforderlichen Stellplätze und der notwendigen Fahrbahnflächen unterliegt festen Richtwerten. Für die Erschließungsqualität durch ein dichtes Netz von Linien und Haltestellen für Bussen und Bahnen sowie für einen angemessenen Zeittakt ist nichts geregelt. So ist der Staat mit seiner gesamten Verkehrspolitik bei der Erstellung der Verkehrsinfrastruktur sowie bei fast allen Subventionseingriffen und gesetzlichen Eingriffen massiv auf eine Förderung des Autoverkehrs auf Kosten des öffentlichen Verkehrs ausgerichtet. Er verwehrt damit Bussen und Bahnen angemessene, faire Konkurrenzbedingungen und gibt gleichzeitig dem unhaltbaren Gerede vom Defizit des öffentlichen Verkehrs immer neue Nahrung.

KAPITEL 2

Eigenschaften von Bussen und Bahnen und ihren Benutzern: zuwenig beachtet als Basis für Marktstrategien

Der Systemcharakter von Bussen und Bahnen hat bei offensiver Pflege viele Vorteile

Der Hinweis auf eine große Zukunft für Busse und Bahnen stößt meist auf Unglauben und Ablehnung. Die Skeptiker haben schnell ihre Negativbeispiele für die geringe Attraktivität und Konkurrenzfähigkeit des öffentlichen Verkehrs parat. Diese Negativbeispiele taugen jedoch allenfalls, um zu zeigen, wie es Verkehrsplanung und -politik hier und dort bereits geschafft haben, den öffentlichen Verkehr herunterzuwirtschaften. Was Busse und Bahnen bei engagierter Förderung und entsprechenden Prioritäten leisten können, welche Nutzerpotentiale sie haben und welche Vorteile sich dadurch für die Städte und Umwelt ergeben, kann man daran nicht erkennen. Hierfür muß man schon erfolgreiche Beispiele guter Angebotsstrukturen studieren. Zusätzlich berücksichtigen viele Kritiker nicht, wie vielfältig und differenziert der öffentliche Verkehr organisiert werden kann. Er umfaßt weit mehr Angebotsformen und Systemelemente, als gegenwärtig in den meisten Regionen der Bundesrepublik zur Anwendung kommen. Vor allem die sogenannten flexiblen Angebotsformen wie Anrufsammeltaxi, Bürgerbus, Rufbus etc., aber auch neue erfolgreiche Angebote der Bahn wie zum Beispiel die City-Bahn werden meist vergessen oder in ihren Möglichkeiten unterschätzt. Bisher ist es der größte Mangel des Managements der Verkehrsbetriebe, daß sie die Spielräume und hervorragenden Eigenschaften des öffentlichen Verkehrssystems nicht herausstellen und deshalb auch nicht für eine künftig verbesserte planerische und politische Ausgestaltung dieses Systems kämpfen. Dies muß sich grundsätzlich ändern, will man am Verkehrsmarkt bestehen und der handfesten Legendenbildung rund um die Automobilität ernsthaft begegnen.

Öffentlicher Verkehr: nicht nur für Korridore, sondern auch für hohe Flächenerschließung geeignet

Bei öffentlichem Verkehr denken Politiker und Planer zunächst nur an Linienverkehr mit festem Verlauf, festen Haltepunkten und festem Fahrplan. Aufgrund solcher »Notwendigkeiten« zu starrer Festlegung könne der öffentliche Verkehr nur für aufkommensstarke regelmäßige Personenverkehrsströme in den Hauptverkehrszeiten und in dichtbebauten Korridoren der Ballungsräume und großen Städte attraktiv und effektiv organisiert werden. Für die Gebiete abseits solcher Korridore, für kleinere Städte, ländliche Räume und die sogenannten Schwachverkehrszeiten gebe es eine unschlagbare Überlegenheit des Autoverkehrs. Bei der Flächenerschließung habe deshalb der öffentliche Verkehr keine Chance und müsse sich auf die hoffnungslose Randrolle als Restverkehr für »Autolo-

se« beschränken. Mit dem Begriff Massenverkehr verbinden sich dabei Vorstellungen von langen Zügen, S-Bahnen, Stadtbahn und Großraum-Gelenkbussen, also einer teuren Großinfrastruktur.
Doch öffentlicher Verkehr kann auch anders und flexibler abgewickelt werden. Dazu gehören kleinere Fahrzeuge, eine sensible Taktgestaltung und eine bedarfsorientierte Betriebsorganisation. Auf diese Weise organisiert man auch in der weniger verdichteten Fläche von innenstadtfernen Stadtteilen, kleineren Städten, dünnbesiedelten Wohngebieten und Dörfern einen attraktiven Nahverkehr und bindet hohe Anteile am Verkehrsmarkt für Busse und Bahnen. Die sogenannten flexiblen Angebotsformen im öffentlichen Verkehr erlauben sogar einen attraktiven Tür-zu-Tür-Service rund um die Uhr. Wenn Linientaxen, Anrufsammeltaxen, Nachttaxen, Veranstaltungstaxen, Rufbusse, Sammelbusse und Bürgerbusse in das Angebot des öffentlichen Verkehrs integriert werden, ergibt sich eine optimale Erschließungswirkung des öffentlichen Verkehrs. Die Erfahrungen mit solchen flexiblen, bedarfsabhängigen Angebotsformen sind gut. Sie können den Linienverkehr ergänzen und die Attraktivität des öffentlichen Verkehrs wesentlich erhöhen. Die hohe zeitliche und räumliche Verfügbarkeit steigert die Nachfrage nach öffentlichem Verkehr.
Ein gutorganisierter öffentlicher Verkehr bietet also viele Möglichkeiten und kann wesentlich mehr leisten, als ihm von den meisten Politikern und Planern in ihrer vorurteilsbehafteten Sicht aufgetragen wird. Die Voraussetzung hierzu ist, daß alle Systemelemente eines attraktiven öffentlichen Verkehrs, also die eines Linienverkehrs mit lokalen und regionalen Schienenverkehrssystemen, eines lokalen und regionalen Busverkehrssystems und eines ergänzenden, bedarfsabhängigen Schwachverkehrssystems, entwickelt und zeitlich und räumlich attraktiv miteinander verknüpft werden. Dann ergibt sich eine hohe durchgängige Erschließungsqualität, die jedermann hohe Mobilität unabhängig vom Autobesitz garantiert. Das landläufige Argument, man habe »eben« soviel Autoverkehr, weil der öffentliche Verkehr »eben« nicht mehr leisten könne, ist lediglich eine faule Ausrede für den Verzicht auf intelligente und offensive Strategien für den öffentlichen Verkehr.
Damit wird das Begründungsritual von der unersetzbaren Rolle des Autoverkehrs in der Fläche hinfällig. Ohnehin war es mehr eine Schutzbehauptung, der Autoverkehr erfolge außerhalb der Großstädte und Ballungsräume überwiegend in disperser räumlicher und zeitlicher Verteilung. Denn tatsächlich sind große Teile des alltäglichen

Beispielhaft für die großen Möglichkeiten des öffentlichen Verkehrs in der Fläche ist der Ortsverkehr einer Kleinstadt mit flexibler Bedienung. Selbst bis Mitternacht wird ein Halbstundentakt an 21 Haltestellen geboten.

Autoverkehrs auch dort räumlich und zeitlich gebündelt. Auch die Behauptung, nur der Autoverkehr erlaube eine komfortable Tür-zu-Tür-Erreichbarkeit, verliert durch die flächenerschließenden flexiblen Angebotsformen des öffentlichen Verkehrs immer mehr an Stichhaltigkeit. Außerdem erlaubt schon heute das Auto in vielen Gebieten gar keine ungehinderte, quell- und zielscharfe Tür-zu-Tür-Erreichbarkeit mehr. Immer kompliziertere Verkehrsführungen sowie die wachsende Parkraumknappheit vieler Zentren erschweren das direkte Anfahren der Ziele mit dem Auto. Die Zahl nur noch schwer für Autos erreichbarer Gebiete wird mit der Einrichtung von immer mehr und größeren Fußgängerzonen, verkehrsberuhigten Bereichen sowie autofreien Ortsteilen und Orten stetig steigen. Dann kommt man mit Bussen und Bahnen auf direkteren Wegen und am Ende genauer zum Ziel. Bei wachsender Autodichte sinkt die Erreichbarkeit mit dem Auto, sind sich die Autofahrer zunehmend selbst im Wege. Beim öffentlichen Verkehr ist es genau umgekehrt. Je dichter Liniennetz und Haltestellenbesatz sind, desto besser wird die Tür-zu-Tür-Erreichbarkeit. Die An- und Abmarschwege zu Bussen und Bahnen werden kürzer, die Verfügbarkeit des öffentlichen Verkehrs wird besser.

Busse und Bahnen bieten für alle Flexibilität und Mobilität

Busse und Bahnen sind ein soziales Verkehrsmittel. Niemand ist an Vorbedingungen gebunden oder von der Benutzung ausgeschlossen. Ob Kind oder Jugendlicher, ob vital oder gebrechlich und behindert, ob betucht oder arm, ob ortsfremd oder ansässig, ob allein oder in Gruppen, jeder kann Busse und Bahnen nutzen. Dies ist ein wichtiger Vorteil der öffentlichen Verkehrsmittel, aber auch eine beträchtliche Verpflichtung für die Verkehrsbetriebe. So gilt es bei der Angebotserstellung die Bedürfnisse aller relevanten Nutzergruppen zu berücksichtigen und sich nicht nur an den Berufspendlern und den Fertigkeiten der »Verkehrstüchtigen« zu orientieren, an genau jenen Gruppen, die schon das Autoverkehrsgeschehen total dominieren. Bussen und Bahnen tut eine einseitige Fixierung auf diese Gruppen nicht gut. Damit sind den Utopien eines hoch komplizierten, vollautomatischen, durchcomputerisierten öffentlichen Verkehrs, mit dem sich am Ende nur noch technikbegeisterte Insider auskennen, Absagen zu erteilen. Busse und Bahnen müssen im buchstäblichen Sinne volkstümlich und bürgernah sein bzw. wieder werden!

Das Autoverkehrssystem dagegen ist an mehrfache Vorbedingungen gebunden. Erst im Alter von über 18 Jahren, mit erworbenem Führerschein und bei Finanzierbarkeit von Anschaffung, Unterhalt, Steuern und Versicherung kann man selbst regelmäßig ein Auto nutzen. Die Mobilitätswünsche einer Familie sind über ein Auto ohnehin sehr schlecht abgedeckt, da es nur die Eltern selbständig nutzen können. Die Kinder müssen in jedem Fall in zeitaufwendigen, verdoppelten Hol- und Bringfahrten chauffiert werden, sollen sie »automobil« sein. Auch kann man ein Auto nicht teilen. Ist ein Elternteil mit dem Auto unterwegs, müssen alle anderen Familienmitglieder in jedem Fall sich auf die anderen Verkehrsmittel besinnen. Wieviel einfacher und unabhängiger können dagegen alle Familienmitglieder mit »ihren« Bussen und Bahnen unterwegs sein, zu verschiedenen Zeiten, zu verschiedenen Zwecken und zu verschiedenen Zielen! Für die realistisch anzusetzenden Kosten der Automobilität kann sich jede Familie eine Menge Mobilität mit Bussen und Bahnen kaufen. Der gleiche Sachverhalt trifft für Firmen- oder Betriebsautos zu. Auch hier verursacht die laufende Autoverfügbarkeit für die Betriebe erhebliche Kosten, mit denen sie genau-

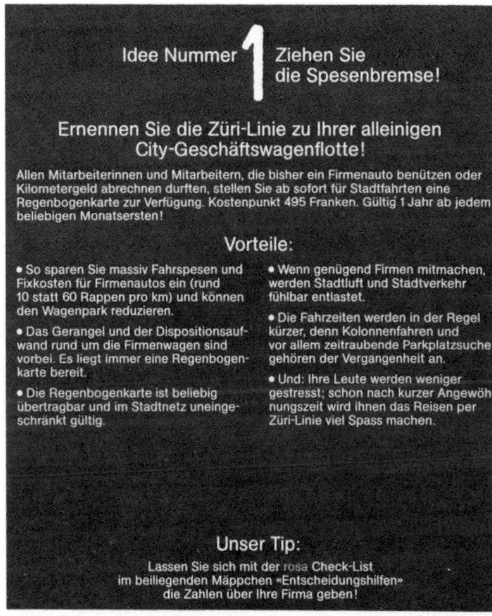

Guter öffentlicher Verkehr macht die Wirtschaft mobil, spart Spesen und aufgeblähte Dienstwagenflotten und ist der beste Kundenmagnet für den Handel.

sogut eine Menge Mobilität mit Bussen und Bahnen für die Beschäftigten finanzieren können. Ein Firmen- oder Betriebsauto können sich Beschäftigte mit verschiedenen Zielen ebenfalls nicht teilen. Mühsame Absprachen über die jeweilige Autoverfügbarkeit oder Umwegefahrten sind die Folge der betrieblichen Fixierung auf die Automobilität. Wie wenig solche Firmen- und Behördenautos rational und ökonomisch begründbar sind, haben beispielsweise die Verkehrsbetriebe Zürich den Arbeitgebern bei der Vermarktung ihres »Dienstwagenabos« vorgerechnet. Zu all diesen Nutzungseinschränkungen und -nachteilen der Automobilität kommt hinzu, daß vor jeder Autofahrt eine kritische Prüfung der Fahrtüchtigkeit stehen sollte. Hat man ausgeschlafen, keinen Alkohol getrunken, keine retardierenden Medikamente geschluckt, fühlt man sich ruhig und entspannt? Auch als Mitfahrer im Auto ist man von dieser Fahrtüchigkeit abhängig. Wer läßt sich schon gerne von einem müden, nervösen Autofahrer chauffieren? Bussen und Bahnen dagegen kann man sich in jedem Zustand anvertrauen, man wird gefahren, braucht selber nicht fahrtüchtig zu sein und kann erwarten, daß der Zugführer oder Busfahrer es ist. Ein gutes Management bei Bussen und Bahnen macht deshalb die Bürger weit freier und unabhängiger in ihrer Mobilität, als es die Automobilität je kann. Busse und Bahnen machen unabhängig von den erforderlichen finanziellen und organisatorischen Präliminarien der Automobilität, von den notwendigen Abstimmungen und Freundlichkeiten bei der Automitnahme, von der eigenen gesundheitlichen und mentalen Befindlichkeit.

Frei wird man als Benutzer von Bussen und Bahnen auch von dem Zwang, sich auf seinen Wegen stets im Kreis drehen zu müssen. Wer mit dem Auto einkaufen fährt oder ins Blaue zu einer Wanderung, wird gezwungen, stets zu seinem Parkplatz und damit Ausgangspunkt zurückzukehren. Durch diesen Rückkehrzwang kann man eine Stadt nicht so frei durchstreifen und erleben wie mit Bussen und Bahnen. Mit ihnen fährt man ein Stück, steigt aus, schließt einen Fußweg durch ein paar Geschäftsstraßen an, steigt an einer anderen Haltestelle wieder ein und fährt zum nächsten Ziel. Dieser Wechsel von Fahren und Gehen bietet ein intensives Stadterlebnis, läßt Freiheit zur spontanen Aktivitätenkopplung ohne Parkplatzsorgen. Wer Auto fährt, braucht Parkplätze überall: am Arbeitsplatz, beim Einkauf, vor dem Kindergarten, vor der Kneipe etc. Vielfach ist es unmöglich, in der Nähe des gewünschten Zieles einen Parkplatz zu bekommen. Busse und Bahnen dagegen entheben jeden von der lästigen Parkplatzsuche und den zusätzlichen Parkgebühren.

Busse und Bahnen: ein kommunikatives und integrierendes Verkehrsmittel

Unterwegs ist der Autofahrer eingeschlossen in der Isolation der meist nur mit einer Person besetzten und vom Umfeld abgeschirmten Blechkarosse. Am Fahrersitz festgeschnallt, kann er beim Lenken nur schemenhaft mitbekommen, an was er rechts und links überhaupt vorbeifährt. Nichts kann er fixieren außer der Straße vor ihm. Ein längerer Blick zur Seite oder nach hinten kann lebensgefährlich für ihn und andere werden. Die Stadt, ihr Leben, ihre optischen und akustischen Reize, ihre Atmosphäre kann man beim Autofahren nur flüchtig erfassen. Das Autofahren erzieht zur Unsensibilität gegenüber den anderen Menschen und ihrer Umwelt. Wer Autofahrer nach Details der durchfahrenen Straßen befragt, erlebt sein blaues Wunder. Nur bruchstückhaft nehmen sie ihre Umgebung wahr. Veränderungen bemerken sie kaum. Besonders schlimm ist in diesem Zusammenhang die verstümmelte Wahrnehmung für Kinder, wenn sie überwiegend im Auto befördert werden. Ihnen fehlt jede Gelegenheit für eine Integration in eine vertraute Umwelt, für die selbständige Eroberung ihrer Umwelt, für die Entwicklung eines intensiven Heimatgefühls. Nicht umsonst ist die extreme Autogesellschaft der USA gleichzeitig gekennzeichnet von minimalem lokalem Bezug. Ein weltweites Höchstmaß an Umzügen und Ortswechseln, ein moderner Nomadismus sind ihr Kennzeichen. Das Auto entwurzelt und macht alle in ihrer Wahrnehmung so flüchtig, daß sie am Ende nicht mehr wissen, wo sie hingehören.

In Bussen und Bahnen dagegen erlebt man die Menschen einer Stadt. Im Fahrzeug ist man mitten unter Leuten, kann zuhören und beobachten, dem »Volk aufs Maul schauen«. Als Fremder kann man hierbei die lokalen Redeweisen und die ortstypische Lebensart der Menschen studieren. Man nimmt Teil an der Kommunikation. Die Fahrgäste mit regelmäßigem Mobilitätsrhythmus bilden in Bussen und Bahnen feste »Fahrgemeinschaften«, werden miteinander vertraut, sorgen für Integration. Busse und Bahnen bieten auch Stadterlebnis und räumliche Orientierung (jedenfalls wenn sie städtebaulich sensibel geführt werden und nicht im Untergrund vergraben sind). Unbelastet vom Pilotieren, kann man Straßen und Plätze wahrnehmen. Man kann sich auf das Betrachten von Fassaden, von Straßenszenen oder auf das Genießen von Ausblicken einlassen. Wo die Verkehrsbetriebe Stadt- und Netzpläne in ihren Fahrzeugen anbieten, wird man bei jeder Fahrt ein wenig klüger, es erschließt sich einem die räumliche Struktur der jeweiligen Stadt. Busse und Bahnen tragen deshalb einen beachtlichen Teil des Lokalkolorits, haben eine kulturelle Dimension. Früher bot dies Stoff für Geschichten, Filme und Lieder. Lange Zeit ist diese Qualität in Vergessenheit geraten. Erst jetzt prägen selbstbewußte Nahverkehrsbetriebe wieder entsprechende Slogans wie: »Wo wir fahren, lebt die Stadt«, »Wir bringen die Menschen zusammen«, »Wir sind der Schlüssel zur Stadt«.

Busse und Bahnen: Fahrkultur inbegriffen

Die Autoindustrie versucht schon seit Jahrzehnten mit massiver Werbung und Fixierung der Autokunden auf Stylingdetails, Prestigehoffnungen und Monopolisierung von Begriffen wie »Individualverkehr« und »kultiviertes Fahren« den Mythos der Fahrkultur zu pachten. Damit soll der alltägliche Zwang zur »Selbstbedienung« und konzentrierten Arbeit am Fließband Straße überspielt werden. Dabei birgt dieser Systemnachteil bei Konzentrations- und Reaktionsmängeln auch noch die Gefahr schwerer Unfallfolgen in sich. Das tempoorientierte, hektische Verkehrsgeschehen erzeugt hohe physiologische und psychologische Belastungen. Schon nach kurzer Strecke steigen Pulsschlag und Blutdruck, setzt Transpiration ein. Die permanenten und vielfältigen Alarmreize des Autofahrens erzeugen in kurzer Folge Adrenalinstöße, die der unbeweglich angeschnallte Körper in seiner gehockten Sitzposition nicht abbauen kann. Nicht umsonst forciert Autofahren das Infarktrisiko und steht auf dem ärztlichen Index für Infarktpatienten und Streßgeschädigte. Ihnen verschreibt man Bewegung, die das Autofahren nicht bieten kann. Diese Tatsachen versucht die Autoindustrie mit Dauerberieselung durch ihre Werbung und mit der Suggestivkraft ihres wohnzimmeratmosphärischen Stylings, Polstersessel, Plüsch, Autotelefon, Autobar, quadrophone Überbeschallung etc., beharrlich zu übertünchen – voll zu Lasten der Verkehrssicherheit. Denn wer mit dem Auto fährt, sollte tatsächlich nur Pilotieren, alle Ablenkungen sind unverantwortlich. Wer im Auto hinterm Steuer telefoniert oder am Radio kurbelt, nur eine Hand am Lenkrad, kann kaum seine volle Aufmerksamkeit dem Verkehr widmen und auf alle nötigen Einzelheiten einschließlich der Geräusche achten. Wie leicht ist da ein Radfahrer übersehen und überhört. Wer sich mit phonstarken Autoradios beschallt, wird in seiner Aufmerksamkeit akustisch völlig vom Straßenverkehr abgeschirmt. Das Klingeln eines Radfahrers oder das Martinshorn eines Unfallwagens kann er nicht mehr hören. Doch statt den ganzen lebensgefährlichen Schnickschnack im Auto zu verbieten, werden Autoradio, Autotelefon etc. mit großem Werbeaufwand vermarktet. Das verdeutlicht, in welch unverantwortliche Richtung das gesamte Autoverkehrssystem immer mehr abdriftet. Reale Tatbestände spielen in der Autoindustrie und der Autowerbung ohnehin keine Rolle. Grundsätzlich wirbt man mit einer irrealen Kunstwelt, mit Autos in Blumenwiesen und auf grünem Rasen, vor Schlössern, auf Rennstrekken etc. »Autofahren macht Spaß, fasziniert«, »Autofahren bietet Erlebniskultur« lautet die stereotype Botschaft aller Hersteller.

Was setzen die Verkehrsbetriebe gegen diese Welt der automobilen Unvernunft und Illusionen? Nicht viel. Dabei brauchten sie weder zu lügen, noch sich zu verbiegen, sondern könnten ganz realistisch ihre

Mit gutem Service Fahrgäste verwöhnen: entspannter Genuß statt Streß im Stau und hektischem Autoverkehr. Dienst am Kunden sichert den Markterfolg.

tatsächliche Fahrkultur in Wort und Bild anpreisen. Bei Bussen und Bahnen wird man gefahren, erspart sich den Streß des Selbststeuerns, kommt sicher, entspannt, wohlbehalten ans Ziel und gefährdet unterwegs niemanden durch das eigene unbeherrschte Fahrverhalten. Man hat die Freiheit, während der Fahrt seinen Gedanken nachzuhängen, hat Zeit zum Träumen, Dösen, Beobachten, Zeitunglesen, textlichen Arbeiten und Lernen, zum Gespräch mit anderen Mitfahrenden. In bestimmten Bahnen oder Zügen kann man auch speisen oder einen Kaffee trinken. Busse und Bahnen bieten viele Möglichkeiten zur sinnvollen Nutzung der Fahrzeit, wenn die Verkehrsbetriebe ihre Systemvorteile zur Geltung bringen.

Der ignorierte Zeitbedarf der Fahrgäste

Mit dem Zeitbedarf und Zeitgefühl der Fahrgäste von Bussen und Bahnen stehen Planer und Politiker ebenso wie mit dem der Fußgänger und Fahrradfahrer auf großem Kriegsfuß. Es gibt kaum brauchbare empirische Analysen über die tatsächlichen Reisezeiten der Fahrgäste und die dafür maßgeblichen Faktoren. Meist wird die reine Fahrzeit mit der Reisezeit verwechselt und dabei übersehen, daß die tatsächliche Tür-zu-Tür-Reisezeit wesentlich mehr Zeitkomponenten umfaßt und daß es für die günstige Beeinflussung all dieser Zeitkomponenten einer qualifizierten, zusammenschauenden Betriebs- und Verkehrsplanung bedarf. Verkehrsbetriebe, Planer und Politiker versuchen häufig in viel zu enger betrieblicher Perspektive die Fahrzeit mit hohen Fahrgeschwindigkeiten gleichzusetzen. Dahinter steht die gleiche Hochgeschwindigkeitsphilosopie wie bei den Neubaustrecken der Bundesbahn. Im Sinne dieser Betriebsphilosophie ist es am besten, Busse und Bahnen halten möglichst gar nicht mehr und rauschen überall um so schneller vorbei. Kritiker haben dieses Beschleunigungskonzept mit dem wenig schmeichelhaften Attribut »Power statt Hirn« belegt. Im klaren Kontrast dazu steht die intelligente Beschleunigungspolitik skandinavischer Länder, der Schweiz und der Niederlande, die Reisezeitverzögerungen vor allem dort abbaut, wo sie die Fahrgäste am meisten schmerzen: bei den Wartezeiten, bei den An- und Abmarschzeiten, bei den Umsteigezeiten etc.

Die Länge des An- und Abmarschweges zur und von der Haltestelle beinhaltet einen wichtigen Zeitfaktor bei der Bus- und Bahnbenutzung. Meist hat die chronische Ausdünnung der Netz- und Haltestellendichte zu immer längeren An- und Abmarschwegen geführt und damit die Reisezeiten der Kunden immer ungünstiger gemacht. Oft führen auch die widrigen Verkehrsbedingungen des sie umgebenden Straßennetzes zu langen Warte- und Umwegzeiten für den Vor- und Nachtransport zu Fuß oder mit dem Fahrrad. Für 300 Meter Fußwegentfernung von der Haustür bis zur Haltestelle kann man vier Minuten, aber durch erzwungene Umwege über Ampelanlagen, Unterführungen und lange Stehzeiten an den Ampeln auch zehn Minuten und mehr benötigen. Bisher jedoch kümmern sich die deutschen Verkehrsbetriebe wenig um die kommunale Fußgänger- und Radverkehrsplanung. Im Gegenteil, sie muten den Fahrgästen sogar immer längere An- und Abmarschwege zu, weil sie durch ihr isoliertes Bestreben nach Streckenbeschleunigung die leichte, direkte und umwegefreie Erreichbarkeit ihrer Haltestellen verbauen. Sie bevorzugen mit Vorliebe schnelle Straßen für ihre Linienwege, die randlich zu den Baugebieten und exzentrisch zu den meisten Ausgangs- und Zielpunkten der Kunden liegen und deren Haltestellen für Fußgänger und Radfahrer besonders schlecht erreichbar sind.

Zur An- und Abmarschzeit kommt noch die Zeit für den unmittelbaren Zu- und Abgang an der Haltestelle selbst. Zeitverluste treten hier auf durch Umwege über mühsame Treppen, über lange Wegeschleifen zwischen den Bahnsteigen, über Röhrenwegenetze in Tunnellabyrinthen, über Umwege durch Absperrgitter und Absperrketten. Hinzu kommt noch die sogenannte Rüstzeit für die notwendigen Systemdispositionen vor Antritt der Fahrt: das Fahrplanlesen, die Auswahl der richtigen Linie, die Wahl der Preisstufe, der Erwerb und die Entwertung eines Fahrscheins. Über diese Zugangs- und Rüstzeiten gibt es ebenfalls kaum quantifizierte Informationen bei den Verkehrsbetrieben. Klar ist jedoch, daß mit der wachsenden Kompliziertheit der Tarifsysteme und der Abnahme der Serviceleistungen an den Bahnhöfen und Haltestellen die Rüstzeiten ständig zugenommen haben. Bisher fehlt es an Programmen zur kundenfreundlichen Beschleunigung dieser Prozeduren. Ein weiterer wichtiger Reisezeitblock sind die Wartezeiten an der Haltestelle vor dem Ein- und beim Umsteigen. Ihre Dauer wird maßgeblich vom Zeittakt und von der Pünktlichkeit der Fahrzeuge und der Qualität der Fahrplanabstimmung und Anschlußsicherung bestimmt. Auch diese Wartezeiten sind bisher kaum unter die empirische Lupe genommen worden. Programme zur Verringerung der Wartezeiten sind deshalb ebenso Mangelware.

Viele Verkehrsbetriebe strapazieren die Geduld ihrer Fahrgäste durch diese Zeitverluste erheblich. Bei Strecken mit kurzen und mittleren Entfernungen machen diese Verlustzeiten oft 30 bis 50 Prozent der Gesamtreisezeit aus. Da mögen Busse und Bahnen auf ihrer Fahrt rasante Spurts einlegen, am Ende bleiben sie insgesamt ohne wirkungsvolle und für die Fahrgäste spürbare Systembeschleunigung. Lange Wartezeiten, Rüstzeiten und An- und Abmarschwege schmerzen als öde, vergeudete Zeit und wiegen für Fahrgäste doppelt schwer. Folglich werden die tatsächlichen Reisezeiten von den Bürgern regelmäßig überschätzt, Nicht- und Seltenfahrer geben jeweils doppelt soviel Reisezeit an, wie wirklich gebraucht wird. Im Durchschnitt aller Bürger werden die Reisezeiten immer noch um ein Drittel überschätzt, und selbst die regelmäßigen Kunden glauben noch zehn Prozent mehr Reisezeit zu brauchen, als dem wirklichen Wert entspricht. Die deutschen Verkehrsbetriebe sind daher auf dem Holzweg, wenn sie sich einseitig und ausschließlich auf die technische Strecken- und Fahrzeugbeschleunigung konzentrieren. Damit verselbständigt sich die Technikverliebtheit der Ingenieure, ohne daß der Systemnutzen garantiert ist. Schnelle, teure Tunnelröhren mit umständlichen Zu- und Abgangswegen und einem lahmen 20-Minuten-Takt ergeben noch lange keinen schnellen öffentlichen Nahverkehr.

Busse und Bahnen: sicher, stadt- und umweltverträglich

Verglichen mit dem motorisierten Privatverkehr, sind Busse und Bahnen um ein Vielfaches umweltverträglicher, sicherer und städtebaulich integrierbarer. Sie brauchen weniger Platz und technische Infrastruktur. Diese Vorteile sind auch den meisten Bürgern bewußt und werden regelmäßig bei entsprechenden Befragungen als Grund benannt, warum Busse und Bahnen gefördert und im Konfliktfall dem Autoverkehr vorgezogen werden sollten. Die bessere Umweltverträglichkeit des öffentlichen Verkehrs ergibt sich aus dem höheren Besetzungsgrad und dem besseren Wirkungsgrad. Bei dem Transport von 130 Menschen mit einer durchschnittlich besetzten Straßenbahn ist nur eine Fahrzeugbewegung nötig, mit Bussen drei und mit dem Auto hundert. Je Personenkilometer werden von Bussen im Vergleich zum Auto 10mal weniger und von Straßenbahnen (einschließlich Kraftwerksemission für Stromerzeugung) 30mal weniger Kohlenmonoxyd emittiert, bei den Stickoxyden ist das Auto 10mal belastender als der Bus und 20mal belastender als die Bahn. Ähnliche Unterschiede gibt es bei den anderen Luftschadstoffen. Auch beim Lärm ist die Zahl der störenden Ereignisse über 60 Dezibel je Personenfahrt im Autoverkehr 33mal höher als bei Bussen und 100mal höher als bei Bahnen. Für Nordrhein-Westfalen ist in einer Modellrechnung ermittelt worden, daß mit einer konsequenten Förderung von Bussen und Bahnen bei fast allen belastenden Schadstoffen und dem Lärm eine Reduzierung um mehr als die Hälfte der heutigen Werte möglich ist.

Darüber hinaus ist beim öffentlichen Verkehr der Flächenverbrauch viel geringer, da Busse und Bahnen weniger Straßenflächen benötigen. Sie kommen mit einer Fahrspur je Richtung aus und brauchen, abgesehen von den Abstellflächen auf dem Betriebshof und an den Endhaltestellen, keine Parkflächen. Der Autoverkehr führt dagegen zu der flächenfressenden Aufweitung vieler Straßen. Allein zum Fahren braucht ein Autoinsasse durchschnittlich die 17fache Verkehrsfläche eines Businsassen und die 47fache eines Bahninsassen. Je mehr öffentlicher Verkehr genutzt wird, desto weniger Fahrflächen und vor allem Parkflächen sind nötig.

Busse und Bahnen sind auch mit Abstand die sichersten Verkehrsmittel. Ihr Anteil an schweren und tödlichen Unfällen ist minimal, in Nordrhein-Westfalen zum Beispiel nur zwei Prozent. Bezogen auf das reine Insassenrisiko je Fahrt, sind Busse 13mal und Bahnen 50mal sicherer als Autos. Bezogen auf alle Unfallursachen (also auch die durch Autos verursachten Fußgänger- und Radfahrerunfälle), ist jeder Kilometer Autofahrt 70mal gefährlicher als ein Kilometer im öffentlichen Verkehr. Dieser Sicherheitsvorsprung hat seine Gründe in einer viel kleineren Zahl von Fahrzeugbewegungen für die gleiche Transportleistung mit geschulten Berufsfahrern, zum Teil spurgeführten oder eigenen Fahrwegen und strengen Sicherheitsvorschriften.

Doch diese umweltfreundlichen Systemvorteile der Busse und Bahnen gegenüber dem Autoverkehr haben bisher nur wenige deutsche Städte ihren Bürgern hinreichend deutlich gemacht. Die meisten Städte und Gemeinden drücken sich noch immer um klare Aussagen und Entscheidungen zugunsten des öffentlichen Nahverkehrs. Erst allmählich beginnen einzelne deutsche Städte wie beispielsweise Kassel, Mannheim und Düsseldorf sich vom Ausverkauf ihrer Städte an den Autoverkehr zu distanzieren und zu begreifen, welche Chancen für die Stadtbevölkerung in einer umwelt- und verkehrspolitisch pointierten Förderung von Bussen und Bahnen liegen. In Kassel wurde den Bürgern vorgerechnet, daß weitere stadtzerstörerische Straßen- und Parkplatzbauten sowie die Gefahren einer wachsenden Smoghäufigkeit und -intensität nur verhindert werden können, wenn Kassel Busse und Bahnen energischer fördert und die Bürger sich mehr von der Autonutzung freimachen. Auch in Mannheim wurde mit einer eigenen Broschüre auf die große Autoverkehrsbelastung der Stadt hingewiesen und vorgerechnet, daß ein Mehr an 30 Prozent Straßen und 14 000 zusätzlichen Parkplätzen in der Innenstadt die nicht zu bewältigende Folge sind, wenn die Mannheimer nicht verstärkt Busse und Bahnen benutzen. In Düsseldorf mahnt ein Prospekt der Rheinbahn zu deutlich mehr verkehrpolitischer Vernunft: »Der Autoverkehr hat nicht nur einen Schadensanteil an den Abgasen von 91 Prozent, er verbraucht nicht nur 91 Prozent der Fläche, er ist auch schuld an 98 Prozent aller Unfälle.« Wer also für seine Bürger den unheilvollen Lauf der bisherigen Verkehrsplanung und -politik stoppen will, muß konsequent das bessere Verkehrsmittel fördern. Mit höllischem Lärm, Gestank, schlimmen Unfällen und endlosen Autoschlangen belastete Straßennetze können nur durch attraktiv vertaktete und vernetzte Straßenbahn-, Stadtbahn- und Buslinien »befreit« werden, die die gleiche Verkehrsaufgabe ohne Schaden übernehmen.

Die unterschätzte Nachfrage: Nutzergruppen von Bussen und Bahnen ins Visier genommen

Kundenfreundlicher öffentlicher Verkehr muß sich um möglichst viele Zielgruppen kümmern und entsprechend »passende« Angebote für die verschiedenen Nutzergruppen machen. Bislang haben sich die deutschen Nahverkehrsbetriebe um ein solches nutzerorientiertes Handeln wenig Gedanken gemacht. Sie ließen sich viel zu sehr auf ihre autolose Stammkundschaft als »natürliches« Nachfragepotential festnageln, das auch noch aufgrund der wirtschaftlichen und demographischen Entwicklungen (weniger Schüler, mehr Wohlstand, ungezügelte Motorisierung) immer kleiner zu werden droht. Diese Sichtweise führte zu einer Art präventiver Anspruchslosigkeit und ungenierter Sorglosigkeit im Umgang mit der Stammkundschaft, die seit Jahren frustriert und zynisch mit den sogenannten »großen A« beschrieben wird: Alte, Auszubildende, Ausländer, Arme, Arbeiter, Arbeitslose, Aussiedler, Alternative, Alkoholiker, Asylanten, Autolose. Sie alle sind Benachteiligte beim Tanz um das Automobil. Und für diese autolosen Menschen sollten sich intelligentes Management und aufwendiges Marketing für Busse und Bahnen lohnen? Für sie glaubte man sich nicht sonderlich anstrengen zu müssen, für sie war jedes kümmerliche Angebot gut genug. Doch wenn man schon für das Stammpublikum nicht attraktiv ist, kann man erst recht keine Attraktivität für andere Nutzergruppen ausstrahlen. Aus diesem Grund ist es entscheidend für die Zukunft des öffentlichen Verkehrs, daß die Verkehrsbetriebe ihr Angebot breit und qualifiziert für alle Gruppen und Zwecke auffächern, vor allem aber auch bisherige Autofahrer als wichtige Kunden gewinnen.

Öffentlicher Verkehr: zu einseitig als Schülertransport mißverstanden

Heute entfallen 27 Prozent aller Fahrgäste von Bussen und Bahnen auf den Ausbildungsverkehr. Er ist nach wie vor ein wichtiger Nachfragebereich, zumal, seit die räumliche Konzentration der Schulinfrastruktur zu immer längeren Schulwegen führte und immer mehr Kinder und Jugendliche ihre Schulen nicht mehr zu Fuß oder mit dem Fahrrad erreichen können. Sie sind damit mehr als früher auf einen motorisierten Transport angewiesen. Dies trifft verstärkt für die vielen ländlichen Regionen und Kleinstädte zu, wo der Schüleranteil unter den Fahrgästen oft sogar über 50 Prozent erreicht. Da der Staat die Verpflichtung übernommen hat, den Schülertransport im öffentlichen Verkehr sicherzustellen und finanziell zu unterstützen, beschränken sich viele Verkehrsbetriebe infolge der staatlichen Garantien und Erstattungsmechanismen bequem und ohne großes Engagement auf diesen Schülertransport als Pflichtaufgabe. Außerhalb der Schulanfangs- und -endzeiten findet dann öffentlicher Verkehr oft gar nicht mehr oder nur stark vermindert statt, ebenso in den Ferienzeiten. Das Liniennetz ist hauptsächlich auf die Schulen abgestellt, andere Verkehrsbeziehungen werden nicht angeboten, weil es hierfür keine Zuschüsse gibt. Solche Verkehrsbetriebe sind an einer Marktausweitung auf andere Verkehrsbeziehungen kaum interessiert, denn dort liegen der zeitliche Rhythmus und die räumliche Verteilung nicht so eindeutig fest und bestehen größere Risiken. Entsprechend werden andere Nachfragegruppen immer weniger angesprochen. Wo in Bussen und Bahnen nur noch Kinder und Jugendliche sitzen, fühlt man sich als Erwachsener leicht fehl am Platze. Aber selbst für die Schüler ist dies keine gute Situation, denn es fehlt das Korrektiv eines altersgemischten Publikums, das Rempeleien und Vandalismus an den Haltestellen und in den Bussen verhindern könnte.

Mit dieser einseitig auf den Schülertransport festgelegten Strategie katapultieren sich die Verkehrsbetriebe selber aus dem allgemeinen Verkehrsmarkt und provozieren damit, daß ihnen die Jugendlichen zum frühestmöglichen Zeitpunkt den Rücken kehren. Sind sie dem »Schulbusalter« entwachsen, verlassen sie automatisch den einseitig zum Schülertransportsystem degenerierten öffentlichen Verkehr. Die alltäglichen Erfahrungen und Eindrücke der Kinder und Jugendlichen im Schülertransport prägen nicht nur ihre spätere Meinung und Nutzungsbereitschaft von Bussen und Bahnen, sondern sie beeinflussen auch die Meinungen und Urteile ihrer Eltern über den öffentlichen Verkehr.

Vor diesem Hintergrund lohnt es um so mehr, Kinder und Jugendliche nicht nur als Pflichtkunden zu betrachten, sondern sie grundsätzlich als Nutzergruppe ernst zu nehmen und sie auch als Kunden außerhalb des Schülertransportes mit einem ausreichenden Verkehrsangebot zu bedienen. Die Mobilitätsbedürfnisse von Kindern und Jugendlichen beschränken sich ja nicht nur auf den täglichen Schulweg. Bundesweit machen Kinder und Jugendliche neben ihren Schul- und Ausbildungsfahrten noch einmal genausoviel sonstige Fahrten mit Bussen und Bahnen. Das ist ihnen aber nur dort möglich, wo sich das Liniennetz und Taktangebot nicht ausschließlich auf den Schülerverkehr konzentrieren. Sonst haben Kinder und Jugendliche keine Möglichkeit, die oft weitverstreuten Sport- und Freizeitangebote, kulturellen und gastronomischen sowie Einkaufsangebote zu erreichen. Sie sind dann entweder von den entsprechenden Aktivitäten abgeschnitten oder müssen sich anders behelfen, mittels Fahrrad oder Mofa auf gefährlichen Straßen, mittels Trampen oder mittels der Bring- und Holdienste von Auto fahrenden Freunden oder Angehörigen. Damit schließt sich der Teufelskreis: Mit ihrer selbstpraktizierten Autofixierung behindern die Erwachsenen die Aufrechterhaltung eines ausreichenden öffentlichen Verkehrs und berauben damit ihre Kinder eines jederzeit nutzbaren, sicheren Verkehrsangebots. Ohne attraktives Angebot von Bussen und Bahnen besteht kaum eine Chance, dem typischen Streben der Jugendlichen nach dem eigenen Auto oder Motorrad mit den entsprechenden Unfallrisiken zu entgehen. Folglich wird das Auto zum tödlichen Schicksal. In der Altergruppe ab 18 Jahren sind Autounfälle die Todesursache Nummer eins. Dies hindert die Autoindustrie jedoch keineswegs, gerade diese jungen Menschen als eine wichtige Zielgruppe zu umwerben und sie auf das Auto einzuschwören, mit einer direkt auf den Geschmack dieser Altergruppe abgestellten Werbung und mit speziell für diese Altergruppe konzipierten flotten und preiswerten Flitzern. Mit dabei sind Banken und Kreditinstitute, die als Trittbrettfahrer dieser Entwicklung den jungen Menschen verführerische Finanzierungsangebote für den Autokauf offerieren.

In dieser Situation müssen sich die Verkehrsbetriebe anstrengen, können nicht die Unvernunft obwalten und ideenlos »ihre Felle« wegschwimmen lassen. Wie man die 16- bis 25jährigen offensiv und erfolgreich umwirbt, hat die Bundesbahn mit ihrem Tramperticket und anderen speziellen Angeboten im Fernverkehr längst vorgemacht. Auch die Schweiz hat es mit Engagement und jugendspezifischen Angeboten geschafft, den typischen Nachfrageknick durch Abwanderung in die Erstmotorisierung zu vermeiden. Warum können nicht auch die deutschen Verkehrsbetriebe auf Jugendliche orientierte Nahverkehrsangebote aufziehen, die auf deren spezielle Bedürfnisse abzielen und ihrer Sprache entsprechen. Warum nicht ein Tarifangebot entwickeln, das den typischen Preisnachlaß für Kinder bzw. Jugendliche nicht mit dem 12., 14. oder 16. Lebensjahr, sondern erst mit dem 25. Lebensjahr beendet? Auch Preisnachlässe für Gruppen oder Mitnahmemöglichkeiten auf Abokarten sind attraktiv für Kinder und Jugendliche, da gerade sie häufig in Gruppen unterwegs sind und meist nur über ein schmales Budget verfügen. Solche Anreize garantieren eine intensive Nutzung, bei Übertragbarkeit von Abokarten auch auf die übrige Familie. Für die oft spontanen Mobilitätsentscheidungen der Kinder und Jugendlichen sind flexible Angebotsformen eine ideale Ergänzung. Warum nicht die Möglichkeit schaffen, Fahr- und Eintrittspreis von Veranstaltungen miteinander zu verrechnen? Warum nicht spezielle Festivals in den Hallen der Bus- und Bahndepots mit An- und Abreisen in Bussen und Bahnen organisieren? Warum nicht spezielle Discobusse organisieren, damit das lebensgefährliche nächtliche Herumvagabundieren von motorisierten Jugendlichen in alkoholisierter Zwangsraserei endlich ein Ende nimmt!

Lieblinge von Bussen und Bahnen: die überbewerteten Berufspendler

Neben den Ausbildungspendlern gelten vor allem in den Ballungsräumen und Großstädten die Berufspendler als die wichtigste Nutzergruppe von Bussen und Bahnen. Die Mengen von Berufstätigen, die dort morgens und abends unterwegs sind, begründen die Vorstellung vom Massenverkehr und der Rush-hour. An ihnen orientieren sich weitgehend die technische, organisatorische und tarifliche Konzeption des großstädtischen öffentlichen Verkehrs: mit dem dichtesten Zeittakt morgens und abends, mit Großraumbehältern, mit Hochleistungsbahnen, mit speziellen Zeitkarten etc. Das Liniennetz folgt den Hauptpendlerströmen mit überwiegend monozentrischen, radialen Verbindungen. Mit den besonders langen Wegen vieler Berufspendler begründen die Nahverkehrsplaner stets ihre großen Haltestellenabstände und ihre dominante Geschwindigkeitsfixierung.
Ein differenzierter Blick auf die Fakten hätte solche Einseitigkeiten verhindert. Denn tatsächlich stellen die Berufspendler nur 29 Prozent der Kunden von Bussen und Bahnen. Berufs- und Ausbildungsverkehr zusammen bringen demnach trotz aller Ausrichtung des öffentlichen Verkehrsangebots auf ihre Bedürfnisse gerade die Hälfte des Fahrgastaufkommens. Hinzu kommt, daß nur bei den Berufspendlern die langen Bus- oder Bahnfahrten überwiegen, 73 Prozent der Fahrten sind hier über fünf Kilometer, 42 Prozent über zehn Kilometer lang. Bei allen anderen Verkehrszwecken dominieren deutlich kürzere Wege. Die einseitige, übergewichtige Berufsverkehrsorientierung bringt Busse und Bahnen deshalb in eine Schieflage zu den übrigen Nutzungsansprüchen. Kurze An- und Abmarschwege, ein dichtes Netz, ein ganztägig dichter Takt und eine dichte Folge von Haltestellen werden dann leichtfertig durch eine zu starke Linien-, Takt- und Haltestellenkonzentration zerstört. Damit wird eine hohe Nachfrage im Bereich kurzer und mittlerer Entfernungen verhindert und ein unsinnig hoher Autoanteil in diesem Entfernungsbereich erzeugt.
Für Pendler mit langen Fahrstrecken sind ohne Zweifel Expreßlinien vorteilhaft, die nicht an jeder Ecke halten. Hier sind Schnellbahn- und Schnellbussysteme mit regional ausgreifendem Liniennetz, das nicht schon am Stadtrand oder im näheren Umland endet, von großem Nutzen. Bei einer längeren Reisezeit werden für die Langstreckenpendler auch spezielle Komfortkriterien interessant, zum Beispiel die Cafeteria/Buffetbar. Diese Schnellverkehrssysteme dürfen jedoch nicht zur übermäßigen Angebotskonzentration und damit zur Erosion des engmaschigen Angebots in der Fläche führen. Im Gegenteil, sie können nur intensiv genutzt werden, wenn

durch entsprechende Verteiler- und Zubringersysteme für eine große Breitenwirkung gesorgt wird. Eine zu starke Konzentration von Bussen und Bahnen auf wenige Korridore und Standorte bringt zu lange An- und Abmarschwege von den Wohnungen und Arbeitsplätzen zu den Haltestellen sowie zuwenig gute Erreichbarkeit von Arbeitsplätzen außerhalb der Innenstädte. Die Verkehrsbetriebe brauchen deshalb ein engmaschiges Nahverkehrsnetz mit vielen Verknüpfungspunkten und attraktiven Tangential- und Ringverbindungen. Je mehr Arbeitsplatzstandorte angeschlossen sind, desto ausgewogener verteilen sich die Pendlerströme auf das Liniennetz. Busse und Bahnen sind dann morgens und abends nicht nur jeweils in einer Richtung ausgelastet.

Noch ist das Tarifsystem selbst für Pendler zu unattraktiv. Meist mit Strecken- und Personenbezug, verhindern viele Pendlerzeitkarten eine breite Nutzung, zum Beispiel für die abendliche Fahrt zum Kino auf einer ganz anderen Strecke oder für die Nutzung durch ein anderes Haushaltsmitglied. Umgekehrt beschneidet der ausdrückliche Spitzenzeitenausschluß von übertragbaren Zeitkarten die Nutzung solcher Angebote im Berufsverkehr. Im Gegensatz zu diesem Angebotssplitting kann nur die verbesserte Gültigkeit der Zeitkarten (gültig jederzeit und auf jeder Strecke im Tarifgebiet) die Motivation der Pendler zur regelmäßigen beruflichen Bahn- und Busbenutzung aktivieren und das generelle Umsteigen vom Auto auf öffentliche Verkehrsmittel sichern.

Die Nutzung von Bussen und Bahnen im Berufsverkehr ist am größten, wenn auch die Arbeitgeber dieses sinnvolle Verkehrsverhalten unterstützen und sich für einen guten öffentlichen Verkehrsanschluß ihres Standortes engagieren. Zu diesem Engagement gehört, daß sie Informationen über Liniennetz, Haltestellen und Tarife ihren Beschäftigten und Kunden zugänglich machen und sich mit Zuschüssen an Zeitkarten etc. beteiligen. Das lohnt sich allein deshalb, weil sich die Betriebe damit teure Investitionen für immer mehr Parkplätze ersparen und verhindern, daß ihr Umfeld zur Blechwüste verkommt. An den zentralen Standorten, an denen ein vermehrter Parkplatzbau ohnehin schon lange unwirtschaftlich und unverträglich ist, garantieren sie auf diese Weise eine weit schnellere und zielschärfere Erreichbarkeit, als sie das Autoverkehrssystem bietet.

Geschäftsverkehr mit Bussen und Bahnen: Wo bleibt das Angebot für diesen Markt?

Wo die Beschäftigten mit öffentlichen Verkehrsmitteln schnell, direkt und mit Komfort die Arbeitsplätze erreichen, können dies die Kunden und Geschäftsleute ebenfalls, sollte man meinen. Doch so weit können Wirtschaft und Verkehrsbetriebe in der Bundesrepublik bislang nicht denken, planen und handeln. Geschäftsverkehr mit Bussen und Bahnen gilt noch als aussichtslose Sparte. Ganze zwei Prozent der Fahrten im öffentlichen Verkehr dienen bislang geschäftlichen Zwecken, und nur für drei Prozent aller dienstlichen und geschäftlichen Wege und Fahrten werden Busse und Bahnen benutzt. Der öffentliche Verkehr wird in der Stadt also offenbar chronisch von Geschäftsleuten gemieden. Ausländische Beispiele zeigen dagegen die ganz anderen Spielräume dieses Marktes auf. In japanischen Großstädten werden immerhin 25 Prozent des Geschäfts- und Dienstreiseverkehrs mit Bussen und Bahnen erledigt. Schweizer Verkehrsbetriebe visieren seit Jahren dieses Marktsegment mit speziellen Angeboten und offensivem Marketing an. Die Schweizer Verkehrsbetriebe rechnen der Wirtschaft vor, daß die Ausstattung der Betriebe mit attraktiven Großkunden- und Mitarbeiterabonnements beträchtliche Einsparungen bei den Kosten für Wagenpark und betriebliches

Stellplatzangebot erlaubt. »Ziehen Sie die Spesenbremse«, lautet die deutliche Aufforderung. Mit solchen Angeboten wächst gleichzeitig das Interesse der Wirtschaft an einem guten Anschluß Bus- und Bahnnetz und an einem attraktiven Zeittakt, das landläufige gegenseitige Desinteresse von Verkehrsbetrieben und Wirtschaft weicht einer engagierten Kooperation.

Viele Betriebe leisten sich bisher für ihren Dienst- oder Geschäftsverkehr eine viel zu große und teure Autoflotte. Es lohnt sich für alle, hier endlich auf die Spesenbremse zu treten. Bei einem dichten Liniennetz und einem dichten Zeittakt ist die systematische Nutzung von Bussen und Bahnen für die Betriebe wesentlich vorteilhafter. Die Berechenbarkeit und Pünktlichkeit der Geschäfts- und Dienstkontakte können gesteigert werden, teure Arbeitszeitverluste durch Staus und Parkplatzsuche entfallen, die wegebedingten Unfallrisiken werden verkleinert. Der Zwang, die Wegeketten stets bis zum jeweiligen Autostandort zu führen, entfällt. Die Fahrzeit der Beschäftigten kann effektiver genutzt werden, zur Nachbereitung des letzten und Vorbereitung des nächsten Termins etc. Auch die Bundesbahn hat in den letzten Jahren viel stärker als früher den Geschäfts- und Dienstreisemarkt angepeilt, allerdings nur für den Fernverkehr. Dabei ist die Mehrheit aller Geschäfts- und Dienstfahrten auf den Nahverkehrsbereich konzentriert, 25 Prozent sind unter drei Kilometer, 36 Prozent unter fünf und 54 Prozent unter zehn Kilometer lang. Auch dieses Potential wird bisher nicht vom öffentlichen Verkehr genutzt, sondern fast ausschließlich dem Autoverkehrssystem überlassen.

Alte Menschen und (Haus-)Frauen: von den Verkehrsbetrieben wenig umsorgt

Die Autoindustrie läßt keine Bevölkerungsgruppe in ihrer Werbestrategie aus. Motorisierte alte Menschen animiert sie, möglichst lange am Lenkrad festzuhalten und sich für den Lebensabend noch mal »einen schönen neuen Wagen zu leisten«. Noch nicht motorisierte Betagte lockt sie zum späten Einstieg in die Erstmotorisierung. Frauen umwirbt sie besonders intensiv, denn ihre Erstmotorisierung oder die verstärkte Zweitwagenmotorisierung für die Familienmütter verheißt die höchsten Zuwachsraten. Den Frauen wird mit Autobesitz und -nutzung die Teilhabe an der Emanzipation versprochen und den Alten ein Jungbrunnen. Ein auf diese beiden Bevölkerungsgruppen passendes Konzept der Verkehrsbetriebe sucht man dagegen vergeblich. Solange sie autolos sind, glaubt man ihre Nachfrage ganz von alleine zu erhalten. Wenn sie sich aber motorisieren, glaubt man ihre dauerhafte Abwanderung nicht verhindern zu können. Aus beidem folgt der Verzicht, sich um diese Gruppen groß zu kümmern. Ein paar Sozialalmosen für die Alten und ein paar Pfennig Abschlag für Fahrten außerhalb der Spitzenzeiten »müssen genügen«. Doch damit allein sind die Frauen und Alten nicht zu »ködern«.

Kommen Busse und Bahnen den Bedürfnissen der Betagten und Frauen nicht entgegen, dann nutzen sie in der Tat trotz geringerer Vorliebe für das Autofahrertum die Automobilität oder üben sich im Mobilitätsverzicht. Deshalb ist der Anteil der alten Menschen und nichterwerbstätigen Frauen (Hausfrauen) unter den Fahrgästen von Bussen und Bahnen bundesweit mit 14 Prozent weit kleiner, als es ihrem Anteil an der Gesamtbevölkerung entspricht. Hausfrauen und Alte könnten Busse und Bahnen viel stärker nutzen, wenn sie von den Verkehrsbetrieben ernster genommen würden. Ohnehin wird auf dem Verkehrsmarkt die Gruppe der Alten immer wichtiger, weil aufgrund der Entwicklung in den nächsten Jahrzehnten der Anteil der älteren Menschen an der Gesamtbevölkerung stetig wächst. Interessant sind diese beiden Nachfragegruppen aber auch, weil der Tagesgang ihrer Mobilität viel weniger auf die verkehrlichen Spitzenzeiten fixiert ist. Sie bieten also eine gute Möglichkeit, ausgeglichener über den ganzen Tag für mehr Nachfrage zu sorgen und damit eine günstigere Auslastung von Bussen und Bahnen sicherzustellen.

Alte Menschen und Hausfrauen sind in ihrem Verkehrsverhalten am wenigsten auf Pflichtwege festgelegt. Es dominieren Wege, über die sie frei disponieren können, zum Beispiel für Einkauf, Freizeit und Erholung, Besuche, Dienstleistungen etc. Neben den meist auf wohnungsnahe Angebote bezogenen täglichen Wegen für die Versorgung werden auch erlebnisorientierte unternommen, zum Beispiel in die nächstgelegenen Zentren für einen Stadtbummel mit Café- und Restaurantbesuch. Doch trotz dieser geringeren zeitlichen Fixierung ihrer Aktivitäten brauchen auch diese Gruppen einen vernünftigen Zeittakt, damit Busse und Bahnen ihnen helfen, ihren Aktivitätenrhythmen gemäß mobil zu sein oder zu bleiben. Für alte Menschen und Frauen mit kleineren Kindern dürfen auch die An- und Abmarschwege zu den Haltestellen nicht zu lang sein. Darüber hinaus schätzen diese gepflegte Fahrzeuge mit bequemem Niederflureinstieg und komfortablen Sitzen, sichere Haltestellen an öffentlichkeitswirksamem Standort mit Sitzmöglichkeit, Beleuchtung, gutem Service mit ausreichender Information und Personalpräsenz. Aber an diesen Qualitäten mangelt es allenthalben. Ein weitmaschiges Liniennetz mit langen An- und Abmarschwegen zu den öde gestalteten Haltestellen und ein außerhalb des Berufs- und Ausbildungsverkehrs stark ausgedünnter Takt sind für diese Nutzergruppen abschreckend. Jumbomanie, Tunnelwelt und Geschwindigkeitsbesessenheit finden bei ihnen keinen Anklang, erzeugen Vorbehalte gegen die Bus- oder Bahnbenutzung. Statt der hektischen Fahrweise vieler Busfahrer schätzen sie das ruhigere Fahrgeschehen. Komplizierte Fahrpläne und Tarifstrukturen sowie eine total automatisierte Abfertigung schrecken alte Menschen und Frauen am meisten ab. Spezielle Angebote wie Seniorenpaß oder übertragbare Familienabonnements sind wesentliche Tarifelemente, um diesen Nachfragegruppen auch mit finanziellen Anreizen entgegenzukommen.

Einkaufsverkehr mit Bussen und Bahnen: von Verkehrsbetrieben und Handel nicht als Garant vitaler Zentren erkannt

Die Bedeutung von Bussen und Bahnen im Einkaufsverkehr wird regelmäßig unterschätzt, obwohl sie prozentual fast der des Berufsverkehrs entspricht. Einkaufsverkehr ist oft mit Transport von Taschen, Tüten, Paketen etc. verbunden. Unter anderem aus diesem Grund wird vom Handel unterstellt, daß Einkaufen nur mit dem Auto möglich ist. Doch weder kann man in den Zentren mit dem Auto direkt vor die Ladentüren fahren, noch schleppt jeder Kunde Berge von Waren nach Hause. Viele Einkäufe füllen nur eine Tüte oder Tasche. In dem Maße, in dem diese Entscheidungsträger dem Einkaufsverkehr mit Bussen und Bahnen nur eine geringe Rolle einräumen, ignorieren sie auch seine spezifischen Anforderungen und versäumen damit, die Voraussetzungen für diesen Verkehrsmarkt zu sichern.

Einkaufsverkehr mit Bussen und Bahnen ist stärker als jeder andere Verkehrszweck Kurzstreckenverkehr, 31 Prozent aller Einkaufsfahrten mit diesen Transportmitteln liegen unter drei Kilometer. Der Einkaufsverkehr setzt morgens erst nach der Berufsverkehrsspitze ein und verteilt sich dann über den ganzen Tag. Die nachmittäglichen Einkaufsfahrten in die Zentren werden gerne mit Freizeitaktivitäten verknüpft, deshalb endet der Einkaufsverkehr nicht schlagartig mit Ladenschluß, sondern seine Rückwege verteilen sich noch weiter über den Abend. Der Samstag ist allgemein Familieneinkaufstag, um so nachteiliger, wenn samstags Busse und Bahnen nur mit Minimalangebot verkehren. Das alles zeigt, daß Einkäufer andere Ansprüche an Busse und Bahnen haben als der Berufsverkehr. Sie brauchen ein Netz, das sowohl die Geschäfte des täglichen Bedarfs im eigenen Wohnviertel als auch die Geschäftskonzentrationen in Zentren, Nebenzentren und sonstigen Einkaufsstraßen gut erschließt. Und sie brauchen den ganzen Tag über einen guten Zeittakt. Ein dichtes Netz von Bussen und Bahnen, das auch in den Zentren und Fußgängerzonen oberirdisch und mit kurzer Haltestellenfolge geführt wird, erlaubt den Einkauf in variationsreichen Wegeketten. Man kann durch mehrmaliges Aus- und Einsteigen an verschiedenen Stellen seine Einkaufsfahrt kombinieren. Man ist flexibel, wo man seinen Einkaufsweg anfängt und beendet. Das führt zu sehr viel breiter gestreuten Wegemustern der Benutzer von Bussen und Bahnen im Vergleich zu Autokunden. Busse und Bahnen können auch große Fußgängerzonen dicht und umweltgerecht erschließen und gleichzeitig diesem Standort mit seinen zahlreichen Handels- und Dienstleistungseinrichtungen große Einzugsbereiche sichern. Wo statt dessen Busse und Bahnen im Zuge der Linien- und Haltestellenkonzentration aus Einkaufsstraßen in die Randbereiche oder im Untergrund verschwunden sind, ist die Variationsmöglichkeit zerstört, fehlt die räumliche Orientierung und ergeben sich lange, beschwerliche An- und Abfahrtswege. Auf diese Weise nimmt sich der öffentliche Verkehr selbst alle Wettbewerbsvorteile im Einkaufsverkehr.

Generell lohnt es sich, auch Einkäufer mit ihrem vielfältigen Aktivitätenspektrum in die attraktiven übertragbaren Zeitkartenangebote einzubeziehen, um sie als Garant für eine zeitlich flexible Bus- und Bahnnutzung zu gewinnen. Bei dem hohen Anteil kurzer Fahrten im Einkaufsverkehr kann auch ein attraktiver Kurzstreckentarif zusätzliche Nachfrage binden. Ein besonderer Anreiz zur Nutzung von Bussen und Bahnen zur Einkaufsfahrt ergibt sich, wenn der Fahrpreis von den Geschäftsleuten mit dem Warenwert verrechnet wird. Gleichzeitig verdeutlicht dies auch den Kunden, daß sich die Geschäftsleute für die Erreichbarkeit ihrer Geschäftslagen mit Bussen und Bahnen engagieren. Wenn dann in ihren Werbeanzeigen die deutlichen Hinweise auf die zum Geschäft führenden Linien samt Zeittakt und betreffenden Haltestellen nicht fehlen, ist eine nützliche Symbiose von Handel und öffentlichem Verkehr erreicht.

Freizeitverkehr mit Bussen und Bahnen: Vernachlässigung statt Angebote und Werbung

Autoindustrie und Autolobby sehen im Freizeitverkehr einen wichtigen Wachstumsmarkt. Schon zu Beginn der bundesdeutschen Nachkriegsmotorisierung spielte der »Sonntagsfahrer« eine wichtige Rolle. Heute preist die Autowerbung ihre Modelle mit dem Flair hohen Freizeitwertes an und präsentiert sie bevorzugt in entsprechenden Situationen. Freizeitautos wie Jeeps, sportliche Wagen, Allradantriebautos, Cabriolets oder Familienkutschen für viel Urlaubsgepäck bestimmen den Markt. Der Begriff von der »Erlebnismobilität« macht die Runde. Massenhafter Reise- und Ausflugsverkehr mit dem Auto hat allerdings viel von der verheißenen Erlebnisqualität des Freizeitverkehrs ins Negative verkehrt. Endlose Staus an langen Wochenenden und zur Ferienzeit gehören inzwischen routinemäßig zum Freizeiterlebnis. Städte und Landschaften sind mehr und mehr von den Pisten für automobile Durchlässigkeit und Erreichbarkeit entstellt, zerschnitten, eingekreist und gleichgemacht. Das Auto gilt deshalb schon lange nicht mehr allen als »der« Garant für erlebnisreiche und vergnügliche Freizeit.

Der Freizeitverkehr hat naturgemäß seine Nachfragespitzen abends, samstags und sonntags sowie in Ferienzeiten. Aber gerade dann haben Busse und Bahnen heute meist ihr Angebot ganz eingestellt oder fahren nur noch mit Minimaltakt. Viele Ausflugsziele und Freizeitzentren sind, was ihre Erreichbarkeit betrifft, gegenwärtig sogar ganz dem Autoverkehr preisgegeben. Tatkräftig begünstigt haben diese Situation ähnlich wie beim Handel auch die Betreiber von Freizeiteinrichtungen, Restaurants, Hotels und die Spitzenverbände der Fremdenverkehrswirtschaft. Sie alle sind durchweg einseitig auf den Autoverkehr fixiert, glauben, nur er begünstige den Umsatz. Sie engagieren sich kaum für den Ausbau eines freizeitrelevanten Angebots von Bussen und Bahnen. Viele Hotels und Gaststätten besitzen weder Fahrpläne noch sonstige Informationen über die öffentlichen Verbindungen. So ist es fast schon ein Wunder, daß trotz aller konzeptionellen Vernachlässigung immer noch 20 Prozent aller Kunden in ihrer Freizeit mit Bussen und Bahnen unterwegs sind.

Freizeitverkehr ist von allen Verkehrsarten am wenigsten räumlich und zeitlich gebunden, er hat typische saisonale Schwankungen und hängt nicht zuletzt vom Wetter ab. Er erfordert also eine situationsbedingte Angebotsplanung. Diese Flexibilität wird inzwischen den privaten Reisebusunternehmen überlassen, die mit zahlreichen speziellen Angeboten den Markt zu erobern suchen. Nur beim Wintersport schaffen es Busse und Bahnen heute noch, sich mit Sonderzügen und Sonderfahrten in die Wintersportgebiete flexibel auf eine situationsbedingte Nachfrage einzustellen. Im Freizeitverkehr gibt es aber auch gewisse konstante Größen. Beispielsweise haben die meisten Kinos, Theater, Konzerte etc. eine oder zwei Abendvorstellungen, wodurch sich zwischen 19 und 20 Uhr sowie 21 und 22 Uhr und nochmals um 24 Uhr herum relative Nachfragespitzen ergeben. Busse und Bahnen haben deshalb viele Möglichkeiten, ihre Chancen auf diesem Sektor intensiver mit eigenen attraktiven Linienangeboten für die regelmäßigen Hauptströme des Freizeitverkehrs, mit werbewirksam angebotenen Sonderzügen und Sonderbussen und flexibel anforderbaren Angebotsformen wie Rufbus und Anrufsammeltaxi wahrzunehmen.

Verstärkt sind im Freizeitverkehr größere Gruppen von Freunden oder Bekannten oder Familien unterwegs. Deshalb sind hier ebenfalls Tarifformen mit Gruppenrabatt und Mitnahmemöglichkeit auf Abokarte und Familienkarte von hohem Interesse. Außerdem spielen spezielle Serviceangebote für das Erlebnis in der Gruppe eine Rolle wie zum Beispiel Cafetaria, Buffetbar, Gesellschaftswagen etc. Auch in der Freizeit ist die Benutzung von Bussen und Bahnen attraktiver, wenn der Fahrpreis mit den Eintrittspreisen von anderen Freizeiteinrichtungen verrechnet werden kann und die Einrichtungen mit ihrer Erreichbarkeit im öffentlichen Verkehr werben und auf die entsprechenden Verbindungen, Fahrpläne, Haltestellen etc. hinweisen. Freizeit wird oft »feuchtfröhlich« verbracht, mit Restaurant- und Discobesuchen oder Partys. Meist ist Alkohol im Spiel. Alkoholisiertes Autofahren ist in der offiziellen Unfallstatistik die zweithäufigste Unfallursache. Mehr Engagement der Verkehrsbetriebe in Sachen Freizeitverkehr müßte deshalb viel Unterstützung von Verkehrsplanung und -politik finden.

Flexibilität statt Segmentierung: vom Tarifsalat zum Angebot für alle Zwecke

Die Analyse der verschiedenen Teilmärkte des öffentlichen Verkehrs ist wichtig für eine gute Ausschöpfung der einzelnen Marktsegmente, eine gezielte Werbung und nutzergerechte Angebotsgestaltung. Allerdings birgt übermäßige Segmentierung auch Gefahren für die Angebots- und Tarifgestaltung. Mit der Einführung sehr spezieller Angebots- und Tarifformen verliert der öffentliche Verkehr seine Übersichtlichkeit und seinen Vorzug, gleichzeitig für alle Mobilitätszwecke gut zu sein. Der beste Kunde ist der, der im Laufe des Tages oder der Woche Busse und Bahnen für alle Zwecke nutzt und damit seine Zugehörigkeit zu der einen oder anderen Kundengruppe je nach seinem Mobilitätszweck wechselt. Oft sind die Übergänge zwischen den einzelnen Aktivitätengruppen fließend, zumal, wenn verschiedene Aktivitäten miteinander kombiniert werden, zum Beispiel Arbeitsweg mit Behördengang, Einkauf mit Freizeitaktivitäten. Die meisten Menschen und erst recht die meisten Haushalte haben ein so differenziertes Mobilitätsverhalten, daß sie nicht generell einer nach Zweck, Richtung, Tageszeit etc. festgelegten Nutzergruppe zusortiert werden können. Darauf müssen Marketing und Tarifgestaltung Rücksicht nehmen.

Bei den anderen Verkehrsarten ist von vornherein klar, daß man sie für viele Zwecke einsetzen kann. Auch das Auto ist nicht auf einen Zweck und eine bestimmte Strecke festgelegt. Es wird je nach Anlaß mal als Freizeitgerät, Einkaufsvehikel, mal im Berufsverkehr, mal für kurze, mal für lange Strecken, mal für eine Einzelperson, mal für die ganze Familie genutzt. Diese Flexibilität fehlt bisher dem öffentlichen Verkehr, da er sich durch sein eigenes Selbstverständnis zu sehr auf die wenigen Verkehrsaufgaben Berufs- und Ausbildungsverkehr beschränkt und zu sehr auf tarifliche Spitzfindigkeiten kapriziert. Doch diese Flexibilität wird von den Kunden gebraucht, um entsprechend variabel mit Bussen und Bahnen unterwegs sein zu können. Nicht umsonst sind deshalb die übertragbaren Abos überall dort, wo sie mit Eloquenz und engagierter Betriebspolitik eingeführt wurden, so erfolgreich gegenüber speziellen Schüler- und Berufspendlerkarten oder Einkaufssondertarifen. Denn sie sichern die unbeschränkte Nutzung des gesamten Netzes. Der Pfennigfuchserei ist damit jeglicher Wind aus den Segeln genommen. Verkehrsbetriebe und Fahrgäste lernen zum gegenseitigen Nutzen großzügig miteinander umzugehen.

KAPITEL 3

Die Stadt der Busse und Bahnen: Strategien und Maßnahmen für einen attraktiven Nahverkehr

Vom Lippenbekenntnis zur energischen Vorrangpolitik für Busse und Bahnen

Bisher gehört es stets zu den Pflichtübungen aller verkehrspolitischen Äußerungen, Reden und Grundsatzprogramme, zunächst die unverzichtbare Rolle des öffentlichen Verkehrs wortreich herauszustellen. Doch dann folgt ebenso sicher der anschließende Exkurs über die angeblich unaufhaltsam weiterwachsenden Motorisierungsziffern und die damit unvermeidliche Zunahme des Autoverkehrs. Weiter wird dann gefolgert, daß der öffentliche Verkehr bei allem Bemühen die Hauptrolle im Verkehr nicht besetzen könne und daß deshalb die rollende Autolawine neue, zusätzliche Straßen- und Parkkapazitäten unverzichtbar mache. Mit Bedauern stellt man dann am Ende fest, daß der Verkehrsanteil von Bussen und Bahnen seit Jahrzehnten rückläufig und nunmehr auf ein unveränderbar niedriges Niveau abgesackt sei. Der öffentliche Verkehr fahre insgesamt keinen rosigen Zeiten entgegen und rechtfertige allenfalls die Annahme, daß es in bestimmten Teilbereichen eine sogenannte »Arbeitsteilung« zwischen dem öffentlichen und dem Autoverkehr geben könne. Wie Reservate werden diese Bereiche nach altbekanntem Muster auf die Innenstädte, auf die sternförmigen Siedlungsbänder der Großstädte und auf den Berufsverkehr eingegrenzt, die dadurch in Spitzenzeiten wie es heißt, eine gewisse Entlastung erführen. Mit dieser abwiegelnden Rhetorik von der Arbeitsteilung hat man dann nach Meinung vieler Politiker und Planer den maximal möglichen Spielraum für den öffentlichen Nahverkehr abgesteckt.

Schluß mit der Arbeitsteilung: Busse und Bahnen sind als leistungsfähiges Gesamtsystem zu gestalten

Nach der Arbeitsteilungsphilosophie wird so getan, als seien die Lärm-, Abgas- und Unfallentwicklung, die Beeinträchtigungen der Fußgänger und Radfahrer, die Stadt- und Landschaftszerstörung und die übermäßige Flächenokkupation durch den Autoverkehr nur ein engbegrenztes Problem, das keinesfalls schon längst flächenhaft die gesamte Republik im Griff habe. Der Autoverkehr mit seinen unerträglichen Verhaltensformen, seinen gewaltigen Nachteilen für die Umwelt, die Verkehrssicherheit, die Stadt- und Dorfentwicklung wird verharmlost, damit ihm auch weiterhin eine Vorzugsbehandlung bei der Zuteilung von Finanzen, Verkehrsflächen, Kundschaft etc. sicher ist. Das Bild von der Arbeitsteilung ignoriert dabei zusätzlich die Tatsache, daß der Autoverkehr jahrzehntelang alles andere als ein verträglicher Partner für Busse und Bahnen war. Er hat sie einem mörderischen Verdrängungswettbewerb ausgesetzt, durfte sie allenthalben behindern, ihr System ruinieren und ihnen die politische, planerische und finanzielle Priorität entziehen. Selbst das vielgepriesene Park & Ride, das vielen Verkehrsbetrieben als Rettungsanker erscheint, ist bei näherem Hinsehen alles andere als eine für Busse und Bahnen vorteilhafte Arbeitsteilung. Die Autofahrer im Umland und am Stadtrand sollen wenigstens den letzten Rest ihrer Strecke mit Bussen und Bahnen zurücklegen. Mit dieser Selbstverstümmelung des öffentlichen Verkehrs zum reinen Rumpf- und Korridorverkehrssystem reklamiert man außerhalb der Hauptachsen des öffentlichen Verkehrs keinerlei Präsenzpflicht für Busse und Bahnen und läßt sich so seiner Zubringer- und Verteilerfunktion berauben. Dagegen wird zu den betroffenen Park & Ride-Plätzen ein massiver Autoverkehr erzeugt, der vielfach auf seinem Weg dorthin mehrere Ortsteile und Ortskerne durchquert und entsprechend belastet. Die Park & Ride-Haltestellen sind umgeben von Parkplatzwüste und daher kaum in ein gutes Fuß- und Radwegenetz

Große Park & Ride-Anlagen verbauen Fußgängern und Radfahrern den Zugang zum öffentlichen Verkehr, höhlen Ortsbussysteme aus und verhindern attraktive städtebauliche Nutzungen im Umfeld der Haltetellen.

integrierbar und als Kristallisationspunkt städtebaulicher Nutzung unbrauchbar. Das Park & Ride-System stützt die Autofixierung ab, anstatt sie abzubauen und auf den öffentlichen Verkehr umzupolen. Es verhindert den Aufbau attraktiver Ortsbussysteme. Mit dem Trugbild der arbeitsteiligen Kooperation wird deshalb insgesamt der unsinnige verkehrliche Status quo festgeschrieben und jeder politische und planerische Ehrgeiz unterdrückt, die Verkehrsstrukturen entscheidend zu ändern. Es stützt das Vorurteil vom kaum vorhandenen Handlungsspielraum und verführt zum Verzicht auf eine innovative, offensive Politik und Planung für Busse und Bahnen. Die Rhetorik von Partnerschaft und Arbeitsteilung verbannt den öffentlichen Verkehr weiterhin an den Katzentisch und bestreitet ihm seine heute lebenswichtige Aufgabe als leistungsfähiges flächenhaftes Gesamtsystem, das in allen Gebieten, für alle Verkehrszwecke, zu allen Zeiten für alle Bürger die bessere Alternative als das Auto ist.

Schluß mit der Parallelförderung: Neue Parkhäuser und Straßen entwerten den öffentlichen Verkehr

Noch haben die Verkehrspolitik und -planung vieler Städte und Gemeinden viel Ähnlichkeit mit der Echternacher Springprozession (das heißt zwei Schritte vor und drei zurück). Wo schon verbal der Mut zu klaren Prioritäten für den öffentlichen Verkehr fehlt, sind das konkrete Bauen und Planen um so mehr von Widersprüchlichkeiten geprägt. Selbst in den Hauptkorridoren der noch erhaltenen öffentlichen Linientrassen baut man gleichzeitig neue Parkhäuser und Straßen. Unter der Prämisse der beschriebenen Arbeitsteilung und Partnerschaft wird Unmögliches angestrebt: eine Stadt, die gleichzeitig attraktiv für Autofahrer und für Bus- und Bahnbenutzer sein will. Der Fachausdruck für dieses unvereinbare Doppelparadies heißt »Parallelförderung«. Diese Parallelförderung produziert fast immer groteske Kuriositäten. Immer wieder werden in den Innenstädten trotz ihrer guten Erreichbarkeit mit Bussen und Bahnen bedenkenlos neue Parkhäuser und Tiefgaragen gebaut, oft sogar genau an den Stellen der besten Erreichbarkeit im öffentlichen Verkehr mit Verknüpfung mehrerer Bus- oder Schienenstrecken. Immer wieder werden auf diese Weise auch die Neuinvestitionen in Straßenbahnen, Stadtbahnen, U- und S-Bahnen attackiert und entwertet. Etwa, wenn nach dem teuren U-Bahn-Bau oberirdisch den Autos die doppelte Fahrspurkapazität zur Verfügung gestellt wird oder wenn auf den alten Gleistrassen Parkstreifen eingerichtet werden und damit die Attraktivität des Autoverkehrssystems kontraproduktiv zur Investitionsmaßnahme für den öffentlichen Verkehr erhöht wird.

Das Beispiel Bonn kann exemplarisch belegen, daß der Wahnsinn der Parallelförderung in der Bundesrepublik noch immer Methode hat. In Bonn wurde mit hohem finanziellem Aufwand die Straßenbahn von Bonn nach Godesberg zur Stadtbahn ausgebaut. Damit ist der entsprechende Korridor durch zwei Stadtbahnlinien und mehrere Buslinien gut mit öffentlichen Verkehrsmitteln erschlossen. Hier könnte der öffentliche Verkehr eindeutig die Hauptrolle spielen. Doch was macht die Stadt Bonn? Sie läßt mit System die gesamte Strecke mit Tiefgaragen »untergraben«, auch und gerade im Regierungsviertel, wo Beschäftigten und Kunden der dort angesiedelten Ministerien, Behörden und Verbände unentgeltlich und unbegrenzt Parkraum zur Verfügung gestellt wird. Statt über vernünftige Bebauungspläne hier eine exzessive Erweiterung des Stellplatzangebots zu verhindern, forciert die Stadt diese fatale Entwicklung und entzieht damit diesem Korridor immer mehr seine Attraktivität für die Bus- und Bahnbenutzung. Natürlich eskalierten aufgrund dieser Politik auf den zuführenden Hauptverkehrsstraßen die Stauprobleme. Dadurch wiederum sah sich die Stadt Bonn veranlaßt, zur sogenannten Entlastung parallel zu einer bereits vorhandenen vierspurigen Straße weitere großspurige Straßenbauprojekte hinzuzufügen. An diesen Straßenprojekten beteiligen sich Bund und Land mit den üblichen Zuschüssen, obwohl sie damit ihrer eigenen kostspieligen Förderung des öffentlichen Verkehrs massiv Konkurrenz machen. Für die Innenstadt und Nebenzentren verfolgt die Bonner Planung die gleiche unsinnige Doppelstrategie. Auf der einen Seite betreibt sie den stadtbahnmäßigen Umbau und Ausbau von insgesamt fünf auf die Zentren zulaufenden Schienenstrecken, läßt acht Kilometer Tunnelstrecke errichten und einen unterirdischen Nahverkehrsknoten ausbauen. Doch wieder forciert sie gleichzeitig den Ausbau von insgesamt sieben Großparkierungsanlagen und zwei Großparkplätzen, weitere zwei Parkhausprojekte sollen folgen. Daneben plant sie, die auf die Zentren zuführenden Hauptverkehrsstraßen autogerecht auszubauen und eine Trasse sogar neu zu bauen. Dieses Vorgehen liefert dann ganz von selbst nur einen mäßig genutzten öffentlichen Nahverkehr und immer noch weiter zunehmenden Autoverkehr, so daß man sich im bisherigen Kurs mit immer weiteren Ausbauüberlegungen zum Autoverkehrssystems voll bestätigt sieht.

Bisher haben die deutschen Verkehrsbetriebe landauf, landab diese Parallelförderung als Zeiterscheinung der Verkehrspolitik und -planung widerspruchslos hingenommen und sogar mit getragen. Es blieb die große Ausnahme, daß Unternehmensleitung oder Betriebsräte einmal offen gegen neue Autofahrspuren und Parkplätze protestierten. Im Gegenteil, gerade die Verkehrsbetriebe sahen lange Zeit in autogerecht ausgebauten Straßen auch ihre Interessen von der geschwindigkeitsorientierten Beschleunigung und dem Einsatz der Jumbotechnologie erfüllt. Sie sahen nicht, daß ihnen die Konkurrenz dann erst recht davonfuhr. Das einzige verkehrspolitische und -planerische Feld, auf dem sie sich ereiferten, war die Verkehrsberuhigung. Gegen sie machten viele Verkehrsbetriebe Front, obwohl damit erstmals der Versuch gemacht wurde, die Ansprüche und Privilegien des Autoverkehrs zurückzuschrauben. Es ist also eine deutliche Kurskorrektur im Denken der Verkehrsbetriebe nötig. Sie müssen jede Form von Parallelförderung anprangern und mithelfen, autofreundliche Verkehrsentwicklungspläne in Frage zu stellen. Sie müssen darüber hinaus grundsätzlich jedes Straßenbauvorhaben und jede Parkraumerweiterung kritisch auf die negativen Folgen für den öffentlichen Verkehr überprüfen. Die Vorstellung, der Autoverkehr könne nicht verringert werden und Busse und Bahnen könnten zwangsläufig nur eine arbeitsteilige Nebenrolle spielen, muß vor allem von den Verkehrsbetrieben selbst angeprangert werden. Alle einschlägigen Untersuchungen belegen den engen Zusammenhang von Parkraumangebot und Nachfrage im öffentlichen Verkehr. Wo der Parkraum knapp ist, sind auch Autobesitzer eher bereit, Busse und Bahnen für den Weg zur Arbeit oder zum Einkauf zu benutzen. Bei gleicher Erschließungsqualität im öffentlichen Verkehr haben Betriebe mit knappem Parkraum den höchsten Anteil von Bus- und Bahnbenutzern. Regelmäßig gibt es beachtliche Umsteigeeffekte auf Busse und Bahnen, wenn

Stadt	Abstellplätze je 100 Beschäftigte	Anteil öffentl. Verkehr im Berufsverkehr in %
Hamburg	16	48
Lübeck	24	30
Dortmund	30	40
Aachen	47	22
Mülheim	51	21
Bonn	47	27

Viele Parkplätze in Zentren und an Arbeitsplatzschwerpunkten sind der Totengräber des öffentlichen Verkehrs.

im Zuge von Verkehrsberuhigungs- und Wohnumfeldmaßnahmen oder einer neuen Verkehrsentwicklungsplanung das Parkraumangebot verringert wird. Für diesen zentralen Stellenwert der Parkraumpolitik im Zusammenhang mit der Aktivierung des öffentlichen Verkehrssystems ist Zürich ein Paradebeispiel. Zürich bietet in seiner ganzen Innenstadt, einem der umsatzstärksten Handelsplätze Europas, für 6000 Einwohner und 63 000 Arbeitsplätze ganze 4000 öffentliche und 7000 private Parkplätze an, ein Wert, der bewußt niedrig gehalten wird, um den innenstadtorientierten Autoverkehr zu begrenzen. Statt dessen besteht der Ehrgeiz, möglichst viele Straßenbahnlinien mit möglichst vielen Haltestellen und einem guten Takt anzubieten. In Deutschland bieten schon viele Mittelstädte mehr Stellplätze an als Zürich, viele Großstädte verfügen über das mehrfache Parkraumangebot. Dagegen bescheiden sie sich mit einem Bruchteil der Angebotsqualität für den öffentlichen Verkehr. Kein Wunder, daß in Zürich dann 80 von 100 Fahrten der Innenstadtbesucher mit öffentlichem Verkehr erfolgen, während in vielen deutschen Großstädten der öffentliche Verkehr froh sein muß, wenn er auch nur ein Fünftel dieser Anteilswerte erreicht.

Ehrgeiz zur Trendwende: offensive Angebotsplanung für Busse und Bahnen

Gemeinsam mit den Verkehrsbetrieben muß eine zukünftige Trendwende im Verkehrsgeschehen in den Städten und Gemeinden kommunalpolitisch und verkehrsplanerisch getragen werden. So hat beispielsweise der Rat der Stadt Basel schon 1971 mit großer Mehrheit beschlossen, daß der öffentliche Verkehr im innerstädtischen und im regionalen Verkehr Vorrang vor dem Autoverkehr erhalten muß. Daraufhin wurde dieser Beschluß zunächst für das Ampelsystem und den Verkehrsrechner konkretisiert. Inzwischen wird auch bei der Parkraumpolitik und den Parkierungsregelungen auf den Straßen der eindeutige Vorrang für die Belange des öffentlichen Verkehrs zügig umgesetzt. Im Zusammenhang mit der Fortschreibung des Generalverkehrsplans bestimmte man konsequenterweise den öffentlichen Verkehr zum sogenannten »Primärsystem«, während der Autoverkehr als reines Ergänzungssystem definiert ist. Einen ähnlich weitgehenden Grundsatzbeschluß faßte das Zürcher Stadtparlament Ende der 70er Jahre mit seiner Grundsatzweisung für die Bevorzugung des öffentlichen Verkehrs. Auch hier wurde deutlich formuliert, daß dem öffentlichen Verkehr im Widerstreit der Verkehrsinteressen bei allen Entscheidungen und Maßnahmen Vorrang einzuräumen sei. Mehrere skandinavische und holländische Städte haben sich in entsprechenden Grundsatzbeschlüssen zur Verkehrsentwicklungsplanung und in Folge bei den konkreten Verkehrsplanungsmaßnahmen ebenfalls auf eine durchgängige Priorität des öffentlichen Verkehrs festgelegt.

Zu dieser Hauptrolle von Bussen und Bahnen gehört, daß ihr Angebot entsprechend gut ist. Verkehrsbetriebe, -politik und -planung müssen deshalb mehr tun, als nur die heute feststellbare Nachfrage zu befriedigen. In einer Potentialanalyse für das Ruhrgebiet wurde beispielsweise ermittelt, daß die derzeitige Nachfrage bei systematischer Angebotsverbesserung verdreifacht werden könnte. Allein durch ein verbessertes Informationsangebot, das den Bürgern im Ruhrgebiet mehr Wissen über das Liniennetz, die nächsten Haltestellen, die Fahrpläne und die Tarife vermittelt, würde dort eine Nachfragesteigerung um 44 Prozent möglich. Eine weitergehende Motivations- und Aufklärungskampagne in Verbindung mit einer Tarifoffensive könnte die Nachfrage um weitere 123 Prozent steigern. Wenn schließlich das Angebot räumlich und zeitlich bedarfsgerecht verdichtet würde, wäre laut Berechnung eine Nachfragesteigerung um 311 Prozent möglich. In einem anderen Szenario für den öffentlichen Verkehr in Nordrhein-Westfalen wurde nach einer ähnlichen Methode ermittelt, daß Busse und Bahnen auch außerhalb der Ballungsräume und Großstädte schon in kurzer Zeit beträchtlich zulegen können, in Mittelstädten um 90 Prozent, in Kleinstädten um 50 Prozent. Wenn man den öffentlichen Verkehr von den Fesseln einer zu engen Aufgabenbestimmung befreit und ihn deutlich bei der Verkehrsfinanzierung, der Ordnungs-, Park- und Straßenbaupolitik bevorzugt, hat er als Hauptstütze der Stadt-und Verkehrsentwicklung wieder eine glänzende Zukunftsperspektive.

In den Köpfen fängt die Vorrangpolitik an: Public Awareness für Busse und Bahnen

Public Awareness nennen die Werbestrategen die positive Verankerung einer Idee, einer Aufgabe oder eines Produkts im öffentlichen Bewußtsein: als gut, notwendig, wichtig, nützlich. Den öffentlichen Verkehr mit solchen Attributen zu belegen und zu vermarkten ist entscheidend für den Betriebserfolg. Die Verkehrsbetriebe brauchen eine Werbe- und Kommunikationsstrategie, die getragen wird von dem »Glauben an die eigene Zukunft« und der Identifikation mit dem eigenen Produkt, dem Wunsch nach einem eigenen Profil und Selbstbewußtsein. Es muß alarmieren, daß bisher die eigenen Entscheidungsträger die schlechteste Meinung von Bussen und Bahnen haben. In Zahlen ausgedrückt, bedeutet das, daß von den Verantwortlichen in Politik und Planung eine viermal so hohe und von den Mitarbeitern der Verkehrsbetriebe eine dreimal so hohe negative Einschätzung des öffentlichen Verkehrs durch die Bürger erwartet wird, als sie tatsächlich besteht. In dieser Fehleinschätzung trauen sie sich dann vorsichtshalber auch gar nicht, ihr Produkt in den Mittelpunkt des öffentli-

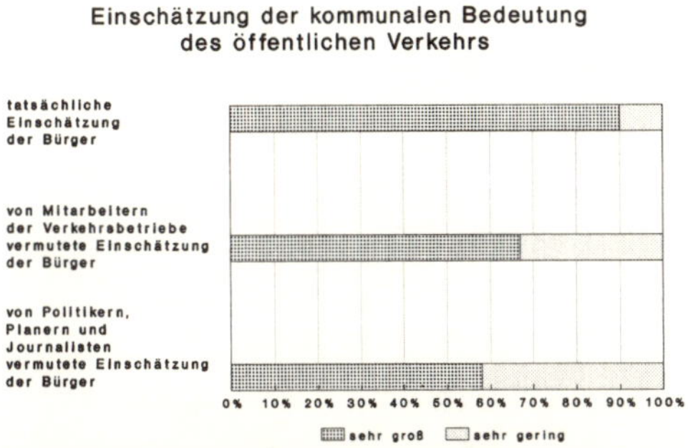

Die Macher in Politik und Verkehrsbetrieben schätzen die Einstellung der Bürger zum öffentlichen Verkehr völlig falsch ein. Eine schlechte Voraussetzung für eine Angebotsoffensive.

chen Interesses zu rücken. Das überläßt man statt dessen der Konkurrenz. Jahr um Jahr animiert die Autoindustrie Legionen von Journalisten zur gefälligen Hofberichterstattung, versorgt sie mit Informationen über die neuesten Nuancen der Automarken und selbstgeschneiderten Prognosen der künftigen – autobestimmten – Verkehrsentwicklung. Sie läßt mit Vorliebe prominente Größen aus Politik, Showbusineß etc. für sich fahren und werben. Sie marschiert tatkräftig durch alle Vorder- und Hintertüren des gesellschaftlichen und politischen Lebens, um ein autofreundliches Umfeld zu sichern. Sie strotzt von Selbstbewußtsein. Das jederzeitige Eintreten der Medien und der Entscheidungsträger in Politik und Gesellschaft für die Belange des Autoverkehrs ist quasi das erstrebte Echo, ist der Lohn für die permanente Kommunikationsoffensive der Autowirtschaft. Die deutsche Autoindustrie verfügte 1987 über einen Werbeetat von 1,11 Milliarden Mark. Mit diesen jährlichen Summen ist die Autowerbung immer wieder darum bemüht, ihr Produkt suggestiv mit Freiheit, Selbstverwirklichung, Individualität, Dynamik, Sportlichkeit etc. zu verknüpfen und als unverzichtbaren Gewinn für jedermann darzustellen. Diese Werbestrategie verfolgt die Autobranche um so heftiger, je mehr die zunehmende Umweltdiskussion das Auto in Frage zu stellen droht. Dem haben die Verkehrsbetriebe bislang kaum etwas Angemessenes entgegengesetzt. Ganze 37 Millionen Mark enthält der Werbeetat des öffentlichen Verkehrs, davon entfallen 33 Millionen Mark auf die Bundesbahn und nur 4 Millionen Mark auf die öffentlichen Nahverkehrsbetriebe. Das Mißverhältnis zeigt, mit welch bescheidenem Marketing Busse und Bahnen bisher am Verkehrsmarkt vertreten werden. Selbstbewußtsein und Zukunftsperspektive zu entwickeln, beides in ambitionierte Werbung und Information umzusetzen ist eine wichtige Initialaufgabe der Verkehrsbetriebe. Überzeugungsarbeit im »eigenen Laden«, in den Führungsetagen, in den Betriebsräten, beim eigenen Personal und bei den zuständigen Politikern und Planern ist angesagt, um Motivation für offensives Handeln am Verkehrsmarkt zu schaffen.

Ambitionierte Werbe- und Informationsstrategien für Busse und Bahnen: Inhalte und Wirkung verbessern

Die Werbung der Verkehrsbetriebe bot viele Jahre nur simple Knittelverse, Strichmännchen und müde Werbeslogans. Angesprochen wurden nur die traditionellen Zielgruppen. »Oma fährt mit Bus und Kuchen ihre Enkel zu besuchen« – mit dieser betulichen, ambitionslosen Werbung zieht man keine neuen Fahrgäste an. Man verstärkt eher das übliche Negativimage des öffentlichen Verkehrs, das in einschlägigen Studien stets gleich beschrieben wird: alt, anspruchslos, schwerfällig, passiv, traditionell. Statt dessen müssen die Verkehrsbetriebe endlich mit Esprit und Eloquenz neue Assoziationen zu Freiheit, Fortschritt, Genuß, Service, Kultur, Komfort, Umwelt, Verantwortlichkeit etc. hervorrufen, strategisch wichtige Leitgruppen ansprechen, das Image von Bussen und Bahnen über professionelle Werbeinhalte und

Müde Werbung mit neckischen Pseudocomics und Knittelversen bewegt kaum etwas.

Werbeaufmachung positiv gestalten und das Publikum mit zündenden Slogans »in Fahrt« bringen. Die freche Reklame, daß jemand seinen Rolls-Royce verkaufte, weil er jetzt mit dem attraktiven Abo fährt, reklamiert selbstbewußt und spritzig den Anspruch auf die Aufsteiger als Umsteiger. Beispielhaft hat die Züri-Linie seit Mitte der 80er Jahre die Möglichkeiten einer solchen Werbestrategie vorgeführt. Eine Auswahl typischer Formulierungen zeigt das ausgeprägte Selbstbewußtsein: »Wir sind Nr. 1 im Zürcher Verkehr«, »Immer mehr Fahrgäste wechseln auf die Umweltspur«, »Mit der Züri-Linie auf Erfolgskurs«, »Mit Einsatzwillen und Kompetenz für immer noch bessere Dienstleistungen«, »Wir machen Zürich mobil«, »Der öffentliche Verkehr liegt klar im Trend«, »Willkommen auf der Umweltlinie!«, »Wo wir fahren, lebt Zürich«, »Joker der Zürcher Verkehrspolitik«, »Damit Zürich wieder aufatmen kann«, »Wir investieren in die Zukunft«, »Damit Zürichs Lebensqualität steigt«, »Saubere Luft und eine neue Fahrkultur«,

Werbung und Selbstdarstellung der Züri-Linie zeigen, wie es auch geht: offensiv, selbstbwußt, erfolgsorientiert.

»Unser Ziel: saubere Luft, wohnliche Quartiere, gut erschlossene Arbeitsplätze, gesunde Menschen«, »Die Regenbogenkarte als Kundenmagnet«, »Machen Sie Ihr Personal mobil«, »Die Regenbogenkarte für Beschäftigte: wie ein Lauffeuer durch die Betriebe«, »Die Regenbogenkarte. Die neue Bewegungsfreiheit«, »Ganz Zürich setzt auf eine Karte«, »So fährt die Tram in die Zukunft«, »Wendepunkt im öffentlichen Nahverkehr«, »Das neue Prestige:

Erst langsam ändert sich auch in Deutschland der Stil des Marketings für Busse und Bahnen: professioneller, anspruchsvoller und politisch ehrgeiziger.

Tram ist in«. Der Grundslogan vieler Werbematerialien lautet »Mehr Leistung für mehr Fahrgäste« und dokumentiert damit den offensiven Anspruch. Mit an alle Haushalte, Betriebe und Geschäfte verteilten modern gestalteten Hochglanzbroschüren wird das Angebot den Bürgern, Unternehmern und Beschäftigten nahegebracht, der kommunale Nutzen und die Umweltbedeutung werden deutlich herausgestellt, das Liniennetz und sein weiterer Ausbau erläutert. Bei der Eröffnung neuer Linien informiert die Züri-Linie systematisch und mehrmals ebenfalls mit sorgfältig gestalteten Werbebroschüren sowie handlichen Tarif- und Fahrplaninformationen alle im erschlossenen Korridor angesiedelten Haushalte, Betriebe und Geschäfte. Motto: »Wieder eröffnen sich für Zürich neue Dimensionen, mit der Linie ...« Zielgruppen wie Unternehmer, Handel, Freizeiteinrichtungen spricht sie mit gezieltem Informationsmaterial an. Die Medien werden regelmäßig mit zusätzlichen Informationen über die weitere Angebotsverbesserung und die wachsenden Erfolge versorgt. Mit diesem vielfältigen Werbematerial reklamiert sie ganz bewußt ihre Spitzenrolle und fordert mit dem Hinweis auf ihr immer besseres Angebot ganz offen den Autoverzicht. Der Wirtschaft verleiht der Zürcher Verkehrsbetrieb einen Werbepreis für die meisten verkauften Regenbogenkarten (Abokarten).

Das Zürcher Beispiel von Werbeesprit fängt an, Schule zu machen. Mit einer achtseitigen Zeitungsbeilage wirbt beispielsweise die Stadt Kassel für »Vorfahrt für den Umweltverbund«, »Damit uns in Kassel die Luft nicht ausgeht«. Die Saartallinien in Saarbrücken verkaufen ihr Angebot »für eine l(i)ebenswerte Stadt« mit dem Slogan »Vorfahrt für mehr Lebensqualität«. »Mit der Straßenbahn nach Gran Canaria« lautet der anerkennende Zeitungsbericht über die spritzige Werbung in Aachen für die Aachener Karte, da die Verkehrsbetriebe in einem Preisausschreiben eine Reise nach Gran Canaria als Gewinn ausgesetzt hatten. Die mit pfiffigem Design und großem öffentlichen Echo herausgebrachte Bremer Karte ist schon seit Jahren ein Renner und hat dem Bus- und Bahnfahren in Bremen einen neuen Popularitätsschub gebracht. Zum ersten Geburtstagsfest der Bremer Karte 1987 kamen 140 000 Gäste. So mobilisiert man Interesse und bindet Sympathie.

Mit solchen neuen Werbekonzepten müssen gleichzeitig die bisherigen Formen der Antiwerbung verschwinden. Viel zu oft fahren Busse und Bahnen, bespickt mit Autoreklame, im Land umher, prangen auf Plakatwänden an Haltestellen die neuesten Automodelle. Für ein paar Mark Werbeeinnahmen verkauft man sich so an die

Konkurrenz und gibt sich dem Gespött preis. Bei Preisausschreiben oder Tombolas werden noch immer die ewigen Autogewinne angepriesen statt der werbe- und publikumswirksamen Monats- und Jahresnetzkarten als Gewinne in eigener Sache. Noch sitzt man bei den Verkehrsbetrieben auf jedem Pfennig, statt Busse und Bahnen publizitätswirksam durch Sponsern von Sport oder Kultur in den Mittelpunkt zu rücken. Solche Initiativen und erhöhte Werbeausgaben scheitern bisher an der typischen Buchhaltermentalität, die das alles eher als Defizitzuwachs statt als Zukunftsinvestition verbucht. Statt bekannte Köpfe des öffentlichen Lebens publikumswirksam als Fahrgäste des öffentlichen Verkehrs zu begrüßen, läßt man sie unbehelligt das rituelle Brimborium um Dienstwagen und Chauffeur vollführen. Wer Busse und Bahnen mit ihren Leistungen vor Ort imageträchtig vertreten will, muß deshalb Bürgermeister, Oberbürgermeister, Verwaltungschef etc. zur regelmäßigen öffentlichkeitswirksamen Nutzung von Bussen und Bahnen motivieren. Anders als im Dienstwagen können sie so glaubhaft Umweltengagement und Bürgernähe demonstrieren.

Wie bei der Züri-Linie muß die Werbung der Verkehrsbetriebe endlich über die eigene »Nabelschau« hinauskommen. Bisher wirbt man, und das nur in geringem Umfang, in Bussen und Bahnen, an Haltestellen und Bahnhöfen, also bei den eigenen Kunden. So kasteit man sich selbst. Werbung für den öffentlichen Verkehr braucht Breiteneffekt, muß ihren Schwerpunkt dort setzen, wo potentielle Märkte liegen. In dezentralen Aktionen auf Quartiersebene bzw. in den verschiedenen Gemeinden des Bedienungsraumes, durch spezielle Bürgerversammlungen, durch Präsenz bei wichtigen lokalen Veranstaltungen müssen die Verkehrsbetriebe für eine möglichst gute emotionale und informative Verankerung vor Ort sorgen. Nur wenn man auf den Bürger zugeht, kann man Interesse finden und zur Nutzung des öffentlichen Angebots anregen. Dabei gilt es auch, die unnötigen argumentativen Abwehrschlachten mit den »Phantomgegnern«, den für Busse und Bahnen Forderungen stellenden Bürgerinitiativen und Umweltverbänden, zu beenden. Ihre Argumentation und Motivation, ihr Engagement gilt es zu nutzen, statt kleinlich und selbstherrlich zu behindern. Ein pfleglicher Umgang mit den Bürgerinitiativen sowie regelmäßige Fahrgastinformationen und Befragungen zum Angebot garantieren Kontaktnähe zwischen den Verkehrsbetrieben und den Bürgern. Die Kölner Verkehrsbetriebe und die Saartallinien schufen inzwischen Bürgerforen bzw. Fahrgastbeiräte, um damit Spielraum für Bürgernähe und konstruktives Engagement zu bieten. Die Rheinbahn in Düsseldorf hat begonnen, längs ihrer wichtigsten Linien Firmen und Betriebe direkt anzusprechen und auf die ausgezeichnete Erreichbarkeit mit dem Netzangebot und die günstigen Tarife der Rheinbahn hinzuweisen. Dabei wurden hohe Bestellquoten für neue Zeitkarten erzielt. In Nordrhein-Westfalen haben außerdem einige Verkehrsbetriebe im ländlichen Raum sogenannte Mobilitätsberater eingesetzt. Ihre Aufgabe ist es, bei den Gemeindeverwaltungen und Parteien, Schulen, Krankenhäusern und sonstigen öffentlichen Einrichtungen, örtlichen Vereinen, ansässigen Firmen, Hotels und Gaststätten, Kirchengemeinden Kontaktgespräche zu führen, Verbesserungsvorschläge einzuholen, Liniennetz- und Fahrpläne zu erläutern und sonstiges Informations- und Werbematerial zu verteilen. Auch versorgen inzwischen einige Verkehrsbetriebe mit System alle neuzugezogenen Bürger und Betriebe mit Informationen über das vorhandene Verkehrsangebot. Besonders bei kommunalen Querverbundunternehmen ist eine solche Praxis leicht installierbar, weil die Ableser für Strom, Gas und Wasser ohnehin regelmäßig alle Häuser aufsuchen und bei dieser Gelegenheit Informationen zum Nahverkehrsangebot weitergeben können. Diese Beispiele zeigen, wie viele Möglichkeiten es gibt, besser als bisher breitenwirksam zu informieren und für die Nutzung von Bussen und Bahnen zu werben.

Reduziert in ihrer Wirkung sind stets die zentral gesteuerten, regional nichtspezifizierten Werbekampagnen, weil ihre Botschaft nicht überall in der gleichen Weise »paßt«. Wenn die bundesweite Werbung des Verbandes öffentlicher Verkehrsbetriebe zum Beispiel die Vorzüge von Schnellbahnen preist, spricht das die Menschen im ländlichen Raum und in Klein- und Mittelstädten kaum an, weil es entsprechende Angebote dort nicht gibt. Bundesweite Werbung für den öffentlichen Verkehr kann also nur die generelle Bedeutung von Bussen und Bahnen in allgemeiner Form aufzeigen, Vorurteile abbauen, Sympathie erzeugen. Daneben muß deshalb immer eine maßgeschneiderte Werbung für den konkreten lokalen und regionalen Bezugsrahmen organisiert werden. Hier sind die einzelnen Verkehrsbetriebe und Verbundunternehmen gefordert, denn nur die konkrete lokale Werbung kann eine entsprechende verbesserte Nutzung vor Ort erzeugen. Busse und Bahnen müssen wieder zum wichtigen Faktor des Lokalstolzes der Städte und Gemeinden werden. Die bereits erwähnten Slogans »Wo wir fahren, lebt die Stadt« oder »Wir machen die Stadt mobil« etc. sind hierfür Aufmacher. Zu einer solchen Werbestrategie gehört ein bewußt gefördertes Wir-Gefühl, das alle Bürger in einer Stadt oder Gemeinde anspricht. Damit wird klar, daß Busse und Bahnen für sämtliche Altersgruppen, Berufsgruppen und Aktivitäten etwas zu bieten haben.

Diese lokale Identifikation hat durch die Entkommunalisierung und Verbundbildung des öffentlichen Verkehrs sehr gelitten. Im ländlichen Raum haben oft die Kommunen selber kaum mehr etwas mit der Abwicklung des öffentlichen Verkehrs zu tun. Verschiedene Unternehmen, deren Zentralen meist in den fernen Oberzentren sitzen, tragen die Verantwortung. Deshalb müssen die Verkehrsbetriebe ihre Marketingstrategien wieder ausreichend dezentralisieren und regionalisieren. Für jede Gemeinde muß ein verantwortlicher Multiplikator gefunden werden, der für ortsnahe Präsenz sorgt und Ansprechpartner für lokale Wünsche und Probleme ist. Weiter gilt es, für die großflächig operierenden Verbundunternehmen volksnahe Namen zu finden. Die »Rheinbahn«, die »Saartallinien« oder die »Züri-Linie« sind hierfür brauchbare Beispiele. Dagegen ist der Abkürzungsfimmel fehl am Platze. Mit Kürzeln wie EVAG, MVV, ASEAG, AVV, SVV, HVV etc. ist eine emotionale Identifikation schwer möglich.

Für Busse und Bahnen muß vor allem mit ihrem Beitrag zur Lösung drängender Stadt- und Umweltprobleme geworben werden. Der Umweltvorteil dieser Verkehrsmittel muß deutlich herausgestellt werden. Als das schlechte Gewissen der Nation über die Umweltschäden Anfang der 80er Jahre die Autoeuphorie dämpfte, hatte der öffentliche Verkehr die historische Chance, seine Umweltbedeutung zum zentralen Marketingfaktor zu machen. Doch die Verkehrsbetriebe in Deutschland haben diese Chance erst einmal verschlafen, sie sogar mutwillig verspielt durch ihre jahrelange Ablehnung von Umweltabonnements. Jedem Bürger Umweltrabatte einzuräumen, das überstieg ihren Horizont. Statt dessen überließ man die Werbung mit Umweltargumenten der Autoindustrie mit ihrem vielstimmigen Lobgesang auf Kat und bleifreies Benzin. Es ist also höchste Zeit für eine problem- und zeitgerechte Klarstellung der überragenden Bedeutung des öffentlichen Verkehrs für Stadtentwicklung und Umwelt. Dafür sind Professionalität in Wort und Bild gefordert. Einige Verkehrsbetriebe und Städte haben in den letzten Jahren endlich mit solchen medienwirksam aufgemachten Informationen begonnen, die in Zeitungen, Broschüren, Tonbildschauen und Ausstellungen präsentiert werden. Die Züri-Linie, aber auch die Rheinbahn in Düsseldorf, die Kasseler Verkehrsbetriebe, die Saartallinien sowie die Mannheimer Verkehrsbetriebe sind hierfür die bereits erwähnten Beispiele. Diese Klarstellung haben vor allem die Medienvertreter bitter notwendig, da sie sich seit Jahrzehnten in Negativnachrichten über den öffentlichen Verkehr in den Stichworten Defizit, Tariferhöhung, Angebotsabbau, Rationalisierung, Streckenstillegungen, Fahrgastverluste, Schwarzfahrer etc. üben. Dagegen gilt es nun wortgewandt und argumentationssicher Erfolgsmeldungen, positive Schlagworte, eine mutige Standortbestimmung, eine zukunftweisende Marktorientierung, eine klare Fürsprache für den öffentlichen Verkehr zum Nutzen von Umwelt und Stadtentwicklung zu setzen.

Auch gezielte Kleingruppengespräche mit wichtigen Multiplikatoren und Interessenvertretern verkehrspolitisch bedeutsamer Organisationen sind in diesem Zusammenhang ein wichtiger Punkt. Dabei sollen durch klare Informationen zum derzeitigen öffentlichen Verkehrssystem, seinen inneren Strukturen, seinen Problemen und Entwicklungsmöglichkeiten, zum derzeitigen Verkehrsverhalten und zu den verkehrsbezogenen Einstellungen der Bürger Informationsdefizite und Vorurteile bei den Entscheidungsträgern abgebaut werden. Hierzu gehört auch die Informations- und Überzeugungsarbeit gegenüber Wirtschaft und Handel, ihren Spitzenorganisationen und Interessenverbänden, gegenüber Betriebsräten, Gewerkschaften und Parteien. Die verschiedenen Konzepte und Erfolge einer offensiven Vorwärtsstrategie lassen sich gut anhand vergleichbarer Beispiele anderer Städte erläutern. Solche Beispielserläuterungen machen Erfolgswillen und Konzepte plastischer. Insgesamt soll durch derartige Gespräche und Aktivitäten das Bewußtsein für die Notwendigkeit eines besseren öffentlichen Verkehrsangebotes geschärft werden.

Die Stützen eines ambitionierten Werbekonzepts: Kundenfreundlichkeit, Service und Qualität

Mit einer solchen globalen Werbe- und Informationsstrategie wird dem bisherigen »hoheitlichen« Gebaren vieler Verkehrsbetriebe eine Absage erteilt, das dem Kunden die Initiative überläßt. In einem offensiven, marktorientierten Ansatz ist der Kunde König, ist das Zugehen auf die tatsächlichen und potentiellen Kunden eine Bringschuld der Verkehrsbetriebe. Zudem muß sich ihre schwerverdauliche, abschreckende Amtssprache rasch ändern. Kunden »haben die Beförderungsbestimmungen zu beachten«, »haben keinen Anspruch auf ...«, »ist nicht gestattet ...«, »... verweisen wir Sie auf die Paragraphen ...«, »... Fahrkarten sind zu entwerten ...«, »... die Fahrgäste ... haben zu räumen ...«, »... die Vorschriften ... sind zu befolgen ...«. Von oben herab wird im Behördenton instruiert, ermahnt, gewarnt, belehrt. So mit den Kunden umzuspringen ist das Gegenteil von marktgerechtem, freundlichem Service. Dabei hängt die Nachfrage nach öffentlichem Verkehr mindestens so sehr von der sozialen Qualität ab wie von technischen und organisatorischen Voraussetzungen. Der Aufbruch zu einer neuen Markt- und Kundenorientierung erfordert die Bereitschaft zur Entrümpelung der langjährigen Überbürokratisierung und der für die Kunden unübersichtlichen Aufsplitterung der Zuständigkeiten und Verantwortlichkeiten. Auch die Mitarbeiter der Verkehrsbetriebe müssen sich in Kundenfreundlichkeit üben, eigenverantwortlich beraten, helfen und agieren. Ohne Interesse für den

Betriebserfolg wird im Nahverkehrsalltag die Laune der Kunden schnell verdorben durch Ungeduld, Gereiztheit, distanziertes Amtsgebaren, hochnäsige Belehrungen und wenig hilfreiches Hin- und Herreichen im Gestrüpp der Zuständigkeiten und Vorschriften. Wie soziale Qualität des Service gestaltet werden kann, beweist der Luftverkehr. Dort sind Bodenpersonal und fliegendes Personal seit eh und je auf betont freundlichen, engagierten Umgang mit den Passagieren geschult und sorgen dafür, daß selbst in Streßsituationen Geduld, Charme und Kompetenz bewahrt werden. Auch das Intercity-System zeigt mehr und mehr solche Umgangsqualitäten.

Die Kundenorientierung muß auch die Fahrzeugausstattung und -technik durchdringen. Wenn man in Bussen und Bahnen selbst bei neuesten Modellen eher spartanisch ausgestattete »Fahrgastzellen« antrifft, die man nur mühsam über steile Stufen und schmale Türen »besteigen« kann, kann von Kundenfreundlichkeit nicht die Rede sein. Die Autoindustrie wirbt stets mit bequemem Einsteigen, Sitzen und Beladen durch die verschiedenen Details wie vier Seitentüren, Hecktür, verstellbare Sitze etc. Die Verkehrsbetriebe dagegen kaufen immer noch gedankenlos »hochbeinige« Fahrzeuge und zwingen die Städte zum aufwendigen, umständlichen Bahnsteigbau, statt die Hersteller zur Weiterentwicklung der komfortablen Niederflurtechnik zu verpflichten.

Ein weiteres wichtiges Feld des Service ist die Gepäckbeförderung. Problemlose Gepäckbeförderung gilt bislang als unschlagbarer Vorteil des Autos, durch komfortablen Kofferraum und Fahrt bis vor die Haustür. Doch der öffentliche Verkehr kann dem einen attraktiven Gepäckservice entgegensetzen. Vorreiter hierfür ist die Bahn, mit Gepäckträger, Gepäckaufbewahrung und Schließfächern am Bahnhof und speziellem Haus-zu-Haus-Gepäckservice. Auch einige Nahverkehrsbetriebe haben mit dem Aufbau eines Gepäckservice schon begonnen. Sie stellen an verkaufsoffenen Samstagen Gepäckbusse auf zentrale Plätze, wo man seine Taschen bewacht »zwischenlagern« kann. Schließfächer an wichtigen Haltestellen tragen dem gleichen Bedürfnis Rechnung. Einen Schritt weiter gehen Versuche der Mannheimer und Hannoveraner Verkehrsbetriebe, das Gepäck auf Wunsch gegen eine kleine Gebühr auch nach Hause zu liefern. Zum System entwickelt, ergibt sich daraus als neue Sparte des öffentlichen Verkehrs ein Gepäckzustelldienst, der gleichzeitig auch für Geschäfte, Kaufhäuser etc. gegen Bezahlung Zustellaufgaben übernimmt. Bis in die 30er Jahre verfügten viele Verkehrsbetriebe über eine solche Transportsparte. Heute bietet sie ein neues Kooperationsfeld mit dem Handel,

Gepäcktransport bis vor die Haustür. Ein wichtiger Joker im Servicepaket von Bussen und Bahnen, Startpunkt für den Wiedereinstieg in einen öffentlichen Güternahverkehr zur Entlastung der Städte von der LKW- Lawine.

der dadurch auf einen eigenen Zustelldienst verzichten kann. Der öffentliche Verkehr kann diese Aufgabe viel rationeller und logistisch fundierter betreiben als einzelne Läden. Er erhält damit eine lukrative zusätzliche Aufgabe, die seine Attraktivität und Servicequalität beträchtlich steigert und viel unnötigen Autoverkehr einspart.

Zu einem schlüssigen Marketing gehört die klare Gesamtverantwortung für das Produkt, wie es vom Kunden gesehen wird. Der Kunde beschränkt sich in seiner Wahrnehmung nicht nur auf Einzelaspekte. Für ihn gehört alles zusammen, die An- und Abmarschwege, die Haltestellen, das Liniennetz, der Takt, die Fahrpläne, die Fahrzeuge, die Tarife, das Informationsmaterial, die Verkaufsorganisation, die Beratung, der Service und das Personal. Marketing und Werbung dürfen deshalb nicht eine isolierte Aufgabe der Werbe- und Marketingabteilung darstellen. Wenn die Verkehrsbetriebe sich nicht mit entsprechendem Engagement und Verantwortung ganzheitlich bei allen Aspekten um Qualität und Service bemühen, riskieren sie, daß keine abgestimmte Gesamtpräsentation des Systems möglich wird und immer wieder einzelne Negativaspekte Attraktivität und Erfolg des gesamten Systems behindern. Dies verdeutlicht, daß der Wechsel zu einer offensiven Marktstrategie nicht mit symbolischer Tünche auf alten Produkten erledigt ist. Die Gefahr ist, wie so oft, daß nur die äußerlichen Accessoires wie Firmensignet, Farben, Werbesprüche etc. geändert werden, ohne daß sich das System Zug um Zug besser präsentiert. Die Bundesbahn ist hierfür ein Beispiel. Beim Intercity-System versucht sie, ein bißchen Vorwärtsstrategie durchzusetzen, läßt aber gleichzeitig den eigenen Nah- und Regionalverkehr mit Methode verkommen. Eine solche Produktphilosophie der Kaskadierung ist für eine breite Marktbehauptung untauglich. Sie führt dazu, daß immer nur »oben« auf den höchsten Stufen des Systems investiert wird. Was dafür nicht mehr taugt, wird stufenweise auf die »unteren« Stufen weitergegeben, bis schließlich der letzte Schrott auf den Nebenstrecken landet. Kundenorientierung im öffentlichen Verkehr läßt sich nicht teilen in die guten und die schlechten Kunden, in das Qualitäts- und das Schrottangebot. Wer Busse und Bahnen benutzt, braucht Qualität auf allen Netzen.

Tarif- und Marketingoffensive: Stimulierung neuer Nachfrage

Kernstück der Trendwende im Marketing und damit auch der Expansion auf dem Verkehrsmarkt ist das Umweltabo. Bedrohliche Berichte über wachsende Umwelt- und Waldschäden hatten in der Schweiz Unruhe ausgelöst. Seit Jahrhunderten hat der Wald für den Alpenstaat und viele seiner Kommunen eine überlebenswichtige Funktion als Schutzwald gegen Lawinen und Bergrutsche. Die wachsenden Emissionen des Autoverkehrs wurden deshalb für die Schweiz in den 70er Jahren immer mehr zum Problemthema und zur verkehrspolitischen Herausforderung ersten Ranges. Schnell war klar, daß scharfe Abgasgrenzwerte, die zur Katalysatoreinführung zwangen, bei weitem nicht ausreichen würden, das Problem zu lösen. So wurde die deutliche Reduzierung des Autoverkehrs zur zentralen verkehrspolitischen Aufgabe. In diesem Zusammenhang besann man sich auf die Umweltfreundlichkeit des öffentlichen Verkehrs. Eine Offensive dessen war gefragt, um die Schweizer wieder vermehrt zum Bus- und Bahnfahren zu motivieren.

Umweltabonnements: Kernstück und Zugpferd für die Trendwende

Die Offensive des öffentlichen Verkehrs führte 1984 in Basel zur erstmaligen Einführung eines Umweltabos, einer rund um die Uhr gültigen und auf andere Personen übertragbaren Umweltkarte zum attraktiven Preis von nur 35 Franken pro Monat. In Basel ergab sich die besondere Situation, daß davon 10 Franken durch die Wohnsitzkantone bzw. Gemeinden der Kartenkäufer abgedeckt wurden. Das rechnete sich für die betreffenden Gebietskörperschaften, da gleichzeitig ein verringerter Steuerabfluß infolge für alle Steuerzahler reduzierter Pendlerpauschalen eintrat. Dieses erste Umweltabo wurde ein großer Erfolg, 55 000 Abos wurden im ersten Jahr verkauft, an 180 000 Einwohner in der Stadt und 370 000 Einwohner in der Region. 30 Prozent der Karteninhaber waren Umsteiger vom Auto auf öffentlichen Verkehr. Das erste Jahr mit Umweltabo brachte bereits den Verkehrsbetrieben in Basel 8 Prozent mehr Fahrgäste. Im folgenden Jahr stieg die Zahl der verkauften Abos auf 92 000, die Fahrgastzahlen stiegen um weitere 10 Prozent. Inzwischen besitzen in Basel mehr Bürger ein Umweltabo als ein Auto. Auf 1000 Bürger kommen 345 Abos und 310 Autos. Beim städtischen Autoverkehr ergab sich gegenüber dem Trend über drei Jahre eine Abnahme von 10,5 Prozent. Im Berufsverkehr benutzen inzwischen doppelt soviel Basler (45 Prozent) Busse und Bahnen wie Autos (22 Prozent). Selbst unter Einbeziehung aller Berufspendler aus dem näheren und weiteren Umland überwiegt mit 42 Prozent der öffentliche Verkehr gegenüber nur 33 Prozent Autoverkehr. Der rechnerische Jahresverlust der Basler Verkehrsbetriebe konnte von 13,7 Millionen Franken auf 6 Millionen Franken halbiert werden.

Das enorme öffentliche Echo auf die Einführung dieses Umweltabos brachte den Baslern politischen Rückenwind und weichte die anfängliche Verweigerungshaltung maßgeblicher Interessengruppen gegenüber dem öffentlichen Verkehr auf. Es stellte sich ein breiter Sinneswandel ein. Der Chef der Basler Verkehrsbetriebe kommentiert dies aus interner Sicht so: Aus Nahverkehrsbeamten sind erfolgsorientierte »Verkäufer« geworden, es wurde ein ungeheurer Ehrgeiz zum erfolgreichen Angebot und Marketing entwickelt. In mehreren Wellen wurden neue Tramwagen angeschafft, um den Takt weiter zu verdichten. Das Strecken- und Liniennetz wurde stufenweise ausgedehnt. Die Offensivstrategie strahlte auf die Region aus, der Tarifverbund Nordwestschweiz entwickelte sein Regionalkonzept »Tram, Bahn und Bus 2000«. Man führte für 40 Franken ein ebenfalls übertragbares regionales Umweltabo ein, für Jugendliche bis zu 25 Jahren kostete es sogar nur 25 Franken. Auf den Regionallinien wurde ein Zuwachs von 10 bis 30 Prozent erzielt, bei Linien mit starker Taktverdichtung sogar bis zu 90 Prozent. Die Zahl der verkauften Abos schnellte in der Region zunächst auf jährlich 86 000, dann auf 129 000 und schließlich auf 142 000. Doch auf diesem Erfolg ruht man nicht aus, ein weiterer Fahrgastzuwachs um 10 bis 15 Prozent wird für die nächsten Jahre angepeilt.

Der Funke sprang schnell auch auf Zürich über, nachdem mit der Basler Innovation das Eis gebrochen war. In Zürich mit 360 000 Einwohnern in der Kernstadt und 550 000 Einwohnern in der Region wurde Anfang 1985 die sogenannte Regenbogenkarte als Umweltabo eingeführt, mit der gleichen unbeschränkten Gültigkeit und Übertragbarkeit. Anders als in Basel wurde die Karte vom Kanton nicht subventioniert. Der Preis wurde auf 45 Franken monatlich festgesetzt. Für die Jugend bis zu 25 Jahren wurde ein attraktives Sonderabo für 30 Franken geschaffen. Für die Region wurde

Das Regenbogenbarometer: Anzeiger für den permanenten Fahrgastzuwachs der Züri-Linie und Ansporn für die Öffentlichkeit, noch mehr vom Auto umzusteigen.

das Abo-Plus aufgelegt, das für einen Zuschlag von 10 Franken Stadt- und Regionsnetz miteinander kombiniert. Die Einführung der Regenbogenkarte wurde begleitet von einer fulminanten Werbe- und Marketingoffensive, die zu einer Art sportlichem Wettbewerb zwischen den verschiedenen Betrieben führte, wer am schnellsten die gesteckten Verkaufsziele übertraf. Die Verkaufsentwicklung war regelmäßiger Gegenstand breiter Medienberichterstattung. Sie wurde durch eigens aufgestellte Regenbogenbarometer visualisiert, die an allen wichtigen Plätzen und Haltestellen den beständig wachsenden Verkauf aktuell aufzeigten.

Als Ziel war zunächst ein Verkauf von 60 000 Umweltabos angepeilt worden. Es war bereits nach wenigen Wochen mit 72 000 verkauften Abos übertroffen. Bis Ende 1988 wurde eine Marktausschöpfung von 154 000 verkauften Abos im Jahr erreicht. Die 45 000 jährlich verkauften Jugendabos helfen, den manischen Motorisierungstrieb und die chronische Autonutzung junger Erwachsener zu bremsen. Ein weiterer Anstieg der Verkaufszahlen wird 1990 mit Eröffnung des Zürcher S-Bahn-Systems erwartet, die schon vor Jahren eine engagierte Informations- und Werbekampagne ausgelöst hat. Den neuen Umwelttarif verband man mit systematischen Angebotsverbesserungen. Das Liniennetz der Tram wurde an mehreren Stellen erweitert. Busse und Trambahnen wurden im Straßennetz konsequent bevorrechtigt und beschleunigt. Man führte ein System von Quartiersbussen in der Stadt und sogenannten Ortsbuslinien in der Region zur weiteren Feinerschließung eines ohnehin schon dichten Netzes ein. Dies alles wurde beständig begleitet mit einem aus deutscher Sicht geradezu berauschenden Feuerwerk von Anzeigen, Prospekten und Veranstaltungen. In selbsbewußt ausgefallenen Formaten, mit exzellentem Design, Bild- und Sprachschatz präsentieren sich die Verkehrsbetriebe insgesamt als Nummer eins in Zürich. Die Bonbons dieser Werbekampagne wurden bereits zitiert. Die Zürcher Verkehrsbetriebe haben es inzwischen geschafft, daß viele Betriebe wie Banken, Versicherungen, Warenhäuser etc. ihren Mitarbeitern rabattierte Regenbogenkarten verkaufen. In der Standortwerbung spielt die Erreichbarkeit mit Bussen und Bahnen wieder eine wichtige Rolle. Dieser Erfolgskurs bescherte der Züri-Linie eine Vielzahl positiver Schlagzeilen in den lokalen, regionalen und internationalen Medien. Die Fahrgastzahlen nahmen stetig zu, in vier Jahren um 51 000 000 Fahrgäste, das ist ein Zuwachs um über 25 Prozent, und zwar bei einem europaweiten Spitzenwert von 680 Fahrten pro Kopf und Jahr in der Kernstadt und 470 Fahrten pro Kopf und Jahr in der Region, der die üblichen Werte deutscher Ballungsräume um das Drei- bis Vierfache übersteigt. Bald wurden auch in Zürich mehr Regenbogenkarten verkauft, als Autos zugelassen sind. Der große Erfolg des Umweltabos hat sicher auch dazu bei-

getragen, daß seit einigen Jahren in der Kernstadt Zürich die Motorisierung rückläufig ist. Die Manager der Verkehrsbetriebe Zürich sind in Europa gefragte Referenten und Berater für den Export ihrer Ideen. Kaum jemand kann so wirkungsvoll wie sie demonstrieren, daß eine Renaissance des öffentlichen Verkehrs mit gekonntem Management möglich ist.
In der Schweiz folgte der erfolgreichen Basler Erfindung rasch ein beachtlicher Breiteneffekt dieser Trendwende in die Fläche. Auch Bern bestätigt mit steigenden Fahrgastzahlen (von 1984 bis 1987 um 22 Prozent) und hohem Abonnentenanteil (1987: 66 Prozent, darunter 19 Prozent Umsteiger vom Auto) den grundsätzlichen Erfolg des Schweizer Konzepts für den öffentlichen Verkehr. Ähnliche Erfolge verzeichnen St. Gallen, Solothurn und Olten mit der Einführung offensiv vermarkteter Umweltabos und mit einer generellen Trendwende in ihrer Angebotspolitik. Inzwischen haben auch die meisten Schweizer Verkehrsbetriebe in den Mittel- und Kleinstädten und im ländlichen Raum Umweltabos eingeführt. Die Stadt Frauenfeld kommt bei 19 000 Einwohnern und 10 000 Arbeitsplätzen auf immerhin fast 1,1 Millionen Fahrgäste im Jahr, das sind 58 Fahrten pro Einwohner und Jahr, ein Wert, den manche deutsche Mittelstädte nicht erreichen. Seit 1983 wurde dort die Fahrgastzahl verdoppelt. In der gesamten Schweiz wurden im Bewußtsein ihrer Verkehrsbetriebe, ihres Managements und ihrer Belegschaften der langjährig eingeübte Rückwärtsgang, die depressive Grundhaltung abgelöst von einer neuen Aufbruchstimmung. Der Stil der Werbung wandelte sich überall von anspruchslos, brav und bieder zu spritzig, professionell, auffällig und ambitioniert. Ein neuer, intensiver Kommunikationsprozeß mit der Wirtschaft und dem Handel setzte auf allen Ebenen ein. Er führte auch in dem öffentlichen Verkehr traditionell eher skeptisch gesinnten Kreisen zu einem Stimmungs- und Auffassungswandel.
Diese Trendwende blieb nicht nur auf die Nahverkehrsunternehmen beschränkt, sondern hat längst auch die Schweizer Bundesbahn erfaßt. Dieser ist ebenfalls mit dem Konzept »Bahn und Bus 2000« von Politik und Volk ein offensiver Leistungsauftrag erteilt worden, der mit umfangreichen Netzausbauten, Taktverdichtungen, Komfortverbesserungen im Service- und Fahrzeugbereich etc. das gesamte System aktivieren wird. Die Schweizer Bahn führte bereits im Vorfeld dieser Maßnahmen neben dem familienfeundlichen Prinzip »Kinder fahren gratis mit« 1986 das Halbpreisabonnement ein und verkaufte schon im ersten Jahr 670 000 Exemplare, inzwischen sind 1,7 Millionen Halbpreispässe im Umlauf. Damit halbiert sich der Preis für alle Fahrten im Fern- und Nahverkehr, und er gilt für jeden, nicht nur für Junioren, Senioren oder Familien, wie die deutschen Sparpässe. Die Einführung der Halbpreispässe brachte im ersten Jahr 16 Prozent und im zweiten Jahr 10 Prozent Nachfragezuwachs im Personenverkehr der Bahn.
Vielen deutschen Verkehrsbetrieben paßte der Schweizer Erfolg mit seiner hohen Publizität zunächst nicht ins Konzept. Allenthalben wehrten sie sich mit kleinlichen Vorbehalten gegen Forderungen, ähnliche Initiativen zu starten. Verdächtig war ihnen allein schon, daß die überall in den Kommunalparlamenten erstarkten Grünen die Forderungen stellten. Man scheute vor neuen Ideen mit neuen Risiken zurück, sah sich zu einer generellen Angebotsoffensive nach Schweizer Muster nicht in der Lage und beschwor deshalb überall das Menetekel, Umweltabos seien nur ein Flop und führten zu noch mehr Defiziten. Der Verband öffentlicher Verkehrsbetriebe warnte anfangs mehrfach ausdrücklich vor der Einführung dieser Abos. Auch den kommunalen Spitzenverbänden waren die Schweizer Erfolge nicht geheuer. Weil in Basel beson-

dere finanzielle Bedingungen vorherrschten, setzte sich überall das Vorurteil fest, alle Schweizer Umweltabos würden kantonal subventioniert und seien von daher nicht auf deutsche Verhältnisse übertragbar.

Allen Warnungen zum Trotz führte Freiburg für seine knapp 190 000 Einwohner Ende 1984 das erste deutsche Umweltabonnement ein und kam rasch auf beachtlichen Erfolgskurs. Der Preis des übertragbaren Umweltabos wurde auf 38 Mark monatlich (32 Mark für Schüler) und das Jahresabo auf 380 Mark festgesetzt. Die Fahrgastzahlen stiegen in Freiburg im ersten Jahr um 12 Prozent, im folgenden Jahr um 23 Prozent. Innerhalb von nur vier Jahren stieg die Zahl der verkauften Umweltkarten von zunächst 60 500 auf 309 161. Inzwischen erfolgen 78 Prozent aller Fahrten mit Zeitkarten. Der innenstadtbezogene Autoverkehr wurde um 7000 regelmäßige Umsteiger vom Auto auf das Umweltabo entlastet. Es folgten der weitere Streckenausbau von Straßenbahnlinien, der Ausbau der Vorrangschaltungen für Busse und Bahnen an Ampeln, die Beschaffung neuer attraktiver Wagen für den Schienenverkehr, eine Zeittaktverdichtung auf drei Minuten im Berufsverkehr, eine offensive Werbung, vor allem auch mit dem Umweltschutzargument, das angesichts des zunehmenden Waldsterbens im benachbarten Schwarzwald buchstäblich nahelag. Die neueröffnete Schienenstrecke nach Landwasser führte gegenüber der früher dort betriebenen Buslinie zu einem Fahrgastzuwachs von 63 Prozent. Speziell für den Familieneinkauf wurde eine Tagesnetzkarte für zwei Erwachsene mit bis zu vier Kindern aufgelegt, um auch in dieses Marktsegment mit attraktivem Tarif einzudringen. Eine neue regionale Verkehrsgemeinschaft gründete sich, für die Region wurden die attraktive Breisgaukarte und die Umweltpunktekarte eingeführt, an der sich die regionalen Gebietskörperschaften finanziell beteiligen und bei der schließlich auch die deutsche Bundesbahn zum Mitmachen gewonnen wurde. Mit diesem Angebot erreichte man für verschiedene Verbindungen, bis zu 16 Prozent der regelmäßigen Autofahrer zu Umsteigern zu machen.

Nach Freiburg war in der Bundesrepublik der Trend zu den Umweltabos nicht mehr aufzuhalten. Im 552 000 Einwohner starken Bremen wurden im ersten Monat schon 80 000 Bremer Karten abgesetzt, nachdem zur Einführung 1987 alle Bremer Haushalte Post vom Bürgermeister erhalten hatten und auf die Vorzüge der 40 Mark teuren (im Jahresabo 35 Mark monatlich) übertragbaren Karte mit hohem Umweltnutzen hingewiesen worden waren. 74 Mark hatte dagegen vorher die nicht übertragbare Monatskarte gekostet. Der Erfolg gab den Bremern recht. 14 Prozent betrug im ersten Jahr der Fahrgastzuwachs, der Anteil der Zeitkarteninhaber stieg von 52 auf 73 Prozent. Die Einnahmen konnten um 2 Prozent gesteigert werden. Die Vorwärtsstrategie motivierte zu einem Sofortprogramm mit über fünfzig Verbesserungsmaßnahmen, von denen inzwischen die Hälfte umgesetzt sind. Auch mit der umweltbewußten Aachener Karte kauft man sich seit 1986 im modern gestylten Scheckkartenformat für 45 Mark statt vorher 68 Mark billiger und komfortabler ins Stadtnetz ein, für 65 Mark ist die ganze Familie – jeder einzeln oder alle gemeinsam – dabei. Unter den 240 000 Aachenern wurden zu Beginn 15 000 Karten, dann 17 000 und schließlich 20 000 Karten monatlich verkauft, der Fahrgastzuwachs betrug seither im Schnitt jedes Jahr 8,5 Prozent.

Deutliche Erfolge erzielten auch die Umweltabonnements in Karlsruhe, Saarbrükken und Tübingen. In Karlsruhe wurden unter den knapp 270 000 Einwohnern im ersten Jahr monatlich 22 000 Umweltabos verkauft, im zweiten Jahr 25 000. Dadurch stieg der Anteil der Zeitkarteninhaber von 25 auf 40 Prozent. Im ersten Jahr wurden 6

Prozent mehr und im zweiten 7 Prozent mehr Fahrgäste registriert. 9 Prozent der Abokunden hatten bis dahin den öffentlichen Verkehr in Karlsruhe nicht genutzt. Die familienfreundliche 24-Stunden-Karte verzeichnete gar einen Zuwachs von 190 Prozent gegenüber der früheren Tageskarte. Das Umweltabo und die begleitenden systematischen Angebotsverbesserungen haben Busse und Bahnen in Karlsruhe auf klaren Wachstumskurs gebracht, die Vorwärtsstrategie wird weiter konsequent verfolgt. 1986 wurde eine neue Straßenbahnstrecke eröffnet, eine Linie verlängert und eine neue Regionalschienenverbindung geschaffen. Weitere neue Strecken und Streckenverlängerungen sind zur Zeit in Planung und in Bau. Ihr engagiertes Arbeiten für den Umweltschutz brachte den Verkehrsbetrieben Karlsruhe den Umweltpreis »Blauer Engel« ein. In Saarbrücken und Tübingen zeichnen sich mit der Einführung von Umweltabos und Verbesserungen im Angebot ebenfalls ein positiver Trend und ein Wechsel zu klaren Vorwärtsstrategien bei den Verkehrsbetrieben ab.

Bei all diesen positiven Beispielen gibt es auch weniger erfolgreiche Versuche mit dem Umweltabo, weil einige Verkehrsbetriebe glaubten, die Umweltabos würden sich von alleine vermarkten, und man brauchte für den Erfolg nichts weiter zu tun. So wurden zum Beispiel die Abos in Schweinfurt und Kaiserslautern durch den halbherzigen Einsatz der Verkehrsbetriebe Flops. Bei einem müden Management ist grundsätzlich wenig für Busse und Bahnen auf dem Verkehrsmarkt zu bewegen. Dem Bürger muß engagiert mit Werbung und Information der neue Umwelttarif nahegebracht werden, er muß um die vorhandenen Angebote und die Vorteile und Chancen wissen, die neue Angebotsverbesserungen bringen. Die Tarifoffensive muß von möglichst vielen sonstigen Anstrengungen begleitet werden. Nur dadurch sind die guten Beispiele in der Schweiz wie in der Bundesrepublik ein Erfolg geworden.

Auch die Detailgestaltung beim Umweltabo muß stimmen. Dazu gehören neben dem stark rabattierten Preis gegenüber den bisherigen Zeitkarten die volle Übertragbarkeit auf andere Personen und die unbeschränkte Gültigkeitsdauer, also auch in den Spitzenzeiten. In Zürich halten 93 Prozent der Bürger einen rabattierten Umwelttarif für eine wichtige Maßnahme zur Förderung des öffentlichen Verkehrs. Einschränkungen der Gültigkeit, etwa mit Ausschluß der morgendlichen und abendlichen Spitzenzeiten, schmälern die zeitliche Nutzbarkeit des Umweltabos und damit die Nutzung für verschiedene Zwecke wie Arbeit, Einkauf, Freizeit etc. erheblich. 80 Prozent der Zürcher Regenbogenkarteninhaber nutzen die Karte regelmäßig für mindestens drei verschiedene Aktivitätenzwecke, darunter auch für den Berufsverkehr. Diese Nutzungsvielfalt künstlich einzuengen ist kontraproduktiv. Es ist gerade die Freizügigkeit der unbegrenzten Kartennutzung, jederzeit ohne Uhrenlesen, Memorieren von Tarifbestimmungen, Geldzählen und Automatenstudium blindlings in Busse und Bahnen einsteigen zu können, die die positive Faszination des Abos ausmacht. Das ist für 73 Prozent der Zürcher Regenbogenkartennutzer ein wichtiges Argument. Daraus resultiert letztlich der große und in jeder Hinsicht positive Rückgang der Barzahler. Das Umweltabo bietet mehr Komfort, es garantiert Mobilität auf Vorrat und enthebt jeden von den Zwängen eines umständlichen und kleinlichen Bus- und Bahnbetriebs. Man wird dabei fast automatisch zum Vielnutzer, läßt sein Auto um so leichter stehen oder sieht in Bring- und Holdiensten mit dem Auto kaum mehr einen Sinn. Nur 15 Prozent der Regenbogenkarteninhaber machen unter 10 Fahrten pro Woche mit Bussen und Bahnen, 56 Prozent machen 11 bis 20 Fahrten, 19 Prozent 21 bis 30 Fahrten und noch 11 Prozent mehr als 30 Fahrten. Das ist eine weit

größere Fahrtenhäufigkeit, als sie im Zürcher Autoverkehr üblich ist. Also: Das Umweltabo macht im wörtlichen Sinne mobil.
Die Verknüpfung dieses Komfortarguments mit dem von breiten Bevölkerungskreisen dringlich gewünschten Umweltschutz ist die Motivationssymbiose, die das Umweltabo abrundet. Beim Zürcher Regenbogenticket ist für 64 Prozent der Kunden der Umweltschutz ein wichtiges Kaufmotiv. Dieses Motiv wird verstärkt, wenn man den Beitrag des öffentlichen Verkehrs und speziell des Umweltabos zum Umweltschutz mit Informationen konkret und bewußt macht. Auch hier haben die Zürcher ihre Trümpfe ausgespielt und folgendes errechnet: Im ersten Jahr wurden 12,5 Millionen Autofahrten oder 47 Millionen Autopersonenkilometer durch das Abo eingespart. Umgerechnet sind das 5 Millionen Liter eingesparter Kraftstoff, 1000 Tonnen eingespartes Kohlenmonoxyd, 100 Tonnen eingesparte Stickoxyde und 100 Tonnen Kohlenwasserstoffe. Dies ist auch der entscheidende Treibsatz für viele Firmen, sich schließlich beim Umweltabo zu engagieren, quasi als »Verkaufsstelle« und Multiplikator für eine gute Sache. Große Firmen wie die Kreditanstalt, Telekurs AG, Elektrowatt, Fortuna-Versicherungen, Zürich-Versicherungen, Winterthur-Versicherungen nehmen den Verkehrsbetrieben große Kartenpakete ab, legen als finanziellen Anreiz für die Mitarbeiter noch 10 Franken pro Monatskarte und 110 bis 120 Franken pro Jahresabo drauf und animieren damit auf sympathische Weise ihre Mitarbeiter und Kunden zu verkehrspolitischer Vernunft. Damit wird das gegenseitige Interesse von Wirtschaft und öffentlichem Verkehr gestärkt.

Prämien, Mengen- und Treuerabatt: Verbesserung in der gesamten Tarifstruktur

Der Handel hat als Anreiz zur Stimulierung und zur Bindung der Nachfrage an eine spezielle Marke vielfältige Belohnungspraktiken für treue Kunden und Großabnehmer entwickelt: Mit gestaffelten Mengenrabatten und differenzierten Zusatzbelohnungen bindet er die Kunden an ein bestimmtes Produkt, eine Firmengruppe und animiert zur lebhaften Nachfrage. Auch die Autoindustrie gewährt Großabnehmern und Dauerkunden beträchtliche Sonderrabatte. Im öffentlichen Nahverkehr sind solche Praktiken bislang äußerst unzureichend entwickelt worden. Einzelfahrscheine, Mehrfachkarten, Monatskarten und Jahreskarten unterscheiden sich in ihrem realen Preisvorteil viel zuwenig, um eine wirkliche Nachfrageexplosion auszulösen. Erst die Umweltabos haben spürbare Bewegung in die Tarifpolitik gebracht, deren Möglichkeiten einer attraktiven nachfragestimulierenden Preisgestaltung und Kundenwerbung nun voll ausgeschöpft werden müssen.
Der Preisnachlaß für eine häufige Nutzung von Bussen und Bahnen mit attraktiven Umweltabonnements beträgt je nach Fahrtenhäufigkeit bereits ein Drittel bis die Hälfte. Vielfahrer kommen sogar auf Preise je Fahrt von nur 20 bis 30 Pfennig. Dieser Preisvorteil wird viel zu wenig herausgestellt. Zumal sich der Nachlaß noch weiter steigern läßt, nämlich durch einen zusätzlichen Mengen- und Treuerabatt für Jahresabos und Großkunden. In Deutschland werden Jahresabos der Nahverkehrsbetriebe und der Bahn bisher nur zum Preis von 10 oder 9,5 Monatsabos abgegeben. Wenn man die üblichen Nutzungsausfälle durch Urlaubszeiten etc. abrechnet, ist das gegenüber dem monatlichen Kauf eines Abos nur noch ein geringer Preisvorteil. In der Schweiz wird bei Jahresabos vereinzelt schon mit dem 8- bis 8,5fachen Monatspreis

gearbeitet. Durch einen solchen deutlichen Sparpreis muß das Jahresabo bewußt zum »Kronjuwel« der Tarifangebote entwickelt werden, um eine möglichst große Zahl von Jahresabonnenten zu gewinnen. So belohnt man demonstrativ treue Kunden, steigert die Nutzung und spart Verwaltungskosten.
Ähnliche Preisvorteile mit Nachlässen von mindestens 20 bis 25 Prozent sollte es für Betriebe geben, die eine große Zahl von Abos für ihre Mitarbeiter kaufen. Die Verkehrsbetriebe müssen auf diese Weise Großkunden stärker belohnen. Das Großkundenabo der Bundesbahn erfüllt dagegen noch nicht diese Voraussetzungen, es kommt bislang durch den hohen Grundpreis, den unzureichenden Rabatt und den komplizierten bürokratischen Aufwand auf viel zu kleine Marktanteile. Außerdem wird damit viel zuwenig aktiv geworben. Auch das Bahnbonusheft, das treue Privatkunden mit einer speziellen Freifahrt nach jeweils 1000 bzw. 1500 Mark Fahrkartenkauf belohnt, ist mit vielen Wenn und Aber verbunden: Karten des Nahverkehrs werden nicht angerechnet, genausowenig Zeitkarten. Bei beiden Rabattsystemen ist der bürokratische Aufwand beim Kunden und bei der Bahn für das Erlangen der Vergünstigung abschreckend hoch. Prämiensysteme müssen jedoch einfach sein, damit sie werbewirksam eingesetzt werden können. Vor allem aber muß auch der Nahverkehr attraktive Großkundenprämien entwickeln und zur Grundlage einer insgesamt image- und systemverändernden Angebotsstrategie machen.
Das Interesse an der Nachfrage nach den attraktivsten Tarifangeboten kann zusätzlich forciert werden, wenn die Inhaber von Monats- oder Jahresabos Preisvorteile beim Besuch kommunaler Einrichtungen erhalten. Denn die Städte und Gemeinden profitieren ja in hohem Maß von jeder Nachfragesteigerung bei Bussen und Bahnen. Sie werden von den Folgekosten übermäßigen Autoverkehrs entlastet. Sie können auf teure Straßenbau- und Parkhausinvestitionen verzichten. Sie können ihren Betrieben und Haushalten eine gute Umweltqualität mit intakter städtebaulicher Substanz und gesunden Lebens- und Arbeitsbedingungen bieten. Das alles rechtfertigt solche Preisnachlässe für die Inhaber einer sogenannten »Sesamkarte«, die wie in Kassel neben dem attraktiven Fahrpreis Vergünstigungen bei kommunalen Bädern, Theatern, Museen, Büchereien etc. einschließt.
Vorläufer dieser Idee sind die sogenannten Kombikarten, die bereits mit einigem Erfolg in Köln und Hamburg Besucher von Hotels, sportlichen und kulturellen (Groß-) Veranstaltungen sowie von Theatern, Museen, Tierparks etc. einen Preisnachlaß bieten bei gleichzeitiger Nutzung des öffentlichen Verkehrs als Transportmittel für An- und Abreise. Der Verkehrsbetrieb und die jeweiligen kommunalen Einrichtungen bzw. sonstigen Veranstalter oder Träger treffen jeweils über den Rabatt sowie den Abrechnungs- und Bezahlungsmodus eine Vereinbarung. Der Nutzen ist gegenseitig. Mehr Leute nutzen Busse und Bahnen, und mehr Leute benutzen die jeweiligen Einrichtungen. Man erspart sich auf diese Weise teure Vorkehrungen für umfangreiche Parkplatzangebote und vermindert das regelmäßige Verkehrschaos zu Beginn und Ende großer Veranstaltungen.
Mit solchen Tarifkombinationen wird der öffentliche Verkehr im doppelten Wortsinn zum Schlüssel für die Stadt oder zum Passepartout, wie diese Tarifform in der Schweiz genannt wird. Man erreicht die Einrichtungen am besten mit Bussen und Bahnen, und man erhält als Benutzer von Bussen und Bahnen vorteilhaft Eintritt zu diesen Einrichtungen. Diese Tarifkombinationen bieten darüber hinaus eine gute Gelegenheit für die Verkehrsbetriebe, ihre Kontakte mit der Wirtschaft zum gegenseitigen Nutzen zu intensivieren.
Ortsfremde und Bürger, die keine regelmä-

ßigen Bus- oder Bahnfahrer sind, haben für den Abokarten-Markt keine Bedeutung. Sie sind nach wie vor auf die anderen Tarifelemente angewiesen. So gehört eine auch über die Abokarten hinausgehende generelle Preisoffensive zu den wichtigsten Marketingmaßnahmen des öffentlichen Verkehrs. Bei den meisten deutschen Verkehrsbetrieben beträgt der Mindestpreis für eine Einzelfahrt zur Zeit 2 Mark und mehr, mit der üblichen Zonenstaffelung sind für längere Fahrten bis zum Rand der Tarifgebiete häufig schon 4 Mark oder mehr zu zahlen. Für Kurzstrecken werden meist mindestens 1,50 Mark verlangt. Die sogenannten Streifen- oder Mehrfahrtenkarten bieten lediglich einen Preisnachlaß von meist 15 bis 20 Prozent gegenüber der normalen Einzelfahrt. Auch sind sie mit nur vier bis sechs Fahrten keine attraktiven Vorratskarten. Man vermeidet damit kaum die negativen »Out of Pocket«-Gefühle, die beim zu häufigen Barzahlen aufkommen. Die inzwischen von den Verkehrsbetrieben angebotene verbilligte Tageskarte (Preis je nach Verkehrsunternehmen 8 bis 15 DM) ist für viele Kunden, die am Morgen noch nicht genau wissen, wie oft sie an diesem Tag Busse und Bahnen voraussichtlich nutzen werden, zu teuer, um allein auf Verdacht eine Tageskarte zu lösen. Bei diesem Preisniveau wird eine alternative selbstverständliche Nutzung von Bussen und Bahnen, wann immer sie sich aus den verschiedensten Gründen anbietet, nicht erreicht. Der Tarif bleibt eine Nutzungsbarriere. Um zwischen den Abokarten und dem Einzelfahrschein eine attraktive Lösung anzubieten, müssen deshalb auch die Mehrfachkarten wenigstens 15 bis 20 Fahrten umfassen und nachhaltig mit mindestens 30 bis 40 Prozent des regulären Einzelpreises rabattiert sein. Je mehr durch solche attraktiven Rabatte der Preis für eine Einzelfahrt gedrückt wird, desto stärker schwindet seine prohibitive Wirkung und stimuliert er zur Bus- und Bahnnutzung.

Schließlich und endlich muß auch der bei gemeinsamen Autofahrten als maßgeblich erachtete Kostenvorteil – eine Autofahrt wird, relativ gesehen, um so »preiswerter«, je mehr Personen mitfahren – im öffentlichen Nahverkehr viel stärker zum Zug kommen. Lange Zeit gab es nur bei der Bundesbahn im Fernverkehr Preisvergünstigungen für Gruppen und Familien. Auf Familienpaß kosten Fernfahrten zur Zeit nur den halben Preis, Gruppenreisen werden je nach Größe um ein Drittel bis um die Hälfte rabattiert, beim Supersparpreis, beim Sparpreis oder bei den rosaroten Angeboten werden die Preise für die mitreisenden Begleiter noch stärker rabattiert. Der Nahverkehr blieb lange Zeit ohne Gruppenrabatte und Familienkarten. Erst mit den Umweltabos sind hier spezielle Familienkarten entwickelt worden, sei es als Abo, bei dem Kinder umsonst mitfahren dürfen, sei es als Abo mit Familienzuschlag oder als Familientageskarte. Künftig müssen alle Nahverkehrskarten (vom Einzelfahrschein bis zu den Abokarten) eine deutlich rabattierte Mitnahmemöglichkeit für Familienangehörige und Begleitpersonen erhalten. Solche Vergünstigungen für Familien und Gruppen sind ein wichtiger Marketingbaustein für ein familienfreundliches, gruppengerechtes Angebot. Der Spielraum solcher nachfragestimulierenden Vergünstigungen ist bislang kaum ausgeschöpft.

Tarif- und Unternehmenskooperation erhöhen die Leichtigkeit der Bus- und Bahnnutzung

Zu einer sinnvollen Marketingoffensive für Busse und Bahnen gehört gleichzeitig eine Verbesserung der Tarif- und Unternehmenskooperation. Das historisch gewachsene Tarifchaos und Durcheinander von nebeneinander und gegeneinander arbeitenden Verkehrsunternehmen muß gründlich durchforstet werden. Das betriebliche Innenleben, die komplizierten internen

Abrechnungsmechnismen und Vertragswerke der jeweiligen Verkehrsbetriebe dürfen für die Fahrgäste nicht wie bisher zu Nutzungshemmnissen werden.
Schon mit einer lockeren Zusammenarbeit zur gegenseitigen tariflichen Abstimmung und Festlegung von Anschluß-, Übergangs- oder Gemeinschaftstarifen ist einiges im Interesse der Kunden erreicht. Dabei werden dann die Fahrkarten gegenseitig anerkannt und verkauft. Die gemeinsamen Nutzer beider Systeme erhalten Preisvorteile. Noch besser ist, die Unternehmen entwikkeln ein gemeinsames Tarif- und Fahrscheinsystem und kommen in intensiverer Zusammenarbeit zu unternehmensübergreifenden Tarifgemeinschaften, um für das gemeinsam bediente Gebiet einen Gemeinschaftstarif und -fahrplan anbieten zu können. Noch einen Schritt weiter gehen die Kooperation und Abstimmung bei den Verkehrsgemeinschaften, die auch in vielen Fragen der Infrastruktur, Netzgestaltung, des Fahrzeugeinsatzes, der Beschaffung, Wartung, des Personaleinsatzes und der Werbung eng kooperieren. Am weitesten in der Kooperation geht der Verkehrsverbund, in dem die verschiedenen Verkehrsunternehmen durch einen Verbundvertrag delegierbare Zuständigkeiten der einzelnen Betriebe an den Verbund abgeben. Der Verbund koordiniert dann für alle die Linienfestlegung, die Netzgestaltung, die Fahrplanentwicklung, die Öffentlichkeitsarbeit und Werbung, die Konzeption der technischen Infrastruktur. Es muß im Interesse eines leistungsfähigen öffentlichen Verkehrs liegen, flächendeckend in Stadt und Land eine ausreichende Zusammenarbeit der Verkehrsunternehmen sicherzustellen und möglichst viele Verkehrsgemeinschaften und -verbunde zu etablieren. Natürlich setzt dies detaillierte Verhandlungen und Vertragsvereinbarungen voraus, da die verschiedenen Partner nach ihrer Größe und verkehrlichen Bedeutung sowie nach ihrer regionalen Verankerung oft unterschiedlich strukturiert sind. Das Ziel muß dabei sein, alle die Nutzung erschwerenden, trennenden Barrieren zwischen den verschiedenen Verkehrsunternehmen, die in einer Region tätig sind, zu beseitigen. Dem Kunden ist es egal, welches Firmensignet auf der Gehaltsabrechnung der Fahrer steht und wo die Fahrzeuge gewartet werden. Er will mit Recht ein einheitliches, gut abgestimmtes Angebot des gesamten öffentlichen Verkehrs haben. Wer statt dessen für eine Reise drei verschiedene Fahrscheine lösen muß, drei verschiedene Fahrpläne braucht und am Ende auch noch feststellen muß, daß es mit den jeweiligen Übergängen zeitlich nicht klappt, wandert schnell zur Konkurrenz Auto ab. Lange Zeit haben die verschiedenen Verkehrsbetriebe sich trotzdem gegen solche Integrationsversuche gewehrt, weil sie einen Teil ihrer Selbständigkeit gefährdet sahen und den betriebsinternen Aufwand für komplizierte Erfassungs-, Abstimmungs- und Abrechnungsmechanismen fürchteten. In diesem Punkt liegt auch die große Gefahr bei der Bildung von Verkehrsgemeinschaften und -verbunden. Sie dürfen nicht dazu führen, daß der öffentliche Verkehr entkommunalisiert wird, daß also die Ortsnähe, der gute Kontakt zu den Kommunen und Bürgern, die enge Verknüpfung mit der lokalen Verkehrsplanung und die offensive Darstellung der jeweiligen kommunalen Bedeutung des öffentlichen Verkehrs verlorengehen. Auch die Initiative, Kreativität und Verantwortlichkeit für die Qualität aller Einzelteile des Angebots dürfen unter der Verbundbildung nicht leiden.
Weiter muß verhindert werden, daß durch die Kooperation von Verbunden und Verkehrsgemeinschaften wegen des größeren regionalen Bedienungsgebietes und formaler Gerechtigkeitsüberlegungen eine Unzahl von Tarifzonen entstehen. Dann wird die angestrebte Vereinfachung des gemeinsamen Tarifs ins Gegenteil verkehrt. Re-

gionale Tarifzonen sollten sich vorrangig an den tatsächlichen Reiseweiten der Mehrheit der Fahrgäste orientieren. Die überwiegende Mehrzahl der Fahrgäste bleibt im Bereich kurzer und mittlerer Entfernungen. Im Zusammenhang mit den Umweltabos hat sich auch gezeigt, daß eine grobe Differenzierung in einen Stadt- und einen Regionstarif voll ausreicht. Bei den Abos wird gar nicht erst versucht, den Preis nach der tatsächlichen Fahrleistung des einzelnen Kunden zu bestimmen. Je mehr Abokunden, desto weniger ergibt sich die Notwendigkeit, für die restlichen Kunden eine verbrauchsabhängige Preisgestaltung durchzusetzen. Daher sollte auch bei größeren Verbunden versucht werden, mit möglichst wenig Zonen auszukommen und möglichst nur die Hauptgruppen Nah-, Regional- und Fernverkehr zu unterscheiden. Innerhalb dieser groben Klassen werden dann Einheitstarife festgesetzt. Nur so können die Schwellenangst orts- und systemunkundiger Fahrgäste vor der Benutzung öffentlicher Verkehrsmittel abgebaut und die oft groteske Kompliziertkeit der Tarifsysteme großer Verbunde vermieden werden.

Inzwischen gibt es bundesweit viele erfolgreiche Verkehrsverbunde und -gemeinschaften. In Nordrhein-Westfalen sind seit den 70er Jahren der Verkehrsverbund Rhein-Ruhr, der Verkehrsverbund Rhein-Sieg, der Aachener Verkehrsverbund, die Verkehrsgemeinschaft Münsterland, die Verkehrsgemeinschaft Paderborn, die Verkehrsgemeinschaft Siegerland, die Verkehrsgemeinschaft Niederrhein, die Märkische Verkehrsgemeinschaft, die Verkehrsgemeinschaft Hamm, die Verkehrsgemeinschaft Ruhr-Lippe, die Verkehrsgemeinschaft Ostwestfalen-Lippe und die Minden Ravensburger Verkehrsgemeinschaft entstanden. Das Land Nordrhein-Westfalen hat die Bildung von Verkehrsgemeinschaften und Verbunden von 1972 bis 1986 mit 554 Millionen Mark gefördert und stellt weiterhin jährlich rund 70 Millionen Mark zur Förderung von Gemeinschaftslösungen im öffentlichen Verkehr bereit. Die Erfahrung hat bewiesen, daß eine solche sinnvolle Kooperation und Arbeitsteilung allen nützt. Der Fahrgast kann mit *einem* Fahrschein durch mehrere Systeme reisen. Am weitesten gediehen ist in dieser Hinsicht der öffentliche Verkehr in Holland, wo eine »nationale Strippenkaart« geschaffen wurde, die in allen Verkehrsunternehmen und in allen Landesteilen gilt, also grenzenlose Mobilität sichert und verhindert, daß man sich in jeder Stadt jeweils auf verschiedene Tarif- und Zonensysteme einstellen muß. Auch die Schweiz ist Vorbild für die Intensivierung dieses Kooperationsansatzes, die ab 1990 ein Universalabo für die Bahn und für 24 kommunale und alle regionalen Verkehrssysteme anbietet. Eine Person zahlt 2150 Franken, eine Durchschnittsfamilie mit zwei Erwachsenen und einem älteren und jüngeren Kind zahlt für alle Familienmitglieder 3740 Franken. Man braucht also keinen zusätzlichen Fahrschein mehr, wenn man aus der Bahn ins Lokalsystem wechselt. Bahn und Städte gehen damit eine Art landesweiten Verbund ein.

Gratiskostproben: ein altbewährtes Mittel zur Werbung neuer Kunden

Eine uralte Methode zur Werbung neuer Kunden ist die Kostprobe oder der Schnupperpreis. Im öffentlichen Verkehr sind gelegentlich ähnliche Experimente durchgeführt worden, allerdings selten auf systematischer Basis. Hauptzielgruppe für solche Aktionen war bislang fast nur der Berufsverkehr und damit wieder nur der ohnehin schon am meisten umsorgte Teilmarkt. Beispielsweise hat der Stuttgarter Verkehrsverbund 1980 in Zusammenarbeit mit dem ADAC einen Monat lang für interessierte Autofahrer eine Monatskarte »gespendet«. Bei den Testpersonen vervierfachte sich dadurch die bis dahin verzeichnete Häufigkeit der Nutzung von Bussen und Bahnen, während die Häufigkeit der Autonutzung um ein Drittel abnahm. In zwei Wiederholungsuntersuchungen, sechs Wochen und ein Jahr nach Ablauf des Testmonats, war knapp ein Drittel der Tester, die zuvor meist um Busse und Bahnen einen Bogen gemacht hatten, auch außerhalb des Berufsverkehrs mit Bussen und Bahnen unterwegs. Gegenüber vorher nahm ihre Nutzungshäufigkeit um 81 Prozent zu. Die Hälfte aller Tester änderte ihre Verkehrsgewohnheiten für den Weg zur Arbeit und wurde dauerhaft als Umsteiger gewonnen. Kostproben lohnen sich also bei geschickter Vermarktung. Allerdings dürfen sie nicht auf Autofahrer und schon gar nicht nur auf den Berufsverkehr mit seiner engen zeitlichen Fixierung auf die morgendlichen und nachmittäglichen Verkehrsspitzen beschränkt bleiben. Mit ähnlichen Methoden müssen auch Einkäufer, Geschäfts- und Freizeitverkehr umworben werden oder Nutzer öffentlicher Verkehrsmittel, die eine neue Tarifart kennenlernen sollen, zum Beispiel das Umweltabo. Für solche Werbeaktionen ist es sinnvoll, vor allem Kammern, Einzelhandelsverbände, Wirtschaftsorganisationen und Fremdenverkehrsverbände als potentielle Partner mit einem breiten Interessenspektrum zur gemeinsamen Betreuung entsprechender Aktionen zu gewinnen.

Besonders empfänglich für Schnupperaktionen sind Personen und Haushalte, deren spezifische Lebenssituation und Verkehrsdisposition sich durch typische Ereignisse signifikant ändert. Die Wirtschaft nutzt solche Anlässe gezielt für ihre Werbung. Frischverheiratete Paare, Eltern neugeborener Kinder, Abiturienten etc. werden mit auf den Anlaß zugeschnittenen Angeboten umworben, der Anlaß wird zur Kontaktaufnahme genutzt. Im Verkehr sind typische Ereignisse zur Neudisposition gewohnter Verhaltensweisen zum Beispiel Umzüge, Arbeitsplatzwechsel, Beginn oder Ende von Ausbildungsgängen, das Erreichen der Volljährigkeit, die Eheschließung, die Geburt von Kindern, das Einschulen der Kinder, der Erwerb eines Führerscheins, das Ausscheiden aus dem Berufsleben. Die Wirkung solcher Sonderaktionen im Zusammenhang mit Umzügen wurde exemplarisch bei Wohnungswechslern in der Stadt Besançon in Frankreich vorgeführt. Alle Umzieher wurden zu Hause aufgesucht, erhielten die nötigen Informationen und als Gastgeschenk eine Freifahrkarte zum Schnuppern. Das Ergebnis war überzeugend, die Zielgruppe zeigte danach eine weit überdurchschnittliche Nutzungshäufigkeit, die Hälfte der bis dahin nutzungsabstinenten Neubürger wurde für den öffentlichen Verkehr gewonnen. Eine ähnliche Aufgabe stellt sich für neugegründete Firmen oder neu zugezogene Firmen. Die Verkehrsbetriebe sollten ein geeignetes Informationspaket für diese Zielgruppe bereithalten. Gleichfalls wichtig ist es, die Gruppe der Studenten, Auszubildenden, Wehrpflichtigen und Ersatzdienstleistenden, die vorübergehend neu in einen Ort kommt, über das Angebot von Bussen und Bahnen zu informieren und sie über eine Testkarte zur häufigen Inanspruchnahme zu motivieren.

Eine sehr viel breitere Zielsetzung ergibt sich bei der Verknüpfung spezieller Testangebote mit besonderen tariflichen oder verkehrs- und umweltpolitischen Anlässen. Der bereits erwähnte Brief des Bremer Bürgermeisters zur Einführung der Bremer Karte enthielt zum Beispiel eine Gratiskarte für einen Teil des Systems. Auch die Eröffnung neuer Strecken wurde von mehreren Verkehrsbetrieben mit der Ausgabe von Gratiskarten verbunden. Anlässe für die Werbung mit Freifahrkarten für eine verstärkte Bus- und Bahnnutzung sind sicher auch jeweils Umweltberichte, Durchführung von Umwelttagen etc. Solche Freifahrkarten-Aktionen können vor allem auch mithelfen, bei Bürgern mit einem erschreckend hohen Informations- und

Sympathiedefizit eine bessere Motivation für eine Bus- und Bahnbenutzung zu erzeugen. Eine Münchner Untersuchung zum Beispiel ermittelte, daß im Schnitt nur knapp 40 Prozent der Erwachsenen ihre nächstgelegenen Straßenbahnlinien benennen konnten. Den ungefähren Verlauf der Linie konnten sogar im Schnitt nur 35 Prozent angeben. Die nächste Haltestelle war 65 Prozent unbekannt. Noch viel schlechter ist die Informiertheit über das Tarifsystem. Der Abbau von Informationslücken durch geeignete Kostproben und zusätzliches Informationsmaterial ist also eine wichtige Maßnahme zur besseren Potentialausschöpfung.

Dezentraler Fahrkartenverkauf: den Zugang erleichtern

Zu einem engagierten Marketing gehört entscheidend eine Verbesserung der Vertriebswege. Bisher ist bei vielen Verkehrsbetrieben das Netz der Verkaufsstellen, zumal für Abokarten oder andere besondere Karten, äußerst dünn. An den Automaten erhält man oft nur Einzelfahrscheine, manchmal noch nicht einmal Mehrfachkarten oder Streifenkarten. Soweit Kioske, Schreibwarenläden etc. zum Verkauf von Fahrkarten legitimiert sind, dürfen sie in der Regel nur Einzelfahrscheine und Mehrfachfahrkarten abgeben. Zeitkarten muß man sich deshalb extra bei den wenigen zentralen Verkaufsstellen besorgen. Dort wird man häufig mit langen Wartezeiten und begrenzten Öffnungszeiten konfrontiert. Fahrkartenverkauf ist noch immer ein hoheitlicher Akt für wenige autorisierte Stellen. Voraussetzung für eine intensive Nutzung ist jedoch der jederzeitige, möglichst wohnungnahe Erwerb von Fahrkarten. In vielen Wirtschaftszweigen werden die Vertriebsnetze ausgebaut. Auch der öffentliche Verkehr braucht Multiplikatoren für seinen Vertrieb. Je mehr wohnungsnahe Geschäfte des täglichen Bedarfs wie Lebensmittelläden, Schreibwaren- und Zeitungsläden den Fahrkartenverkauf übernehmen, um so besser. Die Verkehrsunternehmen sollten in jedem Viertel einen Ansprechpartner »installieren«, der Fahrkarten verkauft und daneben auch andere Kundenwünsche entgegennimmt, Kritik und Anregungen registriert, Fahrplanmaterial verteilt, Auskünfte erteilt und an den Haltestellen seines Bezirks nach dem Rechten sieht. Solche Vertreter haben eine hohe symbolische Wirkung im sonst so entpersonalisierten öffentlichen Verkehr. Beispielsweise haben die Zürcher Verkehrsbetriebe mit der Eröffnung sogenannter »Ticketerias« einen intelligenten Weg zu mehr Bürgernähe eingeschlagen. Sie demonstrieren so die jederzeitige Präsenz in den Quartieren und Ortsteilen, schaffen Vertrauen und sichern eine schrankenlose Zugänglichkeit. Der Fahrkartenverkauf kann zudem gut delegiert werden. Warum sollen nicht Betriebe in Eigenregie die Abgabe von Abokarten an ihre Beschäftigten – möglichst verbunden mit einer zusätzlichen Prämie durch den Betrieb – übernehmen? Oder warum sollen nicht im Zuge der ohnehin zweckmäßigen Kooperation von Nahverkehr und Taxiunternehmen Fahrkarten auch beim Taxifahrer gekauft werden können? Eigentlich müßte es selbstverständlich sein, daß man in Hotels Fahrkarten erwerben kann. Auch die neuen telefonischen und postalischen Bestellwege müssen stärker genutzt werden, um sich die gewünschten Fahrkarten nach Hause liefern zu lassen. Vorteilhaft sind ebenfalls die Dauerbestellung und Bezahlung im Abbuchungsverfahren per Post; damit kann sich ein Haushalt beispielsweise regelmäßig mit den benötigten Wochen- oder Monatskarten und den dafür nötigen Wertmarken versorgen. Solche Vertriebswege ersparen den Kunden viele lästige Wege und entlasten die Verkehrsbetriebe.

Kundengerechtes Fahrplanmaterial: den Durchblick sichern

Bisher werden die Fahrplaninformationen häufig nur als Kompendium aller denkbaren Informationen für ein Bedienungsgebiet angeboten. Sowenig dem normalen Bundesbahnfahrgast die Aushändigung der beiden kompletten Kursbücher für Schienen- und Busverkehr mit zusammen fast drei Kilogramm Gewicht für seinen Bedarf hilft, sowenig nützt im Nahverkehr der von vielen Verkehrsverbunden herausgegebene komplette Fahrplanwälzer einer ganzen Region. All diese Bücher sind viel zu dick und unhandlich, zu kompliziert in ihrem Aufbau, zu unübersichtlich und enthalten viel zu viele Informationen, die den Kunden bei der undifferenzierten Fülle »erschlagen«. Damit kommen die üblichen Fahrplanangebote als werbewirksames Massenprodukt für die Westen- oder Handtasche kaum in Frage. Außerdem muß man sie auch noch teuer bezahlen. Es sind also massive Anstrengungen für ein kundengerechtes Informationssystem nötig, das sich um einen hohen Verbreitungsgrad relevanter Fahrplan- und Tarifinformationen bemüht.

Da viele Verkehrsverbunde und -gemeinschaften zahlreiche Städte und Gemeinden umfassen, wird ein Fahrplan des Gesamtangebots sofort unhandlich und kompliziert. Sinnvolle Fahrplaninformationen müssen in mehreren Varianten angeboten werden. Sie müssen hierarchisch so gegliedert sein, daß man jeweils die für einen bestimmten Bereich wichtigen Informationen schnell und einfach erfassen kann. Die täglichen Wege der Kunden bewegen sich überwiegend in einem engen Aktionsradius. Nur ein kleiner Teil der Fahrgäste legt regelmäßig weitere Wege über zehn Kilometer zurück. Daher brauchen die meisten Kunden im Alltag nur Teilfahrpläne für Ausschnitte des Liniennetzes. In einer Untersuchung des Verkehrsverbundes Rhein-Ruhr zeigte sich, daß je nach Stadtgröße 60 bis 85 Prozent aller Kunden mit dem Informationsangebot eines regional begrenzten Stadtfahrplans für ihren normalen Bedarf vollauf zufrieden wären. Nur 4 bis 12 Prozent der Kunden brauchen für ihr alltägliches Verkehrsverhalten über die jeweilige Stadtgrenze hinausgehende Fahrplaninformationen. Daher ist ein Stadtfahrplan ein wichtiges Informationsangebot. Er kann je nach Siedlungsstruktur den Bedienungsbereich einer Stadt oder mehrerer benachbarter, engverflochtener Gemeinden umfassen. Oberhalb des Stadtfahrplans ist ein zusammengefaßter Fahrplan der wichtigsten regionalen und überregionalen Schnellverkehrslinien hilfreich, in den auch das Hauptangebot der Bundesbahn integriert sein sollte, ohne daß gleichzeitig das dichte Geflecht der vielen lokalen Linien in den durchfahrenen Räumen dargestellt wird. Unterhalb des Stadtfahrplans ist für die regelmäßigen Wege vieler Kunden ein noch kleinerer Ausschnitt relevant. Hierfür bietet sich ein Stadtteilfahrplan an. Wenn zusätzlich in all diesen Teilfahrplänen Hinweise und Querverweise zu den jeweils anderen Teilfahrplänen »nach oben oder unten« in der Hierarchie stehen, so daß man bei Bedarf weiß, wie man einfach an die gewünschten Anschlußinformationen kommt, dann deckt man alle Kundenwünsche für jeden überschaubar ab.

Wichtig für die Kunden und ihre schnelle, sichere Reiseplanung sind darüber hinaus auch haltestellenbezogene Fahrplaninformationen, die für jede Haltestelle die wichtigsten von dort aus erreichbaren Haltepunkte samt Fahr- und Anschlußzeiten ausweisen. Vorbild hierfür können die Städteverbindungen der Bundesbahn sein, die in einem kleinen Heftchen alphabetisch die von einem Bahnhof aus erreichbaren wichtigen Ziele mit Abfahrts- und Ankunftszeit (Hin- und Rückfahrt) ausweisen. Die einfachere Variante eines haltestellenbezogenen Fahrplans sind die an den Haltestellen aushängenden Fahrpläne, die die Direktverbindungen mit ihren Abfahrtszeiten verdeutlichen. Solche einfachen Fahrpläne können für jede Haltestelle im Scheckkartenformat erstellt werden, wenn sie jeweils nur die Liniennummer, die Richtung und die Taktzeiten sowie die Fahrdauer zu den nächsten wichtigen Umsteigeknoten wiedergeben. Man kann sie im Einzugsbereich der jeweiligen Haltestelle an die Haushalte, an die Läden, Büros etc, oder an der jeweiligen Haltestelle selbst verteilen. Im Bereich des Münchner Verkehrsverbundes wurden in Zusammenarbeit mit der Wirtschaft solche Kurzfahrpläne entwickelt, die vor allem die jeweiligen S-Bahn-Verbindungen mit den maßgeblichen Takt- und Abfahrtszeiten für jede Station ausweisen und die in Banken und Geschäften unentgeltlich zu haben sind. Diese einfache Art eines Haltestellenfahrplans sollte viel mehr Schule machen. Das Netzbild der Hauptlinien sollte dabei, wenn der Platz reicht, in grob stilisierter Form dargestellt werden, um die hohe Qualität des Gesamtangebots aufzuzeigen und Appetit auf eine weitergehende Nutzung zu machen. Ähnlich aufgebaut sind die sogenannten Straßen- oder Hauptzielverzeichnisse. Sie bieten durch ihren alphabetischen Aufbau für jede Straße oder jede wichtige Einrichtung eine schnelle Orientierung, man erkennt sofort, welche Linie zum gewünschten Ziel führt. Damit sind solche Verzeichnisse eine gute Alternative zum meist großformatigen Liniennetz- oder Stadtplan.

Die Bundesbahn hat sich in den letzten Jahren stärker bemüht, ein verbessertes Fahrplanmaterial zu entwickeln. Für die größeren Städte gibt sie die erwähnten Städteverbindungen heraus. In einem kleinen, handlichen Heft im Postkartenformat werden die von einer Stadt aus erreichbaren wichtigen Ziele, vor allem die des Fernverkehrs, mit Abfahrts- und Ankunftszeiten aufgeführt. In einem anderen, ebenfalls sehr handlichen Heft zeigt sie in Matrixform die Verbindungen zwischen allen größeren Städten. Diese Broschüre taugt damit für den bundesweiten Einsatz und »das Anstückeln« bei Umsteigebeziehungen. Für regionale Verbindungen bietet die Bahn ihre Kurzfahrpläne, die auf übersichtlichen Faltblättern sämtliche Verbindungen eines bedeutsamen Streckenabschnitts ausweisen. Schließlich informiert sie über das IC-Netz mit einem Streckenplan, der das Netz, den Zeittakt und die relevanten Ankunfts- und Abfahrtszeiten des IC-Verkehrs enthält. Im Nahverkehr dagegen ist

Ortsverzeichnis

nach/von	Seite	nach/von	Seite
Aachen	6	Koblenz	41
Amsterdam CS	6	Köln	42
Augsburg	6	Krefeld	45
Baden-Baden	8	Leipzig	46
Basel Bad Bf	31	Leverkusen Mitte	47
Berlin Zool Garten	10	Mailand	48
Bielefeld	10	Mainz	49
Bochum	11	Mannheim	50
Bonn	14	Mönchengladbach	51
Braunschweig	16	München	53
Bremen	16	Münster	54
Brüssel Süd	17	Nürnberg	54
Dortmund	17	Offenburg	8
Dresden	19	Osnabrück	55
Düren	20	Paris Nord	56
Düsseldorf Flughafen	22	Regensburg	56
Duisburg	23	Remscheid Hbf	57
Essen	26	Rotterdam CS	58
Frankfurt (M) Hbf.	30	Saarbrücken	59
Frankfurt (M) Flughafen	31	Salzburg	60
Freiburg (Breisg)	31	Solingen-Ohligs	61
Görlitz	32	Stuttgart	62
Hagen	32	Trier	63
Hamburg	35	Ulm	64
Hannover	35	Wien Westbf	66
Heidelberg	36	Wiesbaden	67
Heimbach (Eifel)	38	Würzburg	67
Innsbruck	38	Wuppertal-Elberfeld	68
Karlsruhe	39	Zürich	70
Kassel	40	Zwickau	71

Fahrpläne nach Art der Städteverbindungen in Matrixform: einfach, handlich, übersichtlich. Modell auch für den Nahverkehr.

die kundengerechte Differenzierung des Fahrplanmaterials allgemein noch Neuland. Nur wenige deutsche Verkehrsbetriebe haben bereits erfolgreich verbesserte Fahrplaninformationen ausprobiert. Die Bedeutung der Fahrpläne als zentrales Werbe- und Informationsmaterial muß auch für den Nahverkehr erkannt werden.

Daneben sollte es im Computerzeitalter auch möglich sein, kundenfreundlichen Service mit Technik zu praktizieren und für jeden, der will, maßgeschneiderte persönliche Fahrpläne zu erstellen. Das ist leicht machbar, wenn die Verkehrsbetriebe ihre Fahrplandaten elektronisch gespeichert haben. Solche individuellen Fahrpläne werden auf Wunsch des Fahrgastes jeweils für die von ihm gewünschten Verkehrsbeziehungen zusammengestellt und umfassen dann meist die nächsten Haltestellen rund um die Wohnung, rund um den Arbeitsort und rund um die regelmäßig besuchten Einkaufs- und Freizeiteinrichtungen. Ein solcher Fahrplanauszug sollte auf telefonischen oder schriftlichen Wunsch sowie an den Informationsstellen kostenlos erstellt werden. Gewarnt werden muß dagegen vor dem generellen Ersatz bisheriger Informationshilfen durch elektronische Medien, das heißt Technik ohne Service. Es wird immer viele Fahrgäste geben, die mit solchen elektronischen Auskunftssystemen nicht zurechtkommen und für die die persönliche Auskunft sowie die gedruckte Information die wichtigsten Quellen bleiben.

Sowohl bei der Bundesbahn als auch bei den Nahverkehrsbetrieben kommt die Verteilung des Fahrplanmaterials bisher viel zu kurz. Fahrplanauszüge und kleine Fahrplanheftchen müssen breit und unentgeltlich verteilt werden. Das Interesse des Handels und der Wirtschaft an den Fahrplänen kann durch Aufnahme von Werbung oder auch durch eine Provision beim Verkauf von Fahrkarten geweckt werden. Ergänzend zu diesen Vertriebswegen sollte bei verschiedenen Anlässen (zum Beispiel verkaufsoffener Samstag, Einführung eines verbesserten Zeittaktes etc.) angestrebt werden, in allen Zeitungen und Anzeigenblättern Fahrpläne oder Teilfahrpläne abzudrucken. Fahrplan- und Haltestelleninformationen sollten ebenso zum Regelbestandteil des Informations- und Werbematerials aller publikumsintensiven Einrichtungen werden. Um das zu erreichen, ist gezieltes Ansprechen solcher Einrichtungen nötig und müssen diese regelmäßig mit aktuellem Fahrplan- und Informationsmaterial versorgt werden. Darüber hinaus muß angestrebt werden, daß zumindest auf den Briefbögen aller öffentlichen Einrichtungen die entsprechenden Hinweise auf

Bahn/Railway
Fahrzeit/Running time 10 Min.
gültig bis/valid till 26.5.1990

Zürich City ⟫ Airport

ab dp	Gleis Track	ab dp	Gleis Track	ab dp	Gleis Track	ab dp	Gleis Track
5.21+	17	10.21+	17	14.21+	17	19.07	18
▶ 6.02+	✦	10.44+	17	14.44+	17	19.10	15
6.21+	17	11.07	18	15.07	18	19.16	✦
6.44+	16	11.10	15	15.10	15	19.21+	18
7.10+	✦	11.16	✦	15.16	✦	19.44+	18
7.21	16	11.21+	18	15.21+	17	20.07	18
7.41+	✦	11.44+	18	15.44+	17	20.10	15
8.07+	18	12.07	18	16.07	18	20.16	✦
8.10	14	12.10	15	16.10	15	20.21+	17
8.21+	18	12.16	✦	16.16◁	✦	20.44+	17
8.44+	18	12.21+	17	16.21+	18	21.07	18
9.07	18	12.44+	17	16.44+	18	21.10	15
9.10	15	13.07	18	17.07	18	21.16	✦
9.16	✦	13.10	15	17.10	15	21.21+	17
9.21+	17	13.16	✦	17.21+	18	21.44+	17
9.44+	17	13.21+	17	17.44+	18	22.07	18
10.07	18	13.44+	17	18.07	18	22.10	15
10.10	15	14.07	18	18.10	15	22.16	✦
10.16	✦	14.10	15	18.16	✦	22.21+	17
		14.16	✦	18.21+	17	23.10	14
				18.44+	17	23.21+	18

Gleisänderungen vorbehalten/Subject to change of platform
+ Halt in Oerlikon/Calling at Oerlikon
✦ Gleisbenützung variabel/Platform not defined
◁ Samstage, Sonntage und allg. Feiertage/Saturdays, Sundays, public holidays
▷ ohne 25.12./except 25.12.

SCHWEIZERISCHE KREDITANSTALT
CREDIT SUISSE
TERMINAL B – PLAZA
täglich geöffnet 6.30 h – 21.00 h
daily open 6.30 am – 9.00 pm

Fahrplan und Geschäftswerbung. Sinnvolle Symbiose zweier aufeinander angewiesener Systeme. Und Türöffner für konstruktive Gespräche zwischen Handel und Verkehrsbetrieben.

die relevanten Linien, deren Haltestellen und Zeittakte stehen, mit denen die Einrichtungen in dem öffentlichen Nahverkehr zu erreichen sind. Von besonderer Bedeutung ist die rechtzeitige und breite Verteilung von Fahrplan-, Tarif- und Haltestelleninformationen an alle Fremdenverkehrseinrichtungen, Touristikunternehmen, Reisebüros etc., weil eine Vorabinformation der Urlaubsreisenden über das Angebot des öffentlichen Verkehrs in der betreffenden Region den Verzicht auf das eigene Auto für die Anreise und für die Aktivitäten im Feriengebiet erleichtert. Solche Informationen müssen in Zukunft ganz selbstverständlich zum einschlägigen Prospektmaterial gehören.

Zur Ergänzung dieses genormten Fahrplanmaterials sollten die Verkehrsbetriebe auch einen bedarfsgerechten Telefondienst installieren, der sowohl Fahrplan- als auch Tarifauskünfte erteilt. Durch eine offensive Verbreitung dieser Informationen mit Abdruck der einprägsamen Standardnummern auf allen Fahrplan- und Tarifinformationen, Prospekten, in allen Fahrzeugen, auf allen Telefonbüchern, in allen Telefonzellen etc. muß ein hoher Bekanntheitsgrad erzielt werden. Damit werden die engagierte Kunden- und Serviceorientierung des Unternehmens glaubhaft unterstrichen. Eine rasche Beantwortung aller nicht unmittelbar am Telefon zu erledigenden Wünsche, zum Beispiel Bestellungen von Informationsmaterial, persönlichen Fahrplänen etc., kann postalisch geregelt werden. Die Telefonauskunft muß möglichst die gesamte Betriebszeit über besetzt sein und braucht leistungsfähige Anlagen, um ständiges Anwählen und lange Wartezeiten in der Leitung zu verhindern. Automatische Telefonansagen sind für die meist sehr differenzierten und individuellen Informationswünsche der Kunden wenig geignet. Die automatischen Fahrplanansagen schrecken eher ab, als daß sie helfen; sie zwingen zu langen Abhörritualen, ehe man auf die gewünschte Information stößt. Das Personal muß durch entsprechende Schulung und geeignet aufbereitetes Grundlagenmaterial über genaue Kenntnisse hinsichtlich der Tarife, Sonderangebote, Beförderungsbestimmungen, des Liniennetzes, des Haltestellennetzes, des Fahrplans, der Übergänge zu den Netzen benachbarter Verkehrsbetriebe bzw. zur Bahn, über gute Ortskenntnisse und möglichst auch über Fremdsprachenkenntnisse verfügen. Die umfassende Verantwortlichkeit für alle aus Kundensicht relevante Fragen sollte im Interesse aller öffentlicher Verkehrsunternehmen liegen und entsprechend gefördert werden.

Renaissance des Schienenverkehrs: Ausbau kommunaler und regionaler Schienennetze

Schienenverkehrsmittel sind die leistungsfähigsten und attraktivsten Angebote des öffentlichen Verkehrs im Nah-, Regional- und Fernverkehr. Dies wurde in den letzten vier Jahrzehnten allzuoft verkannt. Als Folge ersetzte man immer mehr Bahnen durch Busse. Die dieser Politik zugrunde gelegten typischen engstirnigen Betriebskostenvergleiche von Verkehrswirtschaftlern zwischen Bahnen und Bussen wurden dem umfassenden Verkehrswert der Bahnen in keinster Weise gerecht. Daß der starke Abbau des Schienenverkehrs verkehrspolitisch falsch war, zeigten regelmäßig die Daten zur Verkehrsentwicklung in den nachfolgenden Jahren. Fast alle vom Schienenabbau betroffenen Städte und Regionen erlitten große Einbrüche der Fahrgastzahlen und ihrer Wirtschaftlichkeit. Dagegen konnten Städte und Regionen, die ihr Schienennetz behielten, pflegten, modernisierten und ausbauten, ihre Fahrgastzahlen steigern und eine weit höhere Wirtschaftlichkeit halten. Auch wo sie Buslinien durch Schienenverkehr ersetzten, kam es im Regelfall zu Nachfragesteigerungen. Es lohnt deshalb, die Rolle der verschiedenen Schienenverkehrsmittel im Nah- und Regionalverkehr neu und offensiv zu bestimmen.

Das Comeback der Straßenbahn

Dreißig Jahre lang galten Straßenbahnen in Politik, Planung und Verkehrswissenschaft als tot, zukunftslos, zu teuer, zu unflexibel, zu langsam. Allenthalben wurde den Gemeinden empfohlen, ihre Straßenbahnen auszurangieren. An dieser Abqualifizierung der Straßenbahn im Stadtverkehr hat die Autolobby äußerst aktiv mitgewirkt. Für sie waren Straßenbahnen der größte Feind eines reibungslosen Autoverkehrs. Vom Autozeitalter überzeugt, trugen aber auch die Verkehrsbetriebe selber bereitwillig zum Niedergang der Straßen- und Kleinbahnen bei. Man unterließ Modernisierung und Ausbauinvestitionen. Der Bus erfreute sich als Teil des aufstrebenden Autoverkehrssystems im Gegensatz zur Straßenbahn hoher regierungsamtlicher Sympathie bei Bund und Ländern sowie politisch-planerischer Förderung durch Kommunen und Planer. Selbst die Bundesbahn setzte immer mehr auf den Bahnbus als Ersatz für ihre ungeliebten Nebenbahnstrecken.

Tatkräftig forcierten diesen Niedergang der Straßenbahnen auch die Straßenverwaltungen, die die Herausnahme von Straßenbahnen aus Bundes- und Landesstraßen betrieben und von den Verkehrsbetrieben, anders als bei Bussen, für den Schienenverkehr Straßenbenutzungsgebühren verlangten. Davon waren allein in Nordrhein-Westfalen in den 50er Jahren 863 Kilometer Straßenbahn- und Kleinbahnstrecken betroffen. Viele Betriebe sahen sich dadurch erst recht zur Umstellung auf Busbetrieb veranlaßt. 70 Prozent aller bis dahin bestehenden bundesdeutschen Straßenbahnsysteme wurden in den 50er und 60er Jahren abgeschafft und durch Busse ersetzt. 68 Verkehrsbetriebe stiegen aus dem Straßen-

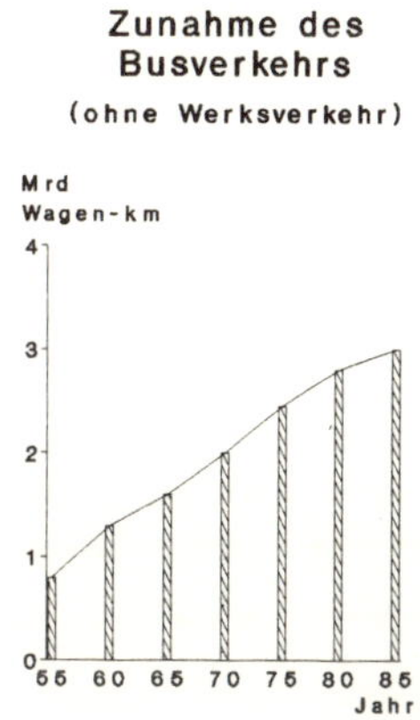

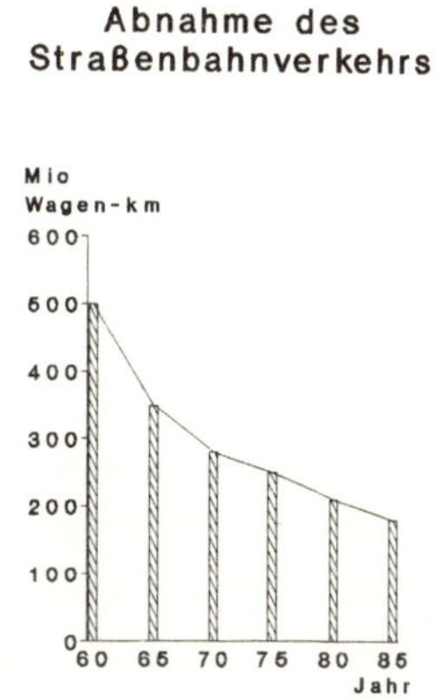

Der immer weiter fortschreitende Ersatz des kommunalen und regionalen Schienenverkehrs durch Busverkehr war ganz im Sinne der Autolobby und hat dem öffentlichen Verkehr einen fatalen Qualitätsverlust gebracht.

bahngeschäft völlig aus. Nur 27 deutsche Straßenbahnstädte verblieben.

Weiter forciert wurde das Straßenbahnsterben durch die U-Bahn- und Stadtbahnpolitik des Bundes und einiger Länder und die dadurch ausgelöste Euphorie einiger Großstädte und Ballungsräume über diese Systeme. Seit Anfang der 60er Jahre wurde der Ersatz der Straßenbahnen durch U- und Stadtbahnen gefordert und gefördert. Nur unter der Erde oder abgeschottet auf dafür hergerichteten Schnelltrassen konnte der Schienenverkehr noch politische Fürsprache finden. Die beste Reaktion auf den wachsenden Flächenanspruch des Autoverkehrs in den Innenstädten und auf den Hauptverkehrsstraßen war angeblich der Rückzug unter die Erde. Damit wurde der Bau neuer U-Bahn- und Stadtbahnstrecken zum Spaltpilz vitaler Straßenbahnsysteme und rieß große Lücken in das Schienennetz. Im Schnitt wurde in den Großstädten und Ballungsräumen nur ein Viertel der stillgelegten Straßenbahnlinien durch neue U-Bahn- oder Stadtbahnstrecken ersetzt, der Rest fiel ersatzlos fort. Große Teile der insgesamt für den öffentlichen Verkehr verfügbaren Finanzmittel des Bundes und der Länder wurden seitdem auf diese Schnellbahnkonzepte konzentriert. Die finanzielle Förderung des sonstigen öffentlichen Verkehrs und des Straßenbahnbaus »kippte hinten runter«. Erst jetzt kommt Unbehagen über diese Entwicklung auf, werden die angeblich antiquierten traditionellen Straßenbahnstädte zum Vorreiter einer neuen Schienenrenaissance, werden die Systemvorteile der Straßenbahnen im Stadtverkehr neu bewertet.

Die Straßenbahn hat eine relativ hohe Beförderungskapazität, die etwa drei- bis viermal höher als die von Standardbussen, bei Langzügen sogar noch höher ist. Da Personalkosten üblicherweise mehr als 60 Prozent der Betriebskosten ausmachen, erlaubt die Straßenbahn auf Verkehrsverbindungen mit guter Nachfrage eine wesentlich rationellere Betriebsweise als der Bus. Sie eignet sich aufgrund einfacher Kupplungssysteme und der Spurführung hervorragend zur Zugbildung. Straßenbahnen können oberirdisch auf Sicht fahren, das ermöglicht eine äußerst dichte Zugfolge von maximal rund 80 Fahrzeugen je Stunde. Damit taugt die Straßenbahn besonders zur Abdeckung gebündelter Nachfrageströme. Die typische Kapazität liegt zwischen 3000 und 24 000 Fahrgästen pro Tag und Richtung. Unterhalb einer Zahl von ca. 3000 Fahrgästen ist der Einsatz einer Straßenbahn nicht mehr zweckmäßig, hier bietet dann der Bus mit seiner höheren Flexibilität und Differenzierbarkeit nach Größe und Linienweg Vorteile. Bei mehr als 24 000 Fahrgästen gerät die Straßenbahn an ihre Kapazitätsgrenzen. Bei noch höheren Fahrgastmengen kann die Nachfrage mit weiteren parallelen Straßenbahnlinien gut aufgeteilt und damit ohne zu hohe Konzentrationseffekte bewältigt werden.

Die Straßenbahn fährt meist im Straßenraum integriert, kann aber durch einen eigenen Gleiskörper sowie signaltechnische Vorrangschaltungen gut vor Behinderungen durch den Autoverkehr geschützt werden. Ihre Schienen- und Weichentechnik erlauben, zumal bei moderner Elektronik, eine kurze Folge von Verzweigungen, Kreuzungen etc., ohne daß technische Probleme auftreten. Straßenbahnen mit beidseitigen Steuerköpfen und Türen können als sogenannte Wendezüge ohne Wendeschleife am jeweiligen Linienende eingesetzt werden. Dies ist rationell und erlaubt stetige stufenweise Streckenverlängerungen im Zuge der jeweiligen Siedlungsentwicklung. Straßenbahnen können ein sehr engmaschiges Netz bilden. Ihre Haltestellen sind ohne Niveauwechsel direkt auf kürzestem Wege erreichbar und bedürfen keiner kostenaufwendigen Großbauwerke. Damit ist die Zahl der Haltestellen, anders als bei U-Bahnen und Stadtbahnen, kein wesentlicher Kostenfaktor, sie ist auch nicht in dem Maße ein Geschwindigkeitsfaktor wie bei der U-Bahn und Stadtbahn, die als Schnellbahnen ihre Zielgeschwindigkeit nur bei ausreichend langen Streckenabschnitten zwischen den Haltestellen erreichen. Die Straßenbahn hat eine geringere Zielgeschwindigkeit und kann aufgrund ihrer Leichtbauweise schnell auf die Zielgeschwindigkeit beschleunigen wie auch schnell abbremsen. Straßenbahnen können deshalb in zentralen und verdichteten Bereichen mit vielen Haltestellen in kurzer Folge betrieben und leicht vernetzt werden. Das bietet eine wesentlich bessere Flächenerschließung als mit der U-Bahn oder Stadtbahn, bei denen wegen der Kreuzungsfreiheit und der Kosten engmaschige Netze kaum möglich sind. Der Neubau und Ausbau von Straßenbahnstrecken und ih-

ren Haltestellen sind im Vergleich zu U-Bahn- und Stadtbahnstrecken bautechnisch einfach, schnell und kostengünstig durchführbar.
Ein Kilometer Straßenbahn kostet je nach Standard (Pflaster oder Rasengleis, Bahnsteig oder Flachhaltestelle, einfache oder moderne elektronische Betriebssteuerung und Ampelbeeinflussung) zwischen zwei und fünf Millionen Mark und ist damit zwischen 30- und 100mal billiger als der Bau von Tunnelstrecken, bei denen ein Kilometer 150 bis 200 Millionen Mark kostet.
Auch im Vergleich zu Bussen haben Straßenbahnen erhebliche Systemvorteile. Die Zeitverluste durch Haltestellen sind begrenzt, weil Straßenbahnen aufgrund ihrer typischen Bauweise einen raschen und bequemen Fahrgastwechsel erlauben. Sie haben oft doppelt so viele und so breite Türen wie Busse. Im Innern besitzen sie im Vergleich zu Bussen einen breiteren Gang, der eine bessere Verteilung der Fahrgäste im Fahrzeug erlaubt. Außerdem haben Straßenbahnen größere Steh- und Mehrzweckflächen, auf denen Stehen in Gruppen, Abstellen von Gepäck und Kinderwagen etc. leichter und bequemer möglich sind. Pro Fahrgast bieten sie mehr Platz und Bewegungsfläche als Busse. Straßenbahnen haben im Vergleich zum Bus auch einen hohen Fahrkomfort aufgrund der festen Spurführung und des angenehmen Geschwindigkeitsverhaltens.
Straßenbahnen sind durch diese stetige Fahrweise und ihren abgasfreien Betrieb (die Emissionen der Elektrizitätswerke können gut an der Quelle beherrscht werden) weitaus umweltfreundlicher als Busse, zumal, wenn sie auf lärmschluckenden eingegrünten Rasengleistrassen und Tramalleen verkehren. Auf eigenem Gleiskörper können Straßenbahnen außerhalb der Städte auch höhere Geschwindigkeiten fahren, die Spitze liegt meist bei 70 bis 80 Stundenkilometer. Wie schnell die tatsächliche Reisegeschwindigkeit von Straßenbahnen ist, hängt entscheidend davon ab, ob durch geeignete Betriebssteuerung und Signaltechnik sowie flankierende verkehrslenkende und verkehrsordnende Maßnahmen jederzeit für »freie Fahrt« gesorgt wird. Bevorrechtigte und beschleunigte Straßenbahnen erreichen trotz kurzer Haltestellenabstände einschließlich aller Haltezeiten eine durchschnittliche Reisegeschwindigkeit zwischen 15 und 25 Stundenkilometer. Straßenbahnen sind trotz ihrer – gegenüber früher oft verdoppelten – Länge von meist ca. 25 Metern je Wagen aufgrund ihrer Drehgestellachsen und Gelenkbauweise relativ wendig und können daher auch in engen Straßen mit kleinen Radien eingesetzt werden. Sie sind mit moderner Elektronik und Kommunikationstechnik gut zu steuern und zu sichern. Dadurch ist auch ein leistungsfähiger eingleisiger Betrieb an städtebaulichen Engstellen möglich. Straßenbahnen brauchen mit 2,3 Metern Lichtraumprofil weniger Platz als Busse mit 2,5 bis 2,7 Metern, das gilt auch bei eigenem Gleiskörper. Der Platzvorteil ist besonders groß, wenn die Fahrleitungen außerhalb des Straßenraums, zum Beispiel an Hauswänden, verankert sind.
Alle diese Systemeigenschaften prädestinieren die Straßenbahnen dafür, ein dichtes Liniennetz zu bilden. Den Maßstab haben die historischen Straßenbahnnetze geliefert, die mit einer Maschenweite der Linien in den Innenstädten von vielfach nur 200 bis 300 Metern und einer hohen Haltestellendichte eine hervorragende Erschließungsqualität boten. Auch heute läßt sich am besten mit der Straßenbahn schnell ein dichtes Liniennetz ausbauen. Außerdem ist sie durch alle ihre Systemvorteile auch gut in Fußgängerzonen, verkehrsberuhigte Bereiche und Tempo-30-Zonen integrierbar. Teure, aufwendige Schienensysteme zwingen dagegen zur Konzentration, sind in ihrer Trassierung schwierig und erlauben nur mühsame, über Jahrzehnte verlaufende Fortschritte beim Netzausbau. In der Zwi-

schenzeit sind dann Straßenbau und Siedlungsentwicklung längst enteilt.
Einige Städte haben in ihrer Verkehrspolitik die Abkehr von der Straßenbahn nicht bis zum bitteren Ende mitgemacht. Sie ließen sich nicht zum Ersatz ihrer Tramsysteme drängen, sondern bauten ihre Straßenbahnnetze nach einer Phase der Stagnation weiter aus.
In Den Haag folgte schon in den 70er Jahren auf eine Phase der Netzkonzentration ein Grundsatzbeschluß über die Weiterentwicklung des Straßenbahnsystems. Zunächst wurde das Straßenbahnnetz um vier Strecken verlängert. In den 80er Jahren folgte ein Ausbau um 12 Kilometer, weitere Neubaustrecken sind in Arbeit und in Planung. Auch in Amsterdam hielt die U-Bahn-Euphorie nur kurze Zeit Einzug mit der Realisierung einer 23 Kilometer langen Metrolinie, die aber anders als sonst so oft nicht zum Abbau von Straßenbahnen führte. Danach wurde das Straßenbahnnetz bis Mitte der 80er Jahre um weitere 14 Kilometer auf insgesamt 120 Kilometer erweitert. Bis Ende der 80er Jahre folgten weitere 20 Kilometer neue Linien. Für die nächsten Jahre sind wieder zwei neue Linien von 9 und 10 Kilometern Länge geplant, weitere Möglichkeiten der Streckenverlängerung werden gerade untersucht. Die neuen Strecken werden in den Außenbereichen als sogenannte »Sneltram« mit eigenem Gleiskörper und moderner signaltechnischer Bevorrechtigung eingerichtet. Parallel zum Straßenbahnausbau ist auch eine neue Regionalbahnlinie eröffnet worden. Wichtige Verknüpfungspunkte von Straßenbahn- und Bahnnetz wurden besonders umgestaltet, um einen schnellen Übergang zwischen den Systemen zu sichern.
In der Schweiz haben Zürich, Basel und Bern ihre Schienennetze in den letzten Jahren systematisch erweitert. Neue Strecken wurden mit großem Erfolg und als Bestandteil einer insgesamt offensiven Angebotspolitik geschaffen. Weitere Streckenergänzungen fordert dort auch zunehmend die Wirtschaft, die damit eine gute Erreichbarkeit aller wichtigen Standorte per Schiene sicherstellen will. In Frankreich haben zunächst die Städte Reims, Nantes und Grenoble wieder den Ausbau von Straßenbahnsystemen begonnen, weitere zehn Städte bereiten inzwischen ähnliche Projekte vor. Auch in England, wo das Straßenbahnsterben in den 60er Jahren noch rigoroser war als in Deutschland, werden nach den ersten erfolgreichen Beispielen wie in Newcastle zahlreiche neue Light-Rail-Strecken projektiert. Eine vielbeachtete Grundsatzstudie mit dem Titel »Can Rail Save The City« hatte eindringlich gezeigt, daß ein gutes, flächenhaftes Schienennetz bei gleichzeitiger Verkehrsberuhigung wichtige Voraussetzung für die Wiederbelebung der teilweise stark geschwächten Zentren englischer Großstädte ist. In Skandinavien hat vor allem Göteborg über viele Jahre einen stetigen Netzausbau am Stadtrand und im Umland und eine Netzverdichtung im Innenstadtbereich betrieben. Das Liniennetz wuchs in dreißig Jahren von 73 Kilometer auf 120 Kilometer. Auf 86 Prozent des Liniennetzes hat die Straßenbahn dort absoluten Vorrang vor dem Autoverkehr.
Selbst in den USA, wo in den 30er Jahren das große Straßenbahnsterben seinen An-

Entwicklung des Schienennetzes des ÖPNV und der Bahn in Göteborg seit 1950

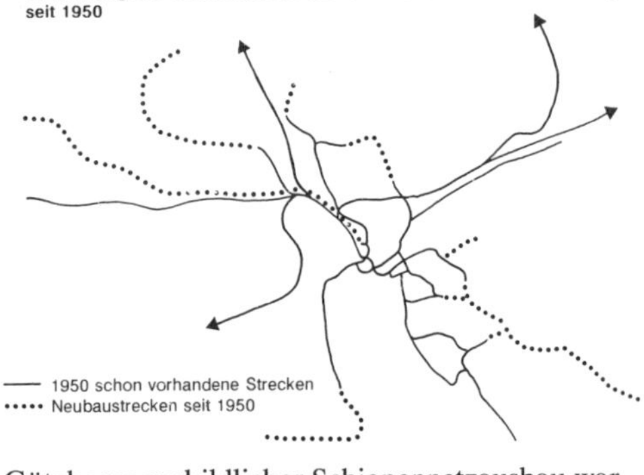

Göteborgs vorbildlicher Schienennetzausbau war Schlüssel zum Erfolg: In vielen deutschen Städten wurden solche Chancen verpaßt.

fang genommen hatte, werden inzwischen in dreißig Städten wieder Tramsysteme aufgebaut. Mit der Wiedereinführung moderner Tram- oder Light-Rail-Systeme verbinden sich dort große Hoffnungen für eine Revitalisierung der Stadtzentren und eine Verbesserung der Umweltbedingungen. Insgesamt wächst nach Angaben der Industrie in der westlichen Welt das Netz der Straßenbahnen wieder jährlich um ca. 7 Prozent.

Für die Bundesrepublik ist Karlsruhe das Paradebeispiel für eine traditionsbewußte Straßenbahnstadt. Dort wurden seit den 50er Jahren 14 Straßenbahnlinien neu eingerichtet bzw. verlängert. Vier neue Strekken in den 50er Jahren, drei neue in den 60er Jahren, drei neue in den 70er und vier neue Strecken in den 80er Jahren. Hinzu kommen noch elf Projekte für regionale stadtbahnmäßige Linien, zum Teil auf ehemaligen Kleinbahngleisen bzw. auf Gleisen der Bundesbahn, von denen zwei in den 70er Jahren, vier in den 80er Jahren realisiert wurden und fünf weitere in naher Zukunft umgesetzt werden sollen. Wo immer in Karlsruhe bisheriger Busbetrieb auf Straßenbahnbetrieb umgestellt wurde, ergaben sich deutliche Fahrgastzunahmen, in der Regel von 20 bis 30 Prozent, auf der regionalen Strecke nach Neureut sogar von 80 Prozent, davon 20 Prozent Umsteiger aus dem Autoverkehr. Die Fahrzeiten konnten durch Umstellung von Bus auf Straßenbahnbetrieb meist um 30 bis 40 Prozent verkürzt werden. Auch die Wirtschaftlichkeit der Straßenbahnstrecken gegenüber den Busstrecken steht außer Zweifel. Von den 60 Millionen jährlichen Karlsruher Fahrgästen wurden Mitte der 80er Jahre nur 10 Millionen ausschließlich mit dem Bus befördert, obwohl dessen Netz fast dreimal länger als das Schienennetz war. 40 Millionen Fahrgäste waren dagegen ausschließliche Straßenbahnfahrer. Die anderen 10 Millionen waren Straßenbahn- und Bus-Kombinierer. 80 Prozent des jährlichen Betriebsdefizits in Karlsruhe gehen zu Lasten der Busse, nur 20 Prozent zu Lasten der Bahnen. Das Straßenbahnsystem kann rationeller und kostensparender betrieben werden, zumal auf Korridoren mit hohem Verkehrsaufkommen, und zieht wegen höherer Attraktivität mehr Fahrgäste an.

Das Karlsruher Schienenkonzept bietet eine Mischung aus straßenbahnmäßigem und schnellbahnmäßigem Betrieb. Die Bahnen sind »Zwitter«. In der Innenstadt mit ihrer hohen Arbeitsplatzdichte, ihrem breiten Handelsangebot und engmaschigem Straßennetz, ihrer historischen Bebauung und ihrem dichten Fußgängerverkehr ist oberirdischer Schnellbahnverkehr mit städtebaulich unverträglichen Trassen, Hochbahnsteigen und großen Haltestellenabständen keine Lösung. Hauptziel von 60 Prozent aller Fahrgäste ist die engere Innenstadt mit ihrer starken Verdichtung von Geschäften, Kaufhäusern, Restaurants, Kinos, Banken und Verwaltungen. Die Mehrzahl der Fahrgäste in diesem Bereich hat kurze bis mittlere Reiseweiten. In der Innenstadt gibt es eine große Fußgängerzone und daran anschließend ein Netz von verkehrsberuhigten Straßen und Plätzen. Diesen Vorgaben paßt sich gestalterisch wie funktional am besten die Straßenbahn an. Fast alle Tramlinien durchfahren in Karlsruhe die Innenstadt und die angrenzenden verkehrsberuhigten Bereiche mit der maßvollen Geschwindigkeit von 20 bis 25 Stundenkilometern und bringen die Fahrgäste möglichst nah zu ihren Zielen. Von den Haltestellen erreicht man mit wenigen Schritten interessante Geschäfte und wichtige Einrichtungen. Ein Schnellbahnbetrieb hätte unvergleichlich höhere Einrichtungs- und Betriebskosten verursacht und die hohe Erschließungsqualität ruiniert. In den Spitzenstunden fährt hier alle 50 Sekunden eine Bahn, einen solchen Wert können Schnellbahnen wegen der notwendigen automatischen Zugsicherung nicht erreichen, zumal

Karlsruhe hat sein Straßenbahnnetz bewahrt, gepflegt und immer weiter ausgebaut. Die zentrale Tramachse ist die wichtigste und lebendigste Geschäftsstraße der Stadt; sie lebt quasi von der Straßenbahn.

sich innerhalb dieses Bereichs die Straßenbahnlinien noch verzweigen. Diese städtebaulich integrierten, kostengünstigen, nicht vom Hochgeschwindigkeitsdenken geprägten Tramlinien nehmen die Bürger gut an. 120 000 Fahrgäste werden auf diesen Linien täglich befördert. Aufgrund der sorgsamen Gestaltung und verhaltenen Fahrweise werden eine hohe Stadt- und Umweltverträglichkeit erreicht. Die Bahnen kommen trotz des starken Fußgängerverkehrs zügig voran, auch im Kreuzungsbereich mehrerer Linien, aufgrund angepaßter Signaltechnik und Ausschluß des Autoverkehrs in der Fußgängerzone. Nach dem gleichen Muster einer stadtverträglichen, zügigen, aber umfeldangepaßten Geschwindigkeit durchfahren die Straßenbahnen auch die Ortskerne verschiedener Karlsruher Nebenzentren und Vororte, zum Beispiel die Fußgängerzone von Durlach. Außerhalb der Ortskerne und auf freier Strecke wird versucht, die Straßenbahn mit schnellbahnmäßiger Streckenqualität auszustatten und entsprechend zu betreiben. Hier gibt es fast überall eigene Gleiskörper. Trassierung und Zugsicherung erlauben vielfach Geschwindigkeiten von 70 bis 80 Stundenkilometern. Die Haltestellenabstände sind größer, werden aber innerhalb der durchfahrenen Gebiete bedarfsweise auch wieder verkürzt, um die Erschließungswirkung zu steigern. Das Schienennetz ist weitgehend mit modernen Anlagen zur Beeinflussung von Ampelanlagen und zur verkehrslageabhängigen Betriebssteuerung sowie zur Kommunikation mit der Zentrale ausgestattet. Damit wird ein pünktlicher, gutvertakteter Betrieb garantiert.

Diese Schienenkonzeption verfolgen auch die anderen Straßenbahnstädte, die bewußt die Standards für Geschwindigkeit, Haltestellenabstand und Liniennetzdichte je nach Siedlungsstruktur und Lage im Netz differenzieren. In Kassel, Freiburg, Mannheim, Würzburg, Bremen, Zürich, Göteborg und Amsterdam verlaufen die wichtigsten Tramstrecken ebenfalls durch große Fußgängerzonen oder verkehrsberuhigte Gebiete, als meistfrequentierte Hauptstützen im Netz. Ihre hohe gestalterische Qualität und die massive Präsenz der Bahnen im Bereich größter städtebaulicher Dichte und Bedeutung versinnbildlichen besonders intensiv die kommunale Bedeutung des öffentlichen Verkehrs und werden zum wichtigen Identifikationspunkt. Da ihnen der Erfolg recht gibt und der Verzicht auf teure Tunnelinvestitionen finanziellen Spielraum für echte Netzerweiterungen belassen hat, sind diese Städte in den letzten Jahrzehnten am weitesten mit ihrem Schienennetzausbau vorangekommen. Diese flexiblen Bahnkonzepte ohne starre Geschwindigkeits- und Standarddogmen sind allgemein zu Hoffnungsträgern eines erfolgreichen Nahverkehrs geworden. Im Rahmen solcher Konzepte kann man differenziert und überlegt die Fortschritte der Wagentechnik mit hohem Komfort, großer Kapazität, neuzeitlicher technologischer Ausstattung, verbesserter Antriebs- und Bremstechnologie und gleichermaßen für Flach- wie für Hochbahnsteige geeigneten Türkonstruktionen nutzen. Wagen mit Niederflurtechnik ermöglichen sogar einen fast niveaugleichen Einstieg vom Boden. Das höhere

Geschwindigkeitspotential erlaubt es, moderne Straßenbahnen bis ins weitere Umland zu führen und damit bei Fehlen schneller Bundesbahnstrecken auch regionale Verbindungsfunktionen wahrzunehmen.

Die Straßenbahnstädte sind beispielgebend für die Abkehr vom jahrzehntelangen Geschwindigkeitsdogma des Schienenverkehrs, das nur noch den sogenannten Schnellbahnen (Stadtbahn und U-Bahn) eine Zukunft gab. Sie erkannten frühzeitig die Mängel der »reinrassigen« Schnellbahnsysteme, die sich wegen der hohen Investitionskosten, der geringen Netzdichte und des Mangels an kleinräumiger Erschließungsqualität als äußerst problematisch erwiesen. Reine Schnellbahnsysteme berücksichtigen viel zuwenig, daß die durchschnittlichen Reiseweiten in den meisten Städten unter fünf Kilometer, oft sogar unter drei Kilometer liegen. Genau dies kommt bei der nach Reiseweite und städtebaulichem Umfeld differenzierten Schienenkonzeption der Straßenbahnstädte zum Tragen. Es bedeutet hohes Tempo da, wo es städtebaulich vertretbar und wegen langer Reiseweiten nötig ist. Angepaßte, stadtverträgliche Geschwindigkeiten da, wo kurze Haltestellenabstände nötig und standortentscheidend sind, also zum Beispiel im Innenstadtbereich und in den Ortsteilzentren.

Die Abkehr vom Geschwindigkeitsdogma erlaubt auch die Abkehr von der U-Bahn-Tunnelitis. In den letzten dreißig Jahren wurden die U-Bahnen immer wieder wegen ihrer scheinbar unübertreffbaren Kapazität und Schnelligkeit gepriesen. Tatsächlich können U-Bahnen aufgrund größerer und längerer Fahrzeuge und längerer Zugbildung theoretisch zwei- bis viermal mehr Fahrgäste aufnehmen als eine Straßenbahn. Die tatsächliche Streckenkapazität ist jedoch nicht in gleichem Maße höher, weil U-Bahnen nicht auf Sicht, sondern mit automatischer Zugsicherung gefahren werden. Das bedingt oft Zeitabstände von 2 bis 2,5 Minuten anstelle 50 Sekunden bei Fahren auf Sicht an der Oberfläche. Damit beträgt die tatsächliche maximale Streckenkapazität 30 000 bis 40 000 Fahrgäste je Stunde und Richtung. In der Praxis wird diese theoretische Kapazität jedoch kaum ausgenutzt, weil längere Intervalle gefahren und kürzere Züge eingesetzt werden. Auch der Schnelligkeitsvorteil der U-Bahn gibt in der Praxis nicht viel her. U-Bahnen sind nur als hochkonzentriertes Korridorsystem mit weiten Netzmaschen und großen Haltestellenabständen möglich. Den Zeitvorteilen auf der Fahrt stehen massive Zeitnachteile beim An- und Abmarsch gegenüber. Die große räumliche Präsenz guter Straßenbahnsysteme können deshalb U-Bahnen nicht bieten. Ihr Netzfortschritt ist mikroskopisch klein. Wenigen U-Bahn-Achsen stehen viele Schattenzonen mit schlechtem öffentlichem Angebot und geringer Nachfragebindung gegenüber.

Die nachteiligen Folgen der einseitigen Fixierung auf reine Schnellbahnkonzepte lassen sich exemplarisch am Ruhrgebiet zeigen. Hier sind mit starkem finanziellem Engagement des Bundes und des Landes 8,15 Milliarden Mark in den Stadtbahn- und U-Bahn-Bau investiert worden, um bis Ende 1986 ein Stadtbahnnetz von 164 Kilometern Vollausbau zu schaffen, mit 43 Prozent niveaugleichen Streckenabschnitten und 60 Kilometern Tunnel. Für dieselbe Investitionssumme wäre bei differenzierten Standards nach dem Karlsruher Modell ein Schienennetz von ca. 3000 bis 3500 Kilometern Netzlänge entstanden. Das hätte das Nachkriegsschienennetz im Nah- und Regionalverkehr mehr als verdoppelt, statt es unter dem Diktat des Schnellbahndogmas trotz der riesigen Investitionen nahezu zu halbieren. Während das Netz der überdimensionierten Hauptverkehrsstraßen für den Autoverkehr immer dichter wurde und sich allenthalben die Straßenbauer mit neuen Schnellstraßenprojekten in den Städten und Autobahnprojekten an den Stadträndern austoben durften, braucht man sich nun nicht zu wundern, daß das Ruhrgebiet wegen der völlig unzureichenden Schienennetzdichte unter allen deutschen und europäischen Ballungsräumen den kleinsten Anteil an Bussen und Bahnen und den höchsten Autoverkehrsanteil mit all seinen Problemen der nicht zu bewältigenden Autolawinen hat. Ebenso deutlich zeigt die Schienennetzentwicklung der Bundeshauptstadt Bonn die Tragödie der Schnellbahnbesessenheit. In einem Vierteljahrhundert wurde dort mit massiven Finanzspritzen von Bund und Land die Vertunnelung der innerstädtischen Schienenstrecken geschafft. 450 Millionen Mark wurden für diesen Netzrückschritt mit gleichzeitigem Abbau von ehemaligen Straßenbahnlinien ausgegeben. Die verkehrlich wichtigen Neubaustrecken nach Duisdorf zum Hardtberg und nach Godesberg-Süd kamen dagegen trotz maximalen Verkehrswertes und 20jähriger Planungszeit nicht vom Fleck, weil man sich typischerweise schon über das jeweils erste Tunnelstück nicht einigen konnte. Netzausbau am Stadtrand und im Umland genossen keine Priorität. Hier überließ man ebenfalls das Feld voll dem Straßenbau, der die zahlreichen am Stadtrand und im Umland entstandenen Neubaugebiete und die diversen aufstrebenden Mittelstädte der Region über Schnellstraßen- und Autobahnprojekte mit Bonn verbinden durfte.

Derartige Schienenkonzepte müssen die Städte gründlich überdenken und lupenreine Korridorschnellbahnpläne stornieren. Auch die Bundes- und Landespolitik müssen sich endgültig von ihrer Schnellbahnfixierung lösen und sehr viel stärker auf den Netznutzen ihrer Fördermittel achten. Nach dem Konzept der Straßenbahnstädte müssen die Städte künftig ihre noch vorhandenen Straßenbahnnetze mit moderner Wagentechnik und Betriebssteuerung aktivieren und im Mischbetrieb von Straßen- und Stadtbahn verstärkt zu effektiven Netzerweiterungen und -verdichtungen kommen. Bei der Netzerweiterung und -verdichtung sind da Schwerpunkte zu setzen, wo die Siedlungsbereiche durch große Schienennetzlücken gekennzeichnet sind. Das bedeutet einen umfassenden und auf Teilstrecken schnellbahnmäßigen Netzausbau am Stadtrand und im Umland, vorwiegend auf eigener Trasse, unabhängig vom Autoverkehr und mit einer der jeweiligen Siedlungsstruktur angepaßten Haltestellendichte. Das bedeutet weiter eine oberirdische Netzverdichtung in den Innenstädten und Nebenzentren, wo im Zuge der Verkehrsberuhigung und Umgestaltung von Hauptverkehrsstraßen mit der Straßenbahn zu befahrende, städtebaulich integrierte Schienenstrecken geschaffen werden können. Hinzu kommen überall die nötigen Beschleunigungsmaßnahmen straßenbaulicher, verkehrsregelnder und si-

Moderne kommunale Schienensysteme fahren im Mischbetrieb; in der Innenstadt und in dichtbebauten Gebieten straßenbahnmäßig auf eigenen verkehrsberuhigten Trassen, am Stadtrand und im Umland als schnelle Stadtbahn.

gnaltechnischer Art. Diese Strategie sichert den finanziellen Spielraum für einen möglichst zügigen Netzausbau und verstärkt die für die Städte so wichtige oberirdische Präsenz der Bahnen. Sie erlaubt die nötigen Differenzierungen der Geschwindigkeit je nach städtebaulichem Umfeld, Aktionsradius und Verkehrsaufgabe der betreffenden Linie. Sie sichert gleichzeitig eine wieder steigende Konkurrenzfähigkeit und Attraktivität gegenüber dem Autoverkehrssystem.
Beispielsweise hat Hannover sein zunächst tunnellastiges Schnellbahnkonzept auf eine solche Mischstrategie mit Netzausbau umgepolt. Der in den 60er Jahren geplante Ersatz von zwanzig Straßenbahnlinien durch vier U-Bahn-Stammlinien mit langen Tunnelstrecken wurde überführt in ein flexibles Konzept mit differenzierten Standards, das nicht mehr nur von Hochbahnsteigen und großen Haltestellenabständen ausgeht, sondern je nach Siedlungsdichte und städtebaulichem Umfeld auch kurze Haltestellenabstände und normale ebenerdige Haltestellen vorsieht. In Haupteinkaufsstraßen und verkehrsberuhigten Ortsteilen werden auch Langsamfahrstrecken akzeptiert. Gegenüber der Tunnelitis im Innenstadtbereich, die ehemals alle Fördermittel schluckte, haben jetzt bei flexiblen Standards die Netzaktivierung und der Netzausbau den ganzen finanziellen Spielraum. Die Stadt Hannover erzielte mit der Umpolung ihrer Schienenpolitik große Erfolge. Einige Strecken verzeichnen Fahrgastzunahmen um 50 Prozent. Verglichen mit anderen Großstädten, liegt in Hannover der Autoanteil im Nahverkehr ein Drittel niedriger.

S-Bahn: serienreifes Modell für stadtnahen Regionalverkehr

Die Schnellbahnphilosophie hat ihre ausschließliche Berechtigung für den Regionalverkehr, bei dem es sich um größere Entfernungen handelt. Für die stadtnahen regionalen Verkehrsaufgaben eignet sich vor allem die S-Bahn mit ihrem Aktionsradius von ca. 20 bis 30 Kilometern. In einigen bundesdeutschen Ballungsräumen fährt die von der Bundesbahn betriebene S-Bahn mit attraktivem Taktverkehr dem Auto davon. Der Schnellverkehr mit teilweise 80 bis 100 Stundenkilometern ist möglich, da auf eigenen Eisenbahngleisen, unabhängig von Straßen und engangrenzender Bebauung, gefahren wird und die Haltestellenabstände vor allem am Stadtrand und im Umland größer sind als im Stadtnetz. In der Stadt nimmt die S-Bahn auch Aufgaben des innerstädtischen Nahverkehrs wahr. S-Bahnen haben aufgrund der Möglichkeiten zu sehr langer Zugbildung eine hohe Kapazität und befördern bei dem üblichen 20-Minuten-Takt maximal ca. 30 000 bis 40 000 Fahrgäste pro Stunde. Sie werden meist als Wendezüge betrieben und erlauben damit einen schnellen Umlauf. Sie verfügen über zahlreiche breite, beidseitige, automatisch schließbare Türen, die in Verbindung mit modern ausgebauten Bahnsteigen einen schnellen, massenhaften Fahrgastwechsel ermöglichen. Die Raumaufteilung und Ausstattung von S-Bahn-Zügen bieten zum Sitzen und Stehen angemessen Platz. S-Bahnen haben als wichtiges Qualitätsmerkmal einen klaren Taktverkehr, meist im 20-Minuten-Abstand, der sich auf sogenannten Stammstrecken mit mehreren S-Bahn-Linien auf bis zu 2,5 Minuten verkürzen kann. Bevor die Bundesbahn solche S-Bahn-Systeme einführte, übernahmen vor allem ihre Nahverkehrs- und Eilzüge die regionalen Verkehrsaufgaben im öffentlichen Verkehr. Da das Eisenbahnnetz und die Bahnhöfe jedoch überwiegend aus der Zeit um die Jahrhundertwende stammten, konnten mit diesen Systemen die regionalen und städtischen Verkehrsaufgaben für die wachsenden Ballungsräume immer weniger befriedigt werden. In großen Siedlungsbereichen gab es keine Haltepunkte. Die Hauptbahnstrecken waren mit Fernverkehr so stark belastet, daß die Kapazität für einen zusätzlichen dichten Taktverkehr fehlte. Somit stellte sich mit der Einführung der S-Bahn-Systeme die Aufgabe, teilweise neue Haltepunkte und Strecken einzurichten, Schienenverkehr auf stillgelegten oder nur im Güterverkehr genutzten Gleisen zu reaktivieren und überlastete Gleise mit Parallelgleisen zu verstärken.

Was die großen Ballungsräume wie zum Beispiel Rhein-Main, München, Rhein-Ruhr, Hamburg betrifft, hat die Bundesbahn den verkehrspolitischen Auftrag akzeptiert, ein gutes S-Bahn-Angebot aufzubauen. Allerdings sind die Fortschritte nur gering. Die hohe Netzdichte des Münchner S-Bahn-Systems wird in den übrigen Ballungsräumen noch lange nicht erreicht. Trotzdem bietet die Bundesbahn mit ihrem bisherigen S-Bahn-Kontingent auf nur vier Prozent des Streckennetzes immerhin 35 Prozent aller Bahnfahrten an. Dieses Verhältnis macht die Relevanz eines attraktiven regionalen Schienenverkehrs überdeutlich, der in vielen Regionen bisher auf sich warten läßt. Auch in allen anderen Großstädten und vielen Mittel- und Kleinstädten gibt es dringende Notwendigkeiten für die Neubelebung eines attraktiven öffentlichen Regionalverkehrs. Die heute noch vorhandenen regionalen Bahnangebote der Nahverkehrs- und Eilzüge sind in ihrem Erscheinungsbild, ihrer Angebotsdichte und Angebotsstruktur nicht so attraktiv, um die Aufgaben des regionalen Schienenverkehrs offensiv wahrnehmen zu können. Im Selbstverständnis der Bundesbahn spielen der Nah- und der Regionalverkehr außerhalb der S-Bahn-Systeme nur noch eine marginale Rolle. Seine Angebote werden immer mehr heruntergewirtschaftet. Um hier eine Trendwende einzuläuten und eine Verbesserung des regionalen Schienenangebots zu erreichen, ist es sicher falsch, nur auf die Bundesbahn zu warten. Sie wird nach ihrem heutigen Selbstverständnis und Finanzrahmen weder massiv ihre überkommenen Nah- und Regionalverkehrsstrukturen aktivieren noch schlagartig weitere zwanzig oder gar vierzig S-Bahn-artige Systeme aufbauen. Die Kreise, Städte und Gemeinden sowie die Verkehrsbetriebe sollten sich deshalb ihrer Kleinbahntradition erinnern. Bis in die 50er Jahre existierten in verschiedenen Regionen zahlreiche private Kleinbahnen und »Überlandstraßenbahnen«, die für die damalige regionale Mobilität ähnliche Aufgaben wie die heutige S-Bahn erfüllten. Sie bedienten auf einem eigenen Gleisnetz das weitere Umland, fuhren meist aber auch bis in die Zentren der angeschlossenen Städte und hatten im Vergleich zu den heutigen S-Bahn-Systemen häufig einen kürzeren Haltestellenabstand. Sie besaßen vielfach auch eine Güterverkehrssparte, dienten also dem Wirtschafts- und Personenverkehr.

Wie man die Tradition wiederaufleben und das ungenutzte Kapital regionaler Schienennetze reaktivieren kann, hat exemplarisch die Stadt Karlsruhe vorgeführt und ist dadurch geradezu zum Mekka für Planer und Politiker geworden. Die Karlsruher Verkehrsbetriebe wollten nicht mit ansehen, wie das regionale Angebot der Bundesbahn und privaten Kleinbahnen immer mehr verkam und immer weniger verkehrlich genutzt wurde. Erste Erfahrungen mit den Möglichkeiten regionaler Schienenverkehre hatte Karlsruhe schon mit der Übernahme der Albtalbahn Ende der 50er Jahre gesammelt. Man modernisierte und verlängerte die Strecke, stellte sie auf leichte, moderne Gelenktriebwagen um und integrierte das letzte Stück der Trasse in das städtische Nahverkehrsnetz. Man verdichtete den Zeittakt. Neue Haltepunkte wurden eingerichtet, und ein ergänzendes Buskonzept wurde installiert. Auf ihrer Strecke verkehren außerdem noch Reisesonderzüge der Bundesbahn. Damit war die kombinierte Nutzung von Schienenstrecken durch Bundesbahn und kommunalen bzw. regionalen Schienenverkehr erstmals vorgezeichnet. Von 1980 bis 1987 verdoppelte sich die Fahrgastzahl nahezu auf knapp 16 Millionen. Nach diesem erkennbaren Erfolg wurden Modernisierung und Ausbau des regionalen Schienennetzes in Karlsruhe konsequent fortgesetzt. Man schloß spezielle Verträge mit den jeweils durch die Strecken betroffenen Gemeinden und Landkreisen, der Bundesbahn, der Stadt Karlsruhe und dem Verkehrsbetrieb, in denen die Kostenaufteilung fixiert wurde. Der Streckenausbau wurde aus Mitteln des Gemeindeverkehrsfinanzierungsgesetzes zu 85 Prozent von Bund und Land unterstützt, den Rest teilten sich Kreise und Gemeinden. Die Gemeinden beteiligen sich an der gegebenenfalls entstehenden Kostenunterdeckung im laufenden Betrieb. Die Kosten für die Fahrzeuge tragen Verkehrsbetrieb, Gemeinden und Kreise gemeinsam. Getragen wurden diese Vereinbarungen von der Erkenntnis, daß eine gute Regionalverkehrsbedienung für alle Beteiligten nur Vorteile hat und sich das finanzielle Engagement lohnt.

Unter diesen Bedingungen wurden zunächst die Strecken nach Karlsbad und Itterbach sowie nach Neureut entwickelt und im 20-Minuten-Takt bedient. Fahrgastzunahmen um 30 Prozent waren die Folge. Für die Strecke nach Neureut wurde die zunächst revolutionäre Idee verfolgt, »einfach« mit dem Nahverkehr das Eisenbahnschienennetz zu benutzen, das auf dieser wie auf einigen anderen Strecken schon seit Jahren nur vom Güterverkehr benutzt wurde. Ähnliche Überlegungen wurden für andere nur noch mit minimalem Personenverkehr bediente Strecken angestellt. Der besondere Vorteil dieses Mischkonzepts von Eisenbahn- und Straßenbahnstrecken ist, daß damit innerstädtisches Straßenbahn- und regionales Eisenbahnnetz umsteigefrei miteinander verknüpft werden. Natürlich gab es für die Nutzung der Bahnstrecken

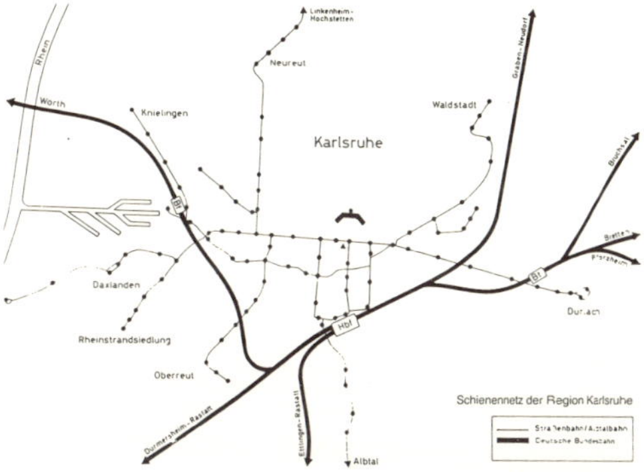

Modell Karlsruhe: Nutzung von Eisenbahnstrecken durch kommunalen Schienenverkehr; kostengünstiger Ausbau leichter S-Bahn-artiger Schienenverbindungen in die Region.

durch die kommunale Bahn einige Hürden zu überwinden. Zunächst hatte Sankt Bürokratius durch die grundverschiedenen Betriebsordnungen für Eisenbahnen und Straßenbahnen eine gemeinsame Schienennutzung ausgeschlossen. Die Systeme waren auch durch ihre unterschiedliche Stromversorgung miteinander unverträglich. Aber anders als sonst führten in Karlsruhe solche Umstände nicht zur Resignation, sondern wurden innovativ gelöst. Mit engagiertem Einsatz der Karlsruher Verkehrsbetriebe und der beteiligten Gebietskörperschaften ist es gelungen, die Bundesbahn zu einer kooperativen Haltung zu stimulieren, die Hindernisse zu beseitigen und modellhaft die Mischnutzung von Bundesbahnstrecken möglich zu machen. Unterschiedliche Radreifen- und Lichtraumprofile wurden kompatibel gemacht, die

Zugsicherungssysteme abgestimmt auf die verschiedenen Bremssysteme und Fahrgeschwindigkeiten. Technische Sonderkonstruktionen passen die Fahrzeuge an beide Stromsysteme an bzw. sorgen für Diesel- und elektrischen Antrieb. Gemeinsame Betriebsvereinbarungen, eine gemeinsame Schulung des Personals und der Aufbau einer gemeinsamen Betriebsleitzentrale sorgen für eine effektive Nutzung des Systems und einen reibungslosen Übergang zwischen den Systemen.

Mit dem Erfolg wuchs der Appetit. Als nächstes wurden die Bahnstrecken nach Linkenheim-Hochstetten und Eggenstein-Leopoldshafen nach gleichem Muster aktiviert und modernisiert. Entscheidend für den hohen Nutzen der neuen Regionalstrecken ist die konsequente Anpassung der Bahnhöfe und Haltepunkte an die aktuellen Erfordernisse. Die Bahn hatte in jedem der beiden Orte nur einen Bahnhof. Nach der Umstellung verfügen die Orte über vier bzw. sechs Haltepunkte. Der Ausbau der Bahnhöfe und Haltepunkte vervielfacht die Flächenerschließung und die Nachfrage. Trotz mehr Haltepunkten sind die neuen Regionalbahnen um 40 Prozent schneller als die alten Bahnen. Weitere Ausbauten alter Bahnstrecken für einen attraktiven Regionalverkehr sind geplant. Nach Forchheim und Mörsch soll eine alte Kleinbahnstrecke reaktiviert werden, eine Weiterführung bis nach Rastatt wird angestrebt. Auch nach Bretten soll auf vorhandenen Gleisen der Bundesbahn ein vertakteter Betrieb der Karlsruher Verkehrsbetriebe aufgenommen werden. Weitere sieben Nahverkehrsstrecken der Bundesbahn stehen zur Umrüstung nach gleichem Muster an. Auch auf diesen Strecken sollen Fahrzeuge für beide Stromsysteme eingesetzt werden, die zusätzlich für nichtelektrifizierte Abschnitte einen Energiespeicher oder Dieselgenerator erhalten. Auf diesen weit in die Region ausstrahlenden Strecken ist ein kombinierter Halbstunden- und Stundentakt vorgesehen, der wesentlich dichter als der vorherige Personenverkehrstakt der Bundesbahn ist. Die Bundesbahn befährt diese Strecken weiter mit ihren Eil- und D-Zügen sowie im Güterverkehr. Mit Hilfe solcher unkonventioneller Investitionen ist es in Karlsruhe gelungen, ein S-Bahn-artiges Schienenverkehrsangebot mit unmittelbarer Verknüpfung und Überlagerung zum lokalen Straßenbahnnetz aufzubauen, und das mit ca. einem Zehntel der sonst üblichen Investitionssumme für die konventionelle Umrüstung zur S-Bahn. Die Streckenumrüstung nach Eggenstein-Leopoldshafen hat nur 16 Millionen Mark gekostet, die nach Linkenheim-Hochstetten 12 Millionen. Die Erschließungswirkung des neuen Netzes ist hoch, da die Züge nicht am Hauptbahnhof enden, sondern in das innerstädtische Netz fahren und damit das Zentrum der Nachfrage direkt bedienen.

Vergleichbare Ausgangsbedingungen gibt es in vielen Regionen von Groß- und Mittelstädten, da sie ebenfalls noch ein interessantes verzweigtes Schienennetz der Bundesbahn und teilweise auch von Nebenbahnen und Industriegleisen haben, das bisher verkümmerte, von Stillegung bedroht ist oder bereits brachliegt. Allein in Nordrhein-Westfalen gibt es rund dreißig ähnlich gelagerte Fälle mit gut reaktivierbaren regionalen Schienennetzen. Bei konsequenter Ausschöpfung solcher Spielräume sind in vielen Regionen beachtliche Potentiale für den Aufbau gutvertakteter regionaler Schienenverbindungen vorhanden. Ein verstärktes kommunales und regionales – auch finanzielles – Engagement in konstruktiver Kooperation mit der Bundesbahn muß deren bisherige restriktive Politik im Regional- und S-Bahn-Verkehr aufbrechen. Die bisherigen Bedarfsschätzungen des Bundes, der Länder und der Bundesbahn für den weiteren Ausbau der S-Bahn-Systeme müssen vor diesem Hintergrund beträchtlich korrigiert werden.

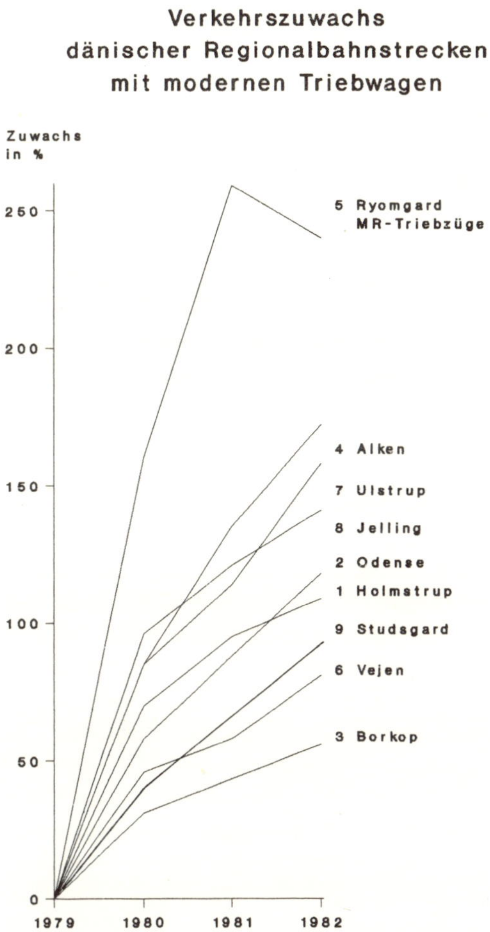

Bahnstrecken mit moderner Logistik und neuen Leichttriebwagen verzeichnen in vielen europäischen Ländern deutliche Erfolge.

Die Monopolisierung der Mittel für den regionalen Schnellbahnverkehr durch wenige Ballungsräume muß aufhören und eine gemischte Finanzierung wie im Fall Karlsruhe bundesweit möglich werden.

Regionalbahnen: die Rückeroberung der Fläche für den Schienenverkehr

Der Schienennah- und Schienenregionalverkehr außerhalb der Ballungsräume sind das Stiefkind der Bundesbahn. Am liebsten würde sie sich von dieser Sparte ganz verabschieden, obwohl die Nahverkehrs- und Eilzüge (ohne S-Bahn) der Bahn 52 Prozent aller Fahrgäste bringen. Die Strecken im ländlichen Raum und Umfeld von Klein- und Mittelstädten sind vielfach in schlechtem Zustand und werden nur noch mit Desinteresse im Bummelzugbetrieb oder Güterverkehr befahren. Viele Strecken stehen hier bereits auf der Stillegungsliste. Ein Teil ist bereits aufgegeben, stillgelegt, die Anlagen verrotten ungenutzt vor sich hin, bis im buchstäblichen Sinne Gras darüber gewachsen ist und sie zur Resteverwertung gefleddert werden. Doch trotz all dieser Vernachlässigung verfügt die Bundesbahn immer noch über ein beachtliches Schienennetz in der Fläche, das bei entsprechender Aktivierung ein großes Potential für ein attraktives Schienenverkehrsangebot bietet. Es gilt nur endlich dieses verkehrspolitische Kapital zeitgemäß zu nutzen und zu fördern, anstatt es weiterhin leichtfertig zu zerstören und damit die Weichenstellungen für eine immer absurdere Autoabhängigkeit des ländlichen Raums heraufzubeschwören. Diese Strategie dient nicht nur der Reaktivierung des Regionalverkehrs, sondern schafft gleichzeitig die notwendigen Verbindungen für eine stärkere Marktausschöpfung der Fernreiseangebote, die sonst außerhalb der vom Fernverkehrsnetz berührten Korridore und Zentren keine nennenswerte Nachfrage erzielen können. Diese Überlegung motiviert seit einigen Jahren immer mehr überregionale und regionale Initiativen in Anlehnung an bereits gelungene Beispiele im In- und Ausland, eine generelle Offensivstrategie der Bundesbahn im Schienenverkehr außerhalb der Ballungsräume zu fordern.

Der erste wichtige Schritt ist das konsequente »Abarbeiten« des jahrzehntealten Nachholbedarfs an Modernisierungsinvestitionen. Ein Großteil des regionalen Schienennetzes im ländlichen Raum ist total veraltet und besitzt eine vorsintflutliche Logistik. Signale, Weichen und Schrankenbäume werden mit Hebeln und Kurbeln über kilometerlange Drahtzüge bewegt. Archaische mechanische Apparaturen verriegeln und entriegeln die Hebelwerke. Uralte Kurbeltelefone dienen der dienstlichen Kommunikation zwischen Stellwerken, Schrankenwärtern und Bahnhöfen. Es gibt viele sogenannte Langsamfahrstrecken mit ungesicherten Bahnübergängen. Statt diese mit kostengünstigen automatischen elektronischen Schrankensystemen zu sichern, investiert die Bundesbahn noch immer den Straßenbauern zum Wohlwollen ungeheure Summen in die Beseitigung von Bahnübergängen und dient am Ende primär der Beschleunigung des Autoverkehrs. Museale Zugleit- und Signaltechnik sind außerdem extrem personalintensiv. Auch das eingesetzte Fahrzeugmaterial des Nahverkehrs im ländlichen Raum ist überwiegend veraltet und vernachlässigt. Die ältesten Loks und Wagen – besonders schwer, verbrauchs- und personalintensiv – sind dort im Einsatz. Kostengünstiger rationeller Betrieb ist damit unmöglich. Ein typisches Beispiel: Für die 24 Kilometer lange Nebenstrecke 202 bei Bielefeld müssen, bevor auch nur ein Zug fahren kann, erst sechs Fahrdienstleiter, zwei Weichenwärter und fünf Schrankenposten ihren Arbeitsplatz einnehmen. Das macht an fixen Personalkosten pro Betriebsstunde ca.520 Mark. 2,13 Millionen Mark im Jahr kostet damit allein der notwendige Personalaufwand für die Streckensicherung. Um eine solche Strecke rentabel und schnell zu machen, müßte eine moderne elektronische Signal-, Überwachungs- und Betriebsleittechnik eingesetzt werden, die von einer zentralen Leitstelle aus die Verkehrssicherung regelt und dafür sorgt, daß die Strecke statt im Bummelzugtempo ausreichend schnell befahren werden kann. 12 von den 13 Personalstellen könnten dann im Fahrdienst eingesetzt werden, um das extrem dünne heutige Angebot durch Taktverdichtung und Service attraktiv zu machen.

Auf ihren veralteten Nebenstrecken rechnet die Bundesbahn mit ungewöhnlich hohen Betriebskosten. Für eine Diesellok mit drei bis vier Wagen sind ca. 22 Mark und für einen klassischen Triebwagen 15 Mark je Kilometer Fahrtstrecke anzusetzen. Dem stellt sie dann die vergleichsweise geringen Kilometerkosten von 2,50 Mark ihrer Bahnbusse gegenüber und folgert daraus schon seit Jahren, daß möglichst viel angeblich unrentabler Bahnverkehr auf Busse umgestellt werden müsse. Um den Streckenexitus noch zu beschleunigen, fährt sie mit Vorliebe parallele Busverkehre, um möglichst viel Nachfrage von ihren Schienenstrecken im ländlichen Raum abzuziehen. So konkurrenziert sie das eigene System kaputt, ohne sich um die Fehler in ihrer Rechnung zu kümmern. Beim Schienenverkehr wird der betrieblich ungünstigste, veraltete und personalintensivste Fall zur Berechnungsnorm erhoben, beim Busverkehr der rationelle Einmannbetrieb unterstellt. Dagegen sieht die Rechnung bei einem angemessenen Betriebskostenvergleich ganz anders aus. Unter zeitgemäßen modernen Bedingungen kann »die Schiene« weit kostengünstiger als das Bussystem fahren. Länder wie Dänemark, Großbritannien, Italien, die Schweiz und die Niederlande haben moderne Leichttriebwagen entwickelt und mit System im regionalen Bahnverkehr eingesetzt. Sie sind in den Betriebskosten wesentlich günstiger als die alten Eil- und Nahverkehrszüge: wegen des geringeren Gewichts und Verbrauchs, der rationelleren Zugsteuerung, der Konstruktion als Wendezüge, der Ausstattung mit Automatikkupplung für verlustzeitfreie Zugbildung und Zugtrennung. Sie sind wirtschaftlicher als der Bus wegen ihrer höheren Kapazität, ihrer höheren Reisegeschwindigkeit, ihrer Eignung für schnelle, störungsfreie Umläufe und ihrer modernen Ausstattung für eine effektive, rationelle Zugsicherung. Auch auf eingleisigen Strecken und an beschrankten Bahnübergängen können moderne Leichtfahrzeuge mit mo-

derner Logistik effizient, schnell und in dichtem Takt fahren. Alles in allem sind modernisierte Schienenstrecken und modernes Rollmaterial eine wichtige Voraussetzung für einen kostengünstigen Regionalverkehr.
Beispielhaft für ein offensives Konzept der Schiene für die Anbindung des ländlichen Raums ist das Modell INTEGRO der niederländischen Eisenbahnen in der Provinz Groningen. Dort besteht ein regionales Schienennetz von 223 Kilometern mit sechs Strecken, die zahlreiche Mittel- und Kleinstädte mit der Provinzhauptstadt Groningen und den übrigen niederländischen Zentren verbinden. Die Mehrzahl der Strecken ist eingleisig, nur zwei sind elektrifiziert. Die übliche Stillegungsdiskussion mit dem Vorschlag, die meisten Linien auf Busbetrieb umzustellen, führte zu großem Widerstand der betroffenen Gemeinden und Regionen. Statt dessen wurde ein offensives Modernisierungskonzept für das Schienennetz beschlossen und umgesetzt. Zunächst wurden 50 neue Triebwagen mit automatischer Kupplung angeschafft. Die Züge können an Knotenpunkten verlustzeitfrei zu Einheiten von maximal sechs Wagen kombiniert werden. Die moderne Leichtbauweise erlaubt eine Verringerung des typischen Gewichts um zwei Drittel. Die Triebwagen bieten in der kleineren Version 60 und in der größeren 140 Sitzplätze pro Wagen, verfügen über einen Mehrzweckraum für Kinderwagen, Rollstühle, Fahrrad- und Sperrgutmitnahme, besitzen per Druckknopf bedienbare breite Außenschwenktüren mit 1,3 Metern lichter Durchlaßbreite und erlauben an Bahnsteigen einen reibungslosen, raschen und auch behindertengerechten Ein- und Ausstieg. Das gesamte Netz ist mit moderner Kommunikations- und Sicherungstechnologie ausgestattet. Das bislang zur Bedienung von Signalen, Schranken und Weichen nötige Streckenpersonal konnte durch die Modernisierung und Einrichtung von zwei regionalen Betriebsleitstellen eingespart und dort eingesetzt werden, wo eine Aufstockung des Personals (Taktverdichtung, Fahrscheinverkauf etc.) sinnvoll war. Der Zeittakt auf der Schiene wurde auf Halbstundentakt verdoppelt. Statt des ursprünglich geplanten Einmannbetriebs wird sowohl zur Vermeidung von Vandalismus- und Schwarzfahrerproblemen als auch zur Erhöhung der Servicequalität mit Zugbegleitung gefahren. Das Busnetz wurde konsequent auf diese veränderte Schienenpolitik umgestellt und der Bahn-Parallelverkehr abgebaut. Die Busse konzentrieren sich auf die Zubringer- und Verteilerfunktion und auf Linienergänzungen dort, wo im Schienennetz noch Lücken bestehen. Der Bustakt wurde auf den Bahntakt abgestimmt. Eine Koordination des regionalen Tarifsystems erlaubt problemlose Übergänge zwischen Bahn und Bus. Das Schienennetz wurde beträchtlich ausgebaut. Eine regionale Strecke von 45 Kilometern und eine auch überregional bedeutsame Strecke von 120 Kilometern kamen hinzu. Das Netz der Bahnhöfe und Haltepunkte wurde verdichtet, neue Siedlungsgebiete erhielten eigene Haltepunkte. An allen Netzknoten stattete man die Bahnhöfe als attraktive Umsteigeknoten mit ergänzender Servicefunktion (Gastronomie, Fahrkartenausgabe, Fahrradwache, -verleih, -reparatur) aus. Kurze Übergangsstrecken sichern schnelles Umsteigen zwischen Zügen und Bussen. Für die meisten Verbindungen ergaben sich wesentliche Reisezeitverbesserungen, die sich im Zeitvergleich mit dem Auto »sehen lassen« können. Der modernisierte Betrieb verursacht trotz des verdoppelten attraktiven Angebots statt früher 6,211 Millionen Gulden nunmehr 7,643 Millionen Gulden jährliche Betriebskosten. Die Kosten je Kilometer wurden um 63 Prozent gesenkt. Jetzt kommt das Angebot auf durchschnittlich 0,04 Mark je Platzkostenkilometer. Der Vergleichswert für den Busbetrieb beträgt 0,05 bis 0,07

Mark. Im Vergleich zu den typischen Kosten des deutschen Schienenpersonennnahverkehrs produziert INTEGRO fünfmal billiger.
Auch in Deutschland gibt es bereits Ansätze für eine erfolgreiche Modernisierung und Beschleunigung regionaler Schienenverkehrssysteme. Am innovationsfreudigsten waren bislang die sogenannten Nebenbahnen, allen voran die Südwestdeutsche Eisenbahn, zum Beispiel auf ihrer Strecke Hausach–Freudenstadt–Hochdorf. Auf dieser Strecke werden moderne, speziell entwickelte Triebwagen eingesetzt. Der Takt wurde verdoppelt. Eine Steigerung der Fahrgastzahlen um 300 Prozent war die Folge. Die Strecke arbeitet jetzt kostendekkend. Ebenfalls modernisiert und im Angebot verbessert wurde die Strecke Meckesheim–Aglasterhausen, die die Südwestdeutsche Eisenbahn von der Bundesbahn übernommen hat, weil diese die Strecke stillegen wollte. Mit Investitionen von 5,63 Millionen Mark brachte man diese Strecke auf zeitgemäßen Standard, sie erhielt eine automatische Bahnübergangssicherung, einen modernen Zugbahnfunk und eine moderne Betriebssteuerung. Dadurch war eine wesentliche Beschleunigung bei gleichzeitiger Kostensenkung des Betriebs möglich. Für vier Millionen Mark wurden außerdem moderne, speziell für dieses Netz entwickelte Triebwagen angeschafft. Das Fahrplanangebot wurde fast verdoppelt. Die schienenparallelen Buslinien wurden eingestellt und die übrigen auf eine bessere Anschlußbedienung wichtiger Bahnhöfe umgestellt. Gegenüber der früher nur 20prozentigen Kostendeckung bei der Bundesbahn ist der Betrieb jetzt nahezu kostendeckend. Ein weiteres Beispiel für eine erfolgreiche Nebenbahnmodernisierung ist die 22 Kilometer lange Strohgäubahn zwischen Korntal und Weissach, die von den Württembergischen Nebenbahnen befahren wird und Anschluß an das Stuttgarter S-Bahn-Netz bietet. Das Zugangebot wurde von ursprünglich 4 auf 9, später auf sogar 17 gutvertaktete Zugpaare verdichtet, der bahnparallele Busverkehr eingestellt. Der Wagenpark wurde modernisiert und die Betriebsführung vereinfacht, die Fahrzeit wesentlich verkürzt. Nachdem es zuvor einen mehrjährigen Fahrgastschwund gegeben hatte, wuchs das Fahrgastaufkommen um 156 Prozent. Die Modernisierung der Strecke förderte das Land Baden-Württemberg mit 3,1 Millionen Mark, die Modernisierung der Fahrzeuge mit 1,6 Millionen Mark und die Verbesserung der Logistik mit 0,62 Millionen Mark.
Die Bundesbahn hat bisher nur in Einzelfällen die Chancen einer offensiven erfolgreichen Modernisierung von Nebenstrekken genutzt. Ein bekanntes Beispiel ist die City-Bahn Köln-Gummersbach. Die Nebenstrecke war überaltert, schlecht bedient, in Konkurrenz zu parallel geführten Bussen, hatte miserable Reisezeiten. Mit einer parallel gebauten Autobahnstrecke wurde ihr die Nachfrage völlig abgezogen. Stark sinkende Fahrgastzahlen und eine zunehmende Überlastung des auf Köln zuführenden Straßennetzes in diesem wichtigen Pendlerkorridor waren die Folge. Nur noch etwa 10 Prozent des eigentlichen Nachfragepotentials dieses Korridors wurden von der Bahn ausgeschöpft. In dieser fast hoffnungslosen Situation wurde in relativ kurzer Zeit Mitte der 80er Jahre die neue City-Bahn eingeführt und mit einem reorganisierten Bus-Schiene-Konzept verknüpft. Die regionalen und lokalen Busverkehre führen jetzt der Schiene ein hohes Potential zu. Die City-Bahn erhielt umgerüstete, modernisierte Wagen mit eigenem Design und Buffetservice. Die Strecke wurde für höhere Geschwindigkeiten modernisiert. Die Bahnhöfe längs der Strecke wurden aufgemöbelt und mit attraktiven Bussteigen sowie Bike & Ride-Anlagen ausgestattet. Hinzu kam ein spezielles Marketingkonzept mit offensiver Werbung im gesamten Streckenkorridor und einem spe-

Regional/City-Bahnkonzept für Oberbayern

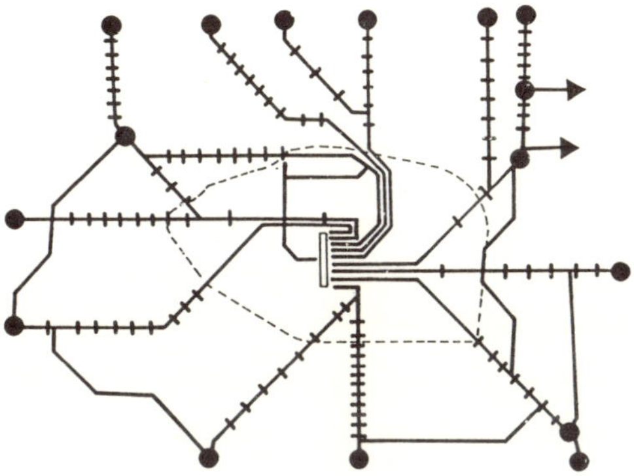

---- Grenze des S-Bahn-Gebietes
Neue vertaktete Strecken und Bahnhöfe und Endpunkte
— Sonstige Querverbindungen

S-Bahn-Netze haben eine begrenzte Reichweite und müssen durch attraktive Regionalbahnen ergänzt werden, die mit neuen Leichttriebwagen und modernisierten Schienenbussen attraktiven, preiswerten, vertakteten Schienenverkehr auch auf Nebenstrecken bieten.

ziellen City-Bahntarif mit starkem Preisnachlaß. Der Erfolg stellte sich prompt ein: Das Fahrgastaufkommen konnte bereits in den ersten zwei Jahren um 40 Prozent gesteigert werden, auch in den Schwachlastzeiten nahm die Nachfrage um 35 Prozent zu.

Ein gutes Beispiel für die Installation eines Regionalschnellverkehrs der Bundesbahn nach Art der City-Bahn gibt es auch in Schleswig-Holstein. In den Jahren 1986/87 wurde zwischen Kiel und Flensburg eine erste Regionalschnellbahnlinie eingeführt, nachdem zuvor jahrelang diese Verbindung mit regelmäßigen Fahrgastrückgängen konfrontiert war, allein von 1978 bis 1985 um 20 Prozent. Die Strecke wurde zunächst mit einem Kostenaufwand von nur einer Million Mark im Oberbau und der Signaltechnik modernisiert. Schon hierdurch konnte die maximale Streckengeschwindigkeit von 80 Stundenkilometern auf 120 Stundenkilometer angehoben werden, wodurch sich die Fahrzeit um 20 Prozent verkürzt. Damit wurde ein schnellerer Umlauf erreicht, der das Zugangebot um 47 Prozent steigert und einen Stundentakt möglich macht. Man schaffte neue Triebwagen an mit komfortabler Ausstattung in 1. und 2. Klasse, Mehrzweckabteil für Lasten, Rollstühle, Fahrräder, Kinderwagen etc. und mit signifikantem Design. Sie fahren als Wendezüge ohne umständliches zeitraubendes Rangieren. Die Bahnhöfe erhielten moderne Empfangs- und Schalterhallen und direkt zugeordnete Anlagen für Bus, Taxi, Radverkehr und Park & Ride. Entlang des Korridors wurde ein spezielles Werbekonzept mit dezentral verteilten Fahrplan- und Tarifinformationen umgesetzt. Für die Verankerung des Angebots in der Fläche wurde das regionale Buskonzept auf die Schiene ausgerichtet und durch einen Integrationstarif verknüpft. Eine neue Tarifgemeinschaft bildete sich, die insbesondere im Bereich der Zeitkarten neue attraktive Angebote machte. Der stetige Abwärtstrend konnte deutlich gestoppt werden. Schon im ersten Jahr nahmen die Fahrgastzahlen um 40 Prozent zu, im zweiten Jahr folgte nochmals eine Steigerung um knapp 30 Prozent.

Selbst in Mittelgebirgslandschaften mit überalterten, nichtelektrifizierten, kurven- und steigungsreichen Strecken gibt es Beispiele für einen modernen Schienenregionalverkehr. Bislang haben der forcierte Straßenbau und der Verzicht auf eine Bahnmodernisierung in diesen Regionen die Bahn in eine miserable Bummelzugrolle manövriert. Inzwischen wurden in Skandinavien, Spanien und Italien spezielle Züge entwickelt, die durch eine der jeweiligen Strecke elektronisch angepaßte Wagenkastensteuerung die erhöhten Fliehkräfte auspendeln können. Daher wurde für diesen Zugtyp der Name »Pendolino« populär. Der Einsatz dieser Züge erspart aufwendige Investitionen in den Umbau der Strekken mit größeren Radien, neuen Brücken, neuen Tunnels, geringeren Steigungen etc. Die Streckenmodernisierung kann sich

dann weitgehend auf die Logistik und elektronische Strecken- und Bahnübergangssicherung sowie Zugkommunikation und zeitgemäße Bahnhofsgestaltung konzentrieren. Allein durch den Einsatz solcher neuartigen Wagen können die Altstrecken 20 bis 30 Stundenkilometer schneller als bisher befahren werden, die logistische Umrüstung bringt weitere 20 Stundenkilometer. Damit werden wieder gegenüber dem Auto konkurrenzfähige Reisezeiten erreicht, ist ein wirtschaftlicher Betrieb durch schnelle Umläufe möglich. Als erstes deutsches Beispiel ist der Pendolino-Einsatz für die Strecke Hof–Nürnberg vorgesehen.
Wo immer der Bahnbetrieb modernisiert wurde, ergaben sich beachtliche Fahrgastzuwächse. Solche Erfolge müssen die Bundesbahn, die Privatbahnen und regionalen Verkehrsunternehmen ebenso wie Städte, Gemeinden und Kreise veranlassen, neue regionale Schienenverkehrskonzepte zu entwickeln, um Ausbau und Modernisierung der leistungsfähigen umweltfreundlichen Schiene zu forcieren. Hierfür spricht ein umfassender Kosten- und Systemvergleich von Bus und Schiene. Um die Kapazität einer gutbesetzten Regionalbahn zu erreichen, müssen drei- bis viermal soviel Busse eingesetzt werden. Das bedeutet für die ohnehin schon übermäßig belasteten Ortsdurchfahrten zusätzlichen Schwerverkehr. Für die Gemeinden und Städte ist die Bahn also die umweltverträglichste, störungsfreiste Verkehrsanbindung, die zudem am besten pünktliche Erreichbarkeit und Anschlußsicherung garantieren kann. Aus Kundensicht ist die Reisequalität moderner Schienenleichtfahrzeuge – mit geräumigen Wagen, großer Laufruhe, Aufteilung in 1. und 2. Klasse, Trennung von Nichtraucher- und Raucherbereichen, mit Toilette und Gepäckabteil und mit Verpflegungsservice – unvergleichlich höher als die des Bussystems.

Bundesweite Systemvernetzung der Schienen im Nah-, Regional- und Fernverkehr

Entscheidend für die Zukunft des bundesdeutschen Schienenverkehrs ist, daß die Innovationen zur Modernisierung von Fahrzeugparks, Streckeninfrastruktur, Logistik und Marketing nicht nur »Inseln« und »Teilsysteme« bleiben, sondern in eine umfassende, flächendeckende Gesamtstrategie eingebunden werden. Diese Aufgaben müssen von der Bundesregierung und Bundesbahn als gewichtige politische und planerische Schwerpunkte erkannt werden. Die bisherige Konzentration auf wenige technologische Renommierprojekte im Fernverkehr muß aufhören. Bisher erfolgten Modellmaßnahmen beim Nah- und Regionalverkehr nur, wenn Länder, Kreise und Gemeinden großen Druck machten. Der systematische Ausbau des Schienenverkehrs in allen Regionen des Landes erfordert jedoch die breitenwirksame Anwendung einer erfolgreichen Bahnmodernisierung, um die insgesamt marode Qualität des Schienennah- und Regionalverkehrs bundesweit zu verbessern. Hierfür muß die Bundesregierung der Bahn in Abstimmung mit den Ländern einen eindeutigen offensiven Leistungsauftrag erteilen, der weit über das hinausgeht, was in den letzten Jahren in den sogenannten Rahmenvereinbarungen mit den Ländern zur Sicherung des Schienenverkehrs festgelegt wurde. Die Bundesregierung braucht ein völlig verändertes, expansives Schienenkonzept für die Fläche, das in eine Gesamtstrategie zum Ausbau des öffentlichen Verkehrs eingebettet sein muß. Ohne einen solchen Leistungsauftrag verharren viele Direktionen der Bundesbahn in passivem Nichtstun und verzögern die dringend erforderlichen Investitionen in die Modernisierung ihrer Infrastruktur, ihres Rollmaterials und ihres Marketings. Solcher Handlungsverzicht ist verkehrs- und finanzpolitisch tödlich. Verpaßte Zukunftsinvestitionen kosten die Bahn wichtige Marktchancen und verbauen ihr den Weg zu einer wieder führenden Rolle am Verkehrsmarkt.

Wenn »oben« die notwendige Einsicht ausbleibt, müssen überall die Länder, Kreise und Kommunen, die lokalen und regionalen Verkehrsunternehmen sowie die noch verbliebenen nichtbundeseigenen Bahngesellschaften die Initiative ergreifen und der Bundesbahn konzeptionell und planerisch auf die Sprünge helfen. Wie bei den Modellen Karlsruhe, Südwestdeutsche Eisenbahn, Württembergische Bahn, Schleswig-Holstein etc. muß eine enge planerische Kooperation erfolgen. Eine finanzielle Beteiligung der Länder, Kreise und Gemeinden macht bei der Bahn plötzlich Unmögliches möglich. Um diese finanzielle Mitwirkung zu erleichtern, muß das Gemeindeverkehrsfinanzierungsgesetz auch Schienenverkehrsinvestitionen im ländlichen Raum fördern. Die bisherige ausschließliche Konzentration der Gelder für den Ausbau des Schienenverkehrs auf die Ballungsräume ist schon lange ein Ärgernis. Wenn sich die Gebietskörperschaften außerdem auch an den Ausgleichsbeträgen für die nichtgedeckten Betriebskosten beteiligen, ist ein verstärktes Engagement der Bundesbahn durchaus zu erreichen. Die Länder, Kreise und Gemeinden beginnen deshalb zu erkennen, daß auch ihr eigenes finanzielles Engagement gefordert ist, um die Bahn zu einer offensiveren Strategie zu motivieren und ihren Forderungen Nachdruck und Glaubwürdigkeit zu geben. Immerhin 10 Prozent aller Kreise hatten bis 1987 Bus-Schiene-Konzepte und andere Begleitmaßnahmen zur Erhaltung gefährdeter Bahnstrecken entwickelt. Ein Anfang ist damit gemacht. Da aber 52 Prozent der Landkreise den Bestand ihres Schienennetzes gefährdet sehen, müssen nunmehr viel mehr Kreise in Zusammenarbeit mit den betroffenen Gemeinden die Initiative ergreifen und ihr Nahverkehrsangebot stärker als bisher auf die Bahnverknüpfung ausrichten. Sie müssen sich für eine Verdichtung des Netzes von Bahnhöfen und Haltepunkten und für eine städtebauliche Aufwertung der Bahnhöfe engagieren. Sie müssen so schnell wie möglich neue regionale Konzepte für den lokalen und regionalen öffentlichen Verkehr erarbeiten lassen. Die Einsicht hierfür ist da, die Umsetzung aber fehlt noch vielfach. 86 Prozent aller Landkreise halten es inzwischen für eine dringliche Schwerpunktaufgabe, ein ausreichendes regionales Angebot im öffentlichen Verkehr zu sichern.

Vorbild für die notwendige Umsetzung einer solchen bundesweiten intelligenten Kooperation und Abstimmung des gesamten öffentlichen Verkehrsangebotes kann sicherlich die Schweiz sein. Sie hat als erstes europäisches Land ihr schon erwähntes flächendeckendes Konzept »Bahn und Bus 2000« für den öffentlichen Verkehr und insbesondere den Schienenverkehr entwickelt, aus dessen Entstehungsgeschichte und strategischem Wandel in den letzten Jahren viel für die künftige Diskussion um die Zukunft der Bahn in der Bundesrepublik zu lernen ist. Sein zentraler Ansatzpunkt ist das Denken im Gesamtsystem von Nah-, Regional- und Fernverkehr. Der Weg zu diesem Konzept war nicht leicht. Zunächst strebte auch die Schweiz ein reines Hochgeschwindigkeitskonzept für seine Fernbahnlinien an, mit riesigen Investitionen in Neubau und Ausbau von Schnellfahrstrecken. Gegen die damit drohende Monopolisierung großer Investitionssummen und Erreichbarkeitsvorteile regte sich in allen Regionen, die nicht vom Schnellstreckennetz profitierten, heftiger Widerstand. Vor allem aber wurde erkannt, daß die Zeitvorteile einer Hochgeschwindigkeitsbahn für einen Großteil der Bahnkunden irrelevant sind, wenn sie beim Übergang in das restliche Fern- und Regionalverkehrssystem mit hohen Anschlußwartezeiten und Reisezeitnachteilen belastet bleiben. So entstand der Wunsch nach einer möglichst breiten System- und Netzbeschleunigung durch das Konzept »Bahn und Bus 2000«. Mit ihm war nicht mehr der isolierte Geschwindigkeitsausbau einiger Fernstrecken angestrebt, sondern der differenzierte Ausbau des Gesamtsystems zur Optimierung aller Reisezeiten und -kapazitäten. Hierfür wurde ein konsequentes nationales Taktsystem angestrebt, bei dem die Geschwindigkeit zwischen zwei Bahnhöfen so konzipiert ist, daß alle Anschlüsse im Zeittakt passen. Auf manchen Strecken lohnt es sich daher tatsächlich, hohe Spitzengeschwindigkeiten anzustreben, auf anderen bringt das dagegen nur längere Wartezeiten bei den Anschlüssen. Angestrebt wird ein nationales Stundentaktraster mit einem auf den jeweiligen Hauptlinien und Regionalnetzen überlagerten Halbstundenraster. Mit diesem Raster treffen sich an allen wichtigen Bahnhöfen jeweils kurz vor dem Taktpunkt alle Züge, um kurz nach ihm wieder abzufahren. Damit werden in allen Richtungen optimale Umsteigebeziehungen mit minimalen Wartezeiten garantiert. Auf dieses Taktgerüst werden dann auch die regionalen Bahn- und Busverbindungen ausgerichtet, so daß sich insgesamt gutverknüpfte Transportketten ergeben. Gemeinsam mit der hohen Flächendeckung der Fern-, Regional- und Nahverkehrsnetze entsteht eine maximale Verbindungs- und Erreichbarkeitsqualität im öffentlichen Verkehr. Man kommt überallhin mit ausreichend schnellen, wartezeitfreien Verbindungen.

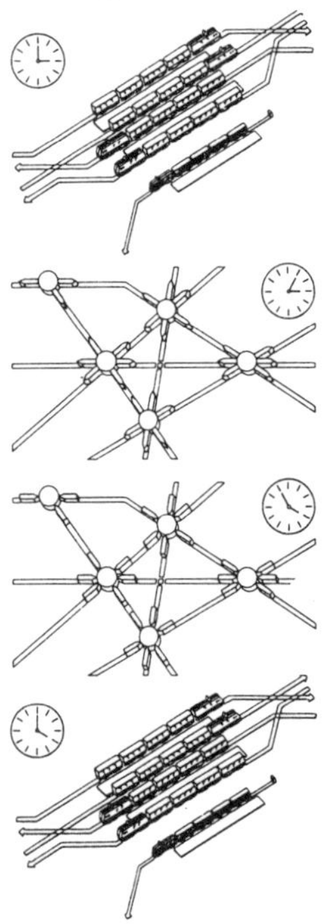

Das nationale Taktsystem der Schweizer Bahnen bietet optimale Netzverknüpfung mit perfekter Rendezvoustechnik – die intelligenteste und kostengünstigste Art, den Bahnverkehr zu beschleunigen. Das Beispiel zeigt folgendes: Um 15 Uhr treffen sich auf allen Gleisen des Bahnhofs Züge aus allen Richtungen, man kann zwischen den Zügen ohne Wartezeit umsteigen. Um 15.05 Uhr fahren die Züge in alle Richtungen ab. Um 15.55 Uhr treffen die Züge in den nächsten Knotenbahnhöfen ein. Dort kann man wieder zwischen allen Zügen umsteigen.

Busverkehr: vom Einheitsbus zum differenzierten Bussystem

Die Aufgaben des Busverkehrs sind vielfältig, je nach Bedienungsgebiet und Bedienungszeit, Aktionsradius und Zusammenspiel mit dem Schienenverkehr. Der Busverkehr braucht deshalb eine sinnvolle Differenzierung: Busse für den Kurzstreckenverkehr und für den Regionalverkehr, Busse für hohe Fahrgastströme in verdichteten Siedlungsstrukturen und für kleine Fahrgastströme in dispers besiedelten Gebieten, Busse für die Massennachfrage in der Rushhour und für die Schwachlastzeiten. Für diese Differenzierung bedarf es maßgeschneiderter Teilsysteme. Die Fahrzeuggröße definiert dabei in Verbindung mit dem Takt die jeweilige Kapazität einer Buslinie. Der Aktionsradius definiert die Länge der Linie und hat Einfluß auf die anzustrebende Geschwindigkeit, Linienführung und Haltestellendichte. Die Bandbreite reicht damit vom Citybus, Quartiersbus oder Ortsbus, der nur auf einem kurzen Kurs mit vielen Haltestellen und niedriger Geschwindigkeit fährt, bis zum Schnellbus, der über weite Strecken mit wenigen Haltestellen und hoher Geschwindigkeit unterwegs ist. Eine solche Konzeption gibt dem öffentlichen Verkehr die nötige Flexibilität, für alle nicht über die Schiene abgedeckten Mobilitätsaufgaben ein qualifiziertes Angebot zu machen. Der heute vorherrschende Einheitsbus dagegen kann den verschiedenen Verkehrsaufgaben nicht gerecht werden. Er sitzt »zwischen allen Stühlen« und erfüllt keine der verschiedenen Rollen richtig.

Der Bus als Zubringer- und Verteilersystem zur Schiene

Die wichtigste Vorentscheidung für den Einsatz von Bussen im öffentlichen Nahverkehr ergibt sich aus seiner Rolle gegenüber dem Schienenverkehr. Wenn Schienenverkehr vorhanden ist oder wieder entwickelt werden kann, sollte eine klare Priorität für die Schiene und damit eine Arbeitsteilung zwischen Bus und Schiene angestrebt werden. Die Bahnen können ausgeprägte regelmäßige Verkehrsströme von mindestens 3000 Fahrgästen je Tag und Linie schneller, pünktlicher, rationeller und kundengerechter bedienen als der Bus. Der Schienenverkehr kann diese Rolle am besten wahrnehmen, wenn das Bussystem darauf abgestimmt ist und mit Zubringer- und Verteilerbussen dem Schienenverkehr möglichst viel Nachfrage zuführt, so daß die Erschließungswirkung der Schiene in die Fläche erweitert wird. Ohne eine solche Rollenabstimmung bleibt die Nachfragebindung der Bahnen auf die jeweils direkt bedienten Korridore beschränkt. Bahnhöfe und Haltepunkte des Schienenverkehrs müssen deshalb in ein möglichst dichtes anschließendes Busnetz eingebettet werden. Diese Verknüpfungen sind besonders wichtig für Strecken, auf denen aus historischen oder topographischen Gründen die Schienen nur peripher oder gar abseits zu den relevanten Baugebieten verlaufen. Meist ist eine Neutrassierung der Gleise in ortsnahe oder gar zentrennahe Lage im nachhinein nicht mehr möglich. Dann muß ein tariflich und fahrplanmäßig auf den Schienenverkehr abgestimmter Bus die Lücken zwischen Haltepunkt und den eigentlichen Quellen und Zielen der Verkehrsteilnehmer schließen. Je dichter und besser vertaktet das Netz solcher Zubringer- und Verteilerbusse ist, desto besser kann es das typische Manko der herkömmlichen Autoabhängigkeit disperser Siedlungsräume und ihres erschwerten Zugangs zu den Schienenstrecken ausgleichen. Solche Bus-Schiene-Konzepte haben sich in den letzten Jahren immer häufiger bewährt und zum Erhalt bzw. Ausbau von Schienenstrecken beigetragen.

Der Erfolg der Bus-Schiene-Verknüpfung hängt ab vom konsequenten Einsatz. Er wird oft behindert durch konträre Park & Ride-Konzepte, die die Nachfragebasis für die lokalen Zubringer- und Verteilerbusse schmälern und statt dessen das Auto zum vorrangigen Zubringer- und Verteilerverkehrsmittel machen. In Hamburg gab es schon Mitte der 70er Jahre 70 Park & Ride-Anlagen mit einer Kapazität von 11 200 Plätzen, in Frankfurt 112 Anlagen mit 6800 Plätzen, in Stuttgart 75 Anlagen mit 7800 Plätzen und im Ruhrgebiet 150 Anlagen mit 6900 Plätzen. Damit werden erhebliche

Bus-Schiene-Konzepte sichern dem Schienenverkehr eine hohe Flächenwirksamkeit und gute Systemergänzung mit Netzverknüpfung und Anschlußsicherung.

Massen von Zubringer- und Verteilerautofahrten erzeugt. Die städtebaulichen Entwicklungsmöglichkeiten der Bahnhöfe werden damit ebenso blockiert wie die oft dringende Verkehrsberuhigung der zu- und abführenden Straßen. Der Aufbau eines attraktiven Ortsbussystems unterbleibt wegen der vorrangigen Fixierung auf das Park & Ride-System.

Die Notwendigkeit abgestimmter Bus-Schiene-Konzepte wird inzwischen vor allem in den Regionen erkannt, in denen in den letzten Jahren der Schienenverkehr reaktiviert und ausgebaut wurde. Dort organisiert man Teile des Bussystems völlig neu. Statt weiträumiger Streckenführungen erhalten die betreffenden Busse nun vorrangig die Aufgabe der kleinräumigen Erschließung durch ein Zubringer- und Verteilersystem. Damit ergibt sich für viele Linien eine wesentlich kürzere Fahrstrecke mit der Chance, durch die schnelleren Umläufe einen dichteren Takt zu bieten. Der kürzere Fahrweg eröffnet auch Spielräume für eine höhere Netz- und Haltestellendichte mit dem Vorteil einer stärkeren Präsenz der Busse in der Fläche. Beispielhaft für ein solches Bus-Schiene-Konzept im städtischen Ballungsraum ist der Großraum Hannover, der bis Mitte der 80er Jahre allein 16 große Bus-Schiene-Verknüpfungsanlagen mit meist je vier und mehr verschiedenen Buslinien geschaffen hat. Die Busse fahren bis an den Bahnsteig, so daß die Umsteiger nur wenige Schritte für den Übergang brauchen. Ein eigenes Leitsystem sorgt für Orientierung beim Umsteigen. Eine attraktive Gestaltung der Verknüpfungshaltestellen sichert eine hohe Aufenthaltsqualität. Lichte Konstruktionen bieten hohe Transparenz und gute Sichtkontakte. Die anspruchsvolle Ausstattung mit Zeitungskiosk, Läden, Fahrkarten- und Auskunftsschalter, mit Telefon, WC und Taxistand sowie eine gepflegte Begrünung und Verschönerung mit Brunnen etc. sorgen für Service und Atmosphäre. Auch bei den bereits in anderem Zusammenhang erwähnten innovativen, lokalen und regionalen Schienenprojekten wie zum Beispiel in Karlsruhe, bei der Südwestdeutschen Eisenbahn, der Württembergischen Eisenbahn, dem Bundesbahnprojekt City-Bahn Köln-Gummersbach und in Schleswig-Holstein oder dem Modell INTEGRO in der Provinz Groningen wurde der Schienenverkehr in ähnlich nachfragestimulierende Bus-Schiene-Konzepte eingebunden.

Schnellbusse sichern hohe Verbindungsqualität

Eine Zubringer- und Verteilerfunktion müssen Buslinien ebenso gegenüber Schnellbuslinien wahrnehmen. Eine solche Aufgabenteilung in lokale Erschließungsaufgabe und regionale Verbindungsaufgabe sichert auf beiden Mobilitätsebenen ein besseres Angebot. Bisher fehlt vielen Bussystemen eine abgestimmte Hierarchie. Im Netz der Standardbuslinien sind Linien mit unterschiedlicher Aufgabenstellung kaum voneinander zu unterscheiden. Wegen des Fehlens eigener Zubringer- und Verteilerbusse und auf örtlicher Ebene agierender Orts- oder Quartiersbusse haben die Buslinien oft lange verschlungene Linienwege mit vielen Schleifen, halten an vielen Stellen und brauchen so für ihre Strecke doppelt oder dreimal so lange wie das Auto. Die lokale Erschließungsaufgabe und die regionale Verbindungsaufgabe werden vermischt. Damit sind solche Linien als einziges Angebot für potentielle Umsteiger wenig attraktiv. Schnellbuskonzepte verbessern deshalb die Regionalverkehrsverbindungen entscheidend in den Korridoren, in denen leistungsfähige Schienenverkehrsangebote fehlen. Schnellbusse brauchen dabei wegen der überdurchschnittlichen Reiseweite und -dauer eine hohe Angebotsqualität mit speziellem Komfort, hoher Reisegeschwindigkeit, klarem Takt und eigenem Produktimage. Sie müssen verkehrsplanerisch durch bedarfsgesteuerte Ampelvorrangschaltungen und eigene Busspuren in allen Staubereichen konsequent gegenüber dem Autoverkehr bevorrechtigt werden und brauchen eine direkte Linienführung. Die Haltepunkte beschränken sich auf die zentralen Schwerpunkte des Verkehrsaufkommens und auf Verknüpfungspunkte mit dem sonstigen Verbindungs- und Erschließungsnetz.

Schnellbuskonzepte dürfen jedoch keinesfalls die Motivation für die vielfach dringend erforderliche Modernisierung und Beschleunigung regionaler Schienenstrecken untergraben. Beispielsweise verstärkt die Konkurrenz von Schiene und Schnellbus zwischen Heilbronn und Würzburg, wo im stündlichen Wechsel Zug und Schnellbus verkehren, die Desorientierung für die Kunden. Auch da, wo auf Nebenstrecken der Bundesbahn wegen fehlender Modernisierung Bummelzugbetrieb besteht, sind Schnellbusse leicht in der Lage, der Bahn den Rang abzufahren und den Schienenbetrieb totlaufen zu lassen. So hat der Schnellbus Selb-Marktredwitz die Stillegung der Schienenstrecke 853 und damit einen Rückschritt gebracht. Der Aufbau von Schnellbussystemen hat also nur dort seinen Sinn, wo keine Alternativen im Schienenverkehr bestehen. In der Bundesrepublik stecken die Schnellbuslinien noch in den Kinderschuhen. Der Verkehrsverbund Rhein-Ruhr hat seit Mitte der 80er Jahre mit der Einführung sogenannter Städteschnellbusse begonnen, die zunächst vor allem im nördlichen Ruhrgebiet den Mangel an schnellen, attraktiven Nord-Süd-Schienenverbindungen ausgleichen sollen. Die ersten drei Linien führen von Bottrop nach Gelsenkirchen, von Gelsenkirchen nach Dorsten und von Recklinghausen nach Dorsten. Die bisherige Reisezeit der alten Linien konnte durch die Schnellbusse stark verkürzt werden: Der Bus von Dorsten nach Recklinghausen braucht 37 statt 63 Minuten, der von Dorsten nach Gelsenkirchen 35 statt 56 Minuten. Die Fahrgastzahl konnte schon im ersten Jahr um ein Drittel gesteigert werden. Es folgten weitere Städteschnellbuslinien von Velbert und Heiligenhaus nach Essen sowie von Viersen, Willich und Kaarst nach Düsseldorf. Unter den Fahrgästen der Städteschnellbusse sind 36 Prozent Umsteiger vom Auto. Das zeigt, daß dieses Busangebot wegen seiner Schnelligkeit und seines Komforts durchaus mit dem Auto konkurrieren kann.

Während der Städteschnellbus mit einem Aktionsradius von rund 20 Kilometern deutlich regionale Aufgaben hat, ist der Cityschnellbus auf die zügige Verbindung zwischen Umland und Zentrum orientiert. In Kiel laufen inzwischen fünf solcher Linien zwischen dem Umland und der Innenstadt, die gut von der Bevölkerung angenommen werden. Im Ruhrgebiet wurden zuerst zwischen Bochum und Hattingen, Oberhausen und Sterkrade sowie Oberhausen und Schmachtendorf Schnellbuslinien eingerichtet, mit deutlichen Reisezeitverbesserungen gegenüber den herkömmlichen Standardlinien. Schon länger eingesetzt werden Schnellbusse in Berlin und Hamburg. In Hamburg verbinden sie Siedlungsschwerpunkte, die noch ohne Schienenanschluß sind, auf direktem Weg mit den nächsten Schienenknotenpunkten. Sie überlagern sich dort mit parallel fahrenden Standardbuslinien wegen der gleichzeitig hohen kleinräumigen Nachfrage. In Berlin heißen die Schnellbusse Durchlaufwagen und sind ebenfalls mit Standardlinien überlagert, die perlenkettenartig die dazwischenliegende Nachfrage bedienen. Ein bekanntes Beispiel ist der Flughafenbus Tegel, der durch die Beschränkung auf wenige wichtige Haltestellen nur etwa halb so lange braucht wie die normale Linienverbindung. Schon seit Jahrzehnten mit System eingesetzt werden Cityschnellbusse in den japanischen Großstädten auf nicht vom Schienennetz erschlossenen Korridoren. Sie werden durchweg über eigene Busspuren

und Busstraßen geführt, haben grüne Welle und erreichen dadurch weit bessere Reisezeiten als der Autoverkehr. Die schnellbusbedienten Gebiete haben deutlich höheren Anteil am öffentlichen Verkehr als Gebiete ohne leistungsfähigen Schienenverkehrs- oder Schnellbusanschluß.
Eine flexible Variante ist der Zwittereinsatz von Cityschnellbus und Standardbus auf *einer* Linie. An der Starthaltestelle wechseln sich jeweils im festen Turnus Standardbus und Schnellbus ab. Der Schnellbus überspringt nur im Außenbereich jeweils einige Haltestellen, ehe er dann am Rand der Innenstadt wieder wie der Standardbus alle Haltestellen bedient. Die Integration solcher Schnellfahrabschnitte ist leicht möglich, weil die vorausfahrenden Standardbusse vom Schnellbus überholt werden können.
Cityschnellbusse können vor allem die tangentialen und ringförmigen Verbindungen verbessern, die in den überkommenen Schienennetzen meistens fehlen, weil der Netzausbau traditionell monozentrischen Vorstellungen folgte und weil es lange Zeit hieß, nur die radialen Verbindungen seien ausreichend aufkommensstark. Das behauptete man natürlich nur für den öffentlichen Verkehr. Im Straßennetz galt diese Sichtweise nicht, da baute man ganz selbstverständlich in mehreren Wellen Ring- und Tangentenstraßensysteme für den Autoverkehr aus. Sicher ist es lohnend, nun endlich für solche Ring- und Tangentenverbindungen auch den Ausbau des Schienennetzes voranzutreiben. Solange ein solches Angebot aber noch fehlt, muß ersatzweise ein entsprechend attraktiver Schnellbusverkehr angeboten werden. Dies sichert eine bessere Netzverknüpfung der ansonsten erst in den Zentren zusammenlaufenden Schienenstrecken und erspart die bisher notwendigen langen Umwege und Verlustzeiten für tangentiale Verbindungen.

Ortsbus und Quartiersbus: kleinräumige Bussysteme für die lokale Mobilität

55 Prozent aller Wege und Fahrten sind kürzer als fünf Kilometer. Auf diesen Teil des Verkehrsmarktes zielen Linienweg, Takt, Haltestellendichte und Tarife von Orts- und Quartiersbussen. Sie haben im Gegensatz zur herkömmlichen regionalen Orientierung vieler Busnetze bewußt einen begrenzten lokalen Aktionsradius. Vor allem im ländlichen Raum, in Kleinstädten und im suburbanen Umland der Städte wurde bisher Busverkehr viel zu ausschließlich auf regionaler Basis organisiert, mit einer Linienlänge von häufig über 10 Kilometern, vielfach sogar bis zu 30 Kilometer. Solche Überlandbusse erfordern große Haltestellenabstände und eine grobe Netzmaschenweite. Damit fahren sie am lokalen Mobilitätsbedarf weitgehend vorbei, weil viele Gebiete und Ortsteile ohne Haltepunkte bleiben und viel zu große Lücken im Zeittakt entstehen. Bei sehr langen Linien sind die Umläufe schwer kalkulierbar, man braucht große Pufferzeiten. Außerdem ist die regionale Nachfrage begrenzt und lastet einen dichten Takt nicht hinreichend aus. Entsprechend selten fahren die Linien. Regional orientierte Bussysteme können deshalb kaum die vielfältigen kleinräumigen Mobilitätsbedürfnisse im ländlichen Raum, in den Klein- und Mittelstädten, am Stadtrand und im Umland der Großstädte abdecken. Hier wird zusätzlich ein lokal ausgerichtetes Bussystem von Orts- und Quartiersbussen gebraucht. Sie fahren als Pendelbusse innerhalb ihres begrenzten Aktionsradius in dichtem Takt und mit dichter Haltestellenfolge. Das sichert ihre gute lokale Präsenz mit kurzen An- und Abmarschwegen. Schon mit relativ wenigen Bussen ist es möglich, ein attraktives lokales Bussystem aufzubauen.
Solche Ortsbusse sind in den 80er Jahren vor allem in der Schweiz mit viel Erfolg

eingeführt worden. Sie haben inzwischen große Aufmerksamkeit in Planerkreisen gefunden, weil man lange Zeit die Organisation eines attraktiven lokalen Busverkehrs wegen angeblich zu geringer Nachfragedichte für ausgeschlossen hielt und sie nun das Gegenteil beweisen. Im schweizerischen Frauenfeld (19000 Einwohner; 10000 Arbeitsplätze), das bereits bei den Umweltautos positiv erwähnt wurde, fahren sieben lokale Buslinien in Ergänzung zu zwei regionalen Linien. Sie sichern die lokale Mobilität und den Anschluß an die Schiene sowie die regionalen Buslinien. Es wird in den Spitzenzeiten ein 7 ½-Minuten-Takt, ansonsten ein 15-Minuten-Takt und in der Schwachverkehrszeit bis abends 22 Uhr 30 ein 30-Minuten-Takt geboten. Das Fahrgastaufkommen in Frauenfeld wuchs Jahr um Jahr, allein 1987 um 51 Prozent. Durchschnittlich kommt dort jeder Einwohner jetzt auf 58 Busfahrten im Jahr. In Chur (31000 Einwohner; 19000 Arbeitsplätze) fahren acht lokale Buslinien in einem 15- bis 30-Minuten-Takt. In Schaffhausen (45000 Einwohner; 21000 Arbeitsplätze) fahren sieben Ortsbuslinien in einem 5- bis 10-Minuten-Takt und ergänzen drei Regionalbuslinien. Viele Schaffhauser sind inzwischen auf eine regelmäßige Dauernutzung der öffentlichen Verkehrsmittel programmiert, auf jeden Einwohner kommen dort bereits 120 Busfahrten pro Jahr. Das Interesse an leistungsfähigen Ortsbussystemen wächst, immer mehr Schweizer Städte entwickeln den Ehrgeiz für ein gutvertaktetes Lokalverkehrssystem. Wo die Einwohner- und Arbeitsplatzzahl einzelner Städte und Gemeinden für ein eigenes lokales Ortsbussystem nicht ausreichen, tun sich mehrere Nachbargemeinden zusammen.

Als Ortsbusse kommen in der Schweiz vor allem wendige Midi- oder Standardbusse zum Einsatz, die verwinkelte und dörfliche sowie verkehrsberuhigte Straßen gut befahren können. Sie bieten auf Sitz- und Stehplätzen für 30 bis maximal 60 Fahrgäste Platz. Der schnelle Umlauf unterstützt das Bemühen um einen dichten einprägsamen Zeittakt, der auch in den Schwachverkehrs-

Fahrplandichte schweizerischer Ortsbussysteme	Einwohner	Taktverkehr werktags in der Hauptverkehrszeit
Schaffhausen Neuhausen	45.000	alle 5 Minuten teilw. 10 Minuten
Uster	25.000	alle 15 Minuten
Frauenfeld	19.000	alle 15 Minuten
Rüti	10.000	alle 30 Minuten
Meilen	11.000	alle 30 Minuten

Linien- und Haltestellennetz Ortsbus Frauenfeld

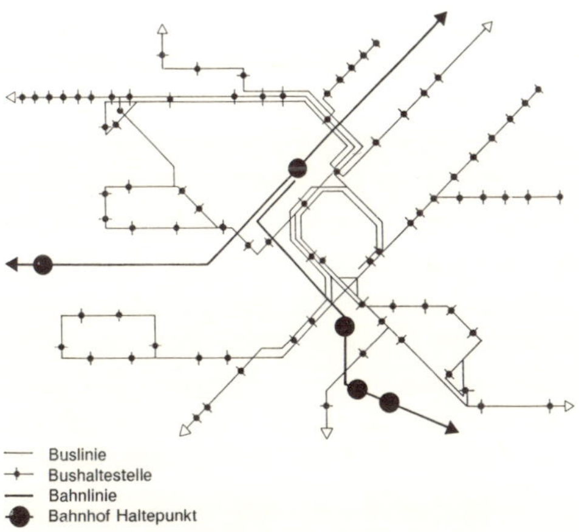

Verbesserung der Haltestellenentfernung durch Ortsbussysteme

(Durchschnittswerte)

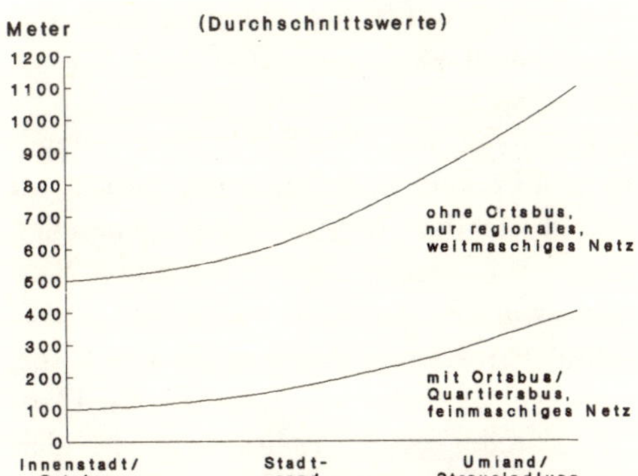

Dichte Ortsbusnetze mit attraktivem Takt schöpfen den großen Markt des Lokalverkehrs voll aus, entlasten die Zentren und bieten enge Verknüpfung mit den regionalen Netzen des öffentlichen Verkehrs. Sie garantieren kurze Wege zu den Haltestellen.

zeiten nicht unter 30 Minuten und in den Spitzenzeiten bei 5 bis 10 Minuten liegt. In den Ortskernen ist alle 100 bis 150 Meter eine Haltestelle erreichbar, am Ortsrand alle 300 Meter. Alle wichtigen Standorte und öffentlichen Einrichtungen sind in das Netz einbezogen. Für die Bahnhöfe und Haltestellen des Schienenverkehrs und der Regionalbusse übernehmen die Ortsbusse die Zubringer- und Verteilerfunktion. Üblicherweise benötigt ein Ortsbus für die Fahrt vom Rand des Bedienungsgebietes bis ins Ortszentrum nicht mehr als 15 Minuten. Damit ist er gegenüber dem Auto mit seinen aufwendigen Parksuchzeiten in zentralen Lagen gut konkurrenzfähig. Bei 7 bis 10 Buslinien ergibt sich bereits die Möglichkeit, auf Teilabschnitten Stammstrecken zu bilden, auf denen durch die Linienüberlagerung praktisch alle paar Minuten ein Bus fährt. Alle Schweizer Ortsbustarife sind durch Abos attraktiv gestaltet. Ein Monatsabo kostet 30 bis 40 Franken für Erwachsene und 20 bis 25 Franken für Jugendliche und Senioren. (Die Einzelfahrt kostet zwischen 0,5 und 0,7 Franken.) Die meisten Ortsbusse sind in das regionale Tarifsystem mit kostengünstigen Zusatsabos integriert, um den Übergang in das regionale Netz zu vereinfachen. Die Initiative zu den Schweizer Ortsbussystemen ging in der Regel von den Kommunen aus, die sich damit nach langer Abstinenz wieder im öffentlichen Verkehr engagierten.

Vergleichbare Initiativen der Kleinstädte, Stadtrandgemeinden und Kommunen im ländlichen Raum sind nun auch dringend in der Bundesrepublik erforderlich. Viele kommunale Wasser- und Energieversorgungsunternehmen verfügen über ausreichend Finanzkraft für die erforderlichen Investitionen. Sie besitzen ohnehin einen differenzierten Fuhrpark, in den die entsprechenden Midi- und Minibusse leicht und kostengünstig integriert werden können. Die konzessionsrechtlichen Voraussetzungen müssen mit den regionalen Verkehrsunternehmen abgestimmt werden. Nach den Schweizer Erfahrungen profitieren auch die regionalen Verkehrsunternehmen durch solche neuen lokalen Busdienste, weil sie von der lokalen Bedienung befreit werden und sich stärker auf die weiträumigeren Verbindungsaufgaben konzentrieren können.

Das Pendant zum Ortsbus ist in der Großstadt der Quartiersbus, der in das übergeordnete gesamtstädtische und regionale Liniennetz eingehängt wird. Auch die bisherigen großstädtischen Bussysteme sind zuwenig differenziert, haben meist einen zu großen Aktionsradius und eine relativ grobe Netzmaschenweite mit großen Haltestellenabständen. Die kleinräumigen Verflechtungen bleiben weitgehend unbedient. Hier hilft ein Quartiersbuskonzept, das vorwiegend die Wege im Quartier und zwischen benachbarten Quartieren abdeckt. Ein Bedarf hierfür besteht überall, wo das übergeordnete Linien- und Haltestellennetz den Fahrgästen lange Wege zumutet. Der Quartiersbus sichert deshalb die hohe kleinräumige Erreichbarkeit und erleichtert den Verzicht auf die unsinnig häufige Autobenutzung für kurze Fahrten. Mit dichter Haltestellenfolge übernimmt der Quartiersbus auch die Zubringer- und Verteilerfunktion für die Hauptstrecken des gesamtstädtischen und regionalen Nahverkehrssystems.

Erfahrungen mit Quartiersbussen sammelte man in den letzten Jahren in Zürich, wo sie ein wichtiger Baustein in der generellen Angebotsoffensive des öffentlichen Verkehrs wurden. Zunächst waren hier probeweise Anrufsammeltaxen eingerichtet worden. Der Versuch war zunächst ein Flop. Die Zürcher wollten richtig bequeme kleine Busse in »Züri-Blau«. Im nächsten Schritt wurden deshalb Kleinbusse eingesetzt. Ihre Kapazität reichte wegen der zunehmenden Nachfrage auf mehreren Linien bald nicht mehr aus. Inzwischen fahren deshalb Midibusse und zum Teil sogar

Beispiele für neue Quartiersbusse in Zürich (Außersihl, Albisrieden, Altstetten)

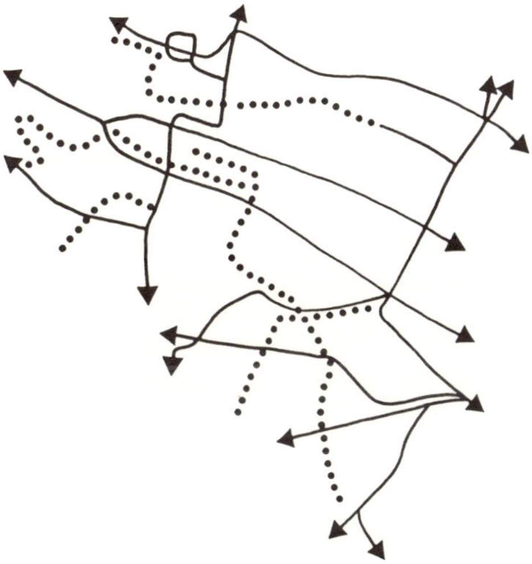

—— vorhandene Tram/Buslinie
•••• neue Quartiersbusse

Bedeutung der Haltestellennähe für Fahrgäste

(was ist wichtiger?)

nahe Haltestelle	53
teils - teils	22
schnelle Fahrt	25

Quartiersbusse (und Citybusse) sorgen für die Feinverteilung und schließen Lücken im konventionellen Liniennetz. Sie sind das I- Tüpfelchen im kundennahen Service. Kleine Fahrzeuge mit umweltfreundlichem Antrieb sichern hohen Zugangskomfort für autofreie oder verkehrsberuhigte Innenstädte und Wohngebiete.

auch Standardbusse auf flexiblen Kursen durch abgelegene Straßen und Quartiere. Der starke Andrang zeigt, daß im Bereich der kurzen und mittleren Strecken und der kleinräumigen Mobilitätsbedürfnisse eine große Nachfrage besteht. In der Bundesrepublik wird dieses Mobilitätsbedürfnis vom öffentlichen Verkehr bei der Angebotsstrukturierung bisher kaum beachtet. Der alarmierend hohe Anteil des Autoverkehrs über kurze Entfernungen ist die Folge. Der öffentliche Verkehr muß also auch in deutschen Städten für kleinräumige, quartiersbezogene Wege attraktiver werden. Dies setzt vor allem voraus, daß die Verkehrsbetriebe von ihrer chronischen Jumbomanie und Schnelligkeitsfixierung bei Bussen wie Bahnen Abschied nehmen und sich für Differenzierungen bei der Liniennetzkonzeption, bei den technischen Standards und den betrieblichen Vorgaben an Fahrzeuge und Fahrweise öffnen.

Die spezielle Innenstadtvariante des Quartiersbusses ist der Citybus. Die Pionierstadt der Verkehrsberuhigung, Delft in Holland, hat in ihrer Altstadt schon sehr früh Citybusse eingesetzt. Sie befreien die Verkehrsplanung und Kommunalpolitik von der Manie, Parkhäuser und Parkplätze stets so zentral wie möglich anzubieten und damit die überkommenen Stadtstrukturen zu sprengen. Mit den wachsenden Stadtstruktur-, Umwelt- und Gebäudeschäden durch dichten Autoverkehr stellt sich für immer mehr Städte mit wertvollen historischen Stadtkernen die Frage nach der Einführung solcher Citybussysteme als Voraussetzung für eine flächenhafte Verkehrsberuhigung der Innenstädte und zur Ergänzung der bisher meist nur auf wenige Punkte oder Strecken der Innenstadt konzentrierten herkömmlichen Bedienung mit öffentlichen Verkehrsmitteln. Citybusse sind meist wendige Midibusse, die besonders umfeldverträglich gefahren werden können, mit gedrosseltem Benzin- oder Dieselantrieb oder mit Elektroantrieb. Sie befahren ein kleines Netz mit einem oder mehreren Rundkursen und ein oder zwei Durchmesserstrecken im permanenten Pendelverkehr, haben eine kurze Haltestellenfolge und halten sogar auf Zuruf. Die Citybusse sind für Stadtbummler, bepackte Einkäufer, Touristen, müde Pflastertreter etc. ideal. Teilweise werden Citybusse durch Kostenbeiträge von Einzelhandelsvereinigungen oder Fremdenverkehrsverbänden unterstützt, damit sie kostenlos oder stark verbilligt fahren. Das findet beim Einkaufspublikum großen Anklang. Bei normalem Kurzstreckentarif dagegen ist schnell die Schmerzgrenze erreicht. So sank zum Beispiel beim Citybus Lübeck schlagartig die Nachfrage, als nach zunächst unentgeltlicher Beförderung der volle Kurzstreckenpreis verlangt wurde.

Der Rufbus als Chamäleon: flexibler Buseinsatz mit wechselnden Betriebsformen

Voraussetzung für ein gutvertaktetes attraktives System von Ortsbussen ist eine einigermaßen kompakte Siedlungsstruktur, bei der die Mehrzahl der potentiellen Fahrgäste in einem Radius von drei bis fünf Kilometern um den jeweiligen Siedlungsschwerpunkt wohnt und arbeitet. In ausgesprochenen Streusiedlungslagen mit weiträumig verstreuten, kleinen Ortsteilen ist der Aufbau eines klaren, einfach strukturierten Ortsbusnetzes schwierig. Die größeren Entfernungen und umständlicheren Linienwege erschweren schnelle Umläufe. Um trotzdem auch hier ein öffentliches Mobilitätsangebot zu garantieren, wurden seit Mitte der 70er Jahre in verschiedenen Ländern sogenannte flexible Bussysteme oder Rufbussysteme eingeführt: »Telebus« in Holland, »Dial a Bus« in England, »Rufbus« oder »Telebus« in der Bundesrepublik, »Buxi« in der Schweiz. Rufbusse besitzen wie normale Busse ein definiertes Linien- und Haltestellennetz und einen Fahrplan. Aber sie klappern ihre Routen nicht schematisch ab, sondern fahren nur diejenigen Haltestellen an, für die ein Fahrgastwunsch vorliegt, den man vorab telefonisch oder an einer Rufsäule angemeldet hat. Haltestellen ohne Bestellung werden übersprungen. Diese Betriebsweise erlaubt eine Vervielfachung der Haltestellenzahl und einen besonders rationellen Betrieb. Die Fortschritte der Kommunikationstechnik mit preiswerten, leistungsfähigen Funkanlagen bieten gute Möglichkeiten für einen effizienten, bedarfsgesteuerten Buseinsatz mit großer Flächenbedienung. In der Bundesrepublik begannen erste Pilotprojekte in den 70er Jahren in Soltau, Gifhorn, Friedrichshafen und Wunstorf. Zunächst waren allerhand Schwierigkeiten mit der neuartigen Technik und der Anpassung der Software auf die unterschiedlichen räumlichen und zeitlichen Bedingungen zu überwinden. Es kam zu typischen Kinderkrankheiten, die bei vielen Verkehrsbetrieben und Politikern zu erheblichen Bedenken gegen solche Systeme führten. Doch inzwischen hat sich das System Rufbus bewährt und ist reif für die vielfältige Anwendung.

Die längsten Erfahrungen gibt es in Wunstorf, einer Stadt mit 38 000 Einwohnern, davon 20 000 in Streusiedlungslage. In Wunstorf verkehrt der Rufbus seit zehn Jahren mit wachsendem Erfolg. Abgesehen von einer direkten Bahnverbindung nach Hannover mit täglich 8000 Fahrgästen, besaß Wunstorf Mitte der 70er Jahre nur noch ein äußerst lückenhaftes lokales und regionales Nahverkehrsangebot. Viele Ortsteile waren gar nicht oder nur noch mit wenigen Buspaaren untereinander und mit dem Zentrum verbunden. Mit dem Rufbussystem wurde das Haltestellennetz mehr als verdoppelt. Die mittlere Entfernung der Haushalte bis zur nächsten Haltestelle beträgt nur noch 140 Meter, 98 Prozent aller Einwohner liegen im 330-Meter-Radius. Mit 25 Standardbussen, 10 Midibussen und bedarfsweise für die Schwachlastzeiten vom Taxigewerbe zugemieteten Kleinbussen besteht ein dichtes Angebot. Die Busse sind mit neuzeitlicher Kommunikationstechnik ausgestattet und werden rechnerunterstützt von der Betriebsleitzentrale disponiert. Je nach zeitlicher und räumlicher Nachfragekonstellation wechselt die Bedienungsform. In der Hauptverkehrszeit wird konventioneller Linienverkehr gefahren, Linienweg und Haltestellenfolge bleiben

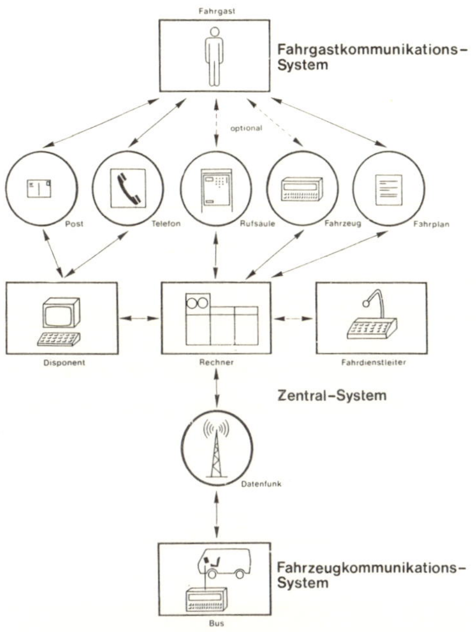

Verkehrsausschuß gab grünes Licht

Zweckverband will das Rufbus-Angebot für die Dörfer noch verbessern

Neustadt (sk). Der Zweckverband Großraum Hannover will prüfen, ob das Rufbus-Angebot in Neustadt durch zusätzliche Halte in den Dörfern noch verbessert werden kann und ob eine generelle Ausweitung des Bedarfsangebotes für die Dörfer möglich ist, die bislang nur ungünstig oder gar nicht im Linienverkehr bedient werden. Der Verkehrsausschuß des Zweckverbandes hat für diese Untersuchungen grünes Licht gegeben.

In einer Vorlage hat Verbandsdirektor Dr. Heinrich Ganseforth betont, der Probebetrieb in Neustadt habe gezeigt, daß die eingesetzte Technik funktioniere und daß das System von den Fahrgästen angenommen werde. In seiner Bewertung kann Ganseforth auf die Erfahrungen zurückgreifen, die mit dem Rufbus in Neustadt seit dessen Einführung mit Beginn des Sommerfahrplanes Ende Mai dieses Jahres gemacht wurden.

Die Betriebsaufzeichnungen über die Buchungen im Rufbus-Betrieb weisen gegenüber dem Vorjahr, als im September 1987 eine Woche lang eine Zählung vorgenommen wurde, eine deutliche Steigerung der Fahrgastnachfrage aus. Die Zahl der Fahrgäste nahm werktags (nach 20 Uhr) um 22 Prozent, sonnabends (ab 14 Uhr) um 60 und sonntags (ganztägig) um elf Prozent zu. Nach Feststellung des Zweckverbandes ist die Nachfragesteigerung im

Der Rufbus bietet eine intelligente Bedarfssteuerung. So kommt der öffentliche Verkehr wieder zurück in die Fläche und schafft ungeahnte Nachfragesteigerungen.

wegen des regelmäßigen Fahrgastaufkommens festgelegt. In dieser Zeit regelt die Betriebsleit- und Kommunikationstechnologie die Sicherung hoher Fahrplantreue und Anschlußgenauigkeit sowie die Disposition von zusätzlichen Einsatzbussen für besonderen Andrang. In den Zeiten mittelstarker Nachfrage läuft sogenannter Richtungsbandbetrieb. Dabei wird in einem definierten Korridor ein Teil der Haltestellen nur dann angefahren, wenn durch entsprechende Anmeldungen oder Dauerbestellungen Fahrtwünsche vorliegen. Der Grundtakt und die Hauptrichtung liegen fest, ebenfalls die Anfangs- und Endpunkte sowie einige regelmäßig frequentierte Haltestellen. Die sonstigen Routen werden flexibel je nach Bedarf und vom Computer errechneter Reihenfolge festgelegt. In Schwachlastzeiten wird dann ganz auf Bedarfsbetrieb umgestellt. 40 Prozent der Betriebsleistung werden im regulären Linienverkehr gefahren, 50 Prozent im teilflexiblen Richtungsbandbetrieb und 10 Prozent im voll flexiblen Bedarfsbetrieb. Die meisten Strecken werden halbstündlich bedient, in den Hauptverkehrszeiten mit verdichtetem Zeittakt. Für die besonders abseitigen Verbindungen gibt es immerhin ein stündliches Angebot. Die Leitstelle ist während der ganzen Betriebszeit telefonisch ansprechbar für Bestellungen und Auskünfte. Auch Dauerbestellungen sind möglich. Die Zahl der Auskünfte ist hoch, was die große Bedeutung als Servicezentrale belegt.

Die Steigerung der Netz- und Haltestellendichte und des Zeittaktes ließ die Fahrgastzahlen im Schnitt um 75 Prozent steigen, auf einigen Verbindungen sogar um bis zu 130 Prozent. Die Nachfrage liegt damit beträchtlich über dem Niveau vergleichbarer, konventionell bedienter Siedlungsräume. Das Betriebsleit- und Kommunikationssystem ermöglicht nicht nur den flexiblen Rufbetrieb, betriebsintern kann die installierte Rechenanlage außerdem für die Netzplanung, Fahrplanbildung, Routenbildung, den Ausdruck von Netzen und Fahrplänen, für betriebsinterne Statistik, Lohnbuchhaltung, Ablaufpläne der Fahrzeugwartung, Effizienzkontrolle etc. genutzt werden. An Ampeln wird dadurch eine dezentrale, bedarfsgesteuerte Signalbeeinflussung ermöglicht. Die Kosten für eine entsprechende Betriebsleitzentrale betragen je nach Größe des Systems und der Zahl der angeschlossenen Peripherie-Geräte 60 000 bis 120 000 Mark bei fallender Tendenz durch immer kostengünstigere Hard- und Software im PC-Bereich. Für die Daten- und Sprechfunkausstattung und die integrierten Bordinformationssysteme in den Fahrzeugen sind ca. 10 000 Mark je Einheit nötig. Die Justierung der Software auf die technischen, räumlichen und zeitlichen Merkmale des Bedienungsmodells kostet – ebenso bei fallender Tendenz durch verstärkte Anwendung – 400 000 bis 500 000 Mark. Damit betragen die Gesamtinvestitionen für ein solches Betriebsleit- und Kommunikationssystem in der Größenordnung von Wunstorf weniger als eine Million Mark. Der Rufbusbetrieb hat in Wunstorf schon nach kurzer Zeit 10 Prozent Betriebskosten erspart und Mehreinnahmen durch erhöhte Fahrgastzahlen von rund 0,35 Millionen Mark pro 1000 zusätzliche Dauerfahrgäste gebracht. Die spezifischen jährlichen Kosten des lokalen Nahverkehrsangebotes betragen pro Einwohner etwa die Hälfte vergleichbar großer Nachbargebiete mit konventionellem Betrieb, obwohl das Wunstorfer Angebot räumlich und zeitlich etwa doppelt so dicht ist.

Im Großraum Hannover wird nach diesen Erfolgen nun die systematische Einführung entsprechender Rufbussysteme angestrebt. Deshalb wurde 1988 in Neustadt, der Nachbarstadt von Wunstorf, ein vergleichbares System installiert. Das System nutzt die Logistik von Wunstorf über eine Standleitung. Dadurch werden weitere Kosten gespart. Neustadt ist mit 350 Einwohnern pro Quadratkilometer sehr dünn besiedelt. Von 40 000 Einwohnern wohnen nur 17 000 in der Kernstadt, der Rest verteilt sich über 33 bis zu 20 Kilometer entfernte Ortsteile mit einer Siedlungsdichte von rund 75 Einwohnern pro Quadratkilometer. Diese Bedingungen hatten wie in vielen anderen vergleichbaren Räumen zu einem immer lückenhafteren Nahverkehrsangebot geführt, obwohl Neustadt noch zum suburbanen Hannoveraner Umland gehört und durch eine Bahnlinie direkt mit dem 45 Kilometer entfernten Oberzentrum verbunden ist. Das Rufbussystem räumt mit solchen Mängeln auf. Es stellt eine konsequente Anschlußsicherung aller Ortsteile zur Bahn her. Die Umläufe werden jeweils zwischen zwei Zugpaare eingepaßt. Auch nachts haben alle Ortsteile mindestens drei Fahrtenpaare zum Zentrum und zur Bahn. Eine teilflexible Bedienung mit fünf Richtungsbändern sichert durch entsprechende dichte Bedarfshaltestellen eine hohe flächenhafte Erschließung. Schon nach der ersten Phase des flexiblen Buseinsatzes gab es im Spätverkehr einen Nachfragezuwachs um 30 Prozent, samstags nachmittags einen Nachfragezuwachs um 80 Prozent und sonntags einen Zuwachs um 30 Prozent. Insgesamt nahmen die Fahrgastzahlen auf Anhieb um 50 Prozent zu.

Eine weitere zeitliche und räumliche Verbesserung des Angebots ist geplant und soll weitere beträchtliche Nachfragesteigerungen bringen.

Bürgerbus und Discobus: Sonderformen als Pioniere des öffentlichen Verkehrs

Vielerorts sind heute Streusiedlungsgebiete bereits völlig von öffentlichen Verkehrsverbindungen abgeschnitten. Den Bewohnern wird zugemutet, daß sie mit dem Nullangebot an öffentlicher Mobilität und Anschlußsicherung zurechtkommen. Dieser Notzustand motivierte Gemeinden und Bürgerinitiativen zur Selbsthilfe durch die Organisation von Fahrdiensten mit Bürgerbussen. Diese wurden zuerst Mitte der 70er Jahre in Holland eingeführt. Dort gibt es inzwischen weit über hundert Beispiele, die von den Gemeinden und dem holländischen Verkehrsministerium unterstützt werden. Das Ministerium bezahlt die Anschaffung der Busse und gibt Zuschüsse zur Organisation.

Aus konzessions- und versicherungsrechtlichen Gründen übernehmen die in der betreffenden Region tätigen Verkehrsunternehmen die Patenschaft und legen in Abstimmung mit Bürgern und Gemeinde fest, welches Gebiet mit welchen Linien, Haltestellen und Fahrplänen bedient wird, wie viele freiwillige Fahrer für den Betrieb nötig sind, wie die Tarife festgesetzt werden und wie das Projekt finanziert und abgerechnet wird. Der Verkehrsbetrieb wartet die Kleinbusse, druckt die Fahrpläne und Informationsmaterialien und stattet die Haltestellen aus. Durch die Laienfahrerregelung können nur Kleinbusse mit maximal acht bis neun Plätzen zum Einsatz kommen, die mit Führerschein Klasse III gefahren werden dürfen. Außerdem begrenzt der freiwillige stundenweise Einsatz der Fahrer das Angebot an Linien und Zeittakt. Ein Leitfaden des Verkehrsministeriums legt fest, daß die Bedienungsgebiete abseits regulärer Linien bzw. Haltestellen liegen müssen, für die die Bürgerbusse eine Ergänzungs- und Zubringerfunktion übernehmen. Bürgerbusse bieten meist je drei Verbindungen morgens, mittags und abends, abgestimmt auf die Anschlüsse zum Linienverkehr. Von den jährlichen Kosten einer Bürgerbuslinie (rund 25 000 bis 30 000 Gulden für Wartung, Versicherung, Steuer, Abschreibung, Haltestellenaustattung, Informationsmaterial, Werbung, Aufwandsentschädigung und Treibstoff) werden je nach Frequentierung ein Viertel bis ein Drittel durch Einnahmen abgedeckt.

Mitte der 80er Jahre sprang der Funke auf die Bundesrepublik über. Zunächst bildeten sich im deutsch-holländischen Grenzraum des Münsterlandes verschiedene Bürgerbusinitiativen. Der Verkehrsminister von Nordrhein-Westfalen unterstützte die Entwicklung und förderte zunächst vier Pilotprojekte in Heek-Legden im Kreis Borken, in Heimbach im Kreis Düren, in Emmerich und in Vreden im Kreis Borken, wo auch eine grenzüberschreitende Bürgerbusverbindung ins niederländische Winterwijk besteht. Die Konzeption in Nordrhein-Westfalen entspricht weitgehend der holländischen. Die Erfahrungen sind durchweg positiv. Die Nachfrage ist stetig gestiegen. Der Bürgerbus Heek-Legden zum Beispiel beförderte seit März 1985 bis Mitte 1989 45 604 Fahrgäste, monatlich kommen im Schnitt pro Linie 900 dazu. Die Auslastung der Bürgerbuslinien schwankt zwischen 60 und 80 Prozent. 50 Prozent der regelmäßigen Nutzer der Bürgerbusse waren vorher keine Kunden des öffentlichen Verkehrs. Trotz des freiwilligen stundenweisen Fahrereinsatzes hat sich die Organisation als ausreichend stabil erwiesen. Die Fahrerfluktuation ist gering, bei einigen Projekten konnten im Laufe der Zeit mehr als 20 Fahrer gewonnen werden, in Heimbach 30, in Vreden 41. Das Engagement der Bürger und der Gemeinden für diese neue Form des öffentlichen Verkehrs von unten ist beträchtlich. Die Bürgerbusse bewirken wegen der engen nachbarschaftlichen und lokalen Integration einen besonderen Mobilisierungs- und Identifikationseffekt, der zeigt, wie wichtig auch für den regulären öffentlichen Verkehr die Ortsnähe ist.

Der Erfolg hat auch in Bayern, Baden-Württemberg, Hessen und Niedersachsen inzwischen zu solchen Pilotprojekten geführt. In Baden-Württemberg versorgt der Bürgerbus Schlier ein Streusiedlungsgebiet mit 3200 Einwohnern und vier größeren und zahlreichen kleineren Ortsteilen mit vier Linien, davon bietet die meistfrequentierte neun Buspaare. Der Bürgerbus Schlier verkehrt zu 67 Prozent im Linien- und zu 33 Prozent im Gelegenheitsverkehr, kann also auch bedarfsgesteuert eingesetzt werden. Er befördert 11 000 Fahrgäste jährlich und bringt es damit auf sechs Fahrgäste je Linienfahrt, also 75 Prozent Auslastung. 29 Fahrer und Fahrerinnen sind im Einsatz. In Bayern verzeichnete der Bürgerbus Dietersbach schon nach wenigen Monaten Zuwachsraten von 32 Prozent und kommt jetzt (ohne Gelegenheitsverkehr) auf monatlich 600 Fahrgäste. Der Bürgerbus Schönsee hat 500 Fahrgäste monatlich mit einer Steigerungsrate von 20 Prozent. In Hessen wurde zunächst ein Pilotprojekt in Kirchheim gestartet, einer Gemeinde mit 4260 Einwohnern in zwölf Ortsteilen, von denen bis dahin nur drei im regulären Linienverkehr bedient wurden. Vier zusätzliche Bürgerbuslinien beförderten dort im ersten Jahr 5000 Fahrgäste, im zweiten Jahr wuchs die Zahl um 20 Prozent. Nachdem das Bedienungsgebiet ausgeweitet und das Liniennetz zu einem Ringverkehr umgestellt wurde, folgte eine weitere Steigerung um 30 Prozent.

Probleme gibt es bei Bürgerbussen gelegentlich mit der Einhaltung der Besetzungshöchstgrenze, weil die Fahrer auch noch bei Überbesetzung Fahrgäste mitnehmen, die sie nicht einfach am Straßenrand stehenlassen wollen. Auch die konzeptionelle Zuordnung zum regionalen Linienverkehr kann Schwierigkeiten mit sich bringen, wenn die Bürgerbusvereine nach den ersten Erfolgen und einer Woge der Begeisterung ihr Angebot räumlich und zeitlich ausdehnen wollen. Dann können sich Konkurrenzprobleme zum Linienverkehr ergeben. Bei allem positiv zu bewertenden Engagement für die Bürgerbusse, sie bleiben ein Lückenbüßerangebot. Es muß deshalb Ziel der Gemeinden, Politiker, Bürger und regionalen Verkehrsunternehmen sein, auf Dauer bei wachsender Nachfrage möglichst viele Bürgerbuslinien durch eine reguläre Linienversorgung zu ersetzen. Zur Mobilisierung der Nachfrage müssen Bürgerbusse vollständig in das Tarifgefüge integriert werden, also die Anschlußfahrkarten und Abos anerkennen, damit sich die gemeinsame Nutzung von Bürgerbus und regulärem öffentlichem Verkehr als anziehend erweist.

Wie der Bürgerbus ist auch der Discobus aus der Not geboren. Die Disco spielt in der Wochenendfreizeit der Jugendlichen eine große Rolle, vor allem in den ländlichen Regionen, in denen andere Alternativen wie Theater, Kinos etc. fehlen. 85 Prozent der Discobesucher kommen mit dem Auto, 5 Prozent mit dem Taxi. 40 Prozent der Selbstfahrer und 57 Prozent der Mitfahrer unter den Discobesuchern würden gern auf die Autonutzung verzichten, um Alkoholprobleme und die Risiken mit alkoholisierten Fahrern (Mädchen auch die Risiken nächtlicher Belästigungen) zu vermeiden. Aber ein regulärer öffentlicher Spätverkehr fehlt allenthalben. Jährlich verunglükken 80 000 Jungendliche im Alter zwischen 18 und 24 Jahren in den beiden Disconächten Freitag/Samstag und Samstag/Sonntag, davon 300 tödlich. 19 Prozent aller pro Jahr getöteten Autofahrer und 24 Prozent aller getöteten Mitfahrer dieser Altersgruppe sind Opfer des Discoverkehrs. Noch immer lösen diese Zahlen generell kaum Betroffenheit aus und wird viel zuwenig unternommen, um endlich wieder einen leistungsfähigen öffentlichen Verkehr auch für die Abend- und Nachtstunden zu organisieren.

Der Discobus kann dafür nur ein Anfang sein. Einer der ersten läuft seit 1987 im norddeutschen Tostedt und bedient freitags und samstags ab 19 Uhr 30 Uhr 18 Haltestellen auf einem Rundkurs zur Disco. Er ist zeitweise so gut ausgelastet, daß ein Doppeldeckerbus und ein zweiter Bus eingesetzt werden müssen. Infolgedessen gingen die nächtlichen Wochenendunfälle schlagartig zurück. Das Echo war bundesweit groß und positiv. Auch in Loxstedt bei Bremerhaven fährt freitags und samstags ab 20 Uhr ein Discobus und bedient 21 Ortschaften. Pro Nacht kommen im Schnitt 40 bis 50 Fahrten zusammen, 1500 Fahrten in einem Dreivierteljahr. Die einfache Fahrt kostet hier eine Mark. Die Gemeinde trägt die ungedeckten Kosten. Inzwischen gibt es in Norddeutschland 15 regelmäßige

Discoverkehre. Ein Teil der über diesen Service bedienten Discotheken beteiligt sich an den Projekten, wirbt damit, verrechnet den Fahrpreis mit dem Eintritt oder Verzehr und übernimmt einen Teil der Kosten. Diese Beispiele zeigen, daß bei entsprechendem Angebot der öffentliche Verkehr auch im Spätverkehr seine Chancen hat und sehr viel mehr Nachfrage binden kann, als üblicherweise angenommen wird.

Taxieinsatz im öffentlichen Verkehr: vom Sparansatz zum Offensivkonzept

Öffentlicher Verkehr mit einem räumlich und zeitlich stark ausgedünnten Angebot ist nicht attraktiv und konkurrenzfähig, er paßt nicht in die vielfältigen Aktivitäten- und Wegemuster einer mobilen Gesellschaft. Wo pro Tag nur drei oder fünf Buspaare fahren und nachts oder am Wochenende vielerorts überhaupt kein Angebot mehr besteht, wird niemand zum Umsteigen vom Auto gewonnen. Kein Wunder, daß dann die wenigen Busse fast leer durch die Gegend fahren. Politik und Planung bezeichnen ihren räumlich und zeitlich auf diese Weise stark ausgedünnten öffentlichen Verkehr als Schwachlastverkehr. Mit diesem Begriff wird dabei sehr vordergründig umgegangen. Denn zu angeblichen Schwachlastzeiten sind die Straßen vielfach noch stark von Autoverkehr befahren. Im Schnitt gibt es täglich bundesweit sieben Millionen Wege und Fahrten im Spätverkehr zwischen 19 und 24 Uhr, davon werden 63 Prozent mit dem Auto zurückgelegt, der öffentliche Verkehr kommt nur auf 6 Prozent, 31 Prozent erfolgen zu Fuß oder mit dem Fahrrad. In Großstädten sind zwischen 19 und 24 Uhr rund 15 Prozent aller werktäglichen Autofahrer und rund 20 Prozent aller werktäglichen Automitfahrer unterwegs. Dagegen kommt der öffentliche Verkehr in dieser Zeitspanne nur noch auf 5 bis 8 Prozent seiner Fahrten. In Mittelstädten ist die Diskrepanz noch größer. Hier wickelt der öffentliche Verkehr nur noch 3 bis 5 Prozent aller Fahrten im Spätverkehr ab, die Vergleichswerte im Autoverkehr sind dagegen wiederum rund 15 Prozent bei Autofahrern und rund 20 Prozent bei Mitfahrern. In Kleinstädten und im ländlichen Raum kommt der öffentliche Verkehr sogar nur noch auf Anteile von 0 bis 1 Prozent aller werktäglichen Fahrten im Spätverkehr. Auch im angeblichen Schwachlastverkehr am Wochenende ist das Verkehrsvolumen viel größer, als allgemein unterstellt wird. Samstags fällt die durchschnittliche Zahl der Fahrten und Wege gegenüber Werktagen nur um 5 Prozent, sonntags um 19 Prozent und an Feiertagen um 13 Prozent. Dagegen erreicht der öffentliche Verkehr am Verkehrsgeschehen an Wochenenden und Feiertagen nur die Hälfte seines üblichen werktäglichen Anteils. Es mangelt also im sogenannten Schwachlastverkehr nicht an Verkehrsaufkommen, sondern nur an Nachfragebindung wegen des Minimalangebots. Die vorschnelle Etikettierung aller bisher nicht von Betriebserfolg gekennzeichneten Zeiten als Schwachlastverkehr ist so gefährlich, weil sie Politik und Planung nur weiterhin zu unangemessenem Angebotsabbau animiert.

Taxieinsatz nur im echten Schwachlastverkehr überzeugend

Um den Betriebsmißstand außerhalb der Spitzenzeiten zu beseitigen, wurden vielerorts an Vormittagen, Nachmittagen, am frühen Abend, an Wochenenden und Feiertagen Linienangebote einfach ganz gestrichen und eingestellt. Diese Methode ersparte am sichersten Betriebskosten. Mit den zunehmenden Protesten gegen diese Betriebspolitik in der Bürgerschaft und bei den Verkehrsinitiativen erfolgte der Angebotsabbau in den letzten Jahren nicht mehr nach dieser Holzhammermethode, sondern in feinerer Form durch Taxibedienung. Üblicherweise wird das Taxi von seinen Kunden nicht wie öffentlicher Verkehr genutzt und hat deshalb einen sehr kleinen Verkehrsanteil, trotz seiner jederzeitigen Betriebsbereitschaft und seines Tür-zu-Tür Service. Der hohe Preis verhindert eine regelmäßige und massenhafte Nutzung. Taxi fährt man ausnahmsweise in Sondersituationen. Normaler Taxiverkehr hat zudem einige betriebsspezifische Nachteile. Ein Taxi gilt als besetzt, wenn ein Fahrgast eine Fahrt angetreten bzw. angemeldet hat, weitere Fahrgäste werden dann nicht mehr aufgenommen. Taxen sind daher nicht viel besser ausgelastet als normale PKW, haben viele Leerfahrten und viele Standzeiten, weil ihr Service nur unregelmäßig nachgefragt wird. Der niedrige Besetzungsgrad und die hektisch-aggressive Fahrweise vieler Taxifahrer machen es schwer, dem Taxiverkehr die typischen Vorteile des öffentlichen Verkehrs an Umwelt- und Stadtverträglichkeit zuzubilligen. Auch sind Taxen für die Beförderung von Personengruppen schlecht geeignet, da sie maximal vier Plätze bieten; sie sind meist in den Zentren und Ortskernen stationiert, was lange Vorbestell- und Wartezeiten bedeutet, wenn man an der Peripherie ein Taxi braucht. Um diese Nachteile konventionellen Taxibetriebs zu überbrücken und das Taxi stärker als bisher zu nutzen, werden inzwischen verschiedene Kooperationsformen von Linien- und Taxenverkehr praktiziert. Inzwischen gibt es in der Bundesrepublik bereits 60 Fälle für den Taxieinsatz im öffentlichen Verkehr, jährlich kommen 15 bis 20 neue hinzu. Dieser Taxieinsatz bringt jedoch nur dann einen Nutzen für den öffentlichen Verkehr, wenn er nicht im Geiste der bisherigen Rückzugsstrategie als reines Sparkonzept erfolgt, sondern wenn sein Ziel eine deutliche Angebotserweiterung zur Anschlußsicherung an das Linien- und Haltestellennetz und ein Angebot für echte Schwachlastbedingungen ist.

Anschlußtaxi und Linientaxi: Kooperation mit begrenztem Nutzen

Schon länger werden an Endpunkten des regulären Linienverkehrs Taxen als Anschluß- und Gemeinschaftstaxi genutzt. Mehrere Fahrgäste lassen sich gemeinsam nach Hause befördern und teilen sich den Fahrpreis. Das macht die Fahrt billiger, spart Wartezeiten und lastet das Taxi besser aus. Die Verkehrsbetriebe unterstützen solche Kombinationen zunehmend durch Taxivorbestellung während der Bahn- oder Busfahrt. Inzwischen haben über dreißig Nahverkehrsbetriebe und das IC-System der Bundesbahn einen solchen Taxiservice entwickelt, jährlich wächst die Zahl um 20 Prozent. Die Nachfrage nach diesem Service steigt beträchtlich, in Kiel zum Beispiel jährlich um 60 Prozent. Der Schwerpunkt der Nachfrage liegt mit 43 Prozent in den Abend- und Nachtstunden. 40 Prozent der Bestellungen erfolgen für Endhaltestellen, 60 Prozent für die restlichen Linienhaltestellen. Bei dieser Anschlußkooperation bleiben Taxen und Linienverkehr tariflich weiter getrennt. Der Fahrgast hat zusätzlich zu seinem Fahrpreis den regulären Taxipreis zu entrichten. Mit dieser lockeren Kooperationsform wird sicher ein Dienst am Kunden erreicht, aber eine generelle Systemverbesserung für die Mobilität aller Fahrgäste ist sie nicht. Wer sich kein Taxi für den Weiterweg leisten kann, steht ohne Anschluß da.

Eine intensivere Kooperation von Taxi und Linienverkehr bietet das Linientaxi. Es fährt innerhalb des bestehenden Tarifsystems, Liniennetzes und Fahrplans wie Bus oder Bahn. Erste Beispiele gab es in München und Hamburg, später auch in Pforzheim und Karlsruhe. Linientaxen werden besonders gekennzeichnet, die Fahrer erhalten die notwendigen Tarifinformationen und die Ausstattung zum Fahrscheinverkauf. Sie fahren alle Haltestellen im vorgegebenen Fahrplan an. Es gibt keinen Tür-zu-Tür-Service und keine exklusive Beförderung. Wo solche Linientaxen lediglich Busse und Bahnen schon am Tage oder zu frühen Abendstunden im alten, löchrigen Takt ersetzen, ergibt sich für die Kunden keine Angebotsverbesserung, der Verkehrsbetrieb spart dadurch lediglich Kosten. Für Gruppenfahrten und Fahrgastgruppen ist das Linientaxi als PKW ohnehin zu klein. Das zeigt, daß dieses Konzept von vornherein auf eine Minimalnachfrage ausgelegt ist, es sei denn, man fährt mit Mini- oder Midibussen. Wenn jedoch durch Linientaxen das Liniennetz erweitert und der Takt verdichtet wird und es dazu dient, dem regulären Linienverkehr eine bessere Feinverteilung und Erschließungswirkung zu sichern, ergibt sich ein spürbarer Qualitätssprung im Angebot. Im Münsterland zum Beispiel verkehrt von Roxel nach Nottuln ein Linientaxi, das der Spätbuslinie vom Oberzentrum Münster einen weiteren Anschluß ins ländliche Umland sichert.

Für Großstädte können vom Umfang des abendlichen und nächtlichen Verkehrsgeschehens her Linientaxen nur im Spätverkehr nach Mitternacht ein sinnvolles Minimalangebot sein, andernfalls sind sie lediglich ein resignatives Restangebot eines stetig verringerten Linienverkehrs. In attraktiven Systemen des öffentlichen Verkehrs und bei restriktiver Autoverkehrspolitik lastet der Spätverkehr auch noch nach 22 Uhr ein gutvertaktetes Linienverkehrsangebot von Bussen und Bahnen mit stündlich vier bis sechs Verbindungen pro Stunde aus und trägt so mit dazu bei, daß der besonders störende nächtliche Autoverkehr minimiert werden kann. Linientaxieinsatz kann von daher in Städten nur am Stadtrand, im Umland und in wahren Spätverkehrszeiten nach Mitternacht eine vernünftige Konzeption sein.

Theatertaxi: trotz erfolgreicher Beispiele kein Modell für Spätverkehr

Vor diesem Hintergrund sind auch die Veranstaltungssammeltaxen nicht uneingeschränkt positiv zu bewerten. Sie sind zunächst einmal wieder ein alarmierendes Eingeständnis dafür, daß normaler öffentlicher Verkehr oft schon um 22 Uhr selbst in Großstädten so schlecht ist, daß er für Theaterbesucher kein relevantes Mobilitätsangebot mehr bietet. Die ersten Theatersammeltaxen fuhren 1977 in Solingen. Die Theatersammeltaxen verteilen nach Vorstellungsschluß die angemeldeten Fahrgäste auf festgelegte Bedienungssektoren. Das Taxigewerbe stellt für die Fahrgäste je nach Vorbestellung durch das Theater die nötige Zahl Taxen bereit und befördert für 2,50 Mark pro Person die Fahrgäste ohne Wartezeit bis vor die Haustür. Dieser Preis liegt erheblich unter dem regulären Taxipreis. Das Theater trägt die ungedeckten Mehrkosten. Im ersten Jahr nutzten 3300 Theatergäste, im zweiten schon doppelt so viele diesen Heimfahrerservice. Bei Schlechtwettertagen nehmen bis zu 150 Gäste das Angebot wahr, das sind 19 Prozent aller Besucher. 70 Prozent der Taxigäste benutzen auf ihrem Hinweg den Linienbus. Trotz dieses beachtlichen Erfolgs ist das Theatertaxi ein problematischer Weg. Es lenkt letztlich von der eigentlichen Aufgabe ab, grundsätzlich einen für alle Zwecke tauglichen öffentlichen Verkehr bis in die späten Abendstunden zu organisieren.

Anrufsammeltaxi: Chancen zu integrierter Angebotsverdichtung

Die größten Hoffnungen für eine Verbesserung des Schwachlastverkehrs werden in das Anrufsammeltaxi gesetzt. In etwa 40 Fällen wurden Anrufsammeltaxen bereits in den öffentlichen Verkehr integriert. Viele dieser Projekte sind zunächst vorwiegend als Sparkonzept entwickelt worden und we-

ANRUF-SAMMELTAXI 02236/1300

Fahrplan für den Linienbedarfsverkehr (AST-Verkehr) in Wesseling

Montag - Freitag	Samstag	Sonntag
6.30*	-	-
7.30	-	-
8.00	7.45*	-
8.30	8.45	9.00*
9.45	9.45	10.00
10.45	10.45	11.00
11.45	11.45	12.00
12.45	12.45	12.45
13.45	13.45	13.45
14.45	14.45	14.45
15.45	15.45	15.45
16.45	16.45	16.45
17.45	17.45	17.45
18.45	18.45	18.45
19.45	19.45	19.45
21.00	21.00	21.00
22.00	22.00	22.00
23.00	23.00	23.00
0.00	0.00	0.00

Steigerung der Bedienungshäufigkeit durch Ergänzung und Verdichtung des Linienverkehrs mit Anruf-Sammel-Taxi

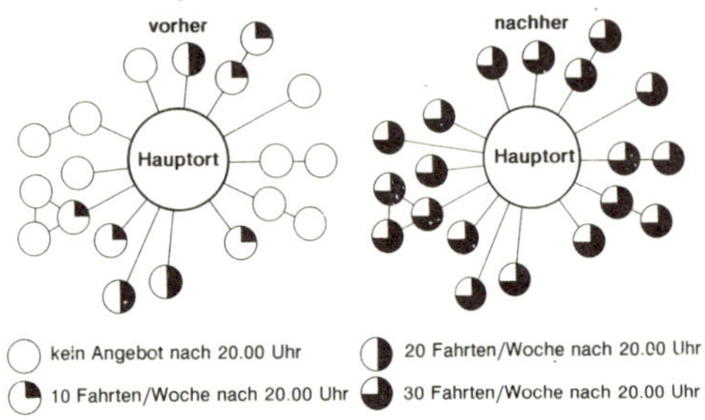

Das Anrufsammeltaxi bietet dichten Takt und viele Haltestellen auch in der Fläche. Damit läßt sich das Angebot des öffentlichen Verkehrs deutlich verbessern.

niger als Versuch, möglichst viel Autoverkehr zu ersetzen. Ihr Einsatz führte dann häufig zur Aufgabe des regulären Linienverkehrs am Abend und am Wochenende. Hier gelten also die gleichen Bedenken wie beim Linientaxi. Es entsteht ein Minimalangebot, das mit seiner begrenzten Kapazität nicht geeignet ist, große Umsteigeeffekte zu erzielen. Vor allem aber wurden für viele Anrufsammeltaxiprojekte Sondertarife geschaffen, die gegenüber dem vorherigen regulären Linienverkehr die Mobilität wesentlich verteuern, teilweise um bis zu 100 Prozent. Eine solche Sparstrategie und Angebotsverteuerung stehen im Widerspruch zu den Grundregeln einer offensiven Angebots- und Tarifstrategie. Aus all diesen Gründen werden Anrufsammeltaxen in der »Maske der Rationalisierungskonzeption« von den Gewerkschaften und Verkehrsinitiativen heftig bekämpft, weil sie letztlich nur zum Leistungs- und Personalabbau beim öffentlichen Verkehr führen.

Doch Anrufsammeltaxen können auch anders eingesetzt werden, als Teil eines offensiven Konzepts zur Angebotserweiterung und -verdichtung. Wo vorher nur eine Linie fuhr, werden nun mehrere Linien oder Richtungsbänder mit Anrufsammeltaxi bedient. Wo früher nur ein Stundentakt bestand, wird jetzt ein Halbstundentakt geboten. Wo durch die Umorganisation im Netz Busse und Bahnen frei wurden, verschwinden diese nicht im Depot, sondern werden systematisch für eine Verdichtung des regulären Linien- und Haltestellennetzes und der Zeittakte genutzt. Wo früher aufgrund von Streusiedlungslage oder schwieriger Topographie gar keine Bedienung erfolgte, bietet vertakteter Anrufsammeltaxenverkehr neue Erreichbarkeit. Im Rahmen eines solchen offensiven Konzepts müssen Anrufsammeltaxen vollständig in das Tarifgefüge integriert, Abos anerkannt werden, Einzelfahrscheine oder Mehrfachkarten den Normaltarifen entsprechen und im Anschlußverkehr akzeptiert werden. Komfortzuschläge sind dann nur für besondere Serviceleistungen angemessen, wie zum Beispiel Fahrt bis vor die Haustür, Spätfahrt nach 0 Uhr oder Hilfe beim Gepäcktransport. Der Zweck offensiver Anrufsammeltaxikonzepte ist es, Mängel der Netz-, Haltestellen- und Taktdichte des regulären Linienverkehrs auszugleichen und damit die Attraktion des Gesamtsystems durch die bessere Anschlußverknüpfung und Feinverteilung hochzuhalten.

Anrufsammeltaxen fahren die festgelegten

Haltestellen und Kurse nur dann an, wenn ein Fahrtwunsch vorliegt. Haltestellen ohne Fahrtwunsch werden übersprungen, Kurse ohne Fahrtwunsch ausgelassen. Diese Regelung erlaubt es, die Zahl der (Bedarfs)-Haltestellen deutlich zu vergrößern und den Zeittakt zu verdichten. Die Notwendigkeit zur telefonischen Fahrtanmeldung erfordert eine leistungsfähige Zentrale, die Bestellungen registriert und in eine sinnvolle zeitliche und räumliche Reihenfolge für den jeweiligen Kurs bringt. Anrufsammeltaxen eignen sich in einem Offensivkonzept auch als Testinstrument, um in einem Vorlaufbetrieb festzustellen, ob sich die Einrichtung eines Linienbetriebs lohnt. Es entsteht dann eine Art Sukzession: Das Anrufsammeltaxi übernimmt die Pionierrolle, der Bus folgt bei entsprechend wachsender Nachfrage. In einem wachsenden, sich räumlich und zeitlich ausbreitenden System ist von Zeit zu Zeit das Zusammenwirken der verschiedenen Bedienungformen neu zu überprüfen, zumal Anrufsammeltaxen spezifische Kapazitätsgrenzen haben. Die mittleren täglichen Fahrgastzahlen liegen meist bei 40 bis 60 Fahrgästen, nur bei dichtem Takt können auch 100 Fahrgäste befördert werden. Probleme ergeben sich bei Fahrtwünschen von größeren Personengruppen, wie sie insbesondere im Freizeitverkehr am Wochenende und im Spätverkehr häufig sind. Bei entsprechend ansteigender Nachfrage sind deshalb Ruf- und Ortsbusse das bessere Konzept. Die Einführung von Anrufsammeltaxen muß Anlaß sein, mit Werbematerial zur kombinierten Nutzung von Anrufsammeltaxi und regulärem Linienverkehr zu motivieren und den Fortschritt in der Angebotsqualität des Gesamtsystems bewußt zu machen. Abfahrtzeiten, Netz- und Fahrpläne und Tarifinformationen müssen breit gestreut werden, durch Bierdeckelaufdrucke, Visitenkarten, Scheckkarten und Plakate, in Restaurants, Hotels, Geschäften, öffentlichen Einrichtungen, Betrieben und Haushalten. Eine intensive Pressearbeit durch die Gemeinden und Verkehrsbetriebe muß den Auftakt des neuen Angebots begleiten. Die bisherigen Beispiele für Anrufsammeltaxen erfüllen nur bedingt die Anforderungen an ein offensives Konzept. Viele sind zu stark von der Sparmotivation geprägt und wegen ihrer Sondertarife problematisch. In Hameln (rund 80 000 Einwohner) begann Anfang der 80er Jahre der Busersatz durch Anrufsammeltaxen auf ausgewählten Linien. Dann folgte stufenweise der volle Einsatz im Spät- und Wochenendverkehr. Inzwischen ergänzen Anrufsammeltaxen tagsüber in einigen Sektoren den Linienverkehr. Im Früh- und Spätverkehr werden im Schnitt 56 Fahrtenpaare je Woche angeboten. Das regelmäßig bediente Gebiet ist von 155 Quadratkilometern auf 322 Quadratkilometer erweitert worden, dadurch sind von vier Uhr morgens bis Mitternacht alle Ortsteile mit öffentlichem Verkehr bedient. Mit insgesamt 8800 Fahrten wurden 1987 18 000 Fahrgäste im Anrufsammeltaxibetrieb befördert. Großes Manko des Hamelner Beispiels ist der prohibitive Preis. Er beträgt rund das Doppelte des Normaltarifs im Linienverkehr, je nach Entfernung drei bis sechs Mark, Kinder, Schwerbehinderte und Zeitkarteninhaber zahlen die Hälfte. Dieser Preis verhindert, daß die wünschenswerte positive Spirale von mehr Nachfrage, mehr Angebot, allmählichem Umstieg in ein auch abends und am Wochende verkehrendes, gutvertaktetes Ortsbussystem in Gang kommen kann. Vielmehr droht der öffentliche Verkehr immer mehr zu einem Anrufnotsystem auf Taxibasis zu verkommen. Im südlichen Kölner Umland begann in Hürth mit 55 000 Einwohnern die Einführung der Anrufsammeltaxen mit dem Ersatz einer schlecht ausgelasteten Buslinie, die werktags nur noch mit sieben und samstags mit vier Buspaaren befahren wurde. Im Anrufsammeltaxenbetrieb werden werktags jetzt 15 Fahrtenpaare und samstags und sonntags jeweils zehn angeboten. Inzwischen wurde das Anrufsammeltaxenangebot ausgeweitet und umfaßt jetzt zusätzlich einen flächendeckenden Spätverkehr, der die zwölf Ortsteile von Hürth untereinander, mit dem Zentrum und den Bahnhöfen des Schienenverkehrs verbindet. Für sechs Richtungskorridore sind in den zwölf Ortsteilen 73 Bedarfshaltestellen festgelegt. Das fahrplanmäßige Angebot umfaßt im Nachtverkehr sieben Fahrtenpaare, samstags 17 und sonntags 31. Auch hier besteht allerdings ein Preismanko. Die Fahrt kostet 2,40 Mark im Normalpreis und 1,50 Mark im Vorzugspreis. In Hürth wurden in diesem System 1987 12810 Fahrten durchgeführt, mit denen 23440 Fahrgäste befördert wurden. Eine volle Tarifintegration fehlt, sie würde sicher eine höhere Nachfrage stimulieren, die den Übergang zu einem offensiven Ortsbussystem erleichtern könnte. In Aachen mit seinen 250000 Einwohnern werden Anrufsammeltaxen im Nachtverkehr nach 0 Uhr 30 eingesetzt, wenn der reguläre Linienverkehr seinen Betrieb einstellt. Im Halbstundentakt werden auf sechs Richtungsbändern bis 3 Uhr 30 Fahrten angeboten. Im Nachmitternachtsverkehr ist die tarifliche Sonderstellung angemessen. Die Fahrt kostet das Doppelte des regulären Linienpreises, mit halbiertem Vorzugspreis für Zeitkarteninhaber. Deren Anteil beträgt 78 Prozent, was die Vorteile einer engen Systemkooperation zeigt, die die Kunden zur Systemtreue animiert. Allein 1987 wurden 14400 Nachtschwärmer auf diese Weise befördert.

Systembeschleunigung von Bussen und Bahnen: praktizierter Vorrang für Fahrzeuge und Fahrgäste

Busse und Bahnen erleiden häufig Zeitverluste im stark überlasteten Straßennetz, wenn nur noch ein zähflüssiges Fortkommen im »Stop and Go« möglich ist und sie durch ihre festen Linienwege keine Möglichkeiten zum Ausweichen haben. An den Haltestellen werden sie immer wieder vom nachdrängenden Autoverkehr überholt und dadurch länger als die Autofahrer im Staubereich festgehalten. Auch außerhalb von Staus verlieren Busse und Bahnen regelmäßig viel Zeit an Ampeln, die keine Rücksicht auf die Verkehrsbedürfnisse des öffentlichen Verkehrs nehmen. Hinzu kommen noch die Behinderungen durch falsches Parken oder durch Unfälle. All dies macht den öffentlichen Verkehr unnötig langsam und anfällig gegen Verspätungen. Diese Probleme erfordern ein intelligentes Verkehrssystemmanagement, um die Zeitverluste während der Fahrt und außerhalb der Fahrzeuge abzubauen. Dabei geht es auch um eine Verkürzung der Zeiten für die Wege zu und von den Haltestellen, der Zeiten für Fahrplanstudium, Fahrkartenerwerb und Orientierung über die richtige Abfahrposition, der Wartezeiten an der Haltestelle sowie der Wartezeiten beim Umsteigen. Kundenfreundliche Beschleunigung beinhaltet also mehr als nur Anstrengungen für schnelle Strecken und Fahrzeuge.

Fahrverlaufs- und Verlustzeitanalysen: eine Pflicht für jeden Verkehrsbetrieb

Der Abbau von Zeitverlusten im öffentlichen Verkehr setzt zunächst voraus, daß die nötigen Informationen darüber in systematischer Form gesammelt und aufbereitet werden, um die negativen Konsequenzen der Störungen für Reisezeit, Pünktlichkeit, Anschlußsicherheit, Umlaufzeiten und damit die Wirtschaftlichkeit und Attraktivität darzustellen. Wo noch keine rechnergestützte Betriebsleitsysteme und moderne Fahrzeugkommunikation installiert sind, können die Störungen von Hand mit Stoppuhr, Strichliste und Kriterienkatalog im Verlauf der Fahrt nach Art, Standort, Ursache, Dauer, Häufigkeit und Folge für eine repräsentative Zahl von Fahrten registriert und mit dem idealen ungestörten Fahrtablauf verglichen werden. Die Diskrepanz wird dargestellt und bewertet. Zur Arbeitserleichterung sind inzwischen auch kleine tragbare automatische Erfassungsgeräte entwickelt worden. Bei modernen Betriebsleit- und Kommunikationssystemen ergibt sich automatisch eine permanente Störanalyse mit exakter Fahrtverlaufs- und Zeitkontrolle.

Noch werden bei uns Verlustzeitanalysen viel zu selten angefertigt. Nur wenige Verkehrsbetriebe besitzen entsprechende Aufzeichnungen. Damit fehlt jede Grundlage, Politik und Planung zu Gegenmaßnahmen zu motivieren. Die Verkehrsbetriebe stehen daher meist auf verlorenem Posten, wenn sie zum Störungsabbau Parkverbotszonen, Änderungen von Ampelschaltungen, die Anlage von Busspuren oder autofreien Straßen durchsetzen wollen. Werden dagegen qualifizierte Verlustzeitanalysen mit der nötigen Konsequenz in die Diskussion eingebracht, können der politische Wille und der administrative Ehrgeiz geweckt werden, um einen störungsfreien, beschleunigten Betrieb von Bussen und Bahnen zu gewährleisten. Durch die Konfrontation mit harten Fakten werden das Abwiegeln und Ignorieren der Belange des öffentlichen Verkehrs wesentlich schwieriger.

In der Schweiz, in Holland und Skandinavien gehören systematische Verlustzeitanalysen, Beschleunigungsprogramme und effiziente Betriebsleitzentralen schon lange zum Standard der Verkehrsplanung. Mit ausführlichen Zeitungsberichten und Broschüren werden Politiker, Verwaltungen und Verbände aufgeklärt, welche ungeheure Verschwendung von Steuergeldern und Zumutung für die Fahrgäste es ist, den öffentlichen Verkehr uneffektiv zu belassen. »Alles für die Pünktlichkeit« lautet der Titel einer typischen Schweizer Broschüre, die erklärt, wie mit moderner, intelligenter Logistik und Verkehrslenkung Busse und Bahnen pünktlich und schnell werden und sich als modernes und zuverlässiges System erweisen. So aufgeklärt, fassen die Gremien in Politik und Verwaltung dann auch deutliche Grundsatzbeschlüsse, die dem öffentlichen Verkehr im Widerstreit der Verkehrsinteressen, zum Beispiel bei der Zuteilung von Verkehrsflächen, bei der Programmierung der Signalschaltungen, bei der Behandlung des Parkens etc. absolute Priorität einräumen und die Polizei, Straßenverkehrsämter, Tiefbauämter, Verkehrsplanung und Verkehrsbetriebe deutlich auffordern, alle verfügbaren Möglichkeiten für den Störungsabbau einzusetzen. Beschleunigung von Bussen und Bahnen ist dort »Chefsache«, damit das Problem nicht im üblichen Ämterhickhack versackt. Hochrangig besetzte Stäbe mit den maßgeblichen Dezernenten und leitenden Beamten erörtern und beschließen regelmäßig die geeigneten Maßnahmen. Entsprechend schnell und systematisch werden die Beschleunigungsprogramme durchgesetzt.

Sesam, öffne dich: freie Fahrt für Busse und Bahnen an Ampeln

Unter den üblichen Störungen und Verlustzeiten entfallen je nach Stadtgröße 50 bis 70 Prozent auf Ampelanlagen. Die letzten dreißig Jahre brachten eine systematische Verampelung des Straßennetzes. Dabei wurde auf die Belange des öffentlichen Verkehrs so gut wie nie geachtet. Die Ampelprogramme sichern allenthalben einen flüssigen Autoverkehr, möglichst in grüner Welle. Busse und Bahnen werden dagegen durch ihre zwischengeschalteten Stops an den Haltestellen regelmäßig aus diesem Rhythmus gebracht und fahren deshalb meist mit roter Welle hinterher. Die flächendeckende Verampelung der Bundesrepublik brachte eine gewaltige Verlangsamung des öffentlichen Verkehrs. Trotzdem schwiegen die Verkehrsbetriebe lange hierzu. Protest gegen grüne Wellen war tabu. Die herkömmlichen Sondersignale für Busse und Bahnen sind nicht in der Lage, bedarfsbezogen für den öffentlichen Verkehr, Sofortgrün auszulösen. Selbst viele rechnergesteuerte Ampelsysteme deutscher Städte erlauben keine dezentrale bedarfsabhängige Ampelschaltung, mit der sich Busse und Bahnen automatisch ihren Weg freischalten. Feste Ampelumläufe sind aber nicht nur für Busse und Bahnen nachteilig, sie kosten auch Fußgänger, Radfahrer und Autofahrer Kapazitäten. Denn in jedem Umlauf werden Busse und Bahnen auch dann berücksichtigt, wenn sie gar nicht da sind.

Bereits Ende der 60er Jahre wurden in Holland von der Technischen Hochschule Delft intelligente Ampelsysteme für eine direkte Fahrzeug-Ampel-Kommunikation entwickelt. Die Kommunikation zwischen Fahrzeug und Ampel erfolgt über Induktionsschleifen oder Funkbaken in Verbindung mit einem Sender im Fahrzeug und einer Steuereinheit in der Ampel. Die Ampeln können schon über größere Entfernung angesprochen werden, um durch Eingriff in die vorherigen Ampelumläufe sicherzustellen, daß die benötigte Fahrspur zum Zeitpunkt des Eintreffens auch wirklich frei ist und sich Busse und Bahnen an die Spitze der Kolonne setzen können nach dem Motto »Busse und Bahnen haben die Nase immer vorn«. Diese Systeme bieten auch die Möglichkeit, bei ampelgeregelten Haltestellen für eine rechtzeitige Fußgängergrünphase zu sorgen, damit Zu- und Abgang der Fahrgäste gesichert sind. Die routinemäßige Anwendung dieser Ampelinnovation brachte dem öffentlichen Verkehr in den holländischen Städten erhebliche Beschleunigungseffekte. In Den Haag wurden fast alle Ampelanlagen, die von Linien des öffentlichen Verkehrs benutzt werden, entsprechend ausgestattet. Die Fahrzeiten konnten dadurch im Schnitt um ca. 25 Prozent vermindert werden. In Leiden gelang es so, die durchschnittliche Verspätungszeit der Busse von zehn Minuten auf null zu drücken. Bei den Straßenbahnen wurde dort die Ampeltechnik mit einer neuen, automatischen Weichensteuerung verknüpft, dadurch verkürzte sich die Fahrzeit um weitere 20 Prozent. Auch holländische Mittel- und Kleinstädte stellten ihre Ampelsysteme auf die intelligente Bevorrechtigung des öffentlichen Verkehrs um. So rüstete zum Beispiel s'Hertogenbosch für nur 2,5 Millionen Mark 27 Kreuzungen um und erreichte damit wieder pünktliche Busumläufe. Wegen der schnelleren Umläufe konnte gleichzeitig der Takt dichter werden.

In der Schweiz erhielt die Beschleunigung mit dem populären Begriff »Sesam, öffne dich« in vielen Städten hohe politische Zustimmung und wurde mit großem Engagement umgesetzt. In den meisten Schweizer Städten, darunter auch vielen Mittel- und Kleinstädten, geben die Ampeln Bussen und Bahnen bevorrechtigt Grün. Wer das erste Mal mit solchen Systemen Bekanntschaft macht, ist erstaunt, wie schnell Busse und Bahnen auf noch rote Ampeln zufahren. Unwillkürlich erwartet man dann eine Vollbremsung, aber regelmäßig springt zum richtigen Zeitpunkt die Ampel auf Grün um. In der entsprechenden Vereinbarung der Verkehrsbetriebe mit den Städten werden die Grundsätze definiert, nach denen sich die Ampelplaner zu richten haben: Generell soll der öffentliche Verkehr Ampeln ohne Halt passieren können. Unvermeidliche Halte begründen sich nur aus Belangen des öffentlichen Verkehrs, zum Beispiel, weil auch in der Querrichtung gerade öffentlicher Verkehr fährt, die folgende Haltestelle belegt ist oder weil nur so der rechtzeitige Haltestellenzugang für die Fußgänger gesichert werden kann. Die Strecken zwischen zwei Haltestellen sollen »in einem Zug« passiert werden. Die höchste tolerierbare Verlustzeit gegenüber der idealen Fahrzeit ist auf fünf Prozent festge-

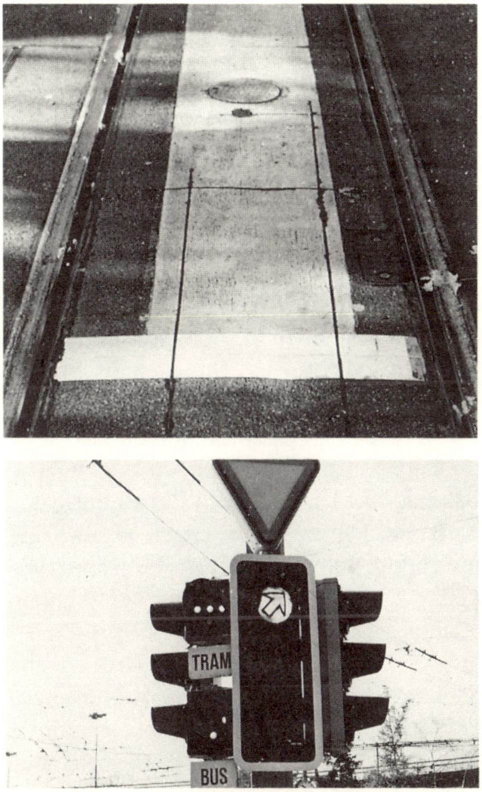

Intelligente Ampeln mit Funk- oder Leiterschleifensteuerung sichern Bussen und Bahnen überall freie Fahrt ohne Wartezeiten. Sie sind ein Gebot der Wirtschaftlichkeit.

setzt. Das ist die Zeit, die in der Regel im nächsten Streckenabschnitt wieder ausgeglichen werden kann. In Zürich sind inzwischen 80 Prozent aller von Bussen und Straßenbahnen berührten Kreuzungen mit Induktionsschleifen und Baken zur Ampelbeeinflussung ausgestattet. Insgesamt gibt es 2000 Induktionsschleifen. Diese Investition brachte einen beachtlichen Qualitätssprung und Schnelligkeitsgewinn im gesamten Nahverkehrssystem der Stadt.

Auch verschiedene skandinavische Städte betreiben schon seit langem systematisch Ampelbevorrechtigung von Bussen und Bahnen. In Göteborg zum Beispiel hatte die Verampelung in den 60er Jahren die Fahrzeit im öffentlichen Verkehr um 20 Prozent verlängert. In den 70er Jahren wurden deshalb 72 Prozent der Kreuzungen mit Ampeln auf intelligente bedarfsabhängige Bevorrechtigung von Bussen und Bahnen umgestellt, inzwischen sind knapp 90 Prozent aller ampelgeregelten Kreuzungen einbezogen. Dabei wurde konsequent der Weg der »dezentralen Intelligenz« bevorzugt, der eine schnelle, flexible, bedarfsabhängige Steuerung jeder einzelnen Ampelanlage erlaubt und nicht in komplizierte Abhängigkeit von einer Großrechenanlage führt. In Göteborg stand am Anfang dieser neuen Entwicklung der Grundsatzbeschluß des Rates, zur Bevorrechtigung von Bussen und Bahnen das Tabu der grünen Welle für Autos bewußt zu brechen.

In der Bundesrepublik dagegen kommt trotz finanzieller Förderung durch Bund und Ländern das Prinzip »Sesam, öffne dich« nur langsam vorwärts. Viele Verkehrsbetriebe und Städte tun gar nichts oder quälen sich mühsam mit Einzelprojekten herum, weil sie nach wie vor jeden Eingriff in geheiligte Abläufe des Autoverkehrs scheuen. Selbst Städte mit eigenem Verkehrsrechner blocken die Beschleunigung ab, um sich die Arbeit mit der Umstellung zu ersparen und ihre ausgetüftelte Leistungsoptimierung für den Autoverkehr nicht zu gefährden. Es mangelt an Problembewußtsein, Engagement, Mut und Einsicht in die enormen Wirtschaftlichkeits- und Attraktivitätsverluste eines störanfälligen, verlustzeitreichen öffentlichen Verkehrs. Erst mit 20jähriger Verspätung beginnt jetzt die Bevorrechtigung von Bussen und Bahnen in deutschen Städten überhaupt zu einem Thema zu werden. In Nordrhein-Westfalen sind zum Beispiel für die nächsten Jahre zwölf Beschleunigungsprogramme mit einem Kostenvolumen von 110 Millionen Mark vorgesehen. Verglichen mit den 200 Millionen Franken, die in den 70er Jahren allein die Stadt Zürich als Alternative zur vom Volk abgelehnten U-Bahn in die Beschleunigung ihres Netzes investiert hat, erscheint der Betrag allerdings sehr gering für ein Land, in dem mehr als dreißig verschiedene Nahverkehrssysteme auf ihren Netzen von gravierenden Zeitverlusten an Ampeln gebeutelt werden. Der pragmatische »Wille zum Durchbruch«, mit dem in Holland, der Schweiz und in Skandinavien die Beschleunigung umgesetzt wurde, läßt weiter auf sich warten. Zähe bürokratische Prozesse, lange Antragswege und massives Abblocken aller nichtautoorientierten Denkprozesse lähmen das Reagieren auf die erkennbaren Mißstände bei der Signalschaltung.

Bisher gibt es nur eine Handvoll deutsche Städte, die in größerem Umfang signaltechnische Beschleunigungsmaßnahmen umsetzen. Hannover begann schon früh, jetzt folgen Krefeld, Saarbrücken und Düsseldorf mit flächendeckender Beschleunigung an Ampeln. In Krefeld brachte schon die Umrüstung von neun Knotenpunkten auf der Strecke Ostwall–Uerdinger Straße eine Verminderung der Verlustzeiten um 77 Prozent. Die Stadt Düsseldorf setzt ein Beschleunigungsprogramm für 12 von 19 Linien mit 77 verschiedenen Einzelmaßnahmen um. Für die Linie 701 nach Benrath ergab sich eine Fahrzeitverminderung von 32 Prozent. In Saarbrücken wird seit 1984 ein systematisches Beschleunigungsprogramm für das Busnetz umgesetzt, nachdem allein im innerstädtischen Straßennetz 81 gravierende Konfliktpunkte und Störbereiche identifiziert wurden und die durchschnittliche Verlustzeit an Ampeln 25 Prozent betrug. Innerhalb von zwei Jahren wurden dort bereits zehn Strecken signaltechnisch beschleunigt.

Pförtneranlagen und intelligentes Staumanagement sichern unbehindertes Fortkommen für Busse und Bahnen

In der Rush-hour nützt die Steuerung der Ampeln nur bedingt, wenn Autostaus Bussen und Bahnen den Weg versperren und diese mangels eigener Fahrspuren nur stotternd bis zur Ampel vorrücken können. Um in diesen Situationen dem öffentlichen Verkehr den Vorrang zu sichern, muß der Stau durch Pförtneranlagen an die Peripherie verschoben werden, wo die durchweg überdimensionierten Einfallstraßen riesige Autoströme einfach ins städtische Netz kippen. Das Stadtnetz kann diesen undosierten Andrang unmöglich verkraften. Staumanagement mit Pförtneranlagen hält deshalb Staus von den für den Bus- und Tramverkehr wichtigen Streckenabschnitten fern und verhindert damit gleichzeitig die gravierenden Autoverkehrsüberlastungen im engvermaschten innerstädtischen Straßennetz mit seiner hoher Bebauungs- und Nutzungsdichte, seinen engen Straßenräumen und seinem dichten Fußgängerverkehr. Die Verkehrsplanung der Vergangenheit hat Staus en masse produziert durch den unbekümmerten Ausbau der Straßen- und Parkraumkapazitäten nach der Methode »Trichter und Nadelöhr«. Draußen, wo zunächst viel Platz vorhanden war und keine enge Bebauung den Straßenbau bremste, wurden große, schnelle Straßen gebaut und nah an die dichtbebauten Gebiete und Zentren herangeführt. Die Straßenkapazität im Umland und am Stadtrand überstieg damit bald die Kapazität der inneren Gebiete um ein Vielfaches, die Straßennetze wurden asymmetrisch wie ein Trichter. Dazu erweiterte man in den Zentren exzessiv das Parkraumangebot und zog damit immer mehr Autoverkehr aus dem Umland in die Zentren. Wer in einen Trichter oben mehr reingießt, als unten abfließt, provoziert zwangsläufig eine Überschwemmung.

Das Prinzip »Pförtner« ist in vielen anderen Bereichen zur Steuerung von Systemen gang und gäbe. Im Kino oder Theater verhindert der Pförtner, daß mehr Leute eingelassen werden, als der Saal verkraftet. Auch im Parkhaus zeigt »Pförtner Schranke«, daß alle Plätze besetzt sind, und verhindert, daß nachdrängende Autofahrer das System blockieren. Nach demselben Prinzip funktionieren Pförtnerampeln. Sie drosseln den Umfang des in die Städte einströmenden Autoverkehrs auf ein verträgliches Maß und verhindern dessen gegenseitige »Paralysierung«. Die Bündelung der Staus an der Peripherie erspart das übliche Abstottern von vielen kleinen Stauabschnitten im sensiblen Innenstadtnetz mit extrem schlechten Betriebszuständen durch erhöhte Beschleunigungs- und Bremsmanöver und fehlende Leerlaufabschaltung. Im gebündelten Stau schalten Autofahrer den Motor ab. Psychologisch sind Pförtneranlagen von Vorteil, weil sie schon relativ weit draußen im Umland und am Stadtrand deutlich machen, daß die Fahrt mit dem Auto in die Stadt Probleme bringt. Sie motivieren in Verbindung mit der Alternative eines unbehindert weiterfahrenden und schneller die städtischen Ziele erreichenden öffentlichen Verkehrs um so stärker zum Umsteigen. Je näher die Staus vor die eigene Haustür rücken, desto mehr kann auch bei notorischen Autofahrern mit Einsicht und Umdenken gerechnet werden. Pförtneranlagen vermeiden bei den Autofahrern die Illusion, auf speziellen Schleichwegen dem Stau entgehen zu können. Für die vom Stau entlasteten inneren Straßennetze ergeben sich – abgesehen von der dringend notwendigen Umweltentlastung für die städtischen Wohnquartiere – gute Voraussetzungen, Busse und Bahnen trotz beengter Platzverhältnisse auch ohne eigene Trasse viel zügiger vorwärtszubringen als vorher in total verstopften Straßen. Staumanagement mit Pförtnerampeln ist besonders für den Wirtschaftsverkehr vorteilhaft, weil er im städtischen Bereich seine Routen flüssig und kalkulierbar fahren kann.

Erfunden wurde das Staumanagement mit Pförtneranlagen und separaten Trassen für den öffentlichen Verkehr in japanischen Großstädten, die auf vielen ihrer Einfallstraßen koordinierte Ampelsysteme mit restriktiver Zuflußdosierung installiert und an der Peripherie Staubereiche ausgewiesen haben. In der Bundesrepublik hat Saarbrücken seit 1987 stufenweise ein Pförtnerkonzept eingerichtet, auch die Enden der Autobahnen sind einbezogen. Die Anlagen haben sich gut bewährt und bringen freie Fahrt für Busse und Bahnen auf Streckenabschnitten, auf denen vorher regelmäßig Verlustzeiten bis zu 15 Minuten entstanden. Inzwischen wird auch vom Verkehrsminister in Nordrhein-Westfalen für weite Teile des Ruhrgebietes ein rechnergesteuertes Signalbeeinflussungssystem geplant, das durch rechtzeitige Zuflußdosierung das Auflaufen von Staus an den falschen Stellen verhindern und bei Bussen und Bahnen für freie Fahrt sorgen soll.

Eigene Gleistrassen in der Straße: Garantie für einen störungsfreien, zügigen Straßenbahnverkehr

Eigene Gleistrassen gehören zu den altbekannten Mitteln zur Bevorrechtigung und Beschleunigung von Straßenbahnen. Sie werden in der Regel in der Fahrbahnmitte angelegt. Früher war mehr die Seitenlage am Fahrbahnrand üblich, um direktes, bequemes Ein- und Aussteigen vom Bürgersteig aus zu ermöglichen. Erst das massenhafte Parken am Straßenrand setzte dieser Trassierung ein Ende. Gleistrassen werden heute durch einen weißen Strich, eine Sperrmarkierung, ein Bord, einen eigenen, eventuell gegenüber der Fahrbahn erhöhten Belag, einen Grünstreifen oder eine Baumreihe von der sonstigen Fahrbahn abgetrennt. Früher wurden wichtige Gleisstrecken meist als Alleetrassen gestaltet, so daß Baumreihen eine natürliche Trennung zwischen sonstigem Fahr- und Tramverkehr herstellten. Seit den 60er Jahren wurde die konsequente Ausweisung eigener Gleistrassen in deutschen Städten immer seltener. Man verhinderte sie mit der autoorientierten Maximalforderung, daß zu beiden Seiten eines separaten Gleiskörpers jeweils noch mindestens zwei Fahrspuren für den Autoverkehr verbleiben müßten. Der Autoverkehr müsse jederzeit an einem liegengebliebenen Auto oder arbeitenden Müllwagen vorbeifahren können. Damit schieden viele Straßen für eigene Gleiskörper aus. Straßen, die unter solchen Bedingungen einen getrennten Gleiskörper erhielten, wurden automatisch mit vier Fahrspuren zu einer Art Schnellstraße, was der Straßenbahn massiv Konkurrenz statt Priorität brachte. Die zwei zusätzlichen Autofahrbahnen gingen stets zu Lasten der Bürgersteige, der Radwege oder der Straßenbäume. Die Gleistrasse verbarrikadierte man möglichst hinter Autobahnleitplanken, zum Nachteil von Stadtgestalt und Passierbarkeit für Fußgänger und Fahrgäste.

Erst in den letzten Jahren sind verschiedene deutsche Städte mit Blick auf das Ausland klüger geworden. In der Schweiz, in Holland und Skandinavien begnügt man sich von Anfang an mit einem Fahrstreifen neben dem Gleiskörper. Damit vereinfachten und vervielfachten sich die Möglichkeiten für eigene Gleistrassen. In Amsterdam besitzen die Straßenbahnen inzwischen praktisch auf 70 Prozent ihres Netzes einen eigenen Gleiskörper. In Den Haag hat das Straßenbahnnetz zu 77 Prozent einen eigenen Gleiskörper, in Göteborg zu 86 Prozent. Erst jetzt bieten auch Düsseldorf, Mainz, Hannover, Karlsruhe und Freiburg Gleistrassen neben jeweils nur einer Autofahrspur. Diese Lösung ermöglicht eine verbesserte Straßenraumgestaltung mit breiten Gehwegen, Radwegen, einer Einfassung der Gleistrassen mit Bäumen und einer kundenfreundlichen Präsentation der Haltestellen. Hannover hat durch solche Lösungen inzwischen seinen Anteil an eigenen Gleistrassen auf 75 Prozent steigern können.

Eigene, vom Autoverkehr unabhängige Trassen sichern dem Schienenverkehr ungehindertes Fortkommen und Pünktlichkeit. Sie garantieren wirtschaftlichen Fahrzeugeinsatz und bieten die Chance für eine selbstbewußte Präsentation im Straßenraum.

Ein Netz von Busspuren: sichtbarer Beweis für richtige Prioritäten

Busspuren werden in der Regel durch einen weißen Strich von den übrigen Fahrbahnen abgetrennt und in der Bundesrepublik durch das Zeichen 245 StVO, häufig außerdem durch die in regelmäßigen Abständen wiederholte Aufschrift BUS gekennzeichnet. Bisweilen erhalten Busspuren auch einen eigenen Belag, zum Beispiel helleren Asphalt, Platten, Klinker, Pflaster etc., oder sind mit Grünstreifen und Baumreihen eingefaßt, um sie deutlich als besondere Fahrspur abzugrenzen. Sie liegen meist am Fahrbahnrand, gelegentlich aber auch in der Fahrbahnmitte, vor allem, wenn dort früher einmal Straßenbahnen verliefen und der Bus praktisch die Trasse der Straßenbahn übernommen hat. In der Bundesrepublik werden sie meist nur als punktuelles Element eingesetzt. Bundesweit gab es bis Anfang der 80er Jahre erst magere 50 Kilometer Busspuren. Nur wenige deutsche Städte besitzen heute mehr als ein paar hundert Meter. Man beschränkt sich auf kurze Stücke in besonders staugefährdeten Bereichen. Die äußerst reservierte Haltung deutscher Planer gegenüber Busspuren zeigt sich auch daran, daß unter den wenigen vorhandenen auch noch viele sind, die nur für die Zeit der Spitzenstunde gelten, während sie sonst von Autos befahren und beparkt werden dürfen. Mit einer solchen Regelung wird der illegalen Nutzung der Busspuren auch in den Verbotszeiten Tür und Tor geöffnet, die Spur verkommt zum Alibi. Bei einer normalen Regelung sind Busspuren für den sonstigen Fahrverkehr in Längsrichtung gesperrt und dürfen lediglich vom Querverkehr bzw. beim Ein- und Ausfahren zu Grundstückszufahrten oder Parkstreifen überfahren werden, sie sichern ein unbehindertes Fortkommen des Busses auf der Strecke und bieten eine jederzeitige Orientierungshilfe zur Verdeutlichung des Liniennetzes. Sie symbolisieren, daß der Bus einen Vorrang genießt, auf den man sich als Fahrgast verlassen kann.

Auf diese Effekte haben in viel stärkerem Maße wiederum die Japaner gesetzt. Zahlreiche japanische Groß- und Mittelstädte besitzen ein großes und dichtes Netz von Busspuren. Insgesamt hat Japan mit 1870 Kilometern weltweit das weitverzweigteste Busspurnetz. In fast allen Einfallstraßen finden sich dort über den gesamten Bereich potentieller Staustrecken eigene Busspuren. Trotz dieser überzeugenden Dimensionen wird das japanische Beispiel in Deutschland wenig zitiert. Bekannter ist in deutschen Planerkreisen das Beispiel Bologna, wo seit 1972 ein zusammenhängendes Netz von über 20 Kilometern Busspuren zur Bevorrechtigung des Busverkehrs mit einer flächenhaften Verkehrsberuhigung der Innenstadt kombiniert wurde. Gleichzeitig hat man das Busangebot im Zeittakt deutlich verdichtet und eine Tarifoffensive gestartet. Die Häufigkeit der Benutzung öffentlicher Verkehrsmittel in Bologna überschreitet deutsche Vergleichswerte jetzt etwa um das Dreifache.

Bei den deutschen Städten war Wiesbaden der Trendsetter mit 7 Kilometern Busspuren in der Innenstadt. Inzwischen besitzt auch Erlangen zehn Busspuren mit insgesamt 8 Kilometern Länge. Hamburg richte-

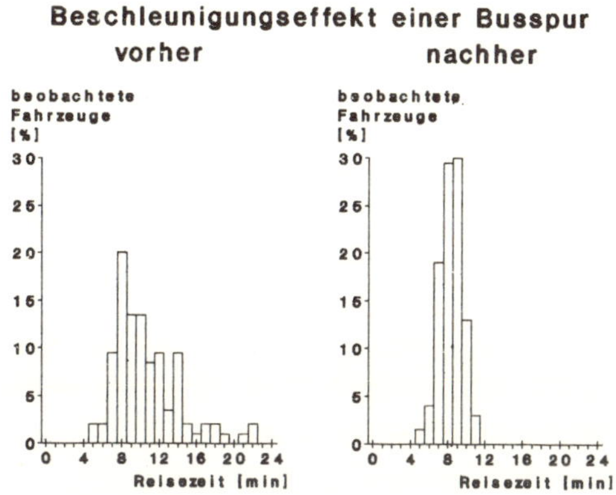

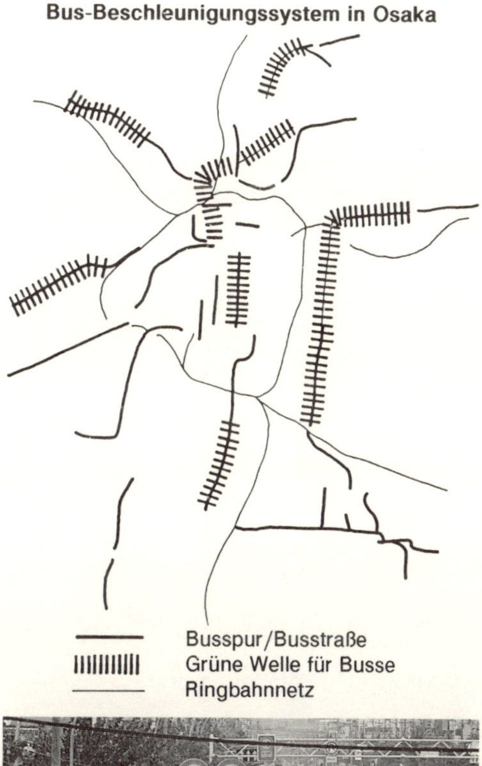

Busspuren sichern kurze Reisezeiten und hohe Pünktlichkeit. Japanische Städte bieten umfangreiche Systeme von Busspuren.

te in mehreren Hauptverkehrsstraßen lange, durchgehende Busspuren in Mittellage ein. In Saarbrücken wurde innerhalb von nur zwei Jahren der Bestand an Busspuren von 300 Meter auf zunächst 9 Kilometer erweitert. Dort wird das Netz systematisch weiter ausgedehnt, um verstärkt auch außerhalb der Innenstadt im Zusammenhang mit Pförtneranlagen an der Peripherie Busspuren einzurichten. Seit 1989 geht auch Berlin endlich in die Offensive und legt ein Netz von zunächst 50 Kilometern Busspuren an, also genausoviel, wie vor kurzem noch ganz Westdeutschland vorzuweisen hatte.

„Busspuren dürfen nur angelegt werden, wenn dadurch der Straßenraum für Personenwagen nicht eingeengt wird."

In Deutschland scheiterten Busspuren allenthalben am Tabu, dem Autoverkehr Platz zu entziehen. Nur wenige Städte haben wenigstens auf ein paar Achsen Busspuren eingerichtet.

Die kleinste Variante einer Busspur ist die sogenannte Busschleuse. Sie sorgt vor Kreuzungen und Ampeln wenigstens dafür, daß der Bus als erster an die Ampel kommt und sich seinen Weg freischalten kann. Der Autoverkehr wird mit einem Vorsignal auf Distanz gehalten, das der sich nähernde Bus dezentral auslösen kann. Saarbrücken hat schon sehr früh mehrere solcher Busschleusen eingerichtet.

Exklusive autofreie Straßen für Busse und Bahnen

Wo der Platz nicht ausreicht, in den Straßen einen eigenen Gleiskörper für Straßenbahnen oder eine eigene Busspur unterzubringen, besteht durch Aussperrung des störenden Autoverkehrs die Möglichkeit, eine sogenannte Straßenbahn- oder Busstraße zu schaffen. Vor allem für die beengten Straßen der Innenstädte und Nebenzentren ist dies eine vielfach bewährte Beschleunigungsmaßnahme mit hoher Qualität für Fußgänger und auch für Radfahrer. Eigene Straßenbahn- oder Busstraßen haben in Japan, Skandinavien, Holland und Italien eine lange Tradition. In Japan gibt es bereits 190 Kilometer eigene Busstraßen. In Amsterdam und Den Haag verlaufen 15 Prozent der Straßenbahnstrecken behinderungsfrei über verkehrsberuhigte (oder verkehrsarme) Straßen, in Göteborg sind es 14 Prozent. In Bologna bestehen neben den 20 Kilometern Busspuren 5 Kilometer eigene Busstraßen in der Innenstadt. In Groningen wird die Innenstadt mit 2,5 Kilometern Busstraße erschlossen. In Schweden hat die Stadt Västeras zwei Achsen von Busstraßen durch die Innenstadt gelegt, auf denen 550 bzw. 1150 Busse täglich fahren und die ansonsten nur für Fußgänger und Radfahrer sowie Taxen und Anlieferung offen sind. In der Bundesrepublik sind Straßenbahn- oder Busstraßen vor allem im Zusammenhang mit Fußgängerzonen und flächenhaften Verkehrsberuhigungskonzepten geschaffen worden. Freiburg, Kassel, Mannheim und Karlsruhe gelten als bekannte deutsche Beispiele für die Doppelnutzung wichtiger Innenstadtstraßen als Straßenbahnstraße und Fußgängerzone oder verkehrsberuhigter Bereich. In Göttingen besteht ein zwei Kilometer langer Busring in der Innenstadt, auf dem nur Fußgänger- und Fahrradverkehr zugelassen sind und der mit dem äußeren Ring über vier ebenfalls verkehrsberuhigte bzw. zu Fußgängerzonen umgestaltete Busstraßen verbunden ist.

In Bus- oder Straßenbahnstraßen mit gleichzeitiger Nutzung als Fußgängerzone oder verkehrsberuhigten Bereich ist eine dem Umfeld angepaßte Fahrweise erforderlich. Die Straßenverkehrsbehörden beschränken die Höchstgeschwindigkeit meist auf 20 Stundenkilometer. In mehreren detaillierten Untersuchungen sind die Verträglichkeit, Sicherheit und Akzeptanz solcher Lösungen belegt worden. Bahnen und Busse sind auf diesen Straßen trotz der Verkehrsberuhigung deutlich schneller als vorher, weil vom Autoverkehr verursachte Verlustzeiten wegfallen. Auch die Fußgänger kommen mit Bus- oder Tramstraßen gut zurecht, wenn die Fahrer in einem rücksichtsvollen Fahrstil geschult wurden. Die Sicherheit ist hoch, auch auf starkbelasteten Trassen wie zum Beispiel die Kaiserstraße in Karlsruhe, die Königstraße in Kassel oder die Bahnhofstraße in Zürich. In der Zürcher Bahnhofstraße fahren ca. 80 Bahnen pro Stunde. Die Akzeptanz und Sicherheit sind am besten, wenn durch eine geschickte dezente Gestaltung die Gleis- oder Bustrasse für die Fußgänger erkennbar bleibt. Die zentrale Führung einer bevorrechtigten Straßenbahn oder eines Busses mitten ins Zentrum der Nachfrage in den Innenstädten und Ortskernen hat für die Fahrgäste große Vorteile. Es ergeben sich kurze An- und Abmarschwege, man kann praktisch direkt mit der Bahn oder dem Bus ins Geschäft, Kaufhaus, Restaurant oder Büro fahren. Aus diesem Grunde werden die zentralgeführten Linien regelmäßig sehr viel stärker frequentiert als parallel geführte Linien am Rande der Fußgängerzonen und verkehrsberuhigten Innenstädte.

Die exklusive Busstraße erlaubt den Bussen ungestörtes Durchqueren verstopfter Straßennetze, bietet Fußgängern sicheren Zu- und Abgang und eröffnet die Möglichkeit, eine Art Fußgängerzone zu schaffen.

Straßenbahn- und Busstraßen haben aber nicht nur ihren Platz in den traditionellen Innenstädten, Zentren und Nebenzentren. Auch in den Neubausiedlungen der Außenviertel ist diese Lösung von großem Vorteil, um eine gute und umweltfreundliche Erreichbarkeit der zentralen Einrichtungen zu gewährleisten. In verschiedenen schwedischen, englischen, holländischen und japanischen Neubaugebieten wurden deshalb auch in den Außengebieten Busstraßen geschaffen, die als autofreie Achse mitten durch neue Siedlungsgebiete verlaufen und den Bussen ein ungestörtes Vorankommen garantieren, während der Autoverkehr nur peripher an die Gebiete herangeführt wird. Ein bekanntes Beispiel für Busstraßen in Neubaubereichen ist der Busring im holländischen Almere.

Beschleunigung im Haltestellenbereich

Auch an den Haltestellen müssen Busse und Bahnen häufig Verlustzeiten und Behinderungen durch den Autoverkehr in

Kauf nehmen. Es galt lange als unzumutbar, Autos hinter einem Bus warten zu lassen. So wurde die Ungeduld der Autofahrer zur Planungsmaxime, das Nachsehen hatte der öffentliche Verkehr mit seinen Fahrgästen. Bushaltestellen wurden mit sogenannten Busbuchten ausgestattet, damit der Bus an der Haltestelle gut zu überholen ist. Das Ergebnis ist eine künstliche Verlangsamung der Busse. Während der Bus in seiner Bucht hält, schieben sich ganze Kolonnen von Autos an ihm vorbei, die an der nächsten Kreuzung oder Ampel alle vor ihm stehen und verhindern, daß er zügig vorwärtskommt. Die Busbucht verschmälert den Gehweg genau dort, wo dringend Fußgänger- und Aufenthaltsflächen gebraucht werden. Der Fahrgastwechsel braucht deshalb mehr Zeit. Busbuchten weiten die Fahrflächen auf, verführen zu Überholmanövern und schnellem Fahren genau da, wo sich zwangsläufig Fußgängerquerungen häufen. Sie beeinträchtigen die klare Linie der Straßenführung. 32 Meter Länge braucht die Einzelbucht für Standardbusse, 38 Meter für Gelenkbusse und 45 Meter für Doppelhaltestellen. Ohne Busbucht genügt weniger als die Hälfte. Sinnvoll ist diese Einrichtung aus all diesen Gründen nur in Ausnahmefällen bei Haltestellen mit langer Wartezeit, zum Beispiel an Endhaltestellen.

Diese Planungsfehler räumt das sogenannte Haltestellenkap aus, bei dem der Bus bewußt weit in der Fahrbahn hält und nicht überholt werden kann. Dadurch fährt der Bus immer an der Spitze und nicht als Schlußlicht. Der Bus bestimmt das Tempo auf der Straße. An der Spitze kommt der Bus ohne Verzögerung voran und ist immer der erste an der Ampel. Am Haltestellenkap werden die Gehwege verbreitert und bieten Platz für die Haltestellenausstattung und für wartende Fahrgäste. Das Kap verschmälert die Fahrbahn, verhindert das Überholen, vermindert die Geschwindigkeit und verbessert die Überschreitbarkeit, weil es die Querungsstrecke verkürzt und durch die vorgezogene Kanzel eine bessere Sicht auf den Fahrverkehr bietet. Das Kap erleichtert das Aus- und Einsteigen, weil der Bus exakt an die Bordsteinkante heranfahren kann. Für Niederflurbusse kann an Haltestellenkaps gut ein zusätzlicher Auftritt geschaffen werden, um einfaches Ein- und Aussteigen zu erlauben. Buskaps können auf Hauptverkehrsstraßen mit einer langgezogenen Mittelinsel als zusätzliches Haltestellenelement ergänzt werden. Bei entsprechender Gestaltung mit Bäumen markieren Buskaps und Mittelinseln wirkungsvoll den Haltestellenbereich, geben ihm eine hohe Aufenthaltsqualität und verbessern die Orientierung.

Haltestellenkaps sind auch für Straßenbahnen zweckmäßig, die ohne eigenen Gleiskörper fahren. Sie bieten eine einfache und effektive Beschleunigung und verhindern, daß die Bahn von Autokolonnen überholt wird. Auch die Bahn fährt dadurch stets an der Spitze. Am Haltestellenkap kann der

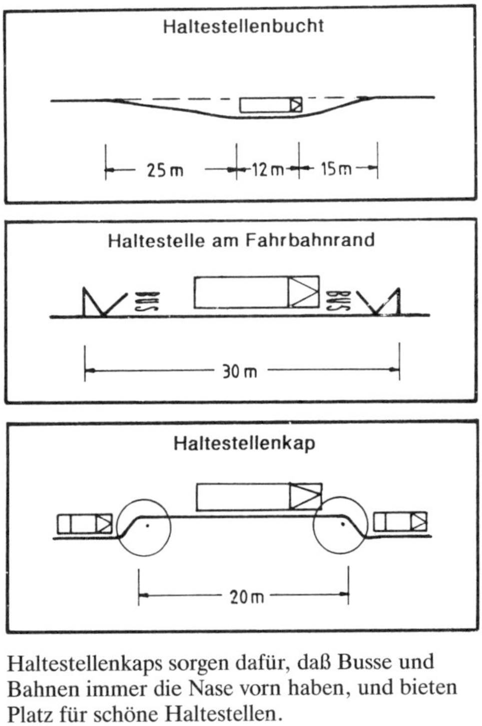

Haltestellenkaps sorgen dafür, daß Busse und Bahnen immer die Nase vorn haben, und bieten Platz für schöne Haltestellen.

Fahrgastwechsel zügig und verkehrssicher erfolgen. Diese Lösung ist zum Beispiel in Basel, Hannover und Bielefeld angewendet worden, um die schmalen Haltestelleninseln in der Fahrbahnmitte mit ihrer minimalen Aufenthaltsqualität und ihren vielfältigen Verkehrsgefahren zu ersetzen und ein größeres Platzangebot im Haltestellenbereich zu schaffen.

Bei Bus- oder Trambahnhaltestellen in Straßenmitte können der ungefährdete Zugang und das ungehinderte Ein- und Ausfahren von Bussen und Bahnen in den Haltestellenbereich signaltechnisch oder durch Aufpflasterungen gesichert werden. Die Haltestellen erhalten entweder aufgeplasterte Überquerungsbereiche mit Zebrastreifen, die den Vortritt der Fahrgäste sichern, oder Busse und Bahnen lösen bei Annäherung an ampelgeregelte Haltestellen ein Rotlicht für den parallel fahrenden Autoverkehr aus, damit der Fahrgastwechsel an der Haltestelle sicher und verzögerungsfrei abgewickelt werden kann. Die Planer sprechen hier von einer sogenannten Zeitinsel, die rund um die Haltestelle geschaltet wird. Der Autoverkehr erhält erst wieder Grün, wenn Bus oder Bahn die Haltestelle verlassen und die Fußgänger den Haltestellenbereich geräumt haben.

Beschleunigung durch effiziente Störfallprophylaxe

Neben der dezentralen, bedarfsabhängigen Ampelsteuerung, dem Staumanagement durch Pförtneranlagen, den eigenen Gleistrassen und Busspuren und der Bevorrechtigung im Haltestellenbereich sind moderne Signal- und Kommunikationstechniken generell in der Lage, durch entsprechende Verkehrslenkung und Betriebssteuerung das Liniennetz vor Unfällen und Betriebsstörungen zu schützen. Bei Fahrplanabweichungen können Fahrer und Leitzentrale geeignete Maßnahmen zur Wiedereinhaltung des Fahrplans veranlassen, zum Beispiel durch Änderung der Fahrweise oder Eingriff in die nächsten Signalanlagen. Die Leitzentrale kann über ihre Bildschirme jeden Bus und jede Straßenbahn verfolgen und kritische Verkehrslagen sofort erkennen. Besonders wichtig ist dies bei Unfällen, die sonst häufig zu schnell um sich greifenden Zusammenbrüchen im öffentlichen Verkehr führen, weil wichtige Kreuzungen oder die Schienen blockiert sind. Um dies zu vermeiden, veranlaßt die Leitzentrale ohne Verzögerungen die nötigen Abhilfemaßnahmen, alarmiert Polizei, Rettungs- und Abschleppdienste, verständigt nachfolgende Busse und Bahnen, leitet sie gegebenenfalls um und setzt Ersatzfahrzeuge in Marsch. Wartende Fahrgäste werden über Sprechanlagen an den Haltestellen auf eventuell unvermeidliche Verzögerungen und Umstellungen hingewiesen und über die Gründe der Störung informiert. Ein solches Betriebsleitsystem hat die Züri-Linie vor Jahren installiert. Sie sorgt mit dessen Hilfe für Schnelligkeit, Pünktlichkeit und Effizienz und meistert auch ungewöhnliche Situationen souverän. Alle denkbaren Vorkommnisse sind generalstabmäßig vorprogrammiert, und die entsprechenden Strategien zur Problemlösung können sofort eingeleitet werden. Dieser logistische Aufwand begründet sich aus dem unbedingten Ehrgeiz der Zürcher Verkehrsbetriebe, ein absolut zuverlässiges und pünktliches Verkehrsmittel anzubie-

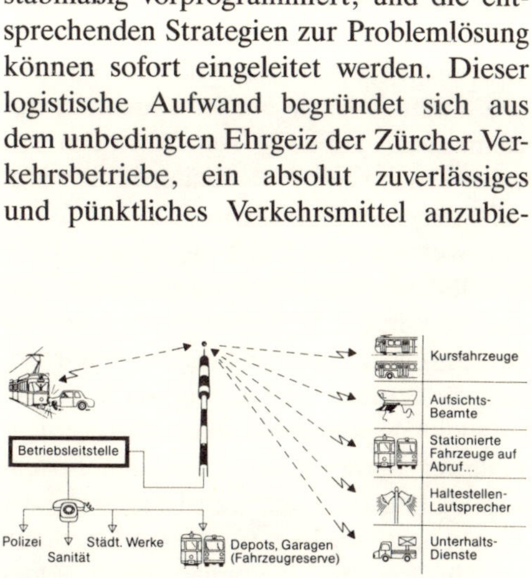

Die Betriebsleitstelle regelt Störfälle rasch und flexibel durch engen Funkkontakt zu Fahrzeugen, Polizei, Abschlepp- und Rettungsdienst. Sie sorgt auch für umfängliche Kundeninformation.

ten, das rund um die Uhr seine Qualität behält. Mit dem intelligenten Einsatz moderner Technologie ist es den Verkehrsbetrieben in Zürich gelungen, auf 95 Prozent aller Kurse Fahrplanabweichungen von mehr als 1,5 Minuten zu verhindern. Das Liniennetz ist außerdem so engmaschig und bei der Tram in regelmäßigen, kurzen Abständen mit zusätzlichen Wechselweichen ausgestattet, daß Unfallstellen auch mit der Straßenbahn oft kleinräumig umfahren werden können.

Für die Sicherung eines störungsfreien Bus- und Bahnbetriebs ist die generelle Lenkung des Autoverkehrs von hoher Bedeutung, um insbesondere mit Linksabbiegeverboten einen reibungslosen Betrieb zu unterstützen. Sonst stellen sich Linksabbieger immer wieder mitten in den Fahrweg von Bussen und Bahnen und blockieren deren zügiges Fortkommen. Ebenso wichtig sind das systematische Einrichten und konsequente Durchsetzen von Parkverboten, um Behinderungen für Busse und Bahnen auszuschließen. Das Blockieren von Bussen und Bahnen muß als gravierendes, nötigungsähnliches Delikt mit empfindlichen Bußgeldern belegt werden. Stellen mit hartnäckigem Falschparken müssen durch entsprechende bauliche Maßnahmen gesichert werden. Eine konsequente Überwachung und Ahndung von Verstößen mit entsprechend hoher Publizität in den Medien muß gewährleisten, daß Autofahrer die Vorrangstellung der öffentlichen Verkehrsbelange zuverlässig respektieren. Mit den Mitteln der Verkehrslenkung und -beruhigung kann auch sichergestellt werden, daß die Straßen im Umfeld von Bus- und Straßenbahnstrecken vom Autoverkehr entlastet werden. Die querenden Seitenstraßen können durch ein Sackgassen- oder Schleifensystem abgehängt werden, dann entfällt jeglicher Autoquerverkehr. Oder man begrenzt die umgebenden Straßen auf reinen Anliegerverkehr, dann reduziert sich der Querverkehr auf kleine Mengen.

Der politische und administrative Ehrgeiz für diese Möglichkeiten der intelligenten Systembeschleunigung ist in den meisten deutschen Städten noch nicht vorhanden. Man engagiert sich nur für autoorientierte Verkehrsrechner und -leitzentralen. Dem öffentlichen Verkehr enthält man weiterhin eine konsequente und systematische Störfallprophylaxe vor.

Beschleunigung durch dichtes Haltestellennetz, direkten Haltestellenzugang, kurze Rüstzeiten und garantierte Anschlußsicherung

Effektive Beschleunigung muß neben einem störungsfreien Fahrzeugumlauf versuchen, den Fahrgästen lange und zeitraubende Wege zu den Haltestellen zu ersparen und sie auf diesen Wegen vor unnötigen Zeitverlusten zu schützen. Viele Verkehrsbetriebe vernachlässigen diesen Faktor total und denken, der Fahrgast sei alleine schuld, wenn er Wohnung, Arbeitsplatz, Geschäfte und Freizeiteinrichtungen nicht nahe einer Haltestelle wählt. Doch diese Sichtweise greift zu kurz und schmälert die eigenen Marktchancen. Mit der Länge des An- und Abmarschweges sinken schnell die Akzeptanz und Benutzungshäufigkeit von Bussen und Bahnen. Im Einzugsbereich von 200 Metern um die Haltestelle wird das maximale Potential der Nachfrage ausgeschöpft, hier erreicht die Fahrtenhäufigkeit pro Kopf und Jahr absolute Spitzenwerte. Schon bei der doppelten Entfernung fällt die Fahrtenhäufigkeit auf die Hälfte ab, jenseits von 600 Metern verbleibt sie nur noch eine minimale. Die ständige Ausdünnung des Linien- und Haltestellennetzes in den Städten und Regionen brachte deshalb eine stetige Verringerung der Nachfrage. Der übliche Vorbehalt der Verkehrsbetriebe, zusätzliche Haltestellen verzögerten Busse und Bahnen, gilt nur für die ausgesprochenen Schnellverkehrsmittel wie den IC, die Regionalschnellbahn, S-Bahn und den Schnellbus. Sie können in der Tat nicht an jeder Ecke halten. Dagegen müssen die ihnen zuarbeitenden, flächenerschließenden Straßenbahnen, Ortsbusse, Quartiersbusse, Citybusse, Rufbusse etc. so oft wie nötig halten. Bei ihnen geht es nicht um Hochgeschwindigkeit auf der Strecke, sondern um Flächenerschließung und Erreichbarkeit im Distanzbereich für kurze Wege unter fünf Kilometer.

Beispielhaft führen die Möglichkeiten einer Netz- und Haltestellenverdichtung die Schweizer Ortsbus-, Quartiersbus- und Tramsysteme vor. Sie haben den Ehrgeiz, die durchschnittlichen Gehwegentfernungen zu den Haltestellen zu verkürzen. Am Stadtrand und im Umland werden die früher oft bis zu 1100 Meter langen Haltestellenentfernungen möglichst auf höchstens 300 Meter gesenkt, in den dichtbebauten Gebieten werden Werte unter 200 Meter angestrebt, in den Innenstädten sogar Werte zwischen 70 und 130 Meter. Im schon erwähnten Frauenfeld übersteigt die Haltestellendichte die vergleichbarer deutscher Gebiete inzwischen um das Dreifache und führt dem Ortsbussystem im Zusammenhang mit anderen Komponenten der Angebotsverbesserung wachsende Fahrgastströme zu. Auch in Zürich ist der erklärte Ehrgeiz der Systembeschleunigung eine optimale Flächenerschließung mit einem dichten Linien- und Haltestellennetz in der Innenstadt und in allen Quartieren. Die Zahl der Haltestellen je Quadratkilometer Siedlungsfläche übersteigt die vergleichbarer Städte in der Bundesrepublik um mehr als das Doppelte. Der Ehrgeiz zur Flächenerschließung ist in Zürich so groß, daß man trotz des ohnehin schon dichten Linien- und Haltestellennetzes weitere Quartiersbusse einführt, als Mittel zur »Wegeabkürzung«.

Zur Verkürzung des Wegeaufwandes trägt ebenso eine bessere Organisation der Haltestellen und Bahnhöfe bei. Viele Bahnhöfe haben nur einen Ausgang, obwohl die Fahrgäste aus allen Richtungen kommen. Das erzeugt natürlich Umwege, weil man erst das ganze Bahnhofsgelände umkreisen muß, ehe man den Bahnsteig erreicht. Stadtbahnhaltestellen mit ihren Hochbahnsteigen besitzen meist nur einen Abgang pro Richtung, wer in die Gegenrichtung will, muß den doppelten Weg machen. Illegale Trampelpfade und Fahrgäste, die auf eigene Faust Zäune und Gitter überklettern, signalisieren untrüglich den Wunsch, durch kurze Wege Zeit zu sparen. Haltestellen und Bahnhöfe müssen in alle Richtungen mit Aus- bzw. Abgängen versehen sein, um kurze Wege zu bieten. Oft können schon mit einfachen Mitteln zusätzliche Zugänge geschaffen werden: Ein Türdurchbruch, ein Tor im Zaun, eine zusätzliche Treppe, ein ebenerdiger, gesondert markierter Gleisübergang, ein kurzer Durchstich bewirken attraktive Abkürzungen. Nur bei den weiten Wegen der unterirdischen Haltestellen, wo man oft für eine Luftlinienstrecke von 10 oder 20 Metern tatsächliche Wegstrecken von 200 bis 300 Metern mit mehrfachem Treppensteigen zurücklegen muß, ist meist nichts mehr für die Fahrgäste zu retten. Sie sind und bleiben ein abschreckendes, zeitkostendes Umwegegewirr.

Bei Umsteigehaltestellen kommt es darauf an, die miteinander zu verknüpfenden Verkehrsmittel so nah wie möglich zusammenzubringen, gewissermaßen »Backe an Backe«. Die Bundesbahn hat das zum Beispiel im IC-System zum Prinzip erhoben, wo Verknüpfungszüge stets am selben Bahnsteig hintereinander oder gegenüber einlaufen. Auch bei den modernen Bus-Schiene-Verknüpfungen werden Busse und Bahnen räumlich möglichst eng zueinandergeführt, um lange Umsteigewege zu vermeiden. Dagegen bringen die bei den Planern noch immer beliebten sogenannten »Zentralen Omnibusbahnhöfe« durch ihre flächenfressende Überdimensionierung und ihre dadurch bedingte abseitige Lage zu

Bahnhofseingängen oft künstlich lange Umsteigewege für die Fahrgäste.
Der schnelle Zugang zu Bussen und Bahnen ist aber nicht nur eine Frage der Haltestellendichte und -gestaltung. Der Zeitbedarf der Fahrgäste wird auch kürzer, wenn alle organisatorischen, informatorischen und tariflichen Zugangsbarrieren abgebaut sind. Je klarer und dichter der Zeittakt ist, mit einprägsamen, konstanten Intervallen, desto verzichtbarer werden lange Fahrplanlektüre und Uhrenvergleiche. Bedarfsgerechtes Informations- und Fahrplanmaterial an allen Haltestellen und Bahnhöfen, in den Fahrzeugen und für die »Westentasche« ersparen lange Fahrplanlektüre und damit Zeit für Wege, die außerhalb des alltäglichen Aktionsradius liegen. Darüber hinaus garantieren nur einfache Tarife, Tarifintegration (Netzabos etc.) und genügend Personal für Auskunft und Fahrkartenerwerb, daß die Rüstzeiten vor jeder Fahrt für die Fahrgäste kurz bleiben. Beispielsweise ist das lange Warten in vielköpfigen Schlangen vor den vollcomupterisierten, schwachbesetzten Kundenschaltern der Bundesbahn schon lange eine Zumutung und geht allen auf die Nerven. Auch der Zeitaufwand für Fahrgeldrückerstattung, Großkundenservice, Bonusauszahlung, Platzreservierung muß durch benutzerfreundliche Organisationsformen verkürzt werden. So viel kann der modernste Hochgeschwindigkeitszug gar nicht an Zeitersparnis einfahren, wie bei den bisherigen komplizierten Tarifsystemen, der schlechten Informationslage, dem abschreckenden Automatenchaos und den uneffektiven bürokratischen Abläufen an Rüstzeit vertan wird.
Schnell ist am Ende der öffentliche Verkehr nur dann, wenn auch beim Umsteigen keine Zeit vergeudet wird. Bei dichtem Takt klappt der Anschluß von alleine, man bleibt nirgends hängen und kann sich ohne lange Wartezeiten innerhalb der Teilsysteme bewegen. Dagegen sind bei löchrigem Takt gute Anschlüsse selten. Ein typisches Beispiel für ärgerliche Systembrüche ist die mangelhafte Bus-Schiene-Verknüpfung in Aachen. Der Hauptbahnhof und der zentrale Omnibusbahnhof liegen über einen Kilometer auseinander und sind mehr schlecht als recht durch ein lückenhaftes Busangebot miteinander verbunden. 20 Prozent aller am Hauptbahnhof ankommenden Züge haben keinen direkten Busanschluß. 30 Prozent aller Verknüpfungen haben 15 bis 30 Minuten Wartezeit, 10 Prozent sogar über 30 Minuten. Sinnvolle Systembeschleunigung muß deshalb echte Netz- und Zeitknoten schaffen, die für alle Verkehrsrelationen »nahtlose« Übergänge sichern. Hier schließt sich der Kreis der bereits beim Thema Renaissance des Schienenverkehrs geforderten Systemvernetzung aller Nah-, Regional- und Fernverkehrsangebote.

Qualität statt öde Norm: städtebauliche Gestaltung für Fahrweg und Haltestellen

In der Boomzeit des öffentlichen Verkehrs war eine ambitionierte städtebauliche Integration seiner Anlagen selbstverständlich. Die Verkehrsunternehmen präsentierten sich selbstbewußt. Sie ließen sich ihre Bahnhöfe und Haltestellenhäuschen von namhaften Architekten entwerfen und umgaben sie mit kunstvoll gestalteten Grünanlagen, Beeten, Promenaden und Plätzen. Auch die Depot- und Werkstattgebäude zeigten Liebe für das städtebauliche Detail und entwickelten sich oft zum prägnanten Mittelpunkt der sie umgebenden Quartiere. Bahnhof und Haltestelle waren Knotenpunkte, Treffpunkte und Markt zugleich. Dafür sorgten Standortgemeinschaften von Kiosk, Obststand, Normaluhr, Telegrafenstation, Litfaßsäule, öffentlichen Einrichtungen, Geschäften etc. Die Fahrwege der Straßenbahnen wurden, wie erwähnt, vielfach als Allee ausgebildet. Oberleitungen

Haltestellenarchitektur wurde früher sehr ernst genommen und bereicherte Straßen und Plätze.

befestigte man mit kunstvoll verzierten Ankern an Hauswänden oder gab ihnen leichte, filigrane Masten. Busse und Bahnen waren so bemessen, daß sie in fast alle Straßen »paßten«. Sie fuhren mit stadtverträglichen Geschwindigkeiten. Die technischen Erfordernisse von Fahrweg und Ausstattung ordneten sich in die Straßenraumgestaltung ein. Alte Postkarten und Fotos vermitteln immer wieder auf faszinierende Weise ein Bild von der stadtverträglichen Atmosphäre vieler Straßenbahnstraßen und -plätze. Vieles von der damaligen Qualität ist in der Zwischenzeit verlorengegangen. Statt demonstrativen Qualitätsbewußtseins und traditionsbewußter Nahverkehrskultur regieren gestalterische Gedanken- und Phantasielosigkeit. Statt Differenzierung und Liebe zum Detail verbreiten genormte Massenprodukte Disfunktionalität, Öde und Langeweile. Ohne eine Rückbesinnung auf eine kundenorientierte Nahverkehrskultur und den Willen, die Renaissance des öffentlichen Verkehrs auch mit der Qualität seiner Anlagen zu signalisieren, greifen alle sonstigen Bemühungen um eine Angebotsverbesserung zu kurz. Erlebt werden die Qualität und Präsentation des öffentlichen Verkehrs mit dem Auge. Die neue Qualität muß auch an den Details »ablesbar« sein und zum Einsteigen und Mitfahren motivieren.

Haltestellen: Entwürfe statt Dutzendware

Angesichts der großen Bedeutung der Haltestellen und Bahnhöfe für die Attraktivität des öffentlichen Verkehrs müssen sich die Städte und Verkehrsbetriebe dem Erscheinungsbild der Haltestellen viel intensiver widmen. Neben den selbstverständlichen Mindestanforderungen an die technische Ausstattung mit Beleuchtung, Informationshilfen etc. und die sichere Erreichbarkeit für die Fahrgäste bleibt viel Spielraum für standortbetonte Gestaltung, dem die Standardangebote der einschlägigen Firmen nicht gerecht werden. Zwar ist es schon ein Fortschritt, wenn statt des üblichen Nullangebots in Form eines verrosteten Haltestellenmastes oder der scheußlichen Waschbetoncontainer heute häufiger verglaste Wartestände aufgestellt werden, aber auch deren serienmäßige Verteilung wird einer ansprechenden differenzierten Haltestellenanlage nicht gerecht. Mit den Einheitshäuschen werden der Spielraum für Differenzierung nach dem jeweiligen Fahrgastaufkommen und für vielfältige Nutzungskombinationen mit Telefonzelle, Verkaufsschalter, Kiosk, Warteraum, WC sowie die spezifische Anpassung an das jeweilige Umfeld verstellt. Deshalb muß individuelle Haltestellen- und Bahnhofsarchitektur wieder zu einer städtebaulichen

Erst langsam entdeckt die Bahn die Bedeutung der Bahnhöfe wieder und entwickelt sie zu urbanen Zentren für Kommunikation, Markt, Service und Mobilität.

Aufgabe werden. Sie kann Bezug nehmen auf die variantenreiche Pavillon- und Wintergartenarchitektur und Anlage von Passagen, Arkaden, Galerien und Portalen. So wurden zum Beispiel für die neuen holländischen Bahnstrecken Schipollijn und Flevolijn die Bahnhöfe Sloterdijk, De Vlugtlaan, Weesp, Lelystad und die drei Bahnhöfe in Almere nach den Ergebnissen städtebaulicher Wettbewerbe gestaltet, um für die Umgebung städtebauliche Akzente zu setzen. Auch die Deutsche Bundesbahn revitalisiert zur Zeit viele ihrer großen Hauptbahnhöfe und versucht ihnen neue Marktfunktionen zu geben. Dabei ist eine wichtige Aufgabe, die Strangulierung vieler Bahnhöfe durch sie umgebende Hauptverkehrsstraßen zu beenden und den Fußgängern wieder ein attraktives ebenerdiges »Entree« zu bieten, statt sie stets durch vollgekachelte unpflegbare, ungemütliche und sterile Unterwelten zu schicken. Leider entwickelt die Bundesbahn einstweilen bei ihren kleineren Bahnhöfen noch keinen vergleichbaren Ehrgeiz. Hier müssen sich deshalb die Kommunen selber viel stärker engagieren, mit eigenen planerischen und finanziellen Beiträgen sowie Hilfestellungen bei der Organisation von Trägergesellschaften. In Nordrhein-Westfalen läuft zum Beispiel für die Nahverkehrsmodelle Lippe und Bocholt-Borken ein Programm zur Aufwertung aller Bahnhöfe und zur Ergänzung mit sozialen, kulturellen und kommerziellen Handels- und Servicenutzungen.

Gleiches gilt für die kommunalen Nahverkehrshaltestellen. Auch für sie müssen mehr spezielle Entwürfe gefertigt und Wettbewerbe durchgeführt werden. In Berlin (Bahnhof Zoo), Hannover (Kröpke), Dortmund (Rathaus), Hamm (Westentor), Bonn (Friedensplatz), Freiburg (Haltestellen in der Fußgängerzone) und Karlsruhe (Marktplatz, Gewerbeschule/Markgrafenstraße) wurden zum Beispiel eigene Haltestellenkonstruktionen geschaffen, die neuen Gestaltungs- und Servicewillen signalisieren. Selbst Kleinstädte wie Olfen im Münsterland haben sich für wichtige Haltestellen angepaßte Konstruktionen entwerfen lassen. Einen besonderen Verbesserungsbedarf haben die in den letzten Jahren geschaffenen Stadtbahnhaltestellen mit ihren langen Hochbahnsteigen. Immer mehr Städte erkennen, daß die hinter Absperrgittern verbarrikadierten Bahnsteige für die Straßenräume unverträglich und ausgesprochen abschreckend sind. Die

Haltestellen mit individueller Note, die gestalterischen Ehrgeiz erkennen lassen, sind das Markenzeichen gepflegter Nahverkehrssysteme.

Städte Bonn und Köln haben für die Umrüstung solcher Stadtbahnhaltestellen Wettbewerbe durchgeführt, deren Pläne zeigen, welche beachtlichen Verbesserungen bei mehr Sinn für Qualität erzielbar sind. Mit solchen Umbauten hat man alle Chancen, den öffentlichen Verkehr mit seinen Haltestellen wieder in den Mittelpunkt des Interesses zu rücken und neue straßenräumliche Kristallisationspunkte zu schaffen. Den nötigen Platz im Straßenraum kann man durch die Umwandlung von Busbuchten zu Buskaps und die Reduzierung der Fahrbahnflächen neben Haltestelleninseln sowie durch die Umgestaltung von Haltestellen zu Platzbereichen gewinnen.

Fahrwege: von Busspur und Schottergleis zur grünen Tram- und Busallee

Noch stärker als die Haltestellen sind die heutigen Fahrwege der Busse und Bahnen von gestalterischer Anspruchslosigkeit geprägt. Viele Straßenbahn- und Stadtbahnstrecken verlaufen auf eisenbahnähnlichen Schottertrassen oder auf Betonschwellen, beides keine Zierde für Stadtstraßen. Häufig sind die Schottergleise auch noch hinter Absperrgittern oder Leitplanken verbarrikadiert, die die Straßenmitte zur »Sperrzone« degradieren. Die Abspann- und Signalmasten sind zu unförmigen, schmucklosen Ungetümen aus Beton oder Stahl geworden. Der Kontrast zu den ehemaligen Tramalleen der Gründerzeit könnte kaum größer sein. In Köln, Düsseldorf, Hannover, Berlin, Aachen, Stuttgart, Darmstadt, Duisburg und München gehörten Tramalleen beispielsweise zum vertrauten Bild vieler Hauptverkehrsstraßen, ehe dann erst die Bäume und später oft genug auch die Tram selbst dem Autoverkehr weichen mußten. Zum Glück blieben einige Tramalleen erhalten und bieten heute wieder Ansporn zu ähnlichen Ausbauformen. Dabei läßt sich die gestalterische Wirkung noch steigern, wenn Rasengleistrassen angelegt

Gleistrassen früher, heute und morgen. Aus schönen Alleen wurden öde Schottertrassen mit Leitplanken. Seit kurzem erleben grüne Tramtrassen und Tramalleen eine Renaissance.

werden. Der Rasenbelag nimmt dem Gleiskörper seinen verkehrstechnischen Charakter und dämpft die Fahrgeräusche um bis zu sieben Dezibel gegenüber Beton-, Pflaster- oder Schottergleisen. Da der Bau neuer Straßenbahnstrecken mitunter wegen der Angst vor unangenehmen Geräuschemissionen von Anliegern attackiert wird, sind Rasengleistrassen und Tramalleen ein gutes Mittel, die Akzeptanz dieser Strecken zu verstärken. Rasengleistrassen und Tramalleen unterstützen die Orientierungswirkung der Linienwege. Sie markieren mit unübertreffbarer Signifikanz den Fahrweg und symbolisieren eindringlich die Umweltfreundlichkeit der Straßenbahn.

Rasengleistrassen haben vor allem in Holland eine lange Tradition. In Den Haag gibt es mehrere historische Tramalleen mit Rasengleis. Dort wurden Ende der 70er Jahre auch einfache Techniken für eine nachträgliche Rasendecke entwickelt, wobei die korrosionsgefährdeten Teile zuvor mit einem Flies geschützt werden. In der Schweiz und Österreich wurden in den 70er Jahren verschiedene Neubaustrecken mit Rasengleis ausgestattet und nach dem offenkundigen Erfolg auch immer mehr konventionelle Gleistrassen nachträglich auf Rasengleis umgerüstet. Auch in der Bundesrepublik kamen zu den wenigen historisch verbliebenen Tramalleen und Rasengleistrassen von 1986 bis 1988 23 neue mit zusammen rund 14 Kilometern Länge hinzu. Pionierleistungen auf diesem Gebiet haben Karlsruhe, Freiburg und Stuttgart geleistet. Zahlreiche neue Projekte sind in Planung. Anfangs versuchten die deutschen Verkehrsbetriebe, mit angeblichen Sicherheitsargumenten und Hinweis auf erhöhte Unterhaltskosten und erschwerte Wartung die Innovation abzublocken. Auch machten Bund und Länder bei der Finanzierung Schwierigkeiten, weil Rasengleistrassen und Tramalleen nicht im Förderkatalog des Gemeindeverkehrsfinanzierungsgesetzes enthalten sind. Der Verkehrsminister von Nordrhein-Westfalen hat inzwischen seine Bereitschaft zur Förderung von Rasengleistrassen und Tramalleen beim Um- und Ausbau von kommunalen Schienenstrekken erklärt. Zukünftig müssen generell die Kosten für eine angemessene städtebauliche Integration und umweltfreundliche Herrichtung der öffentlichen Verkehrsanlagen förderwürdig und fester Bestandteil von Verkehrsinvestitionen sein, damit sich in Straßen und Städten die Verkehrstechnik nicht weiter als Gestaltungsmaßstab verselbständigt.

Weniger bekannt sind die Möglichkeiten, auch Busalleen und grüne Bustrassen zu schaffen. Die ersten Beispiele entstanden durch Zufall, als Busse die Straßenbahnen auf Tramalleen ersetzten, so zum Beispiel auf dem Aachener Alleenring. Im Prinzip besitzt die Busallee die gleichen Vorteile wie eine Tramallee, braucht aber bei konventionellen Busmaßen etwas mehr Platz zwischen den Baumreihen, weil Busse breiter als Straßenbahnen sind und weniger spurtreu fahren können. Aus diesem Grund wurden mit dem Sterben der Straßenbahnen und dem Umstellen auf Busverkehr die Alleebäume einfach mit beseitigt. Die bewußte Neugestaltung von Busspuren als Allee ist allgemein die große Ausnahme. Die meisten Beispiele gibt es in Japan, dem Land mit dem längsten Busspurnetz. Auch die grüne Bustrasse ist zunächst mehr ein Abfallprodukt grüner Tramtrassen gewesen. In Zürich zum Beispiel sollten einige Rasengleistrassen notfalls durch Busse befahren werden. Daher wurden Rasengittertrassen verlegt. Auch der Spurbus kann auf Rasentrassen fahren, in die lediglich für die Reifenspuren schmale Plattenstreifen verlegt werden müssen. Solche Spurstreifen sind ebenso von normalen handgesteuerten Bussen befahrbar. Damit besteht die Möglichkeit, einen Teil der Fahrfläche einer Busspur bzw. eines Busspurpaares als Rasentrasse auszubilden und die reinen Asphalttrassen aufzulockern.

Auch die Busallee und die grüne Bustrasse sind faszinierende Alternativen zur simplen Busspur.

Eine andere Möglichkeit zur gestalterischen Verbesserung von Busspuren und Gleistrassen ist ein Sonderbelag, der sich deutlich von der restlichen Asphaltfläche der Fahrbahnen abhebt und ähnlich wie die Seitenräume gestaltet wird. Dies ist insbesondere für innerstädtische langsam befahrene Strecken von Interesse, die so die fußgängerfreundliche Ausprägung und Überquerungsmöglichkeit der Straßen fördern.

Neubeginn mit Nahverkehrskonzepten: Innovative Ansätze bringen öffentlichen Verkehr auf Trab

Die Strukturen im öffentlichen Verkehr sind vielerorts festgefahren. Das Grundkonzept der Bedienung, des Liniennetzes und das Tarifsystem sind viel zu lange schon geprägt von einer Rückwärtsstrategie und Mängelverwaltung. Zur Entschuldigung hört man stets das gleiche wortreiche Lamento über die ungünstigen Rahmenbedingungen durch die Siedlungs-, Bevölkerungs-, Wirtschafts- und Verkehrsentwicklung. Der jahrzehntelange Niedergang des öffentlichen Verkehrs wird als das unvermeidbare Ergebnis angeblich autonomer Trends hingestellt. Mit dieser Grundhaltung werden überzeugende Gegenbeispiele, Vorbilder, Konzepte und Bausteine einer offensiven Nahverkehrspolitik und -planung gar nicht wahrgenommen oder durch abwehrende Argumente madig gemacht. Der Weg für Innovatoren ist deshalb mit Vorbehalten und Widerständen gepflastert, weil nicht sein kann, was nicht sein darf. Bislang gibt es wenig Applaus von den Insidern in den Verkehrsbetrieben, Parlamenten und Planungsverwaltungen für die bemerkenswerten Innovationen und Erfolge einzelner Städte und Verkehrsbetriebe mit einer klaren Tarifoffensive, der engagierten Wiedereinführung und dem Ausbau von Straßenbahnsystemen, der Modernisierung und Erweiterung regionaler Schienenverkehrssysteme, dem Aufbau lokaler und regionaler Schnellbussysteme, der konsequenten Umorganisation der Schienen- und Busnetze zu integrierten Bus-Schiene-Konzepten, den wirkungsvollen Beschleunigungsmaßnahmen kompletter Bus- und Bahnnetze durch intelligente Ampelsteuerung, Betriebsleitsysteme und Bevorrechtigung von Bussen und Bahnen im Straßenraum, der sukzessiven Einführung von Ortsbussystemen, Quartiersbussen und Citybussen, der Organisation flexibler Rufbus- und Anrufsammeltaxensysteme. Viele Insider halten sich mäkelnd, schwerfällig oder gelangweilt abseits und zeigen weder Willen noch Fähigkeit, sich zu vergleichbaren Anstrengungen aufzuraffen. Doch statt bei allen Neuerungen sofort ein Haar in der Suppe zu suchen und sein ganzes Bemühen auf den destruktiven

Nachweis zu lenken, warum so etwas in diesem Betrieb, in dieser Stadt und diesem Lande nun mal partout nicht gehe – wegen hinderlicher Paragraphen, Richtlinien und technischer Vorschriften, wegen einer ganz anders strukturierten bisherigen Praxis, bei der man so was noch nie gemacht habe –, braucht es unternehmerisches Initiativdenken, intelligente Innovationsbereitschaft und eine Welle neuer Investitionen. Damit müssen endlich die Ansatzpunkte für eine räumliche und zeitliche Angebotsverbesserung, für eine Umstrukturierung, Modernisierung, Ergänzung, Erweiterung, Komfortverbesserung und bessere Abstimmung der öffentlichen Teilsysteme von allen Verkehrsunternehmen und Gebietskörperschaften (Gemeinden, Landkreisen, Zweckverbänden und Ländern) formuliert und zu einem maßgeschneiderten, modernen Nahverkehrskonzept verdichtet werden.

Nahverkehrskonzepte als Leistungsauftrag für den öffentlichen Verkehr

In der Energie-, Wasser- und Abfallwirtschaft werden seit einigen Jahren als Reaktion auf die zunehmenden Probleme und ihre jahrelange Verschleppung durch administrative Routine neue örtliche und regionale Angebotskonzepte erstellt. Auch im öffentlichen Verkehr ist ein solches systematisches Konzeptdenken für einen besseren örtlichen und regionalen Nahverkehr dringend erforderlich. Dabei kann nicht gewartet werden, bis Bund und Länder ihre eigene Trendwende in der Verkehrspolitik und -planung »von oben« einleiten. Die Initiative und damit auch der Druck müssen »von unten« kommen. Die richtige Strategie muß jeweils vor Ort entwickelt werden, damit Verkehrsunternehmen und Gebietskörperschaften sich an abgestimmten Vorgaben orientieren können. Modellhafte Ansätze für solche Nahverkehrskonzepte gibt es für verschiedene ländliche Regionen seit Mitte der 70er Jahre. Ein gutes Beispiel hierfür ist der Kreis Hohenlohe in Baden-Württemberg. Dort erfolgte im Zeitraum von zehn Jahren eine erfolgreiche Reorganisation des öffentlichen Verkehrs. Die Zahl der Linien wurde um 85 Prozent auf 37 und die Zahl der Haltestellen um 77 Prozent auf 425 gesteigert. Die Linienlänge wurde um 132 Prozent auf 1252 Kilometer erweitert, die Netzlänge um 60 Prozent auf 717 Kilometer. Der Takt wurde um 46 Prozent verdichtet. Vorher waren 66 Prozent aller Ortsteile mit über fünfzig Einwohnern an den öffentlichen Verkehr angeschlossen, danach 93 Prozent. Der Finanzaufwand für diese Angebotserweiterung wuchs um 148 Prozent, der Ertrag um 243 Prozent, der Kostendeckungsgrad stieg auf 94 Prozent. Bei der Festlegung der Angebotserweiterung wurde überlegt, sensibel und risikobereit experimentiert. Im Berufsverkehr stieg die Nachfrage um 25 Prozent, im Einkaufsverkehr um 118 Prozent und im Ausbildungsverkehr um 145 Prozent. Es folgte eine Tarifoffensive durch die Einführung einer mit 44 Prozent gegenüber der normalen Mehrfachfahrkarte rabattierten Umweltmehrfahrtenkarte, die auf Anhieb 84000mal verkauft wurde. Das war eine erneute Steigerung gegenüber der normalen Nachfrage mit Mehrfachkarten um 115 Prozent. Regionale Nahverkehrskonzepte wurden und werden ähnlich erfolgreich auch in den Landkreisen Donnersberg, Rotenburg/Wümme, Freudenstadt, Wunsiedel, Borken, Lippe sowie flächendeckend im Saarland und in Schleswig- Holstein umgesetzt.

Massiver Handlungsbedarf für die Reorganisation des öffentlichen Verkehrs besteht in vielen Landkreisen. Das wurde 1986 in einer bundesweiten Erhebung ermittelt. Die Kreise beklagen große Angebotsmängel. Nur 55 Prozent verfügen über die werktägliche Anbindung aller Ortsteile, samstags nachmittags nur noch 17 Prozent und sonntags nur 8 Prozent. 28 Prozent aller

Kreise waren in den letzten zehn Jahren von Streckenstillegungen der Bahn betroffen, 24 Prozent von Fahrplanausdünnungen, in 52 Prozent werden weitere Streckenstillegungen diskutiert. Nur in 26 Prozent besteht Taktverkehr im Schienennetz, 36 Prozent haben wenigstens im lokalen Busverkehr ein Taktangebot, die Überlandbusse sind nur bei 21 Prozent vertaktet. Spezielle Umwelttarife bieten nur 26 Prozent an. Ein einheitliches, abgestimmtes Tarifsystem zwischen den verschiedenen Anbietern haben nur 19 Prozent und einen abgestimmten, einheitlichen Fahrplan nur 30 Prozent. Entsprechend unterentwickelt sind die lokale und regionale Kooperation zwischen den Verkehrsunternehmen. Bislang besteht nur bei 26 Prozent der Kreise eine einheitliche Organisationsform als Verkehrsgemeinschaft, Verbund o.ä. Gemeinsam geworben wird nur in 21 Prozent der Kreise, nur 18 Prozent haben eine gemeinsame Auskunftsorganisation und nur 16 Prozent einen gemeinsamen Fahrscheinverkauf. Viele Angebotsmängel erhöhen sich durch diese fehlende Abstimmung und Zusammenarbeit zwischen den verschiedenen Verkehrsbetrieben. Die Probleme gehen weiter bei den Planungsgrundlagen. 55 Prozent der Kreise besitzen keine umfassende Verkehrsanalyse, 44 Prozent nicht einmal eine grobe Bestandsaufnahme des öffentlichen Verkehrsangebotes. Ein neues Nahverkehrskonzept wurde bislang erst in 15 Prozent der Kreise erstellt, nur 28 Prozent bereiten eine grundlegende Neuordnung ihres Nahverkehrsangebotes vor.

Den großen Handlungsbedarf erkennen die Landkreise zunehmend selbst. Für zukünftig zu erstellende Nahverkehrskonzepte sehen 74 Prozent eine Verbesserung des Liniennetzes als wichtigen Schwerpunkt, 48 Prozent eine deutliche Steigerung der Fahrtenhäufigkeit, 78 Prozent eine bessere Fahrplanabstimmung, 68 Prozent eine bessere Fahrgastbedienung, 47 Prozent halten mehr Öffentlichkeitsarbeit und Werbung für notwendig. Die weitgehende Integration des Sonderverkehrs, insbesondere des sogenannten freigestellten Schülerverkehrs, ist für 76 Prozent eine wichtige zukünftige Aufgabe. Auch die bessere Nutzung der Schienennetze wird wieder von mehr Kreisen angestrebt, 42 Prozent der Kreise sehen künftige Schwerpunkte bei der Modernisierung der Schienenstrecken, 18 Prozent bei der Einführung eines verbesserten Fahrbetriebs, 22 Prozent beim Einsatz moderner Fahrzeuge, 35 Prozent bei der Einführung integrierter Bus-Schiene-Konzepte und 11 Prozent bei der Einführung der City-Bahn oder vertakteter Eilzüge. Für 64 Prozent der Kreise ist eine bessere Fahrgastbedienung durch mehr Kooperation der Verkehrsträger ein anzustrebender Schwerpunkt für Nahverkehrskonzepte. 41 Prozent wollen mit einem solchen Konzept zu einen gemeinsamen Kreisfahrplan kommen, 47 Prozent zu einer verbesserten Kooperation bei Öffentlichkeitsarbeit und Werbung. Für 58 Prozent ist eine tarifliche Zusammenarbeit Planungsziel. Eine Moderatoren- und Initiatorenrolle für Gespräche mit den Verkehrsunternehmen wollen 79 Prozent der Kreise zukünftig ernster nehmen, für Kontakte mit den Gemeinden 74 Prozent, mit Handel und Wirtschaft 46 Prozent, mit Schulen 66 Prozent und mit Bürgerversammlungen 25 Prozent.

Summa summarum allerdings ist der Ehrgeiz der Landkreise für eine generelle Neustrukturierung des öffentlichen Verkehrs nach wie vor begrenzt. Das Hauptproblem für die Erstellung und Umsetzung verbesserter örtlicher und regionaler Nahverkehrskonzepte sehen 78 Prozent von ihnen bei den Finanzen. 42 Prozent sehen ihren künftigen Schwerpunkt nur in punktuellen Maßnahmen, 52 Prozent sogar nur in besonders problematischen Teilräumen. Mit diesem eingeschränkten Durchsetzungswillen haben bislang auch erst 9 Prozent der

Kreise spezielle Fördermaßnahmen zur Verbesserung des Schienenverkehrs erreicht, denn gerade die Qualität der Schiene läßt sich nicht nur punktuell und auch nicht mit halbherzigen Finanzansätzen verbessern. Ihre Modernisierung bedarf einer systematischen breiten Vorgehensweise im gesamten Netz. Deshalb muß vor allem die Kooperation mit der Bundesbahn im Schienenverkehr und im Busverkehr von den lokalen und regionalen Gebietskörperschaften und Verkehrsunternehmen forciert werden. Angesichts historisch gewachsener Konkurrenzverhältnisse und starrer rechtlich-administrativer Rahmenbedingungen im Personenbeförderungsgesetz sowie komplizierter konzessionsrechtlicher Abgrenzungen bietet nur die übergreifende, moderierende Zusammenarbeit die Garantie, den öffentlichen Verkehr mit allen seinen Teilen und Verkehrsbetrieben als leistungsfähiges, für den Kunden einfach zu durchschauendes und zu handhabendes Nah-, Regional- und Gesamtsystem zu entwickeln. Gleichzeitig eröffnen die verschiedenen Formen der technischen und betrieblichen Kooperation vielfältige, durch die Zusammenarbeit potenzierte Vorteile bei der Erstellung der Infrastruktur, der konzeptionellen Planung, der Erschließung von Fördermöglichkeiten, der Beschaffung und Wartung der Fahrzeuge und ihrer typmäßigen Differenzierung, der Schulung des Personals, der Installation moderner Logistik und der Durchführung von Marketing, Werbung und Öffentlichkeitsarbeit. Unterschätzt beim Engagement der Kreise wird offenbar auch die Bedeutung einer breiten Tarifoffensive, denn 74 Prozent setzen noch immer auf Partialstrategien mit personenbezogenen oder zeitbezogenen Nischentarifen, deren Auswirkung auf die Nachfrage sehr gering ist. Bislang haben auch nur 17 Prozent der Kreise Projekte im Bereich Rufbus, Bürgerbus etc. realisiert, 27 Prozent haben entsprechende Projekte in Planung. Angesichts der kostengünstigen Pionierrolle dieser Angebotsformen für die Erweiterung des Linien- und Haltestellennetzes in Räumen vernachlässigter Nachfragebindung ist hier ebenfalls mehr Engagement gefordert. Der Wille zur Erstellung und Umsetzung ambitionierter Nahverkehrskonzepte muß deshalb wesentlich stärker werden. Das Land Nordrhein-Westfalen bezuschußt die Aufstellung örtlicher und regionaler Nahverkehrskonzepte mit 80 Prozent und versucht dadurch den Aufbruch zu neuen Konzepten zu erleichtern.

Schülerverkehr und sonstigen Sonderverkehr konzeptionell integrieren

Ein traditionelles Manko des öffentlichen Verkehrs in vielen ländlichen Regionen ist die häufige Ausgliederung des Schülerverkehrs und sonstigen Sonderverkehrs (Werksbusverkehr, Veranstaltungsverkehr) aus dem öffentlichen Angebot. Allenthalben wird seit den 70er Jahren ein eigenes Schulbussystem aufgezogen. Für diesen Schülertransport sind von den Schulträgern häufig private Verkehrsunternehmen zur Übernahme des freigestellten Schülerverkehrs beauftragt. Die dafür anfallenden Kosten werden den Schulträgern durch die Länder erstattet. Anfang der 80er Jahre stiegen die Kosten dafür bundesweit auf 2,5 Milliarden Mark. Die regionalen Dimensionen des Schülertransports lassen sich exemplarisch am Beispiel des Rhein-Lahn-Kreises verdeutlichen, in dem heute 9000 der 15 000 Schüler sogenannte Fahrschüler sind. Für deren separat organisierten Transport mußten 1985 5,3 Millionen Mark aufgewendet werden, um 138 Ortschaften zu bedienen. Dieser exklusive Schülertransport entzieht dem allgemeinen öffentlichen Verkehr eine wichtige Nachfragegruppe. Damit wird die Basis einer insgesamt besseren Auslastung und wirtschaftlicheren Organisation des öffentlichen Verkehrs stark geschmälert. In 46

Prozent aller Landkreise wird deshalb schon kaum mehr ein sonstiges öffentliches Verkehrsangebot aufrechterhalten. Dies ist für die Gesamtheit der Bürger wie für einen Teil der Schüler ein unhaltbarer Zustand, denn solche Schulbusse nehmen im Namen von Sankt Bürokratius nur die Berechtigten mit. Mitfahrberechtigte sind ausschließlich Schüler mit einer amtlich festgelegten Mindestentfernung zwischen Wohnung und Schule von meist zwei oder drei Kilometern. Die Verkehrsbetriebe können sich diesen weitverbreiteten Unsinn mit der Exklusivbedienung von Schülern – auf Kosten einer allgemeinen Versorgung – nur leisten, weil der Schulbusaufwand durch die gesetzlichen Zuschüsse bequem abgedeckt ist.

Genausowenig sinnvoll ist es, wenn der von bestimmten Fabriken organisierte Werkspersonenverkehr, mit dem die Pendler aus dem weiteren Umland befördert werden, isoliert und ohne Solidarität mit dem regulären öffentlichen Verkehr betrieben wird. Auch ein isoliert und exklusiv organisierter Werksverkehr entzieht dem öffentlichen Verkehr Nachfragegruppen und schmälert seine Angebotsbasis für alle. Nicht viel besser stellt sich aus diesem Blickwinkel die Organisation von Sonderverkehren für Theater- und Veranstaltungsservice oder für Discobusse dar. Durch Spezialisierung die Nachfrage zu segmentieren können sich die Verkehrsbetriebe allesamt bei ihrem gegenwärtigen Nachfrageniveau nicht leisten.

Ziel der öffentlichen Angebotsstruktur muß es deshalb sein, ohne Sonderbedienung auszukommen. In Baden-Württemberg und Niedersachsen ist schon heute im Schülerverkehr die Mitnahme Dritter möglich. In den anderen Ländern dagegen muß hierfür erst der freigestellte Schülerverkehr formell wieder in den allgemeinen öffentlichen Verkehr überführt werden. Die Integration ist allerdings nicht mit ein paar Detailänderungen erledigt, sondern erfordert eine grundsätzliche Überprüfung der Angebotssituation. Die bisher ausschließlich auf Schulen oder Fabriken ausgerichteten Linienwege müssen neu geordnet werden, um nun auch die übrigen relevanten Quellen und Ziele einzubeziehen. Die Bedienungszeiten sind neu festzulegen, wobei die Erfordernisse des Schüler- und Werksverkehrs weiterhin erfüllt bleiben müssen. Der besondere Service vieler Schulbusse, unterwegs auch an einzelnen Bedarfshaltestellen für dort zusteigende Schüler zu halten, kann ohne Probleme aufrechterhalten werden. Je nach bisheriger Organisationsform des freigestellten Schülerverkehrs sind besondere vertragliche Regelungen und intensive Abstimmungen zwischen den verschiedenen Kostenträgern, Verkehrsunternehmen, Schulen, Elternvertretungen und Gemeinden nötig. Die finanziellen Auswirkungen sowie die konzessionsrechtlichen und abrechnungstechnischen Details müssen neu festgelegt werden. Falls verschiedene Unternehmen beteiligt sind, müssen diese zu einer entsprechenden Kooperation verpflichtet werden. Das bei verbesserter Organisation freiwerdende Wagen- und Fahrerpotential kann für eine generelle Angebotsverdichtung genutzt werden. Der betroffene Verkehrsbetrieb wird stärker zu einer insgesamt offensiven Marktstrategie animiert, statt sich beim sicheren Geschäft mit dem Schülerverkehr auszuruhen.

Inzwischen ist die Integration des Schülerverkehrs fast überall als wichtiger Ansatzpunkt einer Reorganisation des öffentlichen Verkehrs im ländlichen Raum erkannt worden. Um es nochmals zu betonen, 1986 hatten 76 Prozent aller Landkreise dieses Thema als Schwerpunkt ihrer künftigen Nahverkehrsplanung genannt. Unter den Planungszielen zur Verbesserung des Nahverkehrs rangiert die Integration des Schülerverkehrs an erster Stelle. Allerdings haben erst 34 Prozent der Kreise eine Integration erreicht. Bei der Integration des Werksbusverkehrs ist die Situation wegen seines geringeren Vorkommens weniger dringlich. Doch auch in dem Fall streben inzwischen 28 Prozent aller Landkreise eine Integration an, nur 11 Prozent haben dieses Ziel bislang erreicht.

Moderne Logistik für effizienten und flexiblen öffentlichen Verkehr

Zu einem differenzierten und koordinierten Einsatz von Bussen und Bahnen unter Einbeziehung bedarfsgesteuerter Angebotsformen wie Anrufsammeltaxen, Rufbusse und Bürgerbusse gehört zwangsläufig eine leistungsfähige Logistik. Der Fortschritt der Computer- und Kommunikationstechnolgie mit sinkenden Hard- und Softwarekosten erleichtert dabei den Einstieg. Eine Ausstattung dieser Art kann und muß zur Regel moderner Verkehrsbetriebe werden. Bisher ist sie das Privileg weniger Verkehrsbetriebe in den Großstädten. An diesem Privileg ist vor allem das Gemeindeverkehrsfinanzierungsgesetz schuld, das die Förderung solch neuer Technologien auf große Betriebe mit über neunzig Fahrzeugen beschränkt. Den kleineren Verkehrsbetrieben fehlen aber viel mehr die Finanzkraft und der Informationshintergrund. Sie brauchen am ehesten staatliche Förderung und müssen deshalb künftig verstärkt Hilfe von Bund, Ländern, Kreisen und Gemeinden für den Aufbau moderner Logistik erhalten. Im Luftverkehr, dem technologisch fortgeschrittensten Teil des öffentlichen Verkehrs, haben computergesteuerte Kommunikations- und Betriebsleitsysteme längst flächendeckend Eingang in alle Unternehmen, Flughäfen und Verkehrsleiteinrichtungen gefunden. Auch im Güterverkehrsgewerbe ist die moderne Logistik immer wichtiger geworden für den Markterfolg. Moderne Transport-, Dispositions- und Kommunikationslogistik sind deshalb auch ein Schlüssel zum Betriebserfolg für einen leistungsfähigen öffentlichen Nahverkehr und viel relevanter als die staatlich geförderten Spielereien für einen vollautomatischen, fahrerlosen öffentlichen Verkehr oder gar einem automatisierten Autoverkehr mit computergesteuerten Lotsensystemen.

Konzeption, sachgerechte Auswahl von Hard- und Software und Finanzierung eines entsprechenden modernen Betriebsleitsystems sind wiederum am besten im Rahmen von Nahverkehrskonzepten von den Verkehrsbetrieben, Gemeinden und Landkreisen gemeinsam zu klären. Die Kreise sollten dabei eine unterstützende Funktion bei der Motivation und Koordination übernehmen. Verkehrsplaner müssen diesen relevanten Markt für Beratungs- und Entwicklungstätigkeiten entdecken, bislang gibt es nur wenige Spezialfirmen, die entsprechendes Know-how für fundierte Bedienungskonzepte und Logistikbausteine für den öffentlichen Verkehr besitzen und innovativ beim Aufbau vor Ort helfen können. Wenn Siedlungsstruktur, Straßennetz, Liniennetz und Fahrplan computerisiert sind und die laufenden Daten zum Betrieb und zur Fahrgaststatistik automatisch erfaßt werden, ermöglicht dies eine erheblich effizientere Betriebsorganisation. Fahrplankoordination, Anschlußsicherung, Liniennetzoptimierung sind dann auf fundierter Datengrundlage leicht zu bewerkstelligen. Wie am Zürcher Beispiel erläutert, hilft die ständige Kommunikation zwischen Fahrzeugen und Betriebsleitstelle bei der Sicherung fahrplantreuer Umläufe, vermeidet Störfälle und erlaubt prompte Reaktionen auf besondere Vorkommnisse wie die Bereitstellung von Einsatzwagen bei Unfällen oder besonderem Andrang. Die Betriebsleitstelle erstellt regelmäßige Verlustzeitanalysen, die wichtige Entscheidungshilfen für verkehrsplanerische Maßnahmen sind. Sie ist Voraussetzung für eine intelligente bedarfsabhängige Signalsteuerung durch Busse und Bahnen. Sie unterstützt den Aufbau eines kundenfreundlichen Informations- und Auskunftssystems und die

Erstellung kundengerechten Fahrplanmaterials wie zum Beispiel haltestellenbezogene oder persönliche Fahrpläne. Öffentlicher Verkehr darf angesichts solcher Möglichkeiten nicht länger auf dem technologischen und informatorischen Niveau der Vergangenheit verharren, sondern muß auf diese Weise überall zu einer verbesserten Betriebsorganisation kommen.

Öffentlicher Verkehr:
Ausbau und Pflege als Gesamtsystem statt Kaskadierung

Der öffentliche Verkehr kann nur als gutausgebautes, gepflegtes Gesamtsystem Erfolge einfahren. Seine Teilsysteme müssen sich gegenseitig unterstützen. Von den »Krankheiten« einzelner Teilsysteme wird immer auch das Gesamtsystem infiziert. Fortschritte sind daher nur zu erreichen, wenn sich das Gesamtsystem verbessert. Bislang sind Verkehrspolitik und -planung im öffentlichen Verkehr vielfach noch vom Gegenteil geprägt: Desintegration statt Integration, Netzbrüche statt Vernetzung, Konkurrenz statt Kooperation. System- und Tarifbarrieren bestimmen den Fahrgastalltag. Einer der Gründe dafür ist das klassische Planerdenken in Hierarchien, Kaskadierung genannt. Als besonders wichtig, zukunftsträchtig und förderwürdig gelten jeweils nur die sogenannten hochwertigen, schnellen und weiträumigen Systeme, in die am meisten investiert wird. Mit jeder nächstniedrigen Hierarchiestufe ist auch immer ein Qualitäts- und Modernitätsverlust verbunden. Bei der Bundesbahn fahren auf den Nebenstrecken im Nahverkehrs- und Eilzugbetrieb die ältesten und schlechtesten Wagen. Die Strecken sind veraltet, moderne Logistik ist rar. Ihr Serviceniveau ist Welten entfernt von den »Flaggschiffen« im IC- und ICE-System, die im vollen Wind politischer Beachtung, investiver Unterstützung und planerisch-technologischer Vorsorge segeln. Im Busverkehr gibt es ähnliche Diskrepanzen. In den Zentren moderne Wagen und zeitgemäße Logistik. In der Peripherie bzw. auf den unteren Hierarchiestufen des Liniennetzes dominieren dagegen »Schrott und Seelenverkäufer«, wursteln die Betriebe mit alter Technologie und Logistik, fühlt sich der Kunde im Stich gelassen. Kaskadierung ist aber auch, wenn der öffentliche Verkehr immer mehr Aufgaben an den Taxiverkehr abtritt und sich selber zeitlich und räumlich auf die angeblichen Kernaufgaben zurückzieht.

Derartige Kontrastprogramme sind tödlich für die Attraktivität eines Gesamtsystems. Im Wechselbad zwischen vorne hui und hinten pfui und zwischen Angebotsdichte und Angebotslücke werden die Durchlässigkeit und Funktionsfähigkeit des Gesamtsystems geschädigt. Ohne attraktive Verwurzelung im Erschließungsnetz vor Ort bleibt das öffentliche Verkehrssystem amputiert. Wer im eigenen Wohngebiet nicht oder nur miserabel bedient wird, wird auch sonst kaum zum begeisterten Kunden des öffentlichen Verkehrs. Als reiner Korridorverkehr mit Beschränkung auf wenige und im Zugang beschnittene Achsen können Busse und Bahnen immer nur eine Rumpfrolle spielen. Damit gibt der öffentliche Verkehr jeglichen Anspruch preis, in großem Umfang Mobilität zu sichern und den Autoverkehr zu ersetzen. Beim Autoverkehrssystem dagegen ist stets auf eine durchgängige Angebotsqualität geachtet worden. Keine Autobahn endet heute auf einem Feldweg. Die Zukunft des öffentlichen Verkehrs entscheidet sich in der Fläche, mit der durchgreifenden Steigerung seiner Erschließungsqualität. Öffentlicher Verkehr muß kundennah auf allen Systemstufen attraktiv sein und die lokalen, regionalen und überregionalen Teilsysteme eng miteinander verflechten.

Wirtschaft und öffentlicher Verkehr: überfällige Partnerschaft

Lange Jahre zeigte die Wirtschaft in der Bundesrepublik wenig Interesse am öffentlichen Verkehr. Die Erschließungsqualität mit Bussen und Bahnen galt ihr als nachrangiges Standortkriterium. Ob eine Linie oder Haltestelle in der Nähe war, kümmerte die Unternehmensleitungen und die Betriebsräte kaum. Sie forderten ausschließlich leistungsfähige Straßen und Platz zum Parken. Es sollte an dieser Stelle nochmals betont werden, wie sehr die Wirtschaft sich mit dieser einäugigen Sicht ihr eigenes Geschäft vermiest. Daß es auch anders geht und die Wirtschaft ein wichtiger Partner des öffentlichen Verkehrs sein kann, zeigt der Blick nach Japan. Dort engagieren sich viele Firmen im öffentlichen Verkehr, betreiben zum Teil private Bahn- und Buslinien oder beteiligen sich an den entsprechenden Verkehrsunternehmen. Betriebsnah gelegene, gutgestaltete und attraktiv bediente Haltestellen gelten als Visitenkarte und Magnet für das Publikum. Die japanische Wirtschaft weiß, daß man dank eines attraktiven öffentlichen Verkehrs offenkundig gut verdienen kann. Er begünstigt lukrative Grundstücksnutzungen und hohe Umsätze. Mehrere nationale und internationale Studien haben deutliche Abhängigkeiten der Umsatzzahlen des Handels von der Erreichbarkeit durch öffentlichen Verkehr belegt. Standorte, die mit Bussen und Bahnen schlecht zu erreichen sind, verzeichnen auch eine deutlich schlechtere Entwicklung. In Erkenntnis solcher Zusammenhänge beschränken sich japanische Verkehrsunternehmen nicht auf ihre Verkehrsleistung. Sie sichern sich eigene Grundstücke an attraktiven Knotenpunkten des öffentlichen Verkehrs, deren Nutzung sie im Zusammenhang mit Beteiligungen oder Partnerschaften mit Kaufhausketten, Hotelketten, Restaurantketten, Büroleasingfirmen gestalten. An deren lagebegünstigtem Geschäftserfolg können so die Verkehrsunternehmen finanziell partizipieren. Diese Symbiose garantiert gleichzeitig eine hohe Nachfrage im öffentlichen Verkehr, weil das Netz nicht einseitig nur für Berufspendler, sondern generell auch für Einkaufskunden und Geschäftsleute sowie Freizeitaktivitäten attraktiv wird. Hohe Nachfragebindung sichert eine gute Auslastung und damit neben den Beteilungsgewinnen die Wirtschaftlichkeit. Die Interessengemeinschaft hält das Engagement der Wirtschaft und des Handels in Japan für den weiteren Netzausbau und die Verbesserung der Angebotsqualität wach. Auch in den europäischen Ländern gibt es Beispiele für ein verstärktes Engagement der Wirtschaft für den öffentlichen Verkehr. In London beteiligen sich Investoren, die in dem neuen Entwicklungsgebiet der Docklands aktiv sind, an der Finanzierung des Bahnausbaus. Ähnliche Regelungen gibt es auch in anderen englischen Städten, zum Beispiel in Bristol. In Stockholm haben sich private Investoren am Ausbau des Hauptbahnhofs samt Busterminal beteiligt, weil in Verbindung damit auch ein Büro- und Einkaufszentrum errichtet wurde und diese Standortgemeinschaft für beide Seiten Vorteile bringt.

Inzwischen gibt es in der Bundesrepublik manche Anzeichen für ein »langsames Aufwachen« der Wirtschaft. Die Spitzenorganisationen des Handels stehen der Förderung des öffentlichen Verkehrs nicht mehr völlig desinteressiert gegenüber. Sie distanzieren sich zunehmend von ihren früheren einseitigen Forderungen nach immer mehr Straßen und Parkplätzen für die Innenstädte. Die Industrie- und Handelskammer der Stadt Münster hält es zum Beispiel seit einiger Zeit für wünschenswert, möglichst viel Autoverkehr aus der Innenstadt auszulagern und weit über die bisherigen Fußgängerzonen hinausgehende, große autofreie Gebiete zu schaffen. In Bonn fordert die Wirtschaftsvereinigung die Einrichtung neuer Citybuslinien. Es wächst offenbar das Interesse des Handels an einem guten Anschluß an Busse und Bahnen, damit die Kundschaft vor den Laden gefahren wird. Firmen mit überdimensionierten Straßen und Parkplätzen und verödetem Umfeld fordern als Antwort auf sinkende Kundenzahlen, Umsätze und Grundstückswerte von den Städten Standortverbesserung durch neue Haltestellen und bessere Takte, durch Verkehrsberuhigung und Verbesserung der straßenräumlichen Akzente. Attraktives urbanes Flair wird wieder angestrebt. Man interessiert sich für die Möglichkeit, in Fahrplänen und sonstigem Informationsmaterial zu werben. Immer mehr Geschäfte denken darüber nach, ihren mit Bussen und Bahnen kommenden Kunden mit dem Kaufpreis einen Fahrpreisbonus zu bieten. Die Investoren schlagen heiße Schlachten um die »Filetgrundstücke« an den neugestalteten Hauptbahnhöfen. Wirtschaftsvereinigungen und Konzerne mischen sich ein in die Diskussionen um die städteverbindenden Neubaustrekken. Die Regionen entwickeln Ehrgeiz, an das attraktive Hauptnetz angeschlossen zu werden. Neue Finanzierungsmodelle mit privatwirtschaftlicher Beteiligung an den Investitionen in den öffentlichen Verkehr werden diskutiert.

Wie sich die Einstellung der deutschen Wirtschaft zum öffentlichen Verkehr ändern kann, belegt das Beispiel der Messen. Lange haben Messegesellschaften immer nur neue Straßen und Parkplätze gefordert. Jetzt engagieren sie sich für eine bessere Erschließung im öffentlichen Verkehr, dichtere Takte, neue Linien und Haltepunkte, entwickeln Package-Messekarten, in denen der Fahrpreis für das lokale Netz enthalten ist, übernehmen Fahrplan- und Tarifinformationen in die Messeprogramme, richten gemeinsam mit den Verkehrsbetrieben Pendelbusse und Messelinien ein. Ein solches Beispiel ist die Kölner Messe, die 1980 noch 80 Prozent Autokunden hatte, trotz direkter Nachbarschaft zum Hauptbahnhof und zum Deutzer Bahnhof. Inzwischen hat der Autoanteil der Messebesucher um ein Viertel abgenommen. Der Trend wird weitergehen, weil die Erreichbarkeit des Messegeländes durch Inbetriebnahme der S-Bahn weiter verbessert wird. Auch das Fremdenverkehrsgewerbe erinnert sich wieder an den öffentlichen Verkehr. Hotels bieten als Zusatzservice kostenlos Tageskarten für Busse und Bahnen an. Die Kurverwaltungen integrieren in den Kurbeitrag die freie Benutzung von Bussen und Bahnen.

In den Großstädten erhoffen sich viele Firmen von einem verstärkten öffentlichen Verkehr auch eine Verringerung der Bau- und Erschließungskosten. Mit einem verbesserten Anschluß an Busse und Bahnen können sie sich den Bau mehrgeschossiger Tiefgaragen sparen, in denen der Platz schnell 25 000 oder 30 000 Mark kostet und schon bei mittelgroßen Gebäuden Millionenbeträge an Investitionen erforderlich werden, die bei unentgeltlicher Bereitstellung an die Beschäftigten und Kunden verloren sind. Das gilt auch für die sogenannten Ablösesummen, die Betriebe in den dichtbebauten Gebieten den Städten in Höhe von 10 000 bis 20 000 Mark zahlen müssen, wenn sie dem Parkplatzbau auf eigenem Grundstück nicht nachkommen können. So interessieren sich immer mehr Firmen für die Möglichkeit, durch die garantierte Abnahme von Beschäftigtenabos von der Stellplatzverpflichtung befreit zu werden. Die Arbeitsgemeinschaft leitender Verkehrsplaner im Städtetag schlägt vor, ab 70 Prozent garantiertem Aboanteil der Beschäftigten auf Stellplatznachweis und Ablösebeträge zu verzichten. Clevere Firmen verhandeln mit den Verkehrsbetrieben über stark verbilligte Großkundenabos, um dann den Beschäftigten bei ihren Monats- oder Jahreskarten einen Preisanreiz zu bieten. Der Verband der öffentlichen Verkehrsbetriebe empfiehlt jetzt seinen Mitgliedern, gezielt auf die Arbeitgeber mit Fahrplan und Tarifinformationen zuzugehen und ihnen Sonderpreise für Abos anzubieten. Einige Verkehrsunternehmen haben bereits ein gestaffeltes System von Großkundenrabatten entwickelt. In der Schweiz beteiligen sich zahlreiche Firmen an den Abos ihrer Beschäftigten und teilweise sogar ihrer Kunden. Als erste deutsche Gewerkschaft hat jetzt die ÖTV erkannt, daß die stereotypen Parkplatzforderungen der Betriebs- und Personalräte kein sozialer Fortschritt sind, und verlangt von den Arbeitgebern subventionierte Netzabos als Teil einer neuen Verkehrs- und Tarifpolitik. Die Kooperation von Wirtschaft und öffentlichem Verkehr kann auch zu speziellen Leistungen durch geschickte Kopplung von öffentlichem Angebot und Werksangebot führen. Ein spektakuläres Beispiel praktiziert eine schwedische Elektronikfirma, die zwischen Uppsala und Stockholm für ihre Mitarbeiter spezielle Eisenbahnwaggons als fahrendes Büro mit Computerkonsolen etc. ausgerüstet hat und den Beschäftigten damit den täglichen Arbeitsweg als Arbeitszeit anrechnet. Ein klares Beispiel, wie man mit öffentlichem Verkehr Zeit sparen kann. Deutsche Firmen sehen dagegen noch immer ungerührt zu, wie ihre Beschäftigten im Straßenverkehr Unmengen von Zeit verlieren. Ein solcher Fall ist das Werk Bayer in Leverkusen, ein Großbetrieb inmitten einer unendlichen Wüste von Großparkplätzen und einem Gewirr von Autobahnen und Schnellstraßen. Über Jahrzehnte hat Bayer die ihn umgebenden Städte zu aberwitzigen Straßenbauinvestitionen motiviert, mit dem Erfolg, daß morgens und abends in der ganzen Region ein einziger Stau herrscht und die Mitarbeiter ihre »Freizeit« im »Stop and Go« verplempern. Erst jetzt wird untersucht, wie mehr Beschäftigte auf die Alternative öffentlicher Verkehr gebracht werden können, um die Region vom überbordenden Autoverkehr zu entlasten.

Finanzierung des öffentlichen Verkehrs: solide Grundlagen für den Vorrang

Investitionsbedarf der Trendwende erfordert neue Finanzprioritäten

Der Finanzbedarf für den Trend zum öffentlichen Verkehr ist beträchtlich. In verschiedenen Studien ist ermittelt worden, was der systematische, flächendeckende Ausbau und die Modernisierung der Netze im öffentlichen Verkehr kosten. Für die Schweiz wurde in dem Konzept »Umwelt, Verkehr, Umkehr« schon 1983 vom Verkehrs-Club der Schweiz errechnet, daß die Investitionen für den Netz- und Kapazitätsausbau im öffentlichen Verkehr um das 4,5fache auf insgesamt 12,8 Milliarden Franken für zehn Jahre angehoben werden müssen, um die Verkehrsleistung im öffentlichen Verkehr um 336 Prozent zu steigern und dadurch die Verkehrsleistung des belastenden Autoverkehrs um 58 Prozent zu senken. Gleichzeitig wurde vorgeschlagen, den Finanzierungsaufwand für das Straßenwesen sukzessive um drei Viertel von rund 2,2 bis 2,5 Milliarden Franken auf rund 0,6 Milliarden Franken jährlich zu vermindern. Diese Vorschläge sind inzwischen von der Schweizer Verkehrspolitik teilweise übernommen worden und mit dem Konzept »Bahn und Bus 2000« in der Umsetzung begriffen.

Für die Niederlande wurde 1989 das Konzept »Sauberer Verkehr, stadt- und umweltverträgliche Mobilität« im Auftrag der Regierung erstellt. Darin wird angeregt, für den öffentlichen Verkehr die Investitionen um 118 Prozent und die Betriebsausgaben um 133 Prozent zu steigern, um die Zahl der Knotenpunkte im nationalen Intercitynetz um 90 Prozent und die Zahl der Linienverknüpfungen pro Knoten um 25 Prozent zu vermehren sowie die Reisezeit im Bahnnetz um 40 Prozent zu verkürzen. Insgesamt wird zur Verbesserung des öffentlichen Verkehrs ein Investitionsbedarf von rund

20 Milliarden Gulden bis zum Jahr 2010 errechnet. Mit diesen Investitionen können die Fahrgastzahlen im öffentlichen Verkehr um rund 460 Prozent gesteigert werden, wenn gleichzeitig die bisherige Autoverkehrsförderung eingestellt wird. Deshalb wird vorgeschlagen, die Finanzmittel für Straßenneubau um 95 Prozent zu senken und bei den Gesamtausgaben für das Straßenwesen einschließlich Straßenunterhaltung 30 Prozent einzusparen. Durch dieses Umsteuern bei den Investitionen können nach den Berechnungen die verkehrsbedingten Abgasbelastungen bis zum Jahre 2010 um mindestens 75 bis 80 Prozent und die Länge der unzumutbar lärmbelasteten Straßen um mindestens 50 Prozent vermindert werden, weil die Verkehrsleistung im Autoverkehr um rund 70 Prozent sinkt. Das wiederum macht es möglich, die Finanzbelastung durch ungedeckte Umwelt- und Unfallfolgekosten um rund 80 Milliarden Gulden zu senken und damit die privaten Budgets der Haushalte um rund 3900 Gulden jährlich zu entlasten. Zur Finanzierung der Investitionen für den öffentlichen Verkehr wird vorgeschlagen, 10,5 Milliarden Gulden durch eine spezielle Verkehrsabgabe einzunehmen und den Rest aus einer 150prozentigen Mehreinnahme aus den Fahrpreisen abzudecken. Der Streit über die konsequente Umsteuerung der Verkehrsinvestitionen und ihre Finanzierung hat 1989 zu einer Regierungskrise geführt, doch gestützt auf das Votum der Wähler, will die neue Regierung das Programm zum umweltorientierten Umbau des Verkehrssystems konsequent weiterführen.

Für die Bundesrepublik gibt es drei sich ergänzende Investitions- und Finanzbedarfsrechnungen. 1986 hat die Bundesforschungsanstalt für Landeskunde und Raumordnung eine Modellrechnung zur kommunalen Verkehrssanierung durchgeführt, bei der für den weiteren Ausbau des kommunalen Bus- und Schienenverkehrs ein Finanzbedarf von knapp 60 Milliarden Mark ermittelt wurde, davon allein 31 Milliarden Mark für den Ausbau von Straßenbahnen und 13 Milliarden Mark für den Ausbau S-Bahn-artiger Verkehre. Für die systematische Beschleunigung vorhandener Bus- und Straßenbahnsysteme wurde ein Finanzbedarf von 5,2 Milliarden Mark ermittelt. Die Berechnung beschränkt sich auf die Bauinvestitionen und den Lokalverkehr und berücksichtigt nicht den Finanzbedarf für Fahrzeuge. Unter Einbeziehung des Finanzbedarfs für Fahrzeuge und des Regionalverkehrs sowie unter der Zielsetzung einer weitgehenden Substitution von rund 50 Prozent des heutigen Autoverkehrs durch öffentlichen Verkehr hat 1989 das Institut für Landes- und Stadtentwicklungsforschung des Landes Nordrhein-Westfalen eine weitergehende Modellrechnung für den Finanzbedarf eines Investitionsbooms beim öffentlichen Verkehr erarbeitet. Der Ausbau des lokalen und regionalen Schienen- und Busnetzes, des Haltestellennetzes, der Betriebsleitsysteme, die Umsetzung systematischer Bevorrechtigung im Stadtverkehr sowie die Erweiterung des Fahrzeugparks erfordern danach für die nächsten zehn Jahre rund 150 Milliarden Mark, also 15 Milliarden Mark jährlich. Schon eine jährliche Umweltabgabe von 500 Mark je Auto brächte die benötigten 15 Milliarden Mark für den Ausbau des öffentlichen Verkehrs zusammen. Nicht berücksichtigt sind in diesen beiden Modellrechnungen der öffentliche, lokale und regionale Güterverkehr und der überregionale, nationale und internationale Personen- und Güterverkehr der Bundesbahn. Für den Finanzbedarf der Bundesbahn im Regional- und Fernverkehr zum Personen- und Gütertransport hat Winfried Wolf 1987 in seinem Buch »Eisenbahn und Autowahn« eine Modellrechnung durchgeführt, die auch den notwendigen Ausbau der Bahnhöfe, Haltepunkte und Güterverkehrszentren sowie die Beschaffung modernsten

Rollmaterials und zeitgemäßer Logistik für Betriebssteuerung umfaßt. Danach sind allein für die Bundesbahn, auf 15 Jahre verteilt, rund 150 Milliarden Mark erforderlich. Aus der Zusammenschau dieser drei Modellrechnungen läßt sich der bundesdeutsche Finanzbedarf für die Gesamtverbesserung des Personen- und Güterverkehrs im öffentlichen Orts-, Regional- und Fernverkehr auf etwa 25 Milliarden Mark jährlich beziffern. Dieser Bedarf liegt weit über dem, was Bund, Länder und Gemeinden bislang für die Finanzierung des öffentlichen Verkehrs vorgesehen haben. Das Programm des Bundes im Gemeindeverkehrsfinanzierungsgesetz zur Förderung des öffentlichen Verkehrs sieht für Ende der 80er Jahre jährlich rund 1,25 Milliarden Mark vor, das ergibt einschließlich der Komplementärmittel der Länder und Gemeinden nur 2,7 Milliarden Mark für den öffentlichen Lokal- und Regionalverkehr statt der benötigten ca. 15 Milliarden. Auch bei der Bundesbahn stehen nach dem Bundesverkehrswegeplan an jährlichen Investitionen nur 3,5 Milliarden anstelle der eigentlich benötigten 10 Milliarden Mark zur Verfügung. Mit diesen weit unter dem eigentlichen Bedarf liegenden Investitionssummen kann man in der Bundesrepublik dem Anspruch einer systematischen Umsteuerung und durchgreifenden Vorrangpolitik für Busse und Bahnen nicht gerecht werden.

Die Modellrechnungen für die Schweiz, die Niederlande und die Bundesrepublik machen deutlich, daß künftig der Hauptanteil aller Verkehrsausgaben der Länder, Regionen und Gemeinden für Neubau, Ausbau, Beschleunigung, Modernisierung und Betrieb des öffentlichen Verkehrs ausgegeben werden muß, wenn eine wirkliche Änderung der Verkehrsstrukturen erreicht werden soll. Damit diese Umsteuerung erreicht wird und die Gesamtausgaben für Verkehr nicht explodieren, müssen die Ausgaben für Neubau und Ausbau der Straßennetze und des Parkraums drastisch reduziert werden. Auch diese finanziellen Entlastungen beim Straßenwesen und den autobedingten direkten und indirekten Folgekosten sind ein wichtiger Grund für eine energische Wende der Finanz- und Investitionsprioritäten im Verkehr. Nötig ist ein verkehrs- und finanzpolitisches Konzept, das die Finanzverantwortung und -verteilung zwischen den Gebietskörperschaften und den Verkehrsarten neu regelt.

Öffentlicher Verkehr als Pflichtaufgabe der Gebietskörperschaften

Neubau, Ausbau, Pflege und Unterhaltung von Straßen sind gesetzliche Pflichtaufgaben der öffentlichen Hand. Jede Gebietskörperschaft ist für ihr Straßennetz verantwortlich, der Bund für die Bundesfernstraßen, die Länder für die Landesstraßen, die Kreise für die Kreisstraßen und die Kommunen für die kommunalen Straßen. Eine vergleichbare Regelung für den öffentlichen Verkehr gibt es dagegen nicht. Das Grundgesetz hat es versäumt, hierzu klare Aussagen zu treffen. Noch heute besteht keine gesetzliche Verpflichtung für die Gebietskörperschaften, die Regionen, Siedlungs- und Baugebiete mit Bussen und Bahnen zu erschließen. Bauwerke und Bebauungspläne können nicht ohne Straßenanschluß, wohl aber ohne jeden öffentlichen Verkehrsanschluß genehmigt werden. Niemand hat einen gesetzlichen Anspruch auf ausreichende Versorgung mit öffentlichem Verkehr, Untätigkeit ist auf diesem Sektor gesetzlich erlaubt.

Die Wurzeln dieser Gesetzeslücke, was die Regelungen für den öffentlichen Verkehr betrifft, stammen noch aus seiner »Gründer- und Boomzeit«, als Busse und Bahnen meist gewinnbringend durch vielfach private Verkehrsunternehmen betrieben wurden. Der Staat konnte sich auf ordnungspolitische, konzessionsrechtliche und sicherheitstechnische Rahmensetzungen beschränken und brauchte die Gebietskörperschaften nicht zur Angebotsvorhaltung zu verpflichten. Die Verkehrsbetriebe investierten von alleine. Im Gegensatz hierzu bewertete man den Straßenbau bei unentgeltlichem Gemeingebrauch als ein nicht privatwirtschaftlich organisierbares Geschäft. Deshalb nahm man die Gebietskörperschaften als Baulastträger finanziell und rechtlich in die Pflicht und sicherte dem Straßenwesen gesetzliche Finanzierungsquellen auf allen Ebenen. Damit ergab sich ein zwangsläufiger Automatismus der selbstverständlichen Bereitstellung von Mitteln für das Straßenwesen, der in Verbindung mit dem Betätigungsdrang personalstarker Straßenbauverwaltungen für einen kontinuierlichen Straßenausbau sorgte. Mit diesem staatlich alimentierten Straßenwesen und der vielfältigen sonstigen staatlichen Förderung der Motorisierung veränderte sich ab den 50er Jahren erdrutschartig der Verkehrsmarkt. Der Marktanteil für den öffentlichen Verkehr wurde immer schmäler und damit die Geschäftsbasis der Verkehrsbetriebe ruiniert, denen immer mehr die notwendige Finanzkraft für Ausbau und Modernisierung ihrer Systeme abhanden kam. Nur sehr zögerlich und selektiv engagierten sich die Gebietskörperschaften dann für den öffentlichen Verkehr, übernahmen einen Teil der Fehlbeträge und Investitionskosten. Erst ab 1967 schuf das Gemeindeverkehrsfinanzierungsgesetz einen neuen Rahmen für verstärktes finanzielles Engagement der Gebietskörperschaften. Bis 1986 wurden hiernach etwa 20,1 Milliarden Mark vom Bund, 9,5 Milliarden Mark von den Ländern und 8,3 Milliarden Mark von den Gemeinden für Investitionen in den öffentlichen Verkehr ausgegeben, zusammen also etwa 38 Milliarden Mark. Die derzeit jährlich über dieses Gesetz bereitstehenden rund 2,7 Milliarden Mark Investitionsmittel reichen aber bei weitem nicht aus, die inzwischen beträchtlichen, lange verschleppten Investitionsdefizite und Infrastrukturerfordernisse des öffentlichen Verkehrs abzudekken. Sein Finanzbedarf wird inzwischen wie der »Schwarze Peter« zwischen den Gebietskörperschaften hin und her geschoben. Die Neuaufteilung der Verantwortlichkeiten und eine Veränderung des Finanzierungssystems sind überfällig.

Ein notwendiger Schritt ist die gesetzliche Neuregelung der Zuständigkeiten im öffentlichen Verkehr. Bund, Länder, Kreise und Kommunen sind für ihre jeweilige Netzebene eindeutig in die Pflicht zu nehmen. Analog zur Finanzierung der Bundesfernstraßen muß der Bund zukünftig die Verantwortung, Finanzierung und Unterhaltung für Schienen, Bahnhöfe, Güterumschlagzentren, Züge, Betriebsleitsysteme etc. des großräumigen nationalen und internationalen öffentlichen Personen- und Güterverkehrs übernehmen. Die Standards der Netzdichte, Verbindungs- und Bedienungsqualität müssen mindestens denen des Bundesfernstraßensystems entsprechen. Statt dessen liegt bislang diese Aufgabe bei der Bundesbahn, die große Teile ihrer Infrastruktur- und Fahrzeugkosten aus eigenen Mitteln oder über den Kapitalmarkt finanzieren muß. Ihr Investitionsspielraum ist immer noch durch eine Altschuldenlast aus den Vor- und Nachkriegsjahren mit, bis 1989, 47 Milliarden Mark stark eingeengt. Von 1933 bis 1942 mußte die Reichsbahn sogar mit 500 Millionen Reichsmark den Bau der Hitler-Autobahnen finanzieren. Nach dem Krieg waren der Wiederaufbau der kriegszerstörten Bahnnetze und deren zeitgemäße Modernisierung überwiegend von der Bahn selbst zu finanzieren bzw. vorzufinanzieren, während die Kriegsschäden im Straßennetz auf Kosten der Gebietskörperschaften beseitigt wurden. Inzwischen werden mehr als ein Drittel der verfügbaren Finanzmittel der Bahn jährlich allein für Zinsen aufgefressen. Doch noch immer weigert sich der

Bund, die Altschuldenlasten voll zu tilgen und die Infrastrukturkosten der Bahn zu übernehmen. Er beschränkt sich auf Darlehen und Zuschüsse zur Minderung der Fehlbeträge und auf selektive Investitionshilfen. So geht die chronische Finanzkrise der Bundesbahn weiter und lähmt eine systematische flächendeckende Ausbauinitiative. Dem kontinuierlichen, gut»geölten« Netzausbau bei den Bundesfernstraßen steht eine äußerst restriktive Ausbaupraxis bei der Bundesbahn gegenüber, die sich überwiegend immer noch mit den traditionellen Netzen der Jahrhundertwende begnügen muß.

Bei den Ländern besteht die gleiche Umsteuerungsnotwendigkeit, denn noch gibt es in ihrem öffentlichen Verkehr keine Entsprechung zu den Landesstraßen. Die Länder müssen endlich Abschied nehmen von ihrem einseitigen kontinuierlichen Straßennetzausbau, der selbst dort noch in blinder Routine weitergeht, wo längst kein Bedarf mehr für Neubau und Ausbau besteht. Sie haben statt dessen eine klare politische, planerische und finanzielle Verantwortung für das Netz der landesweit bedeutsamen Schienenverkehrswege des Personen- und Güterverkehrs zu übernehmen. Dafür brauchen sie einen gesetzlichen Auftrag und die finanziellen Grundlagen. Damit muß wieder angeknüpft werden an die bedeutende Rolle der Landesbahngesellschaften, deren stürmischer Netzausbau in der Gründerzeit zentrales Mittel der Landesverkehrspolitik und Motor der Industrialisierung war. Die Länderbahnen machten große Gewinne. Erst die Niederlage im Ersten Weltkrieg, die drückende Reparationslast und die finanzielle »Ausplünderung« führten zur Zerschlagung der Länderbahnen und damit zum Ende des Ausbaubooms. Heute, am Startpunkt eines neuen Bahnzeitalters, müssen das politische und das finanzielle Engagement der Länder für den landesweiten öffentlichen Verkehr wieder eine Renaissance erfahren. Maßstab müssen die Netzstandards und Verbindungsqualitäten beim Landesstraßennetz sein. Statt mit der Bundesbahn mühsam Rahmenvereinbarungen zu treffen, welches Streckennetz »der Bahn noch zumutbar« ist, sind eine beträchtliche Netz- und Angebotsverdichtung durch die Länder anzustreben. Das heißt nicht unbedingt, wieder eigene Landesbahngesellschaften zu gründen. Die Länder können bei entsprechender Kosten- und Planungsbeteiligung auch weiterhin die Bundesbahn mit der Durchführung des landesweiten öffentlichen Verkehrs beauftragen. Zwischen Bund und Ländern muß es hierfür eine Umverteilung von Finanzmitteln geben.

Auch die Landkreise engagieren sich seit Jahrzehnten einseitig im Straßenbau. Sie errichten und unterhalten die Kreisstraßen, die dem regionalen Straßenverkehr dienen, beteiligen sich dagegen oft überhaupt nicht oder nur minimal am öffentlichen Verkehr. Auch hier war das nicht immer so. Bis in die 50er Jahre gab es viele sogenannte Kreisbahnen, sei es als Nebenbahnen der Eisenbahn oder als regionale Straßenbahnsysteme. Viele Verkehrsbetriebe operierten auf dieser Ebene und erhielten dafür eine beträchtliche Unterstützung durch die Kreise. Später ist angesichts der völligen Umpolung der Interessen auf Straßenbau der systematische Ausbau eines modernen flächendeckenden Systems des öffentlichen Verkehrs auf Kreisebene weithin unterblieben. Auch in diesem Fall ist deshalb eine klare gesetzliche Regelung nötig, um die finanzielle, planerische und politische Verantwortung der Kreise für den öffentlichen Verkehr festzumachen und durch Zugang zu entsprechenden Finanzierungsquellen abzusichern.

Die Städte und Gemeinden, die das kommunale Straßennetz errichten und unterhalten, geben dem Straßenbau und dem Ausbau der Parkkapazitäten seit Jahrzehnten hohe finanzielle Priorität. Der öffentliche Verkehr ist dagegen auch für die Städte und Gemeinden nur eine freiwillige Aufgabe. Kleine Gemeinden, aber ebenso viele Klein- und Mittelstädte verfügen deshalb heute nicht mehr über einen eigenen öffentlichen Verkehr. Sie werden lediglich mit regionalem Angebot mehr schlecht als recht bedient und zeigen durch ihre Gewöhnung an die Autoabhängigkeit oft nur noch ein minimales finanzielles Engagement für den öffentlichen Verkehr. Fast alle ihre Verkehrsausgaben gehen in Neu- und Ausbau des kommunalen Straßennetzes und verstärken den bisherigen Teufelskreis. Selbst die Großstädte investieren vor allem in das Autoverkehrssystem und verzichten auf einen weiteren Systemausbau beim öffentlichen Verkehr. Deshalb ist auch für die Kommunen eine eindeutige gesetzliche Verpflichtung zum öffentlichen Verkehr notwendig, die verbunden werden muß mit verbesserten Finanzierungsvoraussetzungen.

Die Konkretisierung dieser gesetzlichen Finanzierungsverantwortung der Gebietskörperschaften für Busse und Bahnen führt dazu, daß die Verkehrsbetriebe von den Vorhaltungskosten entlastet werden, die sich aus Infrastrukturkosten für die ortsfesten Anlagen wie Schienen, Haltestellen etc. sowie den Kosten für die Fahrzeuge zusammensetzen. Die Vorhaltungskosten müssen künftig auf der jeweiligen Netzebene von der zuständigen Gebietskörperschaft finanziert werden. Dagegen sind die Betriebskosten durch die Verkehrsbetriebe so weit wie möglich aus Fahrgeldeinnahmen zu decken. Eine solche Regelung entspricht der Praxis in allen anderen Infrastrukturbereichen wie zum Beispiel der Wasser- und Gasversorgung, den Schwimmbädern, Theatern, Museen etc. Immer sind dort die Erstellung und Unterhaltung der Infrastruktur Aufgabe der Gebietskörperschaften und werden aus Haushaltsmitteln oder speziellen Erschließungsbeiträgen finanziert. Die Einnahmen werden allein zum Ausgleich der Betriebskosten verwendet. Unter ähnlichen Voraussetzungen wird den Verkehrsbetrieben ermöglicht, sich finanziell und unternehmerisch auf ihre eigentliche Aufgabe, den »Verkehrsbetrieb«, zu konzentrieren. Es wird der nötige finanzielle Spielraum frei, durch offensive Angebotsgestaltung weit größere Verkehrsaufgaben als bisher zu erfüllen und dabei kostendeckend zu arbeiten. Den ersten Schritt in diese Richtung hat bereits die Schweiz getan, die in zwei Stufen, 1982 und 1987, die Zuständigkeit des Bundes für die Finanzierung der Bahninfrastruktur anerkannt und das Kostentrennungssystem eingeführt hat. Nordrhein-Westfalen führt ab 1990 im Bereich des Verkehrsverbundes Rhein-Ruhr ein vergleichbares System ein, das eine Reihe von Verkehrsbetrieben wieder in die Gewinnzone bringen kann.

Finanzierungssystem für den öffentlichen Verkehr von Grund auf ändern

Mit dieser Verpflichtung der Gebietskörperschaften zur Übernahme der Vorhaltungskosten für den öffentlichen Verkehr läßt sich auch das bisher von Grund auf verfehlte Fördersystem des Gemeindeverkehrsfinanzierungsgesetzes ändern, das zur Zeit noch viele problematische Regelungen enthält. Nach diesem Ende der 60er Jahre geschaffenen Gesetz unterstützt der Bund kommunale Verkehrsinvestitionen mit einem Betrag von derzeit 5,4 Pfennig aus der Mineralölsteuer für jeden verkauften Liter Kraftstoff. Die Länder und Kommunen stellen ihrerseits zu den Bundesmitteln Komplementärmittel zur Verfügung. Mit dieser Regelung hat das Gemeindeverkehrsfinanzierungsgesetz den entscheidenden Geburtsfehler, daß es die Investitionshilfen für den öffentlichen Verkehr vorrangig als »Abfallprodukt« des Autoverkehrs betrachtet. Die verfügbaren Bundesmittel zur Förderung der kommunalen Verkehrsverhältnisse und zum Ausbau des öffentlichen Verkehrs wachsen, wenn mehr Auto gefahren und mehr Kraftstoff verbraucht wird. Durch mehr Autoverkehr gehen jedoch gleichzeitig dem öffentlichen Verkehr immer mehr Fahrgeldeinnahmen verloren. Ein weiterer Geburtsfehler ist, daß der Gemeindeverkehrsfinanztopf zu jeweils etwa gleichen Teilen für den Straßenbau und den öffentlichen Verkehr verwendet wird. Die Länder konnten ihrerseits den Anteil für den öffentlichen Verkehr nur um 15 Prozent steigern. Das ist keine Vorrangpolitik, sondern systemimmanente Parallelförderung. Dem Gesetzgeber fehlte bisher der Mut, sich in finanzieller Hinsicht für die notwendige Vorrangstellung des öffentlichen Verkehrs zu entscheiden. So werden vor Ort vielfach mit dem Geld aus dem Gemeindeverkehrsfinanzierungstopf gleichzeitig Hauptverkehrsstraßen und parallel Schienenstrecken gebaut. Der dritte Geburtsfehler sind die Schwerfälligkeit und Schieflastigkeit der Förderprozeduren und Bewertungsverfahren. Die Kommunen haben zu diesen Mitteln keinen direkten Zugang. Sie müssen beim Land besondere Anträge stellen. Mit dieser Bittsteller-Rolle läßt sich ein offensiver systematischer Netzausbau nur schwer umsetzen. Man wartet oft jahrelang auf die Bewilligung. Politischen Gefälligkeiten und Strafaktionen sind Tür und Tor geöffnet. Ein viel zu enger Förderkatalog verhindert konzeptionelle Innovationen. Bevorzugt werden teure Großprojekte im Schnellbahnbereich, sie stellen 89 Prozent des Netzausbaus gegenüber nur elf Prozent für den kostengünstigen Neubau von Straßenbahnstrecken. 90 Prozent der Mittel flossen in die elf großen Ballungsräume, die restlichen Groß-, Mittel- und Kleinstädte sowie der ländliche Raum erhielten zusammen nur 10 Prozent. Zu alldem hat der Bundesfinanzminister inzwischen auch noch eine Höchstmenge der für die Gemeindeverkehrsfinanzierung bereitgestellten Mittel durch seine sogenannte Plafondierung verfügt. Diese erfolgte auf niedrigem Niveau, so daß ein immer größerer Investitionsstau beim öffentlichen Verkehr besteht. Solche Finanzierungsstrukturen für den öffentlichen Verkehr sind für die Verkehrs- und Umweltentwicklung fatal. Fehlsteuerung ist vorprogrammiert. Deshalb muß die Finanzbasis des öffentlichen Verkehrs grundsätzlich verbessert und aus falschen Abhängigkeiten befreit werden.

Das Gemeindeverkehrsfinanzierungsgesetz bedarf dringend der Anpassung an heutige Erfordernisse. Die Abhängigkeit von Autoverkehr und Mineralölsteuer ist aufzuheben. Über die Investitionsmittel für den öffentlichen Verkehr kann nur der verkehrs- und umweltpolitische Leistungsauftrag entscheiden und nicht das Verhalten der Autofahrer. Da für den öffentlichen Personennahverkehr jährlich 15 Milliarden Mark an Investitionsvolumen erforderlich sind, ist weiter die Plafondierung der Gemeindeverkehrsfinanzierung aufzuheben und statt dessen das Investitionsvolumen des öffentlichen Verkehrs beträchtlich zu erhöhen. Gleichzeitig muß die herkömmliche automatische Refinanzierung des Straßenbaus aus der Mineralölsteuer beendet werden. Die Mittel für den Straßenbau sind stark zu kürzen, da ein weiterer Bedarf für Netzausbau nicht mehr besteht. Nur für den Rückbau überflüssiger und Umbau überdimensionierter Straßen dürfen noch Mittel bereitgestellt werden. Damit diese Umorientierung beim Einsatz der Mittel erfolgt, muß der Förderkatalog als zentrale Aufgaben Geschwindigkeitsdämpfung, bessere Überquerbarkeit der Straßen, Beschleunigung für Busse und Bahnen, Verbesserungen für den Fahrradverkehr, bessere Begrünung und städtebauliche Integration festlegen.

Die aufgestockten Mittel zur Förderung des öffentlichen Verkehrs müssen räumlich sehr viel breiter als bisher gestreut werden, um die viefältigen Investitionen für den systematischen flächendeckenden Ausbau leistungsfähiger lokaler und regionaler Schienen- und Busverkehrssysteme und moderner Logistik möglich zu machen. Die Monopolisierung durch die Ballungszentren und die viel zu teuren Tunnelprojekte muß aufhören. Zu finanzieren sind neue Straßenbahnsysteme, S-Bahnen und S-Bahn-artige regionale Schienensysteme, Regionalbahnen, Ortsbus- und Schnellbussysteme etc. Dementsprechend ist auch der Förderkatalog zu verändern. Da für die Angebotsoffensive beim öffentlichen Verkehr neue Konzeptionen nötig sind, muß die Erstellung solcher Konzepte ein eigener Fördergegenstand sein. Die Einführung neuer Informations- und Logistiksysteme muß auch bei kleineren Verkehrsbetrieben förderfähig werden. Die Fördervoraussetzungen sind sehr viel zielstrebiger auf einen schnellen Netzausbau und ein Systemeffekt festzulegen: Investitionen mit minimalem Netz- und Systemnutzen müssen ausgeschlossen werden. Ebenso muß ausgeschlossen werden, daß die Städte und Gemeinden ihre Investitionen in den öffentlichen Verkehr durch konträre Kapazitätserweiterungen im Straßennetz und beim Parkraumangebot »untergraben« und entwerten.

Über ein verbessertes Gemeindeverkehrsfinanzierungsgesetz hinaus müssen grundsätzlich neue Finanzierungsansätze für den öffentlichen Verkehr konzipiert werden. Für die Vorhaltungskosten des öffentlichen Verkehrs müssen neue solide Finanzierungsquellen geschaffen werden. Hierfür sind nahverkehrsbezogene Erschließungs- und Kommunalabgaben besonders geeignet. Hauseigentümer, Geschäfts- und Betriebsinhaber werden zur Zeit von den Kommunen einseitig nur für Neubau und Ausbau von Straßen mit Erschließungsbeiträgen und Kommunalabgaben zur Kasse gebeten und müssen für teures Geld auf dem Grundstück für eine ausreichende Zahl von Autostellplätzen sorgen oder, wenn dies aus baulichen Gründen nicht möglich ist, hierfür sogenannte Ablösebeiträge zahlen. Dagegen werden sie an den Investitionen für den öffentlichen Verkehr nicht beteiligt, obwohl diese, da sie die Erreichbarkeit verbessern, wesentlich zur Standortqualität und damit zur Wertsteigerung der Grundstücke und zu ihrer kommerziellen Nutzbarkeit beitragen. Solche wirtschaftlichen Vorteile werden anders als bei der Straße bisher nicht abgeschöpft, weil der Gesetzgeber entsprechende Regelungen vergessen hat. Es ist deshalb längst an der Zeit, für die Infrastruktur des öffentlichen Verkehrs spezielle »Nahverkehrserschließungsbeiträge« zu verlangen und dementsprechend das Baugesetzbuch, die Landesbauordnungen und die Kommunalabgabengesetze der Länder zu ändern. Vorläufer einer solchen einmaligen Nahverkehrserschließungsabgabe gab es zum Beispiel in Hamburg, das gemäß speziellen Satzungen vor dem Ersten Weltkrieg den Bau einiger neuer Bahnstrecken (Langenhornbahn, Walddörferbahn) durch die Eigentümer aller neuerschlossenen Anliegergrundstücke mit finanzieren ließ.

Doch nicht nur die Nahverkehrserschließung der Grundstücke und Standorte rechtfertigt Abgaben, sondern auch der regelmäßige tägliche Verkehrsbetrieb. Deshalb ist es sinnvoll, daß Anlieger in den vom öffentlichen Verkehr erschlossenen Gebieten einen regelmäßigen Beitrag dafür leisten. Dieser Betrieb bietet allen – nicht nur den regelmäßigen Benutzern – alltäglich garantierte Erreichbarkeits- und Lagevorteile und ist wertsteigernd. Solche regelmäßige »Nahverkehrsabgaben« werden in anderen europäischen Ländern bereits erhoben. In Österreich hat Wien 1969 eine spezielle Nahverkehrsabgabe eingeführt, nach der dort ansässige Unternehmen einen monatlichen Betrag pro Beschäftigten zahlen. Sehr viel weiter ist Frankreich gegangen, das 1971 zunächst für Paris und 1973 dann für alle Städte mit über 30 000

Einwohnern eine Nahverkehrsabgabe festlegte. Die Abgabe haben Betriebe mit mehr als neun Beschäftigten zu entrichten. Die Höhe richtet sich nach der Höhe der sozialversicherungspflichtigen Gehälter. Bei Städten mit 30 000 bis 100 000 Einwohnern beträgt sie 0,5 Prozent der Gehälter, bei Städten mit über 100 000 Einwohnern ein Prozent, und bei Städten mit besonders hohem Investitionsvolumen für den öffentlichen Schienenverkehr kann sie auf 1,5 Prozent festgesetzt werden. Die Einnahmen aus dieser Nahverkehrsabgabe werden für Neu- und Ausbauinvestitionen sowie für Fördermaßnahmen zur Verbesserung des Dienstleistungsniveaus im öffentlichen Verkehr verwendet, außerdem zur Unterstützung spezieller Spartarife im Berufspendlerverkehr. Von 160 Städten, die eine solche Abgabe erheben könnten, nutzen 120 die Möglichkeit. Insgesamt brachte die Nahverkehrsabgabe 1984 rund 3,5 Milliarden Franc. Davon werden etwa ein Drittel für Investitionen genutzt, zwei Drittel gehen zur Zeit noch in die Deckung von Betriebskosten. Die Nahverkehrsabgabe deckt etwa 34 Prozent der Gesamtkosten des öffentlichen Verkehrs, 29 Prozent bringen die Fahrgeldeinnahmen, der Rest wird von allgemeinen Haushaltsmitteln und staatlichen Beihilfen getragen.

Um solche Nahverkehrserschließungs- und Nahverkehrsabgaben auch in der Bundesrepublik einzuführen, müssen Bund und Länder ein Rahmengesetz schaffen und den Gemeinden die Möglichkeit geben, je nach Qualität des öffentlichen Verkehrsangebots in Satzungen die Details festzulegen. In Abänderung des österreichischen und französischen Modells sollten damit nicht nur die Arbeitgeber, sondern ebenfalls die Haushalte zu einer regelmäßigen Nahverkehrsabgabe verpflichtet werden, denn Nutznießer eines guten öffentlichen Verkehrs sind alle, nicht nur die Berufspendler. In der Wirtschaft bilden sie ein längst überfälliges Äquivalent zu der stillen Subventionierung des Autoverkehrs über die unentgeltliche Parkraumbereitstellung für die Beschäftigten. Eine solche Arbeitgeberabgabe kann mit dem Erwerb von Monats- und Jahresabos für die Beschäftigten bzw. von Großkundenabos für den Arbeitgeber verrechnet werden. Auch die Haushalte sollten einen Teil ihrer Nahverkehrsabgaben mit dem Erwerb eines Monats- oder Jahresabos verrechnen können. Das motiviert Haushalte, Beschäftigte und Betriebe zur intensiven Nutzung des Angebots, anstatt es »links« liegenzulassen. Über eine solche Regelung bietet sich die Möglichkeit, bei den Haushalten und Arbeitsstätten nahezu eine Vollversorgung mit Netzabos zu erreichen, die dann erfahrungsgemäß zu einem drastischen Anstieg der Nachfrage im öffentlichen Verkehr führt.

Ökosteuern und Umweltabgaben als Verhaltensregulativ und zusätzliche Finanzierungsquellen für den öffentlichen Verkehr

Seit dem kontinuierlichen Anwachsen der Umweltprobleme wird immer häufiger diskutiert, die Steuer- und Abgabenpolitik stärker in den Dienst der Umwelt zu stellen. Das bisherige Steuer- und Abgabensystem ignoriert die akuten gesellschaftlichen und umweltpolitischen Notwendigkeiten. Es besorgt dem Staat den Großteil seiner Einnahmen aus Steuern und Abgaben auf die Arbeit seiner Bürger, daher kämpft die Wirtschaft für Rationalisierung oder verlagert in Billiglohnländer. Die Besteuerung von Waren, Gütern und Energie bringt dagegen nur ein Drittel der Staatseinnahmen. Zudem ist diese Besteuerung ökologisch »blind«, denn umweltbelastende und umweltfreundliche Produkte werden undifferenziert gleichmäßig besteuert. Es fehlen Steueranreize für Produzenten und Konsumenten zu umweltbewußtem Verhalten, wie sie mit Ökosteuern und Umweltabgaben erzielt werden können. Sie machen Herstellung und Benutzung umweltbelastender Produkte teurer, drosseln damit deren Herstellung und Verbrauch und entlasten so die Umwelt. Gleichzeitig verbessern sie mit Steuervorteilen die Konkurrenzchancen umweltfreundlicher Produkte. Auch das entlastet die Umwelt. Schließlich bieten sie die Chancen, mit den Mehreinnahmen die Entwicklung, Produktion und den Absatz umweltfreundlicher Produkte und die Durchführung geeigneter Maßnahmen zum Schutz der Umwelt zu fördern. Nach dem gleichen Prinzip müssen Steuern und Abgaben im Verkehr definiert werden. Der Autoverkehr als Umweltfeind Nummer eins ist mit angemessen hohen Steuern und Abgaben zu belasten, die der Förderung der alternativen umweltfreundlichen Verkehrsarten zugute kommen. Maßstab für die erforderliche Höhe der Ökosteuern und Umweltabgaben im Autoverkehr muß nach dem Verursacherprinzip die Summe aller vom Auto verursachten Wegekosten und gesellschaftlichen wie ökologischen Folgekosten sein. Herstellung, Betrieb und Benutzung des öffentlichen Verkehrs dagegen müssen steuerlich begünstigt werden.

In der Bundesrepublik wird seit einigen Jahren über die Einführung von Ökosteuern und Umweltabgaben diskutiert. In Folge des hohen Umweltbewußtseins gibt es in der Bevölkerung eine breite Zustimmung zur Durchsetzung des Verursacherprinzips. 60 Prozent der Bundesbürger waren 1989 dafür, umweltbelastende Produkte und Verhaltensweisen drastisch zu verteuern. Nur 20 Prozent lehnen eine solche Strategie ab. Die Zustimmung zu dieser Strategie geht quer durch alle politischen Lager: 61 Prozent bei CDU-Anhängern, 61 Prozent bei SPD-Anhängern, 72 Prozent bei FDP-Anhängern und 76 Prozent bei Anhängern der Grünen sind für Ökosteuern und Umweltabgaben. Auch die deutsche Wirtschaft öffnet sich allmählich der neuen Diskussion. Ein Großteil der Gewerkschaften und Wirtschaftsverbände hält Ökosteuern und Umweltabgaben für dringend erforderliche marktwirtschaftliche und umweltpolitische Ansätze – auch und gerade im Verkehr.

Um die übermäßige Motorisierung der Haushalte mit Zweit- und Drittautos und der Unternehmen und Verwaltungen mit aufgeblähten Dienstwagenflotten abzubauen, ist zunächst die Autohaltung zu verteuern. Die wichtigsten Kosten der Autohaltung sind die Kraftfahrzeugsteuer und die Versicherung. Die Versicherungskosten der Autohalter sind bisher so gering angesetzt, daß sie jeweils nur die unmittelbaren Unfallfolgekosten der schuldlos Unfallbeteiligten decken. Die gesundheitlichen Folgekosten der schuldhaften Unfallverursacher von rund 15 Milliarden Mark im Jahr werden dagegen noch immer einfach dem Gesundheitssystem angelastet und von allen Beitragszahlern der Krankenkassen getragen. Dies ist nur eine der vielen stillen, ungerechtfertigten Subventionen des Autoverkehrs. Die Versicherungsprämien müssen deshalb deutlich angehoben werden, um diese Risiken und die indirekten gesundheitlichen Folgekosten des Autoverkehrs durch Lärm und Luftschadstoffe voll abzudecken. Die Mehreinnahmen aus den erhöhten Versicherungsprämien können zum einen in das Gesundheitssystem weitergegeben werden, um damit den beängstigenden Anstieg der Gesundheitskosten und übrigen Krankenkassenbeiträge zu bremsen. Zum anderen sollten sie der Gesundheitsvorsorge durch Umweltschutz zugute kommen, um Techniken und Projekte zu fördern, die die Gesundheitsbelastung rund um das Auto abmildern.

Ebenso ist eine Weiterentwicklung der Kraftfahrzeugsteuer zur Ökosteuer nötig. Hohe Kosten der Autohaltung werden bei gleichzeitiger Preisminderung für die Jahresnetzabos der Bundesbahn und der regionalen und lokalen Nahverkehrsnetze den Ausstieg vieler Haushalte und Betriebe aus ihrer Übermotorisierung fördern. Gegen eine solche Politik setzen Bundesregierung und Bundesbahn nach wie vor das Gegenteil: Die Bundesbahn erhöht in kurzen Perioden immer wieder die Preise, ohne daß sich dies durch relevante Angebotsverbesserungen begründen ließe. Die Bundesregierung verbilligt die Autohaltung durch Steuernachlässe für Kat-Autos und lockt damit zum Einstieg in immer neue Motorisierungswellen statt zum Ausstieg, das »edle« umweltpolitische Motiv erweist sich als Bumerang. Das angestrebte Verdrängen des schadstoffreichen Altautobestandes ist weit besser durch »Verschrottungsprämien« zu unterstreichen als durch staatlich geförderte Animation zum Autokauf, die gleichzeitig den erwünschten Umstieg auf öffentliche Verkehrsmittel blockiert. Deshalb müssen auch die schadstoffarmen Kat-Autos auf hohem Niveau besteuert und die Einnahmen aus der Kraftfahrzeugsteuer für Ausstiegs- und Umstiegsanreize eingesetzt werden. Das erste europäische Land, das eine bewußte Verringerung der Motorisierung durch hohe Kraftfahrzeugsteuern bereits erfolgreich umgesetzt hat, ist Dänemark. Auch Hongkong hat seit 1982 die Kraftfahrzeugsteuer verdoppelt und damit in den Folgejahren einen 25prozentigen Rückgang der privaten Motorisierung erreicht.

Von vielen Seiten wird statt der Erhöhung der Kraftfahrzeugsteuer ihre völlige Abschaffung und Verrechnung mit der Mineralölsteuer gefordert. Doch damit verliert man ein wichtiges Lenkungsmittel zur Beeinflussung der Motorisierung, zu dem sich die Kraftfahrzeugsteuer verstärkt entwikkeln muß. Es ist zu kurz gedacht, wenn man nur den Autogebrauch drosselt, aber weiterhin eine exzessive Motorisierung begünstigt. Der Abbau der exzessiven Übermotorisierung selbst muß eine zentrale Aufgabe sein. Dies gilt nicht nur für die private Autohaltung. Auch die Zahl der LKW muß durch hohe Kraftfahrzeugsteuern, zum Beispiel in Form einer Schwerverkehrsabgabe verringert werden. Angesichts von allein in der Bundesrepublik rund 27 Milliarden Mark jährlicher ungedeckter Folgekosten aus dem LKW-Verkehr ist eine solche Abgabe dringend erforderlich. Es ist grotesk, daß der Schwerverkehr praktisch zum Nulltarif das Straßennetz, die Umwelt und die Bundesbahn ruinieren darf. Die Bundesregierung hat bisher nur schüchterne Ansätze zu einer Schwerverkehrsabgabe gemacht. Die Europäische Gemeinschaft braucht eine den LKW-Bestand international regulierende Schwerverkehrsabgabe. Ist sie angemessen hoch, kann sie wesentlich den Abbau der bei vielen Unternehmen überdimensionierten Fahrzeugflotten unterstützen und die Umorientierung des Transportgewerbes auf die Bahn fördern.

Eine Erhöhung der Autohaltungskosten ergibt sich auch durch eine sinnvolle Regelung der Kosten für die Autounterbringung. Bislang kann man so viel Autos kaufen, wie man will, ohne einen einzigen ordnungsgemäßen Stellplatz nachweisen zu müssen. Man muß Stellplätze nur schaffen oder ablösen, wenn man Wohnungen oder Arbeitsstätten baut, und nicht, wenn man Autos kauft. Das Ergebnis ist die generelle Verteuerung des Baus von Wohnungen und Arbeitsstätten und die Vorprogrammierung aller Neubaustandorte auf die Automobilität. Japan war, wie bereits erwähnt, das erste Industrieland, das statt dessen in seinen Großstädten die Autozulassung an den Kauf einer geordneten Abstellmöglichkeit koppelte. In gleicher Weise müssen in Deutschland die Straßenverkehrszulassungsverordnung, das Baugesetzbuch und die Landesbauordnungen verändert werden.

Mit der Erhöhung der Autohaltungskosten allein ist es nicht getan, auch das Autofahren selbst muß teurer werden. Mit dieser Einsicht hat 1987 der Verkehrs-Club Deutschland sein Werben für eine stärkere

Umweltorientierung der Verkehrspolitik und des Verkehrsverhaltens eingeleitet. Eine zur Abdeckung der direkten und indirekten Folgekosten des Autoverkehrs im Personen- und Güterverkehr notwendigerweise kräftige Erhöhung der Mineralölsteuer und die Fortentwicklung zur Ökosteuer bringen weitere wichtige Impulse zur Verminderung und Vermeidung von Autoverkehr. Unter wesentlich erhöhten Wegekosten reduzieren Bürger und Firmen ihre Autofahrten, beschränken sich auf Gelegenheiten, bei denen es keine andere Alternative gibt, fahren kürzere Strecken und das möglichst sparsam, langsam und stetig, bevorzugen sparsame Autos oder steigen lieber gleich auf den öffentlichen Verkehr um. In der Vergangenheit verlief die Kostenentwicklung beim Kraftstoff genau umgekehrt. Im Gegensatz zur generellen Preisentwicklung ist die Mineralölsteuer in den letzten zwanzig Jahren nur minimal gestiegen, trotz des regelmäßigen Rummels der Medien um jeden Pfennig Preisaufschlag beim Benzin. Der Staat hat den Benzinpreis als politischen Preis niedrig gehalten, als ginge es um Lebenselixiere wie Wasser und Brot. Im europäischen Vergleich liegt die Mineralölsteuer der

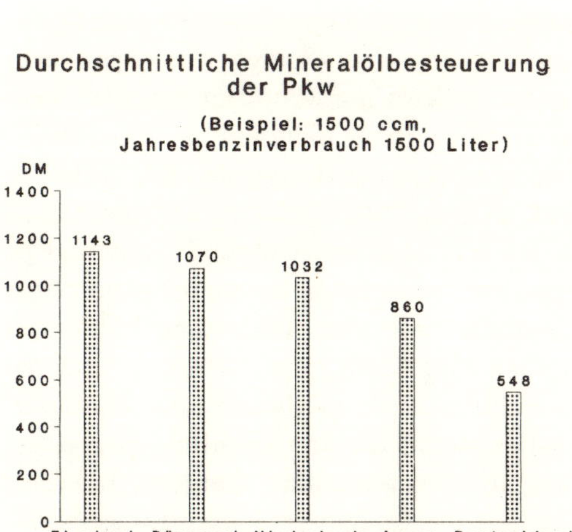

Die deutschen Autofahrer werden beim Tanken vom Staat weit weniger zur Kasse gebeten als viele europäische Kollegen.

Bundesrepublik weit unter Niveau. Verglichen mit dem deutschen Mineralölsteueranteil verlangen Italien 0,80 Mark, Dänemark 0,60 Mark und Frankreich 0,55 Mark *mehr* Steuer je Liter Kraftstoff. Von den viel zu niedrigen Mineralölsteuern in Deutschland gehen im Personen- und Güterverkehr keine Spar- und Umsteigeimpulse aus.

Inzwischen ist bei allen politischen Gruppierungen unumstritten, daß eine Steigerung der Mineralölsteuer eine der wirksamsten Formen einer Ökosteuer ist. Doch gehen die Vorstellungen über die nötige Steigerungsrate weit auseinander. Die SPD hält eine Steigerung um 0,50 Mark je Liter schon für gewagt, erreicht aber damit noch nicht einmal das bisherige Niveau der genannten Nachbarländer. Eine solche marginale Erhöhung bleibt unter der Relevanzschwelle und deckt nur einen Bruchteil der Umweltfolgekosten. Die Umweltinstitute und -verbände fordern deshalb einen Zuschlag von mindestens zwei Mark. Das ist die Dimension, ab der Verhaltensänderungen zu erwarten sind. Um darüber hinaus eine nach dem Verursacherprinzip angemessene Größenordnung zu erreichen, fordern die Grünen, den Aufschlag auf die Mineralölsteuer stufenweise auf fünf Mark zu steigern. In der Tat bestehen nur dann reelle Aussichten, umweltverträgliche Verkehrsstrukturen schnell zu erreichen.

Jede Mineralölsteuererhöhung bleibt allerdings wirkungslos, wenn die Autofahrer einen beträchtlichen Teil ihres Finanzaufwandes im Berufsverkehr durch die Kilometerpauschale von der Steuer zurückerstattet bekommen. Bislang haben die Bundesregierungen dieses Bonbon für Autofahrer stets erneuert und in regelmäßigen Zeitabständen der Kostenentwicklung beim Autofahren angepaßt. Ab 1990 kann der deutsche Autopendler je Kilometer Arbeitsweg einen Betrag von 0,50 Mark absetzen. Die Abschaffung dieser Form von Kilometerpauschale ist eine alte Forderung umweltorientierter Verkehrspolitik. Allenfalls akzeptabel ist eine verkehrsmittelneutrale Entfernungspauschale ohne finanzielle Vorzugsbehandlung der Autofahrer. Inzwischen sehen auch die kommunalen Spitzenverbände hierin einen wichtigen Ansatz zur Änderung der Verkehrsstrukturen.

Von solchen Ökoaufschlägen auf Kraftfahrzeug- und Mineralölsteuer muß der öffentliche Verkehr ausgenommen werden. Seine Aufgabe ist Umweltentlastung. Er benötigt daher steuerliche Begünstigungen. Früher wurde dem öffentlichen Verkehr eine Befreiung von der Mineralölsteuer eingeräumt, er erhielt die beim Tanken gezahlte Mineralölsteuer über die sogenannte Gasölbetriebsbeihilfe zurück. Diese sinnvolle Regelung wurde jedoch von der Bundesregierung Anfang der 80er Jahre abgeschafft. Einhellig fordern die kommunalen Spitzenverbände, die öffentlichen Verkehrsbetriebe und die Umweltminister von Bund und Ländern, diese Mineralölsteuerbefreiung wieder einzuführen. Ebenso muß der öffentliche Verkehr von Energiesteuern auf Elektrizität für den Strombedarf seines Schienenverkehrs befreit werden. Schließlich und endlich müssen auch die Benutzer öffentlicher Verkehrsmittel mit speziellen Steueranreizen, zum Beispiel für den Erwerb von Jahresnetzabos bei der Bahn und den kommunalen Verkehrsunternehmen, belohnt werden. Ein Ökobonus für vernünftiges Verkehrsverhalten ist gefragt. Mit einem solchen Ökobonus kann das typische Gegenargument von Wirtschafts- und Finanzpolitikern gegen die Erhöhung der Kraftfahrzeug- und Mineralölsteuer und die damit erhöhten Steuerlasten für den Bürger entkräftet werden. Wenn der Staat nicht alle Mehreinnahmen aus den Ökosteuern behält, sondern einen Teil davon als »Belohnung« für umweltbewußte Steuerzahler zurückgibt, steigt die umweltpolitische Wirkung der vorgeschlagenen Erhöhungen. Die Rückgabe darf dabei jedoch nicht generell, zum Beispiel über allgemeine Nachlässe bei der Mehrwertsteuer oder Lohnsteuer, erfolgen, denn dann erhielten ja alle Steuerzahler, auch Umweltsünder, am Ende wieder ein steuerliches Trostpflaster. Statt dessen soll die Steuerrückführung selektiv für die Steuerzahler erfolgen, die auf Autobesitz verzichten oder die Autonutzung einschränken. Ein solcher Ökobonus ist erstmals Mitte der 80er Jahre vom Verkehrs-Club der Schweiz vorgeschlagen worden und inzwischen in den Katalog derjenigen Maßnahmen aufgenommen worden, deren Umsetzung der Schweizer Bundesrat im Rahmen seiner Anstrengungen zur Luftreinhaltung näher prüft.

1989 haben auch deutsche Umweltinstitute und der Verkehrs-Club Deutschland für die Bundesrepublik einen solchen Ökobonus gefordert.

Eine ganz andere Form der Verteuerung des Autoverkehrs wird schon seit vielen Jahrzehnten praktiziert: die Straßenbenutzungsgebühr für Fahren und Parken. Mit Mautgebühren werden die ungewöhnlich hohen Baukosten für besonders aufwendige Straßen abgegolten, zumal, wenn ihre Finanzierung unter privatwirtschaftlicher Beteiligung erfolgte. Außerdem trägt die Maut dazu bei, eine übermäßige Nachfrage und damit eine Überlastung für empfindliche Straßen und Gebiete zu verhindern. Teilweise wird die Maut auf einzelne Straßen oder Straßenabschnitte beschränkt, wie zum Beispiel Bergpässe und Tunnel in den Alpen, Stadtbrücken in amerikanischen und Stadtautobahnen in japanischen Städten. Teilweise gelten sie für ganze Straßennetze, wie die Autobahngebühren in Italien und Frankreich. Teilweise sind die Gebühren auch für bestimmte Stadtteile, insbesondere die Innenstädte, festgesetzt, wie in Singapur oder Bergen. Teilweise werden die Gebühren fahrleistungsabhängig erhoben, wie zum Beispiel bei der leistungsbezogenen Schwerverkehrsabgabe, teilweise aber auch pauschal, wie bei der

Autobahnvignette der Schweiz und ihrer pauschalen Schwerverkehrsabgabe.
Der systematischen flächenhaften Übertragung solcher Straßenbenutzungsgebühren auf Stadtstraßen und Stadtquartiere sind keine Grenzen gesetzt. Begonnen wurde das städtische »Road Pricing« in den 70er Jahren in Singapur, wo man rund um die gesamte Innenstadt einen Mautgürtel legte. Neuen Auftrieb hat die Diskussion um Straßenbenutzungsgebühren auf Stadtstraßen durch die Beispiele Bergen, Oslo und Stockholm erhalten, die von den kommunalen Spitzenverbänden als interessante Lösungsmöglichkeit zum Abbau der Autoverkehrsüberlastung deutscher Innenstädte angesehen werden. In Stockholm soll dabei gleichzeitig der Transfer der Einnahmen aus der Straßenbenutzungsgebühr zur Finanzierung des öffentlichen Verkehrs dienen. Die Gebühr soll über den Kauf einer Monatskarte dem öffentlichen Verkehr als Einnahme zur Angebotsverbesserung zugute kommen. Ohne Monatskarte darf dann ein Autofahrer nicht mehr in die Innenstadt fahren. Inzwischen hat sich selbst die Autoindustrie mit diesem marktwirtschaftlichen Ansatz angefreundet. Der schwedische Volvo-Chef sieht in Mautregelungen für Innenstädte einen wichtigen Schritt auf dem unverzichtbaren Weg zur autofreien Innenstadt und hat die Planer in Göteborg aufgefordert, eine große autofreie Innenstadt zu schaffen und mutig Mautzonen festzulegen. Und auch der ehemalige Ford-Chef hält derartige Gebühren für einen sinnvollen Beitrag zur Entlastung der Innenstädte.
Weltweit verbreitet ist inzwischen die Erhebung von Gebühren beim Parken durch Parkuhren oder Parkscheinautomaten, neuerdings gibt es auch mobile Parktaxameter, die im Auto selbst mitgeführt werden und bargeldloses Bezahlen von Parkgebühren erlauben. Zur Zeit beträgt in der Bundesrepublik der legale Höchstpreis für Parken im öffentlichen Straßenraum eine Mark pro halbe Stunde. Das schreckt nur Dauerparker und dämpft kaum die sonstige Parknachfrage. Im Gegenteil, an Straßen mit Parkuhren und Parkscheinautomaten werden die Parkplätze meist vier- bis sechsmal häufiger belegt als an unbewirtschafteten Straßen. Um den Autoverkehr wirklich zu verringern, müssen die Parkgebühren im Straßenraum den weit höheren Preisen in Parkhäusern, Tiefgaragen und auf bewirtschafteten Parkplätzen entsprechen. Damit eine gesamtstädtisch abgestimmte Bewirtschaftung nicht unterlaufen werden kann, muß Falschparken nach dem Bußgeldkatalog hoch genug geahndet werden. Parkgebühren werden außerdem auch im Zusammenhang mit dem Anwohnerparken erhoben. Hierzulande gilt diese Gebühr bisher als reine Verwaltungsgebühr und ist dementsprechend gering, meist zwischen 30 und 100 Mark im Jahr. In anderen Ländern ist die Anwohnerparkgebühr dagegen eine echte Nutzungsgebühr, orientiert sich an den Dauermietpreisen in kommerziellen Garagen und erreicht deshalb die zehn- bis zwölffache Höhe.
Ingesamt sind Straßenbenutzungs- und Parkgebühren ein gutes Instrument zur Regelung von Überlastungsproblemen und zum Ausgleich für unterschiedliche Belastungen durch Autoverkehr. In der Marktwirtschaft ist es gang und gäbe, ein besonders begehrtes Gut bei nicht erweiterbarem Angebot teurer zu machen und damit über den Preis eine sinnvolle Steuerung zu erreichen. Straßenbenutzungs- und Parkgebühren erschweren die exzessive Autonutzung, motivieren zum Umsteigen und verbessern die Konkurrenzchancen für den öffentlichen Verkehr. In der Bundesrepublik müssen für einen systematischen Einsatz von Straßenbenutzungs- und Parkgebühren im Verkehrsrecht die entsprechenden Voraussetzungen noch geschaffen werden. Dabei ist auch dafür zu sorgen, daß die erzielten Einnahmen nicht in das Straßenwesen, sondern in den Abbau der verkehrsbedingten

Umweltfolgekosten und in den Ausbau umweltgerechter, stadtverträglicher Verkehrsstrukturen und öffentlicher Verkehrsmittel fließen.

Öffentlicher Verkehr als Rückgrat der Siedlungsentwicklung

Wie stark die heutige Verkehrsmisere neben allem anderen das Ergebnis der verfehlten Siedlungs- und Baupolitik ist, hat sich schon beim Fußgänger- und Fahrradverkehr gezeigt. Die zersiedelte Stadtlandschaft des maßstablosen, flächenfressenden, suburbanen Baubooms der letzten Jahrzehnte hat die Städte immer mehr zur Autostadt verfremdet und alle anderen Verkehrsarten ins Hintertreffen gebracht. Diese Entwicklung droht nun mehr und mehr auch die historischen urbanen Kernzonen zu zerstören. Die starken Abhängigkeiten des Fußgänger-, Fahrrad- und öffentlichen Verkehrs von der Bau- und Siedlungsstruktur sind in der Stadtentwicklungs- und Bauplanung der letzten Jahrzehnte viel zuwenig beachtet worden. Um so wichtiger ist es jetzt, den öffentlichen Verkehr endlich wieder zum Maßstab des Planens und Bauens zu machen. Die gut mit öffentlichen Verkehrsmitteln erschlossene und verkehrsberuhigte Stadt hat alle Chancen, die Krise der Autostadt zu beenden.

Dichte und Nutzungsmischung verbessern die Basis für attraktiven öffentlichen Verkehr

In der zersiedelten Autostadt haben Busse und Bahnen wenig Chancen. Ihr Netz wird viel zu weitmaschig. Die Nachfrage verliert sich in der Fläche. Die An- und Abmarschwege werden endlos. Ein löchriges Fahrplanangebot, fehlende Anschlußsicherung und lange Wartezeiten werden zur Norm. Straßen und Parken bestimmen das Siedlungsbild, die Menschen werden aufs Auto programmiert. Die geringe Dichte, die typische Trennung von Wohnen und Arbeiten und der Mangel an wohnungsnaher Versorgung führen in der Autostadt zu völlig einseitigen Verkehrsströmen, die eine sinnvolle Auslastung von Bussen und Bahnen erschweren.

Dagegen erreichen nur in der kompakten urbanen Stadt Busse und Bahnen größte Attraktivität. Ihre hohe Einwohner- und Arbeitsplatzdichte bieten gute Chancen für ein engmaschiges Linien- und Haltestellennetz und einen attraktiven Takt. Sie sichern ein hohes Nachfragepotential und garantieren den Fahrgästen kurze An- und Abmarschwege. Die Nutzungmischung von Wohnen, Handel, Gewerbe und Freizeiteinrichtungen bewirkt, daß den ganzen Tag über eine starke Nachfrage besteht und die Linien in allen Richtungen gut ausgelastet sind.

Vor diesem Hintergrund müssen Dichte, Nutzungsmischung und wohnungsnahe Versorgung wieder zu bestimmenden Prinzipien der Siedlungsentwicklung und Baupolitik werden. Die Herstellung urbaner Kompaktheit in bisher zersiedelten Stadtstrukturen ist eine städtebauliche Herausforderung. Dabei geht es, wie bei der Fußgängerstadt schon erwähnt, nicht um Wohnhochhäuser, Bürotürme und Giganten von Einkaufszentren, die neben gewal-

Noch bestimmt vielfach das suburbane Autobahnchaos den Maßstab der Siedlungsentwicklung mit großklotzigen Rasterbauten zwischen riesigen Abstandsflächen.

tigen Baumassen nur weitläufige Abstandsflächen und Verkehrswüsten bieten. Eine autogerechte Erschließung mit riesigen Parkierungsanlagen und überdimensionierten Hauptverkehrs- und Schnellstraßen ist der Tod jeder Urbanität. Geplant und gebaut werden muß wieder in maßstäblicher Anpassung an die jeweiligen Stadtstrukturen der Innenstädte, Nebenzentren, Dorfkerne und traditionellen zentralen Wohngebiete. Zur urbanen Dichte und Mischung gehört die in Maßstab und Parzellierung abgestimmte Stadtarchitektur. Sie bietet die besten Möglichkeiten für kurze Wege, zurückhaltende Straßenerschließung und ein engmaschiges Schienenverkehrsnetz als Hauptträger der Erreichbarkeit.

Nutzungsmischung kann heute, bei den fortgeschrittenen Umweltschutztechnologien, stadtverträglich gestaltet werden. Wo früher veraltete Produktionstechniken zu hohen Lärm-, Abgas- und Geruchsbelastungen für die benachbarte Wohnnutzung führten und die Flächenknappheit die Erweiterungsspielräume vieler Betriebe beengte, hat der technische Fortschritt viele neue Spielräume eröffnet. Statt der klassischen Problemlösung durch Betriebsverlagerungen an den Stadtrand und ins Umland können heute Stadterneuerung und Wirtschaftsförderung mit Luftfiltern, lärmgekapselten Maschinen, verkleinerten Produktionsanlagen, veränderten, rationelleren Formen der Lagerhaltung, verbesserter Abwasserreinigung und geregelter Schadstoffbeseitigung vielfach eine Standortsicherung erreichen. In dem Maße, in dem die Umweltprobleme der Nutzungsmischung technisch zu beherrschen sind, können auch für die Neubaugebiete Konzepte

Die Nutzungsmischung und Dichte älterer Stadtviertel geben Orientierungshilfen für künftigen Städtebau. Ohne Zersiedlung haben Busse und Bahnen gute Chancen.

zur stärkeren Nutzungsmischung entwikkelt werden. Voraussetzung für ein gedeihliches Nebeneinander von Wohnen und Arbeiten ist allerdings, daß bei den Betriebsanlagen auf die übliche anspruchslose Schachtel- und Behälterarchitektur und besinnungslose Frei- und Parkflächenasphaltierung verzichtet wird. Auch die typische Übererschließung mit maßstablosen, auf Jumbolaster ausgelegten, großflächigen und unbegrünten Lagerflächen behindert die gewünschte Integration von Wohnen und Arbeiten.

Für das Gelingen dieser Strategie gibt es genügend erfolgreiche Beispiele. Hannover, Stuttgart und Hamburg haben in der Nähe peripherer Wohngebiete neue Büro- und Verwaltungszentren und Einkaufsstätten errichtet, und zwar stets in Verbindung mit dem Ausbau wichtiger Kreuzungs- bzw. Endpunkte ihres Schienennetzes. Damit wurde der Nachfragedruck nach Büroflächen in ihren Citygebieten gemildert, die dezentrale Versorgung gestärkt und eine bessere Auslastung der Schienenstrecken erreicht. In Berlin, Baden-Württemberg und Nordrhein-Westfalen wurde die ge-

Neuer Städtebau muß wieder Anschluß an die urbanen Traditionen der europäischen Stadt finden.

Ausrichtung neuer Großverwaltungen und Dienstleistungszentren auf das Schienennetz des ÖPNV (Beispiel Hannover)

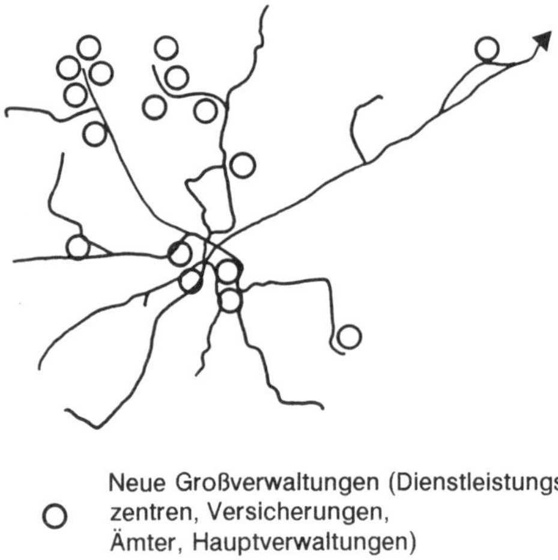

In Hannover wurden an vielen Haltepunkten des Stadtbahnnetzes neue Großverwaltungen und Fabriken angesiedelt. Das sichert dem öffentlichen Verkehr eine hohe Nachfrage und gute Auslastung.

werbliche Standortsicherung zu einem wesentlichen Schwerpunkt der Stadterneuerung. Vorhandene Industrie- und Gewerbebetriebe in enger Nachbarschaft zu Wohngebieten wurden damit umfeldverträglich gemacht. Die Flächen von Industrie- und Gewerbebrachen und deren leerstehende Gebäude wurden zur Neuansiedlung von Klein- und Mittelbetrieben genutzt oder boten Platz für neue kulturelle und soziale Einrichtungen. Vielfach war es auch möglich, in ehemaligen Gewerbebauten und auf ehemaligen Gewerbeflächen neue zentrennahe Wohnungen zu schaffen.

Synchron und polyzentrisch wachsen: Abstimmung von Liniennetz und Siedlungsentwicklung

In den letzten Jahrzehnten sind Liniennetz- und Siedlungsentwicklung immer häufiger auseinandergelaufen. Viele neue Siedlungsgebiete sind ohne eine leistungsfähige

Anbindung an den öffentlichen Verkehr entstanden. Nahezu alle Kommunen haben es versäumt, das Liniennetz von Bussen und Bahnen synchron mit der Siedlungsentwicklung wachsen zu lassen. Künftig müssen Siedlungsentwicklung und öffentlicher Verkehr wieder enger miteinander verzahnt werden. Der Neubau von Wohnungen, die Schaffung von Arbeitsplätzen und die Standortwahl von kulturellen und sozialen Einrichtungen und Freizeiteinrichtungen sind auf Gebiete zu konzentrieren, in denen ein gutes Angebot von Bussen und Bahnen besteht oder in Vorleistung geschaffen werden kann. Andererseits muß das Liniennetz des öffentlichen Verkehrs in den Bereichen, in denen die Siedlungsentwicklung dem Netzausbau enteilt ist, so schnell wie möglich komplettiert werden, um überall wieder gute öffentliche Verkehrsverbindungen zu garantieren.

Bei einer stets engen Abstimmung von Siedlungs- und Netzentwicklung im öffentlichen Verkehr wäre in den Regionen und Städten das heutige hohe Autoverkehrsaufkommen erst gar nicht entstanden. Das zeigt, wie folgenschwer für die Städte und deren Bürger der Mangel an einer solchen vorausschauenden Synchronisierung von öffentlichem Verkehr und Siedlungsplanung ist. Diese schlimme Hypothek läßt sich nicht von heute auf morgen abbauen. Siedlungsstrukturen erlauben nur langsame Korrekturen. Schneller können die Netze im öffentlichen Verkehr verändert werden. Deshalb muß mit der Synchronisierung endlich angefangen werden und in der Baupolitik und im Netzausbau ein systematisches Umdenken und Umsteuern stattfinden. Dies gilt besonders unter dem derzeitigen Druck der knappen Wohnraumversorgung, bei dem die Gefahr besteht, daß übereilt und besinnungslos alles nach dem bisherigen Denkschema weitergeht. Das erfordert, daß sich die Verkehrsbetriebe künftig viel stärker bei der Regional-, Flächennutzungs- und Bebauungsplanung einmischen und Rahmenkonzepte entwickeln, wie ein für den öffentlichen Verkehr vorteilhaftes Siedlungskonzept aussieht. Ein gutes Beispiel bietet der Großraum Hannover, der schon seit Jahren für den Ausbau des regionalen Nahverkehrssystems gemäß der bisherigen Siedlungsentwicklung kämpft und bei den Städten und Gemeinden des Umlandes für eine auf den öffentlichen Verkehr abgestimmte Baupolitik wirbt.

Durch die fehlende Abstimmung von Siedlungs- und Netzentwicklung sind die Nahverkehrssysteme vieler deutscher Städte überwiegend monozentrisch aufgebaut. Die meisten Linien laufen radial auf die Innenstadt zu und treffen sich dort. Es gibt kaum tangentiale und ringförmige Verbindungen. Außerhalb der Innenstädte gibt es nur wenige Verknüpfungspunkte zwischen verschiedenen Linien. Damit haben solche Netze ihren Namen eigentlich nicht verdient, denn zu einem Netz gehören viele Knoten. Diese rudimentären und monozentrischen Netze mit wenigen Linien und wenigen Knoten stehen in hartem Kontrast zum Straßennetz, das dem Autofahrer zahlreiche und direkte Verbindungen anbietet. Sie haben viele Nachteile. Sie monopolisieren gute öffentliche Verkehrsverbindungen als Privileg der Innenstadt. Das forciert dort den Konkurrenzdruck, setzt die übliche Boden- und Mietpreisspirale in Gang und heizt den Verdrängungswettbewerb für weniger finanzstarke Nutzungen und Nutzer, insbesondere das zentrennahe Wohnen, an. Monozentrische Netze verhindern, daß sich die wohnungsnahe Versorgung und die verschiedenen Nebenzentren gegenüber der Innenstadt und den Verbrauchermärkten auf der grünen Wiese behaupten können. Sie führen zu einer extrem einseitigen Auslastung, weil Busse und Bahnen morgens und abends primär nur in »Einbahnrichtung« genutzt werden. Sie unterdrücken einen beträchtlichen Teil der potentiellen Nachfrage, weil sie für viele Richtungen kein Angebot machen und insbesondere die tangentiale Nachfrage und die kleinräumig verflochtene Nachfrage nicht bedienen. Sie führen am Stadtrand und im Umland zu immer größeren Abständen zwischen den einzelnen Radiallinien und damit zu Angebotslöchern. Erfolgreiche Nahverkehrssysteme haben dagegen eine polyzentrische Struktur mit nicht nur radial verlaufendem engvermaschtem Liniennetz und vielen Knotenpunkten auch außerhalb der Innenstadt. Dies kann exemplarisch am Vergleich der Liniennetze von Zürich, Osaka, Frankfurt und Bochum belegt werden. Die Netze von Zürich und Osaka sind ausgeprägt polyzentrisch. Zürichs Schienennetz besitzt allein im Umfeld der Innenstadt 20 Hauptknoten, an denen sich mehrere Strecken treffen; Osaka hat sogar 36 Hauptknoten im Schienennetz. Frankfurt kommt im Gegensatz zu dem nach Größe vergleichbaren Osaka nur auf 10 Hauptknoten und Bochum im Gegensatz zu dem nach Größe vergleichbaren Zürich nur auf 12 Knoten im Schienennetz. Die besondere Netzdichte Zürichs belegt auch die Zahl von knapp 60 innerstädtischen Verknüpfungspunkten zwischen Schiene und Bus bzw. mehreren Buslinien. Zürich und Osaka bieten auch tangentiale Verbindungen, die in Frankfurt und Bochum fehlen.

Eine polyzentrische Weiterentwicklung der deutschen Nahverkehrsnetze ist dringend erforderlich. Vor allem sind leistungsfähige Tangential- und Ringverbindungen zu schaffen. Die verschiedenen Nebenzentren müssen untereinander gut verbunden und direkte Anschlüsse zu den sie umgebenden Quartieren und zur Innenstadt angeboten werden. In die groben Netzmaschen sind kleinräumige Systeme von Orts-, Quartiers- und Citybussen einzuhängen. Oft liegt rund um die Kernstädte der Verdichtungsräume ein Ring von Mittel- und Kleinstädten. Auch diese brauchen untereinander leistungsfähige, attraktive Verbindungen und jede für sich wiederum ein dichtes, kleinräumiges Angebot. Erst mit solchen differenzierten Netzstrukturen kann der öffentliche Verkehr dem Anspruch gerecht werden, ein vollwertiges Mobilitätsangebot zu sein, das den Wettlauf mit der Automobilität gewinnt.

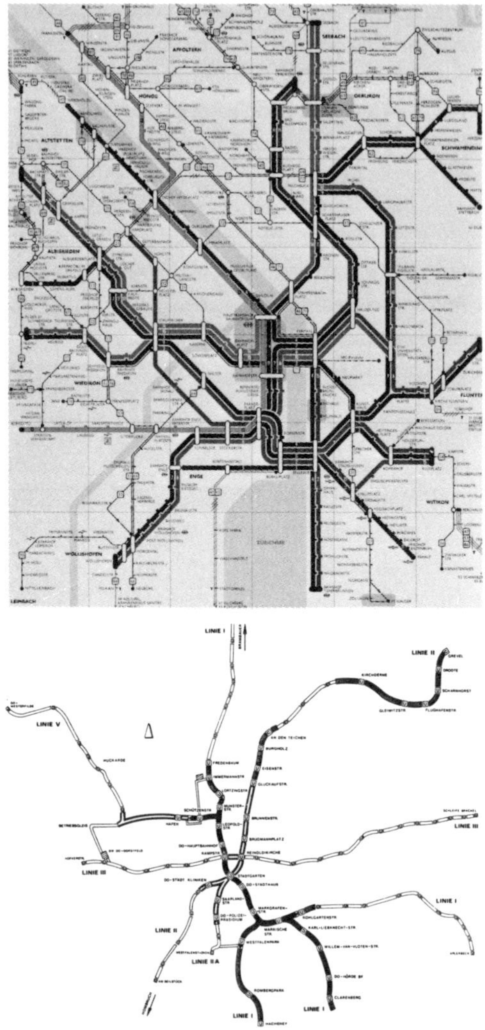

Polyzentrische Bus- und Bahnnetze sind viel attraktiver als Radialnetze mit wenigen Linienkorridoren. Zürich besitzt ein engmaschiges Netz mit vielen Knoten, Dortmund ein weitmaschiges Radialnetz mit wenigen Knoten.

Literaturverzeichnis

Für dieses Buch wurde eine Vielzahl von Fachbüchern und Fachaufsätzen, Diplomarbeiten, Zeitungs- und Zeitschriftenartikeln ausgewertet. Um das Weiterarbeiten und Vertiefen einzelner Fragestellungen zu erleichtern, nachfolgend eine Auswahl wichtiger Literatur.

Literatur zu Verkehrsstrukturen, Verkehrsverhalten, Verkehrsmobilität, Verkehrsproblemen und Verkehrsplanung

Adams, John: Transport Planning. Vision and Practice, London 1981

Adrian, Hanns: Stadtverkehr im Wertewandel – die Sicht des Städtebauers. In: Städtebau und Verkehr, Seminare/Symposien/Arbeitspapiere-Heft 36/1989. Hrsg.: Bundesforschungsanstalt f. Landeskunde und Raumordnung, Bonn

Aeschbacher, Ruedi: Zürichs Antwort auf die verkehrspolitischen Herausforderungen unserer Zeit. In: Schriftenreihe für Verkehr und Technik, Bd. 77, Bielefeld 1989

Albrecht, Rainer/u.a.: Verkehrsbedingungen von benachteiligten Bevölkerungsgruppen als Leitgröße für eine zielorientierte Stadt- und Verkehrsplanung, 1977. Hrsg.: Institut für Zukunftsforschung, Berlin

Allgemeiner Deutscher Automobil-Club (Hrsg.): Mobilität. München 1987

–: Verkehrsentwicklung in deutschen Städten. In: Schriftenreihe Straßenverkehr, Heft 6/o.J.

–: Stadt und Verkehr. In: Schriftenreihe Straßenverkehr, Heft 13/o.J.

Apel, Dieter: Umverteilung des städtischen Personenverkehrs. Stadtverkehrsplanung, Teil 3, 1984. Hrsg.: Deutsches Institut f. Urbanistik, Berlin

–: Mehr Verkehrssicherheit durch Geschwindigkeitsdämpfung. In: Verkehrspolitik, Nr. 1/2, Wien 1989

– /Brandt, E.: Stadtstraßen. Umweltanforderungen und Straßengestaltung. Stadtverkehrsplanung, Teil 2, 1982. Hrsg.: Deutsches Institut f. Urbanistik, Berlin

– /Ernst, E.: Mobilität. Grunddaten zur Entwicklung des städtischen Personenverkehrs. Stadtverkehrsplanung, Teil 1, 1980. Hrsg.: Deutsches Insitut f. Urbanistik, Berlin

– /Lehmbrock, M.: Modellvorhaben umweltschonender und sicherer Stadtverkehr. Verkehrsentwicklungsplan Stadt Lahr/Schwarzwald, 1985. Hrsg.: Deutsches Institut f. Urbanistik, Berlin und Stadt Lahr/Schwarzwald

– /Schwarzer, G.: Stadtverkehr und Umweltschutz. Kosten-Nutzen-Untersuchungen zur Lärmminderung, am Beispiel der Stadt Hannover, 1977. Hrsg.: Deutsches Institut f. Urbanistik, Berlin

Arbeitskreis Verkehr und Umwelt: Stichworte und Fakten zum Stadtverkehr, Kurzinformation, Berlin 1982

–: Neue Stichworte, Fakten und Argumente zum Stadtverkehr, Kurzinformation, Berlin 1985

Armanski, Gerhard: Wir Geisterfahrer. Lust und Last am Automobil. Bielefeld 1986

Aumund, Hans-J./u.a.: Verkehrsentwicklungsplan Stadt Delbrück. Ein verkehrsmittelübergreifendes Konzept zur flächendeckenden Verkehrsberuhigung in einer Stadt im ländlichen Raum. Veröffentlichungen d. Instituts f. Verkehrswirtschaft, Straßenwesen und Städtebau, Nr. 9, Hannover 1988

Baier, Reinhold/Peter, Christof: Sicherer Verkehr, ortsgerechte Straßen. MSWV informiert, Nr. 3/1989. Hrsg.: Minister f. Stadtentwicklung, Wohnen und Verkehr d. Landes Nordrhein-Westfalen, Düsseldorf

Beckmann, Klaus, J.: Verkehrsplanung Quo Vadis?. In: Verkehrszeichen, Heft 2/1989

–: Verständniswandel in der städtischen Verkehrsplanung, 1988. Hrsg.: Institut f. Städtebau und Landesplanung, Karlsruhe

Bode, Peter M./u.a.: Grün kaputt. Landschaft und Gärten der Deutschen. München 1983

– /u.a.: Alptraum Auto, München 1986

Boese, Peter/u.a.: Planungsfaktor Umweltschutz. Gemeinden vor neuen Aufgaben. Basiswissen für Entscheidungsträger. Grafenau 1976

Bracher, Tilman: Lösungsansätze für den städti-

schen Güterverkehr. In: Bauwelt, Heft 12/1989
– /u.a.: Strategien zur Umweltentlastung im städtischen Güterverkehr. Abschlußbericht i. A. d. Ministeriums f. Stadtentwicklung, Wohnen und Verkehr d. Landes Nordrhein-Westfalen, vervielfält. Ms., Berlin 1989
Brög, Werner: Überlegungen zur Bildung von verkehrswissenschaftlichen Modellen aus der Sicht der empirischen Sozialforschung. Kurzpapier f. d. ersten Workshop der DVWG (Deutsche Verkehrswissenschaftliche Gesellschaft), Gießen 1976
–: Mobilität im Straßenraum, 1980. Hrsg.: Socialdata, München
–: Verkehrsbeteiligung im Zeitverlauf – Verhaltensänderung zwischen 1976 und 1982, 1984. Hrsg.: Socialdata, München
– /Herry, Max: Struktur der nächtlichen Verkehrsteilnahme, 1983. Hrsg.: Socialdata, München
Buchanan, Colin: Verkehr in Städten, Essen 1964
Bundesarbeitsgemeinschaft d. Mittel- u. Großbetriebe d. Einzelhandels: Parken und Handel. Köln 1990
Bundesforschungsanstalt f. Landeskunde und Raumordnung (Hrsg.): Tempo 30. Erfahrungen aus städtebaulicher Sicht. Seminare-Symposien-Arbeitspapiere, Heft 32, Bonn 1988
Bundesminister für Raumordnung, Bauwesen und Städtebau (Hrsg.): Ausländische Erfahrungen mit Möglichkeiten der räumlichen und sektoralen Umverteilung des städtischen Verkehrs. Städtebauliche Forschung, Bd. 03. 063, Bonn 1978
–: Wohnstraßen der Zukunft. Bonn 1979
–: Verkehrsberuhigung. Ein Beitrag zur Stadterneuerung. Städtebauliche Forschung, Bd. 03. 071, Bonn 1979
–: Planungsfibel zur Verkehrsberuhigung. Städtebauliche Forschung, Bd. 03. 090, Bonn 1982
–: Kostenhinweise zur Verkehrsberuhigung. Städtebauliche Forschung, Bd. 03. 098, Bonn 1983
–: Parken in der Stadt. Städtebauliche Forschung, Bd. 03. 109, Bonn 1984
–: Verkehrsberuhigung und Stadtverkehr. Textsammlung zu einem städtebaulichen Verkehrskonzept. Städtebauliche Forschung, Bd. 03. 111, Bonn 1985
–: Städtebauliche Integration von Hauptverkehrsstraßen. Städtebauliche Forschung, Bd. 03. 118, Bonn 1986
–: Stadtverkehr im Wandel, Bonn 1986
–: Städtebaulicher Bericht Umwelt und Gewerbe in der Städtebaupolitik. Bonn 1986
–: Tempo 30 – Städtebauliche Auswirkungen. Schriftenreihe Forschung, Heft 470, Bonn 1989
Bundesminister f. Verkehr (Hrsg.): Aufbereitung von Ergebnissen der Stadtverkehrsforschung. Pilotstudie: Modal-Split, Heft A1, Bonn 1984
–: Mitteilungen über Forschungen zur Verbesserung der Verkehrsverhältnisse der Gemeinden. Forschung Stadtverkehr, Sonderheft, Heft 36, Bonn 1985
Bürgerinitiative Westtangente Berlin: Stadtautobahnen – ein Schwarzbuch zur Verkehrsplanung. Berlin 1976
Burkhard, Martin: Die gesellschaftlichen Kosten des Autoverkehrs. 1980. Hrsg.: Umweltwissenschaftliches Institut, Bonn
Buschkühl, Angelika: Die tägliche Mobilität von Frauen. Diplomarbeit, Gießen 1984
Centrum voor energiebesparing en schone technologie: Waardering van negatieve externe effecten van het autoverkeer. Delft 1988
Cerwenka, Peter: Personenverkehrsmobilität: Geschichte, Befunde und Ausblick. Diskussionspapier Nr. dp 82/1/1982. Hrsg.: Prognos, Basel
Collop, M.J.: National Travel Survey: 1985/86 Report – Part 1. An Analysis of Personal Travel, 1988. Hrsg.: Department of Transport, London
Deutsche Shell AG: Vertrauen führt zu neuer Gipfelfahrt. Shell-Prognose des PKW-Bestandes bis zum Jahr 2000. Aktuelle Wirtschaftsanalysen, Heft 16, Hamburg 1983
Deutscher Städtetag: Straßen für die Städte. Neue Schriften, Köln 1965
–: Verkehrspolitisches Konzept der deutschen Städte. Reihe F, DST-Beiträge zur Wirtschafts- und Verkehrspolitik, Heft 5, Köln 1984
–: Die Innenstadt-Beiträge zur Stadtentwicklung und zum Umweltschutz, Reihe E, Heft 14, Köln 1986
Deutsches Institut f. Wirtschaftsforschung: Entwicklung des PKW-Bestandes in der Bundesrepublik Deutschland bis zum Jahr 2000. In: Wochenbericht 37, Berlin 1979
–: Die Entwicklung des Personenverkehrs in der Bundesrepublik Deutschland bis zum Jahr 1982. In: Wochenbericht 34, Berlin 1985
–: Gesamtfahrleistungen und Kraftstoffverbrauch im Straßenverkehr weiter deutlich gestiegen. In: Wochenbericht 44, Berlin 1987
Dollinger, Hans: Die totale Autogesellschaft. München 1972
Droste, Manfred: Ausländische Erfahrungen mit Möglichkeiten der räumlichen und sektoralen Umverteilung des städtischen Verkehrs. Städtebauliche Forschung, Bd. 63/1978. Hrsg.: Bundesminister f. Raumordnung, Bauwesen und Städtebau, Bonn
Duve, Freimut (Hrsg.): Verkehr in der Sackgasse – Kritik und Alternativen. Technologie und Politik, Bd. 14, Reinbek 1979
Eichberg, Henning: Autogeschichte – Autokritik. In: Verkehrszeichen, Heft 3/1988
Eisfeld, D.: Stadt und öffentlicher Nahverkehr. Der Fall Hannover (1852–2000), 1979. Hrsg.: Hannoversche Verkehrsbetriebe
Fachhochschule Aachen (Hrsg.): Erfahrungen über die Nutzung spezieller Verkehrsflächen und -anlagen, FH-Texte, Bd. 38/1983
–: Straßen für einen stadtgerechten Verkehr. FH-Texte, Bd. 55/1988
Fester, Marc F./u.a.: Raum für soziales Leben,

1982. Hrsg.: Ministerium f. Arbeit, Gesundheit und Soziales des Landes Nordrhein-Westfalen, Düsseldorf

Flade, Antje: Kinder: Die Folgen der Motorisierung. In: Verkehrszeichen, Heft 1/1987

Forschungsgesellschaft f. Straßen- u. Verkehrswesen (Hrsg.): Empfehlungen für die Anlage von Erschließungsstraßen – EAE 85, Köln 1985

–: Leitfaden für die Verkehrsplanung. Köln 1985

–: Strukturveränderungen in den Städten – Auswirkungen auf den Verkehr, Arbeitspapier Nr. 16, Köln 1988

Froessler, Rolf/Klimek, Christa: Wirksamkeit von Tempo 30. ILS-Schriften, Nr. 13/1988. Hrsg.: Institut f. Landes- und Stadtentwicklungsforschung des Landes Nordrhein-Westfalen, Dortmund

Girnau, Günter: Welche Maßnahmen können dem öffentlichen Nahverkehr zu Attraktivitätssteigerungen und höheren Kostendeckungsgraden verhelfen?. In: Demokratische Gemeinde: Verkehr 2000. Perspektiven kommunaler Verkehrspolitik, Sondernr., Bonn 1987

Gottardi, G./Hautzinger H.: Untersuchung von Gesetzmäßigkeiten des individuellen Mobilitätsverhaltens. In: Straße und Verkehr, Nr. 12, Zürich 1987

Hamer, Mick: Wheels within wheels. A study of the road lobby. London 1987

Hartenstein, W.: Stadt ohne Auto?. In: Transfer, Heft 3/1977

Hass-Clau, Carmen (Hrsg.): New Ways of Managing Traffic. Built Environment, Heft 1/2/1986

–: New life for city centres. Planning, transport and conservation in British and German cities. London 1988

Hauptgemeinschaft d. deutschen Einzelhandels (Hrsg.): Leitlinien zur städtischen Verkehrsplanung, Köln 1987

Heinze, G.W.: Mobilität und Verkehrsmittelwahl. In: Personennahverkehr, 1980. Hrsg.: Daimler-Benz, Stuttgart

–: Verkehr schafft Verkehr. Ansätze zu einer Theorie des Verkehrswachstums als Selbstinduktion. In: Berichte zur Raumforschung und Raumordnung, Heft 4/5, 1979

Hiess, Helmut/u.a. (Hrsg.): Wie lange fahren wir noch?. Wien 1984

Hillmann, Mayer/u.a.: Personal Mobility and Transport Policy. Political and Economic Planning, Bd. 39, London 1973

Hollatz, J.W./u.a.: Die kommunalen Verkehrsprobleme in der Bundesrepublik Deutschland. Bericht der Kommission zur Verbesserung der kommunalen Verkehrsverhältnisse, Essen 1965

Holzapfel, Helmut: Verkehrsbeziehungen in Städten. Schriftenreihe des Instituts f. Verkehrsplanung und Verkehrswegebau, Bd. 5, Berlin 1980

– (Hrsg.): Ökologische Verkehrsplanung. Arnoldshainer Schriften zur Interdisziplinären Ökonomie, Bd. 16, Frankfurt a.M. 1988

– /u.a.: Autoverkehr 2000. Wege zu einem ökologisch und sozial verträglichen Autoverkehr. Alternative Konzepte, Bd. 51, Karlsruhe 1985

– /u.a.: Autoverkehr 2000 – Die Zukunft im Verkehrswesen ist gestaltbar. In: Gewerkschaftliche Monatshefte, Heft 10/1987

– /u.a.: Potentiale zur Reduktion von Schadstoffen und Energieeinsatz im Verkehr. Monatsbericht Juni 1989. Hrsg.: Institut f. Landes- und Stadtentwicklungsforschung d. Landes Nordrhein-Westfalen, Dortmund

– /u.a.: Maßnahmen zur Reduktion von Schadstoffen und Energieeinsatz im Verkehr. Monatsbericht Juli 1989. Hrsg.: Institut f. Landes- und Stadtentwicklungsforschung d. Landes Nordrhein-Westfalen, Dortmund

– /u.a.: Rückblick auf eine andere Verkehrszukunft der 80er Jahre des letzten Jahrhunderts. Monatsbericht November 1989. Hrsg.: Institut f. Landes- und Stadtentwicklungsforschung d. Landes Nordrhein-Westfalen, Dortmund

Höpfner, U./u.a.: PKW, Bus oder Bahn. Schadstoffimmissionen und Energieverbrauch im Stadtverkehr 1984 und 1995. IFEU-Bericht Nr. 48, 1988. Hrsg.: Institut f. Energie- u. Umweltforschung, Heidelberg

Hüsler, Willi: Verminderung der Umweltbelastungen durch verkehrsorganisatorische und verkehrstechnische Maßnahmen, 1987. Hrsg.: Eidg. Verkehrs- und Energiewirtschaftsdepartment, Bern

– /u.a.: Flächensparen im Straßenverkehr. Nationales Forschungsprogramm Boden, Bericht 29, Bern 1989

IATSS–International Association for Transport Safety Sciences (Hrsg.): White Paper on Transportation Safety in Japan, Ausgaben 1980 bis 1986, Tokio

Illich, Ivan: Die sogenannte Energiekrise oder die Lähmung der Gesellschaft. Reinbek 1974

Industrie- und Handelskammer zu Köln: Die Stadt im Stau. Köln 1988

Institut f. Landes- und Stadtentwicklungsforschung d. Landes Nordrhein-Westfalen (Hrsg.): Haupt(verkehrs)straßen und Verkehrsberuhigung. Bausteine für die Planungspraxis in Nordrhein-Westfalen, Bd. 6, Dortmund 1986

–: Flächenverbrauch und Verkehr. ILS-Schriften, Nr. 7, Dortmund 1987

Institut f. praxisorientierte Sozialforschung: Verkehrsverhalten in der Schweiz. GVF-Bericht 3/1983. Hrsg.: Eidg. Verkehrs- u. Energiewirtschaftsdepartment, Bern

Keller, Mario: Pendler-Mobilität 1980. GVF-Bericht 4/1983. Hrsg.: Eidg. Verkehrs- u. Energiewirtschaftsdepartment, Bern

Klefisch, Toni: Gleichberechtigung im Stadtverkehr, 1986. Hrsg.: SPD-Fraktion im Rat der Stadt Köln

Kloas, Jutta/Kuhfeld, Hartmut: Statistik des gesamten Personennahverkehrs in der Bundesrepublik Deutschland im Jahre 1975 – Wege zu Fuß, mit dem Fahrrad, dem PKW und öffentlichen Verkehrsmitteln, 1982. Hrsg.: Deutsches Institut f. Wirtschaftsforschung, Berlin

Knoflacher, Hermann: Reisemittelwahl – primär eine Funktion der Lage der Verkehrsmittel zu den Siedlungsgebieten und umgekehrt. In: Internationales Verkehrswesen, Heft 4/1984

–: Verkehrsplanung für den Menschen, Band 1 Grundstrukturen, Wien 1987

–: Katalysatoren für Nichtmotorisierte, Wien 1985

Krämer-Badoni, Thomas/u.a.: Zur sozio-ökonomischen Bedeutung des Automobils. Frankfurt a. M. 1971

Kraus, Jobst/u.a. (Hrsg.): Auto, Auto über alles?. Nachdenkliche Grüße zum Geburtstag. Freiburg i.Br. 1987

Krautter, Horst: Verkehrspolitik im ländlichen Raum. In: Demokratische Gemeinde: Verkehr 2000. Perspektiven kommunaler Verkehrspolitik, Sondernr., Bonn 1987

König, K.: Suburbanisierung und Stadtverkehr. In: Beiträge zum Problem der Suburbanisierung, Teil 2, 1978. Hrsg.: Akademie f. Raumforschung u. Landesplanung, Hannover

Korte, J.W.: Grundlagen der Straßenverkehrsplanung in Stadt und Land, Wiesbaden 1960

Kreibich, Volker: Zum Zwangscharakter räumlicher Mobilität. In: Stadt und Gesellschaft – sozioökonomische Aspekte der Stadtentwicklung. Urbs et Regio, Sonderband 13, Kassel 1979

Krell, K.: Möglichkeiten zur Beschränkung des Individualverkehrs zur Erhaltung der Funktionsfähigkeit städtischer Zentren. In: Straßenverkehrstechnik, Heft 16/1972

Kremser, Fritz: Asphaltierte Landschaft. In: Verkehr in der Sackgasse – Kritik und Alternativen. Technologie und Politik, Bd. 14, Reinbek 1979

Küpper, U.I./Schulz, A.: Neuorientierung der Verkehrsentwicklungsplanung: Das Beispiel Köln. In: Verkehrsberuhigung, Städtebauliche Forschung, Bd. 71/1979. Hrsg.: Bundesminister f. Raumordnung, Bauwesen und Städtebau, Bonn

Kutter, E.: Mobilität als Determinante städtischer Lebensqualität. In: Schriftenreihe d. Deutschen Verkehrswissenschaftlichen Gesellschaft, Reihe B, Heft 24, Köln 1975

Lange, Hans-Georg: Städtische Verkehrspolitik auf totem Gleis?. In: Demokratische Gemeinde: Verkehr 2000. Perspektiven kommunaler Verkehrspolitik, Sondernr., Bonn 1987

Leibbrand, K.: Verkehr und Städtebau, Basel 1964

–: Stadt und Verkehr. Theorie und Praxis der städtischen Verkehrsplanung, Basel 1980

Lichtenthäler, Ulrike/u.a.: Soziale Schäden durch den motorisierten Individualverkehr. Vervielfält. Ms., 1988. Hrsg.: Institut f. Landes- und Stadtentwicklungsforschung d. Landes Nordrhein-Westfalen, Dortmund

Magistrat der Stadt Graz (Hrsg.): Verkehrsverhalten der Grazer Bevölkerung, Graz 1983

Menke, Rudolf: Stadtverkehrsplanung. Ein neues Konzept für die städtische Generalverkehrsplanung. Schriften d. Deutschen Instituts f. Urbanistik, Bd. 53, Stuttgart/Berlin 1975

–: Immer mehr Verkehr?. In: Werk und Zeit, Nr. 2/1976

–: Nichtmotorisierter Verkehr und regionale Flächennutzung – I. Teil und II. Teil. In: Verkehr und Technik, Heft 3 und 4/1984

Messelhäuser, H. J./Vogt, W.: Ermittlung des verlagerungsfähigen Anteils des Kfz-Verkehrs in einer Stadt, 1978. Hrsg.: Institut f. Straßen- und Verkehrswesen der Universität Stuttgart

Metron Verkehrsplanung: Maßnahmenplan Lufthygiene – Motivationspolitik zu umweltschonendem Verhalten. Windisch/Zürich 1988

–: Maßnahmenplan Lufthygiene – Niedriggeschwindigkeitsszenario. Windisch/Zürich 1988

–: Maßnahmenplan Lufthygiene – Integrierte Kapazitätsreduktion. Windisch/Zürich 1988

Mettler-Meibom, Barbara/Brög, Walter: Die Ermittlung besserer Planungsunterlagen für (Mobilitäts-)Behinderte, 1980. Hrsg.: Socialdata, München

Minister für Stadtentwicklung, Wohnen und Verkehr des Landes Nordrhein-Westfalen (Hrsg.): Sicherer Verkehr, ortsgerechte Straßen. Hinweise und Beispiele aus Nordrhein-Westfalen. MSWV informiert, Nr. 3/1989

–: Stadterneuerung und Stadtverkehr. Grundsätze zur besseren Integration von Stadterneuerung und Stadtverkehr. MSWV Kurzinformation Nr. 9/1988

–: Mensch und Straße. Düsseldorf, 1. Ausgabe 1988, 2. Ausgabe 1989

Ministerium f. Verkehr u. öffentliche Arbeiten: Zweiter Strukturbericht zur Verkehrsentwicklung in den Niederlanden. Den Haag 1989

Ministry of Housing, Physical Planning and Environment: Memorandum on Traffic and the Environment, Den Haag 1987

Monheim, Heiner: Grundzüge einer alternativen Stadtverkehrsplanung. In: Verkehr in der Sackgasse – Kritik und Alternativen. Technologie und Politik, Bd. 14, Reinbek 1979

–: Die große Straßenschlacht. In: Natur, Heft 2/1982

–: Ansätze einer alternativen Stadtverkehrsplanung. Öko – Politik – aber wie?. In: Fischer Alternativ, Nr. 406, Frankfurt a.M. 1982

–: Schwierigkeiten und Möglichkeiten einer alternativen Stadtverkehrspolitik. In: Die Zukunft der Stadt – soziale Bewegungen vor Ort, Reihe Technologie und Politik, Bd. 21, Reinbek 1983

–: Tempo 30 in Städten und Dörfern, 1983. Hrsg.: Arbeitskreis Verkehr und Umwelt, Berlin

–: Cars, Bicycles and Pedestrians Using Common Road Space. In: Urban Space and Better Towns. Hrsg.: International Association of Traffic and

Safety Sciences, Tokio 1984
–: Verkehrsberuhigung als Gesamtkonzept für einen besseren Stadtverkehr. In: RaumPlanung, Heft 31/1985
–: Konzepte und Perspektiven einer neuen kommunalen Verkehrspolitik und Planung. In: Loccumer Protokolle 15/1986
–: Umorientierung der Stadtverkehrsplanung. Spielräume für eine ökologische Stadterneuerung. In: Garten und Landschaft, Heft 1/1986
–: Integrierte Gesamtverkehrsplanung – Folgerungen für Verkehrspolitik und Verkehrsplanung. In: Gemeinde-Stadt-Land, Bd. 13/1987
–: Grundsätze für die kommunale Verkehrsentwicklungsplanung. Vervielfält. Ms., 1988. Hrsg.: Ministerium f. Stadtentwicklung, Wohnen und Verkehr d. Landes Nordrhein-Westfalen, Düsseldorf
Monheim, Rolf: Methodische Gesichtspunkte von Umfragen zum Verkehrsverhalten. In: Dokumentation 1. Internationaler Fahrradkongreß, Velo City 1980 in Bremen, Sonderreihe Forschung Stadtverkehr, Heft 9/1981. Hrsg.: Bundesminister f. Verkehr, Bonn
–: Analyse von Tätigkeiten und Wegen in der Stadt. Neue Möglichkeiten für den Modal-Split. In: Verkehr und Technik, Heft 8/1985
–: Städtische Verkehrsmobilität: Probleme ihrer Erfassung und Bewertung. In: Colloquium Geographicum, Bd. 16, Bonn 1985
–: Politik oder Trend? Normen und Wertungen in der Verkehrsplanung. Vervielfält. Ms., Bayreuth 1989
Monheim-Dandorfer, Rita: Das Wanderungsgeschehen in Bonn. In: Aachener Geographische Arbeiten, Heft 14/2.Teil/1981
– /u.a.: Räumlich-funktionales Zentrenkonzept. 1977. Hrsg.: Stadt Bonn
– /u.a.: Verkehrsberuhigung – ein neues Konzept für den Verkehr in Städten und Dörfern. In: Geographie heute, Heft 12/1982
Niklas, Joachim: Mobil bei knappen Kassen – Zur Kostenentwicklung beim Verkehrsangebot. In: Demokratische Gemeinde: Verkehr 2000. Perspektiven kommunaler Verkehrspolitik, Sondernr., Bonn 1987
OECD – Organisation f. wirtschaftliche Zusammenarbeit und Entwicklung (Hrsg.): Better Towns with less Traffic. Paris 1977
–: Cities and Transport. Paris 1988
Öko-Institut Freiburg (Hrsg.): Straßenbau. Umweltzerstörung. Alternativen. Ein Bürgerhandbuch. Freiburg 1983
Peeters, P. M.: The Netherlands travelling clean. Towards a trend breach in passenger transport, 1989. Hrsg.: Netherlands agency for energy and the environment, Utrecht
Penn, Gertrude: Straßenverkehrslärm: Die Letzten beißen die Hunde. In: Verkehrszeichen, Heft 4/1987
Peters, Paulhans: Stadt für Menschen. Ein Plädoyer für das Leben in der Stadt. München 1973
Pfeifle, Manfred/Vogt, Walter: Gibt es »induzierten Verkehr«? Kritische Fragen zur Abgrenzung und zum möglichen Umfang. In: Internationales Verkehrswesen, Heft 4/1989
Pfundt, Konrad/u.a.: Zonen-Geschwindigkeits-Beschränkung, 1989. Hrsg.: Beratungsstelle f. Schadensverhütung des HUK-Verbandes, Köln
Rat v. Sachverständigen für Umweltfragen: Auto und Umwelt. Wiesbaden 1973
Renner, Michael: Rethinking the Role of the Automobile. Worldwatch Paper Nr. 84, Washington D.C. 1988
Retzko, H.G.: Städtische und regionale Verkehrsplanung unter veränderten Bedingungen. In: Berichte zur Raumforschung und Raumplanung, Bd. 23/1979
– /u.a.: Die Rolle des Verkehrs in Stadtplanung, Stadtentwicklung und städtischer Umwelt. Städtebauliche Forschung, Bd. 23/1974. Hrsg.: Bundesminister f. Raumordnung, Bauwesen und Städtebau, Bonn
Rößler, Karlheinz: Können Autos umweltfreundlich sein?. In: Verkehrszeichen, Heft 2/1987
Sachs, Wolfgang: Die Liebe zum Automobil. Reinbek 1984
–: Die auto-mobile Gesellschaft – vom Aufstieg und Niedergang einer Utopie. In: Gewerkschaftliche Monatshefte, Heft 10/1987
Sammer, Gerd: Motorisierter Individualverkehr – Grenzen und Möglichkeiten seiner Beeinflussung. In: Österreichische Ingenieur- und Architekten-Zeitschrift, Heft 1/1988
Schmid, M.: Vorfahrt für das Fahrrad. Für eine menschengerechte Mobilität. Frankfurt a. M. 1981
Schmidt, Günter, A.: Verkehrsmittelwahl – Bedingungen und Beeinflussung, 1978. Hrsg.: Kuratorium für Verkehrssicherheit, Wien
Schuh-Tschan, Hans: Die geräderte Republik. Bilanz und Perspektiven des Autos. Hamburg 1986
Schulte, W.: Straßenverkehrsbeteiligung von Kindern und Jugendlichen. Unfall- und Sicherheitsforschung Straßenverkehr, Heft 19/1978. Hrsg.: Bundesanstalt f. Straßenwesen, Köln
Schweizerischer Bundesrat: Luftreinhalte-Verordnung v. 16. Dez. 1985, Drs. Nr. 814.318.142.1, vgl. hierzu auch: Erläuterungen zur Luftreinhalte-Verordnung, Texte zum Umweltschutzgesetz, Bern 1989
Schweizerischer Werkbund (Hrsg.): Risse im Lack. Auf den Spuren der Autokultur. Zürich 1985
Schwencke, Olaf (Hrsg.): Verkehrsplanung für eine menschengerechte Stadt. Loccumer Protokolle 15, Loccum 1986
Schwerdtfeger, Wilfried: Wer geht schon heute noch zu Fuß... – Ein Beitrag zur Korrektur eines Planungsweltbildes. In: Verkehrsberuhigung, Städtebauliche Forschung, Bd. 71/1979. Hrsg.: Bundesminister f. Raumordnung, Bauwesen

und Städtebau, Bonn
–: Küffner, Bernd: Analyse der Verkehrsteilnahme. Unfall- und Sicherheitsforschung Straßenverkehr, Heft 33/1981. Hrsg.: Bundesanstalt f. Straßenwesen, Bergisch Gladbach
Singer, Christian: Stadtverkehr und Umwelt – Literaturquerschnitt. ILS-Schriften, Nr. 22/1988. Hrsg.: Institut f. Landes- und Stadtentwicklungsforschung des Landes Nordrhein-Westfalen, Dortmund
Socialdata: Motorisierte und nichtmotorisierte Verkehrsteilnahme, vervielfält. Ms., München 1979
–: Das »Alternative Szenario« – Großraum Hannover. München 1983
Stadt Delft: Oude stad '75. Delft 1976
Stadt Göttingen: Gesamtverkehrsplan 1980. Planen und Bauen, Heft 28/1980
–: Die Entwicklung der Göttinger Innenstadt. Göttingen 1986
Stadt Köln: Lebensverhältnisse Kölner Bürger im Rahmenplanungsgebiet Sülz. Köln 1987
Stadt München: Bausteine für das verkehrspolitische Konzept. Arbeitspapier, München o.J.
Stadt Salzburg: Verkehrspolitisches Ziel- und Maßnahmenkonzept. Sonderbeilage Amtsblatt, Salzburg 1986
Stadt und Land (Hrsg.): Güterverkehr und Umwelt. In: Raumpolitische Argumente, Heft 5/1988
Stadt Zürich: Zur Verkehrspolitik der Stadt Zürich. Zürich 1987
Starkie, David: The Motorway Age. Road and Traffic Policies in Post-war Britain, Oxford 1982
Steierwald, Schönharting u.Partner: Luftreinhalteplan Stuttgart 1988 – Gutachten zur Senkung der Verkehrsemissionen, 1988. Hrsg.: Regierungspräsidium Stuttgart
Tebbe, Jan: Was ist Verkehr? – Möglichkeiten und Grenzen der Verkehrsplanung. In: Verkehr in der Sackgasse – Kritik und Alternativen. Technologie und Politik, Bd. 14, Reinbek 1979
–: Das Auto in einem ökologisch reformierten Verkehrssystem. In: Der neue Konsument, Magazin Brennpunkte, Bd. 14, Frankfurt a.M. 1979
Technische Universität Berlin (Hrsg.): Szenario Autoverkehr 2000. Wege zu einem ökologisch und sozial verträglichen Autoverkehr. Schriftenreihe Energie und Gesellschaft, Heft 24, Berlin 1984
Thiemann, Hans-Jörg: Mobilität alter Menschen. Diplomarbeit, Bonn 1985
Thomson, J.M.: Grundlagen der Verkehrspolitik. Bern 1978
Tichy, Gunter: Die volkswirtschaftlichen Kosten von Schiene und Straße. In: Verkehrspolitik, Nr. 1/2, Wien 1989
Topp, Hartmut,H.: Zur Stadtverträglichkeit des Autoverkehrs. In: Verkehrspolitik, Nr. 1/2, Wien 1989
Umweltbundesamt (Hrsg.): Was Sie schon immer über Auto und Umwelt wissen wollten. Berlin 1980
–: Was Sie schon immer über Luftreinhaltung wissen wollten. Berlin 1980
–: Was Sie schon immer über Lärmschutz wissen wollten. Berlin 1982
–: Was Sie schon immer über Umweltschutz wissen wollten. Berlin 1982
–: Verkehrs- und sozialwissenschaftliche Begleituntersuchung/Zwischenbericht: Ergebnisse der Verkehrserhebung 1983/ Indikatoren zum Verkehrsverhalten in Detmold und Rosenheim/ Unfallraten im Zeitvergleich 1975/1981. Modellvorhaben fahrradfreundl. Stadt, Werkstattber. Nr. 15, Berlin 1986
Urbanek, Axel: Verkehrsplanung, Städtebau und Raumordnung als Gesellschaftspolitik. Großhelfendorf 1974
Venzke, Rainer: Kinderspiel und Verkehrsberuhigung. In: Verkehrszeichen, Heft 1/1987
Vereinigung der Stadt-, Regional- und Landesplaner (Hrsg.): Neue Strategien für den Verkehr in der Stadt. Bericht über die Jahrestagung in Erlangen. SRL Schriftenreihe, Nr. 24, Bochum 1989
Verkehrs-Club der Schweiz (Hrsg.): Umwelt,Verkehr, Umkehr. Herzogenbuchsee 1983
Wille, Joachim: Die Tempomacher. Freie Fahrt ins Chaos. München 1988
Willeke, R./ Heinemann R.: Die Stadt und das Auto – Entwicklung und Lösung eines Problems, 1987. Hrsg.: Verband d. Automobilindustrie, Frankfurt a.M.
Winning v., Henning/Krüger, Michael: City-Paket und Geschwindigkeitsschalter – Verkehrsberuhigung am Auto. ILS-Schriften, Nr. 35/1989. Hrsg.: Institut f. Landes- und Stadtentwicklungsforschung des Landes Nordrhein-Westfalen, Dortmund
Wittenberg, Reinhard: Straßenverkehrsbeteiligung von Kindern und Jugendlichen. In: Zeitschrift für Verkehrssicherheit, Heft 2/1988
Wolf, Winfried: Eisenbahn und Autowahn. Personen- und Gütertransport auf Schiene und Straße. Hamburg 1987
–: Auf der Fahrt in die totale Autogesellschaft: Zehn Thesen zum Transport von Menschen und Gütern auf Straße und Schiene. In: Gewerkschaftliche Monatshefte, Heft 10/1987
Würdemann, Gerd: Städtebau und Verkehr – Forschungsfeld, Forschungsstand und Forschungsfragen für den Experimentellen Wohnungs- und Städtebau. In: Städtebau und Verkehr, Seminare/Symposien/Arbeitspapiere, Heft 36/1989. Hrsg.: Bundesforschungsanstalt f. Landeskunde und Raumordnung, Bonn
Zöpel, Christoph: Die menschliche Stadt der Zukunft. Daseinsvorsorge der Politik. 1983. Hrsg.: Ministerium f. Landes- u. Stadtentwicklung d. Landes Nordrhein-Westfalen, Düsseldorf
–: Stadtpolitik am Ende des zwanzigsten Jahrhun-

derts. 1983. Hrsg.: Ministerium f. Landes- u. Stadtentwicklung d. Landes Nordrhein-Westfalen, Düsseldorf
–: Verkehrspolitik für eine menschengerechte Stadt. In: Loccumer Protokolle 15/1986
–: Verkehrspolitik für eine menschengerechte Stadt. MSWV informiert, Nr. 9/1986. Hrsg.: Ministerium f. Stadtentwicklung, Wohnen u. Verkehr d. Landes Nordrhein-Westfalen, Düsseldorf
–: Gleichberechtigung im Stadtverkehr. In: Gleichberechtigung im Stadtverkehr. Tagungsband des verkehrspolitischen Kongresses der SPD-Fraktion im Rat der Stadt Köln. 1987. Hrsg.: SPD-Fraktion im Rat der Stadt Köln
–: Neuorganisation der Zeit. In: Forum Zukunft, Bd. 2, Baden-Baden 1987
–: Technikgestaltung durch den Staat. Bonn 1988

Literatur zum Fußgängerverkehr

Allgemeiner Deutscher Automobil-Club: Sicherheit für den Fußgänger. Wettbewerb für Städte und Gemeinden. München 1975
–: Sicherheit für den Fußgänger. Vorschläge für die kommunalen Bemühungen um die Verkehrssicherheit. München 1976
–: Sicherheit für den Fußgänger. Band II, Verkehrsberuhigung, München 1978
–: Sicherheit für Fußgänger und Radfahrer. Verkehrssicherheit in Städten und Gemeinden. München 1988
Anglo-German Foundation (Hrsg.): New life for City centres, London 1988
Arbeitskreis Verkehr u. Umwelt: Gehwege in Städten. Berlin 1985
–: Fußgängerfreundliche Ampeln in Städten und Dörfern. Berlin 1987
Baier, Reinhold/u.a.: Parke nicht auf unseren Wegen. Handlungsleitfaden für die kommunale Praxis. MSWV informiert, Nr. 5/1988. Hrsg.: Minister f. Stadtentwicklung, Wohnen und Verkehr, Düsseldorf
Biehl, B: Sicherheit und Verhalten von Fußgängern. Literaturübersicht, Köln 1977
Bierschenk, Hartmut/Wolff, Hans: Berücksichtigung des Fußgängerverkehrs bei Verkehrserhebungen. In: Forschung Straßenbau und Straßenverkehrstechnik, Heft 279/1980
Boesch, Hans: Der Fußgänger als Kunde. Berichte zur Orts-, Regional- und Landesplanung, Heft 58, Zürich 1986
Brunsing, Jürgen: Auswirkungen spezifischer Lichtsignalregelungen auf die Leichtigkeit und Sicherheit des Fußgängerverkehrs, vervielfält. Ms., 1989. Hrsg.: Institut für Landes- und Stadtentwicklungsforschung des Landes Nordrhein-Westfalen, Dortmund
–: Ansätze für eine Ermittlung der Fußgängerreisegeschwindigkeit. Diplomarbeit, Dortmund 1989
Bundesarbeitsgemeinschaft der Mittel- und Großbetriebe des Einzelhandels (Hrsg.): Fußgängerstraßen und Fußgängerbereiche. Köln 1977
–: Verkehrsberuhigung. Fußgängerzonen. Arkaden–Passagen–Galerien. Köln 1988
Bundesminister für Raumordnung, Bauwesen und Städtebau (Hrsg.): Verkehrsberuhigte Zonen in Kernbereichen. Schriftenreihe Städtebauliche Forschung, Bd. 65, Bonn 1978
–: Fußgängerbereiche. Teil 1: Wohnwege. Schriftenreihe Versuchs- und Vergleichsbauten und Demonstrativmaßnahmen, Bd. 47, Bonn 1974
Bundesminister für Verkehr: Richtlinien für die Anlage und Ausstattung von Fußgängerüberwegen (R-FGÜ 84). In: Verkehrsblatt 22/1984
Draeger, Werner/u.a.: Planungshilfen für fußgängerfreundliche Verkehrsanlagen. Büro für integrierte Stadt- und Verkehrsplanung, vervielfält. Ms., Bonn 1989
Europäisches Parlament: Entschließung zum Schutz der Fußgänger (Charta der Fußgänger). Straßburg 1988
Forschungsgesellschaft f. Straßen- und Verkehrswesen: Empfehlungen für die Anlage von Erschließungsstraßen – EAE 85. Köln 1985
Forschungsstelle für den Handel Berlin (Hrsg.): Die Bedeutung der Fußgängerzonen für den Strukturwandel im Einzelhandel. Berlin 1978
Garbrecht, Dietrich: Zu Fuß gehen – Rückschritt oder Fortschritt?. In: Verkehr in der Sackgasse. Kritik und Alternativen. Reihe Technologie und Politik, Heft 14, Reinbek 1979
–: Gehen. Ein Plädoyer für das Leben in der Stadt. Weinheim/Basel 1981
–: Die Situation des Fußgängers. Bern 1983
Häckelmann, Peter: Steuerung des Fußgängerverkehrs an Knotenpunkten mit Lichtsignalanlagen. Dissertation, Darmstadt 1976
–: Unfälle mit Fußgängern an Knotenpunkten mit Lichtsignalanlagen unter besonderer Berücksichtigung der Art der Signalsteuerung, Band I und II, Darmstadt 1976
Hamann, Rainer: Fußgängersicherheit an Haltestellen. Bergisch Gladbach 1985
–: Fußgängersicherheit an Haltestellen. In: Nahverkehrs-Praxis 4/1986
Hantschk, Walter: Die City. Detailstudien zur Standortdifferenzierung von Einzelhandelsgeschäften im Geschäftszentrum von München. In: Tagungsbericht zum deutschen Geographentag Bad Godesberg, Wiesbaden 1967
–: Geschäft in Etage und Passage. Eine stadt- und marktgeographische Untersuchung über Sonderstandorte des Einzelhandels in der Münchner Innenstadt, Dissertation, München 1967
Hillmann, M./Whalley, A.: Walking is Transport. London 1979
Heidemann, Claus: Gesetzmäßigkeiten städtischen Fußgängerverkehrs. Forschungsarbeiten

aus dem Straßenwesen Heft 68/1967. Hrsg.: Forschungsgesellschaft für das Straßenwesen, Köln

HUK-Verband der Autoversicherer (Hrsg.): Schulwegsicherung in Nordrhein-Westfalen, Erlaß des Ministers f. Stadtentwicklung, Wohnen und Verkehr v. 19. Juli 1989 mit Erläuterungen der Beratungsstelle. Informationen d. Beratungsstelle f. Schadensverhütung, Köln 1989

Institut de Recherche des Transports (Hrsg.): Les déplacements piétonniers. Analyse bibliographique, Note d'information No. 20, Joinville 1981

Internat. Föderat. d. Fußgängerverbände (Hrsg.): Die Stimme des Fußgängers, Vierteljahresschrift, Den Haag

Kirsch, Helmut: Leistungsfähigkeit und Dimensionierung von Fußgängerüberwegen. Straßenbau und Straßenverkehrstechnik, Heft 33/1964. Hrsg.: Bundesminister f. Verkehr, Bonn

Knoflacher, Hermann: Ist die Verkehrspolitik fußgeherfeindlich?. In: Österreichische Gemeinde-Ztg., Nr. 5/1984

–: Verkehrsplanung für den Menschen, Band 1 Grundstrukturen, Wien 1987

Kommission Lokale Fußwegnetze: Fußwege im Siedlungsbereich. Richtlinien für bessere Fußgängeranlagen, 1982. Hrsg.: Arbeitsgemeinschaft Rechtsgrundlagen für Fuß- und Wanderwege, Zürich

Leymann, Klaus: Wohnen im Fußgängerbereich. Ergebnisse einer Untersuchung zur Nutzung innerstädtischer Freiräume am Beispiel Mülheim a. d. Ruhr. Kurzberichte, Heft 4/1978. Hrsg.: Institut für Landes- und Stadtentwicklungsforschung des Landes Nordrhein-Westfalen, Dortmund

London Centre for Transport Planning (Hrsg.): Pedestrianisation in London, Seminar Proceedings, London 1987

Machtemes, Aloys/u.a.: Raum für Fußgänger – Wege durch die Stadt, Bd. 1/1979. Hrsg.: Institut f. Landes- und Stadtentwicklungsforschung d. Landes Nordrhein-Westfalen, Dortmund

– /u.a.: Raum für Fußgänger – Wohnbereiche, Bd. 2/1979. Hrsg.: Institut f. Landes- und Stadtentwicklungsforschung d. Landes Nordrhein-Westfalen, Dortmund

– /u.a.: Raum für Fußgänger – Straße und Stadtgestalt, Bd. 3/1979. Hrsg.: Institut f. Landes- und Stadtentwicklungsforschung d. Landes Nordrhein-Westfalen, Dortmund

Maier, Reinhold: Sicherheit von Fußgängern auf innerstädtischen Straßen. In: Schriftenreihe Unfall- und Sicherheitsforschung Straßenverkehr, Innerörtliche Verkehrssicherheitsmaßnahmen, Bd. 49/1984. Hrsg.: Bundesanstalt f. Straßenwesen, Bergisch Gladbach

–: Fußgängersicherheit in Städten. Untersuchungen zu Unfallgeschehen, Verkehrsstärke, Verhalten. Mitteilungen der Beratungsstelle für Schadensverhütung des HUK-Verbandes, Heft 24, Köln 1984

–: Zeitverluste für Fußgänger beim Queren von Straßen als Maß für die Trennwirkung. In: Straßenverkehrstechnik 4/1986

Ministère de l'Environnement/u.a. (Hrsg.): Rues à priorité piétonne, Bagneux 1978

Monheim, Heiner: Planung für den nichtmotorisierten Verkehr – Defizite, Ansprüche, Möglichkeiten. In: Schriftenreihe der Deutschen Verkehrswissenschaftlichen Gesellschaft. Der nichtmotorisierte Verkehr, Reihe B, Band 69, Köln 1983

–: Der Fußgängerverkehr – seine verkehrliche und städtebauliche Bedeutung und seine angemessene Berücksichtigung. In: Enquetebericht der Stadt Graz, Erfordernisse des Fußgängerverkehrs, Graz 1984

–: Planning, Pedestrians and the Environment. In: Kongreßbericht National Housing and Town Planning Council, Rochdale 1988

Monheim, Rolf: Fußgängerbereiche. Deutscher Städtetag – Beiträge zur Stadtentwicklung, Reihe E, Heft 4, Köln 1975

–: Fußgängerbereiche und Fußgängerverkehr in Stadtzentren in der Bundesrepublik Deutschland. In: Bonner Geographische Abhandlungen, Heft 64, Bonn 1980

–: Analyse von Tätigkeiten und Wegen in der Stadt. Neue Möglichkeiten für den Modal-Splitt, Teil I und Teil II. In: Verkehr und Technik, 8 und 9/1985

–: Vom Fußgängerbereich zu fußgängerfreundlichen Innenstädten. In: Der Städtetag 9/1987

National Consumer Council (Hrsg.): Pedestrians. An Action Guide to your Neighbourhood Problems. London 1987

Peter-Habermann, Inge: Kinder müssen verunglücken. Von der Aussichtslosigkeit, bei uns Kinder vor Autos zu schützen. Reinbek 1979

Peters, Paulhans (Hrsg.): Fußgängerstadt. München 1977 (Sammelband mit 14 Beiträgen zum Fußgängerverkehr)

Reutter Ulrike/u.a.: Soziale Folgen des Autoverkehrs. ILS-Schriften, Nr. 20/1989. Hrsg.: Institut f. Landes- und Stadtentwicklungsforschung d. Landes Nordrhein-Westfalen, Dortmund

Roberts, John: Pedestrian Precincts in Britain. Transport & Environment Studies. London 1981

Sachs-Pfeiffer, Toni: Sozialräumliche Zonierung. Bemerkungen zu Nutzung und Raum. In: Arch + 68/1983

Schatto, Heinz: Bemessungsgrundlage für die Dimensionierung von Fußgängeranlagen, Bergisch Gladbach o.J.

Schmitz, Andreas: Fußgängerverkehr. Benachteiligung des Fußgängerverkehrs und Ansätze zu ihrer Beseitigung. ILS-Schriften, Nr. 25/1989. Hrsg.: Institut für Landes- und Stadtentwicklungsforschung des Landes Nordrhein-Westfalen, Dortmund

Schubert, H.: Planungsmaßnahmen für den Fußgängerverkehr in den Städten. Straßenbau und Straßenverkehrstechnik, Heft 56/1967. Hrsg.: Bundesverkehrsminister f. Verkehr, Bonn
Stübben, Joseph: Der Städtebau, Darmstadt 1890 (Reprint Wiesbaden u. Braunschweig 1980)
Teichgräber, W.: Kriterien für die Gestaltung, Einsatz und Sicherheit von alternativen Fußgängerüberwegen. In: Schriftenreihe Unfall- und Sicherheitsforschung, Innerörtliche Verkehrssicherheitsmaßnahmen, Bd. 49/1984. Hrsg.: Bundesanstalt f. Straßenwesen, Bergisch Gladbach
Todd, J.E./Walker, A.: People as pedestrians. In: Her Majestys Stationery Office, London 1980
Transport 2000: Feet First. Putting People at the Centre of Planning, London o.J.
Verkehrs-Club der Schweiz (Hrsg.): Unsere Straße – fußgängerfreundlich. Herzogenbuchsee 1986
Weeber + Partner: Verkehrsanlagen aus der Sicht des Fußgängers. In: Forschung Straßenbau und Straßenverkehrstechnik, Heft 279/1980. Hrsg.: Bundesminister f. Verkehr, Bonn

Literatur zum Fahrradverkehr

Allers H./u.a.: Bibliographie aktueller Fahrradliteratur, Universität Oldenburg 1987
Allgemeiner Deutscher Fahrrad-Club: Fahrradstation Bonn-Hbf. Bremen/Bonn 1986
–: Sichere Radverkehrsnetze. Zusammenfassende Ergebnisse der Pilotprojekte Radverkehrs- u. Beschilderungsplan Kreis Neuss und Stadt Bochum. Kurzinformation, Nr. 11/1988. Hrsg.: Minister f. Stadtentwicklung, Wohnen und Verkehr d. Landes Nordrhein-Westfalen, Düsseldorf
–: Radverkehr – wegweisend in die Zukunft. Handlungsleitfaden für die kommunale Praxis. MSWV informiert, Nr. 5/1989. Hrsg.: Minister f. Stadtentwicklung, Wohnen und Verkehr d. Landes Nordrhein-Westfalen, Düsseldorf
–: Tritt für Tritt. Zehn Jahre Allgemeiner Deutscher Fahrrad-Club, Bremen 1989
–: Fahrradabstellanlagen. Bausteine für die Planungspraxis, erscheint 1990. Hrsg.: Institut f. Landes- und Stadtentwicklungsforschung des Landes Nordrhein-Westfalen, Dortmund
Angenendt, Wilhelm: Führung von Radverkehr in Städten. Stadt–Region–Land, Bd.48/1979. Hrsg.: Institut für Stadtbauwesen, Aachen
Arbeitskreis Verkehr u. Umwelt (Hrsg.): Richtlinien zur Förderung des Fahrradverkehrs. Kurzinformation, Berlin 1981
Baier, Reinhold/u.a.: Radfahren, aber sicher!. MSWV informiert, Nr.3/1986. Hrsg.: Minister f. Stadtentwicklung, Wohnen u. Verkehr d. Landes Nordrhein-Westfalen, Düsseldorf
–: Parke nicht auf unseren Wegen. Handlungsleitfaden für die kommunale Praxis. MSWV informiert, Nr. 5/1988. Hrsg.: Minister f. Stadtentwicklung, Wohnen und Verkehr, Düsseldorf
Bauer, H./u.a.: Fahrradfreundliche Verkehrspolitik in Stadt und Land, 1984. Hrsg.: Österreichische Raumordnungskonferenz, Wien
Bernard, Manfred/van der Plas, Rob: Schnell und sicher mit dem Fahrrad. In: Pro Velo, Mitteilungsblatt der Stiftung Fahrrad, Heft 3, Bremen 1982
Bicycling Association of Japan: The Current Situation of Bicycle Parking Areas, Tokio 1983
Bosse, Thilo/u.a.: Radwege- und Beschilderungsplan Bochum. ILS-Schriften, Nr. 9/1987. Hrsg.: Institut f. Landes- und Stadtentwicklungsforschung des Landes Nordrhein-Westfalen, Dortmund
Bracher, Tilman: Konzepte für den Radverkehr. Fahrradpolitische Erfahrungen und Strategien, Bielefeld 1987
–: Sicherheitsprobleme auf Radwegen. In: Internationales Verkehrswesen, Heft 5/1988
– /u.a.:Radverkehrspolitik und Radverkehrsanlagen in Europa. Berichtsentwurf i.A. ECF-European Cyclists' Federation, London 1988
Briese, Volker: Verkehr – Umwelt – Fahrrad. Dortmund 1985
Bundesminister f. Raumordnung, Bauwesen und Städtebau (Hrsg.): Fahrrad im Nahverkehr. Schriftenreihe Städtebauliche Forschung, Bd. 66, Bonn 1978
Bundesminister f. Verkehr (Hrsg.): Dokumentation 1. Internationaler Fahrradkongreß Velo City 1980 in Bremen. Sonderreihe Forschung Stadtverkehr, Heft 9, Bonn 1981
Draeger, Werner/Kahrmann, Burckhard: Planung und Gestaltung eines Radverkehrsnetzes – Das Beispiel Buxtehude. In: Städte- und Gemeindebund, Nr. 10/1987
Echte Nederlandse Fietsersbond: Fiets en trein op ejn lijn. Woerden 1982
Fahrradbüro Berlin (Hrsg.): Fahrrad in Berlin. Atlas für Fahrradfahrer. Berlin 1980
Fokken, Hans-Jörg: Radwanderwege. Planung, Entwurf, Bau. Verkehrswesen, Nr. 3/1988. Hrsg.: Niedersächsischer Sozialminister, Hannover
Forschungsgesellschaft für Straßen- und Verkehrswesen (Hrsg.): Aktuelle Hinweise zur Radverkehrsplanung, Arbeitspapier 21, Köln 1989
Gersemann, Dieter: Fahrradrecht heute und morgen, Reihe Velo, Wiesbaden 1984
Göbel, Norbert: Freiburg – Kommunalpolitische und verwaltungstechnische Durchsetzung der Verkehrsumverteilung. In: Fahrrad–Stadt –Verkehr, I. Tagungsband, Darmstadt 1988
Henning, Ulrike/u.a.: Maßnahmen zur Sicherung des innerörtlichen Fahrradverkehrs. Bereich Unfallforschung, 1981. Hrsg.: Bundesanstalt f. Straßenwesen, Bergisch Gladbach
Höppner, Michael: Stadtverkehr mit dem Fahrrad – oder Mobilität ohne Schaden, Diplomarbeit, Berlin 1978

Hudson, Mike: The Bicycle Planning Book, London 1978
– /u.a: Bicycle planning. Policy and Practice, London 1982
HUK-Verband der Autoversicherer (Hrsg.): Radverkehrsanlagen. Empfehlungen d. Beratungsstelle f. Schadensverhütung, Nr.3, Köln 1982
Innenministerium des Landes Baden-Württemberg (Hrsg.): Mit dem Fahrrad in der Stadt. Anregungen und Hinweise zur Förderung des Radverkehrs. Stuttgart 1989
Jacobsen, Jörg: Radverkehr in Kaiserslautern. Unfallbeteiligung von Radfahrern als Ausgangspunkt einer Radwegekonzeption f. Kaiserslautern, Diplomarbeit, Kaiserslautern 1985
Kassack, Heiner/u.a.: Radweg-Planung, 1981. Hrsg.: Allgemeiner Deutscher Fahrrad-Club, Bremen
Knoflacher, Hermann: Verkehrsplanung für den Menschen, Band 1 Grundstrukturen, Wien 1987
König, Dieter: Der gebrochene Verkehr zwischen Fahrrad und Eisenbahn in der Region Bremen, Diplomarbeit, Bremen 1983
Krag, Thomas: Sicherheit – eine Achillesferse fürs Radfahren, Beitrag auf der 4. Velo City Konferenz, Kopenhagen 1989
Krause, Juliane: Radfahrer – Kritische Partner im Verkehr?, 1986. Hrsg.: Institut f. Städtebau, Wohnungswesen u. Landschaftsplanung d. TU, Braunschweig
Leutzbach, Wilhelm/u.a.: Möglichkeiten und Grenzen der Führung des Radverkehrs auf Radfahrstreifen von anbaufreien Straßen. Forschung, Straßenbau und Straßenverkehrstechnik, Heft 488/1986. Hrsg.: Bundesminister f. Verkehr, Bonn
Linder, Franz: Radfahren in Einbahnstraßen. Beiträge zur Radverkehrsplanung, 1982. Hrsg.: Stadt Brühl
– /u.a.: Radverkehrskonzept Troisdorf. ILS-Schriften, Nr. 21/1989. Hrsg.: Institut f. Landes- und Stadtentwicklungsforschung des Landes Nordrhein-Westfalen, Dortmund
Magistrat der Stadt Wien (Hrsg.): Bewertung von Radverkehrsanlagen durch Radfahrer. Wien 1987
Ministère de l'Equipement/u.a.(Hrsg.): Les deux-roues dans la ville. Paris 1976
Minister f. Verkehr u. öffentliche Arbeiten (Hrsg.): Demonstration Cycle Route Tilburg. Den Haag 1977
–: Demonstratie-fietsroute Den Haag. Den Haag 1978
–: Wirksamkeitsanalyse des Radverkehrsnetzplanes Delft. Den Haag 1987
Metron Verkehrsplanungs- und Ingenieurbüro: Velokonzept Aarau. Brugg-Windisch 1984
–: Mit dem Velo zur S-Bahn. Zürich 1985
Maiworm, Michael: Stadtumbau für das Fahrrad?. In: Kommunalpolitische Blätter, 7/1980
Monheim, Heiner: Fahrrad im Nahverkehr. In: Natur und Umwelt, Heft 4/1978
–: Verkehrliche Sonderregelungen zum Schutz von Radfahrern. In: Der Städtetag, Heft 10/1980
–: Integrierter Fahrradverkehr und Schwerpunkte der Fahrradförderung in Nordrhein-Westfalen. In: FH-Texte, Bd. 56/1989. Hrsg.: Fachhochschule Aachen
Monheim, Rolf: Neue Perspektiven für Verkehrsprognosen: Fahrräder überflügeln Autos beim Weg der Studenten zur Hochschule. In: Der Städtetag, Heft 8/1984
–: Einflüsse der Stadtstruktur und der Jahreszeiten auf die Fahrradbenutzung. Das Beispiel der Studenten. In: Fahrrad – Stadt – Verkehr, Teil II, Darmstadt 1988
– /u.a: Ausbildungsverkehr in Bayreuth. Arbeitsmaterialien zur Raumordnung und Raumplanung, Heft 45/1986. Hrsg.: Institut f. Geowissenschaften, Bayreuth
Pfundt, Konrad: Kölner Protokoll '89 zum Radverkehr. Mitteilungen der Beratungsstelle für Schadensverhütung des HUK-Verbandes, Heft Nr. 30, Köln 1989
Planungsgemeinschaft Verkehr: Sicher auf dem Fahrrad, 1988. Hrsg.: Minister f. Stadtentwicklung, Wohnen u. Verkehr des Landes Nordrhein-Westfalen u.a., Düsseldorf
Planungsgemeinschaft Verkehr/Plan + Rat: Dokumentation zur Sicherung des Fahrradverkehrs. Bereich Unfallforschung, vervielfält. Ms., 1988. Hrsg.: Bundesanstalt f. Straßenwesen, Bergisch Gladbach
Replogle, Michael: Bicycles & Public Transportation: New Links to Suburban Transit Markets, 1983. Hrsg.: Bicycle Federation, Washington D.C.
Schäfer-Breede, Klaus (Hrsg): bike & ride. Bremen 1987
– /u.a.: Pro Fahrrad. Eine Bilddokumentation mit modellhaften Beispielen zur Verbesserung des Radverkehrs, Reihe Velo, Wiesbaden 1986
Schmid, Manfred: Vorfahrt für das Fahrrad. Frankfurt a. M. 1981
SPD-Bundestagsfraktion: Förderung der Infrastruktur für den Fahrradverkehr. 11. Wahlperiode, Bonn 1989
Stadt Münster: Programm fahrradfreundliche Stadt Münster, 1989
Straßenverkehrs- und Schiffahrtsamt des Kantons Bern (Hrsg.): Wegweisungskonzept für Radfahrer zwischen Bern und Thun, Bern 1988
Tebbe, Jan: Das Fahrrad als Alternative zum PKW?. Kritische Anmerkungen zur gegenwärtigen Situation. In: Gemeinde–Stadt–Land, Bd.7, Hannover 1981
Tokyo Municipal Government: Bicycle Problem Causing Concern. Tokyo Municipal News, Nr. 4/1981
Umweltbundesamt (Hrsg.): Sachexpertise »Fahrradrecht«. Modellvorhaben fahrradfreundliche Stadt, Werkstattberichte Nr. 1, Berlin 1982

–: Tendenzen der Verkehrsbeteiligung in den Modellstädten. Modellvorhaben fahrradfreundliche Stadt, Werkstattberichte Nr. 2, Berlin 1982
–: Sofortmaßnahmen zur Förderung des Fahrradverkehrs. Modellvorhaben fahrradfreundliche Stadt, Werkstattberichte Nr. 3, Berlin 1982
–: Sachexpertise »Fahrrad und öffentlicher Verkehr«. Modellvorhaben fahrradfreundliche Stadt, Werkstattberichte Nr. 4, Berlin 1983
–: Das Fahrrad in den Niederlanden/ Fahrradverkehr in europäischen Ländern (ohne Niederlande)/ Fahrradverkehr in Übersee (Australien, Japan, USA). Modellvorhaben fahrradfreundliche Stadt, Werkstattberichte Nr. 5 A/ 5 B/ 5 C, Berlin 1983
–: Potentiale des Fahradverkehrs in den Modellstädten Detmold und Rosenheim. Modellvorhaben fahrradfreundliche Stadt, Werkstattberichte Nr. 6, Berlin 1983
–: Konzeption und Methodik der verkehrs- und sozialwissenschaftlichen Begleituntersuchung. Modellvorhaben fahrradfreundliche Stadt, Werkstattberichte Nr. 7, Berlin 1984
–: Pressedokumentation. Modellvorhaben fahrradfreundliche Stadt, Werkstattberichte Nr. 10, Berlin 1984
–: Infrastruktur–Servicestationen–Fahrradverleih–Fahrradhandel. Modellvorhaben fahrradfreundliche Stadt, Werkstattberichte Nr. 16, Berlin 1986
–: Fallstudien zur ökologisch-ökonomischen Bewertung unterschiedlicherer Stadtverkehrskonzeptionen, Texte 11, Berlin 1986
–: Merkmale einer fahrradfreundlichen Stadt. Berlin 1986
–: Fahrradverkehr und öffentlicher Personennahverkehr als integriertes städtisches Verkehrssystem. Modellvorhaben fahrradfreundliche Stadt, Werkstattberichte Nr. 17, Berlin 1987
Wallraven-Fechner, Kornelia: Förderrichtlinien für den Radwegebau. In: Fahrradverkehr in Städten und Gemeinden, Köln 1988
Walprecht, Dieter (Hrsg.): Fahrradverkehr in Städten und Gemeinden. Köln 1988
Wilmink, Arie: Planungs- und Förderungskonzepte für den Radverkehr in den Niederlanden – dargestellt am Beispiel Den Haag und Tilburg. In: Gemeinde – Stadt – Land, Bd.7, Hannover 1981
Wolf, Jürgen: Fehlinvestition innerstädtischer Radweg, vervielfält. Ms., Darmstadt 1987

Literatur zum öffentlichen Personenverkehr

Adrian, Hanns: Stadtentwicklung und öffentlicher Nahverkehr. In: Stadtbauwelt 79/83
Aktion »Rettet die Straßenbahn« (Hrsg.): Rettet die Straßenbahn. Frankfurt a. M. 1986
Apel, Dieter: Umverteilung des städtischen Personenverkehrs. Aus- und inländische Erfahrungen mit einer stadtverträglichen Verkehrsplanung, 1984. Hrsg.: Deutsches Institut f. Urbanistik, Berlin
–: Es geht (und fährt) auch anders. Über die erfolgreiche Politik in- und ausländischer Städte, Autofahrer zum Verzicht auf innerstädtische Fahrten zu motivieren. In: Alternative Kommunalpolitik, Sonderheft Nr.5/1985
–: Die Notwendigkeit einer grundsätzlichen Veränderung der Verkehrsgestaltung und die Rolle des öffentlichen Personenverkehrs. In: Renaissance der Straßenbahn, Basel 1987
Arbeitsgemeinschaft Blickpunkt Straßenbahn/ u.a.: Straßenbahnatlas Bundesrepublik Deutschland, Berlin 1986
Arbeitsgemeinschaft Kommunale Planung: Entwicklung einer tragfähigen Konzeption zum langfristigen Erhalt der DB-Strecke 207 Münster (Westf.)–Warendorf–Rheda–Wiedenbrück. Bochum 1986
Arbeitsgemeinschaft zur Förderung der Basler Wirtschaft/u.a. (Hrsg.): Plädoyer für die Förderung schonender Transportarten. Basel 1986
Arbeitskreis Verkehr und Umwelt (Hrsg.): Bahn – Der letzte Zug ist noch nicht abgefahren. Berlin 1987
–: Informationsdienst Verkehr, Heft 1 bis 32, Berlin 1979 bis 1989
Bartsch, Lutz J./u.a.: Die Straßenbahn als Träger des öffentlichen Nahverkehrs in Stadt und Umland Kassel. In: Renaissance der Straßenbahn, Basel 1987
Beckmann, Klaus J.: ÖPNV und Tempo 30 – ein unabänderliches Konkurrenzverhältnis?. In: Verkehrszeichen, Heft 4/1988
Benwell, Mary/Brög, Werner: Attitude research and public participation in transport planning: a critical discussion of some key problems. In: Transport Reviews, Nr. 1/1983
Blennemann, Friedhelm: Kosten und Finanzierung des öffentlichen Personenverkehrs. In: Verkehr aktuell. Öffentlicher Personennahverkehr. Hrsg.: Universität Kaiserslautern, Kaiserslautern 1989
Bohne, Karl-Heinz/u.a.: Präferenzsystem – optimiertes Miteinander von IV und ÖPNV. In: Verkehr und Technik, Heft 11 und 12/1984
Brändli, Heinrich: Chancen und Grenzen der Straßenbahn. In: Renaissance der Straßenbahn, Basel 1987
Brög, Werner: Neue Marketingstrategien für den öffentlichen Verkehr. In: Verkehr und Technik, Heft 9/1984
–: Marketing für den öffentlichen Verkehr. Grundlagen und Besonderheiten. München 1984
–: Die subjektive Wahrnehmung des ÖPNV-Angebotes. In: Renaissance der Straßenbahn, Basel 1987
–: Zukunftsperspektiven des ÖPNV: Scenarien und Handlungsalternativen, vervielfält. Ms., München 1988

– /u.a.: What Public Transportation Management Should Know About Possible User Reactions. München/Washington 1980
Brunsing, Jürgen: Zu-Fuß-Gehen und ÖPNV-Reisegeschwindigkeit. In: Verkehrszeichen, Heft 3/1989
Bund Deutscher Eisenbahnfreunde (Hrsg.): Zur Erreichbarkeit der Bahn. Hamburg/Frankfurt a. M. 1988
Bund Umwelt u. Naturschutz/u.a.: »Straßenbahn statt Autowahn!« – Ein menschen- und umweltgerechtes Verkehrskonzept für Bremen. In: Verkehrszeichen, Heft 3/1989
Bundesforschungsanstalt f. Landeskunde u. Raumordnung (Hrsg.): Raumwirksamkeit des Schienenschnellverkehrs. Informationen zur Raumentwicklung, Heft 4/1983
Bundesminister f. Raumordnung, Bauwesen und Städtebau (Hrsg.): Schnellbahn und Siedlungsstruktur. Schriftenreihe Städtebauliche Forschung, Bd. 68, Bonn 1978
–: Situation und Verbesserungsmöglichkeiten des öffentlichen Personennahverkehrs in der Fläche. Schriftenreihe Raumordnung, Bd.64, Bonn 1987
Bundesminister f. Verkehr: Vorschläge für eine nachhaltige Verbesserung des öffentlichen Personennahverkehrs (ÖPNV) in der Fläche, vervielfält. Ms., Bonn 1987
Bürgerinitiative Umweltschutz Hannover (Hrsg.): ÖNV statt Straßenbau. Ein integriertes Verkehrskonzept für den Nordwesten Hannovers. Beiträge zur Umweltpolitik und Umweltplanung, Nr.9/1986
City in (Hrsg.): Der öffentliche Verkehr. Eine Chance für Wien. Wien 1982
Die Grünen (Hrsg.): Sonderabgabe zur Verminderung des motorisierten Individualverkehrs in Großstädten. Drucksache des Landtags von Baden-Württemberg, Stuttgart 1989
–: Verkehr auf dem Land und in der Stadt. Alternative Kommunalpolitik, Sonderheft 5, Bielefeld 1985
–: Der Pendolino. Eine grüne Alternative zum TGV. Aachen 1989
Deutscher Städtetag: Bonner Manifest der deutschen Städte. Ohne Städte keine Zukunft. Köln 1989
–: Finanzierungsmodelle für den ÖPNV. Vorbericht. Köln 1988
Dietsche, Götz: Lösungen für den ÖPNV in der Fläche: Erfahrungen in Schleswig-Holstein. In: Jahrestagung '89. Hrsg.: Verband öffentl. Verkehrsbetriebe, Köln
Dinichert, Guy: Der öffentliche Nahverkehr in Bern. In: Verkehrszeichen, Heft 2/1988
Drechsler, Georg: Beispiel Karlsruhe: Ausbau des Straßenbahn-/Stadtbahnnetzes in der Stadt und der Region. In: Renaissance der Straßenbahn, Basel 1987
–: Das Karlsruher Straßenbahnnetz wächst weiter. In: Stadtverkehr, Heft 1/1987
Egger, Norbert: Attraktiver ÖPNV – mehr Stadtqualität für Mannheim. In: Schriftenreihe für Verkehr und Technik, Bd. 77, Bielefeld 1989
Fiedler, Joachim: Erfahrungen mit den Elementen des differenzierten Bedienungsmodells. In: Nahverkehrspraxis, Heft 8/1986
–: Streckenabschnittsbezogene Fahrplanblätter – die geeignete Fahrplaninformation für ländliche Gebiete. In: Nahverkehrspraxis, Heft 10/1986
– /u.a.: Erschließung von Fußgängerzonen unter Berücksichtigung des ÖPNV. Forschung Straßenbau und Straßenverkehrstechnik, Heft 332/1981
– /u.a.: Verkehrsgerechte Lage von Haltestellen im Straßenraum unter dem Aspekt der Verkehrssicherheit. Wuppertal 1987
Forschungsgesellschaft f. Straßen- und Verkehrswesen: Möglichkeiten zur Beeinflussung der Verkehrsmittelwahl zugunsten des ÖPNV. FGSV-Arbeitspapier Nr.15, Köln 1987
– (Hrsg.): Öffentlicher Personennahverkehr in Räumen und Zeiten schwacher Verkehrsnachfrage. Fakten und Lösungen. Köln 1986
Forum für Verkehrsfragen: Regionalbahn. Schienen zwischen Stadt und Land. 1989. Hrsg.: Initiative für besseren Nahverkehr, Bielefeld
Forum Mensch und Verkehr: Beeinflussung des Verkehrsverhaltens durch Öffentlichkeitsarbeit. SRL-Arbeitsberichte, 1989. Hrsg.: Vereinigung der Stadt-, Regional- und Landesplaner, Bochum
Fredrich, Günter: Die Suche nach Schwerpunkten des Marketing im ÖPNV. Erkenntnisse aus dem ÖPNV in der Schweiz. In: Verkehr und Technik, Heft 5/1986
–: Die Legende vom billigen Busbetrieb. In: Renaissance der Straßenbahn, Basel 1987
Frenz, Eckehard: Der »gesteuerte« Niedergang. In: Alternative Kommunalpolitik, Sonderheft 5/1985
–: »Ein Stück Zukunft« – Der Verkehr auf den DB-Nebenstrecken. In: Verkehrszeichen, Heft 1/1986
–: Möglichkeiten und Grenzen beim Einsatz elektronischer Technologien: Beschleunigung für Bus und Bahn. In: Verkehrszeichen, Heft 2/1986
–: Die Straßenbahnstillegung in der Bundesrepublik Deutschland. In: Renaissance der Straßenbahn, Basel 1987
–: Renaissance der Straßenbahn als »Light Rail Transit« in Nordamerika. In: Renaissance der Straßenbahn, Basel 1987
–: Zur Modernisierung von Regionalstrecken: INTEGRO – ein niederländisches Beispiel. In: Verkehrszeichen, Heft 2/1987
–: Chips statt Signalflügel. Moderne Signal- und Steuerungstechnik für Nebenbahnen. In: Verkehrszeichen, Heft 2/1988
–: Anruf-Sammeltaxi – Konkurrenz oder Ergänzung zum Linienverkehr?. In: Verkehrszeichen, Heft 1/1988

–: Parallelverkehr – Erkenntnisse aus Den Haag zu einem Reizthema, In: Verkehrszeichen, Heft 3/ 1989
Gehrmann, P.: Eisenbahn für alle. Flächendeckender Schienenverkehr als umweltpolitische Forderung. Michelstadt 1983
Gerland, H./Meetz M.: Fahrgastbedienung im öffentlichen Personenverkehr. 1980. Hrsg.: Verband öffentlicher Verkehrsbetriebe, Köln
Gewerkschaft ÖTV: Positionspapier zum »öffentlichen Personennahverkehr«. Bochum/Heidelberg 1987
– (Hrsg.): Bedarfsverkehr oder Verkehrsbedarf. Verkehrs- und sozialpolitische Auswirkungen des Einsatzes von Taxis im ÖPNV. Stuttgart 1989
Göntgen, Arnold: Die City-Bahn, ein Marketingkonzept. In: SRL-Schriftenreihe, Nr. 24/1989. Hrsg.: Vereinigung d. Stadt-, Regional- und Landesplaner, Bochum
Graeff de, Kees/u.a.: Erfahrungen mit Rasengleis. In: Der Nahverkehr, Heft 5/1988
Grosse, Ulrich/u.a.: Perspektive für den ÖPNV im ländlichen Raum: Bahnbus-Privatisierung?. In: Verkehrszeichen, Heft 3/1988
Haack, Manfred/u.a.: Brauchen wir die Bahn?. Reihe Praktische Demokratie, Bonn 1988
Hall, Peter/Hass-Klau, Carmen: Can Rail Save the City?. Aldershot 1985
Hawel, Bernd W./Radtke, G.: Verraten und verkauft. Über die Verkehrsmisere in der Provinz u. die vielfältigen oder noch nicht ausgeschöpften Möglichkeiten der Abhilfe. In: Alternative Kommunalpolitik, Sonderheft Nr. 5/1985
Heinze, G.W./u.a.: Strategie für den öffentlichen Personennahverkehr im ländlichen Raum Niedersachsens, 1989. Hrsg.: Niedersächsischer Minister des Innern, Hannover
Hesse, Markus: Verkehr und Regionalentwicklung – Perspektiven für den ÖPNV in der Fläche?. In: Verkehrszeichen, Heft 2/1989
Hessisches Ministerium f. Wirtschaft u.Technik (Hrsg.): Leitfaden zur Planung des ÖPNV in den Landkreisen Hessens. Wiesbaden 1989
Höffler, K.H./u.a.: Reaktion der ÖPNV-Benutzer auf unterschiedliche Angebotsstandards und Ableitung von Maßnahmen für eine bedarfsgerechte Angebotsgestaltung im ÖPNV. 1981. Hrsg.: Hamburg-Consult u.a.
Hönerloh/u.a.: Rezepte für die Beruhigung des Verkehrs in den Städten. Vorfahrt für Fahrgemeinschaften, Busse und Fahrräder. In: Mitteilungen der Deutschen Forschungsgemeinschaft, Heft 4/1981
Höpfner, U./u.a.: PKW, Bus oder Bahn? Schadstoffemissionen und Energieverbrauch im Stadtverkehr 1984 und 1995. IFEU-Bericht Nr. 48/ 1988. Hrsg.: Institut f. Energie- u. Umweltforschung, Heidelberg
Holzapfel, Helmut: Geschwindigkeit und Reisezeit im öffentlichen Verkehr. Ist schneller grundsätzlich besser?. In: Verkehr und Technik, Heft 4/ 1986
– /u.a.: Rückblick auf eine andere Verkehrszukunft der 80er Jahre des letzten Jahrhunderts, vervielfält. Ms., Dortmund 1989
Hüsler, Willi: Erfahrungen mit Umweltabos etc. in Schweizer Städten 1984 und 1985, 1986. Hrsg.: Metron, Windisch-Brugg
–: Bahnpolitik in der Schweiz – Bahn 2000 und wie es dazu kam. In: Wohin fahren die Österreichischen Bundesbahnen?, Reihe Aufrisse, Bd. 8, Wien 1988
–: Der öffentliche Personenverkehr in der Offensive. Trendwende in den 80er Jahren. In: Verkehrspolitik, Nr. 1/2, Wien 1989
Ingenieurgruppe IVV: Auskunfts-Service-System für den öffentlichen Verkehr, vervielfält. Ms., Aachen 1989
–: Mögliche Nachfragezuwächse auf der Schienenstrecke 204. Schriftenreihe ÖPNV-Modellversuch Kreis Lippe, Beitrag 8/1989. Hrsg.: Minister f. Stadtentwicklung, Wohnen und Verkehr d. Landes Nordrhein-Westfalen, Düsseldorf
Initiative f. besseren Nahverkehr (Hrsg.): Bahnen und Busse in Bielefeld. Bielefeld 1985
–: Konzeption für eine Regionalbahn Ostwestfalen-Lippe. Bielefeld 1987
Institut f. Landes- und Stadtentwicklungsforschung d. Landes Nordrhein-Westfalen (Hrsg.): Abstracts zu: Cities and Transport (OECD, Paris 1988). Monatsbericht September, vervielfält. Ms., Dortmund 1989
Jeschke, Carola: Die Situation des öffentlichen Verkehrs – ein internationaler Vergleich – Japan – USA – Großbritannien – Schweden – Frankreich. In: Verkehr und Technik, Heft 12/1984
Kalwitzki, Klaus-Peter: Attraktiver Nahverkehr?. Entwicklung und Perspektiven im mittleren Ruhrgebiet, Materialien, Nr. 3/1985. Hrsg.: Das Verkehrsbüro, Mülheim
–: U-Stadtbahn Ruhr: Neues vom Lernprozeß. In: Verkehrszeichen, Heft 2/1986
–: Silberstreif am Horizont? – Marketing im öffentlichen Verkehr. In: Verkehrszeichen, Heft 1/ 1988
–: Fahrplankarten. Verbesserte Kundeninformation und Marktkommunikation im öffentlichen Verkehr. Mülheim 1989
Kanzlerski, Dieter: Dezentrale Planungsstrategien für die öffentliche Nahverkehrsversorgung in der Fläche. In: Informationen zur Raumentwicklung, Heft 5/6/1987
Karl, Jürgen: Umweltschutzkarten: Eine Idee setzt sich durch. In: Verkehrszeichen, Heft 1/1986
–: Mit dem Fahrrad in Bus und Bahn. In: Verkehrszeichen, Heft 3/1986
Kassler Verkehrsgesellschaft (KVG) (Hrsg.): Die KVG geht in die Offensive. Intern 2/1989
–: Unsere neue Linie. Intern 3/1989
–: Straßenbahn hat Zukunft. Intern 4/1989
–: Die KVG erschließt Kassel. Intern 5/1989

–: Neue Niederflurstraßenbahnen für Kassel. Kassel 1989
– /u. a.: Vorfahrt für den Umweltverbund. Kassel 1988
Keck, Jörn-M.: Osnabrück: »Ein Umweltabo reicht selten allein…«. In: Verkehrszeichen, Heft 3/1989
Klose, Heinrich: Verbesserungen des öffentlichen Personennahverkehrs im ländlichen Raum am Beispiel Kassel. In: Stadtbauwelt 79/1983
Klühspies, Karl: ÖV-Konzepte vergleichbarer Städte, 1985. Hrsg.: Stadtwerke München
–: München: U-Bahn und Bus können die Straßenbahn nicht ersetzen. Erfahrungen aus einer Weltreise in Sachen öffentl. Nahverkehr. In: Renaissance der Straßenbahn, Basel 1987
Knoflacher, Hermann: Öffentlicher Verkehr als Aktivposten im Gemeindehaushalt. In: Der Nahverkehr, Heft 1/1989
Köhler, Uwe: Park and Ride, Bike and Ride, Kiss and Ride. In: Verkehr aktuell. Öffentlicher Personennahverkehr. Hrsg.: Universität Kaiserslautern, Kaiserslautern 1989
Könnemann, Burghard: Untersuchungen zum Prozeß des Verkehrsverhaltens am Beispiel der Verkehrsmittelbenutzung in Erlangen unter Berücksichtigung der Wahrnehmungen von Busbenutzern, 1980. Hrsg.: Institut f. Verkehrsplanung u. Verkehrswegebau d. TU Berlin
Köstlin, Reinhart: Frankfurt a. M.: U-Bahn-Dogma behindert Ausbau des öffentlichen Nahverkehrs. In: Renaissance der Straßenbahn, Basel 1987
Kreis Lippe (Hrsg.): Der ÖPNV-Modellversuch Kreis Lippe. Ziele, Ansprüche, Möglichkeiten und Grenzen. Detmold 1988
Krings, Ulrich: Die Eisenbahn als Stadtbildner und Stadtzerstörer – Das Beispiel Köln vom 19 Jh. bis zur Gegenwart. In: Stadtbauwelt 79/1983
Landtag Nordrhein-Westfalen: Öffentlicher Personennahverkehr in Nordrhein-Westfalen. Antwort der Landesregierung auf die Große Anfrage 5 der Fraktion der SPD, Drucksache 10/2100, Düsseldorf 1987
Lipke, Franz: Aktion in Frankfurt: Rettet die Straßenbahn. In: Verkehrszeichen, Heft 2/1986
Lüpke von, Dieter: Großstädtische ÖPNV-Politik – Stadtstrukturelle Auswirkungen und alternative Lösungsansätze. In: Stadtbauwelt 79/1983
Lutter, Horst/u.a.: Erschließungsqualität der Fernverkehrsinfrastrukturen Straße und Schiene. In: Informationen zur Raumentwicklung, Heft 11/12/1988
Magistrat der Stadt Graz (Hrsg.): Öffentlicher Nahverkehr. Enquetebericht, Graz 1983
Mannheimer Verkehrs AG (Hrsg.): Öffentlicher Personennahverkehr in Mannheim. Nutzen, Probleme, Perspektiven. Mannheim 1988
Menke, Rudolf: Die Stadtbahn: Beispiel Hannover – Konzept und Erfolg. In: Renaissance der Straßenbahn, Basel 1987
Minister f. Stadtentwicklung, Wohnen und Verkehr d. Landes Nordrhein-Westfalen: Hinweise zur Berücksichtigung des ÖPNV bei Maßnahmen der Verkehrsberuhigung. Runderlaß, MSWV Kurzinformation, Nr. 2, Düsseldorf 1986
– (Hrsg.): ÖPNV-Modellversuch Lippe, 10 Bände, Düsseldorf 1986 f.
– (Hrsg.): Trendwende zum ÖPNV im Ruhrkorridor. Berichtsband und Materialband, vervielfält. Ms., Düsseldorf 1989
– /u.a. (Hrsg.): Bürgerbus-Leitfaden. Anleitung zu Planung, Aufbau und Betrieb eines Bürgerbus-Verkehrs. Düsseldorf 1985
Monheim, Heiner: Die städtebauliche Einbindung des öffentlichen Personennahverkehrs: In: Der Nahverkehr, Nr. 6/1984
–: Grundsätze und Bausteine für eine offensive ÖPNV-Förderung. In: Die Mitbestimmung, Zeitschrift d. Hans-Böckler-Stiftung, Heft 5/1988
Mühlenhardt, Horst: Bundesbahn oder Regionalbahn?. Über eine breit angelegte Bürgerinitiative in Schleswig-Holstein, die sich nicht mit der DB-Stillegungspolitik abfinden will. In: Alternative Kommunalpolitik, Sonderheft, Nr. 5/1985
Müller-Hellmann, Adolf: Niederflurfahrzeuge im ÖPNV – Konzepte, Trends und erste Erfahrungen. In: Jahrestagung '89. Hrsg.: Verband öffentl. Verkehrsbetriebe, Köln
Münchner Forum (Hrsg.): Öffentlicher Verkehr, Heft 9/1973
Naumann, Thomas: Würzburg: Die Straßenbahn als Hauptverkehrsträger in einer kleinen Großstadt. In: Renaissance der Straßenbahn, Basel 1987
–: »Großmama kommt uns besuchen…«. Werbung für den ÖV – Werbung für das Auto. In: Verkehrszeichen, Heft 1/1987
–: »Es grünt so grün…«. Werbung für den ÖV – Werbung für das Auto. In: Verkehrszeichen, Heft 2/1987
–: »Es gibt viel zu verkaufen…«. Werbung für den ÖV – Werbung für das Auto. In: Verkehrszeichen, Heft 3/1987
– Stadtbahn für Würzburg. Wege aus der Krise im Stadtverkehr, Würzburg 1985
OECD – Organisation f. wirtschaftliche Zusammenarbeit u. Entwicklung (Hrsg.): Cities and Transport, Paris 1988
Öko-Test (Hrsg.): Busse und Bahnen. Test öffentlicher Nahverkehr. Weg vom Abstellgleis, Heft 3/1985
ÖTV – Gewerkschaft öffentliche Dienste, Transport und Verkehr (Hrsg): Aktionsprogramm für den öffentlichen Personennahverkehr. In: ÖTV-Verkehrspolitik, Bd. 2, Stuttgart 1983
Recknagel, Rüdiger: Städtebauliche Neuordnung des Hauptbahnhofs Düsseldorf. In: Stadtbauwelt 79/1983

Regionalverkehr Bern–Solothurn (Hrsg.): Bahn und Bus verbinden Stadt und Land. Worblaufen 1987
Resch, Hubert: Verkehrspolitik für Arbeitnehmer. In: SRL-Schriftenreihe, Nr.24/1989. Hrsg.: Vereinigung d. Stadt-, Regional- und Landesplaner, Bochum
–: ÖPNV-Unternehmen gehen in die Offensive. Marketing-Strategie, dargestellt am Beispiel der Bremer Karte. In: Schriftenreihe für Verkehr und Technik, Bd. 77, Bielefeld 1989
Rheinbahn AG (Hrsg.): Freie Fahrt für Bahnen. Düsseldorf 1988
–: Für eine gesunde Umwelt...lieber Rheinbahn fahren. Düsseldorf 1989
Ruff, Thomas: Verkehrsgemeinschaft Freiburg. Ein erfolgreiches Kooperationsmodell. In: Der Nahverkehr, Heft 3/1987
– /u.a.: Mehr als 20 Prozent Zuwächse an Fahrgästen seit 1981 bei der Freiburger Verkehrs AG. In: Der Nahverkehr, Heft 5/1988
Saartal-Linien (Hrsg.): Das Saarbrücker Zukunftskonzept öffentlicher Personennahverkehr. Saarbrücker Diskussionspapiere, Heft 3/1986
Schellenberg, C./u.a.: Möglichkeiten angemessener Mindestangebote im ÖPNV unter besonderer Berücksichtigung des Verkehrsbedürfnisses in verkehrsschwachen Zeiten und Räumen, 1981. Hrsg.: Wibera, Düsseldorf
Schiesser, Kaspar: Nur manchmal macht das Auto mobil... In: VCS-Zeitung, Nr. 2/1989
Schmidt, Werner: Renaissance der Schiene?. Kritische Betrachtung des Schienenverkehrs im Nürnberger Raum. Fürth 1984
– /u.a.: Renaissance der Schiene? Schienenverkehrskonzepte für das Städtedreieck Nürnberg –Fürth–Erlangen. Fürth 1987
Schneider, Wolfgang: Das »Historische Defizit« der Deutschen Bundesbahn. Köln 1988
Schnüll, Robert/u.a.: Eignung von Bahnkörpern in angebauten Hauptverkehrsstraßen. In: Der Nahverkehr, Heft 5/1988
Seyferth, Joachim (Hrsg.): Schiene. Eisenbahn, Verkehrspolitik, Reisekultur, Jg. 1 bis 9
Sieverts, Thomas: Zwischen Bahnhof und Stadt. In: Stadtbauwelt 79/1983
Simonis, C./Wall H.: Omnibusnetze zur Erschließung von Verdichtungsräumen und deren Randzonen. Forschung, Straßenbau und Straßenverkehrstechnik, Heft Nr. 317/1980. Hrsg.: Bundesminister f. Verkehr, Bonn
Socialdata: Einschätzung des öffentlichen Personennahverkehrs durch die Bewohner Nürnbergs, 1989. Hrsg.: Verkehrs-Aktiengesellschaft zum ÖPNV in Nürnberg
–: Einschätzungen zur Mobilität. Grundlagen für ein Public-Awareness-Konzept, 1989. Hrsg.: Verband öffentlicher Verkehrsbetriebe, Köln
–: Verkehr 2000 – keine Alternative zum Umweltverbund! Einschätzung des öffentlichen Personennahverkehrs, Bd. 1/1989. Hrsg.: Gesellschaft f. Straßenbahnen i. Saarland, Saarbrücken
– /u.a.: Trendwende zum ÖPNV – im Ruhrkorridor, vervielfält. Ms., München 1989
– /u.a.: Zeit zum Umdenken, 1989. Hrsg.: Verband öffentlicher Verkehrsbetriebe, Köln
Stadt Dornbirn (Hrsg.): Dornbirn mobil. Dornbirner Bus unterwegs in die Zukunft. Dornbirn 1988
Stadt Frauenfeld (Hrsg.): Stadtbus-Betrieb Frauenfeld. Frauenfeld 1989
–: Ist ein Ortsbus attraktiv? Beispiel Ortsbus Frauenfeld. Frauenfeld 1989
Stadt Hannover: Straßenraum und Stadtbahn. Hannover 1986
Stadt Kassel: Vorbericht zum Kommunalen Entwicklungsplan ÖPNV, Teil III, Kassel 1982
Stadtbahngesellschaft Rhein-Ruhr (Hrsg.): Stadtbahn Rhein-Ruhr. Stand der Bauarbeiten, Gelsenkirchen 1988
Stadtwerke Karlsruhe – Verkehrsbetriebe (Hrsg.): Jahresbericht 1987. Karlsruhe 1988
Stolz, Gerhard: Straßenbahn im Großraum Karlsruhe. In: Verkehrszeichen, Heft 3/1986
Studiengesellschaft Nahverkehr: Der Faktor Psi – Abbau psychologischer Zugangshemmnisse im ÖPNV, vervielfält. Ms., Hamburg 1989
– (Hrsg.): Leitfaden zur ÖPNV-Beschleunigung. Bergisch Gladbach 1988
– (Hrsg.): Stadtverkehr 2000. Chancen des öffentlichen Nahverkehrs – Notwendigkeiten zur Veränderung. Schriftenreihe für Verkehr und Technik, Bd. 77, Bielefeld 1989
Stuttgarter Straßenbahnen (Hrsg.): SSB. Die Stadtbahn. Der bessere Nahverkehr. Stuttgart 1989
Teufel, Dieter/u.a.: Die Zukunft des Autoverkehrs. Öko-Bonus als marktwirtschaftliches Instrument im Umweltschutz – Vorschläge zu einer neuen Kostenverteilung im Verkehrsbereich. UPI-Bericht Nr. 17/1989. Hrsg.: Umweltprognoseinstitut, Heidelberg
Ueltschi, René: Positives Beispiel Basel: Lösungsansätze zur Attraktivitätssteigerung der öffentlichen Verkehrsmittel. In: Renaissance der Straßenbahn, Basel 1987
–: Öffentliche Verkehrsmittel in Basel – Lösungsansätze zur Attraktivitätssteigerung. In: Verkehrszeichen, Heft 4/1987 und Heft 1/1988
UITP–Union International Transport Public (Hrsg.): Teilung des Nutzens: Finanzierung des öffentlichen Nahverkehrs durch Beiträge außenstehender Nutznießer. Bericht 3 zum 47. Internationalen UITP-Kongreß, Lausanne 1987
Uttech, Ingo: Hamburger Innenstadt: Mehr Stellplätze = mehr Chaos?. In: Verkehrszeichen, Heft 2/1989
Verband Großraum Hannover (Hrsg.): Nahschnellverkehr im Großraum Hannover. Beiträ-

ge zur Regionalen Entwicklungsplanung, Heft 3/ o.J.
Verband öffentlicher Verkehrsbetriebe: Empfehlungen für Planung und Betrieb von P+R, VÖV-Blatt Nr. 1.68.1, Köln 1974
–: Aktionsprogramm für die 80er Jahre, Köln 1980
–: Das Fahrrad als Ergänzungsverkehrsmittel des ÖPNV. VÖV-Blatt Nr. 1.68.2, Köln 1985
–: Erschließung von Fußgängerbereichen und verkehrsberuhigten Zonen durch öffentliche Verkehrsmittel. VÖV-Blatt Nr. 1.54.1, Köln 1986
–: Strategische Ansätze zur künftigen Gestaltung des ÖPNV-Angebotes. VÖV-Planungsausschuß Arbeitsteam »Strategie«, Köln 1988
–: City Express: Schneller und bequemer. In: Bus + Bahn, Heft Nr. 1/1989
–: Finanzhilfen 1987 auf neuem Höchststand. In: Bus + Bahn, Heft Nr. 1/1989
–: Service für die Fahrgäste von morgen. In: Bus + Bahn, Heft Nr. 3/1989
–: Taxi-Einsätze ergänzen Angebote von Bussen und Bahnen. In: Bus + Bahn, Heft Nr. 3/1989
–: Ökologische Neuorientierung der Verkehrspolitik erforderlich. In: Bus + Bahn, Heft 7/1989
– (Hrsg.): Vorträge. Jahrestagung '88. Köln 1988
– (Hrsg.): Vorträge. Jahrestagung '89. Köln 1989
– (Hrsg.): Taxi-Einsatz im öffentlichen Personennahverkehr. Köln 1989
– /u.a. (Hrsg.): Gemeindeverkehrsfinanzierung für Busse und Bahnen. Köln 1986
Vereinigung d. Stadt-, Regional- u. Landesplaner (Hrsg.): Beeinflussung d. Verkehrsverhaltens durch Öffentlichkeitsarbeit. Vorfahrt f. d. Umweltverbund. SRL Arbeitsberichte, Bochum 1989
Verkehrs-Club der BRD/u.a.(Hrsg.): Öffentlicher Verkehr in der Fläche. Bonn 1988
Verkehrs-Club der Schweiz (Hrsg.): Umwelt, Verkehr, Umkehr. Umweltgerechtes Verkehrs-Leitbild für die Schweiz. Herzogenbuchsee 1983
–: Velo und öffentlicher Verkehr als Partner. Herzogenbuchsee 1988
Verkehrsforum Bahn (Hrsg.): Die Bahn in Wirtschaft und Gesellschaft. Darmstadt 1985
Verkehrsforum Bonner Bürgerinitiativen: Verkehrsentwicklungskonzept, vervielfält. Ms., Bonn 1989
Verkehrsverbund Rhein-Ruhr (Hrsg.): VRR 1990: Produkte für morgen. Gelsenkirchen 1987
Walter-Borjans, Norbert: Ökosteuer – Umweltschutz aus Eigennutz?. In: fairkehr, Heft 5/1989
Waschke, Thomas: Untersuchungen zum Prozeß des Verkehrsverhaltens am Beispiel der Verkehrsmittelbenutzung in Erlangen unter Berücksichtigung der Einstellungen von Busbenutzern, 1980. Hrsg.: Institut f. Verkehrsplanung u. Verkehrswegebau d. TU Berlin
Weilenmann, Theo/Tschopp, Jörg: Velo und öffentlicher Verkehr als Partner – Empfehlungen der IG Velo Schweiz und des Verkehrs-Clubs der Schweiz. In: Verkehrszeichen, Heft 1/1989
Wolf, Winfried: Eisenbahn und Autowahn. Personen- und Gütertransport auf Schiene und Straße. Geschichte, Bilanz, Perspektiven. Hamburg 1987
Zeitvogel, Michael: Erfahrungen mit dem R-Bus-System. In: Der Nahverkehr, Heft 2/1989
Zemlin, H.: Strukturen öffentlicher Verkehrsbetriebe – Notwendigkeiten zur Veränderung?. In: Schriftenreihe für Verkehr und Technik, Bd. 77, Bielefeld 1989
Züri-Linie VBZ (Hrsg.): Alles für die Pünktlichkeit. Das datengesteuerte Funkleitsystem der Verkehrsbetriebe Zürich. Zürich 1984
–: Zürich mobil. Portrait der VBZ-Züri-Linie. Zürich 1984
–: Züri-Linie 1990. Der öffentliche Verkehr macht für das Zeitalter der sauberen Luft mobil. Zürich 1986
–: Erfahrungen und Erkenntnisse mit der Regenbogenkarte. Zürich 1986
–: Regenbogenkarte. Ergebnisse einer Fahrgastumfrage. Zürich 1986
–: Das Züricher Modell. Stärkung des öffentlichen Personennahverkehrs als Maßnahme zum Abbau von Lärm- und Luftbelastungen. Zürich 1987
–: Geschäftsbericht 1988. Zürich 1989
Zweckverband Großraum Hannover (Hrsg.): Vom Bus zum Verkehrssystem Bus. Entwicklungsmöglichkeiten im Großraum Hannover. Beiträge zur regionalen Entwicklung, Heft 4, Hannover 1984
–: 10 Jahre Rufbus. Hannover 1988
–: R-Bus. Hannover 1988